Handbuch Regenerative Energietechnik

Viktor Wesselak · Thomas Schabbach
Thomas Link · Joachim Fischer

Handbuch Regenerative Energietechnik

3. Auflage

Springer Vieweg

Viktor Wesselak
Nordhausen, Deutschland

Thomas Link
Nordhausen, Deutschland

Thomas Schabbach
Nordhausen, Deutschland

Joachim Fischer
Nordhausen, Deutschland

ISBN 978-3-662-53072-6 ISBN 978-3-662-53073-3 (eBook)
DOI 10.1007/978-3-662-53073-3

Die Deutsche Nationalbibliothek verzeichnet diese Publikation in der Deutschen Nationalbibliografie; detaillierte bibliografische Daten sind im Internet über http://dnb.d-nb.de abrufbar.

Springer Vieweg

Gedruckt auf säurefreiem und chlorfrei gebleichtem Papier

Springer Vieweg ist Teil von Springer Nature
Die eingetragene Gesellschaft ist Springer-Verlag GmbH Deutschland
Die Anschrift der Gesellschaft ist: Heidelberger Platz 3, 14197 Berlin, Germany

Vorwort

Vor wenigen Tagen ist das Weltklimaabkommen, das auf der 21. UN-Klimakonferenz 2015 in Paris beschlossen wurde, in Kraft getreten. Das Abkommen verfolgt das Ziel, die Erderwärmung bis zum Jahr 2050 auf unter 2 Kelvin zu begrenzen. Dazu sollen die Netto-Treibhausgasemissionen zwischen 2045 und 2060 auf Null zurückgefahren werden. Das Zeitalter der fossilen Energien endet hier.
Denkt man die vor uns liegende Entwicklung von diesem Ende her – und mit etwas Glück, werden die Autoren dieses Buches das Jahr 2045 noch erleben – so muss man den Blick vorrangig auf langlebige Investitionsgüter richten: wenn 2045 keine Kohlekraftwerke mehr am Netz sein sollen, dürfen heute keine mehr errichtet werden; wenn 2045 keine fossil befeuerten Heizungskessel mehr im Einsatz sein sollen, dürfen nach 2025 keine mehr eingebaut werden; wenn 2045 keine fossil angetriebenen Kraftfahrzeuge mehr im Verkehr sein sollen, dürfen nach 2030 keine mehr neu zugelassen werden. Die uns zur Verfügung stehenden Zeiträume für den Technologiewandel sind also sehr überschaubar.
Der Entwicklungsstand der dafür notwendigen regenerativen Energietechniken ist unterschiedlich. Am weitesten fortgeschritten ist der Stromsektor sowohl technologisch als auch hinsichtlich des derzeitigen Anteils regenerativer Energien. Ganz anders sieht die Entwicklung im Wärme- und Mobilitätsbereich aus. Fehlende Anreizstrukturen und noch ausstehende technologische Richtungsentscheidungen führen einerseits zu einer Stagnation auf niedrigem Niveau und andererseits zu einer zunehmenden Fokussierung auf den Stromsektor. Dabei wird allerdings verkannt, dass der Wärmesektor zwar in der Lage ist, die Probleme des Stromsektors mit überschüssiger Energie zu lösen, der Stromsektor allerdings nicht alle Probleme des Wärmesektors lösen kann.
In der dritte Auflage erfolgte eine Anpassung des Titels, um den Charakter eines Handbuchs für Studierende sowie Ingenieurinnen und Ingenieure der Energietechnik stärker zu betonen. Mehr als die Hälfte der Kapitel wurde vollständig überarbeitet, zahlreiche Ergänzungen und Aktualisierungen fanden Eingang in diese Auflage. Ein nicht unbedingt notwendiges, aber leider unvermeidliches Kapitel über Perpetua mobilia ist neu hinzugekommen.

Wir danken unseren Kolleginnen und Kollegen am Institut für Regenerative Energietechnik (in.RET) der Hochschule Nordhausen für ihre kontinuierliche Unterstützung dieses Projekts. Besonders verbunden sind wir Rainer Große und unserem Kollegen Wolfgang Eisenmann von der Hochschule Mannheim für ihre zahlreichen Anmerkungen und stete Diskussionsbereitschaft. Sebastian Voswinckel hat freundlicherweise das Kapitel zur Lebensdauer von Photovoltaikmodulen beigesteuert. Und schließlich bedanken wir uns bei unseren Familien und dem Springer-Verlag für ihre Unterstützung und Geduld.

Nordhausen,
November 2016

Viktor Wesselak, Thomas Schabbach
Thomas Link, Joachim Fischer

Vorwort zur 1. Auflage

Die in den vergangenen Jahren erfolgte technische und ökonomische Entwicklung der Regenerativen Energien ist Bestandteil eines außerordentlichen Paradigmenwechsels in der Energietechnik. Angetrieben durch das sich abzeichnende Ende der fossilen Energieträger und in immer stärkerem Maß auch durch den Klimawandel sind Regenerative Energieträger heute der zentrale Baustein einer zukünftigen und nachhaltigen Energieversorgung. Diese Entwicklung war keineswegs selbstverständlich. Noch vor 20 Jahren setzten die Repräsentanten aus Politik und Energiewirtschaft überwiegend auf eine Forcierung des bestehenden Energiesystems durch den Ausbau von Kohle- und Kernkraft sowie die vage Hoffnung auf einen „neuen" Energieträger in Form der Kernfusion. Die Diskussionen zum Erhalt des deutschen Steinkohlebergbaus und zum Ausbau der Kernenergie sind vielen noch präsent. Studiengänge oder Ausbildungsberufe im Bereich der Erneuerbaren Energien suchte man vergebens, die für die Forschung zur Verfügung gestellten Mittel machten nur einen Bruchteil der Mittel für Kernenergie aus und die Aktivitäten der Industrie erschöpften sich oft in risikolosen „Alibi"-Projekten.
In dieser Situation entstanden in den 80er Jahren eine Vielzahl kleiner Unternehmen, die – teilweise von der Öffentlichkeit belächelt – die Entwicklung neuer oder die Weiterentwicklung altbekannter Regenerativer Energiewandler vorantrieben. Sie wurden häufig von Menschen gegründet, die ihr umwelt- und gesellschaftspolitisches Engagement mit konkretem Handeln in technischen Fragen verbinden wollten. Viele dieser Firmen scheiterten an den Marktbedingungen, aber eine große Anzahl besteht bis heute – sogar als Markt- und Technologieführer im Bereich der Windkraftanlagen, der Solarwechselrichter oder der thermischen Solaranlagen.

Diese kurzen Vorbemerkungen zeigen bereits, dass unsere Energieversorgung nicht aus dem gesellschaftlichen Kontext herausgelöst betrachtet werden kann. Die Krise des globalen Energiesystems hat Auswirkungen auf energie-, umwelt- und forschungspolitische Rahmenbedingungen, die eine wichtige Grundlage für die technologischen Entwicklungen im Bereich der Regenerativen Energietechnik darstellen. Im ersten Kapitel dieses Buches werden daher zentrale Fragen der nationalen und internationalen Umwelt- und Energiepolitik vorgestellt und diskutiert.
Ein überwiegend auf Regenerativen Energien aufbauendes Energiesystem kann sich nicht nur auf die Nutzung einzelner Energieträger beschränken. Vielmehr müssen alle energetischen Potentiale in den Sektoren Elektrizität, Wärme und Mobilität genutzt werden. Eine besondere Rolle kommt dabei den Maßnahmen zur Energieeffizienz zu, auf die anhand eines Anwendungsbeispiels im zweiten Kapitel eingegangen wird. Einen Überblick über Potenzial und Verfügbarkeit der wichtigsten Regenerativen Energieträger gibt das dritte Kapitel.
Die Nutzung Regenerativer Energien erfolgt durch unterschiedliche Energiewandlungskonzepte: Photovoltaik, Solarthermie, Geothermie, Bioenergie, Wind- und Wasserkraft werden jeweils in eigenständigen Kapiteln behandelt, in denen ausgehend von den physikalischen Grundlagen die zentralen Komponenten, deren Verschaltung zu Systemen sowie konkrete Auslegungsbeispiele ausführlich dargestellt werden. Der Integration Regenerativer Energiewandler in die bestehenden Systeme für Elektrizität, Wärme und Mobilität ist jeweils ein eigenes Kapitel gewidmet, das insbesondere auch den rechtlichen Rahmen und die Förderinstrumente beleuchtet.
Alle Energiewandlungsprozesse unterliegen den Gesetzen der Thermodynamik, die die theoretische Grundlage für alle energietechnischen Verfahren bildet. Mit ihrer Hilfe ist es möglich, obere Grenzen für Umwandlungswirkungsgrade zu ermitteln und damit den erreichten Stand der Technik einzuordnen. In Kapitel 13 werden daher im Rahmen einer kurzen Einführung zunächst wichtige Begrifflichkeiten erklärt und schließlich die thermodynamischen Grenzen für unterschiedliche Energiewandler hergeleitet.
Uns ist bewusst, dass auch bei sorgfältigster Erstellung von mehr als 500 Seiten vermutlich viele Fehler unentdeckt geblieben sind. Auch mussten Teilaspekte der Regenerativen Energietechnik außen vor bleiben, da sie sowohl den zeitlichen als auch den inhaltlichen Rahmen dieses Buches zu sprengen drohten. An dieser Stelle gilt unser Dank Frau Hestermann-Beyerle vom Springer Verlag, für die kontinuierliche Unterstützung unseres Projektes in allen Entwicklungsphasen. Wir bedanken uns bei allen Rechteinhabern der verwendeten Abbildungen – auch bei den Wenigen, die wir nicht ermitteln konnten. Wenn Sie uns als Leser Hinweise zu Verbesserungen oder Fehlern geben möchten, senden Sie uns bitte direkt eine email (in.RET@fh-nordhausen.de) - Danke!
Viele haben uns bei der Erstellung dieses Buches geholfen. Die Mitarbeiterinnen und Mitarbeiter des Instituts für Regenerative Energietechnik, allen voran Jutta Carow und Sebastian Voswinckel, haben uns mit Material, Anregungen und Kritik versorgt. Frank-Michael Dittes brachte die Strenge des theoretischen Physikers ein, wenn eine gewisse ingenieurtechnische „Laxheit" einzureißen drohte und Sandra Thomas wachte unerbittlich über die neue deutsche Rechtschreibung. Wir danken

auch den Freunden und Kollegen, die Teile des Manuskripts kritisch gegenlasen und uns wertvolle Denkanstöße gaben.
Es freut uns besonders, dass unsere neuberufenen Kollegen Thomas Link (Professor für Kraft- und Arbeitsmaschinen) und Joachim Fischer (Professor für Bioenergiesysteme) umfangreiche Beiträge aus ihren Fachgebieten beisteuerten, ohne dabei ihren Enthusiasmus zu verlieren. Und schließlich haben wir unseren Familien zu danken, die uns auch dann noch den Rücken frei hielten, als dieses Buchprojekt nicht mehr nur die Abendstunden, sondern auch noch sämtliche Wochenenden vereinnahmte.

Nordhausen,
Mai 2009

Viktor Wesselak
Thomas Schabbach

Inhaltsverzeichnis

Kapitel 1
Kontext

Energie ist eine zentrale Notwendigkeit menschlicher Existenz. Der Nutzen, den der Mensch aus Energie bezieht, lässt sich vordergründig in vier Bereiche einteilen: Nahrung, Wärme, Arbeit und Mobilität. Der erste Bereich stellt die unmittelbare Energienutzung dar: Dem menschlichen Stoffwechsel wird chemische Energie in Form von organischen Verbindungen zugeführt. Der Aufbau dieser Energie erfolgt durch die Umwandlung von Sonnenenergie mittels der Photosynthese der Pflanzen bzw. den Stoffwechsel der Tiere. Der zweite Bereich ist die Wärme; sie dient einerseits der Nahrungszubereitung und damit einem verbesserten energetischen Aufschluss. Andererseits ermöglicht sie eine Erwärmung von Wohnstätten und dadurch erst die Besiedlung eines Großteils der Landfläche. Und schließlich ist sie als Prozesswärme die Grundlage vieler industrieller Produktionsprozesse. Unter Arbeit wird die vielfältige Nutzung mechanischer Energien mittels der Muskelkraft von Menschen und Tieren sowie durch Maschinen zusammengefasst. Mobilität schließlich ermöglicht einen regionalen und überregionalen Austausch von Waren, Dienstleistungen sowie Informationen und gleicht damit beispielsweise gegebene oder entstandene Ungleichgewichte der ersten drei Bereiche aus. [1]

Die Menschheit hat in den vergangenen Jahrtausenden unterschiedlichste Energiequellen zu nutzen gelernt. Viele haben über die Zeit ihre Bedeutung verändert oder sind von anderen Energiequellen abgelöst worden. Diese Prozesse stellten und stellen sich aber nicht nur als technologische Probleme dar. Vielmehr erfolgt die Nutzbarmachung und Nutzung von Energiequellen innerhalb eines gesellschaftlichen Kontextes, der neben den technischen auch wirtschaftliche, politische und philosophische Ebenen aufweist: Die Energienutzung erfolgt innerhalb von Energiesystemen, die zum einen die ökologischen Rahmenbedingungen und die technischen Voraussetzungen – wie den Zugang zu den Energiequellen, ihre Nutzung mittels geeigneter Energiewandler sowie deren Wirkungsgrade – und zum anderen die Strukturen der Bewirtschaftung dieser Quellen und Energiewandler durch die Gesellschaft umfasst. Ein Energiesystem hat vier Aufgaben zu erfüllen:

---

[1] Nahrung, Wärme, Arbeit und Mobilität beschreiben die direkte Energienutzung und sind gleichzeitig Synonyme für die dahinter stehenden Prozessketten, die die landwirtschaftliche Produktion, die Bereitstellung von Energieträgern oder den Austausch von Informationen beinhalten.

1. Es muss eine qualitative Übereinstimmung von Energienachfrage und Energieangebot herstellen. Jede Energieform hat für die Gesellschaft einen spezifischen Nutzen, beispielsweise als Nahrung, Wärme oder mechanische Arbeit. Dazu sind Energiewandler notwendig, die natürliche Ressourcen nutzbar machen oder Energieformen ineinander umwandeln.
2. Es muss den Energiebedarf vor Ort decken können. Je größer und ausdifferenzierter eine Gesellschaft ist, desto mehr Bedeutung kommt dem Energietransport und der dafür notwendigen Infrastruktur zu.
3. Es muss eine zeitliche Übereinstimmung von Energieangebot und Energienachfrage herstellen. So weisen beispielsweise unterschiedliche Jahreszeiten einen unterschiedlichen Wärmebedarf auf. Die zeitliche Übereinstimmung setzt also Lagerhaltungs- und Verteilsysteme voraus.
4. Es muss Konflikte zwischen den einzelnen Nutzungsarten regulieren. So konkurrierten beispielsweise im Mittelalter Wald- und Weideflächen und damit die Holz- und die Nahrungsmittelproduktion. Derzeit setzt eine Konkurrenz zwischen Nahrungs- und Energiepflanzen auf den landwirtschaftlichen Anbauflächen ein.

Unser derzeitiges Energiesystem befindet sich in einer Krise, da seine Grundlage – der stetig wachsende Verbrauch natürlicher Ressourcen – an eine objektive Grenze gestoßen ist. Die sich daraus ergebende Zukunftsaufgabe eines nachhaltigen Energiesystems bewegt sich innerhalb eines politischen und eines ingenieurwissenschaftlichen Kontextes: Die politische Ebene beinhaltet die Schaffung eines gesellschaftlichen Ziele- und Wegekonsenses in der Energiepolitik, der ökonomische und ökologische Aspekte sowie die Verteilungsgerechtigkeit zwischen Nord und Süd berücksichtigt. Aufgabe von Wissenschaft und Technik ist es, in den nächsten Jahrzehnten eine überwiegend auf regenerativen Energieträgern basierende Energieversorgung aufzubauen.

1.1 Energie

Energie ist eine physikalische Größe, die den Zustand eines Systems beschreibt. Sie ist eine Erhaltungsgröße und damit in abgeschlossenen Systemen konstant. Im mechanischen Sinne ist Energie die Fähigkeit eines Systems, Arbeit zu verrichten. Die Einheit der Energie ist *Joule*, mit

$$1\,\mathrm{J} = 1\,\mathrm{Ws} = 1\,\mathrm{Nm} = 1\,\frac{\mathrm{kg}\cdot\mathrm{m}^2}{\mathrm{s}^2}.$$

Für bestimmte Anwendungsgebiete haben sich historisch auch andere Einheiten für die Energie entwickelt. So wird die elektrische Energie in Kilowattstunden oder der Brennwert von Lebensmitteln in Kalorien angegeben. Eine Kalorie (cal) bezeichnet die benötigte Energie, um ein Gramm Wasser um ein Kelvin zu erwärmen.[2] Große

[2] Umgangssprachlich wird der Begriff Kalorie sowohl für cal als auch für kcal = 1000 cal verwendet.

Energiemengen, beispielsweise zur Beschreibung von Kraftwerkskapazitäten, werden häufig in Tonnen Steinkohleeinheiten (tSKE) bilanziert. Eine Tonne Steinkohleeinheiten beschreibt die Wärmeenergie, die bei der Verbrennung von einer Tonne Steinkohle freigesetzt wird. Tab. 1.1 gibt die Umrechnungsfaktoren zwischen diesen Energieeinheiten an.

Tabelle 1.1 Umrechnungsfaktoren für verschiedene Energieeinheiten

	J	kcal	kWh	tSKE
1 J =	1	$0,239 \cdot 10^{-3}$	$0,278 \cdot 10^{-6}$	$0,034 \cdot 10^{-9}$
1 kcal =	$4,187 \cdot 10^{3}$	1	$1,16 \cdot 10^{-3}$	$0,143 \cdot 10^{-6}$
1 kWh =	$3,6 \cdot 10^{6}$	$0,86 \cdot 10^{3}$	1	$0,123 \cdot 10^{-3}$
1 tSKE =	$29,3 \cdot 10^{9}$	$7,0 \cdot 10^{6}$	$8,14 \cdot 10^{3}$	1

Energie tritt in unterschiedlichen Erscheinungsformen auf. Man unterscheidet

- mechanische Energie in Form von potentieller und kinetischer Energie,
- thermische Energie als Summe der ungeordneten Bewegungsenergie der Moleküle eines Stoffes,
- elektromagnetische Energie in Form von elektrischer oder magnetischer Feldenergie und elektromagnetischer Strahlungsenergie,
- Bindungsenergie in Form von chemischer und nuklearer Energie.

Die Energienutzung geht in der Regel mit einer Umwandlung von einer Energieform in eine andere einher. Energieformen lassen sich jedoch nicht beliebig ineinander überführen. Sie unterliegen dabei bestimmten Grenzen, die durch die Thermodynamik beschrieben werden. Der theoretische Hintergrund sowie die sich daraus ergebenden technischen Implikationen für Energiewandler sind Gegenstand von Kapitel 14 und sollen hier nicht weiter vertieft werden.

Der weltweite Energiebedarf wird heute überwiegend durch fossile Energieträger gedeckt. Sie stellen über einen langen erdgeschichtlichen Zeitraum in Form von chemischer Energie gespeicherte Strahlungsenergie der Sonne dar. Tab. 1.2 gibt den Energieinhalt einiger Energieträger in Form von Brennwerten wieder.

Tabelle 1.2 Typischer Brennwert einiger Energieträger

1 kg frisches Holz	9,4 MJ	1 kg Braunkohle	19,0 MJ
1 kg trockenes Holz	19,0 MJ	1 kg Steinkohle	31,0 MJ
1 m^3 Erdgas	40,0 MJ	1 l Heizöl	38,4 MJ
1 kg Erdgas	43,0 MJ	1 kg Heizöl	45,4 MJ

Die in den Energieträgern enthaltene Energie liegt i.a. nicht in der Form vor, in der sie genutzt werden soll. So werden Kohle und Rohöl, aber auch Wind und Sonnenstrahlung nicht direkt genutzt, sondern durch technische Prozesse beispielsweise in Elektrizität oder Kraftstoffe umgewandelt. Man unterscheidet daher zwischen Primärenergie, Endenergie und Nutzenergie.

→ Primärenergie, Endenergie und Nutzenergie

Primärenergie ist Energie in ihrem natürlichen, noch nicht technisch aufbereiteten Zustand, z.B. in Form von Kohle, Naturgas, Rohöl oder Wind. Endenergie bezeichnet die dem Verbraucher nach energiespezifischen Aufbereitungs- und Umwandlungsprozessen zugeführte Energie, beispielsweise in Form von Kohlebriketts, Erdgas, Benzin oder Elektrizität. Die Energienutzung durch den Verbraucher beinhaltet weitere Umwandlungsprozesse, die zur Nutzenergie in Form von Wärme, mechanischer Arbeit oder Licht führen.

Die Bedeutung dieser Begriffe soll an einem Beispiel illustriert werden. In Abb. 1.1 sind zwei Energieflussdiagramme dargestellt, die die Erwärmung von Wasser mittels eines Gas- und eines Elektroherds beschreiben. Die Nutzenergie besteht jeweils im Wärmeeintrag in das Wasser. Bei dem Gasherd ist die Primärenergie Naturgas, das nach Aufbereitung und Transport als Erdgas den Verbraucher erreicht. Bei dem Elektroherd wurde als Primärenergie Braunkohle angenommen, die mit einem durchschnittlichen Kraftwerkswirkungsgrad von 38 Prozent verstromt wird. Trotz des deutlich höheren Wirkungsgrads des einen Endgeräts – bei einem Elektroherd gehen 50 bis 60 Prozent der Wärme in das Wasser über, bei einem Gasherd nur 30 bis 40 Prozent – weist das andere die bessere Ausnutzung der Primärenergie auf.

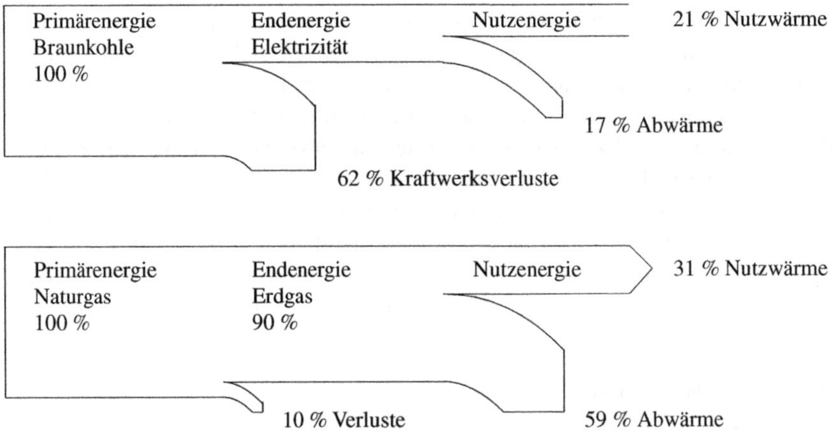

Abb. 1.1 Energieflussbild für einen Elektroherd (oben) und eine Gasherd (unten)

Abb. 1.2 zeigt, dass der weltweite Primärenergieverbrauch zu knapp einem Drittel durch Rohöl gedeckt wird, Braun- und Steinkohle tragen ein gutes Viertel, Naturgas ein Fünftel bei. Der Anteil regenerativer Energien liegt bei knapp 14 Prozent. Davon entfällt der überwiegende Anteil auf die traditionelle Nutzung von Biomasse als Brennholz in Entwicklungsländern. Der absolute Unterschied zwischen Primär- und Endenergieverbrauch ist überwiegend auf die Umwandlungsverluste bei der Elektrizitätsproduktion zurückzuführen.

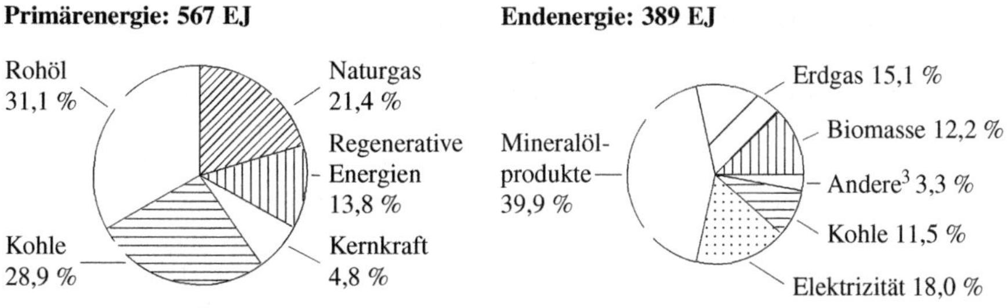

Abb. 1.2 Weltweiter Primär- und Endenergieverbrauch nach Energieträgern im Jahr 2013 [26]

Für Deutschland stellt sich ein vergleichbares Bild dar. In Abb. 1.3 ist neben der Aufteilung nach Energieträgern auch der Endenergieverbrauch nach Anwendungsnutzen aufgetragen. Schlüsselt man den Endenergieverbrauch in Deutschland nach Verbrauchergruppen auf, so erhält man eine grobe Viertelung des Verbrauchs in Verkehr (30 %), Industrie (29 %), private Haushalte (26 %) sowie Handel, Gewerbe und Dienstleistungen (15 %). Die Nutzung der Endenergie in den Verbrauchergruppen ist jedoch sehr heterogen: Während im Verkehrssektor die Endenergie fast ausschließlich in mechanische Energie zur Fortbewegung umgesetzt wird, dominiert in den privaten Haushalten die Beheizung von Wohnraum mit drei Viertel den Endenergieverbrauch.

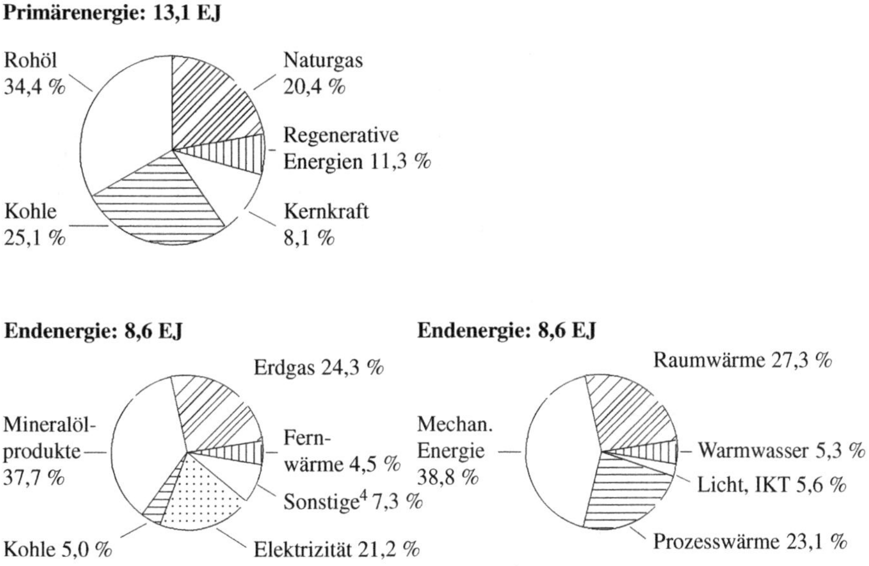

Abb. 1.3 Primär- und Endenergieverbrauch nach Energieträgern (links) und Endenergieverbrauch nach Anwendungsgebieten (rechts) für Deutschland im Jahr 2014, nach [11]

---

[3] insbesondere Nah- und Fernwärme

[4] Brennholz, Brenntorf, Klärschlamm und Müll

Da regenerative Energien beispielsweise als solare Wärme oder photovoltaisch erzeugter Strom direkt als Endenergie anfallen, ist eine Angabe des dahinterstehenden Primärenergieaufwands nicht ohne Weiteres möglich. Zur Berechnung des Primärenergieäquivalents regenerativer Energien werden zwei Verfahren angewandt:
Bei der *Substitutionsmethode* wird davon ausgegangen, dass eine regenerativ erzeugte Energieeinheit eine konventionell erzeugte ersetzt. Als Primärenergieäquivalent wird daher die Primärenergie des substituierten Brennstoffs angesetzt.
Bei der *Wirkungsgradmethode* wird bei Energieträgern, denen ein Heizwert zugeordnet werden kann, die eingesetzte Menge des Energieträgers mit dem Heizwert bewertet und als Primärenergieäquivalent herangezogen. Dies betrifft insbesondere die Biomasse. Für Energieträger, denen kein Heizwert zugeordnet werden kann, wird aus der Endenergie unter der Annahme eines Wirkungsgrads von 100 Prozent auf die Primärenergie geschlossen. Einer durch Wind- oder Wasserkraft erzeugten Einheit elektrische Energie steht also die gleiche Energieeinheit auf der Primärenergieseite gegenüber. Eine Ausnahme stellt die Kernenergie dar, bei der zur Berechnung des Primärenergieäquivalents ein pauschaler Wirkungsgrad von 33 Prozent angesetzt wird.
International hat sich die Wirkungsgradmethode weitgehend durchgesetzt. Sie ist auch die Grundlage der in den Abb. 1.2 und 1.3 angegebenen Werte. Die Annahme eines Wirkungsgrads von 100 Prozent für Wasser- und Windkraft sowie Solarenergie führt jedoch zu einer tendenziellen Unterrepräsentation regenerativer Energien in den Primärenergiestatistiken.

→ Weiterlesen

Globale Energiestatistiken werden jährlich von der Internationalen Energie Agentur (IEA) herausgegeben [26]. Energiestatistiken für Deutschland werden regelmäßig durch das Bundeswirtschaftsministerium veröffentlicht [11]. Die Entwicklung des Einsatzes regenerativer Energien findet sich in der Veröffentlichung *Erneuerbare Energien in Zahlen* des Bundeswirtschaftsministeriums wieder [10]. Alle Informationen sind auch online verfügbar.

1.2 Grundprobleme des globalen Energiesystems

Die Probleme des globalen Energiesystems lassen sich in den drei Punkten

- Endlichkeit der fossilen und nuklearen Energieträger
- Verteilung von Ressourcenquellen und -senken
- Emission klimarelevanter Treibhausgase

zusammenfassen. Jeder einzelne Problembereich beschränkt die Elastizität des Energiesystems und damit die Handlungsmöglichkeiten zukünftiger Generationen. Die sich innerhalb dieser Rahmenbedingungen stellende Zukunftsaufgabe eines nachhaltigen Energiesystems ist nur in einem globalen Kontext zu lösen. Bausteine dafür sind u.a. die Konferenz der Vereinten Nationen für Umwelt und Entwicklung (UNCED) sowie die Klimarahmenkonvention mit den Abkommen von Kyoto und Paris.

1.2.1 Begrenztheit der Ressourcen

Die Diskussion um die Endlichkeit der Energieträger fokussiert sich schon seit vielen Jahren besonders stark auf das Erdöl. Jedoch weisen auch die anderen fossilen sowie die nuklearen Energieträger eingeschränkte Verfügbarkeiten auf. Setzt man für die Zukunft einen gleichbleibenden Verbrauch und die in Abb. 1.2 dargestellte prozentuale Aufteilung der einzelnen Energieträger voraus, so lassen sich anhand der derzeit nachgewiesenen Reserven[5] die in Tab. 1.3 angegebenen globalen Reichweiten ableiten.

Tabelle 1.3 Reserven, Ressourcen und jährlicher Verbrauch fossiler und nuklearer Energieträger in EJ [7] sowie die daraus abgeleiteten Reichweiten (Stand 2014)

	Reserven	**Ressourcen**	**Verbrauch**	**Reichweite**
Konventionelles Erdöl	7.144	6.815	176	41 Jahre
Nicht-konventionelles Erdöl	2.005	11.779		
Konventionelles Erdgas	7.260	11.858	124	56 Jahre
Nicht-konventionelles Erdgas	258	20.441		
Stein- und Braunkohle	20.661	490.716	162	127 Jahre
Uran und Thorium	607	9.899	24	25 Jahre

Entscheidend für das weltweite Energiesystem ist jedoch nicht die theoretische Reichweite eines Energieträgers, sondern der Zeitpunkt, ab dem die Förderung beispielsweise von Erdöl die Nachfrage nicht mehr decken kann. Dieser Zeitpunkt hängt bei steigender Nachfrage stark von dem Erreichen des globalen Ölfördermaximums (peak-oil) ab. Es wird allgemein davon ausgegangen, dass das Maximum der konventionellen Ölförderung bereits überschritten wurde; lediglich die verstärkte Ausbeutung nicht-konventioneller Quellen wie Teersande oder Ölschiefer schiebt das globale Ölfördermaximum derzeit noch hinaus. Die meisten Förderländer haben ihr Ölfördermaximum bereits hinter sich: z.B. Großbritannien (1999), Norwegen (2001), Mexiko (2004). Ähnliche Untersuchungen lassen sich auch für Erdgas, Kohle und Kernbrennstoffe anstellen. Eine Verknappung und/oder Verteuerung der Energieträger wird also deutlich vor dem tatsächlichen Ende ihrer Reichweite auftreten. Allerdings gibt es auch gegenteilige Beispiele: so konnten die USA 2015 ihre

[5] Reserven bezeichnen die sicher nachgewiesenen und mit bekannter Technologie wirtschaftlich gewinnbaren Vorkommen. Darin nicht enthalten sind die als Ressourcen bezeichneten Vorkommen, die noch nicht wirtschaftlich zu fördern sind oder die aufgrund geologischer Indikatoren lediglich erwartet werden.

Erdölförderung auf den höchsten Wert seit 1971 steigern. Erreicht wurde dies durch die massive Ausbeutung nicht-konventioneller Quellen mittels Fracking. Fracking ist aufgrund seiner Umweltauswirkungen weltweit stark umstritten. Der Anteil des nicht-konventionellen Erdöls an der Gesamtförderung der USA ist in 2015 auf annähernd 50 Prozent gestiegen.

Die Zahlen aus Tab. 1.3 zeigen auch, dass – losgelöst von den Risiko- und Endlagerdiskussionen – die Kernenergie aufgrund ihrer Reichweite keine Alternative darstellt. Bei einem derzeitigen Anteil der Kernenergie am Weltenergiebedarf von knapp 5 Prozent beträgt die Reichweite der Kernbrennstoffe Uran und Thorium bei einem Einsatz in Leichtwasserreaktoren 25 Jahre. Wollte man den Anteil der Kernenergie verdoppeln, so würde sich die Reichweite entsprechend halbieren.

→ Wie groß sind die Welterdölreserven?

Nach Angaben der OPEC betragen die weltweiten Erdölreserven betragen 1.493 Milliarden Barrel [32]. Um sich diese Zahl vorstellbar zu machen, soll eine Umrechnung pro Kopf der Weltbevölkerung erfolgen. Bei gut 7,4 Milliarden Menschen betragen die Welterdölreserven jedes lebenden Menschen (und aller seiner noch nicht geborenen Nachfahren) 200 Barrel, was etwa 30.000 Litern entspricht.

1.2.2 Gerechtigkeit der Verteilung

Der weltweite Energieverbrauch und damit einhergehend auch die CO_2-Emissionen sind ungleichmäßig verteilt. Sie konzentrieren sich insbesondere auf Nordamerika und Europa. Tab. 1.4 gibt einen Überblick über den Primärenergieverbrauch unterschiedlicher Regionen und ihren Anteil an der Weltbevölkerung.

Tabelle 1.4 Bevölkerung, Primärenergieverbrauch und energiebedingte CO_2-Emissionen nach Regionen 2013 [26]

	Bevölkerung		**Energieverbrauch**		**CO_2-Emission**	
	in Mio.	anteilig	in EJ	anteilig	in Mt	anteilig
Welt	7.118	100 %	567	100 %	32.190	100 %
Afrika	1.111	16 %	31	5 %	1.075	3 %
Asien	3.991	56 %	233	41 %	14.917	46 %
- davon China	1.367	19 %	127	22 %	9.023	28 %
- davon Indien	1.250	18 %	32	6 %	1.864	5 %
Lateinamerika	608	9 %	36	6 %	1.662	5 %
Nordamerika	351	5 %	102	18 %	5.656	18 %
GUS	279	4 %	44	8 %	2.326	7 %
Europa, Japan, Ozeanien	778	11 %	121	21 %	6.554	20 %
- davon Deutschland	82	1,2 %	13	2,5 %	760	2,4 %

So sind beispielsweise 5 Prozent der Weltbevölkerung in Nordamerika für 18 Prozent des Weltenergieverbrauchs und CO_2-Ausstoßes verantwortlich. Umgekehrt haben Schwellenländer wie Indien noch einen deutlich geringeren Anteil am Weltenergieverbrauch, als es ihrem Anteil an der Weltbevölkerung entspricht. Die ökonomische Entwicklung der Schwellenländer mit z.T. zweistelligen jährlichen Wachstumsraten geht mit einem steigenden Energiebedarf einher und verschärft die Ressourcenproblematik zusätzlich. Bereits jetzt zeichnen sich wachsende Konflikte um den Zugang zu energetischen Ressourcen beispielsweise zwischen China und den USA in Afrika ab [1][35].

1.2.3 Klimawandel

Die Emission klimarelevanter Treibhausgase - und hier insbesondere das CO_2 - haben in den letzten 150 Jahren zu einem Konzentrationsanstieg von über 40 Prozent in der Erdatmosphäre geführt. Ausgehend von dem vorindustriellen Wert von 280 ppm ist die Konzentration 2015 erstmals über 400 ppm gestiegen. Abb. 1.4 zeigt die CO_2-Konzentration in der Erdatmosphäre über den Zeitraum der letzten 1000 Jahre. Die seit dem Beginn der Industrialisierung im 19. Jahrhundert anwachsende Verbrennung fossiler Energieträger führt zu einer kurzfristigen Freisetzung von CO_2, das über Jahrmillionen in Form von Kohle, Rohöl oder Naturgas in der Erdkruste eingeschlossen war. In Abb. 1.4 (rechts) sind die jahreszeitlichen Schwan-

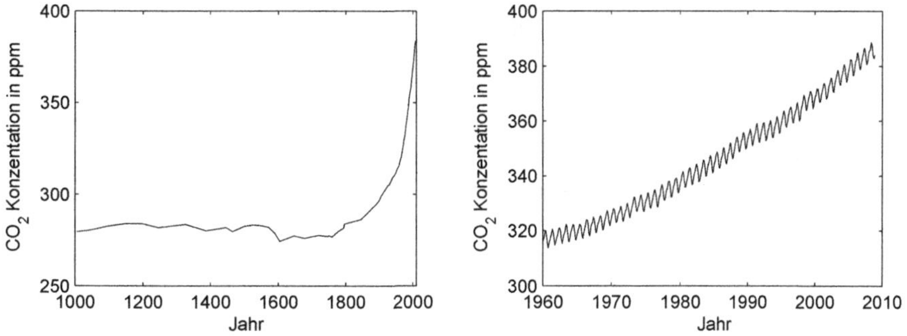

Abb. 1.4 CO_2-Konzentration in der Erdatmosphäre. Die Werte vor 1960 wurden auf der Basis von Eisbohrkernen ermittelt [14]. Nach 1960 sind mittlere jährliche (links) bzw. mittlere monatliche Messwerte (rechts) der Station Mauna Loa auf Hawaii aufgetragen [37][38].

kungen der Kohlenstoffaufnahme durch die Pflanzen deutlich zu erkennen. Daran lässt sich die Größenordnung der CO_2-Emissionen ermessen: Der anthropogene Anstieg der CO_2-Konzentration weniger Jahre entspricht inzwischen der jahreszeitlichen Schwankungsbreite von Kohlenstoffassimilation und -respiration, d.h. dem Atmen der gesamten Biomasse.

Neben dem CO_2 gibt es weitere klimarelevante Treibhausgase, insbesondere Methan (CH_4) und Lachgas (N_2O). Während CO_2, das für etwa 60 Prozent des anthropogenen Treibhauseffekts verantwortlich ist, überwiegend durch Prozesse im Energiesektor freigesetzt wird, werden Methan (ca. 20 Prozent des anthropogenen Treibhauseffekts) und Lachgas (ca. 5 Prozent des anthropogenen Treibhauseffekts) durch Landwirtschaft und Viehzucht verursacht. Diese weiteren Treibhausgase werden häufig entsprechend ihrer Klimawirksamkeit in CO_2-äquivalente umgerechnet und mit den CO_2-Emissionen zusammengefasst.[6] Der Energiesektor trägt insgesamt mit etwa 50 Prozent zur Emission klimarelevanter Treibhausgase bei.

Da die Erdatmosphäre die kurzwellige Sonnenstrahlung deutlich besser transmittiert als die langwellige Wärmestrahlung, führt eine Konzentrationserhöhung der Treibhausgase zu einer Verstärkung des Treibhauseffektes und damit zu einer Temperaturerhöhung auf der Erde. Der anthropogene Treibhauseffekt wird sich bis zum Ende des 21. Jahrhunderts nur dann auf eine durchschnittliche Temperaturerhöhung von 2 bis 4 Kelvin begrenzen lassen, wenn die Treibhausgasemissionen drastisch eingeschränkt werden. Dies ist wissenschaftlich inzwischen unbestritten. Ein solcher Temperaturanstieg wird als an der Grenze des Beherrschbaren angesehen, wenngleich auch er einen starken Einfluss auf das Klima nach sich ziehen wird. Zu erwarten sind u.a. Veränderungen in der Niederschlagsverteilung, Verschiebung von Klima- und Vegetationszonen, Degradationserscheinungen von Böden und daraus folgend eine Verschlechterung der Welternährung [22]-[24].

Die steigende CO_2-Konzentration in der Erdatmosphäre führt auch zu einer verstärkten Lösung von CO_2 in den Ozeanen. Dies bremst einerseits den Anstieg, da die Ozeane als CO_2-Senken wirken. Andererseits wird dadurch der pH-Wert des Meerwassers hin zu saureren Werten verändert – mit bisher noch nicht abzusehenden Konsequenzen für die Ökosysteme der Ozeane.

→ Weiterlesen

1988 wurde das Intergovernmental Panel on Climate Change (IPCC) vom Umweltprogramm der Vereinten Nationen (UNEP) und der Weltorganisation für Meteorologie (WMO) ins Leben gerufen. Seine Aufgabe ist es, den wissenschaftlichen Kenntnisstand zum Klimawandel zusammenzutragen, Folgen abzuschätzen und Lösungsstrategien zu entwickeln. Die Ergebnisse dieser Arbeit werden in Sachstandsberichten zusammengefasst, die als Stand der Wissenschaft auf dem Gebiet des Klimawandels gelten können. Der 5. Sachstandsbericht erschien zum Jahreswechsel2013/14 [22]-[24]. Ein *Synthesis Report* einschließlich einer *Summary for Policymakers* fasst die wesentlichen Ergebnisse zusammen [25].

Ein kurze und gut lesbare Einführung in den Themenkomplex gibt das Buch *Der Klimawandel* von S. Rahmstorf und H.J. Schellnhuber, beides Wissenschaftler am Potsdam-Institut für Klimafolgenforschung [33].

---

[6] Der (100 Jahre)-Äquivalenzfaktor für Methan beträgt 25, der für Lachgas 298 [22], d.h. 1 kg Methan hat über einen Zeitraum von 100 Jahren eine Klimawirksamkeit wie 25 kg CO_2.

Konkret bedeutet die Forderung nach einer drastischen Beschränkung der Treibhausgasemissionen, dass bis zum Jahr 2050 der weltweite CO_2-Ausstoß auf etwa 50 Prozent des Wertes von 1990 reduziert werden muss. Damit wäre eine Stabilisierung der CO_2-Konzentration in der Erdatmosphäre bei einem Wert von 450 ppm erreichbar, was nach derzeitigen Simulationen einer durchschnittlichen Temperaturerhöhung von 2 Kelvin bis zum Ende des Jahrhunderts entsprechen würde. Eine weitere wirtschaftliche Entwicklung der Schwellen- und Entwicklungsländer ist dabei nur möglich, wenn die Industriestaaten eine deutlich stärkere, in der Größenordnung von 80 Prozent liegende Reduktion ihres CO_2-Ausstoßes vornehmen.

1.2.4 Lösungsansätze

Die Lösung der drei in den vorangegangenen Kapiteln genannten Problemkomplexe ist nur in einem globalen Kontext möglich. Die dafür notwendigen politischen Entscheidungsprozesse verlaufen nicht immer linear und entlang der wissenschaftlichen Erkenntnisse. Häufig sind Kompromisse zu schließen oder Partikularinteressen dominieren bzw. blockieren den Entscheidungsprozess. Im Folgenden werden drei wichtige Schritte auf dem Weg zu einem nachhaltigen Energiesystem vorgestellt und diskutiert: Auf internationaler Ebene die UNCED-Konferenz und die Klimarahmenkonvention der Vereinten Nationen sowie auf bundesdeutscher Ebene das Erneuerbare-Energien-Gesetz.

UNCED-Konferenz und Nachhaltigkeitsdiskurs

1992 fand in Rio de Janeiro die Konferenz der Vereinten Nationen über Umwelt und Entwicklung (United Nations Conference on Environment and Development) statt. Die Konferenz formulierte im Rahmen ihrer Abschlusserklärung [28] das Ziel einer nachhaltigen Entwicklung[7] der Erde. Dabei bezeichnet *Nachhaltigkeit* eine Entwicklung, die

- im Rahmen des von der Umwelt Verkraftbaren verbleibt,
- die Lebenschancen zukünftiger Generationen nicht schmälert sowie
- einen Ausgleich zwischen Nord und Süd herbeiführt.

Gleichzeitig wurden Versuche zur politischen Umsetzung unternommen, die über die bisher praktizierte staatliche Umwelt- und Entwicklungspolitik hinausgehen. Neben der Verabschiedung der Klimarahmenkonvention, die u.a. zum Kyoto-Abkommen führte, wurde mit der *Agenda 21* ein Aktionsprogramm für das 21. Jahr-

---

[7] Der Begriff der Nachhaltigkeit stammt ursprünglich aus der Forstwirtschaft und bezeichnet eine Waldbewirtschaftung, die lediglich den jährlichen Holzzuwachs nutzt. Seit den 70er Jahren des letzten Jahrhunderts wird der Begriff auch auf den Bereich der Umwelt- und Entwicklungspolitik übertragen und ist heute zum zentralen Schlagwort der Zukunftsdiskussion geworden. Die Begriffe *nachhaltig* und *zukunftsfähig* werden daher oft synonym verwendet.

hundert verabschiedet, zu dessen Umsetzung sich über 170 Regierungen verpflichteten [29]. Diese hohe Zustimmung wurde jedoch durch rechtlich unverbindliche Formulierungen ermöglicht, so dass sich die Agenda 21 besser als ein Orientierungsrahmen gesellschaftlicher Entwicklung charakterisieren lässt. Als wichtigste Handlungsfelder werden u.a. die Armutsbekämpfung, der Schutz der Erdatmosphäre, der Erhalt und die Bewirtschaftung von Ressourcen wie Wasser, Fläche und Boden sowie der Erhalt der biologischen Vielfalt benannt. Die Agenda 21 weist insbesondere den Kommunen eine entscheidende Rolle bei der Umsetzung der Ziele zu und fordert eine umfassende Beteiligung der Öffentlichkeit sowie von Nichtregierungsorganisationen ein.

Die Agenda 21 wurde im Jahr 2000 von den Vereinten Nationen durch acht globale Entwicklungsziele ergänzt. Diese *Millenium Development Goals* hatten insbesondere die Bekämpfung von Armut und schlechten Lebensbedingungen zum Ziel und sollten bis 2015 erreicht sein [42]. Sie wurden durch die 2015 verabschiedeten *Sustainable Development Goals* für das Jahr 2030 abgelöst [43]. Für den Energiebereich relevant sind die unter dem Punkt Sieben zusammengefassten Unterziele:

> By 2030, ensure universal access to affordable, reliable and modern energy services.
> By 2030, increase substantially the share of renewable energy in the global energy mix.
> By 2030, double the global rate of improvement in energy efficiency.
> By 2030, enhance international cooperation to facilitate access to clean energy research and technology, including renewable energy, energy efficiency and advanced and cleaner fossil-fuel technology, and promote investment in energy infrastructure and clean energy technology.
> By 2030, expand infrastructure and upgrade technology for supplying modern and sustainable energy services for all in developing countries, in particular least developed countries, small island developing States, and land-locked developing countries, in accordance with their respective programmes of support.

Die Berücksichtigung von Aspekten der Nachhaltigkeit beinhaltet einen Perspektivwechsel von Politik, da politische Entscheidungen nicht aus der Perspektive der jetzigen, sondern aus der Perspektive zukünftiger Generationen getroffen werden müssen. Die Entwicklung von lokalen oder staatlichen Nachhaltigkeitsstrategien setzt messbare Ziele voraus, die häufig in Form von Nachhaltigkeitsindikatoren abgebildet werden. Auf Bundesebene hat erstmals die im Jahr 2002 verabschiedete Nachhaltigkeitsstrategie der Bundesregierung Indikatoren festgelegt und mit Zielwerten hinterlegt. Die Nachhaltigkeitsstrategie der Bundesregierung wurde seitdem mehrfach evaluiert und fortgeschrieben. 2016 erfolgte eine vollständige Überarbeitung, u.a. zur Anpassung an die Sustainable Development Goals [12]. Der Energiebereich wird durch die in Tab. 1.5 aufgeführten Indikatoren wiedergegeben.

Nachhaltigkeit als globaler Orientierungsrahmen gesellschaftlicher Entwicklung ist jedoch nicht unumstritten. Kritiker sehen in dem Nachhaltigkeitsdiskurs lediglich eine Ablösung des Entwicklungsdiskurses: Der Entwicklungsdiskurs mit seinem Versprechen einer weltweiten Entwicklung nach dem Vorbild der industrialisierten Länder habe sich an den „Grenzen des Wachstums" totgelaufen. Insofern wird der Nachhaltigkeitsdiskurs als Strategie angesehen, die ökologischen und sozialen Kosten der Globalisierung bezahlbar und moralisch durchsetzbar zu machen, ohne dass die tatsächlichen Machtverhältnisse dabei thematisiert werden [13][36].

Tabelle 1.5 Energiebezogene Nachhaltigkeitsindikatoren und ihre Zielwerte gemäß der Nachhaltigkeitsstrategie der Bundesregierung sowie der aktuelle Stand [12]

Indikator	Zielwert	Istwert
Energieproduktivität	+100 % bis 2020 Basisjahr 1990	+56,2 % (2015) Basisjahr 1990
Verminderung der Treibhausgasemissionen	-40 % bis 2020 Basisjahr 1990	-27,8 % (2015) Basisjahr 1990
Anteil erneuerbarer Energien am Endenergieverbrauch	18 % bis 2020 60 % bis 2050	13,7 % (2014)
Anteil erneuerbarer Energien am Stromverbrauch	40 % bis 2025 80 % bis 2050	32,6 % (2015)

Kyoto-Protokoll und Klimaschutzabkommen von Paris

Die 3. Vertragsstaatenkonferenz der Klimarahmenkonvention verabschiedete 1997 das Kyoto-Protokoll. Darin wurden erstmals konkrete Reduktionsziele für die wichtigsten klimarelevanten Treibhausgase und für unterschiedliche Staatengruppen festgeschrieben sowie Instrumente für einen Handel mit Emissionen vorgesehen. Insgesamt hatten sich die Industriestaaten vertraglich verpflichtet, ihre Emissionen klimarelevanter Treibhausgase bis 2012 um mindestens 5,2 Prozent unter das Niveau von 1990 zu senken. Dabei wurden je nach Ausgangslage unterschiedliche Reduktionsziele für die einzelnen Staaten festgelegt (vgl. Tab. 1.6). Insbesondere der Transformationsprozess der osteuropäischen Industrien hatte im Jahr der Verabschiedung in den betroffenen Staaten bereits zu einem deutlichen Rückgang der Emissionen im Vergleich zu 1990 geführt – so auch in Deutschland.
Neben den Reduktionszielen wurden drei Mechanismen definiert, über die Staaten ihre Reduktionsverpflichtungen in anderen Staaten erbringen können:

- Emissionshandel zwischen Industrieländern,
- Klimaschutzprojekte zwischen Industrieländern und
- Klimaschutzprojekte zwischen Industrie- und Entwicklungsländern.

Dahinter stand einerseits das Ziel, Emissionen handelbar zu machen und damit als Kosten zu internalisieren. Andererseits sollten dadurch Klimaschutzprojekte dort gefördert werden, wo sie – bezogen auf die Investitionssumme – den größten Effekt erzielen. Ein weiterer Mechanismus erlaubte bis zu einer bestimmten Obergrenze die Anrechnung von CO_2-Senken auf die eigenen Reduktionsverpflichtungen. Dabei handelt es sich beispielsweise um Projekte zur Wiederaufforstung, mit denen atmosphärisches CO_2 in Biomasse eingebunden wird.
Das Kyoto-Protokoll war nur als ein erster Schritt zur Reduzierung der Emission klimarelevanter Treibhausgase. Auf der einen Seite war das Inkrafttreten des Protokolls ein Beleg für die Handlungsfähigkeit der internationalen Staatengemeinschaft angesichts des Klimawandels und für den Stellenwert, den dieser einnimmt. Auf der anderen Seite waren die vereinbarten Reduktionsziele von 5,2 Prozent bis 2012 für die Industriestaaten niedrig und wurden durch eine Steigerung der Emissionen in

Tabelle 1.6 Emissionen im Basisjahr 1990, Emissionsänderungen gemäß Kyoto-Protokoll und derzeit tatsächlich erreichte Emissionsänderungen ohne Anrechnung von Senken [39]

	Emissionen (1990) Mio t CO_2-äquivalente	**Emissionsänderung** Kyoto-Ziel 2012	**Emissionsänderung** Ist 2012
USA	6.161	-7,0 %	+3,6 %
EU	4.249	-8,0 %	-14,8 %
Rußland	3.350	±0,0 %	-31,5 %
Japan	1.266	-6,0 %	+6,1 %
Deutschland	1.246	-21,0 %	-24,6 %
Ukraine	929	±0,0 %	-56,2 %
Großbritannien	772	-12,5 %	-24,1 %
Kanada	589	-6,0 %	+17,5 %

den Entwicklungs- und Schwellenländern kompensiert. Darüber hinaus beruhte der Rückgang der Emissionen in den Industrieländern überwiegend auf Sondereffekten im Ostblock und weniger auf eigenen Klimaschutzbemühungen.
Die internationalen Verhandlungen über ein Nachfolgeabkommen im Rahmen der UN-Weltklimakonferenz waren zunächst von Rückschlägen gekennzeichnet. Insbesondere auf der 15. Weltklimakonferenz 2009 in Kopenhagen traten die unterschiedlichen Vorstellungen deutlich zu Tage: Schwellenländer wie China und Indien lehnten eine Begrenzung der CO_2-Emissionen zwar nicht grundsätzlich ab, forderten aber von den Industrieländern einen deutlich größeren Beitrag ein, als diese zu leisten bereit waren. Auf der 18. Weltklimakonferenz 2012 in Doha wurde als Minimalkonsens eine weitgehend unverbindliche Verlängerung des Kyoto-Protokolls bis 2020 beschlossen. Erst auf der 21. Weltklimakonferenz 2015 in Paris wurde ein neues Klimaabkommen verabschiedet. Es sieht vor, die Erderwärmung auf deutlich unter 2 Kelvin, nach Möglichkeit auf 1,5 Kelvin, zu beschränken. Um dieses Ziel zu erreichen, sollen die globalen Nettotreibhausgasemissionen zwischen 2045 und 2060 auf Null zurückgefahren werden. Die Nettotreibhausgasemissionen ergeben sich aus den tatsächlichen Emissionen abzüglich der Senken wie CCS (vgl. Kap. 1.4.4) oder einer erhöhten CO_2-Aufnahme der Biosphäre. Das Klimaabkommen von Paris muss aufgrund seiner konsequenten Zielsetzung und der hohen internationalen Zustimmung als wegweisend eingestuft werden. Allerdings wurde diese hohe Zustimmung durch den Verzicht auf Sanktionsmechanismen erkauft. 178 Regierungen haben das Abkommen unterschrieben, nach der Ratifizierung durch mindestens 55 Staaten, die zusammen für 55 Prozent der Treibhausgasemissionen verantwortlich sind, ist das Abkommen am 4. November 2016 in Kraft getreten.

Erneuerbare-Energien-Gesetz (EEG)

Die internationalen Vereinbarungen spiegeln sich auf nationaler Ebene wider. Die aktuellen Klimaschutzziele der deutschen Bundesregierung beinhalten eine Reduktion des CO_2-Ausstoßes um 40 Prozent bis zum Jahr 2020 und um 80 bis 95 Prozent bis zum Jahr 2050 – jeweils im Vergleich zu 1990. Dies soll vor allem durch einen starken Ausbau der regenerativen Energien erreicht werden. Ziel ist für das Jahr 2025 ein Anteil regenerativer Energien am Strombedarf von 40 bis 45 Prozent (2015: 32,6 Prozent) und am gesamten Endenergiebedarf von 18 Prozent (2014: 13,7 Prozent) [10]. Die Umsetzung der Ausbauziele soll durch ein Markteinführungsprogramm für regenerative Energien erreicht werden. Kernpunkt ist das im Jahr 2000 verabschiedete und zuletzt 2016 novellierte Erneuerbare-Energien-Gesetz (EEG), das aus dem bereits 1991 verabschiedeten Stromeinspeisegesetz hervorgegangen ist. Das EEG startete im Jahr 2000 mit vier wesentlichen Maßnahmen:

- Vorrang für regenerative Energien: Anlagen zur Erzeugung regenerativer Energien sind bevorzugt an das Netz anzuschließen und die elektrische Energie ist vorrangig abzunehmen und zu vergüten. Bei Überkapazitäten ist die Energieerzeugung konventioneller Kraftwerke zu verringern.
- Kostendeckende Einspeisevergütung: über eine Zeitraum von 20 Jahren wird eine feste Einspeisevergütung gewährt, deren Höhe kostendeckend ist und von der Art der eingesetzten Technologie abhängt.
- Umlagefinanzierung: Die durch die kostendeckende Einspeisevergütung entstehenden Mehrkosten werden auf alle Stromabnehmer umgelegt.
- Degression der Einspeisevergütung: Die gezahlte Einspeisevergütung verringert sich mit jedem Jahr, das die Anlage später in Betrieb genommen wird. Die Höhe der Degression orientiert sich am technischen Fortschritt und wird regelmäßig vom Gesetzgeber angepasst.

Mit diesen Maßnahmen konnte privates Kapital mobilisiert und der Anteil regenerativer Energien im Elektrizitätssektor kontinuierlich gesteigert werden (vgl. Abb. 11.1). Das wachsende Marktvolumen hatte eine stürmische Weiterentwicklung sowohl der eingesetzten Technologien als auch der Produktionsverfahren zur Folge. Das damit einhergehende Sinken der Produktionskosten wurde durch die Degression der Einspeisevergütung zum Großteil abgeschöpft und gleichzeitig stimuliert. Dadurch näherte sich die Einspeisevergütung immer stärker dem Marktpreisniveau an. Der Erfolg des deutschen Markteinführungsprogramms führte in vielen europäischen Staaten zu ähnlichen, auf Einspeisegesetzen basierenden Regelungen, so z.B. in den Niederlanden, Dänemark, Frankreich, Spanien oder Portugal.

Anfang der 2010er Jahre begann das EEG an seine Grenzen zu stoßen: Einerseits setzt ein Vorrang für regenerative Energien und eine kostendeckende Einspeisevergütung voraus, dass die erzeugte Energie auch vollständig vom Netz aufgenommen werden kann. Dies war sowohl im Bereich der Windenergie als auch der Photovoltaik nicht mehr der Fall (vgl. Kap. 11), d.h. ein Abregeln regenerativer Erzeugungsanlagen war immer öfter aus Gründen der Netzstabilität notwendig. Andererseits führte eine zu langsame Degression bei der Photovoltaik zu Fehlsteuerungen und damit nicht zu einem kostenoptimalen Ausbau der erneuerbaren Energien. Die 2016 verabschiedete Novelle des EEG verzichtet daher weitgehend auf eine staatlich festgesetzte Einspeisevergütung. An ihre Stellen treten für Windkraft, Photovoltaik und Biomasse wettbewerbliche Ausschreibungsverfahren zur Ermittlung der weiterhin auf 20 Jahre festen Einspeisevergütung. Lediglich kleine Photovoltaikanlagen mit einer Leistung < 750 kW sind davon ausgenommen.

1.3 Szenarien einer zukünftigen Entwicklung

Die Diskussion über die zukünftige Entwicklung der Menschheit – und hier insbesondere die Aspekte der Umwelt und der Ressourcen – wurde in den vergangenen Jahrzehnten durch zwei wissenschaftliche Studien geprägt. Den Auftakt machte 1972 die Veröffentlichung *Die Grenzen des Wachstums* durch den Club of Rome, einer internationalen Denkfabrik zu Zukunftsfragen [31]. Die Studie untersuchte die Wechselwirkung von Industrialisierung, Bevölkerungswachstum, Welternährung sowie Umwelt- und Ressourcenverbrauch für eine Reihe unterschiedlicher Grundannahmen. Die Schlussfolgerung der Autoren

> If the present growth trends in world population, industrialization, pollution, food production, and resource depletion continue unchanged, the limits to growth on this planet will be reached sometime within the next one hundred years. The most probable result will be a rather sudden and uncontrollable decline in both population and industrial capacity.

sorgte für Aufsehen, da sie die Tragfähigkeit des westlichen Entwicklungsmodells grundsätzlich in Frage stellte. Auf einer wesentlich breiteren Datenbasis erschien 1980 die von US-Präsident Carter in Auftrag gegebene Studie *Global 2000*, die Szenarien bis zur Jahrtausendwende entwickelte [2]. Ihre Einschätzung der zukünftigen Entwicklung fassen die Autoren wie folgt zusammen:

> If present trends continue, the world in 2000 will be more crowded, and more vulnerable to disruption than the world we live in now. Serious stresses involving population, resources, and environment are clearly visible ahead. Despite greater material output, the world's people will be poorer in many ways than they are today.

Wenngleich der Großteil der aufgezeigten Szenarien auf Grund der z.T. extremen Grundannahmen nicht eingetreten ist, haben beide Studien die zentralen globalen Problemfelder herausgearbeitet und Handlungsmöglichkeiten aufgezeigt.

1.3.1 Energiepotentiale

Um den möglichen Beitrag eines Primärenergieträgers zur Energieversorgung abschätzen zu können, unterscheidet man unterschiedliche Potentialbegriffe:
Das *theoretische Potential* bezeichnet die physikalisch maximal erschließbare Energiemenge eines Energieträgers oder einer Energiequelle. Dabei können theoretisch maximale Umwandlungswirkungsgrade sowie Technologien vorausgesetzt werden, die zwar noch nicht konkret vorliegen, aber mit den derzeitigen natur- und ingenieurwissenschaftlichen Grundlagen begründet werden können. Das *technische Potential* schränkt das theoretische Potential hinsichtlich des Stands der Technik, derzeit erreichbarer Wirkungsgrade sowie Standortverfügbarkeiten und produktionstechnischer Beschränkungen ein. Das *wirtschaftliche Potential* begrenzt das technische Potential hinsichtlich ökonomischer Randbedingungen. Das *Erwartungspotential* schließlich bezieht sich immer auf einen bestimmten Zeitraum und ergibt sich

aus dem wirtschaftlichen Potential unter der Berücksichtigung von Markteinführungsgeschwindigkeiten und anderer Hemmnisse wie z.B. Informationsdefiziten.

→ Technisches Potential der regenerativen Energien in Deutschland

Die folgende Tabelle gibt das technische Potential verschiedener regenerativer Energieträger in Deutschland an (nach [16][17]).

Energieträger	Leistung in GW	Volllaststunden	Ertrag in TWh
Photovoltaik	400	975	390
Windenergie onshore	200	1.800	360
Windenergie offshore	85	3.500	300
Wasserkraft	5	4.500	21
Biomasse	–	–	335
Solarthermie	2.000	–	–

Für Photovoltaik, Wind- und Wasserkraft wurden geeignete Potentialflächen ermittelt und die darauf installierbaren Leistungen errechnet. Mit typischen Volllaststunden für die einzelnen Technologien ergibt sich dann der angegebenen Jahresertrag für Deutschland. Bei den Werten für Photovoltaik und Solarthermie wurden nur geeignete Dach-, Fassaden-, Siedlungs- und Verkehrsflächen im Gesamtumfang von 2.800 km^2berücksichtigt. Die beiden Technologien stehen dabei in Flächenkonkurrenz zueinander, d.h. es kann maximal entweder 400 GW Photovoltaik oder 2.000 GW Solarthermie installiert werden. Für die verfügbare Biomasse wurde nicht nach Einsatzgebiet unterschieden; der angegebene Wert kann als das nachhaltige Biomassepotential in Deutschland betrachtet werden.

Die einzelnen Potentialbegriffe sollen zunächst am Beispiel der Wasserkraft verdeutlicht werden. Das theoretische Potential der Wasserkraft bezeichnet die potentielle Energie aller Gewässer eines Gebietes. In der Regel ist die geodätische Fallhöhe aus geologischen und/oder ökologischen Gründen nicht vollständig nutzbar. Zusätzlich schränken reale Umwandlungswirkungsgrade und Anlagenverfügbarkeiten das theoretische Potential weiter ein. Das technische Potential macht daher schätzungsweise 20 bis 35 Prozent des theoretischen Potentials aus [20]. Das wirtschaftliche Potential realisiert den Anteil des technischen Potentials, der eine ähnliche Amortisation des eingesetzten Kapitals verspricht wie andere Energieträger. Da insbesondere größere Wasserkraftanlagen einen langen Planungsvorlauf haben, liegt das Erwartungspotential in der Regel unter dem wirtschaftlichen Potential. Das theoretische Wasserkraftpotential der Erde liegt bei etwa 40.000 TWh/a. Davon können nach [20] 14.300 TWh/a als technisches und 8.200 TWh/a als wirtschaftliches Potential eingestuft werden (siehe auch Kapitel 3.5.4). Die jährliche Stromerzeugung mittels Wasserkraft liegt bei etwa 3.900 TWh [26].
Abschließend soll das theoretische Potential der Photovoltaik illustriert werden: Die mittlere jährliche Einstrahlung beträgt in sonnenreichen Regionen ca. 2.000 kWh/m^2. Geht man mit den Ergebnissen von Kapitel 14.10.3 von einem theoretisch begründbaren Systemwirkungsgrad von 14 Prozent aus, so lässt sich der Endener-

giebedarf der Welt, Europas und Deutschlands mit den in Abb. 1.5 eingezeichneten Flächen decken.

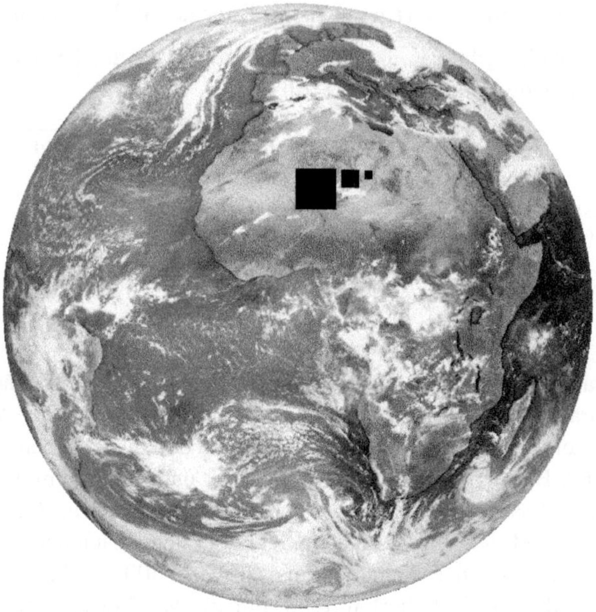

Abb. 1.5 Zur Illustration des theoretischen Potentials der Photovoltaik: Benötigte Flächen für eine Deckung des Primärenergiebedarfs der Welt, Europas und Deutschlands mittels Photovoltaik (Foto: ESA, Meteosat-2)

Die vier Potentialbegriffe sind an unterschiedlichen Stellen von Bedeutung: Investitionsentscheidungen der Industrie werden sich am wirtschaftlichen bzw. Erwartungspotential orientieren. Große Unterschiede zwischen technischem und wirtschaftlichem Potential (wie beispielsweise bei der Solarthermie) weisen auf die Notwendigkeit energiepolitischer Maßnahmen wie Markteinführungsprogramme hin. Große Unterschiede zwischen theoretischem und technischem Potential (wie beispielsweise bei der Tiefengeothermie) belegen die Notwendigkeit einer verstärkten Forschungsförderung.

1.3.2 Szenarien und Prognosen

Szenarien sind komplexe Modellrechnungen unter bestimmten Randbedingungen. Während Prognosen die wahrscheinliche Zukunft zum Gegenstand haben, geben Szenarien eine mögliche Zukunft wieder. Energieszenarien haben die Aufgabe, die Auswirkungen von Handlungsalternativen auf die Energieversorgung aufzuzeigen.

Aus ihnen lassen sich Handlungsnotwendigkeiten, aber auch Gestaltungsspielräume ableiten.
Die den Energieszenarien zu Grunde liegenden Modelle basieren auf einer Reihe von Annahmen über die zukünftige Entwicklung, wie beispielsweise

- Annahmen über die sozioökonomische Entwicklung, wie Wirtschafts- und Bevölkerungswachstum, Konsumverhalten oder Mobilität;
- Annahmen über die politische Entwicklung, wie die zukünftige Rolle globaler Institutionen oder die Regionalisierung von Handlungsräumen;
- Annahmen über die technische Entwicklung, wie Verbesserung der Energieeffizienz im Kraftwerkspark oder Flottenverbräuche von PKW bzw. LKW;
- Annahmen über die Rohstoffverfügbarkeit und ihre Preisentwicklung.

Zusätzlich sind Randbedingungen festzulegen. Diese können politischer Natur sein, wie der Ausstieg aus der Kernenergie oder die Förderung bestimmter Formen der Energiewandlung. Die Randbedingungen können aber auch als Zielvorgaben formuliert sein, wie beispielsweise eine Reduktion des CO_2-Ausstoßes um 80 Prozent. Häufig wird ein *Referenzszenario* parallel gerechnet, das als Randbedingung „business as usual“, d.h. eine Fortsetzung der bisherigen Energiepolitik, enthält. In den folgenden Abschnitten werden verschiedene aktuelle Energieszenarien kurz vorgestellt.

World Energy Outlook

Der *World Energy Outlook* ist eine jährlich von der Internationalen Energieagentur (IEA) herausgegebene Studie zur Zukunft der weltweiten Energieversorgung [27]. Sie enthält insbesondere ein jährlich aktualisiertes Referenzszenario bis zum Jahr 2030 (ab 2012 bis 2035), das von einem weiterhin überwiegend auf fossilen Energieträgern basierenden Energiesystem ausgeht. Die Ergebnisse dieses Szenarios sind einerseits eine dramatische Verstärkung des Klimawandels mit einem durchschnittlichen Temperaturanstieg von 3,6 °C bis zum Ende des Jahrhunderts. Andererseits ist eine ungebremste Nachfrage nach fossilen Energieträgern nur durch massive Investitionen in Prospektion, Erschließung und Fördertechnik insbesondere hinsichtlich unkonventioneller Vorkommen wie Teersande und Schiefergas zu decken.
Im World Energy Outlook 2008 wurden erstmals Szenarien entwickelt, den Klimawandel auf eine Konzentration von 450 bzw. 550 ppm CO_2-Äquivalente in der Atmosphäre zu begrenzen. Damit verbunden wäre ein durchschnittlicher Temperaturanstieg von 2 bzw. 3 °C bis zum Ende des Jahrhunderts. Der dazu notwendige politische Rahmen beinhaltet einen weltweiten Ausbau des Emissionshandels, eine frühzeitige Einbindung von China und Indien in die Reduktionsbemühungen sowie neben dem Ausbau von regenerativen Energien und Kernenergie die großtechnische CO_2-Abtrennung bei Kohlekraftwerken.

Energie[R]evolution

Ende 2008 veröffentlichten Greenpeace International und der europäische Dachverband für Erneuerbare Energien (EREC) das *Energie[R]evolution* Szenario für den Zeitraum bis 2050 [15]. Das Szenario hat die Zielvorgabe, den weltweiten CO_2-Ausstoß bis 2050 um mindestens 50 Prozent unter den Wert von 1990 zu reduzieren bei gleichzeitigem weltweiten Ausstieg aus der Kernenergie.
Um dieses Ziel zu erreichen, werden folgende Maßnahmen vorgeschlagen: Zunächst sind die Möglichkeiten zur Energieeffizienzsteigerung weitestgehend auszuschöpfen, um den Primärenergieverbrauch annähernd konstant zu halten. Gleichzeitig müssen alle kosteneffektiven regenerativen Energien zur Wärmebereitstellung und Stromerzeugung sowie in Form von Biokraftstoffen herangezogen werden. Der Stromerzeugung kommt bei der Nutzung der regenerativen Energien eine Vorreiterrolle zu: Im Jahr 2050 soll ihr Anteil rund 77 Prozent betragen. Die im Vergleich zu herkömmlichen Brennstoffen höheren Kosten werden größtenteils durch eine Senkung des Strombedarfs aufgrund von Effizienzsteigerungen wieder aufgefangen. Insgesamt stellen die regenerativen Energien im Jahr 2050 einen Anteil von 56 Prozent des Primärenergieverbrauchs.
Das Energie[R]evolution Szenario versteht sich durchaus als Gegenentwurf zu dem World Energy Outlook, dessen konservative Einschätzung der zukünftigen Rolle der regenerativen Energien und Fixierung auf fossile Energieträger kritisiert wird.

Zukunftsfähiges Deutschland

Bereits 1995 stellten der Umweltverband BUND und das kirchliche Hilfswerk MISEREOR die in ihrem Auftrag durch das Wuppertal Institut für Klima, Umwelt und Energie erstellte Studie *Zukunftsfähiges Deutschland* vor [5]. Die Studie geht von dem Gerechtigkeitsbegriff der Agenda 21 aus, der jede Generation verpflichtet, zukünftigen Generationen eine intakte Natur zu hinterlassen und jedem Menschen das gleiche Recht einräumt, die globalen Umweltressourcen zu nutzen. Daraus leitet sich das Konzept des Umweltraums ab, der jeder Gesellschaft zur nachhaltigen Nutzung zur Verfügung steht. Der Umweltraum ergibt sich aus der Trag- und Regenerationsfähigkeit der lokalen Ökosysteme und Ressourcen.
Die Studie kommt zu dem Ergebnis, dass das Niveau des Ressourcenverbrauchs und der Emissionen Deutschlands weit über den zur Verfügung stehenden Umweltraum hinausgeht. Sollen die natürlichen Lebensgrundlagen erhalten bleiben und eine international gerechte Verteilung der Lebenschancen erreicht werden, müssen wesentliche Ressourcenverbräuche und Emissionen bis 2050 um 80 bis 90 Prozent reduziert werden. In der Studie wurden Indikatoren als Maßgrößen für den Umweltraum entwickelt und mit Zielwerten hinterlegt. Im Mittelpunkt der Studie stehen jedoch Leitbilder für den Veränderungsprozess der Gesellschaft. Diese Leitbilder sind überwiegend qualitativer Natur und an christlich-humanistischen Werten orientiert. Sie verstehen sich als Gestaltungsentwürfe für unterschiedliche gesellschaftliche Ak-

teure, wie z.B. Unternehmer, Konsumenten oder Bewohner von städtischen oder ländlichen Regionen.
2008 erschien eine vollständig überarbeitete Neuausgabe der Studie Zukunftsfähiges Deutschland [6]. Darin wird die Entwicklung hinsichtlich der Indikatoren und ihrer Zielwerte seit dem Erscheinen der ersten Studie reflektiert. Trotz starker Abweichungen der realen Entwicklung von den kurzfristigen Zielwerten verzichtet die Neuausgabe der Studie auf eine Anpassung der Zielwerte. Vielmehr stehen auch hier wieder die Formulierung gesellschaftlicher Leitbilder im Vordergrund.

Wege zur 100 % Erneuerbaren Stromversorgung

Im Jahr 2010 veröffentlichte der Sachverständigenrat für Umweltfragen – ein Expertengremium, das die Bundesregierung berät – das Sondergutachten *Wege zur 100 % Erneuerbaren Stromversorgung* [34]. Auf der Basis einer detaillierten Potentialanalyse der regenerativen Energiequellen zur Stromerzeugung in Deutschland, Europa und Nordafrika werden unterschiedliche Szenarien entwickelt, die strenge Anforderungen des Naturschutzes berücksichtigen. Die Szenarien unterscheiden sich in der Höhe der Elektrizitätsnachfrage für das Jahr 2050 (zwischen 500 und 700 TWh/a in Deutschland) sowie dem Grad des Austauschs und der Vernetzung mit den Nachbarländern. Sie reicht von einer vollständigen Selbstversorgung Deutschlands ohne jeden Austausch bis zur Möglichkeit des Stromaustausches mit Europa und Nordafrika. Dabei wird ein maximaler Nettoimport von 15 Prozent der nationalen Stromerzeugung angenommen. Alle berechneten Szenarien kommen zu dem Ergebnis, dass bei einem ausreichenden Ausbau von Speicher- und Netzinfrastruktur im Jahr 2050 eine vollständig erneuerbare Stromversorgung mit den heute vorhandenen Technologien möglich ist. Der Windkraft – und hier insbesondere den offshore-Anlagen – kommt hinsichtlich einer Kostenoptimierung in allen Szenarien eine herausragende Bedeutung zu. Der Anteil der Biomasse an der Stromerzeugung wird wegen möglicher Landnutzungskonflikte nicht über 7 Prozent steigen.

1.3.3 Beispiel: Leitszenario

Im Auftrag des Bundesumweltministeriums wurde unter der Leitung von Joachim Nitsch vom DLR-Institut für Technische Thermodynamik ein als *Leitszenario* bezeichnetes Szenario erarbeitet, welches aufzeigt, wie Deutschland seine Treibhausgasemissionen bis 2050 auf rund 20 Prozent des Wertes von 1990 senken kann. Dieses Reduktionsziel ist nach Berechnungen des IPCC von den Industriestaaten zu erfüllen, um die globale Erwärmung auf 2 Grad zu begrenzen (vgl. Kapitel 1.2.3). Gleichzeitig werden in diesem Szenario die Nachhaltigkeitsziele der Bundesregierung gemäß Tab. 1.5 abgebildet und der dadurch erforderliche Strukturwandel der Energieversorgung dargestellt. Der beschlossene Ausstieg aus der Kernenergie ist Bestandteil des Szenarios.

Wesentliche Gestaltungselemente des 2007 erstmals veröffentlichten und bis 2012 kontinuierlich weiterentwickelten Leitszenarios sind der substanzielle Ausbau der regenerativen Energien, eine erhöhte Effizienz in der Energienutzung im Strom-, Wärme- und Mobilitätsbereich sowie eine verbesserte Umwandlungseffizienz durch einen verstärkten Ausbau der Kraft-Wärme-Kopplung [8][9][21]. In dem Leitszenario 2011 wird von einer durchschnittlichen jährlichen Steigerung der Primärenergieproduktivität von 2,1 Prozent ausgegangen. Tab. 1.7 gibt einen Auszug der dem Szenario zugrundeliegenden Annahmen über die zukünftige Entwicklung wieder.

Tabelle 1.7 Annahmen zur demographischen und ökonomischen Entwicklung des Leitszenarios 2011 [21].

Eckdaten	2005	2008	2010	2020	2030	2050
Bevölkerung (Mio.)	82,5	82,1	81,6	80,5	79,1	73,8
Erwerbstätige (Mio.)	38,8	40,3	39,0	38,6	36,2	32,8
Private Haushalte (Mio.)	39,2	40,1	39,9	40,7	41,0	40,0
Personen/Haushalt	2,10	2,05	2,05	1,98	1,93	1,84
Wohnfläche/Kopf (m^2)	40,6	42,0	42,6	45,2	46,5	48,8
Gewerbefläche/Erwerbstätigem (m^2)	38,1	37,5	38,8	39,9	42,0	43,6
Personenverkehr/Kopf (Pkm)	13.321	13.666	13.829	14.316	14.497	14.272
Güterverkehr/Kopf (tkm)	6.824	7.966	7.643	9.631	11.223	12.361

Das Leitszenario 2011 zeigt, dass es durch einen Umbau des Energiesystems grundsätzlich möglich ist, die Klimaschutzziele zu erreichen. Dazu ist es insbesondere notwendig, frühzeitig eine Effizienzstrategie zu entwickeln, die das Ansteigen des Energiebedarfs wirkungsvoll dämpft. Im Einzelnen lassen sich die Ergebnisse wie folgt zusammenfassen:

Effizienzsteigerung und kontinuierlicher Ausbau der regenerativen Energien führen bis zum Jahr 2020 zu einer Verringerung des Primärenergiebedarfs um gut 20 Prozent im Vergleich zu 2005. Der Anteil regenerativer Energien steigt auf 20 Prozent. Im Jahr 2050 liegt der Primärenergiebedarf noch bei 50 Prozent des Niveaus von 2005, wovon etwas mehr als die Hälfte durch regenerative Energien gedeckt wird (vgl. Abb. 1.6). Bei den Beiträgen der einzelnen Sektoren gibt es jedoch große Unterschiede.

Die Bruttostromerzeugung wird sich nominal nur geringfügig verändern. Der Anteil regenerativer Energien wird bis 2020 auf über 40 Prozent anwachsen und 2050 bei etwa 85 Prozent liegen (vgl. Abb. 1.7). Eine herausragende Rolle wird dann die Windkraft mit einem Anteil von 45 Prozent spielen, fossile Energieträger werden nur noch im Rahmen von Kraft-Wärme-Kopplung eingesetzt werden.

Der Wärmesektor wird bis 2050 einen gravierenden Strukturwandel durchlaufen. Zum einen führen Effizienzmaßnahmen wie z.B. die Gebäudesanierung zu einem sinkenden Wärmebedarf. Zum anderen muss aufgrund wachsender KWK-Anlagen der Anteil der netzgebundenen Wärmeversorgung gegenüber der Einzelheizung deutlich ansteigen. Der Anteil regenerativer Energien wird bis 2020 auf 16 Prozent anwachsen und 2050 bei etwa 45 Prozent liegen. Der darin enthaltene Anteil

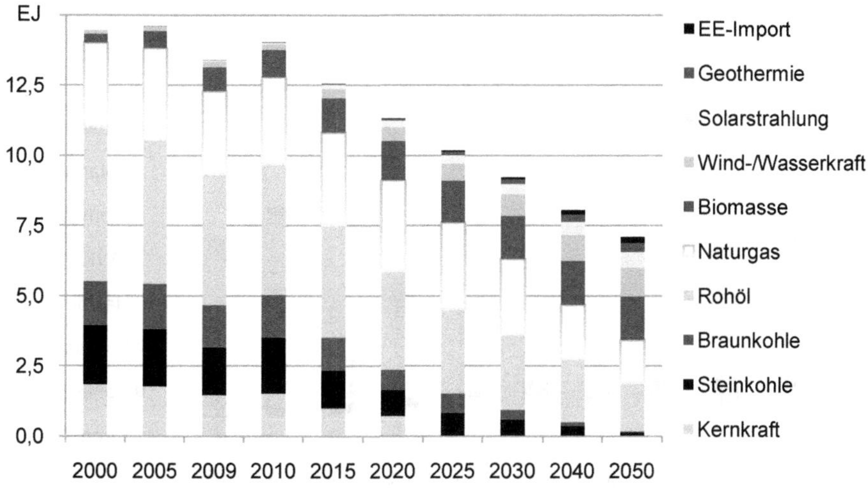

Abb. 1.6 Struktur des Primärenergieeinsatzes in Deutschland nach dem Leitszenario 2011 [21]

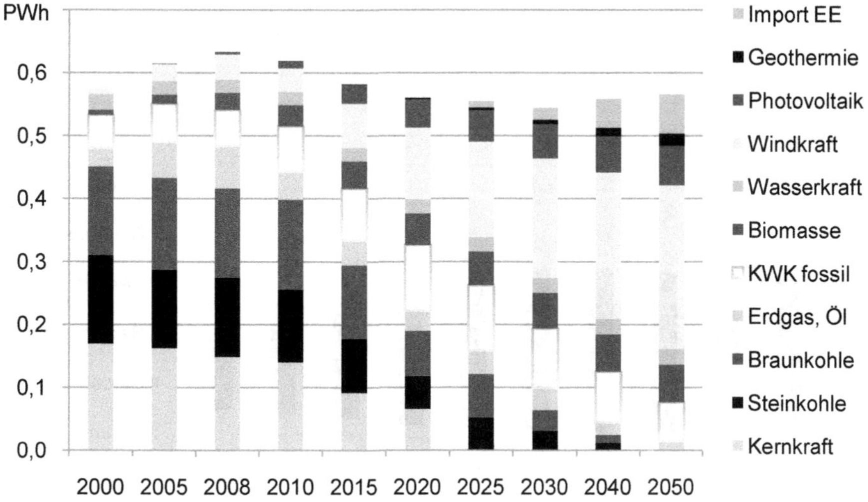

Abb. 1.7 Struktur der Stromerzeugung in Deutschland nach dem Leitszenario 2011 [21]

der Biomasse wird sich ab 2020 nominal praktisch nicht mehr verändern, da die ökologischen Potentialgrenzen erreicht sind (vgl. Abb. 1.8).

Im Verkehrssektor wird die Effizienzsteigerung z.T. durch Wachstumstendenzen im Güterverkehr aufgefangen. Insgesamt wird der Endenergiebedarf im Verkehrssektor bis 2050 um etwa 40 Prozent sinken. Biogene Kraftstoffe werden dann einen Anteil von 20 Prozent ausmachen (vgl. Abb. 1.9). Eine grundlegende technologische Festlegung auf ein Mobilitätskonzept nach dem Verbrennungsmotor (elektrischer Speicher vs. Wasserstoffspeicher) wird bis 2050 noch nicht erwartet.

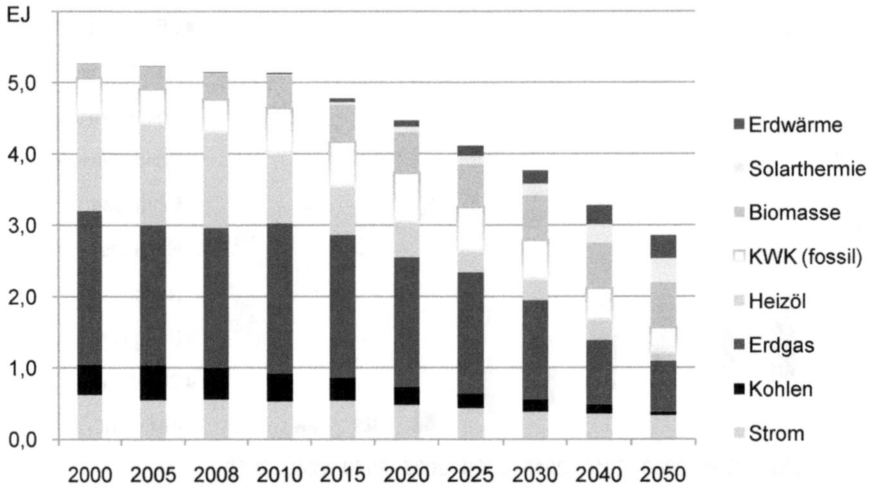

Abb. 1.8 Struktur der Wärmebereitstellung in Deutschland nach dem Leitszenario 2011 [21]

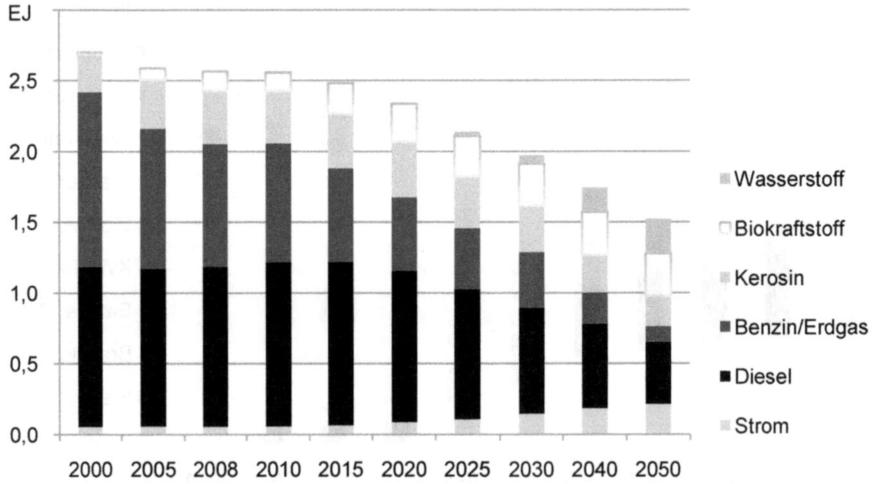

Abb. 1.9 Entwicklung des Endenergieeinsatzes im Verkehrssektor nach dem Leitszenario 2011 [21]

Bis 2020 werden die meisten technologischen Optionen zur Nutzung regenerativer Energien noch einer Flankierung durch energiepolitische Maßnahmen wie beispielsweise dem EEG bedürfen. Nach 2020 kann auch aufgrund der absehbaren Preisentwicklung der fossilen Energieträger mit einem selbsttragenden Ausbau der regenerativen Energien gerechnet werden. Dieser erwartete Ausbau der regenerativen Energien sowie die korrespondierende Kostenentwicklung sind in Tab. 1.8 dargestellt. Dabei beziehen sich die Kosten für die Wärmebereitstellung auf Einzelanlagen, für Anlagen innerhalb von Nahwärmenetzen ergeben sich z.T. deutlich günstigere Kosten.

Tabelle 1.8 Erwartungspotential und Gestehungskosten (Neuanlagen im jeweiligen Jahr) erneuerbarer Energien nach dem Leitszenario 2011 (nach [21])

	Erwartungspotential in TWh Gestehungskosten in Euro/kWh					
	2000	2005	2010	2020	2030	2050
Stromerzeugung						
Photovoltaik	0,1 0,735	1,3 0,546	11,7 0,312	45,1 0,131	55,2 0,105	63,8 0,090
Wind	7,6 0,098	27,3 0,092	37,8 0,094	114,8 0,075	189,9 0,064	260,1 0,053
Wasser	24,9 0,046	19,6 0,059	20,6 0,064	22,3 0,068	23,4 0,072	25,0 0,079
Geothermie	0,0 k.A.	0,0 0,496	0,0 0,257	1,7 0,099	6,5 0,086	19,2 0,078
Biomasse	4,7 0,104	14,0 0,115	33,3 0,123	49,6 0,111	56,9 0,092	59,3 0,079
Wärmerzeugung						
Solarthermie	1,3 0,22	2,8 0,22	5,3 0,22	19,7 0,16	45,8 0,12	105,6 0,10
Erdwärme	1,4 0,19	1,7 0,17	6,1 0,16	25,3 0,13	53,3 0,12	106,1 0,12
Biomasse	54,3 0,11	84,4 0,11	125,0 0,12	159,4 0,12	172,5 0,12	175,0 0,12
Kraftstoffe						
Biokraftstoffe	2,6 k.A.	22,5 k.A.	35,8 k.A.	73,9 k.A.	83,3 k.A.	83,3 k.A.
EE-Wasserstoff/Methan	0,0 k.A.	0,0 k.A.	0,0 k.A.	0,0 k.A.	16,7 k.A.	67,2 k.A.

Man erkennt, dass kein Energieträger alleine den Strom- oder Wärmebedarf in Deutschland decken können wird. Vielmehr wird es eines Zusammenspiels aller regenerativer Energieträger in Verbindung mit einer effizienzgetriebenen Verringerung des Energieverbrauchs bedürfen, um die Abhängigkeit Deutschlands von den fossilen und nuklearen Energieträgern deutlich zu verringern und einen Beitrag zum Klimaschutz zu leisten. Eine Sonderrolle nimmt die Windkraft ein: Aufgrund der bereits heute annähernd marktgängigen Stromgestehungskosten kommt dem raschen Ausbau der Windkraft eine wichtige kostendämpfende Funktion innerhalb der Strompreisentwicklung zu.

1.3.4 Beispiel: Energiesystem D

Im Rahmen seiner Eigenforschung erarbeitete das Fraunhofer-Institut für Solare Energiesysteme (Fh-ISE) eine Studie zur Struktur der deutschen Energieversorgung im Jahr 2050. Ziel war auch hier, die Konsequenzen einer langfristigen Reduktion der energiebedingten Treibhausgasemissionen um mindestens 80 Prozent im Vergleich zu 1990 sowie des Ausstiegs aus der Kernenergie auf das Energiesystem zu untersuchen. In einer ersten Veröffentlichung 2012 wurde einer sektorenübergreifende Untersuchung für Strom und Wärme vorgestellt [16]. Ende 2013 wurde in einer zweiten Veröffentlichung auch der Mobilitätssektor mit integriert [17].
Die Studie weist einige methodische Unterschiede zu dem Leitszenario aus dem vorangegangenen Kapitel auf: Basis der Berechnungen ist nicht ein zu deckender Jahresenergiebedarf – und damit das Vorhandensein einer hinreichenden Speicherinfrastruktur – sondern realistische Erzeuger- und Verbraucherjahreslastgänge auf Stundenbasis. Sowohl der Anteil der einzelnen Erzeugungsoptionen als auch der Umfang der Sektorenkopplung zwischen Strom und Wärme sind variabel und werden hinsichtlich der volkswirtschaftlichen Erzeugungs- und Speicherkosten optimiert. Ferner wird kein Energieaustausch über die Landesgrenzen berücksichtigt.
Die folgenden Ergebnisse stellen die kostenoptimale Erzeugungsstruktur für eine Reduktion der energiebedingten Treibhausgasemissionen um 81 Prozent dar. Der verbleibende Anteil an Emissionen wird durch fossile Energieträger freigesetzt, die strategisch als Regelenergie bzw. im Mobilitätsbereich eingesetzt werden.
Für den Stromsektor wird für das Jahr 2050 von einer Reduktion des nicht zu Wärmebereitstellung und Traktion genutzten Bedarfs um 25 Prozent ausgegangen. Der sich im Jahr 2050 noch am Netz befindliche fossile Kraftwerkspark wird zur Bereitstellung von Regelenergie eingesetzt. Für die Stromerzeugung ergibt sich dann die in Tab. 1.9 dargestellte Struktur. Die Stromerzeugung wird zu 62 Prozent zur Deckung der klassischen Last, zu 12 Prozent für die Wärmebereitstellung mittels Wärmepumpen oder Heizstäben und zu 26 Prozent für den Bedarf des Mobilitätssektors verwendet.

Tabelle 1.9 Struktur der Bruttostromerzeugung im Energiesystem D 2050 [17]

Technik	Energie in TWh	Anteil in %
Photovoltaik	143,4	22,6
Wind onshore	216,7	34,2
Wind offshore	111,7	17,6
Wasserkraft	21,0	3,3
KWK fossil/erneuerbar	99,7	15,7
Steinkohle	25,8	4,1
Braunkohle	12,5	2,0
GuD-Kraftwerke	3,4	0,5

Der Wärmebedarf setzt sich einerseits aus Prozesswärme und andererseits aus Raumwärme und Warmwasserbereitung zusammen. Für die Prozesswärme wird bis 2050 von einem gleichbleibenden Bedarf von etwa 445 TWh/a ausgegangen. Dieser kann zu etwa 5 Prozent durch Solarthermie gedeckt werden. Für den restlichen Wärmebedarf – insbesondere Hochtemperaturanwendungen – müssen jedoch Brennstoffe fossiler Art oder aus Biomasse herangezogen werden. Der Raumwärmebedarf soll bis 2050 um 30 Prozent sinken; insgesamt werden Raumwärme und Warmwasser durch die in Tab. 1.10 dargestellten Energieoptionen bereitgestellt. [8]

Tabelle 1.10 Struktur der Wärmebereitstellung im Energiesystem D 2050 [17]

Technik	Energie in TWh	Anteil in %
Solarthermie	87,2	20,1
KWK fossil/erneuerbar	72,5	16,7
Wärmepumpen	171,1	39,4
Heizstäbe	27,3	6,3
Heizkessel	70,5	16,2
Tiefengeothermie	6,3	1,4

Im Mobilitätssektor wird von einer gleichbleibenden Traktionsleistung – d.h. der mechanischen Nutzenergie – von 137 TWh/a ausgegangen. In der hier beschriebenen Modellrechnung wird von einem verbleibenden Anteil von 40 Prozent fossiler Treibstoffe im Jahr 2050 ausgegangen, was in etwa dem Schwerlast- und Flugverkehr entspricht. Die restliche Traktionsleistung verteilt sich zu je 30 Prozent auf Wasserstoff- und Elektrofahrzeuge. Durch die technologiespezifischen Wirkungsgrade der Antriebssysteme ist jedoch ein deutlich unterschiedlicher Endenergieeinsatz für die selbe Nutzenergie erforderlich, wie Tab. 1.11 zeigt.

Tabelle 1.11 Struktur des Mobilitätssektors im Energiesystem D 2050 [17]

Technik	Nutzenergie in TWh	Endenergie in TWh
Verbrennungsmotor	55	220
Wasserstoffspeicher	41	82
Elektrochemischer Speicher	41	55

Aus den vorangehenden Tabellen wird deutlich, dass das Energiesystem im Jahr 2050 viel stärkere Verkopplungen sowohl des Wärme- als auch des Mobilitätssektors mit dem Stromsektor ausweisen wird, als dies heute der Fall ist. Daher soll der Stromsektor noch etwas eingehender betrachtet werden. Der Anteil von annähernd 75 Prozent fluktuierender erneuerbarer Energien in der Stromerzeugung führt im Jahresverlauf zu positiven und negativen Residuallasten. Es gilt

$$\text{Residuallast} = \text{Leistungsbedarf} - \text{Einspeiseleistung erneuerbare Energien}$$

[8] Im Rahmen des Modells ist der Wärmebedarf für die Raumheizung ein Optimierungsparameter, d.h. er ergibt sich aus den Vorgaben beispielsweise für die verfügbare Biomasse oder den verbleibenden Treibhausgasausstoß.

Abb. 1.10 zeigt den sich für das Jahr 2050 ergebenden Verlauf der Residuallast in Stundenauflösung. Sie kann bei einem zu geringen Angebot fluktuierender erneu-

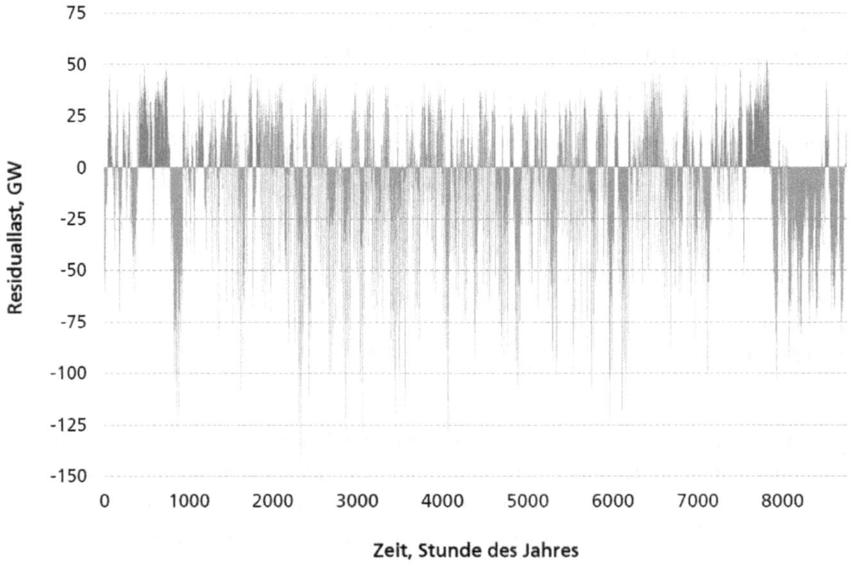

Abb. 1.10 Residuallast im Energiesystem D 2050 [17]

erbarer Energien positive Werte bis zu 50 GW und bei einem entsprechenden Überangebot negative Werte bis über 100 GW annehmen. Beide Fälle müssen durch die Speicherinfrastruktur aufgefangen werden. Zunächst wird deutlich, dass der zeitliche Speicherhorizont sich im Bereich einiger Stunden oder Tage bewegt und keine saisonale Speicherung von Energie notwendig ist. Für das Speichermanagement wird eine Betriebsführungskaskade angewendet, die den Speichereinsatz nach Effizienzgesichtspunkten steuert (Abb. 1.11)
Insgesamt zeigt die Studie Energiesystem D eine technisch plausible energetische Zukunft auf, die die Einhaltung der Klimaschutzziele unter der Maxime des volkswirtschaftlichen Kostenoptimums erlaubt. Dazu ist allerdings ein strategischer Einsatz des verbleibenden Anteils fossiler Energieträger sowie der Biomasse notwendig. Bei einer Reduktion der energiebedingten Treibhausgasemissionen um 81 Prozent kann auf saisonale Speichertechnologien wie Power-to-Gas verzichtet werden.

1.4 Exkurse

Neben regenerativen Energien werden auch andere Technologien zur Lösung der in Kapitel 1.2 genannten Probleme diskutiert, insbesondere Kernenergie und Kernfusion sowie seit einigen Jahren auch die technische Abtrennung von CO_2 in fossilen

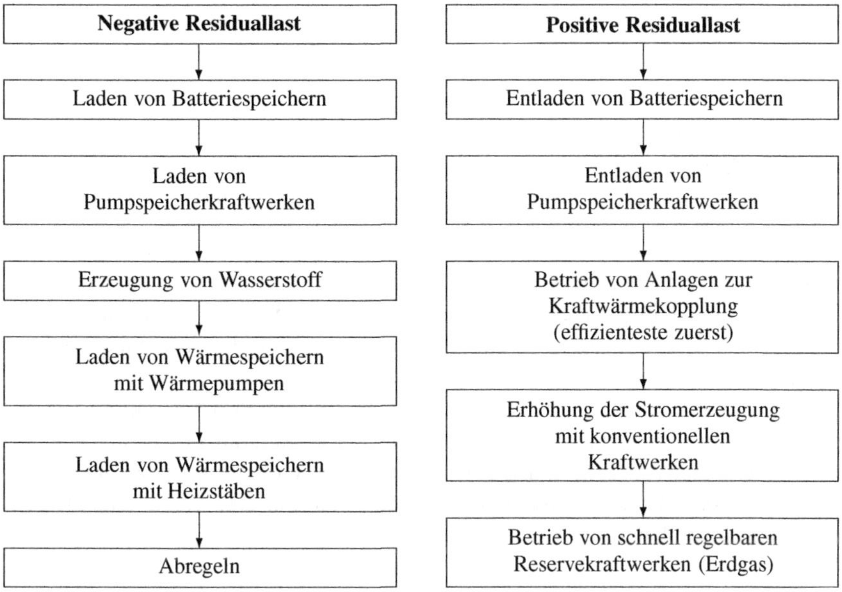

Abb. 1.11 Betriebsführungskaskade bei negativer und positiver Residuallast im Stromsektor [17]

Kraftwerksprozessen. Im Folgenden werden die Möglichkeiten und Grenzen dieser Technologien kurz skizziert. Zunächst soll aber auf die externen Kosten der Energieerzeugung eingegangen werden, die bei einer volkswirtschaftlichen Bewertung unterschiedlicher Energietechnologien sowie der staatlichen Förderpolitik mit berücksichtigt werden müssen.

1.4.1 Externe Kosten der Energieerzeugung

Die Energiegestehungskosten setzen sich aus den internen und den externen Kosten zusammen. Zu den internen Kosten gehören die Aufwendungen für die Errichtung, den Betrieb und den Rückbau von Energieanlagen wie Kraftwerken, Leitungsnetzen oder Schutzeinrichtungen. Ebenfalls dazu zählen die Kosten für die Gewinnung, den Transport und die Aufbereitung des Primärenergieträgers, die Entsorgung von Brennstoffrückständen und anderen Umwandlungsprodukten sowie Kapital- und Verwaltungskosten. Die internen Kosten bilden zusammen mit Steuern, Abgaben und kalkulatorischem Gewinn den Energiepreis. Die internen Kosten sind somit zumindest theoretisch[9] den Marktmechanismen unterworfen.

[9] Einem freien Energiemarkt stehen nach Meinung von Kritikern eine Reihe von Hemmnissen entgegen. Beispiele dafür sind kartellartige Preisabsprachen, die Bindung des Erdgaspreises an den Erdölpreis, aber auch die Erzeugerstruktur in vielen europäischen Staaten, die eine staatliche Regulierung erforderlich macht.

→ Externe Kosten

Externe Kosten entstehen immer dann, wenn sich die gesellschaftliche oder wirtschaftliche Tätigkeit einer Gruppe von Personen auf eine andere Gruppe von Personen auswirkt und wenn die erste Gruppe nicht die volle wirtschaftliche Verantwortung für diese Folgen übernimmt bzw. einen entsprechenden Ausgleich schafft.

Externe Kosten der Energieerzeugung treten vor allem in Form von Umwelt-, Gesundheits- und Klimafolgeschäden auf. Sie entstehen überwiegend durch den Einsatz fossiler und nuklearer Brennstoffe und werden von der Allgemeinheit getragen. Beispiele sind eine Zunahme von Atemwegserkrankungen durch Feinstaub- und Stickoxidemissionen, die Schädigung von Ökosystemen durch sauren Regen infolge von Schwefeldioxidemissionen oder die Beschleunigung des Klimawandels durch die Emission von Treibhausgasen. Zu den externen Kosten zählen aber auch Arbeitsunfälle oder Berufskrankheiten in Ländern, die nur eine unzureichende gesetzliche Unfallversicherung aufweisen.

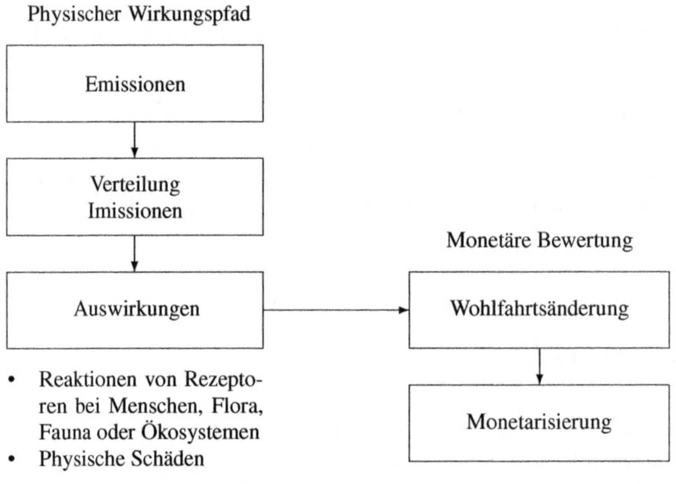

Abb. 1.12 Monetarisierung externer Kosten mittels der Wirkungspfadanalyse

Die Berücksichtigung externer Kosten der Energieerzeugung ist seit den Veröffentlichungen von Hohmeyer [18][19] ein zentraler Bestandteil umwelt- und energiepolitischer Diskussionen. Ihre Quantifizierung macht eine Reihe von Annahmen bezüglich aktueller und zukünftiger Schadenswirkungen notwendig, die nur innerhalb einer bestimmten Bandbreite angegeben werden können. Beispiele sind unterschiedliche Annahmen für Dosis-Wirkungsbeziehungen oder die Bewertung von Risiken. Dies hat in hohem Maße Rückwirkungen auf die Quantifizierung und führt u.U. zu stark voneinander abweichenden Werten für die externen Kosten beispielsweise der Kernenergie. Als wissenschaftliche Methode zur Bestimmung der externen Kosten hat sich die *Wirkungspfadanalyse* weitgehend etabliert [3][30]. Sie geht

zunächst von dem physischen Wirkungspfad einer Emission oder Umweltbelastung aus, die durch ihre Auswirkungen eine Wohlfahrtsänderung für den Menschen bewirkt. Diese wird entweder mit einem Willingness-to-pay oder Willingness-to-accept Ansatz[10] monetarisiert.
Neben unterschiedlichen Bewertungsmaßstäben gibt es weitere grundsätzliche Probleme bei der Berechnung externer Kosten: Die Bilanzierung zukünftiger Schäden erfolgt mittels Abzinsung. Der dabei angesetzte Zinssatz ist entscheidend für die Höhe der externen Kosten. Weiterhin sind langfristige, d.h. über einen Zeitraum von 100 Jahren hinausreichende Auswirkungen von Klimaveränderungen mit hohen Unsicherheiten verbunden. Ein Vergleich externer Kosten ist daher nur unter vergleichbaren Rahmenbedingungen möglich. Einen Ansatz dazu liefert die im Auftrag des Umweltbundesamtes entwickelte Methodenkonvention zur Schätzung externer Kosten [41]. Darin wird beispielsweise zur Berücksichtigung von Klimafolgeschäden die Verwendung eines Kostenansatzes von 70 Euro/t CO_2 und eine Abzinsung von 1,5 Prozent empfohlen. Angewendet auf die Stromerzeugung wurden die in Tab. 1.12 angegebenen externen Kosten ermittelt. Regenerative Energieträger

Tabelle 1.12 Externe Kosten der Stromerzeugung in Deutschland [41]

Energieträger	Ct/kWh	Energieträger	Ct/kWh
Braunkohle	8,7	Photovoltaik (mono-Si, 3 kW_p)	0,8
Steinkohle	6,8	Wasserkraft (Laufwasser 330 kW)	0,4
Heizöl	6,1	Windkraft (onshore 800 kW_p)	0,1
Erdgas	3,9	Strommix 2005 (ohne Kernenergie)	5,8

verursachen während des Produktionsprozesses ebenfalls externe Kosten, jedoch in deutlich geringerem Maße als fossile Energieträger. Für die Kernenergie konnte kein Wert ermittelt werden, da hier stark differierende Annahmen zu Katastrophenrisiken und deren Eintrittswahrscheinlichkeiten diskutiert werden, die zu externen Kosten zwischen 0,2 und 200 Ct/kWh führen.
Die Internalisierung externer Kosten erfordert in der Regel staatliche Eingriffe. Diese können ordnungspolitisch oder marktbasiert erfolgen. Ein Beispiel für erstere ist die Einführung strengerer Grenzwerte für die SO_2-Emissionen von Altkraftwerken in der Folge des 1985 verabschiedeten Helsinki-Protokolls. Ein Beispiel für letztere ist der 2005 eingeführte Handel mit CO_2-Zertifikaten in der Europäischen Union. Auch das Erneuerbare-Energien-Gesetz kann als eine Maßnahme zur Internalisierung externer Kosten aufgefasst werden, da der durch die Einspeisevergütung initiierte Ausbau der regenerativen Energien zu einer Substitution von fossil oder nuklear erzeugter Energie führt. Die auf den Strompreis umgelegten Aufwendungen des EEG führen somit zu einer Vermeidung externer Kosten [30].

---

[10] Willingness-to-pay: Wieviel Geld ist ein Individuum bereit zu zahlen, um die Wohlfahrtsänderung zu verhindern. Willingness-to-accept: Wieviel Geld muss an ein Individuum gezahlt werden, damit die Wohlfahrtsänderung akzeptiert wird.

1.4.2 Kernenergie

Kernkraftwerke sind Dampfkraftwerke, die mit nuklearem statt fossilem Brennstoff betrieben werden. An die Stelle der Feuerung tritt der Reaktor. Durch die Spaltung schwerer Atomkerne wie Uran, Thorium oder Plutonium in mittelschwere Kerne entsteht ein Massendefekt, der in thermische Energie umgesetzt wird. Grundlage des Kernbrennstoffs ist vor allem Natururan, das zu 99,3 Prozent aus dem Isotop U^{238} und zu 0,7 Prozent aus dem Isotop U^{235} besteht.
Im Bereich der zivilen Energieerzeugung kommt als Spaltstoff überwiegend U^{235} zum Einsatz. Dazu wird das Isotop durch Zentrifugieren auf eine Konzentration von etwa 2 bis 4 Prozent angereichert. Abb. 1.13 zeigt einen typischen Spaltvorgang: Ein Neutron spaltet einen Urankern in zwei Spaltprodukte – hier Barium und Krypton. Neben thermischer Energie, die in dem nachgeschalteten Kraftwerksprozess genutzt werden soll, entstehen 2 bis 3 Neutronen, die für weitere Spaltvorgänge zur Verfügung stehen und damit eine Kettenreaktion ermöglichen. Dazu müssen die Neutronen zunächst durch einen als Moderator bezeichneten Stoff abgebremst werden. Als Moderator haben sich (leichtes) Wasser, schweres Wasser und Graphit bewährt. Erstere haben zusätzlich den Vorteil, dass der Moderator gleichzeitig zum Abtransport der thermischen Energie genutzt werden kann.

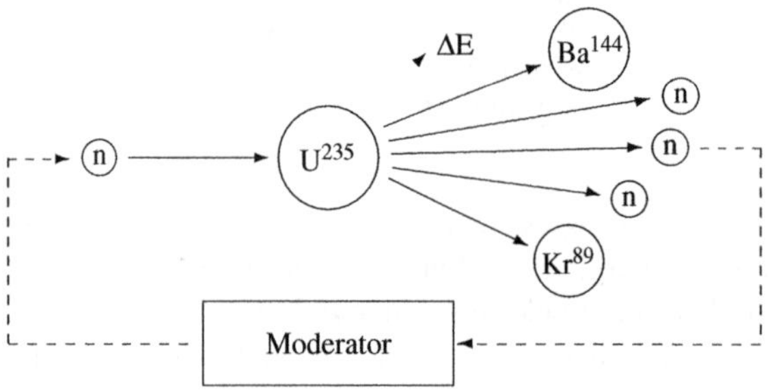

Abb. 1.13 Typischer Spaltvorgang in einem Leichtwasserreaktor

Die Nutzung des deutlich häufigeren Isotops U^{238} erfordert ein Reaktorkonzept, das einen Spaltvorgang mit schnellen Neutronen ermöglicht. Der Spaltvorgang läuft in zwei Schritten ab: Zunächst entsteht durch das Einfangen eines Neutrons U^{239} ein instabiles Uranisotop, das nach kurzer Zeit zu Plutonium Pu^{239} zerfällt. Im zweiten Schritt wird Plutonium als Spaltstoff eingesetzt (vgl. Abb. 1.14). Beide Prozessschritte benötigen schnelle Neutronen, so dass kein Moderator notwendig ist. Die Kühlung erfolgt mit flüssigen Metallen wie beispielsweise Natrium, das keine moderierenden Eigenschaften aufweist. Da der eigentliche Spaltstoff innerhalb der Kernreaktion erst erzeugt wird, werden diese Reaktoren als *Brutreaktoren* bezeichnet. Brutreaktoren ermöglichen eine deutlich bessere Ausnutzung des Natururans, sind jedoch u.a. aufgrund des Natriumkreislaufs technologisch sehr aufwändig. Der produzierte Spaltstoff Plutonium wird auch in Kernwaffen eingesetzt, so dass der Betrieb von Brutreaktoren häufig auch einen militärischen Hintergrund hat.

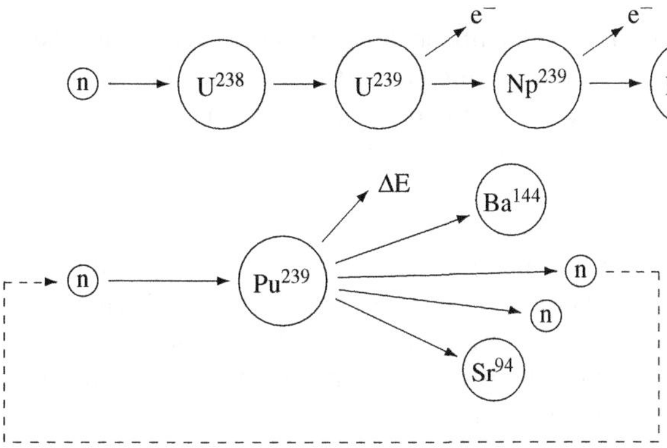

Abb. 1.14 Typischer Spaltvorgang in einem Brutreaktor

Die Nutzung der Kernenergie erfolgt heute praktisch ausschließlich in wasser- oder graphitmoderierten Reaktoren auf Basis von U^{235}. Mit Ausnahme eines Reaktors in Russland sind die zivilen Brutreaktoren nach schweren Störfällen stillgelegt oder außer Betrieb gesetzt worden, so dass diese Technologie derzeit nicht zur Verfügung steht. Davon ausgehend ergibt sich die in Tab. 1.3 angeführte Reichweite von 25 Jahren für Kernbrennstoffe bei einem Anteil am Primärenergieverbrauch von knapp 5 Prozent. Darin ist bereits eine teilweise Wiederaufbereitung abgebrannter Kernbrennstäbe eingeschlossen.
Die gesellschaftliche Diskussion über die Risiken der Kernenergie und den Umgang mit den radioaktiven Abfällen hat in den letzten 30 Jahren in vielen Staaten zu einer mehrheitlich ablehnenden Haltung geführt, die eine Reihe von Ausstiegsbeschlüssen zur Folge hatte (z.B. Österreich 1978, Schweden 1980, Italien 1986, Deutschland 2002/2011, Spanien 2004). Andere Staaten setzen auf Laufzeitverlängerungen für bestehende Kernkraftwerke (z.B. die USA von 40 auf 60 Jahre) anstelle von Neubauprojekten.

1.4.3 Kernfusion

Fusionsreaktoren sollen ähnlich den Prozessen im Sonnenkern die bei der Verschmelzung leichter Atomkerne zu schwereren freiwerdende Energie nutzbar machen. Dabei hat sich die Deuterium-Tritium-Fusion

$$D + T \longrightarrow He + n + \Delta E$$

als energetisch am günstigsten erwiesen. Der Fusionsprozess nutzt die starken Kernkräfte, die innerhalb eines Atomkerns wirken und nur eine extrem kurze Reichweite haben. Dem stehen die auch auf große Entfernungen wirkenden elektromagnetischen Abstoßungskräfte gegenüber. Wenn zwei positiv geladene Atomkerne wie Deuterium und Tritium miteinander verschmelzen sollen, muss zunächst diese Abstoßungskraft überwunden werden. Dazu müssen die Kerne eine ausreichend hohe

Relativgeschwindigkeit aufweisen, die gleichbedeutend mit einer Temperatur von etwa 100 Millionen K ist. Um die Wahrscheinlichkeit eines Aufeinandertreffens zu erhöhen, müssen die Teilchen in hoher Dichte und hinreichend lange eingeschlossen bleiben. Vor dem selbständigen Brennen des Plasmas muss dieses zunächst auf seine Betriebstemperatur aufgeheizt werden.
Diese Rahmenbedingungen können auf der Erde nur in einem Reaktor realisiert werden, bei dem das extrem heiße Plasma von einem Magnetfeld eingeschlossen und damit „gehalten" wird. Derzeit werden mit dem Tokamak- und dem Stellarator-Prinzip zwei unterschiedliche Bauformen in internationalen Gemeinschaftsprojekten verfolgt. Im Rahmen des ITER-Forschungsprojekts entsteht derzeit im französischen Cadarache ein Fusionsreaktor nach dem Tokamak-Prinzip, mit dem die prinzipielle Eignung der Kernfusion zur Energieerzeugung experimentell nachgewiesen werden soll. Mit ersten Ergebnissen wird bis zum Jahr 2025 gerechnet, mit dem Betrieb des ersten kommerziellen Kraftwerks ab 2050 [4].
Die Kernfusion steht damit als Technologie auf absehbare Zeit nicht zur Verfügung. Sie kann in dem Zeitfenster, das durch die in Kapitel 1.2 geschilderten Probleme vorgegeben wird, keine Beitrag zur Energieversorgung leisten.

1.4.4 CO_2-Abtrennung

Eine Alternative zur Vermeidung von CO_2-Emissionen stellt deren technische Abtrennung und Speicherung dar. Dabei wird das in fossilen Kraftwerken entstehende CO_2 aufgefangen und in geeigneten geologischen Formationen langfristig eingelagert.[11] In Deutschland kommen zur Speicherung vor allem ausgediente Erdöl- oder Erdgasfelder sowie tiefe wasserführende Gesteinsschichten in Frage.
Das Rauchgas von fossilen Kraftwerken besteht nur zum Teil aus CO_2, den überwiegenden Anteil macht der mit der Verbrennungsluft zugeführte Stickstoff aus. Um das CO_2 von den anderen Gasen abzutrennen, werden drei Ansätze verfolgt:

- post-combustion: der Verbrennung nachgelagerte Auswaschung von CO_2 aus dem Rauchgas,
- pre-combustion: Vergasung und partielle Oxidation des Brennstoffs bei gleichzeitiger Abtrennung von CO_2,
- oxyfuel: Oxidation des Brennstoffs in einer reinen Sauerstoffatmosphäre.

Nur das erste Verfahren ist für die Nachrüstung bestehender Kraftwerke geeignet. Alle Verfahren benötigen zur Abscheidung zusätzliche Hilfsenergie. Hinzu kommen

[11] Grundsätzlich besteht auch die Möglichkeit, das freigesetzte CO_2 biologisch oder ozeanisch zu speichern. Bei der biologischen Speicherung wird bereits in der Atmosphäre befindliches CO_2 durch Aufforstungsmaßnahmen oder durch Förderung von Algenwachstum gebunden. Bei der sich verstärkenden Flächenkonkurrenz zwischen Nahrungsmittel- und Energiepflanzenproduktion sind jedoch die dafür zur Verfügung stehenden Flächen begrenzt. Bei der ozeanischen Speicherung wird CO_2 in der Wassersäule des Meeres oder am Meeresgrund eingelagert. Da CO_2 in hohen Konzentrationen toxisch wirkt und eine pH-Wert Verschiebung hin zu kleineren Werten verursacht, ist diese Form der Speicherung für die Meeresökologie äußerst problematisch.

die Kosten für die Verdichtung, den Transport und die Speicherung des CO_2. über die gesamte Prozesskette hinweg verursacht jedes dieser Verfahren eine Verringerung des effektiven Kraftwerkswirkungsgrads um etwa 10 Prozentpunkte.
Der geologische Einschluss des CO_2 muss dauerhaft erfolgen. Dies kann dann als gewährleistet angesehen werden, wenn die jährliche Leckagerate unter 0,01 Prozent liegt, d.h. nach 1.000 Jahren noch über 90 Prozent des gespeicherten CO_2 vorhanden sind [40]. Gute Voraussetzungen dafür bieten ehemalige Lagerstätten von Erdöl und Erdgas. Eine zentrale Bedeutung erlangt in diesem Zusammenhang die langfristige Sicherung der Bohrverschlüsse. Die Verantwortung für diese Aufgabe sowie für mögliche Schäden bei einem Entweichen des CO_2 sind derzeit noch völlig ungeklärt. Hier besteht die Gefahr einer Reexternalisierung der Emissionskosten.
Nach einer Studie des Umweltbundesamtes [40] verfügt Deutschland über eine CO_2-Speicherkapazität von 2,5 Gt in ehemaligen Gasfeldern sowie zwischen 12 und 43 Gt in salinen Aquiferen. Damit liegen Obergrenzen für das theoretisch nutzbare Speicherpotential vor: Bei den derzeitigen CO_2-Emissionen deutscher Kraftwerke von 0,35 Gt/Jahr können geologische Speicher die Emissionen von maximal 41 Jahren (Untergrenze der salinen Aquiferen) bzw. 130 Jahren (Obergrenze) aufnehmen. Diese Begrenztheit der Speicherkapazitäten zeigt, dass, unabhängig von den Diskussionen über die Langzeitstabilität der Speicher sowie der Kosten, die CO_2-Abtrennung allenfalls eine Übergangstechnologie sein kann.

Literaturverzeichnis

1. Adolf, M., Köstner, J.: China versus Amerika: Der neue Kampf um Afrika. Blätter für deutsche und internationale Politik, S. 485-490 (2007)
2. Barney, G.O. (Hg.): The Global 2000 Report to the President. Arlington (1980)
3. Bickel, P., Friedrich, R. (Hg.): ExternE. Externalities of Energy. Office for Official Publications of the European Communities, Luxembourg (2004)
4. Bosch, H.-S., Bradshaw, A.: Kernfusion als Energiequelle der Zukunft. Physikalische Blätter **57** 11, S. 55-60, (2001)
5. BUND, Misereor (Hg.): Zukunftsfähiges Deutschland - Ein Beitrag zu einer global nachhaltigen Entwicklung. Basel (1996)
6. BUND, Brot für die Welt, EED (Hg.): Zukunftsfähiges Deutschland in einer globalisierten Welt. Frankfurt/M. (2008)
7. Bundesanstalt für Geowissenschaften und Rohstoffe (Hg.): Energiestudie 2015 – Reserven, Ressourcen und Verfügbarkeit von Energierohstoffen. Hannover (2015)
8. Bundesministerium für Umwelt, Naturschutz und Reaktorsicherheit (Hg.): Leitstudie 2007 – Ausbaustrategie Erneuerbare Energien. Berlin (2007)
9. Bundesministerium für Umwelt, Naturschutz und Reaktorsicherheit (Hg.): Leitstudie 2008 – Weiterentwicklung der "Ausbaustrategie Erneuerbare Energien" vor dem Hintergrund der aktuellen Klimaschutzziele Deutschlands und Europas. Berlin (2008)
10. Bundesministerium für Wirtschaft und Energie (Hg.): Erneuerbare Energien in Zahlen. Berlin (2016)
11. Bundesministerium für Wirtschaft und Energie (Hg.): Energiedaten. Berlin (2015)
12. Die Bundesregierung (Hg.): Deutsche Nachhaltigkeitsstrategie – Neuauflage 2016. Entwurf vom 30. Mai 2016. Berlin (2016)
13. Eblinghaus, H., Stickler, A.: Nachhaltigkeit und Macht. Zur Kritik von Sustainable Development. IKO-Verlag, Frankfurt/Main (1996)

14. Etheridge, D.M.: Law Dome Atmospheric CO_2 Data. IGBP PAGES/World Data Center for Paleoclimatology
15. Greenpeace International, European Renewable Energy Council (Hg.): Energy [R]evolution - A Sustainable Global Energy Outlook, Amsterdam (2008)
16. Henning, H.-M., Palzer, A.: 100 % Erneuerbare Energien für Strom und Wärme in Deutschland. Fraunhofer-Institut für Solare Energiesysteme. Freiburg (2012)
17. Henning, H.-M., Palzer, A.: Energiesystem Deutschland 2050. Fraunhofer-Institut für Solare Energiesysteme. Freiburg (2013)
18. Hohmeyer, O.: Social Costs of Energy Consumption. Spinger Verlag, Berlin (1988)
19. Hohmeyer, O., Gärtner, M.: The costs of climate change - a rough estimate of orders of magnitude. Fraunhofer Institut für Systemtechnik und Innovationsforschung, Karlsruhe (1992)
20. Horlacher H.-B.: Globale Potenziale der Wasserkraft. Externe Expertise für das WBGU-Hauptgutachten 2003 „Welt im Wandel: Energiewende zur Nachhaltigkeit". Dresden (2002)
21. Nitsch, J., et.al.: Langfristszenarien und Strategien für den Ausbau der erneuerbaren Energien in Deutschland bei Berücksichtigung der Entwicklung in Europa und global. Schlussbericht, Stuttgart (2011)
22. Intergovernmental Panel on Climate Change IPCC (Hg.), Stocker, T., et.al.: Climate Change 2013 – The Physical Science Basis. Cambridge University Press, New York (2013)
23. Intergovernmental Panel on Climate Change IPCC (Hg.), Field, Ch., et.al.: Climate Change 2014 – Impacts, Adaptation and Vulnerability. Cambridge University Press, New York (2014)
24. Intergovernmental Panel on Climate Change IPCC (Hg.) Edenhofer, O., et.al.: Climate Change 2014 – Mitigation of Climate Change. Cambridge University Press, New York (2014)
25. Intergovernmental Panel on Climate Change IPCC: Climate Change 2014 – Synthesis Report. Cambridge University Press, New York (2014)
26. International Energy Agency (Hg.): Key World Energy Statistics 2015. Paris (2015)
27. International Energy Agency (Hg.): World Energy Outlook 2015. Paris (2015)
28. Konferenz der Vereinten Nationen für Umwelt und Entwicklung: Rio-Erklärung über Umwelt und Entwicklung. Rio de Janeiro (1992)
29. Konferenz der Vereinten Nationen für Umwelt und Entwicklung: Agenda 21. Rio de Janeiro (1992)
30. Krewitt, W.: Externe Kosten der Stromerzeugung aus erneuerbaren Energien im Vergleich zur Stromerzeugung aus fossilen Energieträgern. Gutachten für das Bundesministerium für Umwelt, Naturschutz und Reaktorsicherheit. Stuttgart (2007)
31. Meadows, D., et.al.: The Limits to Growth. A Report to The Club of Rome. New York (1972)
32. OPEC (Hg.): Annual Statistical Bulletin 2015. Wien (2015)
33. Rahmstorf, S., Schellnhuber, H.J.: Der Klimawandel. München (2012)
34. Sachverständigenrat für Umweltfragen (Hg.): Wege zur 100 % Erneuerbaren Stromversorgung. Berlin (2010)
35. Scholvin, S.: Die Energiepolitik neuer regionaler Führungsmächte. GIGA Focus **5**, S. 1-8 (2007)
36. Spehr, Ch., Stickler, A.: Morphing Zone - Nachhaltigkeit und postmodernes Ordnungsdenken. In: Novy, A., Raza, A.: Nachhaltig arm - nachhaltig reich? S. 6-24, Brandes und Apsel/Südwind, Frankfurt/M. (1997)
37. Tans, P.: Mauna Loa CO_2 annual mean data. NOAA/ESRL
38. Tans, P.: Mauna Loa CO_2 monthly mean data. NOAA/ESRL
39. UNFCCC (Hg.): National greenhouse gas inventory data for the period 1990-2010. Bonn (2012)
40. Umweltbundesamt (Hg.): Technische Abscheidung und Speicherung von CO_2 – nur eine Übergangslösung. Dessau (2006)
41. Umweltbundesamt (Hg.): Ökonomische Bewertung von Umweltschäden. Methodenkonvention zur Schätzung externer Umweltkosten. Dessau (2007)
42. United Nations Development Programme UNDP (Hg.): The Millenium Development Goals Report 2015. United Nations (2015)
43. United Nations Development Programme UNDP (Hg.): Sustainable Development Goals. United Nations (2015)

Kapitel 2
Energieeffizienz

Der Begriff der Energieeffizienz bezeichnet die rationelle Verwendung von Energie. Ziel von Energieeffizienzmaßnahmen ist die Reduktion des Gesamtenergiebedarfs von Prozessen durch Herabsetzung der quantitativen und qualitativen Verluste, die bei der Wandlung, dem Transport oder der Speicherung von Energie auftreten. Energieeffizienz umfasst alle Maßnahmen, um einen vorgegebenen (energetischen) Nutzen bei sinkendem Primär- bzw. Endenergieeinsatz zu erreichen. Rationelle Energieverwendung ist notwendig, weil die Energienutzung die Umwelt belastet, die (fossilen) Energievorräte begrenzt sind und Energie nicht umsonst nutzbar ist.
Mit Hilfe einer Energieeffizienzanalyse werden Energienutzungsprozesse untersucht und bewertet. Die Analyse beginnt mit der Erfassung des jährlichen, monatlichen, täglichen oder stündlichen Endenergiebedarfs. Anschließend sind die verschiedenen Ansätze zur Bedarfsreduktion gegeneinander abzuwägen.
Eine weitere Methode zur Verbesserung der Energieeffizienz ist die Exergieanalyse. Der Begriff der Exergie wird im Kapitel 14 zur Thermodynamik ab S. 858 ausführlich eingeführt. Exergie kann als ein Maß für die Qualität von Energie beschrieben werden.
Zunächst sollen im Kap. 2.1 die verschiedenen Ansätze zur Bedarfsreduktion untersucht werden. Kap. 2.2 beschäftigt sich intensiv mit dem Energiebedarf von Gebäuden, da diese trotz erfolgter energetischer Sanierung noch immer das größte Effizienzpotential aufweisen. Daran anschließend behandelt Kap. 2.3 die Energieeffizienz der Wärmebereitstellung. Bei einer Energieeffizienzuntersuchung ist eine Wirtschaftlichkeitsbetrachtung unabdingbar, daher behandelt Kap. 2.4 die Grundlagen der Investitionsrechnung bzw. der Berechnung der Wärmegestehungskosten.

2.1 Ansätze zur Energiebedarfsreduktion

An erster Stelle aller Energieeinsparmaßnahmen steht natürlich das Vermeiden von Energieverbrauch. Nach Ausschöpfen dieses Einsparpotenzials können durch Änderung des Verbrauch(er)verhaltens Energieangebot und - nachfrage zusammenge-

führt werden und eine weitere Effizienzsteigerung bewirken. Erst im dritten Schritt sollte über den Ersatz fossiler Energieträger durch erneuerbare Energieangebote nachgedacht werden.
Inzwischen wurde eine Vielzahl gesetzgeberischer Maßnahmen geschaffen, die nachfolgend detaillierter beschriebenen Ansätze zur Energiebedarfsreduktion umzusetzen.

Vermeidung

Eine Energieeffizienzanalyse sollte sich immer zuerst mit der Frage beschäftigen, ob der ermittelte Energieeinsatz ggf. vermeidbar ist. Im einfachsten Fall kann z.B. durch Zeitschaltuhren und Bewegungsmelder die Beleuchtung in Fluren und Treppenhäusern gesteuert und der elektrische Energiebedarf somit reduziert werden. Die Optimierung der Heizkreis- und Kesselregelung einer Heizungs- und Trinkwassererwärmungsanlage hilft ebenfalls in vielen Fällen, unnötigen Energieverbrauch zu vermeiden. So sind durch Absenkung der Heizkreisvorlauftemperatur an den tatsächlichen Bedarf, durch hydraulischen Abgleich[1] oder durch Absenkung der Raumsolltemperatur während der Nacht erhebliche Energieeinsparungen möglich.

→ Negawatt

Maßnahmen zur Steigerung der Energieeffizienz werden häufig unter dem Begriff *Negawatt* zusammengefasst. Er wurde von dem amerikanischen Physiker Amory Lovins eingeführt, um vermiedenen Leistungsbezug durch erhöhte Energieeffizienz zu bezeichnen: „Negawatt" statt „Megawatt" [43]. Häufig wird der Begriff auch in Diskussionen um den Neubau von Kraftwerken gehört.

Neben dem Energieverbrauch sollten auch Lastspitzen[2] vermieden werden, da zu ihrer Abdeckung von den Netzbetreibern Energiespeicher bzw. Spitzenlastkraftwerke vorgehalten werden müssen. Um eine Vergleichmäßigung des Leistungsbezugs zu erreichen, erheben die Energieversorger daher neben den Arbeitspreisen auch Leistungspreise. Hierzu wird oft der Jahresmaximalwert des Leistungsbezugs L_{max} ermittelt, die Ansätze sind je nach Endenergieart unterschiedlich:

- Beim Bezug elektrischer Energie werden bei Großverbrauchern die 15-Minuten-Mittelwerte der Bezugsleistung $L_{el}(t)$ gemessen (Abb. 2.22 auf S. 101 zeigt ein Beispiel). Für den innerhalb eines Jahres ermittelten Maximalwert $L_{el,max}$ ist ein Leistungspreis in der Größenordnung von etwa 65 €/kW$_{el}$ zu entrichten.

---

[1] Beim hydraulischen Abgleich wird z.B. mit Hilfe von Strangregulierventilen der Volumenstrom in allen Heizkörpern auf den vorberechneten Sollwert gebracht.

[2] Als Heizlast bzw. Stromlast wird die in einem Gebäude oder einem Prozess zu einem bestimmten Zeitpunkt t erforderliche Nutzenergieleistung bezeichnet, in diesem Kapitel erhält die Last das Formelzeichen $L(t)$ mit der Einheit W, kW oder MW. Lastspitzen L_{max} sind stündliche, tägliche oder jährliche Maximalwerte der Last.

- Beim Erdgasbezug wird bei Großkunden aus dem maximalen Tagesverbrauch eines Jahres der Leistungspreis ermittelt, bei kleineren Bezugsmengen vereinfacht ein monatlicher Grundpreis für die Bereitstellung, Messung und Abrechnung des Erdgases berechnet.
- Der Leistungspreis beim Bezug von Fernwärme richtet sich nach dem vereinbarten Anschlusswert, d.h. der über den Wärmetauscher maximal übertragbaren Wärmeleistung. Typisch sind auch hier Werte von 65 bis 70 €/kW$_{th}$.

Beim Bezug elektrischer Energie können Lastmanagementsysteme eingesetzt werden, um die aus dem Netz bezogene Stromlast $L_{el}(t)$ zu überwachen und bei Überschreiten eines voreingestellten Maximalwertes zuvor definierte Verbraucher selbsttätig vom Stromnetz zu trennen und damit unmittelbar die bezogene Stromlast zu mindern. Abschnitt 2.5 gibt dazu ein Praxisbeispiel. Zum Lastabwurf sind alle elektrischen Verbraucher geeignet, deren verzögertes Einschalten oder kurzzeitiges Ausschalten zu keiner nennenswerten Beeinträchtigung des Komforts oder gar von Produktionsprozessen führt. Dies können z.B. Kühlaggregate oder Heizungsumwälzpumpen sein.
Anlagen zur Wärme- oder Kälteversorgung und zur Trinkwassererwärmung werden häufig mit Pufferspeichern ausgestattet, die kurzzeitige Bedarfsspitzen abdecken und somit die maximale Heizlast reduzieren.

Verhaltensänderung

Verhaltensänderungen können ebenfalls zu deutlichen Energiebedarfsreduktionen führen. Häufig genügen schon einfache Hinweise und Erläuterungen, um die Energienutzer zu einem bewussteren Umgang mit Energie anzuregen. Ein gutes Beispiel sind die Verbrauchsanzeigen in Kraftfahrzeugen, die eine unmittelbare Auswirkung auf das Fahrverhalten zeigen. Ein anderes Beispiel sind die Stand-by-Schaltungen in elektronischen Unterhaltungsgeräten. Trotz geringster Leistungsaufnahme von nur wenigen Watt ergibt sich über das Jahr gerechnet eine merklicher Energiebedarf, da die elektrische Leistung permanent erforderlich ist: Bei 8760 h/a benötigt eine Stand-by-Schaltung mit 5 W im Jahr immerhin fast 44 kWh.

→ Smart Metering

Bei der „Energiewende“ wird die Änderung des Konsumverhaltens bei Nutzung elektrischer Energie eine wichtige Rolle spielen. Die in Jahrzehnten gewachsene klassische Erzeugungsstruktur mit Grundlast, Mittellast und Spitzenlast ermöglichte bisher einen wirtschaftlichen Betrieb der konventionellen Kraftwerke. Verbraucher und Industrie wurden durch entsprechende Preisgestaltung „ermuntert“, ihren (elektrischen) Energieverbrauch in die Nachtstunden zu verlegen, um die kostengünstig produzierenden Grundlastkraftwerke besser auszunutzen. Dazu wurde eine Tarifstruktur mit HT- (Hochtarif) und NT- (Niedrig- oder Nachttarif) Bezugspreisen eingeführt.

Mit zunehmendem Anteil erneuerbarer Energien im Strommix muss dieses „antrainierte“ Verbraucherverhalten umgestellt werden. Dazu eignet sich die Smart Metering Technologie, die zeitlich veränderliche Strombezugskosten erlaubt. Auf diese Weise wird es z.B. möglich sein, die von den PV-Kraftwerken verursachten Mittagsspitzen in der Stromerzeugung sinnvoll zu nutzen. Entsprechend wird der Strombezug in der Nacht und in windarmen Zeiten teurer werden müssen, um einen wirtschaftlichen Betrieb von Gas-Kombi-Kraftwerken oder Energiespeichern zu ermöglichen.

Energieeffizienzsteigerung

Wenn die Potenziale zur Vermeidung und Verhaltensänderung ausgeschöpft sind, müssen die Energieumwandlungs-, -transport- und -speicherprozesse hinsichtlich ihrer Effizienz untersucht werden. Das Maß für die Effizienz einer Energieumwandlung ist der Nutzungsgrad, der das Verhältnis des (energetischen) Nutzens zum Aufwand angibt:

$$\eta = \frac{\text{Nutzen}}{\text{Aufwand}}.$$

Man unterscheidet verschiedene Stufen des Energieverbrauchs (vgl. auch Kap. 1):

- *Nutzenergie* (Index NE) ist beispielsweise Licht, Raumwärme, Warmwasser oder mechanische Arbeit, die zum Antrieb von Fahrzeugen, zum Transport von Lasten und zum Antrieb von Maschinen und Werkzeugen erforderlich ist. In industriellen Betrieben ist zudem Prozesswärme auf höherem Temperaturniveau erforderlich. Auch im Bereich der Informationsverarbeitung und Kommunikation wird elektrischer Strom als Nutzenergie verwendet.
- *Endenergie* (Index EE) bezeichnet die Energieform, die dem Anwender in Form von Erdgas, Heizöl, Benzin, Diesel, elektrischem Strom, Hackschnitzeln, Scheitholz oder Holzpellets zur Verfügung gestellt wird, um den Nutzenergiebedarf zu decken.
- Endenergie wird aus *Primärenergie* (Index PE) wie Naturgas, Stein- und Braunkohle, Rohöl, Kernenergie, Ersatzbrennstoffen wie Müll und schließlich den regenerativen Energiequellen gewonnen. Der Aufwand an Primärenergie ist um die Umwandlungs- und Transportverluste höher als der Endenergieaufwand. Oft wird nur der fossile Anteil der genutzten Primärenergie betrachtet.

Mit diesen Stufen des Energieverbrauchs kann der Begriff der Energieeffizienz wie folgt definiert werden: Energieeffizienz bedeutet die Bereitstellung der erforderlichen Nutzenergie bei minimiertem (fossilen) Endenergie- bzw. Primärenergieeinsatz.
Bezogen auf die Energieumwandlung gibt der Endenergie-Nutzungsgrad

$$\eta_{EE} = \frac{E_{NE}}{E_{EE}} \tag{2.1}$$

das Verhältnis zwischen Nutzenergieverbrauch E_{NE} und Endenergiebedarf E_{EE} und der Primärenergie-Nutzungsgrad

$$\eta_{PE} = \frac{E_{EE}}{E_{PE}} \tag{2.2}$$

das Verhältnis zwischen dem Endenergiebedarf E_{EE} und dem Primärenergieverbrauch E_{PE} an. Tab. 2.1 und 2.2 geben einige Beispiele dazu.

Tabelle 2.1 Typische Primärenergie-Nutzungsgrade η_{PE} bei der Umwandlung in elektrische Endenergie nach [1]. Die mechanische Energie von Wind und Wasser, die solare Strahlungsenergie und die entnommene geothermische Energie werden hier als (erneuerbare) Primärenergie gerechnet.

Primärenergie	Umwandlung	η_{PE}
Kernenergie	Kernkraftwerke	30 - 35 %
Kohle	Kohlekraftwerke	30 - 45 %
Erdgas	Gas- und Dampfturbine	45 - 58 %
Solarenergie	Solarkraftwerke	10 - 15 %
Geothermie	Geokraftwerke	10 - 15 %
Wind	Windkraftwerke	30 - 40 %
Wasser	Wasserkraftwerke	70 - 90 %

Tabelle 2.2 Typische Endenergie-Nutzungsgrade η_{EE} nach [1]

Endenergie	Nutzenergie	Umwandlung	η_{EE}
Benzin	Mechanische Energie	Ottomotor	25 - 30 %
Diesel	Mechanische Energie	Dieselmotor	35 - 40 %
Elektr. Energie	Mechanische Energie	Elektromotor	60 - 95 %
Heizöl EL, Erdgas	Thermische Energie	Niedertemperaturgerät	85 - 95 %
Heizöl EL, Erdgas	Thermische Energie	Brennwertgerät	100 - 108 %
Elektr. Energie	Licht	Glühlampe, Halogenlampe	4 - 7 %
Elektr. Energie	Licht	Energiesparlampe	20 - 25 %

Im Gebäudebereich werden oft „Aufwandszahlen“ verwendet, das sind die Kehrwerte der Nutzungsgrade. So beschreibt die Anlagen-Aufwandszahl e_P (vgl. Kap. 2.2) das Verhältnis der aufgewendeten (fossilen) Primärenergie zum Nutzenergiebedarf,

$$e_P = \frac{E_{PE,foss.}}{E_{NE}} \ . \tag{2.3}$$

Während Wirkungsgrade das Verhältnis der energetischen Leistung in einem stationären Nennbetriebspunkt angeben, berücksichtigen die Nutzungsgrade auch die oft schlechteren Wirkungsgrade im Teillastbetrieb und die Energieverluste der Bereitschaftszeiten. Nutzungsgrade werden meist über das Zeitintervall eines Jahres (Index a) gemittelt,

$$\eta_{EE,a} = \frac{\int_{0h}^{8760h} \dot{E}_{NE}(t)\, dt}{\int_{0h}^{8760h} \dot{E}_{EE}(t)\, dt} \ , \tag{2.4}$$

und als Jahresnutzungsgrad $\eta_{EE,a}$ angegeben. Es genügt jedoch nicht, nur die energetischen Nutzungsgrade zu bewerten. Eine vollständige Energieeffizienzuntersuchung erfordert zudem eine Betrachtung des exergetischen Nutzungsgrads η_{ex}. Hierbei wird bewertet, welcher Anteil der Exergie beim Umwandlungsprozess tatsächlich genutzt wurde. Im Kap. 14, ab S. 858 finden sich einige Berechnungsbeispiele dazu.

Ersatz fossiler Energieträger

Nach Abschluss aller Maßnahmen zur Reduktion des Energieverbrauchs durch Verhaltensänderung und zur Effizienzsteigerung (Wirkungsgrad- und Nutzungsgraderhöhung) sollte erst im letzten Schritt geprüft werden, ob die verwendeten fossilen Energieträger nicht auch durch regenerative Energien ersetzt werden können. Die Möglichkeiten und Bedingungen dazu sind in den weiteren Kapiteln dieses Buches ausführlich erläutert.

Gesetzgeberische Maßnahmen zur Energieeffizienz

Die Europäische Union gibt in Form von Richtlinien einen Rahmen zum effizienten Energieeinsatz vor. Hierbei beschreitet sie gleichzeitig zwei Wege: Das Entscheidungsverhalten der Konsumenten beim Kauf energienutzender Produkte (von Waschmaschinen bis hin zu Kraftfahrzeugen) soll mit zahlreichen Vorschriften zur Kennzeichnung der Energieeffizienz beeinflusst werden („Energy Labelling"). Gleichzeitig werden die Hersteller verpflichtet, nur noch energieeffiziente Produkte auf den Markt zu bringen („EcoDesign").

Energy Labelling

Zur vergleichenden Bewertung des energieverbrauchenden Marktangebots wurde von der EU das Energielabel (Abb. 2.1, links) geschaffen. Die dort angegebenen Energieeffizienzklassen werden vom Gesetzgeber regelmäßig aktualisiert und dem technischen Fortschritt angepasst. Das Energielabel soll den Verbraucher dazu bringen, ein möglichst energieeffizientes Produkt zu erwerben.
Seit 2010, mit Erscheinen der Richtlinie 2010/30/EU [48], muss der Energieverbrauch bei allen Produkten mittels einheitlicher Etiketten und Produktinformationen für den Endverbraucher angegeben werden. In der genannten Richtlinie wird auch das Ziel der EU-Kommission angegeben, bis zum Jahr 2020 insgesamt 20 % des Energieverbrauchs der EU durch Energieeffizienzmaßnahmen einzusparen.

EcoDesign

Mit der von 2005 bis 2009 geltenden EuP-Richtinie 2005/32/EG [46] wurden erstmals für elektrische Haushaltsprodukte wie Waschmaschinen und Kühlschränke

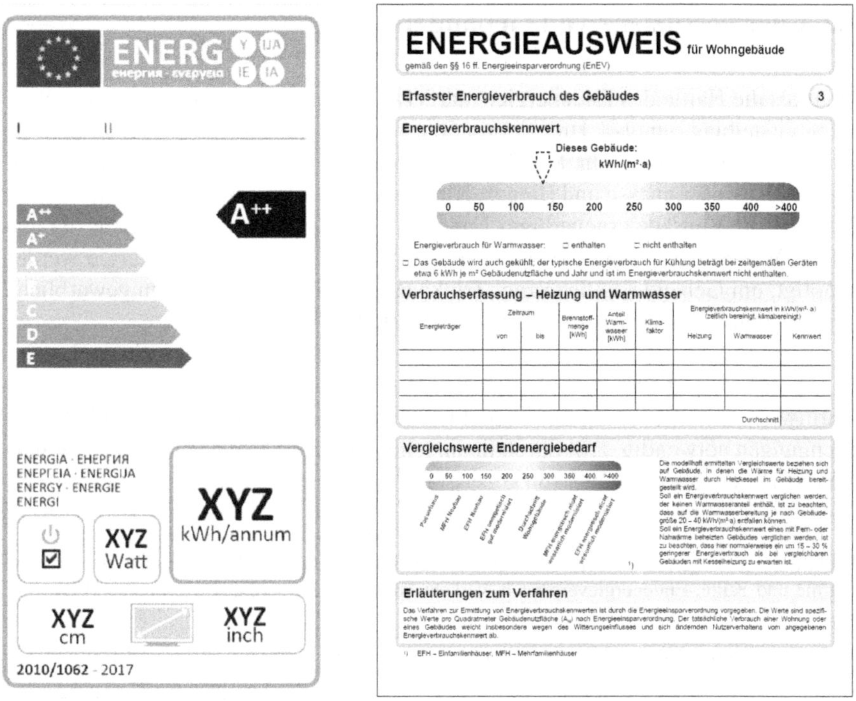

Abb. 2.1 (Links) Energie-Effizienz-Label der EU. Die Energieeffizienzklassen werden mit der Buchstabenfolge A, B, C etc. bezeichnet. Die im Vergleich zur aktuellen Vorschrift besonders effizienten Geräte erhalten ein A+, A++ oder gar A+++. (Rechts) Beispiel eines Energieausweises, der seit 2007 bei Neuerrichtung, Vermietung oder Verkauf einer Wohnung oder eines Gebäudes vorzulegen ist.

Anforderungen hinsichtlich ihrer Energieeffizienz geschaffen, die von Herstellern einzuhalten waren. Sie wurde im Jahr 2009 mit der ErP-Richtlinie 2009/125/EG [47] aktualisiert.[3] In zahlreichen Durchführungsverordnungen sind inzwischen Verbrauchsgrenzwerte für Kühlschränke, TV-Geräte, Motoren, Netzteile sowie für Haushalts- und Bürogeräte im Stand-by [62] und Haushaltslampen bestimmt. Seit September 2015 müssen auch alle neuen Wärmeerzeuger und Warmwasserspeicher über ein Label verfügen, weitere Verordnungen sind in Vorbereitung.

Die genannte EU-Richtlinie mit ihren Durchführungsbestimmungen wurden mit dem Energieverbrauchskennzeichnungsgesetz [40] und einer Vielzahl von Energieverbrauchskennzeichnungsverordnungen (z.B. [33] für PKW) in deutsches Recht umgesetzt. Darin werden die Hersteller verpflichtet, den Energieverbrauch ihrer Produkte kenntlich zu machen und bestimmte Grenzwerte hinsichtlich Energiekonsum und Energieeffizienz einzuhalten, die fortschreitend der technischen Entwicklung angepasst werden.

[3] Die EuP (Energy using Products) und ErP (Energy related Products) Richtlinie werden auch als Ökodesign-Richtlinie bezeichnet.

2.2 Energieeffizienz von Gebäuden

Mehr als die Hälfte des Endenergiebedarfs Deutschlands wird im Bereich der Wärmebereitstellung genutzt. Hier dominieren noch immer die fossilen Energien, im Jahr 2015 entstammten nur 13,2 % der benötigten Endenergie erneuerbaren Energiequellen wie Biomasse und Biogas, Klärgas sowie Solar- und Geothermie. Tabelle 2.3 zeigt die Beiträge erneuerbarer Energien zur Energiebereitstellung für die einzelnen Verbrauchssektoren. Erdgas, Heizöl und auch elektrische Energie werden benötigt, um Gebäude zu beheizen, Trinkwasser zu erwärmen und im gewerblich / industriellen Bereich Prozesswärme bereitzustellen.[4]
Die Bundesregierung hat sich zum Ziel gesetzt, den Anteil erneuerbarer Energien am Endenergieverbrauch für Wärme (Raum-, Kühl- und Prozesswärme sowie Warmwasser) bis zum Jahr 2020 auf 14 % zu erhöhen.[5] Dazu sind erhebliche Anstrengungen notwendig, z.B. durch finanzielle Anreize in Form von Fördermaßnahmen, vor allem aber durch gesetzgeberische Vorgaben.

Tabelle 2.3 Beitrag erneuerbarer Energien am Bruttostromverbrauch, am Endenergieverbrauch Wärme und Kälte, Endenergieverbrauch Verkehr sowie am Primärenergieverbrauch (PEV) nach [4].

Sektor	1990	2000	2008	2009	2010	2011	2012	2013	2014	2015
Strom	3,4 %	6,2 %	15,1 %	16,3 %	17,0 %	20,4 %	23,7 %	25,2 %	27,4 %	32,6 %
Wärme	2,1 %	4,4 %	8,5 %	10,4 %	11,1 %	11,3 %	11,9 %	12,2 %	12,5 %	13,2 %
Verkehr	0,1 %	0,5 %	6,0 %	5,4 %	5,8 %	5,6 %	6,0 %	5,5 %	5,6 %	5,3 %
PEV	1,3 %	2,9 %	8,0 %	8,9 %	9,9 %	10,8 %	10,3 %	10,8 %	11,5 %	12,5 %

2.2.1 Gesetzgeberische Maßnahmen

Die steigenden Energiekosten bilden für Unternehmen in der Regel einen ausreichend starken Anreiz, den Einsatz von Prozesswärme in der Produktion zu minimieren. Daher sind nach Auffassung der derzeitigen Bundesregierung keine gesetzgeberischen Maßnahmen vonnöten. Anders verhält es sich im Gebäudebereich. Der Endenergiebedarf zur Bereitstellung von Raum- und Prozesswärme sowie zur Trinkwassererwärmung trägt mit etwa 40 % zu den gesamten energiebedingten Treibhausgasemissionen bei. Die Klimaschutzziele der Bundesregierung sind nur zu erreichen, wenn auch der Bereich der Wärmebereitstellung einen wesentlichen Beitrag zur Kohlenstoffdioxid-Reduktion leistet. Dies kann insbesondere durch eine Verringerung des flächenspezifischen Heizwärmebedarfs, eine Verbesserung der Energieeffizienz und den Ausbau der erneuerbaren Energien erreicht werden.

[4] Zwar beträgt der energetische Wirkungsgrad moderner Heizkessel annähernd 100 %, jedoch liegt der exergetische Wirkungsgrad bei nur wenigen Prozent.

[5] Dieses Ziel wurde mit dem EEWärmeG [38] gesetzgeberisch festgelegt.

Die Verringerung des flächenspezifischen Heizwärmebedarfs ist durch die energetische Modernisierung des Wohn-, Gewerbe- und Industriegebäudebestands zu erreichen. Beispiele dafür sind die verbesserte Dämmung der Gebäudehülle, Fenster mit Wärmeschutzverglasung oder die passive Nutzung der Solarstrahlung. Aber auch eine effizientere Anlagentechnik gekoppelt mit der Nutzung erneuerbarer Energien kann den Endenergiebedarf zur Wärmebereitstellung reduzieren.
Für Neubauten werden durch die Energieeinsparverordnung (EnEV) Mindeststandards hinsichtlich der Energieeffizienz festgeschrieben, die sich am aktuellen Stand der Technik orientieren und kontinuierlich angepasst werden.

Energieeinsparverordnung (EnEV)

Die seit 2001 bereits mehrfach novellierte Energieeinsparverordnung EnEV begrenzt den Energiebedarf beheizter oder gekühlter Wohn- und Nutzgebäude sowie Industrieanlagen auf vorgegebene Maximalwerte des Primärenergieverbrauchs.
Die derzeit aktuelle EnEV 2014/2016 [32] gilt für neu zu errichtende, mit Energie beheizte oder gekühlte Wohn- und Nichtwohngebäude, bei An- und Umbauten sowie größeren Renovierungen an Bestandsgebäuden. Der berechnete Jahres-Primärenergiebedarf Q_P für Heizung, Warmwasserbereitung, Lüftung, Kühlung und bei Nichtwohngebäuden auch zur Beleuchtung darf dabei den Jahres-Primärenergiebedarf eines Referenzgebäudes $Q_{P,ref}$ gleicher Nutzung, Geometrie, Nutzfläche und Ausrichtung nicht überschreiten. Zudem müssen die Transmissionswärmeverluste der wärmeübertragenden Umfassungsflächen vorgegebene Grenzwerte einhalten.
Die EnEV macht aber nicht nur Vorgaben für die bautechnische Ausführung des Gebäudes, sondern auch für die installierte Anlagentechnik zur Beheizung, Trinkwassererwärmung, Belüftung, Klimatisierung und Beleuchtung. So ist der Betrieb und die Nachrüstung mit Heizkesseln z.B. nur dann zulässig, wenn das Produkt aus Erzeugeraufwandszahl und Primärenergiefaktor $e_g \cdot f_p$ nicht größer als 1,30 ist. Je erzeugter Einheit Nutzwärme dürfen also maximal 1,3 Einheiten fossile Primärenergie aufgewendet werden.
Bereits mit der EnEV 2007 [30] wurden Gebäudeenergiepässe eingeführt, die Käufern und Mietern von Gebäuden quantitative Hinweise geben, wie hoch der nutzflächenspezifische fossile Primärenergieverbrauch des Gebäudes ist. Ein Beispiel ist in Abb. 2.1 (rechts) zu sehen. Die EnEV 2009 [31] hat den Primärenergiebedarf beheizter Gebäude um 30 Prozent gegenüber den Grenzwerten der EnEV 2007 reduziert. Elektrische Widerstandsheizungen zur Raumheizung und Trinkwassererwärmung haben eine Anlagen-Aufwandszahl entsprechend dem Primärenergiefaktor elektrischer Endenergie. Nach der EnEV 2009 müssen solche Anlagen spätestens bis 2019 durch energieeffizientere Systeme ersetzt sein. Zur Überwachung der EnEV-Vorgaben zum energieeffizienten Betrieb der Anlagentechnik sind seit dem Oktober 2009 die Bezirksschornsteinfeger zuständig, zudem werden höhere Bußgelder bei Zuwiderhandlungen verhängt. Die EnEV 2014/2016 führte gegenüber der Fassung von 2009 ein:

- Absenkung des maximal zulässigen Primärenergiebedarfs in zwei Schritten (2014 und 2016) um jeweils 12,5 %,
- Minderung der maximal zulässigen Transmissionswärmeverluste im Mittel um 10 %,
- Verpflichtende Angabe der energetischen Kennwerte von Gebäuden bei Immobilienanzeigen,
- Absenkung des Primärenergiefaktors $f_{P,el}$ für elektrischen Strom von (EnEV 2009) 2,6 auf dann 2,0 und zum 01. Januar 2016 auf 1,8
- sowie Verlegung des Standorts des Referenzgebäudes von Würzburg nach Potsdam.

→ Weiterlesen

Auch für 2017 steht eine Neufassung der EnEV an – im Gespräch (Stand November 2016) ist eine Zusammenlegung mit dem EEWärmeG (s.u.), zudem sind Vorgaben aus der europäischen Gebäudeenergierichtlinie EPBD [49] umzusetzen: Nach dieser dürfen ab 2021 nur noch Niedrigstenergiegebäude errichtet werden, bereits ab 2019 ist diese Vorgabe auf den Neubau öffentlicher Gebäude anzuwenden. Im Original der EU-Gebäuderichtlinie wird der zukünftige Gebäudestandard als „nearly zero energy" bezeichnet, er wird vermutlich mit der Definition des KfW-55-Gebäudes gleichgesetzt werden. Vermutlich wird mit der Neufassung auch die zur DIN 18599 alternativ noch zulässige Berechnung von Wohngebäuden nach der DIN V 4701-10 gestrichen.

Erneuerbare-Energien-Wärmegesetz (EEWärmeG)

Der Ausbau erneuerbarer Energien im Wärmebereich hat bisher nicht die Dynamik erreicht, die im Strombereich durch das Erneuerbare-Energien-Gesetz (EEG) initiiert wurde. Die 2008 erfolgte Verabschiedung des Erneuerbare-Energien-Wärme-Gesetzes (EEWärmeG) [38] - im Mai 2011 novelliert [38] - soll hier als Markteinführungsprogramm dienen. Wenngleich zunächst nur das Neubausegment Gegenstand gesetzlicher Regelungen ist, wurden auch für den Ausbau der Nahwärmenetze wichtige Impulse gesetzt. Zweck des Gesetzes ist die Förderung erneuerbarer Energien mit dem Ziel, deren Anteil am Endenergiebedarf zur Wärmebereitstellung bis zum Jahr 2020 auf 14 % zu erhöhen. Das EEWärmeG umfasst die folgenden Vorgaben:

- Jedes Gebäude, das nach dem 31. Dezember 2008 neu errichtet wurde, muss seinen Wärmeenergiebedarf, je nach eingesetzter Technologie, zwischen 15 und 50 Prozent aus erneuerbaren Energien decken.
- Bei Einsatz von Solarenergie müssen z.B. mindestens 15 Prozent des Wärmeenergiebedarfs gedeckt werden, dazu genügen nach dem EEWärmeG z.B. bei Wohngebäuden mit max. zwei Wohnungen bereits 4 m^2 Kollektorfläche je 100

m^2 Nutzungsfläche. Bei Wohngebäuden mit mehr als zwei Wohnungen sind solarthermische Anlagen mit einer Fläche von mindestens 3 m^2 Kollektorfläche je 100 m^2 Nutzungsfläche zu installieren. Die Bundesländer können höhere Mindestflächen festlegen.

- Bei Verwendung von Biogas muss der Deckungsanteil 30 Prozent oder mehr betragen, bei Verwendung von flüssiger oder fester Biomasse 50 Prozent oder mehr.
- Bei der Nutzung geothermischer Energie oder von Umweltwärme mittels Wärmepumpen ist ein Mindestdeckungsanteil von ebenfalls 50 Prozent vorgegeben, die Jahresarbeitszahl[6] muss bei Luft-Wasser-Wärmepumpen mindestens 3,5, bei allen anderen Typen mindestens 4,0 betragen.[7]
- Ersatzweise kann das EEWärmeG erfüllt werden, wenn der Wärme- und Kältebedarf zu mindestens 50 % durch Kraft-Wärme-Kopplung oder durch sonstige Abwärmenutzung gedeckt wird.
- Auch mit dem Anschluss an ein Nah- oder Fernwärmenetz können die Anforderungen erfüllt werden (§ 7 Ersatzmaßnahmen) oder
- mit der Übererfüllung der gültigen Energieeinsparverordnung EnEV um mindestens 15 %.

Die Einhaltung des EEWärmeG ist vom Hausbesitzer durch spezielle Bescheinigungen oder Brennstoffrechnungen nachzuweisen.
Gebietskörperschaften können nach dem EEWärmeG einen Anschlusszwang an ein Nah- oder Fernwärmenetz aus Gründen des Klimaschutzes und der Ressourcenschonung verhängen. Zudem wurde das Markteinführungsprogramm (MAP, [3]) zur Förderung von Solarthermie, Biomasse, Geothermie und Umweltwärme sowie von Nahwärmenetzen im Zuge der Einführung des EEWärmeG finanziell deutlich aufgestockt.

Erneuerbare Energien im Gebäudebestand

Die große Zahl der vorhandenen Altbauten (rund 20 Mio. Gebäude mit etwa 41 Mio. Wohnungen) im Vergleich zur geringen Anzahl der jährlichen Neubauten[8] verhindert eine tiefgreifende Wirkung der gesetzgeberischen Maßnahmen (EEWärmeG und EnEV) auf den durchschnittlichen fossilen Heizenergiebedarf. Mit der Novellierung des EEWärmeG mit Wirkung zum 1. Mai 2011 gilt immerhin nun eine Nutzungspflicht Erneuerbarer Energien nicht nur mehr für Neubauten, sondern auch für Bestandsgebäude in öffentlicher Hand, die grundlegend renoviert werden.
Es bleibt zu hoffen, dass nach dem Klimaschutzabkommen von Paris (Kap. 1.2.4) in den kommenden Jahren durch geeignete Impulse auch im privaten Gebäudebe-

[6] Die Jahresarbeitszahl ist „mit den anerkannten Regeln der Technik" zu berechnen, entspricht also dem *SCOP*, vgl. S. 508.

[7] Erfolgt auch die Warmwasserbereitung mit der Wärmepumpe, so ist eine Jahresarbeitszahl von 3,3 bzw. 3,8 zu übertreffen.

[8] Nach [52] wurden im Jahr 2015 genau 146.852 Baugenehmigungen für Wohnungen in Wohn- und Nichtwohngebäuden erteilt und 247.722 Wohnungen fertiggestellt.

stand weiterreichende Energieeffizienzmaßnahmen angestoßen werden können. In der Zeit zwischen der zweiten Auflage 2013 und der nun dritten Auflage Ende 2016 waren dazu leider keine Ansätze feststellbar.
Nach dem EEWärmeG sind die Bundesländer und Kommunen bereits heute ermächtigt, über das Bundesgesetz hinausgehende Anforderungen für Neubau und Gebäudebestand zu definieren. Bisher hat nur Baden-Württemberg ein eigenes Landes-EEWärmeG verabschiedet und die Stadt Marburg eine Solarsatzung. Die im Freistaat Thüringen 2013 sichtbaren Bemühungen für ein eigenes Landesgesetz (ThEEWärmeG, [41]) wurden nach dem Wechsel der Landesregierung wieder eingestellt, danach sollten die Anforderungen an Bestandsgebäude in Thüringen bis 2025 denen für Neubauten gleichgestellt werden.

Wirksamkeit der Maßnahmen

Gemäß § 18 des EEWärmeG hat inzwischen zuständige BMWi dem Deutschen Bundestag im November 2015 einen zweiten Erfahrungsbericht zum EEWärmeG über die letzten vier Jahre vorgelegt [7]. Die Autoren dieses Berichts prognostizieren, dass im Jahr 2020 der Anteil erneuerbarer Energien am Endenergieverbrauch für Wärme und Kälte 16,3 % betragen wird, das Ziel von 14 % also überschritten werden wird.
Im Jahr 2014 wurden nach [7] 138.375 (100 %) beheizte Neubauten als Wohn- (WG) und Nichtwohngebäude (NWG) fertiggestellt, 19.879 Fälle waren von der EE-Nutzungspflicht ausgenommen. Die EE-Nutzungspflicht wurde dabei am häufigsten durch den Einsatz von Wärmepumpen erfüllt:

- In 81 % der Fälle wurden erneuerbare Energien eingeplant, in 19 % als Ersatzmaßnahme die EnEV-Anforderungen um die im EEWärmeG geforderten 15 % unterschritten,
- in 18 % aller Wohngebäude wurde die Nutzungspflicht durch eine Solarthermie-Anlage erfüllt,
- In 33 % der neugebauten Wohngebäude wurden Wärmepumpen zur Nutzung von Umweltwärme oder Geothermie eingesetzt, bei Nichtwohngebäuden (NWG) in 15 %,
- in 22 % der Wohn-Neubauten wurden Wärmeerzeuger für feste Biomasse (vornehmlich Holz) eingebaut, bei NWG in 11 % der Neubauten,
- in 7,3 % der Neubauten wurde ein Anschluss an ein Wärmenetz realisiert.

Oft wurden mehrere Techniken kombiniert, um die Vorgaben zu erfüllen. Entsprechend beträgt die Summe der o.g. Anteile mehr als 100 %. Der Anteil erneuerbarer Energien in Nah- und Fernwärmenetzen beträgt nach dem Erfahrungsbericht inzwischen etwa 14,6 %. Eine Wirtschaftlichkeitsbetrachtung in [7] zeigt, dass die gewählten Maßnahmen zur Erfüllung der EEWärmeG-Anforderungen zu vergleichbaren Wärmegestehungskosten führen.

Kraft-Wärme-Kopplungsgesetz (KWKG)

Die Erhöhung der Energieeffizienz kann neben einer Modernisierung der Heiztechnik auch durch Kraft-Wärme-Kopplung (KWK) erreicht werden. Deren Technik wird in einem späteren Abschnitt erläutert. Derzeit erfolgen etwa 17 % der Stromerzeugung in Kraft-Wärme-Kopplung. Die dabei erzeugte Wärme versorgt zu 90 % Fernwärmenetze (überwiegend in Ostdeutschland) und zu 10 % Nahwärmenetze oder Einzelgebäude. Im Bereich der Fernwärmenetze erfolgt die Wärmebereitstellung durch zentrale, wärmegeführte Heizkraftwerke oder Fernwärmeauskopplungen aus stromgeführten Kraftwerken. Insgesamt werden 84 % der Fernwärme in Kraft-Wärme-Kopplung produziert.

Durch das im Jahr 2002 verabschiedete, 2009 sowie 2011 und 2012 [37] novellierte und 2015 [35] erneut überarbeitete Kraft-Wärme-Kopplungsgesetz [9] soll die Modernisierung und der Ausbau von fossil befeuerten Kraft-Wärme-Kopplungsanlagen durch Bonuszahlungen je erzeugter Einheit KWK-Strom gefördert werden.

Inwieweit die in dem KWK-Gesetz festgelegten Fördersätze ausreichen, um die gesetzten Ausbauziele zu erreichen, wird vielfach kritisch gesehen. Im Bereich der Fernwärmenetze ist durch geringe Neubautätigkeit, sinkenden Wärmebedarf aufgrund erfolgter Gebäudesanierungen und insbesondere in den östlichen Bundesländern stark zurückgehender Einwohnerzahlen nur mit einer Konsolidierung, bestenfalls einem geringfügigen Ausbau der bisherigen KWK-Anlagen zu rechnen. Die Mehrzahl neuer KWK-Anlagen ist also im Bereich kleiner und mittlerer Leistung zur Versorgung von Nahwärmenetzen oder Einzelobjekten zu erwarten, die auch eine Einbindung regenerativer Energieträger ermöglichen. Zur Wirkung des KWKG finden sich in Kap. 12.1 weitere Informationen.

2.2.2 Energetische Bewertung von Gebäuden

Die Energieeinsparverordnung EnEV beschränkt den (fossilen) Primärenergiebedarf Q_P für Neubauten auf Maximalwerte, die nicht überschritten werden dürfen. Dazu ist ein rechnerischer Nachweis zu führen, der meist vom Architekten durchgeführt wird.

Gemäß EnEV 2014/2016 kann der Jahres-Primärenergiebedarf Q_P eines Wohngebäudes nach der DIN V 4108-6 [17] bzw. DIN EN 832 [15] in Verbindung mit DIN V 4701-10 [19] oder auch nach der Referenzmethode der DIN 18599-Normenreihe [23] berechnet werden. Bei Nichtwohngebäuden muss die Berechnung des Nutzenergiebedarfs für Heizung, Trinkwassererwärmung, Lüftung, Klimatisierung, Kühlung und Beleuchtung auf Basis der DIN 18599-Normenreihe erfolgen. Hierbei wird der maximal zulässige Primärenergiebedarf $Q_{P,ref}$ anhand eines Referenzhauses berechnet, das in Geometrie, Baumaßen, Nutzflächen und Ausrichtung dem geplanten Gebäude anzupassen ist.

---

[9] Zum Redaktionsschluss im November 2016 befand sich auch diese Fassung der KWKG in Überarbeitung.

Aufgrund der Vielzahl der anzuwendenden Normen sollen die wichtigsten Definitionen zu Beginn des Kapitels mit Hilfe der Abb. 2.2 erklärt werden. Das in Abb. 2.2 dargestellte Gebäude wurde in zwei Bilanzräume getrennt, die das beheizte Gebäudevolumen V_e (oben) und den Bereich der Anlagentechnik (unten) umfassen.

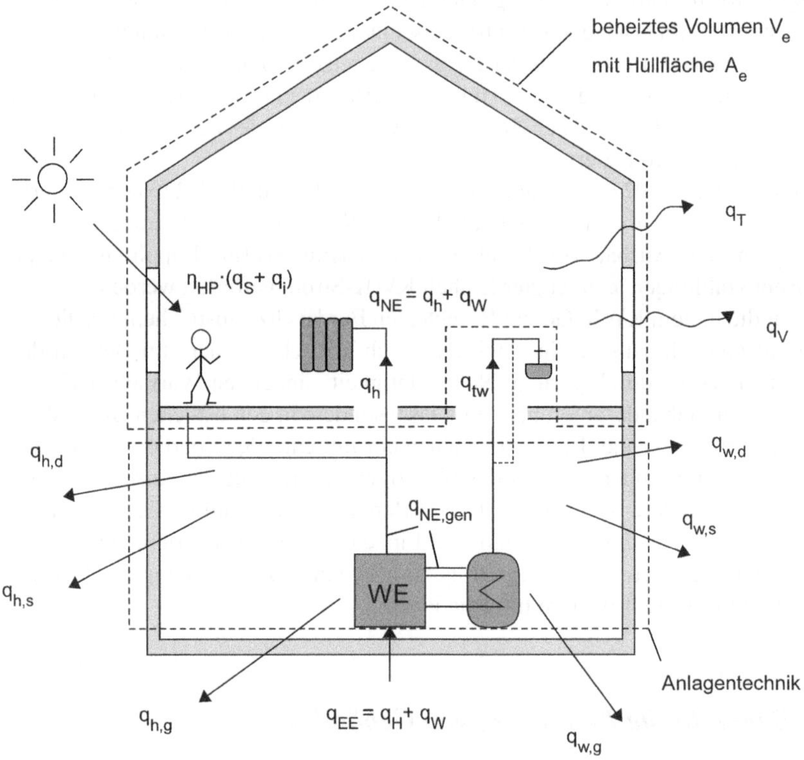

Abb. 2.2 Energiebilanz an einem beheiztem Gebäude mit Trinkwasserversorgung

Nutzenergiebedarf

Durch eine Energiebilanzierung für das beheizte Gebäudevolumen ist der spezifische Nutzenergiebedarf für die Raumheizung q_h bestimmbar, der von der Anlagentechnik gedeckt werden muss:

$$q_h = q_T + q_V - \eta_{HP} \cdot (q_S + q_i) \tag{2.5}$$

In Gl. (2.5) und allen folgenden werden flächenspezifische Jahresenergiemengen in kWh/m^2/a verwendet, die Energiebezugsfläche A_{EB} ist die Summe aller Wohn- und Nutzflächen innerhalb des beheizten Volumens. Für EnEV-Berechnungen ist als

Bezugsfläche die Gebäudenutzfläche A_N einzusetzen, die aus dem beheizten Hüllvolumen V_e und der Geschosshöhe h_G berechnet wird:

$$A_N = 0{,}32 \cdot V_e \text{ für } 2{,}5\text{ m} < h_G < 3\text{ m} \quad \text{bzw.}$$

$$A_N = (1/h_G - 0{,}04\text{ m}^{-1}) \cdot V_e$$

Für Berechnungen nach DIN 18599 ist als Bezugsfläche die Nettogrundfläche (NGF) zu verwenden.[10]
Die Hüllfläche A_e, die das beheizte Volumen V_e umschließt, weist zwei Energieverlustpfade auf, zum einen die Transmission durch die Gebäudehülle q_T, zum anderen die Energieverluste aufgrund der notwendigen Gebäudelüftung q_V. Gleichzeitig sind jährliche Energiegewinne im Gebäude durch absorbierte Sonneneinstrahlung q_S und interne Gewinne q_i mit dem Ausnutzungsgrad η_{HP} zu berücksichtigen.
Zum Nutzenergiebedarf für die Raumheizung q_h ist bei Wohngebäuden der Nutzenergiebedarf zur Trinkwassererwärmung q_{tw} zu berücksichtigen, bei Nichtwohngebäuden auch der Nutzenergiebedarf für Gebäudekühlung q_c, Raumlufttechnik q_{c*}, q_{h*} und Beleuchtung q_l. Zusätzlich ist der Hilfsenergiebedarf W_i zu bestimmen, der zum Betrieb der Anlagentechnik benötigt wird, im Allgemeinen in Form elektrischer Energie. Im Folgenden sollen nur die Wohngebäude behandelt werden.

Anlagen-Aufwandszahl e_p

Der Zusammenhang zwischen dem gesamten Nutzenergiebedarf des Wohngebäudes für Raumheizung und Trinkwassererwärmung, $q_{NE} = q_h + q_{tw}$, und dem Jahres-Primärenergiebedarf q_p ist in der DIN 4701-10 über die Anlagen-Aufwandszahl e_p definiert:

$$e_p = \frac{q_p}{q_h + q_{tw}} \tag{2.6}$$

Diese berücksichtigt die technischen Verluste der Anlage $q_{h,t}$ und $q_{w,t}$, die bei der Bereitstellung der Nutzwärme entstehen, sowie die Primärenergiefaktoren f_p der eingesetzten Endenergiearten. Auf die Berechnung von e_p wird später eingegangen.
Die Energiebilanz für die Anlagentechnik lautet nach Abb. 2.2:

$$q_{EE} = q_H + q_W = q_h + q_{tw} + q_{h,t} + q_{w,t} \; . \tag{2.7}$$

Hierbei ist q_{EE} der gesamte Endenergiebedarf, q_H der Endenergiebedarf für die Raumheizung und q_W der Endenergiebedarf für die Trinkwassererwärmung. Technische Verluste treten auf bei der Wärmeerzeugung g, bei der Energiespeicherung s sowie bei der Wärmeverteilung in den Rohrnetzen d. Für die Heizungsanlage wird unterschieden in

$$q_{h,t} = q_{h,g} + q_{h,s} + q_{h,d} \; , \tag{2.8}$$

bei der Trinkwassererwärmungsanlage in

---

[10] Zur Definition der NGF vgl. Fußnote 12 auf S. 58.

$$q_{w,t} = q_{w,g} + q_{w,s} + q_{w,d} \,. \tag{2.9}$$

Energieeffizienzansätze im Gebäudebereich wirken sich auf unterschiedliche Terme in den dargestellten Energiebilanzen aus. Der Ersatz eines älteren Heizkesselmodells durch ein modernes Brennwertgerät beispielsweise reduziert die Wärmeverluste bei der Energiewandlung $q_{h,g}$. Entsprechend wirkt sich eine nachträgliche Dämmung der Heizkreisverteilleitungen mindernd auf $q_{h,d}$ aus. Die Dämmung der Außenwände oder der Einbau moderner Wärmeschutzverglasung hingegen mindert die Energieverluste durch Transmission q_T und damit den Nutzenergiebedarf q_h zur Raumbeheizung. Der Einsatz regenerativer Energien, so in solaren Trinkwassererwärmungsanlagen, reduziert den Endenergiebedarf q_H des Wärmeerzeugers.
Nachfolgend sollen in vereinfachten Berechnungsansätzen überschlägig verschiedene Maßnahmen zur Verbesserung der Energieeffizienz von Gebäuden betrachtet werden. Zuvor soll jedoch ein Beispiel zur Auswirkung moderner Anlagentechnik auf die Anlagen-Aufwandszahl e_P gezeigt werden.

→ Berechnungsbeispiel

Für den geplanten Neubau eines Einfamilienhauses mit einer Nutzfläche A_N von 150 m^2 und Fußbodenheizung ist eine EnEV-Berechung durchzuführen, um den flächenspezifischen Primärenergiebedarf q_p als Voraussetzung für die Baugenehmigung ausweisen zu können. Der Gesamtwärmebedarf für die Raumheizung betrage nach energetischer Bewertung aller Gebäudeteile (Transmissions- und Lüftungswärmeverluste) nach DIN 4108-6 [17] in diesem Beispiel $q_h = 70\,\mathrm{kWh/m^2/a}$. Dazu ist noch der Nutzenergiebedarf zur Trinkwassererwärmung zu berücksichtigen, der in der EnEV pauschal zu $q_{tw} = 12{,}5\ \mathrm{kWh/m^2/a}$ gesetzt wird. Es wird eine gebäudezentrale Warmwasserversorgung mit Zirkulation betrachtet.
Der Nutzenergiebedarf des Gebäudes zur Wärmebereitstellung beträgt damit also

$$Q_{NE} = (q_h + q_{tw}) \cdot A_N = 82{,}5\ \frac{\mathrm{kWh}}{\mathrm{m^2 a}} \cdot 150\ \mathrm{m^2} = 12.375\ \frac{\mathrm{kWh}}{\mathrm{a}}.$$

Die folgenden Anlagen-Aufwandszahlen e_p sind der DIN V 4701-10 Anhang C [19] bzw. dem Beiblatt 1 [20] entnommen. Der technische Gebäudeplaner rechnet mehrere anlagentechnische Varianten zur Wärmebereitstellung durch. Es ergeben sich folgende Anlagen-Aufwandszahlen:

- Bei Deckung des Heizwärmebedarfs für Heizung und Trinkwasser durch einen Niedertemperatur-Erdgasheizkessel beträgt die Anlagen-Aufwandszahl e_P = 1,73. Je kWh Nutzenergie müssen also 1,73 kWh fossile Primärenergie eingesetzt werden.
- Der Einbau einer Solaranlage zur Trinkwassererwärmung reduziert die Anlagen-Aufwandszahl auf e_p = 1,49. Nach der Norm wurde hierbei angenommen, dass die Kollektorfläche der Solaranlage über die Beziehung $A_C = 0{,}09 \cdot (A_N)^{0,8}$ mit der Nutzfläche korreliert (vgl. DIN V 4701 Teil 10 [19], Tab. 5.1-10). Bei einer Nutzfläche von $A_N = 150$ m^2 wäre also eine Kollektorfläche von A_C = 5 m^2 zu installieren.

- Während Niedertemperaturkessel nur Nutzungsgrade von etwa 90 % erreichen, beträgt der Jahrenutzungsgrad von Brennwertgeräten, bezogen auf den Heizwert H_i, etwa 100 %. Die höhere Energieeffizienz wirkt sich auch in der Anlagen-Aufwandszahl aus, die bei Einsatz eines Brennwertheizgerätes e_p = 1,46 beträgt.
- Durch den Einbau einer solaren Trinkwassererwärmungsanlage mit Heizungsunterstützung mit einem solaren Gesamtdeckungsanteil von 10 % wird die Anlagen-Aufwandszahl mit Brennwertkessel weiter auf nun e_p = 1,17 gesenkt. Die Kollektorfläche der solaren Kombianlage wurde hier mit A_C = 9 m^2 angenommen (vgl. DIN V 4701 Teil 10 [19], Abschnitt 5.3.4.1.3.).
- Eine gut dimensionierte Grundwasserwärmepumpe erreicht eine Anlagen-Aufwandszahl von e_p = 0,86. Bei Nutzung des Erdreichs erhöht sich der Aufwand auf e_p = 0,96, bei der ineffizienteren Außenluft-Wärmepumpe auf 1,23.
- Nur beim überwiegenden Einsatz nichtfossiler Primärenergie kann die Anlagen-Aufwandszahl noch weiter abgesenkt werden. Werden Raumheizung und Trinkwassererwärmung des Gebäudes z.B. durch einen Pelletheizkessel gedeckt, beträgt die Aufwandszahl nur noch e_p = 0,51. Durch Installation einer solaren Trinkwassererwärmung (A_C = 5 m^2) würde der Wert sogar auf e_P = 0,49 sinken.

Der fossile Primärenergieaufwand Q_{PE} errechnet sich mit Hilfe der oben genannten Anlagen-Aufwandszahlen e_p zu Werten zwischen 21.409 kWh/a für den Niedertemperaturkessel ($e_p = 1,73$) und lediglich 6.064 kWh/a beim Pelletheizkessel mit solarer Trinkwassererwärmung ($e_p = 0,49$).

Primärenergiefaktor f_p

Einen wesentlichen Einfluss auf die Anlagen-Aufwandszahl übt der Primärenergiefaktor f_p aus. Er berücksichtigt den Primärenergieeinsatz in sämtlichen Vorketten der Endenergieerzeugung, so für die Förderung, die Aufbereitung, den Transport, die Umwandlung und die Verteilung. Formal entspricht er dem Kehrwert des primärenergetischen Nutzungsgrades aus Gl. (2.2)

$$f_p = \frac{Q_{PE}}{Q_{EE}} = \frac{1}{\eta_{PE}}\,, \qquad (2.10)$$

wobei jedoch nur der nicht erneuerbare (fossile) Anteil am Primärenergiebedarf berücksichtigt wird.

Tab. 2.4 gibt einige Beispiele an. Der Primärenergiefaktor von Holz mit f_p = 0,2 gibt also nur den fossilen Energieaufwand für das Einschlagen des Holzes im Wald, den Transport und die Verarbeitung zum Endenergieträger (Schneiden, Hacken, Pressen) an; die im Holz enthaltene regenerative Primärenergie wird in f_p nicht berücksichtigt. Auch für Umweltenergie wie z.B. Solarwärme oder Umgebungswärme wird mit einem Primärenergiefaktior von $f_p = 0$ gerechnet. Bei der Aufarbeitung von

Tabelle 2.4 Primärenergiefaktoren f_p nach [19], [23] bzw. [32] Anlage 1. Für f_p wird der nicht erneuerbare Anteil PE und in Klammern der gesamte PE-Anteil angegeben, Bezugsgröße der Endenergie ist der Heizwert H_i.

Primärenergie	**Endenergie**	f_p
Rohöl, Naturgas	Heizöl EL, Erdgas H, Flüssiggas	1,1 (1,1)
Kohle	Steinkohle	1,2 (1,2)
Kohle	Braunkohle	1,2 (1,2)
Holz	Scheitholz, Hackschnitzel, Pellets	0,2 (1,2)
Biomasse	Bioöl, Biogas	0,5 (1,5)
Fossile Primärenergie	Nah-/Fernwärme aus Kraft-Wärme-Kopplung	0,7 (0,7)
Erneuerbare Energien	Nah-/Fernwärme aus Kraft-Wärme-Kopplung	0 (0,7)
Fossile Primärenergie	Nah-/Fernwärme aus Heizwerken	1,3 (1,3)
Erneuerbare Energien	Nah-/Fernwärme aus Heizwerken	0,1 (1,3)
Primärenergieeinsatz der BRD	Strommix 2009	2,6 (3,0)
	Strommix 2014 [1]	2,0
	Strommix 2016 [1]	1,8
Eigenerzeugung in KWK-Anlagen	Stromeinspeisung[1]	2,8

[1] vgl. EnEV 2014/2016, Anlage 1 [32]

Rohöl oder Kohle zu Brennstoffen ist ein zusätzlicher fossiler Energieaufwand von 10 % bzw. 20 % zu berechnen.
Bis zur Einführung der EnEV 2007 wurde der Primärenergiefaktor für elektrischen Strom mit 2,7 angegeben, nach der Novellierung 2009 galt ein Wert von $f_{p,el} = 2,6$. Mit Einführung der EnEV 2014/2016 wurde der Primärenergiefaktor zur Stromproduktion auf 2,0 und ab 01.01.2016 dann auf 1,8 gesetzt [32].
Diese Verringerung ist auf die Zunahme des Anteils erneuerbarer Energien bei der Stromerzeugung zurückzuführen, der nach Tab. 2.3 in 2015 bereits bei 32,6 % lag. Die Absenkung des Primärenergiefaktors führt zu einer Neubewertung der elektrischen Energie als Endenergieträger zur Wärmebereitstellung. Insbesondere die elektrisch betriebenen Wärmepumpen erhalten dadurch gegenüber anderen Systemen einen primärenergetischen Vorteil .
Abb. 2.3 illustriert die Definitionen von Anlagen-Aufwandszahl e_p, Erzeugeraufwandszahl e_g und Primärenergiefaktor f_p am Beispiel einer konventionellen Ölzentralheizung.

Erzeugeraufwandszahl e_g

Zur Berechnung der Wärmeverluste bei der Energiewandlung, $q_{h,g}$ und $q_{w,g}$ (vgl. Abb. 2.2 und Abb. 2.3) sind die Erzeugeraufwandszahlen $e_{g,H}$ zur Raumheizung bzw. $e_{g,W}$ zur Trinkwasssererwärmung in Gl. (2.12) bzw. Gl. (2.13) definiert. Sie geben das Verhältnis zwischen dem fossilen Endenergiebedarf des Wärmeerzeugers $q_{EE,foss}$ und der generierten Nutzenergie $q_{NE,gen}$ wieder und entsprechen damit dem Kehrwert des Endenergie-Nutzungsgrads:

$$e_g = \frac{q_{EE,foss}}{q_{NE,gen}} = \frac{1}{\eta_{EE}} \,. \tag{2.11}$$

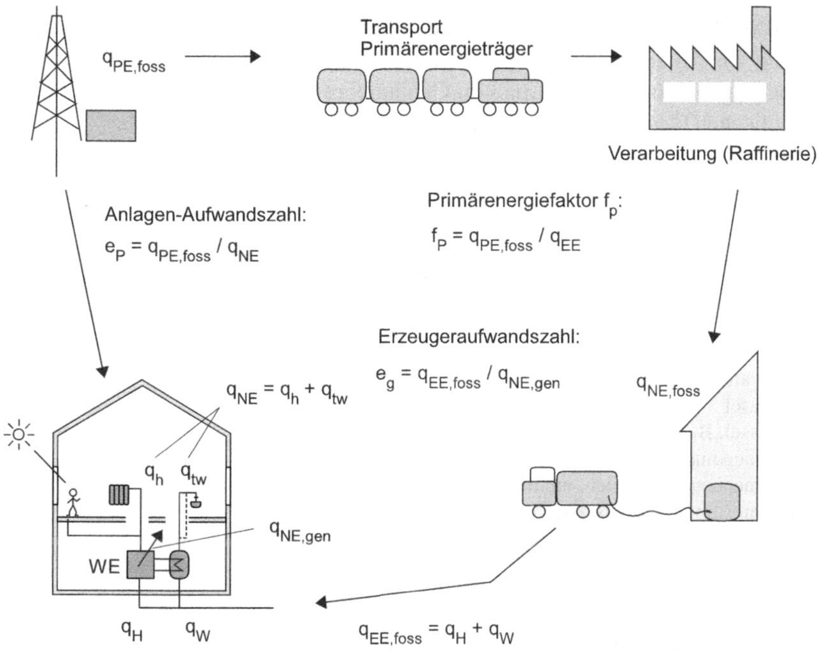

Abb. 2.3 Anlagen-Aufwandszahl und Primärenergiefaktor.

$q_{NE,gen}$ beinhaltet hier auch die technischen Verluste. Die genauen Definitionen lauten:

$$e_{g,h} = \frac{q_H}{q_{NE,gen,h}} \quad \text{mit} \quad q_{NE,gen,h} = q_h + q_{h,s} + q_{h,d} \tag{2.12}$$

bzw. für den Wärmeerzeuger zur Trinkwassererwärmung

$$e_{g,w} = \frac{q_W}{q_{NE,gen,w}} \quad \text{mit} \quad q_{NE,gen,w} = q_{tw} + q_{w,s} + q_{w,d}\,. \tag{2.13}$$

Die Erzeugerwärmeverluste sind daraus mit

$$q_{h,g} = (e_{g,h} - 1) \cdot (q_h + q_{h,s} + q_{h,d})$$

bzw.

$$q_{w,g} = (e_{g,w} - 1) \cdot (q_{tw} + q_{w,s} + q_{w,d})$$

berechenbar. Zur Bestimmung der Erzeuger-Aufwandszahlen e_g für EnEV-Nachweise von Wohngebäuden sind die DIN 4701-10 [17] oder die Teile 5 und 8 der DIN 18599 heranzuziehen, Nichtwohngebäude dürfen nur mit der DIN 18599 berechnet werden. Die genannten Normen sind nach EnEV für Neubauten anzuwenden. Zur Beurteilung der Energieeffizienz von Bestandsgebäuden – z.B. für die Erstellung von Energieausweisen – kann auf Bekanntmachungen der Bundesministerien

BMWi / BMUNBR zurückgegriffen werden, die Regeln zur Datenaufnahme und -verwendung im Gebäudebestand veröffentlicht haben [11]. Diese geben Vereinfachungen vor beim geometrischen Aufmaß im Gebäudebestand sowie bei der Ermittlung der energetischen Qualität vorhandener Anlagentechnik.
Tab. 2.5 gibt eine Auswahl von Erzeugeraufwandszahlen für Wärmeerzeuger zur Trinkwassererwärmung $e_{g,W}$ ab dem Baujahr 1995 wieder. Typische Erzeugerauf-

Tabelle 2.5 Erzeugeraufwandszahlen $e_{g,W}$ zur Trinkwassererwärmung für Wohngebäude im Bestand für die Baualtersklasse „nach 1995" und eine Nutzfläche $A_N = 150\ \text{m}^2$, Auszug aus [11]

Wärmeerzeugung / Warmwasser	$e_{g,W}$
Niedertemperaturkessel	1,19
Brennwertkessel	1,15
Brennwertkessel, Bj. ab 1999	1,13
Elektro-Wärmepumpe (Luft-Wasser, mit Heizstab)	0,41
Elektro-Wärmepumpe (Erdreich, monovalent)	0,32
Elektro-Wärmepumpe (Grundwasser, monovalent)	0,28
Fernwärme-Übergabestation	1,14
zentraler elektrischer Speicher	1,00
gasbefeuerter Speicher	1,22
dezentraler elektr. Durchlauferhitzer	1,00
dezentraler Gas-Durchlauferhitzer	1,16

Tabelle 2.6 Erzeugeraufwandszahlen $e_{g,H}$ zur zentralen Raumbeheizung für Wohngebäude im Bestand für die Baualtersklasse „nach 1995" und eine Nutzfläche $A_N = 150\ \text{m}^2$, Auszug aus [11].

Wärmeerzeugung / Heizung	$e_{g,H}$
Konstanttemperatur-Kessel 70/55 °C	1,33
Niedertemperatur-Kessel 70/55 °C	1,14
Brennwertkessel 70/55 °C	1,07
Brennwertkessel, Bj. ab 1999 55/45 °C	0,99
Außenluft-, Elektro-Wärmepumpe, 55/45 °C, monovalent[a]	0,43
Außenluft-, Elektro-Wärmepumpe, < 40 °C, monovalent[a]	0,38
Erdreich-Elektro-Wärmepumpe, 55/45 °C, monovalent[a]	0,30
Erdreich-Elektro-Wärmepumpe, < 40 °C, monovalent[a]	0,27
Grundwasser-Elektro-Wärmepumpe, 55/45 °C, monovalent[a]	0,25
Grundwasser-Elektro-Wärmepumpe, < 40 °C, monovalent[a]	0,22
Fernwärme-Übergabestation	1,02
zentraler elektr. Speicher (Blockspeicher)	1,02
dezentrale Brennwerttherme (Wohnung)	1,07
Kohle- oder Holzofen (Einzelheizgerät)	1,60
Elektro-Nachtspeicherheizung	1,05

[a] Bei monoenergetischer Betriebsweise mit elektrischer Zusatzheizung ist die Aufwandszahl um 9 % zu erhöhen.

wandszahlen für Wärmeerzeuger zur Raumbeheizung $e_{g,H}$ ab dem Baujahr 1995 sind der Tab. 2.6 zu entnehmen. Bei Wärmepumpen wird hier zwischen monovalenter und monoenergetischer Betriebsweise unterschieden. Bei monovalentem Betrieb

[11] Für Wohngebäude ist [11] heranzuziehen, für Nichtwohngebäude [13].

wird ausschließlich Umweltwärme eingesetzt, bei monoenergetischem Betrieb wird dagegen mit Hilfe eines elektrischen Heizstabes in Direktheizung zusätzlich Wärme aus elektrischem Strom erzeugt.

→ Wirkungsgrad, Jahresnutzungsgrad und Erzeugeraufwandszahl

In den Tab. 2.5 und 2.6 sind die Erzeugeraufwandszahlen e_g für Bestandsgeräte z.T. älterer Bauart angegeben. Wie erhält man nun Erzeugeraufwandszahlen für Neugeräte? Die Erzeugeraufwandszahl ist der Kehrwert des Jahresnutzungsgrads η_N, es gilt:

$$e_g = \frac{1}{\eta_N} .$$

Der Jahresnutzungsgrad von Heizkesseln wird nach DIN 4702-8 [21] bestimmt. Hier gilt:

$$\eta_N = \frac{5}{\sum_{i=1}^{5} \frac{1}{\eta_{\phi,\,i}}} .$$

Die Kesselbelastung ϕ ist das Verhältnis der tatsächlichen Vollbenutzungsstunden b_v des Wärmeerzeugers in einer Periode (z.B. Heizperiode oder Sommerzeit) zu den gesamten Betriebsbereitschaftsstunden b,

$$\phi = \frac{b_v}{b} .$$

Der Kesselwirkungsgrad η_K für Wärmeerzeuger mit Verbrennung gibt das Verhältnis der Heizleistung $\dot{Q}_H$ zur Brennstoff- oder Feuerungsleistung

$$\dot{Q}_F = \dot{m} \cdot H_i$$

in einem definierten stationären Betriebspunkt an:

$$\eta_K = \eta_{\phi=100\%} = \frac{\dot{Q}_H}{\dot{Q}_F} .$$

Die Kesselwirkungsgrade $\eta_{\phi,\,i}$ bei den Kesselbelastungen $\phi_i = 13, 20, 29, 48$ und 63 % sind den technischen Daten des Herstellers zu entnehmen.
Für Wärmepumpen wird die Erzeugeraufwandszahl als Kehrwert der Jahresarbeitszahl *SCOP* berechnet:

$$e_g = \frac{1}{SCOP} .$$

Für elektromotorisch betriebene Wärmepumpen ist die Jahresarbeitszahl nach VDI 4650 Blatt 1 [55] berechenbar, für thermisch betriebene Sorptions-Wärmepumpen nach Blatt 2 der VDI 4650 [56].

Überschlagswerte zum Wärmebedarf

In Tab. 2.7 sind für Wohnbauten Überschlagswerte der verschiedenen jährlichen Bedarfe und Verluste angegeben.

Tabelle 2.7 Überschlagswerte für die flächenbezogenen Energiebedarfe und -verluste für ein Wohngebäude, nach [45].

Gebäudestandard: q_i in kWh/m^2/a	**vor 1977**	**1977 bis 1995**	**WSchV'95 und EnEV**	**Niedrig-energiehaus**	**Passiv-haus**
q_T	200 - 150	160 - 100	100 - 40	70 - 30	20 - 10
q_V	80 - 70	70 - 60	60 - 50	40 - 30	20 [e]
$\eta \cdot q_S$	32 - 20	27 - 17	25 - 16	22 - 15	16 - 10
$\eta \cdot q_i$	30 - 20	25 - 15	18 - 12	15 - 10	11 - 8
q_h	240 - 180	190 - 130	130 - 60	70 - 30	20 - 10
$q_{h,d}$	18 - 9	11 - 6	10 - 5	8 - 4	5 - 3
$q_{h,s}$	9 - 6	5 - 3	4 - 2	3 - 1	3 - 1
$q_{h,g}$	80 - 50	30 - 25	17 - 7	6 - 2	6 - 2
q_H	340 - 230	210 - 150	150 - 70	95 - 35	35 - 20
q_{tw}	20 - 6	20 - 6	20 - 6	20 - 6	20 - 6
$q_{w,d}$	19 - 14	15 - 8	13 - 7	10 - 6	7 - 5
$q_{w,s}$	14 - 10	9 - 5	7 - 4	4 - 1	4 - 1
$q_{w,g}$	17 - 13	5 - 4	5 - 4	4 - 3	4 - 3
q_W	70 - 50	45 - 35	40 - 27	38 - 25	35 - 25
e_g (Kessel)	1,33 [a]	1,10 [b]	1,02 [c]	0,95 [d]	1,18 [d]
e_g (Wärmepumpe)	-	0,37	0,33	0,28	0,28
$q_{EE} = q_H + q_W$	410 - 280	255 - 185	190 - 100	135 - 60	70 - 45

Die Erzeugeraufwandszahlen e_g wurden für verschiedene Kesseltypen angenommen: [a] Konstanttemperaturkessel, [b] Niedertemperaturkessel, [c] Brennwertkessel, [d] verbesserter Brennwertkessel.
[e] Beim Passivhausstandard wird eine Wärmerückgewinnung vorausgesetzt.

Nutzenergiebedarf für Trinkwarmwasser

Der jährliche Nutzenergiebedarf zur Trinkwassererwärmung von Wohngebäuden ist in der Tab. 2.7 mit einem Bereich von $q_{tw} = 6 - 20$ kWh/m^2/a angegeben. Weitere Richtwerte zum Nutzenergiebedarf finden sich in der DIN V 18599-10 [28], die Nutzungsrandbedingungen für Wohn- und Nichtwohngebäude angibt. In der dortigen Tab. 4 ist der Energiebedarf zur Trinkwassererwärmung in Wohngebäuden q_{tw} mit 8,5 bzw. 16,5 kWh/m^2/a für Einfamilienhäuser bzw. Mehrfamilienhäuser angegeben. In der gleichen Quelle finden sich in Tab. 7 zudem Richtwerte zum Energiebedarf zur Trinkwassererwärmung für Nichtwohngebäude. Die genannten Werte sind auf die Nettogrundfläche[12] A_{NGF} bezogen.

[12] Die Nettogrundfläche (NGF) ist in der DIN 277-1 [14] definiert als die Summe der Grundflächen aller Grundrissebenen eines Bauwerks ohne die Konstruktionsfläche. Die Konstruktionsfläche bildet die Summe der Grundflächen der aufgehenden Bauteile aller Grundrissebenen eines Bauwerkes wie Wände, Stützpfeiler etc.

Wichtige Kennwerte für die Bewertung von Gebäuden bilden die flächenspezifischen Endenergieverbrauchswerte, die i.A. auf die Nettogrundfläche A_{NGF} des Gebäudes bezogen sind:

$$q_{EE} = \frac{Q_{EE}}{A_{NGF}} = q_H + q_W \ . \tag{2.14}$$

→ **Berechnungsbeispiel**

Die EnEV gibt als Nutzenergiebedarf zur Trinkwassererwärmung den Pauschalwert $q_{tw} = 12{,}5$ kWh/m^2/a vor. Dies entspricht einem Tageswarmwasserbedarf je Person von etwa 23 Litern, wenn eine Warmwassertemperatur von 50 °C, eine Kaltwassertemperatur von 10 °C und eine Belegungsdichte von 31,5 m^2 je Person angenommen wird:

$$q_{tw} = 23\ \frac{\mathrm{l}}{\mathrm{P\,d}} \cdot 365\ \frac{\mathrm{d}}{\mathrm{a}} \cdot 1{,}163\ \frac{\mathrm{kWh}}{1000\,\mathrm{l\,K}} \cdot 40\,\mathrm{K} \cdot \frac{1\,\mathrm{P}}{31{,}5\,\mathrm{m}^2} = 12{,}5\ \frac{\mathrm{kWh}}{\mathrm{m}^2\,\mathrm{a}} \ .$$

Je nach Belegungsdichte und individuellem Warmwasserverbrauch können die tatsächlichen Werte für q_{tw} um den Faktor 2 nach oben oder unten von diesem Mittelwert abweichen.

Eine erste Aussage über den Effizienzstandard des untersuchten Objekts liefert ein Vergleich der für das Gebäude ermittelten flächenspezifischen Verbrauchswerte mit statistischen Daten. Die Bundesministerien BMWi / BMUNBR haben Strom- und Endenergieverbrauchskennwerte veröffentlicht [10][12], Tab. 2.8 gibt daraus beispielhaft Zahlen wieder. Vor einem Vergleich sind die am Gebäude ermittelten Endenergieverbrauchsmengen u.a. von Witterungseinflüssen zu bereinigen, die o.g. Bekanntmachungen des Bundesbauministeriums geben die dazu erforderlichen Rechenschritte an.

Tabelle 2.8 Auswahl von Vergleichswerten für den Heizenergieverbrauchskennwert (Raumheizung und Trinkwassererwärmung (TWE)) und den Stromverbrauchskennwert für Gebäude nach [12]. Die Werte beziehen sich auf den witterungsbereinigten Endenergieverbrauch und sind als Vergleichswerte für Gebäudeenergiepässe zu verwenden.

Gebäudekategorie	**Heizung/TWE** $(q_H + q_W)$ in kWh/m^2/a	**elektr. Energie** q_{el} in kWh/m^2/a
Verwaltungsgebäude, NGF < 3.500 m^2	80	20
Verwaltungsgebäude, NGF > 3.500 m^2	85	30
Schulen, A_{NGF} < 3.500 m^2	105	10
Schulen, A_{NGF} > 3.500 m^2	90	10
Sporthallen	110	25
Mehrzweckhallen	240	40
Schwimmhallen (je m^2 Beckenwasser)	425	155
Kaufhäuser, A_{NGF} > 2.000 m^2	70	85
Bürogebäude, vollklimatisiert	135	105

Eine weitere wichtige Quelle für statistische Verbrauchskennwerte stellt die VDI 3807 dar [54]. Neben dem Mittelwert der Verbrauchskennwerte jeder untersuchten Gebäudekategorie wird auch ein Richtwert angegeben, der das arithmetische Mittel des besten Viertels darstellt. Zudem gibt es eine Reihe weiterer Veröffentlichungen zu statistischen Verbrauchswerten spezieller Objekte, wie z.B. Industriehallen, Gewächshäuser oder Schwimmbäder.
Nach Einordnung des ermittelten Endenergieverbrauchs sind im Detail alle Energietransporte, -verteilungen und -umwandlungen hinsichtlich ihrer Effizienz zu untersuchen, wie das Anwendungsbeispiel im Abschnitt 2.4 zeigt.

2.2.3 Berechnungsansätze

Die nachfolgenden Ansätze sollen dabei helfen, die energetischen Auswirkungen von Sanierungsmaßnahmen an einem Gebäude oder Modernisierungsmaßnahmen an der Anlagentechnik überschlägig zu bewerten. So haben beispielsweise Änderungen an der thermischen Gebäudehülle, der Systemgrenze zwischen dem beheizten Gebäudevolumen und der Umgebung, Auswirkungen auf den Jahres-Heizenergiebedarf q_h.

Jahres-Heizwärmebedarf

Der Jahres-Heizwärmebedarf $Q_h = q_h \cdot A_N$ eines Bestandsgebäudes kann überschlägig auf Basis der EnEV 2007 [30] bestimmt werden. Dort war im Anhang 1 (Tabelle 2) ein vereinfachtes Verfahren angegeben, das detaillierter auch im Anhang D der DIN V 4108-6 [17], [18] zu finden ist. Dieses Verfahren ermöglicht es z.B., Sanierungsmaßnahmen an einem Bestandsgebäude hinsichtlich der Auswirkungen auf den Heizenergiebedarf überschlägig zu bewerten.
Der Jahresheizwärmebedarf Q_h in kWh/m^2/a eines Gebäudes (vgl. auch Abb. 2.2) ist demnach vereinfacht zu bestimmen aus

$$Q_h = Gt \cdot (H_T + H_V) - \eta_{HP} \cdot (Q_S + Q_i) \tag{2.15}$$

mit

$$Q_T = Gt \cdot H_T \text{ und } Q_V = Gt \cdot H_V \,. \tag{2.16}$$

Hierbei sind Gt die Gradtagszahl, H_T und H_V die spezifischen Wärmeverlustkoeffizienten durch Transmission bzw. Lüftung und η_{HP} der Ausnutzungskoeffizient für die absorbierte Solarstrahlung Q_S sowie die internen Wärmegewinne Q_i. Diese Einflussfaktoren sollen nachfolgend erläutert werden, ein Berechnungsbeispiel zeigt jeweils deren Anwendung.

Gradtagszahl *Gt*

Die Gradtagszahl *Gt* entspricht der Summe aller Temperaturdifferenzen zwischen Rauminnentemperatur und Außentemperatur über alle Stunden der Heizperiode. Sie wird mit der Einheit kKh/a oder Kd/a angegeben und berücksichtigt die Witterungseinflüsse eines Standorts auf den Jahres-Heizenergiebedarf. Im nachfolgenden Beispiel wird diese wichtige Größe näher erläutert.
Um den Jahres-Heizwärmebedarf von Bestandsgebäuden überschlägig nach Gl. (2.15) erfassen zu können, muss die Gradtagszahl *Gt* bekannt sein, die vom Standort des Gebäudes (Auslegungsaußentemperatur) und weiteren Einflussfaktoren abhängt.

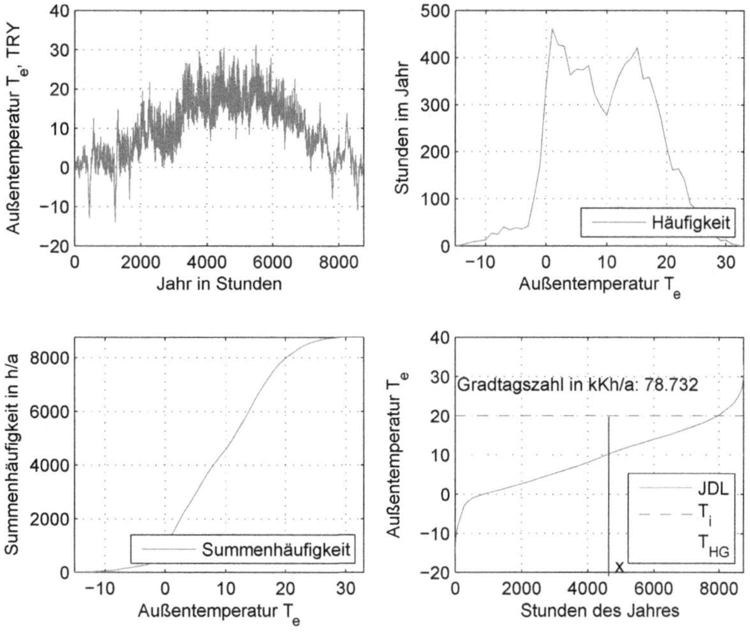

Abb. 2.4 Bildung von Jahresdauerlinien aus Stundenwerten der Außentemperatur, am Beispiel der langjährigen Stundenwerte der Außentemperatur für Würzburg, nach [25].

Abb. 2.4 erläutert diese Gradtagszahl, die aus den Stundenwerten der Außentemperatur eines Standorts $T_e(h)$ mit $h = 1 \ldots 8.760$ h/a zu bilden ist (Abb. 2.4, links oben). Diese werden nach ihrer Größe geordnet, um die Häufigkeitsverteilung (im Bild rechts oben) zu erhalten. Durch Aufsummieren wird aus der Häufigkeitsverteilung die kumulierte Häufigkeit (Summenhäufigkeit), in Abb. 2.4 links unten dargestellt. Die Jahresdauerlinie der Außentemperatur schließlich (Abb. 2.4, rechts unten) entspricht der Umkehrfunktion der Summenhäufigkeit. Die dargestellten horizontalen

Geraden stellen die Raumsolltemperatur T_i sowie die Heizgrenztemperatur T_{HG} dar. Die Gradtagszahl selbst ist das Integral

$$Gt_{T_i,T_{HG}} = \int_0^x (T_i - JDL(t))\, dt, \tag{2.17}$$

wobei x die Stundenzahl beim Schnittpunkt der Jahresdauerlinie mit der Heizgrenztemperatur T_{HG} darstellt. Im Beispiel beträgt $x = 4.580$ h und die Gradtagszahl damit 78.732 Kh/a bzw. 3.281 Kd/a.
Die Heizgrenztemperatur T_{HG} ist dabei die Außentemperatur T_e, bei der kein Heizbetrieb mehr erforderlich ist ($q_h = 0$), die internen und solaren Wärmegewinne also genügen, um die Innentemperatur zu halten. Durch Umstellen der Gl. (2.5) ergibt sich dazu folgender Berechnungsansatz:

$$q_T(T_{HG}) + q_V(T_{HG}) + = \eta_{HP} \cdot (q_S + q_i). \tag{2.18}$$

Die Heizgrenztemperatur bestimmt die Länge der *Heizperiode* t_{HP}, die in diesem Beispiel mit $x = 4.580$ h (entsprechend 190 Tagen) aus dem Diagramm abzulesen ist. Je niedriger die Heizgrenztemperatur eines Gebäudes ist, umso kürzer ist dessen Heizperiode und umso kleiner ist die Gradtagszahl.
Die *Heizzeit* hat in Deutschland eine festgelegte Dauer von 9 Monaten, sie beginnt am 01. September und endet am 31. Mai. Dagegen ist die Heizperiode t_{HP} gebäudespezifisch, sie gibt die Zeitdauer an, in der ein Gebäude beheizt werden muss. Entsprechend ist deren Länge abhängig von der Heizgrenztemperatur T_{HG}. Tab. 2.9 stellt den Zusammenhang zwischen den einzelnen Größen dar.

Tabelle 2.9 Zusammenhang zwischen Gradtagszahl Gt, Heizgrenztemperatur T_{HG} und Dauer der Heizperiode t_{HP}, nach Recknagel [45].

Typ. Gebäudestandard	**Heizgrenztemperatur** T_{HG}	**Heizperiode** t_{HP}	**Gradtagszahl**[a] $Gt_{20,\,T_{HG}}$
Niedrigstenergie-/Passivhaus	10 °C	200 d	75 kKh/a
WSchV95 / EnEV	12 °C	225 d	85 kKh/a
vor WSchV95	15 °C	260 d	90 kKh/a
Grenzfall ohne Wärmegewinne	20 °C	330 d	100 kKh/a

[a] Die angegebenen Gradtagszahlen für die Raumtemperatur von 20 °C sind als Richtwerte zu verstehen.

Bei Neubauten mit sehr hohem Dämmstandard kann davon ausgegangen werden, dass bereits bei Außentemperaturen von 10 °C und mehr keine Beheizung mehr erforderlich ist. Bei älteren Gebäuden mit niedrigerem Dämmstandard ist entsprechend eine höhere Heizgrenztemperatur anzusetzen. Für den Standort Kassel würde z.B. die Gradtagszahl zwischen $Gt_{19,10}$ = 73,8 kK/a und $Gt_{19,19}$ = 89,4 kK/a betragen, je nach Wahl der Heizgrenztemperatur T_{HG}.
Bei der Berechnung der Gradtagszahl kann auch die Nachtabsenkung ΔGt_{NA} mitberücksichtigt werden. Bei einer Absenkung der Innentemperatur während der Heizperiode an z_H Tagen im Jahr um durchschnittlich ΔT_{NA} K für Δt_{NA} Stunden pro Tag folgt:

$$\Delta Gt_{NA} = z_H \cdot \Delta T_{NA} \cdot \Delta t_{NA} \,. \tag{2.19}$$

Mit der Zahl der Heiztage z_H kann die Gradtagszahl Gt auch für abweichende Raumtemperaturen T_i während des Tages bestimmt werden. Wird die Raumtemperatur um ΔT_i höher angesetzt, gilt:

$$\Delta Gt_i = z_H \cdot \Delta T_i \cdot (24 - \Delta t_{NA}) \,. \tag{2.20}$$

Die korrigierte Gradtagszahl Gt_{korr} lautet damit:

$$Gt_{korr} = Gt_{T_i,T_{HG}} - \Delta Gt_{NA} + \Delta Gt_i \,. \tag{2.21}$$

Das Institut für Wohnen und Umwelt (IWU) bietet auf seinen Internetseiten ein einfaches Berechnungsprogramm auf Excel-Basis an, mit dessen Hilfe die Gradtagszahl für einen beliebigen Standort bestimmt werden kann. [13]

Wärmeverluste durch Transmission H_T

Der spezifische Transmissionswärmeverlust H_T des Gebäudes aus Gl. (2.15) berechnet sich nach Gl. (2.22) mit den Temperaturkorrekturfaktoren F_{xi} sowie den Wärmedurchgangskoeffizienten U_i (in W/m^2/K) der einzelnen Umhüllungsflächen i mit der jeweiligen Fläche $A_{T,i}$ (in m^2). Seine Einheit ist W/K.

$$H_T = \sum (F_{xi} \cdot U_i \cdot A_{T,i}) + A_e \cdot \Delta U_{WB} \tag{2.22}$$

Der Temperaturkorrekturfaktor ist für Außenwände und Fenster mit $F_{xi} = 1$, zum nicht ausgebauten Dachraum mit $F_{xi} = 0,8$, zu unbeheizten Räumen mit $F_{xi} = 0,5$ und als unterer Gebäudeabschluss mit $F_{xi} = 0,6$ anzusetzen (vgl. auch Abb. 2.5). Der Wärmebrückenzuschlag ΔU_{WB} beträgt überschlägig 0,05 W/m^2/K, $A_e = \sum A_i$ ist die Gesamtumhüllungsfläche. Überschlägige Wärmedurchgangskoeffizienten U_i diverser Bauteile können der Tab. 2.10 entnommen werden.

Wärmeverluste durch Lüftung H_V

Für den spezifischen Lüftungswärmeverlust H_V in W/K gilt

$$H_V = 0,34 \cdot n_{LW} \cdot V_L \,. \tag{2.23}$$

n_{LW} ist hier die mittlere Luftwechselzahl in h^{-1}, die bei Bestandsgebäuden mit $n = 0,7$ h^{-1} angenommen werden darf. Bei luftdichten Gebäuden ist $n = 0,4$ h^{-1} zu setzen. V_L ist das beheizte Luftvolumen in m^3, näherungsweise kann dieses mit $V_L = 0,76 \cdot V_e$ aus dem beheizten Volumen V_e bestimmt werden.[14]. Der Faktor 0,34 entspricht der volumetrischen Wärmekapazität von Luft [15].

---

[13] Weblink: `http://www.iwu.de/downloads/tools/`

[14] Der Faktor entspricht 0,76 bei Ein- / Zweifamilienhäusern bis 3 Vollgeschossen, sonst ist 0,80 zu verwenden.

[15] Es ist $\rho_L \cdot c_L = 0,34$ Wh/(m^3 K).

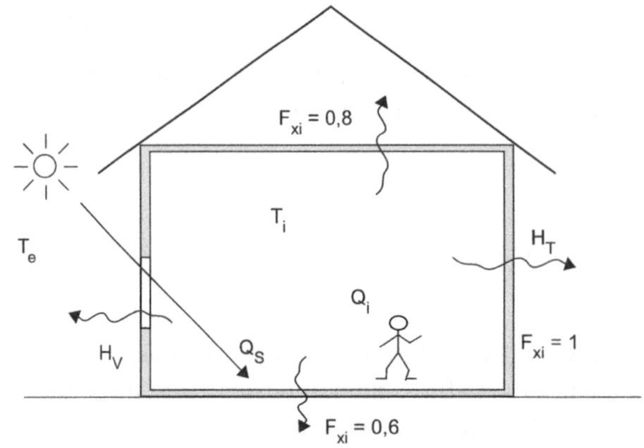

Abb. 2.5 Grafische Darstellung der Energiebilanz um das beheizte Gebäudevolumen V_e

Wärmegewinne im Gebäude

Der jährlich mittlere solare Gewinn Q_S in kWh/a berücksichtigt die solare Einstrahlung I_{Sj} in der Heizperiode, die von der Orientierung j des Fensters i, der Fensterflächengröße A_i sowie deren Energiedurchlassgrad g_i abhängig ist:

$$Q_S = \sum I_{Sj} \cdot \sum (0,567 \cdot g_i \cdot A_i). \tag{2.24}$$

Für Fensterflächen nach Südost bis Südwest gilt I_{Sj} = 270 kWh/m²/a, für Fenster nach Nordwest bis Nordost I_{Sj} = 100 kWh/m²/a. Für alle übrigen Richtungen ist I_{Sj} = = 155 kWh/m²/a anzunehmen, für Dachflächenfenster $<$ 20 ° Neigung I_{Sj} = 225 kWh/m²/a. Der Faktor $0,567$ berücksichtigt pauschal die Verschattung des Fensters durch seitliche Überstände, Überhänge oder für den Horizont und zusätzlich Minderungen durch Sonnenschutzvorrichtungen [5]. Der g-Wert moderner Fenster mit Dreifachverglasung beträgt 0,6 bis 0,7, bei zusätzlicher 2fach selektiver Beschichtung 0,35 bis 0,5. Für Wärmeschutz-Doppelverglasung ist ein Bereich von 0,5 bis 0,7 typisch, bei Standard-Doppelverglasung 0,75 und schließlich für Einfachverglasung 0,87.[16]

Die internen Gewinne durch Personen und elektrische Verbraucher sind nach [17] mit

$$Q_i = 22 \, \frac{\text{kWh}}{\text{m}^2\text{a}} \cdot A_N$$

für die Nutzfläche A_N anzunehmen. Diese ist mit $A_N = 0,32 \cdot V_e$ aus dem beheizten Gebäudevolumen zu berechnen. Die DIN V 18599-10 [28] nennt in Tab. 4 für Einfamilienhäuser bzw. Mehrfamilienhäuser für q_i Werte von 16,4 bzw. 32,9 kWh/m²/a. Der Ausnutzungsgrad η_{HP} berücksichtigt, dass die solaren und internen Gewinne in der Heizperiode (HP) nicht vollständig genutzt werden können.[17] Er ist abhängig

[16] Weitere Angaben z.B. in [17].

[17] Führen z.B. die internen Wärmegewinne zu einer Überschreitung der Raumsolltemperatur, wird keine Heizenergie eingespart.

von der Bauweise des Gebäudes und damit seiner effektiven Wärmekapazität. Als Referenzwert wird nach EnEV 2007 ein Wert von $\eta_{HP} = 0,95$ angenommen.
Die vorgestellten, vereinfachten Berechnungsansätze ermöglichen es, Energieeffizienzmaßnahmen im Wärmebereich energetisch zu bewerten. Der folgende Abschnitt gibt dazu einige Beispiele.

Tabelle 2.10 Wärmedurchgangskoeffizienten U_i in W/m²/K für Bestandsgebäude und Neubauten mit Innentemperaturen > 19°C nach [32] und [11] (Auswahl)

Hüllfläche	**EnEV 2014/16** Referenzgebäude	**EnEV 2014/16** Nachrüstung	**Bestand** ab 1995	**Bestand** 1969 - 1978
Außenwand	0,28	0,24	0,5	1,0
Geschossdecke gegen Außenluft	0,28	0,24	0,3	0,6
Außenwand gegen Erdreich und zu unbeheizten Räumen	0,35	0,3	0,5	1,0
Dach / oberste Geschossdecke	0,20	0,24	0,3	0,6
Fenster, Fenstertüren	1,3	1,3	1,8	2,7 - 5
Dachflächenfenster	1,4	1,4	-	-
Außentüren	1,8	-	3,5	3,5

2.3 Energieeffizienz der Wärmebereitstellung

Um den fossilen Endenergieverbrauch von Gebäuden zu senken, sollte zunächst die Energieeffzienz in baulicher Hinsicht durch Sanierungsmaßnahmen wie Fenstertausch und Wärmedämmung gesteigert werden. Innovative Heizgeräte mit hohen energetischen und exergetischen Wirkungsgraden wie Wärmepumpen sowie der Einsatz erneuerbarer Energien in Solar- und Geothermie tragen ebenfalls dazu bei, den fossilen Endenergiebedarf zu reduzieren.

2.3.1 Sanierungsmaßnahmen

Mit Hilfe baulicher Sanierungsmaßnahmen wird die Heizlast des Gebäudes gesenkt und somit der Jahres-Heizenergiebedarf Q_h vermindert. Das im vorhergehenden Abschnitt vorgestellte überschlägige Berechnungsverfahren bietet sich an, um die Energieeinsparungen bei Sanierungsmaßnahmen im Gebäudebestand abzuschätzen.

Fenstertausch

Fenster weisen gegenüber Außenwänden meist den höheren Wärmedurchgangskoeffizienten (U-Wert) auf (vgl. Tab. 2.10) und sollten daher bei anstehender Sanierung bevorzugt dem Stand der Technik angepasst werden. In Tab. 2.11 sind Pauschalwerte für den U_F-Wert älterer Fenster wiedergegeben, die vor Erscheinen der Wärmeschutzverordnung 1995 verbaut wurden.

Tabelle 2.11 Wärmedurchgangskoeffizienzen (U-Wert) für Fenster im Gebäudebestand, nach [11].

Fensterart	**Beschreibung**	U_F **in W/m²/K**
Holzfenster	einfach verglast	5
Holzfenster	zwei Scheiben	2,7
Kunststofffenster	Isolierverglasung	3,0
Aluminium-/ Stahlfenster	Isolierverglasung	4,3
Fenster	ab Baujahr 1995	1,8
Moderne Fenster	Wärmschutzverglasung	1,1
Moderne Fenster	Wärmschutzverglasung mit 3 Scheiben	0,7

Die erzielbare Endenergieeinsparung ΔQ_{EE} durch den Tausch alter Fenster gegen verbesserte Produkte ist überschlägig nach Gl. (2.25) berechenbar. Unter Beachtung der Gln. (2.15), (2.22) und (2.24) mindert sich der Nutzenergiebedarf $\Delta Q_{h,F}$, wenn der Energiedurchlassgrad g der Fenster als konstant angenommen wird [18]:

$$\Delta Q_{h,F} = Gt \cdot (U_{alt} - U_{neu}) \cdot A_F \; . \tag{2.25}$$

Für die Endenergieeinsparung ΔQ_{EE} durch Fenstertausch bei Nutzung der Erzeugeraufwandszahl e_g gilt damit

$$\Delta Q_{EE} = \Delta Q_h \cdot e_g \; . \tag{2.26}$$

Das nachfolgende Beispiel soll den Berechnungsansatz erläutern.

→ Berechnungsbeispiel

Es soll in einer überschlägigen Rechnung ermittelt werden, welche Einsparungen an Brennstoffkosten durch einen Fenstertausch erzielt werden können. Die alten Fenster eines Einfamilienhauses werden in diesem Fall durch neue ersetzt. Bei Annahme eines U-Wertes der alten Fenster von $U_{alt} = 2,8$ W/m²/K und der neuen Fenster von $U_{neu} = 1,1$ W/m²/K sowie einer Gesamtfensterfläche von $A_F = 30$ m² können pro Jahr zwischen 3.600 und 4.500 kWh an Heizenergie eingespart werden, wie die Anwendung der Gl. (2.25) und Gl. (2.26) zeigt.
Wenn angenommen wird, dass die Wärmeverluste durch Lüftung, die Wärmegewinne durch Solarstrahlung und die inneren Wärmequellen unverändert bleiben, gilt mit Einsetzen der Werte:

[18] Der Energiedurchlassgrad g älterer Fenster beträgt nach [11] pauschal rund 75 %. Bei neueren Fenstern sinkt dieser Wert aufgrund des Einsatzes von Wärmeschutzbeschichtungen auf 50 bis 60 %. Bei Einsatz neuer Fenster sinken die passiven solaren Energiegewinne daher i.d.R. leicht ab: Für ein nach Süden ausgerichtetes Fenster beträgt die Minderung überschlägig $\Delta Q_{S,F} = \eta_{HP} \cdot I_{Sj} \cdot 0,567 \cdot (g_{alt} - g_{neu}) = 0,95 \cdot 270 \cdot 0,567 \cdot (0,75 - 0,55) \approx 30$ kWh/m²/a, bezogen auf die Fensterfläche A_F.

$$\Delta Q_h = Gt \cdot (U_{alt} - U_{neu}) \cdot A_F = 66 \cdot (2,8 - 1,1) \cdot 30\,\text{kWh/a} = 3.366\,\text{kWh/a}\,.$$

Für die Wärmebereitstellung mit einem Brennwert-Erdgaskessel als Referenzanlage kann nach Tab. 2.6 die Erzeugeraufwandszahl mit $e_g = 1,07$ angenommen werden. Die Endenergieeinsparung beträgt damit überschlägig:

$$\Delta Q_{EE} = \Delta Q_h \cdot e_g = 3.366\,\text{kWh/a} \cdot 1,07 = 3.602\,\text{kWh/a}\,.$$

Bei der Berechnung wurde die Referenz-Heizgradtagszahl für Neubauten nach der EnEV 2007 mit $Gt = 66$ kK/a angenommen.
Bei Berücksichtigung einer höheren Heizgrenztemperatur, z.B. 15 °C und eines konkreten Standorts, hier Kassel, würde die Heizgradtagszahl $Gt_{19,15} \approx 80$ kKh/a betragen, berechnet aus den Mittelwerten der Gradtagszahlen für den Standort Kassel, $Gt_{19,10}$ = 73,8 kK/a und $Gt_{19,19}$ = 89,4 kK/a.
Zusätzlich soll berücksichtigt werden, dass die Rauminnentemperatur in der Heizperiode (z_H Heiztage) tagsüber 20 °C anstatt 19 °C betrage. In der Nacht zwischen 23:00 Uhr und 6:00 Uhr ($t_{NA} = 7$ h) soll die Raumtemperatur um $\Delta T_{NA} = 3$K abgesenkt sein.
Die Solltemperaturerhöhung am Tag führt zu einer Erhöhung der Gradtagszahl. Nach Gl. (2.20) gilt mit z_H = 220 d/a, ΔT_i = 1 K und $(1 - \Delta t_{NA})$ = 17 h/a:

$$\Delta F_i = z_H \cdot \Delta T_i \cdot (1 - \Delta t_{NA}) = 220\ \text{d/a} \cdot 17\ \text{h/d} \cdot 1\ \text{K} = 3,74\ \text{kK/a}\,.$$

Die Nachtabsenkung wiederum mindert die Gradtagszahl:

$$\Delta Gt_{NA} = z_H \cdot \Delta T_{NA} \cdot \Delta t_{NA} = 220\ \text{d/a} \cdot 7\ \text{h/d} \cdot 3\ \text{K} = 4,62\ \text{kK/a}\,.$$

Die korrigierte Gradtagszahl Gt_{korr} lautet damit:

$$Gt_{korr} = Gt_{T_i,T_{HG}} + \Delta Gt_i - \Delta Gt_{NA}$$
$$Gt_{korr} = (80 + 3,74 - 4,62)\ \text{kK/a} = 79,1\ \text{kK/a}\,.$$

Bei Ansatz dieser Gradtagszahl würde sich die Endenergieeinsparung beim Fenstertausch auf $\Delta Q_{EE} = 4.316\ kWh/a$ erhöhen. Bei einem Heizölpreis von 0,85 €/l und einem Heizwert von H_i = 10 kWh/l_{Oel} betragen die Einsparungen Δk_{EE} mit

$$\Delta k_{EE} = \Delta Q_{EE} \cdot \frac{k_{Oel}}{H_U}$$

damit 367 € im ersten Jahr. Im Abschnitt 2.4 wird für dieses Berechnungsbeispiel eine dynamische Investitionsrechnung vorgenommen, um die Wirtschaftlichkeit der Sanierungsmaßnahme zu überprüfen.

Dämmmaßnahmen

Auch die Auswirkungen von Dämmmaßnahmen an der Gebäudehülle auf den Jahres-Endenergiebedarf sind nach einem ähnlichem Ansatz überschlägig zu bestimmen. Abgeleitet aus Gl. (2.15) gilt für Änderungen des Wärmedurchgangskoeffizienten einer Teilfläche A_i der Gebäudehülle vereinfacht:

$$\Delta Q_{h,Iso} = Gt \cdot \sum_i F_{xi} \cdot A_i \cdot (U_{alt} - U_{neu}). \tag{2.27}$$

Bei Außenwänden gilt ein Temperaturkorrekturfaktor von $F_{xi} = 1$ (Abb. 2.5). Ist die Gradtagszahl G_t bekannt, sind die jährlichen Einsparungen im Heizenergiebedarf ΔQ_h und mit Gl. (2.26) die jährlichen Endenergieeinsparungen ΔQ_{EE} schätzbar.
In Tab. 2.12 sind Pauschalwerte für die U-Werte der Außenwände von Bestandsgebäuden wiedergegeben.

Tabelle 2.12 Pauschalwerte für die U-Werte der Außenwände von Bestandsgebäuden, nach [11]

Baujahr	U_{AW} W/m²/K	Baujahr	U_{AW} W/m²/K
vor 1948	1,7	bis 1968	1,4
bis 1978	1,0	bis 1983	0,8
bis 1994	0,6	ab 1995	0,4

Nach mehrfachen Änderungen der Energieeinsparverordnung EnEV beträgt der mindest erforderliche U-Wert für Außenwände inzwischen $U_{AW} = 0{,}24$ W/m²/K. Das folgende Berechnungsbeispiel soll den vorgestellten Ansatz vertiefen.

→ Beispiel

Die Außenwände eines Einfamilienhauses des Baujahrs 1969 sollen mit einem Wärmedämmverbundsystem ausgestattet werden. Die Wandfläche beträgt bei einer Breite und Länge des Hauses von je 8,5 m und einer gemittelten Fassadenhöhe von 5,5 m nach Abzug der Fensterflächen von geschätzten 30 m² rund A_{AW} = 160 m². Nach Tab. 2.10 beträgt der Wärmedurchgangskoeffizient U einer Außenwand eines solchen Hauses rund U_{AW} = 1 W/m²/K. Der thermische Widerstand beträgt damit

$$R_{alt} = \frac{1}{U_{alt} \cdot A_{AW}} = \frac{1}{1\ \text{W/m}^2\text{/K} \cdot 160\ \text{m}^2} = 0{,}00625\ \text{K/W}\ .$$

Durch Aufbringung eines Wärmedämmverbundsystems mit der Dämmschichtdicke s_{iso} = 0,12 m und der Wärmeleitfähigkeit von λ_{iso} = 0,04 W/m²/K erhöht sich der Wärmewiderstand um

$$R_{iso} = \frac{s_{iso}}{\lambda_{iso} \cdot A_{AW}} = \frac{0{,}12\ \text{m}}{0{,}04\ \text{W/m}^2\text{/K} \cdot 160\ \text{m}^2} = 0{,}01875\ \text{K/W}\ .$$

Für den thermischen Widerstand der gedämmten Wand gilt demnach

$$R_{neu} = R_{alt} + R_{iso} = 0{,}025\ \text{K/W} = \frac{1}{U_{neu} \cdot A}\ ,$$

der Wärmedurchgangskoeffizient beträgt nun U_{neu} = 0,25 W/m²/K.
Die Anwendung der Gl. (2.25) für ein Gebäude am Standort Kassel (Gt = 79,12 kKh/a) zeigt:

$$\Delta Q_h = Gt \cdot (U_{alt} - U_{neu}) \cdot A_{AW}$$

$$\Delta Q_h = 79,1 \cdot (1,0 - 0,25) \cdot 160\,\mathrm{kWh/a} = 9.494\,\mathrm{kWh/a}\,.$$

Bei Annahme einer Erzeugeraufwandszahl von $e_g = 1,33$ beträgt die Endenergieeinsparung überschlägig damit:

$$\Delta Q_{EE} = \Delta Q_h \cdot e_g = 12.627\,\mathrm{kWh/a}.$$

Pro Jahr können durch die Sanierung überschlägig also rund 1.260 Liter Heizöl bzw. 1.260 m³ Erdgas eingespart werden, wenn der Heizwert H_i = 10 kWh je Liter bzw. je m³ beträgt. Bei einem Heizöl- bzw. Erdgaspreis von 85 € je 100 Liter berechnen sich die Einsparungen damit zu 1.070 € im ersten Jahr. In einem späteren Abschnitt wird berechnet, wie hoch die Investitionskosten sein dürfen, wenn diese Sanierungsmaßnahme auch betriebswirtschaftlich sinnvoll sein soll.

2.3.2 Innovative Wärmebereitstellung

Eine verbesserte Wärmebereitstellung geht immer einher mit einer Senkung des fossilen Endenergiebedarfs. Dieses Ziel ist über zwei Wege erreichbar, der Verbesserung und Optimierung bestehender Technik und der Entwicklung bzw. dem Einsatz neuer Technologien.
Die Wärmebereitstellung umfasst mehrere Teilbereiche, wie sie auch von der DIN V 18599-Reihe benannt werden: Wärmeerzeugung, Wärmespeicherung, Wärmeverteilung und schließlich die Übergabe an den Nutzer. Nachfolgend soll auf diese Teilbereiche einzeln eingegangen werden.

Effizienzsteigerung bestehender Technik

Eine Effizienzsteigerung bei den vorhandenen Techniken der Wärmebereitstellung wird dann erreicht, wenn der energetische Nutzungsgrad η_{NE} aber auch der exergetische Nutzungsgrad η_{ex} verbessert werden kann. Dies geschieht vor allem durch Absenkung der Vorlauftemperaturen im Heizkreis oder Minderung der Vermischungseffekte von heißem und kaltem Wasser im Speicher. Effizienzmaßnahmen beschränken sich also nicht nur auf den Wärmeerzeuger, sondern auf die gesamte Kette bis zur Übergabe.

Wärmeübergabe

Die Wärmeübergabe umfasst den Prozessbereich[19], in dem die Nutzwärme an den zu beheizenden Raum übergeben wird. Auch hier sind Energieverluste vorhanden: die im Wohnbereich gebräuchlichen *Raumthermostate* sind zwar in der Lage, innerhalb einer Raumtemperaturänderung von etwa 2 K vollständig zu schließen, zeigen dabei aber ein eher träges Verhalten. Beim Aufheizen des Raums durch innere Wärmequellen wie einfallende Sonnenstrahlung wird das Thermostat also nicht rechtzeitig die Wärmezufuhr aus dem Wärmenetz drosseln können, die Raumtemperatur steigt über den gegebenen Sollwert und Energie wird unnötig „verbraucht".
Bei Hallenheizungen in Industrie- und Gewerbebauten wird der Nutzungsgrad der Wärmeübergabe durch eine ungünstiges vertikales *Temperaturprofil* in hohen Räumen gemindert, da die erwärmte Luft aufgrund der geringeren Dichte nach oben steigt. Um im Aufenthaltsbereich die Solltemperatur zu erreichen, muss der Raum insgesamt auf eine höhere Temperatur gebracht werden. Je nach Art der Übergabe werden nur Nutzungsgrade zwischen 80 % und 99 % erreicht. Berechnungsansätze für den Nutzungsgrad ($\eta_{h,ce}$) liefert die DIN V 18599-5 [25]. Für die konvektive Wärmeübertragung von einer Heizfläche A auf die Raumtemperatur T_i gilt:

$$\dot{Q} = \alpha \cdot A \cdot \Delta T \, . \tag{2.28}$$

Der exergetische Nutzungsgrad wird verbessert, wenn das Wärmeübergabesystem bei gleicher Wärmeleistung $\dot{Q}$ mit geringeren *Heizkreistemperaturen* ($\Delta T \downarrow$) betrieben werden kann.[20] Da der Wärmeübergangskoeffizient α zwischen Heizfläche und Raumluft wesentlich durch freie Konvektion beeinflusst wird und daher eher gering ist, muss die Heizfläche vergrößert ($A \uparrow$) werden, um die Vorlauftemperatur absenken zu können. Dieser Ansatz ist in der Ablösung von Gliederheizkörpern durch Flächenheizkörper und Fußbodenheizungen erkennbar. Während Gliederheizkörper noch Vorlauftemperaturen bis zu 70 °C benötigten, genügen für Fußboden- oder Wandflächenheizungen Vorlauftemperaturen von 35 °C.
Auch durch eine bessere Anpassung der Raumtemperaturen an den tatsächlichen Bedarf kann der Nutzungsgrad der Übergabe erhöht werden. Dazu zählt die programmierte Absenkung der Raumsolltemperatur („*Nachtabsenkung*"), aber auch die Ausstattung von Büroräumen mit Bewegungsmeldern, die erst bei Anwesenheit von Personen die Raumtemperatur auf den Sollwert anheben. Dies erfordert allerdings schnell reagierende Wärmeabgabesysteme, z.B. Flächenheizkörper, die mit speziellen Lüftern ausgestattet sind. Durch den erzwungenen Luftstrom wird der Wärmewiderstand verringert und die Wärmeabgabeleistung damit beträchtlich erhöht.
Die BMBVS-Verordnung [10] gibt für die Übergabeverluste im Gebäudebestand pauschale Ansätze wieder, die sich auf die Gebäudenutzfläche A_N beziehen. Für das Warmwassernetz der Trinkwasserbereitung werden keine Übergabeverluste angegeben, für die Übergabe der Energie des Heizungswassers an den Raum in thermostatisch geregelten Zentralheizungen wird ein Wert von $q_{h,ce} = 3{,}3$ W/m^2 vorgeschlagen.

[19] Der Begriff „Prozessbereich" ist der DIN 18599-5 entnommen.

[20] Zur Berechnung der Exergieverluste bei der Wärmeübertragung siehe S. 861 in Kap. 14

Wärmeverteilung

Die Wärmeverteilung in Zentralheizungen erfolgt meist durch Heizungswasser, das in einem Rohrleitungssystem umgewälzt wird. Es wird zwischen der horizontalen Verteilung im Gebäude, Steigleitungen und Anbindungsleitungen an die Heizkörper unterschieden. Schon 1978 mit Veröffentlichung der ersten Fassung der Heizungsanlagen-Verordnung wurde gefordert, dass die Rohrleitungen mit einer *Dämmung* ausgestattet sein müssen. Diese Vorschrift wurde dann später in die EnEV übernommen. Für nach 1995 verlegte und vorschriftsmäßig gedämmte Rohrleitungen kann mit einem längenspezifischen Wärmewiderstand[21] von etwa $R_R = 4$ K m/W gerechnet werden, bei ungedämmten Rohren beträgt dieser nur etwa 1 K m/W. Bei einer Rohrumgebungstemperatur von T_i = 20 °C und Heizungswassertemperaturen von T_{HW} = 50 °C ergeben sich mit

$$q_{R,L} = \frac{1}{R_R} \cdot (T_{HW} - T_i) \tag{2.29}$$

längenspezifische Wärmeverlustströme von 7,5 W/m bei gedämmten und bis zu 30 W/m bei ungedämmten Leitungen. Sind die Rohrleitungen durch unbeheizte Räume geführt, ist nach [25] eine Rohrumgebungstemperatur von 13 °C anzunehmen, die Wärmeverluste sind entsprechend um den Faktor $\frac{50-13}{50-20}$, also um etwa 23 % höher. Eine Effizienzsteigung bei der Wärmeverteilung wird also erreicht, indem die Verteilleitungen gut wärmegedämmt werden. Zudem sollten die Rohrquerschnitte klein dimensioniert werden, um die *Auskühlverluste* bei der Unterbrechung des Heizungsbetriebs gering zu halten.

Ein *hydraulischer Abgleich* des Rohrnetzes sorgt dafür, dass jeder Heizkörper mit dem berechneten Soll-Volumenstrom versorgt wird. Dazu werden voreingestellte hydraulische Widerstände (Stellventile, Strangregulierventile) vor die Heizkörper oder in parallele Heizkreise eingebaut. Deren Einstellung muss in dem fertig installierten Wärmeabgabesystem nochmals überprüft und ggf. angepasst werden.

Schließlich muss auch die Umwälzung des Heizungswassers möglichst energieeffizient erfolgen. *Heizungs-Umwälzpumpen* erreichen während einer Heizperiode Laufzeiten von bis zu 5.000 Stunden.[22] Standard-Umwälzpumpen in Einfamilienhäusern mit einer elektrischen Nennleistung von 60 bis 80 W benötigen damit im Jahr bis zu 400 kWh_{el} elektrischer Hilfsenergie. Moderne Hocheffizienzpumpen sind mit elektronisch kommutierten Gleichstrommotoren und Leistungsregelung ausgestattet und benötigen bei gleicher hydraulischer Leistung nur noch bis zu 10% des elektrischen Energiebedarfs.

Ein weiterer Ansatz zur Erhöhung des Nutzungsgrads der Wärmeverteilung stellt das dezentrale Verteilsystem dar, das von einem großen deutschen Pumpenhersteller angeboten wird. Hierbei sind die Raumthermostatventile durch elektronisch gesteuerte Kleinstpumpen mit Temperaturregelung ersetzt, die bei Wärmebedarf im Raum dem Heizkörper nur den erforderlichen Heizkreis-Volumenstrom zur Verfü-

[21] Anhaltswerte liefert wiederum die DIN V 18599-5 in Kap. 6.3.1.6, [25].

[22] Bei schlecht gedämmten Gebäuden mit Heizgrenztemperaturen von 15°C und mehr beträgt die Zahl der Heiztage bis zu $z_{HP} = 220$ d/a und die tägliche Betriebszeit $t_B = 24$ h/d.

gung stellen. Im Gegensatz dazu erhöhen Heizkörperthermostate durch ihr Schließen bei Erreichen der Raumtemperatur den hydraulischen Widerstand im Leitungsnetz. Die zentrale Heizungsumwälzumpe muss dann bei geringen Volumenströmen einen hohen Förderdruck aufrecht erhalten und dazu mit hoher Leistung betrieben werden.

Auch im Trinkwassernetz ist mit hohen Wärmeverlusten bei der Verteilung zu rechnen. Nach einer DVGW-Vorschrift [29] muss das Warmwasser zum Schutz vor Verkeimung mit (mindestens) T_{WW} = 60 °C dem Warmwasserspeicher entnommen und über ein *Zirkulationssystem* diesem wieder mit mindestens T_{ZRL} = 55 °C zugeführt werden. Aus Energiespargründen darf das Zirkulationssystem pro Tag maximal 8 Stunden ausgeschaltet werden. Aufgrund der relativ hohen Temperaturen in den Rohrleitungen sind die längenspezifischen Leitungsverluste sehr hoch. Es empfiehlt sich daher, kleine Leitungsquerschnitte zu dimensionieren sowie eine lückenlose und ausreichend hohe Dämmstärke einzuhalten.

Die BMBVS-Verordnung [10] gibt für die Verteilungsverluste im Gebäudebestand pauschale Ansätze wieder, die sich auf die Gebäudenutzfläche A_N beziehen. Für das Warmwassernetz der Trinkwasserbereitung ist dort ein Wert von $q_{w,d}$ = 11,6 W/m^2 (mit Zirkulation) bzw. 5,4 W/m^2 (ohne Zirkulation) angegeben.

Für die Verteilung des Heizungswassers sind aufgrund der geringeren Fluidtemperaturen die Werte etwas geringer, hier gilt $q_{h,d}$ = 9,3 W/m^2. Tab. 2.7 gibt weitere Überschlagswerte an.

Wärmespeicherung

Wärmespeicher werden sowohl in der zentralen Trinkwassererwärmungsanlage als auch in einigen Heizungsanlagen benötigt. Grundsätzlich ist ein passend dimensionierter Behälter hoher Qualität mit sehr guter Wärmedämmung zu wählen. Ein 300-Liter-Warmwasserspeicher z.B. sollte eine durch ein zugelassenes Prüfinstitut nachgewiesene *Wärmeverlustrate* von UA_s = 2,2 W/K nicht überschreiten, nach der seit Herbst 2015 gültigen ErP-Richtlinie entspricht dies dem Label "C". Bei ganzjährigem Betrieb, einer Speichertemperatur von T_{WW} = 60 °C und einer Umgebungstemperatur von T_i = 13 °C bei Aufstellung im unbeheizten Bereich betragen die Verluste mit

$$Q_{w,s} = 8.760\,\text{h/a} \cdot UA_s \cdot (T_{WW} - T_i) \tag{2.30}$$

in diesem Fall bereits 867 kWh$_{th}$/a.

Wiederum in der BMBVS-Verordnung sind pauschale Werte für Speicherwärmeverluste angegeben. Für zentrale Warmwasserspeicher, die außerhalb des beheizten Gebäudebereichs aufgestellt sind, betragen die Speicherverluste danach $q_{sW} = 5,1$ W/m^2.

Warmwasserspeicher werden als Pufferspeicher auch in bestimmten Heizungsanlagen eingesetzt, so in Anlagen mit Wärmepumpen oder mit Festbrennstoffkesseln. Je nach Temperaturniveau im Heizkreis nennt die [10] flächenspezifische Verluste zwischen q_{sH} = 2,5 W/m^2 (70/55 °C Auslegung, elektr. Zentralspeicher), 1,9 W/m^2

(55/45 °C Auslegung bei WP) und 3,4 W/m^2 (70/55 °C Auslegung bei Holzkesseln). Tab. 2.7 gibt weitere Überschlagswerte in Abhängigkeit vom Sanierungsstand an.

Wärmeerzeugung

Zur Wärmeerzeugung eignen sich zum einen *Kessel*, die die chemische Energie eines Brennstoffs durch Verbrennung in thermische Energie wandeln und diese als Wärmestrom in das Heizungssystem übertragen. Thermische Energie zu Heizzwecken kann zum anderen über den linksläufigen Kreisprozess in einer *Wärmepumpe* aus der thermischen Energie der Umgebung gewonnen werden. Auch die bei rechtsläufigen Kreisprozessen in *Blockheizkraftwerken* anfallende Motorabwärme ist als Heizwärme einsetzbar. Schließlich kann Heizenergie auch durch eine *solarthermische Anlage* aus der Solarstrahlung bereitgestellt werden.
In den vergangenen Jahrzehnten konnten der Brennstoffverbrauch und Schadstoffemissionen von Heizkesseln erheblich reduziert werden. *Konstanttemperatur-Kessel* benötigten noch zur Vermeidung von Korrosion im Kessel und im Abgassystem eine konstante Kesseltemperatur von rund 70 °C. Die außentemperaturabhängigen Vorlauftemperaturen wurden dabei mit Hilfe von Dreiwege- und Vierwegemischern erreicht. Diese Kesselart wird bereits seit Jahrzehnten nicht mehr vertrieben, findet sich aber leider noch immer in deutschen Heizungskellern.
Niedertemperatur-Heizkessel (oder auch *Heizwert-Kessel*) können mit geringeren, an den Bedarf angepassten Kesseltemperaturen und damit verminderten Abgasverlusten gefahren werden und nutzen damit den Brennstoff erheblich besser aus, wie die Erzeugeraufwandszahlen e_g in Tab. 2.6 verdeutlichen. Seit dem 26.09.2015 sind Niedertemperatur-Heizkessel in der EU verboten und dürfen nur noch in Ausnahmefällen vertrieben werden.
Brennwert-Kessel verbessern durch Ausnutzung der Kondensationsenthalpie (siehe dazu Abb. 2.6) des in den Verbrennungsgasen enthaltenen Wasserdampfs den Nutzungsgrad nochmals um 6 bis 15 %. Allerdings sind dazu Rücklauftemperaturen unterhalb der Taupunkttemperatur des Abgases erforderlich, damit die Kondensation erfolgen kann. Bei Erdgas beträgt diese etwa 56 bis 58 °C bei einer Luftüberschusszahl λ zwischen 1,1 und 1,2. Aufgrund des geringeren Wasserstoffgehalts ist die Taupunkttemperatur für Heizöl niedriger (46 bis 48 °C). Eine vollständige Nutzung des Brennwerts ist nur dann möglich, wenn als Wärmeabgabesystem eine Flächenheizung mit geringen Vorlauf-/Rücklauftemperaturen genutzt wird.
Die Funktionsweise von *Wärmepumpen* ist ausführlich in Kapitel 6 sowie Kapitel 14 beschrieben. Da der größere Teil der Heizleistung der Umwelt entnommen wird, ist der Endenergieaufwand in Form elektrischen Stroms von Wärmepumpen gering. Die Erzeugeraufwandszahlen e_g in Tab. 2.6 zeigen, dass je kWh Heizwärme lediglich 0,22 bis 0,43 kWh elektrische Endenergie eingesetzt werden müssen. Bei Berücksichtigung des Primärenergiefaktors[23] (vgl. Kap. 6.3) von derzeit $f_p = 1,8$ zeigt sich, dass inzwischen sogar Außenluft-Wärmepumpen primärenergieeffizienter arbeiten als Gas-Brennwertgeräte.

[23] Zu Primärenergiefaktoren für elektrische Energie vgl. Tab. 2.4, S. 54.

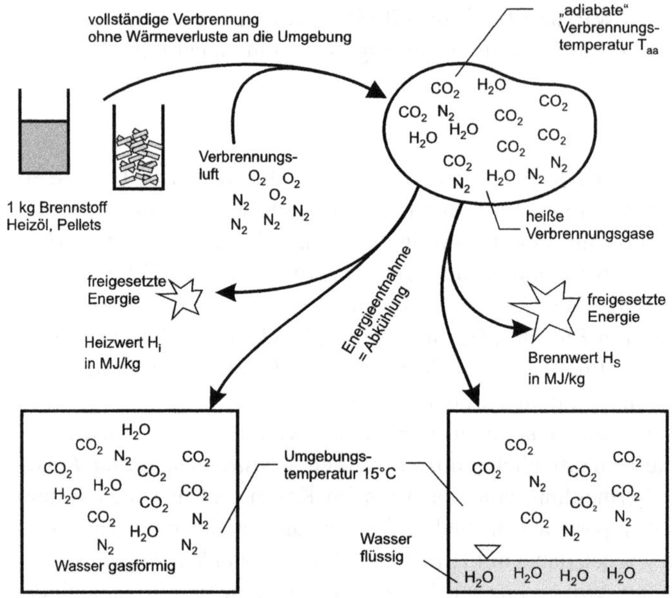

Abb. 2.6 Heizwert H_i und Brennwert H_s.
Durch adiabate Verbrennung wird der chemische Anteil der Inneren Energie in thermische Innere Energie umgewandelt. Die je kg Brennstoff bei der anschließenden Abkühlung der Verbrennungsgase auf die Standardtemperatur von 25 °C entnehmbare Energie wird als Heizwert H_i (in kJ/kg) bezeichnet. Während beim Heizwert das während der Verbrennung entstandene Wasser noch gasförmig ist, berücksichtigt der Brennwert H_s auch die Kondensationsenthalpie des Wasserdampfs.

→ Berechnungsbeispiel

Es sollen die Endenergie- und Primärenergieeinsparungen bestimmt werden, die durch einen Kesseltausch erzielt werden können. Ein veralteter Gas-Niedertemperatur-Kessel ist zu ersetzen, dazu stehen zwei Varianten zu Auswahl:

- Der Kessel könnte durch ein Gas-Brennwert-Gerät ersetzt werden, da nach einer Sanierung der Außenwand das Wärmeabgabesystem nun mit ausreichend niedrigen Vor- und Rücklauftemperaturen betrieben werden kann. Die Erzeugeraufwandszahl des Neugeräts betrage $e_g = 0,97$.
- Alternativ könnte eine Luft-Wasser-Wärmepumpe eingesetzt werden, die einen Großteil der Heizenergie der Außenluft entnimmt. In Anlehnung an Tab. 2.6 wird die Erzeugeraufwandszahl mit $e_g = 0,39$ angenommen.

Die Erzeugeraufwandszahl des Altgerätes wird nach Tab. 2.6 mit $e_g = 1,14$ geschätzt, der Endenergiebedarf soll in diesem Beispiel jährlich $Q_{EE,NT} = 20.000$ kWh/a betragen. Der Wärmeerzeuger muss nicht nur den Heizwärmebedarf Q_h und den Trinkwasserwärmebedarf Q_{tw}, sondern auch alle technischen Verluste durch Verteilung und Speicherung $\sum Q_t$ decken. Es gilt daher

$$e_g = \frac{Q_{EE}}{Q_h + Q_{tw} + \sum Q_t} = \frac{Q_{EE}}{Q_{NE,gen}} .$$

Da bei einem Kesseltausch der Energiebedarf $Q_{NE,gen}$ unverändert bleibt, gilt:

$$Q_{NE,gen} = \frac{Q_{EE,NT}}{e_{g,NT}} = \frac{Q_{EE,BW}}{e_{g,BW}} = \frac{Q_{EE,WP}}{e_{g,WP}} .$$

Der Nutzenergiebedarf beträgt $Q_{NE,gen} = 17.544$ kWh/a, der Endenergiebedarf des Brennwertkessels mit den o.a. Werten $Q_{EE,BW} = 17.020$ kWh/a Erdgas und der Endenergiebedarf der Luft-Wasser-Wärmepumpe $Q_{EE,WP} = 6.840$ kWh/a elektrische Energie.
Bei Berücksichtigung der Primärenergiefaktoren $f_{P,EG} = 1,1$ für Erdgas und $f_{P,el} = 1,8$ für elektrische Energie mit

$$Q_{PE,i} = Q_{EE,i} \cdot f_{P,i}$$

zeigt sich, dass das Gas-Brennwertgerät $Q_{PE,BW} = 18.719$ kWh/a fossile Primärenergie benötigt, die Luft-Wasser-Wärmepumpe dagegen nur $Q_{PE,WP} = 12.312$ kWh/a.

Innovative Technologien

Zu den innovativen Entwicklungen im Bereich der Wärmeerzeugung zählen u.a. die Sorptions-Wärmepumpen, Mikro- und Mini-BHKW und – noch immer – die solare Trinkwassererwärmung.
Sorptions-Wärmepumpen werden nach der bevorzugten Brennstoffart Erdgas auch als Gaswärmepumpen bezeichnet. Von den Sorptionswärmepumpen sind die verbrennungsmotorisch betriebenen Wärmepumpen zu unterscheiden, die öfters ebenfalls als Gaswärmepumpen bezeichnet werden: diese arbeiten wie die konventionellen Elektrowärmepumpen mit einem mechanischen Verdichter, der nicht elektromotorisch, sondern mit einem Erdgas-Verbrennungsmotor betrieben wird. Korrekt sollten diese Geräte als Gasmotor-Wärmepumpen bezeichnet werden.
Anstatt eines elektrisch betriebenen Kompressors wird bei Sorptionswärmepumpen ein thermisch betriebener Verdichter eingesetzt, der die gewünschte Druck- und damit Temperaturerhöhung im Kältemittel über Sorptionsprozesse erzielt. Im Hinblick auf die eingesetzte Technik wird zwischen Adsorptions- und Absorptions-Wärmepumpen unterschieden.

Adsorptions-Wärmepumpen

Bei adsorptiven Prozessen lagert sich das gasförmige Kältemittel (Adsorbat) an einen geeigneten Feststoff (Sorbens) unter Freisetzung von Adsorptionswärme an. Die Art der Anlagerung (Adsorption) erfolgt bei hochporösen Materialien rein physikalisch, bei Salzhydraten chemisch-reaktiv [50]. Häufig wird als Adsorbat einfach

Wasser/Wasserdampf eingesetzt. Das Wirkprinzip des Adsorptionsprozesses lautet dann

$$\text{Sorbens} + n\,H_2O \rightleftharpoons \text{Sorbens} \cdot n\,H_2O + \Delta h_{ads}\,.$$

Hierbei nimmt der trockene Feststoff aus der Umgebung Wasserdampf auf und bindet ihn an seine innere Oberfläche unter Freisetzung der Adsorptionsenthalpie Δh_{ads}.

Das Sorbens kann regneriert werden, indem durch Energiezufuhr auf höherem Temperaturniveau (rund 150 °C bei H_2O) die Anlagerung rückgängig gemacht wird (Desorption). Adsorption und Desorption sind prinzipiell beliebig oft wiederholbar. Für das Adsorbat Wasser wird als Sorbens Zeolith oder Silikagel eingesetzt.

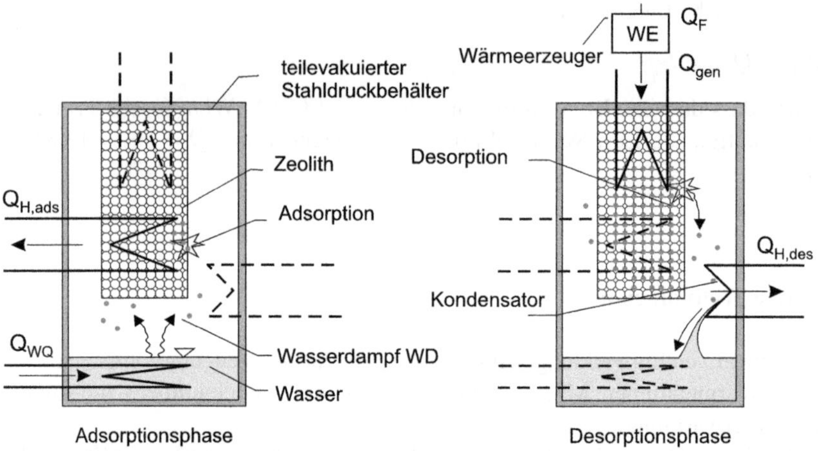

Abb. 2.7 Funktionsweise einer Sorptionswärmepumpe auf Zeolith-Basis mit Adsorptions- und Desorptionsphase.

In Abb. 2.7 ist die Funktionsweise einer Sorptionswärmepumpe auf Zeolith-Basis erläutert. Zeolithe sind mikroporöse Feststoffe auf Aluminium-Silikat-Basis, deren besondere Eigenschaft ihr Vermögen ist, in Hohlräumen große Mengen an Wasserdampf anzulagern: Je nach Kristallaufbau beträgt die innere Oberfläche bis zu 1.000 m^2 pro Gramm Feststoff.

Das Gerät besteht – stark vereinfacht – aus einem teilevakuierten Edelstahldruckbehälter, in dem sich ein Block aus Zeolith befindet.[24] Zu Beginn der *Adsorptionsphase* ist das Zeolith vollständig getrocknet. Bei niedrigen Temperaturen von 2 bis 5 °C wird Wasser mittels Heizschlangen verdampft. Damit Wasser bei diesem geringen Temperaturniveau den Aggregatzustand wechselt, darf der Druck im Stahlbehälter nur 6 bis 10 mbar betragen. Die zugeführte Energie Q_{WQ} entstammt der Umwelt und wurde z.B. durch einen Solarabsorber, einen Erdkollektor oder eine Erdwärmesonde auf einem Temperaturniveau von mindestens 5 bis 10 °C bereitgestellt. Bei

[24] Die Beschreibung erfolgt in Anlehnung an [34].

der Anlagerung des Wasserdampfs an Zeolith wird die Adsorptionenergie $Q_{H,ads}$ frei und das Zeolith erwärmt sich auf Temperaturen von 50 bis 100 °C. Über einen Wärmetauscher wird $Q_{H,ads}$ dem Zeolith entzogen und an den Heizkreis zur Nutzung abgegeben. Nach einer Betriebszeit von rund 20 min ist der Zeolith weitgehend wassergesättigt und die Adsorptionsphase damit beendet.
Nun startet die *Desorptionsphase*. Die zur Desorption erforderliche Energie Q_F wird z.B. von einem Erdgasbrenner in Brennwerttechnik bereitgestellt. Bei etwa 150 °C wird der Wasserdampf aus dem Sorbens ausgetrieben, der Druck im Behälter erhöht sich dabei leicht auf 40 bis 80 mbar. Der freigesetzte Wasserdampf wird an einer gekühlten Rohrschlange kondensiert und gibt dabei die Energiemenge $Q_{H,des}$ an den Heizkreis ab. Nach einer Betriebszeit von rund 20 min ist der Zeolith wieder trocken, so dass die Adsorptionsphase wieder starten kann.
Die von der Wärmepumpe an den Heizkreis insgesamt abgegebene Energiemenge $Q_H = Q_{H,ads} + Q_{H,des}$ wird umso höher, je niedriger das Temperaturniveau im Heizkreis ist.
Der im Gerät integrierte Erdgasbrenner wird nicht nur zur Desorption verwendet, sondern auch zur Abdeckung der Spitzenheizlast im Heizkreis. Die Gaswärmepumpe selbst ist aus wirtschaftlichen Gründen nur auf etwa 50 % der notwendigen Nennheizleistung ausgelegt. Am Markt gibt es bereits erste Geräte mit Nennheizleistungen von 10 kW, die die Stoffpaarung Zeolith-Wasserdampf nutzen. Als Umweltwärmequelle werden von einem Hersteller Solarkollektoren eingesetzt, die auch einen Teil der Trinkwassererwärmung übernehmen. Ein zweiter Hersteller verwendet Erdwärmesonden.
Die Energiebilanz über die gesamte Adsorptionswärmepumpe lautet zusammenfassend:

$$0 = Q_{WQ} + Q_{gen} - Q_{H,ads} - Q_{H,des}. \tag{2.31}$$

Das *Wärmeverhältnis* ζ_{WV} ist definiert mit

$$\zeta_{WV} = \frac{Q_{H,ads} + Q_{H,des}}{Q_{gen}} = \frac{Q_H}{\eta_F \cdot Q_F} \text{ mit } Q_F = m_B \cdot H_i. \tag{2.32}$$

Die *Heizzahl* ζ_{HZ}

$$\zeta_{HZ} = \frac{Q_H}{Q_F} = \zeta_{WV} \cdot \eta_F \tag{2.33}$$

entspricht dem thermischen Nutzungsgrad η_{th}. Die Endenergie $Q_F = Q_{EE}$ berechnet sich als Produkt aus der zugeführten Brennstoffmenge m_B und dessen Heizwert H_i.

Absorptions-Wärmepumpen

Absorptions-Wärmepumpen ähneln in ihrem Aufbau den elektromotorisch betriebenen Kompressor-Wärmepumpen, allerdings ist hier der mechanische Verdichter durch eine thermische Variante ersetzt. Diese nutzt den Effekt, dass sich einige Gase (Kältemittel) sehr gut in Flüssigkeiten lösen lassen. Zur Verdichtung des gelösten Kältemittels genügt dann eine einfache Pumpe. Als Arbeitsstoffpaarung wird Ammoniak/Wasser (NH_3/H_2O) oder Wasser/Lithiumbromid (H_2O/LiBr) eingesetzt, der erstgenannte Stoff bildet dabei das Kältemittel, der zweitgenannte das Lösungsmittel. Die Stoffpaarung Ammoniak/Wasser wird dabei am häufigsten verwendet. Während Ammoniakdampf auch bei sehr tiefen Temperaturen von -40 °C und mehr verdampft werden kann, ist die minimale Verdampfungstemperatur beim Stoffpaar $LiBr/H_2O$ vom Gefrierpunkt des Wassers begrenzt.

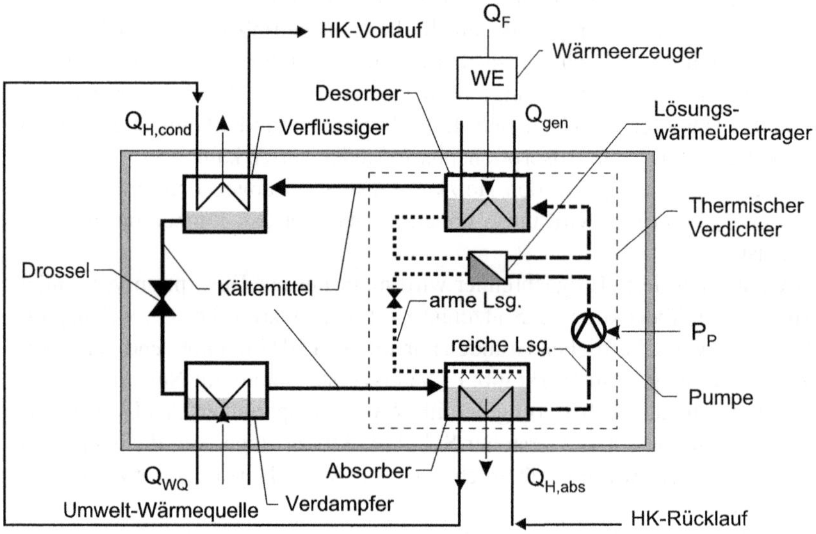

Abb. 2.8 Funktionsweise einer Absorptionswärmepumpe

Abb. 2.8 zeigt vereinfacht die Funktionsweise einer Absorptions-Wärmepumpe: Ammoniak wird im Verdampfer bei geringem Druck und geringen Temperaturen verdampft und nimmt dabei die Umweltwärme Q_{WQ} auf. Danach wird das Ammoniak im Absorber in flüssigem Wasser gelöst. Die dabei freiwerdende Absorptionswärme $Q_{H,abs}$ wird im Heizkreis genutzt. Das Lösungsmittel mit dem absorbierten Kältemittel kann nun mit Hilfe einer einfachen Pumpe unter geringem Energieaufwand P_P auf ein höheres Druckniveau gebracht werden. Zur Austreibung (Desorption) des Kältemittels wird meist ein Erdgasbrenner eingesetzt, der die nötige Desorptionsenergie Q_F dem Kältemittel zuführt. Endenergieträger ist in diesem Fall das Erdgas. Der Desorber wird auch als Austreiber, Generator oder einfach Kocher bezeichnet.

Bei der Stoffpaarung $H_2O/LiBr$ wird im Desorber ein Kältemitteldampf ausgetrieben, der zu 100 % aus Wasser besteht, das Lösungsmittel wird dadurch aufkonzentriert. Bei der Stoffpaarung NH_3/H_2O dagegen können beide Stoffe verdampfen. Der Desorber muss entsprechend als Rektifiziereinrichtung konstruiert sein, um einen möglichst hohen NH_3-Anteil im Kältemittel zu erzielen. Das Funktionsprinzip soll anhand von NH_3/H_2O erklärt werden: Das ausgedampfte Kältemittel wird im Kondensator verflüssigt und gibt dabei die Nutzwärmemenge $Q_{H,cond}$ an den Heizkreis ab. Nach der Expansion in der Drossel steht es im Verdampfer wieder

zur Wärmeaufnahme zur Verfügung. Auch das Lösungsmittel muss in einer Drossel auf das Verdampferdruckniveau gebracht werden, bevor es im Absorber wieder Ammoniak lösen kann. Die mit Ammoniak angereicherte Lösung wird kurz als „reiche" Lösung bezeichnet, das kältemittelarme Lösungsmittel zwischen Desorber und Absorber entsprechend als „arme" Lösung. Oft wird die reiche Lösung in einem zusätzlichen internen Lösungswärmeübertrager noch vor der Desorption gegen die arme Lösung aus dem Desorber vorgewärmt, um den Nutzungsgrad des Prozesses zu erhöhen.
Die Energiebilanz über die gesamte Absorptionswärmepumpe lautet zusammenfassend

$$0 = Q_{WQ} + Q_{gen} + P_P - Q_{H,cond} - Q_{H,abs} \,, \tag{2.34}$$

und die *Heizzahl* hier

$$\zeta_{HZ} = \frac{Q_{H,cond} + Q_{H,abs}}{Q_F} \,. \tag{2.35}$$

Die Endenergie $Q_F = Q_{EE}$ berechnet sich wiederum als Produkt aus der zugeführten Brennstoffmenge m_B und dessen Heizwert H_i.
Nach der DIN 18599-5 [25] erreichen Sorptions-Wärmepumpen auf den Heizwert H_i bezogene thermische Nutzungsgrade η_{th} zwischen 1,1 und 1,3, je nach Temperatur des Heiznetzes.[25] Die Erzeugeraufwandszahl e_g von Sorptionswärmepumpen beträgt entsprechend zwischen 0,77 und 0,91.

Solare Trinkwassererwärmung

Auch die Solarthermie zählt zu den innovativen Techniken der Wärmeversorgung. Durch Einsatz von Solarkollektoren zur Trinkwassererwärmung oder Heizungsunterstützung kann der zur Deckung des Nutzwärmebedarfs $q_{NE} = q_h + q_{tw}$ erforderliche Endenergiebedarf des konventionellen Wärmeerzeugers $q_{EE} = q_H + q_W$ und damit die Anlagen-Aufwandszahl e_p des Gesamtsystems erheblich reduziert werden. Schon auf Seite 52 im Beispiel zu den Anlagen-Aufwandszahlen wurde dies deutlich:

- Eine Solaranlage zur Trinkwassererwärmung verbessert die Anlagen-Aufwandszahl für einen Niedertemperaturkessel von e_p = 1,73 auf $e_{P,sol}$ = 1,49. Der spezifische Endenergiebedarf (hier: Erdgas) sinkt entsprechend mit $(e_p - e_{P,sol})/e_P$ um etwa 14 %.
- Eine solare Kombianlage zur Trinkwassererwärmung und Heizungsunterstützung verbessert die Anlagen-Aufwandszahl bei Kombination mit einem Brennwert-Kessel von e_p = 1,46 auf $e_{P,sol}$ = 1,17. Der spezifische Endenergiebedarf sinkt damit sogar um etwa 20 %.

Abb. 2.9 zeigt die Endenergiebilanzierung für ein Gebäude ohne bzw. mit Solaranlage. Ohne Solaranlage gilt mit der Erzeugeraufwandszahl e_g :

[25] Siehe DIN 18599-5 [25], Tab. 57: Heiznetz 35/28: $\eta_{th} = 1,3$, Heiznetz 55/45: $\eta_{th} = 1,2$ und Heiznetz 70/55: $\eta_{th} = 1,1$.

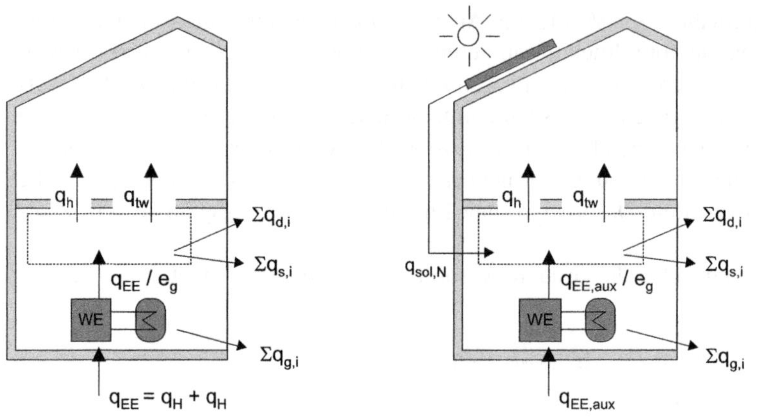

Abb. 2.9 Minderung des Endenergiebedarfs q_{EE} durch den Betrieb einer Solaranlage

$$q_h + q_{tw} + \sum q_{si} + \sum q_{di} = \frac{1}{e_g} \cdot q_{EE} \ , \tag{2.36}$$

mit Solaranlage und dem auf die Nutzfläche bezogenen Solarenergieertrag $q_{sol,N}$

$$q_h + q_{tw} + \sum q_{si} + \sum q_{di} = \frac{1}{e_g} \cdot q_{EE,aux} + q_{sol,N} \ . \tag{2.37}$$

Damit ist die eingesparte spezifische Endenergiemenge :

$$\Delta q_{EE,sol} = q_{EE} - q_{EE,aux} = e_g \cdot q_{sol,N} \ , \tag{2.38}$$

sofern die Erzeugeraufwandszahlen e_g ohne und mit Solaranlage als gleich angenommen werden. Insgesamt wird also jährlich die Endenergie

$$\Delta Q_{EE,sol} = e_g \cdot (q_{sol,N} \cdot A_N) = e_g \cdot (q_{sol} \cdot A_{KF}) = e_g \cdot Q_{sol} \tag{2.39}$$

in kWh/a eingespart. q_{sol} ist der spezifischen Jahres-Energieertrag einer solaren Trinkwasseranlage, bezogen auf die Kollektorfläche A_{KF}. Zum solaren Nutzenergieertrag Q_{sol} ist in Kap. 5 nachzulesen.

2.3.3 Wärmeerzeugung in Kraft-Wärmekopplung

Kap. 14 dieses Buches behandelt die thermodynamischen Grundlagen der Stromerzeugung mit Hilfe von Wärmekraftmaschinen. Die beiden Hauptsätze der Thermodynamik schreiben vor, dass auch unter idealen Bedingungen nur ein begrenzter Anteil der eingesetzten thermischen Energie in technische Arbeit umgewandelt werden kann. Der meist größere Anteil der von dem Kreisprozess aufgenommenen thermischen Energie muss auf geringem Temperaturniveau wieder an die Umgebung abgegeben werden, um die im Prozess entstandene Entropie abzuführen.

Bei den zur Stromproduktion eingesetzten *Kondensationskraftwerken* wird diese „Abwärme" im Kondensator bei 30 bis 40 °C an die Umgebung abgegeben. Bei der Produktion elektrischer Energie in Kraft-Wärmekopplung dagegen wird der Entspannungsprozess in der Turbine bei höheren Drücken und damit auch höheren Kondensationstemperaturen vorzeitig beendet (*Gegendruck-Kraftwerke*)[26]. Dadurch sinkt zwar der elektrische Wirkungsgrad der Anlage, die Abwärme kann aber nun bei Temperaturen zwischen 90 und 120 °C über Fernwärmenetze genutzt werden. Während bei Gegendruck-Kraftwerken das Verhältnis der elektrischen Leistung zur Heizleistung konstant ist, können *Entnahme-Kondensationskraftwerke* die Heizleistung zugunsten der Stromproduktion reduzieren, indem ein größerer Anteil des Frischdampfs bis auf den Kondensationsdruck vollständig entspannt wird.
In Kraft-Wärmekopplung betriebene Anlagen im kleineren Leistungsbereich unter 10 MW_{el} werden als Blockheizkraftwerke (BHKW) bezeichnet. Anstatt eines Kraftwerksprozesses mit Kessel, Turbine, Kondensator und Pumpe arbeiten BHKW mit Verbrennungsmotoren nach dem Otto-, Diesel- oder Stirlingprozess, deren Kühlwasserkreislauf oft mit 90 °C / 70 °C betrieben wird. Über eine Nachheizung im Abgaswärmetauscher werden damit Vorlauftemperaturen bis etwa 110 °C erreicht. Abb. 2.10 zeigt den vereinfachten Aufbau eines BHKW.

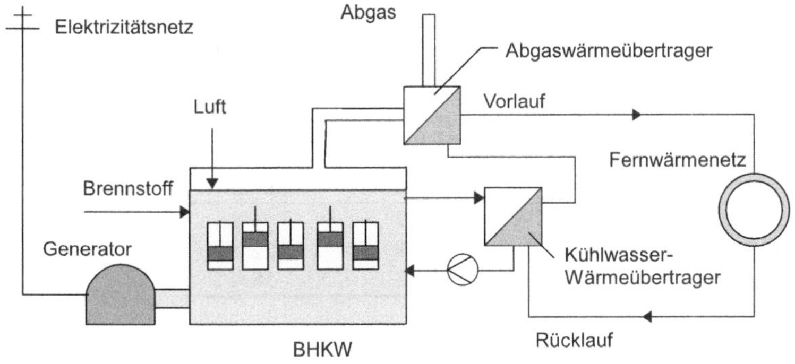

Abb. 2.10 Schema eines BHKW, bestehend aus Verbrennungsmotor, Generator, sowie Abgas- und Kühlwasserwärmeübertrager zur Wärmeauskopplung.

Kleine BHKW werden als Mikro-BHKW (etwa $\leq 2\ kW_{el}$), Mini-BHKW (etwa $\leq 50\ kW_{el}$) und Klein-BHKW ($\leq 2\ MW_{el}$) bezeichnet, die Leistungsgrenzen sind allerdings häufig sehr unterschiedlich gesetzt. Nachfolgend wird vertiefend nur auf die Technik der BHKW eingegangen, KWK-Großkraftwerke sollen nicht weiter behandelt werden.

[26] Bei Kondensations-Kraftwerken beträgt der Gegendruck im Verflüssiger typisch 0,06 bar (entsprechend einer Kondensationstemperatur von 36 °C), bei Fernwärmeauskopplung beträgt der Gegendruck zwischen 0,75 bar (92 °C) in einem Warmwassernetz und 3 bis 5 bar (134 °C bis 152 °C), wenn Dampf als Wärmeträger eingesetzt wird.

Kenndaten

Für BHKW werden als wichtigste Kenngrößen die elektrischen und thermischen Nennleistungen, P_N und $\dot{Q}_N$ in kW, angegeben. Der elektrische Wirkungsgrad η_{el} ist definiert mit

$$\eta_{el} = \frac{P_N}{\dot{Q}_F} = \frac{P_N}{\dot{m}_B \cdot H_i} \tag{2.40}$$

mit der Feuerungsleistung $\dot{Q}_F$, die sich aus dem zugeführten Brennstoffmassenstrom $\dot{m}_B$ und dem Heizwert des Brennstoffs H_i berechnet. Aus der thermischen Nennleistung $\dot{Q}_N$ sowie der Feuerungsleistung ergibt sich entsprechend der thermische Wirkungsgrad η_{th} des BHKW:

$$\eta_{th} = \frac{\dot{Q}_N}{\dot{Q}_F} = \frac{\dot{Q}_N}{\dot{m}_B \cdot H_u} \,. \tag{2.41}$$

Tab. 2.13 gibt typische Wirkungsgrade von Erdgas-BHKW an. Häufig wird für BHKW der Gesamtwirkungsgrad η_{ges} als Summe aus elektrischem und thermischem Wirkungsgrad angegeben:

$$\eta_{ges} = \eta_{el} + \eta_{th} \,.$$

Die Verwendung dieser Größe ist nicht wirklich sinnvoll, da die energetische Qualität – der Exergieanteil – von P_N und $\dot{Q}_N$ sehr unterschiedlich ist.

Tabelle 2.13 Typische Wirkungsgrade von Erdgas-BHKW, nach [2].

	Durchschnitt	**Maximalwert**	**Minimalwert**
Elektrischer Wirkungsgrad	38 %	49 %	25 %
Thermischer Wirkungsgrad	49 %	65 %	22 %
(Gesamtwirkungsgrad)	87 %	99 %	58 %

Die Stromkennzahl σ schließlich ist das Verhältnis der elektrischen zur thermischen Nennleistung,

$$\sigma = \frac{P_N}{\dot{Q}_N} \,. \tag{2.42}$$

Für Otto- und Dieselmotoren kann die Stromkennzahl zwischen 0,4 (Diesel: 0,5) und 1,1 variiert werden, bei Gasturbinen und Brennstoffzellen zwischen 0,3 und 0,6 (Diesel: 0,7). Die am Markt befindlichen Stirlingmotoren arbeiten mit einem festen Leistungsverhältnis $\sigma = 0{,}4$ [45].

→ Kosten von BHKW

Die Arbeitsgemeinschaft für sparsamen und umweltfreundlichen Energieverbrauch ASUE veröffentlicht regelmäßig Übersichten zu technischen Daten und Richtpreisen zu mehr als 800 BHKW [2]. Für Erdgas-BHKW sind auch spezifische Investitionskosten in Abhängigkeit von der elektrischen Nennleistung P_N in € /kW$_{el}$ (bis max. 2,2 MW$_{el}$, ohne MwSt.) angegeben:

$$k_{inv,Erdgas} = 9.332,60 \cdot P_N^{-0.461} .$$

Die Preise berücksichtigen das Aggregat, Schaltschrank mit Regelung, Transport, Be- und Entlüftung, Montage und Inbetriebnahme. Biogas-BHKW sind etwas teurer:

$$k_{inv,Biogas} = 15.648,00 \cdot P_N^{-0.536} .$$

BHKW müssen regelmäßig gewartet und Verschleißteile regelmäßig gewechselt werden. Die BHKW-Wartungsunternehmen bieten dazu Instandhaltungsverträge an, mit denen diese Kosten für den Betreiber berechenbar werden. Danach wird das Wartungsunternehmen je kWh erzeugter elektrischer Energie bezahlt. Für Erdgas-BHKW gibt ASUE [2] die Ausgleichsfunktion in Ct/kWh$_{el}$ (bis max. 2 MW$_{el}$, ohne MwSt.) an:

$$k_{betr,Erdgas} = 2,8046 \cdot P_N^{-0.174} ,$$

Biogas-BHKW wiederum sind etwas teurer:

$$k_{betr,Biogas} = 17,053 \cdot P_N^{-0.478} .$$

Die o.g. Daten ermöglichen eine Wirtschaftlichkeitsbetrachtung für BHKW, wie das Anwendungsbeispiel in Kap. 2.5 zeigt.

Einbindung

Der Betrieb eines Blockheizkraftwerks ist nur dann wirtschaftlich, wenn im Jahr lange Laufzeiten bei Volllast erreicht werden können. Als Kenngröße werden die Vollbenutzungsstunden

$$t_{bv,el} = \frac{Q_{el,BHKW}}{P_N} \quad \text{bzw.} \quad t_{bv,th} = \frac{Q_{th,BHKW}}{\dot{Q}_N} \tag{2.43}$$

angegeben, die sich aus der im Jahr produzierten Energiemenge $Q_{el,BHKW}$ bzw. $Q_{th,BHKW}$ durch Bezug auf die jeweilige Nennleistung ergeben. Aus diesem Grund werden BHKW i.d.R. nicht auf die Heizlast eines Gebäudes dimensioniert, sondern gemeinsam mit einem zusätzlichen konventionellen Wärmeerzeuger, dem Spitzenkessel, betrieben. Abb. 2.11 zeigt die Einbindung des BHKW in die bestehende Wärme- und Stromversorgung.
Das BHKW produziert nur den Teil $Q_{th,BHKW}$ der von den Verbraucher-Heizkreisen benötigten Heizwärme Q_{th}, ein konventioneller Kessel übernimmt die Spitzenlast $Q_{th,SpK}$. Ein Pufferspeicher dient dazu, die Laufzeiten des BHKW zu erhöhen. Der beim Betrieb des BHKW produzierte elektrische Strom wird bei ausreichend hohem Eigenbedarf selbst genutzt ($Q_{el,EN}$) oder in das Netz des Energieversorgers

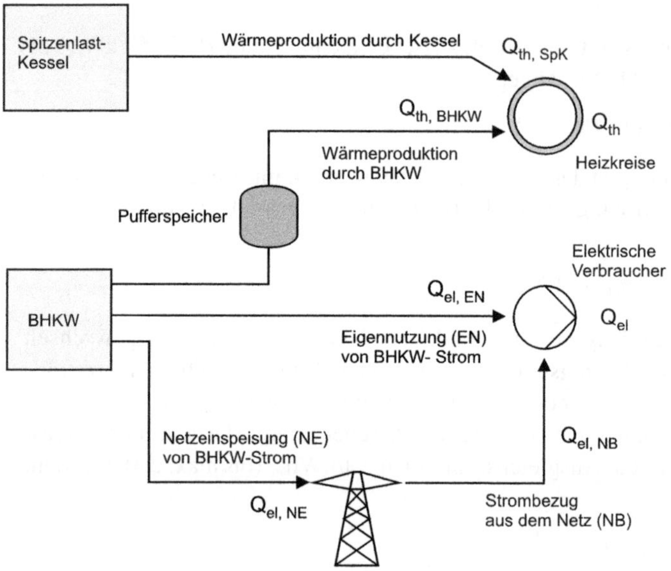

Abb. 2.11 Einbindung des BHKW in die bestehende Wärme- und Stromversorgung.

eingespeist ($Q_{el,NE}$). Der Strombedarf des Verbrauchers Q_{el} wird ergänzt durch den Bezug der Energiemenge $Q_{el,NB}$ aus dem Stromnetz. Grundsätzlich gibt es zwei Möglichkeiten zum Betrieb eines BHKW, die stromgeführte und die wärmegeführte Betriebsweise.

Betriebsweisen

Voraussetzung für den Einsatz eines *wärmegeführten* BHKW ist das Vorhandensein einer hohen thermischen Grundlast bei gleichzeitigem hohen Strombedarf, wie es in einem Hallenbad oder einem Gewerbebetrieb der Fall sein kann. Das BHKW ist immer dann in Betrieb, wenn ein Wärmebedarf vorhanden ist.

Abb. 2.12 (oben) zeigt schematisch den Tagesgang der Heizlast $L_{th}(t)$ eines Gebäudes. Die thermische Nennleistung des BHKW $\dot{Q}_{th,N}$ beträgt hier etwa 50 % der maximalen Heizlast $L_{th,max}$. Übersteigt die Heizlast die BHKW-Nennleistung, müssen die Spitzenlastkessel hinzugeschaltet werden. Unterschreitet die Heizlast die Minimalleistung des BHKW $\dot{Q}_{th,min}$, so schaltet es ab, da keine ausreichende Wärmeabnahme mehr erfolgt. Der Spitzenlastkessel übernimmt in diesem Fall vollständig die Deckung der Heizlast. Wie Abb. 2.11 zeigt, übernimmt das BHKW so die Wärmemenge $Q_{th,BHKW}$ im Jahr, der Spitzenlastkessel $Q_{th,SpK}$.

BHKW mit Erdgasverbrennungsmotoren können ihre thermische Leistung durch Minderung der Brenngaszufuhr bis auf etwa ein Drittel der Nennleistung reduzieren. Durch diese Leistungsmodulation kann das BHKW auch bei verminderter Heizlast

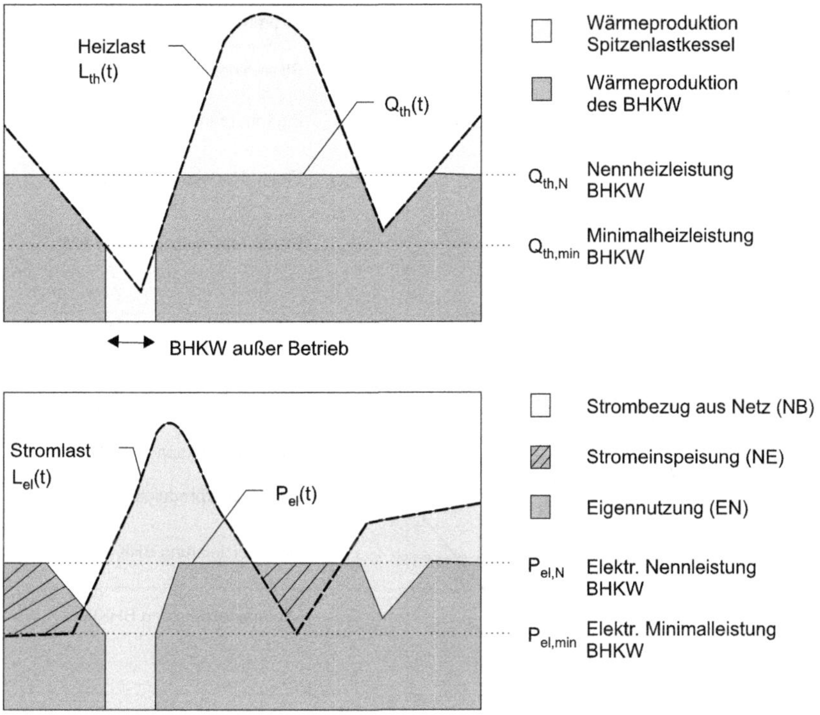

Abb. 2.12 BHKW im wärmegeführten Betrieb. Führungsgröße für die Leistungsregelung ist die aktuelle Heizlast $L_{th}(t)$.

noch betrieben und die Betriebsstundenzahl erhöht werden.[27] Das Ausschalten des BHKW nach Unterschreiten der Minimalleistung kann vermieden werden, wenn ein zusätzlicher Pufferspeicher die produzierte Wärmemenge aufnimmt. Strom wird also nur dann produziert, wenn das BHKW aufgrund eines Wärmebedarfs in Betrieb ist. Bei ausreichend hoher Stromlast $L_{el}(t)$ wird der produzierte KWK-Strom selbst genutzt ($Q_{el,EN}$), ansonsten in das Netz eingespeist ($Q_{el,NE}$). Aus dem Netz wird auch der Restbedarf durch Strombezug gedeckt ($Q_{el,NB}$).
Bei der *stromgeführten* Betriebsweise nach Abb. 2.13 ist die Stromlast Führungsgröße für die Regelung des BHKW. Entsprechend gibt es keine Überproduktion an Strom, der in das Netz einzuspeisen ist. Eine Überproduktion gibt es jedoch an Heizwärme: nur ein Teil kann von einem Pufferspeicher aufgenommen werden, der Rest ist über einen Kühler an die Umgebung abzuführen.
Der thermische Deckungsanteil des BHKW am Jahreswärmebedarf $Q_{th,a}$ beträgt

$$D_{th,BHKW} = \frac{Q_{th,BHKW}}{Q_{th,a}} \quad \text{mit } Q_{th,a} = Q_{th,BHKW} + Q_{th,SpK} \,, \tag{2.44}$$

[27] Im Teillastbereich steigt der thermische Wirkungsgrad i.A. sogar etwas an, da die Wärmeübertragungsflächen dann geringer belastet sind.

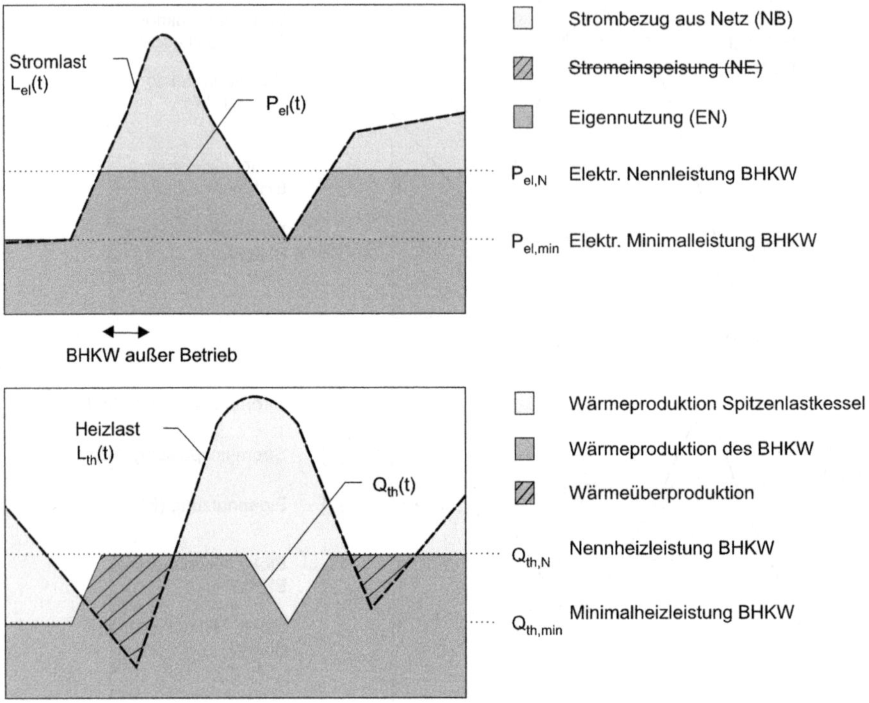

Abb. 2.13 BHKW im stromgeführten Betrieb. Führungsgröße für die Leistungsregelung ist die aktuelle Stromlast $L_{el}(t)$.

der thermische Deckungsanteil des Spitzenlastkessel an der Jahresheizlast ergibt sich damit zu

$$D_{th,spK} = 1 - D_{th,BHKW} \,. \tag{2.45}$$

Entsprechend wird auch für die Versorgung mit elektrischer Energie ein Deckungsanteil am Jahresenergiebedarf $Q_{el,a}$ definiert:

$$D_{el,BHKW} = \frac{Q_{el,EN}}{Q_{el,a}} \quad \text{mit} \quad Q_{el,a} = Q_{el,EN} + Q_{el,NB} \,. \tag{2.46}$$

Der Anteil

$$D_{el,Netz} = 1 - D_{el,BHKW} \tag{2.47}$$

ist dem Netz zu entnehmen. Zur Ermittlung des jährlichen Endenergiebedarfs zur Wärmebereitstellung müssen die Jahresnutzungsgrade der beiden Wärmeerzeuger $\eta_{EE,BHKW}$ und $\eta_{EE,SpK}$ mit berücksichtigt werden:

$$Q_{EE} = \frac{1}{\eta_{EE,BHKW}} \cdot Q_{th,BHKW} + \frac{1}{\eta_{EE,SpK}} \cdot Q_{th,SpK} \,. \tag{2.48}$$

Brennwertkessel erreichen durchschnittlich Jahresnutzungsgrade von etwa 95 % (bezogen auf den Brennwert H_s), der thermische Nutzungsgrad von BHKW beträgt dagegen im Mittel nur 55 %. Es ist also davon auszugehen, dass nach Inbetriebnahme eines BHKW der Endenergiebedarf steigen wird.

Auslegung

Wie die Abb. 2.12 und 2.13 zeigen, ist die Kenntnis der Strom- und Heizlasten unbedingt erforderlich, um ein BHKW wirtschaftlich auszulegen. Abb. 2.14 zeigt als Beispiel die während einer Woche gemessenen Strom- und Heizlasten eines Hallenbades – die Stromlast zeigt deutlich die Tagesgänge mit hohem Strombedarf während der Öffnung.

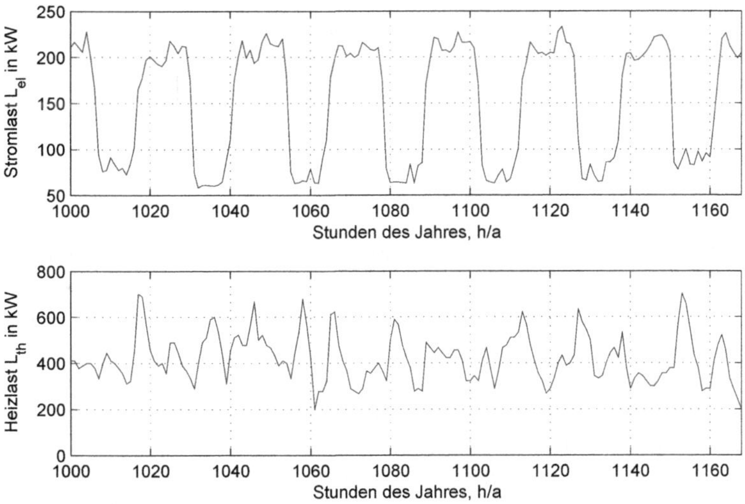

Abb. 2.14 Gemessene Stromlast (Stundenwerte aus gemessenen 15-min-Werten, oben) und Heizlast (unten, Stundenwerte) einer Woche für ein Hallenbad.

Datenbasis für den Elektroenergiebedarf $L_{el}(t)$ bilden bei größeren Verbrauchern die gemessenen 15-Minuten-Mittelwerte des elektrischen Leistungsbezugs, die vom örtlichen Energieversorger kontinuierlich erfasst werden, um den Leistungsanteil der Strombezugskosten zu kalkulieren. Bei größeren Anlagen mit Erdgasversorgung werden vom Energieversorger die stündlich aus dem Erdgasnetz bezogenen Normvolumenmengen aufgezeichnet. Daraus kann dann die Heizlast bestimmt werden. Sind für das zu untersuchende Gebäude keine Verbrauchsdaten vorhanden, so muss auf statistische Daten aus der Literatur zurückgegriffen werden. Die VDI 4655 [57] gibt beispielsweise typische Referenzlastprofile von Ein- und Mehrfamilienhäusern aus gemessenen Wärme-, Strom- und auch Warmwasserverbräuchen für den Einsatz von KWK-Anlagen an.

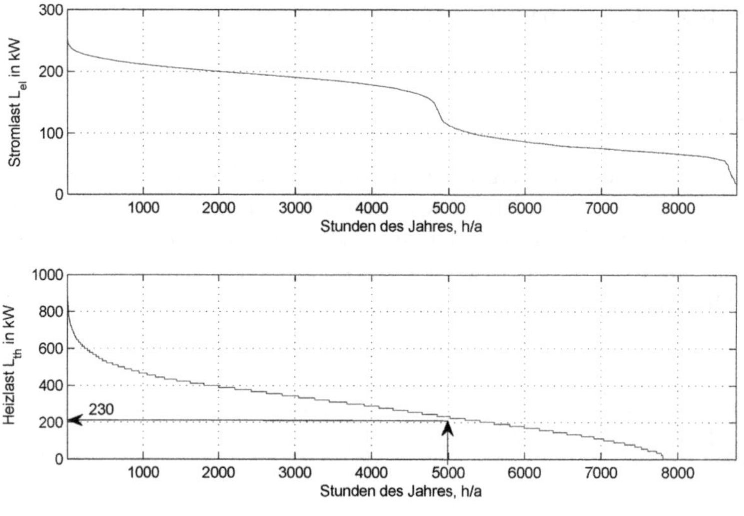

Abb. 2.15 Jahresdauerlinien der Stromlast (oben) der Heizlast (unten) für ein Hallenbad

Die Darstellung der Verbrauchsdaten in Form einer Jahresdauerlinie zeigt anschaulich, in welcher Zeitdauer (z.B. in Stunden pro Jahr) ein bestimmter thermischer oder elektrischer Leistungsbedarf vorhanden ist. Abb. 2.15 zeigt Jahresdauerlinien des Strom- und Wärmebezugs für das Hallenbad.
Nach Abb. 2.15 (unten) beträgt die Heizlast 976 kW_{th}, die aber nur in einer einzigen Stunde des Jahres erforderlich war. Eine Heizleistung > 750 kW_{th} wird nur 30 Stunden, eine Heizleistung > 500 kW_{th} 750 Stunden benötigt.
Das Anwendungsbeispiel in Kap. 2.4 zeigt, dass das BHKW mehr als 5.000 Vollbenutzungsstunden erreichen muss, damit das BHKW wirtschaftlich betrieben werden kann. Im oben gezeigten Beispiel sollte die Nennleistung des BHKW 230 kW_{th} nicht überschreiten. Bei größeren Objekten ist auch der Einsatz mehrerer kleiner Module denkbar, wie Abb. 2.16 zeigt. Dort ist auch dargestellt, wie sich ein BHKW mit modulierender Leistung an die Jahresdauerlinie anpasst.
Nach Abb. 2.16 ergibt sich eine BHKW-Auslegung von 25 % der maximalen Heizlast. Die Form der Jahresdauerlinie und damit der Zusammenhang zwischen Heizlast und Vollbenutzungsstunden ist abhängig von der Nutzungsart des Gebäudes. Die Entscheidung, ob und in welcher Größe ein BHKW angeschafft werden soll, muss daher durch eine detaillierte Untersuchung der Zeitreihen beider Lastgänge $L_{el}(h)$ und $L_{th}(h)$ sowie eine dynamische Investitionsrechnung (siehe dazu Kap. 2.5) unterstützt werden.

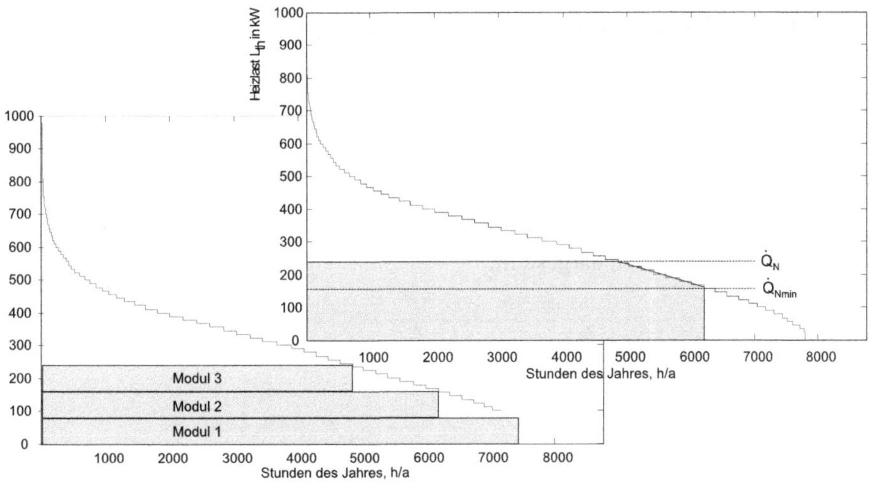

Abb. 2.16 Anpassung mehrerer BHKW-Module an die Jahresdauerlinie (links), BHKW mit modulierender Heizleistung ($\dot{Q}_{N,min} < \dot{Q} < \dot{Q}_N$) (rechts).

2.4 Wirtschaftlichkeit von Energieeffizienzmaßnahmen

Maßnahmen zur Steigerung der Energieeffizienz müssen auch unter betriebswirtschaftlichen Gesichtspunkten effizient sein, damit sie eine Chance auf Realisierung haben - die Wirtschaftlichkeit ist bei Investitionsentscheidungen in der Regel das entscheidende Kriterium. Hierbei ist zwischen der betriebswirtschaftlichen und der volkswirtschaftlichen Sichtweise zu unterscheiden. Bei volkswirtschaftlicher Betrachtung z.B. fossiler oder nuklearer Energienutzung wären auf der Kostenseite auch die sogenannten externen oder sozialen Kosten zu berücksichtigen, die der Gemeinschaft durch gesundheitliche Schäden, Umweltschädigungen oder der Endlagerung nuklearer Abfälle entstehen. Die betriebswirtschaftliche Sicht dagegen ist nur auf den Investor selbst bezogen.

Energieverbrauchsreduktionen oder Energieeffizienzsteigerungen sind in der Regel nur zu erzielen, wenn einmalig monetäre Investitionen getätigt werden, für neue Wärmeerzeuger, Wanddämmung oder dergleichen. Die Einsparungen werden dann innerhalb der gesamten Lebensdauer des Heizkessels oder der Wanddämmung erzielt, also über einen vergleichsweise langen Zeitraum von 10, 20 oder mehr Jahren. Aufgabe einer Investitionsrechnung (Wirtschaftlichkeitsbetrachtung) ist es, die über Jahre oder gar Jahrzehnte erzielten Einsparungen in sinnvoller Weise mit der einmalig getätigten Investition zu vergleichen.

2.4.1 Grundlagen der Investitionsrechnung

Das Grundproblem der Investitionsrechnung ist die Kapitalverzinsung, die den eigentlichen Wert eines Betrages von seinem Fälligkeitsdatum abhängig macht. Ein Geldbetrag zum heutigen Wert von Z_0 wird nach den Regeln der Zinseszinsrechnung durch Verzinsung mit dem Zinssatz i nach T Jahren auf den Betrag von $Z_T = Z_0 \cdot (1+i)^T$ angewachsen sein. In Abb. 2.17 ist das „Anwachsen" des Geldbetrages Z_0 über die Jahre grafisch dargestellt.

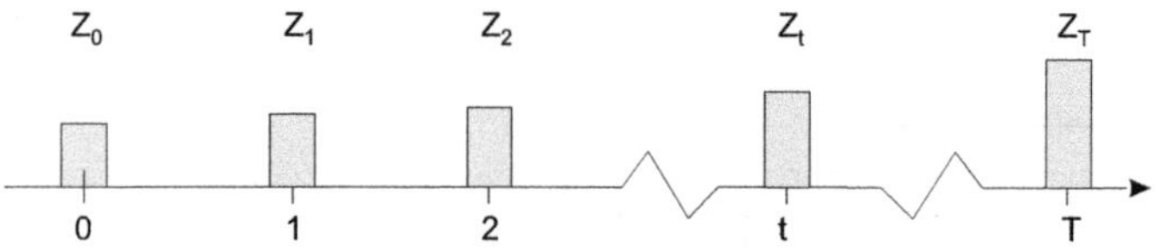

Abb. 2.17 Anwachsen des Startbetrags Z_0 durch Verzinsung auf den Betrag Z_T nach T Jahren

Ein Betrag von $Z_0 = 1.000$ € „wächst" so bei einem Zinssatz von $i = 5$ % in $T = 20$ Jahren auf den Betrag von $Z_T = 2.653,30$ € an. Umgekehrt ist eine zukünftige Zahlung von $Z_T = 1.000$ € aus dem Jahr 2020 zum Bezugsjahr 2010 nach „Abzinsung" nur noch $376,89$ € „wert", es gilt hierfür $Z_0 = Z_T \cdot (1+i)^{-T}$.
Zahlungen aus der Zukunft, ob Gewinne durch Einsparungen oder Verluste durch Kosten müssen also immer um den zeitabhängigen Verzinsungseffekt bereinigt werden, um Investitionsentscheidungen treffen zu können. Die dynamische Investitionsrechnung unterscheidet nun zwei Ansätze zur Zinseffektbereinigung, die Berechnung der Annuität und die Berechnung des Barwertes.

Annuitätenmethode

Die Annuitätenmethode rechnet die einmalige Investitionssumme (K_{INV} in €) zu Beginn in einen gleichmäßig über den Betrachtungszeitraum T verteilten Zahlungsstrom (Kapitaldienst k_{INV} in €/a) um. Dieser kann dann mit den (gleichbleibenden) jährlichen Kosten k bzw. Einsparungen g verglichen werden. Gedanklich entspricht der Kapitaldienst der Rückzahlungssumme eines Darlehens der Höhe K_{INV} (in €), die über T Jahre an das Kreditinstitut mit dem vereinbarten effektiven Zinssatz i zurückzuzahlen ist. Für den Kapitaldienst k_{INV} gilt

$$k_{INV} = K_{INV} \cdot a, \tag{2.49}$$

mit dem Annuitätenfaktor a

$$a = \frac{i}{1-(1+i)^{-T}} . \tag{2.50}$$

Die Einführung des Zinsfaktors $q = 1 + i$ führt zu der bekannten Gleichung:

$$a = \frac{q-1}{1-q^{-T}} . \tag{2.51}$$

So ist für eine Investitionssumme von $K_{INV} = 10.000$ € ein jährlicher Kapitaldienst von $k_{INV} = 802{,}43$ € /a über $T = 20$ Jahre zu leisten, wenn der Kalkulationszinssatz $i = 5$ % beträgt. Hier gilt nach Gl. (2.50) $a = 0{,}0802$ 1/a.
Der Kapitaldienst erhöht sich, wenn der Betrachtungszeitraum verkürzt wird, ebenso bei Annahme höherer Kalkulationszinssätze. Wird mit der genannten Investitionssumme eine Maßnahme zur Reduktion des Energiebedarfs finanziert (z.B. der Austausch des veralteten Wärmeerzeugers), so ist die (betriebswirtschaftliche) Wirtschaftlichkeit dieser Investition dann gegeben, wenn die jährlichen Einsparungen g der Höhe des Kapitaldienstes k_{INV} entsprechen oder ihn übertreffen, $g \geq k_{INV}$. Abb. 2.18 illustriert den Ansatz der Annuitätenmethode.

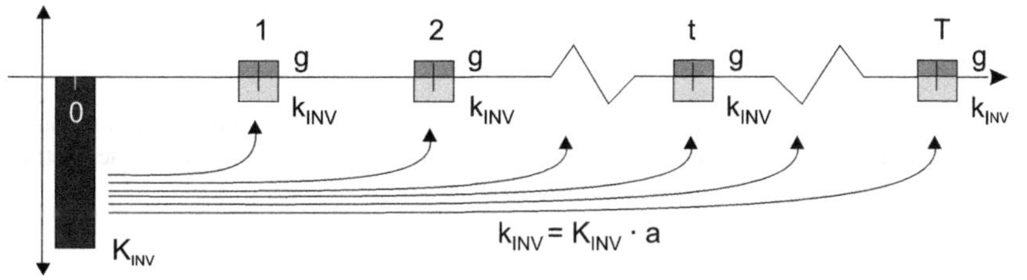

Abb. 2.18 Annuitätenmethode zur Aufteilung einer einmaligen Investitionssumme K_{INV} auf gleichbleibende jährliche Kapitaldienstzahlungen der Höhe k_{INV} über T Jahre. Die Wirtschaftlichkeit der Investition ist für $g \geq k_{INV}$ gegeben.

Anstatt der jährlichen Einsparungen g können auch jährlich gleichbleibende Aufwendungen in die Rechnung mit einbezogen werden. Bei der Beheizung von Gebäuden oder der Trinkwassererwärmung werden als Vergleichsgröße zur Bewertung z.B. die *Wärmegestehungskosten* k_{gest} in € je kWh Nutzenergie nach den Vorgaben der VDI 2067-1 [53] bzw. VDI 6025 [61] ermittelt:

$$k_{gest} = k_{INV} + k_{betr} + k_{inst} + k_{sonst} \,. \tag{2.52}$$

Die Wärmegestehungskosten enthalten sowohl den mit Hilfe der Annuitätenmethode ermittelten Kapitaldienst k_{INV} als auch die über den Betrachtungszeitraum jährlich auftretenden Kosten für Wartung und Instandhaltung k_{inst} sowie die jährlichen Kosten für den Betrieb (Brennstoffkosten) k_{betr} und sonstige Kosten k_{sonst} wie Versicherungen, Steuern etc. Die Wärmegestehungskosten sind auf die jährlich produzierte Nutzenergie bezogen. Bei Wirtschaftlichkeitsbetrachtungen wird die Varianten zur Wärmeerzeugung mit den günstigsten Gestehungskosten gewählt.

Barwertmethode

Die Anwendung der Annuitätenmethode setzt voraus, dass die jährlich anfallenden Kosten oder Einsparungen immer gleich sind, also $g(t) = g = const$ ist. Sie erlaubt also z.B. nicht die Berücksichtigung steigender Energiepreise für den Brennstoffbezug über den Betrachtungszeitraum. Die Wirtschaftlichkeit regenerativer Energien ist aber oft nur dann gegeben, wenn die Energiepreissteigerungen für fossile Energien mit berücksichtigt werden. Hierzu bietet sich die Barwertmethode an.

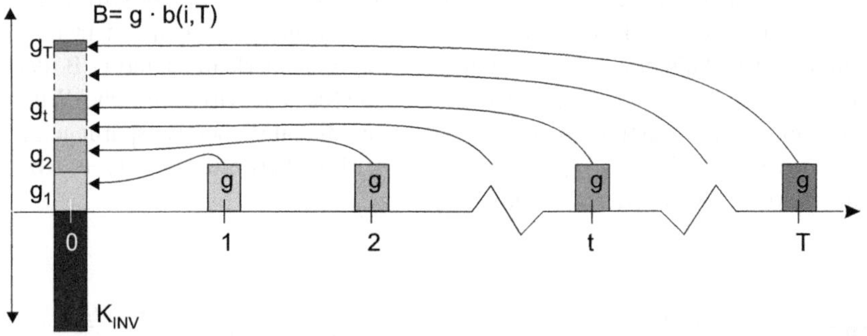

Abb. 2.19 Barwert B eines jährlichen Zahlungsstroms g über einen Betrachtungszeitraum von T Jahren. Wenn der Barwert B der jährlichen Gewinne g, wie hier dargestellt, größer ist als der Betrag der Investitionssumme K_{inv}, so ist die Investition wirtschaftlich.

Zunächst soll die Barwertmethode jedoch für gleichbleibende jährliche Beträge g angewendet werden, wie in Abb. 2.19 dargestellt. Der Barwert B der jährlichen Einsparungen g über T Jahre ist die Summe aller auf das Jahr der Investition abgezinsten Einsparungen $g_1, g_2,..., g_t,..., g_T$. Mit dem Zinsfaktor $q = 1 + i$ gilt:

$$B = g \cdot \sum_{t=1}^{T} q^{-t} = g \cdot b\,. \qquad (2.53)$$

Die Berechnung des *statischen Barwertfaktors b* erfolgt nach VDI 6025 [61] mit:

$$b = \frac{1 - q^{-T}}{q - 1}\,. \qquad (2.54)$$

Der Vergleich mit Gl. (2.51) zeigt, dass der Barwertfaktor gleich dem Kehrwert des Annuitätenfaktors ist. Entsprechend ermöglicht der Barwertansatz die Umwandlung eines jährlichen Zahlungsstroms über die Nutzungsdauer auf eine einzige Summe zu Beginn des Betrachtungszeitraums.

Durch den Einsatz erneuerbarer Energien werden in der Regel Einsparungen bei den fossilen Brennstoffkosten erzielt. Ein Preisanstieg der fossilen Brennstoffkosten hat damit oft einen erheblichen Einfluss auf die Wirtschaftlichkeit regenerativer Energieversorgung. Bei Berücksichtigung der jährlichen Energiepreissteigerungsrate j in $\%/a$ und Einführung des Preissteigerungsfaktors $r = (1 + j)$ berechnet sich der *preisdynamische Barwertfaktor* b_r zu:

$$b_r = \begin{cases} \frac{1-\left(\frac{r}{q}\right)^T}{q-r} & \text{für} \quad q \neq r \\ \frac{T}{q} & \text{für} \quad q = r \end{cases}\,. \qquad (2.55)$$

Entsprechend gilt für den preisdynamischen Barwert B_r

$$B_r = g(1) \cdot b_r(i,j,T) \,, \tag{2.56}$$

Abb. 2.20 gibt eine grafische Darstellung dieses Berechnungsansatzes.

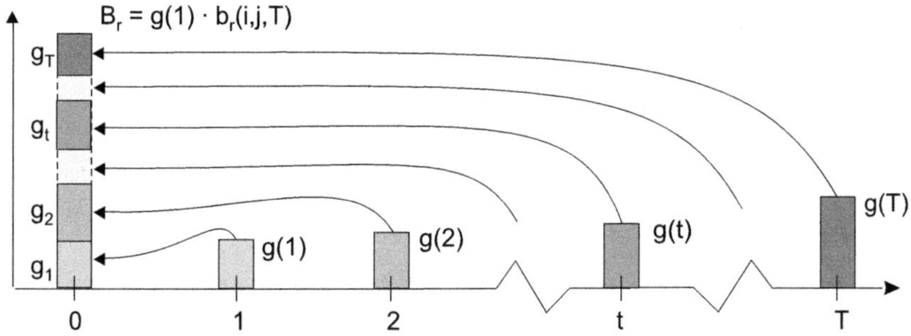

Abb. 2.20 Barwert B_r eines jährlichen Zahlungsstroms über einen Betrachtungszeitraum von T Jahren. Die Aufwendung im ersten Jahr beträgt $g(1)$, die Preissteigerungsrate j.

Eine Investitionsentscheidung ist gemäß der Barwertmethode immer dann sinnvoll, wenn der Barwert B z.B. jährlicher Einsparungen größer oder gleich der Investitionssumme K_{INV} ist, also gilt:

$$|B| \geq |K_{INV}| \quad \text{bzw.} \quad |B_r| \geq |K_{INV}| \tag{2.57}$$

Die Summe der Beträge der Barwerte aller Zahlungsströme (jährliche Einsparungen G_i und Ausgaben K_i) und der Investitionssumme wird auch als *Kapitalwert C* bezeichnet. Die Bedingung für eine wirtschaftliche Investition lautet damit $C \geq 0$ mit

$$C = -K_{INV} + \sum_{Einsp} |G_i| - \sum_{Ausg} |K_i| \,. \tag{2.58}$$

Die Tab. 2.14 und Tab. 2.15 geben die Barwertfaktoren für einige typische Kalkulationszinssätze i und Preissteigerungsraten j für eine Anlagenlebensdauer von $T = 10$ Jahren bzw. $T = 20$ Jahren wieder. Für den statischen Barwertfaktor b gilt $b = b_r(j = 0\ \%/a)$, er ist den Tabellen also der ersten Zeile zu entnehmen.

Die Wahl des *Kalkulationszinssatzes i* ist mit entscheidend für die gesamte Investitionsrechnung. Geht man davon aus, dass die Investition über einen Bankkredit mit einer Laufzeit entsprechend der Nutzungsdauer T finanziert wird, so ist nach [61] der mit dem Geldgeber vereinbarte effektive Sollzinssatz für i einzusetzen. Für den selteneren Fall, dass die Investition aus vorhandenen Eigenmitteln getätigt wird, ist der am Geldmarkt erzielbare Habenzinssatz zu verwenden. Als Richtwert wird allgemein ein Kalkulationszinssatz von $i = 5\ \%$ empfohlen, in der heutigen Niedrigzinsphase und bei langfristigen Investitionsentscheidungen sind auch bereits $i = 3{,}5\ \%$ sinnvoll.

Die *Nutzungsdauer T* einer Investition soll nach VDI 2067-1 aus den Mittelwerten der Nutzungsdauern aller Einzelkomponenten bestimmt werden. In der Praxis kann für technische Geräte eine Lebensdauer von 10 bis 20 Jahren angesetzt werden,

Tabelle 2.14 Preisdynamische Barwertfaktoren b_r, berechnet nach Gl. (2.55) für eine Anlagenlebensdauer von $T = 10$ Jahren.

$i =$	2 %/a	3 %/a	4 %/a	5 %/a	6 %/a	8 %/a	10 %/a
$j = 0$ %/a	8,983	8,530	8,111	7,722	7,360	6,710	6,145
$j = 1$ %/a	9,383	8,903	8,459	8,046	7,664	6,976	6,379
$j = 2$ %/a	9,804	9,295	8,825	8,388	7,983	7,256	6,625
$j = 3$ %/a	10,248	9,709	9,210	8,748	8,319	7,550	6,884
$j = 4$ %/a	10,716	10,144	9,615	9,126	8,672	7,859	7,155
$j = 5$ %/a	11,209	10,603	10,042	9,524	9,043	8,184	7,440
$j = 6$ %/a	11,728	11,085	10,492	9,943	9,434	8,525	7,739
$j = 7$ %/a	12,275	11,594	10,965	10,383	9,845	8,883	8,053
$j = 8$ %/a	12,851	12,129	11,462	10,846	10,277	9,259	8,382
$j = 9$ %/a	13,458	12,692	11,986	11,334	10,731	9,655	8,728
$j = 10$ %/a	14,097	13,286	12,537	11,847	11,208	10,070	9,091

Tabelle 2.15 Preisdynamische Barwertfaktoren b_r, berechnet nach Gl. (2.55) für eine Anlagenlebensdauer von $T = 20$ Jahren.

$i =$	2 %/a	3 %/a	4 %/a	5 %/a	6 %/a	8 %/a	10 %/a
$j = 0$ %/a	16,351	14,877	13,590	12,462	11,47	9,818	8,514
$j = 1$ %/a	17,885	16,221	14,771	13,503	12,391	10,546	9,096
$j = 2$ %/a	19,608	17,727	16,092	14,665	13,417	11,353	9,739
$j = 3$ %/a	21,546	19,417	17,571	15,965	14,562	12,250	10,450
$j = 4$ %/a	23,728	21,317	19,231	17,419	15,840	13,247	11,238
$j = 5$ %/a	26,186	23,453	21,093	19,048	17,269	14,358	12,112
$j = 6$ %/a	28,958	25,857	23,185	20,874	18,868	15,596	13,082
$j = 7$ %/a	32,084	28,564	25,536	22,922	20,659	16,977	14,160
$j = 8$ %/a	35,612	31,613	28,180	25,222	22,665	18,519	15,359
$j = 9$ %/a	39,594	35,050	31,156	27,806	24,916	20,242	16,694
$j = 10$ %/a	44,093	38,926	34,506	30,710	27,442	22,169	18,182

für Bauwerke eher 40 Jahre. Das nachfolgende Beispiel zeigt an einer einfachen Zahlungsfolge, wie sich Abzinsungseffekte und Barwerte berechnen lassen.

→ **Berechnungsbeispiel**

Es soll der Barwert B einer gleichbleibenden jährlichen Zahlung von $k(t) = 1.000$ € /a über einen Zeitraum von $T = 5$ Jahren berechnet werden. Die nominale Zahlenfolge

$$k(1) = 1000;\ k(2) = 1000;\ k(3) = 1000;\ k(4) = 1000;\ k(5) = 1000$$

wird dazu in einem ersten Schritt für einen Kalkulationszinssatz von $i = 5$ % auf das Basisjahr abgezinst. Mit dem Begriff „nominal" wird eine Zahlungsfolge, ein Betrag oder ein Zinssatz bezeichnet, der keine Zinseszinseffekte u.ä. beinhaltet. Die abgezinsten Beträge lauten mit $Z_t = Z(t) \cdot (1+i)^{-t}$

$$k_1 = 952,38;\ k_2 = 907,03;\ k_3 = 863,84;\ k_4 = 822,70;\ k_5 = 783,53.$$

Zu beachten ist, dass auch die Zahlung des ersten Jahres bereits abzuzinsen ist. Hierbei hilft die Vorstellung, dass der Barwert zum ersten Tag des ersten Jahres (Jahr „0“ oder 01. Januar) betrachtet wird, die jährlichen Zahlungen aber immer zum letzten Tag des Jahres (31. Dezember) erfolgen. Entsprechend ist bis zur ersten Zahlung von $k(1) = 1.000$ € bereits ein ganzes Jahr vergangen.
Durch Aufsummierung (Rundung jeweils auf der zweiten Nachkommastelle) dieser abgezinsten Beträge k_t errechnet sich der Barwert der Zahlungsfolge:

$$B = \sum_{t=1}^{5} k_t = 4.329,50 \text{ €}\,.$$

Einfacher ist der Barwert mit Hilfe des Barwertfaktors nach Gl. (2.54) zu bestimmen. Für dieses Beispiel gilt mit $q = 1 + i = 1,05$:

$$b = \frac{1-q^{-T}}{q-1} = \frac{1-1,05^{-5}}{1,05-1} = 4,3295\,.$$

und damit ebenfalls für den Barwert $B = k(1) \cdot b = 4.329,50$ € .
Nun soll der Barwert für eine Zahlenfolge mit Preissteigerung betrachtet werden. Die VDI 6025 [61] legt ihren Berechnungsannahmen den Ansatz zugrunde, dass die Preissteigerung erst im zweiten Jahr wirkt, im ersten Jahr also noch der nominale Zahlungsbetrag von in diesem Fall $k(1) = 1.000$ € zu berücksichtigen ist. Bei Annahme einer Preissteigerungsrate von $j = 3\ \%$ (der Preissteigerungsfaktor beträgt also $r = 1 + j = 1,03$) lautet die Zahlenfolge für die nominalen Zahlungen damit:

$$k(1) = 1000;\ k(2) = 1030;\ k(3) = 1060,90;\ k(4) = 1092,73;\ k(5) = 1125,51$$

Auch hier muss auf das Basisjahr abgezinst werden mit dem Kalkulationszinssatz $i = 5\ \%$:

$$k_1 = 952,38;\ k_2 = 934,24;\ k_3 = 916,44;\ k_4 = 898,98;\ k_5 = 881,86$$

Der Barwert dieser Zahlungsfolge ergibt sich durch Summation zu $B_r = \sum k_t = 4.583,90$ € . Bei Anwendung der Gl. (2.55) beträgt der preisdynamische Barwertfaktor

$$b_r = \frac{1-\left(\frac{r}{q}\right)^T}{q-r} = \frac{1-\left(\frac{1,03}{1,05}\right)^5}{1,05-1,03} = 4,5839$$

und der Barwert damit ebenfalls $B_r = k \cdot b_r = 4.583,90$ € .
Soll die Preissteigerung bereits im ersten Jahr greifen, beträgt die erste Jahreszahlung nominell bereits 1030 € . In diesem Fall ist der Barwert durch Multiplikation mit dem preisdynamischen Barwertfaktor $b_r \cdot r$ zu bestimmen. Durch Aufsummierung ergibt sich der Barwert in diesem Fall zu $B_r = 4.721,40$ € .

Interner Zinsfuß

Das beschriebene Verfahren zur Barwertermittlung erlaubt die Berechnung des *internen Zinsfußes* i_{int}. Hierbei geht man von Kostengleichheit zwischen dem Barwert der eingesparten Kosten G_r durch Minderverbrauch konventioneller Energie auf der einen Seite und den Investitionskosten K_{INV} für die Sanierungsmaßnahme bzw. die regenerative Energietechnik auf der anderen Seite aus, es gilt also:

$$i \to i_{int} \quad \text{für} \quad G_r = K_{INV} \quad \text{bzw.} \quad C = 0 \; ,$$

der Kapitalwert C dieser Investition wird mit $i \to i_{int}$ zu null. Mit Hilfe iterativer Berechnungen wird der Kalkulationszinssatz i_{int} bestimmt, für den die genannte Bedingung erfüllt ist. Der berechnete interne Zinsfuß entspricht dem effektiven Zinssatz, der genau die Investition über den Kalkulationszeitraum T „erwirtschaftet". Es können also z.B. Vergleichsrechnungen dazu gemacht werden, ob es ertragreicher ist, vorhandenes Eigenkapital bei einem Geldinstitut festverzinslich anzulegen oder aber in eine Energieeffizienzmaßnahme zu investieren.

→ Berechnungsbeispiel

Mit Hilfe des internen Zinsfußes soll die effektive Verzinsung der Investition in eine Photovoltaik-Anlage berechnet werden. Nach den Marktdaten von 2016 war eine Photovoltaik-Anlage einschließlich Installation und Inbetriebnahme für $K_{INV,PV} = 1.300$ € /kW$_p$ zu erwerben.
Bei südlicher Ausrichtung mit einem Neigungswinkel zwischen 25° und 45° ist in Deutschland im Mittel ein spezifischer elektrischer Energieertrag von q_{el} = 950 kWh$_{el}$/kW$_p$/a erzielbar. Die Einspeisevergütung durch das EEG betrug bei Inbetriebnahme im Januar 2016 k = 12,31 Ct/kWh$_{el}$, sofern es sich um eine Anlagen mit einer Leistung kleiner 10 kW$_p$ handelt.
Die Einspeisevergütung wird im Jahr der Inbetriebnahme und dazu weitere 20 Jahre lang bezahlt. Für die Rechnung wurde vereinfacht angenommen, dass die Anlage nur T = 20 Jahre in das Netz einspeist. Der jährlich erwirtschaftete Erlös g je installierter Leistung beträgt:

$$g = q_{el} \cdot k = 950\,\text{kWh}_{el}/\text{kW}_p/\text{a} \cdot 0,1231\,\text{€/kWh}_{el} = 116,90\,\text{€/kW}_p/\text{a} \; .$$

Die Bedingung zur Berechnung des internen Zinsfuß lautet hier:

$$0 = K_{INV,PV} - g \cdot b(i_{int}, T) \; .$$

Bekannt sind der jährliche Gewinn g sowie die spezifische Investitionssumme $K_{INV,PV}$. Im vorliegenden Fall berechnet sich der Barwertfaktor $b(i_{int}, T)$ zu:

$$b(i_{int}, T) = \frac{K_{INV,PV}}{g} = \frac{1.300\,\text{€/kW}_p}{116,90\,\text{€/kW}_p/\text{a}} = 11,12\,\text{a}.$$

Eine iterative Berechnung führt zu einem internen Zinsfuß der Investition von $z_{int} = 6,39$ %. Zur Kontrolle wird dieser Wert in Gl. (2.54) eingesetzt:

$$b = \frac{1-q^{-T}}{q-1} = \frac{1-(1+0{,}0639)^{-20}}{0{,}0639} = 11{,}12\,\text{a}.$$

Bei den gegebenen Annahmen wird sich die Investition also über 20 Jahre mit einem effektiven jährlichen Zinssatz von 6,39 % verzinsen.

Die Rechnung berücksichtigt allerdings nicht, dass im Betrachtungszeitraum auch Kosten durch Wartung, Reparaturen oder Ersatzmaßnahmen entstehen können. Es wird nun angenommen, dass der Wechselrichter nach 8 Jahren einen irreparablen Fehler haben wird und dann gegen ein neues Gerät auszutauschen ist. Die spezifischen Kosten des Wechselrichters werden mit $K_{WR} = 240$ € /kW angenommen. Da der Austausch erst im Jahr 2024 vorgenommen wird, ist der Wert dieser Ersatzinvestition um $T_{WR} = 8$ Jahre auf das Basisjahr 2016 abzuzinsen. Der Ansatz zur Bestimmung des internen Zinsfußes lautet nun:

$$K_{INV,PV} + K_{WR} \cdot (1 + i_{int,WR})^{-8} \stackrel{!}{=} g \cdot \frac{1-(1+i_{int,WR})^{-20}}{i_{int,WR}}$$

Eine iterative Berechnung führt zu einem effektiven jährlichen Zinssatz von nun $i_{int,WR} = 4{,}96$ %. Auch im Falle eines größeren Defektes ist eine Investition in eine PV-Anlage also wirtschaftlich.

Grenzwert der fossilen Energiepreissteigerungsrate

Wird der Kalkulationszinssatz i als Startbedingung fest vorgegeben, so kann über den gleichen iterativen Ansatz alternativ die fossile Energiepreissteigerungsrate j_{grenz} ermittelt werden, bei der wiederum Kostengleichheit herrscht:

$$j \rightarrow j_{grenz} \quad \text{für} \quad B_r = K_{INV}.$$

Steigen die fossilen Endenergiekosten innerhalb der Nutzungsdauer T stärker an als die berechnete Grenzsteigerungsrate ($j \geq j_{grenz}$), so wird die Energieeffizienzmaßnahme wirtschaftlich sein.

2.4.2 *Anwendungsbeispiele zur Wirtschaftlichkeit*

Die im vorhergehenden Kapitel beschriebene Barwertmethode mit der Möglichkeit zur Berücksichtigung preisdynamischer Einflüsse soll an mehreren Beispielen erläutert werden. Zunächst sollen zwei mögliche Energieeffizienzmaßnahmen an einem Gebäude unter betriebswirtschaftlichen Gesichtspunkten betrachtet werden: der Einbau von Wärmeschutzverglasung sowie die Wärmedämmung aller Außenwände. Die Wirtschaftlichkeit gekoppelter Strom- und Wärmeerzeugung wird im nächsten Abschnitt 2.5 betrachtet. In Kapitel 5 werden die Wärmegestehungskosten einer Solaranlage zur Trinkwasseranlage ermittelt und in Bezug zu konventionellen Energiekosten gesetzt.

Fenstertausch

In dem Berechnungsbeispiel in Kap. 2.3.1 (S. 66) wurde überschlägig abgeschätzt, wieviel Endenergie im Jahr durch den Tausch alter gegen neuer Fenster eingespart werden kann. Es ergab sich ein Wert von ΔQ_{EE} = 4.316 kWh/a, entsprechend rund 432 Liter Öl oder 432 m^3 Erdgas. Es soll nun die Wirtschaftlichkeit einer solchen Energieeffizienzmaßnahme untersucht werden. Ausgehend von einem Heizölpreis von k_{EE} = 85 € je 100 Liter betragen die jährlichen Einsparungen nominal g_0 = 367 € /a. Bei Annahme einer Preissteigerungsrate von j = 5%/a erhöhen sich die Einsparungen durch den verminderten Heizölbedarf nach dem ersten Jahr bereits auf g_1 = 385 € /a.
Mit Gl. (2.55) ist der Barwertfaktor b_r dieser preisdynamischen Zahlungsreihe bestimmbar. Für einen Kalkulationszinssatz von i = 4 % und eine technische Lebensdauer von T = 25 a beträgt der preisdynamische Barwertfaktor b_r = 27,028 a und damit der Barwert aller Einsparungen B_r = 9.915 € . Unter diesen Annahmen wäre der Fenstertausch betriebswirtschaftlich dann zu empfehlen, wenn die gesamte Investitionssumme (Materialwert der Fenster, Lieferung und Einbau) diesen Betrag nicht übersteigt, also $K_{INV} \leq B_r$ ist.
Nach aktuellen Preisen[28] betragen die spezifischen Kosten für den vollständigen Fenstertausch rund k_F = 600 € /m^2. Für die genannte Fläche ergäbe sich damit eine Investitionssumme von $K_{inv} = k_F \cdot A$ = 18.000 € [29]. Die Investition ist bei den gegebenen Bedingungen also nicht wirtschaftlich. Der Fenstertausch wäre erst bei einer Grenz-Preissteigerungsrate von j_{grenz} = 9,8% wirtschaftlich, da in diesem Fall der Barwert der Einsparungen gleich der Investitionssumme ist.

Dämmung

Auch die Sanierungsmaßnahme durch Dämmung der Außenwände nach Kap. 2.3.1 soll hier unter betriebswirtschaftlichen Aspekten betrachtet werden. Durch Aufbringen einer 120 mm starken Dämmschicht aus Mineralwolle konnte der Endenergiebedarf um 12.816 kWh/a reduziert werden, also etwa 1.280 Liter/a Heizöl bzw. 1.280 m^3/a Erdgas. Ausgehend wiederum von einem Heizölpreis von 85 € je 100 Liter betragen die jährlichen Einsparungen damit nominal g_0 = 1089 € /a. Bei einer technischen Lebensdauer von T = 30 Jahren, einem Kalkulationszinssatz von $i = 4$ % und einer Endenergie-Preissteigerungsrate von von $j = 5\ \%/a$ beträgt der preisdynamische Barwertfaktor b_r = 33,25 a nach Gl. (2.55) und damit der Barwert

[28] Die Investitionskosten für Bau- und Sanierungsmaßnahmen können bei Architekten oder Technischen Gebäudeplanern erfragt oder auch überschlägig nach [42] ermittelt werden.

[29] Kunststoff-Fenster, einflügelig bis 1 m^2, inkl. Ausbau alter Fenster, Schuttabtransport, Verglasung, Beschläge, Beiputz und Oberflächenbehandlung mit Fugenabdichtung, nach [42].

aller Einsparungen $B_g = 36.225$ € . Dieser Betrag könnte für die Wärmedämmmaßnahme investiert werden. Wird mehr Geld ausgegeben, ist die Maßnahme bei den gegebenen Annahmen unwirtschaftlich.
Nach [42] betragen die spezifischen Kosten für die Anbringung eines Dämmputzes[30] etwa 85 € /m^2, im gewählten Beispiel mit A = 160 m^2 die Gesamtkosten also $K_{INV} = 13.600$ € . Der interne Zinsfuß der Investition in das Wärmedämmverbundsystem (Bedingung: $K_{ges} = B_g$) beträgt in diesem Fall $i_{int} = 11{,}7$ % – also eine hochrentable Geldanlage, allerdings bei einer Laufzeit von 30 Jahren.

2.5 Anwendungsbeispiel für eine Energieeffizienzanalyse

Das Institut für Regenerative Energietechnik (in.RET) der Hochschule Nordhausen führte im Herbst 2008 Untersuchungen zur Erhöhung der Energieeffizienz des Badehauses Nordhausen GmbH durch. Das ursprünglich 1907 erbaute und vor wenigen Jahren grundsanierte und erweiterte Hallenbad ist ganzjährig geöffnet und bietet den Badegästen mehrere große Becken mit einer Gesamtwasserfläche von über 750 m^2 und zahlreiche weitere Angebote wie Sauna, Wasserrutsche, Außenbecken, Strömungskanal etc. Die Betreiber wünschten eine Neubewertung der Energieeinsparmöglichkeiten im Badehaus, obwohl dieses bereits über sehr moderne Anlagentechnik verfügte und die Energiekosten in den vergangenen Jahren durch Optimierung der Betriebsabläufe bereits deutlich gesenkt werden konnten.
Aus der Vielzahl der im Abschlussbericht vorgeschlagenen Maßnahmen zur Energieeffizienzsteigerung sollen hier nur zwei Ansätze beschrieben werden, das „peak-shaving“ und die Dimensionierung eines BHKW.

Abb. 2.21 Das Badehaus Nordhausen wurde 1907 als Jugendstilbau eröffnet und zwischen 1999 und 2001 restauriert, grundsaniert und mit einem Neubau erweitert.

[30] Dämmputz mit Gerüstaufstellung, ohne Abschlagen des Altputzes.

Verbrauchsdatenerfassung

Die Datenbasis für den Elektroenergiebedarf $L_{el}(t)$ bildeten die gemessenen 15-min-Mittelwerte des elektrischen Leistungsbezugs aus dem Jahr 2007, die zu Stundenwerten $L_{el}(h)$ zusammengefasst wurden (vgl. Abb. 2.14). Dazu konnten Aufzeichnungen der in 2007 stündlich aus dem Erdgasnetz bezogenen Normvolumenmengen an Erdgas zur Verfügung gestellt werden. Nach Multiplikation mit dem Brennwert des Erdgases (H_s = 11,094 kWh/m_N^3) lag die Heizlast $L_{th}(h)$ des Badehaus, bezogen auf den Endenergiebedarf, vor. In einem ersten Schritt wurden die geordneten Jahresdauerlinien des Endenergieverbrauchs durch Sortierung der 8.760 Stundenwerte der Lastgänge $L(h)$ nach ihrer Größe bestimmt (vgl. Abb. 2.15). Die Kurven beginnen jeweils mit den Maximallasten $L_{el,max}(h)$ (hier 275 kW_{el}), bzw. $L_{th,max}(h)$ (hier 976 kW_{th}), die den maximalen stündlichen Endenergieverbrauch in 2007 wiedergeben.

Der Verlauf der geordneten Jahresdauerlinie des Stromverbrauchs in Abb. 2.15 zeigt, dass der Grundbedarf elektrischer Leistung bei rund 55 kW_{el} liegt, also 20 % des maximalen Leistungsbezugs. Aus dem Diagramm sind die Vollbenutzungsstunden für jede vorgegebene Leistung ablesbar, 40 % der Maximalleistung werden über 5.000 h/a, 60 % der Maximalleistung werden noch über 4.500 h/a und 80 % der Maximalleistung werden weniger als 1.500 h/a angefordert. Nur für weniger als 25 h/a werden mehr als 95 % des Maximalwertes benötigt, wie Abb. 2.22 zeigt. Der geringe elektrische Energieverbrauch von durchschnittlich 30 % der Maximallast (in der Kurve gut sichtbar von 5.500 h/a bis 8.760 h/a) fällt in den Nachtphasen mit einer Dauer von 8 bis 10 Stunden an.

Die geordnete Jahresdauerlinie des Heizenergiebedarfs (berechnet mit Bezug auf den Brennwert des Erdgases) zeigt einen etwas anderen Verlauf. Der Maximalwert des thermischen Leistungsbedarfs wurde in nur einer Stunde benötigt. Nur etwa 75 h im Jahr beträgt der Leistungsbedarf mehr als 70 % des Maximalbedarfs. Der ganzjährige Betrieb des Badehauses hat zur Folge, dass auch in den Sommermonaten ein relevanter Grundlastbedarf an Heizenergie von etwa 10 % des Maximalbedarfs benötigt wird.

Die im Badehaus installierten zwei Brennwert-Erdgaskessel mit einer summierten Nennleistung von 1.150 kW_{th} sind ausreichend groß dimensioniert. Bei Kesseln dieser Bauart ist eine Überdimensionierung mit keinerlei Nachteilen hinsichtlich der Betriebskosten verbunden, da der Teilnutzungsgrad meist sogar höher ist als der Nutzungsgrad bei Nennleistung. Die hohen Grundlasten beim Strombezug und vor allem bei der Heizlast legen nahe, die Wirtschaftlichkeit einer Stromerzeugung mit Wärmeauskopplung mittels eines Blockheizkraftwerkes zu untersuchen. Ein BHKW mit einer thermischen Nennleistung $\dot{Q}_N$ von 25 % der maximalen Heizlast (hier 240 kW_{th}) würde nach der vorliegenden Jahresdauerlinie bei wärmegeführter Betriebsweise 5.500 Vollbenutzungsstunden im Jahr erreichen können, wenn es wärmegeführt betrieben werden würde. Die Dimensionierung und Wirtschaftlichkeitsbetrachtung einer solchen Maßnahme ist weiter unten dargestellt.

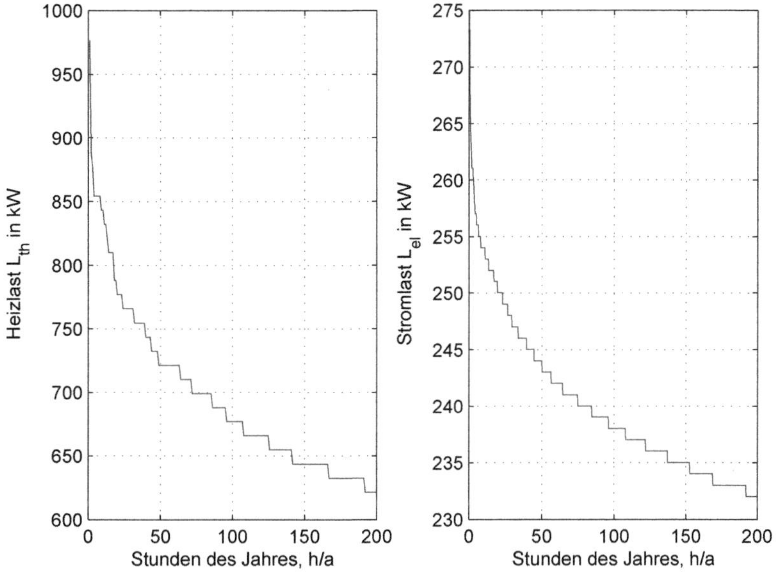

Abb. 2.22 Geordnete Jahresdauerlinien des Strom- und Erdgasbezugs (Brennwert) für das Badehaus Nordhausen (Auszug)

Lastmanagementsystem

Als erste Maßnahme zur Energieeffizienzsteigung wurde die Reduzierung der Maximalstrombezugslasten angegangen. Dazu wurde eine Regelungsmöglichkeit zum sog. „peak-shaving" vorgeschlagen, der Kappung kurzzeitiger Stromspitzen durch Abwerfen von vordefinierten elektrischen Verbrauchern. Abb. 2.23 zeigt einen typischen Tageslastgang mit Lastspitzen, die meist kurzzeitig nachmittags auftraten.
Im Badehaus Nordhausen wurde inzwischen ein Lastmanagementsystem installiert, das bei einer voreingestellten Stromlast $L_{el,max,soll}$ vorher festgelegte Verbraucher selbsttätig ausschaltet. Bei Hallenbädern empfiehlt es sich, bei Überschreiten des Sollwertes die Umwälzpumpen zur Versorgung der Attraktionseinrichtungen wie Fontänen, Strömungskanal etc. vom Netz zu trennen. Jede Spitzenleistungsreduktion bedeutet bei Ansatz eines Leistungspreises von 60 bis 100 € /kW (bezogen auf den größten im Jahr gemessenen Viertelstundenmittelwert $L_{el,max}(t)$) eine entsprechende Einsparung.

Dimensionierung eines Blockheizkraftwerks

Die Auswertung der Zeitreihen der Lastgänge in Stundenauflösung ist in Tabellenkalkulationsprogrammen wie EXCEL oder durch einfache Matrixoperationen in

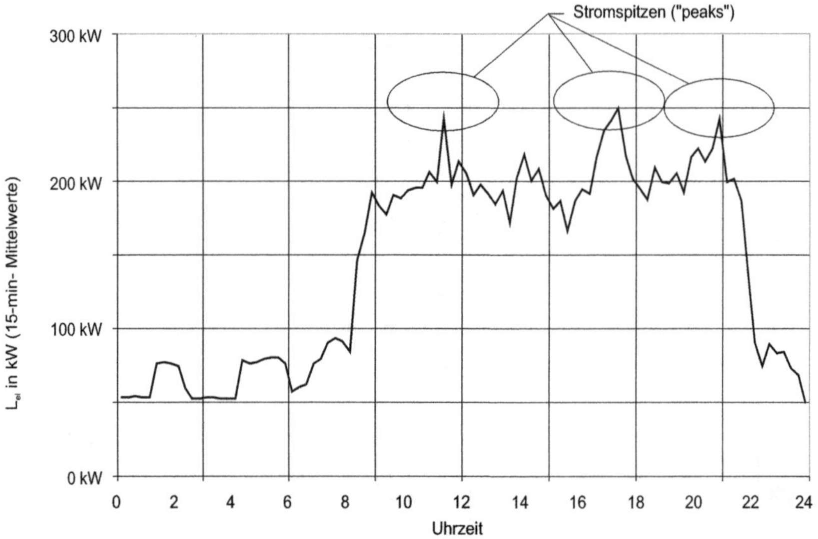

Abb. 2.23 Tagesgang der Stromlast mit Leistungsspitzen

MATLAB problemlos möglich. Durch Addition der Stundenwerte erhält man die vom BHKW gelieferte Jahresheizenergie $Q_{th,BHKW}$, die durch den Spitzenkessel erzeugte Jahresheizenergie $Q_{th,SpK}$, die eigengenutzte Jahresstromproduktion $Q_{el,EN}$, die im Jahr in das Netz eingespeiste Strommenge $Q_{el,NE}$ und die noch aus dem Netz zu beziehende Strommenge $Q_{el,NB}$.

Tab. 2.16 zeigt die Auslegungsergebnisse für drei unterschiedliche BHKW mit thermischen Nennleistungen $\dot{Q}_{th,N}$ von 180, 223 und 333 kW_{th}, entsprechend 18%, 23% und 34% der maximalen Heizlast. Alle drei BHKW sind in der Lage, ihre thermische Leistung bis auf 55 % ihrer Nennleistung zu modulieren. Bei wärmegeführter Betriebsweise erreichen die BHKW zwischen 4.887 und 6.754 Vollbenutzungsstunden. Je größer das BHKW dimensioniert ist, umso häufiger befindet sich das BHKW im Stillstand, da seine thermische Minimalleistung $\dot{Q}_{th,min}$ die Heizlast $L_{th}(h)$ übersteigt.

Der Deckungsanteil des BHKW hinsichtlich des Heizenergiebedarfs $D_{th,BHKW}$ beträgt zwischen 55 % und 74 %, der Deckungsanteil $D_{el,BHKW}$ hinsichtlich des Strombedarfs erreicht 52 % und 58 %.

Tabelle 2.16 Deckungsanteile unterschiedlich dimensionierter BHKW bei wärmegeführter Betriebsweise.

$\dot{Q}_{el}/\dot{Q}_{th}$	$Q_{th}/L_{th,max}$	t_{BV}	$D_{th,BHKW}$	$D_{th,SpK}$	$D_{el,BHKW}$	$D_{el,Netz}$
0 kW_{el}/ 0 kW_{th}	0 %	0 h	0 %	100 %	0 %	100 %
113 / 180	18 %	6754 h	55 %	45 %	52 %	48 %
150 / 223	23 %	6218 h	63 %	37 %	58 %	42 %
201 / 333	34 %	4887 h	74 %	26 %	56 %	44 %

Der Endenergiebedarf (hier Erdgas) erhöht sich durch den Einbau eines BHKW gegenüber dem Alleinbetrieb der Heizkessel, da ein Teil der Stromversorgung aus einem Kraftwerk in die Heizzentrale verlagert wurde. Q_{EE} wird mit Gl. (2.48) berechnet. Tab. 2.16 zeigt die relative Änderung des Endenergiebedarfs für die unterschiedlich dimensionierten BHKW.
Der Anteil der produzierten elektrischen Energie, die nicht selbst verbraucht werden kann und daher ins Netz eingespeist werden muss (Q_{NE}), steigt ebenfalls mit zunehmender Größe des BHKW von 14 % auf 29 %.

Tabelle 2.17 Überschussproduktion an elektrischer Energie zur Netzeinspeisung und Endenergiebedarf bei wärmegeführter Betriebsweise (Relativwerte)

$\dot{Q}_{el}/\dot{Q}_{th}$	$Q_{NE}/Q_{el,BHKW}$	$Q_{EE,th}/Q_{EE,th,0}$
0 kW_{el}/ 0 kW_{th}	0 %	100 %
113 / 180	14 %	140 %
150 / 223	22 %	146 %
201 / 333	29 %	154 %

Wirtschaftlichkeitsbetrachtung

Mit der Entscheidung für ein BHKW fallen zur Beschaffung und zur Installation – gegenüber der einfachen Variante mit Heizkesseln – einmalig höhere Kosten an. Zudem werden die jährlichen Brennstoffkosten ansteigen, da ein Teil des elektrischen Energiebedarfs vor Ort produziert wird. Dazu sind zusätzliche jährliche Ausgaben für die Wartung des BHKW zu berücksichtigen. Bei richtiger Dimensionierung werden aber über die Nutzungsdauer jährlich Einsparungen in den Strombezugskosten erzielt, die den Betrieb des BHKW wirtschaftlicher machen.
Nach [53] ist für BHKW eine Laufzeit von T = 15 Jahren sinnvoll. Der Kalkulationszinssatz für die Investitionsrechnung wird mit $i = 5\%$ angesetzt.

Investitionskosten

Auf S. 82 wurden spezifische Investitionskosten für BHKW genannt. Ein in Tab. 2.16 genanntes BHKW mit einer Nennleistung von 150 kW_{el} wird entsprechend

$$K_{BHKW} = 9.332,60 \cdot 150^{-0.461} \cdot 150\,€ = 923,46 \cdot 150\,€ = 139.000\,€$$

kosten. Zusätzlich zu den Investitionskosten für das BHKW müssen die Umbaukosten und Anschlusskosten berücksichtigt werden. Im vorliegenden Projekt wurden die Investitionskosten K_{BHKW} für die untersuchten BHKW-Modelle beim Hersteller angefragt und die zusätzlichen Kosten für die Installation und die Umbaumaßnahmen zur Einbindung in die Heizungsanlage K_{einb} abgeschätzt. Die Gesamtkosten K_{INV} ergaben sich als Summe

$$K_{inv} = K_{BHKW} + K_{einb}. \tag{2.59}$$

Betriebsgebundene Kosten

Viele BHKW-Hersteller bieten für ihre Produkte Vollwartungsverträge an, die sich in ihren Leistungen an der VDI-Richtlinie 4680 orientieren [58]. Darin enthalten sind alle Kosten für Wartungs- und Reparaturarbeiten, Ersatzteile, Betriebshilfsstoffe sowie eine Generalüberholung nach 10 Betriebsjahren. Die Kosten für Vollwartungsverträge werden in Cent je produzierter kWh_{el} angegeben. Nach Untersuchungen der ASUE [2] betragen die Vollwartungskosten k_{WART} bei der untersuchten BHKW-Größe

$$k_{WART} = 2{,}8046 \cdot 150^{-0.174} = 1{,}173\ \text{Ct/kWh}_{el}\ .$$

Die jährlichen betriebsgebundenen Kosten betragen damit:

$$k_{betr} = k_{WART} \cdot (Q_{el,EN} + Q_{el,NE})\ . \tag{2.60}$$

Das BHKW produziert jährlich die Strommenge $Q_{el,BHKW} = Q_{el,EN} + Q_{el,NE}$, die eigengenutzt (EN) oder in das Netz eingespeist wird (NE). Der Barwert lautet

$$B_{betr} = k_{betr} \cdot b_T \tag{2.61}$$

mit dem Barwertfaktor nach Gl. (2.54) von S. 92.

Verbrauchsgebundene Kosten

Der nach Gl. (2.48) zu berechnende Endenergiebedarf für den gemeinsamen Betrieb von BHKW und Spitzenlastkesseln $Q_{EE,BHKW+SpK}$ verursacht jährliche verbrauchsgebundene Kosten. Nach Gl. (2.48) erhöht sich der Endenergiebedarf gegenüber dem früheren Endenergiebedarf ohne BHKW $Q_{EE,alt}$. Bei Berücksichtigung der Wirkungsgrade nach Tab. 2.13 erhöhen sich die jährlichen Kosten für den Endenergieträger Erdgas beim Einsatz eines BHKW um 37 bis 49 %. Für die zusätzlichen jährlichen Kosten durch den Gasmehrbezug gilt

$$\begin{aligned} k_{verbr} = {} & (Q_{EE,BHKW+SpK} - Q_{EE,alt}) \cdot b_{gas} + \\ & (L_{th,max,d,BHKW+SpK} - L_{th,max,d,alt}) \cdot B_{gas}. \end{aligned} \tag{2.62}$$

Die auf den Brennwert des Erdgases bezogenen spezifischen Energiebezugskosten b_{gas} (Arbeitspreis) sind sehr variabel und bewegen sich bei rund 5 Ct/kWh (Preisstand Frühjahr 2009). Sondervertragskunden von Erdgas zahlen zu dem Arbeitspreis auch einen Leistungspreis B_{gas}, der an dem maximalen Tagesverbrauch im Jahr $L_{th,max,d}$ bemessen wird. Bei der hier vorgestellten vereinfachten Berechnung wird angenommen, dass sich dieser nicht verändert. Der Barwert der verbrauchsgebundenen Kosten beträgt damit

$$B_{verbr} = k_{verbr} \cdot b_T. \tag{2.63}$$

Einsparungen / Stromverkaufserlöse

Durch den eigengenutzten vom BHKW erzeugten Strom kann die jährliche Strombezugsmenge verringert werden, über die Nutzungsdauer sind hier also die jährlichen Einsparungen $g_{el,einsp}$ in €/a möglich. Die jährlichen Einsparungen beim Betrieb eines BHKW ergeben sich zu:

$$g_{el,einsp} = E_{el,EN,a} \cdot b_{el} + (L_{el,max} - L_{el,max,BHKW}) \cdot B_{el}. \tag{2.64}$$

Der spezifische Stromarbeitspreis b_{el} ist wie der Gasarbeitspreis stark variabel, für Sondervertragskunden beträgt er rund 10 bis 15 Ct/kWh (Preisstand Frühjahr 2009). Die Kosten für die Spitzenlast mit dem Leistungspreis B_{el}, bezogen auf den ermittelten maximalen Viertelstundenmittelwert des Strombezugs, wird im Weiteren vernachlässigt. Der Barwert der jährlichen Einsparungen ist damit

$$B_{einsp} = g_{el,einsp} \cdot b_T. \tag{2.65}$$

Zudem fallen jährlich zusätzlich Gewinne $g_{el,EEX}$ in €/a durch den Verkauf des in das Netz eingespeisten KWK-Stroms an:

$$g_{el,EEX} = E_{el,NE,a} \cdot b_{EEX}. \tag{2.66}$$

Der Barwert der Einsparungen ist damit

$$B_{EEX} = g_{el,EEX} \cdot b_T. \tag{2.67}$$

Nach der Novelle zum KWK-Gesetz [36] von 2008 musste der Stromnetzbetreiber den eingespeisten KWK-Strom vergüten. Als üblicher Vergütungssatz galt der durchschnittliche Preis für Baseload-Strom an der Strombörse EEX in Leipzig im jeweils vorangegangenen Quartal. Da die Quartalspreise in den Jahren zuvor zwischen 2,974 und 6,554 Ct/kWh schwankten, war die Annahme eines mittleren Vergütungspreises von etwa 5,1 Ct/kWh für die Betriebszeit des BHKW sinnvoll. Der Stromnetzbetreiber musste zudem auch Netzbenutzungsvermeidungsgebühren erstatten, die damals weniger als 0,1 Ct/kWh betrugen.
Für den eigengenutzten und in das Netz eingespeisten KWK-Strom erhielt der BHKW-Betreiber 2009 vom Staat zusätzlich eine Förderung b_{foerd}. Diese betrug 5,11 Ct/kWh für Anlagen mit einer elektrischen Nennleistung $\dot{Q}_{el,N} \leq 50$ kW$_{el}$. Größere BHKW erhielten einen Satz von 2,1 Ct/kWh für die über 50 kW hinausgehende Leistung. Bei einer Nennleistung von z.B. 150 kW betrug der Fördersatz demnach

$$b_{foerd} = \frac{5,11 \text{ Ct/kWh} \cdot 50 + 2,1 \text{ Ct/kWh} \cdot (150 - 50)}{150} = 3,48 \text{ Ct/kWh}.$$

Der jährliche Förderbetrag g_{KWK} in €/a belief sich bei der im Jahr produzierten Strommenge $Q_{el,EN} + Q_{el,NE}$ auf

$$g_{KWK} = b_{foerd} \cdot (Q_{el,EN} + Q_{el,NE}) \, . \tag{2.68}$$

Die Zahlung der Vergütung war allerdings begrenzt auf max. 30.000 Vollbenutzungsstunden bzw. eine Betriebszeit von max. 6 Jahren.[31] Die Förderung wurde also nicht über die gesamte Nutzungsdauer gezahlt, sondern nur über die Zeit T_{KWK}. Diese Zeitdauer ergibt sich mit den jährlichen Vollbenutzungsstunden t_{BV} zu

[31] Bei BHKW mit Nennleistungen kleiner 50 kW_{el} wurde der Zuschlag 10 Jahre lang gezahlt; im produzierenden Gewerbe betrug die Förderungsdauer grundsätzlich nur 4 Jahre.

$$T_{KWK} = \frac{30.000\,h/a}{t_{BV}} \tag{2.69}$$

und ist im allgemeinen kürzer als 6 Jahre. Der Barwertfaktor zur Berechnung des Kapitalwertes des KWK-Zuschusses errechnet sich zu

$$b_{T*} = \frac{1-q^{T_{KWK}}}{q-1}\,, \tag{2.70}$$

damit gilt für den Barwert:

$$B_{KWK} = g_{KWK} \cdot b_{T*}. \tag{2.71}$$

Für den Kapitalwert der BHKW- Investition gilt damit:

$$C_{BHKW} = -K_{INV} - B_{betr} - B_{verbr} + B_{einsp} + B_{EEX} + B_{KWK}\ . \tag{2.72}$$

Tabelle 2.18 Kapitalwerte der drei untersuchten BHKW-Varianten für einen Zinssatz von $z = 5$ % und eine Laufzeit T von 15 Jahren (bei den Preis- und Förderbedingungen von 2009). Es sind keine Preissteigerungen berücksichtigt. Die Werte sind bezogen auf den Kapitalwert der mittleren Variante.

$\dot{Q}_{el}/\dot{Q}_{th}$	$Q_{NE}/Q_{el,BHKW}$	$Q_{EE,th}/Q_{EE,th,0}$	C_{BHKW}
0 kW_{el}/ 0 kW_{th}	0 %	100 %	0 %
113 / 180	14 %	140 %	63 %
150 / 223	22 %	146 %	100 %
201 / 333	29 %	154 %	1 %

Tab. 2.18 zeigt die für einen Zinssatz von $z = 5$ % und eine Laufzeit T von 15 Jahren berechneten Kapitalwerte der drei untersuchten BHKW-Varianten bei den Preis- und Förderbedingungen von 2009. Während der Betrieb des klein dimensionierten BHKW mit 63 % des Maximums einen noch recht hohen Kapitalwert erbringt, führt bereits eine leichte Überdimensionierung (Auslegung auf 34 % der Heizlast) des BHKW dazu, dass der Kapitalwert nur noch 1 % beträgt. In diesem Fall würde sich die Investition dennoch amortisieren, sofern der Kapitalzinssatz mit $z = 5$ % korrekt gewählt wurde. Diese Investition sollte jedoch nicht getätigt werden, da bei der Rechnung keine Sicherheitszuschläge vorgenommen wurden. Im Projekt „Badehaus" wurde das BHKW mit der thermischen Nennleistung von 23 % der thermischen Maximalheizlast $L_{th,max}$ ausgewählt.

Für das ausgewählte BHKW wurde weiterhin die Sensitivität im Hinblick auf unterschiedliche Preissteigerungsraten untersucht. Dazu wurden die entsprechenden dynamischen Barwertfaktoren b_r nach Gl. (2.55) berechnet. Tab. 2.19 zeigt die Ergebnisse.

Eine Verteuerung der Strombezugskosten mit $j_{el} = 3$ %/a führt zu einer Erhöhung des Kapitalwerts auf 329 %. Eine alleinige jährliche Preissteigerung beim Erdgasbezug würde den Kapitalwert der Investition dagegen dramatisch reduzieren. Eine relative Strompreiserhöhung zur Erdgaspreiserhöhung verbessert in allen Fällen den erzielten Kapitalwert. Der Einfluss von Preiserhöhungen bei den Wartungskosten ist gegenüber dem Einfluss der Energiepreise gering.

Tabelle 2.19 Sensitivität des Kapitalwerts bzgl. verschiedener Preissteigerungsszenarien.

Wartungskosten k_{betr}/j_i	**Strombezugskosten** $g_{el,einsp}/j_i$	**Erdgasbezugskosten** k_{verbr}/j_i	**Kapitalwert** $C_{BHKW}/C_{BHKW,max}$
0 %/a	0 %/a	0 %/a	100 %
0 %/a	3 %/a	0 %/a	329 %
0 %/a	0 %/a	4 %/a	-106 %
2 %/a	0 %/a	0 %/a	79 %
2 %/a	3 %/a	4 %/a	101 %
4 %/a	4 %/a	4 %/a	167 %

Die Untersuchungen zeigen, dass die Auslegung eines BHKW immer sehr sorgfältig durchgeführt werden und mit einer dynamischen Wirtschaftlichkeitsbetrachtung einhergehen sollte. Schon ein geringfügig überdimensioniertes Blockheizkraftwerk arbeitet nicht mehr rentabel. Zudem ist es wichtig, die aktuelle Preise und die gerade geltenden Förderbedingungen zu berücksichtigen.

Literaturverzeichnis

1. Adam, M.: Vorlesungsskript „Techniken zur Energieeinsparung“, FH Berlin (2006)
2. Arbeitsgemeinschaft für Sparsamen und Umweltfreundlichen Energieverbrauch e.V. (Hg.): BHKW-Kenndaten 2011. Module, Anbieter, Kosten. Verlag für sparsamen und umweltfreundlichen Energieverbrauch, Essen (2011)
3. Bundesministerium für Wirtschaft und Energie (BMWi): Richtlinien zur Förderung von Maßnahmen zur Nutzung erneuerbarer Energien im Wärmemarkt vom 11. März 2015. Bundesanzeiger AT 25.03.2015 B1, Seite 1 bis 28.
4. Bundesministerium für Wirtschaft und Energie (Hg.): Entwicklung der erneuerbaren Energien in Deutschland im Jahr 2015. Berlin (2016)
5. Burckhardt, W., Kraus, R.: Projektierung von Warmwasserheizungen. Oldenbourg, München (2006)
6. Bundesministerium für Umwelt, Naturschutz und Reaktorsicherheit (Hg.): Erfahrungsbericht zum Erneuerbare-Energien-Wärmegesetz (EEWärmeG-Erfahrungsbericht), gemäß § 18 EEWärmeG vorzulegen dem Deutschen Bundestag durch die Bundesregierung. Berlin (2012)
7. Bundesministerium für Wirtschaft und Energie (Hg.): Zweiter Erfahrungsbericht zum Erneuerbare-Energien-Wärmegesetz. Berlin (2015)
8. Bundesministerium für Wirtschaft und Energie (Hg.): Evaluierung von Einzelmaßnahmen zur Nutzung erneuerbarer Energien im Wärmemarkt (Marktanreizprogramm) für den Zeitraum 2012 bis 2014, Evaluierung des Förderjahres 2014. Berlin (2016)
9. Bundesministerium für Umwelt, Naturschutz und Reaktorsicherheit (Hg.): Zeitreihen zur Entwicklung der erneuerbaren Energien in Deutschland unter Verwendung von Daten der Arbeitsgruppe Erneuerbare Energien-Statistik (AGEE-Stat). Berlin (2013)
10. Bundesministerium für Wirtschaft und Energie, Bundesministerium für Umwelt, Naturschutz, Bau und Reaktorsicherheit (Hg.): Bekanntmachung der Regeln für Energieverbrauchskennwerte im Wohngebäudebestand vom 07. April 2015. Berlin (2015)
11. Bundesministerium für Wirtschaft und Energie, Bundesministerium für Umwelt, Naturschutz, Bau und Reaktorsicherheit (Hg.): Bekanntmachung der Regeln zur Datenaufnahme und Datenverwendung im Wohngebäudebestand vom 07. April 2015. Berlin (2015)
12. Bundesministerium für Wirtschaft und Energie, Bundesministerium für Umwelt, Naturschutz, Bau und Reaktorsicherheit (Hg.): Bekanntmachung der Regeln für Energiever-

brauchskennwerte und der Vergleichswerte im Nichtwohngebäudebestand vom 07. April 2015. Berlin (2015)
13. Bundesministerium für Wirtschaft und Energie, Bundesministerium für Umwelt, Naturschutz, Bau und Reaktorsicherheit (Hg.): Bekanntmachung der Regeln zur Datenaufnahme und Datenverwendung im Nichtwohngebäudebestand vom 07. April 2015. Berlin (2015)
14. DIN 277-1: Grundflächen und Rauminhalte von Bauwerken im Hochbau, Teil 1: Begriffe, Ermittlungsgrundlagen. Beuth, Berlin (2005)
15. DIN EN 832: Wärmetechnisches Verhalten von Gebäuden - Berechnung des Heizenergiebedarfs - Wohngebäude. Beuth, Berlin (2003)
16. DIN 4108-2: Wärmeschutz und Energie-Einsparung in Gebäuden, Teil 2: Mindestanforderungen an den Wärmeschutz. Beuth, Berlin (2013)
17. DIN V 4108-6: Wärmeschutz und Energie-Einsparung in Gebäuden, Teil 6: Berechnung des Jahresheizwärme- und des Jahresheizenergiebedarfs. Beuth, Berlin (2003)
18. DIN V 4108-6 Berichtigung 1:2004-03 Berichtigung zu DIN V 4108-6:2003-06. Beuth, Berlin (2004)
19. DIN V 4701-10: Energetische Bewertung heiz- und raumlufttechnischer Anlagen, Teil 10: Heizung, Trinkwassererwärmung, Lüftung. Beuth, Berlin (2003)
20. DIN V 4701-10 Beiblatt 1: Energetische Bewertung heiz- und raumlufttechnischer Anlagen, Teil 10: Heizung, Trinkwassererwärmung, Lüftung, Beiblatt 1: Anwendungsbeispiele. Beuth, Berlin (2007)
21. DIN 4702-8: Heizkessel; Ermittlung des Norm-Nutzungsgrades und des Norm-Emissionsfaktors. Beuth, Berlin (1990)
22. DIN V 18599: Energetische Bewertung von Gebäuden – Berechnung des Nutz-, End- und Primärenergiebedarfs für Heizung, Kühlung, Lüftung, Trinkwarmwasser und Beleuchtung. Beuth, Berlin (2007)
23. DIN V 18599-1: Energetische Bewertung von Gebäuden. Berechnung des Nutz-, End- und Primärenergiebedarfs für Heizung, Kühlung, Lüftung, Trinkwarmwasser und Beleuchtung, Teil 1: Allgemeine Bilanzierungsverfahren, Begriffe, Zonierung und Bewertung der Energieträger. Beuth, Berlin (2011)
24. DIN V 18599-5: Energetische Bewertung von Gebäuden. Berechnung des Nutz-, End- und Primärenergiebedarfs für Heizung, Kühlung, Lüftung, Trinkwarmwasser und Beleuchtung, Teil 5: Endenergiebedarf von Heizsystemen. Beuth, Berlin (2011)
25. DIN V 18599-5:2016-10: Energetische Bewertung von Gebäuden. Berechnung des Nutz-, End- und Primärenergiebedarfs für Heizung, Kühlung, Lüftung, Trinkwarmwasser und Beleuchtung. Teil 5: Endenergiebedarf von Heizsystemen. Beuth, Berlin (2016)
26. DIN V 18599-8: Energetische Bewertung von Gebäuden. Berechnung des Nutz-, End- und Primärenergiebedarfs für Heizung, Kühlung, Lüftung, Trinkwarmwasser und Beleuchtung, Teil 8: Nutz- und Endenergiebedarf von Warmwasserbereitungssystemen. Beuth, Berlin (2011)
27. DIN V 18599-8:2016-10: Energetische Bewertung von Gebäuden. Berechnung des Nutz-, End- und Primärenergiebedarfs für Heizung, Kühlung, Lüftung, Trinkwarmwasser und Beleuchtung. Teil 8: Nutz- und Endenergiebedarf von Warmwasserbereitungssystemen. Beuth Verlag, Berlin (2016)
28. DIN V 18599-10:2016-10: Energetische Bewertung von Gebäuden. Berechnung des Nutz-, End- und Primärenergiebedarfs für Heizung, Kühlung, Lüftung, Trinkwarmwasser und Beleuchtung, Teil 10: Nutzungsrandbedingungen, Klimadaten. Beuth, Berlin (2016)
29. DVGW W 551: Trinkwassererwärmungs- und Trinkwasserleitungsanlagen – Technische Maßnahmen zur Verminderung des Legionellenwachstums – Planung, Errichtung, Betrieb und Sanierung von Trinkwasser-Installationen. Beuth, Berlin (2004)
30. EnEV 2007 - Verordnung über energiesparenden Wärmeschutz und energiesparende Anlagentechnik bei Gebäuden (Energieeinsparverordnung - EnEV) vom 24. Juli 2007 (BGBl. I S. 1519)
31. EnEV 2009 - Verordnung zur Änderung der Energieeinsparverordnung EnEV vom 29. April 2009 (BGBl. I S. 954)

32. EnEV 2014/2016 - Energieeinsparverordnung. Nichtamtliche Lesefassung zur Zweiten Verordnung zur Änderung der Energieeinsparverordnung vom 18. November 2013 (BGBl. I S. 3951)
33. Erste Verordnung zur Änderung der Pkw-Energieverbrauchskennzeichnungsverordnung (1. Pkw-EnVKVÄndV) vom 22. August 2011 (BGBl. I S. 1756)
34. Fachinformationszentrum Karlsruhe (Hg.): Heizen mit Zeolith-Heizgerät. BINE Projektinfo 02/05, Karlsruhe (2005)
35. Kraft-Wärme-Kopplungsgesetz vom 21. Dezember 2015 (BGBl. I S. 2498), das durch Artikel 9 des Gesetzes vom 13. Oktober 2016 (BGBl. I S. 2258) geändert worden ist.
36. Gesetz zur Änderung des Kraft-Wärme-Kopplungsgesetzes vom 12. Juli 2012 (BGBl. I S. 1494)
37. Gesetz zur Förderung der Kraft-Wärme-Kopplung vom 25. Oktober 2008 (BGBl. I S. 2101)
38. Gesetz zur Förderung Erneuerbarer Energien im Wärmebereich (Erneuerbare-Energien-Wärmegesetz - EEWärmeG), zuletzt durch Artikel 7 des Gesetzes vom 28. Juli 2011 (BGBl. I S. 1634) geändert
39. Gesetz zur Neuregelung energiewirtschaftsrechtlicher Vorschriften vom 26. Juli 2011 (BGBl. I S. 1554)
40. Gesetz zur Umsetzung von Rechtsakten der Europäischen Gemeinschaften auf dem Gebiet der Energieeinsparung bei Geräten und Kraftfahrzeugen (Energieverbrauchskennzeichnungsgesetz - EnVKG) vom 30. Januar 2002 (BGBl. I S. 570)
41. Gesetzesentwurf zum Einsatz Erneuerbarer Energien und zur effizienten Wärmenutzung in Gebäuden im Freistaat Thüringen (Thüringer Erneuerbare-Energien-Wärmegesetz – ThEE-WärmeG). Beschluss der SPD-Landtagsfraktion vom 30. Januar 2013, Erfurt (2013)
42. Ingenieurbüro Arbeitsgestaltung und Baubiologie Peter Rauch (Leipzig): Online-Berechnung der Sanierungskosten. http://www.altbaukosten.de/, Abruf vom 05. Januar 2012
43. Lovins, A.B.: The Negawatt Revolution. The Conference Board Magazine **27** 9 (1990)
44. Lutz et.al.: Lehrbuch der Bauphysik. Schall – Wärme – Feuchte – Licht – Brand – Klima. Teubner, Stuttgart (2002)
45. Recknagel, N., Sprenger, E., Schramek, R.: Taschenbuch für Heizung + Klimatechnik 13/14. Oldenbourg, München (2013)
46. Richtlinie 2005/32/EG des europäischen Parlaments und des Rates vom 6. Juli 2005 zur Schaffung eines Rahmens für die Festlegung von Anforderungen an die umweltgerechte Gestaltung energiebetriebener Produkte und zur Änderung der Richtlinie 92/42/EWG des Rates sowie der Richtlinien 96/57/EG und 2000/55/EG des Europäischen Parlaments und des Rates.
47. Richtlinie 2009/125/EG des europäischen Parlaments und des Rates vom 21. Oktober 2009 zur Schaffung eines Rahmens für die Festlegung von Anforderungen an die umweltgerechte Gestaltung energieverbrauchsrelevanter Produkte (Neufassung)
48. Richtlinie 2010/30/EU des europäischen Parlaments und des Rates vom 19. Mai 2010 über die Angabe des Verbrauchs an Energie und anderen Ressourcen durch energieverbrauchsrelevante Produkte mittels einheitlicher Etiketten und Produktinformationen (Neufassung).
49. Richtlinie 2010/31/EU des europäischen Parlaments und des Rates vom 19. Mai 2010 über die Gesamtenergieeffizienz von Gebäuden (Neufassung).
50. Schabbach, T., Wesselak, V., Steinert, P.: Thermische Energiespeichertechnologien zur effizienten Nutzung Erneuerbarer Energien – Überschusswärme und ihre Umsetzung in Thüringen. Nordhausen (2010)
51. SPD-Fraktion Thüringer Landtag: SPD-Fraktion stellt Erneuerbare-Energien-Wärmegesetz vor. Pressemitteilung vom 05. Februar 2013, Erfurt (2013)
52. Statistische Ämter des Bundes und der Länder (Hg.): Gebäude und Wohnen. `http://www.statistikportal.de`, Abruf vom 14. November 2016
53. VDI 2067 Blatt 1: Wirtschaftlichkeit gebäudetechnischer Anlagen; Grundlagen und Kostenberechnung. Beuth, Berlin (2012)
54. VDI 3807-2:2014-11: Energieverbrauchskennwerte für Gebäude – Heizenergie- und Stromverbrauchskennwerte. Beuth, Berlin (2014)

55. VDI 4650 Entwurf: 2014-11: Kurzverfahren zur Berechnung der Jahresarbeitszahl von Wärmepumpenanlagen. Elektro-Wärmepumpen zur Raumheizung und Warmwasserbereitung (Entwurf). Beuth Verlag, Düsseldorf (2014)
56. VDI 4650 Blatt 2: Kurzverfahren zur Berechnung der Jahresheizzahl und des Jahresnutzungsgrads von Sorptionswärmepumpenanlagen – Gas-Wärmepumpen zur Raumheizung und Warmwasserbereitung. Beuth, Berlin (2013)
57. VDI 4655: Referenzlastprofile von Ein- und Mehrfamilienhäusern für den Einsatz von KWK-Anlagen. Beuth, Berlin (2008)
58. VDI 4680: Blockheizkraftwerke (BHKW) - Grundsätze für die Gestaltung von Serviceverträgen. Beuth, Berlin (2011)
59. DIN 4709: Bestimmung des Normnutzungsgrades für Mikro-KWK-Geräte bis 70 kW Nennwärmebelastung. Beuth, Berlin (2011)
60. VDI 4710 Blatt 2: Meteorologische Daten in der technischen Gebäudeausrüstung – Gradtage. Beuth, Berlin (2007)
61. VDI 6025: Betriebswirtschaftliche Berechnungen für Investitionsgüter und Anlagen. Beuth, Berlin (2012)
62. Verordnung (EG) Nr. 1275/2008 der Kommission vom 17. Dezember 2008 zur Durchführung der Richtlinie 2005/32/EG des Europäischen Parlaments und des Rates im Hinblick auf die Festlegung von Ökodesign-Anforderungen an den Stromverbrauch elektrischer und elektronischer Haushalts- und Bürogeräte im Bereitschafts- und im Aus-Zustand

Kapitel 3
Regenerative Energiequellen

Primärenergieträger bezeichnet man als „regenerativ", wenn sie sich von selbst und innerhalb menschlicher Zeitmaßstäbe erneuern. Regenerative Energieträger stehen damit im Gegensatz zu den fossilen und nuklearen Energieträgern, die sich über geologische Prozesse in Jahrmillionen gebildet haben und deren Nutzung zu einer stetigen Abnahme führt. Die größte Bedeutung kommt der Solarstrahlung, d.h. dem Strahlungsangebot der Sonne zu, auf das sich die meisten Regenerativen Energie-

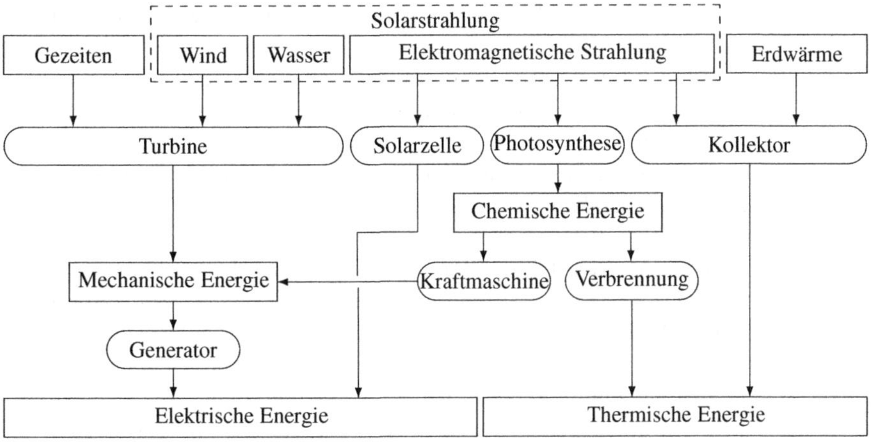

Abb. 3.1 Ausgewählte Umwandlungspfade Regenerativer Energieträger

träger zurückführen lassen: die mechanische Energie von Wind und Wasser, die in Biomasse gespeicherte chemische Energie und natürlich die Energie der elektromagnetischen Strahlung selbst. Neben der Solarstrahlung stellt die innere Energie der Erde die zweite primäre regenerative Energiequelle dar. Sie wird in Form von Erdwärme genutzt. Mit einer deutlich geringeren technischen Bedeutung sind schließlich noch die Gravitationskräfte von Sonne und Mond zu berücksichtigen, die zur Meeresenergie in Form von Wellen und Gezeiten beitragen.

3.1 Strahlungsangebot der Sonne

Für viele planerischen oder anwendungsbezogenen Fragestellungen, wie die Ertragsprognose einer Solarthermie- oder Photovoltaikanlage, sind statistische Angaben über das örtliche Strahlungsangebot ausreichend, beispielsweise in Form von Jahres- bzw. Monatssummen der Einstrahlung. Für die ingenieurtechnische Auslegung und Entwicklung von Strahlungsenergiewandlern wie Kollektoren oder Solarzellen ist jedoch auch die spektrale Zusammensetzung der Einstrahlung von Bedeutung.
In diesem Kapitel wird ein Modell für das auf der Erde nutzbare Strahlungsangebot der Sonne aufgestellt. Dazu werden zunächst die physikalischen Eigenschaften der Strahlungsquelle Sonne und der Einfluss der Erdatmosphäre betrachtet. Darüber hinaus sind eine Reihe nutzungsabhängiger Parameter zu berücksichtigen, wie die geographische Lage oder die Ausrichtung der Empfangsfläche gegenüber der Erdoberfläche. Auslegungshilfsmittel wie z.B. der Strahlungsatlas unterstützen den Nutzer.

3.1.1 Strahlung und Materie

Strahlung kann als Welle und Teilchen aufgefasst werden. Beide Beschreibungsformen erklären nur einen Teil der beobachtbaren Phänomene. Der Physiker Niels Bohr führte hierfür den Begriff der Komplementarität ein: Zwei einander ausschließende Eigenschaften werden zur vollständigen Beschreibung eines Objekts herangezogen. Experimentell können beide Eigenschaften nie gleichzeitig nachgewiesen werden; vielmehr bestimmt die Art des Experiments, welche Beschreibungsform zu benutzen ist. Dieser scheinbare Widerspruch beruht auf dem Versuch, die mikrophysikalische Welt durch Begriffe der klassischen Physik und damit der makroskopischen Welt zu beschreiben. Die mikrophysikalische Welt der Quantenmechanik unterscheidet sich jedoch in ihren Strukturen fundamental von unserer makroskopischen (Erfahrungs-)Welt und ist eben nicht nur eine Verkleinerung derselben.
Für das Verständnis der Wechselwirkung von Strahlung und Materie und damit der energietechnischen Nutzung von Strahlung ist die Beschreibung als Teilchen am geeignetsten. Ein Strahlungsteilchen wird als Photon (aus dem Griechischen φως, phos – Licht) bezeichnet und hat folgende Eigenschaften:

- Es bewegt sich mit Lichtgeschwindigkeit.
- Es besitzt keine Ruhemasse.
- Seine Energie ist gequantelt, d.h. es kann nur als Ganzes entstehen oder verschwinden.

Trifft nun Strahlung auf Materie, folgt aus der letzten Eigenschaft, dass ein Photon seine Energie vollständig auf ein Atom überträgt oder überhaupt nicht. Überträgt ein Photon seine Energie, so existiert es danach nicht mehr. Dieser Vorgang wird als *Absorption* bezeichnet. Findet kein Energieübertrag statt, so kann eine Ablenkung der Strahlung durch die Materie erfolgen. Diese Form der Wechselwirkung bezeichnet man als *Streuung*. Dabei können zwei Extremfälle unterschieden werden: das Photon durchdringt die Materie (Transmission) oder es wird an ihrer Oberfläche zurückgestrahlt (Reflexion).

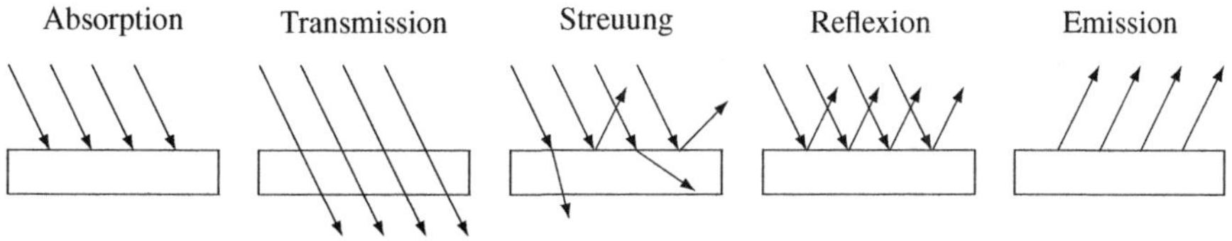

Abb. 3.2 Wechselwirkung von Strahlung und Materie

Die Art der Wechselwirkung hängt von der jeweiligen atomaren Struktur der Materie bzw. ihrer Oberfläche ab. Findet eine Absorption statt, so kann die durch das Photon übertragene Energie die Bewegungsenergie des Atoms erhöhen oder seinen inneren Zustand verändern. Im ersten Fall führt die Zunahme der inneren Energie zu einer Erwärmung der Materie. Im zweiten Fall werden beispielsweise Elektronen aus ihrer Bindung an ein Atom gelöst und stehen für einen Ladungstransport zur Verfügung.
Anhand ihres Absorptionsverhaltens unterscheidet man schwarze, weiße, graue und selektive Stoffe bzw. Oberflächen. Schwarze Stoffe zeichnen sich durch eine vollständiger Absorption, weiße Stoffe durch eine vollständige Reflexion aller auftreffenden Photonen aus. Graue Stoffe weisen eine gleichmäßige wellenlängenunabhängige Absorption auf, wohingegen selektive Stoffe Photonen nur aus bestimmten Spektralbereichen absorbieren.
Die *Emission* von Photonen stellt eine Umkehrung der Absorptionsprozesse dar. Man unterscheidet u.a. die thermische Emission, bei der die Wärmebewegung der Atome dazu führt, dass Photonen mit einem von der Temperatur abhängigen Spektrum ausgesendet werden. Das Atom wechselt dabei aus einem energiereicheren in einen energieärmeren Zustand.
Der Wellencharakter der Strahlung kommt in der Abhängigkeit der Energie E_{ph} eines Photons von der Frequenz ν zum Ausdruck. Für die Energie eines Photons gilt

$$E_{ph} = h\nu, \qquad \text{mit } h = 6{,}6262 \cdot 10^{-34}\,\text{Js} \tag{3.1}$$

h bezeichnet das Plancksche Wirkungsquantum. Da sich Photonen mit der Lichtgeschwindigkeit c_0 ausbreiten, gilt für die Wellenlänge

$$\lambda = c_0/\nu. \tag{3.2}$$

Je nach Wellenlänge (bzw. Energie) des Photons haben sich unterschiedliche Bezeichnungen für die Strahlung etabliert. Der Bereich des für das menschliche Auge *sichtbaren Lichts* nimmt dabei nur den vergleichsweise kleinen Wellenlängenbereich von 380 bis 780 nm ein und ist mit seiner Aufteilung in die Spektralfarben in Abb. 3.3 vergrößert dargestellt. Im unteren Wellenlängenbereich schließt sich die Ultraviolettstrahlung (UV) und im oberen Wellenlängenbereich die für solare Anwendungen ebenfalls relevante Infrarotstrahlung (IR) an.

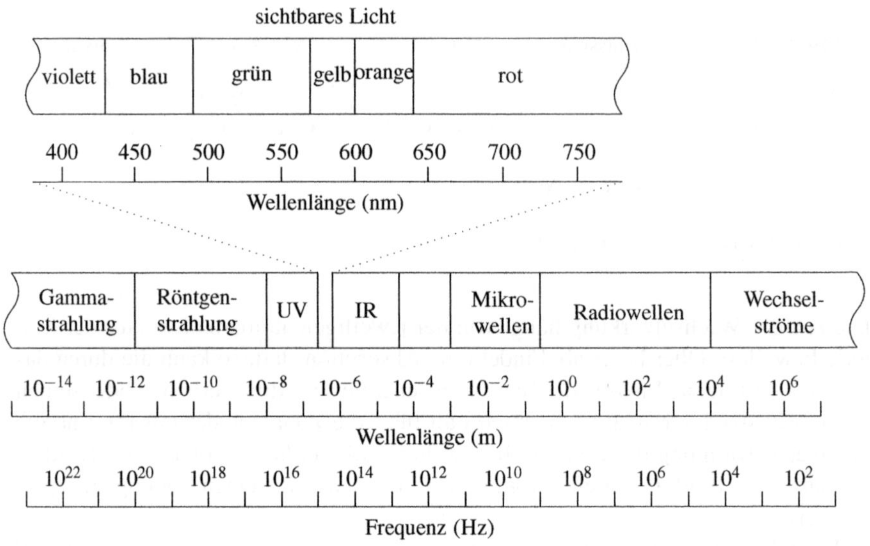

Abb. 3.3 Elektromagnetisches Strahlungsspektrum

3.1.2 Strahlungsquelle Sonne

Die Sonne ist ein Himmelskörper, der aus extrem heißem Gas besteht. Sie erzeugt durch Fusionsprozesse [1] in ihrem Inneren Energie in Form von elektromagnetischer Strahlung und Materiestrahlung. 90 % der Energieerzeugung findet dabei im Kern, der ein Viertel des Sonnendurchmessers einnimmt, bei einer Temperatur von etwa 15 Millionen Kelvin statt. Der Energietransport vom Kern nach außen erfolgt zunächst durch Strahlung, insbesondere im Röntgen- und γ-Bereich des Spektrums, d.h. über sehr energiereiche Photonen.
Über unzählige Absorptions- und Reemissionsprozesse wird die Energie durch die sogenannte Strahlungszone vom Kern in die äußeren Bereiche weitergereicht. Bei der Wechselwirkung der Photonen mit Atomen oder einzelnen Elementarteilchen werden im Mittel Photonen geringerer Energie emittiert als absorbiert wurden. Nach

[1] 99 % der erzeugten Energie entstehen durch die als Proton-Proton-Zyklus bezeichnete Fusion von Wasserstoffkernen zu He^4-Kernen. Dazu ist eine Temperatur von 13 Millionen Kelvin erforderlich. Ein kleiner Teil der Energie kann auch durch den Kohlenstoff-Zyklus erzeugt werden. Dieser benötigt eine Temperatur von 15 Millionen Kelvin.

Gl. 3.1 ergibt sich daraus eine spektrale Verschiebung der Strahlung in den Bereich größerer Wellenlängen (Ultraviolettstrahlung). Bei etwa 75 % des Sonnenradius ist die Temperatur mit etwa 1,5 Millionen Kelvin soweit abgefallen, dass die gasförmige Materie nur noch wenig Strahlung passieren lässt. Turbulente Konvektion übernimmt nun den Energietransport bis dicht unter die Sonnenoberfläche. Die äußerste Sonnenschicht, die Photosphäre, ist nur einige hundert Kilometer dick. In ihr fällt die Temperatur relativ steil auf eine durchschnittliche Oberflächentemperatur von etwa 6.000 K ab. Von hier aus erfolgt die Abstrahlung in den Weltraum. Die ausgedehnte Sonnenatmosphäre (Chromosphäre und Korona) kann wegen ihrer geringen Dichte für die weiteren Betrachtungen vernachlässigt werden. Die Zeitdauer des beschriebenen Energietransports von der Erzeugung im Kern bis zur Abstrahlung in den Weltraum beträgt im Mittel 170.000 Jahre [40].

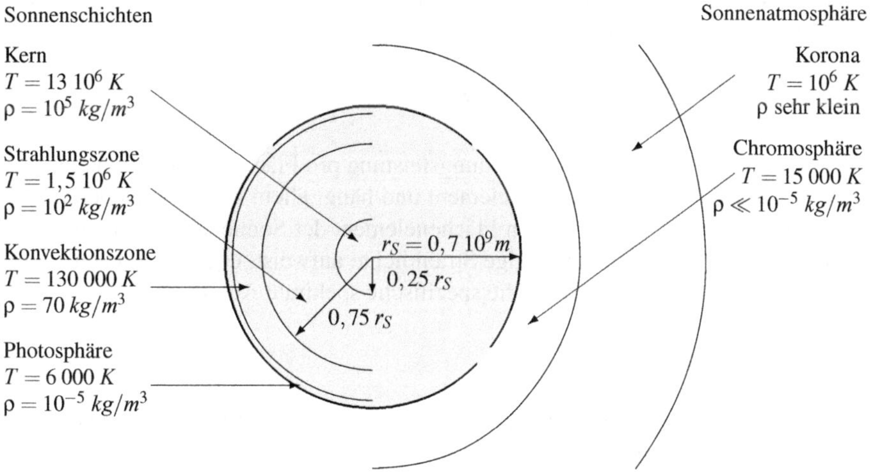

Abb. 3.4 Aufbau der Sonne

Die Sonne steht mit ihrer Umgebung in einem Strahlungsaustausch. Ihre Oberflächentemperatur wird durch eine Strahlungsbilanz mit dem kalten Weltraum bestimmt. Dabei können die Bilanzgewinne durch die Absorption der Hintergrundstrahlung von 2 bis 3 K oder die Einstrahlung anderer Sterne vernachlässigt werden. Bei der in der Photosphäre vorherrschenden Temperatur liegen alle chemischen Elemente in atomarer, z.T. mehrfach ionisierter Form vor. Das sich ergebende Absorptionsspektrum weist eine so große Anzahl von Absorptionslinien auf, dass die Photosphäre in guter Näherung als Schwarzer Körper betrachtet werden kann.

Ausgangspunkt einer quantitativen Beschreibung der Strahlung eines Schwarzen Körpers ist das Plancksche Strahlungsgesetz

$$u_\lambda(\lambda, T)\, d\lambda = \frac{8\pi h c_0}{\lambda^5} \frac{1}{\exp(\frac{hc_0}{\lambda k T}) - 1}\, d\lambda. \tag{3.3}$$

Es gibt die Energiedichte im Wellenlängenbereich λ und $\lambda + d\lambda$ für die sich in einem abgeschlossenen Hohlraum im thermodynamischen Gleichgewicht einstellende Strahlung wieder. Die Temperatur T ist zum einen die Temperatur der den Hohlraum umrandenden Materie, zum anderen wird sie als charakteristische Temperatur der Hohlraum- oder Gleichgewichtsstrahlung selbst bezeichnet. c_0 bezeichnet die Vakuumlichtgeschwindigkeit und k die Boltzmann-Konstante.
Der Übergang zu offenen Strahlungssystemen erfolgt per Definition: Ein Schwarzer Körper der Temperatur T emittiert in einen Halbraum beliebiger Temperatur dasselbe Spektrum wie in einem Hohlraum der Temperatur T im Gleichgewichtsfall vorliegt. Der Schwarze Körper ist somit ein idealisierter Körper, der in der Realität nicht existiert: Er sendet einen Fluss von Gleichgewichtsstrahlung aus, wenngleich ein solcher Energiefluss nur außerhalb des thermodynamischen Gleichgewichts zustande kommen kann. Die Umrechnung der Energiedichte nach Gl. (3.3) in eine Strahldichte kann beispielsweise [2] entnommen werden. Für die spektrale Strahldichte $L_\lambda(\lambda, T)$ ergibt sich der Zusammenhang

$$L_\lambda(\lambda, T)\, d\lambda = \frac{2hc_0^2}{\lambda^5} \frac{1}{\exp(\frac{hc_0}{\lambda kT}) - 1}\, d\lambda. \tag{3.4}$$

Diese Gleichung beschreibt die Strahlungsleistung pro Fläche im Wellenlängenbereich λ und $\lambda + d\lambda$ je Raumwinkelelement und hängt allein von der Temperatur T des Schwarzen Strahlers ab. Da ein Flächenelement der Sonnenoberfläche in guter Näherung eine richtungsunabhängige Strahldichte aufweist, ergibt sich nach einer Integration über den Raumwinkel die spezifische spektrale Ausstrahlung eines Flächenelements in den Halbraum zu

$$R_\lambda(\lambda, T) = \pi L_\lambda(\lambda, T). \tag{3.5}$$

Der von der Sonne ausgehende spektrale Strahlungsfluss kann nun über eine Integration bezüglich der Fläche berechnet werden. In der folgenden Tabelle sind die genannten Strahlungsgrößen mit den zugehörigen Einheiten zusammengestellt. Im weiteren Verlauf interessiert im Wesentlichen die von der Sonne ausgehende Strahlungsflussdichte oder auch Strahlungsintensität, d.h. die Strahlungsleistung bezüglich der bestrahlten Fläche.

Tabelle 3.1 Spektrale Strahlungsgrößen und ihre Einheiten

Strahlungsgröße	Einheit
Energiedichte	u_λ in $\mathrm{Ws\,m^{-3}\mu m^{-1}}$
Strahldichte	L_λ in $\mathrm{Wm^{-2}\,sterad^{-1}\mu m^{-1}}$
spez. Ausstrahlung	R_λ in $\mathrm{Wm^{-2}\mu m^{-1}}$
Strahlungsintensität Strahlungsflussdichte	E_λ in $\mathrm{Wm^{-2}\mu m^{-1}}$

Die Strahlungsintensität verringert sich aufgrund der isotropen Abstrahlung quadratisch mit der Entfernung r von der Sonne

$$E_\lambda(\lambda,T) = \frac{{r_S}^2}{r^2} R_\lambda(\lambda,T). \tag{3.6}$$

Vergleicht man die so gewonnene spektrale Strahlungsintensität des Schwarzen Strahlers Sonne mit der tatsächlich messbaren spektralen, extraterrestrischen Strahlungsintensität, so ergeben sich die in Bild 3.5 gezeigten Verläufe. Die gestrichelt eingezeichnete Kurve gibt die spektrale Strahlungsintensität eines Schwarzen Strahlers der Temperatur 5.780 K gemäß Gl. (3.6) an. Der Abstand r wurde dabei gleich der Entfernung Erde-Sonne gesetzt. Die durchgezogene Linie zeigt das messbare Spektrum auf der Erde für einen mittleren Sonnenabstand und außerhalb der Erdatmosphäre.

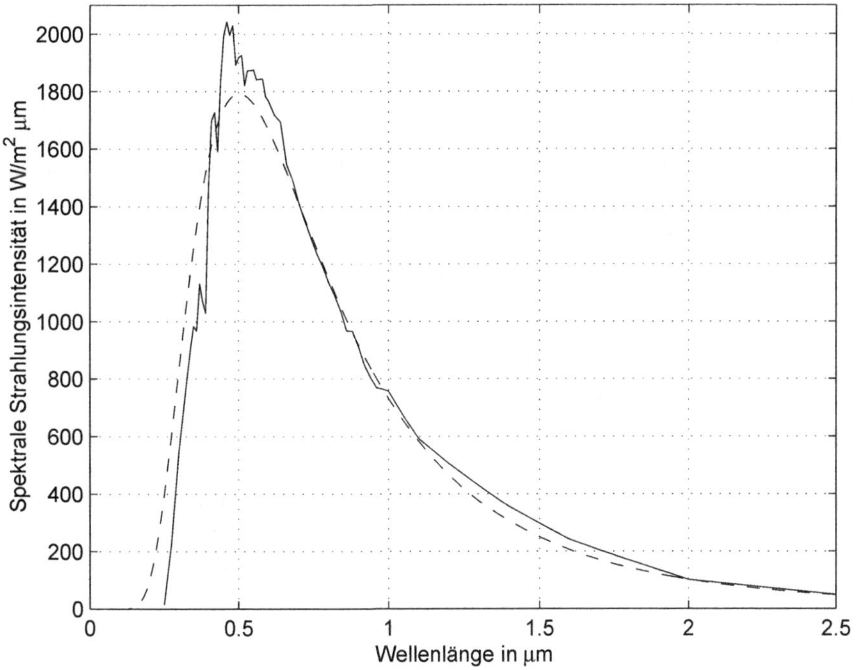

Abb. 3.5 Spektrale Strahlungsintensität der Sonne und eines Schwarzen Strahlers mit $T = 5.780$ K

mosphäre. Die charakteristische Temperatur des Schwarzen Strahlers wurde dabei so gewählt, dass eine Integration über die Wellenlänge die gleiche Strahlungsleistung liefert wie eine Auswertung des gemessenen Spektrums. Die beiden Kurven unterscheiden sich im Bereich kleiner Wellenlängen z.T. deutlich. Dies rührt zum einen daher, dass die Sonne nur näherungsweise ein Schwarzer Körper ist. Zum anderen erfolgt die Ausstrahlung nicht von der Sonnenoberfläche, sondern aus der Photosphäre, d.h. aus einer gasförmigen und vergleichsweise dünnen Schicht. In geringerem Umfang beeinflusst auch die Sonnenatmosphäre die spektrale Strahlungsintensität.

Die auf die Erde treffende Strahlungsintensität, die Einstrahlung E, erhält man über eine Integration von Gl. (3.6) bezüglich der Wellenlänge.

$$E = \int_0^\infty E_\lambda(\lambda, T) d\lambda = \frac{r_S{}^2}{r^2} \frac{2k^4\pi^5}{15c_0^2h^3} T^4 \tag{3.7}$$

Mit der Abkürzung σ für die Stefan-Boltzmann-Konstante

$$\sigma = \frac{2k^4\pi^5}{15c_0^2h^3} = 5{,}6704\,10^{-8}\,\frac{\mathrm{W}}{\mathrm{m^2\,K^4}}$$

ergibt sich

$$E = \frac{r_S{}^2}{r^2} \sigma T^4. \tag{3.8}$$

Gl. (3.8) enthält das Stefan-Boltzmannsche Strahlungsgesetz, das besagt, dass die abgestrahlte Leistung eines Schwarzen Strahlers mit der vierten Potenz seiner Temperatur zunimmt[2]. Mittelt man diese Beziehung über die Exzentrizität der Erdbahn um die Sonne und die Schwankungen der Oberflächentemperatur, so erhält man die Solarkonstante E_0. Sie gibt die mittlere Strahlungsintensität an, die außerhalb der Erdatmosphäre gemessen werden kann und wurde 1982 von der WMO[3] festgelegt zu

$$E_0 = 1367\,\frac{\mathrm{W}}{\mathrm{m^2}}.$$

Die extraterrestrische Strahlungsintensität schwankt aus o.g. Gründen in Zeiträumen von Sekunden bis zu Jahrzehnten um $\pm 0{,}5$ %. Abb. 3.6 zeigt von einem Satelliten aus gemessene, jeweils über einen Tag gemittelte Werte von E. Die Schwankungen mit einer Frequenz im Tagesbereich gehen auf das Vorhandensein von großen Sonnenflecken auf der sichtbaren Hemisphäre zurück. Deutlich zu erkennen ist auch der sog. Sonnenfleckenzyklus, der die periodischen Schwankungen der magnetischen Aktivität auf der Sonne beschreibt. Seine Periodendauer liegt bei etwa 11 Jahren.
Mit Gl. (3.8) läßt sich die gesamte, auf die Erde einfallende Strahlungsleistung zu $1{,}78 \cdot 10^{17}$ W berechnen. Dies entspricht einer Energie von $1{,}56 \cdot 10^{18}$ kWh pro Jahr. Im Vergleich dazu lag der weltweite Bedarf an Primärenergie im Jahr 2005 bei etwa $1{,}33 \cdot 10^{14}$ kWh [32].
Die Erde umläuft die Sonne auf einer elliptischen Bahn, die jedoch nur eine geringe Exzentrizität aufweist. Der mittlere Radius $\bar{r}$ dieser Bahn wird auch als *Astronomische Einheit* AE bezeichnet und beträgt $1{,}496 \cdot 10^{11}$ m. Der Einfluss der Exzentrizität auf die extraterrestrische Strahlungsintensität I_0 kann durch einen Korrekturfaktor berücksichtigt werden [59]:

$$I_0 = E_0 \frac{\bar{r}^2}{r^2} = E_0(1 + 0{,}03344 \cos(n \cdot 0{,}9856^\circ - 2{,}72^\circ)). \tag{3.9}$$

---

[2] Zur Charakterisierung der von dem Schwarzen Körper ausgehenden Strahlungsflussdichte wird häufig vereinfachend von *Schwarzkörperstrahlung der Temperatur T* gesprochen.

[3] World Meteorological Organisation (Genf)

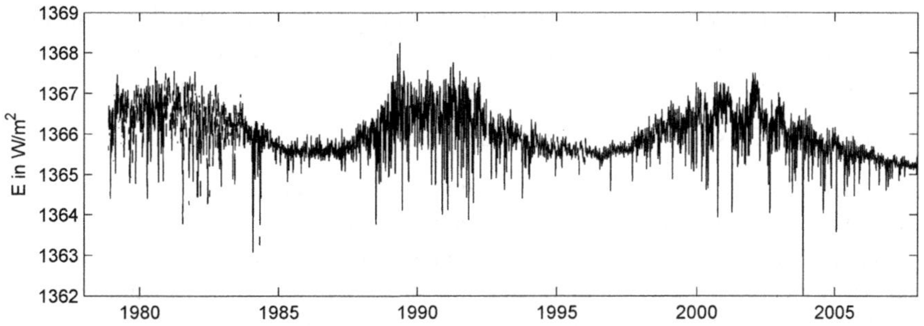

Abb. 3.6 Extraterrestrische Strahlungsintensität, nach [22]

Dabei ist n die Nummer des betrachteten Tages im Jahr. Die Rotationsachse der Erde ist gegenüber der Bahnebene um einen Winkel von $23,45\,^\circ$ geneigt[4], was zu den jahreszeitlichen Einstrahlungs- und Temperaturschwankungen im Verlauf eines Sonnenumlaufes führt. Für einen Beobachter auf der Erde stellt sich die Sonnen-

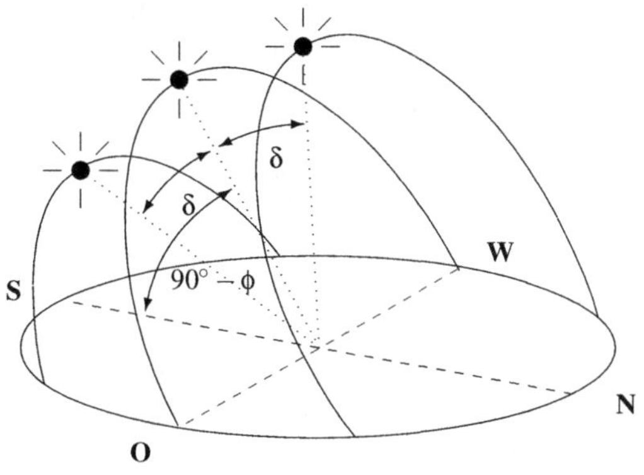

Abb. 3.7 Scheinbare Sonnenbahn am Himmel bei Wintersonnenwende, Tag- und Nachtgleiche sowie Sommersonnenwende

bahn im Tagesverlauf als Kreisbogen dar. Die relative Lage des Kreisbogens ergibt sich aus der geographischen Breite ϕ der Beobachterposition sowie der Deklination δ, die den Winkel zwischen der Verbindungslinie Sonne-Erde und Äquatorebene beschreibt. Der Deklinationswinkel kann näherungsweise über die Formel

$$\delta = -23,45^\circ \cos \frac{2\pi}{365}(n+10) \tag{3.10}$$

[4] Diese Neigung ist allerdings nicht konstant, vielmehr führt die Erdachse eine Präzessionsbewegung mit einer Periodendauer von etwa 26.000 Jahren aus.

berechnet werden, wobei n wiederum die Nummer des betrachteten Tages im Jahr ist. Die Deklination variiert jedoch aufgrund der bereits erwähnten Exzentrizität der Umlaufbahn leicht im Jahresverlauf, so dass der exakte Verlauf mittels

$$\sin\delta = 0,3978 \sin(n \cdot 0,9856^\circ - 80,23^\circ + 1,92^\circ \sin(n \cdot 0,9856^\circ - 2,72^\circ))$$

berechnet werden kann. In Abb. 3.7 sind die Sonnenbahnen zur Tag- und Nachtgleiche[5], Wintersonnenwende[6] und Sommersonnenwende[7] dargestellt. Der jeweilige Sonnenhöchststand ist durch die kleinen Sonnensymbole gekennzeichnet. Zur Tag- und Nachtgleiche liegt die Sonnenbahn in einer Ebene durch den Erdmittelpunkt und der Sonnenhöchststand ist gleich 90° minus der geographischen Breite.

3.1.3 Einfluss der Erdatmosphäre

Sobald die Photonen auf die Erdatmosphäre treffen, treten verschiedene Arten der Wechselwirkung zwischen Strahlung und Materie auf. Absorptions- und Reflektionsprozesse bewirken, dass aus der gerichteten extraterrestrischen Strahlung ein gerichteter Anteil und ein ungerichteter Anteil entsteht. Der ungerichtete Anteil D wird als Diffus- oder Himmelsstrahlung, der gerichtete Anteil I als Direktstrahlung bezeichnet. Die Summe dieser beiden Anteile ergibt die auf der Erdoberfläche messbare Globalstrahlung G.

Abb. 3.8 veranschaulicht die Vorgänge in der Erdatmosphäre. Im linken Teil der Grafik ist die von der Sonne ausgehende Strahlungsflussdichte und ihre Verteilung auf absorbierte, gestreute, reflektierte und transmittierte Strahlungsleistung im globalen jährlichen Mittel dargestellt. Sie wurde als Bezugsgröße gleich 100 % gesetzt. Demnach erreichen nur 47 % der Strahlungsleistung der Sonne als direkte oder diffuse Strahlung die Erdoberfläche. 28 % der Strahlungsleistung werden an der Atmosphäre bzw. Erdoberfläche reflektiert und ungerichtet in den Weltraum zurückgestrahlt. Die verbleibenden 25 % werden in der Atmosphäre absorbiert. Dabei sind Wasserdampf und Ozon die nach ihrer Häufigkeit und ihrem Absorptionsvermögen wichtigsten Moleküle.

Die Strahlungsbilanz der Erde wird in der rechten Hälfte der Abbildung durch die Wärmeabstrahlung im langwelligen Bereich[8] ergänzt. Diese kommt in ihrer Größenordnung dem Umsatz im sichtbaren Spektralbereich gleich. Erdoberfläche und Troposphäre können mit ihren mittleren Temperaturen von 288 K bzw. 254 K als Schwarze Strahler modelliert werden. Eine technische Nutzung dieser Strahlungsflüsse ist jedoch aus thermodynamischen Gründen nicht möglich.

---

[5] 21. März (n=79) und 23. September (n=266)

[6] 22. Dezember (n=356)

[7] 21. Juni (n=172)

[8] Die reflektierte Strahlung entstammt dem Spektralbereich der einfallenden Sonnenstrahlung von $0,25 - 3\ \mu m$ und wird kurzwellige Abstrahlung genannt. Bei den auf der Erdoberfläche und in der Atmosphäre herrschenden Temperaturen liegt die von dort ausgehende Wärmestrahlung in einem Spektralbereich von $6 - 60\ \mu m$ und wird daher als langwellige Abstrahlung bezeichnet.

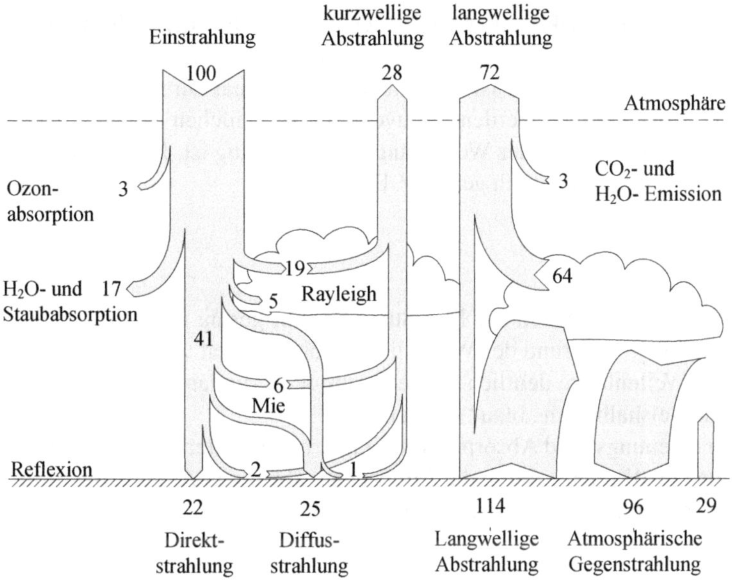

Abb. 3.8 Strahlungsbilanz der Erde, nach [39]

Zum Ausgleich der Strahlungsbilanz sind noch die Ströme von latenter und fühlbarer Wärme zu berücksichtigen, die ganz rechts in Abb. 3.8 eingezeichnet sind. Dabei handelt es sich um Nicht-Strahlungsprozesse, wie z.B. den Austausch von Luftmassen zwischen Erdoberfläche und Atmosphäre.

Das gezeigte Flussbild der Sonnenstrahlung durch die Erdatmosphäre gibt lediglich eine prozentuale Aufteilung der Strahlungsleistung im jährlichen Mittel wieder. Für die solartechnische Nutzung ist jedoch der Einfluss der Absorptions- und Reflexionsvorgänge auf die spektrale Strahlungsintensität im Tagesverlauf von besonderem Interesse. Um den prinzipiellen Charakter dieser Schwächungsprozesse darzustellen, wird im Folgenden ein einfaches Modell für die spektralen Strahlungsintensitäten der Direkt- und Diffusstrahlung bei klarem Himmel skizziert. Genauere Modelle der Globalstrahlung und ihre Aufteilung in Diffus- und Direktanteil können beispielsweise [54] oder [34] entnommen werden.

Absorptionen werden durch Moleküle in der Atmosphäre hervorgerufen. Sie besitzen Absorptionsbanden, die teilweise im Spektralbereich der Sonnenstrahlung, teilweise im Bereich der langwelligen Abstrahlung liegen. Hervorzuheben sind die Absorptionsbanden des Ozons im Bereich des ultravioletten Spektralanteils der Sonnenstrahlung $(0,1 - 0,3\ \mu m)$ und des CO_2 im Bereich von 15 μm. Letzteres ist im Wesentlichen für den anthropogenen Treibhauseffekt verantwortlich. Ihr Einfluss kann zusammen mit der Wirkung des Wasserdampfes und weiterer Luftmoleküle in einem Absorptionskoeffizienten $\alpha_{Ab}(\lambda)$ zusammengefasst werden.

Bei der Streuung von Sonnenstrahlung in der Atmosphäre unterscheidet man zwei Streumechanismen: *Rayleigh*-Streuung an Molekülen und *Mie*-Streuung an Aerosolen wie Wasserdampf, Salzkristallen und Rußpartikeln. Die Rayleigh-Streuung erfolgt an Teilchen, deren Durchmesser wesentlich kleiner als die Wellenlänge des Lichts ist. Ihr Streukoeffizient ist umgekehrt proportional zur vierten Potenz der Wellenlänge. Mie-Streuung werden Streuvorgänge an Teilchen genannt, deren Durchmesser größer oder gleich der Wellenlänge der Strahlung ist. Ihre Abhängigkeit von der Wellenlänge ist deutlich geringer. Es gilt:

$$\alpha_{Ra} \sim \lambda^{-4}$$
$$\alpha_{Mie} \sim \lambda^{-1,3}.$$

Bei klarem Himmel ist der Anteil der Mie-Streuung sehr gering und es überwiegt die Rayleigh-Streuung. Aufgrund der Wellenlängenabhängigkeit werden die Spektralanteile kurzer Wellenlänge deutlich stärker gestreut als die langer Wellenlänge, wodurch der Himmelshalbraum „blau" erscheint.
Der Einfluss der Streuungs- und Absorptionsvorgänge auf die Intensität der direkten Strahlung ist von der Weglänge durch die Atmosphäre abhängig. Allgemein gilt für solche Schwächungsprozesse die Differentialgleichung

$$dI_\lambda = -I_\lambda \, \alpha(\lambda) \, ds, \tag{3.11}$$

d.h. die spektrale Strahlungsintensität I_λ wird bei Durchlaufen der Wegstrecke ds um den Faktor $a\,ds$ geschwächt. Dabei ist a ein noch näher zu bestimmender Schwächungskoeffizient, der i.A. abhängig von der Wellenlänge ist. Nach einer Integration über die gesamte Weglänge s erhält man das allgemeine Transmissionsgesetz:

$$I_\lambda = I_{0\lambda} \, e^{-\alpha s} = I_{0\lambda} \, \tau_G \tag{3.12}$$

Dabei ist $I_{0\lambda}$ die spektrale Strahlungsintensität der extraterrestrischen Strahlung. Der Exponentialausdruck wird durch den Transmissionsfaktor τ_G abgekürzt. Die einzelnen Anteile von Streuung und Absorption lassen sich dann als Produkt von Transmissionsfaktoren darstellen.

$$\tau_G(\lambda) = \tau_{Ra}(\lambda) \, \tau_{Mie}(\lambda) \, \tau_{Ab}(\lambda) = \exp(-(\alpha_{Ra} + \alpha_{Mie} + \alpha_{Ab})s)$$

Damit ergibt sich der Schwächungskoeffizient a als Summe der Streuungskoeffizienten a_{Ra} und a_{Mie} sowie des Absorptionskoeffizienten a_{Ab}.
Der diffuse Strahlungsanteil setzt sich aus drei Komponenten zusammen. Für die durch die Rayleigh- und Mie-Streuung entstandenen Anteile gilt näherungsweise

$$D_{Ra\lambda} = I_{0\lambda} \, \frac{1}{2} \, \tau_{Ab} \, \tau_{Mie} \, (1 - \tau_{Ra}) \tag{3.13}$$

$$D_{Mie\lambda} = I_{0\lambda} \, f(\beta_S) \, \tau_{Ab} \, \tau_{Ra} \, (1 - \tau_{Mie}). \tag{3.14}$$

Für die Rayleigh-Streuung wird davon ausgegangen, dass die Hälfte der gestreuten Strahlung auf die Erdoberfläche fällt, während die andere Hälfte in den Weltraum abgestrahlt wird. Bei der Mie-Streuung ist der auf die Erde treffende Anteil deutlich größer und über einen Faktor

$$f(\beta_S) = 1 - \exp(-1,837 \, \sin\beta_S - 0,764)$$

mit dem Höhenwinkel der Sonne β_S verknüpft [60].

Des Weiteren ist ein durch Mehrfachreflexionen an Erdoberfläche und Atmosphäre hervorgerufener Anteil zu berücksichtigen. Ist ρ_e der Reflexionsgrad der Erdoberfläche und ρ_a derjenige der von der Erde aus gesehenen Atmosphäre, so ist

$$\begin{aligned} D_{Re\lambda} &= (\rho_e \rho_a + \rho_e^2 \rho_a^2 + \rho_e^3 \rho_a^3 + \ldots)(I_\lambda + D_{Ra\lambda} + D_{Mie\lambda}) \\ &= \frac{\rho_e \rho_a}{1 - \rho_e \rho_a}(I_\lambda + D_{Ra\lambda} + D_{Mie\lambda}). \end{aligned} \tag{3.15}$$

Damit ergibt sich für den auf die Erdoberfläche fallenden diffusen Strahlungsanteil

$$D_\lambda = D_{Ra\lambda} + D_{Mie\lambda} + D_{Re\lambda}. \tag{3.16}$$

Die Globalstrahlung auf eine horizontale Fläche errechnet sich unter Berücksichtigung des Höhenwinkels der Sonne β_S durch Integration über die Wellenlänge der einfallenden Diffus- und Direktstrahlung zu

$$G = \sin\beta_S \int I_\lambda \, d\lambda + \sin\beta_S \int D_\lambda \, d\lambda = I + D. \tag{3.17}$$

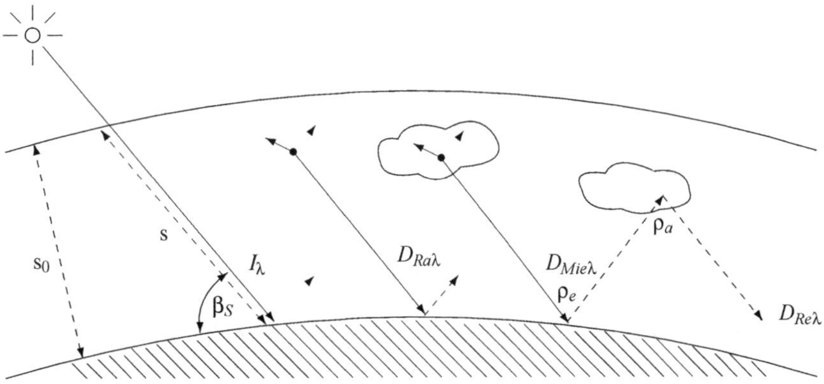

Abb. 3.9 Zusammensetzung der Globalstrahlung aus einem direkten Anteil I_λ und einem diffusen Anteil, der durch Rayleigh-Streuung $D_{Ra\lambda}$, Mie-Streuung $D_{Mie\lambda}$ und (Mehrfach-)Reflexionen $D_{Re\lambda}$ entsteht.

Setzt man für die Weglänge aus Gl. (3.12)

$$s = m\, s_0,$$

wobei s_0 die Wegstrecke bei senkrechtem Strahlungsfluss durch die Atmosphäre bis auf Meereshöhe angibt, dann wird m als Air-Mass-Zahl (AM) bezeichnet. Die Air-Mass-Zahl stellt somit ein Maß für die Weglänge der direkten Sonnenstrahlung durch die Erdatmosphäre dar. AM0 gibt die spektrale Strahlungsintensität außerhalb der Erdatmosphäre gemäß Abb. 3.5 wieder, AM1 bei senkrechtem Durchgang durch die Erdatmosphäre und AMm bei m-facher Weglänge. Der hierbei vorausgesetzte Zusammenhang

$$m = 1/\sin\beta_S \tag{3.18}$$

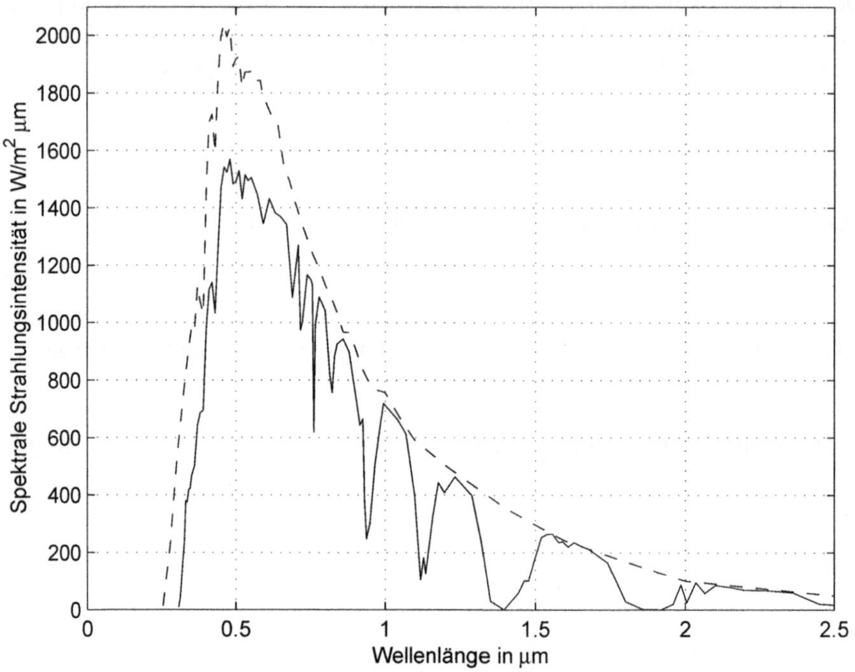

Abb. 3.10 Spektrale Verteilung der Globalstrahlung bei AM0 und AM1,5

gilt jedoch nur näherungsweise und für Höhenwinkel der Sonne $\beta_S > 10°$. Für kleinere Höhenwinkel muss die Kugelform der Erde und damit auch der Atmosphäre berücksichtigt werden. Eine gute Approximaton auch für kleine Höhenwinkel stellt

$$m = 1/(\sin\beta_S + 0{,}50572(\beta_S + 6{,}07995°)^{-1{,}6364})$$

dar [59].

Die durch AM1,5 gekennzeichnete spektrale Verteilung wird häufig als Referenzspektrum z.B. bei Wirkungsgradangaben von Solarzellen herangezogen und ist in Abb. 3.10 dargestellt. Man erkennt deutlich die von den Absorptionsbanden hervorgerufenen „Lücken" im Spektrum sowie die weitgehende Unterdrückung des ultravioletten Strahlungsanteils. Die gestrichelte Kurve gibt zum Vergleich die extraterrestrische Strahlungsintensität (AM0) wieder. Integriert man über die Wellenlänge, so ergibt sich für die AM1,5 verteilte Globalstrahlung eine Strahlungsintensität von etwa 1.000 W/m^2.

Der in den vorangegangenen Gleichungen beschriebene Einfluss der einzelnen Absorptions- und Streuprozesse auf die Strahlungsintensität der Sonne ist in der Praxis kaum auswertbar, da die Parameter wetterabhängig starken Schwankungen unterworfen und in der Regel in ihrer spektralen Darstellung unbekannt sind. Es hat sich daher als zweckmäßig erwiesen, auf der Basis langjähriger Messreihen ein Maß für die Gesamtextinktion der Sonnenstrahlung einzuführen. Der *Linke-*

Trübungsfaktor T_L gibt die optische Dicke einer Atmosphäre als Vielfaches einer Rayleigh-Atmosphäre wieder, d.h. einer Atmosphäre, in der ausschließlich Rayleigh-Streuung vorliegt. Damit lässt sich Gl. (3.12) in integraler Form angeben und man erhält für den direkten Strahlungsanteil

$$I = I_0 \exp\left(-T_L\, \alpha_{Ra}\, s_0\, m\, \frac{p}{p_0}\right). \tag{3.19}$$

Zusätzlich zu den bekannten Termen wurde in Gl. (3.19) die Höhe des Messpunktes über den Luftdruck p bezogen auf den Luftdruck $p_0 = 1013{,}25$ hPa auf Meeresniveau berücksichtigt. Die optische Dicke der Rayleigh-Atmosphäre lässt sich in guter Näherung durch

$$\alpha_{Ra}\, s_0\, m = m/(0{,}9m + 9{,}4)$$

approximieren. Der Linke-Trübungsfaktor nimmt typischerweise Werte zwischen 2 und 10 an. Tab. 3.2 gibt Richtwerte für unterschiedliche Umgebungsbedingungen an.

Tabelle 3.2 Richtwerte für den Linke-Trübungsfaktor T_L, nach [59]

Atmosphäre	T_L
sehr saubere Kaltluft	2
saubere Warmluft	3
feuchtwarme Luft	4 - 6
verunreinigte Luft	> 6

3.1.4 Direktstrahlung auf eine beliebig orientierte Fläche

Die Einstrahlung auf eine beliebig orientierte Fläche hängt insbesondere von dem Einfallswinkel der direkten Sonnenstrahlung auf diese Fläche ab. Abb. 3.11 zeigt eine Fläche, die um den Winkel β gegen die Horizontale geneigt ist. Darüber hinaus ist sie um den Winkel α aus der Südrichtung gedreht. Dieser Winkel soll für Auslenkungen nach Osten negativ und nach Westen positiv gezählt werden. Der Winkel zwischen der direkten Sonnenstrahlung und der Flächennormalen $\vec{n}$ ist der gesuchte Einfallswinkel θ .
Die Position der Fläche wird durch den Breitengrad ϕ festgelegt. Der Breitengrad ist als Winkel zwischen der Verbindung der Position auf der Erdoberfläche mit dem Erdmittelpunkt und der Äquatorebene definiert und wird auf der nördlichen Halbkugel positiv und auf der südlichen negativ gezählt. Die Position der Sonne wird durch den Stundenwinkel ω und den Deklinationswinkel δ nach Gl. (3.10) festgelegt. Der Stundenwinkel beträgt 15° pro Stunde und berechnet sich aus der Sonnenzeit über

$$\omega = \frac{15^\circ}{h}\,(t_S - 12\,\mathrm{h}). \tag{3.20}$$

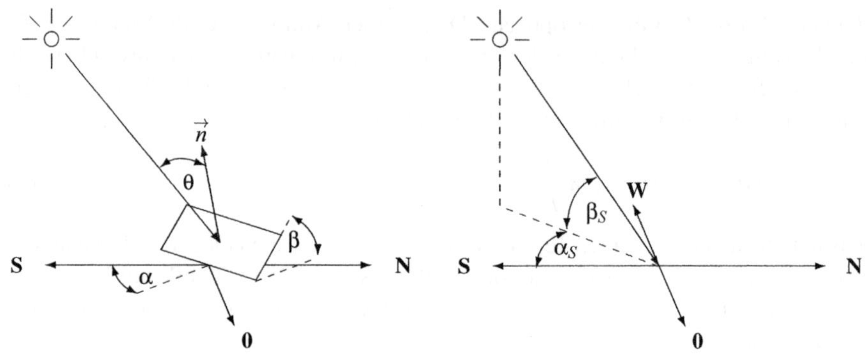

Abb. 3.11 Zur Definition der Winkel

Als Zeit ist die Sonnenzeit t_S anzusetzen, die sich an der Sonnenbahn orientiert. Dies bedeutet, dass der Sonnenhöchststand exakt um 12 Uhr mittags erreicht wird. Die an einem bestimmten Ort tatsächlich gesetzlich geltende Zeit t weicht aus mehreren Gründen von der Sonnenzeit ab. Zum einen sind die gesetzlichen Zeitzonen auf einen Bezugsmeridian festgelegt. So gilt für die Mitteleuropäische Zeit (MEZ) der 15. östliche Längengrad als Bezugsmeridian. Pro Längengrad Abweichung vom Bezugsmeridian ergibt sich eine Differenz zur Sonnenzeit von 4 Minuten. Darüber hinaus sind aufgrund von Ungleichmäßigkeiten in der Bahngeschwindigkeit der Erde und der Neigung der Erdachse gegenüber der Erdbahn Korrekturen anzusetzen, die in der *Zeitgleichung* zusammengefasst sind:

$$t_S = t - 4 \cdot (\lambda_0 - \lambda)\,\mathrm{min}/^\circ + \mathrm{ZGL} \tag{3.21}$$

$$\mathrm{ZGL} = -7{,}66\,\mathrm{min} \cdot \sin x - 9{,}87\,\mathrm{min} \cdot \sin(2x + 24{,}99^\circ + 3{,}83^\circ \sin x), \tag{3.22}$$

$$\text{mit } x = 0{,}9856^\circ \cdot n - 2{,}72^\circ .$$

Dabei bezeichnet n die Nummer des Tages im Jahr, λ_0 den Bezugsmeridian der geltenden Zeitzone und λ den Längengrad des betrachteten Ortes[9]. In Abb. 3.12 ist die Abweichung $t - t_S$ der gesetzlichen Zeit von der Sonnenzeit für einen Beispielort dargestellt, ohne allerdings die von April bis Oktober erfolgte Umstellung auf Mitteleuropäische Sommerzeit (MESZ) zu berücksichtigen.

Damit lässt sich der Sonnenstand über den Sonnenhöhen- bzw. Sonnenelevationswinkel β_S und den Sonnenazimutwinkel α_S beschreiben:

$$\beta_S = \arcsin(\sin\phi \sin\delta + \cos\phi \cos\delta \cos\omega) \tag{3.23}$$

$$\alpha_S = C_1 C_3 \arctan\left(\frac{\sin\omega}{\sin\phi\cos\omega - \cos\phi\tan\delta}\right) + C_2(1 - C_1 C_3)\,90^\circ \tag{3.24}$$

$$\text{mit} \quad C_1 = \begin{cases} 1 & \text{für } \phi \cdot (\phi - \delta) \geq 0 \\ -1 & \text{sonst.} \end{cases}$$

$$C_2 = \begin{cases} 1 & \text{für } \omega \geq 0 \\ -1 & \text{sonst.} \end{cases}$$

[9] Dabei werden östliche Längengrade positiv und westliche Längengrade negativ gezählt.

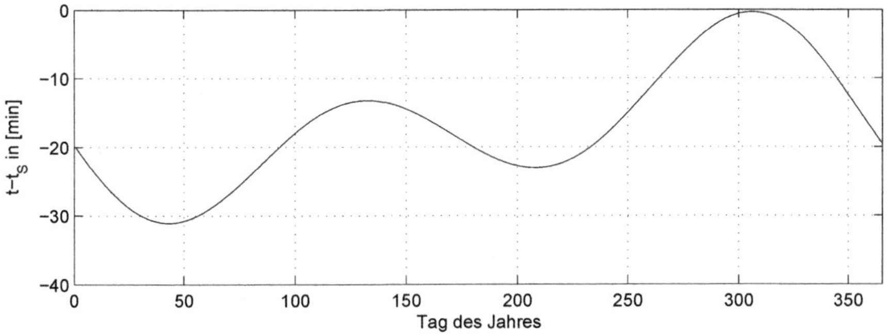

Abb. 3.12 Abweichung der gesetzlichen Zeit von der Sonnenzeit für Nordhausen ($\lambda = 10,808°$)

$$C_3 = \begin{cases} 1 \text{ für } |\omega| < \arccos(\tan\delta/\tan\phi) \\ -1 \text{ sonst.} \end{cases}$$

Gl. (3.25) stellt die trigonometrischen Beziehungen zwischen den beteiligten Winkeln her und ermöglicht es, den Einfallswinkel θ der direkten Sonnenstrahlung auf eine beliebig orientierte Fläche zu jedem Zeitpunkt zu berechnen [10].

$$\begin{aligned} \cos\theta\,(\alpha,\beta) &= (\cos\beta\sin\phi - \sin\beta\cos\phi\cos\alpha)\sin\delta + \\ &\quad (\cos\beta\cos\phi + \sin\beta\sin\phi\cos\alpha)\cos\delta\cos\omega + \\ &\quad \sin\alpha\sin\beta\cos\delta\sin\omega \qquad (3.25) \\ \cos\theta\,(\alpha,\beta) &= \cos\beta\sin\beta_S + \sin\beta\cos\beta_S\cos(\alpha_S - \alpha) \qquad (3.26) \end{aligned}$$

Gl. (3.25) lässt sich für eine Reihe von häufig vorkommenden Anwendungsfällen deutlich vereinfachen. Betrachtet man beispielsweise eine nach Süden ausgerichtete Fläche ($\alpha = 0°$), so ergibt sich

$$\begin{aligned} \cos\theta\,(0,\beta) &= (\cos\beta\sin\phi - \sin\beta\cos\phi)\sin\delta + \\ &\quad (\cos\beta\cos\phi + \sin\beta\sin\phi)\cos\delta\cos\omega \\ &= \sin(\phi-\beta)\sin\delta + \cos(\phi-\beta)\cos\delta\cos\omega. \qquad (3.27) \end{aligned}$$

Für horizontale Flächen ($\beta = 0°$) folgt

$$\cos\theta\,(\alpha,0) = \sin\phi\sin\delta + \cos\phi\cos\delta\cos\omega = \sin\beta_S, \qquad (3.28)$$

und für eine senkrechte Fläche ($\beta = 90°$) gilt

$$\cos\theta\,(\alpha,90) = (\sin\phi\cos\delta\cos\omega - \cos\phi\sin\delta)\cos\alpha + \cos\delta\sin\omega\sin\alpha. \qquad (3.29)$$

In Verbindung mit Gl. (3.19) lässt sich nun die direkte Einstrahlung I auf eine beliebig orientierte Fläche berechnen:

$$I(\alpha,\beta) = I_0\,\cos\theta\,\exp\left(-\frac{T_L}{0,9+9,4\sin\beta_S}\,\frac{p}{p_0}\right). \qquad (3.30)$$

[10] Auf eine Herleitung dieser Beziehung wird hier aus Platzgründen verzichtet. Sie kann beispielsweise [54] entnommen werden.

→ **Beispiel**

Berechnet werden soll die direkte Einstrahlung auf eine senkrechte, nach Süden ausgerichtete Fläche in Nordhausen an einem 2. Januar bei klarem Himmel und Sonnenhöchststand. Der Einfluss der Höhenlage sei zu vernachlässigen.
Für die Berechnung des Sonnenhöhenwinkels sind zunächst Breitengrad, Deklinationswinkel und Stundenwinkel zu bestimmen: Die geographische Breite von Nordhausen beträgt $51{,}5°$. Der Deklinationswinkel ergibt sich aus Gl. (3.10) zu

$$\delta = -23{,}45° \cos\left(\frac{360°}{365}(2+10)\right) = -22{,}95°.$$

Der Stundenwinkel zum Zeitpunkt des Sonnenhöchststandes beträgt $\omega = 0\,°$. Eingesetzt in Gl. (3.23) ergibt sich für den Sonnenhöhenwinkel

$$\beta_S = \arcsin(\sin 51{,}5° \sin(-22{,}95°) + \cos 51{,}5° \cos(-22{,}95°)\cos 0°) = 15{,}75°.$$

Damit ist die Winkelbedingung zu Gl. (3.18) erfüllt und die Air-Mass Zahl lässt sich zu $m = 1/\sin 15{,}75° = 3{,}68$ berechnen. Für den Einfallswinkel erhält man mit Gl. (3.26)

$$\cos\theta = \cos 90° \sin 15{,}75° + \sin 90° \cos 15{,}75° \cos(0° - 0°) = 0{,}96.$$

Nimmt man für den Linke-Trübungsfaktor den Wert 2 für klare kalte Atmosphären an, so ergibt sich mit Gl. (3.30)

$$I = I_0\, 0{,}96\, \exp(-2 \cdot 3{,}68/(0{,}9 \cdot 3{,}68 + 9{,}4)) = 0{,}54 \cdot I_0.$$

Schließlich ist noch die elliptische Form der Erdbahn mittels Gl. (3.9) zu berücksichtigen.

$$I = 0{,}54 \cdot (1 + 0{,}03344 \cos(2 \cdot 0{,}9856° - 2{,}72°)) \cdot E_0 = 760\,\text{W/m}^2$$

Mit Hilfe von Gl. (3.25) lassen sich auch Messwerte für die Direktstrahlung für eine beliebig ausgerichtete Fläche umrechnen. Wird die direkte Sonnenstrahlung I_m durch ein Messgerät mit der festen Ausrichtung (α_m, β_m) erfasst, so lässt sich die Einstrahlung I auf eine mit (α, β) ausgerichtete Fläche über einen Geometriefaktor R berechnen.

$$I(\alpha,\beta) = I_m\, R = I_m\, \frac{\cos\theta\,(\alpha,\beta)}{\cos\theta\,(\alpha_m,\beta_m)}. \tag{3.31}$$

Mehr noch als momentane Strahlungswerte ist auch die Summe der Einstrahlung über einen bestimmten Zeitraum von Interesse. Für die Abschätzung des zu erwartenden Einstrahlungsertrags auf eine beliebig orientierte Fläche werden häufig Tagessummen I_d herangezogen, da hierfür Messwerte in tabellierter Form vorliegen (vgl. Kapitel 3.1.6). Die Messwerte beziehen sich dabei in der Regel auf eine horizontale Fläche. Integriert man die Einstrahlung auf diese horizontale Messfläche über den Tag, so erhält man die Tagessumme I_{dm}.

$$I_{dm} = I\frac{12h}{\pi}\int_{\omega_a}^{\omega_u} \cos\theta\,(0,0)\; d\omega \tag{3.32}$$

Die Integration wird nach dem Stundenwinkel ausgeführt, wobei die Integrationsgrenzen ω_a und ω_u den Stundenwinkel zum Zeitpunkt des Sonnenauf- bzw. Sonnenuntergangs bezeichnen. Die Werte der Integrationsgrenzen ergeben sich, indem man in Gl. (3.28) $\theta = 90°$ setzt und nach ω auflöst:

$$\begin{aligned} \omega_u &= \arccos(-\tan\delta\tan\phi) \\ \omega_a &= -\omega_u . \end{aligned} \tag{3.33}$$

Die Umrechnung auf die Tagessumme I_d der Einstrahlung auf eine beliebig orientierte Fläche erfolgt wieder über einen Geometriefaktor.

$$I_d(\alpha,\beta) = I_{dm}\, R_d = I_{dm}\,\frac{\int_{\omega_a^*}^{\omega_u^*} \cos\theta\,(\alpha,\beta)\; d\omega}{\int_{\omega_a}^{\omega_u} \cos\theta\,(0,0)\; d\omega} \tag{3.34}$$

Dabei sind ω_u^* und ω_a^* die Stundenwinkel des Sonnenauf- bzw. -untergangs bezüglich der untersuchten Fläche. Betrachtet man beispielsweise eine nach Süden ausgerichtete Fläche gemäß Gl. (3.27), so kann man sich mit Hilfe von Abb. 3.7 leicht veranschaulichen, dass für das Sommerhalbjahr der Sonnenauf- bzw. -untergang von der Fläche nicht „gesehen“ wird. Für das gewählte Beispiel ergibt sich somit:

$$\begin{aligned} \omega_u^* &= \min(\omega_u,\ \arccos(-\tan(\phi-\beta)\tan\delta)) \\ \omega_a^* &= -\omega_u^* . \end{aligned} \tag{3.35}$$

→ Beispiel

Berechnet werden soll der Stundenwinkel und die Sonnenzeit des Sonnenaufgangs für eine senkrechte, nach Süden ausgerichtete Fläche am 8. Mai in Nordhausen. Die geographische Breite von Nordhausen beträgt 51,3 °. Der Deklinationswinkel ergibt sich aus Gl. (3.10) zu

$$\delta = -23{,}45°\ \cos\left(\frac{360°}{365}(128+10)\right) = 16{,}9°.$$

Für den Stundenwinkel des Sonnenaufgangs bzgl. der Fläche ist Gl. (3.35) auszuwerten. Für den meteorologischen Sonnenaufgang gilt

$$\omega_a = -\arccos(-\tan 16{,}9°\tan 51{,}3°) = -112{,}3°.$$

Mit $-\arccos(-\tan(51{,}3° - 90°)\tan 16{,}9°) = -75{,}9°$ ergibt sich für den Sonnenaufgang bzgl. der Fläche ein Stundenwinkel von $\omega_a^* = -75{,}9°$. Aus Gl. (3.20) erhält man durch Umstellen die zugehörigen Sonnenzeiten

$$\begin{aligned} t_S &= \frac{-112{,}3°}{15°} + 12\,\mathrm{h} = 4\,\mathrm{h}\,31'. \\ t_S^* &= \frac{-75{,}9°}{15°} + 12\,\mathrm{h} = 6\,\mathrm{h}\,56'. \end{aligned}$$

3.1.5 Global- und Diffusstrahlung auf eine beliebig orientierte Fläche

Liegen für einen Ort keine Messwerte für die Globalstrahlung vor, so werden in der Literatur eine Reihe von Modellen beschrieben, um die Globalstrahlung aus anderen meteorologischen Daten zu berechnen [14][34]. Ein vergleichsweise einfaches Modell auf Basis des Linke-Trübungsfaktors soll im Folgenden vorgestellt werden [59]. Es unterscheidet zwischen wolkenlosem und bewölktem Himmel. Für die Globalstrahlung auf eine horizontale Fläche ergibt sich bei wolkenlosem Himmel

$$G = 0,84\, I_0\, \sin\beta_S\, \exp\left(\frac{-0,027\, T_L}{\sin\beta_S}\, \frac{p}{p_0}\right). \tag{3.36}$$

Der Faktor p/p_0 gibt wie schon in Gl. (3.19) den Einfluss der geographischen Höhe mittels des Luftdrucks wieder. Die Globalstrahlung für bewölkten Himmel erhält man über die Abschätzung des Gesamtbedeckungsgrades des Himmelshalbraums mit Wolken in Achteln der Gesamtfläche. Die Globalstrahlung auf eine horizontale Fläche bei einem zu $N/8$ bedeckten Himmel ist dann

$$G_N = G\,(1 - a(N/8)^b), \tag{3.37}$$

mit den für Deutschland gültigen Parametern $a = 0,72$ und $b = 3,2$. [11]
Die Diffusstrahlung auf eine horizontale Fläche lässt sich nach Gl. (3.17) als Differenz von Global- und Direktstrahlung berechnen. Für wolkenlosen Himmel erhält man mit der Direktstrahlung aus Gl. (3.30)

$$D = G - I. \tag{3.38}$$

Betrachtet man eine beliebig orientierte Fläche nach Abb. 3.11, so trifft die einfallende (diffuse) Himmelsstrahlung nur noch aus dem durch den Anstellwinkel β festgelegten Raumwinkel ein. Unter der Annahme, dass die diffuse Strahlung gleichmäßig aus allen Richtungen des Himmelshalbraums kommt, erhält man

$$D(\alpha,\beta) = D\,\frac{1}{2}(1+\cos\beta). \tag{3.39}$$

Diese Annahme der Isotropie gilt jedoch nur näherungsweise. Insbesondere in der Umgebung der Sonne nimmt die Diffusstrahlung deutlich zu. Dieser Effekt ist in Gl. (3.40) durch einen zusätzlichen Term berücksichtigt.

$$D(\alpha,\beta) = D\,\frac{1}{2}(1+\cos\beta) + D\,\frac{I(\alpha,\beta)}{I_0}\left(\frac{1}{\sin\beta_S} - \frac{1+\cos\beta}{2\cos\theta}\right) \tag{3.40}$$

Für bewölkten Himmel lässt sich mit Hilfe des Gesamtbedeckungsgrads die Diffusstrahlung auf eine horizontale Fläche als

$$D_N = G_N - I\,(1 - N/8) \tag{3.41}$$

[11] Das den Gleichungen 3.36 und 3.37 zugrunde liegende empirische Modell gilt nicht uneingeschränkt: Bei einem Trübungsfaktor $T_L \geq 3$ darf der Sonnenhöhenwinkel β_S maximal 66° betragen; bei einem Trübungsfaktor $T_L \geq 2$ maximal 35°.

ansetzen. Eine Auswertung von Gl. (3.41) hat jedoch nur als Mittelung über einen bestimmten Zeitraum Sinn, da der Term $(1-N/8)$ die Wahrscheinlichkeit angibt, dass die Sonne nicht von Wolken bedeckt ist. Die Diffusstrahlung auf eine beliebig orientierte Fläche kann man sich aus zwei Anteilen zusammengesetzt vorstellen: $(1-N/8)$ des Himmelshalbraums sind wolkenlos und $N/8$ vollständig bewölkt.

$$D_N(\alpha,\beta) = (1-N/8)\,D(\alpha,\beta) + (N/8)D_8(\alpha,\beta) \tag{3.42}$$

Auch dieses Modell liefert nur im zeitlichen Mittel – z.B. als Stunden- oder Tageswerte – sinnvolle Ergebnisse.

→ Abschätzung der Einstrahlung bei unterschiedlicher Bewölkung

Mit Hilfe der Gleichungen 3.37 und 3.41 kann der Einfluss der Bewölkung auf die Strahlungsintensität abgeschätzt werden. Die Wetterverhältnisse wurden in Anlehnung an die vom Deutschen Wetterdienst gebräuchlichen Bezeichnungen für den Gesamtbedeckungsgrad zusammengefasst.

Wetter	N	G_N/G	D_N/G_N
wolkenlos, sonnig	0	100 %	10 - 20 %
leicht bewölkt, heiter	1 - 3	95 - 100 %	20 - 50 %
wolkig	4 - 6	60 - 95 %	50 - 75 %
stark bewölkt	7	40 - 60 %	75 - 95 %
bedeckt	8	10 - 40 %	100 %

Die Globalstrahlung G bei wolkenlosem Himmel hängt in starkem Maße von der Trübung ab. Für einen Höhenwinkel der Sonne von $\beta_S = 60°$ ergeben sich Strahlungsintensitäten von 700 - 1.000 W/m^2 je nach Trübungsfaktor und bezogen auf eine horizontale Fläche.

Schließlich ist für eine beliebig orientierte Fläche die von der Erdoberfläche reflektierte Globalstrahlung $R(\alpha,\beta)$ zu berücksichtigen. Sie muss mit dem Reflexionsgrad ρ_e und dem von der Erdoberfläche bezüglich der Fläche eingenommenen Raumwinkelanteil gewichtet werden, wobei isotrope Reflexion vorausgesetzt wurde.

$$R(\alpha,\beta) = G\,\rho_e\,\frac{1}{2}(1-\cos\beta) \tag{3.43}$$

Der Reflexionsgrad ρ_e, häufig auch als Albedo bezeichnet, nimmt je nach Beschaffenheit der Erdoberfläche Werte zwischen 0,2 und 0,4; bei Schnee bis zu 0,8 an. In Tabelle 3.3 sind einige typische Werte angegeben.
Zusammenfassend ergibt sich für die auf eine beliebig orientierte Fläche fallende Sonnenstrahlung

$$G_N(\alpha,\beta) = (1-N/8)\,I(\alpha,\beta) + D_N(\alpha,\beta) + R(\alpha,\beta). \tag{3.44}$$

Eine Auswertung der Gl. (3.44) zur Abschätzung des zu erwartenden Einstrahlungsertrags erfolgt häufig über den Ansatz von Tagessummen, wie sie bereits in Kapitel 3.1.4 für die direkte Strahlung eingeführt wurden.

Tabelle 3.3 Kurzwelliger Albedo für unterschiedliche Oberflächen, nach [34]

Oberfläche	ρ_e	Oberfläche	ρ_e
Sandboden, trocken	0,21 - 0,43	Dachziegel, rot	0,33
Sandboden, feucht	0,09	Dachpappe, schwarz	0,12 - 0,13
Erdboden, trocken	0,12 - 0,15	Schiefer	0,10 - 0,14
Erdboden, feucht	0,07 - 0,12	Asphalt	0,09 - 0,18
Gras, trocken	0,19 - 0,22	Beton	0,30 - 0,35
Gras, grün	0,26	Holz	0,22
Wasser, $\beta_S > 45°$	0,05 - 0,08	Kupfer	0,74
Wasser, $\beta_S < 45°$	0,08 - 0,22	Stahl	0,80
Schnee, sauber	0,66 - 0,82	Aluminium	0,85

Liegen Messwerte für Global- und Diffusstrahlung auf eine horizontale Fläche vor, so kann daraus die Globalstrahlung auf eine beliebig orientierte Fläche durch folgende Gleichung berechnet werden:

$$G(\alpha,\beta) = (G_m - D_m)R + D_m\,\frac{1}{2}(1+\cos\beta) + \rho_e\,G_m\,\frac{1}{2}(1-\cos\beta). \tag{3.45}$$

Dabei wurde Isotropie für Diffusstrahlung und Reflexion vorausgesetzt. Der Geometriefaktor R berechnet sich gemäß Gl. (3.31). Liegen Messwerte für Global- und Diffusstrahlung auf eine horizontale Fläche als mittlere monatliche Tagessummen vor, so ergibt sich für

$$G_d(\alpha,\beta) = (G_{dm} - D_{dm})R_d + D_{dm}\,\frac{1}{2}(1+\cos\beta) + \rho_e\,G_{dm}\,\frac{1}{2}(1-\cos\beta) \tag{3.46}$$

mit dem Geometriefaktor R_d aus Gl. (3.34).

3.1.6 Jahressumme der Globalstrahlung auf eine beliebig orientierte Fläche

In Mitteleuropa führt eine Ausrichtung nach Süden und ein Anstellwinkel von etwa 30° zum größtmöglichen Energieertrag (Azimutwinkel $\alpha = 0°$ und Anstellwinkel $\beta = 30°$). Aus Abb. 3.13 lassen sich am Beispiel der Jahressumme der Globalstrahlung auf eine beliebig orientierte Fläche in Kassel zwei einfache Faustformeln ableiten, die weitgehend für Mitteleuropa Gültigkeit haben: Bei einer Ausrichtung der Solaranlage mit

Azimutwinkel $\alpha = 0 \pm 45°$ und Anstellwinkel $\beta = 30 \pm 15°$

beschränken sich die Mindererträge im jährlichen Mittel auf 5 %. Bei einer Ausrichtung der Solaranlage mit

Azimutwinkel $\alpha = 0 \pm 90°$ und Anstellwinkel $\beta = 30 \pm 30°$

beschränken sich die Mindererträge im jährlichen Mittel auf 15 %. Eine etwas differenziertere Betrachtung ist notwendig, wenn die Solaranlage über das gesamte Jahr

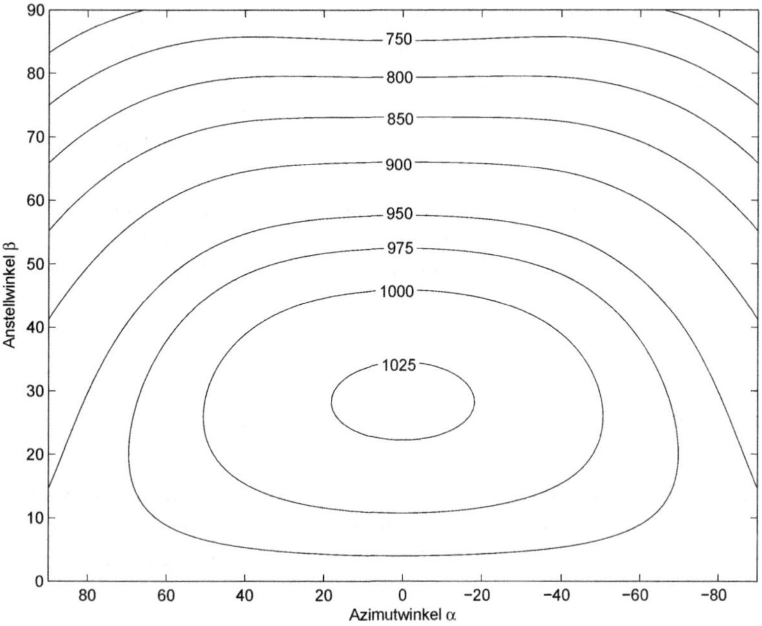

Abb. 3.13 Jahressumme der Globalstrahlung für Kassel ($\phi = 51,3°$) in kWh/m² und in Abhängigkeit von Azimut- und Anstellwinkel der geneigten Fläche

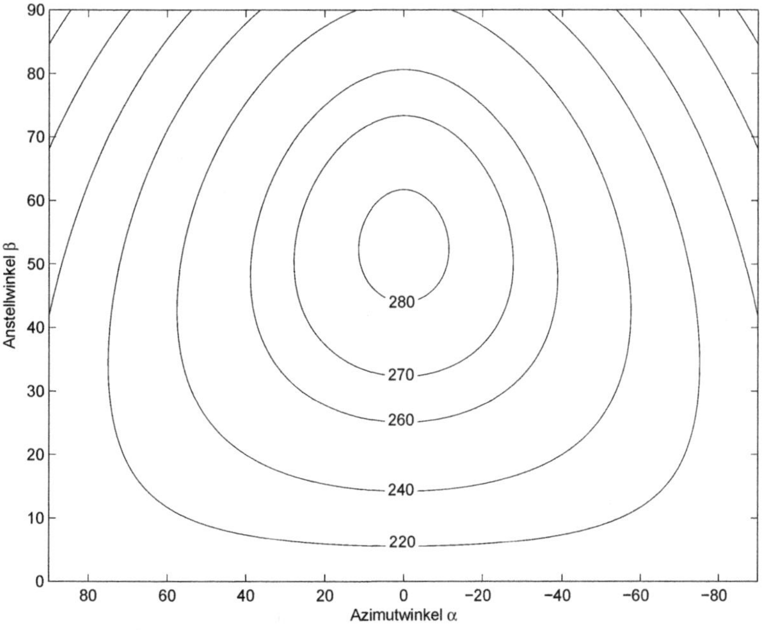

Abb. 3.14 Halbjahressumme (Oktober-März) der Globalstrahlung für Kassel ($\phi = 51,3°$) in kWh/m² und in Abhängigkeit von Azimut- und Anstellwinkel der geneigten Fläche

eine bestimmte Leistung erbringen soll - beispielsweise als photovoltaische Inselanlage. Hier muss sich die Ausrichtung am einstrahlungsärmeren Winterhalbjahr orientieren (vgl. Abb. 3.14). Eine Ausrichtung nach Süden und ein Anstellwinkel von etwa 50° ergeben einen auf das Winterhalbjahr optimierten Einstrahlungsertrag. Mit dem Einstrahlungsdiagramm 3.13 lässt sich bei gegebener Ausrichtung der Absorberfläche auch eine erste Abschätzung des Energieertrags im jährlichen Mittel vornehmen. Solche Einstrahlungsdiagramme, die die Globalstrahlung auf eine beliebig orientierte Fläche in einer bestimmten Region wiedergeben, werden auch als *Einstrahlungsscheiben* bezeichnet. Beispielsweise in [10] sind Einstrahlungsscheiben für Deutschland, Österreich und die Schweiz enthalten.

3.1.7 Auslegungshilfsmittel Sonnenstandsdiagramm

Mit Hilfe des Sonnenstandsdiagramms lässt sich der Sonnenstand im Tages- und Jahresverlauf für einen durch seinen Breitengrad bestimmten Ort grafisch darstellen. Das Sonnenstandsdiagramm setzt die Gleichungen 3.23 und 3.24 in eine zwei-

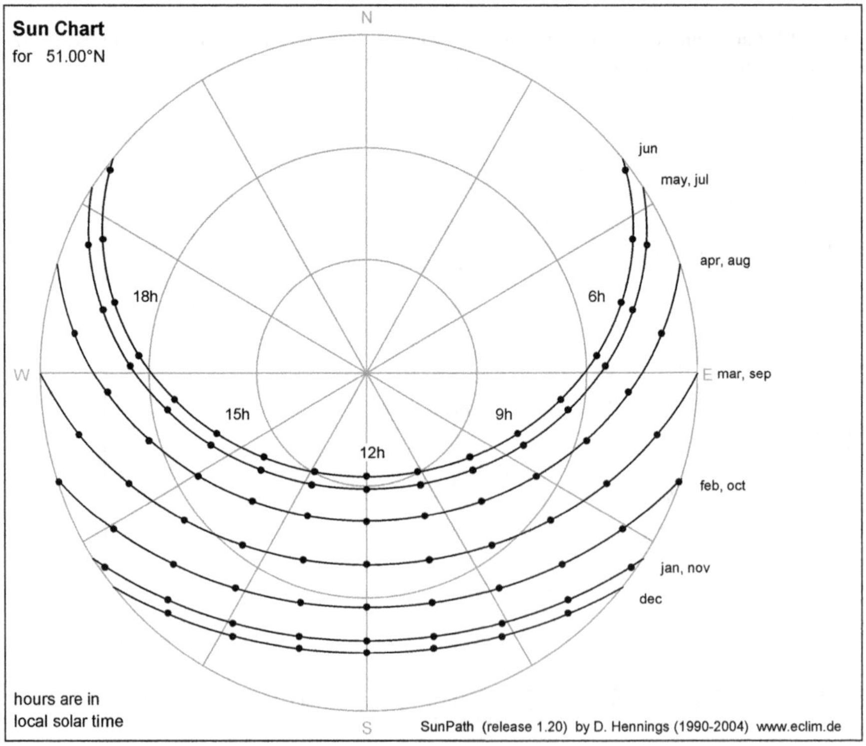

Abb. 3.15 Sonnenstandsdiagramm für $\phi = 51°$ N [27]

dimensionale Darstellung um. Abb. 3.15 zeigt den Verlauf für 51 ° nördliche Breite (z.B. Bochum, Kassel, Nordhausen, Leipzig). Am Umfang des Außenkreises ist der Azimutwinkel α_S angetragen. Gleichzeitig stellt der Außenkreis den Elevationswinkel $\beta_S = 0°$ dar. Die Innenkreise sind Isolinien des Elevationswinkels für 30 ° bzw. 60°, der Mittelpunkt für den Elevationswinkel 90 °. Die repräsentativen Tageskurven wurden hier jeweils für den 21. des Monats berechnet.
Das Sonnenstandsdiagramm aus Abb. 3.15 kann folgendermaßen gelesen werden: Am 21. April geht die Sonne kurz nach 05:00 Uhr solarer Zeit bei einem Azimutwinkel von etwa $-110°$ auf. Um 09:00 Uhr solarer Zeit hat die Sonne einen Höhenwinkel von etwa 35° bei einem Azimutwinkel von $-60°$ erreicht. Der Sonnenhöchststand beträgt etwa 50°.
Sonnenstandsdiagramme lassen sich insbesondere zur Verschattungsanalyse einsetzen. Hindernisse wie Gebäude oder Bäume können in das Diagramm eingetragen werden, nachdem sie vor Ort bezüglich Azimut- und Elevationswinkel vermessen wurden.

3.1.8 Auslegungshilfsmittel Strahlungsatlas

Statistische Einstrahlungsdaten sind für viele Orte der Welt kartiert und häufig frei verfügbar. Eine wichtige Quelle stellt der *Europäische Strahlungsatlas* [48] dar, der für zahlreiche europäische Messpunkte Einstrahlungsdaten enthält. Tabelle 3.4 zeigt auszugsweise den Eintrag für Kassel.

Tabelle 3.4 Auszug aus dem Europäischen Strahlungsatlas für Kassel [48]

Month	Jan	Feb	Mar	Apr	May	Jun	Jul	Aug	Sep	Oct	Nov	Dec	mean
Daily global radiation: kWh/m^2													
G mean	0.60	1.27	2.29	3.51	4.40	4.97	4.78	4.10	2.83	1.50	0.70	0.42	2.62
Gmax	1.51	2.81	4.45	6.27	7.48	7.96	7.71	6.52	5.05	3.30	1.81	1.04	4.68
Gmin	0.12	0.23	0.45	0.83	0.83	1.34	1.74	1.26	0.71	0.27	0.13	0.08	0.67
Go	2.37	3.91	6.22	8.72	10.67	11.55	11.09	9.44	7.11	4.67	2.77	1.94	6.72
Daily diffuse radiation: kWh/m^2													
D mean est.	0.46	0.80	1.39	2.05	2.54	2.78	2.75	2.40	1.64	0.99	0.51	0.34	1.56
D/G mean	0.76	0.63	0.61	0.58	0.58	0.56	0.58	0.59	0.58	0.66	0.73	0.81	0.60
Daily sunshine duration: hours													
S	1.1	2.4	3.7	5.1	5.9	6.5	6.9	6.4	4.6	3.0	1.4	0.8	4.0
So	8.2	9.8	11.7	13.7	15.4	16.3	15.9	14.4	12.5	10.5	8.7	7.7	12.1
S/So	0.13	0.24	0.31	0.37	0.38	0.40	0.44	0.45	0.37	0.29	0.16	0.10	0.30
Somax	8.7	10.4	12.5	14.4	15.9	16.3	16.2	15.0	13.2	11.2	9.3	7.9	
Angstrom coefficients: Reference site: Braunschweig													
Angstrom a	0.18	0.18	0.19	0.19	0.19	0.21	0.20	0.22	0.20	0.18	0.16	0.16	0.19
Angstrom b	0.54	0.60	0.57	0.57	0.58	0.55	0.53	0.48	0.54	0.49	0.56	0.53	0.55

Die Tabelle enthält die mittleren monatlichen Tagessummen von Globalstrahlung (G mean) und Diffusstrahlung (D mean). Darüber hinaus sind Maximal- und Minimalwerte der monatlichen Tagessummen (Gmax und Gmin) sowie die Tagessumme der extraterrestrischen Strahlungsintensität (Go) auf eine horizontale Fläche tabelliert. Die Sonnenscheindauer (S) gibt die Dauer der tatsächlichen direkten Sonnenstrahlung an einem Tag wieder[12]. Die astronomische Sonnenscheindauer (So) entspricht der Tageslänge. Bei wolkenlosem Himmel stimmen Sonnenscheindauer und astronomische Sonnenscheindauer überein.

Mit Hilfe der Angström-Koeffizienten lässt sich der mittlere Linke-Trübungsfaktor über die Formel:

$$T_L = f_m - f_m\,(a+b) \tag{3.47}$$

berechnen. Für den Korrekturfaktor f_m gilt [54]:

Tabelle 3.5 Korrekturfaktor für die Bestimmung von T_L

$\phi > 25°$ N	Jan	Feb	Mar	Apr	May	Jun	Jul	Aug	Sep	Oct	Nov	Dec
$\phi > 25°$ S	Jul	Aug	Sep	Oct	Nov	Dec	Jan	Feb	Mar	Apr	May	Jun
f_m	10.7	13.2	15.4	17.1	18.5	16.9	18.2	17.0	14.9	12.8	11.3	9.5

→ **Beispiel**

Auf Basis der in Tabelle 3.4 gegebenen Einstrahlungswerte soll die Globalstrahlung auf eine um 30° geneigte, nach Süden ausgerichtete Fläche bestimmt werden. Grundlage der Berechnung ist die Gl. (3.46). Für den Geometriefaktor gilt mit $\alpha = 0°$ und $\beta = 30°$

$$R_d = \frac{\int_{\omega_a^*}^{\omega_u^*} (\sin(\phi - 30°)\sin\delta + \cos(\phi - 30°)\cos\delta\cos\omega)\,d\omega}{\int_{\omega_a}^{\omega_u} (\sin\phi\sin\delta + \cos\phi\cos\delta\cos\omega)\,d\omega}$$
$$= \frac{\omega_u^* \sin(\phi - 30°)\sin\delta + \cos(\phi - 30°)\cos\delta\sin\omega_u^*}{\omega_u \sin\phi\sin\delta + \cos\phi\cos\delta\sin\omega_u}$$

Hierbei wurde aufgrund der Ausrichtung nach Süden $\omega_u^* = -\omega_a^*$ gesetzt.

Zur Berechnung des Geometriefaktors wird zunächst der Monat Januar betrachtet. Um die Gleichung auswerten zu können, wird mit dem 16. Januar die Mitte des Monats gewählt. Mit $n = 16$ ergibt sich für den Deklinationswinkel $\delta = -21,14\,°$. Eingesetzt in Gl. (3.33) und unter Verwendung des Längengrads von Kassel $\phi = 51,3°$ erhält man den Stundenwinkel des Sonnenuntergangs:

$$\omega_u = \arccos(-\tan -21,14° \cdot \tan 51,3°) = 61,25°.$$

[12] Die Sonnenscheindauer wird durch ein der Sonne nachgeführtes Messgerät ermittelt, das die Direktnormalstrahlung misst und ab einem Grenzwert von 120 W/m² auf Sonnenschein erkennt.

Da für Wintermonate bei nach Süden ausgerichteten Flächen $\omega_u^* = \omega_u$ gilt, kann der Geometriefaktor zu $R_d = 2,96$ berechnet werden. Eingesetzt in Gl. (3.46) und unter der Annahme einer Schneebedeckung der Erdoberfläche (Reflexionskoeffizienten von 0,7) erhält man für die mittlere Tagessumme im Januar

$$G_d = (G_{dm} - D_{dm}) \cdot 2,96 + D_{dm} \cdot \frac{1 + \cos 30°}{2} + 0,7 \cdot G_{dm} \cdot \frac{1 - \cos 30°}{2}$$
$$= (0,41 + 0,43 + 0,03)\mathrm{kWh/m^2} = 0,87\mathrm{kWh/m^2}$$

Damit ergibt sich für die betrachtete Fläche im Monat Januar eine zu erwartende Einstrahlung von 27 kWh/m^2. Für die folgenden Monate ist entsprechend zu verfahren.

Die Auswertung und Aufbereitung von Einstrahlungsdaten auf beliebig orientierte Flächen lässt sich natürlich mit Programmen zur rechnergestützten Ertragsprognose deutlich vereinfachen. Basis sind auch hier langjährige Mittelwerte der Einstrahlung, die durch Bodenmessstationen oder aus Satellitenbildern gewonnen wurden. Mit Hilfe von Interpolationsverfahren, die auch die geografischen Gegebenheiten berücksichtigen, werden typische Jahresverläufe der Einstrahlung auf eine horizontale Fläche für den gewünschten Ort errechnet. Beispiele für solche Einstrahlungsdatenbanken sind das kommerzielle Produkt *meteonorm* der Schweizer Firma Meteotest [43] und die durch Mittel der EU geförderte freie Datenbank s@tel-light [56]. Während erstere Einstrahlungsdaten aus den Jahren 1981 - 1990 bzw. 1986 - 2005 auswertet, basiert letztere auf dem vergleichsweise kurzen Zeitraum 1996 -2000.

3.1.9 Messung der Einstrahlung

Zur Messung der Einstrahlung können Pyranometer und Silizium-Strahlungsempfänger eingesetzt werden. Diese unterscheiden sich in ihrem Messprinzip, der Genauigkeit und dem Preis.
Bei Pyranometern wird die einfallende Strahlung durch zwei halbkugelförmige Glashauben auf eine schwarze Absorberfläche gelenkt und dort in Innere Energie umgewandelt. Die Temperaturerhöhung gegenüber der Umgebung wird mittels eines Thermoelements gemessen, das eine zur Temperaturdifferenz proportionale Spannung liefert. Silizium-Strahlungsempfänger bestehen im Wesentlichen aus einer geeichten Solarzelle, die zur Messung des Kurzschlussstroms mit einem kleinen Widerstand abgeschlossen wurde. Gemäß der spektralen Empfindlichkeit der Solarzelle wird ein der Einstrahlung proportionaler Kurzschlussstrom gemessen.
Während Pyranometer durch eine geeignete Wahl der Absorberfläche in einem bestimmten Wellenlängenbereich ein von der Wellenlänge praktisch unabhängiges Absorptionsverhalten erzielen, sind Silizium-Strahlungsempfänger auf ein fes-

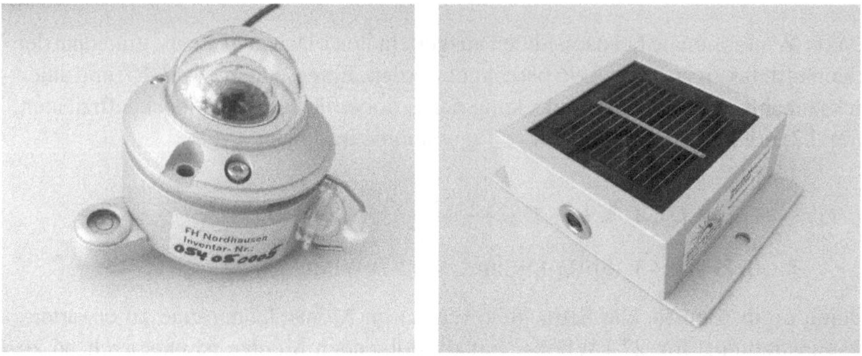

Abb. 3.16 Einstrahlungsmessgeräte: Pyranometer (links) und Silizium-Strahlungsempfänger (rechts) (Foto: Lustermann)

tes Bezugsspektrum geeicht. Die hohe Messgenauigkeit der Pyranometer mit einer Messabweichung unter 1 % wird von den deutlich kostengünstigeren Silizium-Strahlungsempfängern daher nicht erreicht. Bei der Mittelung über längere Messintervalle (z.B. Monatswerte) ergeben sich für Silizium-Strahlungsempfänger Messabweichungen kleiner 10 %.

Für die Ermittlung von Momentanwerten der Einstrahlung weisen nur Pyranometer eine ausreichende Genauigkeit auf. Silizium-Strahlungsempfänger können dann verwendet werden, wenn Monats- oder Jahressummen der Einstrahlung ermittelt werden sollen oder die Messung nicht zur Bestimmung der Einstrahlung sondern direkt zur Ermittlung des Photostroms herangezogen werden soll. Die mangelnde absolute Genauigkeit der Einstrahlungsmessung fällt dann nicht ins Gewicht, da Messung und Auswirkung der Messgröße über dieselbe spektrale Empfindlichkeit vermittelt werden.

Die bisher beschriebenen Messverfahren dienen zur Messung der Globalstrahlung. Zur Messung der Diffusstrahlung werden Pyranometer mit einem verstellbaren Schattenring ausgerüstet, der die Sonnenbahn am Himmelshalbraum abdeckt. Da der Schattenring auch einen Teil der Diffusstrahlung abschattet, muss der Messwert um den Anteil des Himmelshalbraums, der von dem Schattenring eingenommen wird, korrigiert werden. Eine Alternative stellen Schattenscheiben dar, die nur die Sonne gegenüber dem Pyranometer abdecken und kontinuierlich der Sonnenbahn nachgeführt werden müssen. Zur Messung der Direktnormalstrahlung werden Pyrheliometer eingesetzt. Ihr Funktionsprinzip entspricht dem eines Pyranometers, jedoch ist das Sichtfeld auf 5° beschränkt, so dass das Gerät ebenfalls kontinuierlich der Sonne nachgeführt werden muss. In der Regel wird der Direktstrahlungsanteil jedoch aus der Differenz der Messwerte für Global und Diffusstrahlung gewonnen.

3.2 Erdwärme

Die Innere Energie der Erde stellt eine primäre regenerative Energiequelle dar. Wie auch die Solarstrahlung ist die Energie der Erde nur im zeitlichen Maßstab des Menschen als vollständig regenerativ zu bezeichnen. Die Erde „verliert" beständig einen Teil ihrer Inneren Energie durch Wärmeabstrahlung in das Weltall: Während die mittlere Temperatur des Weltalls mit 2 - 3 Kelvin angenommen werden kann, beträgt die mittlere Erdoberflächentemperatur immerhin 15 °C, also 288 Kelvin.

Woher stammt die innere Energie der Erde?

Geophysiker nennen drei Quellen:

- Die Gravitationsenergie entstammt der Kontraktion von Gasen, Staub, Gesteins- und Eisbrocken bei der Entstehung der Erde vor etwa 4,5 Milliarden Jahren. Sie wurde beim Zusammenprall der Massen in thermische innere Energie umgewandelt und vermindert sich seither durch Wärmeabgabe an das Weltall. Bedingt durch die jahrmillionenlange Abgabe von Strahlungsenergie hat sich die Erdoberfläche auf lebensfreundliche 15 °C abgekühlt, mit größerer Tiefe nimmt die Temperatur jedoch zu. Die Temperatur im Erdinnern schätzt man auf 3.000 bis 5.000 °C [55]. In Deutschland macht der aus Gravitationsenergie stammende Anteil rund 30 % des geothermen Wärmestroms aus [30].
- Der Zerfall natürlicher langlebiger Isotope im Erdinnern trägt in Deutschland mit rund 70 % zum geothermen Wärmestrom bei[13]. Neben den Uranisotopen U^{238} und U^{235} sind dies der Zerfall von Thorium Th^{232} und Kalium K^{40}. Die Radioaktivität produziert rund $2{,}5$ μW/m^3 in granitischem bzw. $0{,}5$ μW/m^3 in basaltischem Gestein [36].
- Auch die von der Erdoberfläche absorbierte Solarstrahlung erhöht die Innere Energie der Erde. Ein saisonaler Einfluss auf die Erdtemperatur ist aber nur in den oberen 10 bis 30 m der festen Erdschicht feststellbar. Solarenergie wird zudem über Regen und Grundwasser in den Erdboden eingetragen. [14]

Bei Addition der genannten Energieanteile ergibt sich ein unvorstellbar großer innerer Energiegehalt der Erde von 12 bis $24 \cdot 10^{30}$ Joule. Zum Vergleich: diese Zahl entspricht der Sonnenenergie, die von der Erdoberfläche im Laufe von mehreren Millionen Jahren absorbiert wird.
Der radiale Temperaturgradient in der obersten kontinentalen Erdkruste beträgt im Mittel 30 K je Kilometer. In Tiefen von rund 6.000 m werden also Temperaturen von ca. 200 °C erreicht, wenn von einer Erdbodentemperatur von rund 15 °C ausgegangen wird. Der Gradient ist sehr stark vom geologischen Alter der Gesteinsschichten

[13] Nach [36] gehen in kontinentalen Gebieten 50 - 80 % des Wärmeflusses auf den radioaktiven Zerfall zurück.

[14] Im Meer führt die Absorption großer Mengen an solarer Energie zu enormen Konvektionsströmungen, die das globale Klima erheblich beeinflussen.

abhängig. In geologisch sehr jungen Krustenbereichen wie in der Toskana, Kalifornien oder Neuseeland herrschen bereits in 1.000 bis 2.000 m Tiefe Temperaturen von ca. 300 °C. In Deutschland zählt der Oberrheingraben zu den jüngeren Erdformationen. In geologisch sehr alten Erdkrustengebieten wie Südindien, Südafrika oder Nordeurasien beträgt der radiale Temperaturgradient nur rund 10 K je Kilometer. Daher ist es z.B. in Südafrika möglich, Bergwerke bis in 3.000 m Tiefe zu führen.

Wärmestromdichte

Als *Wärmestromdichte* $\dot{q}_K$ wird der Normalstrahlungsfluss der geothermischen Energie in Richtung des Erdradius zur Oberfläche hin bezeichnet. Als Bezug wird eine horizontale Fläche von 1 m^2 angenommen, deren Flächennormale mit der Richtung des Erdradius zusammenfällt. Der globale Mittelwert beträgt lediglich $0,065$ W/m^2, in vulkanisch aktiven Gebieten werden Werte von $0,090$ bis $0,800$ W/m^2 gemessen, in alten Kontinentalgebieten beträgt die Erdwärmestromdichte dagegen nur $0,025$ bis $0,050$ W/m^2 [30]. Der geothermische Wärmestrom wird nahezu ausschließlich durch Wärmeleitung im Gestein verursacht. Nur in seltenen Fällen wird in ausgedehnteren vertikalen Kluftsystemen Energie durch aufsteigendes heißes Wasser konvektiv übertragen.

→ Beispiel

Es ist leicht einzusehen, dass der geothermische Wärmestrom $\dot{q}_K$ nicht ausreicht, um ein Gebäude direkt mit Heizenergie zu versorgen. Beim Neubau eines Wohngebäudes beträgt die Nennheizlast rund $\dot{q}_H = \dot{Q}_H / A_N = 40$ W/m^2 Nutzfläche. A_c sei die erforderliche horizontale Fläche, in der der Erdwärmestrom $\dot{q}_K$ „gesammelt" wird. Um das Gebäude bei einer Außentemperatur von -12°C auf Raumtemperatur zu halten, ist der Heizwärmestrom $\dot{Q}_H$ zuzuführen. Es muss $\dot{Q}_H = \dot{Q}_E$ gelten und damit ist

$$\dot{q}_H \cdot A_N = \dot{q}_K \cdot A_c,$$

daraus folgt

$$\frac{A_c}{A_N} = \frac{\dot{q}_H}{\dot{q}_K} = \frac{40 \text{ W/m}^2}{0,065 \text{ W/m}^2} = 615.$$

Um mit dem mittleren geothermischen Wärmestrom von $\dot{q}_K = 0,065$ W/m^2 das Wohngebäude zu beheizen, wäre eine 615-fach größere horizontale Erdkollektorfläche A_c erforderlich, wie die kurze Rechnung zeigt. Bei der Aufgabenstellung wurde nicht berücksichtigt, dass zur Beheizung von Gebäuden ein Wärmestrom mit Temperaturen von $> 20°C$ erforderlich ist und die Erdkollektorfläche daher eigentlich in mehr als 300 m Tiefe verlegt werden müsste.

Das Beispiel zeigt, dass der geothermische Erdwärmestrom nicht ausreicht, um z.B. Gebäude direkt zu beheizen. Daher nutzt man das Erdreich wie einen thermischen Speicher. Man entnimmt ihm in der Heizperiode mehr thermische Energie als in gleicher Zeit geothermisch nachfließt und kühlt ihn dabei ab. Im Sommerhalbjahr regeneriert das ausgekühlte Erdreich durch Zufuhr geothermischer Wärme aus dem Erdinnern und durch Absorption solarer Strahlungsenergie.

→ Regenerationszeit

Die Nutzung von oberflächennaher Erdwärme ist nur dann regenerativ, wenn dem Erdboden im Jahresmittel nicht mehr Energie entnommen wird, als durch die natürlichen Energietransportvorgänge während der Regenerationszeit wieder zufließen kann.
Bei der oberflächennahen Geothermie findet dieser Ausgleich saisonal statt, bei der tiefen Geothermie geht man davon aus, dass sich der abgekühlte Untergrundbereich nach einer Nutzungsdauer von 20 und mehr Jahren innerhalb von 50 bis 100 Jahren wieder vollständig regenerieren wird.

Stoffeigenschaften des Erdbodens

Die thermodynamischen Eigenschaften des Untergrunds sind für die geothermische Nutzung von großer Bedeutung. Tab. 3.6 gibt einen Überblick zu den Stoffwerten der wichtigsten Gesteinsarten und verwendeten Materialien.
Wie die Tab. 3.6 zeigt, beträgt der natürliche Schwankungsbereich der Wärmeleitfähigkeit λ zwischen 1 und 6 W/m/K, durchschnittlich kann mit $\lambda = 2$ W/m/K gerechnet werden. Eine zweite wichtige thermodynamische Stoffeigenschaft stellt die volumetrische Wärmekapazität $(\rho \cdot c)$ dar, die in MJ/m^3/K angegeben wird. Sie ist das Produkt aus der Dichte des Gesteines ρ in kg/m^3 und der spezifischen Wärmekapazität c in J/kg/K. Für die meisten Gesteine nimmt die volumetrische Wärmekapazität einen Wert von $(\rho \cdot c) = 2$ bis 2,5 MJ/m^3/K ein.
Geothermische Bohrungen durchdringen oft mehrere Gesteinsschichten mit wechselnden thermodynamischen Stoffeigenschaften. Die mittleren Stoffwerte einer Folge aus n unterschiedlichen Schichten mit den Mächtigkeiten Δh_i errechnet man mit Gl. (3.48). Für die effektive Wärmeleitfähigkeit λ_{eff} einer Schichtenfolge gilt:

$$\lambda_{eff} = \frac{\sum\limits_{i=1}^{n} (\lambda_i \cdot \Delta h_i)}{\sum\limits_{i=1}^{n} \Delta h_i} \,. \tag{3.48}$$

Analog dazu lassen sich auch die effektive spezifische Wärmekapazität c_{eff} und die Dichte ρ_{eff} einer Schichtenfolge bestimmen. In den folgenden Gleichungen wird zur Vereinfachung der Schreibweise der Index $_{eff}$ meist weggelassen.

Tabelle 3.6 Stoffeigenschaften verschiedener Gesteine und sonstiger Materialien nach [61]

Gesteinsart	Dichte ρ in 10^3 kg/m^3	λ in W/m/K trocken	max. feucht	typisch	vol. Wärmekap. $(\rho \cdot c)$ in $\frac{MJ}{m^3 \cdot K}$
Magmatische Gesteine					
Basalt	2,6 - 3,2	1,3	2,3	1,7	2,3 - 2,6
Diorit	2,9 - 3,0	2	2,9	2,6	2,9
Gabbro	2,8-3,1	1,7	2,5	1,9	2,6
Granit	2,4 - 3,0	2,1	4,1	3,4	2,1 - 3,0
Peridotit	3	3,8	5,3	4	2,7
Rhyolit	ca. 2,6	3,1	3,4	3,3	2,1
Metamorphe Gesteine					
Gneis	2,4 - 2,7	1,9	4	2,9	1,8 - 2,4
Marmor	2,5 - 2,8	1,3	3,1	2,1	2
Metaquarzit	ca. 2,7	5,8	5,8	5,8	2,1
Glimmerschiefer	ca. 2,6	1,5	3,1	2	2,2
Tonschiefer	2,7	1,5	2,6	2,1	2,2 - 2,5
Sedimentgesteine					
Kalkstein	2,6 - 2,7	2,5	4	2,8	2,1 - 2,4
Mergel	2,5 - 2,6	1,5	3,5	2,1	2,2 - 2,3
Quarzit	ca, 2,7	3,6	6,6	6	2,1 - 2,2
Salz	2,1 - 2,2	5,3	6,4	5,4	1,2
Sandstein	2,2 - 2,7	1,3	5,1	2,3	1,6 - 2,8
Steinkohle	n.a.	0,3	0,6	0,3	1,3 - 1,8
Ton-/Schluffstein	2,5 - 2,6	1,1	3,5	2,2	2,1 - 2,4
Lockergesteine					
Kies, trocken	2,7 - 2,8	0,4	0,5	0,4	1,4 - 1,6
Kies, wassergesättigt	ca. 2,7	ca. 1,8	ca. 1,8	1,8	ca. 2,4
Moräne	n.a.	1	2,5	2	1,5 - 2,5
Sand, trocken	2,6 -2,7	0,3	0,8	0,4	1,3 - 1,6
Sand, wassergesättigt	2,6 -2,7	1,7	5	2,4	2,2 - 2,9
Ton/Schluff, trocken	n.a.	0,4	1	0,5	1,5 - 1,6
dto., wassergesättigt	n.a.	0,9	2,3	1,7	1,6 -3,4
Torf	n.a.	0,2	0,7	0,4	0,5 - 3,8
Andere Stoffe					
Bentonit	n.a.	0,5	0,8	0,6	ca. 3,9
Beton ca,	2,0	0,9	2	1,6	ca. 1,8
Eis (-10°C)	0,919	-	-	2,32	1,87
Luft (0-20°C, trocken)	0,0012	-	-	0,027	0,0012
Stahl	7,8	-	-	60	3,12
Wasser	0,999	-	-	0,59	4,15

Der Tab. 3.6 ist zu entnehmen, dass wassergesättigter Kies eine um etwa den Faktor vier höhere Wärmeleitfähigkeit besitzt als trockener Kies. Unterhalb des Grundwasserspiegels sind die Poren zwischen den Gesteinspartikeln mit Wasser, darüber mit Luft gefüllt. Die Porosität P eines Sediments ist definiert als

$$P = \frac{V_{Poren}}{V_{gesamt}} \,. \tag{3.49}$$

Mit der Wärmeleitfähigkeit der Porenfüllung λ_P und des Gesteins λ_G (aus Tab. 3.6) berechnet sich die effektive Wärmeleitfähigkeit λ des Gesteins zu

$$\lambda = \lambda_P \cdot P + \lambda_G \cdot (1 - P) . \tag{3.50}$$

Für die Wärmeleitfähigkeit der Porenfüllung λ_P ist entweder der Stoffwert von Wasser $\lambda_{H_2O} = 0,6$ W/m/K oder der von Luft $\lambda_{Luft} = 0,027$ W/m/K einzusetzen. Neben der Porosität wird auch der Sättigungsgrad angegeben, der das Verhältnis der tatsächlich im Gestein vorhandenen Wassermasse zur maximal lösbaren Wassermasse angibt. Größere wassergefüllte Hohlräume im Gestein können durch Auswaschungen wasserlöslicher Gesteine entstehen (Verkarstung). Hohlräume, die durch Rissbildung entstanden sind, werden Klüfte genannt.

Einteilung der geothermischen Nutzungsarten

Zur Unterscheidung von oberflächennaher und tiefer Geothermie hat sich die Bohrtiefe von 400 m herausgebildet. In der Praxis werden oberflächennahe Bohrungen nur bis zu einer Endteufe von 100 m geführt, da bei tieferen Bohrungen zusätzlich ein Genehmigungsverfahren nach Bergrecht erforderlich ist. Die Erdwärme zählt im juristischen Sinne zu den „bergfreien" Bodenschätzen[15]. Bei Bohrungen bis 100 m Tiefe genügt eine Genehmigung nach Wasserrecht, hierbei sind neben den Bestimmungen des Wasserhaushaltsgesetzes die Gesetze und Verordnungen der Bundesländer einzuhalten. Die genehmigenden Behörden sind je nach Bundesland auf Kreis- oder Landesebene verankert.

Aus thermodynamischer Sicht wäre eine Trennung in direkte/indirekte Nutzung sinnvoller. Erst bei Bohrtiefen von über 1.000 m sind im Untergrund Temperaturen größer 50 °C zu erwarten, so dass Heizwärme direkt über einen Wärmeübertrager ausgekoppelt werden kann.

Die Betrachtung der Art des Wärmetransports im Untergrund führt zu einer weiteren Einteilung. Man spricht von hydrothermaler Geothermie, wenn der Wärmetransport im Berg wesentlich durch erzwungene oder freie Konvektion erfolgt. Dazu ist ein Fluid erforderlich, das sich natürlich aufgrund von Dichteunterschieden oder erzwungen durch Pumpen bewegt. Grundwasser ist auch noch in Tiefen von mehreren 1.000 m zu finden. Bestimmt dagegen die Konduktion (Wärmeleitung) den Wärmetransportvorgang, spricht man von petrothermaler Geothermie.

[15] Bodenschätze sind mit Ausnahme von Wasser alle mineralischen Rohstoffe in festem oder flüssigem Zustand und Gase, die in natürlichen Ablagerungen oder Ansammlungen (Lagerstätten) in oder auf der Erde, auf dem Meeresgrund, im Meeresuntergrund oder im Meerwasser vorkommen; vgl. Bundesberggesetz (BBergG) vom 13. August 1980 (BGBl. I S. 1310), das durch Artikel 1 des Gesetzes vom 4. August 2016 (BGBl. I S. 1962) geändert worden ist. Im § 3 wird zwischen „bergfreien" und „grundeigenen" Bodenschätzen unterschieden.

3.2.1 Oberflächennahe Nutzung

Die thermische Energie des oberflächennahen Untergrunds kann auf verschiedene Weisen entzogen werden. Abb. 3.17 gibt eine Übersicht. Mit Hilfe von Erdwärmesonden, Erdkollektoren oder Grundwasserbrunnen wird dem oberflächennahen Untergrund während der Heizperiode thermische Energie entzogen und und an den Wärmepumpenkreislauf übergeben.

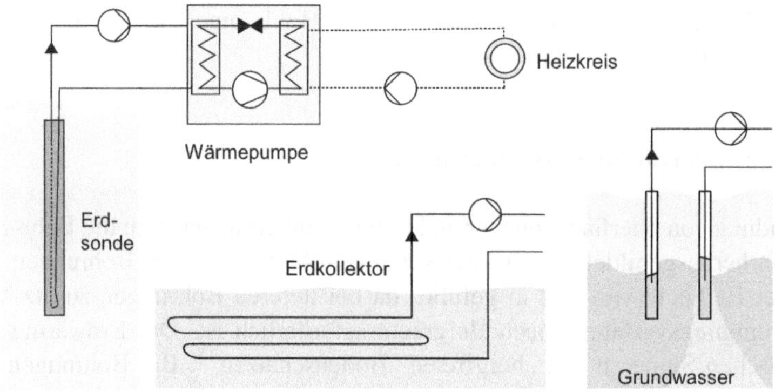

Abb. 3.17 Möglichkeiten der oberflächennahen Geothermie.

Nach einem thermodynamischen Prozess mit Temperaturerhöhung kann die Wärme im Heizkreis genutzt werden. Beim Energieentzug durch eine Erdwärmesonde wird das Erdreich näherungsweise von einer vertikalen Linie aus ausgekühlt. Der Erdkollektor kühlt den Untergrund dagegen in einer horizontalen Ebene ab. Im Falle der Grundwassernutzung wird das abgekühlte Grundwasser über einen Injektionsbrunnen der wasserleitenden Schicht wieder zugeführt.
Durch die Energieentnahme bildet sich im Untergrund in jedem der drei Fälle ein dreidimensionales, zeitabhängiges Temperaturfeld $T(x,y,z,t)$ aus, das für die Erdwärmesonde im Folgenden näher untersucht wird.

Temperaturfeld um vertikale Erdwärmesonden

Eine Erdwärmesonde besteht vereinfacht aus einem Kunststoffrohr in U-Form, das in ein vertikales Bohrloch einzementiert wurde. Die im Rohr zirkulierende kalte Flüssigkeit nimmt über Wärmeleitung Energie aus dem umgebenden Erdreich auf (Kap. 6 beschreibt die Sonden ausführlich). Der Untergrund um die Sonde kühlt sich durch den Energieentzug stetig aus. Bei Annahme homogener Stoffdaten und gleichmäßiger Entzugsleistung bildet das Temperaturfeld $T(r,t)$ um die Sondenachse einen „Trichter“: Direkt am Bohrlochrand r_b ist $T(r_b,t)$ am niedrigsten, mit großem Abstand von der Sondenachse ($r \to \infty$) nähert sich die Temperatur $T(r \to \infty, t)$ der Temperatur des ungestörten Erdreichs an, die hier als T_∞ bezeichnet werden soll. t ist die Dauer des Energieentzugs und r der radiale Abstand zur Sondenachse. Wie in der Abb. 3.18 zu sehen ist, sinkt die Temperatur $T(r,t)$ im Erdreich mit fortschreitendem Wärmeentzug $(t+\Delta t)$ immer weiter ab.

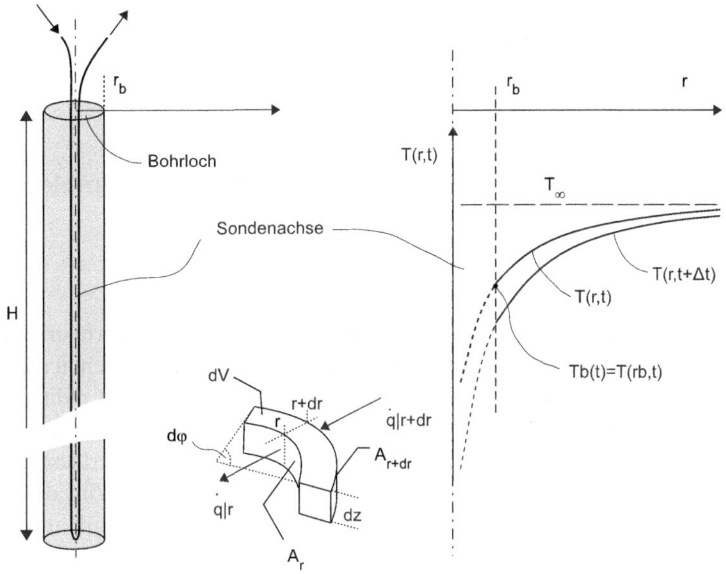

Abb. 3.18 Erdwärmesonde mit der Länge H und dem Bohrlochradius r_b (links). Ersatzmodell einer Linie in einem homogenen Medium (rechts) mit Temperaturfeld $T(r,t)$ und elementares Volumenelement dV.

Das Temperaturfeld $T(r > r_b,t)$ um eine Erdwärmesonde ist in einem vereinfachten Modell, der „Linienquellentheorie" berechenbar, wenn folgende Annahmen gelten:

- Der Durchmesser der Bohrung $d_b = 2 \cdot r_b$ sei vernachlässigbar klein im Bezug zur Länge der Sonde H,
- die Wärmetransportvorgänge am oberen und unteren Ende der Wärmesonde seien vernachlässigt (Linienquelle)[16],
- die Stoffeigenschaften des Untergrunds seien homogen (keine Schichtenfolgen!) und temperaturunabhängig (ρ, c, λ = const.),
- der Sonde werde die zeitlich gemittelte Wärmeleistung $\dot{Q}_E$ über die Fläche der Bohrlochwand $A_b = \pi \cdot r_b \cdot H$ entzogen, es gilt für die längenspezifische Entzugsleistung

$$\dot{q}_E = \frac{\dot{Q}_E}{H}\,. \tag{3.51}$$

An dem in Abb. 3.18 gezeigten elementaren Volumenelement dV ist zu erkennen, dass die eindimensionale Wärmeleitung $\dot{q}|_r$ in radialer Richtung zur Sondenachse

[16] Genau genommen handelt es sich bei der Sonde um eine Linien*senke*, da längenspezifisch Energie entzogen wird.

erfolgt. Bei Annahme einer Radialsymmetrie lautet für das Volumenelement $dV = 2\pi\, r\, dr\, dz$ die sog. Fouriersche Differentialgleichung in Zylinderkoordinaten:

$$\rho \cdot c \cdot \frac{\partial T}{\partial t} = \lambda \cdot \left\{ \frac{\partial^2 T}{\partial r^2} + \frac{1}{r} \cdot \frac{\partial T}{\partial r} + \frac{\partial^2 T}{\partial z^2} \right\} \tag{3.52}$$

Die Fouriersche Differentialgleichung umfasst die Energiebilanz um das Volumenelement dV,

$$\rho \cdot c \cdot dV \cdot \frac{\partial T}{\partial t} = -\dot{q}|_r \cdot A(r) + \dot{q}|_{r+dr} \cdot A(r+dr)\ , \tag{3.53}$$

sowie den Fourierschen Ansatz zur Beschreibung der Wärmeleitung in radialer Richtung,

$$\dot{q}|_r = -\lambda \cdot \frac{\partial T}{\partial r}\ . \tag{3.54}$$

Bei der Energiebilanz ist auf der linken Seite der Speicherterm erkennbar, die zeitliche Änderung der thermischen inneren Energie des Volumenelements dV mit der Temperatur. Auf der rechten Seite sind die Wärmeströme in radialer Richtung beschrieben, die in das Volumenelement durch die äußere Wandung $A(r+dr)$ eindringen ($\dot{Q}|_{r+dr}$) bzw. es über die innere Wandung $A(r)$ verlassen ($\dot{Q}|_r$). Aus Gl. (3.52) ließe sich das Temperaturfeld $T(r,z,t)$ bestimmen. Wird die Temperaturabhängigkeit von der Höhenkoordinate $T(z)$ vernachlässigt, gilt mit Definition der Temperaturleitfähigkeit $a = \lambda/(\rho \cdot c)$:

$$\frac{\partial T}{\partial t} = a \cdot \left\{ \frac{\partial^2 T}{\partial r^2} + \frac{1}{r} \cdot \frac{\partial T}{\partial r} \right\} \tag{3.55}$$

Durch Integration erhält man daraus das Temperaturfeld $T(r,t)$, wenn folgende Anfangs- und Randbedingungen gesetzt werden:

- Als Randbedingung erster Art soll gelten, dass die Temperatur bei großem Abstand von der Sonde der Temperatur des unbeeinflussten Erdreichs entspricht: $T(r \to \infty, t) = T_\infty$,
- als Randbedingung zweiter Art wird festgelegt, dass am Bohrlochrand r_b, dem inneren Rand des homogenen Untergrunds, gilt:

  $$\dot{q}_E = -\lambda \cdot \frac{\partial T}{\partial r}|_{r_b}\ . \tag{3.56}$$

  Innerhalb des Bohrlochs ($r < r_b$) ändern sich die Stoffeigenschaften, Gl. (3.55) ist also nicht mehr anwendbar. Für den Wärmetransport zwischen Bohrlochwand und der Flüssigkeit in der Sonde wird später ein gesondertes Modell mit Definition des Bohrlochwiderstands R_b erstellt.
- Als Anfangsbedingung soll gelten, dass die Temperatur im gesamten Erdreich zu Beginn des Wärmeentzugs der unbeeinflussten Erdreichtemperatur entspricht, $T(r, t=0) = T_\infty$.

Die Lösung der Differentialgleichung [17] lautet:

$$\Delta T(r,t) = T_\infty - T(r,t) = \frac{\dot{q}_E}{4\,\pi\,\lambda} \cdot Ei\left\{\frac{r^2}{4at}\right\} . \tag{3.57}$$

Die Temperaturänderung $\Delta T(r,t)$ relativ zur unberührten Erdreichtemperatur T_∞ ist eine Funktion der Entfernung zur Sondenachse r, der mittleren spezifischen Entzugsleistung $\dot{q}_E$, der effektiven Wärmeleitfähigkeit des Untergrunds λ sowie der effektiven Temperaturleitfähigkeit $a = \lambda/(\rho\ c)$. $Ei(x)$ ist die sog. Integralexponentialfunktion, die nach [18] für kleine $x = \frac{r^2}{4at}$ in einer Reihe entwickelt werden kann:

$$Ei(x) = -\gamma - ln(x) + x - \frac{x^2}{2 \cdot 2!} + \frac{x^3}{3 \cdot 3!} - \ldots \tag{3.58}$$

mit der Eulerschen Konstanten $\gamma = 0{,}577215665\ldots$. Die exakte Berechnung von $Ei(x)$ ist mit Hilfe z.B. von MATLAB od. ähnl. Software möglich [18].

Eberhard-Ansatz

Nach Berechnungen von P. Eberhard [18] kann $Ei(x)$ mit der Vereinfachung $Ei(x) \approx -\gamma - \ln(x) + x$ für Werte $x < 0{,}21$ mit einer Genauigkeit > 99% bestimmt werden [19]. Damit folgt aus Gl. (3.57)

$$\Delta T(r,t) = \frac{\dot{q}_E}{4\,\pi\,\lambda} \cdot \left\{-\gamma - \ln\frac{r^2}{4at} + \frac{r^2}{4at}\right\} , \tag{3.59}$$

mit der die Temperaturänderung $\Delta T(r,t)$ mit ausreichender Genauigkeit bestimmt werden kann.

Ingersoll-Guernsey-Ansatz

Die VDI 4640 [62] bietet für die Temperaturänderung ΔT eine Näherungslösung, die bereits 1949 von E.N. Guernsey veröffentlicht wurde:

$$\Delta T = \frac{0{,}1833 \cdot \dot{q}_E}{\lambda} \cdot \left\{\log_{10}\frac{a \cdot t}{r^2} + 0{,}106 \cdot \frac{r^2}{a\,t} + 0{,}351\right\} . \tag{3.60}$$

Gl. (3.60) ist nur gültig, wenn $\frac{a\,t}{r^2} > 1$, also $r < (a \cdot t)^{0,5}$ ist. Nach Informationen von Eberhard wurde Gl. (3.60) vermutlich aus Gl. (3.59) mit Umrechnungen [20] gebildet. Da dabei kleine Rundungsfehler gemacht wurden, empfiehlt es sich Gl. (3.59) zu verwenden.

---

[17] Die Einzelschritte sind bei Loose [42] beschrieben.

[18] In MATLAB ist Ei(x) mit *expint(x)* zu lösen. Loose [42] gibt in seinem Buch zudem Näherungslösungen für Ei(x) mit nur max. 4 Termen an.

[19] Bei $a = 0{,}8^{-6}$ m²/s und $t_e = 1800 \cdot 3600$ s ist $x = 0{,}21 = \frac{(2{,}09\ m)^2}{4at}$. Bis zu einem Abstand $r < 2{,}09$ m wird die Temperaturminderung im Erdreich also mit einer Genauigkeit > 99% bestimmt, bei ΔT = 10 K entsprechend < 0,1 K.

[20] Umformungen mit $ln(10)/(4\pi) \approx 0{,}1832$, $log_{10}(4) - \gamma/ln(10) \approx 0{,}35138$ und $1/(4\ ln(10)) \approx 0{,}10857$.

Abb. 3.19 zeigt die exakte Lösung nach Gl. (3.57) sowie den Ingersoll-Guernsey- und den Eberhard-Ansatz für t_e = 1.800 Stunden. Diese Entzugsdauer entspricht in etwa den Vollbenutzungsstunden, die eine Erdwärmesonde während der Heizperiode in Betrieb ist. Die Anwendung der Gl. (3.60) (Ingersoll-Guernsey) ist nur bis $r < (a \cdot t)^{0,5} \approx$ 2,27 m zulässig, für größere Abstände von der Bohrung werden die Fehler zu hoch, wie Abb. 3.19 zeigt. Dies gilt auch für den Ansatz von Eberhard mit Gl. (3.59).

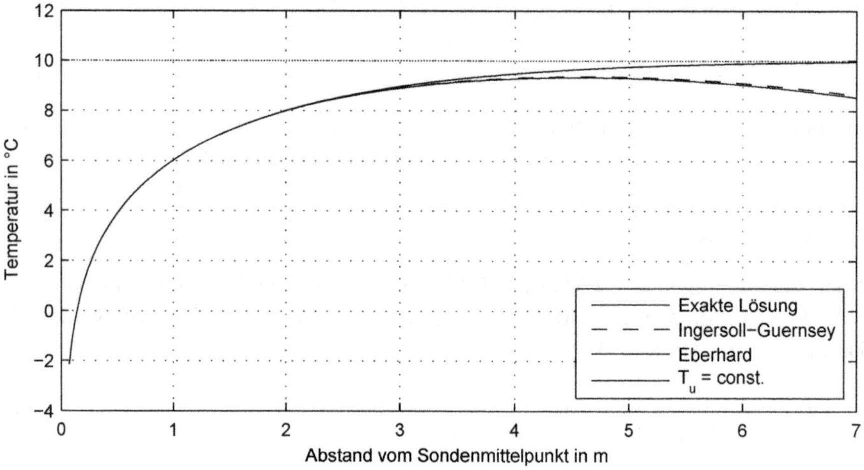

Abb. 3.19 Temperaturfeld $T(r > r_b, t)$ um eine Erdwärmesonde (Starttemperatur T_u = 10°C) nach einer Entzugsdauer von $t_e = 1800$ h. Annahmen: $\dot{q}_E = 40$ W/m, Wärmeleitfähigkeit $\lambda = 2$ W/m/K, volumetrische Wärmekapazität $\rho\ c = 2{,}5$ MJ/m³/K, Bohrlochradius $r_b = 150/2$ mm, berechnet mit Gl. (3.57) (exakt), Gl. (3.60) (Ingersoll-Guernsey) sowie mit Gl. (3.59) (Eberhard). Die beiden letztgenannten Gleichungen sind nur bis $r < (a \cdot t)^{0,5} \approx 2{,}27$ m anwendbar.

Das Gestein hat sich nach dem Wärmeentzug an der Bohrlochwandung r_b auf $-2{,}15$ °C abgekühlt, noch in mehr als 5 m Entfernung von der Erdwärmesonde ist eine Auskühlung von etwa 0,3 K sichtbar.

Response-Funktionen-Ansatz

Eskilson hat 1987 einen Berechnungsansatz für ganze Sondenfelder veröffentlicht [19], der ebenfalls auf der Linienquellentheorie fußt. Dazu hat er die sog. Response- oder g-Funktionen eingeführt[21]:

$$\Delta T(r,t) = \frac{\dot{q}_E}{4\,\pi\,\lambda} \cdot Ei\left\{\frac{r^2}{4at}\right\} \approx \frac{\dot{q}_E}{2\,\pi\,\lambda} \cdot g_r\left(Es, \frac{r_b}{H}, \frac{r}{H}, \frac{b}{H}\right) . \tag{3.61}$$

Die Eskilson-Zahl *Es* ist die dimensionslose Entzugszeit

[21] Es ist zu beachten, dass im Nenner des g-Funktionen-Ansatzes statt einer „4“ nun eine „2“ steht.

$$Es = \frac{t}{t_s} \tag{3.62}$$

mit der Sondenzeitkonstanten

$$t_s = \frac{H^2}{9 \cdot a} \,. \tag{3.63}$$

In Gl. (3.61) gibt H die Länge der Erdsonden an, und b ist der Abstand der Sonden zueinander. Es existieren für eine Vielzahl unterschiedlicher Sondenanordnungen – immer in äquidistanter Anordnung mit dem Abstand b, z.B. in Reihen (n x 1) quadratisch (n x n) oder mit unterschiedlicher Seitenlänge (n x m), wie Abb. 3.20 zeigt.

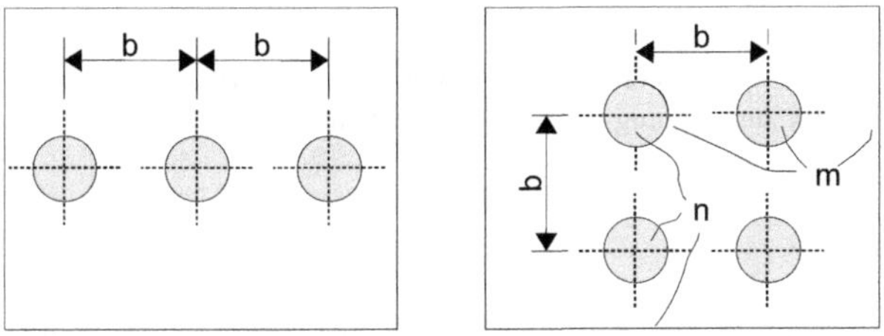

Abb. 3.20 Sondenanordnung in Reihe n x 1 und in Matrixform n x m.

Lösungen der g-Funktion finden sich bei [19] und [42]. Für eine Einzelsonde (1 x 1) sei die Lösung der g-Funktion genannt [19]:

$$g_r(Es, \frac{r}{H}) = g_b(Es, \frac{r_b}{H}) - \ln(\frac{r}{r_b}) \text{ mit} \tag{3.64}$$

$$g_b(Es, \frac{r_b}{H}) = \ln(\frac{H}{2 \cdot r_b}) + 0{,}5 \cdot \ln(Es) \text{ für } \frac{5 \cdot r_b^2}{a} < t < t_s \text{ bzw.} \tag{3.65}$$

$$g_b(Es, \frac{r_b}{H}) = \ln(\frac{H}{2 \cdot r_b}) \text{ für } t > t_s \,. \tag{3.66}$$

$g_r(Es, \frac{r}{H})$ ist hier die Lösung der g-Funktion beim Radius r, $g_b(Es, \frac{r_b}{H})$ ist die Lösung der g-Funktion bei $r = r_b$, hier sind zwei Lösungen für $t \leq t_s$ und $t > t_s$ zu unterscheiden.

Abb. 3.21 zeigt die Anwendung der g-Funktion für eine Einzelsonde nach den Angaben aus Abb. 3.19 mit einer Länge H von 100 m. Die Bohrlochwandtemperatur sinkt im Verlauf von 1800 h von 10°C auf einen Wert von $T_b(t_e)$ = -2,16°C. Dieser Wert ergab sich auch bei Anwendung der exakten Lösung nach Gl. (3.57).

Der beschriebene Ansatz der g-Funktionen sollte nach [29] nur im Fernbereich der Sonde für langfristige Aussagen eingesetzt werden. Im Sondennahbereich muss das Temperaturfeld mit einem numerischen Ansatz abgebildet werden, um Kurzzeiteffekte durch den instationären Wärmepumpenbetrieb (u.a. Takten) korrekt abzubilden.

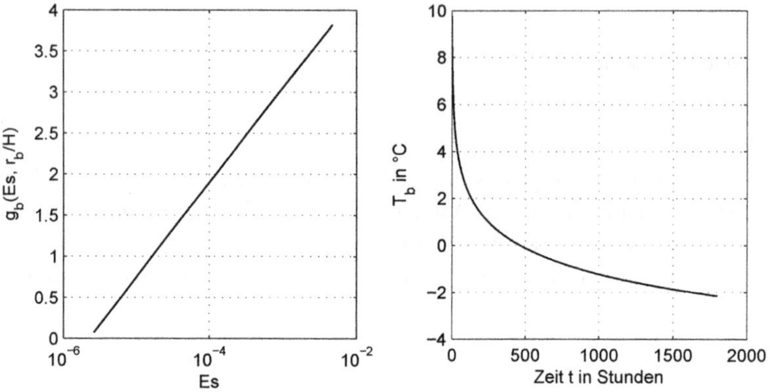

Abb. 3.21 Eskilsons g-Funktion $g_b(Es, \frac{r_b}{H})$ nach Gl. (3.64) bis (3.66) sowie Bohrlochwandtemperatur $T_b(r_b, t)$ für eine Einzelsonde. Entzugsleistung und Stoffdaten wie im Bsp. zu Abb. 3.19.

Entzugsenergie

Abb. 3.19 zeigte die Temperaturen im Untergrund um eine Erdwärmesonde, wenn mit einer Entzugsleistung von $\dot{q}_E = 40$ W/m für eine Zeit $t_e = 1.800$ h Energie entnommen wurde. Die dem Erdreich in dieser Zeit entzogene längenspezifische Entzugsenergie $q_{E,a}$ ist berechenbar durch die Integration

$$q_{E,a} = \frac{Q_{E,a}}{H} = 2 \cdot \pi \cdot \rho \cdot c \cdot \int_{r_b}^{R \to \infty} r \cdot \{T_\infty - T(r, t_e)\}\, dr\,. \tag{3.67}$$

Bei den in Abb. 3.19 bzw. 3.21 angegebenen Bedingungen könnte dem Untergrund je m Sonde eine spezifische Entzugsenergie von $q_{E,a} = 71{,}8$ kWh/m entnommen werden, bis die Temperaturen um die Sonde $T(r, t_e)$ der Abb. 3.19 entsprechen. Würde das Erdreich mit einer höheren Entzugsleistung $\dot{q}_E$ belastet, wären die Temperaturen am Bohrlochrand niedriger – ebenso dann, wenn die Entzugsdauer t_e verlängert würde.

Ergebnisse für die Praxis

Im Untergrund um eine reale Erdwärmesonden wird sich sicher nicht das Temperaturfeld einstellen, wie es mit dem vereinfachten Modellansatz in Gl. (3.57) beschrieben wurde: Tatsächlich ist der Untergrund inhomogen, er besteht meist aus einer vertikalen Schichtenfolge mit unterschiedlichen Stoffeigenschaften. Die Entzugsleistung $\dot{q}_E$ ist zudem nicht kontinuierlich, sondern taktend: Zu Beginn und Ende der Heizperiode wird die Sonde nur wenige Stunden am Tag in Betrieb sein, an kalten Wintertagen dagegen rund um die Uhr. Es ist auch davon auszugehen, dass die Regeneration zwischen zwei Heizperioden nicht dazu führen wird, dass die Anfangsbedingung $T(r, t) = T_\infty$ im Folgejahr wieder hergestellt wird. Zudem werden sich die Temperaturfelder bei Nutzung mehrerer Sonden überlagern.

Simulationsuntersuchungen im Auftrag des Schweizer Bundesamtes für Energie [29] zeigen, dass sich der Radius der Temperaturabsenkung um die Erdwärmesonde noch jahrzehntelang vergrößert. Ein Gleichgewicht ist erst dann gefunden, wenn die über die Zylinderoberseite zugeführte absorbierte Solarenergie (anteilig etwa 85 %) und der über die Zylinderunterseite zugeführte geothermische Wärmestrom (nur etwa 15 %) ausreichen, um im Jahresmittel die entzogene Wärmeenergie auszugleichen. Über die Zylinderwände wird nach dem Erreichen des Gleichgewichtszustands keine Energie mehr transportiert[22]. Nach den Berechnungen von Huber [29] wird dieser Gleichgewichtszustand erst nach rund $t_{ggw} \approx e^2 \cdot t_s$ erreicht.
Für die Erdwärmesonde im Beispiel (H = 100 m, a = $0{,}8 \cdot 10^{-6}$ m^2/s) berechnet sich die Sondenzeitkonstante nach Gl. (3.63) zu $t_s = 44$ a, der Gleichgewichtszustand wird also erst nach $t_{ggw} \approx 325$ Jahren erreicht! Die Beeinflussung ist etwa bis zu einem Radius entsprechend der Sondenlänge $R = H$ um die Sonde nachweisbar.
Diese Ergebnisse sollten nicht beunruhigen, da die Temperaturänderungen sehr schnell auf Differenzen im Bereich der Messungenauigkeit abfallen und für die Praxis keine Relevanz mehr haben. Zudem zeigen die Berechnungen, dass die Untergrundtemperaturen im Bereich des Bohrlochradius r_b bereits nach vier Jahren ihren minimalen Endwert erreicht haben. Dennoch muss davon ausgegangen werden, dass sich Erdwärmesonden gegenseitig beeinflussen. Um diesen Effekt quantitativ zu bestimmen, hat Huber [29] die Bohrlochtemperaturen $T(r_b)$ einer Sonde nach 32 Jahren für drei verschiedene Fälle jeweils zum Ende der sommerlichen Regenerationszeit berechnet.

- Im ersten Fall bestimmte Huber $T(r_b = 0{,}06\ m)$ für eine einzelne Sonde, die bei einer Länge von 100 m in Erdreich 1.800 h/a mit einer Entzugsleistung von 4,5 kW betrieben wurde[23]. Bei einer ungestörten Erdreichtemperatur T_∞ von 11,5 °C betrug die Temperatur in der Bohrlochwand nach 32 Jahren noch 7,68 °C. Nach Ablauf von 234 Jahren und dem Erreichen des Gleichgewichts[24] beträgt die Bohrlochtemperatur noch immer 7,53 °C .
- Durch den Betrieb einer zweiten Sonde in einem Abstand von 30 m zur ersten Sonde werden die Bohrlochtemperaturen geringfügig abgesenkt. Nach 32 Jahren beträgt sie 7,45 °C und nach 234 Jahren Betrieb 7,18 °C.
- Auch bei einem Abstand von nur 5 m zwischen den beiden Sonden verringert sich die Bohrlochtemperaturen in einem vertretbaren Rahmen nur auf 6,58 °C nach 32 Jahren und 6,33 °C nach 234 Jahren.

Die VDI 4640 [62] empfiehlt im Einklang mit diesen Simulationsrechnungen, dass zwischen benachbarten Erdwärmesonden mindestens ein Abstand von 6 m (besser:

[22] Es sei darauf hingewiesen, dass mit Gl. (3.57) keine Gleichgewichtsbedingungen ermittelt werden können, da bei der zugrundeliegenden Linienquellentheorie gerade vorausgesetzt wird, dass die Ober- und Unterseiten des Zylinders adiabat sind und der Wärmestrom ausschließlich radial zufließt.

[23] Weitere Annahmen: Wärmeleitfähigkeit des Untergrundes $\lambda = 2{,}4$ W/m/K, Temperaturleitfähigkeit $a = 1{,}11 \cdot 10^{-6}$ m^2/s, volumetrische Wärmekapazität $\rho \cdot c = 2{,}16$ MJ/m^3/K.

[24] Die Sondenzeitkonstante beträgt hier $t_s = 32$ Jahre.

10 m) einzuhalten ist. Es ist zu beachten, dass für die Beeinflussung durch benachbarte Erdwärmesonden das Superpositionsprinzip gilt: Jede weitere Sonde im gleichen Abstand senkt die Bohrlochtemperatur um die gleiche Temperaturdifferenz.
Bei den bisherigen Berechnungen wurde der Einfluss des Grundwassers auf die Erdwärmenutzung vollständig vernachlässigt. Wie bereits gezeigt, verändert die Anwesenheit von Grundwasser die Stoffwerte des Untergrundes bzgl. der effektiven Wärmeleitfähigkeit und der Wärmekapazität erheblich. Fließendes Grundwasser erhöht zudem durch konvektiven Wärmetransport den Energiestrom zur Erdwärmesonde und verändert das Temperaturprofil um die Erdwärmesonde. Bei hohen Strömungsgeschwindigkeiten entsteht eine sogenannte „Kältefahne“ in Strömungsrichtung hinter der Sonde. Die alleinige Betrachtung der konduktiven Wärmeströme bei der Auslegung von Erdwärmesonden ergibt daher konservative Auslegungswerte für den entnehmbaren Energiestrom, der sich im Einzelfall durch den überlagerten konvektiven Wärmezufluss nur verbessern kann.
Die in der Heizperiode entzogene Energiemenge muss in der sommerlichen Regenerationszeit durch Wärmetransportvorgänge aus der Umgebung des ausgekühlten Zylinders nachfließen. Dies geschieht wesentlich über die Absorption solarer Strahlung an der Erdoberfläche und nur in geringem Maße durch den geothermischen Wärmestrom aus dem Erdinnern. Konduktive Ausgleichstransportvorgänge im abgekühlten Untergrund sorgen dafür, dass der „Temperaturtrichter“ zum Beginn der Heizsaison wieder gefüllt ist.
Berechnungen von Reuss [53] zeigen, dass einer Erdwärmesonde im Dauerbetrieb (also 8.760 h/a) nur maximal 10 W/m entzogen werden dürften, wenn ein energetisches Gleichgewicht jeweils vor Beginn der Heizperiode erreicht werden soll. Durch Einlagerung überschüssiger sommerlicher Solarenergie, die über Solarkollektoren gewonnen wird, kann die entnehmbare Energiemenge des Untergrundes erheblich gesteigert werden. Genauere Aussagen sind in diesem Fällen nur nach umfangreichen Jahressimulationsberechnungen mit hochauflösenden dreidimensionalen thermischen Modellierungen möglich.

Horizontale Erdwärmekollektoren

Der oberflächennahe Untergrund wird auch über horizontale Erdkollektoren erschlossen, wie Abb. 3.17 auf S. 144 zeigte. Hierbei legt man in einer Tiefe von etwa 1,2 bis 1,5 m unter der Erdoberfläche Rohre flächig aus und entzieht so dem Erdreich Innere Energie während der Heizperiode. Durch Erdwärmekollektoren wird nahezu ausschließlich die absorbierte Solarenergie genutzt, von daher kann deren Nutzung im Schnittbereich zwischen der Geothermie und der Solarthermie gesehen werden: Anstatt eines Solarkollektors auf dem Dach nutzt man den natürlichen Untergrund als Absorber und zugleich als Energiespeicher.

Saisonale Temperaturen im Untergrund

Durch den hohen solaren Einfluss ist im oberflächennahen Untergrund ein starker saisonaler (also zeitabhängiger) Temperaturverlauf $T(z,t)$ feststellbar, dessen Amplitude mit zunehmender Tiefe z abklingt. Abb. 3.22 zeigt beispielhaft Messwerte zum saisonalen Temperaturverlauf in unterschiedlichen Tiefen für den Standort Potsdam[25]. In der *neutralen Zone* in der Tiefe z_{NZ} unterschreitet die saisonale Temperaturamplitude $\Delta T_0(z,t) < 0,1$ K. Die Tiefe der neutralen Zone ist von der Bodenbeschaffenheit abhängig.

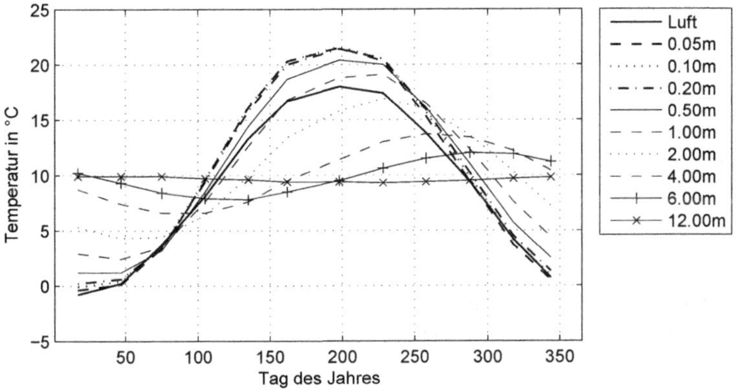

Abb. 3.22 Jahreszeitliche Schwankungen der Bodentemperatur in zunehmender Tiefe. Die Werte für den Standort Potsdam entstammen der DIN 4710 [11]. Bei 12 m Tiefe betragen die saisonalen Schwankungen nur noch maximal 0,3 K.

In [12] ist ein Berechnungsansatz für die periodische Eindringtiefe $\delta(z)$ in m wiedergegeben . Die periodische Eindringtiefe ist die Tiefe im Erdreich, bei der sich (bei eindimensionalem Wärmestrom) die Temperaturamplitude auf 1/e der Temperatur T_L verringert hat, die an der Oberfläche herrscht, wobei e die Basis des natürlichen Logarithmus ist. Mit $\delta(z)$ kann die Amplitudenabnahme bestimmt werden. Mit der Temperaturleitfähigkeit a in m^2/s und der Periodendauer t_0 (ein Jahr = $3,15 \cdot 10^7$ Sekunden) gilt

$$\delta = \sqrt{\frac{t_0 \cdot a}{\pi}} = \sqrt{\frac{3,15 \cdot 10^7\ s \ \cdot \lambda}{\pi \cdot \rho \cdot c}} \tag{3.68}$$

und für die normierte Temperaturamplitude $\Delta T(z,t)$ in der Tiefe z:

$$\frac{\Delta T_0(z)}{\Delta T_{00}} = \exp(-\frac{z}{\delta}), \tag{3.69}$$

[25] Messdaten nach DIN 4710 [11] aus den Jahren 1961 bis 1990. Bodenart: bis 1 m Tiefe sandiger Lehm mit Braunerde, ab 2 m kiesiger Sand über ständig schneefrei gehaltener Oberfläche.

ΔT_{00} ist die maximale saisonale Temperaturamplitude an der Erdoberfläche. Abb. 3.23 zeigt $\Delta T(z,t)$ bei drei unterschiedlichen Bodenarten. Mit Gl. (3.69) ist die Tiefe der neutralen Zone z_{NZ} zu ermitteln, wenn für $\Delta T_0(z) = 0{,}1$ K gesetzt wird.

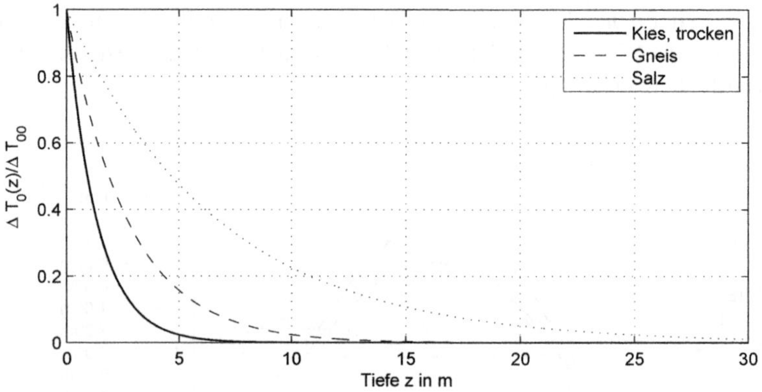

Abb. 3.23 Abnahme der relativen Temperaturamplitude mit zunehmender Tiefe. Die neutrale Zone (rel. Temperaturamplitude bei 0,1 K/10 K ≈ 0,01) wird in trockenem Kies bereits in etwa 5 m Tiefe erreicht, die hohe Wärmeleitfähigkeit von Salz ($\lambda = 5{,}4$ W/m/K) führt dazu, dass hier die neutrale Zone erst in über 30 m Tiefe beginnt.

Der saisonale Verlauf der tiefenabhängigen Erdreichtemperatur $T(z,t)$ ist nach [51] vereinfacht mit einer Cosinus-Funktion darstellbar, die durch die periodische Eindringtiefe $\delta(z)$ gedämpft wird. Die Zeit t_d ist hier in Tagen einzusetzen, ebenso die Phasenverschiebung Δt_0:

$$T(z,t) = T_L - \Delta T_{00} \cdot \exp(-\frac{z}{\delta}) \cdot \cos\left\{\frac{2\cdot\pi}{365} \cdot (t_d - \Delta t_0) - \frac{z}{\delta}\right\} . \tag{3.70}$$

Tab. 3.7 gibt meteorologische Daten für einige ausgewählte Orte wieder, Abb. 3.24 zeigt das saisonale Temperaturfeld im Untergrund.

Tabelle 3.7 Jahresmittel der Lufttemperatur T_L und der Amplitude ΔT_{00} in K für ausgewählte Standorte in Deutschland [52]. Für die Phasenverschiebung Δt_0 werden allgemein 30 bis 36 Tage gesetzt.

Referenzort	T_L **in °C**	ΔT_{00} **in K**
Potsdam	9,5	10,25
Kassel	8,8	8,6
Chemnitz	7,6	8,85
Garmisch-Partenkirchen	6,8	9,4

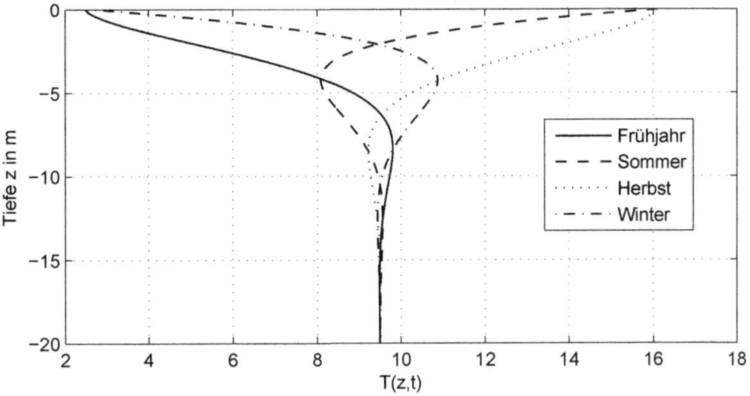

Abb. 3.24 Temperaturfeld T(z,t) in den Jahreszeiten für $a = 1,38 \cdot 10^{-6}$ m²/s.

Erdkollektoren in der Praxis

Neben der Minderung der Temperaturamplitude ist in Abb. 3.22 bzw. 3.24 ein weiterer Effekt mit zunehmender Bodentiefe sichtbar: die temperaturabhängige Phasenverschiebung z/δ. Während das Jahresmaximum der Lufttemperatur etwa im Juli liegt, erreicht der Untergrund in 6 m Tiefe erst im Oktober/November seine Höchstwerte. Im Januar und Februar, also in den kältesten Wintermonaten mit maximalem Heizenergiebedarf, sind die Bodentemperaturen in Tiefen ab 12 m am höchsten. Andererseits erfolgt die Regeneration durch Wärmeleitung von der Erdoberfläche her in den Sommermonaten um so schneller, je näher der Erdkollektor an der Erdoberfläche verlegt ist. Da die Regeneration ausschließlich durch Absorption solarer Strahlung stattfindet, darf die Erdkollektorfläche in keinem Fall überbaut oder versiegelt werden. Solarstrahlung, Sickerwasser und Regenwasser müssen ungehindert eindringen können.

Temperaturfeld um horizontale Erdwärmerohre

Neben dem beschriebenen saisonalen Einfluss auf das Temperaturfeld T(z,t) bewirkt der Energieentzug eine zusätzliche Änderung in radialer Richtung um die Rohre. In [51] und [52] ist dazu ein Modellansatz beschrieben. Abb. 3.25 zeigt stark vereinfacht das Temperaturfeld in einem Erdkollektorfeld. Der Wärmetransport aus dem Untergrund zu den mit kalter Soleflüssigkeit durchströmten Rohren führt zur Ausbildung von Isothermen um die Rohre.

Bei längerem Betrieb des Feldes kann der Boden um die verlegten Kollektorrohre gefrieren, es bildet sich Eis, wie in Abb. 3.25 skizziert. Diese Eispanzer um die Rohre breiten sich bei fortgesetztem Energieentzug aus und können in horizontaler Richtung zusammenwachsen. Die Eisbildung selbst verbessert die Leistungsfähigkeit des Erdkollektors, da die Untergrundtemperatur an der Phasengrenze zwischen Boden und Eis konstant bei der Gefriertemperatur verbleibt und nicht weiter ab-

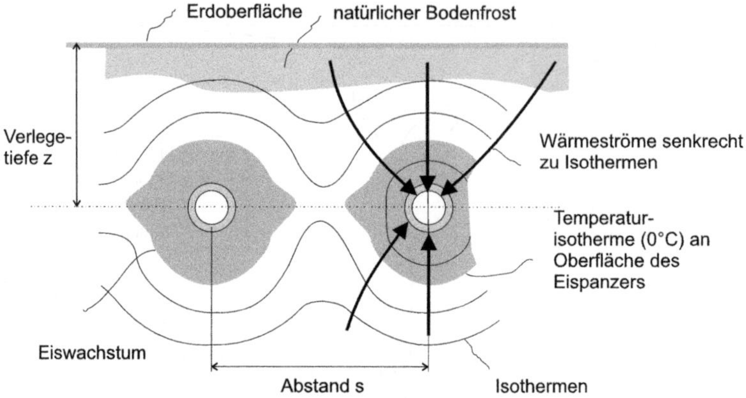

Abb. 3.25 Schematische Schnittdarstellung eines Erdkollektorfeldes im Betrieb

sinkt. Liegen jedoch die Rohre nicht ausreichend tief unter der natürlichen Bodenfrostgrenze oder wurde eine zu hohe längenspezifische Entzugsleistung gewählt, so können die Eisbereiche zusammenwachsen und den Erdboden aufwerfen oder das Sickerwasser aufstauen. Der Rohrabstand ist also so zu wählen, dass sich die Eispanzer auch zum Ende der Heizperiode nicht berühren.

Grundwassernutzung

Die Nutzung der Inneren Energie des Grundwassers ist die effizienteste Art der oberflächennahen Geothermie. Da Grundwasser meist unterirdisch fließt und sich daher im Bereich des Brunnens immer wieder „erneuert", muss keine Regenerationszeit berücksichtigt werden, ganzjährig können Wärmequellentemperaturen von 8 °C bis 12 °C erreicht werden. Das Grundwasser wird aus einem Förderbrunnen entnommen, in einem Wärmeübertrager um 3 bis maximal 4 K abgekühlt und dann über einen gesonderten Schluckbrunnen wieder in den Grundwasserleiter injiziert.
Der Grundwasserspiegel wird oft bereits nach wenigen Metern Tiefe unter der Erdoberfläche erreicht, die Bohrkosten sind daher in der Regel wesentlich geringer als bei Erdwärmesonden - auch dann, wenn neben dem Förderbrunnen immer auch ein zweiter Schluckbrunnen zur Rückführung des entwärmten Grundwassers zu bauen ist. Dennoch beträgt der jährlich neu installierte Anteil grundwasserbetriebener Wärmepumpen nur rund 10 %, der Anteil erdreichgekoppelter Anlagen dagegen mehr als 50 % (2007). Ein wesentlicher Grund dafür ist die eingeschränkte Verfügbarkeit des Grundwassers und die Genehmigungspraxis der Wasserschutzbehörden, die die Gefahren der Trinkwasserverschmutzung durch Erdwärmeanlagen mit abzuwägen haben und aus diesen Gründen oftmals die Genehmigung versagen.

Grundwasserbildung

Grundwasser ist ein Teil des Wasserkreislaufs der Erde, der sich als ständige Folge von Niederschlägen, Abfluss und Verdunstung darstellt (siehe auch Abb. 3.26). Ein Teil des Abflusses von Regenwasser und Schneeschmelze erfolgt oberirdisch in Fließgewässern, ein anderer Teil unterirdisch als Grundwasser [28]. Über Quellen tritt das Grundwasser wieder zutage.
Im Untergrund sammelt sich das versickernde Oberflächenwasser auf wasserundurchlässigen horizontalen Bodenschichten und füllt die darüberliegenden wasserdurchlässigen Gesteinsschichten. Oftmals finden sich untereinander mehrere undurchlässige Bodenschichten, es bildet sich dann ein sogenanntes Grundwasserstockwerk (Abb. 3.26, b) aus mehreren *Grundwasserkörpern*[26]. Die Grundwasservorkommen werden in diesem Fall von oben nach unten durchnummeriert. Als *schwebende Grundwasserleiter* werden Grundwasserkörper bezeichnet (Abb. 3.26, c), die sich z.B. nach heftigen Niederschlägen örtlich und zeitlich begrenzt über schlechter leitenden Schichten bilden, an den Rändern sickert das Wasser dann nach unten weiter zum Hauptgrundwasserleiter. Zwischen den einzelnen Stockwerken kann es zum Wasseraustausch kommen, wenn Kluftzonen eine vertikale Verbindung herstellen. Der Begriff *Aquifer* (Abb. 3.26, d) bezeichnet einen grundwassererfüllten Bereich.

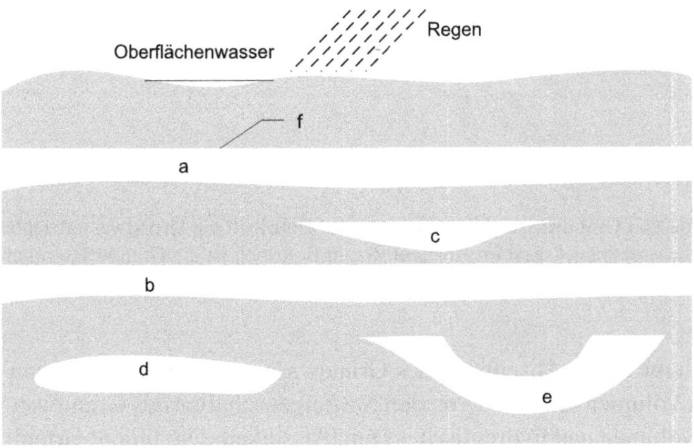

Abb. 3.26 Grundwasserarten- und vorkommen.

Befindet sich der Grundwasserleiter zwischen zwei wasserundurchlässigen Schichten, deren vertikaler Abstand geringer ist als der hydrostatische Druck im Grundwasser (in m Wassersäule), spricht man von *gespanntem Grundwasser* (Abb. 3.26, e) oder Arterser. Das unter Druck stehende Wasser drängt beim Anbohren zur Oberfläche hin. Die vertikale Höhe des Grundwasserkörpers wird als *Mächtigkeit* bezeichnet.

[26] Ein Grundwasserkörper ist ein Grundwasservorkommen, das eindeutig nach oben und nach unten abgrenzbar ist.

Als *Grundwasserspiegel* (Abb. 3.26, f)) wird die freie Grundwasseroberfläche in der obersten durchlässigen Bodenschicht (Abb. 3.26, a) bezeichnet, wenn das Wasser keinen Überdruck gegenüber der Atmosphäre aufweist. In Brunnen oder Grundwassermessstellen ist der Grundwasserspiegel direkt feststellbar.

Grundwasserentnahme

Wird dem Grundwasserleiter mittels einer Förderpumpe Wasser entnommen, bildet sich um das Bohrloch ein Grundwasserabsenkungstrichter. Abb. 3.27 zeigt die Grundwasserentnahme in einer Skizze.

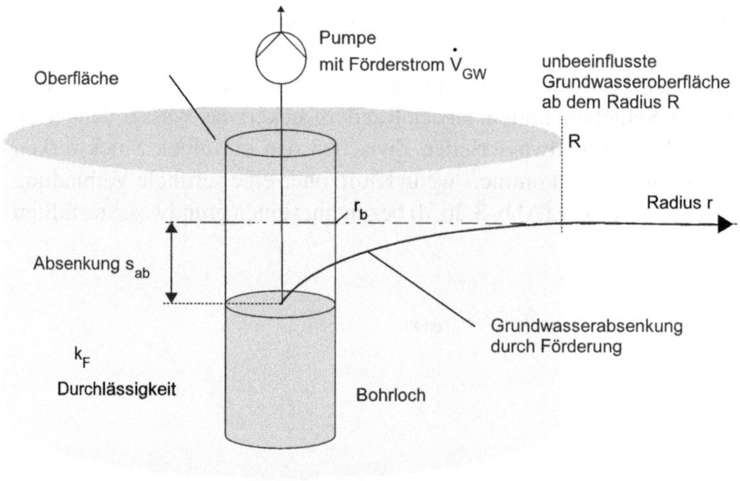

Abb. 3.27 Bei Entnahme von Grundwasser bildet sich um das Bohrloch ein Grundwassertrichter mit abgesenktem Grundwasserspiegel. Erst im Abstand R zum Bohrloch ist die Grundwasseroberfläche wieder unbeeinflusst.

Die in dem Bohrloch messbare Absenkung des Grundwasserspiegels s_{ab} ist abhängig vom geförderten Volumenstrom und von den Stoffeigenschaften des Grundwasserleiters wie Porenvolumen und hydraulischer Durchlässigkeit. Die für die Grundwasserentnahme wichtigste Kenngröße ist der Durchlässigkeitsbeiwert k_F in m/s. Die VDI 4640 [61] gibt eine Auswahl von Beiwerten für einige Lockergesteine an, die in der Tab. 3.8 wiedergegeben sind.
Geologen verwenden zur Beschreibung der Wasserdurchlässigkeit der wasserführenden Schicht noch eine weitere Größe, die Gesteinspermeabilität K in m^2. Mit der kinematischen Viskosität des Wassers ν in m^2/s und der Erdbeschleunigung g gilt:

$$k_F = \frac{K \cdot g}{\nu}. \tag{3.71}$$

Der Zusammenhang zwischen dem entnehmbaren Fördervolumenstrom $\dot{V}_{GW}$, dem Durchlässigkeitsbeiwert k_F, der Mächtigkeit des durchströmten Grundwasserleiters

Tabelle 3.8 Anhaltswerte für die Durchlässigkeit von Lockergesteinen nach VDI 4640 [61]. Weitere Angaben finden sich in DIN 18130-1.

Lockergesteine	**Durchlässigkeitsbeiwert** k_F in m/s	**Bewertung der Durchlässigkeit**
reiner Kies	$k_F > 10^{-2}$	sehr stark durchlässig
sandiger Kies, Mittel-/Grobsand	$10^{-2} > k_F > 10^{-4}$	stark durchlässig
Feinsand, schluffiger Sand	$10^{-4} > k_F > 10^{-6}$	durchlässig
Schluff, toniger Schluff	$10^{-6} > k_F > 10^{-8}$	schwach durchlässig
Ton, schluffiger Ton	$10^{-8} > k_F$	sehr schwach durchlässig

M sowie der Spiegelabsenkung im Bohrloch s_{ab} in m (Abb. 3.27) wird durch Gl. (3.72) wiedergegeben:

$$\dot{V}_{GW} = 2 \cdot \pi \cdot k_F \cdot M \cdot \frac{s_{ab}}{\ln(R/r_b)} \,. \tag{3.72}$$

Das Produkt aus Durchlässigkeitsbeiwert k_F und Schichtmächtigkeit M wird auch als Transmissivität T (in m^2/s) bezeichnet. Hierbei ist r_b der Bohrlochradius des Brunnens und R die sogenannte *Reichweite* der Grundwasserabsenkung, die in Abhängigkeit des Durchlässigkeitsbeiwert k_F (in m/s) mit der empirischen Gleichung

$$R = 3000 \cdot s_{ab} \cdot \sqrt{k_F} \quad \text{in m.} \tag{3.73}$$

bestimmbar ist. Je geringer die Durchlässigkeit des Grundwasserleiters ist, desto größer ist der Radius der Grundwasserspiegelabsenkung.

Bei unklaren hydrogeologischen Voraussetzungen oder bei der Errichtung größerer Wärmepumpenanlagen sollte immer eine Probebohrung vorgenommen werden, um die Ergiebigkeit des vorhandenen Grundwasserleiters nachzuweisen. Bei einem Dauerpumpversuch muss der für die gegebene Verdampferleistung erforderliche Nenndurchfluss erreicht werden. Die Vorschrift DVGW W 110 [16] gibt Hinweise, wie geophysikalische Untersuchungen in Bohrlöchern und Brunnen zur Grundwassererschließung vorzunehmen sind.

Die VDI 4640 [62] weist auch darauf hin, dass bei sauerstofffreiem Grundwasser mit niedrigem Redox-Potential[27] Brunnen bei Vorhandensein von Eisen oder Mangan *verockern* können. Daher sollte das Grundwasser – auch aus hygienischen Gründen – grundsätzlich niemals in Kontakt mit dem Luftsauerstoff kommen und nur in einem geschlossenen Rohrsystem unter Überdruck aus dem Förderbrunnen über den Wärmetauscher zurück in den Schluckbrunnen geführt werden.

Bei unsachgemäßem Abteufen von Förderbohrungen besteht die Gefahr, dass mehrere Grundwasserstockwerke miteinander verbunden werden und ein Wasseraustausch stattfinden kann. Dadurch kann trinkwassergeeignetes Grundwasser verunreinigt werden. Die Planung und Errichtung von Brunnenanlagen darf daher nur von Bohrunternehmen vorgenommen werden, die eine Zulassung nach DVGW W 120 [17] vorweisen können.

[27] Die chemischen Reaktionen Oxidation (Elektronenaufnahme) und Reduktion (Elektronenabgabe) verlaufen immer gekoppelt - die Reaktionspartner bilden ein Redoxsystem. Über das Redox-Potential sind Aussagen zum Reaktionsablauf möglich.

Das von der Wärmepumpe abgekühlte Grundwasser wird wieder über den Schluckbrunnen dem Grundwasserleiter zugeführt. Es ist darauf zu achten, dass der Schluckbrunnen in Fließrichtung des Grundwassers hinter dem Förderbrunnen geplant ist und dass sich die Temperaturabsenkung um den Schluckbrunnen (dessen Kältefahne) nicht bis zum Förderbrunnen ausbreitet.

→ **Beispiel**

Es ist der Bereich der Grundwasserabsenkung um eine Förderbohrung für eine Wärmepumpenanlage zu bestimmen. Bei einer Probebohrung wurde bei einer Förderrate von 40 m^3/h eine Absenkung des Grundwasserspiegels im Bohrloch (Bohrdurchmesser 160 mm) von 20 cm beobachtet. Die Mächtigkeit des Aquifers wird auf 20 m geschätzt.
Zunächst soll näherungsweise der Durchlässigkeitsbeiwert des Untergrunds k_F bestimmt werden. Durch Umformen der Gl. (3.72) ergibt sich

$$k_F = \frac{\dot{V}_{GW} \cdot \ln(R/r_b)}{2 \cdot \pi \cdot M \cdot s_{ab}}. \tag{3.74}$$

Da auch R von k_F abhängt, kann keine geschlossene Lösung erfolgen. Iterativ ist die Reichweite R aus Gl. (3.73) mit einem gegebenen Startwert $k_{F,0}$ zu bestimmen und mit dieser dann in obiger Gleichung ein neuer Wert für $k_{F,i}$. Dieses Vorgehen ist zu wiederholen, bis die Differenz $k_{F,i+1} - k_{F,i}$ eine gewünschte Genauigkeit erreicht hat.
Im Beispiel sei der Bohrlochradius $r_b = 0{,}08$ m, der Volumenstrom $\dot{V}_{GW} = 0{,}011$ m^3/s und die Absenkung $s_{ab} = 0{,}2$ m. Für einen Startwert von $k_{F,0} = 3 \cdot 10^{-4}$ m/s beträgt die Reichweite

$$R_{i=0} = 3000 \cdot 0{,}2 \cdot \sqrt{3 \cdot 10^{-4}} = 10{,}4 \text{ m},$$

damit ergibt sich ein erster Iterationswert für den Durchlässigkeitsbeiwert von

$$k_{F,i=1} = \frac{0{,}011 \cdot \ln(10{,}4/0{,}08)}{2 \cdot \pi \cdot 20 \cdot 0{,}2} = 2{,}2 \cdot 10^{-3} \text{ m/s}.$$

Nach mehreren Iterationsschritten erreicht der Durchlässigkeitsbeiwert einen Wert von $k_{F,n} = 2{,}63 \cdot 10^{-3}$ m/s. Die Reichweite der Grundwasserspiegelbeeinflussung beträgt damit $R_n = 30{,}8$ m.

3.2.2 Tiefe Erdwärme

Erst bei Bohrtiefen ab 2.000 m erreicht der Untergrund durchschnittlich Temperaturen über 70°C und wird damit direkt (ohne Wärmetransformation) nutzbar zur Raumheizung, Trinkwassererwärmung oder sogar Stromerzeugung.

Hydrothermale Nutzung

Als geothermische Energiequelle wurden bisher nahezu ausschließlich Thermalwasservorkommen genutzt. Die grundwassergefüllten Bereiche eines Locker- oder Festgesteinskörpers werden als Aquifere bezeichnet, das Wasser befindet sich in Poren oder klüftigen Zwischenräumen. Artesische *Aquifere* stehen unter einem so hohen Binnendruck (z.B. durch auflastendes Gestein), dass das Wasser beim Anbohren in der Bohrung höher steigt als der Grundwasserspiegel. Man unterscheidet *niederenthalpe* und *hochenthalpe* Thermalwasservorkommen, je nach Temperatur und Dampfgehalt. Die Grenze liegt etwa bei einer spezifischen Enthalpie von 2.000 kJ/kg.
Die Nutzung hydrothermaler Vorkommen ist relativ einfach – im Abstand von 1 bis 2 km werden Bohrungen niedergebracht, um das Thermalwasser an die Oberfläche zu pumpen und im geschlossenen Rohrsystem über Wärmeübertrager zu leiten. Das abgekühlte Thermalwasser wird über die Injektionsbohrung zurück in den Aquifer geleitet, so dass ein Kreislauf entsteht. Injektions- und Förderbohrung werden auch Bohrlochdublette genannt. Modellrechnungen zeigen, dass bei ausreichender Schichtmächtigkeit (>30 m) und Permeabilität Betriebszeiten von mehr als 20 Jahren erreicht werden können, bevor das entwärmte Kaltwasser bis zur Förderbohrung durchbricht. Die Bohrtechnik wurde von der erdölfördernden Industrie übernommen und gilt als vollständig entwickelt, Bohrungen bis in 7.000 m Tiefe gehören zum Stand der Technik.
Problematischer als die Technik ist das hohe *Fündigkeitsrisiko*. Durch hochentwickelte geologische Erkundungstechniken ist es zwar möglich, Thermalwasservorkommen relativ sicher zu orten. Aber selbst bei erfolgreichen Probebohrungen besteht noch das Risiko, dass die Ergiebigkeit und Durchlässigkeit des Aquifers nicht ausreichend groß sind, um die geplante Förderrate zu erreichen. In diesen Fällen kann über *Stimulationstechniken* mit Hilfe von Säuren oder durch *hydraulic fracturing* die Permeabilität verbessert werden.
In Deutschland finden sich ausreichend mächtige und wasserleitende Aquifere vor allem in den porösen Sandsteinen des Norddeutschen Beckens, in den klüftigen Karbonatgesteinen und Sandsteinen des Oberrheingrabens und im süddeutschen Molassebecken. Entsprechend sind dort auch die realisierten Geothermiestandorte mit Bohrtiefen von 1.000 bis 3.500 m zu finden. Die ausnahmslos niederenthalpen Thermalwässer werden bis auf wenige Ausnahmen nur zur Beheizung verwendet (vgl. Tab. 6.1, S. 448).
Die hydrothermalen Vorkommen in Deutschland stellen nur wenige Prozent des geothermischen Potentials dar [49]. Nach Jung [35] werden zur Stromerzeugung auch mittelfristig nur Anlagen im Bereich von mehreren Hundert MW_{el} realisierbar sein. Das Potential für die Nutzung zu Heizzwecken ist zwar wesentlich höher, jedoch wird nur ein Bruchteil realisiert werden können, da zum Aufbau von Fernwärmenetzen erhebliche Investitionen erforderlich wären.

Petrothermale Nutzung

95 Prozent des geothermischen Potentials sind im kristallinen Gestein zu finden, das sich durchschnittlich in 3.000 m Tiefe unterhalb der Sedimentablagerungen befindet [49]. Aufgrund der fehlenden Wasservorkommen ist hier nur eine petrothermale Nutzung möglich. Inzwischen sind viele Bereiche mit geothermischen Störungszonen (großflächige natürliche Risssysteme und Erdspalten im Untergrund) nachgewiesen, die sich prinzipiell über Bohrungen als natürliche Wärmeübertrager nutzen ließen. Auch hier eignen sich aus der Erdölexploration entlehnte Stimulationstechniken, um die natürlich vorhandenen Risse zu vergrößern und so künstliche Wärmetauscherflächen zu schaffen. In elsässischen Soultz wird das HDR-Verfahren (*Hot Dry Rock*) erprobt, das bereits in den 1970er Jahren in Los Alamos entwickelt wurde. Durch Einpressen von Wasser unter hohem Druck von 100 bis 200 bar, Pumpenleistungen von mehreren MW_{el} und Förderraten von mehr als 50 l/s wurden dort in 5.000 m Tiefe künstliche Wärmetauscherflächen geschaffen.

Potentiale der Tiefen Geothermie

Das Büro für Technikfolgenabschätzung, eine wissenschaftliche Einrichtung des deutschen Bundestages, hat bereits im Herbst 2002 eine Studie zum Thema Geothermie fertiggestellt [49]. Danach beträgt das technische Gesamtpotential für die geothermische Stromerzeugung in Deutschland etwa 300.000 TWh; jährlich nutzbar wären nach der Studie bei stromgeführter Betriebsweise und Berücksichtigung der Stromlasten maximal 300 TWh. Die bundesdeutsche Brutto-Stromproduktion betrug in den vergangenen Jahren rund 500 TWh im Jahr, davon wurden in Grundlast ca. 60 Prozent, also 290 TWh, produziert. Der Rest ist als Mittellast oder Spitzenlast bereitzustellen. Bei einer aus energetischer Sicht wünschenswerten Kopplung von Strom- und Heizwärmeproduktion in Kraft-Wärme-Kopplung könnten immer noch 140 TWh/a Strom geothermisch erzeugt werden, dazu müsste man allerdings den gesamten deutschen Niedertemperatur-Wärmebedarf decken. Würden die heute existierenden Nah- und Fernwärmenetze vollständig mit Geothermie-Heizkraftwerken betrieben werden, wären noch 10 TWh/a Strom in KWK gewinnbar, das entspricht ca. 2 % des jährlichen Strombedarfs.
Die durch das Bundesumweltministerium beauftragte Leitstudie 2011 [6] geht davon aus, dass im Jahr 2030 6,5 TWh/a elektrische Energie durch geothermische Kraftwerke erzeugt werden können, im Jahr 2050 dann sogar 19,2 TWh. Dies entspricht in 2030 einem Anteil von 1,2 % des benötigten Strombedarfs, in 2050 2,2 %. Erneuerbare Energien werden dann zu 85 % den Strombedarf decken. Bei der Wärmebereitstellung soll (tiefe) Geothermie in Form von Nahwärme im Jahr 2030 23,5 TWh (2,2 %) und im Jahr 2050 dann 49,1 TWH/a (6,3 %) liefern. Etwa 46 % der bereitgestellten Wärme sollen 2050 aus erneuerbaren Energien stammen (s. Kap. 1.3.3).
Der Nutzung des geothermischen Potentials stehen heute noch große wirtschaftliche Hemmnisse gegenüber. Energetisch und wirtschaftlich sinnvolle Heizkraftwerke mit

Stromproduktion und Wärmeauskopplung können i.d.R. nur mit geringer Leistung ausgeführt werden, weil die Heizwärme nur über kostenintensive Nah- und Fernwärmenetze verteilt werden kann. Daher sind viele kleine Kraftwerke mit höheren spezifischen Investitionskosten nötig. Zudem zeigt sich, dass auch die Erschließungstechniken zur Geothermienutzung nicht vollständig unbedenklich sind. Bei der Anwendung der hydraulischen HDR-Stimulationstechnik in 5 km Tiefe unter dem Baseler Stadtgebiet kam es Anfang des Jahres 2007 zu mehreren bemerkbaren Erdbeben bis zu einer Magnitude von 3,4, die die Bevölkerung in große Unsicherheit versetzten. Die Beben wurden durch den Wasserdruck verursacht, der natürlich vorhandene Spannungen im Gestein löste. Die Arbeiten am Deep-Mining-Projekt Baselwurden daraufhin vorsorglich vorerst eingestellt.

3.3 Biomasse

Als „gespeicherte Sonnenenergie“ besitzt Biomasse den Vorteil, dass sie einerseits bedarfsgerecht zur Verfügung steht und andererseits in vielfältiger Form in feste, flüssige oder gasförmige Endenergieträger umgewandelt werden kann. Damit kann Biomasse eine wichtige Rolle in einem Energiesystem einnehmen, das verstärkt auf die Nutzung Regenerativer Energien abzielt. Unter dem Begriff Biomasse werden i.A. sämtliche Stoffe organischer Herkunft verstanden. Damit umfasst der Begriff die in der Natur lebenden Pflanzen und Tiere, die daraus resultierenden Rückstände (z.B. tierische Exkremente), abgestorbene Pflanzen oder deren Bestandteile (z.B. Stroh) sowie tote Organismen und schließlich alle Stoffe, die beispielsweise durch eine technische Umwandlung oder eine stoffliche Nutzung entstanden sind (z.B. Papier, Pflanzenöle, Alkohol, Schlachthofabfälle oder die organische Hausmüllfraktion). Die Abgrenzung der Biomasse gegenüber den fossilen Energieträgern beginnt beim Torf, der im strengeren Sinn dieser Begriffsabgrenzung nicht mehr zur Biomasse zählt. Im Wesentlichen sind zu unterscheiden:

- Holz- und holzartige Reststoffe aus der Forstwirtschaft, der Landwirtschaft und der Landschaftspflege sowie industrielle Reststoffe,
- landwirtschaftliche Produkte, wie Zuckerrüben, Kartoffeln oder Ölpflanzen,
- landwirtschaftliche Reststoffe, wie Stroh oder Spelzen,
- organische Reststoffe, etwa aus der Verarbeitung von Agrarprodukten oder als organische Abfälle,
- Altholz, wie z.B. Abbruchholz, Spanplatten oder Eisenbahnschwellen,
- spezielle Energiepflanzen, wie Kurzumtriebshölzer[28], Miscanthus[29], Switchgras bzw. Präriegras.

[28] Als Kurzumtriebshölzer oder sogenannte schnellwachsende Baumarten kommen vorrangig Weiden in Frage. Die Schösslinge werden alle 4 -5 Jahre geerntet und liefern einen jährlichen Ertrag von rund 10 t Trockenmasse pro ha. Neben Weiden werden auch Pappeln, Erlen, Birken und in warmem Klima Eucalyptus und Akazie genutzt.

[29] Miscanthus kommt als perennierende, d.h. jährlich erntbare Energiepflanze eine besondere Bedeutung zu. Miscanthus ist eine tropische Schilfpflanze, die unter geringem Einsatz von Dünge-

Diese sehr umfassende Beschreibung des Begriffs verdeutlicht, dass Biomasse aus sehr unterschiedlichen Quellen stammt. Aus dieser sehr heterogenen Ressource lassen sich über unterschiedliche Umwandlungsschritte verschiedenartige Bioenergieträger erzeugen, wie Kap. 7 darstellt.

3.3.1 Biomassebereitstellung

Jede Pflanze speichert Sonnenenergie, indem sie einen Teil der Solarstrahlung in Kohlenhydrate und Sauerstoff unter Nutzung von Kohlendioxid und Wasser umwandelt. Die folgende Summenformel beschreibt die photosynthetische Umwandlung von Kohlendioxid in Hexose bzw. Glucose.

$$6\,CO_2 + 12\,H_2O + \Delta E \xrightarrow{\text{Chlorophyll}} C_6H_{12}O_6 + 6\,O_2 + 6\,H_2O \qquad (3.75)$$

Dabei kann jedoch nicht der gesamte organische Kohlenstoff gespeichert werden, da ein Teil durch die Pflanze selbst für ihr Wachstum verbraucht wird. Da darüber hinaus nur ein Teil der eingestrahlten Sonnenenergie für die Photosynthese genutzt werden kann, beträgt der Wirkungsgrad der Photosynthese bei heimischen Pflanzen wie Gräsern und Getreide lediglich 1,5 bis 4 %, bei tropischen Pflanzen wie Mais oder Hirse 3 bis 6 % (vgl. Tabelle 3.9).

Tabelle 3.9 Energieverluste bezogen auf die gesamte Globalstrahlung in Prozent, nach [37]

Anteil [%]	Verlustmechanismus
50	Strahlungsenergie außerhalb der photosynthetisch nutzbaren Wellenlängen
5 - 10	Reflexion und Transmission
2,5	Absorption durch photosynthetisch unproduktives Gewebe (z.B. Zellwände)
8,7	Energieverluste durch Strahlungsabsorption (z.B. Wärme)
19 - 22	Elektronentransport und Sekundärprozesse der Kohlenstoffassimilation
2,5 - 3	Lichtatmung
3,7 - 4,3	Dunkelatmung von C3-Pflanzen
4,9 - 5,8	Dunkelatmung von C4-Pflanzen

Zwar erscheint dieser Wert auf den ersten Blick sehr gering, doch muss man berücksichtigen, dass dieser Vorgang überall auf der Erde während der Vegetationszeit abläuft. Entsprechend besitzen tropische Pflanzen eine höhere Biomasseproduktivität als Pflanzen der gemäßigten Breiten, wo die Vegetationszeit auf 6 - 8 Monate im Jahr begrenzt ist. Die begrenzte Speicherleistung der Pflanzen begrenzt auch den Energieertrag, der von einer bestimmten Fläche, z.B. einem Hektar, gewonnen werden kann. Tabelle 3.10 gibt einen Überblick über die unterschiedlichen Hektarerträge einheimischer und tropischer Pflanzen.

---

und Pflanzenschutzmitteln angebaut werden kann. Sie weist dennoch Biomasseerträge von mehr als 15 t Trockenmasse pro ha und Jahr auf. Nachteilig im Vergleich zu holzartiger Biomasse ist die hohe Konzentration von Inhaltsstoffen, die den Verbrennungsprozess mit Blick auf den Ascheschmelzpunkt, die Schadstoffemissionen und die Korrosionsgefahr negativ beeinflussen.

Tabelle 3.10 Jährliche Erträge für verschiedene Biomasse in Tonnen pro Hektar und Jahr, jeweils bezogen auf die Trockenmasse, nach [3]

Pflanzenart	Durchschnittlicher Ertrag in [t/ha/a]	Maximaler Ertrag in [t/ha/a]
Zuckerrohr	35	90
Mais	10	40
Weizen	5	20
Reis	4	16
Zuckerrübe	8	18
Cassava	8	35
Holz (gemäßigte Breiten)	10	20
Holz (Tropen)	20	35

3.3.2 Biomasseproduktion

Der Lebenszyklus eines Bioenergieträgers ist in drei unterschiedliche Phasen einteilbar: In der Wachstumsphase lassen sich insbesondere die chemischen Eigenschaften und der gewünschte Biomasseertrag beeinflussen. In der Aufbereitungsphase stehen die physikalischen Eigenschaften der verschiedenen Bioenergieträger im Vordergrund (vgl. Abb. 7.1). In der Nutzung ist die endgültige Qualität entscheidend für die Handhabung, Lagerung und Zuführung des Bioenergieträgers. Entsprechend besteht eine Produktionskette aus einer Reihe aufeinander aufbauender Einzelschritte, wie Pflanzen, Wachsen, Ernten, Aufbereiten, Verdichten, Trocknen, Lagern, Transportieren und Umschlagen. Die Art und Weise, wie diese Einzelschritte kombiniert werden, hängt zum einen von der Art der verwendeten Biomasse ab, zum anderen von den Anforderungen der späteren Nutzung, beispielsweise der Verbrennungsanlage. Die Bereitstellungskette bestimmt damit neben der Brennstoffform auch die Brennstoffkosten. Die Abfolge der jeweiligen Einzelschritte in dieser Kette kann entsprechend den Anforderungen einer bestimmten Verbrennungstechnologie oder Kostenstruktur verändert werden. Einige Beispiele für Brennstoffketten sind:

- Reststoffe der Forstwirtschaft: In der Forstwirtschaft werden Reststoffe nach dem Fällen der Stämme gewonnen. Zur Erzeugung von Waldhackschnitzeln stehen unterschiedliche Verfahren zur Verfügung. Das Waldrestholz kann dabei entweder gesammelt und bis zur Weiterverarbeitung im Wald gelagert oder direkt am Entstehungsort im Wald zerkleinert werden.
- Halmgutartige Biomasse: Die Ernte von Halmgütern wie Stroh, Ganzpflanzen, Gras oder Miscanthus beginnt mit dem Mähen des Materials. Stroh fällt als Nebenprodukt bei der Getreideernte an, daher ist als zusätzlicher Arbeitsschritt das Pressen zu Ballen erforderlich. Nach der Ernte werden die Ballen auf dem Feld oder in geeigneten Lagerhallen an der Verbrennungsanlage gelagert.
- Energiepflanzen: Zur Ernte schnellwachsender Bäume wie Pappel, Weide oder auch Eukalyptus stehen heute Maschinen zur Verfügung, die die Schösslinge abschneiden und bündeln oder das Material absägen und direkt zu Hackschnit-

zeln oder Pellets verarbeiten. Durch den Einsatz modifizierter Futter-, Mais- oder Zuckerrohrhäcksler konnten spürbare Kostensenkungen bei der Ernte schnellwachsender Hölzer erzielt werden.

Die so gewonnenen Bioenergieträger können entweder direkt in Endenergie (Strom) bzw. Nutzenergie (Wärme) überführt oder in andere Energieträger (wie Holzkohle, Bioöle oder Gas) umgewandelt werden. Dies kann entweder durch thermochemische oder biochemische Umwandlungsprozesse erfolgen.

3.3.3 Physikalische und chemische Charakterisierung von Bioenergieträgern

Die Art der Biomasse, ihre physikalischen Eigenschaften und ihre chemische Zusammensetzung beeinflusst den gesamten Prozess der Biomassenutzung. In der jüngsten Vergangenheit wurden umfangreiche Forschungsvorhaben durchgeführt, um die physikalischen Eigenschaften und die chemische Zusammensetzung unterschiedlicher Bioenergieträger zu beschreiben. Diese Arbeiten dauern zum Teil noch an. Einen Überblick über die wichtigsten Merkmale und ihre Auswirkungen auf die Biomassenutzung gibt Tabelle 3.11. Sie werden im Folgenden näher erläutert.

Wassergehalt

Der Wassergehalt ist die wesentliche physikalische Kenngröße, die den Heizwert biogener Festbrennstoffe bestimmt. Der Wassergehalt w wird auf die Frischmasse bezogen; er beschreibt damit das in der feuchten Biomasse befindliche Wasser, wobei sich die feuchte Biomasse aus der trockenen Biomasse m_B („Trockenmasse") und der darin enthaltenen Wassermasse m_W zusammensetzt:

$$w = \frac{m_W}{m_W + m_B} = \frac{u}{1+u}. \tag{3.76}$$

Im Gegensatz dazu wird die Brennstoff-Feuchte u („Feuchtegehalt") auf die Trockenmasse bezogen; sie ist folglich definiert als die im Brennstoff gebundene Wassermasse m_W bezogen auf die trockene Biomasse m_B:

$$u = \frac{m_W}{m_B} = \frac{w}{1-w}. \tag{3.77}$$

Die Feuchte kann damit in den Wassergehalt umgerechnet bzw. aus ihm berechnet werden. Demnach entspricht z.B. ein Wassergehalt von 50 % einer Brennstoff-Feuchte von 100 %. Da wasserfreie Biomasse in der Natur praktisch nicht vorkommt, müssen stets mehr oder weniger große Mengen Feuchtigkeit während der Verbrennung verdunsten. Die hierfür benötigte Wärme wird der dabei freigesetzten Energie entnommen und mindert dadurch die Nettoenergieausbeute, wenn – und das ist der Regelfall – keine Rückkondensation des entstandenen Wasserdampfes

Tabelle 3.11 Wichtige physikalische und chemische Eigenschaften von Biomasse, nach [37]

Physikalische Eigenschaft	**Auswirkung**
Wassergehalt	Lagerstabilität, Trockenmasseverlust, Heizwert, Selbstentzündung, Anlagenauslegung
Heizwert, Brennwert	Brennstoffausnutzung, Anlagenauslegung
Flüchtige Bestandteile	Thermische Zersetzung
Aschegehalt	Staubemissionen, Aschehandhabung, Ascheentsorgung, Verbrennungstechnik
Ascheschmelzverhalten	Betriebssicherheit, Verbrennungstechnik Prozessüberwachung
Schüttdichte	Brennstofflogistik (Lagerung, Transport, Handling)
Partikeldichte	Thermische Leitfähigkeit, Thermische Zersetzung Fördern und Transportieren, Verbrennungstechnik, Brückenbildung, Betriebssicherheit, Trocknung
physikalische Abmessungen, Form	Staubbildung
Feinanteil (Presslinge)	Lagervolumen, Transportverluste, Staubbildung
Abriebfestigkeit (Presslinge)	Qualitätsänderung, Entmischung, Feinanteil

Chemische Eigenschaften	**Auswirkung**
Kohlenstoffgehalt C	Brennwert
Wasserstoffgehalt H_2	Heizwert, Brennwert
Sauerstoffgehalt O_2	Brennwert
Chlorgehalt Cl	HCl-, PCDD/F-Emissionen, Korrosion
Stickstoffgehalt N	NO_x, N_2O-Emissionen
Schwefelgehalt S	SO_x-Emissionen, Korrosion
Fluorgehalt F	HF-Korrosion
Kaliumgehalt K	Korrosion (Wärmetauscher, Überhitzer), Absenken Ascheschmelzpunkt, Aerosolbildung, Ascheverwertung (Pflanzendünger)
Natriumgehalt Na	Korrosion (Wärmetauscher, Überhitzer), Absenken Ascheschmelzpunkt, Aerosolbildung
Magnesiumgehalt Mg	Erhöhung Ascheschmelzpunkt, Ascheverwertung (Pflanzendünger)
Calciumgehalt Ca	Erhöhung Ascheschmelzpunkt, Ascheverwertung (Pflanzendünger)
Phosphorgehalt P	Ascheverwertung (Pflanzendünger)
Schwermetalle	Emissionen, Ascheverwertung, Aerosolbildung

im Abgas durch eine Abgaskondensationsanlage realisiert wird. Dieser Einfluss des Wassergehaltes auf den Heizwert lässt sich nach Gl. (3.78) bestimmen:

$$H_{u,(w)} = \frac{H_{u,(wf)} \cdot (100 - w) - 2{,}44 \cdot w}{100}. \tag{3.78}$$

Dabei ist $H_{u,(w)}$ der Heizwert des Holzes in MJ/kg bei einem bestimmten Wassergehalt w; $H_{u,(wf)}$ ist der Heizwert der Holztrockenmasse im „wasserfreien“ (trockenen) Zustand, und die Konstante 2,44 ist die Verdampfungswärme des Wassers in MJ/kg, bezogen auf 25 °C. Abb. 3.28 zeigt diesen Zusammenhang.

Demnach nimmt beispielsweise der Heizwert von Holz (ca. 18,5 MJ/kg) mit zunehmendem Wassergehalt bzw. ansteigender Brennstoff-Feuchte linear ab; er ist bei rund 88 % Wassergehalt bzw. etwa 733 % „Brennstoff- Feuchte“ gleich Null. In der

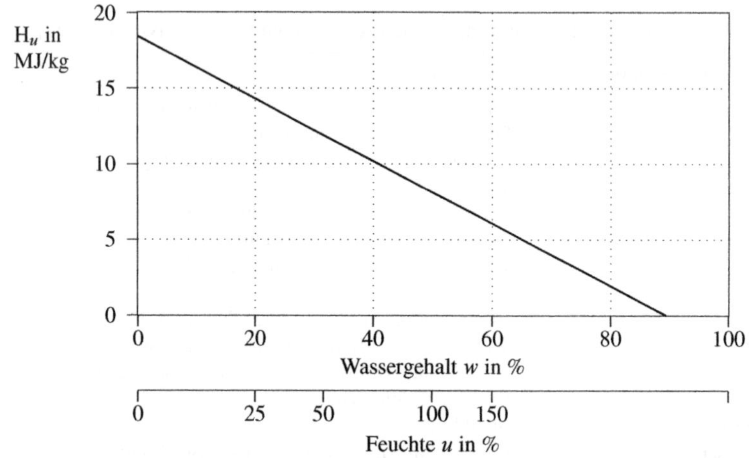

Abb. 3.28 Einfluss des Wassergehalts bzw. der Feuchte auf den Heizwert von Biomasse

Praxis wird oft irrtümlich angenommen, dass mit der Trocknung des Brennstoffs eine proportional zum Heizwert steigende Netto-Energiemenge zur Verfügung steht. Tatsächlich jedoch ist der Gewinn an Brennstoffenergie relativ gering, da ja mit der Trocknung nicht nur der Heizwert steigt, sondern auch die Gesamtmasse an Brennstoff sinkt. Der Wassergehalt der Festbrennstoffe schwankt – bezogen auf die gesamte Masse – zwischen ca. 10 und 65 %. Üblicherweise kann bei luftgetrocknetem Holz oder Stroh von Wassergehalten zwischen 12 und 20 % ausgegangen werden; nach Gl. (3.78) resultiert daraus ein Heizwert zwischen 13 und 16 MJ/kg. Bei waldfrischem Holz, Rinde oder Holz aus Kurzumtriebsplantagen kann der Wassergehalt aber auch bei 50 % und mehr liegen; entsprechend geringer ist dann der Heizwert.

Heizwert

Der Heizwert H_u beschreibt die Wärmemenge, die bei der vollständigen Oxidation eines Brennstoffs ohne Berücksichtigung der Kondensationswärme (Verdampfungswärme) des im Abgas befindlichen Wasserdampfes freigesetzt wird. Beim Heizwert wird somit unterstellt, dass der bei der Verbrennung freigesetzte Wasserdampf dampfförmig bleibt und dass die Wärmemenge, die bei einer eventuellen Kondensation durch Rauchgasabkühlung frei werden könnte (sogenannte „latente Wärme“: 2441 KJ/kg Wasser) nicht nutzbringend verwendet wird. Der Heizwert eines biogenen Festbrennstoffs wird wesentlich stärker vom Wassergehalt beeinflusst als von der Art der Biomasse (vgl. 3.28). Deshalb werden die Heizwerte unterschiedlicher Brennstoffarten stets im absolut trockenen Zustand angegeben und verglichen. Bei biogenen Festbrennstoffen liegt der Heizwert, bezogen auf die wasserfreie Masse ($H_{u,(wf)}$), in einer engen Bandbreite zwischen 16,5 und 19,0 MJ/kg (Tabelle 3.12). In der Praxis gilt die Faustregel, dass ca. 2,5 kg lufttrockenes Holz etwa einem Liter Heizöl (ca. 10 kWh bzw. 36 MJ) entsprechen.

Holzbrennstoffe zeigen insgesamt einen durchschnittlich ca. 9 % höheren Heizwert als Halmgüter; bei denen er zwischen 16,5 und 17,5 MJ/kg schwankt (bezogen auf Trockenmasse). Nennenswerte Unterschiede zwischen Getreidestroh und -körnern sind dabei nicht erkennbar; das gilt auch für Heu und Gräser. Ölhaltige Brennstoffe (z.B. Rapskörner, Rapspresskuchen) besitzen je nach Ölgehalt, dessen Heizwert bei ca. 36 MJ/kg liegt, einen insgesamt erhöhten Heizwert.

Brennwert

Im Unterschied zum Heizwert ist der Brennwert H_o definiert als die bei der vollständigen Oxidation eines Brennstoffs freigesetzte Wärmemenge, die verfügbar wird, wenn auch die Kondensationswärme des bei der Verbrennung gebildeten Wasserdampfs nutzbar gemacht wird. Bei biogenen Festbrennstoffen liegt der Brennwert durchschnittlich um ca. 6 % (Rinde), 7 % (Holz) bzw. 7,5 % (Halmgut) über dem Heizwert (vgl. Tabelle 3.12). Das gilt jedoch nur für Festbrennstoffe im absolut trockenen Zustand (d.h. bezogen auf Trockenmasse). Bei feuchter Biomasse vergrößert sich dieser relative Abstand, so dass der durch Rekondensation des entstehenden Wasserdampfes erzielbare Energiegewinn steigt.

Schüttdichte (Lagerdichte)

Insbesondere das erforderliche Lager- und Transportvolumen der Brennstoffe wird von der Schüttdichte bzw. bei nicht schüttfähigen Brennstoffen von der Stapeldichte bestimmt. Die Schüttdichte ist dabei definiert als der Quotient aus der Masse des in einen Behälter eingefüllten Brennstoffs und dem Volumen dieses Behälters [13]. Hohlräume zwischen den Brennstoffteilchen werden also vom Volumen nicht abgezogen; das gilt auch bei der Stapeldichte.
Tabelle 3.12 gibt einen Überblick über typische Werte für die Schüttdichte, den Brennwert und den Wassergehalt ausgewählter Bioenergieträger.
In Abhängigkeit vom Aufbereitungsprozess stehen Biobrennstoffe als Schüttgüter (z.B. Hackschnitzel oder Sägespäne) oder als stückiges Material (z.B. Strohballen oder Scheitholz) zur Verfügung. Für Schüttgüter gilt, dass die Partikelgröße in einem Bereich von wenigen Millimetern bis hin zu ca. 50 cm schwankt. Darüber hinaus kann die Partikelgrößenverteilung homogen sein (etwa bei Pellets) oder inhomogen (z.B. bei Hackschnitzeln).

3.3.4 Ökologie und Nachhaltigkeit

Bioenergie stellt den ältesten von Menschen genutzten Energieträger dar. Ihre aktuelle Bedeutung erlangt sie in den Industrieländern vorrangig im Zuge der Diskussion um die Verringerung der Treibhausgasemissionen, da die nachhaltige Nutzung

Tabelle 3.12 Wassergehalt, Brennwert, Heizwert und Schüttdichte wichtiger Bioenergieträger. Die Energiewerte sind dabei auf die Trockenmasse (TM), Wassergehalt und Schüttdichte auf die Frischmasse (FM) bezogen.

Bioenergieträger	Wassergehalt [%] (FM)	Brennwert [kWh/kg] (TM)	Heizwert [kWh/kg] (TM)	Schüttdichte [kg/m³] (FM)
Holzpellets	10	5,5	4,6	600
Hackschnitzel - Laubholz - getrocknet	30	5,5	3,4	320
Hackschnitzel - Laubholz	50	5,5	2,2	450
Hackschnitzel - Nadelholz - getrocknet	30	5,5	3,4	250
Hackschnitzel - Nadelholz	50	5,5	2,2	350
Gras - Hochdruckballen	18	5,1	3,8	200
Rinde	50	5,6	2,3	320
Triticale (Getreide) - Hochdruckballen	15	5,2	4,0	175
Sägespäne	50	5,5	2,2	240
Stroh (Winterweizen) - Hochdruckballen	15	5,2	4,0	120

von Biomasse als weitgehend klimaneutral angesehen wird. Ferner gilt Biomasse als regionale Energiequelle, deren Nutzung wertvolle Impulse in die Land- und Forstwirtschaft liefern kann. Dieser regionale Bezug ist auch für viele Nutzungsformen der Bioenergie zutreffend, unterbinden doch Eigenschaften der Biomasse, wie vergleichsweise niedriger Energiegehalt oder großes Transportvolumen, einen überregionalen Transport.

Dieser Bewertungsmaßstab ändert sich allerdings rasch, wenn aufbereitete Bioenergieträger in die Betrachtung mit einbezogen werden. So ist die Entstehung von globalen Märkten für moderne Bioenergieträger – und dies zeigte sich in den zurückliegenden Jahren insbesondere bei Biotreibstoffen sehr deutlich – ein sehr dynamischer Prozess. Dabei sind die Antriebsmotive in den Industrieländern (als vorrangige Nutzer) und Entwicklungsländern (als vorrangige Produzenten) sehr unterschiedlich: Während in den Industrieländern neben den Aspekten des Klimaschutzes auch Gesichtspunkte einer zukünftig zuverlässigen und preiswerten Energieversorgung eine nicht unerhebliche Rolle spielen, sehen Entwicklungsländer in einer verstärken Produktion von Bioenergieträgern für den Export eine Chance, an diesen Märkten partizipieren zu können. Hierin wird zunehmend eine Gefahr gesehen, die an sich vorhandenen Umweltvorteile einer angepassten Bioenergienutzung zu konterkarieren. Die Erzeugung von Bioenergieträgern im großen Maßstab ist mit einem großen Flächenbedarf verbunden. Eine nennenswerte Steigerung in der Erzeugung von Bioenergieträgern hängt in hohem Maß von einer deutlichen Steigerung der Flächenproduktivität ab. Ferner muss insbesondere in den Entwicklungs- und Schwellenländern die landwirtschaftlich genutzte Fläche anwachsen, um dem steigenden Nahrungsmittelbedarf gerecht zu werden. Gelingt es, die Ernteerträge zu steigern, so sinkt der Flächenbedarf für die Nahrungsmittelproduktion.

Zurzeit werden weltweit rund 14 Millionen ha Ackerfläche zum Anbau von Bioenergieträgern genutzt, was einem Anteil von rund 1 % der weltweit verfügbaren Ackerfläche entspricht. Im Durchschnitt haben sich die Ernteerträge in den zurückliegenden 40 Jahren weltweit verdoppelt. Dies ist überwiegend auf eine erfolgreiche Pflanzenzüchtung und verbessertes Management zurückzuführen, wobei erwartet wird, dass noch ein großes Potential zur weiteren Steigerung besteht. So können gerade Investitionen in den Anbau von Bioenergieträgern in Entwicklungs- und Schwellenländern als starker Impuls für eine effizientere Landnutzung dienen, der dann zusätzliche positive Effekte in Form einer höheren Erzeugung von Nahrungs- und Futtermitteln mit sich ziehen kann. Auf diese Weise könnte der Konkurrenzdruck in der Landnutzung zwischen dem Anbau von Bioenergieträgern und Nahrungsmitteln verringert werden. Abschätzungen zum zukünftigen Beitrag von Energiepflanzen zur weltweiten Energieversorgung sind stark abhängig von den ihnen zugrunde liegenden Annahmen hinsichtlich der Erträge und der Landfläche, die für den Anbau von Bioenergieträgern zur Verfügung steht. Besonders kritische Aspekte in diesem Zusammenhang sind [31]:

- Konkurrenz um die Ressource Wasser, insbesondere in den Ländern, in denen Wasser bereits heute knapp ist.
- Einsatz von Düngemitteln und Pflanzenschutzmitteln: Das verbesserte Flächenmanagement und die höhere Flächenproduktivität hängen von der Verfügbarkeit von Dünge- und Pflanzenschutzmitteln ab. Dabei kann aber deren starker Einsatz zu Umweltschäden führen.
- Landnutzung: Ein deutlich intensivierter Anbau von Energiepflanzen in großem Maßstab kann zu Verlusten bei der Biodiversität führen.
- Konkurrenz mit der Nahrungsmittelproduktion: Eine Steigerung der Biomasseproduktion kann zu einer Steigerung von Pachtpreisen und Nahrungsmittelpreisen führen, die gerade für arme Haushalte mit sehr negativen Folgen verbunden sind. Andererseits können finanzschwache Landwirte von steigenden Produktpreisen profitieren.

Abschätzungen der IEA [31] haben ergeben, dass der Anbau von Energiepflanzen auf den zur Zeit verfügbaren landwirtschaftlichen Flächen (Ackerland und Grünland) im Extremfall einen Beitrag von bis zu 700 EJ zur Energieerzeugung im Jahr 2050 leisten kann, ohne die weltweite Versorgung mit Nahrungsmitteln, den Bestand an Wäldern oder die Biodiversität zu gefährden - wobei hier allerdings eine sehr schnelle technologische Entwicklung unterstellt wird. Dieser Energiebeitrag würde den erwarteten gesamten weltweiten Energiebedarf des Jahres 2050 zu rund 60 % abdecken können. Derzeit werden aber die weltweiten Bioenergiepotentiale deutlich vorsichtiger bewertet. So fasst Tab. 3.13 die weltweiten Bioenergiepotentiale aus dem Anbau von Energiepflanzen im Jahr 2050 zusammen, wie sie im Rahmen eines Gutachtens des WBGU [65] ermittelt wurden.
Die teilweise sehr großen Schwankungsbreiten in den Zahlenwerten sind u.a. darauf zurückzuführen, dass dieser Potentialermittlung verschiedene Landnutzungsmodelle zu Grunde liegen und ferner in einen Energiepflanzenanbau mit künstlicher Bewässerung und ohne künstliche Bewässerung unterschieden wurde. Addiert man zu diesen Zahlen die Potentiale aus der Nutzung von Abfall- und Reststoffen von mindestens 50 EJ/a hinzu, so ergibt sich ein Gesamtpotential von maximal rund 180 EJ/a, was einem Anteil am erwarteten globalen Energieverbrauch im Jahr 2050 von rund 15 % entsprechen würde. Damit zeigen auch diese Berechnungen bei aller

Tabelle 3.13 Weltweite Potentiale für den Anbau von Energiepflanzen im Jahr 2050 (nach [1])

	Bioenergiepotential aus Energiepflanzen	
	Minimum (EJ/a)	Maximum (EJ/a)
USA und Kanada	5,0	15,0
Europäische Union	4,9	15,0
OECD Pazifik	2,5	18,1
MOE-Staaten	2,4	9,4
Asien	6,0	19,0
Lateinamerika	8,0	25,0
Nordafrika, Mitt. Osten	0,5	1,0
Afrika (südl. Sahara)	5,1	14,0
Summe	**34,4**	**116,5**

zugrunde liegende Vorsicht das große Potential auf, das in der Bioenergie steckt. Damit kann Bioenergie ein wichtiger Bestandteil einer zukünftigen, regenerativen, umweltfreundlichen Energieversorgung sein.
Allerdings kann ein unkontrolliertes Wachstum der globalen Märkte für Bioenergie zu Fehlentwicklungen führen. Beispielsweise kann die Zunahme von Landnutzungskonkurrenzen zwischen Nahrungsmittel- und Energiepflanzenproduktion die Ernährungssicherheit gefährden oder die Zerstörung von Regenwäldern oder anderen naturnahen Ökosystemen auslösen, [65]. Entsprechend werden die Perspektiven eines verstärkten Energiepflanzenbaus heute deutlich skeptischer gesehen als dies noch vor wenigen Jahren der Fall war. So empfiehlt der WBGU in seinem Gutachten, vorrangig auf die energetische Nutzung von Abfall- und Reststoffen zu setzen und auf eine Förderung der Biokraftstoffherstellung ganz zu verzichten. Zusätzlich wird ein globaler Regulierungsrahmen gefordert, der einheitliche und verbindliche Nachhaltigkeitsstandards definiert. Damit wird deutlich, dass die Nutzung von Bioenergie sehr komplexe Fragen der Energie-, Landwirtschafts- und Klimapolitik umfasst. Zusätzlich spielen aber auch Verkehrs-, Außenwirtschafts- und Umweltpolitik sowie Entwicklungs- und Sicherheitspolitik eine wichtige Rolle [65]. Allerdings ist die Bedeutung der Bioenergie in einer zukünftig auf regenerative Energien ausgerichtete Nutzung zu groß, als dass auf sie verzichtet werden könnte. Als Konsequenz dieser Diskussionen wurden in Deutschland bereits im Jahr 2009 mit der sogenannten Biomassestrom-Nachhaltigkeitsverordnung [7] und der Biokraftstoff-Nachhaltigkeitsverordnung [8] zwei Verordnungen erlassen, die Nachhaltigkeitskriterien für den Biostrom- und den Biokraftstoffbereich festlegen.

3.4 Windenergie

Bei der Nutzung, Planung und Konstruktion von Windkraftanlagen spielen die Eigenschaften von Windströmungen eine besondere Rolle. Wind ist als wetterbedingte Erscheinung zwar an fast jedem Ort vorhanden, aber nicht jeder Ort ist tatsächlich für die Errichtung einer Windkraftanlage geeignet. Da die Nutzung der Windenergie mit entsprechenden Investitionen einhergeht, ist es unerlässlich, im Voraus zum einen eine Vorhersage über die zu erwartenden Erträge, zum anderen aber auch eine Aussage über geeignete Standorte treffen zu können. Im folgenden Abschnitt werden daher die wichtigsten Eigenschaften von Windströmungen sowie deren Beschreibung behandelt.

3.4.1 Windentstehung

Der Wind auf der Erdoberfläche ist ein Prozess, der die unterschiedlichen Energieeinträge der Sonne auf die Erde ausgleicht. Die Sonneneinstrahlung erreicht auf der Erde im Bereich des Äquators die höchste Intensität und nimmt zu den Polen hin ab. Neben diesem globalen Phänomen wird die aufgenommene Strahlung auch von den lokalen Gegebenheiten beeinflusst. Beispielsweise führt die schnellere Erwärmung des Festlandes im Vergleich zu der des Wassers zur Entstehung des von der See auf das Land gerichteten und tagsüber auftretenden Seewindes, der nachts von dem in umgekehrter Richtung strömenden Landwind abgelöst wird [64]. Insgesamt führen die atmosphärischen Vorgänge zu einem örtlich und zeitlich unterschiedlichen Windangebot.
Einen Überblick über die Windverhältnisse in Deutschland liefert Abb. 3.29, in der die mittlere Windgeschwindigkeit in 50 m Höhe über Grund dargestellt ist. Aufgrund der hohen Windgeschwindigkeiten sind die Küstenregionen für eine Windkraftnutzung besonders geeignet. Aber auch in den südlichen Bundesländern sind Standorte zu finden, die ein ausreichendes Potential für die Windkraftnutzung aufweisen.

3.4.2 Leistung des Windes

Die theoretisch nutzbare Leistung des Windes ergibt sich, wenn eine Windströmung soweit abgebremst wird, dass die bewegte Luft keinen kinetischen Energieanteil mehr besitzt. Da nach der Abgabe der Windleistung die Luft wieder in die Atmosphäre entlassen wird, muss dies bei dem herrschenden Umgebungsdruck stattfinden.
Die dem Wind entzogene Leistung P_0 kann über die Totaldrücke[30] vor und hinter einer Kraftmaschine, p_{01} und p_{02}, berechnet werden:

$$P_0 = (p_{01} - p_{02})\dot{V}, \tag{3.79}$$

wobei die Totaldruckdifferenz mit dem Volumenstrom $\dot{V}$ zu multiplizieren ist. Der Index „1“ bezieht sich dabei auf die ungestörte Strömung vor der Kraftmaschine, der Index „2“ auf die Strömung dahinter. Wird in Gl. (3.79) der Totaldruck durch

[30] Der Totaldruck ist die Summe aus dem statischen und dem dynamischen Druck. Der dynamische Druck wird auch als Staudruck bezeichnet.

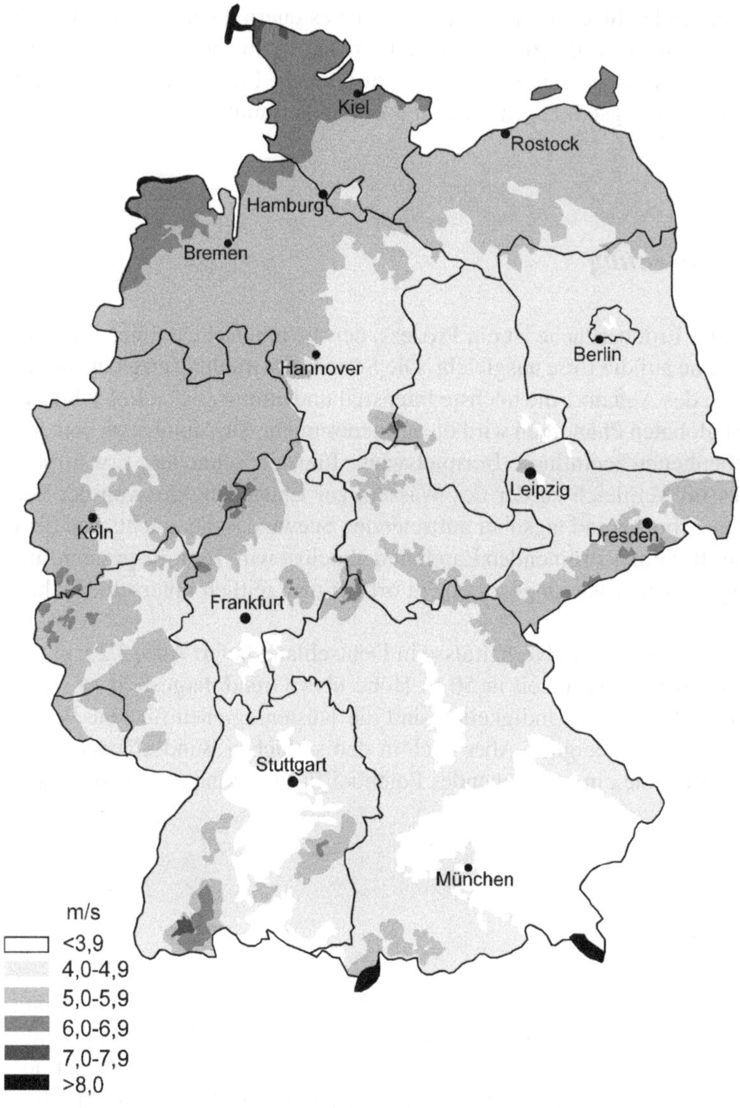

Abb. 3.29 Mittlere Windgeschwindigkeiten in Deutschland in 50 m Höhe über Grund [38]

die Summe aus statischem Druck p und dynamischem Druck $\frac{\rho}{2}v^2$ ersetzt, ergibt sich mithilfe der Kontinuitätsgleichung $\dot{V} = v_1 \cdot A_1$ die Nutzleistung zu

$$P_0 = \frac{\rho}{2} A_1 v_1^3. \tag{3.80}$$

In Gl. (3.80) wurde berücksichtigt, dass die Geschwindigkeit im Punkt „2" verschwindet und die statischen Drücke an den Orten „1" und „2" gleich sind. Zu beachten ist dabei, dass sich die Fläche A_1 aus dem betrachteten Volumenstrom bei der Windgeschwindigkeit v_1 ergibt und nicht zwangsläufig eine definierte Fläche der Kraftmaschine, wie z.B. die Rotorfläche, darstellt.

3.4.3 Grenzschicht

Wie bei der Umströmung von Körpern üblich, bildet sich auch bei der Windströmung über der Erdoberfläche eine Grenzschicht aus. Auf der Erdoberfläche ist die Windgeschwindigkeit gleich null, während in einem gewissen Abstand zur Erdoberfläche, am Grenzschichtrand, die Geschwindigkeit durch die Reibung auf der Erdoberfläche nicht mehr beeinflusst wird. Die Grenzschichtdicke, das heißt ihre Erstreckung senkrecht zur Erdoberfläche, variiert aufgrund der klimatischen Randbedingungen und beträgt im Mittel etwa 1.000 m [23]. Für die Nutzung von Windkraftanlagen sind die Grenzschicht und die in ihr vorzufindenden Strömungszustände von besonderem Interesse, da sich bodengestützte Windkraftanlagen innerhalb dieser Grenzschicht befinden.

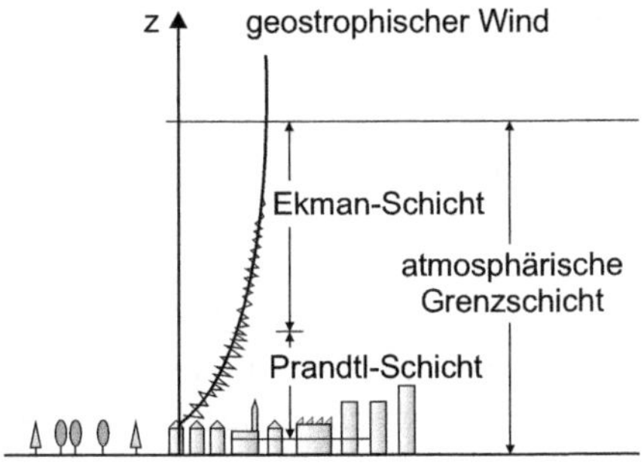

Abb. 3.30 Grenzschichtprofil der Windströmung bestehend aus der Prandtl-Schicht und der Ekman-Schicht in Anlehnung an [20]. Die angegeben Höhen sind beispielhaft und hängen von verschiedenen atmosphärischen Einflüssen ab. Als mittlerer Wert wird in [23] für die atmosphärische Grenzschicht eine Höhe von 1000 m angegeben, wobei die Prandtl-Schicht mit etwa 100 m 10 % der gesamten Grenzschichtdicke ausmacht.

Wie Abb. 3.30 zeigt, lassen sich im vertikalen Geschwindigkeitsprofil der Windströmung unterschiedliche Bereiche erkennen. Im bodennahen Bereich der Grenzschicht ist der Wind deutlich durch die Beschaffenheit der Erdoberfläche beeinflusst. Die Turbulenz der Strömung kann dabei durch die orographischen [31] Eigenschaften, den Bewuchs und die Bebauung angefacht werden. In der deutschsprachigen Literatur wird dieser Bereich als Prandtl-Schicht bezeichnet. An die Prandtl-Schicht schließt sich bis zum Grenzschichtrand die Ekman-Schicht an. Außerhalb der Grenzschicht tritt der geostrophische Wind auf, der vom vertikalen Windprofil unbeeinflusst ist.

In der Prandtl-Schicht kann mithilfe des Prandtlschen Mischungswegansatzes das Geschwindigkeitsprofil hergeleitet werden, wie in [47] im Detail beschrieben. Als Ergebnis folgt das logarithmische Grenzschichtprofil [44]:

[31] Orographie bezeichnet ein Teilgebiet der Geowissenschaften, welches sich mir der Beschreibung von Oberflächenformen beschäftigt [4].

$$\frac{v_2}{v_1} = \frac{\ln \frac{z_2}{z_0}}{\ln \frac{z_1}{z_0}}. \tag{3.81}$$

Hierbei wird die Geschwindigkeit v von einem Punkt „1“ mit der Höhe z_1 über der Erdoberfläche auf einen Punkt „2“ mit der Höhe z_2 umgerechnet. Diese Information ist beispielsweise dann wichtig, wenn die Windgeschwindigkeit in einer anderen Höhe gemessen wird, als sich die Windkraftanlage in der Realität befindet. Die Größe z_0 ist die Rauigkeitslänge, die je nach Geländeausbildung unterschiedliche Werte annehmen kann. In Tabelle 3.14 sind Anhaltswerte für die Rauigkeitslänge angegeben.

Tabelle 3.14 Werte der Rauigkeitslänge z_0 für verschiedene Geländeformen, nach [44]

Oberfläche	**Rauigkeitslänge** z_0 in m
Wasser oder Eis	0,0001
Gemähtes Gras	0,01
Langes Gras oder felsige Oberfläche	0,05
Weideland	0,2
Vorortbebauung	0,6
Wälder, Städte	1 ... 5

Welchen Einfluss die Rauigkeitslänge auf die Anströmverhältnisse einer Windkraftanlage hat, zeigt sehr eindrucksvoll Abb. 3.31. In der Darstellung sind die Windgeschwindigkeiten in der Bodengrenzschicht für die Höhenkoordinate z für unterschiedliche Rauigkeitslängen z_0 aufgetragen. Die Geschwindigkeit v am Grenzschichtrand ist bei allen vier Kurven konstant. Es zeigt sich, dass selbst bei einer Verdopplung der Nabenhöhe die Windgeschwindigkeit im ungünstigsten Fall bei Aufstellung in einem Wald immer noch unter der Windgeschwindigkeit bei Aufstellung in einem Wattgebiet liegen würde.
Das in Gl. (3.81) angegebene Windprofil gilt nur bei einer neutralen Schichtung der Atmosphäre und kann durch das Auftreten vertikaler Temperaturgradienten beeinflusst werden. Neben einer neutralen Schichtung kann sich, je nach Wetterlage, auch eine labile oder stabile Schichtung einstellen. Die Schichtung ist dabei nicht auf die Prandtl-Schicht beschränkt, sondern spielt auch für größere Höhen eine Rolle. Die Einordnung in die drei genannten Schichtungsarten hängt dabei von einem Vergleich der adiabatischen Temperaturänderung der Luft mit der sich in der Atmosphäre einstellenden Temperatur-Höhenkurve ab. Anhand von Abb. 3.32 sei der Vorgang für den Fall der stabilen Schichtung erläutert. Bewegt sich ein zusammenhängender Luftbereich, vorstellbar als Luftpakt, von einer Anfangshöhe h nach oben, so nimmt seine Temperatur von einem Anfangswert ϑ_H ab, da sich die Luft aufgrund des niedrigeren Druckes ausdehnt und dabei Volumenänderungsarbeit leistet. Für trockene Luft ergibt sich dabei eine Temperaturabnahme von ca. 1 K pro 100 m. An der neuen Position des Luftpaketes, gekennzeichnet durch die Höhe h_h, liegt für die stabile Schichtung die Temperatur im Inneren des aufgestiegenen Luftbereichs unter der Umgebungstemperatur ϑ_{U2}, da gemäß der Temperatur-Höhenkurve die Temperaturabnahme in der Atmosphäre geringer ist als die adiabatische Tempe-

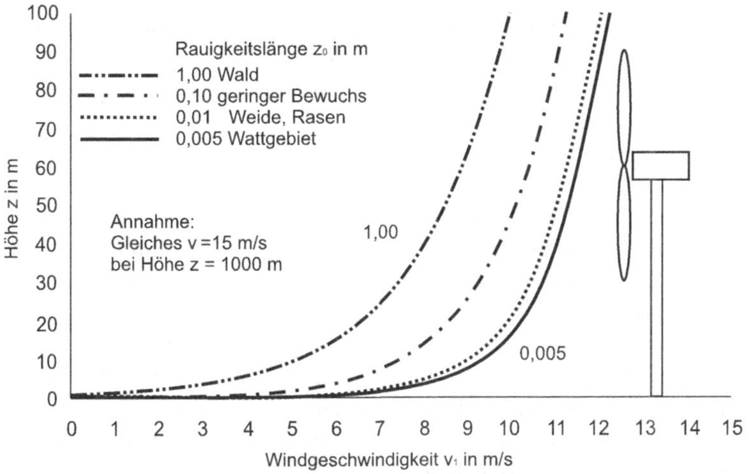

Abb. 3.31 Einfluss der Rauigkeitslänge auf die Windgeschwindigkeit in Nabenhöhe [23]

raturänderung des Luftpaketes. Durch die niedrigere Temperatur hat das Luftpaket eine höhere Dichte und sinkt wieder zu seiner ursprünglichen Höhe *h* ab. In analoger Weise verhält sich die Luft beim Absinken in einer stabilen Schichtung.

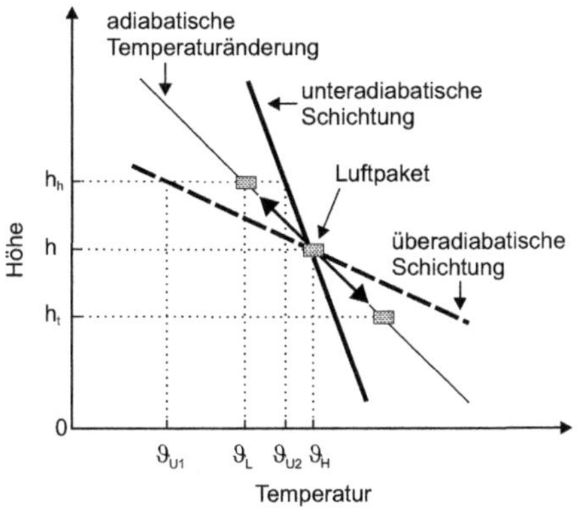

Abb. 3.32 Stabile, labile und neutrale Schichtung der Atmosphäre nach [26]. Bei der neutralen Schichtung entspricht die Temperatur-Höhenkurve der eingezeichneten adiabatischen Temperaturänderung eines auf- oder absteigenden Luftpaketes. Die stabile (unteradiabatische) Schichtung ist durch eine geringere Abnahme der Temperatur ϑ mit zunehmender Höhe gekennzeichnet. Bei der labilen (überadiabatischen) Schichtung sinkt die Temperatur auf der Temperatur-Höhenkurve stärker ab als durch die adiabatische Temperaturänderung vorgegeben.

In der labilen Schichtung, wie in Abb. 3.32 gezeigt, verläuft die Temperatur-Höhenkurve flacher als die der adiabatischen Temperaturänderung. Betrachtet man wieder eine aufsteigende Luftmasse, so ist die durch die Umgebungsluft vorgegebene Temperaturabnahme größer als die des Luftpaketes. An einer neuen Höhe h_h stellt sich somit eine Temperatur $\vartheta_L > \vartheta_{U1}$ ein, wobei auch hier ϑ_{U1} die durch die Temperatur-Höhenkurve vorgegebene Umgebungstemperatur bezeichnet. Aufgrund der höheren Temperatur ϑ_L und der daraus resultierenden geringeren Dichte im Vergleich zur umgebenden Luft erfährt das Luftpaket einen thermischen Auftrieb, der zu weiterem Steigen führt. In einer labilen Schichtung werden also Auf- und Abwärtsbewegungen aufgrund der Temperaturverteilung weiter verstärkt. Als Beispiel für eine

labile Schichtung wird in [26] eine Wetterlage angeführt, bei der sich Kaltluft in der Höhe über Warmluft am Boden schiebt. Die Sturmböen, die bei einer solchen Wetterlage auftreten können, entstehen dabei durch Luftpakete, deren Absinkbewegung in der labilen Schichtung verstärkt wird.
Eine stabile Schichtung tritt beispielsweise im Winter bei bodennaher Kaltluft auf. Bei neutraler Schichtung ist die Steigung der Temperatur-Höhenkurve und die der adiabatischen Temperaturänderung gleich. Dieser Zustand liegt bei hohen Windgeschwindigkeiten vor, wobei in diesem Fall das Geschwindigkeitsprofil in der Prandtl-Schicht von der Temperaturverteilung in der Atmosphäre unabhängig ist. Den Einfluss der Schichtung zeigt Abb. 3.33, in der das sich theoretisch ergebende vertikale Windprofil für eine neutrale Schichtung mit Werten verglichen wurde, die aus einer Messung bei stabiler Schichtung stammen. Während im bodennahen Bereich der Anstieg der Windgeschwindigkeit bei stabiler Schichtung mit einem geringeren Gradienten beginnt, übersteigt die Geschwindigkeitsänderung pro Höhenmeter nach einigem Abstand zum Boden den Vergleichswert der neutralen Schichtung deutlich. Der Anlass der Messung waren ungewöhnlich hohe Belastungen einer Windturbine, die durch die vergleichsweise große Geschwindigkeitsänderung begründet werden konnten [50].

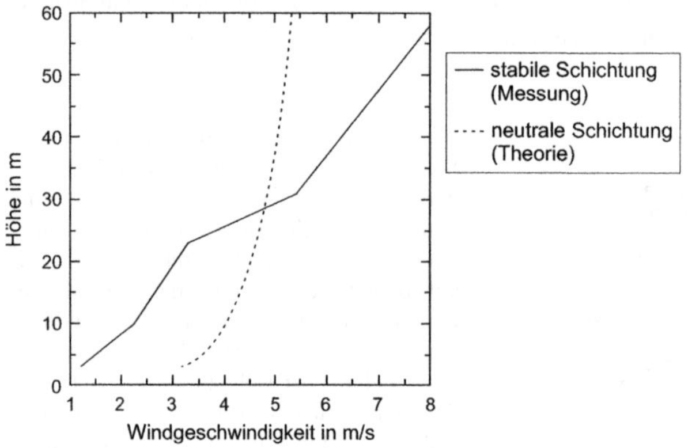

Abb. 3.33 Vergleich des vertikalen Windprofils, welches sich theoretisch für eine neutrale Schichtung ergibt mit Messwerten, die bei einer stabilen Schichtung aufgenommen wurden. [50]

3.4.4 Häufigkeitsverteilung

Bei der Messung der Windverhältnisse an einem potentiellen Standort werden die Daten zu bestimmten Zeitpunkten aufgenommen. Zum Beispiel wird nach VDI 3786, Blatt 2, eine Abtastzeit von 2 Sekunden und eine Mittelwertbildung nach 10 Minuten vorgegeben. Um bei langen Messkampagnen die Daten zusammenzufassen, wird mit Häufigkeitsverteilungen gearbeitet. Dabei werden die gemessenen Mittelwerte in Windklassen zusammengefasst, wobei in der Regel eine Klassenbreite von 1 m/s verwendet wird. Die relative Häufigkeit, die sich dabei für jede Klasse ergibt, zeigt an, welchen Anteil die Windklasse an der Gesamtmesszeit besitzt. In Abb. 3.34 ist die relative Häufigkeit der Windgeschwindigkeiten als Verteilungsfunktion für einen beispielhaften Messort dargestellt.

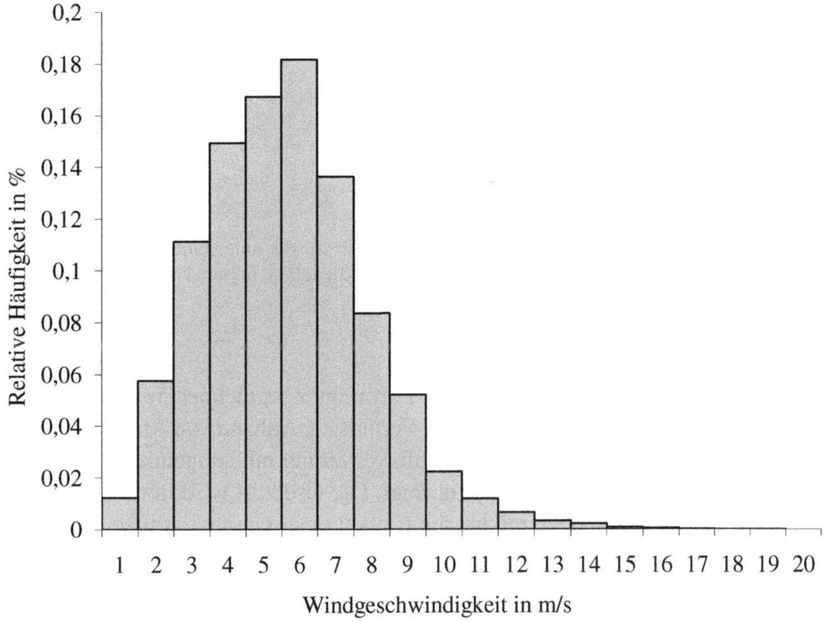

Abb. 3.34 Häufigkeitsverteilung der Windgeschwindigkeit für Windklassen (Bins) mit einer Breite von 1 m/s

Da neben der Häufigkeitsverteilung der Windgeschwindigkeiten auch der Einfluss der Windrichtung von Bedeutung ist, werden auch Windrosen, wie in Abb. 3.35 gezeigt, zur Visualisierung der Windverhältnisse eingesetzt. Der Einfluss der Hauptwindrichtung spielt beispielsweise bei der Planung von Windparks eine Rolle, da bei einer vorgegebenen Parkfläche die Windkraftanlagen so anzuordnen sind, dass die Abschattungen der einzelnen WEA in der Hauptwindrichtung geringer ausfallen als für weniger häufig auftretende Windrichtungen.

Anstelle der Verwendung von diskreten Werten ist es auch möglich, die Häufigkeit der Windgeschwindigkeiten durch eine Wahrscheinlichkeitsdichtefunktion anzugeben. Hierzu wird vorzugsweise die Weibull-Verteilung verwendet, die durch

$$h(v) = \frac{k}{A}\left(\frac{v}{A}\right)^{k-1} e^{-\left(\frac{v}{A}\right)^k} \tag{3.82}$$

gegeben ist und die Wahrscheinlichkeitsdichte h in s/m als Funktion der Windgeschwindigkeit v darstellt. Zur Berechnung der Parameter der Weibull-Verteilung wird die Methode der kleinsten Fehlerquadrate eingesetzt. Der in der Weibull-

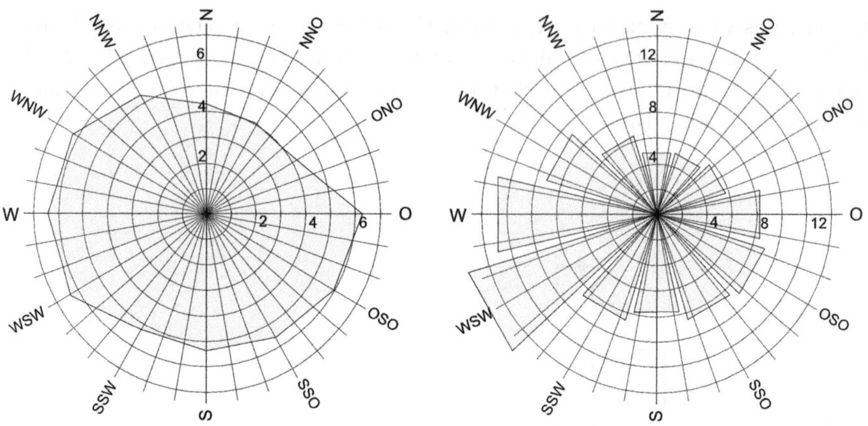

Abb. 3.35 Mittlere Windgeschwindigkeit in m/s, dargestellt für die unterschiedlichen Windrichtungen (rechts), Häufigkeitsverteilung der Windgeschwindigkeiten in %, dargestellt für unterschiedliche Windrichtungssektoren (links)

Verteilung auftretende Parameter k wird als Formfaktor bezeichnet. Wie der Name andeutet, beeinflusst k die Form der Weibull-Verteilung. Anhand von Abb. 3.36 wird deutlich, dass sich das Maximum der Weibull-Verteilung mit steigendem k zu größeren Windgeschwindigkeitswerten hin bewegt. Die Größe A wird in der Literatur als Skalierungsfaktor bezeichnet und hat die Einheit einer Geschwindigkeit.

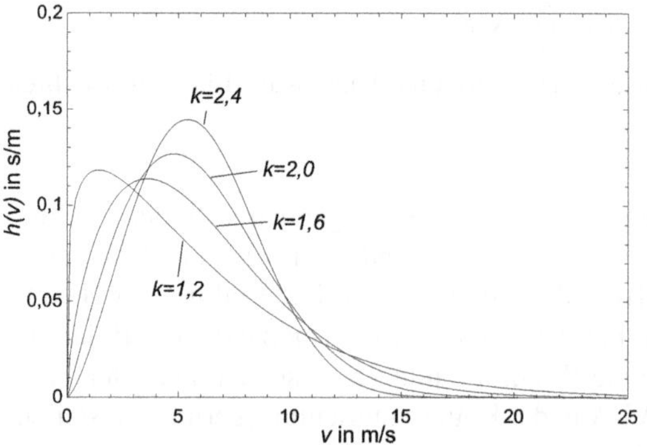

Abb. 3.36 Darstellung der Wahrscheinlichkeitsdichte mittels einer Weibull-Verteilung für unterschiedliche Werte des Parameters k bei gleicher mittlerer Geschwindigkeit $\overline{v} = 6\,\mathrm{m/s}$

Der Formfaktor k zeigt eine gewisse Korrelation mit bestimmten Regionen. Nach [23] liegt der Formfaktor in arktischen Regionen etwa bei $k \approx 1$, für Mitteleuropa etwa bei $k \approx 2$ und in den Passatwindgebieten bei $k \approx 3 \ldots 4$.

Für $k = 2$ ergibt sich aus der Weibull-Verteilung eine besonders einfache Form, nämlich die Rayleigh-Verteilung

$$h(v) = \frac{\pi}{2}\frac{v}{\bar{v}^2}e^{-\frac{\pi}{4}\left(\frac{v}{\bar{v}}\right)^2}. \tag{3.83}$$

Die Rayleigh-Verteilung hat den Vorteil, dass anstelle der Parameter k und A jetzt nur noch die mittlere Windgeschwindigkeit $\bar{v}$ auftritt. Die Rayleigh-Verteilung kann daher eingesetzt werden, wenn für einen Standort, an dem lediglich die mittlere Windgeschwindigkeit bekannt ist, eine erste Ertragsabschätzung erfolgen soll.
Da bei der weiteren Verwendung der Winddaten die Wahrscheinlichkeit für das Auftreten bestimmter Windgeschwindigkeiten von Interesse ist, muss die Wahrscheinlichkeitsdichte wieder umgerechnet werden. Die Wahrscheinlichkeit P, dass ein Wert x_p zwischen den Grenzen a und b liegt, ergibt sich als Integral über die Wahrscheinlichkeitsdichte $f(x)$

$$P(a \leq x_p \leq b) = \int_a^b f(x)dx \tag{3.84}$$

und damit aus der Fläche unter der Kurve $f(x)$, wie in Abb. 3.37 schematisch zeigt.

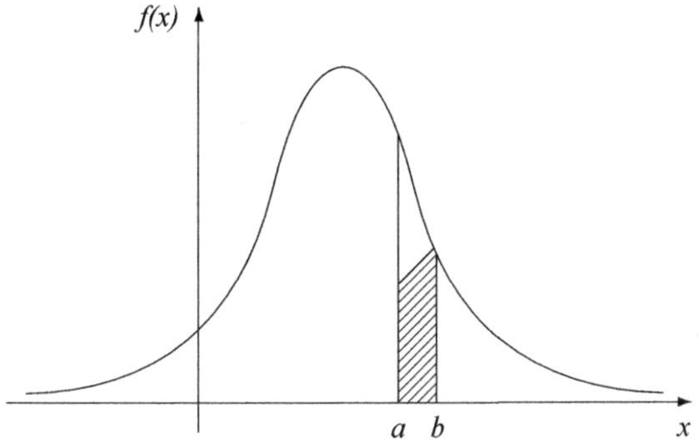

Abb. 3.37 Die Wahrscheinlichkeit, dass die Windgeschwindigkeit im Intervall $[a,b]$ liegt, entspricht dem Integral nach Gl. (3.84) und wird damit durch die Fläche unter der Kurve $f(x)$ im entsprechenden Intervall repräsentiert.

→ Beispiel

Für einen Windpark auf dem europäischen Festland ist die Weibull-Verteilung der Windgeschwindigkeit auf Nabenhöhe mit $k = 2,2$ und $A = 6,14$ m/s gegeben. Für eine einzelne Windkraftanlage des Typs Nordex N100/2500 kW mit einer Nennleistung $P_N = 2.500\,\text{kW}$ soll der Jahresenergieertrag abgeschätzt werden. Die Leistungskennlinie ist mit der untenstehenden Abbildung gegeben.
Die Punkte repräsentieren die Herstellerangaben [46]; im Bereich von 3 bis 13 m/s soll die Leistungskennlinie durch ein Regressionspolynom 3. Ordnung dargestellt werden. Die Einschaltgeschwindigkeit liegt bei $3\,\text{m/s}$, die Abschaltgeschwindigkeit bei $20\,\text{m/s}$. Die Leistung $P_K(v)$ in [kW] der Windkraftanlage ergibt sich damit über folgenden Zusammenhang aus der Windgeschwindigkeit v in [m/s]:

$$P_K = \begin{cases} 0 & \text{für} \quad 0 \leq v < 3 \\ 1.529{,}4 - 926{,}7\,v + 163{,}5\,v^2 - 6{,}65\,v^3 & \text{für} \quad 3 \leq v < 13 \\ 2.500 & \text{für} \quad 13 \leq v \leq 20 \\ 0 & \text{für} \quad v > 20 \end{cases}$$

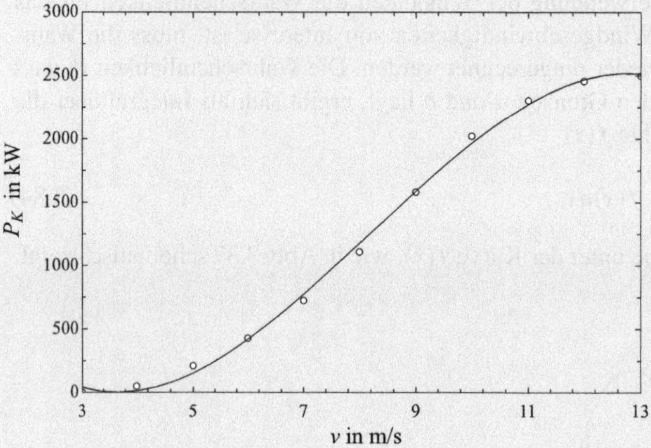

Da mit der Weibull-Verteilung eine Funktion der Wahrscheinlichkeitsdichte vorliegt, muss diese zusammen mit der stückweise definierten Leistungskennlinie P_K der Windkraftanlage zur abgegebenen Leistung P integriert werden:

$$P = \int_0^{\infty} P_K(v) \cdot h(v) dv.$$

Die Integrationsgrenzen werden entsprechend der oben angegebenen Definitionsbereiche aufgeteilt:

$$\int_0^{\infty} P_K(v) \cdot h(v) dv = \int_{3\text{m/s}}^{13\text{m/s}} P_K(v) \cdot h(v) dv + \int_{13\text{m/s}}^{20\text{m/s}} P_K(v) \cdot h(v) dv$$

Die Bereiche für $v < 3$ m/s und $v > 20$ m/s müssen bei der Berechnung nicht berücksichtigt werden, da die Windkraftanlage im unteren Geschwindigkeitsbereich noch nicht eingeschaltet ist, bzw. im oberen Geschwindigkeitsbereich aufgrund der dann auftretenden Belastungen abgeschaltet wird.
Die Auswertung des Integrals erfolgt zweckmäßigerweise numerisch z.B. mit MATLAB. Für die Leistung errechnet sich damit ein Wert von $P = 502{,}5\,\text{kW}$. Dieser Wert entspricht der durchschnittlich an diesem Standort erzeugten elektrischen Leistung der betrachteten Windkraftanlage. Rechnet man diesen Wert auf Vollbenutzungsstunden um, so ergeben sich daraus:

$$t_{BV} = \frac{P}{P_N} \cdot 8.760\,\text{h} = 1.761\,\text{h}.$$

Die elektrische Jahresarbeit errechnet sich zu $W_a = t_{BV} \cdot P_N = 4.402\,\text{MWh}$.

3.4.5 Die Turbulenz der Windströmung

Zur Beschreibung der Windströmung, die bei der Auslegung einer Windturbine zu berücksichtigen ist, muss auch die Turbulenz des Windes bekannt sein. Ein Kennzeichen turbulenter Strömungen sind Fluktuationen, die sich der Hauptbewegung des Fluids überlagern. In Abb. 3.38 ist beispielhaft die Geschwindigkeit einer turbulenten Strömung aufgetragen. Die Geschwindigkeit, die in der Strömung tatsächlich auftritt, ist dabei der Momentanwert $\hat{u}$, der eine Funktion der Zeit und des Ortes darstellt. Dieser Momentanwert setzt sich aus einer zeitlich konstanten Geschwindigkeit $\overline{u}$ und einer Schwankungsgröße u' zusammen. Insbesondere die Schwankungsgröße u' wird als Maß für die Ausprägung der Turbulenz in der Strömung verwendet.

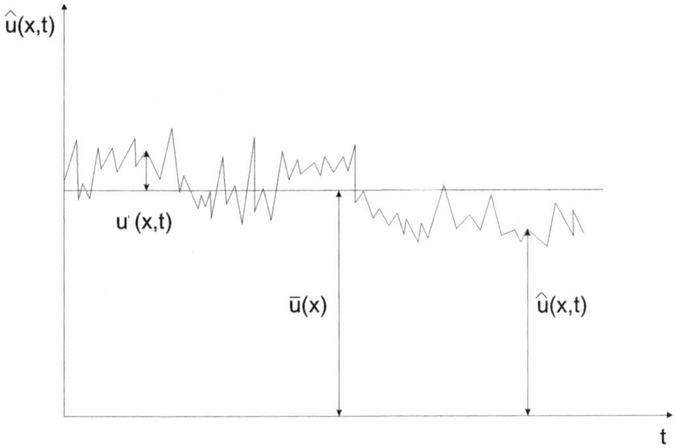

Abb. 3.38 Die momentane Strömungsgeschwindigkeit $\hat{u}$ setzt sich aus der mittleren Geschwindigkeit $\overline{u}(x)$ und den Schwankungen der Strömungsgeschwindigkeit $u'(x,t)$ zusammen. In dem hier dargestellten Fall ist die mittlere Strömungsgeschwindigkeit stationär, die Schwankungsgröße aber instationär. Das gezeigte Verhalten ist analog in den beiden anderen Raumrichtungen vorzufinden.

Da sich eine vollständige Auflösung der Turbulenz in der Regel als zu aufwändig erweist, werden im technischen Bereich Mittelwerte verwendet, die es gestatten, ausreichende Aussagen über das Strömungsverhalten des Mediums zu treffen. In [45] werden für die Mittelwertbildung der Geschwindigkeit die folgenden Regeln angegeben:
Der zeitliche Mittelwert der Geschwindigkeit $\overline{u}$ ergibt sich zu:

$$\overline{u} = \frac{1}{T} \int_{t_0}^{t_0+T} \hat{u}(x,t)dt. \tag{3.85}$$

Die turbulente Geschwindigkeitsfluktuation

$$u'(x,t) = \hat{u}(x,t) - \overline{u}(x) \tag{3.86}$$

wird in analoger Weise gemittelt:

$$\overline{u'} = \frac{1}{T}\int_{t_0}^{t_0+T} u'(x,t)dt = 0. \tag{3.87}$$

Die Schwankungen heben sich bei der Mittelung gegenseitig auf, da die momentane Geschwindigkeit sowohl größer als auch kleiner als deren Mittelwert sein kann. Das zeitliche Intervall T, über welches die Mittelung stattfindet, muss im Vergleich zu den turbulenten Schwankungen ausreichend groß sein. Nach [41] werden für die Strömungsuntersuchung an windkraftanlagentypischen Konfigurationen üblicherweise 10 min verwendet, wobei aber auch Zeiträume von mehr als einer Stunde auftreten können.
Mithilfe dieser Größen ist es jetzt möglich, die Turbulenz einer Strömung zu quantifizieren. Hierzu wird die Turbulenzintensität I

$$I_1 = \frac{\sqrt{\overline{u'^2}}}{\overline{u}} \tag{3.88}$$

herangezogen. Neben der hier dargestellten Turbulenzintensität für eine Koordinatenrichtung finden sich auch Formulierungen, die in der Turbulenzintensität alle drei Raumrichtungen verwenden. Da die zeitliche Mittelung über die Quadrate der Geschwindigkeitsschwankungen angewandt wird, verschwinden diese nicht, wie es bei der Mittelung nach Gl. (3.87) für die einfachen Schwankungswerte der Fall ist. Die Turbulenzintensität liegt in einer Größenordnung von $I \approx 0,01$ in Windkanälen und erreicht in Windströmungen Werte von $I > 0,1$. Des Weiteren wird für jede Koordinatenrichtung der Effektivwert der turbulenten Geschwindigkeitsschwankung σ als

$$\sigma_1 = \sqrt{\overline{u'^2}}, \quad \sigma_2 = \sqrt{\overline{v'^2}} \quad \text{und} \quad \sigma_3 = \sqrt{\overline{w'^2}} \tag{3.89}$$

definiert [15].
Diese Größen werden beispielsweise in IEC 61400-1 zur Klassifizierung von WEA herangezogen. Da die Turbulenzintensität die Größe der Fluktuationen beziehungsweise zeitlichen Schwankungen der Geschwindigkeit bewertet, dient sie auch zur Einschätzung von instationären Belastungen, die auf die Bauteile einer WEA wirken können.

3.4.6 Windklassen

Die Standorte von Windkraftanlagen werden durch in der IEC 61400-1 definierte Windgeschwindigkeiten klassifiziert.
Die Windklassen I,II und III in der Norm werden jeweils durch eine Bezugswindgeschwindigkeit v_{ref} bestimmt. Die Referenzgeschwindigkeit tritt in einem über 10 min gebildeten Mittelwert alle 50 Jahre auf. Neben der Referenzgeschwindigkeit wird auch die mittlere Geschwindigkeit v_{ave} angegeben. Zwischen der Referenz- und der mittleren Geschwindigkeit besteht der folgende Zusammenhang:

Tabelle 3.15 Windklassen nach IEC 61400-1 [33]

WEA-Klasse	v_{ref} in [m/s]	v_{ave} in [m/s]	I_{ref} A	B	C
I	50	10			
II	42,5	8,5	0,16	0,14	0,12
III	37,5	7,5			
S	Werte sind vom Hersteller anzugeben				

$$v_{ave} = 0,2 \cdot v_{ref}. \tag{3.90}$$

Sowohl die mittlere als auch die Bezugswindgeschwindigkeit sind auf die Nabenhöhe der Windkraftanlage bezogen. In einer Windklasse sind darüber hinaus drei unterschiedliche Turbulenzintensitäten I_{ref} möglich, die mit dem Zusatz A, B oder C gekennzeichnet werden. Die Turbulenzintensität I_{ref} entspricht dabei dem Erwartungswert der Turbulenzintensität in Nabenhöhe, wobei von einer mittleren Windgeschwindigkeit von 15 m/s ausgegangen wird [33]. Aus I_{ref} kann die Turbulenzintensität in Strömungsrichtung für den ausgewählten Standort wie folgt bestimmt werden:

$$I_1 = \sigma_1 / v_{hub} = \frac{I_{ref}}{v_{hub}}(0,75 \cdot v_{hub} + b). \tag{3.91}$$

Zur Berechnung von I_1 in Gl. (3.91) wird dabei die mittlere Windgeschwindigkeit in Nabenhöhe am untersuchten Standort, v_{hub}, verwendet. Für die Variable b ist der Wert $b = 5,6\,\mathrm{m/s}$ einzusetzen. Die so berechnete Turbulenzintensität entspricht dem 90%-Fraktil für den betrachteten Auslegungsfall [9]. Für Fälle, die nicht durch die vorgegebenen Windklassen abgedeckt werden, ist die Windklasse S vorgesehen, bei der die vorgenannten Größen durch den Hersteller der Anlage vorgegeben werden.

3.4.7 *Messung der Windverhältnisse*

Um einen Standort mit Hilfe von Messdaten beurteilen zu können, werden in der Regel Windmessmasten eingesetzt. Hierbei handelt es sich um Messsysteme, die auf einen Masten montiert werden, um möglichst in Höhe der zukünftigen Rotornabe Messdaten aufzunehmen. Ein handelsübliches Messsystem ist mit mehreren Anemometern und Windrichtungsmessern auf unterschiedlichen Höhen ausgestattet, darüber hinaus werden Luftdruck, Temperatur und teilweise zusätzlich auch die Luftfeuchte ermittelt. Abb. 3.39 zeigt einen solchen Messmasten, wobei die Abspannungen nur auf einer Seite eingezeichnet sind.
Da die Windverhältnisse auch von den Jahreszeiten abhängen, werden Messkampagnen von der Länge eines Jahres angestrebt. Die dabei anfallenden Daten protokolliert ein Datenlogger, der diese als zeitliche Mittelwerte (z.B. für 10 min) abspeichert. Das gesamte Messsystem ist so ausgelegt, dass es ohne zusätzliche Stromversorgung arbeitet und somit für den Betrieb an beliebigen Messorten eingesetzt werden kann. Die Energieversorgung übernimmt dabei eine Solarzelle, die

zusammen mit einem Akkumulator arbeitet.

Zur Messung der Windgeschwindigkeit werden vorwiegend zwei Verfahren eingesetzt. Das Schalenkreuzanemometer (wie in Abb. 3.40 dargestellt) besteht aus drei rotierenden Halbkugelschalen oder Kegelschalen. Die Rotation des Laufrades erzeugt entweder über einen Tachogenerator eine drehzahlproportionale Spannung oder die Umdrehungen werden mittels eines Impulsgebers gezählt. Da für die Messung von Windgeschwindigkeiten hohe Genauigkeiten gefordert werden, wird das Schalenkreuzanemometer mit einer langen Drehachse gebaut, um so den Einfluss des Gehäuses auf die Strömung um die Schalen zu minimieren. Aufgrund seiner großen Zuverlässigkeit hat sichdas Schalenkreuzanemometer zur Messung von Windgeschwindigkeiten auf Windmessmasten bewährt, insbesondere da die Messsysteme autark bei unterschiedlichsten Witterungsbedingungen arbeiten müssen. Das Ultraschallanemometer verwendet die Laufzeitmessung von Ultraschallsignalen als Messprinzip. Das Anemometer ist mit mehreren Sonotrodenpaaren ausgestattet, die aus einem Mikrofon und einem Lautsprecher bestehen. Zur Messung der Windgeschwindigkeit wird die Laufzeit eines Ultraschallsignals von einer Sonotrode zu ihrem Gegenstück und wieder zurück gemessen. Besitzt die Windströmung einen Geschwindigkeitsanteil in Richtung des Signalweges, so wird in Strömungsrichtung die Laufzeit verkürzt, entgegen der Strömungsrichtung die Laufzeit verlängert. Da die Windgeschwindigkeit aus dem Laufzeitunterschied ermittelt wird, spielt die Schallgeschwindigkeit selbst dabei keine Rolle.

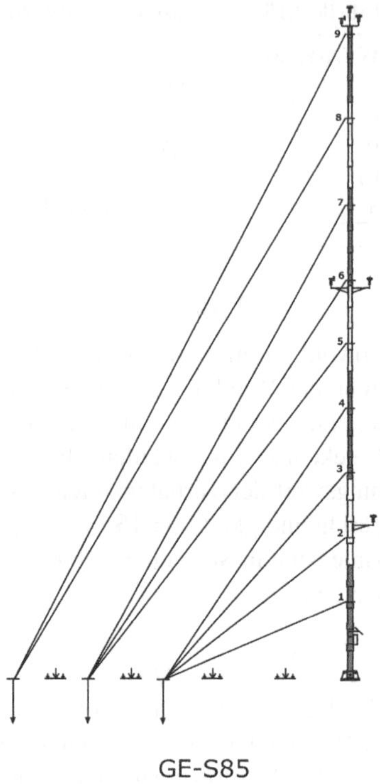

Abb. 3.39 Messmast mit 85 m Höhe, vier Anemometern und 2 Windrichtungssensoren [24]

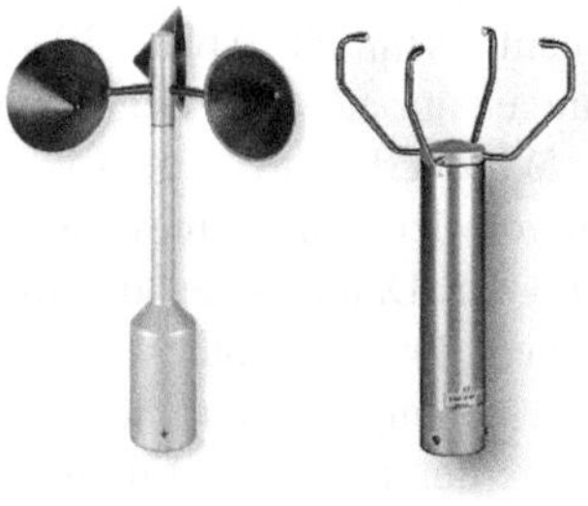

Abb. 3.40 Ultraschallanemometer mit zwei Sonotrodenpaaren (rechts) und Schalenkreuzanemometer mit Kegelschalen (links) [24]

3.5 Wasserkraft

3.5.1 *Wasserkreislauf*

Die Nutzung der Wasserkraft als Regenerative Energiequelle ist nur möglich, da auf der Erde dargestellt ein Wasserkreislauf existiert, wie in Abb. 3.41.

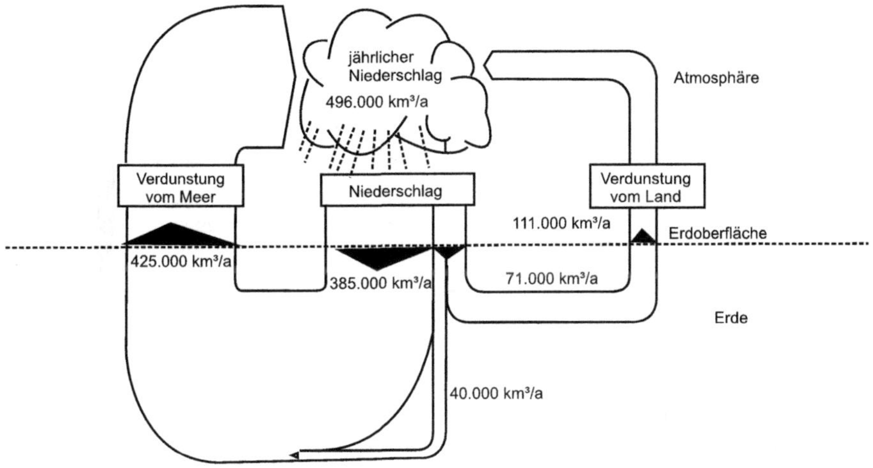

Abb. 3.41 Der globale Wasserkreislauf, nach [38]

Aufgrund der auf die Erde einfallenden Sonnenstrahlung verdunstet Wasser an der Meeres- und Erdoberfläche, um danach wieder aus der Atmosphäre abzuregnen bzw. in Form anderer Niederschläge niederzugehen. Wie aus Abb. 3.41 hervorgeht, findet der größte Teil des Wasserkreislaufes über den Meeren statt.

3.5.2 *Nutzbarer Niederschlagsanteil*

Von dem durchschnittlichen Niederschlag von $4,96 \cdot 10^{14}$ m^3 pro Jahr fallen nur 22,4 % auf die Erdoberfläche. Dies bedeutet aber noch nicht, dass diese Wassermenge der Nutzung durch Wasserkraftanlagen zur Verfügung steht. Ein Teil des Niederschlags auf der Erdoberfläche verdunstet und nur die Menge kann genutzt werden, die entweder als Oberflächenwasser abläuft oder nach dem Versickern in zur Nutzung geeigneten Quellen wieder austritt. Dass neben einer ausreichenden Niederschlagsmenge ein geeignetes Relief der Erdoberfläche vorhanden sein muss, zeigt der Vergleich von Abb. 3.42 und 3.43. In Abb. 3.42 ist die Niederschlagsmenge in Deutschland in Form der Niederschlagshöhe angegeben, während in Abb. 3.43 das technisch nutzbare Wasserkraftpotential und das im Jahre 2004 tatsächlich genutzte

Potential eingetragen ist. Die Nutzung konzentriert sich deutlich auf die Bundesländer Baden-Württemberg und Bayern, die zusammen einen Anteil von etwa 87 % des in Deutschland genutzten Wasserkraftpotentials erreichen. Zwar liegen am Alpenrand und im Schwarzwald, wie aus Abb. 3.43 ersichtlich, die Niederschlagsmengen im Vergleich zum restlichen Gebiet Deutschlands höher, aber nicht in dem Maße, wie sich die Nutzungsstruktur auf die beiden Bundesländer konzentriert.

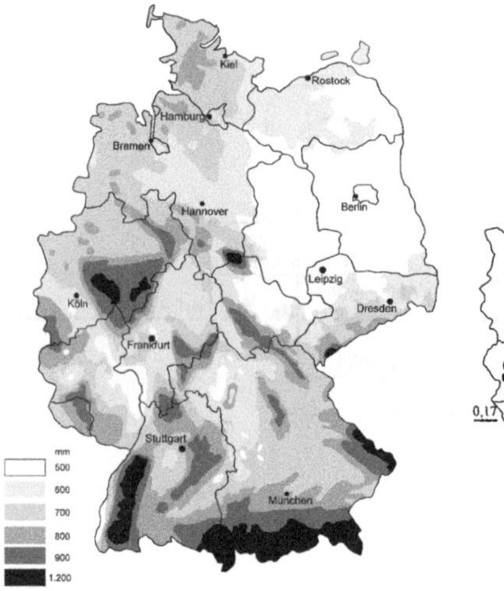

Abb. 3.42 Niederschlagshöhe in Deutschland in mm [38]

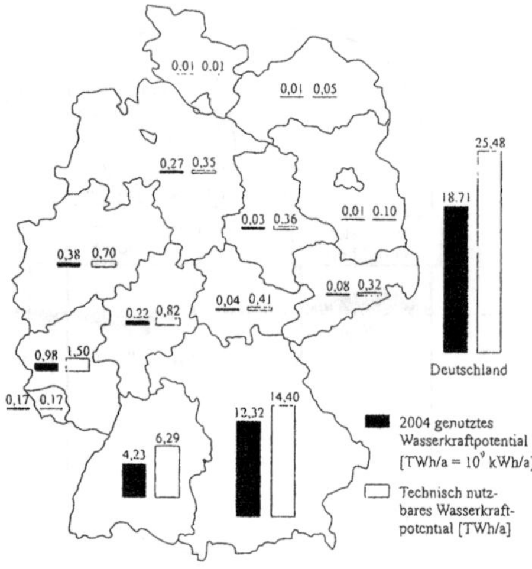

Abb. 3.43 Technisch nutzbares und im Jahr 2004 genutztes Wasserkraftpotential [25]

3.5.3 *Arbeitsvermögen des Wassers*

Dem auf der Erdoberfläche befindlichen Wasser kann dann eine potentielle Energie zugeordnet werden, wenn aufgrund der lokalen Verhältnisse ein Ablauf auf ein niedrigeres Höhenniveau möglich ist. Die nutzbare Energie des Wassers lässt sich mit Hilfe der Bernoullischen Gleichung bestimmen, wobei diese zweckmäßigerweise mit einem zusätzlichen Differenzdruck formuliert wird

$$p_1 + \frac{\rho}{2}v_1^2 + \rho\, g\, h_1 + \Delta p = p_2 + \frac{\rho}{2}v_2^2 + \rho\, g\, h_2. \tag{3.92}$$

In Gl. (3.92) tritt neben dem statischen Druck p die Dichte des Wassers ρ, die Strömungsgeschwindigkeit v sowie die geodätische Höhe h des betrachteten Ortes und die Erdbeschleunigung g auf. Die Druckdifferenz Δp stellt eine Druckerhöhung oder eine Druckabsenkung durch eine Arbeits- oder Kraftmaschine dar. Die Gl. (3.92) kann in Form spezifischer Energien geschrieben werden, wenn sie durch ρ geteilt wird

$$\frac{p_1}{\rho} + \frac{v_1^2}{2} + g\, h_1 + \frac{\Delta p}{\rho} = \frac{p_2}{\rho} + \frac{v_2^2}{2} + g\, h_2. \tag{3.93}$$

Die spezifische Energie des Wassers e, das sich an einem Ort mit der Höhe h_1 befindet und zu einem Ort mit der Höhe h_2 ablaufen kann, wird damit zu

$$e = \frac{p_2 - p_1}{\rho} + \frac{v_2^2 - v_1^2}{2} + g(h_2 - h_1). \tag{3.94}$$

Für eine Wasserkraftanlage mit einer Staueinrichtung, deren Oberwasser um die Höhe h über dem Unterwasserspiegel liegt, beträgt das Arbeitsvermögen des Wassers

$$e = g\,h. \tag{3.95}$$

Das Wasser kann dann die maximale Arbeit leisten, wenn es im Unterwasser keinen kinetischen Energieanteil mehr hat. Da sowohl auf dem Unterwasser als auch auf dem Oberwasser der Umgebungsdruck wirkt, ist der Druckunterschied $p_2 - p_1$ betragsmäßig sehr viel kleiner als die anderen Terme in Gl. (3.94) und daher zu vernachlässigen.

3.5.4 Weltweites Nutzungspotential

Wird die weltweite Nutzung des zur Verfügung stehenden Potentials betrachtet, zeigt sich eine deutlich schlechtere Ausnutzung als in Deutschland, wie Abb. 3.43 für das Jahr 2004 dokumentiert. In Tabelle 3.16 sind für verschiedene Kontinente bzw. Regionen das theoretisch nutzbare, das technisch nutzbare sowie das derzeit genutzte Wasserkraftpotential angegeben, wobei die Angaben durch die Auflistung der installierten Leistung im Bau befindlicher Projekte ergänzt werden. Da die Daten teilweise auf Schätzwerten der an der Erhebung beteiligten örtlichen Organisationen beruhen, sind Anpassungen durch neuere Erkenntnisse jederzeit möglich.

Tabelle 3.16 Weltweites Wasserkraftpotential [25]

Region	**Theoretisches Potential** [TWh/a]	**Technisches Potential** [TWh/a]	**Erzeugung 2004** [TWh/a]	**in Bau 2004** [MW]
Afrika	4.000	1.750	85	2.900
Asien mit Türkei und Russland	19.400	6.800	852	92.000
Europa	3.200	1.140	552	2.800
Nord- und Mittelamerika	7.200	1.663	700	3.400
Südamerika	6.200	2.815	558	16.700
Ozeanien	594	200	45	200
Welt	40.594	14.368	2.791	118.000

Die Daten in Tabelle 3.16 zeigen, dass die weltweite Nutzung des technisch möglichen Wasserkraftpotentials bei etwa 20 % liegt. Die Autoren Giesecke und Mosonyi [25] erwarten daher in den nächsten Jahren einen „Bauboom“ von Wasserkraftanlagen. Durch die verstärkten Forderungen nach einer emissionsfreien Energieversorgung in Kombination mit steigenden Kosten für Erdöl und Erdgas ergeben sich

Randbedingungen, die einen weiteren Ausbau von Wasserkraftanlagen positiv beeinflussen.

Literaturverzeichnis

1. Beringer, T., Lucht, W.: Simulation nachhaltiger Bioenergiepotentiale. Externe Expertise für das WBGU-Hauptgutachten „Welt im Wandel: Zukunftsfähige Bioenergie und nachhaltige Landnutzung", Berlin (2008)
2. Bošnjaković, F.: Technische Thermodynamik Teil I. Steinkopff, Darmstadt (1988)
3. Boyle, G.: Renewable Energy - Power for a sustainable Future. Oxford University Press, Oxford (1998)
4. Brockhaus: Naturwissenschaften und Technik, F.A. Brockhaus, Mannheim (1989)
5. Bronstein, I.N., et.al.: Taschenbuch der Mathematik. Harri Deutsch, Frankfurt a.M. (2005)
6. Bundesministerium für Umwelt, Naturschutz und Reaktorsicherheit (Hg.): Langfristszenarien und Strategien für den Ausbau der erneuerbaren Energien in Deutschland bei Berücksichtigung der Entwicklung in Europa und global (Leitstudie 2011). Schlussbericht BMU - FKZ 03MAP146, Berlin (2012)
7. Bundesministerium für Umwelt, Naturschutz, Bau und Reaktorsicherheit: Verordnung über Anforderungen an eine nachhaltige Herstellung von flüssiger Biomasse zur Stromerzeugung (Biomassestrom-Nachhaltigkeitsverordnung - BioSt-NachV). 23.07.2009, (BGBl. I S. 2174), geändert 26.07.2016 (BGBl. I S. 1786)
8. Bundesministerium für Umwelt, Naturschutz, Bau und Reaktorsicherheit: Verordnung über Anforderungen an eine nachhaltige Herstellung von Biokraftstoffen (Biokraftstoff-Nachhaltigkeitsverordnung - Biokraft-NachV). 30.09.2009 (BGBl. I S. 3182), geändert 04.04.2016 (BGBl. I S. 590)
9. Burton, T., Jenkins, N., Sharpe, D., Bossanyi, E.: Wind Energy Handbook. Wiley, Chichester (2011)
10. Deutsche Gesellschaft für Sonnenenergie (Hg.): Leitfaden Photovoltaische Anlagen. Berlin (2008)
11. DIN 4710: Statistiken meteorologischer Daten zur Berechnung des Energiebedarfs von heiz- und raumlufttechnischen Anlagen in Deutschland. Beuth Verlag, Düsseldorf (2003)
12. DIN/DIS 13370: Wärmetechnisches Verhalten von Gebäuden. Wärmeübertragung über das Erdreich. Beuth Verlag, Düsseldorf (2005)
13. DIN 51705: Prüfung fester Brennstoffe - Bestimmung der Schüttdichte. Beuth, Berlin (1979)
14. Duffie, J., Beckman, W.: Solar Engineering of Thermal Processes. John Wiley & Sons, New York (1991)
15. Durst, F.: Grundlagen der Strömungsmechanik. Springer, Berlin (2006)
16. DVGW W 110: Geophysikalische Untersuchungen in Bohrungen, Brunnen und Grundwassermessstellen - Zusammenstellung von Methoden und Anwendungen. Technische Regel. Beuth Verlag, Düsseldorf (2006)
17. DVGW W 120-1: Qualifikationsanforderungen für die Bereiche Bohrtechnik, Brunnenbau und Brunnenregenerierung. Technische Regel (Entwurf). Beuth Verlag, Düsseldorf (2008)
18. Eberhard, P. (Fakultät Wirtschaftswissenschaften und Wirtschaftsingenieurwesen, Hochschule Zittau/Görlitz): Persönliche Mitteilung vom 13.02.2014.
19. Eskilson, P.: Thermal Analysis of Heat Extraction Boreholes (Thesis). Dept. of Mathematical Physics. University of Lund (1987)
20. European Wind Energy Association (Hg.): Wind Energy – the facts: a guide to the technology, economics and the future of wind power. Earthscan, Abingdon (2009)
21. Fachagentur Nachwachsende Rohstoffe (Hg.): Leitfaden Bioenergie - Planung, Betrieb und Wirtschaftlichkeit von Bioenergieanlagen. Gülzow (2004)
22. Fröhlich C.: Solar Irradiance variability since 1978, Revision of the PMOD Coposite during Solar Cycle 21. Space Science Reviews **125**, S. 53-65 (2006)

23. Gasch, R., Twele, J.: Windkraftanlagen, B.G. Teubner, Wiesbaden (2008)
24. Ge:net, Clausthal-Zellerfeld, `http://www.genetworld.com.\Zitiertam09.\M"arz2009`
25. Gieseke, J., Mosonyi, E.: Wasserkraftanlagen. Springer, Berlin (2005)
26. Häckel, H.: Meteorologie, UTB, Stuttgart (2008)
27. Hennings, D.: SunPath - A Sun Chart Calculator (Release 1.20). Copyrighted Freeware. `http://www.eclim.de/cl\_main5.htm\#SunPath.Zitiertam19.\Juli2008`
28. Hölting, B.: Hydrogeologie: Einführung in die allgemeine und angewandte Hydrogeologie. 3. Auflage, Enke-Verlag, Stuttgart (1989)
29. Huber, A., Pahud, D.: Untiefe Geothermie: Woher kommt die Energie? Schlussbericht Projekt-Nr. 33-206 im Auftrag des Schweizer Bundesamts für Energie, o.O. (1999)
30. Iffland, J.: Geothermie - Grundlagen, Konzepte, Projekte. Vortragsunterlagen zur 1. Thüringer Geothermietagung, 29. und 30. März 2007, Erfurt (2007)
31. International Energy Agency (Hg.): World Energy Outlook 2006. IEA, Paris (2006)
32. International Energy Agency (Hg.): Key World Energy Statistics 2007. IEA, Paris (2007)
33. IEC 61400-1:2005: Windenergieanlagen – Teil 1: Auslegungsanforderungen (in deutscher Fassung als VDE 0127-1:2005). Beuth, Berlin (2005)
34. Iqbal, M.: An Introduction to Solar Radiation. Academic Press, Toronto (1983)
35. Jung, Reinhard: Tiefengeothermie - Potentiale und Anwendungsbespiele. Vortragsunterlagen zur 1. Thüringer Geothermietagung - 29. und 30. März 2007, Erfurt (2007)
36. Kaltschmitt, M. (Hg.): Energie aus Erdwärme. Dt. Verlag für Grundstoffindustrie, Stuttgart (1999)
37. Kaltschmitt, M., Hartmann, H. (Hg.): Energie aus Biomasse. Springer Verlag, Berlin (2001)
38. Kaltschmitt, M., et.al.: Erneuerbare Energien. Springer, Berlin (2006)
39. Kleemann, M., Melíß, M.: Regenerative Energiequellen. Springer, Berlin (1988)
40. Lang, K.: Die Sonne - Stern unserer Erde. Springer, Berlin (1996)
41. Manwell, J.F., McGowan, J.G., Rogers, A.L.: Wind Energy explained: Theory, Design and Application. Wiley, Chichester (2009)
42. Loose, P.: Erdwärmenutzung. C.F. Müller Verlag, Heidelberg (2009)
43. Meteonorm Software, `http://www.meteotest.ch.Zitiertam22.\April2013`
44. Molly, J.-P.: Windenergie: Theorie, Anwendung, Messung. Verlag C.F. Müller, Karlsruhe (1990)
45. Munson, B.R., Young, D.F., Okiishi, T.H.: Fundamentals of Fluid Mechanics, Wiley, Hoboken (2006)
46. Nordex N100/2500 kW, Prospekt der Nordex Energy GmbH. (2008)
47. Oertel, H. (Hg.): Prandtl - Führer durch die Strömungslehre. Vieweg+Teubner, Wiesbaden (2008)
48. Palz, W., Greif, J., Commission of the European Communities (Hg.): European Solar Radiation Atlas. Springer, Berlin (1996)
49. Paschen, H., Oertel, D., Grünwald, R.: Möglichkeiten geothermischer Stromerzeugung in Deutschland, Sachstandsbericht. Deutscher Bundestag - Ausschuss für Bildung, Forschung und Technikfolgenabschätzung (TAB), Arbeitsbericht Nr. 84, A-Drucksache 15(17)70, Berlin (2003)
50. Petersen, E.L., Mortensen, N.G., Landberg, L., Højstrup, J., Frank, H.P.: Wind power meteorology, Part 1: Climate and turbulence, Wind Energy **1**, S. 2-22 (1998)
51. Ramming, K.: Optimierung und Auslegung horizontaler Erdwärmekollektoren. Vorstellung eines analytischen Modells - Teil 1. HLH **58**, Nr. 4, Düsseldorf (2007)
52. Ramming, K.: Optimierung und Auslegung horizontaler Erdwärmekollektoren. Vorstellung eines analytischen Modells - Teil 2. HLH **58**, Nr. 6, Düsseldorf (2007)
53. Reuß, M., Sanner, B.: Planung und Auslegung von Erdwärmesondenanlagen: Basis einer nachhaltigen Erdwärmenutzung. VDI-Richtlinie 4640 und Berechnungsverfahren (o.J.)
54. Ritzenhoff, P.: Erstellung eines Modells zur Simulation der Solarstrahlung auf beliebig orientierte Flächen und deren Trennung in Diffus- und Direktanteil. Bericht 2600 des Forschungszentrums Jülich, Jülich (1992)
55. Rummel, F., et.al.: Erdwärme. Energieträger der Zukunft? MeSy GmbH, Bochum (1992)

56. s@tel-light Datenbank, http://www.satellight.com.\Zitiertam22.\April2013
57. Verordnung über energiesparenden Wärmeschutz und energiesparende Anlagentechnik bei Gebäuden (Energieeinsparverordnung - EnEV) vom 24. Juli 2007. Bundesgesetzblatt Teil 1, Nr. 34 (2007)
58. VDI 3786 Blatt 2: Umweltmeteorologie - Meteorologische Messungen für Fragen der Luftreinhaltung - Wind. Beuth Verlag, Düsseldorf (2000)
59. VDI 3789 Blatt 2: Umweltmeteorologie - Wechselwirkungen zwischen Atmosphäre und Oberflächen - Berechnung der kurz- und der langwelligen Strahlung. Beuth Verlag, Düsseldorf (1994)
60. VDI 3789 Blatt 3: Umweltmeteorologie - Wechselwirkungen zwischen Atmosphäre und Oberflächen - Berechnung der spektralen Bestrahlungsstärken im solaren Wellenlängenbereich. Beuth Verlag, Düsseldorf (2001)
61. VDI 4640 Blatt 1: Thermische Nutzung des Untergrundes. Grundlagen, Genehmigungen, Umweltaspekte. Beuth Verlag, Düsseldorf (2000)
62. VDI 4640 Blatt 2: Thermische Nutzung des Untergrundes. Erdgekoppelte Wärmepumpenanlagen. Beuth Verlag, Düsseldorf (2001)
63. VDI 4640 Blatt 5: 2016-08 Entwurf: Thermische Nutzung des Untergrundes. Thermal Response Test. Beuth Verlag, Düsseldorf (2016)
64. Walch, D., Frater, H.: Wetter und Klima : Das Spiel der Elemente - atmosphärische Prozesse verstehen und deuten. Springer, Berlin (2004)
65. Wissenschaftlicher Beirat der Bundesregierung (Hg.): Globale Umweltveränderungen. Welt im Wandel: Zukunftsfähige Bioenergie und nachhaltige Landnutzung. Berlin (2009)

Kapitel 4
Photovoltaik

Photovoltaik bezeichnet die Umwandlung von Strahlungsenergie in elektrische Energie mittels Solarzellen. Der Begriff Photovoltaik ist ein um 1920 aufgekommenes Kunstwort, das aus dem griechischen Wortstamm für Licht und der Einheit für die elektrische Spannung zusammengesetzt wurde.

Abb. 4.1 Einsatz von Solarzellen bei einem Kleinverbraucher im Milliwattbereich (links) und einem Solarkraftwerk mit mehreren Megawatt Leistung (rechts) (Foto: Voswinckel)

Die Solarzelle ist eine der bemerkenswertesten Erfindungen der Ingenieurwissenschaften überhaupt: Sie wandelt die frei und überall auf der Welt kostenlos zur Verfügung stehende Sonnenstrahlung direkt in elektrische Energie um, die ihrerseits leicht in nahezu jede andere Energieform umgewandelt werden kann. Die Solarzelle kommt dabei praktisch ohne Wartung aus, da sie keine bewegten Teile besitzt oder

Hilfsenergien benötigt. Ihre Lebensdauer ist so hoch, dass die Hersteller mindestens 20 Jahre Garantie geben. Zu ihrer Produktion wird vor allem Quarzsand benötigt, ein Stoff, der praktisch unbegrenzt auf der Erde vorhanden ist. Weiterhin lassen sich Solarzellen durch die Verschaltung zu Solargeneratoren einfach in der elektrischen Leistung skalieren. Diesen Vorteilen stehen jedoch die zeitlichen Schwankungen und die geringe Energiedichte der Sonnenstrahlung gegenüber.
Das Haupteinsatzfeld von Solarzellen hat sich in den letzten dreißig Jahren von kleineren und mittleren netzautarken Anwendungen, wie beispielsweise der Energieversorgung von Satelliten oder elektrischen Kleinverbrauchern, hin zu netzgekoppelten Solarkraftwerken verlagert. Heute leisten Solarzellen einen wachsenden Beitrag zur öffentlichen Energieversorgung. Solarkraftwerke mit einer Nennleistung im Megawattbereich sind inzwischen Stand der Technik. Diese Entwicklung beruht auf erheblichen technologischen Fortschritten in der Zell- und Modulfertigung und wurde durch die in vielen Ländern gestarteten Markteinführungsprogramme gefördert.

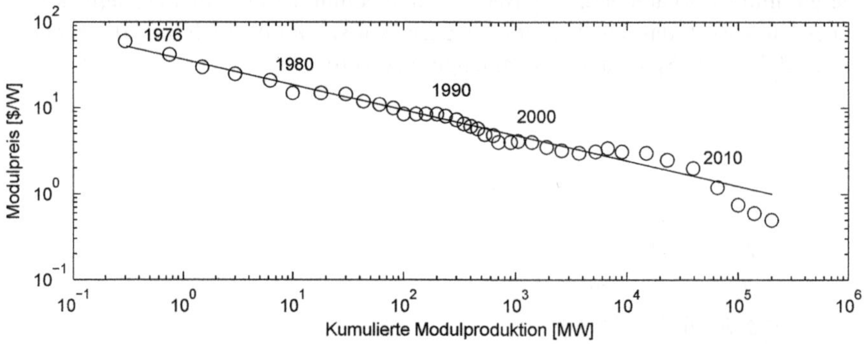

Abb. 4.2 Preis und Produktionsmenge von Photovoltaik-Modulen 1976-2014, nach [48]

Mit steigenden Produktionsmengen in der Photovoltaikindustrie gehen sinkende Preise einher. Dieser aus allen Bereichen der industriellen Produktion bekannte Effekt kann in einer sogenannten Preis-Lernkurve zusammengefasst werden. Abb. 4.2 zeigt den auf die Leistung bezogenen Preis eines Solarmoduls aufgetragen über der kumulierten Produktion. Wählt man für beide Achsen eine logarithmische Darstellung, so ergibt sich annähernd eine Gerade. Aus der Preis-Lernkurve lässt sich ablesen, dass in den vergangenen Jahrzehnten eine Verzehnfachung der installierten Leistung jeweils eine Halbierung der Preise zur Folge hatte. Die Preis-Lernkurve wird auch als Trend für die künftige, produktionsmengenabhängige Preisentwicklung herangezogen. In Deutschland liegen die Stromgestehungskosten von dezentralen Photovoltaikanlagen unter 10 Cent/kWh. Tendenz: weiter fallend.

4.1 Geschichte der Photovoltaik

Die Geschichte der Photovoltaik geht zurück auf die Entdeckung des Photoeffekts durch den französischen Physiker Alexandre-Edmond Becquerel im Jahr 1839. Becquerel beobachtete bei elektrochemischen Experimenten, dass sich der Strom in seiner Versuchsanordnung je nach Beleuchtung veränderte. Man unterscheidet den von Becquerel beobachteten *äußeren* Photoeffekt, bei dem Elektronen unter Lichteinwirkung aus einem Festkörper austreten und den für die Photovoltaik relevanten *inneren* Photoeffekt, bei dem die Elektronen im Festkörper verbleiben, aber durch die Aufnahme der Energie eines Lichtquants in einen energiereicheren Zustand übergehen. Der innere Photoeffekt wurde erstmals 1873 in Form einer bei Beleuchtung beobachteten Veränderung des elektrischen Widerstands von Selen beschrieben. Der erste funktionsfähige Solargenerator wurde von dem amerikanischen Wissenschaftler Charles Fritts 1883 präsentiert. Das Modul hatte eine Fläche von etwa 30 cm^2 und bestand aus Selenzellen, die zwischen zwei Metallschichten eingebettet waren. Dabei bestand die beleuchtete Oberfläche aus einer dünnen Goldschicht. Das Modul soll einen Wirkungsgrad von einem Prozent gehabt haben.
Der Photoeffekt führte zu einem Widerspruch zu der Ende des 19. Jahrhunderts geltenden Auffassung vom Wellencharakter des Lichts, da die Energie der angeregten Elektronen von der Frequenz aber nicht von der Amplitude des anregenden Lichts abhängt. Eine erste Erklärung lieferte 1905 Albert Einstein mit seiner Lichtquantenhypothese, für die er 1921 den Nobelpreis für Physik erhielt. Das theoretische Verständnis der heutigen Photovoltaik wurde in den 50er Jahren des letzten Jahrhunderts mit dem Konzept des p-n-Übergangs gelegt. Hier sind vor allem die grundlegenden Arbeiten des amerikanischen Physikers William Shockley und seines deutschen Kollegen Hans-Joachim Queisser hervorzuheben [37].
Die ersten Si-Solarzellen mit p-n-Übergang wurden 1954 von den Bell Laboratories in New Jersey vorgestellt und hatten einen Wirkungsgrad von 4 bis 6 Prozent. Ähnliche Ergebnisse wurden kurze Zeit später auch mit Cu_2S/CdS-, CdTe- und GaAs-Zellen erzielt. Eine der ersten Anwendungen erfolgte 1958 in dem amerikanischen Satelliten Vanguard 1, der neben einer Batterie Solarzellen zur Energieversorgung einsetzte. Der Erfolg dieses Projekts – Vanguard 1 sendete sieben Jahre Signale aus – legte den Grundstein für die kommerzielle Solarzellenproduktion und deren Anwendung in Satelliten. Erst Mitte der 70er Jahre, als in der Folge der Ölkrise das weltweite Interesse für Erneuerbare Energien wuchs, übertraf die Produktion von Solarzellen für terrestrische Zwecke die für die Raumfahrt.
Terrestrische Anwendungen beschränkten sich zunächst überwiegend auf Inselanlagen zum Betrieb von Kommunikations- und Signalanlagen, in Einzelfällen auch zur Versorgung von Siedlungen in netzfernen Gebieten – wie beispielsweise den Weiler Flanitzhütte im Bayerischen Wald (siehe Kap. 4.6.1). In den 80er Jahren nahm die Entwicklung der Photovoltaik zwei unterschiedliche Richtungen: Einerseits entstanden erste Großprojekte mit Nennleistungen bis in den MW-Bereich, andererseits wurden die spezifischen Vorteile der Photovoltaik für eine dezentrale Energieerzeugung erkannt. 1986 startete in der Schweiz das Projekt Megawatt, das die Installation von 333 Anlagen mit 3 kW_p zum Inhalt hatte. Neben der Machbarkeit

stand insbesondere die Entwicklung standardisierter Komponenten und ihre Bewährung im Feldtest im Vordergrund [34]. Ähnliche Ziele verfolgte das 1990 aufgelegte deutsche 1000-Dächer-Programm, das durch ein umfangreiches wissenschaftliches Messprogramm seitens des damals noch jungen Fraunhofer-Instituts für Solare Energiesysteme begleitet wurde [23]. Wesentlicher Baustein dieses Programms war neben einer Förderung der Anlagen das 1990 verabschiedete Stromeinspeisegesetz, das die Abnahme und Vergütung der erzeugten Energie durch die Energieversorger regelte. In der Folge wurden 1994 in Japan ein 70.000-Dächer Programm und 1999 in Deutschland ein 100.000-Dächer Programm aufgelegt. Die Förderung einzelner Anlagen über einen Zuschuss oder zinsverbilligte Kredite wurde in Deutschland durch die im Erneuerbaren-Energien-Gesetz (EEG) geregelte kostendeckende Vergütung der eingespeisten Energie abgelöst. [1]

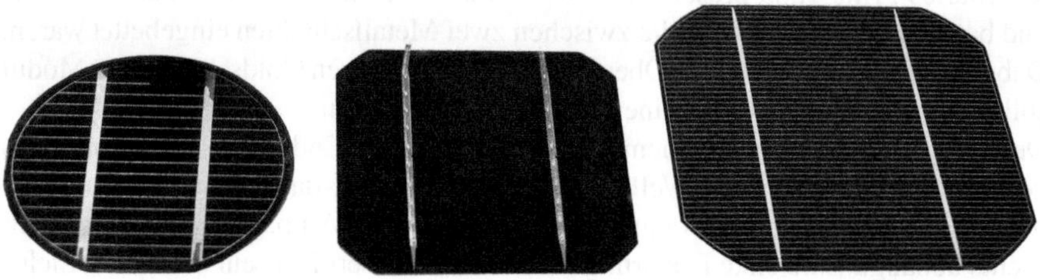

Abb. 4.3 Monokristalline Silizium-Solarzelle der 80er Jahre (links), der 90er Jahre (mitte) und heute (rechts) (Foto: Leibbrandt)

Die technische Entwicklung der Solarzellen konzentrierte sich bis in die 90er Jahre vor allem auf die Erhöhung der Wirkungsgrade kristalliner Zellen. Der australische Wissenschaftler M.A. Green dokumentiert die Fortschritte auf diesem Gebiet in regelmäßigen Abständen in der Zeitschrift *Progress in Photovoltaics* [19]. Große Durchbrüche sind hier jedoch nicht mehr zu erwarten; insbesondere die Wirkungsgrade kristalliner Solarzellen liegen bereits nahe ihrer physikalischen Grenzen (siehe Kap. 14.10.3). In der letzten Dekade standen die weitgehende Automatisierung der Herstellungsprozesse, die Vergrößerung der Zellfläche (Abb. 4.3) sowie die Material- und damit Kostenersparnis durch dünneres Halbleitermaterial im Vordergrund. Insbesondere die Dünnschichttechnologie hat bezüglich des Preis-Leistungs-Verhältnisses mit den kristallinen Solarzellen gleichgezogen. Eine Vielzahl von technologischen Weiterentwicklungen wie Solarzellen mit mehreren p-n-Übergängen oder Solarzellen auf der Basis organischer Materialien befinden sich derzeit an der Schwelle zur Markteinführung, so dass die technische Entwicklung der Photovoltaik noch lange nicht abgeschlossen ist.

[1] Zur Diskussion über diese Form eines Markteinführungsprogramms wird auf das Kapitel 1.2.4 verwiesen.

4.2 Physikalische Grundlagen

Die photovoltaische Wandlung von Strahlungsenergie in elektrische Energie wird durch eine Reihe aufeinander folgender Prozesse bestimmt: Die Absorption der Photonen im Halbleitermaterial, die Generation von Elektron-Loch-Paaren und die Trennung der Ladungsträgerpaare im elektrischen Feld eines p-n-Übergangs. Nach einer kurzen Einführung in die Halbleitertheorie und die Grundlagen von Generation und Rekombination wird zunächst das Modell einer idealen Solarzelle als p-n-Übergang aufgestellt. Daraus lassen sich dann die Einschränkungen bei realen Elementen ableiten.

→ Weiterlesen

Eines der wichtigsten Standardwerke für die Physik von Halbleiterbauelementen ist das Buch *Physics of Semiconductor Devices* des chinesischen Wissenschaftlers Simon M. Sze [40]. Das 2011 aktualisierte *Handbook of Photovoltaic Science and Engineering* von Antonio Luque und Steven Hegedus gibt einen umfassenden Überblick über den Stand von Wissenschaft und Technik [27]. Eine deutschsprachige, eher physikalisch orientierte Darstellung bietet die *Physik der Solarzellen* von Peter Würfel [52].

4.2.1 *Einführung in die Halbleitertheorie*

Halbleiter sind kristalline oder amorphe Festkörper, deren elektrische Leitfähigkeit in der Nähe des absoluten Nullpunktes der Temperatur verschwindet und mit zunehmender Temperatur stark ansteigt. Ihre Leitfähigkeit liegt zwischen der von Metallen und Isolatoren und überstreicht einen Bereich von $10^4\,(\Omega\text{cm})^{-1}$ bis $10^{-8}\,(\Omega\text{cm})^{-1}$.

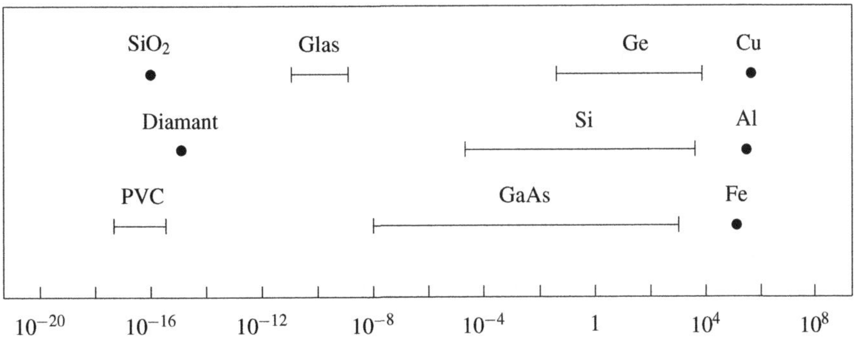

Abb. 4.4 Elektrische Leitfähigkeit σ unterschiedlicher Materialien in $(\Omega\text{cm})^{-1}$

Kristalline Festkörper zeichnen sich durch eine strenge Periodizität in der Anordnung der Atome aus. So bestehen monokristalline Halbleiter aus einem Kristall mit gleichmäßigem Aufbau des Atomgitters. Bei polykristallinen Materialien liegen einzelne Körner vor, bei denen aber innerhalb der Korngrenzen ein periodischer Gitteraufbau vorhanden ist. Im Gegensatz dazu besitzen amorphe Halbleiter keine Periodizität oder Regularität in der Anordnung der einzelnen Atome.
Der Leitungsmechanismus von Halbleitern und ihre physikalischen Eigenschaften sollen im Folgenden anhand von kristallinen Halbleitern und dabei vor allem am Beispiel des gebräuchlichsten Halbleitergrundstoffes – Silizium – dargestellt werden. Auf die Besonderheiten amorpher und mikrokristalliner Halbleiter wird in Kapitel 4.2.5 eingegangen. Derzeit basieren ca. 90 Prozent der Photovoltaikproduktion auf kristallinem Silizium.
Silizium ist ein vierwertiges Element, d.h. es besitzt vier Valenzelektronen. In einem Siliziumkristall bildet jedes Atom mit vier anderen Atomen jeweils eine Elektronenpaarbindung aus (siehe Abb. 4.5). Dabei ist der Gitterabstand des betrachteten Atoms zu seinen vier Bindungspartnern gleich. Das sich ergebende Kristallgitter wird als Diamantgitter bezeichnet. Um eine elektrische Leitfähigkeit aufzuweisen, müssen freie Ladungsträger vorliegen, d.h. Ladungsträger, die nicht mehr an einen bestimmten Atomkern gebunden sind. Dazu müssen Valenzbindungen aufgebrochen und Elektronen als Ladungsträger freigesetzt werden. Die dazu notwendige Energie wird durch thermische Anregung oder die Wechselwirkung mit einem Strahlungsquant aufgebracht. Dabei bleiben aufgebrochene Valenzbindungen zurück, die sich aufgrund ihres Ionencharakters wie positive Ladungen verhalten. Sie werden als Defektelektronen oder Löcher bezeichnet und können sich durch die Aufnahme von benachbarten, gebundenen Elektronen ebenfalls bewegen. In einem angelegten elektrischen Feld wandern somit zum einen freie Elektronen als negative Ladungsträger und zum anderen Löcher als positive Ladungsträger und tragen zur Leitfähigkeit bei. Dieser Vorgang wird als Eigenleitung bezeichnet.
Da immer paarweise Elektronen und Löcher angeregt werden, ist die Anzahl n_0 der negativen Ladungsträger gleich der Anzahl p_0 der positiven Ladungsträger pro Volumeneinheit. Sie wird als Eigenleitungsträgerdichte oder Intrinsic-Dichte n_i bezeichnet.

$$n_i = n_0 = p_0$$

Für die Leitfähigkeit σ des Halbleiters ergibt sich damit

$$\sigma = q(n_0\mu_n + p_0\mu_p) = n_i q(\mu_n + \mu_p).$$

Dabei ist q die Elementarladung und μ_n bzw. μ_p die Beweglichkeit von Elektronen bzw. Löchern. Die Beweglichkeit eines Ladungsträgers im Kristallgitter hängt direkt von der mittleren Zeit zwischen den Kollisionen des Ladungsträgers mit Gitteratomen, Störstellen oder Elektronen zusammen. Diese begrenzen die kinetische Energie, die der Ladungsträger aus einem äußeren elektrischen Feld aufnehmen kann. Die Beweglichkeit verringert sich daher bei ansteigenden Temperaturen aufgrund der zunehmenden Gitterschwingungen und bei erhöhter Störstellendichte. Charakteristische Werte dafür können Tabelle 4.1 entnommen werden.

Die Zahl der pro Zeit und Volumeneinheit erzeugten Elektron-Loch-Paare heißt Generationsrate G. Dem steht eine Anzahl von Rekombinationsprozessen gegenüber, wenn freie Elektronen wieder in Löcher zurückfallen und zu einer Valenzbindung beitragen. Es soll zunächst nur der Fall thermischer Anregung betrachtet werden: Während die Generationsrate praktisch nur von der Temperatur abhängt, ist die Rekombinationsrate R proportional zur Konzentration der Ladungsträger.

$$G = G_0(T) \tag{4.1}$$

$$R = n_0 p_0 r = n_i^2 r \tag{4.2}$$

Dabei ist r die Rekombinationswahrscheinlichkeit. Im thermischen Gleichgewicht gilt $G = R$. Auf die Generations- und Rekombinationsprozesse im Halbleiter wird im folgenden Kapitel ausführlicher eingegangen.
Untersucht man die Energiezustände, die Elektronen im kristallinen Festkörper annehmen können, so stellt man fest, dass sich die ursprünglich diskreten Energieniveaus des Einzelatoms innerhalb eines Kristallgitters in Energiebänder aufspalten. In Abhängigkeit vom Gitterabstand liegen zwischen den Energiebändern, die den einzelnen Elektronenschalen zugeordnet sind, mehr oder weniger breite „verbotene Zonen", d.h. Bereiche, deren Energiezustände von den Elektronen nicht angenommen werden können. Bei der Untersuchung von Leitungsmechanismen ist insbesondere das *Valenzband* als das letzte Energieband mit nichtleitenden Eigenschaften und das energetisch darüber liegende *Leitungsband* von Interesse. Bei Halbleitern liegt im Gegensatz zu den Metallen zwischen diesen beiden Bändern eine solche verbotene Zone, wie in Abb. 4.5 skizziert ist.[2]

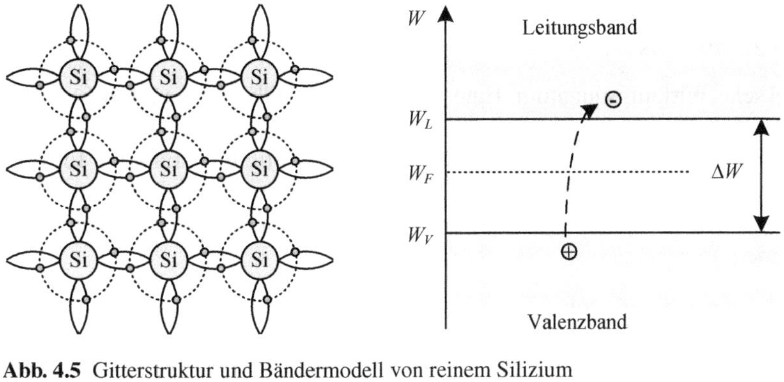

Abb. 4.5 Gitterstruktur und Bändermodell von reinem Silizium

Die Kanten von Leitungs- und Valenzband werden durch die Energien W_L und W_V charakterisiert. Der Betrag ihrer Differenz ergibt den Bandabstand ΔW, d.h. die Breite der verbotenen Zone. Für Halbleiter liegt der Bandabstand typischerweise

[2] Auch Isolatoren weisen einen Bandabstand zwischen Valenz- und Leitungsband auf. Jedoch ist dieser so groß, dass ihn thermisch angeregte Elektronen bei Raumtemperatur nicht überwinden können.

in einem Bereich von 0,2 bis 2 eV. Seine Temperaturabhängigkeit kann in dem hier interessierenden Temperaturbereich vernachlässigt werden.
Die Wahrscheinlichkeit für die Besetzung eines Energiezustandes W durch ein Elektron wird durch die Fermi-Dirac-Verteilung

$$f(W) = \frac{1}{1 + e^{(W - W_F)/(kT)}} \tag{4.3}$$

angegeben, mit der Boltzmannkonstante

$$k = 1,38065 \cdot 10^{-23}\ \text{J/K}$$

und der Temperatur T des Halbleiters. Entsprechend gilt für die Besetzung eines Energiezustandes durch ein Defektelektron die Wahrscheinlichkeitsverteilung $1 - f(W)$. Dabei ist W_F die sogenannte Fermi-Energie. Sie gibt das Energieniveau an, das von den Elektronen mit einer Wahrscheinlichkeit von 0,5 mindestens angenommen wird. Die durch die Fermi-Dirac-Verteilung angegebenen Wahrscheinlichkeiten sind unabhängig davon, ob diese Energiezustände erlaubt sind, d.h. auch tatsächlich eingenommen werden können, oder nicht. Für die Dichte der erlaubten Energiezustände der Elektronen im Leitungsband N_n bzw. der Löcher im Valenzband N_p in einem Energiebereich dW ergeben sich die folgenden Terme.

$$N_n(W)\, dW = \frac{8\sqrt{2}\pi {m_n}^{\frac{3}{2}}}{h^3} \sqrt{W - W_L}\, dW \tag{4.4}$$

$$N_p(W)\, dW = \frac{8\sqrt{2}\pi {m_p}^{\frac{3}{2}}}{h^3} \sqrt{W_V - W}\, dW \tag{4.5}$$

Dabei sind m_n und m_p die effektiven Massen der Elektronen und Löcher und

$$h = 6,626 \cdot 10^{-34}\ \text{Js}$$

das Plancksche Wirkungsquantum. Eine Herleitung der Gln. (4.4) und (4.5) kann beispielsweise [17] entnommen werden.
Mit Hilfe der Dichte der erlaubten Zustände und der Verteilungsfunktion für die Wahrscheinlichkeit, dass diese Zustände angenommen werden, wird nun zunächst die Dichte der Elektronen im Leitungsband mittels Integration bezüglich der Energie berechnet:

$$\begin{aligned} n_0 &= \int_{W_L}^{\infty} f(W) N_n(W)\, dW \\ &= \frac{8\sqrt{2}\pi {m_n}^{\frac{3}{2}}}{h^3} \int_{W_L}^{\infty} \frac{\sqrt{W - W_L}}{1 + e^{(W - W_F)/(kT)}}\, dW \end{aligned} \tag{4.6}$$

Diese Berechnung kann auch graphisch veranschaulicht werden. In Abb. 4.6 ist links die Fermi-Dirac-Verteilung für unterschiedliche Temperaturen dargestellt. Im mittleren Teil ist die Dichte der erlaubten Energiezustände für Elektronen und Löcher aufgetragen. Die Dichten der Ladungsträger sind dann proportional zu den Flächen unter der Überlagerung der beiden Funktionen.
Da für $W > W_L$ bei Raumtemperaturen $(W - W_F) \gg kT$ gilt, kann mit der Näherung

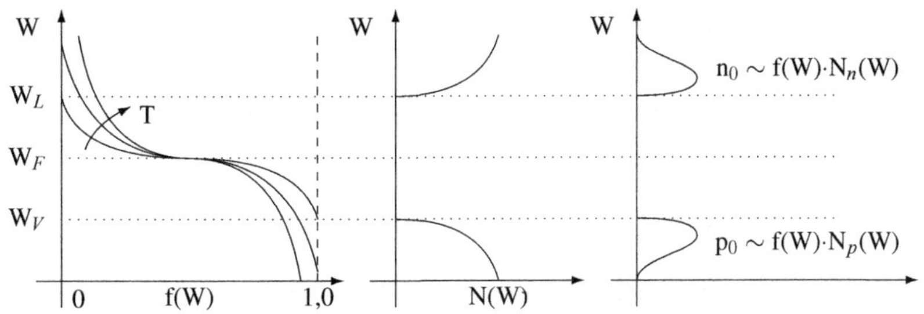

Abb. 4.6 Zur Berechnung der Ladungsträger im Leitungs- und Valenzband

$$\frac{1}{1+e^{(W-W_F)/(kT)}} \approx e^{(W_F-W)/(kT)}$$

Gl. (4.6) geschlossen gelöst werden. Es ergibt sich

$$n_0 = 2\left(\frac{2\pi m_n kT}{h^2}\right)^{\frac{3}{2}} e^{(W_F-W_L)/(kT)} = N_L\, e^{(W_F-W_L)/(kT)} \tag{4.7}$$

$$p_0 = 2\left(\frac{2\pi m_p kT}{h^2}\right)^{\frac{3}{2}} e^{(W_V-W_F)/(kT)} = N_V\, e^{(W_V-W_F)/(kT)} \tag{4.8}$$

Analog kann die Anzahl der Löcher pro Volumeneinheit im Valenzband abgeleitet werden. Das Ergebnis ist oben bereits angegeben. Damit lässt sich nun die Intrinsic-Dichte bestimmen:

$$n_i{}^2 = n_0\, p_0 = N_L N_V\, e^{(W_V-W_L)/(kT)} = N_L N_V\, e^{-\Delta W/(kT)}. \tag{4.9}$$

In Tabelle 4.1 sind Zahlenwerte für die charakteristischen Kenngrößen einiger Halbleiter zusammengestellt.

Tabelle 4.1 Kenngrößen einiger Halbleiter bei $T = 300$ K

	Si	Ge	GaAs
ΔW in eV	1,124	0,66	1,42
μ_n in cm²/Vs	1110	3900	8500
μ_p in cm²/Vs	410	1900	400
n_i in cm^{-3}	$1,08\cdot10^{10}$	$2,4\cdot10^{13}$	$1,79\cdot10^{6}$
N_L in cm^{-3}	$2,86\cdot10^{19}$	$1,04\cdot10^{19}$	$4,7\cdot10^{17}$
N_V in cm^{-3}	$3,10\cdot10^{19}$	$6,0\cdot10^{18}$	$7,0\cdot10^{18}$

Fügt man reinen Halbleiterkristallen, wie hier dem vierwertigen Silizium, gezielt Verunreinigungen zu, kommt es zu bestimmten Veränderungen im elektrischen Verhalten. Bei dem als *Dotierung* bezeichneten Vorgang werden Fremdatome als Störstellen in das Siliziumkristallgitter eingebaut. Auf die Technologie der dazu angewandten Verfahren wird in Kapitel 4.3.1 näher eingegangen.
Bei der Zugabe von Elementen der 5. Hauptgruppe (z.B. Stickstoff, Phosphor) wird das 5. Außenelektron dieser Atome für eine stabile Bindung nicht benötigt. Durch

geringe Energiezufuhr kann das Elektron abgespalten werden und steht dem Ladungstransport zur Verfügung. Zurück bleibt ein positiv geladenes Ion. Ein so dotierter Halbleiter wird als n-Halbleiter bezeichnet, da der Leitungsvorgang überwiegend durch negative Ladungsträger hervorgerufen wird. Die Fremdatome geben Elektronen ab und werden daher Donatoren genannt. Hingegen kommt bei einer Dotierung mit Elementen der 3. Hauptgruppe (z.B. Bor, Gallium) eine vierte Elektronenpaarbindung nicht zustande, das daraus resultierende Loch kann ein Elektron aufnehmen. Daraus ergibt sich die Benennung der Fremdatome als Akzeptoren und des Halbleiters als p-leitend.

Der Leitungsmechanismus im dotierten Halbleiter wird zur Abgrenzung von der Eigenleitung als Störstellenleitung bezeichnet. Durch die Dotierung verändern sich die elektrischen Eigenschaften des Grundmaterials. Die in Abb. 4.4 angegebenen Spannbreiten für die elektrische Leitfähigkeit geben unterschiedliche Dotierungskonzentrationen wieder.

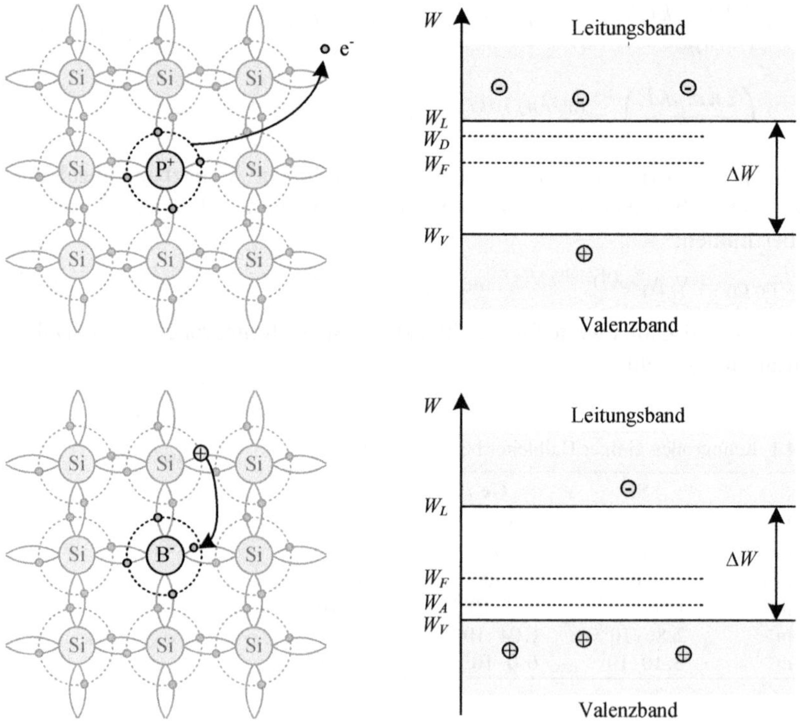

Abb. 4.7 Gitterstruktur und Bändermodell von n-leitendem (oben) und p-leitendem (unten) Silizium

In Abb. 4.7 ist Gitterstruktur und Bändermodell von n-leitendem und p-leitendem Silizium skizziert. W_D und W_A sind die Energieniveaus der nicht für Valenzbindungen benötigten Ladungsträger der Donatoren und Akzeptoren. Um die Elektronen bzw. Löcher vom Verband zu lösen, muss demnach nur die Ionisierungsenergie

$$\Delta W_{ion} = W_L - W_D \quad \text{bzw.} \quad \Delta W_{ion} = W_A - W_V \tag{4.10}$$

aufgebracht werden. Es soll nun der Einfluss der Dotierung auf die Lage des Fermi-Niveaus untersucht werden. Bei einem dotierten Halbleiter gibt N_D die Donatorkonzentration bzw. N_A die Akzeptorkonzentration an. Entsprechend sind N_D^+ und N_A^- die Dichten der ionisierten Dotierungsatome. Es wird zunächst ein n-Halbleiter betrachtet. Die Anzahl der negativen Ladungsträger ist

$$n = n_0 + N_D^+ . \tag{4.11}$$

Bei Raumtemperatur sind praktisch alle Störstellen ionisiert. Weiterhin ist für übliche Dotierungskonzentrationen $N_D \gg n_0$. Damit wird

$$n \approx N_D .$$

Überträgt man Gl. (4.7) auf den vorliegenden Fall und löst nach dem Ferminiveau auf, so ergibt sich

$$W_F = W_L + kT \ln\left(\frac{N_D}{N_L}\right) . \tag{4.12}$$

Neben dem analytischen Verfahren kann auch mit Hilfe einer Plausibilitätsüberlegung die Verschiebung des Fermi-Niveaus beim n-Halbleiter in Richtung der Bandkante des Leitungsbandes abgeleitet werden: Die in Gl. (4.9) angegebene Beziehung für die Intrinsic-Dichte ist unabhängig von der Lage des Ferminiveaus. Es gilt auch für den dotierten Halbleiter

$$np = n_i^2 . \tag{4.13}$$

Da die Anzahl der negativen Ladungsträger im n-dotierten Halbleiter viel größer ist als im undotierten, muss entsprechend die Anzahl der Löcher deutlich abgenommen haben. Die Wahrscheinlichkeit für die Besetzung von Energiezuständen durch Elektronen im Leitungsband hat also zugenommen, während gleichzeitig die durch Löcher im Valenzband abgenommen hat. Dies schlägt sich in der veränderten Lage des Fermi-Niveaus nieder. Man spricht in diesem Fall auch von den Elektronen als den Majoritätsladungsträgern und den Löchern als den Minoritätsladungsträgern.
Die Verschiebung des Fermi-Niveaus ist temperaturabhängig. Sie verringert sich mit steigender Temperatur in dem Maß, in dem die Eigenleitung gegenüber der Störstellenleitung an Einfluss gewinnt. Die Ungleichung $N_D \gg n_0$ ist dann nicht mehr zulässig.
Die gemachten Aussagen können direkt auf den p-Halbleiter übertragen werden, weshalb eine Darstellung hier unterbleibt.
Neben den aus einem Element bestehenden Halbleitergrundmaterialien wie Silizium oder Germanium gibt es auch eine Reihe von Halbleitermaterialien, die aus zwei Elementen (oder auch Molekülen) bestehen. In solchen *Verbindungshalbleitern* bildet sich ein dem Diamantgitter ähnlicher Kristallaufbau aus, bei dem die beiden kristallografischen Lagen durch unterschiedliche Elemente besetzt sind. Die sich

ergebende Kristallstruktur wird als Zinkblende bezeichnet. In der Regel sind die beiden Elemente zu gleichen Anteilen beteiligt. Man unterscheidet nach der Hauptgruppe aus der die beteiligten Elemente kommen III-V-Halbleiter (wie GaAs oder InP), II-VI-Halbleiter (wie CdTe oder CdSe) und I-VII-Halbleiter.

4.2.2 Generations- und Rekombinationsprozesse

Ein Festkörper ist ein System von schwingungsfähigen Gitterteilchen. Die Energie der Gitterschwingungen ist gequantelt und ähnlich wie bei elektromagnetischen Wellen kann den Energiequanten ein Teilchencharakter zugeschrieben werden. Ein solches Teilchen wird als *Phonon* bezeichnet und hat die Energie $h \cdot \nu$. Eine Anregung der Schwingungszustände der Gitteratome, beispielsweise durch die Zufuhr von thermischer Energie, kann somit als Phononenerzeugung aufgefasst werden.
Mit dieser Modellvorstellung lassen sich die Generationsprozesse von Leitungselektronen im Halbleiter relativ einfach als Stoßvorgänge mit Hilfe des Energie- und Impulserhaltungssatzes beschreiben [18]. Die im vorangegangenen Kapitel beschriebene Entstehung von freien Ladungsträgern aufgrund von thermischer Anregung kann somit auf Elektron-Phonon-Stöße zurückgeführt werden. Für die photovoltaische Nutzung von Halbleitern ist jedoch vor allem die optische Anregung durch Photonen von Interesse. Die Energie und der Impuls eines Photons werden bei einem Stoßvorgang an das erzeugte Elektron-Loch-Paar übertragen.
Phononen haben im Vergleich zu Photonen eine geringe Energie. Sie weisen jedoch einen hohen Impuls auf, wohingegen der Impuls von Photonen praktisch vernachlässigt werden kann. Betrachtet man nun konkrete Materialien, so muss zwischen

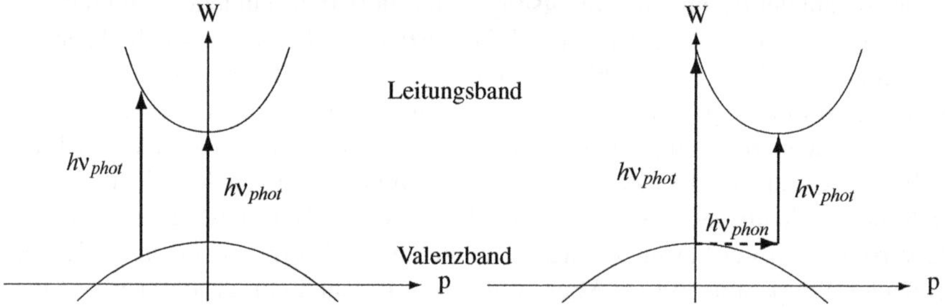

Abb. 4.8 Energie-Impuls-Diagramm für direkte Halbleiter (links) und indirekte Halbleiter (rechts)

direkten und indirekten Halbleitern unterschieden werden. Bei direkten Halbleitern, wie z.B. GaAs und CIS kann die minimale Energie des Leitungsbandes und die maximale Energie des Valenzbandes bei gleichem Kristallimpuls angenommen werden. Bei indirekten Halbleitern wie Ge und kristallinem Si liegen das Maximum des Valenzbandes und das Minimum des Leitungsbandes bei unterschiedlichen Kristallimpulsen. In Abb. 4.8 sind Energie-Impuls-Diagramme für beide Fälle skizziert.

Bei indirekten Halbleitern ist für den Übergang vom Valenz- ins Leitungsband entweder eine höhere Energie als der Bandabstand erforderlich oder es muss unter der Einbeziehung eines Phonons die notwendige Impulsänderung aufgebracht werden. Bei direkten Halbleitern ist für diesen Bandübergang keine Wechselwirkung mit Phononen notwendig.

Die Absorption von Photonen im Halbleiter weist eine mehr oder weniger scharfe Absorptionskante im Bereich des Bandabstandes auf, je nachdem ob es sich um einen direkten oder indirekten Halbleiter handelt. Diese ist durch die Grenzwellenlänge λ_g bzw. die Grenzfrequenz ν_g gekennzeichnet. Je nach Dicke des Materials wird kurzwelligeres Licht nahezu vollständig absorbiert, während für langwelligeres Licht der Halbleiter praktisch transparent ist. Für Si ergibt sich

$$\lambda_g = \frac{c_0}{\nu_g} = \frac{h c_0}{\Delta W} \approx 1,1\ \mu\text{m}.$$

Für Halbleiter lässt sich analog zu den Überlegungen in Gl. (3.11) ein Absorptionskoeffizient a einführen. Im Bereich der Absorptionskante gilt

$$a \sim (h\nu - \Delta W)^{\gamma}, \tag{4.14}$$

mit $\gamma = 0,5$ bei direktem und $\gamma = 2$ bei indirektem Bandübergang. Der Absorptionskoeffizient ist also bei Photonenenergien im Bereich des Bandabstands bei Halbleitern mit direktem Bandübergang größer als bei Halbleitern mit indirektem Bandübergang. Daraus ergibt sich, dass für einen vergleichbaren Absorptionsgrad bei indirekten Halbleitern wie Si eine deutlich größere Schichtdicke des Halbleitermaterials vorgesehen werden muss als bei direkten Halbleitern wie GaAs.

Ist x die Eindringtiefe der Photonen in das Halbleitermaterial und N_λ die spektrale Photonenflussdichte, so gilt mit dem auf die Wellenlänge umgerechneten Absorptionskoeffizienten nach Gl. (4.14)

$$N_\lambda(x,\lambda) = N_\lambda(0,\lambda)\, e^{-a(\lambda)x}. \tag{4.15}$$

Nimmt man nun an, dass jedes Photon der Energie $h\nu \geq \Delta W$ genau ein Elektron-Loch-Paar der Energie ΔW erzeugt, so verhält sich die Generationsrate für die optische Anregung von Elektron-Loch-Paaren proportional zu dem Photonenfluss mit $\nu \geq \nu_g$. Solarzellen werden daher häufig auch als „Photonenzähler" bezeichnet. Für die Generationsrate durch optische Anregung ergibt sich dann

$$G_{ph}(x,\lambda) = a(\lambda)\, N_\lambda(0,\lambda)\, e^{-a(\lambda)x}(1-\rho(\lambda)), \tag{4.16}$$

wobei ρ einen wellenlängenabhängigen Reflexionskoeffizienten darstellt. Die Generationsrate

$$G = G_0 + G_{ph}$$

setzt sich dann aus dem in Gl. (4.1) eingeführten Anteil G_0 aus thermischer Anregung und dem Anteil G_{ph} aus optischer Anregung zusammen.

Im Halbleiter treten neben der Erzeugung von genau einem Elektron-Loch-Paar auch noch andere Absorptionsmechanismen auf. So ist es z.B. möglich, dass ein

Photon seine Energie an ein Elektron im Leitungsband abgibt und es auf ein höheres Energieniveau hebt. Außerdem sind für Photonen, deren Energie einem mehrfachen des Bandabstandes entspricht, die Generation von mehreren Ladungsträgern denkbar. Diese Prozesse spielen jedoch bei der spektralen Verteilung der Photonen gemäß dem Sonnenspektrum eine untergeordnete Rolle.
Die optische Anregung von Ladungsträgern führt den Halbleiter aus dem durch die Beziehung $n\,p = n_i^2$ gegebenen thermischen Gleichgewicht. Dem wirken unterschiedliche Rekombinationsprozesse entgegen, die die Lebensdauer der Ladungsträger begrenzen:

- Strahlende Rekombination
- Auger-Rekombination
- Störstellen-Rekombination
- Oberflächen-Rekombination

Die *strahlende Rekombination* kann als Umkehrung der Ladungsträgergeneration durch optische Anregung angesehen werden: Beim Zurückfallen aus dem Leitungs- in das Valenzband wird ein Photon emittiert. Bei indirekten Halbleitern ist dabei wiederum die Mitwirkung eines Phonons notwendig, so dass die strahlende Rekombination bei diesen nur eine untergeordnete Rolle spielt.[3] Für die Rekombinationsrate gilt

$$R_s = c_1\,n p, \tag{4.17}$$

wobei c_1 eine materialabhängige Konstante ist.
Bei der *Auger-Rekombination* wird die frei werdende Energie an einen Ladungsträger im Leitungs- oder Valenzband übertragen. Dieser gibt die zusätzliche Energie in der Folge durch zahlreiche Stöße mit dem Gitter, d.h. unter Phononenemission, wieder ab und kehrt in seinen energetischen Ausgangszustand zurück. Für die Rekombinationsrate gilt

$$R_a = c_2\,n^2 p + c_3\,n p^2. \tag{4.18}$$

Bei sehr reinem, dotiertem Si ist die Auger-Rekombination der vorherrschende Rekombinationsprozess.
Wie schon im Zusammenhang mit der Dotierung von Halbleitern gezeigt, können Verunreinigungen zu erlaubten Energieniveaus innerhalb der Bandlücke zwischen Valenz- und Leitungsband führen. Gleiches gilt auch für Fehler im Kristallgitter. Dies sind die Ursachen der *Störstellen-Rekombination*, bei der in einem ersten Schritt ein freier Ladungsträger von einem nicht besetzten Energieniveau einer Störstelle eingefangen wird und in einem zweiten Schritt dann mit einem anderen freien Ladungsträger rekombiniert. Für die Rekombinationsrate bei einer Störstelle mit dem Energieniveau W_t gilt

$$R_t = \frac{n p - n_i^2}{\tau_{pt}\left(n + n_i\,e^{(W_t - W_F)/(kT)}\right) + \tau_{nt}\left(p + n_i\,e^{-(W_t - W_F)/(kT)}\right)}. \tag{4.19}$$

[3] Der Effekt der strahlenden Rekombination wird von Leuchtdioden technisch genutzt, die auf direkten Halbleitern beispielsweise in Form von Gallium-Verbindungen basieren.

Dabei sind τ_{pt} und τ_{nt} Lebensdauerparameter, deren Wert von Art und Umfang der Störstelle abhängt. W_F ist dabei das Fermi-Niveau des intrinsischen, d.h. nichtdotierten Halbleiters. Den gleichen analytischen Zusammenhang erhält man auch für die Rekombinationsrate bei der *Oberflächen-Rekombination*, da die Kristalloberfläche eine Störung des Gitteraufbaus darstellt und damit wie eine Störstelle wirkt.

$$R_o = \frac{S_{no} S_{po}(np - n_i^2)}{S_{no}(n + n_i e^{(W_t - W_F)/(kT)}) + S_{po}(p + n_i e^{-(W_t - W_F)/(kT)})} \tag{4.20}$$

S_{no} und S_{po} werden dabei als Oberflächen-Rekombinationsgeschwindigkeiten bezeichnet.
Die in Gl. (4.2) eingeführte Rekombinationsrate ergibt sich dann als Summe der den einzelnen Prozessen zugeordneten Rekombinationsraten.

$$R = \sum_x R_x$$

Da die Rekombinationsrate die Anzahl der Rekombinationen pro Zeit und Volumeneinheit angibt, lassen sich mittlere Lebensdauern für Elektronen bzw. Löcher gemäß

$$\tau_n = n/R \tag{4.21}$$

$$\tau_p = p/R \tag{4.22}$$

angeben. Eine erhöhte Generation von Ladungsträgern führt durch den in allen Rekombinationsmechanismen dominierenden Zusammenhang $R \sim np$ zu einem Anstieg der Rekombinationsrate, so dass sich wie im Fall der thermischen Anregung ein Gleichgewicht zwischen Generation und Rekombination einstellt. Im stationären Zustand gilt weiterhin $G = R$.

4.2.3 Die Solarzelle als p-n-Übergang

Die meisten produzierten Solarzellen werden als p-n-Übergänge in kristallinem Silizium ausgeführt. Ein p-n-Übergang entsteht, wenn in einem Kristall eine p-dotierte Schicht an eine n-dotierte stößt. In Abb. 4.9 ist ein solcher p-n-Halbleiter skizziert. Die Zeichnung ist nicht maßstabsgerecht; die angegebenen Abmessungen sind für Solarzellen aus kristallinem Si typisch.
Es soll zunächst wiederum nur der Fall einer thermischen Anregung betrachtet werden. Bei Raumtemperatur kann davon ausgegangen werden, dass alle Störstellen ionisiert sind. Majoritätsladungsträger im n-leitenden Teil sind die Elektronen, ihre Dichte entspricht in guter Näherung der Dotierungskonzentration.

$$n_n \approx N_D \tag{4.23}$$

Für die Minoritätsladungsträgerdichte im n-leitenden Teil ergibt sich mit Gl. (4.13)

$$p_n = \frac{n_i^2}{n_n} \approx \frac{n_i^2}{N_D}. \tag{4.24}$$

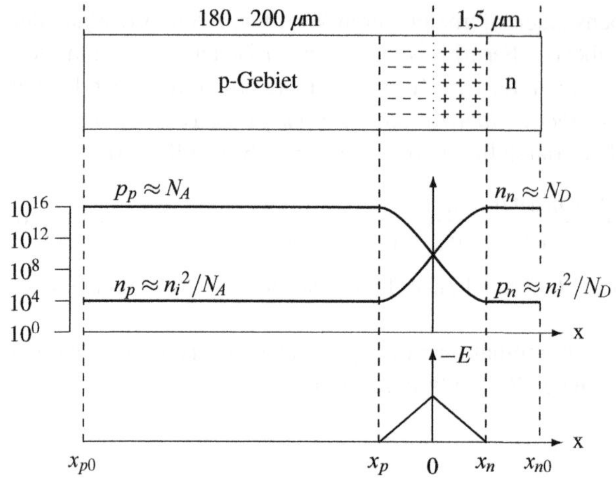

Abb. 4.9 Aufbau eines p-n-Übergangs (oben), Ladungsträgerdichten (mitte) und elektrisches Feld (unten)

Vergleichbare Betrachtungen lassen sich für den p-leitenden Bereich anstellen. In der Umgebung der Dotierungsgrenze kommt es aufgrund von Ausgleichsvorgängen zu einer Verarmung an Ladungsträgern. Diffusionsströme aufgrund des räumlichen Konzentrationsunterschieds führen zu einer Wanderung der Elektronen vom n- in das p-Gebiet und der Löcher vom p- in das n-Gebiet. Zurück bleiben die fest in das Kristallgitter eingebauten, ionisierten Dotierungsatome als Raumladungen.
Im Folgenden wird nun vereinfachend angenommen, dass die beiden Dotierungen abrupt ineinander übergehen und eine scharf abgegrenzte Raumladungszone existiert, wie in Abb. 4.9 dargestellt. Das aus den Raumladungen resultierende elektrische Feld E ergibt sich mit Hilfe der Poissonschen Gleichung aus der Ladungsträgerdichte N

$$\frac{dE}{dx} = \frac{q}{\varepsilon} N, \tag{4.25}$$

mit der Elementarladung q und der dielektrischen Leitfähigkeit ε. Vernachlässigt man die freien Ladungsträger in der Raumladungszone, so kann Gl. (4.25) aufgespalten werden in eine Beziehung für das p- und das n-leitende Gebiet der Raumladungszone.

$$\frac{dE}{dx} = \frac{q}{\varepsilon} \begin{cases} -N_A \text{ für } x_p \leq x < 0 \\ N_D \text{ für } 0 \leq x < x_n \end{cases}$$

Durch Integration mit den Randbedingungen $E|_{x=x_p} = E|_{x=x_n} = 0$ erhält man

$$E = \frac{q}{\varepsilon} \begin{cases} N_A\,(x_p - x) \text{ für } x_p \leq x < 0 \\ N_D\,(x - x_n) \text{ für } 0 \leq x < x_n \end{cases}.$$

Dieses Feld wirkt der Abwanderung von Ladungsträgern entgegen. Im Gleichgewichtszustand werden die Diffusionsströme durch entgegengesetzte Feldströme aufgehoben. Die Feld- bzw. Diffusionsströme müssen für Elektronen und Löcher getrennt berechnet werden:

$$q n \mu_n E = -q D_n \frac{dn}{dx} \tag{4.26}$$

$$q p \mu_p E = \ q D_p \frac{dp}{dx} \tag{4.27}$$

D_n und D_p sind Diffusionskoeffizienten, die über die Nernst-Einstein Beziehung mit den Beweglichkeiten μ der Ladungsträger verknüpft sind:

$$D_n = \frac{kT}{q} \mu_n \tag{4.28}$$

$$D_p = \frac{kT}{q} \mu_p \tag{4.29}$$

Für das elektrische Potential ϕ ergibt sich mit $d\phi/dx = -E$ und den Gln. (4.26) und (4.28) für den Fall der Elektronen

$$\frac{d\phi}{dx} = \frac{kT}{q} \frac{dn}{n} \frac{1}{dx}.$$

Die Integration über die Raumladungszone liefert für die als Diffusionsspannung bezeichnete Potentialdifferenz

$$U_D = \phi|_{x=x_n} - \phi|_{x=x_p} = -\frac{kT}{q} \ln\left(\frac{n_p}{n_n}\right). \tag{4.30}$$

Mit der Abkürzung U_T und den Ladungsträgerdichten nach Gl. (4.23) und (4.24) sinngemäß erhält man

$$U_D = U_T \ln\left(\frac{N_A N_D}{{n_i}^2}\right). \tag{4.31}$$

→ Beispiel

Für die Temperaturspannung ergibt sich bei einer Temperatur von 20 °C

$$U_T = \frac{k \cdot T}{q} = \frac{1,381 \cdot 10^{-23} \frac{\mathrm{Ws}}{\mathrm{K}} \cdot 293\mathrm{K}}{1,6022 \cdot 10^{-19}\mathrm{As}} = 0,025\ \mathrm{V}.$$

Typische Werte für die Dotierungskonzentrationen bei Si sind in Tabelle 4.2 angegeben und man erhält

$$U_D = U_T \cdot \ln\left(\frac{10^{19}\mathrm{cm}^{-3} \cdot 10^{15}\mathrm{cm}^{-3}}{(1,08 \cdot 10^{10}\mathrm{cm}^{-3})^2}\right) = 0,80\ \mathrm{V}.$$

Für den allgemeinen Fall eines belasteten und optisch angeregten p-n-Übergangs sind die für das thermische Gleichgewicht formulierten Beziehungen sicher nicht gültig. Es kommt dabei zu Ladungsträgerströmen durch die Raumladungszone, die zum einen durch die Belastung des p-n-Übergangs mit einer Spannung und zum anderen durch die optische Anregung von Elektron-Loch-Paaren hervorgerufen werden. Führt man Stromdichten für Elektronen und Löcher im Halbleiter ein, so ergibt sich mit den Gln. (4.26) und (4.27) für die Summe aus Feld- und Diffusionsströmen

$$J_n = q(n\mu_n E + D_n \frac{dn}{dx})$$
$$J_p = q(p\mu_p E - D_p \frac{dp}{dx}).$$

Die Differenz von Generations- und Rekombinationsrate gibt den Gradienten der Ladungsträgerdichte an. Daraus lassen sich über einfache Kontinuitätsbeziehungen die räumlichen Änderungen der Stromdichten ableiten:

$$\frac{dJ_n}{dx} = -q(G-R)$$
$$\frac{dJ_p}{dx} = q(G-R).$$

Damit können nun Differentialgleichungen für die Ladungsträgerdichten an den Grenzen der Raumladungszone angegeben werden. Unter Berücksichtigung der Gln. (4.21) und (4.22) für die Rekombinationsrate erhält man

$$D_n \frac{d^2n}{dx^2} + G - \frac{n}{\tau_n} = 0 \tag{4.32}$$

$$D_p \frac{d^2p}{dx^2} + G - \frac{p}{\tau_p} = 0 \tag{4.33}$$

Es soll zunächst der Fall des unbeleuchteten Halbleiters betrachtet werden, an dem eine äußere Spannung U gemäß Abb. 4.10 anliegt. Diese Spannung erniedrigt die für den unbelasteten Zustand abgeleitete Diffusionsspannung. Dadurch verringert sich der dem Diffusionsstrom entgegen gerichtete Feldstrom, was zu einer Erhöhung der Minoritätsladungsträgerdichten im n- und p-leitenden Gebiet führt. Die eindiffundierenden Ladungsträger stören das thermische Gleichgewicht. Durch eine erhöhte Rekombination stellt sich wieder ein stationärer Zustand ein.
Der sich einstellende Strom durch die Raumladungszone wird alleine von den Minoritätsladungsträgern aufgebracht und wird bei Dioden als Durchlassstrom bezeichnet. In der Solartechnik wird er Dunkelstrom genannt, da er das Verhalten der unbeleuchteten Solarzelle charakterisiert.
Zur Berechnung der Dunkelstromdichte wird zunächst der Anteil untersucht, der von den Elektronen beigetragen wird. Außerhalb der Raumladungszone liegt definitionsgemäß ein reiner Diffusionsstrom vor. Die benötigte Ladungsträgerdichte ergibt sich über die Lösung der Differentialgleichung (4.32) unter den folgenden Randbedingungen:

- Da eine rein thermische Anregung vorausgesetzt wurde, ergibt sich für die Generationsrate über Gl. (4.21)

$$G = G_0 = \frac{n_i^2}{N_A \tau_n}.$$

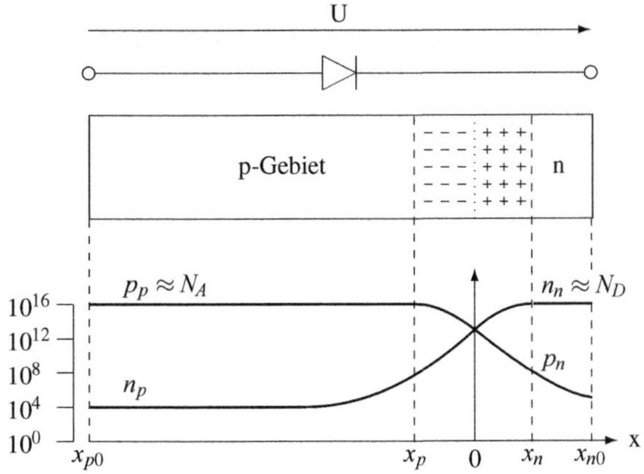

Abb. 4.10 Der unbeleuchtete p-n-Übergang als eine in Durchlassrichtung geschaltete Diode

- Für die Dichte der Elektronen als Minoritätsladungsträger an der Grenze der Raumladungszone erhält man aus Gl. (4.30) unter Berücksichtigung des verringerten Potentials

$$n_p|_{x=x_p} = n_n|_{x=x_n}\, e^{(U-U_D)/U_T}.$$

- Es wird ein unendlich ausgedehntes p-Gebiet vorausgesetzt. Daraus folgt

$$n_p|_{x=-\infty} = \frac{n_i^2}{N_A}.$$

Als Lösung der Differentialgleichung erhält man

$$n_p(x) = \frac{n_i^2}{N_A}(1 + (e^{U/U_T} - 1)e^{-x/L_n}). \tag{4.34}$$

Die Abkürzung L_n wird als Diffusionslänge bezeichnet und berechnet sich zu

$$L_n = \sqrt{D_n \tau_n}. \tag{4.35}$$

Daraus lässt sich nun die Diffusionsstromdichte der Elektronen an der Grenze der Raumladungszone bestimmen. Führt man entsprechende Überlegungen für die Löcher durch und vernachlässigt aufgrund ihrer geringen Ausdehnung die in der Raumladungszone stattfindenden Rekombinationen, so lässt sich die Dunkelstromdichte als Summe der Beiträge von Elektronen und Löchern angeben. Es gilt

$$J_d = \left(\frac{qD_n n_i^2}{L_n N_A} + \frac{qD_p n_i^2}{L_p N_D}\right)\left(e^{U/U_T} - 1\right). \tag{4.36}$$

Schließlich ist der Fall des beleuchteten p-n-Übergangs zu untersuchen. Aufgrund der optischen Anregung erhöht sich die Anzahl der Ladungsträger im Kristall. Bei den jeweiligen Majoritätsladungsträgern n_n und p_p fällt dies nicht sehr ins Gewicht, da ihre Dichten durch die Dotierung auch im unbeleuchteten Zustand vergleichsweise hoch sind. Für die Minoritätsladungsträger ergibt sich jedoch daraus eine Erhöhung der Dichten um mehrere Größenordnungen. Das elektrische Feld in der Raumladungszone trennt nun die dort erzeugten Ladungsträgerpaare: Elektronen werden in Richtung des n-Gebiets und Löcher in Richtung des p-Gebiets beschleunigt, so dass die Ladungsträgerdichte in der Raumladungszone in etwa der des unbeleuchteten Halbleiters entspricht. Die sich einstellende Dichteverteilung, wie in Abb. 4.11 dargestellt, führt nun wiederum zu Diffusionsströmen der Minoritätsladungsträger,

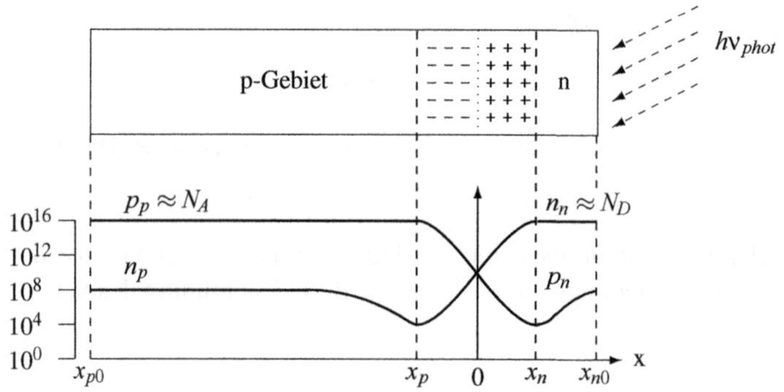

Abb. 4.11 Ladungsträgerdichten im beleuchteten p-n-Übergang

diesmal jedoch in Richtung der Raumladungszone. Der sich einstellende Strom wird als Photostrom bezeichnet[4]. Zu seiner Berechnung sollen zunächst die Elektronen betrachtet werden. Ausgangspunkt ist wieder die Differentialgleichung (4.32). Es gelten die folgenden Randbedingungen:

- Für die Generationsrate sind nun thermische und optische Anregung zu berücksichtigen. Für letztere ist Gl. (4.16) anzusetzen. Hier soll jedoch angenommen werden, dass die Generationsrate über der räumlichen Ausdehnung des Kristalls konstant ist.

  $$G(x) = G_0 + G_{ph}(x) = \text{konst.}$$

- An der Grenze der Raumladungszone gilt

  $$n_p|_{x=x_p} = \frac{n_i^2}{N_A}.$$

- Es wird ein unendlich ausgedehntes p-Gebiet vorausgesetzt. Damit ergibt sich

  $$n_p|_{x=-\infty} = G\tau_n.$$

Als Lösung der Differentialgleichung erhält man

$$n_p(x) = \frac{n_i^2}{N_A} + G\tau_n(1 - e^{-x/L_n}). \tag{4.37}$$

[4] Betrachtet man den p-n-Übergang als Diode, so fließt der Photostrom in Sperrrichtung.

Analog zu den Überlegungen beim unbeleuchteten Halbleiter lässt sich damit die Diffusionsstromdichte der Elektronen berechnen. Berücksichtigt man den Diffusionsstrom der Löcher sowie die in der Raumladungszone selbst erzeugten Ladungsträger, so erhält man für die Photostromdichte

$$J_{ph} = qG(L_n + L_p + (x_r - x_l)). \tag{4.38}$$

Offensichtlich tragen also nur diejenigen Ladungsträger zum Stromfluss bei, die in der Raumladungszone oder in einem Abstand von bis zu jeweils einer Diffusionslänge vom p-n-Übergang generiert werden.

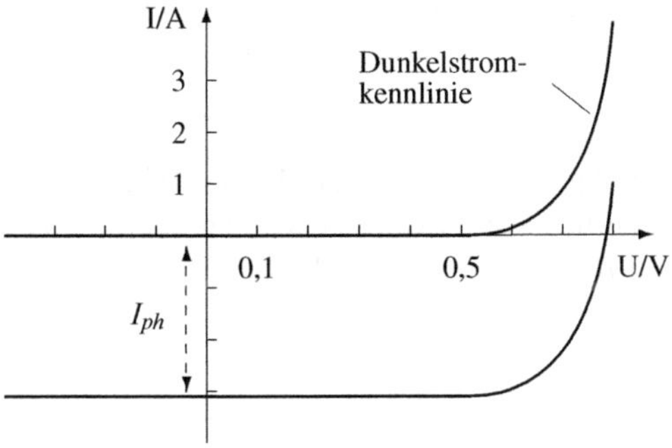

Abb. 4.12 Dunkelstromkennlinie und I-U-Kennlinie eines beleuchteten p-n-Übergangs

Fasst man nun die Ergebnisse für die Dunkelstromdichte nach Gl. (4.36) und für die Photostromdichte nach Gl. (4.38) zusammen, so ergibt sich mit der Fläche A des p-n-Übergangs für die Strom-Spannungs-Kennlinie

$$\begin{aligned} I &= A\left(\frac{qD_n n_i^2}{L_n N_A} + \frac{qD_p n_i^2}{L_p N_D}\right)\left(e^{U/U_T} - 1\right) - AqG(L_n + L_p + (x_r - x_l)) \\ &= I_{ds}\left(e^{U/U_T} - 1\right) - I_{ph}. \end{aligned} \tag{4.39}$$

Dies ist in Abb. 4.12 graphisch veranschaulicht. Die Dunkelstrom-Kennlinie, die nichts anderes als die Dioden-Kennlinie darstellt, wird durch den in Sperrrichtung fließenden Photostrom in den vierten Quadranten verschoben.
Für monokristallines Si können die folgenden typischen Werte für die eingeführten Parameter angegeben werden.

Tabelle 4.2 Kenngrößen für monokristallines Si bei T=300 K

		n-Gebiet	**p-Gebiet**
Dotierung	in cm^{-3}	$N_D \approx 10^{19} \dots 10^{20}$	$N_A \approx 10^{15} \dots 10^{16}$
Diffusionlänge	in μm	$L_p \approx 1 \dots 12$	$L_n \approx 50 \dots 2000$
Lebensdauer	in μs	$\tau_p \approx 0,01 \dots 1$	$\tau_n \approx 1 \dots 10^3$

4.2.4 Modellbildung für eine reale Solarzelle

Die in Gl. (4.39) angegebene Strom-Spannungs-Kennlinie eines p-n-Übergangs beruht auf einer Reihe von Idealisierungen, die bei realen Solarzellen nicht gegeben sind:

- Das p- bzw. n-leitende Gebiet ist nicht unendlich lang, sondern hat eine Ausdehnung in der Größenordnung der jeweiligen Diffusionslängen der Minoritätsladungsträger. In Anlehnung an Abb. 4.9 sei die Dicke des n-leitenden Gebiets x_{no} und die Dicke des p-leitenden Gebiets $-x_{po}$.
- Die Generationsrate bei optischer Anregung ist innerhalb des Halbleiters nicht räumlich konstant, sondern fällt nach Gl. (4.16) exponentiell ab.

$$G_{ph}(x,\lambda) = a(\lambda)\,(1-\rho(\lambda))\,N_\lambda(0,\lambda)\,e^{a(\lambda)\,(x-x_{no})}$$

- An der Vorder- und Rückseite der Solarzellen finden Oberflächen-Rekombinationsprozesse statt, die bisher nicht berücksichtigt wurden. Mit den Rekombinationsgeschwindigkeiten aus Gl. (4.20) ergibt sich dann als Randbedingung für die Minoritätsladungsträger

$$S_{no}\,n = -D_n \left.\frac{dn}{dx}\right|_{x=x_{po}}$$

$$S_{po}\,p = D_p \left.\frac{dp}{dx}\right|_{x=x_{no}}$$

Die Lösung der Differentialgleichungen für die Minoritätsladungsträgerdichten unter diesen Randbedingungen ergeben für die Dunkelstromdichte

$$J_d = J_{ds}\left(e^{U/U_T}-1\right) \tag{4.40}$$

mit

$$J_{ds} = \frac{qD_n{n_i}^2}{L_nN_A}\,\frac{\frac{D_n}{L_n}\sinh\frac{-x_{po}}{L_n}+S_{no}\cosh\frac{-x_{po}}{L_n}}{\frac{D_n}{L_n}\cosh\frac{-x_{po}}{L_n}+S_{no}\sinh\frac{-x_{po}}{L_n}} + \frac{qD_p{n_i}^2}{L_pN_D}\,\frac{\frac{D_p}{L_p}\sinh\frac{x_{no}}{L_p}+S_{po}\cosh\frac{x_{no}}{L_p}}{\frac{D_p}{L_p}\cosh\frac{x_{no}}{L_p}+S_{po}\sinh\frac{x_{no}}{L_p}}\,.$$

Für die Photostromdichte ergibt sich

$$J_{ph} = \int_0^\infty J_\lambda\,d\lambda \tag{4.41}$$

mit

$$J_\lambda = q(1-\rho(\lambda))N_\lambda(0,\lambda)(1-e^{-a(\lambda)x_{no}})\,\cdot \tag{4.42}$$

$$\left(\frac{a(\lambda)L_n}{1-a^2(\lambda){L_n}^2}\,(-a(\lambda)L_n+{G_f}^n(\lambda)) + \frac{a(\lambda)L_p}{1-a^2(\lambda){L_p}^2}\,(a(\lambda)L_p+{G_f}^p(\lambda))\right)$$

und den Geometriefaktoren

$$G_f{}^n(\lambda) = \frac{(D_n\, a(\lambda) - S_{no})\, e^{a(\lambda)x_{po}} + \frac{D_n}{L_n}\sinh\frac{-x_{po}}{L_n} + S_{no}\cosh\frac{-x_{po}}{L_n}}{\frac{D_n}{L_n}\cosh\frac{-x_{po}}{L_n} + S_{no}\sinh\frac{-x_{po}}{L_n}}$$

$$G_f{}^p(\lambda) = \frac{(-D_p\, a(\lambda) - S_{po})\, e^{-a(\lambda)x_{no}} + \frac{D_p}{L_p}\sinh\frac{x_{no}}{L_p} + S_{po}\cosh\frac{x_{no}}{L_p}}{\frac{D_p}{L_p}\cosh\frac{x_{no}}{L_p} + S_{po}\sinh\frac{x_{no}}{L_p}}.$$

Es ist unmittelbar einsichtig, dass Gl. (4.42) praktisch nicht anwendbar ist. Der Einfluss von Reflexions- und Absorptionsprozessen oder Schichtdicken auf die Generation von Ladungsträgern wird daher häufig in der *Quanteneffizienz* einer Solarzelle zusammengefasst. Die Quanteneffizienz Q gibt das Verhältnis der gebildeten freien Elektronen N_e, die zum Photostrom beitragen, zu den eingestrahlten Photonen N_λ bei einer bestimmten Wellenlänge wieder. Man unterscheidet zwischen der internen und externen Quanteneffizienz, wobei erstere die Reflexion an der Oberfläche der Solarzelle nicht mit berücksichtigt. Für die externe Quanteneffizienz Q_E gilt demnach

$$Q_E(\lambda) = \frac{N_e}{N_\lambda(0,\lambda)}. \tag{4.43}$$

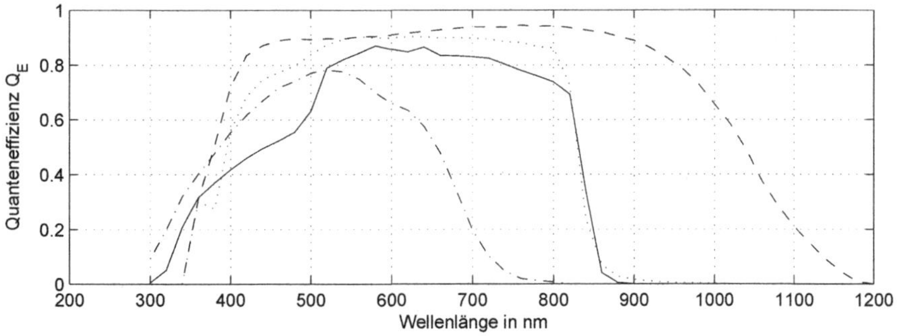

Abb. 4.13 Externe Quanteneffizienz verschiedener Solarzellentechnologien: mono-Si (- - -), a-Si (- · -), CIS (—), CdTe (· · ·), nach [21]

Abb. 4.13 zeigt die Quanteneffizienz unterschiedlicher Solarzellentechnologien. Deutlich zu erkennen ist der vergleichsweise sanfte Abfall der Quanteneffizienz bei kristallinem Si gegenüber CIS und CdTe. Dies erklärt sich aus dem bei Photonenenergien im Bereich des Bandabstands vorherrschenden indirekten Bandübergangs bei kristallinem Silizium, der aufgrund der zusätzlich notwendigen Beteiligung eines Phonons eine geringere Wahrscheinlichkeit aufweist (vgl. Kap. 4.2.2).

Eine aus der Quanteneffizienz abgeleitete Größe ist die *spektrale Empfindlichkeit* S einer Solarzelle. Sie gibt das Verhältnis von Photostrom zur einfallenden Lichtleistung wieder. Für den Zusammenhang von Quanteneffizienz und spektraler Empfindlichkeit gilt mit der Elementarladung q

$$S(\lambda) = \frac{q\lambda}{hc_0}\, Q_E(\lambda). \tag{4.44}$$

Mit Hilfe der spektralen Empfindlichkeit und der spektralen Strahlungsflussdichte E_λ lässt sich Gl. (4.41) dann zu

$$J_{ph} = \int_0^\infty S(\lambda)E_\lambda(\lambda)\, d\lambda \tag{4.45}$$

umschreiben. Die Photostromdichte kann damit aus der messtechnisch für die jeweilige Solarzelle ermittelten spektralen Empfindlichkeit sowie der Einstrahlung – typischerweise einem AM1,5-Spektrum – berechnet werden.
Die Vernachlässigung der Rekombinationsprozesse in der Raumladungszone ist nur für große Spannungen U zulässig. Für kleine Spannungen weicht das Verhalten des p-n-Übergangs deutlich von der in Gl. (4.36) angegebenen Dunkelstromkennlinie ab. Dies wird durch die Einführung einer zusätzlichen Rekombinationsstromdichte

$$J_r = \frac{kT\pi n_i}{\sqrt{\tau_{nt}\tau_{pt}}\,E_{max}}\left(e^{U/(2U_T)} - 1\right) = J_{rs}\left(e^{U/(2U_T)} - 1\right) \tag{4.46}$$

berücksichtigt. E_{max} gibt die maximale Feldstärke in der Raumladungszone an. Damit lässt sich eine modifizierte Strom-Spannungs-Kennlinie eines p-n-Übergangs aufstellen, die aufgrund des zusätzlichen Exponentialterms für den Rekombinationsstrom als *Zwei-Dioden-Modell* bezeichnet wird. [5]

$$I = I_{ds}\left(e^{U/U_T} - 1\right) + I_{rs}\left(e^{U/(2U_T)} - 1\right) - I_{ph}. \tag{4.47}$$

Dabei wird I_{ds} als Diffusionssättigungsstrom und I_{rs} als Rekombinationssättigungsstrom bezeichnet.
Häufig wird zur Beschreibung des elektrischen Verhaltens einer Solarzelle ein gegenüber Gl. (4.47) vereinfachtes Modell herangezogen. In dieser als *Ein-Dioden-Modell* bezeichneten Strom-Spannungs-Charakteristik werden Diffusions- und Rekombinationsstrom durch eine gemeinsame, nichtideale Diode modelliert:

$$I = I_d\left(e^{U/(A_sU_T)} - 1\right) - I_{ph}. \tag{4.48}$$

Dazu wurde ein Diodenqualitätsfaktor A_s in den Exponenten mit aufgenommen. Seine Größe ist u.a. von der Einstrahlung G abhängig und liegt im Bereich $1 \le A_s \le 2$. Der praktische Gewinn dieser Vereinfachung ist jedoch mehr als fraglich, da nun statt des Rekombinationssättigungsstroms der Diodenqualitätsfaktor bestimmt werden muss. Zudem wird in [5] darauf hingewiesen, dass die größte Empfindlichkeit der Strom-Spannungs-Charakteristik hinsichtlich des Diodenqualitätsfaktors gerade im Bereich des MPP auftritt. Eine grobe Abschätzung von A_s kann durch

$$A_s = \begin{cases} 2 \text{ für } G < 150\ \mathrm{W/m^2} \\ 1 \text{ für } G \ge 150\ \mathrm{W/m^2} \end{cases}$$

vorgenommen werden.
Weiterhin müssen bei realen Solarzellen ohmsche Verluste berücksichtigt werden. Man fasst die ohmschen Verluste in je einem konzentrierten Reihen- und Parallelwiderstand zusammen. Der Reihenwiderstand setzt sich aus den einzelnen Teilwiderständen zusammen, die sich entlang des Weges der Ladungsträger addieren.

[5] Der Übergang von den Stromdichten zu den Strömen erfolgt über die Fläche A des p-n-Übergangs.

Dies sind der Widerstand des Halbleitermaterials selbst, die Widerstände der Metallkontaktierung auf der Vorder- und Rückseite der Solarzelle, sowie die Kontaktwiderstände zwischen Halbleitermaterial und Metallkontakten. Der Parallelwiderstand wird durch Leckströme verursacht, die am p-n-Übergang oder an den Kanten der Solarzelle durch Kristalldefekte fließen. Für monokristallines Halbleitermaterial kann er in der Regel vernachlässigt werden.

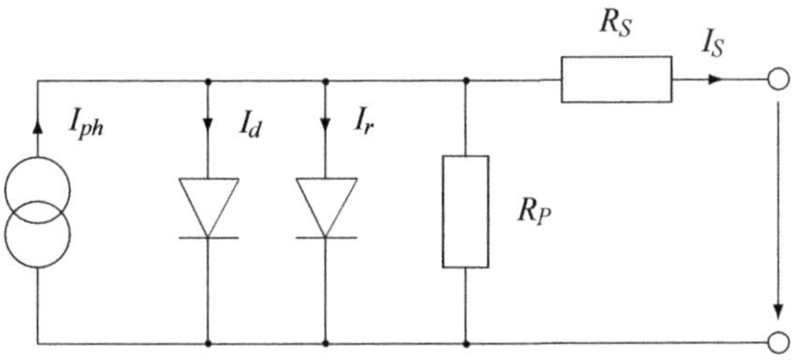

Abb. 4.14 Elektrisches Ersatzschaltbild einer Solarzelle

Damit lässt sich das in Abb. 4.14 gezeigte elektrische Ersatzschaltbild einer Solarzelle aufstellen. Bei der daraus abgeleiteten Strom-Spannungs-Kennlinie

$$
\begin{aligned}
I_S = I_{ph} - I_{ds}\left(e^{(U_S+R_SI_S)/U_T} - 1\right) \\
- I_{rs}\left(e^{(U_S+R_SI_S)/(2U_T)} - 1\right) - \frac{U_S + R_SI_S}{R_P}
\end{aligned}
\tag{4.49}
$$

wurde im Vergleich zu der Kennliniengleichung (4.47) des p-n-Übergangs die Zählrichtung des Stromes umgekehrt.

Tabelle 4.3 Kenngrößen von Si-Solarzellen bei T=298 K

	mono-Si	**poly-Si**
Photostrom bei AM 1,5 I_{ph} in A	3,08	2,82
Diffusionssättigungsstrom I_{ds} in A	$1{,}18\cdot10^{-10}$	$2{,}8\cdot10^{-10}$
Rekombinationssättigungsstrom I_{rs} in A	$4{,}4\cdot10^{-6}$	$6{,}48\cdot10^{-6}$
Serienwiderstand R_S in Ω	0,012	0,011
Parallelwiderstand R_P in Ω	>1000	55

Für eine monokristalline bzw. polykristalline Si-Standardsolarzelle mit einer Fläche von $100 \times 100\ \text{mm}^2$ sind in Tabelle 4.3 typische Zahlenwerte für die Elemente des Ersatzschaltbildes angegeben. Die Werte wurden bei einer Temperatur von 298 K ermittelt, der angegebene Photostrom bezieht sich auf eine spektrale Strahlungsintensität von 1000 W/m^2 bei einem AM 1,5-Spektrum.
Die Strom-Spannungskennlinie beschreibt das prinzipielle elektrische Verhalten einer Solarzelle. Der Strom I_S ist darin implizit durch eine nichtlineare Funktion f gegeben, die weiterhin von der Zellspannung U_S sowie der Zelltemperatur T und über den Photostrom von der Einstrahlung G abhängt.

$$I_S = f(I_S, U_S, T, G)$$

Abb. 4.15 stellt die Kennlinie für eine monokristalline Standardsolarzelle der Fläche $100 \times 100\ \text{mm}^2$ grafisch dar. Dabei wurde eine Einstrahlung von $1000\ \text{W/m}^2$ und eine Temperatur von 298 K angenommen. Die elektrische Leistung der Zelle

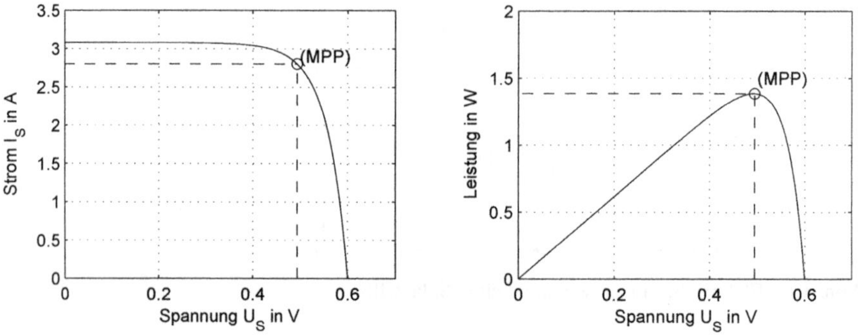

Abb. 4.15 Kennlinien einer Standardsolarzelle und Lage des MPP

weist ein eindeutiges Maximum auf, das nach der aus dem Englischen abgeleiteten Bezeichnung als *MPP* (Maximum Power Point) bezeichnet wird.
Die Abhängigkeit von Temperatur und Einstrahlung wirkt sich unterschiedlich auf die einzelnen Terme in Gl. (4.49) aus:

- Am offensichtlichsten steckt die Temperaturabhängigkeit in der Temperaturspannung U_T. Für sie gilt nach Gl. (4.31)
$$U_T = \frac{kT}{q}.$$
- Mit Hilfe von Gl. (4.9) erhält man für die Intrinsic-Dichte n_i
$$n_i^2 \sim T^3\ e^{-\Delta W/(kT)}.$$
Sie stellt die dominierende Temperaturabhängigkeit von Diffusions- und Rekombinationssättigungsstrom dar.
$$I_{ds} \sim T^3\ e^{-\Delta W/(kT)}$$
$$I_{rs} \sim T^{\frac{5}{2}}\ e^{-\Delta W/(2kT)}$$
- Die Einstrahlung wirkt sich über die Photonenflussdichte N_λ auf den Photostrom aus. Hier dominiert ein linearer Zusammenhang
$$I_{ph} \sim G,$$
der sich unter den Annahmen, dass jedes absorbierte Photon mit einem Elektron-Loch-Paar zum Photostrom beiträgt und einer sich nur unwesentlich verändernden spektralen Verteilung der Einstrahlung aus Gl. (4.41) ableiten lässt.

Damit lassen sich nun die in den Abbildungen 4.16 und 4.17 gezeigten Parameterstudien für Einstrahlung und Temperatur anstellen. Ebenfalls eingezeichnet ist jeweils die Lage des MPPs.

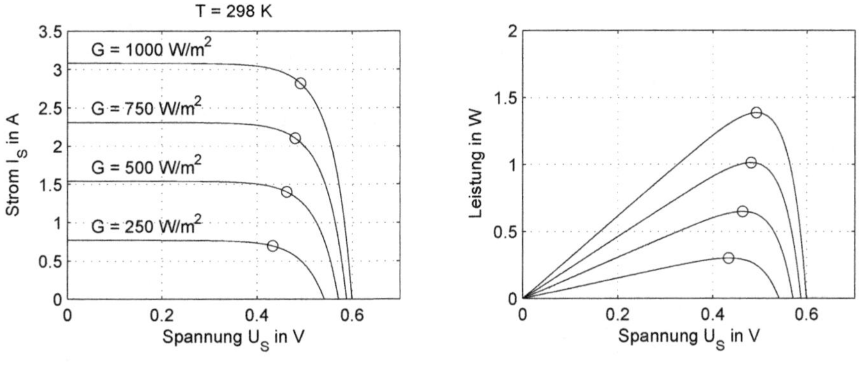

Abb. 4.16 Kennlinien einer Standardsolarzelle für verschiedene Einstrahlungen

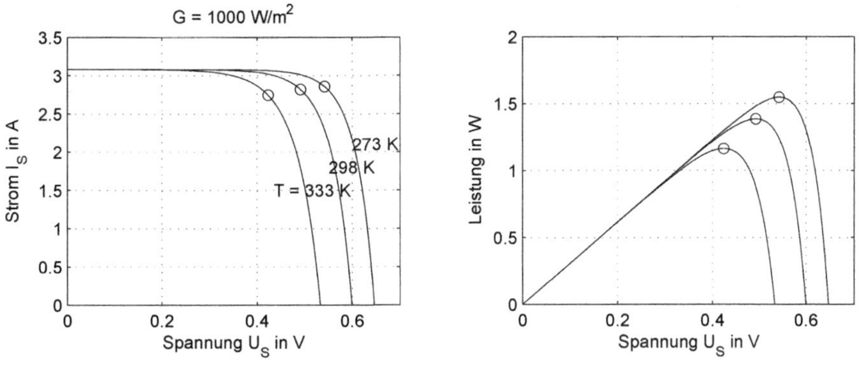

Abb. 4.17 Kennlinien einer Standardsolarzelle für verschiedene Temperaturen

4.2.5 Amorphe Halbleitermaterialien

Amorphe Halbleitermaterialien weisen einige von kristallinen Halbleitern abweichende Eigenschaften auf. Diese sollen in Ergänzung der vorangegangenen Kapitel am Beispiel von amorphem Silizium dargestellt werden.

Amorphes Silizium (a-Si) unterscheidet sich zunächst auf atomarer Ebene durch seine ungeordnete Struktur von kristallinem Silizium (c-Si). Dabei bleibt zwar eine vergleichbare Nahordnung der Atome erhalten, jedoch fehlt jede Fernordnung. Das Atomgitter eines amorphen Festkörpers weist eine hohe Dichte an Störstellen in Form von fehlenden Bindungen zu Nachbaratomen auf. Diese sog. Koordinationsdefekte stellen zusätzliche mit Elektronen besetzbare Energieniveaus dar. Sie treten einerseits als *Schweifzustände* auf, die die Grenzen von Valenz- und Leitungsband durch Ausläufer in die verbotene Zone hinein aufweichen. Andererseits stellen sie als *Lückenzustände* zusätzliche Energieniveaus in der verbotenen Zone dar (Abb. 4.18 rechts). Diese zusätzlichen Energieniveaus sind jedoch räumlich lokalisiert, d.h. sie liegen nicht gleichmäßig verteilt über dem gesamten Festkörper vor. Ladungsträger, die diese Energieniveaus besetzen sind somit ebenfalls räumlich lokalisiert und tragen nicht zur Leitfähigkeit bei. Bei amorphen Halbleitern bezeichnet man W_L daher auch als *Beweglichkeitsgrenze* und die verbotene Zone als *Beweglichkeitslücke*.

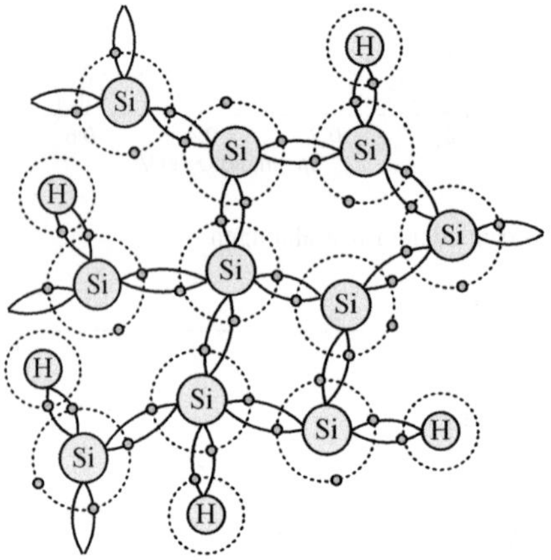

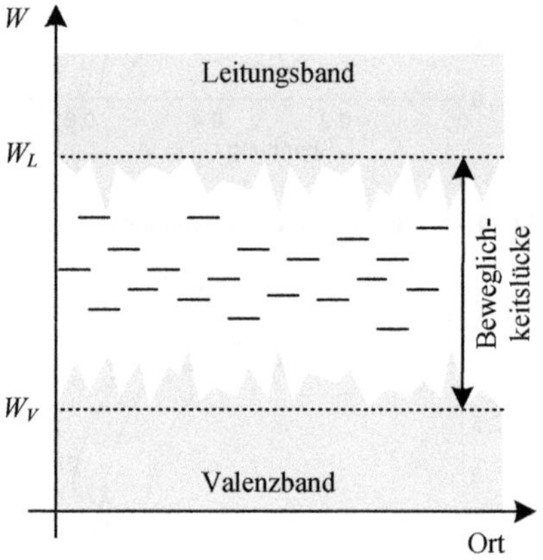

Abb. 4.18 Gitterstruktur und Bändermodell von amorphem Silizium (a-Si:H)

Amorphes Silizium verhält sich im Gegensatz zu kristallinem Silizium wie ein direkt Halbleiter, d.h. für einen Generationsprozess an der Absorptionskante wird kein Phonon benötigt, und erreicht mit $a = 10^5\,\text{cm}^{-1}$ einen mit direkten Halbleitern vergleichbaren Absorptionskoeffizienten. So ermöglicht gemäß Gl. (4.15) bereits eine Schichtdicke von $0{,}5\,\mu\text{m}$ einen Absorptionsgrad von 99 Prozent und damit den Einsatz von amorphem Silizium in Dünnschichtzellen. Der Bandabstand von amorphem Silizium liegt je nach Herstellungsprozess zwischen 1,65 und 1,85 eV.

Die Auswirkungen der Koordinationsdefekte auf die elektrischen Eigenschaften des Halbleiters können durch die Zugabe von Wasserstoff während des Herstellungsprozesses deutlich reduziert werden. Die ungesättigten Valenzen von a-Si werden durch Wasserstoffatome teilweise abgesättigt (Abb. 4.18 links). Das so entstandene Halbleitermaterial wird als hydrogenisiertes amorphes Silizium (a-Si:H) bezeichnet.

Die Dotierung erfolgt in der Regel mit Phosphor (n-leitend) und Bor (p-leitend). Im Umfeld der Dotierungsatome kommt es ebenfalls zu zahlreichen Koordinationsdefekten. Sie stellen für die photogenerierten Elektron-Loch-Paare zusätzliche Rekombinationszentren dar und wirken sich negativ auf die Lebensdauern bzw. Diffusionslängen der Ladungsträger aus. Bei amorphen Solarzellen wird daher zwischen der n- und p-leitenden Schicht eine zusätzliche intrinsische, d.h. undotierte, Schicht eingefügt. In ihr erfolgt überwiegend die Absorption der Photonen und damit die Generation von Elektron-Loch-Paaren. Die beiden dotierten Schichten stellen das für die Trennung der Ladungsträger notwendige innere elektrische Feld zur Verfügung. Abbildung 4.19 zeigt den Aufbau einer p-i-n-Solarzelle.

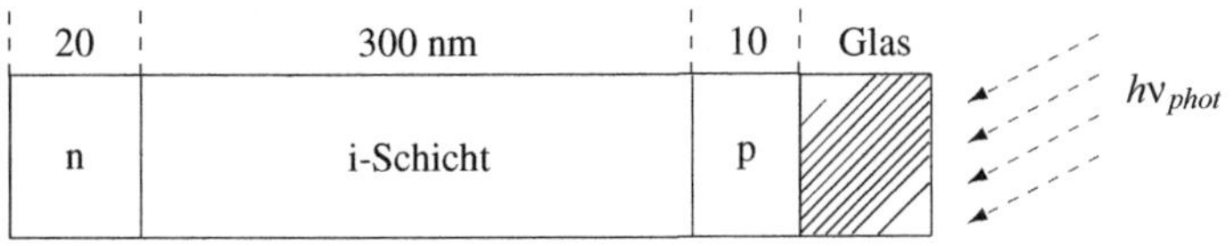

Abb. 4.19 Aufbau einer p-i-n-Solarzelle (nicht maßstabsgerecht)

In amorphem Silizium weisen Löcher eine vergleichsweise geringe Lebensdauer und Beweglichkeit auf. Die mittlere Weglänge, die sie im Halbleitermaterial zurücklegen, ist deutlich geringer als die der Elektronen. Entsprechend der mit Gleichung 4.35 eingeführten Diffusionslänge wird die unter Einwirkung eines elektrischen Feldes E zurückgelegte mittlere Weglänge als Driftlänge bezeichnet. Sie berechnet sich aus der Lebensdauer τ und der Beweglichkeit μ zu

$$L_{\text{Drift}} = \mu\tau E.$$

Die Driftlänge der Löcher stellt trotz der geringen Schichtdicken häufig einen limitierenden Faktor dar. Es ist daher vorteilhaft, die p-Seite der Solarzelle der Strahlung zuzuwenden. Da die Ladungsträgergeneration entlang des Strahlungsdurchgangs in der i-Schicht abnimmt, liegt dadurch das Maximum der Ladungsträgergeneration näher am p-Kontakt. Dadurch müssen die Löcher im Mittel einen kürzeren Weg zurücklegen als die Elektronen.

Solarzellen aus amorphem Silizium zeigen bei Bestrahlung mit Licht eine Verringerung der Dunkel- und Photoleitfähigkeit. Damit einhergehend sinkt der Wirkungsgrad der Solarzellen zunächst deutlich, bis nach etwa 1000 Betriebsstunden ein quasistabiler Wirkungsgrad erreicht wird. Der Wirkungsgradverlust beträgt mehrere Prozentpunkte. Diese lichtinduzierte Degradation wurde erstmals von D.L. Staebler und C.R. Wronski beschrieben [38] und wird daher auch als *Staebler-Wronski-Effekt* bezeichnet. Für die lichtinduzierte Degradation werden unterschiedliche Wirkungsmechanismen verantwortlich gemacht. So kann z.B. durch ein einfallendes Photon oder die freiwerdende Energie bei der Rekombination eines lichtinduzierten Elektron-Loch-Paares eine schwache Si-Si-Bindung aufgebrochen werden. Sättigt ein Wasserstoffatom einen Bindungspartner ab, so kann diese Bindung nicht wieder geschlossen werden und es verbleibt eine zusätzliche ungesättigte Valenz. Damit erhöht sich die Anzahl der Störstellen und damit die Rekombinationswahrscheinlichkeit. Durch eine Erwärmung der Zelle auf 150 °C über einen Zeitraum von mehreren Stunden kann der Staebler-Wronski-Effekt rückgängig gemacht werden. Dieser Vorgang wird als *Annealing* bezeichnet und kann ansatzweise auch bei hohen Betriebstemperaturen von Solarzellen beispielsweise im Sommer beobachtet werden.

4.3 Komponenten und Technologien

4.3.1 Herstellungsverfahren für kristalline Si-Solarzellen

Abb. 4.20 gibt einen Überblick über die zur Herstellung von kristallinen Si-Solarzellen notwendigen Verfahrensschritte. Die Herstellungsverfahren mono- und polykristalliner Solarzellen unterscheidet sich im Wesentlichen nur im Kristallisationsprozess.

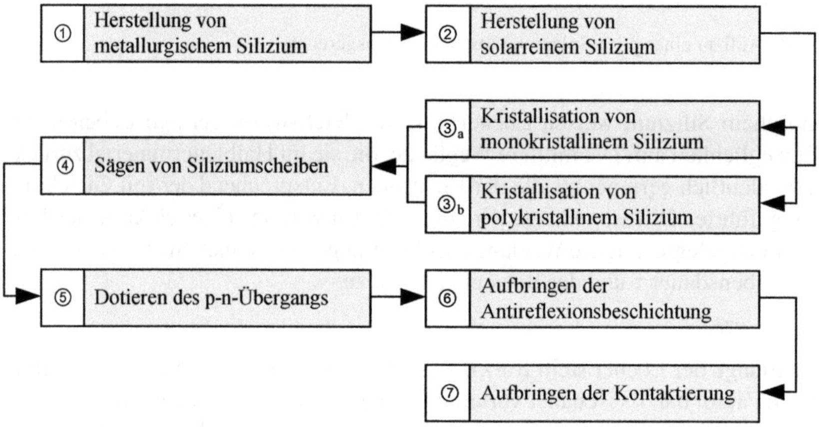

Abb. 4.20 Prozesskette zur Herstellung von kristallinen Si-Solarzellen

Ausgangspunkt ist Siliziumdioxid SiO_2, das als Quarz praktisch unbegrenzt vorkommt – die Erdkruste besteht zu gut einem Viertel daraus. Metallurgisches Silizium (MG-Si) wird durch Reduktion des in Form von Quarz vorliegenden Rohstoffes SiO_2 mittels Kohlenstoff gewonnen.

$$SiO_2 + 2C \longrightarrow Si + 2CO$$

Der Reduktionsprozess erfolgt großtechnisch in Lichtbogenöfen bei Temperaturen zwischen 1.900 und 2.100 °C. Das Ausgangsprodukt hat einen Reinheitsgrad von über 98 Prozent.

Als Grundstoff zur Herstellung von kristallinen Si-Solarzellen wird solarreines polykristallines Silizium (SG-Si) verwendet. Es entsteht über einen Reinigungsprozess aus metallurgischem Silizium. Am verbreitetsten ist der *Silanprozess*, bei dem zunächst feingemahlenes Silizium durch Versetzen mit Chlorwasserstoff in gasförmiges Trichlorsilan überführt wird.

$$Si + 3HCl \longrightarrow SiHCl_3 + H_2$$

Der Siedepunkt von Trichlorsilan liegt bei 31,8 °C, so dass es sich durch Destillation leicht reinigen lässt. Das gereinigte Trichlorsilan wird anschließend in einem Reaktor bei etwa 1.100 °C reduziert und als polykristallines Silizium abgeschieden.

$$4SiHCl_3 + 2H_2 \longrightarrow 3Si + SiCl_4 + 8HCl$$

Solarreines Silizium weist einen Reinheitsgrad von über 99,99 Prozent auf. Der für die Halbleiterfertigung notwendige hohe Reinheitsgrad des halbleiterreinen Siliziums (EG-Si) – mit Restverunreinigungen von weniger als 10^{-8} Prozent – ist für die Solarzellenproduktion nicht notwendig. Bis in die 90er Jahre waren jedoch auf Grund der vergleichsweise geringen Nachfrage eigenständige Prozesslinien für SG-Si selten. Inzwischen übertrifft die Produktion von solarreinem Silizium die für mikroelektronische Anwendungen.

Zur Herstellung von monokristallinem Silizium wird zerkleinertes solarreines Silizium nach einem Reinigungsätzen eingeschmolzen. Bei einer Prozesstemperatur von 1.450 °C werden mittels eines Kristallisationskeims aus der Schmelze Einkristalle mit einem Durchmesser bis zu 300 mm und einer Länge von bis zu 2 m gezogen. Dieses Verfahren wird als Tiegelziehen oder als Czochralski-Verfahren bezeichnet. Eine andere Möglichkeit stellt das Zonenziehverfahren dar, bei dem an einen polykristallinen Stab ein Kristallisationskeim angeschmolzen und von diesem ausgehend mittels Induktion eine Zone flüssigen Siliziums durch den Stab durchgefahren wird. Bei beiden Verfahren baut sich das Silizium beim Abkühlen in einkristalliner Form an den Kristallisationskeim an.

Zur Herstellung von polykristallinen Blöcken wird das Ausgangsmaterial aufgeschmolzen und in Blockform gegossen. Durch die Einstellung eines vertikalen Temperaturgradienten wird beim Abkühlen eine gerichtete Kristallisation sichergestellt. Es entsteht eine grobkörnige Struktur mit senkrecht zur Oberfläche angeordneten Korngrenzen. Eine Alternative stellt das heute nicht mehr eingesetzte EFG-Verfahren (edge-defined film-fed growth) dar, bei dem aus einer Siliziumschmelze achteckige polykristalline Röhren gezogen werden, deren Seitenlänge bereits der Zellbreite entspricht. Hier vereinfachte sich der Sägeprozess, da die Oktaeder nur an den Kanten mittels eines Lasers aufgetrennt werden mussten. Polykristalline Solarzellen nach beiden Verfahren zeigt Abb. 4.21.

Abb. 4.21 Polykristalline Si-Solarzellen, hergestellt mittels EFG-Verfahren (links) bzw. Blockgießen (rechts) (Foto: Leibbrandt)

Die monokristallinen Stäbe bzw. polykristallinen Blöcke werden als *Ingot* bezeichnet und sind der Ausgangspunkt für die weiteren Produktionsschritte. Nach dem Zurechtsägen in Blöcke mit der gewünschten Grundfläche (z.B. 150×150 mm^2) werden diese in *Wafer*, d.h. Scheiben mit einer Dicke von 180 bis 350 μm, zerteilt. Als Sägeverfahren hat sich die Drahttrenntechnik auf Grund der vergleichsweise geringen Sägeverluste von etwa 35 Prozent gegenüber dem Innenlochsägen durchgesetzt. Bei der Drahttrenntechnik läuft ein dünner Draht mehrfach um vier Führungsrollen (Abb. 4.22), so dass mit einem Draht eine Vielzahl an parallelen Schnitten vorgenommen werden kann. Der Draht wird einer Vorratsspule entnommen und nach dem Durchlauf auf einer weiteren Spule wieder aufgewickelt. Als Schneidmaterial werden Siliziumcarbid-Partikel mittels eines Sägeöls auf den Draht aufgetragen. Anschließend erfolgt eine Reinigung der Oberflächen von Sägeresten und Verunreinigungen.

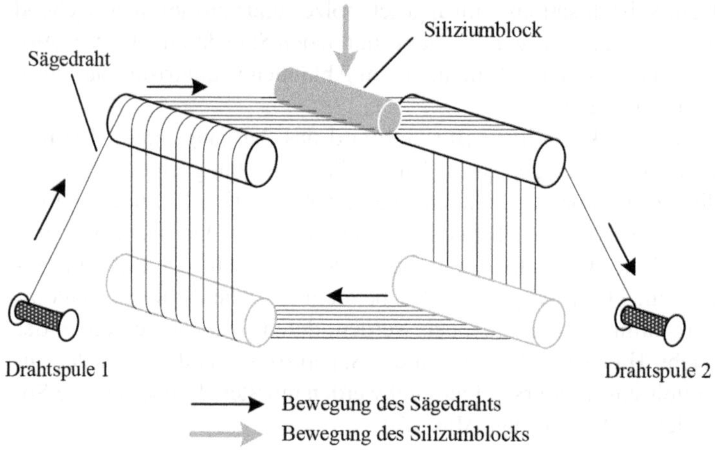

Abb. 4.22 Prinzip der Drahttrenntechnik zur Herstellung von Silizium-Wafern [48]

Dem Silizium wird bei dem Kristallisationsvorgang bereits Bor für die gewünschte p-Dotierung zugesetzt. Für die Herstellung eines p-n-Übergangs wird nun eine Seite der Siliziumscheibe einer Atmosphäre aus Donator-Fremdatomen – in der Regel Phosphor – ausgesetzt. Eine Temperatur zwischen 800 und 1200 °C ermöglicht ein Eindiffundieren der Fremdatome in das Silizium. Die n-leitende Schicht erhält eine Dicke von 0,2 bis 1,5 μm.

Anschließend wird eine Antireflexionsbeschichtung aus Siliziumnitrid (Si_3N_4), seltener aus SiO_2 oder TiO_x, zur Verbesserung der optischen Eigenschaften aufgebracht. Dazu wird ein geeignetes Gasgemisch in einen Reaktor geleitet, in dem sich die Siliziumscheiben befinden. Der aufzubringende Stoff bildet sich im Reaktionsraum und scheidet sich auf der Solarzelle ab. Die Antireflexionsbeschichtung verleiht den Solarzellen ihre dunkelblaue Farbe.

Das Aufbringen der Kontaktierung von Vorder- und Rückseite der Siliziumscheibe erfolgt meist über Siebdruck mittels einer silberhaltigen Druckpaste, seltener durch Aufdampfen. Der Rückkontakt wird dabei flächig ausgeführt, während der Vorderkontakt aus vielen schmalen Kontaktfingern besteht, die zu Sammelbussen führen. Die Vorderseiten-Kontaktierung soll einerseits möglichst wenig Zellfläche abdecken und andererseits einen möglichst geringen ohmschen Widerstand aufweisen.

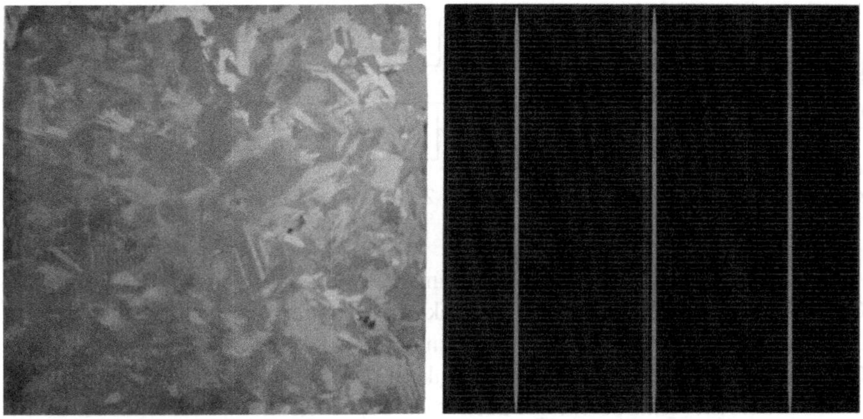

Abb. 4.23 Polykristalline Solarzelle ohne (links) und mit (rechts) Antireflexionsbeschichtung sowie Kontaktierung (Foto: Leibbrandt)

Abb. 4.23 zeigt eine polykristalline Si-Solarzelle mit und ohne Antireflexionsbeschichtung. Deutlich zu sehen sind die Korngrenzen (links) sowie die im Bild als waagrechte Linien zu erkennenden Kontaktfinger (rechts). Die drei Sammelbusse verlaufend dazu senkrecht.

4.3.2 Herstellungsverfahren für Dünnschicht-Solarzellen

Dünnschicht-Solarzellen stellen eine Alternative zu waferbasierten Solarzellen dar. Sie unterscheiden sich in der Schichtdicke des eingesetzten Halbleitermaterials sowie in den Herstellungsverfahren. Dünnschicht-Solarzellen bestehen aus einem Trägermaterial, auf das eine wenige μm dicke Halbleiterschicht aufgetragen wird. Als Halbleitermaterial kommt vor allem amorphes Silizium (aSi), mikrokristallines Silizium (μSi), Kupfer-(Indium/Gallium)-(Selen/Schwefel)-Verbindungen (CIS/ CIGS) oder Cadmiumtellurit (CdTe), als Trägermaterial Glas, Metall- oder Kunststofffolien zum Einsatz. Man unterscheidet dabei *Substrat-* und *Superstrat-*Aufbau, je nachdem ob das Halbleitermaterial beginnend mit der Rückseiten- oder der Vorderseitenkontaktierung aufgebracht wird.

Die Herstellungsverfahren von Dünnschichtzellen sollen anhand des a-Si und des CIS-Prozesses erläutert werden. Abb. 4.24 zeigt die zur Herstellung einer a-Si Solarzelle im Superstrat-Aufbau notwendigen Verfahrensschritte.

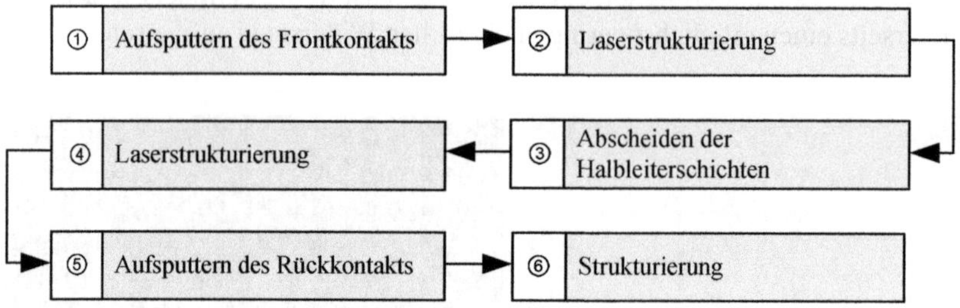

Abb. 4.24 Prozesskette zu Herstellung von a-Si-Zellen

Als Frontglas wird in der Regel 2 bis 3 mm dickes Flachglas eingesetzt. ① Auf die Glasfläche wird zunächst der Frontkontakt aufgesputtert[6]. Der Frontkontakt muss eine gute elektrische Leitfähigkeit und eine hohe optische Transparenz aufweisen. Geeignete Materialien sind Zinn- und Zinkoxid. Der Frontkontakt wird daher auch als TCO-Schicht (Transparent Conductive Oxide) bezeichnet. ② Anschließend wird eine Laserstrukturierung des Frontkontakts in ca. 9 mm breite Streifen vorgenommen, die den späteren Zellen entspricht. Dabei werden mittels eines Lasers dünne Kanäle in dem zuvor aufgebrachten Material erzeugt.

③ Nach einem Reinigungsätzen werden im nächsten Schritt beginnend mit der bordotierten p-Schicht die drei Halbleiterschichten des pin-Halbleiters in einem Vakuumprozess bei etwa 200 °C aufgetragen. ④ Eine zweite Laserstrukturierung erfolgt räumlich versetzt parallel zu der ersten Strukturierung. Dabei wird die Leistung des Lasers so eingestellt, dass die darunterliegende TCO-Schicht intakt bleibt. ⑤ Anschließend wird als Rückkontakt und Reflektor eine metallische Schicht bspw. aus Aluminium aufgesputtert. ⑥ Ein dritter Strukturierungsschritt sorgt für die Trennung und Reihenverschaltung der einzelnen Zellen. Abb. 4.25 zeigt einen schematischen Querschnitt durch das so entstandene Solarmodul.

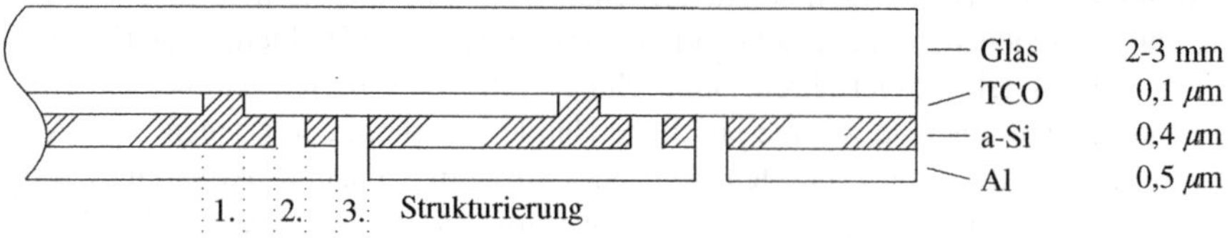

Abb. 4.25 Schematischer Querschnitt durch ein a-Si-Modul im Superstrat-Aufbau

[6] Sputtern ist ein Vakuumprozess, bei dem aus einem Festkörper durch Ionenbeschuss Atome herausgelöst werden und in die Gasphase übergehen. Bringt man ein Substrat in den Prozess mit ein, so schlagen sich Atome aus der Gasphase auf dem Substrat nieder und bilden eine Schicht aus.

Abb. 4.26 zeigt die zur Herstellung von CIS-Zellen im Substrat-Aufbau notwendigen Verfahrensschritte.

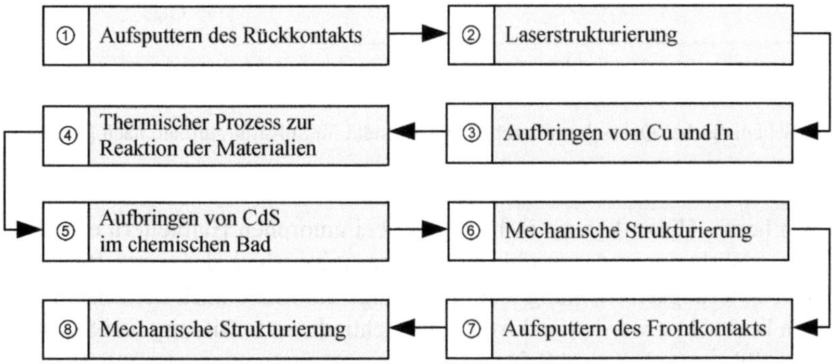

Abb. 4.26 Prozesskette zu Herstellung von CIS-Zellen

Als Trägermaterial wird in der Regel Fensterglas eingesetzt, da es einerseits kostengünstig und gut verfügbar ist, andererseits den während des Herstellungsprozesses auftretenden Temperaturen ohne Formveränderung widersteht. ① Auf die Glasfläche wird zunächst der Rückkontakt aus Molybdän aufgesputtert. ② Anschließend wird eine Laserstrukturierung des Rückkontakts vorgenommen, die den späteren Zellen entspricht.
Die Bildung des Halbleitermaterials kann über eine Reihe unterschiedlicher Prozesse erfolgen [27]. ③ Beispielsweise werden in einem ersten Schritt zunächst die Ausgangselemente Kupfer und Indium aufgesputtert. ④ In einem zweiten Schritt wird das Substrat bei einer Temperatur von etwa 500 °C einer Selen- oder H_2Se-Atmosphäre ausgesetzt. Kupfer und Indium gehen zunächst Verbindungen mit Selen ein, um dann zu $CuInSe_2$ zu reagieren.

$$2InSe + Cu_2Se + Se \longrightarrow 2CuInSe_2$$

⑤ Anschließend wird über ein chemisches Bad eine CdS-Schicht aufgetragen. $CuInSe_2$ stellt die p-leitende und CdS die n-leitende Schicht der Solarzelle dar. ⑥ Nach einer mechanischen Strukturierung wird der Frontkontakt aufgetragen. ⑦ ZnO weist bei optischer Transparenz eine gute elektrische Leitfähigkeit auf, so dass der Frontkontakt flächig aufgetragen werden kann. ⑧ Ein weiterer mechanischer Strukturierungsschritt schließt den Herstellungsprozess ab. Die Strukturierungen dienen zur Trennung und anschließenden Reihenverschaltung der einzelnen Zellen. Abb. 4.27 zeigt einen schematischen Querschnitt durch das so entstandene Solarmodul.
Der Vorteil von Dünnschicht-Solarzellen liegt in dem deutlich geringeren Materialeinsatz für das Halbleitersubstrat. Die Schichtdicke ist um den Faktor 100 geringer als bei kristallinen Solarzellen, hinzu kommt das Fehlen von Sägeverlusten. Der Wirkungsgrad von Dünnschichtzellen reicht jedoch noch nicht an den kristalliner

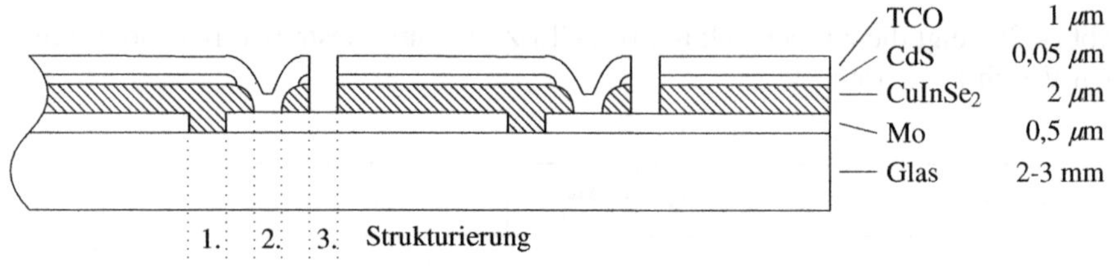

Abb. 4.27 Schematischer Querschnitt durch ein CIS-Modul im Substrat-Aufbau, nach [33]

Solarzellen heran. Hinzu kommt insbesondere bei amorphen Halbleitern eine Degradation des Wirkungsgrades um bis zu 25 Prozent innerhalb des ersten Betriebsjahrs. Diese Alterungserscheinung kann in geringerem Maße auch bei kristallinen Solarzellen beobachtet werden und ist auf die lichtinduzierte Bildung von Störstellen zurückzuführen (vgl. Kap. 4.2.5).

→ Energierücklaufzeiten

Die energieintensiven Prozesse bei der Herstellung von Solarzellen haben immer wieder zu der These geführt, dass Solarzellen die zu ihrer Herstellung notwendige Energie nicht zurückerstatten können. In der folgenden Tabelle sind die kumulierten Energieaufwendungen für auf unterschiedlichen Zelltechnologien basierende Photovoltaikanlagen zusammengestellt. Sie umfassen jeweils die nach dem aktuellen Stand der Technik für die Herstellung, den Betrieb und die Entsorgung benötigte Primärenergie [50].

Kumulierter Primärenergieaufwand	kWh/kW$_p$
Si mono-/polykristallin	7.500
Si amorph	5.500 - 6.000
CIS/CIGS	6.000 - 6.500
CdTe	3.500

Aus dem Primärenergieaufwand kann mittels des spezifischen Energieertrags die Energierücklaufzeit (oder auch: energetische Amortisationszeit) berechnet werden. Der spezifische jährliche Energieertrag beträgt für eine in Deutschland stehende, optimal ausgerichtete Anlage ungefähr 950 kWh/kW$_p$. Dabei gibt es zwei unterschiedliche Ansätze (vgl. Kap. 1.1): Bei der Wirkungsgradmethode wird die erzeugte elektrische Energie direkt mit dem Primärenergieaufwand ins Verhältnis gesetzt. Damit ergibt sich für kristalline Solarzellen eine Energierücklaufzeit von 95 Monaten. Bei der Substitutionsmethode wird angenommen, dass eine regenerativ erzeugte Energieeinheit eine fossile Energieeinheit und den mit ihr verbundenen Primärenergieaufwand ersetzt. Daher wird die regenerativ erzeugte Energieeinheit mit einem durchschnittlichen Kraftwerkswirkungsgrad von 37 Prozent ins Verhältnis gesetzt. Mit dieser Berechnungsmethode ergeben sich also um den Faktor 2,7 kürzere Energierücklaufzeiten - im gewählten Beispiel nur 35 Monate.

4.3.3 Solarzellen der dritten Generation

Die Produktion von Solarzellen unterliegt kontinuierlichen Verbesserungen, die alle Schritte des Herstellungsprozesses betreffen. So nähert sich die Reinheit des eingesetzten solarreinen Siliziums immer stärker der des halbleiterreinen Siliziums an. Maßnahmen zur Qualitätssicherung haben die Bruchquoten von Wafern und Zellen verringert. Die kontinuierliche Messung unterschiedlicher Produktionsparameter ermöglichte eine Optimierung vieler Prozessabläufe. Wirkungsgradverluste in der n-dotierten Schicht konnten durch Veränderungen im Dotierungsprofil minimiert werden. Derzeit zielen Überlegungen zur Verlegung beider Kontaktierungen auf die Rückseite der Zelle auf eine Erhöhung der aktiven Fläche der Solarzellen und damit ihres Wirkungsgrads ab. [12]
Viele dieser Verbesserungen waren erst auf der Basis industrieller Produktionsmethoden möglich und haben mit einer beeindruckenden Lernkurve (vgl. Abb. 4.2) zu massiven Kostensenkungen insbesondere bei kristallinen Solarzellen geführt. Dadurch sind eine Reihe alternativer technologischer Ansätze etwas in den Hintergrund getreten, die häufig zusammenfassend als Solarzellen der dritten Generation bezeichnet werden.[7] So verfolgen Multijunction- und Konzentrator-Zellen das Ziel, die einfallende Sonnenstrahlung besser auszunutzen. Demgegenüber setzen organische Solarzellen bzw. Farbstoffzellen auf deutlich kostengünstigere Zellmaterialien.

Multijunction-Zellen

Die Eigenschaft von Solarzellen, nur Photonen mit einer Energie größer als der Bandabstand nutzen zu können, beschränkt ihren Wirkungsgrad deutlich. Multijunction-Zellen bestehen aus übereinanderliegenden Halbleiterschichten, in denen mehrere p-n-Übergänge mit unterschiedlichem Bandabstand realisiert sind. Multijunction-Zellen werden aufgrund ihres Aufbaus auch als Stapelsolarzellen bezeichnet. Für Zellen mit zwei bzw. drei p-n-Übergängen werden auch die Begriffe *Tandem-* bzw. *Tripelsolarzelle* verwendet.
Multijunction-Zellen werden i.d.R. als Dünnschichtzellen auf einem gemeinsamen Trägermaterial aufgebaut. Der oberste p-n-Übergang besitzt den größten Bandabstand und nutzt dadurch die energiereichsten Photonen. Es folgen weitere p-n-Übergänge in der Reihenfolge ihres Bandabstands. Als oberste Zellen werden häufig Verbindungshalbleiter aus Gallium eingesetzt. Als unterste Zelle kommt aufgrund seines geringen Bandabstands Germanium in Frage. Daneben existieren Tandemzellen aus amorphem und mikrokristallinem Silizium. Mikrokristallines Silizium (μc-Si) ist eine Mischphase aus sehr kleinen Kristallkörnern und amorphem Silizium. Der Bandabstand von amorphem Silizium liegt dabei bei etwa 1,7 eV, der von mikrokristallinem Silizium in der Nähe von 1,12 eV.

---

[7] Die in Kap. 4.3.1 beschriebenen kristallinen Verfahren zählen zu den Solarzellen der ersten, die in Kap. 4.3.2 beschriebenen Dünnschichtverfahren zu denen der zweiten Generation.

Aufgrund der aufwändigen Produktionsprozesse werden Multijunction-Zellen derzeit nur in kleinen Stückzahlen produziert und beispielsweise in der Raumfahrt eingesetzt. Eine Ausnahme stellt die letztgenannte Technologie einer siliziumbasierten Tandemsolarzelle dar, die Eingang in die industrielle Produktion gefunden hat. Auf die mit dieser Technologie theoretisch erreichbaren Wirkungsgrade wird in Kap. 14.10.3 eingegangen.

Konzentrierende Solarzellen

Solarzellen stellen den größten Anteil der Investitionskosten einer Photovoltaikanlage dar. Um diese besser auszunutzen, werden unterschiedliche Konzepte zur Konzentration von Sonnenlicht verfolgt. Das Ziel ist dabei, mit einer möglichst einfachen (und damit kostengünstigen) optischen Vorrichtung mehr Sonnenstrahlung auf die Zellen zu lenken.
Man unterscheidet Systeme mit geringem und hohem Konzentrationsfaktor. Ein Beispiel für erstere ist der V-Trog. Bei dieser Anordnung werden auf beiden Seiten eines Photovoltaikmoduls sich V-förmig öffnende Spiegelflächen angebracht. Mit V-Trögen lassen sich Konzentrationsfaktoren von 2 bis 4 erreichen. Mithilfe optischer Linsen lässt sich Sonnenlicht deutlich stärker konzentrieren. Aufgrund ihrer geringen Bauhöhe werden häufig Fresnel-Linsen eingesetzt. Abb. 4.28 zeigt den Strahlengang in einer solchen Anordnung. Aufgrund der hohen Konzentration – Konzentrationsfaktoren von bis zu 500 sind derzeit verfügbar – muss die Solarzelle mittels eines Kühlkörpers gekühlt werden.

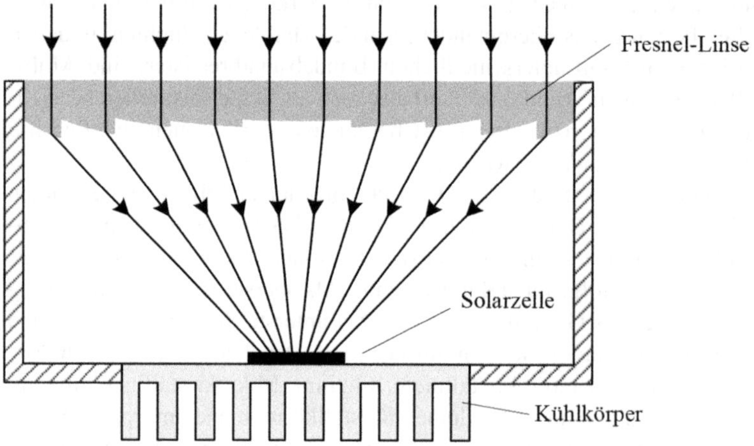

Abb. 4.28 Kombination einer Solarzelle mit einer Fresnel-Linse

Alle Konzentratorsysteme haben den Nachteil, dass sie nur den direkten Strahlungsanteil bündeln können. Weiterhin muss die optische Achse der Anordnung auf die

Sonne ausgerichtet sein, wodurch eine mechanische Nachführung erforderlich wird (vgl. Kap. 4.3.5). Der sich daraus ergebende Aufwand lohnt sich wenn überhaupt, dann nur bei besonders hochwertigen Solarzellen, beispielsweise bei Tripelzellen. So wurden drei Quadratmillimeter große GaInP/GaInAs/Ge-Zellen in Kombination mit einer Fresnel-Linse bis Anfang der 2010er Jahre kommerziell angeboten. Das System kam auf einen Wirkungsgrad von 29 Prozent [8] bei einem Konzentrationsfaktor von knapp 500 [12].

Organische Solarzellen

Im Gegensatz zu den bisher betrachteten Zellen basieren organische Solarzellen auf halbleitenden Kohlenstoffverbindungen, d.h. auf Stoffen, die der organischen Chemie zugerechnet werden. Die eingesetzten Moleküle weisen bereits bei extrem kleinen Schichtdicken gute Absorptionseigenschaften für Licht auf.

Organische Solarzellen sind aus zwei unterschiedlichen Molekülen aufgebaut, die als Elektronendonator bzw. als Elektronenakzeptor arbeiten. Durch die Absorption eines Photons wird der Elektronendonator in einen Zustand höherer Energie gebracht, in dem ein auf dem Molekül lokalisiertes Elektron-Loch-Paar erzeugt wird. Das Elektron wird dabei typischerweise von dem höchsten besetzten Molekülorbital (HOMO – highest occupied molecular orbital) auf das niedrigste unbesetzte Molekülorbital (LUMO – lowest unoccupied molecular orbital) angehoben. Dieser Übergang ist dem eines Elektrons vom Valenz- in das Leitungsband eines kristallinen Halbleiters vergleichbar; der Abstand zwischen HOMO und LUMO tritt an die Stelle des Bandabstands.

Um die Ladungsträger zu trennen, muss dem Elektron durch ein benachbartes Molekül ein niedrigeres freies Energieniveau angeboten werden. Dieses Molekül übernimmt das Elektron und wird damit zum Elektronenakzeptor. Der Übergang findet also von Donator-LUMO zu Akzeptor-LUMO statt. Der Ladungsträgertransport erfolgt durch ein thermisch aktiviertes Weiterreichen von einem Molekül zum nächsten. Als Elektronendonator haben sich Polymere, als Elektronenakzeptor Fullerene bewährt.

Aufgrund der geringen Beweglichkeit der Ladungsträger werden organische Solarzellen häufig als Einschichtzellen aufgebaut, d.h. Elektronendonator und -akzeptor liegen in einer Mischschicht vor. Der Zellaufbau wird durch zwei flächige Elektroden ergänzt, wobei die Vorderseite wie bei Dünnschichtzellen lichtdurchlässig sein muss.

Aufgrund der verwendeten Materialien weisen organische Solarzellen eine Reihe von Vorteilen auf: Durch die geringen Schichtdicken sowie die Verarbeitung mittels Niedertemperaturverfahren ist bei der Herstellung nur ein vergleichsweise niedriger Energieeinsatz notwendig. Nachteilig sind die derzeit noch geringe Lebensdauer der Zellmaterialien von etwa 3 Jahren sowie der vergleichsweise niedrige Wirkungs-

[8] Unter Laborbedingungen konnten mit dieser Zusammenstellung einer Tripelsolarzelle bereits Wirkungsgrade von über 40 Prozent bei dreistelligen Konzentrationsfaktoren gemessen werden [19].

grad. Organische Solarzellen erreichen in ersten kommerziellen Produktionslinien einen Wirkungsgrad von etwa 3 Prozent. Im Labor konnten schon Spitzenwirkungsgrade von gut 11,5 Prozent gemessen werden [19].

Farbstoff-Solarzellen

Ein anderer, teilweise ebenfalls auf organischen Substanzen beruhender Ansatz wird in Farbstoff-Solarzellen verfolgt. Sie werden nach ihrem Erfinder, dem Schweizer Wissenschaftler Michael Grätzel auch als *Grätzel-Zellen* bezeichnet. Farbstoffsolarzellen sind aus zwei jeweils mit einer Elektrode beschichteten Glasplatten aufgebaut. Zwischen den beiden Elektroden befindet sich ein Elektrolyt (beispielsweise eine Iod-/Iodid-Lösung), der den Ladungstransport von einer Elektrode zur anderen ermöglicht. Für die Elektrode auf der der Einstrahlung zugewandten Glasplatte kommen nur transparente Materialien wie Zinndioxid in Frage, die auch in der Dünnschichttechnologie eingesetzt werden. Auf diese Elektrode ist jeweils eine dünne Schicht des Halbleiters Titandioxid und eines lichtsensiblen Farbstoffes aufgebracht.
Bei Bestrahlung werden die Farbstoffmoleküle Fs durch die Absorption eines Photons angeregt und geben Elektronen an das Leitungsband des Halbleiters ab. Der Farbstoff regeneriert innerhalb kürzester Zeit, indem er von den Iodid-Ionen I^- des Elektrolyten Elektronen aufnimmt.

$$\mathrm{Fs} + h\nu \longrightarrow \mathrm{Fs}^+ + e^-$$

$$\mathrm{Fs}^+ + \mathrm{I}^- \longrightarrow \mathrm{Fs} + \mathrm{I}$$

Die Iodid-Ionen werden dadurch zu Iodatomen, die sich zunächst paarweise zu Iodmolekülen zusammenschließen und anschließend mit einem weiteren Iodid-Ion zu Triiodid reagieren.

$$2\mathrm{I} + \mathrm{I}^- \longrightarrow \mathrm{I}_3^-$$

Die Elektronen diffundieren durch den Halbleiter zur transparenten Elektrode und können über eine äußere leitende Verbindung zur Gegenelektrode gelangen. Dort reduzieren sie das Triiodid zu drei Iodidionen.

$$\mathrm{I}_3^- + 2e^- \longrightarrow 3\mathrm{I}^-$$

Farbstoff-Solarzellen erreichen derzeit Wirkungsgrade unter 5 Prozent. Im Labor konnte ein Spitzenwirkungsgrad von 11,9 Prozent an einer 0,2 cm^2 großen Zelle gemessen werden [12]. Das größte Problem stellt die noch unzureichende Langzeitstabilität von Farbstoffen, Elektrolyten und deren Versiegelung dar. Dennoch stellen Farbstoff-Solarzellen aufgrund ihres einfachen und kostengünstigen Herstellungsprozesses mittelfristig eine ernstzunehmende Alternative zu den siliziumbasierten Technologien dar.
Eine Weiterentwicklung der Farbstoff-Solarzelle ist die *Perowskit-Solarzelle*. Dabei wird der flüssige Elektrolyt und der Farbstoff durch ein blei- oder zinnhalo-

genidhaltiges Material ersetzt. Dazu kommen beispielsweise Methylammonium-Bleihalogenide $CH_3NH_3PbX_3$ in Frage. Das X bezeichnet dabei ein Atom aus der Gruppe der Halogene wie Brom, Chlor oder Iod. Der Wirkungsgrad von Perowskit-Solarzellen konnte von 3,8 Prozent im Jahr 2009 auf 20,1 Prozent im Jahr 2015 gesteigert werden. Diese große Wirkungsgradsteigerung in kurzer Zeit zeigt das große Entwicklungspotential dieser Technologie. Die Herstellung erfolgt in einem nasschemischen Verfahren, was im Vergleich zu Silizium-Solarzellen einfach und kostengünstig ist. Nachteilig wirkt sich wie bei Farbstoff-Solarzellen die kurze Lebensdauer der Perowskit-Struktur aus. Primäres Ziel der gegenwärtigen Forschung ist daher die Stabilisierung des Wirkungsgrades dieser Zellen.

4.3.4 Solarmodule

Innerhalb eines Solarmoduls werden Solarzellen in der Regel in Reihe geschaltet, um die Ausgangsspannung des Moduls zu erhöhen. Dazu müssen bei kristallinen Solarzellen die Sammelkontakte auf der Vorderseite mit dem Rückkontakt der folgenden Zelle verbunden werden. Eine solche Reihenschaltung mehrerer Zellen bezeichnet man als *String*. Bei Dünnschichtzellen erfolgt die Reihenschaltung durch geeignete Strukturierungen bereits beim Aufbau der Halbleiterschichten (vgl. Abb. 4.27). Zur mechanischen Stabilisierung, elektrischen Isolation und zum Schutz vor Witterungseinflüssen wird der Zellverband in Modulen verkapselt. Abb. 4.29 zeigt den prinzipiellen Aufbau eines Moduls.

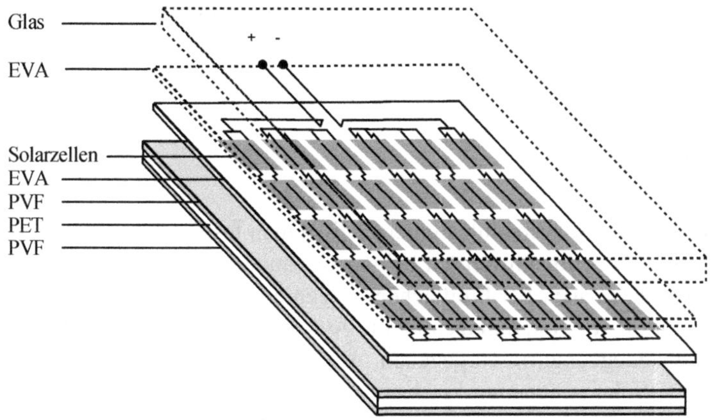

Abb. 4.29 Typischer Aufbau eines Solarmoduls [48]

Das Trägermaterial für die Modulvorderseite muss Witterungseinflüssen wie beispielsweise Hagelschlag standhalten und gleichzeitig einen möglichst hohen Transmissionsgrad aufweisen. Zum Einsatz kommen eisenoxidarmes Weißglas ($\tau > 90$ Prozent) oder spezielles Antireflexglas ($\tau > 95$ Prozent), das durch eine Beschich-

tung von Weißglas mit Siliziumdioxid entsteht ([10], vgl. auch Kap. 5.3.3). Das Glas ist thermisch vorgespannt, um die Festigkeit gegenüber Biege- und Temperaturbeanspruchungen zu erhöhen.
Für die Zellverkapselung wird überwiegend Ethylenvinylacetat (EVA) eingesetzt. Der Zellverband wird bei der Modulmontage zwischen zwei Folien des Kunststoffs eingebettet. Das gesamte Modul wird bei etwa 150 °C einem Laminationsprozess unterworfen, der für eine dreidimensionale und dauerhafte Vernetzung der EVA-Folien untereinander und mit dem vorder- und rückseitigen Trägermaterial sorgt. Da EVA selbst nicht UV-beständig ist, sind chemische Zusätze und ggf. eine Abdeckung der Modulkanten mit einem UV-beständigen Werkstoff notwendig.
Als Trägermaterial für die Modulrückseite wird Glas oder Kunststofffolie verwendet. Eine Rückseite aus Glas hat den gestalterischen Vorteil, dass ein halbtransparentes Modul entsteht. Die Kunststofffolie besteht aus einem Verbund aus Polyvinylfluorid (PVF) und Polyethylenterephthalat (PET), der die Wasserundurchlässigkeit, elektrische Isolation und UV-Beständigkeit gewährleistet. Die meisten derzeit produzierten Solarmodule sind aus Glas-EVA-Glas oder Glas-EVA-Folie aufgebaut.
Solarmodule können mit einem Aluminium- oder Stahlrahmen versehen oder als rahmenlose Module ausgeführt werden. Ein Rahmen schützt die Glaskanten vor Stoßbelastungen und eindringende Feuchtigkeit. Gleichzeitig dient er zur Befestigung der Module auf einer Unterkonstruktion. Bei rahmenlosen Module erfolgt die Befestigung entweder über Klemmen oder mittels rückseitig auf die Module aufgeklebter Metallprofile, den sog. *Backrails*. Auf der Rückseite des Photovoltaikmoduls befindet sich auch die Anschlussdose, die durch vormontierte Steckverbinder oder Anschlusskabel bereits zur Verschaltung mehrerer Module zu einem Photovoltaikgenerator vorbereitet ist. In der Anschlussdose sind auch die Bypassdioden untergebracht, die die Solarzellen bei partieller Verschattung des Solarmoduls schützen (siehe dazu Kap. 4.4.1).

4.3.5 Aufständerung

Bei der Aufständerung von Solarmodulen unterscheidet man feste und nachgeführte Systeme. Feste Aufständerungen werden bei der Gebäudeintegration von Solaranlagen und üblicherweise auch bei Freiflächenanlagen eingesetzt. Bei der Dach- oder Fassadenintegration von Solaranlagen ist die Ausrichtung der Absorberfläche meist durch die Gebäudegeometrie vorgegeben. Auf Ertragseinbußen durch nicht optimal ausgerichtete Solaranlagen wird in Kapitel 3.1.6 ausführlich eingegangen. Eine Übersicht gängiger Montagesysteme für rahmenlose und gerahmte Solarmodule enthält beispielsweise [6].
Bei Freiflächenanlagen oder Anlagen auf Flachdächern wird in Deutschland in der Regel eine Ausrichtung nach Süden und ein Anstellwinkel von 30 bis 35 ° gewählt, um im Jahresmittel die größtmögliche Energieausbeute zu erhalten. Um eine gegenseitige Verschattung zu verhindern, ist ein hinreichender Abstand zwischen den einzelnen Modulreihen vorzusehen. Je größer der Abstand zwischen den Modulrei-

hen ist, desto geringer sind die Verschattungsverluste, desto geringer ist aber auch die Flächenausnutzung.

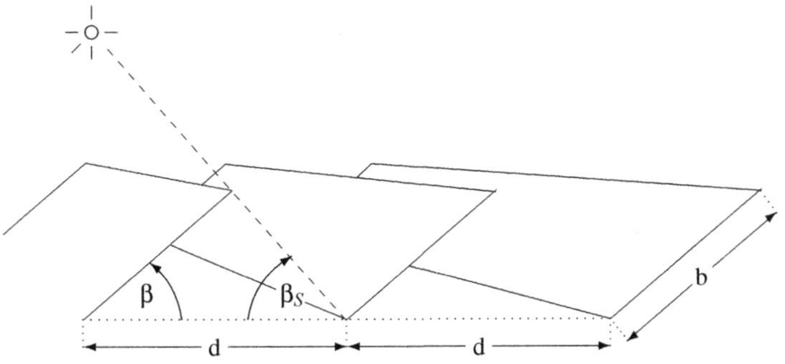

Abb. 4.30 Zur Verschattung von aufgeständerten Solarmodulen

Für einen bestimmten Sonnenhöhenwinkel β_S lässt sich über

$$d = b\,\frac{\sin(\beta + \beta_S)}{\sin \beta_S} \tag{4.50}$$

der Abstand d berechnen, für den gerade keine Verschattung auftritt. Einen guten Kompromiss stellt die Wahl des Sonnenhöchststandes zur Wintersonnwende dar. Mit einem mittleren Wert für Deutschland von $15,5^\circ$ und einem Anstellwinkel von 30° ergibt sich die Faustformel

$$d = 3 \cdot b.$$

Definiert man die Flächenausnutzung mit b/d, so erreicht man mit dieser Auslegung einen Wert von 33 Prozent.
Solarnachführungen ermöglichen es, Photovoltaikmodule (aber auch Spiegel oder solarthermische Absorber) der Sonne nachzuführen. Ziel ist es, den Einfallswinkel zwischen der Sonnenstrahlung und der Flächennormalen des Absorbers zu minimieren. Die Nachführung verbessert somit die Nutzung des direkten Strahlungsanteils. Man unterscheidet zwischen

- ein- und zweiachsigen,
- elektromechanischen und thermohydraulischen,
- astronomischen und sensorgeführten

Nachführungen. Abb. 4.31 zeigt ein- und zweiachsige Nachführsysteme. Einachsig nachgeführte Systeme können nach der Lage ihrer Rotationsachse klassifiziert werden. Verbreitet sind vor allem Ausrichtungen horizontal in Ost-West- oder Nord-Süd-Richtung, vertikal und parallel zur Erdachse. In Kapitel 3.1.4 wurden mit Gl. (3.25) die trigonometrischen Beziehungen für die Einstrahlung auf eine beliebig orientierte Fläche abgeleitet und die Sonnenbahn über den Azimutwinkel α_S (Gl. (3.24)) und den Elevationswinkel β_S (Gl. (3.23)) beschrieben.
Für eine horizontal in Ost-West-Richtung angebrachte Rotationsachse lässt sich mit einer Ansteuerung

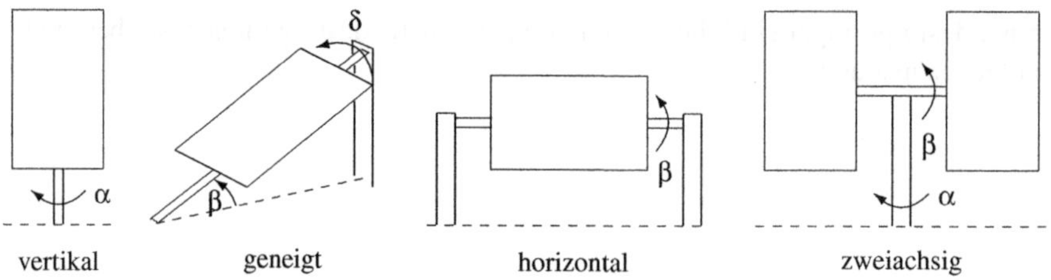

Abb. 4.31 Bauformen von Nachführsystemen

$$\beta = \arctan \frac{-\cos\phi \sin\delta + \sin\phi \cos\delta \cos\omega}{\sin\beta_S} \tag{4.51}$$

eine minimale Abweichung θ von der Flächennormalen mit

$$\cos\theta = \sqrt{1 - \cos^2\delta \sin^2\omega} \tag{4.52}$$

erzielen. Analog ergibt sich für eine horizontale Ausrichtung der Rotationsachse in Nord-Süd-Richtung mit einem kontinuierlich veränderten Anstellwinkel von

$$\beta = \arctan \frac{\cos\delta \sin\omega}{\sin\beta_S} \tag{4.53}$$

ein Minimum der Abweichung von

$$\cos\theta = \sqrt{\sin^2\beta_S + \cos^2\delta \sin^2\omega}. \tag{4.54}$$

Einachsige Nachführungen mit horizontaler Ausrichtung der Rotationsachse werden vor allem bei Parabolrinnenkraftwerken eingesetzt [15][11]. Welche Anordnung gewählt wird, ist vom Breitengrad des Aufstellungsortes abhängig.
Systeme mit vertikaler Rotationsachse sind reine Azimutnachführungen. Bei einer Nachführung gemäß $\alpha = \alpha_S$ und mit einem konstanten Anstellwinkel β ergibt sich

$$\cos\theta = \sin(\beta + \beta_S). \tag{4.55}$$

Solche Systeme werden vereinzelt zur Nachführung von Gebäuden eingesetzt [30].
Schließlich soll noch der Fall einer kontinuierlich in zwei Achsen der Sonne nachgeführten Fläche betrachtet werden. Eine solche Vorrichtung besteht in der Regel aus einer vertikalen Achse zur Azimutnachführung, auf die eine horizontale Achse zur Elevationsnachführung aufgesetzt ist. Für die Ausrichtung muss gelten

$$\alpha = \alpha_S \tag{4.56}$$
$$\beta = 90^\circ - \beta_S \tag{4.57}$$

Daraus folgt für alle Zeitpunkte $\cos\theta = 1$. Eine solche Nachführeinrichtung wird als Heliostat bezeichnet.
Im Folgenden sollen nur elektromechanische Systeme betrachtet werden, bei denen ein elektrisches Stellsignal zur Ansteuerung der motorischen Achsantriebe dient. Im Gegensatz dazu kommen thermohydraulische Systeme ohne zusätzliche Stellenergie aus. Sie nutzen die temperaturabhängige Ausdehnung bzw. Verdampfung von

Abb. 4.32 Heliostat mit einer Modulfläche von 36 m^2 und einer Leistung von 4 kW_p

Flüssigkeiten zur Nachführung, die geeignet der Sonnenstrahlung ausgesetzt werden. Thermohydraulische Systeme überstreichen meist nur einen eingeschränkten Winkelbereich.

Die Ansteuerung der Stellmotoren bei der elektromechanischen Nachführung erfolgt in der Regel nicht kontinuierlich, sondern schaltend. Da der Einfallswinkel über die cos-Funktion in die Leistungsbilanz eingeht, sind für ihn Werte von 10 bis 15° tolerabel. Die folgende Tabelle gibt den Einfallswinkel θ eines zweiachsigen Systems für die Abweichungen $\Delta\alpha$ und $\Delta\beta$ von Azimut- bzw. Elevationswinkel wieder.

Tabelle 4.4 Wertetabelle für den Einfallswinkel

$\Delta\alpha$	$\Delta\beta$	θ	$\cos\theta$
1°	1°	1,4°	0,9997
5°	5°	7,1°	0,9924
10°	10°	14,2°	0,9694
15°	15°	21,5°	0,9306

$$\Delta\alpha = \alpha_S - \alpha$$

$$\Delta\beta = \beta_S - \beta$$

Aus den angegebenen Winkelbeziehungen lässt sich bei bekannter geographischer Breite des Aufstellungsortes der Sonnenstand an jedem Tag n des Jahres und zu jedem Zeitpunkt t_S berechnen. Stellt man diese Größen zur Verfügung, kann die Nachführung gesteuert erfolgen. Bild 4.33 zeigt die Struktur der sich ergebenden Steuerkette am Beispiel einer zweiachsigen Nachführung. Da der Sonnenstand ex-

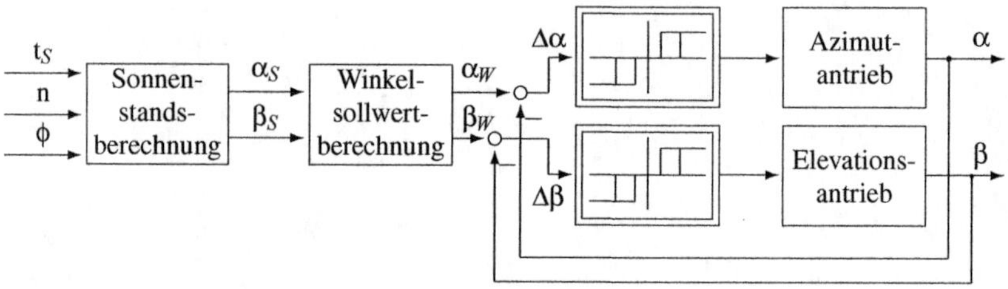

Abb. 4.33 Astronomische Nachführung eines Heliostaten

plizit berechnet wird, wird dieses Verfahren auch als *astronomische Nachführung* bezeichnet. Über die Berechnung des Sonnenstandes werden zunächst Sollwerte für die Ausrichtung der beiden Achsen abgeleitet. Die Positionswinkel von Azimut- und Elevationsachse werden gemessen und mit ihren Sollwerten verglichen. Das sich ergebende Fehlersignal dient über einen Dreipunktregler zur Ansteuerung der Antriebsmotoren. Die Schaltdifferenz ist dabei so zu wählen, dass sich eine Arbeitsbewegung einstellt, die maximal um den gewünschten Wert $\Delta\alpha$ bzw. $\Delta\beta$ vom Sollwert abweicht.
Dieses Konzept hat jedoch eine Reihe von Nachteilen. Zum einen ist die Sonnenstandsberechnung vergleichsweise aufwendig. Hinzu kommt, dass eine Ausrichtung nach dem Sonnenstand nicht immer gleichbedeutend mit dem maximalen Ertrag ist. Dies gilt insbesondere für die Zeiten um den Sonnenauf- und -untergang sowie bei teilweise bedecktem Himmel. Diese Nachteile vermeidet eine sensorbasierte Nach-

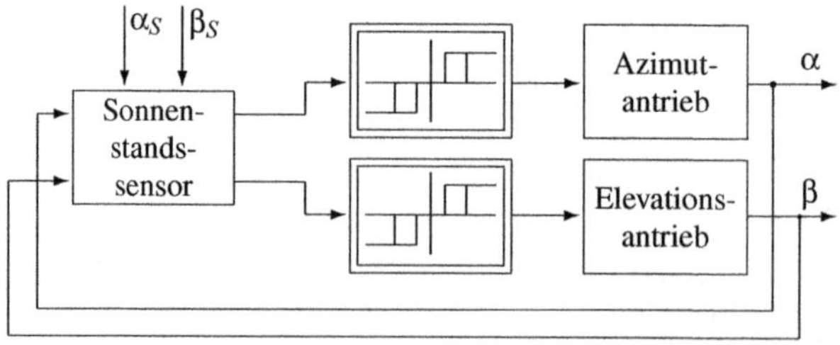

Abb. 4.34 Sonnenstandssensorbasierte Nachführung eines Heliostaten

führung. Der Abgleich zwischen den sich aus dem Sonnenstand ergebenden Winkelsollwerten und der tatsächlichen Ausrichtung des Heliostaten erfolgt in einem Sonnenstandssensor, der in der nachzuführenden Fläche montiert ist. Das Funktionsprinzip eines Sonnenstandssensors beruht auf der Verschattung von Photozellen in Abhängigkeit vom Sonnenstand relativ zum Sensor. Der Sensor bestimmt aus

dem Sonnenstand und der Ausrichtung des Heliostaten je ein Fehlersignal für die Azimut- und Elevationsachse (Abb. 4.34).
Der Mehrertrag nachgeführter Photovoltaikanlagen ist stark standortabhängig, da er sich im Wesentlichen auf den direkten Strahlungsanteil bezieht. In Mitteleuropa lassen sich im Jahresdurchschnitt Mehrerträge von 28 Prozent für zweiachsige und 23 Prozent für einachsige Nachführungen im Vergleich zu einer optimal ausgerichteten, festaufgeständerten Anlage erzielen [16]. Durch die in den letzten Jahren stark gesunkenen Preise für Solarmodule ist der technische Aufwand für die Nachführung i.d.R. wirtschaftlich nicht mehr darstellbar.

4.3.6 Stromrichter

Die einfachste Möglichkeit einer Kopplung von Solargenerator und Verbraucher ist der Direktanschluss. Als Betriebspunkt stellt sich der Schnittpunkt von Generatorkennlinie und Verbraucherkennlinie ein. In Abb. 4.35 sind Generatorkennlinien für unterschiedliche Werte von Globalstrahlung und Temperatur skizziert. Zusätzlich sind gestrichelt typische Verbraucherkennlinien eingetragen.

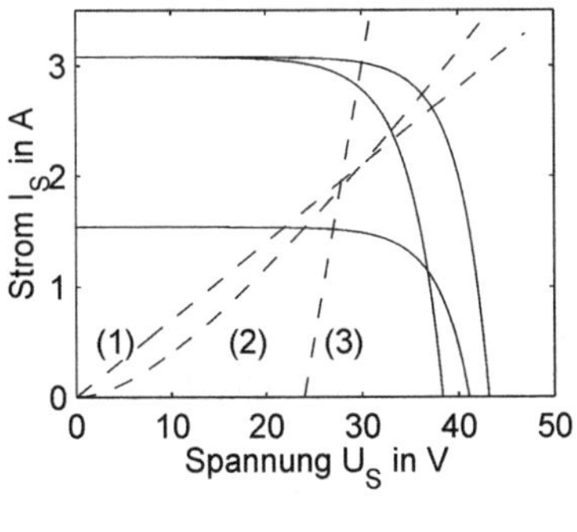

(1) ohmscher Verbraucher
(2) Kreiselpumpe
(3) Batterie im Ladebetrieb

Abb. 4.35 Betriebspunkte beim Direktanschluss eines Verbrauchers an den Solargenerator

Nur bei einer sorgfältigen Dimensionierung aller Systemkomponenten wird der Betriebspunkt für sich verändernde Einstrahlung und Temperatur im Bereich des MPP liegen. So können beispielsweise für geeignet ausgelegte Generator-Batterie-Systeme im Direktanschluss durchschnittlich bis zu 70 Prozent der maximal möglichen Generatorleistungen entnommen werden [20]. Für motorische Verbraucher, wie sie z.B. Pumpensysteme darstellen, sind Werte von bis zu 90 Prozent erreichbar. Die größtmögliche Leistungsausbeute kann nur dann erzielt werden, wenn der Solargenerator jederzeit in seinem Punkt maximaler Leistung (MPP) betrieben wird. Dies macht die Verwendung flexibler elektronischer Anpassungsschaltungen notwendig, deren Übertragungsverhalten über einen Stelleingang beeinflusst werden kann. Sie dienen zur Kopplung von Solargenerator und Last und werden als Stromrichter bezeichnet. Je nachdem, ob auf Lastseite Gleichstrom oder Wechselstrom vorliegt, werden Gleichstromsteller (DC-DC-Wandler) oder Wechselrichter (DC-AC-Wandler) eingesetzt.

Gleichstromsteller haben die Aufgabe, die vom Solargenerator bei einem Spannungsniveau U_1 zur Verfügung gestellte Leistung möglichst verlustarm auf einem Spannungsniveau U_2 an den Gleichstromverbraucher weiterzugeben. Im Idealfall gilt für einen verlustlosen Gleichstromsteller die Beziehung $P_{ein} = P_{aus}$. Kernstück eines Gleichstromstellers ist ein elektronisches Schaltglied, welches mit hoher Fre-

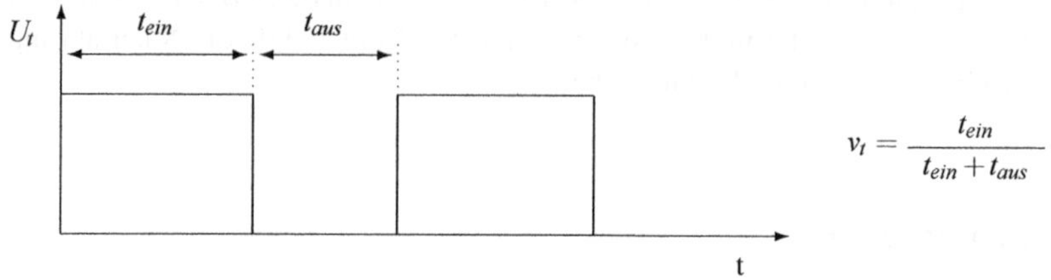

Abb. 4.36 Zeitverlauf des Steuersignals U_t und Definition des Tastverhältnisses v_t

quenz ein- und ausgeschaltet wird (Bild 4.36). Das Verhältnis von Einschaltzeit zu Taktzeit wird als Tastverhältnis v_t bezeichnet und kann über eine Pulsweitenmodulation mittels des Stelleingangs variiert werden. Während der Einschaltzeit t_{ein} wird ein Energiespeicher – meist in Form einer Induktivität – aufgeladen, der während der Sperrzeit t_{aus} Energie an den Ausgang abgibt. Dabei werden abhängig von den Anforderungen an das Übertragungsverhalten drei Schaltungsvarianten unterschieden:

- Tiefsetzsteller
- Hochsetzsteller
- Inverswandler

Die Abbildungen 4.37 bis 4.39 zeigen die Grundschaltungen der genannten Varianten. Die prinzipielle Arbeitsweise eines Gleichstromstellers wird nun am Beispiel des Tiefsetzstellers erläutert.
Zunächst sollen die beiden Glättungskondensatoren C_1 und C_2 nicht berücksichtigt werden. Darüber hinaus wird angenommen, dass die Induktivität L so groß ist, dass sich der Strom I_2 während einer Taktperiode nicht merklich ändert. Ist der Schalter geöffnet, so fließt I_2 über die Diode D und eine am Ausgang angeschlossene Last. Dabei gibt die Induktivität Energie an die Last ab. Da die Diode durchgeschaltet ist, gilt unter Vernachlässigung ihres Spannungsabfalls für die Spannung U_L an der Induktivität

$$U_L = -U_2.$$

Schließt der Schalter, so sperrt die Diode und der Strom kommutiert auf den Eingang. Es gilt

$$I_1 = I_2$$

und für die Spannungen

$$U_L = U_1 - U_2.$$

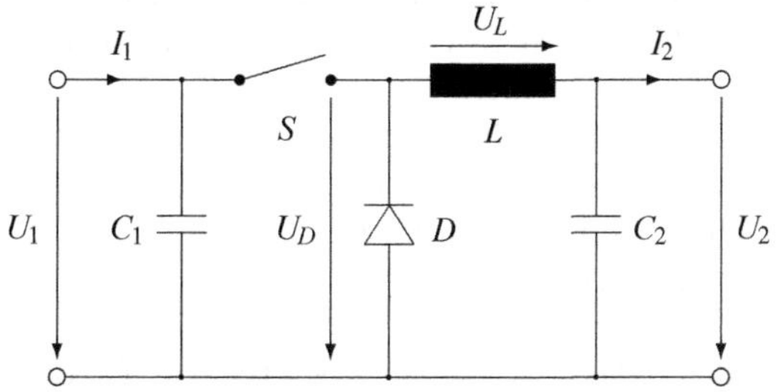

Abb. 4.37 Grundschaltung eines Tiefsetzstellers

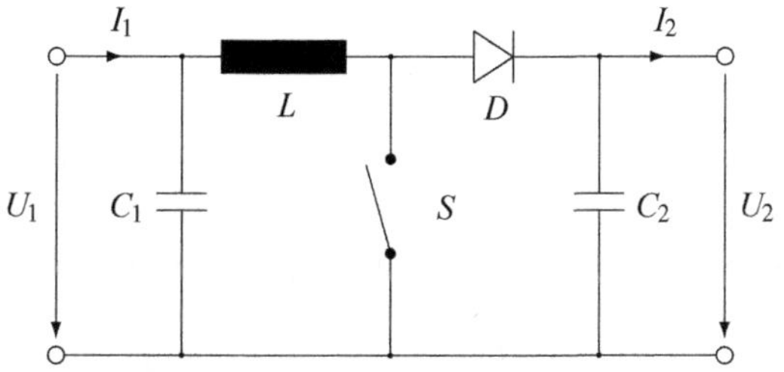

Abb. 4.38 Grundschaltung eines Hochsetzstellers

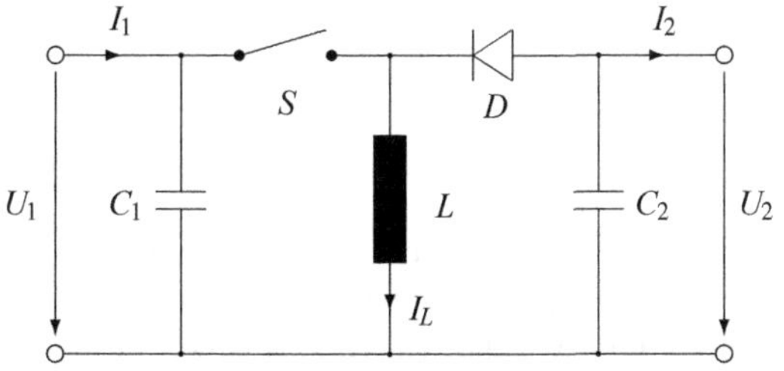

Abb. 4.39 Grundschaltung eines Inverswandlers

Dadurch wird die von L bei geöffnetem Schalter abgegebene Energie wieder nachgeliefert. Geschieht das Schalten mit ausreichend kurzer Periodendauer, so können die folgenden Mittelwerte von Strom und Spannung angegeben werden:

$$\overline{I}_1 = \frac{t_{ein}}{t_{ein} + t_{aus}} I_2 = v_t\, I_2 \tag{4.58}$$

$$\overline{U}_D = \frac{t_{ein}}{t_{ein} + t_{aus}} U_1 = v_t\, U_1 \tag{4.59}$$

Da die in der Induktivität gespeicherte Energie im Mittel konstant sein soll, gilt wegen invers gleicher Spannnungszeitflächen $\overline{U}_L = 0$ und damit $\overline{U}_D = \overline{U}_2$. Eingesetzt in Gl. (4.59) erhält man

$$\overline{U}_2 = v_t\, U_1 . \tag{4.60}$$

Da das Tastverhältnis nur Werte zwischen 0 und 1 annehmen kann, findet eine Untersetzung der Spannung statt. Mit Gl. (4.60) lässt sich der Tiefsetzsteller als Gleichstromtransformator mit variablem Übersetzungsverhältnis v_t auffassen.
Um möglichst konstante Klemmenspannung zu erhalten, werden am Ein- und Ausgang des Stellers Glättungskondensatoren vorgesehen. Eine schaltungstechnische Variante des Tiefsetzsteller bietet sich bei motorischen Lasten an: Hier kann die Ankerinduktivität des Motors als Energiespeicher genutzt und somit auf die Induktivität verzichtet werden.
Die Funktionsweise eines Hochsetzstellers lässt sich ähnlich beschreiben. Da das Schaltglied jetzt in einem Querzweig liegt, kommt nur während der Ausschaltzeit t_{aus} eine Verbindung zwischen Ein- und Ausgang zustande. Für die Transformationsbeziehungen gilt

$$I_2 = (1 - v_t) I_1 \tag{4.61}$$

$$U_2 = \frac{1}{1 - v_t} U_1. \tag{4.62}$$

Da die Spule vom Eingangsstrom durchflossen wird, kann hier eine Motorinduktivität nicht als Speicher dienen, so dass die Induktivität L immer notwendig ist.
Beim Inverswandler liegt die Induktivität in einem Querzweig der Schaltung. Der Strom I_L kommutiert periodisch zwischen Ein- und Ausgang. Daraus lassen sich die Transformationsbeziehungen

$$I_2 = -\frac{1 - v_t}{v_t} I_1 \tag{4.63}$$

$$U_2 = -\frac{v_t}{1 - v_t} U_1 \tag{4.64}$$

ableiten. Der Inverswandler bietet zwar den Vorteil, dass die Spannung nahezu beliebig hinauf- oder heruntertransformiert werden kann, hat aber den Nachteil, dass in keinem Schaltzustand eine leitende Verbindung zwischen Ein- und Ausgang besteht. Das bedeutet, dass die gesamte übertragene Energie in der Induktivität zwischengespeichert werden muss, wohingegen beispielsweise beim Tiefsetzsteller während t_{ein} ein direkter Energiefluss zum Ausgang zustande kommt.
Als Schaltglieder kommen bei kleineren Leistungen abschaltbare leistungselektronische Bauelemente wie etwa Bipolar- und Feldeffekttransistoren, bei größeren Leistungen IGBTs in Betracht.
Wechselrichter haben die Aufgabe, aus der generatorseitigen Gleichspannung eine ein- oder dreiphasige Wechselspannung zu machen, die bei netzgekoppelten Anlagen in Spannung und Frequenz netzkonform sein muss. Bei einer wechselstromseitigen Scheinleistung kleiner 4,6 kVA kann in Deutschland eine einphasige Einspeisung in das Niederspannungsnetz erfolgen. Bei größeren Leistungen muss aus Gründen der Netzsymmetrie dreiphasig eingespeist werden. Ab einer Anlagengröße von 100 kW_p erfolgt die Einspeisung zudem in das Mittelspannungsnetz. Hierbei ist zusätzlich ein Mittelspannungstransformator notwendig, um die Ausgangsspannung des Wechselrichters beispielsweise auf 20 kV zu transformieren. Sowohl bei der Einspeisung ins Mittelspannungsnetz als auch bei der Einspeisung ins Nieder-

spannungsnetz müssen Photovoltaikanlagen am Netzmanagement teilnehmen (siehe dazu Kap. 11.2).
An Solarwechselrichter werden je nach Einsatzgebiet unterschiedliche Anforderungen gestellt:

- Da Photovoltaikgeneratoren einstrahlungsbedingt nur zeitweise ihre Nennleistung liefern, ist ein hoher Wirkungsgrad auch im Teillastbereich notwendig.
- Da das Spannungsniveau des Generators vom Modultyp und der Anlagenkonfiguration abhängt, ist ein möglichst großer Eingangsspannungsbereich des Solarwechselrichters vorteilhaft.
- Bei fehlendem Netz muss der Wechselrichter eingangsseitig die Generatorleerlaufspannung im ungünstigsten Fall, d.h. bei tiefen Temperaturen aufnehmen können.
- Der Wechselrichter muss über ein MPP-Trackingverfahren den Photovoltaikgenerator in seinem Punkt maximaler Leistung betreiben.
- Der Ausgangsstrom soll annähernd sinusförmig sein, d.h. einen möglichst geringen Oberschwingungsanteil aufweisen [9].

→ Auslegung von Wechselrichtern

Solarwechselrichter werden meist unterdimensioniert, da die Nennleistung P_{PV} des Photovoltaikgenerators nur an wenigen Tagen im Jahr zu erwarten ist. Für die Wechselrichterleistung P_{AC} kann folgende Faustformel herangezogen werden:

Nennleistungsverhältnis: $P_{AC}/P_{PV} > 0,80$

Für den gleichstromseitigen Eingangsspannungsbereich des Wechselrichters muss gelten:

Obere Grenze: $U_{max} > U_{OC}(T = -20\,°\text{C})$
Untere Grenze: $U_{min} < U_{MPP}(T = 70\,°\text{C})$

Dabei bezeichnet U_{OC} die Leerlaufspannung und U_{MPP} die Spannung im Punkt maximaler Leistung des Photovoltaikgenerators.

Abb. 4.40 gibt den Aufbau eines einphasigen Solarwechselrichters wieder. Zunächst erfolgt auf der Gleichspannungsseite eine Anpassung des Spannungsniveaus an das Netzniveau. Je nach dem gewünschten Eingangsspannungsbereich wird ein Hoch- oder Tiefsetzsteller eingesetzt. Gleichzeitig wird über das Tastverhältnis der Photovoltaikgenerator im MPP gehalten. Der Wechselrichter selbst ist als Brückenschaltung ausgeführt. Als Schaltglieder kommen abschaltbare Leistungshalbleiter wie IGBTs oder GTOs zum Einsatz. Über eine Pulsweitenmodulation können die wechselstromseitigen Oberschwingungen gegenüber einer blockförmigen Ansteuerung zu hohen Frequenzen hin verschoben werden, die sich durch Filter leichter unterdrücken lassen. Dazu werden die Leistungshalbleiter mit einer Schaltfrequenz $f_S > 16$ kHz angesteuert. Die Schaltsignale können beispielsweise durch die Sinus-Dreieckmodulation ermittelt werden. In Abb. 4.41 sind die sich ergebenden Spannungsverläufe sowie ihre Oberschwingungsanteile skizziert. Der Transfor-

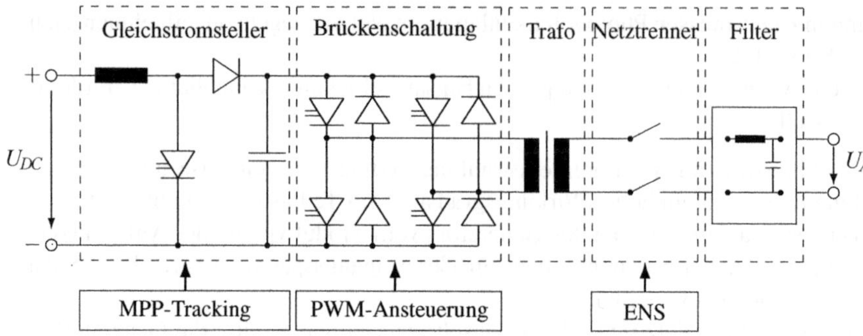

Abb. 4.40 Grundschaltung eines Solarwechselrichters

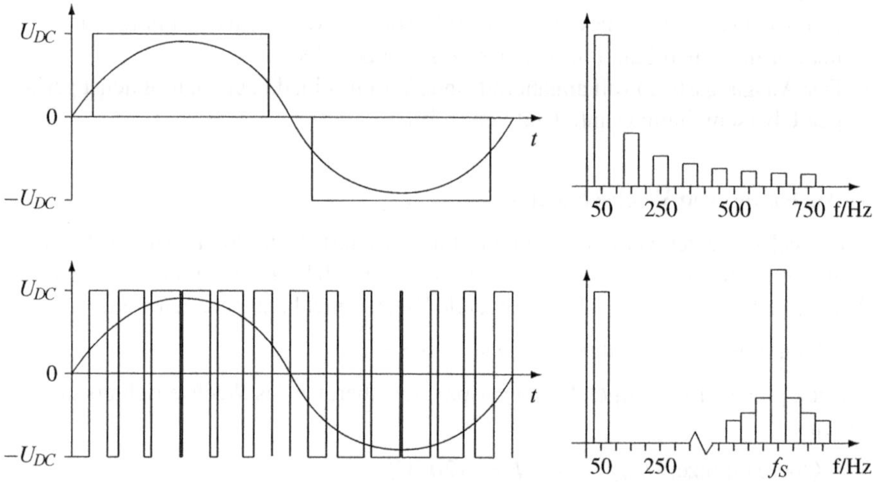

Abb. 4.41 Spannungsverlauf und Oberschwingungsgehalt bei blockförmiger Ansteuerung (oben) und Pulsweitenmodulation (unten)

mator dient zur galvanischen Trennung von Photovoltaikgenerator und Netz und kann darüber hinaus mit einem festen Übersetzungsverhältnis zur Anpassung an das Netzspannungsniveau verwendet werden. Ein Netztrenner ermöglicht das Freischalten der Anlage im Fehlerfall. Dazu erfolgt eine Spannungs- und Frequenzüberwachung des Netzes. Werden die eingestellten Grenzwerte überschritten, wird die Leistung angepasst oder der Wechselrichter vom Netz getrennt. Ein Tiefpassfilter reduziert die durch den Wechselrichter verursachten Netzrückwirkungen wie z.B. Oberschwingungen.

Häufig sind in Wechselrichtern Monitoringsysteme integriert. Sie dienen zur Überwachung der erzeugten Energiemenge, erkennen Fehlerzustände der Anlage und senden gegebenenfalls eine Fehlermeldung an den Anlagenbetreiber. Auch eine Fernwartung der Anlage ist über ein Monitoringsystem möglich.

Es gibt eine Reihe von schaltungstechnischen Varianten zu dem in Abb. 4.40 gezeigten Aufbau:

- Bei gleichstromseitigen Eingangsspannungen deutlich über dem Netzniveau kann auf den Gleichstromsteller verzichtet werden. Dies führt zu einer schaltungstechnischen Vereinfachung, schränkt jedoch die Möglichkeiten des Anlagendesigns auf dieses Spannungsniveau ein.
- Für kleine Leistungen werden häufig netzgeführte Wechselrichter eingesetzt. Die Brückenschaltung besteht lediglich aus vier Thyristoren. Die Ansteuerung vereinfacht sich auf das wechselseitige netzsynchrone Zünden jeweils zweier Thyristoren. Die Stromkommutierung und damit das Löschen der Thyristoren erfolgt durch die Netzspannung.
  Netzgeführte Wechselrichter sind einfach im Aufbau, ermöglichen aber nur eine blockförmige Einspeisung mit der genannten Oberschwingungsproblematik. Darüber hinaus benötigen netzgeführte Wechselrichter Netzspannung und -frequenz für die Kommutierung und sind somit nicht für Inselnetze geeignet.
- Auf die galvanische Trennung durch einen Transformator kann u.U. verzichtet werden, wenn eine allstromsensitve Fehlerstrom-Schutzeinrichtung eingesetzt wird. Der Wegfall des Transformators verringert Kosten und Baugröße des Wechselrichters und erhöht den Wirkungsgrad.[9]

→ Weiterlesen

Einen guten Überblick über die am Markt befindlichen schaltungstechnischen Realisierungsvarianten von netzgekoppelten Wechselrichtern bietet das Buch *Grid converters for photovoltaic and wind power systems* von R. Teodorescu [41].

4.4 Systemtechnik

4.4.1 Verschaltung von Solarzellen zu Solargeneratoren

Ein Solargenerator besteht in der Regel aus einer Reihen- und Parallelschaltung einzelner Solarmodule, die wiederum Reihen- und Parallelschaltungen einzelner Solarzellen enthalten. Ihre Anordnung bestimmt die Ausgangsspannung bzw. den Ausgangsstrom des Generators. Im Idealfall haben alle Zellen des Generators die gleichen elektrischen Eigenschaften und damit identische Ausgangskennlinien. Für die Kennlinie eines idealen Solargenerators, der aus M parallel geschalteten Strings mit jeweils N in Reihe liegenden Solarzellen gemäß Gl. (4.49) besteht, gilt

$$\begin{aligned} I_G = M I_{ph} - M I_{ds} \left(e^{(M U_G + N R_S I_G)/(M N U_T)} - 1 \right) \\ - M I_{rs} \left(e^{(M U_G + N R_S I_G)/(M N 2 U_T)} - 1 \right) - \frac{M U_G + N R_S I_G}{N R_P}. \end{aligned} \tag{4.65}$$

[9] Auf Probleme im Zusammenhang mit transformatorlosen Wechselrichtern wird in Kapitel 4.5.2 eingegangen.

Gl. (4.65) setzt bei allen Solarzellen die gleiche Strom-Spannungskennlinie sowie gleiche Temperatur und Einstrahlung voraus. Dies kann insbesondere bei räumlich ausgedehnten Anlagen nicht vorausgesetzt werden. Die daraus entstehenden Probleme sollen zunächst für die Reihenschaltung und anschließend für die Parallelschaltung von Solarzellen diskutiert werden.
Bei einer Reihenschaltung führen alle Solarzellen den selben Strom. Dieser ist im Wesentlichen proportional zur Einstrahlung. Wird nun eine Solarzelle beispielsweise durch die Umgebung oder Verschmutzungen verschattet, so begrenzt diese Zelle den Strom aller anderen Zellen. Die unverschatteten Zellen versuchen nun in Sperrrichtung einen höheren Strom durch die verschattete Zelle zu treiben. Je nach Anzahl der in Reihe geschalteten Zellen kann die Durchbruchspannung [10] erreicht werden. Der Durchbruchstrom ist zwar auf den Wert des Kurzschlussstroms der Zellen begrenzt, führt jedoch wegen lokal stark erhöhter Stromdichten zu sogenannten *hot spots* in der verschatteten Zelle, die zu ihrer thermischen Zerstörung führen können (vgl. Kap. 4.5). Zur Abhilfe werden Bypassdioden eingesetzt, die antiparallel zu den Solarzellen geschaltet werden und im Verschattungsfall den Strom übernehmen. Idealerweise würde jede Solarzelle mit einer eigenen Bypassdiode ausgestattet, um den Einfluss von Verschattungen auf den Ertrag des Solargenerators möglichst gering zu halten. Praktisch erhalten jeweils 18 bis 20 in Reihe geschaltete Solarzellen eine Bypassdiode, die im Anschlusskasten des Moduls integriert sind.
Bei der Verschattung oder dem Ausfall einzelner Solarmodule entstehen charakteristische Verformungen der Generatorkennlinie, die für den ungestörten Betrieb durch Gl. (4.65) repräsentiert wird. Abb. 4.42 zeigt die Verschaltung von 2×2 Solarmodulen, die jeweils mit einer Bypassdiode versehen sind. Es wird nun ange-

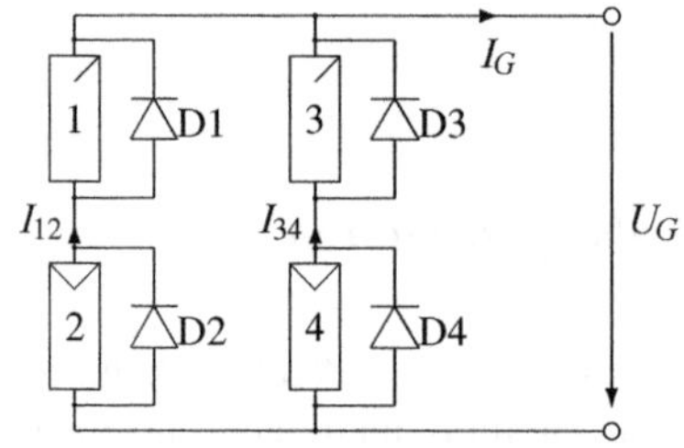

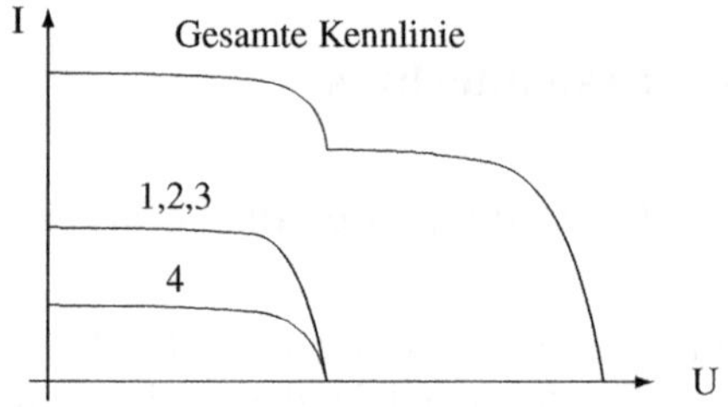

Abb. 4.42 Verschaltung von Solarmodulen zu einem Generator (links) und Berechnung der Gesamtkennlinie (rechts)

nommen, dass die Module 1 bis 3 gleicher Einstrahlung ausgesetzt sind, während dem Modul 4 aufgrund einer Verschattung nur die halbe Strahlungsleistung zur Verfügung steht. Betrachtet man die Kennlinien der einzelnen Module, die bzgl. Temperatur und Bauart als gleich angesehen werden, so ergeben sich die in Abb. 4.42 skizzierten Kurven. Durch Addition der einzelnen Kennlinien gemäß der Kirchhofschen Regeln erhält man die Gesamtkennlinie des Generators. Bei kleinen Genera-

[10] Die Durchbruchspannung einer kristallinen Solarzelle liegt in Abhängigkeit von Qualität und Zellmaterial zwischen 12 und 50 V [6].

torspannungen bestimmt Modul 3 den Strom I_{34}, der teilweise durch die Diode D4 fließt, bei großen Generatorspannungen Modul 4.
Bei der Parallelschaltung von Solarmodulen kann es durch den Ausfall einzelner Module oder schlecht aufeinander abgestimmter Strom-Spannungs-Kennlinien (Mismatching) zu unterschiedlichen Leerlaufspannungen in den einzelnen Parallelzweigen kommen. Im ungünstigsten Fall führt dies zu einem Rückstrom in dem Zweig mit der niedrigeren Spannung. In Abb. 4.43 ist die Parallelschaltung von 3 Modulsträngen skizziert. Die Leerlaufspannung von Strang 3 liegt unter der Generatorspannung U_G, so dass Strang 1 und 2 einen Strom I_3 in Durchlassrichtung durch Strang 3 treiben. Da sich die Stromrichtung in Strang 3 umgekehrt hat, er-

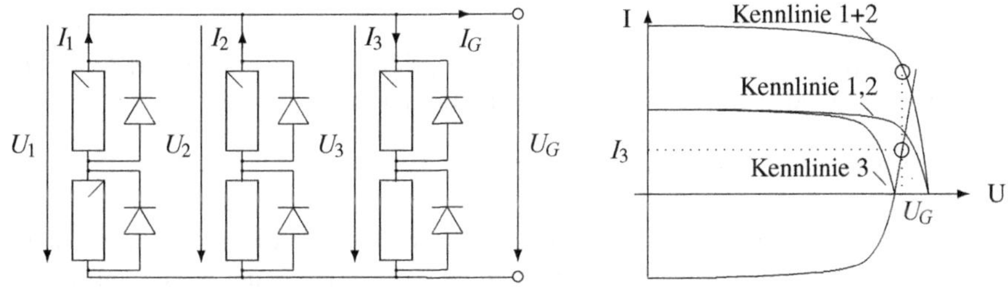

Abb. 4.43 Parallelschaltung von Solarmodulen (links) und Bestimmung der Arbeitspunkts bei einer vorgegebenen Spannung U_G (rechts)

hält man den sich einstellenden Arbeitspunkt durch eine Spiegelung der Strom-Spannungskennlinie an der U-Achse. Der Betrag des Rückstroms kann maximal die Summe der Kurzschlussströme von Strang 1 und 2 annehmen und verringert dadurch den Generatorstrom I_G und somit die Leistung des Generators:

$$I_G = I_1 + I_2 - I_3.$$

Zur Abhilfe können Dioden in jedem Strang in Reihe geschaltet werden, die die einzelnen Stränge elektrisch entkoppeln und die Rückströme unterbinden. Der Einsatz von Strangdioden ist jedoch umstritten, da durch sie der volle Strangstrom fließt und mit dem Spannungsabfall in Durchlassrichtung eine nicht unerhebliche Verlustleistung erzeugt. In der Praxis werden die Strangdioden daher häufig weggelassen und durch eine sorgfältige Zusammenstellung der Module versucht, gleiche Strom-Spannungs-Kennlinien in den einzelnen Strängen herzustellen.

4.4.2 Regelung von Solargeneratoren

In Kapitel 4.2.4 wurden Strom-Spannungs-Kennlinien abgeleitet, die das elektrische Verhalten eines Solargenerators beschreiben. Der Strom I_S ist darin implizit durch eine nichtlineare Funktion f gegeben, die weiterhin von der Generatorspannung U_S sowie der Zelltemperatur T und der Einstrahlung G abhängt.

$$I_S = f(I_S, U_S, T, G)$$

Es existiert ein optimaler Betriebspunkt des Solargenerators, bei dem maximale Leistung abgegeben wird (MPP). Dieser verändert jedoch in Abhängigkeit von Zelltemperatur und Einstrahlung seine Lage in der Strom-Spannungs-Ebene.
Die Regelung von Solargeneratoren hat das Ziel, die von der Photovoltaikanlage an einen Verbraucher oder das Netz abgegebene Leistung zu maximieren. Dazu sind zunächst die Bedingungen zu untersuchen, unter denen ein Betrieb des Solargenerators im MPP auch der maximal abzugebenden Nutzleistung des Gesamtsystems entspricht. Die Nutzleistung ist eine Funktion der vom Solargenerator abgegebenen elektrischen Leistung:

$$P_{nutz} = P_{nutz}(P_{el}).$$

Der Betriebspunkt maximaler Nutzleistung entspricht genau dann dem MPP, wenn der Verbraucher oder die Netzeinspeisung die Forderung

$$\frac{dP_{nutz}}{dP_{el}} \geq 0$$

erfüllt. Mit steigender elektrischer Leistung muss also auch die abgegebene Nutzleistung monoton anwachsen. Diese Bedingung ist von den in der Praxis auftretenden Systemen in der Regel erfüllt.
Die meisten heute eingesetzten MPP-Regler arbeiten nach dem Prinzip der Extremwertregelung und sind Bestandteil des Stromrichters. Sie verwenden einen Suchalgorithmus mittels einer Probebewegung, das sog. MPP-Tracking. Die einzelnen Verfahren unterscheiden sich dabei vorwiegend in der Methode, die richtige Suchrichtung aus den Messgrößen zu ermitteln.

MPP-Tracking mit direkter Leistungsmessung

Ausgehend von einem Startwert wird das Tastverhältnis des Anpassungswandlers (s. Kapitel 4.3.6) – und damit die Spannung am Solargenerator – um eine feste Schrittweite in eine zu Beginn des Suchalgorithmus beliebige Richtung verändert. Im sich daraufhin einstellenden Betriebspunkt wird die Leistung gemessen [11] und mit dem vorherigen Messwert verglichen. Liegt der neue Wert höher als der alte, so wird nach einem bestimmten Zeitintervall das Tastverhältnis um einen weiteren Schritt in die gleiche Richtung verstellt. Liegt der neue Leistungswert unter dem alten, so wird die Suchrichtung umgekehrt. Die Zeit zwischen zwei Abtastintervallen liegt im Sekundenbereich. In Abb. 4.44 ist das Flussdiagramm für eine digitale Realisierung dieses Verfahrens skizziert.

[11] Es bietet sich ggf. an, die Leistung am Ausgang des Anpassungswandlers zu messen, da dadurch der Punkt maximaler Leistung von Solargenerator und Gleichstromsteller ermittelt wird.

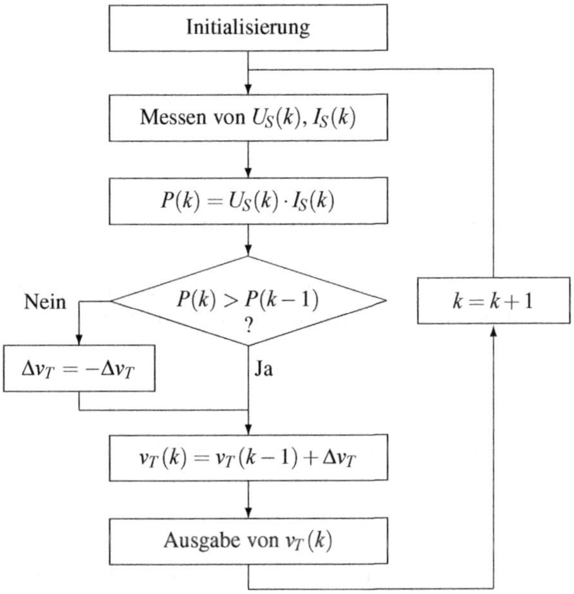

Abb. 4.44 Flussdiagramm eines digitalen MPP-Trackers

MPP-Tracking mittels Ableitung *dP/dU*$_S$

Dieses Verfahren wertet die Ableitung dP/dU_S aus. Für sie gilt auf Grund des monotonen Verhaltens der Strom-Spannungs-Kennlinie

$$\frac{dP}{dU_S} = \begin{cases} > 0 & U_S < U_{MPP} \\ = 0 & U_S = U_{MPP} \\ < 0 & U_S > U_{MPP} \end{cases} \tag{4.66}$$

Aus dem Vorzeichen der Ableitung wird entschieden, in welche Richtung die Generatorspannung U_S verstellt werden muss. Eine Möglichkeit die Ableitung dP/dU_S auszuwerten, ohne die Leistung explizit bestimmen zu müssen, bietet das Quotientenvergleichsverfahren [3]. Im Punkt maximaler Leistung gilt

$$\frac{dP}{dU_S} = \frac{d}{dU_S}(U_S I_S) = I_S + U_S \frac{dI_S}{dU_S} = 0. \tag{4.67}$$

Umgeformt erhält man die Forderung

$$\frac{I_S}{U_S} + \frac{dI_S}{dU_S} = 0, \tag{4.68}$$

die aus der Elektrotechnik als *Anpassung* bekannt ist: Eine nichtideale Spannungs- oder Stromquelle gibt genau dann maximale elektrische Leistung ab, wenn sie mit einem Leitwert belastet wird, der ihrem – im nichtlinearen Fall differentiellen – Innenleitwert entspricht. Führt man eine Anpassungsfunktion

$$f_{An} = \frac{I_S}{U_S} + \frac{dI_S}{dU_S} \tag{4.69}$$

ein, so gibt ihr Vorzeichen analog zu Gl. (4.66) die Richtung der Abweichung vom Leistungsmaximum an.

MPP-Tracking mittels Maximierung von Strom oder Spannung

Für bestimmte Klassen von Verbrauchern lässt sich die Extremwertregelung zur Bestimmung des Leistungsmaximums deutlich vereinfachen. Betrachtet wird die elektrische Leistung am Ausgang des Anpassungswandlers

$$P_{el} = U\,I. \tag{4.70}$$

Als Bedingung für steigende Leistung mit wachsendem Strom bzw. wachsender Spannung erhält man jeweils

$$dP_{el} = I\,dU + U\,dI > 0. \tag{4.71}$$

Dies bedeutet, dass die Eingangskennlinie des auf den Gleichstromwandler folgenden Verbrauchers die Bedingung

$$\frac{dI}{dU} > -\frac{I}{U} \tag{4.72}$$

erfüllen muss. Für typische Verbraucher gilt sogar $dI/dU > 0$, wie Bild 4.35 entnommen werden kann. Damit ist sichergestellt, dass eine Maximierung von Strom oder Spannung am Ausgang des Gleichstromwandlers auch eine Maximierung der Leistung zur Folge hat. Die schaltungstechnische Realisierung von MPP-Trackern vereinfacht sich dadurch.

4.4.3 Netzgekoppelte Photovoltaikanlagen

Netzgekoppelte Photovoltaikanlagen können als gebäudeintegrierte Anlagen oder als Freiflächenanlagen ausgeführt werden. Gebäudeintegrierte Anlagen sind durch die Gebäudestruktur in ihrer Fläche und damit in ihrer Leistung begrenzt. Selbst sehr große Dachflächen wie beispielsweise auf Messehallen, Sportstadien oder landwirtschaftlichen Gebäuden begrenzen die Leistung auf einige MW [12]. Freiflächenanlagen unterliegen diesen Beschränkungen nicht. Sofern es sich nicht um versiegelte Flächen wie beispielsweise Deponiekörper handelt, gehen Freiflächenanlagen häufig mit einem Landschaftsverbrauch einher, der Gegenstand einer Umweltprüfung sein sollte [1].

[12] Beispiele für große Dachflächenanlagen sind die Messe München (2,6 MW_p), das Wankdorf-Stadion in Bern (1,3 MW_p) und der Zuchtbetrieb Hassleben in Brandenburg (4,6 MW_p).

→ Flächenbedarf von PV-Anlagen

Als einfache Faustformel gilt 1 $kW_p \hat{=} 10\ m^2$, d.h. für ein 1 kW Spitzenleistung benötigt man etwa 10 m^2 Modulfläche. Eine genauere Bestimmung der Modulfläche einer Photovoltaikanlage ist abhängig von dem eingesetzten Zellenmaterial:

monokristallines Silizium	1 $kW_p \hat{=} 6 - 9\ m^2$
polykristallines Silizium	1 $kW_p \hat{=} 7{,}5 - 10\ m^2$
amorphes Silizium	1 $kW_p \hat{=} 14 - 20\ m^2$
CIS/CIGS	1 $kW_p \hat{=} 9 - 11\ m^2$
CdTe	1 $kW_p \hat{=} 12 - 17\ m^2$

Der tatsächliche Flächenbedarf einer Photovoltaikanlage hängt sowohl von dem konkreten Modulwirkungsgrad als auch von der Aufständerung ab (s. Kapitel 4.3.5). Für festaufgeständerte Freiflächenanlagen in Deutschland wurde in [2] ein durchschnittlicher Flächenbedarf von 37,7 m^2/kW_p ermittelt. Darin enthalten sind auch der Flächenbedarf für Wechselrichter, Wege und Abstandsflächen. Zweiachsig nachgeführte Anlagen weisen aufgrund größerer Verschattungsabstände einen bis zum Faktor 2 höheren Flächenbedarf auf.

Der elektrische Aufbau netzgekoppelter Photovoltaikanlagen differiert vor allem hinsichtlich des Wechselrichters. Man unterscheidet zentrale und dezentrale Wechselrichterkonzepte. Anlagen mit zentralem Konzept weisen entweder einen zentra-

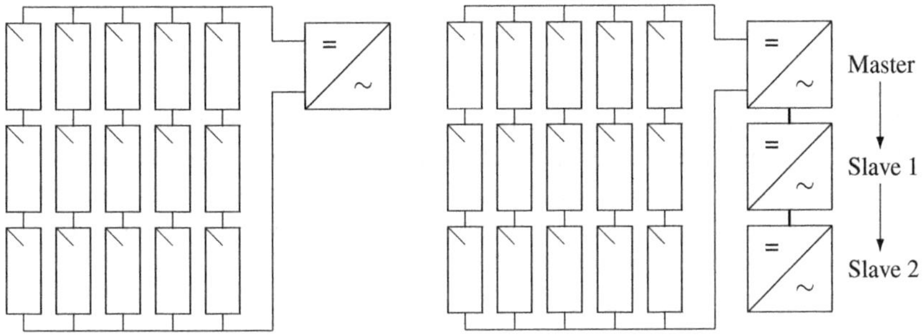

Abb. 4.45 Zentrale Wechselrichterkonzepte

len Wechselrichter oder eine zentrale Master-Slave-Kombination für den gesamten Photovoltaikgenerator auf (Abb. 4.45). Bei letzteren wird durch das Zu- bzw. Abschalten von Slave-Wechselrichtern ein besseres Teillastverhalten des Gesamtsystems erreicht. Der Vorteil des zentralen Wechselrichterkonzepts liegt in den niedrigen spezifischen Kosten des Wechselrichters. Beim dezentralen Wechselrichterkonzept kommen mehrere Wechselrichter zum Einsatz, die Teilgeneratoren oder einzelne Modulstränge an das Netz anbinden (Abb. 4.46). Die Vorteile des dezentralen Wechselrichterkonzepts sind ein geringerer gleichstromseitiger Installationsaufwand und eine geringere Anfälligkeit gegenüber Verschattungen oder Unterschie-

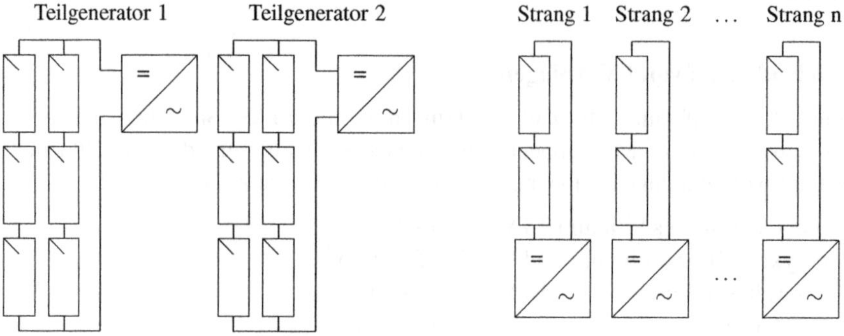

Abb. 4.46 Dezentrale Wechselrichterkonzepte

den in der Einstrahlung. Darüber hinaus ermöglicht dieses Konzept den Einsatz von kleineren, standardisierten Wechselrichtern und damit eine nahezu beliebige Leistungsskalierung von Photovoltaikanlagen.

→ Ertrag von PV-Anlagen

Für eine nach Kap. 3.1.6 optimal ausgerichtete, festaufgeständerte Photovoltaikanlage kann der Jahresertrag überschlägig mit

950 kWh/kW$_p$

abgeschätzt werden. Werte über 1000 kWh/kW$_p$ sind nur an besonders einstrahlungsbegünstigten Standorten in Süddeutschland erreichbar. Werte unter 900 kWh/kW$_p$ weisen auf Auslegungsfehler hin.

Die in den vorangegangenen Abschnitten dargestellten Auslegungsgrundgrundsätze hinsichtlich Aufständerung, Modulreihenabstand, Mismatching oder Wechselrichterkonzept wirken sich auf den Gesamtwirkungsgrad der Photovoltaikanlage aus. Dieser wird als *Performance Ratio* bezeichnet und gibt das Verhältnis von real generiertem zu theoretisch möglichem Anlagenertrag wieder:

$$PR = \frac{\text{Realer Anlagenertrag}}{\text{Globalstrahlung} \times \text{Modulfläche} \times \text{Modulwirkungsgrad}}$$

Die Performance Ratio (PR) beschreibt damit die ex-post ermittelte Effektivität einer Photovoltaikanlage. In die Berechnung geht neben dem Modulwirkungsgrad und der Modulfläche auch die Globalstrahlung in der Generatorebene ein. Daher ermöglicht die Performance Ratio einen standortunabhängigen Vergleich der Qualität unterschiedlicher Photovoltaikanlagen. Nicht unproblematisch ist die Ermittlung der Globalstrahlung in der Generatorebene. Liegen keine Messwerte vor, so kann für eine mit 30 bis 35° angestellte, nach Süden ausgerichtete Anlage die Globalstrahlung auf die Horizontale überschlägig mit dem Faktor 1,15 auf die Modulebene hochgerechnet werden. Gute Photovoltaikanlagen weisen eine Performance Ratio von 80 bis 85 Prozent auf.

4.4.4 Photovoltaik-Inselanlagen

Photovoltaik-Inselanlagen sind Systeme ohne Anschluss an das elektrische Versorgungsnetz. Man unterscheidet mobile und stationäre Systeme. Beispiele für mobile Systeme sind Geräte aus dem Elektronikbereich wie solar betriebene Taschenrechner oder Uhren sowie Solarfahrzeuge[13]. Stationäre Systeme dienen zur Versorgung netzferner Verbraucher wie Signalanlagen, Wohngebäude oder Trinkwasserpumpen. Inselsysteme beinhalten in der Regel einen elektrischen Energiespeicher in Form von Akkumulatoren um Energieangebot und Energienachfrage miteinander in Dekkung zu bringen. Eine Ausnahme stellen photovoltaische Pumpensysteme dar, da hier ein Wasserhochbehälter die Speicherfunktion übernehmen kann. In Abb. 4.47 ist der Aufbau eines Inselsystems skizziert. Der Akkumulator ist über einen Laderegler mit dem Inselnetz verbunden. Dieser übernimmt Überwachungsfunktionen hinsichtlich Überladung und Tiefentladung. Häufig sind Inselnetze als Gleichstromnetze aufgebaut, so dass der Wechselrichter entfallen kann.

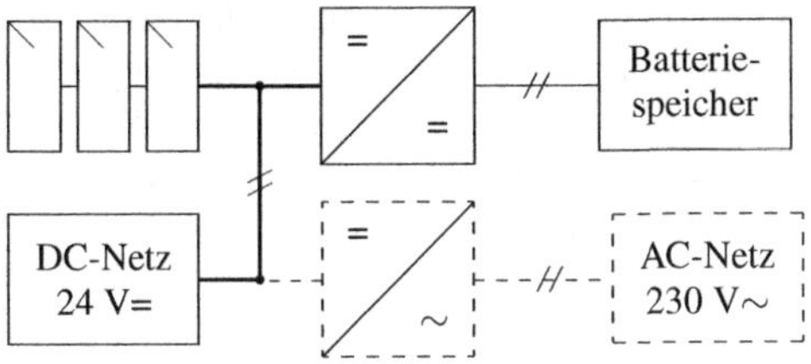

Abb. 4.47 Aufbau eines Inselnetzes

Die Auslegung eines Inselsystems muss sich an dem Monat mit dem geringsten Strahlungsangebot orientieren. Dies betrifft sowohl die Generatorfläche als auch die Ausrichtung der Module. Dies führt häufig zu einer deutlichen Überdimensionierung des Systems in den einstrahlungsstärkeren Monaten. Der Energiespeicher sollte eine Autonomiezeit von 3 bis 6 Tagen ermöglichen, d.h. im geladenen Zustand den Energiebedarf von 3 bis 6 Tagen decken und damit auch längere Schlechtwetterperioden überbrücken können.

[13] Solarfahrzeuge beziehen mittels auf dem Fahrzeug angebrachter Solarzellen den überwiegenden Teil ihrer Antriebsenergie aus der Sonnenstrahlung. Sie unterscheiden sich dadurch von den Elektrofahrzeugen, die ihre Energie in der Regel von stationären Ladestationen beziehen. Solarfahrzeuge existieren als Straßen-, Wasser- und Luftfahrzeuge derzeit überwiegend in Form von Prototypen.

4.5 Lebensdauer und Zuverlässigkeit von Photovoltaikmodulen

Sebastian Voswinckel

In der Gruppe industrieller Produkte weisen Photovoltaikmodule eine vergleichsweise lange Lebensdauer auf. Diese Lebensdauer drückt sich auch in der von den Modulherstellern gewährten Leistungsgarantie und dem Erneuerbare-Energien-Gesetz, welches eine Einspeisevergütung über 20 Jahre regelt, aus. Was diese Garantieaussage bedeutet und welche Alterungsprozesse bzw. Schädigungsereignisse dem Erreichen dieser prognostizierten Lebensdauer entgegenstehen können, ist Gegenstand dieses Kapitels.

4.5.1 Leistungsgarantie und Lebensdauer

Modulhersteller gewähren in der Regel eine Leistungsgarantie von 20 Jahren. Einzelne Hersteller sind in den vergangen Jahren dazu übergangen, die Leistungsgarantie auf 25 bis 30 Jahre zu verlängern. Der Zeitraum der Leistungsgarantie ist dabei von der Lebensdauer eines Photovoltaikmoduls zu unterscheiden. Ferner sind zum Nachweis einer Minderleistung die Leistungsangaben von Photovoltaikmodulen und ihre Toleranzen richtig zu interpretieren.

Tabelle 4.5 Steuerrechtliche (geschätzte) Nutzungsdauer von Anlagen und Komponenten zur Nutzung erneuerbarer Energien [4]

Anlagentyp	Nutzungsdauer [a]
Photovoltaikanlagen	20
Solaranlagen	10
Windkraftanlagen	16
BHKW	10
Akkumulatoren	10

Die wirtschaftliche Nutzungsdauer eines Produkts ist nicht mit der technischen Lebensdauer identisch. Als Nutzungsdauer wird der Zeitraum verstanden, in der ein Wirtschaftsgut betrieblich genutzt werden kann. Dabei unterscheidet man zwischen der geschätzten und der tatsächlichen Nutzungsdauer. Die geschätzte Nutzungsdauer bildet die Grundlage für die steuerliche Abschreibung des Wirtschaftsguts. Für eine Reihe von Gütern ist die Nutzungsdauer in der AfA-Tabelle des Bundesministeriums für Finanzen angegeben. Abweichungen davon sind zwar zulässig, müssen aber glaubhaft begründet werden. Für Photovoltaikanlagen ist darin eine geschätzte Nutzungsdauer von 20 Jahren festgelegt [4]. Die tatsächliche Nutzungsdauer steht erst nach der Beendigung der Nutzungsphase endgültig fest. Sie kann somit mit der Lebensdauer im technischen Sinn gleichgesetzt werden.

Als Lebensdauer im technischen Sinn wird der Zeitraum bezeichnet, in dem eine technische Anlage ohne Austausch von Hauptkomponenten oder komplettes Versagen betrieben werden kann. In Photovoltaikanlagen bilden die Photovoltaikmodule die Hauptkomponenten und deren Lebensdauergrenze wird allgemein bei einem Rückgang der Nennleistung auf 80 Prozent angegeben. Für die Lebensdauer wird ein Minimum von 20 Jahren angenommen. Die Lebensdauerangabe von 20 Jahren orientierte sich auch an dem Vergütungsmechanismus des Erneuerbare-Energien-Gesetzes (EEG): Nach 20 vollen Betriebsjahren entfällt die Verpflichtung des Netzbetreibers, eine festgeschriebene Einspeisevergütung an den Photovoltaikanlagenbetreiber zu zahlen. Letzterer muss nach dieser Zeitspanne die erzeugte Energie frei vermarkten, selbst nutzen oder die Anlage stilllegen. In den Anfangsjahren der Photovoltaik erschien die freie Vermarktung von Strom aus erneuerbaren Energien unwirtschaftlich. Durch Veränderungen im Strommarktdesign und der Fördermechanismen des EEG hat in den letzten Jahren der Anteil direkt vermarkteter Strommengen aus erneuerbaren Energien jedoch stark zugenommen, sodass ein Anlagenbetrieb über die (technisch willkürliche) Lebensdauergrenze von 20 Jahren hinaus immer wahrscheinlicher wird.

In den Anfangsjahren des EEG garantierten viele Modulhersteller nach 20 Jahren eine maximale Leistung von 80 Prozent bezogen auf die Ausgangsleistung bei Auslieferung, ergänzt um eine Leistungsgarantie über 90 Prozent der Ausgangsleistung nach 10 Jahren. Diese Art der Leistungsgarantie wird als gestufte oder einfache Leistungsgarantie bezeichnet. Wurde nach einem Betriebsjahr festgestellt, dass lediglich 90 Prozent der ursprünglichen Nennleistung vorhanden sind, bestand in diesem Fall kein Mangel, sofern nach 10 Jahren keine weitere Leistungsminderung vorlag. Nach Ablauf von 10 Jahren galt dies ebenfalls für die Garantie von 80 Prozent der ursprünglichen Leistung. Es ist aber naheliegend, dass bei einem Leistungsverlust von 10 Prozent nach einer Betriebszeit von unter 10 Jahren ein offensichtlicher Mangel vorliegt. Die meisten Hersteller haben ihre Garantiebedingungen daher weiterentwickelt: Zum einen wurden die Garantiezeiten von 20 auf 25 und in Einzelfällen auch auf 30 Jahre ausgeweitet. Zum anderen wird eine sogenannte lineare Leistungsgarantie eingeräumt, d.h. neben einer Leistungsgarantie nach 10 bzw. 25 Jahren wird eine maximale jährliche Degradationsrate berücksichtigt (vgl. Abb. 4.48).

Die jährliche Degradationsrate R_D kann näherungsweise aus der vom Modulhersteller gewährten Leistungsgarantie L_D (Lebensdauergrenze) für den Garantiezeitraum t_L (Lebensdauer) bestimmt werden:

$$R_D = \frac{100\% - L_D}{t_L} \tag{4.73}$$

Abbildung 4.49 zeigt den Einfluss der jährlichen Degradationsrate auf die Lebensdauer eines Photovoltaikmoduls für Lebensdauergrenzen zwischen 70 und 90 Prozent. Eine jährliche Degradationsrate von 0,7 Prozent führt demnach zu einer Lebensdauer von rund 28 Jahren wenn die Lebensdauergrenze mit 80 Prozent der Nennleistung festgelegt ist. Für eine Lebensdauergrenze von 85 Prozent beträgt die Lebensdauer 21 Jahre, für 90 Prozent 14 Jahre und bei 70 Prozent steigt die Lebensdauer auf über 40 Jahre. In [43] wurden mehrere Untersuchungen zum Alte-

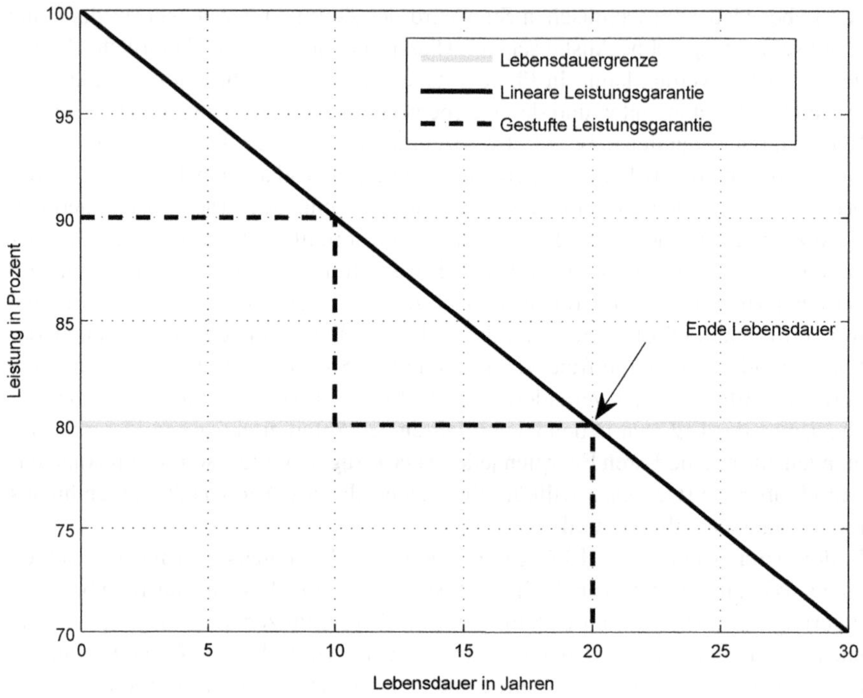

Abb. 4.48 Lineare und gestufte Leistungsgarantie über 20 Jahre

rungsverhalten von Photovoltaikmodulen ausgewertet. Die Ergebnisse dieser Studie zeigen, dass die jährliche Degradationsrate für kristalline Photovoltaikmodule zwischen 0,3 und 3 Prozent liegt. Dabei weist der obere Wert auf zusätzliche Degradationseffekte neben der normalen Materialalterung hin.

Neben der Leistungsgarantie wird von Herstellern die sogenannte Produktgarantie eingeräumt. Diese beträgt in vielen Fällen zwischen 10 und 15 Jahren. Beschädigungen des Moduls, wie u.a. Glasbruch, Verfärbungen oder Delamination, können von der Produktgarantie abgedeckt werden.

Aufgrund der langen Nutzungsdauer und der vergleichsweise langen Garantiezeiträume sollte neben den Bestimmungen zur Inanspruchnahme der entsprechenden Garantie und den möglichen Maßnahmen zur Mangelbeseitigung auch geprüft werden, wie ein Unternehmen die Gewährung der Leistungs- und der Produktgarantie absichert. Denn ist ein Unternehmen beim Eintritt eines Garantiefalls nicht mehr am Markt und hat auch keinen Rechtsnachfolger, kann der Anspruch nicht mehr geltend gemacht werden. Um das Ausfallrisiko für den Kunden zu minimieren, existieren Versicherungen, über die ein Hersteller seine Garantiegewährung absichern kann.

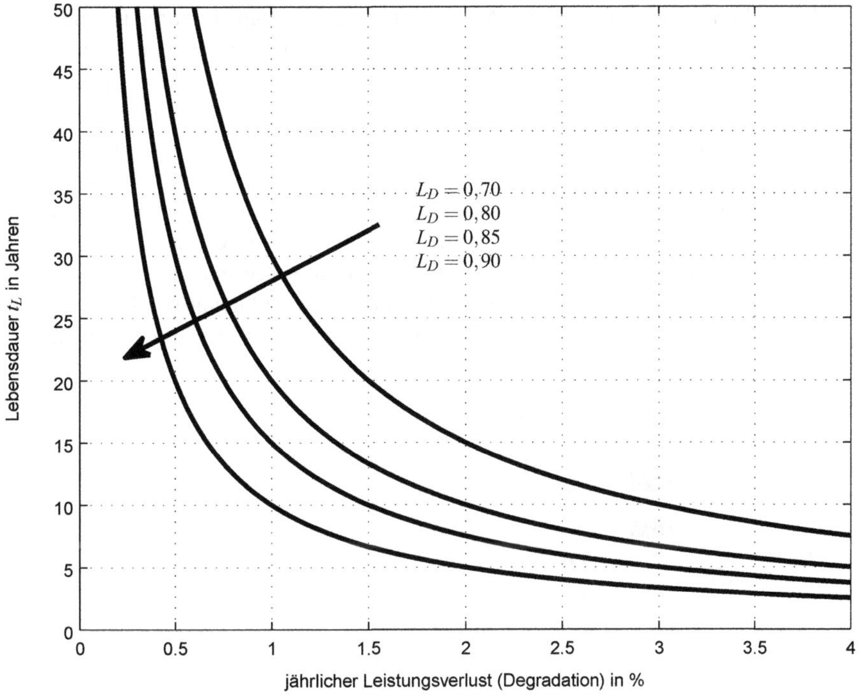

Abb. 4.49 Lebensdauer in Abhängigkeit der jährlichen Leistungsverluste, bezogen auf die Nennleistung eines Photovoltaikmoduls

→ Standardtestbedingungen

Die Standardtestbedingungen (engl. Standard Test Conditions) sind normierte Umgebungsbedingungen, bei denen die Nennleistung eines Photovoltaikmoduls definiert ist. Leistungsangaben beruhen demnach auf einer Messung bei einer Einstrahlung von 1000 W/m^2, einer Zelltemperatur von 25 °C und dem AM1,5 Standardspektrum. Die ermittelte Nennleistung wird häufig in der Einheit Watt peak [W$_p$] angegeben. Diese Festlegung der Umgebungsbedingungen ermöglicht eine weltweite Vergleichbarkeit der Leistungsangaben von Photovoltaikmodulen.

Die Bestimmung der Nennleistung eines Photovoltaikmoduls erfolgt bei Standardtestbedingungen. Dazu wird die Hellkennlinie im Generatorbereich aufgenommen und der Punkt maximaler Leistung (MPP) bestimmt. Da die garantierte Leistung eines Photovoltaikmoduls nur für Standardtestbedingungen gilt, kann der Nachweis mit ausreichender Genauigkeit nur durch eine Leistungsmessung mit einem Sonnensimulator und einem hinreichend genauen Kennlinienmessgerät erfolgen. Es ist auch eine Kennlinienmessung unter natürlichem Sonnenlicht und die Korrektur auf Standardtestbedingungen möglich. Die Einstrahlung sollte dazu mindestens

800 W/m^2 betragen. Aufgrund der Anwendung von Korrekturfaktoren für die Umrechnung der Einstrahlung und der Temperatur sowie der Abweichung vom Standardspektrum ist allerdings mit einer Ungenauigkeit deutlich über der einer Labormessung zu rechnen. Die Messung unter natürlichem Sonnenlicht ermöglicht dennoch schnell und kostengünstig eine erste Einschätzung der Modulleistung.
Die Messunsicherheit sowohl beim Modulhersteller als auch im Prüflabor hat maßgeblichen Einfluss auf die Höhe einer nachweisbaren Minderleistung (vgl. Abb. 4.50). Sie beträgt typischerweise jeweils ±3 Prozent. Ferner hat auch die vom Hersteller angegebene Leistungsklasse einen nicht unwesentlichen Einfluss, insbesondere wenn eine Leistungsklasse mit einer positiven und negativen Leistungsabweichung angegeben wird. Betrachtet man ein Photovoltaikmodul der Leistungs-

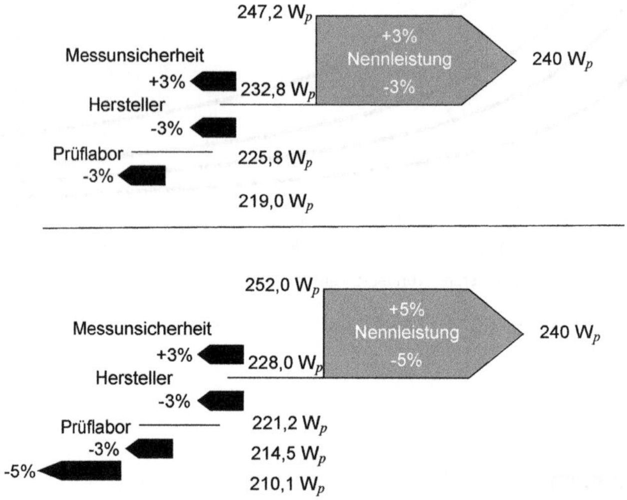

Abb. 4.50 Leistungsklassen und Nachweisgrenze einer Minderleistung in Abhängigkeit der Messunsicherheit

klasse 240 W_p bei dem der Hersteller eine Leistungstoleranz von ±3 Prozent angibt, so kann dieses Modul eine Leistung von maximal 247,2 W_p und minimal von 232,8 W_p aufweisen. Die Messung beim Hersteller unterliegt aber einer gewissen Messungenauigkeit, die ebenfalls im Moduldatenblatt dokumentiert sein sollte. Diese wird hier ebenfalls mit ±3 Prozent angenommen. Dadurch besteht die Möglichkeit, das im Worst Case die Ausgangsleistung eines Moduls dieser Leistungsklasse nur 225,8 W_p betragen kann. Bei einer Überprüfung der Nennleistung in einem Sonnensimulator unterliegt die Messung ebenfalls einer Messunsicherheit. Beträgt diese ebenfalls ±3 Prozent so verschiebt sich hier die Nachweisgrenze einer Minderleistung auf 219 W_p. Beträgt die Herstellertoleranz ±5 Prozent und die Messunsicherheit des Prüflabors zwischen ±3 und ±5 Prozent, so sinkt die Nachweisgrenze einer Minderleistung auf 214 bis 210 W_p, also -9 bis -12 Prozent ausgehend von der Leistungsklasse 240 W_p (vgl. Abb. 4.50 unten).

→ Kennlinienkorrektur

Die Messung der Strom-Spannungs-Kennlinie eines Photovoltaikmoduls ist häufig nicht unter Standardtestbedingungen möglich. Abweichungen der Einstrahlung E wirken sich dabei direkt auf die gemessenen Stromwerte I aus. Eine Korrektur der Einstrahlung kann näherungsweise durch Parallelverschiebung der Stromwerte erfolgen:

$$I_2 = \frac{E_2}{E_1} \cdot I_1$$

Die Leerlaufspannung U_{oc} eines Photovoltaikmoduls wird nur geringfügig durch die Einstrahlung beeinflusst. Wird die Kennlinie bei Einstrahlungen $E > 200\,\frac{\mathrm{W}}{\mathrm{m}^2}$ aufgenommen, kann die Abweichung mit Hilfe der Temperaturspannung U_T und dem logarithmischen Verhältnis der Einstrahlungen berücksichtigt werden:

$$U_{oc,2} = U_{oc,1} + U_T \cdot \ln\left(\frac{E_2}{E_1}\right)$$

Die Temperaturspannung einer kristallinen Solarzelle beträgt bei einer Temperatur von 300 K ca. 25 mV. Der Einfluss auf die Leerlaufspannung beträgt dabei bis zu 4 Prozent. Für Einstrahlungen $E < 200\,\frac{\mathrm{W}}{\mathrm{m}^2}$ nimmt die Leerlaufspannung deutlich stärker ab, sodass ein weiterer logarithmischer Term berücksichtigt werden muss:

$$U_{oc,2} = U_{oc,1} \cdot \left(1 + \rho_{oc} \cdot \ln\left(\frac{E_2}{E_1}\right) \cdot \ln\left(\frac{E_2}{E_{oc}}\right)\right)$$

Bei den Parametern ρ_{oc} und E_{oc} handelt sich um zellspezifische Werte. Für kristalline Solarzellen haben sich für $\rho_{oc} = -0,04$ und für $E_{oc} = E_1$ bewährt [27].
Die Zelltemperatur wirkt sich hauptsächlich auf die gemessenen Spannungswerte aus. Kristalline Photovoltaikmodule weisen einen negativen Temperaturkoeffizienten im Bereich von -0,4 %/K auf. Das bedeutet, dass eine Temperaturerhöhung um ein Kelvin zu einer Verminderung der Spannung von 0,4 Prozent führt. Der Strom nimmt mit steigender Temperatur leicht zu. Für ihn gilt ein typischer Temperaturkoeffizienten im Bereich von 0,1 %/K. Im Datenblatt eines Photovoltaikmoduls sind die Temperaturkoeffizienten für Kurzschlussstrom α, Leerlaufspannung β und maximale Leistung γ für Standardtestbedingungen angegeben. Sie gelten nur für die angegebenen Betriebspunkte. Mit diesen Werten kann näherungsweise eine Temperaturkorrektur von gemessenen Strom-Spannungs-Kennlinien vorgenommen werden:

$$\begin{aligned} I_{sc,2} &= I_{sc,1} \cdot (1 + \alpha \cdot (T_2 - T_1)) \\ U_{oc,2} &= U_{oc,1} \cdot (1 + \beta \cdot (T_2 - T_1)) \\ P_{MPP,2} &= P_{MPP,1} \cdot (1 + \gamma \cdot (T_2 - T_1)) \end{aligned}$$

Der Index 1 kennzeichnet dabei die Temperatur T bei der die Kennlinie gemessen wurde, der Index 2 die Temperatur für die der entsprechende Wert ermittelt werden soll. Weitere Methoden für die Umrechnung von Strom-Spannungs-Kennlinien sind in der Norm DIN EN 60891 [7] definiert.

4.5.2 Degradation

Die technische Beschreibung von Produkten erfolgt anhand deren Eigenschaften unmittelbar nach dem Herstellungsprozess bzw. einer definierten Nachbehandlung zur Stabilisierung der maßgeblichen Produktmerkmale. Im Laufe ihrer Nutzungsdauer verschlechtern sich diese Eigenschaften bei nahezu allen technischen Produkten. Die Abnutzung der Oberflächen von Maschinen oder Werkzeugen ist durch einen fortschreitenden Materialverlust gekennzeichnet und wird als Verschleiß bezeichnet. Im fortgeschrittenen Stadium ist er häufig mit bloßem Auge erkennbar und mindert die Leistungsfähigkeit eines Werkzeugs. Halbleiterbauteile sollen bestimmte Parameter zur Erfüllung von elektronischen Aufgaben aufweisen. Die Veränderung dieser Parameter erfolgt durch Diffusionsvorgänge, Elektromigration oder äußere Einflüsse. Im Fall von Solarzellen geht die Änderung der Parameter häufig mit einer Reduzierung des Wirkungsgrads einher und wird als Degradation bezeichnet. Verschlechtert sich im Laufe der Nutzungsdauer beispielsweise der Transmissionsgrad des Frontglases oder der Verkapselung, sinkt der Wirkungsgrad eines Photovoltaikmoduls.
Eine typische Degradationserscheinung ist die ungewollte Diffusion von Fremdatomen in das Halbleitermaterial, welche dort Rekombinationszentren ausbilden. Diffusionsprozesse laufen in der Regel sehr langsam ab. Die Folge ist eine schleichende Reduzierung des Wirkungsgrads. Beispiele für Fremdatome sind dabei z.B. Eisen, Aluminium oder Erdalkaliionen wie Natrium oder Kalium. Letztere können beispielsweise aus dem Deckglas, welches aus Kalk-Natron-Glas besteht, in die Solarzelle diffundieren. Auch eine Verunreinigung der Solarzelle während des Herstellungsprozesses kann zu einer späteren Degradation führen.
Während der Lebensdauer eines Photovoltaikmoduls ist der Materialverschleiß des Photovoltaikmoduls und die Degradation der Solarzellen nicht zu vermeiden. Aufgrund von Temperaturschwankungen, Feuchtigkeit, UV-Strahlung sowie mechanischen Belastungen durch Wind und Schnee nimmt der Wirkungsgrad stetig ab. Dabei spricht man von einer natürlichen Alterung. Die Leistungsgarantie der Hersteller geht dabei von bis zu 1 Prozent Leistungsverlust pro Jahr aus. Dieser Wert stellt jedoch den ungünstigsten Fall dar, durchschnittlich beträgt die jährliche Degradationsrate zwischen 0,1 und 0,3 Prozent. Neben der natürlichen Alterung von Photovoltaikmodulen können unvorhersehbare Fehler bzw. Einflüsse zu einer beschleunigten Degradation durch Verschattung oder Rückströme führen. Durch den ungünstigen Betriebspunkt der Solarzellen kann hier zusätzlich eine hohe thermische Belastung der Module auftreten, die im Extremfall zu einer Zerstörung der Module führen kann.

Hot Spots

Bei der Verschattung von Photovoltaikmodulen unterscheidet man dauerhafte und temporäre Verschattungen. Bäume, benachbarte Gebäude, Dachaufbauten und der Schattenwurf von hintereinander angeordneten Modulreihen in Freiflächenphotovoltaikanlagen und auf Flachdächern stellen die offensichtlichsten Schattenquellen dar. Mit Hilfe von Verschattungsanalysen und Sonnenstandsdiagrammen kann der systematische Ertragsverlust ermittelt werden (vgl. Kap. 3.1.7). Diese Analyse sollte im Planungsstadium der Photovoltaikanlage erfolgen. Übersteigt der Ertragsverlust ein vertretbares Maß, sollte die Anordnung entsprechend optimiert werden. Nachträgliche Änderungen, insbesondere der Ausrichtung, sind kostenintensiv und nur in Ausnahmefällen wirtschaftlich umzusetzen.

Abb. 4.51 Auswirkung von partieller Verschattung durch Bewuchs auf einer Freiflächenphotovoltaikanlage. Durch die unscheinbare Verschattung entsteht ein Temperaturunterschied von 20 K.

Modulverschmutzung durch Vogelkot oder Moosbewuchs und Schattenwurf durch Bewuchs vor den Modulen werden oft nicht wahrgenommen oder unterbewertet. Abb. 4.51 (links) zeigt Feldblumen vor einem Photovoltaikmodul einer Freiflächenphotovoltaikanlage. Der Schattenwurf auf das Modul betrifft nur eine geringe Teilfläche der Solarzellen. Die Infrarotaufnahme in Abb. 4.51 (rechts) offenbart jedoch eine Erwärmung einer betroffenen Solarzelle um 20 K im Vergleich zu den übrigen Solarzellen. Dies führt nicht unmittelbar zu einer Beschädigung der Solarzellen. Es liegt jedoch eine thermische Belastung vor, die zu mechanischen Spannungen im Modul und einer beschleunigten Alterung führen kann. Des Weiteren führt diese Teilverschattung zu einem zumindest temporären Leistungsverlust des betroffenen Zellstrangs.

Die Ursachen einer partiellen Verschattung sind häufig unscheinbar. Die Auswirkungen führen jedoch zu einer deutlichen Erwärmung einzelner Zellen im Modul und zu einem deutlichen Leistungsverlust des betroffenen Zellstrangs. Aufgrund der Neigung der Photovoltaikmodule tritt bei Regen eine Selbstreinigungseffekt ein. Bei starker Verschmutzung (vgl. Abb. 4.52) oder der Ansiedlung von Pionierpflanzen wie Moos oder Flechten am unteren Modulrand ist jedoch eine professionelle Reinigung der Modulfläche geboten. Der Ertragsverlust pro Jahr kann schnell bis zu mehreren Prozent betragen und wird durch Monitoringssteme nur unzureichend erfasst. Um Ertragsminderungen durch Bewuchs und Verschmutzung zu verhindern ist eine regelmäßige Inspektion der Anlage notwendig. Bei Freiflächenanlagen muss außerdem ein regelmäßiger Grünschnitt erfolgen.

Abb. 4.52 Vogelkot (links) und Moosbildung (rechts) werden häufig übersehen. Im Extremfall ist eine Reinigung der Module ratsam, um eine Ertragsminderung zu vermeiden.

Verfärbungen der Verkapselungsfolie

Zum Schutz vor Witterungseinflüssen und zur elektrischen Isolation sind die Solarzellen in einem Photovoltaikmodul in einem Kunststoff eingebettet. Diese Folie besteht häufig aus Ethylenvinylacetat (EVA). Durch die Einwirkung von UV-Strahlung, Feuchtigkeit und Temperatur kann es zu Veränderungen der optischen und mechanischen Eigenschaften kommen. Durch Thermo-Oxidation kann eine Vergilbung – das sogenannte Yellowing – auftreten. Dieses entsteht durch chromophobe Abbauprodukte und verringert vor allem den Transmissionsgrad der Folie im Wellenlängenbereich unter 500 nm. Die Folie verfärbt sich dabei gelb. Führt die farbliche Veränderung nur zu einer Reduzierung im unteren Wellenlängenbereich, muss nicht zwangsläufig ein Leistungsverlust auftreten. Die Verfärbung stellt dann lediglich einen Produktmangel dar.
Durch Photo-Oxidation – infolge von Strahlungsabsorption in der Kunststofffolie – können die farbgebenden Abbauprodukte der Thermo-Oxidation weiter abgebaut werden. Die Folge ist ein Bleicheffekt, der den augenscheinlichen Mangel des Yellowing beseitigt. Jedoch werden bei diesem Vorgang auch die in der Folie eingebauten UV-Absorber zersetzt [32]. Dies führt zu einer beschleunigten Alterung der Verkapselung und der Verschlechterung der mechanischen und elektrischen Eigenschaften. In der Folge kann die Wasserdampfdiffusion begünstigt werden, was weitere Alterungseffekte nach sich zieht.

Zellbrüche und Snail Tracks

Solarzellen aus kristallinem Silizium sind während der Herstellung des Moduls, beim Transport zum Installationsort, bei der Montage und im Betrieb mechanischen Belastungen ausgesetzt. Im Betrieb auftretende stationäre Belastungen sind im Normalfall vernachlässigbar, jedoch treten immer wieder dynamische Lastspitzen aufgrund von Erschütterungen oder Windlasten auf. Diese können in dem spröden Zellmaterial Brüche und Risse verursachen, die häufig nicht mit dem bloßen Auge zu

erkennen sind (Mikrorissen). Dadurch können einzelne Zellbereiche aufgrund von unterbrochenen elektrischen Verbindungen bzw. Abtrennen von Teilen der Solarzelle inaktiv werden. Die Folge ist ein Leistungsverlust. Im Extremfall wird durch die Verringerung der aktiven Zellfläche der Photostrom derart reduziert, dass die Bypassdiode aktiv wird. Sind die Mikrorisse beim Herstellungsprozess vor der abschließenden Leistungsmessung entstanden, so ist ein möglicher Leistungsverlust bereits bei der Leistungsangabe berücksichtigt. Es ist davon auszugehen, dass während des Betriebs die Anzahl und das Ausmaß der Zellbrüche aufgrund der dynamischen Belastung durch Wind und Schnee sowie aufgrund von Temperaturunterschieden auftretenden mechanischen Spannungen zunimmt. [24]
Partielle grau-schwarze Verfärbungen der Solarzellen werden als Schneckenspuren oder Snail Tracks bezeichnet. Sie können an den Kanten der Solarzelle, entlang der Kontaktfinger oder entlang von Mikrorissen auftreten (vgl. Abb. 4.53). Die Verfärbung entsteht durch Wasser, welches durch die Rückseitenfolie diffundiert und an den Kanten oder durch Mikrorisse auf die Vorderseite der Solarzellen gelangt. Das eingedrungene Wasser führt in Kombination mit dem vorhandenen elektrischen Feld, der relativ hohen Betriebstemperatur und UV-Strahlung zur Korrosion des Silberkontakts. Die Korrosion beginnt an der Grenzfläche zur EVA-Folie und Silber migriert in die Folie. Dabei bilden sich silberhaltige Partikel die mit schwefel-, phosphor- oder chlorhaltigen Additiven in der Folie reagieren und zu dieser charakteristischen Verfärbung führen [29]. Diese Zusatzstoffe werden der Folie beim Herstellungsprozess zugeschlagen, um sie möglichst langlebig zu gestalten.
Snail Tracks sind ein sicherer Indikator für das Vorhandensein von Mikrorissen. Sind keine Snail Tracks vorhanden, kann im Umkehrschluss ein Mikroriss nicht ausgeschlossen werden [24]. Mit Hilfe von Elektrolumineszenzaufnahmen können diese Mikrorisse sichtbar gemacht werden (vgl. Abb. 4.53).

→ Elektrolumineszenz

Wird an eine Leuchtdiode eine elektrische Spannung angelegt werden Photonen emittiert. Derselbe Effekt tritt bei Solarzellen auf, jedoch hat das emittierte Licht eine Wellenlänge von ungefähr 1100 nm und liegt somit im nichtsichtbaren Nahinfrarot-Bereich. Mit Hilfe spezieller Kameras wird dieser Effekt für die Analyse von Solarzellen und Photovoltaikmodulen genutzt. Die Solarzellen werden im Durchlassbereich der Kennlinie betrieben. Dabei emittieren nur intakte Bereiche der Solarzelle Photonen. Inaktive Bereiche erscheinen im Elektrolumineszenzbild dunkel. So können Mikrorisse, Zellbrüche oder inaktive Bereiche aufgrund von PID sichtbar gemacht werden.
Die Intensität der emittierten Photonen ist aufgrund der spektralen Empfindlichkeit der Solarzellen sehr gering. Daher sind für Elektrolumineszenzaufnahmen sehr empfindliche Kameras oder lange Belichtungsdauern erforderlich. Die Umgebung sollte dazu vollständig abgedunkelt werden, um Störungen im Bild zu vermeiden. Für die Aufnahmen hat sich ein Stromwert im Bereich vom ein- bis zweifachen Kurzschlussstrom unter STC-Bedingungen bewährt.

Abb. 4.53 Links: Elektrolumineszenzaufnahme eines kristallinen Moduls mit deutlich sichtbaren Mikrorissen. Rechts: Foto desselben Moduls mit Snail Tracks entlang der Mikrorisse.

Potentialinduzierte Degradation

Als potentialinduzierte Degradation (PID) bezeichnet man die Abnahme des Wirkungsgrades einer Solarzelle, die aufgrund von Potentialdifferenzen hervorgerufen wird. In Solargeneratoren werden Module in Reihe geschaltet um Leitungsverluste zu minimieren. Aufgrund der Reihenschaltung von Modulen entstehen Systemspannungen bis zu 1000 V. Die Systemspannung U_{sys} wird zwischen den beiden Enden eines Modulstrangs gemessen. Sie kann bei einphasig arbeitenden Wechselrichtern von einem Wechselspannungssignal der doppelten Netzfrequenz überlagert sein. Um Verschiebungen des Arbeitspunktes zu vermeiden, sollte die Amplitude des Wechselspannungssignals nur wenige Prozent der MPP-Spannung betragen. Sie ist abhängig vom Gerätedesign und dem momentanen Leistungsfluss. Bei dreiphasig arbeitenden Wechselrichtern treten deutlich niedrigere Wechselspannungsüberlagerungen mit der drei- oder sechsfachen Netzfrequenz auf [36]. Zudem fällt von den Polen des Solargenerators eine Spannung zum Erdpotential ab. Polarität und Betrag der Spannung gegen Erde wird durch die Erdungssituation des Solargenerators und durch den verwendeten Wechselrichtertyp beeinflusst. Dabei sind die Module an den Enden des Modulstrangs jeweils dem höchsten und dem niedrigsten Potential ausgesetzt. Durch die Erdung des Solargenerators kann das Potential festgelegt werden (Abb. 4.54). Die Erdung kann entweder direkt am Solargenerator erfolgen oder intern im Wechselrichter. Wird der negative Generatorpol geerdet, so liegt an

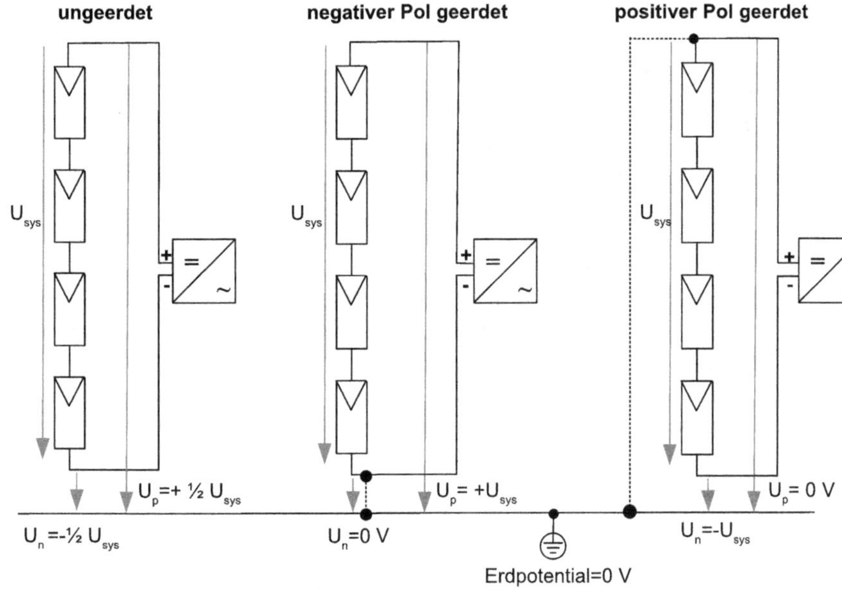

Abb. 4.54 Mögliche Erdungsvarianten und daraus resultierende Potentiale zwischen Plus- und Minuspol des Solargenerators.

allen Modulen ein positives Potential an. Das erste Modul im Strang, vom Plus- zum Minuspol gezählt, wird dabei mit dem höchsten Potential beaufschlagt. Der Wert entspricht dabei der positiven Systemspannung:

$$U_p = +U_{sys} \text{ und } U_n = 0\,V$$

Bei einer Erdung des positiven Generatorpols erfährt das letzte Modul im Strang das höchste – jetzt negative – Potential:

$$U_p = 0\,V \text{ und } U_n = -U_{sys}$$

Die Erdung eines Generatorpols ist jedoch nur möglich wenn eine galvanische Trennung zwischen Gleichstromnetz und Wechselstromnetz besteht, wie sie einem Wechselrichter mit Transformator besteht. In einem transformatorlosen Wechsel-

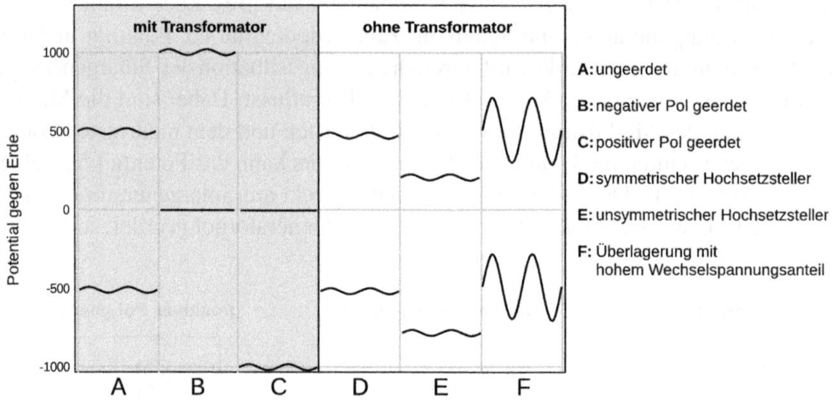

Abb. 4.55 Potentialbeeinflussung durch unterschiedliche Wechselrichter mit und ohne Transformator am Beispiel einer Systemspannung von 1000 V, nach [36].

richter werden Gleichstromsteller mit unterschiedlichen Schaltungstopologien eingesetzt. Je nach Schaltungsaufbau stellt sich ein Potential gemäß Abb. 4.55 ein. Im Fall A bis C ist das resultierende Potential eines Wechselrichters mit Transformator ohne Erdung sowie mit Erdung des negativen und des positiven Generatorpols dargestellt. Im Fall D und E sind die Potentiale eines Wechselrichters ohne Transformator mit symmetrischem und unsymmetrischem Hochsetzsteller dargestellt. Fall F zeigt die möglichen Potentialverläufe eines transformatorlosen Wechselrichters ohne Hochsetzsteller. Hier werden jedoch vergleichsweise hohe Wechselspannungsanteile übertragen. Transformatorlose Wechselrichter erreichen höhere Wirkungsgrade als Wechselrichter mit Transformator. Erstere werden folglich immer häufiger in Photovoltaikanlagen eingesetzt. Eine einfache Beeinflussung des Potentials kann dabei nur wechselrichterintern erfolgen, was häufig mit Wirkungsgradeinbußen einhergeht. Eine Übersicht über Schaltungstopologien, Arbeitsweisen sowie Vor- und Nachteile unterschiedlicher Wechselrichtertypen kann [36] entnommen werden.

Der auftretende Potentialunterschied ruft einen Leckstrom I_{leak} hervor, aus dem sich die geflossene Ladungsmenge Q ermitteln lässt:

$$Q = \int_{t_0}^{t} I_{leak}\, dt \tag{4.74}$$

Dieser Leckstrom kann den in Abb. 4.56 gezeigten Pfaden folgen. Die übertragene Ladungsmenge lässt indirekt einen Rückschluss auf die zu erwartende Degradation zu, wie im folgenden gezeigt werden soll.

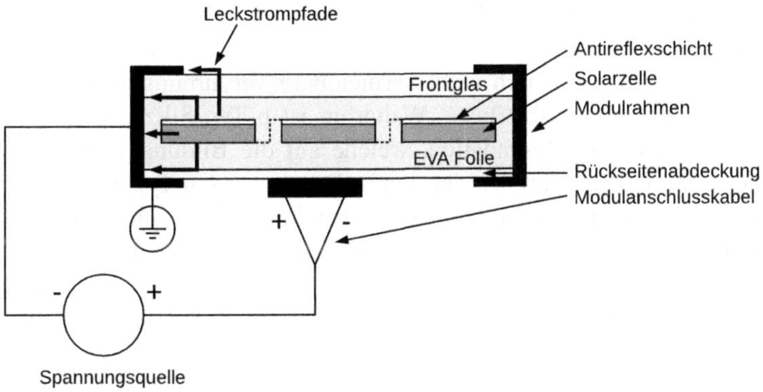

Abb. 4.56 Mögliche Leckstrompfade eines kristallinen Photovoltaikmoduls am Beispiel eines positiven Potentials. Werden die Pole der Spannungsquelle vertauscht, spricht man von einem negativen Potential.

Der Einfluss von hohem elektrischen Potential und Feuchtigkeit auf den Wirkungsgrad von Solarzellen wird seit Ende der 70er Jahren untersucht: Klimakammertests mit erhöhter Feuchtigkeit und einem extern angelegten Potential zwischen -250 und +250 V führten zu Verfärbungen und Materialmigration in Modulen mit kristallinen Solarzellen [22]. Die Belastung mit dem negativen Potential führte zu einer Verringerung des Parallelwiderstands der untersuchten Solarzellen von durchschnittlich 50 Prozent. Der Leistungsverlust lag jedoch deutlich unter 5 Prozent. Module aus dem Feld zeigten nach 18-monatigem Betrieb keine Verfärbungen oder Materialmigration. Diese Tests fanden im Rahmen einer systematischen Untersuchung zur Qualifizierung von Photovoltaikmodulen für den dauerhaften terrestrischen Betrieb statt. Im realen Anlagenbetrieb wurde in den folgenden Jahren zunächst keine Degradationserscheinung dieser Art beobachtet. Diese Testprozedur wurde daher in den folgenden Jahrzehnten in standardisierten Tests nicht berücksichtigt. Erst zwei Jahrzehnte später erlangte diese Problematik wieder erhöhte Aufmerksamkeit: Module einer Testanlage aus n-Typ Silizium mit Rückkontakt und einer Antireflexionsschicht aus SiN auf der Vorderseite (Sunpower A300) zeigten bei Belastung mit einem positiven Potential einen Leistungsverlust [39]. Für p-Typ Silizium zeigt sich hingegen ein Leistungsverlust bei einer Belastung mit negativem Potential.

→ p- und n-Typ Silizium

Si-Solarzellen werden anhand der Dotierung des Basismaterials in p- und n-Typ Silizium klassifiziert. Werden beim Herstellungsprozess des Siliziumkristalls bereits Elemente der 3. Hauptgruppe (z.B. Bor) in das Kristallgitter eingebaut spricht man von p-leitendem Silizium. Nach dem Sägen der Wafer wird eine dünne Schicht auf der Solarzelle mit Elementen aus der 5. Hauptgruppe dotiert, sodass ein p-n-Übergang entsteht. Im umgekehrten Fall spricht man von n-leitendem Silizium. Standard-Si-Solarzellen bestehen aus p-Typ Silizium. Der Herstellungsprozess ist vergleichsweise einfach und auch die folgenden Prozessschritte der Phosphordotierung und das Aufbringen der Antireflexschicht aus Siliziumnitrid sind kostengünstig auszuführen. Durch nicht vermeidbare Verunreinigung durch Eisenatome entstehen Wirkungsradverluste. Weiterhin ist p-Typ Silizium anfälliger gegenüber lichtinduzierter Degradation, welche auf die Bildung von Bor-Sauerstoffkomplexen zurück geführt werden kann. Dagegen ist n-Typ Silizium weitestgehend resistent. Für die Herstellung sind aber höhere Temperaturen erforderlich. Für die Antireflexschicht kann zudem nicht auf das Standardmaterial Siliziumnitrid zurückgegriffen werden. Hier sind alternative Materialien wie Aluminiumoxid notwendig. Die höheren Wirkungsgrade von n-Typ Si-Solarzellen sind somit mit einem höheren Aufwand bei der Herstellung verbunden.

Der genaue Mechanismus der Wirkungsgraddegradation ist noch nicht abschließend geklärt. Die Einflussfaktoren sind jedoch weitgehend bekannt. Für p-Typ Silizium ist ein negatives Potential, für n-Typ Silizium ein positives Potential besonders schädlich. Die Verkapselungsfolie hat ebenfalls einen erheblichen Einfluss auf die PID-Anfälligkeit. So existieren Folien mit hoher Leitfähigkeit und hohem PID-Potential und umgekehrt. Eine höhere Leitfähigkeit erhöht den Leckstrom und damit das PID-Potential. Des weiteren spielt die Antireflexschicht aus SiN eine signifikante Rolle [26].

Es gibt zwei Theorien den PID-Effekt zu erklären. Bei der ersten wird aufgrund der Potentialsituation und dem daraus resultierenden Leckstrom von einer Polarisation der Zelloberfläche ausgegangen [39]. Sie wirkt der Raumladungszone entgegen und führt zu einer Rekombination der freien Ladungsträger. Diese Polarisation ist vollständig reversibel. Durch eine Behandlung mit UV-Strahlung oder durch Anlegen einer Umkehrspannung kann der ursprüngliche Wirkungsgrad wieder hergestellt werden. Die zweite Theorie besagt, dass Erdalkaliionen (insbesondere Natrium) zur Zelloberfläche diffundieren und sich in sogenannten Stapelfehlern – das sind kleine Fehler im Kristallgitter – einlagern. Dadurch entstehen lokale Kurzschlüsse des p-n-Übergangs. Eine Analyse der Materialzusammensetzung hat eine lokale Anreicherung von Natrium in Solarzellen nach einem beschleunigten Alterungstest mit extern angelegtem Potential bestätigt [31]. Dieser Prozess ist nicht reversibel.

Neuere Untersuchungen zeigen, dass der Wirkungsgrad nur teilweise wieder hergestellt werden kann. Dies deutet daraufhin, dass beide Modelle in Kombination auftreten. Die Quelle des Natriums wird dabei im Deckglas vermutet. Es besteht häufig aus Kalknatronglas mit einem vergleichsweise hohen Natriumanteil. Eine Verunreinigung während des Herstellungsprozesses der Zellen, Module oder der Folie sind aber ebenfalls möglich. Die PID-Schädigung führt zu einer Reduktion des Parallelwiderstands. Besonders problematisch bei diesem Schadensbild ist, dass kein optischer Mangel mit einer PID-Schädigung einher geht. Der Fehler kann folglich nur durch eine Leistungsmessung oder Elektrolumineszenzaufnahmen identifiziert werden. Nicht alle Module zeigen den PID-Effekt. Um die Anfälligkeit zu überprüfen existiert seit 2013 der Normenentwurf DIN EN 62804 [8]. Die Degradation wird durch ein extern angelegtes Potential von 1000 V bei einer Temperatur von 60°C und einer relativen Luftfeuchtigkeit von 85 Prozent beschleunigt. Nach 96 Stunden wird überprüft, ob eine Wirkungsgraddegradation aufgetreten ist. Kritisch zu bewerten ist dabei, dass der Test nur eine kurze Zeitspanne umfasst. Laufen die Degradationsprozesse langsamer ab, können sie von diesem Test nicht erfasst werden.

Dünnschichtphotovoltaikmodule können ebenfalls eine Wirkungsgraddegradation aufgrund des Potentials gegen Erde zeigen. Dabei muss zunächst zwischen Modulen in Superstrat- und Substrat-Bauweise unterschieden werden (Abb. 4.57). Typische

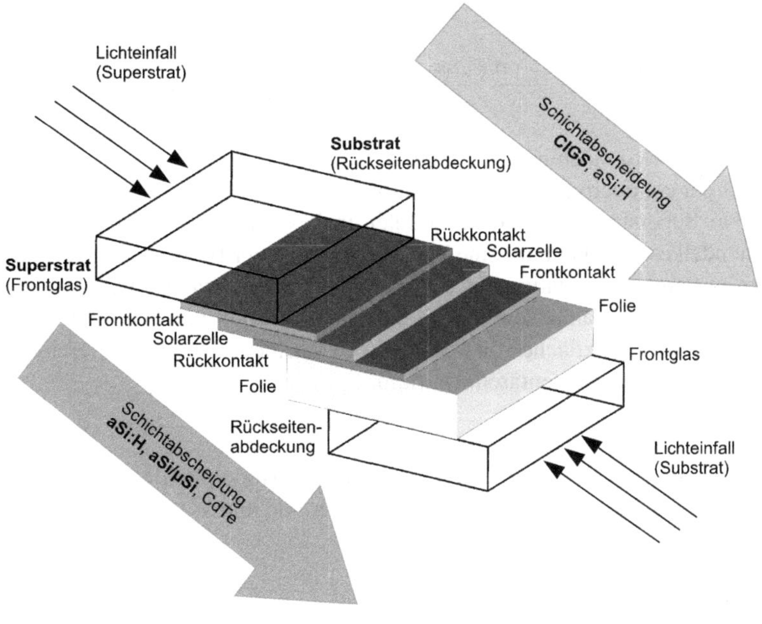

Abb. 4.57 Superstrat und Substrat-Aufbau von Dünnschichtphotovoltaikmodulen

Vertreter der Superstrat-Bauweise sind Module aus amorphem (aSi:H) oder mikrokristallinem (μSi) Silizium sowie Module aus Cadmiumtellurid (CdTe). Wird der Schichtaufbau mit dem Rückkontakt auf einem Trägersubstrat begonnen, spricht man von Substratbauweise. Typische Vertreter der Substrat-Bauweise sind CIGS-Module. Im Fall der Substrat-Bauweise muss das einfallende Sonnenlicht zusätzlich die Verkapselungsfolie passieren. Mit Ausnahme von flexiblen Dünnschichtphotovoltaikmodulen, die ausschließlich in eine Polymerfolie eingebettet sind, besteht sowohl das Frontglas als auch die Rückseitenabdeckung aus Kalknatronglas. Dabei handelt es sich um handelsübliches Floatglas, welches beispielsweise in Fenstern eingesetzt wird. Es hat einen signifikanten Kostenvorteil gegenüber anderen Gläsern (z.B. Borosilkat-Glas) und ist gut an die thermische Belastung beim Abscheideprozess der Solarzellen angepasst. Im wesentlichen besteht dieses Glas aus Silziumdioxid (SO_2), Calciumoxid (CaO), Natriumoxid (Na_2O), Magnesiumoxid (MgO) und Aluminiumoxid (Al_2O_3).

Tabelle 4.6 Chemische Zusammensetzung in Gewichts-% von Kalknatronglas und Borosilikatglas nach [51, 35], in Klammern typische Werte.

Bestandteil	Kalknatronglas	Borosilikatglas
SiO_2	69-74 (72) %	70-87 (81) %
CaO	5-12 (9) %	–
B_2O_3	–	7-15 (13) %
$Na_2O + K_2O$	12-16 (14)%	0-16 (4) %
MgO	0-6 (4,5) %	–
Al_2O_3	0-3 (0,5) %	0-8 (2)%

Der Frontkontakt wird flächig aus einem transparenten, leitfähigen Metalloxid (engl. transparent conductive oxide, TCO) aufgebracht. Potentialinduzierte Degradation tritt bei Superstrat-Dünnschichtmodulen insbesondere als TCO-Korrosion auf. Dabei handelt es sich nicht um eine Verschlechterung der Halbleitereigenschaften, sondern um eine Degradation des transparenten Frontkontaktes. Die Ursache ist auch hier mit hoher Wahrscheinlichkeit auf eine Diffusion von Na^+-Ionen aus dem Deckglas in die Grenzfläche von Glas und TCO-Schicht. Diese reduzieren mit einem freien Elektron zu elementarem Natrium.

$$\mathrm{Na^+ + e^- \rightarrow Na}$$

Erkennbar ist dieser Schritt an einer Verdunkelung der Moduloberfläche. Das elementare Natrium reagiert mit Wasser zu Natriumhydroxid und Wasserstoff.

$$\mathrm{Na + H_2O \rightarrow NaOH + H} \tag{4.75}$$

Das für diesen Prozessschritt notwendige Wasser kann zum einen über die Modulkanten in das Modul diffundieren oder stammt aus der Restfeuchte der Verkapselungsfolie. Diese Prozesse sind zunächst unabhängig vom eingesetzten TCO und führen noch zu keiner irreversiblen Schädigung der TCO-Schicht. Wird Zinndioxid (SnO_2) als TCO eingesetzt, kommt es in einem weiteren Schritt zu einer Reaktion des Wasserstoff mit Zinndioxid zu Zinn und Wasser, welches wiederum für eine weitere Reaktionen gem. Gl. 4.75 zur Verfügung steht.

$$\mathrm{4H + SnO_2 \rightarrow Sn + 2H_2O} \tag{4.76}$$

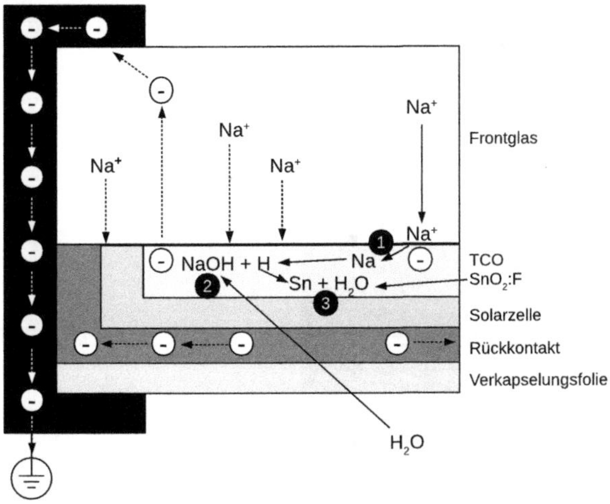

Abb. 4.58 Ablauf der TCO-Korrosion in einem gerahmten Superstart-Modul: (1) Na^+ –Ionen werden mit einem freien Elektron zu elementarem Na reduziert. (2) Na und eindiffundiertes H_2O reagieren zu NaOH und H. (3) H und SnO_2 reagieren zu elementarem Sn und H_2O (irreversible Schädigung des TCO).

Diese Reaktion führt zu einer irreversiblen Schädigung der TCO-Schicht. Der Degradationsprozess macht sich durch einen steigenden Serienwiderstand des Moduls bemerkbar. Dieser wird durch die Herabsetzung der Leitfähigkeit der TCO-Schicht hervorgerufen und kann mit Hilfe von Elektrolumineszenzaufnahmen sichtbar gemacht werden. Weiterhin kommt es zu einer Delamination, d.h. einem Abplatzen der TCO-Schicht vom Frontglas. Eine weitere sichtbare Folge der TCO-Korrosion ist Glaskorrosion. Neben der Reaktion des Natriums zu Natriumhydroxid gem. Gl. 4.75 werden zum Ladungsausgleich Wasserstoffionen in das Frontglas gezogen. Natrium im Glasnetzwerk reagiert dabei schnell mit Wasser zu Natriumhydroxid. Dieser Vorgang kann mit folgender Reaktionsgleichung beschrieben werden [25]:

$$\begin{aligned} &\mathrm{SiNaO\ (Glasnetzwerk)} + \mathrm{H_2O\ (Lösung)} \rightarrow \\ &\mathrm{SiOH\ (Glasnetzwerk)} + \mathrm{NaOH\ (Lösung)} \end{aligned} \tag{4.77}$$

Aufgrund der Fluordotierung des TCO (SnO_2:F) kann ferner Flusssäure entstehen, was zu einer weiteren Ablösung des TCO vom Glas führen kann. Die sichtbaren Ergebnisse dieser Prozesse sind in Abb. 4.59 dargestellt: die sogenannte Bargraph-Korrosion beginnt meistens am Modulrand[14] und ist aufgrund der Kontaktierung in einzelne Zellbereiche strukturiert. Die Natrium-Ionenwanderung aus dem Frontglas wird durch ein negatives Potential beschleunigt. Die positiven Natriumionen werden von der negativ wirkenden TCO-Schicht angezogen. Dabei ist das Modul am negativen Ende eines Modulstrangs am stärksten gefährdet. Um die Diffusionspro-

[14] Es besteht auch die Möglichkeit, dass über die Anschlussdose eines Moduls Wasser eindiffundiert. In diesem Fall kann TCO-Korrosion auch in diesem Bereich auftreten.

Abb. 4.59 TCO-Korrosion an einem μcSi Dünnschichtmodul [42]

zesse zu verhindern bzw. zu verlangsamen und um TCO-Korrosion zu vermeiden sind folgende Maßnahmen zu empfehlen:

- Erdung des negativen Generatorpols, um die Diffusion der Natriumionen aus dem Frontglas zu vermeiden bzw. zu verlangsamen. Eine Erdung des negativen Generatorpols setzt dabei eine galvanische Trennung von DC- und AC-Seite voraus, d.h. es muss ein Wechselrichter mit Transformator eingesetzt werden.
- Abdichten der Modulkanten um das Eindringen von Wasser zu verhindern. Wasser ist ein elementarer Reaktionspartner für die Entstehung von TCO-Korrosion.
- Werden die Module mit Hilfe von sogenannten Backrails montiert, so wird dadurch der Leckstrompfad durch das Frontglas unterbunden. Diese Maßnahme führt zudem zu einer Verringerung der Natriumionendiffusion aus dem Frontglas.
- Der Einsatz von natriumarmen Glas (z.B. Borosilikatglas) ist ebenfalls geeignet, TCO-Korrosion zu vermeiden. Borosilikatglas ist aber deutlich teurer als Kalknatronglas.

Prinzipiell kann TCO-Korrosion bei allen Superstrat-Modulen auftreten. Es ist jedoch stark abhängig vom eingesetzten TCO. TCO-Schichten aus Zinkoxid (ZnO) beispielsweise reagieren nur sehr träge mit Wasserstoff. Hier konnte bisher noch keine irreversible Schädigung beobachtet werden. Insofern ist auch der Einsatz eines alternativen TCO zur Vermeidung von TCO-Korrosion geeignet.
In Substrat-Bauweise werden vornehmlich Module der CIS- und CIGS-Technologie hergestellt. Da hier keine direkte Verbindung des TCO zum Frontglas besteht und zudem häufig ZnO als TCO eingesetzt wird, ist bisher keine TCO-Korrosion beobachtet worden. Dennoch können auch diese Module in Folge des anliegenden Poten-

tials gegen Erde Degradationserscheinungen zeigen. Auch hier spielt Natrium eine entscheidende Rolle. Es wird vermutet, dass Natrium aus dem Rückglas [15] in die Zellstruktur diffundiert. Untersuchungen an unverkapselten Zellen haben gezeigt, dass nach einer Potentialbelastung mit einem negativen Potential eine Anreicherung von Natrium in der CdS/CIGS-Grenzfläche auftritt [13]. Weiterhin zeigte sich, dass bei Verwendung von natriumarmen Glas keine Degradation und keine Natriumanreicherung auftritt. Die genauen Wirkmechanismen sind noch nicht genau geklärt. Hier sind ähnlich wie bei kristallinem Silizium mehrere Szenarien denkbar: Natrium welches aus dem Frontglas in die Zelle diffundiert führt zu einer Polarisation der betroffenen Zellbereiche und damit zur Bildung von Rekombinationszentren. Das Natrium könnte sich auch an der Grenzfläche von CdS/CIGS anreichern und zu einem shunting des Heteroübergangs führen. Auch eine chemischen Reaktion kommt in Frage. Dagegen spricht jedoch, dass die Degradation durch Dunkellagerung oder Anlegen eines positiven Potentials zumindest teilweise reversibel ist [28]. Es sind bisher keine Fälle bekannt, wo dieser Effekt bei existierenden Photovoltaikanlagen mit CIGS-Modulen aufgetreten ist. Insbesondere für diese Module liegen aber auch noch keine langjährigen Felderfahrungen vor.

Degradationserscheinungen werden mit Hilfe von beschleunigten Alterungstests untersucht. Dazu werden Module für mehrere hundert oder tausend Stunden in Klimakammern mit erhöhter Temperatur und Luftfeuchtigkeit gelagert. Diese Testvariante wird Feuchte-Dampf- oder auch Damp-Heat-Test genannt. Für die Untersuchung von potentialinduzierter Degradation wird der Damp-Heat-Test zum Bias-Damp-Heat-Test erweitert. Eine Spannungsquelle wird zwischen die Modulanschlüsse und den Modulrahmen angeschlossen. Je nach Modul- oder Versuchsaufbau kann die Spannung auch an eines der Deckgläser oder Backrails angelegt werden. [16]

Beschleunigte Alterungstests stellen meist nur ein grobes Abbild der realen Bedingungen in Photovoltaikanlagen dar. Um Vorhersagen über das Degradationsverhalten im realen Anlagenbetrieb treffen zu können, muss neben den Umgebungsbedingungen insbesondere das Modulmikroklima berücksichtigt werden. Die Modultemperatur und folglich auch die relative Feuchtigkeit auf der Moduloberfläche spielen eine maßgebliche Rolle und unterscheiden sich häufig von den Umgebungsbedingungen [14]. Auch arbeiten reale Anlagen in Mitteleuropa – im Gegensatz zu den Bedingungen während der Klimakammertests – überwiegend unter feuchten und kühlen Bedingungen.

---

[15] In der wissenschaftlichen Literatur ist die Quelle des Natriums nicht unumstritten. Das Glas stellt eine nahezu unerschöpfliche Quelle dar. Eine Verunreinigung der Solarzellen beim Herstellungsprozess ist aber ebenfalls denkbar. Bei CIGS-Modulen kommt hinzu, dass für hohe stabile Wirkungsgrade ein gewisser Natriumanteil beim Kristallwachstum vorhanden sein sollte und folglich auch in der Zelle vorhanden ist.

[16] Der Nachteil der Versuchsanordnung in Abb. 4.56 ist, dass hier nur die Summe aller Leckströme gemessen werden kann. Durch gezielte Kontaktierung einzelner Bauteile kann der Leckstrom durch einen bestimmten Leckstrompfad des Moduls gelenkt werden. Dadurch kann gezielt die morgendliche und abendliche Betauung eines Moduls bzw. Regen simuliert werden [44]. Beispielsweise bei CIGS-Modulen ist für einen bestimmten Leistungsverlust bei Aktivierung des Leckstrompfads durch das Rückglas eine geringere Ladungsmenge erforderlich im Vergleich zum Leckstrompfad durch das Frontglas [45].

Beschleunigte Alterungstests dienen dazu, in relativ kurzer Zeit Erkenntnisse über das Alterungsverhalten zu erlangen. Die oben beschriebenen Degradationserscheinungen können in Klimakammern dabei nahezu immer provoziert werden: ob eine Degradationserscheinung auftritt, ist nur eine Frage der Testdauer und der Umgebungsbedingungen. Eine zu hohe Temperatur kann zum Beispiel eine thermische Zersetzung der Verkapselungsfolie hervorrufen, welche im realen Anlagenbetrieb nicht auftreten würde. Die Kunst von beschleunigten Alterungstests liegt also darin, Testbedingungen und Testdauern zu definieren, bei denen das Ergebnis einer realen Betriebsdauer entspricht.

4.6 Auslegungsbeispiele

4.6.1 Inselnetz Flanitzhütte

Der Weiler Flanitzhütte besteht aus 3 Wohnhäusern, Ferienappartements und einem Gasthof. Die Ansiedlung hat etwa 10 feste Bewohner, hinzu kommen in den Ferienzeiten ein Mehrfaches an Übernachtungsgästen. Flanitzhütte liegt auf etwa 650 m Höhe am Rand des Nationalparks Bayerischer Wald und bietet mit einer Strahlungsenergie von 1100 kWh/m^2 pro Jahr gute Voraussetzungen für Photovoltaik. Ende der 80er Jahre entschied sich der für dieses Gebiet zuständige Versorger Bayernwerk AG die insbesondere durch Schneebruch in den Wintermonaten stark fehleranfällige 20 kV-Stichleitung nicht zu erneuern, sondern in Flanitzhütte ein zum damaligen Zeitpunkt europaweit einzigartiges, photovoltaikbasiertes Inselnetz aufzubauen. Der Inselbetrieb startete 1992 und wurde nach über zehn erfolgreichen Jahren aus Kostengründen wieder eingestellt[17]. Heute ist Flanitzhütte durch ein Erdkabel an das Verbundnetz angeschlossen und der Solargenerator arbeitet netzgekoppelt.
Der elektrische Energiebedarf von Flanitzhütte betrug im Jahr 1992 etwa 43.000 kWh. Durch Maßnahmen zur Erhöhung der Energieeffizienz konnten zunächst im Bereich der Beleuchtung etwa 2.000 kWh und im Bereich der Haushaltsgeräte etwa 5.000 kWh eingespart werden [49]. Die Energieversorgung wurde durch einen Solargenerator, einen Batteriespeicher sowie einen Gasmotor mit Generator als Reserveaggregat gewährleistet (Abb. 4.61). Der Solargenerator bestand aus 840 monokristallinen Siliziummodulen mit einer Gesamtleistung von 40 kW$_p$. Über einen Hochsetzsteller war der Solargenerator mit dem Batteriespeicher verbunden. Dieser arbeitete auf einem Gleichspannungsniveau von 220 V und sollte mit einer Kapazität von 2200 Ah eine Gesamtversorgung der Verbraucher für 3 Tage ermöglichen. Die Bleibatterien wurden geladen, wenn die von den Solarzellen zur Verfügung gestellte Leistung den momentanen Bedarf überschritt. Nachts und bei niedriger

[17] Auf Grund der hohen Investitionskosten ergab sich in diesem Pilotprojekt erzeugerseitig ein Energiepreis von etwa 7,50 DM/kWh. Den Einwohnern von Flanitzhütte wurde ein marktüblicher Energiepreis von 0,30 DM/kWh berechnet. Die Entscheidung für eine erneute Netzanbindung fiel am Ende der Lebensdauer des Batteriespeichers.

Abb. 4.60 Photovoltaik-Inselanlage Flanitzhütte

Einstrahlung übernahm der Batteriespeicher die Energieversorgung. Ein Gasmotor mit Generator diente zur Aufladung des Batteriespeichers, wenn dessen Ladezustand unter 40 Prozent gesunken war sowie als Notstromversorgung. Die elektrische Nennleistung des Generators betrug 40 kW.

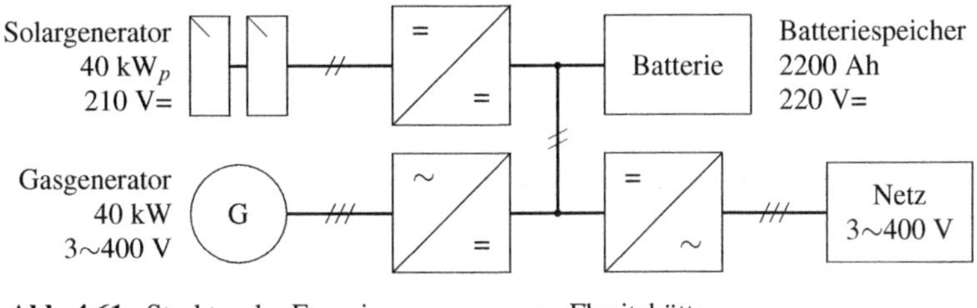

Abb. 4.61 Struktur der Energieversorgung von Flanitzhütte

Im mehrjährigen Mittel konnte für das Inselnetz Flanitzhütte ein solarer Deckungsgrad von 65 Prozent erzielt werden. Im Sommerhalbjahr lag dieser bei knapp 100 Prozent, im Winterhalbjahr unter 50 Prozent. Als Lade-/Entladewirkungsgrad der Batterien wurde ein Wert von 91 Prozent ermittelt. Die Betriebsdauer des Gasmotors mit Generator betrug rund 500 h/a. [49][46]

4.6.2 PV-Kraftwerk Nentzelsrode

Das PV-Kraftwerk Nentzelsrode ist eine netzgekoppelte Photovoltaikanlage mit einer Nennleistung von 0,988 MW_p. Die Anlage befindet sich auf einer sanierten, hügelförmig aufgeschütteten ehemaligen Hausmülldeponie auf dem Gelände des Abfallwirtschaftszentrums Nentzelsrode in Nordthüringen. Die Fläche von etwa 2,5 ha kann keiner anderen Nutzung mehr zugeführt werden, so dass die Anlage keinen Landschaftsverbrauch verursacht. Der Standort weist die Besonderheit auf, dass durch eine bei Baubeginn bereits bestehende Windkraftanlage in den Monaten Oktober bis April ein Schattenwurf auf einen Teil der Module erfolgt (Abb. 4.62).

Abb. 4.62 Photovoltaik-Kraftwerk Nentzelsrode (Foto: Stadtwerke Nordhausen)

Die Photovoltaikanlage arbeitet auf einem Gleichspannungsniveau von 860 V, das durch die Reihenschaltung von 26 polykristallinen Modulen gebildet wird. Insgesamt besteht die Anlage aus 6708 Modulen, die in 258 Stränge aufgeteilt wurden. Die Netzeinspeisung erfolgt über drei zentrale Wechselrichter, die im Master-Slave-Betrieb arbeiten. Ein Transformator hebt die Wechselrichterausgangsspannung von 3∼400 V auf 3∼20 kV an, da die Einspeisung in das Mittelspannungsnetz erfolgt. Der Einfluss der Verschattung wird durch die Breite des Turmes und der Turmgondel des Windrads bestimmt. Der Schlagschatten des Rotors hat durch die vorherrschende Westwindrichtung praktisch keine Einfluss. Die Verschattung betrifft maximal 72 Module gleichzeitig. Durch die räumliche Anordnung der Stränge befinden sich diese 72 Module i.d.R. in sechs Strängen. Die Ertragseinbußen aufgrund der Verschattung können mit etwa 0,5 Prozent abgeschätzt werden [47].

Literaturverzeichnis

1. ARGE Monitoring PV-Anlagen (Hg.): Leitfaden zur Berücksichtigung von Umweltbelangen bei der Planung von PV-Freiflächenanlagen. Hannover (2007)
2. ARGE Monitoring PV-Anlagen (Hg.): Monitoring zur Wirkung des novellierten EEG auf die Entwicklung der Stromerzeugung aus Solarenergie, insbesondere der Photovoltaik-Freiflächen. Hannover (2008)
3. Boehringer, A.: Die selbsttätige Einstellung der Extremwerte von Funktionen der Form $z = g(x^a y)$ nach einem Kennlinienverfahren. Regelungstechnik **17**, S. 544-549 (1969)
4. Bundesministerium der Finanzen (Hg.): AfA-Tabelle für allgemein verwendbaren Anlagegüter (AfA-Tabelle AV). (Stand 15.12.2000)
5. Charles, J.P., et.al.: A Practical Method of Analysis of the Current-Voltage Characteristic of Solar Cells. Solar Cells **4**, S. 169-178 (1981)
6. DGS e.V. (Hg.): Leitfaden Photovoltaische Anlagen. Berlin (2008)
7. DIN EN 60891 VDE 0126-6:2010-10: Photovoltaische Einrichtungen – Verfahren zur Umrechnung von gemessenen Strom-Spannungs-Kennlinien auf andere Temperaturen und Bestrahlungsstärken. IEC 82/768/CD:2013 (2013)
8. DIN EN 62804:2013-10 (Entwurf): Systemspannungsbeständigkeit-Befähigungsprüfung für kristalline Silicium-Module. IEC 82/768/CD:2013 (2013)
9. DIN VDE 0838: Elektromagnetische Verträglichkeit (EMV)
10. Fachinformationszentrum Karlsruhe (Hg.): Antireflexglas für solare Anwendungen. BINE-Projektinfo 03/02, Karlsruhe (2002)
11. Fachinformationszentrum Karlsruhe (Hg.): Solarthermische Kraftwerke. BINE-Projektinfo 12/03, Karlsruhe (2003)
12. Fachinformationszentrum Karlsruhe (Hg.): Photovoltaik - Innovationen. Neue Konzepte und Produktionstechniken für Solarzellen und Module. Karlsruhe (2011)
13. Fjällström, V., et.al.: Potential-Induced Degradation of $CuIn_{1-x}Ga_xSe_2$ Thin Film Solar Cells. IEEE Journal of Photovoltaics **3**, S. 1090-1094 (2013)
14. Fokuhl, E., et.al.: Investigation of the micro-climate of microcrystalline silicon-modules and CIGS-modules and its impact on potential-induced degradation. 30th EUPVSEC, Hamburg (2015)
15. Forschungsverbund Sonnenenergie (Hg.): Solare Kraftwerke. Berlin (2003)
16. Gabler, H., Klotz, F.H., Mohring, H.: Ertragspotenzial nachgeführter Photovoltaik in Europa: Anspruch und Wirklichkeit. 20. Symposium Photovoltaische Solarenergie, Tagungsband S. 61-65, Bad Staffelstein (2005)
17. Gerthsen, C.: Physik. Springer, Berlin (1995)
18. Green, M.A.: Solar Cells. Prentice-Hall, Englewood Cliffs, 1982
19. Green, M.A., et.al.: Solar cell efficiency tables (version 46), Progress in Photovoltaics **23**, S. 805-812 (2015)
20. Hauck, B.: Untersuchung und Optimierung von Komponenten für Photovoltaiksysteme. Kaiserslautern (1991)
21. Haller, J., Voswinckel, S., Wesselak, V.: The effect of quantum efficiencies on the optimum orientation of photovoltaic modules - a comparison between crystalline and thin film modules. Solar Energy **88**, S. 97-103 (2013)
22. Hoffman, A., Ross, R.: Environmental qualification – the testing of terrestrial solar cell modules. Proceedings of the 13. IEEE Photovoltaic Specialists Conference, S. 835-842, Washington (1978)
23. Hoffmann, V.U., et.al.: 1000-Dächer-Mess- und Auswerteprogramm – Wissenschaftlicher Endbericht. Fraunhofer-Institut für Solare Energiesysteme, Freiburg (1999)
24. International Energy Agency (Hg.): Review of Failures of Photovoltaic Modules. IEA PVPS Task 13 (2014)
25. Jansen, K., Delahoy, A.: A laboratory technique for the evaluation of eletrochemical transparent conductive oxide delamination from glass substrates. Thin solid films **423**, S. 153-160 (2003)

26. Koch, S., et.al.: Potential induced degradation effects on crystalline silicon cells with various antireflective coatings. Proceedings 27th EUPVSEC, S. 1985-1990, Frankfurt/M. (2012)
27. Luque, A., Hegedus, S.: Handbook of Photovoltaic Science and Engineering. Wiley, Chichester (2011)
28. Manz, P., et.al.: Leakage current pathways and magnitudes in correlation to PID of CIGS thin film modules. 29th EUPVSEC, Amsterdam (2014)
29. Meyer, S., et.al.: Snail trails: root cause analysis and test procedures. Energy Procedia (2013)
30. Miloni, R.: Der Dreh mit dem Solarhaus. Neue Maßstäbe für das 21.Jahrhundert: Gemini in Weiz. Fassade Façade **3**, S. 13-19, Dietikon (2001)
31. Naumann, V., et.al.: Structural Root Cause Analysis of Potential Induced Degradation in c-Si Solar Cells. Energy Procedia **27**, S. 1-6 (2012)
32. Oreski, G.: Alterungsverhalten von Kunststoffen. Kunststoffe: Einsatz in Solarthermie und Photovoltaik, Regensburg (2012)
33. Powalla, M.: Dünnschichtsolarzellen auf der Basis von Verbindungshalbleitern. In Forschungsverbund Sonnenenergie (Hg.): Photovoltaik - Neue Horizonte. S. 22-27, Berlin (2004)
34. Real, M., Ludi, H.: Project Megawatt: experience with photovoltaics in Switzerland. Conference Record of the 22. IEEE Photovoltaic Specialists Conference, S. 574-575 (1991)
35. Schaeffer, H. A., Langfeld, R.: Werkstoff Glas – Alter Werkstoff mit großer Zukunft. Springer, Heidelberg (2014)
36. Schmidt, H., Burger, B., Kiefer, K.: Wechselwirkungen zwischen Solarmodulen und Wechselrichtern. Fraunhofer-Institut für Solare Energiesysteme ISE (2007)
37. Shockley, W., Queisser, H.: Detailed Balance Limit of Efficiency of p-n Junction Solar Cells. J. Appl. Phys. **32**, S. 510-519 (1961)
38. Staebler, D.L., Wronski, C.R.: Reversible conductivity changes in discharge-produced amorphous Si. Appl. Phys. Lett. **31**, S. 292-294 (1977)
39. Swanson, R., et.al.: The Surface Polarization Effect in High-Efficieny Silicon Solar Cells. Proceedings of the 15th IEEE PVSC, S. 410-411 (2005)
40. Sze, S., Ng, K.: Physics of Semiconductor Devices. Wiley, Chichester (2006)
41. Teodorescu, R., Liserre, M., Rodriguez, P.: Grid converters for photovoltaic and wind power systems. Wiley, Chichester (2011)
42. Trautmann, B., et.al.: Leakage currents behaviour of μc-Si PV-modules regarding temperature and relative humidity. Proceedings 29th EUPVSEC, Amsterdam (2014)
43. Vazquez, M., Rey-Stolle, I.: Photovoltaic module reliability model based on field degradation studies. Progress in Photovoltaics **16**, S. 419-433 (2008)
44. Voswinckel, S., et.al.: Investigation of leakage currents depending on the mounting situation in accordance to amorphous silicon modules. Energy Procedia **57**, S. 56-64 (2014)
45. Voswinckel, S., et.al.: Dos and don'ts of leakage current measurement. 30th EUPVSEC, Hamburg (2015)
46. Wagner, R., Koch, H.U.: Große Batteriespeicher. Stand der Technik und Perspektiven. 2. Kasseler Symposium Energie-Systemtechnik, Kassel (1997)
47. Weber, M.: Anlagenspezifische Untersuchungen zur Ertragsoptimierung an dem in Betrieb befindlichen netzgekoppelten Photovoltaikkraftwerk Nentzelsrode. Diplomarbeit an der Fachhochschule Nordhausen (2008)
48. Wesselak, V., Voswinckel, S.: Photovoltaik. Springer, Berlin, Heidelberg (2016)
49. Wild, E.: In Europa einmalig – Autarke Inselstromversorgung im Bayerische Wald. Sonnenenergie **1**, S. 19-21 (1996)
50. Wild-Scholten, M.: Energy pay back time of PV modules and systems. 6. Workshop Photovoltaik-Modultechnik, Köln (2009)
51. Wörner, J.-D., Schneider, J., Fink, A.: Glasbau – Grundlagen, Berechnung, Konstruktion. Springer, Heidelberg (2001)
52. Würfel, P.: Physik der Solarzellen. Spektrum Akademischer Verlag, Heidelberg (2000)

Kapitel 5
Solarthermie

Die Solarthermie umfasst alle Aspekte der thermischen Nutzung von solarer Strahlung. Das Anwendungsspektrum reicht von der einfachen Absorbermatte aus Kunststoff zur Erwärmung des Beckenwassers eines Schwimmbads über die solare Trinkwassererwärmung, Heizungsunterstützung und Prozesswärmebereitstellung bis hin zu den großen solarthermischen Kraftwerken im Megawatt- Leistungsbereich. Diese gewinnen mit Hilfe eines thermodynamischen Kreisprozesses mechanische Energie und über einen nachgeschalteten Generator elektrischen Strom. Für jede dieser Anwendungen ist ein anderes Temperaturniveau vorgegeben und damit auch ein spezifisches Kollektordesign.

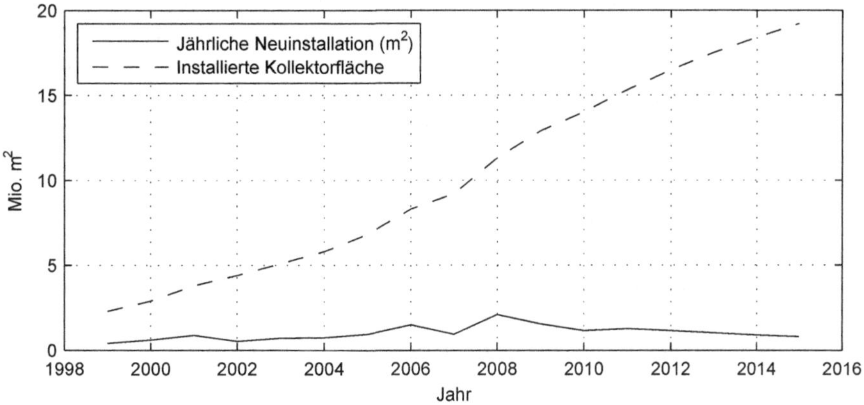

Abb. 5.1 Entwicklung des Solarkollektor-Marktes in Deutschland seit 1999, nach [24].

Hauptkomponente einer solarthermischen Anlage ist der Solarkollektor, dessen Aufgabe die Umwandlung der elektromagnetischen Strahlungsenergie (d.h. der Energie der Photonen) in thermische Innere Energie ist. Aufgrund des stark schwankenden Solarenergieangebotes ist der Kollektor meist mit einem thermischen Energiespeicher gekoppelt, der die zeitlich nicht übereinstimmende Energienachfra-

ge (z.B. zum Duschen oder Heizen) mit dem Energieangebot (der Sonnenstrahlung) ausgleicht. Weitere Komponenten wie Regelung, Sicherheitseinrichtungen und Wärmeübertrager komplettieren die Solaranlage.
Besonders Anlagen zur solaren Trinkwassererwärmung und zur solaren Heizungsunterstützung haben in den vergangenen Jahrzehnten starke Verbreitung gefunden und gehören heute zum technischen Standard der Heizungs- und Sanitärfachbetriebe. Derzeit beobachtet man ein zunehmendes Interesse an solarer Prozesswärme sowie solarer Nah- und Fernwärme. Allein in Deutschland wurden bis 2015 fast 20 Mio. m^2 Kollektorfläche installiert, wie Abb. 5.1 zeigt. Dies entspricht einer Peakleistung von 14 MW_{th}. Die jährliche Zubaurate betrug in 2015 nur noch 0,8 Mio. m^2, im Jahr 2009 waren 2,1 Mio. m^2 erreicht worden. Als ein Grund für die rückläufigen Zahlen wird der anhaltende massive Verfall der fossilen Energiepreise genannt.
Bis 2050 wird eine Zunahme der installierten Kollektorfläche von jetzt 20 Mio. auf dann 90 bis 180 Mio. m^2 erwartet, wie der „Energieeffizienzstrategie Gebäude" [20] des BMWi zu entnehmen ist. Der Solarthermiebranche steht also – trotz ihrer derzeitigen Schwäche – eine sonnige Zukunft bevor.

5.1 Geschichte der solarthermischen Energienutzung

Das solare Zeitalter beginnt schon etwa 1500 v.u.Z. in Ägypten mit der Entwicklung der Techniken zur Glas- und Spiegelherstellung. Sehr schnell gelang es, mit Hilfe von Brennspiegeln und -linsen das Sonnenlicht zu konzentrieren und höhere Temperaturen zu erzeugen. Aus der Antike ist bekannt, dass Priester mit konzentrierter Solarstrahlung heilige Feuer entzündeten, nach Aristoteles sollen Seeleute sogar Meerwasser zur Trinkwassergewinnung destilliert haben. Bei ihm und auch bei Euklid finden sich bereits wissenschaftliche Abhandlungen zu Brennspiegeln. Nach einer historischen Legende soll Archimedes bei der Belagerung von Syrakus im Jahre 212 v.u.Z. die dort vor Anker liegende römische Flotte mit Hilfe eines Brennspiegels in Brand gesetzt und vernichtet haben.
Im Jahr 1615 wurde die erste Konstruktion einer solarbetriebenen Wasserpumpe veröffentlicht, die Idee dazu ist vermutlich auf die Schriften Herons von Alexandrien aus dem 2. Jahrhundert n.u.Z. zurückzuführen, die 1575 wiederveröffentlicht wurden. Abb. 5.2, links, zeigt eine Zeichnung des französischen Architekten und Ingenieurs Salomon de Caus, in der zu erkennen ist, wie über mehrere Brennlinsen Wasser in zwei Kupferkesseln erhitzt wird. Die Volumenausdehnung des Wassers sollte offenbar zum Betrieb des Springbrunnens verwendet werden.
Der Franzose Augustin Mouchot stellte zur Weltausstellung 1878 in Paris die erste solar betriebene Dampfmaschine mit einer Leistung von rund 50 kW vor (Abb. 5.2, rechts). Sie sollte universell einsetzbare Antriebsenergie zum Aufbau der damaligen französischen Kolonie Algerien liefern. Die Reflexionsfläche des konischen, mit Silber bedampften Spiegels betrug 20 m^2.
Auch in den USA wurde die Entwicklung an solarthermischen Kraftwerken vorangetrieben. Frank Shuman aus Philadelphia errichtete 1912 bei Kairo am Nil ein

Abb. 5.2 Links: Zeichnung des französischen Architekten und Ingenieurs Salomon de Caus aus dem Jahr 1615 [29]. Rechts: Historischer Stich der solaren Dampfmaschine des französischen Erfinders Augustin Mouchot (1825 - 1912), vorgestellt bei der Weltaustellung in Paris im Jahr 1878 [3].

Demonstrationskraftwerk mit Parabolrinnen-Spiegeln und Verdampferrohr, dessen Leistung bereits rund 88 kW betrug (Abb. 5.3). Dieses und andere ähnliche Projekte dieser Zeit scheiterten aber an Materialproblemen unter praktischen Bedingungen: Die von Shuman verwendeten Verdampferrohre aus Zink waren nicht ausreichend temperaturbeständig, die polierten Metallspiegel verloren durch Sandstürme ihre Reflexionseigenschaften, die Glas-Metall-Konstruktionen brachen aufgrund unberücksichtigter unterschiedlicher Temperaturausdehnungskoeffizienten.

Abb. 5.3 Demonstrationskraftwerk mit Parabolrinnen-Spiegeln und Verdampferrohr, 1912 bei Kairo gebaut. Wasserspeicher dienten zur Verlängerung der Betriebsdauer [3].

Parallel zur solaren Kraftwerkstechnik entwickelte und fertigte man in den USA ab 1890 bis in die Mitte des Zweiten Weltkriegs solarthermische Trinkwassererwärmungsanlagen. Allein in Florida wurden zwischen 1935 und 1941 rund 25.000 Anlagen installiert. Die Solarthermie galt als etablierte, komfortable und kostengünstige Heiztechnik, bis ab 1942 kriegsbedingte Lieferprobleme bei Kupfer und das Angebot billigen Erdgases dem Markt ein vorläufiges Ende setzten.

Abb. 5.4 Studentische Umweltgruppe in Marburg beim Bau eines dachintegrierten Solarkollektors (1979) und eines Solarwärmeübertragers [27].

In Deutschland beschäftigte man sich erst ab dem Beginn der 1970er Jahre wieder intensiv mit der Solarthermie. Schon vor der Ölpreiskrise 1973 hatte die Bundesregierung ein Ausbauprogramm zur Verringerung der Ölabhängigkeit gestartet und sich dabei auf die Kernkraft konzentriert. Eine zeitgleiche Krise in der Raumfahrtindustrie brachte bundesdeutsche Unternehmen wie AEG, Siemens, MBB, Dornier und Stiebel Eltron dazu, in die Solarforschung zu investieren und marktfähige Produkte zu entwickeln. Wie schon Jahrzehnte zuvor in den USA führten Materialprobleme zu einem schnellen Zusammenbruch des Solarkollektormarktes innerhalb weniger Jahre. Die etablierte Heiztechnikindustrie setzte nun auf die Entwicklung der Wärmepumpe, während aus der Umweltbewegung entstandene Kleinstunternehmen die Fortentwicklung der Kollektortechnik vorantrieben. Die Erfahrungen der Reaktorkatastrophe von Tschernobyl im Jahr 1986 und die Erkenntnisse zum Klimawandel durch Nutzung fossiler Energien haben in der Folge bewirkt, dass sich die Solarthermie inzwischen als unverzichtbarer Baustein der thermischen Energieversorgung etabliert hat.

→ Weiterlesen

Zur Geschichte der Solarenergienutzung in Deutschland und den USA 1860 bis 1986 ist die Dissertation von Gerhard Mener [88] im Jahr 2001 erschienen. Das mit über 650 Seiten außerordentlich umfangreiche Werk informiert über die politischen und wirtschaftlichen Hintergründe, die die Entwicklung der Solarthermie in manchen Zeiten gehemmt und zu anderen Zeiten stark vorangetrieben haben. Das sehr lesenswerte Buch ist leider im Handel vergriffen, kann aber über Fernleihe bezogen werden.
Das von dem französischen Solarpionier Augustin Mouchot 1879 veröffentlichte Buch „La Chaleur Solaire et ses Applications Industrielles“ ist in deutscher Übersetzung und kommentiert im OLYNTHUS-Verlag erschienen und noch im Buchhandel erhältlich [90].
Die Informationen zur Geschichte der Solarthermie entstammen im Wesentlichen den genannten Werken.

5.2 Physikalische Grundlagen

Der Prozess der solarthermischen Energienutzung soll nachfolgend an einem Parabolrinnenkollektor dargestellt werden, wie er bereits 1912 von Frank Shuman verwendet wurde (Abb. 5.3). Er gliedert sich in verschiedene Teilvorgänge (Abb. 5.5), die je nach Anwendung einzeln oder zusammen auftreten:

- Strahlungseintritt (a) in die Aperturfläche des Kollektors
- bei konzentrierenden Kollektoren wie hier im Bild Bündelung der Solarstrahlung über Spiegel (b) oder Linsen
- Durchdringung (c) einer transparenten Abdeckung, die die Wärmeverluste des Absorbers reduziert und gleichzeitig den Absorber vor Umwelteinflüssen wie Regen und Staub schützt; dabei entstehen Strahlungsenergieverluste durch Reflexion und Absorption
- Absorption (d) der kurzwelligen Strahlung durch die Absorberschicht und Umwandlung in thermische Innere Energie mit der Folge einer Temperaturerhöhung
- ungewollter Energieverlust (e) an die Umgebung aufgrund des entstandenen Temperaturgefälles zwischen Absorberschicht und Umgebung
- Abtransport (f) der thermischen Energie aus dem Absorber im Massenstrom eines Wärmeträgers (Enthalpieerhöhung).

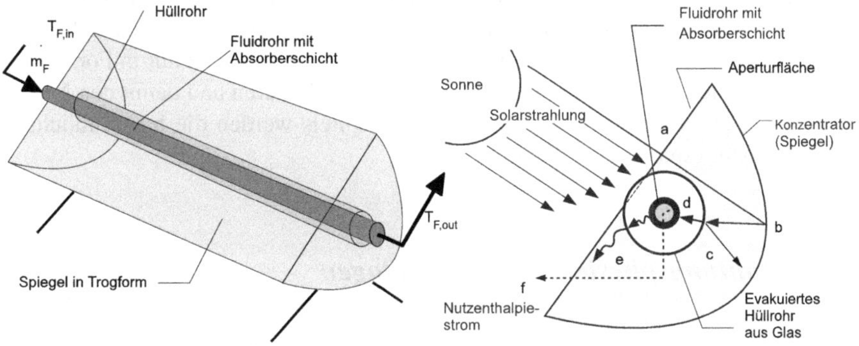

Abb. 5.5 Teilvorgänge der solarthermischen Energiewandlung, dargestellt an einem Parabolrinnenkollektor in Schnittdarstellung. Der Parabolrinnenkollektor (vgl. Abb. 5.3) besteht aus einem speziell geformten Spiegel in Trogform (Konzentrator), einem von Flüssigkeit durchflossenen Fluidrohr mit einer auf der Außenseite angebrachten Absorptionsschicht und einem äußeren Hüllrohr aus Glas, das evakuiert ist. Die einzelnen Komponenten werden später detailliert beschrieben.

Die noch nicht eingeführten Begriffe werden später erläutert. Der erste Hauptsatz der Thermodynamik für offene Systeme lautet nach Gl. (14.73) in allgemeiner Form:

$$\frac{dE_{sys}}{dt} = \sum \dot{Q}_i + \sum P_i + \sum \dot{m}_i \cdot e_{mat,i} \,. \tag{5.1}$$

Auf den Absorber des solarthermischen Kollektors (hier das Fluidrohr mit der Absorptionsschicht) angewendet sind einige Vereinfachungen möglich. Dem System

wird im Falle der Solarthermie keine technische Arbeit bzw. Leistung entnommen. [1]
Im Summenterm $\sum \dot{Q}_i$ verbergen sich der Wärmestrom aus der photothermischen Strahlungsenergiewandlung an der Absorberfläche $\dot{Q}_{abs}$ und zusätzlich die Wärmeverluste an die Umgebung $\dot{Q}_v = \sum \dot{Q}_{vi}$, die über verschiedene Pfade erfolgen.
Im stationären Betrieb lautet die Bilanz mit $\Delta \dot{H}_{nutz}$ als dem Nutzenthalpiestrom des Wärmeträgers, der der in der Solarthermie vorherrschenden Nomenklatur folgend einfach als Nutzwärmestrom $\dot{Q}_{nutz}$ bezeichnet wird:

$$0 = \dot{Q}_{abs} - \left|\dot{Q}_v\right| - \left|\dot{Q}_{Nutz}\right| . \tag{5.2}$$

Im stationären Zustand ist der um die Wärmeverluste reduzierte Anteil der absorbierten Strahlung nutzbar. Die dem Absorber zugeführte Energie erscheint nicht direkt als Photonenenergie in der Bilanz, sondern als dem System nach der photothermischen Wandlung tatsächlich zugeführter Wärmestrom $\dot{Q}_{abs}$.
Den Kern des Kapitels 5.2 bildet die photothermische Wandlung des solaren elektromagnetischen Strahlungsenergieflusses E in die thermische Leistung $\dot{Q}_{abs}$. Für die Optimierung des Energietransports ergeben sich Anforderungen an die optischen Eigenschaften der beteiligten Materialien (transparente Abdeckungen, Reflektoren, Absorber).
Die Behandlung der Wärmetransportvorgänge innerhalb des Kollektors und zwischen Kollektor und Umgebung ($\dot{Q}_{vi}$) stellt den zweiten Teil des Kapitels dar. Über die bekannten Transportpfade Wärmestrahlung, Wärmeleitung (Konduktion) und Konvektion verliert der Absorber Energie an die Umgebung. Durch den richtigen „Einbau" von Wärmewiderständen in diese Transportwege – nicht nur in Form von Dämmmaterialien – ist es möglich, die Verluste zu reduzieren und damit den Nutzenergieanteil zu erhöhen. Im letzten Teil des Kapitels werden die heute üblichen Kollektorleistungsparameter eingeführt.

5.2.1 Strahlungsphysikalische Grundlagen

Aus Kap. 3 ist bekannt, dass elektromagnetische Strahlung mit Materie wechselwirken kann. Bei der Absorption der Strahlung erhöht die Photonenenergie die kinetische Energie der Atome und damit die thermische Innere Energie. Gewöhnlich wird aber nur ein Teil der Strahlung absorbiert. Ein anderer Teil wird von der Oberfläche der Materie reflektiert oder, falls die Materie transparent ist, hindurchgelassen. Die Energiebilanz für den spektralen Strahlungsfluss E_λ nach Abb. 3.2 lautet

$$E_\lambda = \rho_\lambda \cdot E_\lambda + \alpha_\lambda \cdot E_\lambda + \tau_\lambda \cdot E_\lambda , \tag{5.3}$$

da die auf Materie treffenden Photonen entweder reflektiert, absorbiert oder transmittiert werden. α_λ ist der spektrale Absorptionskoeffizient, ρ_λ der spektrale Reflexionskoeffizient und τ_λ der spektrale Transmissionskoeffizient. Alle drei Ko-

[1] Auch die solarthermischen Kraftwerke entnehmen den Kollektoren keine mechanische Leistung, sondern nutzen den Enthalpiestrom aus den Solarkollektoren in einem herkömmlichen Kraft-Wärme-Kreisprozess.

effizienten nehmen gemäß ihrer Definition Werte zwischen 0 und 1 an und sind wellenlängen- sowie stoffabhängig. Es gilt

$$1 = \rho_\lambda + \alpha_\lambda + \tau_\lambda \,. \tag{5.4}$$

→ Strahlungseigenschaften von Materie

Das Plancksche Strahlungsgesetz (vgl. Kap. 3) beschreibt für einen *Schwarzen Strahler* physikalisch die Emission von Photonen in Form elektromagnetischer Strahlung in einen Raumwinkel (also gerichtet) in Abhängigkeit von der Temperatur und der Wellenlänge. Reale Oberflächen emittieren bei gleicher Temperatur je Raumwinkel und Wellenlänge grundsätzlich immer weniger elektromagnetische Strahlung als der Schwarze Körper, der bereits in Kap. 3.1.2, S. 114 eingeführt wurde.

Der gerichtete spektrale *Emissionsgrad* ε'_λ ist bei gegebener Temperatur das Verhältnis der von einem realen Körper emittierten gerichteten Strahlung zur Emission eines schwarzen Körpers mit gleicher Temperatur. Zwischen der Fähigkeit der Materie Photonen zu absorbieren und ihrer Eigenschaft, selbst Photonen zu emittieren, besteht ein funktionaler Zusammenhang – nach dem Kirchhoffschen Gesetz gilt für den gerichteten spektralen Emissionsgrad ε'_λ und den gerichteten spektralen Absorptionsgrad α'_λ:

$$\varepsilon'_\lambda = \alpha'_\lambda \,.$$

Ein Körper kann einen auftreffenden Strahlungsenergiestrom absorbieren, reflektieren oder transmittieren. *Absorption* ist die Umwandlung eines Teils des auf den Körper treffenden elektromagnetischen Strahlungsstroms in thermische Innere Energie; das Strahlungsquant überträgt seine gesamte Energie auf die Atome bzw. Moleküle des Körpers. Bei der *Transmission* durchdringt das Strahlungsquant den Körper ohne Energieübertragung, bei der *Reflexion* wird es ohne Energieübertragung an der Oberfläche zurückgeworfen. Diese kann spiegelnd (Einfallswinkel = Ausfallswinkel) oder streuend (beliebige Ausfallswinkel) erfolgen.

Man unterscheidet opake, also strahlungsundurchlässige Materie, von strahlungsdurchlässiger (transparenter) Materie. Der Grad der Transparenz wird (wellenlängenabhängig) mit dem Transmissionsgrad τ_λ angegeben. Für opake Körper mit $\tau_\lambda = 0$ gilt $1 = \rho_\lambda + \alpha_\lambda$.

Bei *farbigen* Körpern ist der Reflexionskoeffizient wellenlängenabhängig, es gilt $\rho_\lambda = f(\lambda)$. Für *Schwarze* Körper gilt $\rho_\lambda = 0$, Körper mit einem wellenlängenunabhängigen Absorptionsgrad $\alpha_\lambda = const$ werden als *graue* Körper bezeichnet. Wie der Schwarze ist auch der *Weiße* Körper ein theoretischer Grenzfall, dessen Oberfläche im gesamten Wellenlängenbereich vollständig reflektiert, $\rho_\lambda = 1$. Da er keine Strahlung absorbiert ($\alpha_\lambda = 1 - \rho_\lambda = 0$), kann er auch keine Strahlung emittieren ($\varepsilon_\lambda = 0$).

Diffuse oder *Lambert*-Strahler emittieren raumwinkelunabhängig, der Emissionskoeffizient ist nur temperatur- und wellenlängenabhängig. Vereinfachend nimmt man oft an, dass ein diffus-grauer Strahlungsaustausch stattfindet.

Aus diesen Überlegungen heraus sind die Anforderungen an die Komponenten eines idealen Solarkollektors zu formulieren. Abb. 5.6 zeigt die idealen strahlungsphysikalischen Eigenschaften der Hauptkomponenten eines Solarkollektors, des Konzentrators, des Absorbers und der transparenten Abdeckung. Dabei ist zu beachten, dass die Solarstrahlung (Index *sol*) im Wellenlängenbereich von $\lambda = 0,3 - 2,5\ \mu m$ emittiert wird, erwärmte Oberflächen mit Temperaturen bis 250 °C dagegen im langwelligen Bereich (*IR*) von $\lambda = 2,5 - 30\ \mu m$ strahlen:

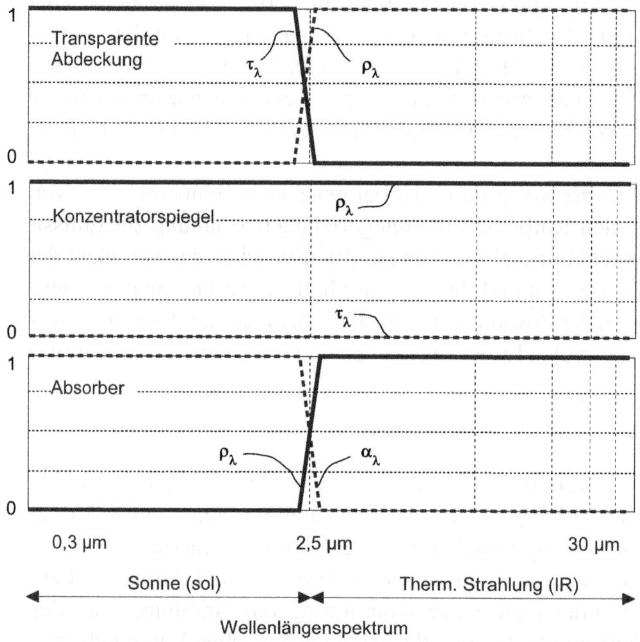

Abb. 5.6 Ideale strahlungsphysikalische Eigenschaften der Hauptkomponenten eines Solarkollektors. Es gilt $\tau_\lambda + \rho_\lambda + \alpha_\lambda = 1$.

- Die transparente Abdeckung muss im Idealfall für das gesamte solare Strahlungsspektrum möglichst transparent sein ($\tau_{\lambda,sol} \approx 1$, vgl. Abb. 5.6 oben), sollte aber die Photonenemissionen des Absorbers im langwelligen Wellenlängenbereich minimieren (siehe unten), da diese als Strahlungswärmeverluste die Nutzleistung reduzieren.
- Die Strahlungskonzentration muss über ein vollständig transparentes Linsensystem erfolgen ($\tau_{\lambda,sol} \approx 1$) oder über einen Spiegel, der die Strahlung mindestens im Wellenlängenbereich der Sonne vollständig reflektiert ($\rho_{\lambda,sol} \approx 1$, Abb. 5.6 unten).
- Der Absorber ist mit einer opaken Oberfläche zu versehen, die das solare Strahlungsspektrum vollständig absorbiert ($\alpha_{\lambda,sol} \approx 1$und $\tau_{\lambda,sol} = 0$), im Wellenlängenbereich seiner thermischen Strahlung darf er selbst aber nur wenig emittieren (vgl. Abb. 5.6 unten: $\varepsilon_{\lambda,IR} = \alpha_{\lambda,IR} \approx 0$ wg. $\rho_{\lambda,IR} \approx 1$ und $\tau_{\lambda,IR} = 0$).

Absorber mit den beschriebenen Eigenschaften werden als „selektiv" bezeichnet.

5.2.2 Strahlungstransmission

An der transparenten Abdeckung vollziehen sich beim Auftreffen solarer Strahlung mehrere strahlungsphysikalische Vorgänge, wie Abb. 5.7 zeigt. Obwohl alle Transmissionsvorgänge eigentlich spektral zu betrachten wären, wird auf die Indizierung aus Gründen der Übersichtlichkeit im folgenden Abschnitt verzichtet.[2]
Ein Teil der Strahlung wird im Medium absorbiert, ein anderer Teil bereits an der oberen Grenzfläche reflektiert. Der an der unteren Grenzfläche zum umgebenden Medium teilreflektierte Strahlungsanteil wird im Medium mehrfach reflektiert. Nur der Anteil $\tau \cdot E$ der einfallenden Strahlung E gelangt durch das transparente Medium hindurch.

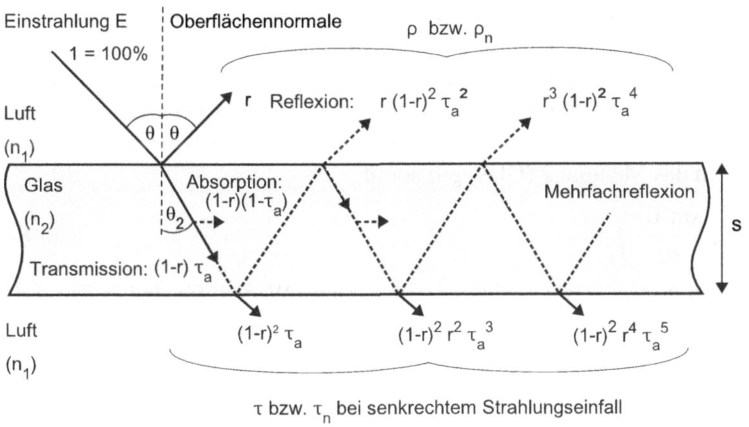

Abb. 5.7 Abschwächung von Strahlung durch Reflexion und Absorption in einem transparenten Werkstoff. Bei planparallelen Grenzflächen erfährt die Strahlung keine Richtungsänderung, sondern nur eine Parallelverschiebung. r ist der Reflexionskoeffizient der Luft-Glas-Grenzschicht.

Absorption im Material

Für den im Glasmaterial absorbierten Teil der Strahlung $\alpha_a = 1 - \tau_a$ gilt das Abschwächungsgesetz von Bouguer mit dem stoffabhängigen Extinktions- (Auslöschungs-) Koeffizienten K (in m^{-1}). Der Transmissionskoeffizient infolge Absorption τ_a lautet

$$\tau_a = \exp\left(-\frac{K \cdot s}{\cos(\theta_2)}\right). \tag{5.5}$$

[2] Die nachfolgenden Berechnungen gelten für Glasscheiben, deren Grenzflächen zur Umgebungsluft nicht beschichtet sind. Zur Berechnung beschichteter Glasflächen siehe DIN EN 410 [39].

Der Transmissionskoeffizient ist abhängig von der Schichtdicke s des Materials (in m), dem Winkel θ_2 zwischen Strahlungsvektor und der Oberflächennormalen im Medium und dem Extinktionskoeffizienten K (Werte dazu in Tab. 5.1). Für senkrechten Strahlungsdurchgang ($\theta = 0$, Index n) gilt

$$\tau_{a,\,n} = \exp(-K \cdot s) \ . \tag{5.6}$$

Beim Übergang von einem Medium in ein anderes wird die Richtung der Strahlung verändert. Die Beziehung zwischen Einfallswinkel θ und Ausfallwinkel θ_2 gibt das Brechungsgesetz von Snellius wieder, n_1 und n_2 sind die Brechungsindices der Medien:

$$\frac{n_2}{n_1} = \frac{\sin(\theta)}{\sin(\theta_2)} \ . \tag{5.7}$$

Der Brechungsindex ist das Verhältnis der Lichtgeschwindigkeit im Vakuum c_0 zu der (geringeren) Lichtgeschwindigkeit im Medium c_1, es gilt $n_1 = c_0/c_1$.
Abb. 5.7 zeigt grafisch die Brechung an der Grenzfläche. Für das Medium Luft kann der Brechungsindex mit $n_L = 1$ angenommen werden, da die Abweichung von der Lichtgeschwindigkeit in Luft zu der im Vakuum nur etwa $3/1000$ beträgt. Für den Eintrittswinkel in das Medium 2 (Glas) gilt somit

$$\theta_2 = \arcsin\left(\frac{\sin(\theta)}{n_2}\right) \ . \tag{5.8}$$

Die solaren Brechungsindices n_{sol} einiger transparenter Werkstoffe sind in Tab. 5.1 zusammengestellt.

Strahlungsreflexion

An der Grenzfläche wird bei der Brechung ein Anteil der Strahlung r mit identischem Winkel zurückreflektiert. Der Reflexionskoeffizient r ist in recht komplizierter Weise vom Einfallswinkel θ und dem Brechungsindex des transparenten Mediums abhängig, es ist nach [55]

$$r = 0{,}5 \cdot \left[\frac{\sin^2(\theta_2 - \theta)}{\sin^2(\theta_2 + \theta)} + \frac{\tan^2(\theta_2 - \theta)}{\tan^2(\theta_2 + \theta)}\right] , \tag{5.9}$$

mit dem Eintrittswinkel in das Medium 2 θ_2 nach Gl. (5.8). Der zurückreflektierte Strahlungsfluss ist demnach $E_r = r \cdot E$ und $E_\tau = (1 - r) \cdot E$ der Anteil, der in das Medium 2 eindringt.
Durch Anwendung der Gesetze der Optik ist es möglich, auch alle weiteren Strahlungsgrößen als Funktion des Einfallswinkels θ zu bestimmen. Die Gleichungen werden aber sehr unübersichtlich, da der Strahlungsvektor nichtpolarisierter Strahlung mit zwei Komponenten zu beschreiben ist. Im Folgenden soll daher nur noch der wesentlich einfachere Fall senkrechter Strahlung behandelt werden. [3]

[3] Dies ist auch aus praktischen Gründen sinnvoll, da der Transmissionsgrad von Solargläsern auch von der Oberflächentextur wesentlich mitbestimmt wird und deren Einfluss mit dem hier vorgestellten strahlungsphysikalischen Modell nicht wiedergegeben werden kann.

Für senkrechte Einstrahlung ($\theta = 0$, Index n) vereinfacht sich Gl. (5.9) erheblich, wenn zudem das Medium Luft ($n_L = 1$) beteiligt ist:

$$r_n = \left[\frac{1-n_2}{1+n_2}\right]^2 . \tag{5.10}$$

Tabelle 5.1 Optische Eigenschaften transparenter Werkstoffe nach [78], [9] und [84]

Material	Dicke s in [mm]	n_{sol} [3]	Ext.Koeff. [4] K in [m^{-1}]	τ_{sol} [1]	τ_{therm} [2]
Lexan (Polycarbonat)	3,125	1,586	70	0,726	0,020
Plexiglas (Polyacryl)	3,125	1,490		0,796	0,020
Teflon	0,125	1,343	59	0,898	0,256
Tedlar	0,100	1,460	140	0,883	0,207
FEP [5]	0,050	1,338		0,95 - 0,96	0,63 - 0,68
ETFE [6]	0,050	1,400		0,95	0,63 - 0,68
Floatglas	3,125	1,518		0,840	0,178
Temperglas	3,125	1,518	30	0,786	0,020
Solar-Floatglas	3,125	1,510	4	0,900	0,020
Solar-Gussglas	3,125	1,510	4	0,915	0,020
Antireflexglas, einseitig	3,125	1,229	4	0,927	0,020
Antireflexglas, zweiseitig	3,125	1,229	4	0,940	0,020

[1] Transmissionskoeffizient für solare Strahlung (Spektralbereich 0,3 bis 2,5 μm), [2] Transmissionskoeffizient für thermische Strahlung im Infrarotbereich (Spektralbereich > 2,5 μm), [3] Brechungsindex für solare Strahlung im Spektralbereich 0,3 μm - 2,5 μm, [4] Extinktionskoeffizient im Spektralbereich 0,3 μm - 2,5 μm, [5] Perfluorethylenpropylen (engl. flourinated ethylene propylene), [6] Ethylen-Tetrafluorethylen

Gesamttransmission

Wie Abb. 5.7 zeigt, wird der transmittierte Anteil durch Absorption um den Faktor τ_a geschwächt und verliert beim Durchtritt der unteren Grenzfläche wiederum durch Reflexion einen Anteil r. Der die transparente Schicht verlassende Strahlungsanteil bei erstmaligem Durchtritt ist $(1-r)^2 \cdot \tau_a$. „Sammelt" man alle mehrfachreflektierten Strahlungsanteile an der Unterseite der Abdeckung zusammen, erhält man den Gesamttransmissionsgrad der Abdeckung τ_n als eine unendliche Reihe von Einzeltermen. Für senkrechten Strahlungseinfall gilt:

$$\tau_n = (1-r_n)^2 \cdot \tau_{a,n} \cdot \left(1 + r_n^2 \cdot \tau_{a,n}^2 + r_n^4 \cdot \tau_{a,n}^4 + \ldots\right) .$$

Nach Umformen[4] vereinfacht sich die Reihenentwicklung zu

$$\tau_n = \frac{(1-r_n)^2 \cdot \tau_{a,n}}{1 - r_n^2 \cdot \tau_{a,n}{}^2} . \tag{5.11}$$

[4] Nach Division der Reihe mit dem Term $(1-r_n)^2 \cdot \tau_{a,\,n}$ entsteht auf der rechten Seite die binomische Reihe $1 + x + x^2 + x^3 + \ldots = \frac{1}{1-x}$ mit $x = r_n^2 \cdot \tau_{a,n}{}^2$.

Auf ähnliche Weise werden auch der Gesamtreflexionskoeffizient ρ_n und Gesamtabsorptionskoeffizient τ_n der unbeschichteten transparenten Platte bei senkrechtem Strahlungseinfall bestimmt, es folgt

$$\rho_n = r_n \cdot (1 + \tau_n \cdot \tau_{a,n}) \tag{5.12}$$

bzw.

$$\alpha_n = (1 - \tau_{a,n}) \cdot \frac{1 - r_n}{1 - r_n \cdot \tau_{a,n}} \,. \tag{5.13}$$

Am Markt werden Hochleistungsflachkollektoren angeboten, deren transparente Abdeckung aus einem Isolierglasscheibenverbund besteht. Zur Berechnung des Gesamttransmissionsgrades $\tau_{n,Iso}$ müssen die Transmissionsgrade der beiden Scheiben $\tau_{n,1}$ und $\tau_{n,2}$ nach Gl. (5.11) sowie die Reflexionsgrade nach Gl. (5.12) bestimmt werden. Man erhält bei unbeschichteten Scheiben für

$$\tau_{n,Iso} = \frac{\tau_{n,1} \cdot \tau_{n,2}}{1 - \rho_{n,1} \cdot \rho_{n,2}} \tag{5.14}$$

und für den Gesamtreflexionsgrad

$$\rho_{n,Iso} = \rho_{n,1} + \frac{\tau_{n,Iso} \cdot \tau_{n,1} \cdot \rho_{n,2}}{\tau_{n,2}} \,. \tag{5.15}$$

→ **Berechnungsbeispiel**

Es soll die Strahlungstransmission durch ein einfaches, eisenarmes Solarglas bestimmt werden. Die Solarstrahlung mit E = 1000 W/m^2 treffe senkrecht auf die Scheibe, deren Glasdicke mit s = 4 mm angegeben ist.
Die Materialdaten sind Tab. 5.1 zu entnehmen. Der Extinktionskoeffzient für eisenarmes Solarglas beträgt K = 4,0 m^{-1} und der Brechungsindex n_G = 1,51. Mit Gl. (5.6) wird der Transmissionskoeffizient infolge Absorption $\tau_{a,n}$ bestimmt:

$$\tau_{a,n} = \exp(-K \cdot s) = \exp(-4 \cdot 0{,}004) = 0{,}9841 \,.$$

Der Anteil $(1 - r_n) \cdot (1 - \tau_{a,n})$ wird im Glas beim ersten Strahlungsdurchgang absorbiert. Der Reflexionskoeffizient an der Grenzfläche Luft-Glas r_n ist nach Gl. (5.10)

$$r_n = \left[\frac{1 - n_2}{1 + n_2}\right]^2 = \left[\frac{1 - 1{,}51}{1 + 1{,}51}\right]^2 = 0{,}0413 \,.$$

4,13 % der auf die obere Grenzfläche auftreffenden Solarstrahlung werden also reflektiert; dazu kommen noch die Anteile, die bei der Mehrfachreflexion zwischen den beiden Grenzflächen die obere Scheibenoberfläche verlassen.
Mit Gl. (5.11) beträgt der Gesamttransmissionsgrad des Glases

$$\tau_n = \frac{(1 - r_n)^2 \cdot \tau_{a,n}}{1 - r_n^2 \cdot \tau_{a,n}{}^2} = \frac{(1 - 0{,}0413)^2 \cdot 0{,}9841}{1 - 0{,}0413^2 \cdot 0{,}9841^2} = 0{,}906 \,.$$

Durch die untere Grenzfläche Glas-Luft treten bei Berücksichtigung der Mehrfachreflexion insgesamt noch $\tau_n \cdot E$ = 906 W/m^2 aus. Der Reflexionsgrad nach Gl. (5.12) ergibt sich zu

$$\rho_n = r_n \left(1 + \tau_n \cdot \tau_{a,n}\right) = 0,0413 \cdot (1 + 0,906 \cdot 0,9841) = 0,0781\,.$$

Nach der Strahlungsbilanz aus Gl. (5.4) beträgt der im Glas absorbierte Gesamtanteil damit

$$\alpha_n = 1 - \rho_n - \tau_n = 1 - 0,9060 - 0,0781 = 0,0159\,,$$

absolut 15,9 W/m^2. Dieses Ergebnis wäre auch mit Anwendung der Gl. (5.13) erzielt worden.

Würde man zwei Scheiben zu einem Glasverbund übereinanderlegen (mit einem Luftspalt dazwischen), betrüge der Gesamttransmissionsgrad bei gleichen Einstrahlbedingungen nach Gl. (5.14)

$$\tau_{n,Iso} = \frac{\tau_{n,1} \cdot \tau_{n,2}}{1 - \rho_{n,1} \cdot \rho_{n,2}} = \frac{0,906^2}{1 - 0,0781^2} = 0,8259$$

und der Gesamtreflexionsgrad nach Gl. (5.15)

$$\rho_{n,Iso} = \rho_{n,1} + \frac{\tau_{n,Iso} \cdot \tau_{n,1} \cdot \rho_{n,2}}{\tau_{n,2}} = 0,0781 + 0,8259 \cdot 0,0781 = 0,1426\,.$$

Bei einer Doppelglasscheibe würden also nur 826 W/m^2 die Scheibe durchdringen, 143 W/m^2 reflektiert und der Rest von rund 31 W/m^2 absorbiert werden.

Bei der Kombination der Glasscheibe mit einer FEP- oder ETFE-Folie (vgl. Tab. 5.1) würde dagegen der Gesamttransmissionsgrad τ_{S+T} = 83,74 %, der Gesamtreflexionskoeffizient ρ_{S+T} = 13,31 % und der Absorptionskoeffizent α_{S+T} = 3,2 % betragen. Die Kombination Scheibe + Folie weist gegenüber der Doppelscheibe eine gut 1 % höhere Transmission auf und wird deshalb von einigen Flachkollektorherstellern verwendet, um bei noch passablen Transmissionsgraden die Wärmeverluste zu reduzieren.

Noch günstiger ist die Kombination von zwei Solargläsern, die beidseitig mit einer idealen AR-Beschichtung versehen sind. Durch diese Kombination wäre ein Transmissionsgrad von maximal τ_{AR+AR} = 88,6 % (für $\tau_{n,AR}$ = 0,94) zu erreichen.

Winkelabhängigkeit

Die vorgestellten Berechnungen eignen sich dazu, Transmissionsgrade transparenter Abdeckungen überschlägig zu bestimmen und z.B. in einem einfachen Kollektormodell die Strahlungstransmission zu beschreiben. Tatsächlich sind aber der Eisenoxidgehalt und damit der Extinktionskoeffzient des Glases K nicht bekannt, zudem beeinflusst auch die Oberflächenstruktur den Transmissionsgrad erheblich. In der Praxis wird der Transmissionsgrad eines Solarglases daher messtechnisch bei verschiedenen Einfallswinkeln (z.B. $\theta = 0°, 30°, 50°, 60°$) bestimmt. Der Einfallswinkelkorrekturfaktor $K_{TA}(\theta)$ (engl.: Incident Angle Modifier, IAM) der transparenten Abdeckung

$$K_{TA}(\theta) = \frac{\tau(\theta)}{\tau_n} \tag{5.16}$$

ergibt sich dann durch Bezug der Messwerte $\tau(\theta)$ auf den Transmissionsgrad bei senkrechter Einstrahlung τ_n. Er beschreibt als Funktion des Einfallswinkels θ die Änderung des Transmissionsgrades. Im Allgemeinen wird ein Winkelkorrekturfaktor nicht gesondert für die transparente Abdeckung bestimmt, sondern für den gesamten Solarkollektor (s.u.).

Wellenlängenabhängigkeit

Zuletzt soll noch auf die Wellenlängenabhängigkeit des Transmissionsgrades transparenter Abdeckungen τ_λ eingegangen werden. Abb. 5.6 zeigte den Verlauf von τ_λ für eine ideale transparente Abdeckung von Solarkollektoren, für Wellenlängen größer 2,5 μm sollte demnach $\tau_{\lambda,IR} = 0$ und $\rho_{\lambda,IR} = 1$ gelten.

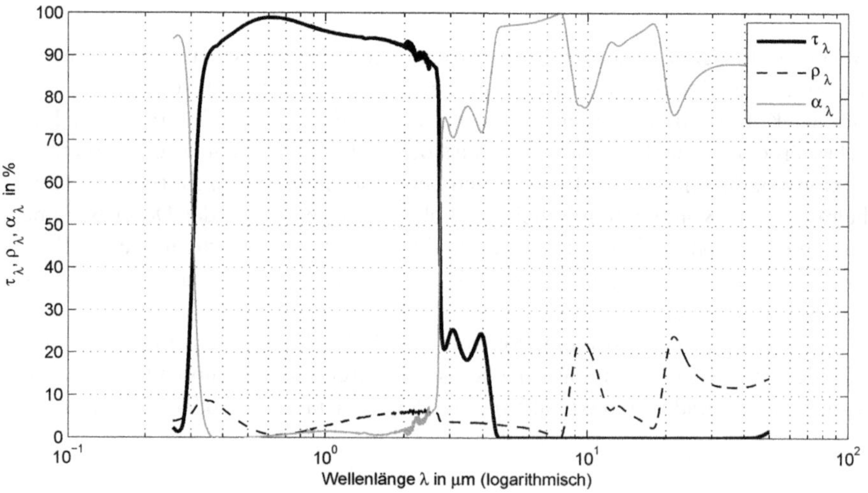

Abb. 5.8 Spektraler Transmissionsgrad τ_λ eines eisenarmen Solarglases (Messwerte) in Abhängigkeit von der Wellenlänge λ in μm [76].

Eisenarmes Glas kommt dem Ideal relativ nahe, wie ein Vergleich zwischen Abb. 5.6 und Abb. 5.8 zeigt: Im Spektralbereich der solaren Strahlung bis 2,5 μm ist die spektrale Transmission $\tau_{\lambda,sol}$ nahe 1, darüber hinaus im Bereich der infraroten Wärmeverluststrahlung (ab $\lambda > 5\mu$m) null. Allerdings ist der spektrale Reflexionsgrad $\rho_{\lambda,IR}$ dort nicht wie gefordert 1, sondern nimmt Werte zwischen 10 und 20 % ein.

Der spektrale Absorptionsgrad von Solarglas $\alpha_{\lambda,IR}$ beträgt demnach etwa 80 bis 90 %. Langwellige Wärmestrahlung wird vom Glas also vornehmlich absorbiert, dadurch erwärmt es sich.

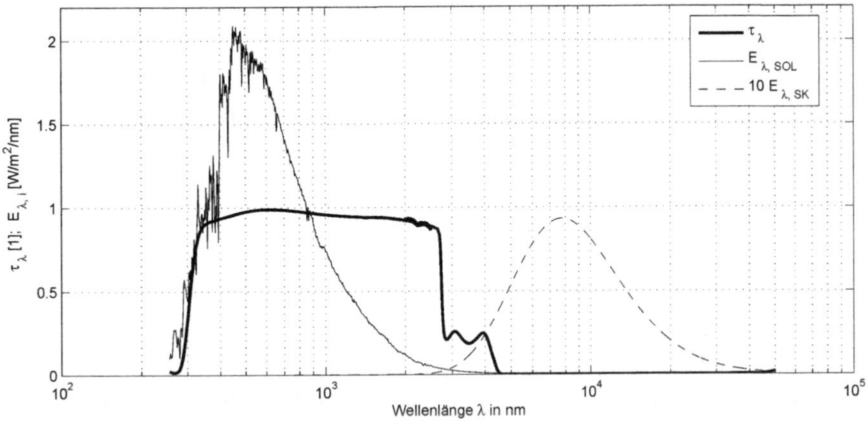

Abb. 5.9 Spektraler Transmissionsgrad τ_λ von eisenarmem Solarglas in Abhängigkeit von der Wellenlänge λ in nm, spektrale Strahldichte $E_{\lambda,sol}$ der Solarstrahlung bei AM 1,5 sowie spektrale Strahldichte $E_{\lambda,SK}$ einer schwarzen Oberfläche bei einer Temperatur von 100 °C (10-fach überhöht).

Abb. 5.9 zeigt den spektralen Transmissionsgrad von Glas gemeinsam mit der spektralen Strahldichte der Solarstrahlung und der spektralen Strahldichte einer Schwarzen Oberfläche bei 100°C, die die Wärmeverluststrahlung einer Absorberschicht repräsentieren soll. Deutlich ist sichtbar, dass Glas die kurzwellige Solarstrahlung gut transmittiert, die langwellige Wärmestrahlung aber zurückhält, indem es sie absorbiert bzw. reflektiert. Der beschriebene Effekt ist auch als Treibhauseffekt bekannt.

Solarer Transmissionsgrad

Von besonderem Interesse ist der in Abb. 5.9 dargestellte Spektralbereich der Solarstrahlung von etwa 0,3 μm bis 2,5 μm bei der relativen optischen Luftmasse (**A**ir-**M**ass) AM 1,5. Die Air-Mass wurde ausführlich in Kap. 3 erläutert. Bei der AM 1 steht die Sonne direkt im Zenit und der Weg der Strahlung durch die Atmosphäre ist kürzestmöglich. Bei AM 1,5 beträgt der Höhenwinkel der Sonne $\beta_S = 42°$, das AM 1,5-Spektrum entspricht damit eher dem mittleren Einstrahlungsspektrum auf Solarkollektoren.
Die normierte spektrale Strahldichte $E_{\lambda,AM\ 1,0}$ für AM 1 ist in der DIN EN 410 [39] in Tabelle 2 für den Wellenlängenbereich von λ = 300 bis 2500 nm in Schrittweiten von $\Delta\lambda \approx 20$ bis 100 nm dokumentiert. Nach dieser Norm wird der Transmissionsgrad über ein Faltungsintegral bzw. durch Summenbildung bestimmt,

$$\tau_e = \frac{\int_{\lambda=300nm}^{2500nm} (E_{\lambda,AM1} \cdot \tau_\lambda)\, d\lambda}{\int_{\lambda=300nm}^{2500nm} (E_{\lambda,AM1})\, d\lambda} \text{ bzw. } \tau_e = \frac{\sum_{\lambda=300nm}^{2500nm} (\Delta E_{\lambda,AM1} \cdot \tau_{\Delta\lambda})\, \Delta\lambda}{\sum_{\lambda=300nm}^{2500nm} (\Delta E_{\lambda,AM1})\, \Delta\lambda}. \tag{5.17}$$

Die Norm EN 410 wird vor allem im Bauwesen verwendet. In der Solarindustrie hat sich dagegen der mit AM 1,5 gewichtete Transmissionsgrad durchgesetzt, in der ISO-Norm 9845-1 [80] ist das entsprechende Spektrum tabelliert. Die Berechnung des Transmissionsgrades τ_{sol} mit der Gewichtungsfunktion nach AM 1,5 erfolgt analog zu Gl. (5.17):

$$\tau_{sol} = \frac{\sum_{\lambda=300nm}^{2500nm} (\Delta E_{\lambda,AM1,5} \cdot \tau_{\Delta\lambda})\, \Delta\lambda}{\sum_{\lambda=300nm}^{2500nm} (\Delta E_{\lambda,AM1,5})\, \Delta\lambda}. \tag{5.18}$$

Die Transmissionsgrade τ_e nach EN 410 und τ_{sol} nach ISO 9845-1 unterscheiden sich bei der selben Glasprobe um 0,5 % bis 1,5 %, da die Gewichtungsfunktionen nicht identisch sind.[5] In Tab. 5.1 sind für einige in Solarkollektoren eingesetzte transparente Materialien solare Transmissionsgrade τ_{sol} wiedergegeben.

5.2.3 Absorption und Strahlungswandlung

Bei Flachkollektoren befindet sich etwa 25 bis 45 mm unterhalb der transparenten Abdeckung (im Regelfall eine Scheibe eisenarmes Solarglas) der vor Umwelteinflüssen geschützte Absorber (vgl. Abb. 5.15). Seine Aufgabe ist die photothermische Wandlung der Solarstrahlung in thermische Energie. Strahlungsphysikalisch bedeutsam ist lediglich seine Oberfläche, sie soll wie in Abb. 5.6 dargestellt im Idealfall über einen solaren Absorptionsgrad von $\alpha_{\lambda,0,3-2,5\,\mu m} \approx 1$ und einen thermischen Emissionsgrad von $\varepsilon_{\lambda>2,5\,\mu m} \approx 0$ verfügen.
Das Material, aus dem der Absorber gefertigt ist, wird nach anderen Kriterien ausgewählt. Es muss eine hohe Wärmeleitfähigkeit aufweisen, um die thermische Energie mit geringer Temperaturdifferenz zum Wärmeträgerfluid zu leiten. Zudem muss das Material kostengünstig und gut verarbeitbar sein. Entsprechend hat sich für Flachkollektoren eine Standardbauweise von Absorbern herausgebildet, bei der ein sehr dünnes Kupfer- oder Aluminiumblech mit einer extrem dünnen selektiven Beschichtung von wenigen hundert Nanometer Dicke versehen wird. Die Rückseite des Absorberblechs ist z.B. durch Aufschweißen an die wärmeträgerführenden Fluidrohre thermisch angekoppelt. Weitere Details zur Konstruktion von Absorbern finden sich in Kap. 5.3.2.

---

[5] Meist liegt der mit der AM 1,5-Gewichtungsfunktion berechnete solare Transmissionsgrad um rund 0,5 %-Punkte höher.

Absorption und Emission

Wie schon der Transmissionsgrad wird auch der solare Absorptionsgrad α_{sol} der Absorberbeschichtung mit der spektralen Strahldichte der Sonne $E_{\lambda,AM1,5}$ für AM 1,5 berechnet. Hier gilt nach ISO 9845-1 [80]

$$\alpha_{sol} = \frac{\sum\limits_{\lambda=300nm}^{2500nm} \left(\Delta E_{\lambda,AM1,5} \cdot \alpha_{\Delta\lambda}\right) \Delta\lambda}{\sum\limits_{\lambda=300nm}^{2500nm} \left(\Delta E_{\lambda,AM1,5}\right) \Delta\lambda} \,. \tag{5.19}$$

Die Messung des spektralen Absorptionsgrades α_λ und später des spektralen Emissionsgrades ε_λ erfolgt indirekt über die Bestimmung des spektralen Reflexionsgrades ρ_λ, da dieser einfacher zu erfassen ist. Nach dem Gesetz von Kirchhoff gilt für opake und diffus reflektierende Materialien immer $\alpha_\lambda = \varepsilon_\lambda$ und damit $\alpha_\lambda = \varepsilon_\lambda = 1 - \rho_\lambda$.

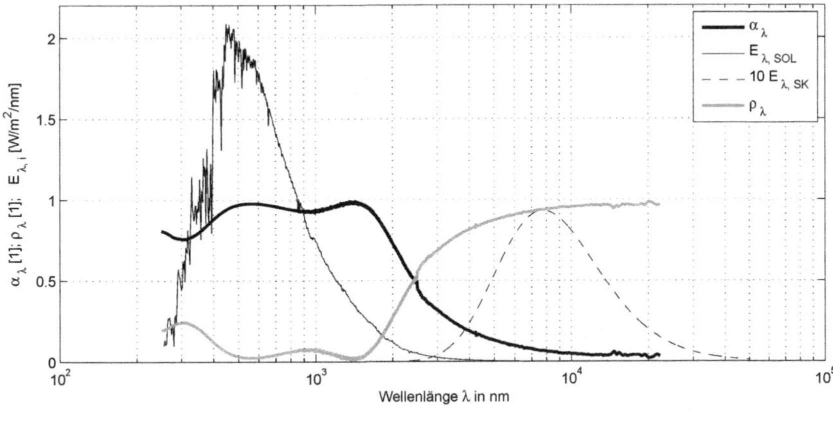

Abb. 5.10 Spektraler Reflexions- und Absorptionsgrad ρ_λ bzw. α_λ einer Selektivbeschichtung (reale Messwerte) in Abhängigkeit von der Wellenlänge λ in nm, spektrale Strahldichte $E_{\lambda,sol}$ der Solarstrahlung bei AM 1,5 sowie spektrale Strahldichte $E_{\lambda,SK}$ einer schwarzen Oberfläche bei einer Temperatur von 100 °C (10-fach überhöht).

Abb. 5.10 zeigt die Messwerte des spektralen Absorptions- bzw. Reflexionsgrades einer marktgängigen Selektivbeschichtung. Der spektrale Absorptionsgrad einer idealen Selektivbeschichtung sollte für Wellenlängen > 2.500 nm einen Wert von $\alpha_\lambda \approx 0$ erreichen, wie Abb. 5.6 zeigte. Für die kleineren Wellenlängen der Solarstrahlung sollte $\alpha_\lambda \approx 1$ gelten. Der Verlauf von α_λ in Abb. 5.10 zeigt, dass die dort vermessene Selektivbeschichtung dem Ideal schon recht nahe kommt.

Zur Messung des spektralen Reflexionsgrades ρ_λ wird monochrome[6] Strahlung in einem Winkel zwischen 4° und 10° zur Oberflächennormalen auf die Probe gebracht und der in den gesamten Halbraum diffus reflektierte Strahlungsanteil gemessen. Dazu bedient man sich einer integrierenden Ulbricht-Kugel, die sämtliche reflektierte Strahlung „aufsammelt". Wie schon bei der Bestimmung des Transmissionsgrades der transparenten Abdeckung wird die Abhängigkeit des Absorptionsgrades vom Einfallswinkel θ mit einem IAM -Faktor $K_{abs}(\theta)$ angegeben.

Emissionsgrad

Zur Charakterisierung des Emissionsverhaltens der Absorberschicht – der zweiten grundlegenden Eigenschaft – wird der thermische Emissionsgrad[7] ε_{373K} angegeben. Er ist gewichtet mit der spektralen Strahldichte $E_{\lambda,SK}$ eines schwarzen Strahlungskörpers (SK) bei einer Temperatur von 100 °C bzw. 373 K,

$$\varepsilon_{373K} = \frac{\int_{\lambda=2\mu m}^{50\mu m} (E_{\lambda,SK,373K} \cdot \varepsilon_\lambda)\, d\lambda}{\int_{\lambda=2\mu m}^{50\mu m} (E_{\lambda,SK,373K})\, d\lambda}. \tag{5.20}$$

Schwarzchrom-Beschichtungen weisen typische ε_{373K}-Werte von 8 bis 12 % auf, moderne Sputter-Beschichtungen erreichen Werte von etwa 5 %, weitere Angaben finden sich in Tab. 5.4, S. 354.

Verschiebungsgesetz nach Wien

In Abb. 5.10 ist gut zu erkennen, dass das Strahlungsmaximum der Oberfläche mit 373 K bei einer Wellenlänge von etwa 8 (genauer: 7,8) μm liegt. Die Wellenlänge λ_{max} (in μm) der maximalen spektralen Strahldichte eines Schwarzen Körpers ist in einfacher Weise mit dem Verschiebungsgesetz nach Wien in Abhängigkeit von seiner Temperatur bestimmbar

$$\lambda_{max} = \frac{2.898\ \mu\text{m K}}{T}. \tag{5.21}$$

Die Temperatur T der die thermische Strahlung aussendenden Oberfläche wird in K angegeben.

Optischer Wirkungsgrad $(\tau\alpha)_e$

Bei abgedeckten Kollektoren wird das Transmissionsverhalten der transparenten Abdeckung und das Absorptionsverhalten der Absorberschicht in einem einzigen Wert zusammengefasst, dem optischen Wirkungsgrad η_{opt}. Heute ist die Bezeichnung als Transmissions-Absorptionsprodukt mit dem Formelzeichen $(\tau\alpha)_e$ üblich.

---

[6] Strahlung einer Wellenlänge λ oder eines kleinen Wellenlängenbereichs $\Delta\lambda$.

[7] auch: Emissivität

Das Transmissions-Absorptionsprodukt entspricht näherungsweise dem mathematischen Produkt aus τ_{sol} und α_{sol}. Tatsächlich ist die zwischen der Unterseite der Abdeckung und dem Absorber mehrfachreflektierte Strahlung mit zu berücksichtigen[8]. Es gilt nach Aufsummierung aller Einzelterme und Anwendung der Methoden der Reihenentwicklung bei senkrechter Einstrahlung (Index n)

$$(\tau\alpha)_{en} = \frac{\tau_{sol} \cdot \alpha_{sol}}{1 - (1 - \alpha_{sol}) \cdot (\tau_{a,\,n} - \tau_{sol})} \,. \tag{5.22}$$

Hierbei wird angenommen, dass die Strahlung senkrecht auf die Abdeckung auftrifft und die vom Absorber diffus reflektierte Strahlung mit dem Anteil $r_d = (\tau_{a,n} - \tau_{sol})$ vom Glas zurückgeworfen wird. Bei nichtsenkrechtem Strahlungseinfall vermindert sich der optische Wirkungsgrad durch erhöhte Reflexionen an den Grenzflächen von Abdeckung und Absorber.

Absorbierte Strahlungsenergie $\dot{Q}_{abs}$

Mit Einführung des Transmissions-Absorptionsproduktes ist die Bestimmung der photothermisch gewandelten und absorbierten Strahlungsenergie $\dot{Q}_{abs}$ aus Gl. (5.2) möglich:

$$\dot{Q}_{abs,n} = (\tau\alpha)_{en} \cdot E_n \cdot A_a \,. \tag{5.23}$$

Die senkrecht auf die strahlungsempfangende Aperturfläche[9] A_a eintreffende Strahlung E_n in W/m^2 wird mit dem Anteil $(\tau\alpha)_{en}$ in thermische Energie $\dot{Q}_{abs,n}$ umgewandelt.

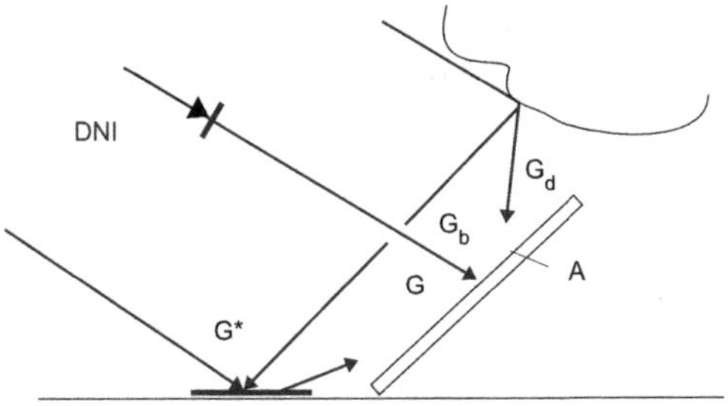

Abb. 5.11 Definition der hemisphärischen ($G = G_b + G_d$), der globalen hemisphärischen (G^*) mit Bezug auf eine horizontale Fläche, der direkten (G_b) und der diffusen Bestrahlungsstärke (G_d). DNI ist die Direktnormalstrahlung.

Bisher wurde mit E_n nur die direkte Strahlung berücksichtigt. Tatsächlich besteht die Solarstrahlung am Erdboden aus Direkt- und Diffusstrahlung, wie Abb. 5.11

[8] In vielen Fachbüchern wird als Näherungswert für den optischen Wirkungsgrad noch $\eta_{pt} \approx 1{,}01 \ldots 1{,}02 \cdot \tau_{sol} \cdot \alpha_{sol}$ angegeben, der auf früher üblichen Absorptionsgraden von < 90 % fußt. Bei hochselektiven Beschichtungen mit Absorptionsgraden von 95 % erhöht der Einfluss der Mehrfachreflexion das Produkt $\tau_{sol} \cdot \alpha_{sol}$ nur noch um den Faktor von 1,005.

[9] Zur genauen Definition der Aperturfläche siehe das folgende Kap. 5.2.4.

zeigt. Die Bestrahlungsstärke G nach DIN EN ISO 9488 [53] ist der Quotient aus dem direkten, diffusen oder hemispärischen Solarstrahlungsfluss Φ_i in einer gegebenen Ebene und einer Fläche in dieser Ebene, $G_i = \Phi_i/A$. Es wird zwischen hemisphärischer (G), globaler hemisphärischer (G^*) mit Bezug auf eine horizontale Fläche, direkter (G_b) und diffuser Bestrahlungsstärke (G_d) unterschieden. Die diffuse Strahlung umfasst auch den vom Erdboden bzw. der Umgebung reflektierten Strahlungsanteil.
Bei Berücksichtigung nichtsenkrechter Einstrahlung und der Unterscheidung in Direktstrahlung G_b und Diffusstrahlung G_d gilt:

$$\dot{Q}_{abs} = (\tau\alpha)_e \cdot G \cdot A_a \tag{5.24}$$

mit dem effektiven Transmissions-Absorptionsprodukt

$$(\tau\alpha)_e = (\tau\alpha)_{en} \cdot K_b(\theta) \cdot \frac{G_b}{G} + (\tau\alpha)_{en} \cdot K_d \cdot \frac{G_d}{G} \,. \tag{5.25}$$

Die Winkelkorrekturfaktoren $K_b(\theta)$ und K_d werden ab S. 326 näher behandelt.

5.2.4 Strahlungskonzentration

In Kap. 14.10 wird gezeigt, dass sich durch die Konzentration von Solarstrahlung der exergetische Wirkungsgrad der solarthermischen Wandlung η_{Ex} verbessert, da durch die Erhöhung der Photonendichte höhere Energiedichten und damit höhere Temperaturen erzielt werden. Vor allem thermische Solarkraftwerke (CSP) nutzen die Strahlungskonzentration.
Der geometrische Konzentrationsfaktor C ist nach [53] definiert als das Verhältnis der strahlungsempfangenden Aperturfläche A_a eines konzentrierenden Kollektors zu seiner Absorberfläche A_A,

$$C = \frac{A_a}{A_A} \,. \tag{5.26}$$

Bei gleicher Aperturfläche empfängt ein konzentrierender gegenüber einem nichtkonzentrierenden Kollektor die gleiche Strahlungsenergie, die absorbierende Fläche ist jedoch um den Faktor C kleiner. Da die Wärmeverlustleistung des Kollektors proportional zur Absorberfläche ist, wird der konzentrierende Kollektor (bei vergleichbarer Absorbertemperatur) näherungsweise um den Faktor C geringere Wärmeverluste aufweisen. Durch Strahlungskonzentration

- sind höhere Temperaturen und damit höhere exergetische Wirkungsgrade erreichbar,
- ist die für die Wärmeverluste maßgebliche Absorberfläche um den Konzentrationsfaktor C reduziert.

Die Definition von Apertur- und Absorberflächen bereitet in der Praxis bei der Vielzahl unterschiedlicher Kollektorgeometrien große Mühen. In der DIN EN ISO 9488 [53] sind für die bekanntesten Kollektortypen passende Definitionen gegeben (vgl. dazu Abb. 5.12):

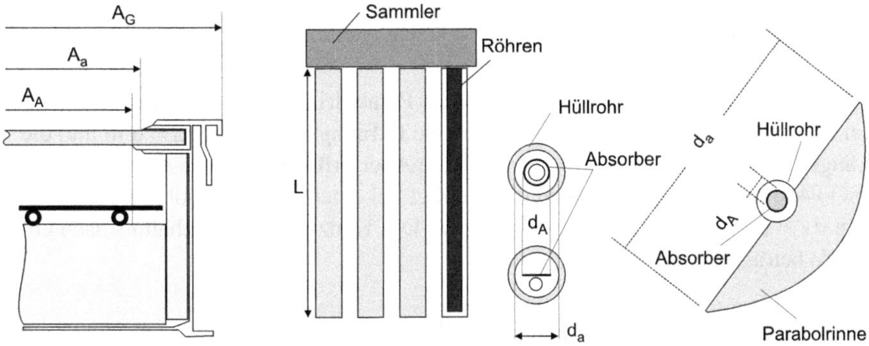

Abb. 5.12 Definition der Aperturfläche A_a und der Absorberfläche A_A nach [53] für Flachkollektoren, Vakuumröhrenkollektoren und konzentrierende Parabolrinnenkollektoren

- Die Aperturfläche A_a ist die größte projizierte ebene Fläche, durch die unkonzentrierte Sonnenstrahlung in den Kollektor eintritt. Beim Flachkollektor entspricht die Aperturfläche etwa der lichten Glasfläche[10], beim Röhrenkollektor ohne rückseitigen Reflektor ist die Länge L des unbeschatteten, parallelen und durchsichtigen Röhrenquerschnitts zu multiplizieren mit dem Innendurchmesser d_a des durchsichtigen äußeren Hüllrohres und der Anzahl der Röhren. Bei Vakuumröhren mit rückseitigem Reflektor entspricht die Aperturfläche der Projektionsfläche des Reflektors.
- Bei nichtkonzentrierenden Kollektoren ist die Absorberfläche A_A die größte projizierte ebene Fläche des Absorbers. Sie schließt absorbierende Bereiche nicht ein, welche von senkrecht einfallender Sonnenstrahlung nicht erreicht werden. In Abb. 5.12 ist beim Flachkollektor daher die Absorberfläche begrenzt durch die Breite der Apertur, da die Flächen unterhalb des Rahmens bei senkrechter Einstrahlung nicht beschienen werden.
- Bei konzentrierenden Kollektoren entspricht die Absorberfläche A_A der projizierten Fläche des strahlungsabsorbierenden Bauteils. Im Falle eines Röhrenkollektors mit zylindrischem Absorber ist A_A nach Abb. 5.12 durch Länge und Durchmesser des Absorberrohres d_A zu bilden.
- Die Brutto-Kollektorfläche A_G schließlich ist die größte projizierte Fläche eines vollständigen Sonnenkollektors, ohne dass Vorrichtungen für die Befestigung und Rohrleitungsverbindungen berücksichtigt sind; Konzentrationssysteme wie Reflektoren zählen dazu.

Für Modellberechnungen ist die tatsächliche Absorberfläche A_{abs} zu verwenden.

[10] Im Detail gibt es bei der Ermittlung der Aperturfläche oft Unklarheiten, wenn z.B. die Dichtung zwischen Glasplatte und Rahmen eine Schrägung aufweist und die lichte Weite nicht klar bestimmbar ist. Die nach ISO 8906 prüfenden deutschen Solarinstitute treffen sich daher halbjährlich in einem von DIN CERTCO organisierten Erfahrungsaustauschkreis (EK-TSuB) um solche Fragen zu klären und über die Normen hinausgehende Vereinbarungen zur Testdurchführung abzustimmen.

→ Berechnungsbeispiel

In Abb. 5.12, rechts ist ein konzentrierender Parabolrinnenkollektor abgebildet. Es sei angenommen, dass die Parabolrinne eine Öffnungsweite von d_a = 6 m und die Länge L aufweise. Daraus errechnet sich die Aperturfläche zu $A_a = d_a \cdot L$. Die nach ISO 9488 berechnete Absorberfläche beträgt bei einem Absorberrohrdurchmesser von $d_A = 0,06\,m$ entsprechend $A_A = d_A \cdot L$. Das Konzentrationsverhältnis nach Gl. (5.26) beträgt damit

$$C = \frac{A_a}{A_A} = \frac{d_a \cdot L}{d_A \cdot L} = \frac{d_a}{d_A} = \frac{6\text{ m}}{0{,}06\text{ m}} = 100$$

und die für die Berechnung der Wärmeverluste relevante reale Absorberfläche schließlich wird bestimmt mit $A_{abs} = \pi \cdot d_A \cdot L$.

Eine Strahlungskonzentration lässt sich durch die Verwendung von Linsensystemen oder durch Spiegel mit reflektierenden Oberflächen realisieren. Linsensysteme (Refraktoren) brechen die Solarstrahlung nach dem Gesetz von Snellius in optisch dichterem Material. Sie haben bisher in der Praxis aus Kostengründen bei größeren Flächen noch keine Bedeutung. Dagegen existiert eine Vielzahl konzentrierender Kollektoren nach dem Reflexionsprinzip (Reflektoren), Abb. 5.13 zeigt eine Auswahl.

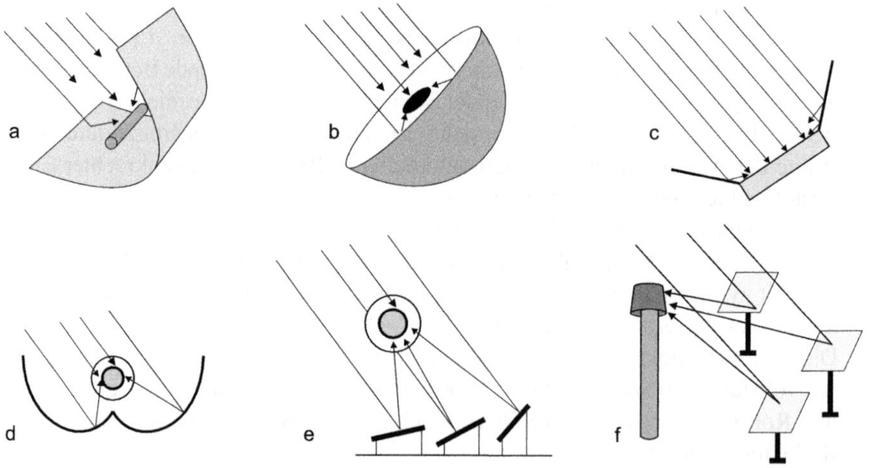

Abb. 5.13 Systeme mit Reflektoren nutzen zur Strahlungskonzentration meist die Parabelform und erreichen damit sehr hohe Konzentrationsfaktoren, (a) als Parabolrinne (C ≈ 50 - 100), (b) als Paraboloid (C ≈ > 2.000). Trogkollektoren (c) haben ebene Reflektoren und erreichen ohne Nachführung nur eine geringe Konzentration (C < 4). Als Beispiel eines nichtbildgebenden Konzentrators ist in (d) der CPC (compound parabolic concentrator) dargestellt, der ohne Nachführung ein C von 1,1 bis 1,6 erreicht. (e) zeigt einen zweidimensionalen Fresnel-Reflektor und (f) ein Feld mit nachgeführten Heliostaten, die in der Ebene einen Paraboloid ergeben und ihre Strahlung auf einen Turmreceiver mit C ≈ 500 - 1.000 konzentrieren.

Eine besondere Rolle spielt die Parabelgleichung, da nur die Parabel parallel einfallende Strahlung in einem Punkt konzentrieren kann:

$$y^2 = 4 \cdot f \cdot x \text{ bzw. } y = \pm\sqrt{4 \cdot f \cdot x}$$

Die Brennweite f in m gibt den Abstand des Brennpunktes F vom Koordinatenursprung an. Nach Abb. 5.14 wird alle parallel zur x-Achse einfallende Strahlung in den Brennpunkt reflektiert. Ein Parabelzylinder (Parabolrinne) konzentriert das Licht auf eine Linie, ein dreidimensionaler Paraboloid auf einen Punkt.

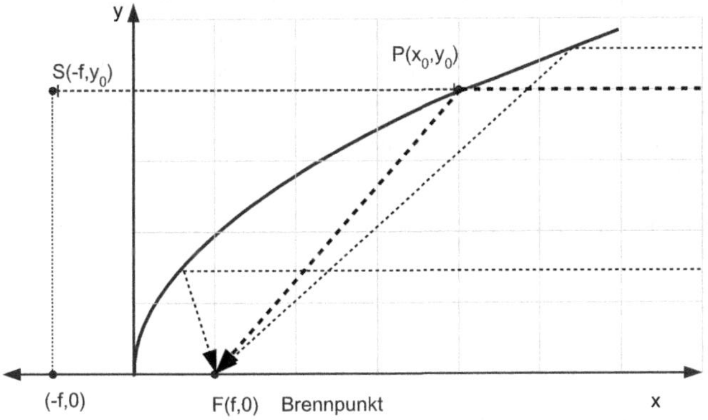

Abb. 5.14 Parabel der Brennweite f mit eingezeichnetem Strahlungsgang. Alle parallel zur x-Achse auf die Parabel treffenden Strahlen werden genau in den Brennpunkt F(f,0) reflektiert. Die Strecke $\overline{PS}$ ist bei einer Parabel immer identisch mit der Strecke $\overline{PF}$.

Konzentrierende Systeme weisen gegenüber den nichtkonzentrierenden Kollektoren zwei wesentliche Nachteile auf:

- Es kann nur die parallel ausgerichtete Direktstrahlung genutzt werden sowie der Anteil der ungerichteten Diffusstrahlung, der direkt auf die Absorberfläche trifft. Die ungerichtete Diffusstrahlung ist nicht konzentrierbar. Konzentrierende Systeme sind deshalb nur in Klimazonen mit hohem Direktstrahlungsanteil sinnvoll. In Deutschland z.B. beträgt der Diffusanteil im Jahresmittel rund 50 %. Selbst bei wolkenlosem Himmel ist noch ein Diffusanteil zwischen 10 und 20 % messbar.
- Da die gerichtete Direktstrahlung immer achsenparallel in die konzentrierende Parabel einfallen muss, ist eine Nachführung des kompletten Systems mit dem Sonnenstand erforderlich.

Paraboloide sind wie die Heliostaten der solaren Turmkraftwerke (vgl. Abb. 5.13) zweiachsig nachzuführen, müssen also kontinuierlich den zeitabhängigen Größen Sonnenhöhe β_S und Sonnenazimut α_S angepasst werden (Kap. 3.1.5, S. 130 ff.). Bei Turmkraftwerken wird die ideale Paraboloidform durch eine Vielzahl fast planer Spiegel (Heliostaten) angenähert, die am Boden in einer Ebene aufgestellt sind.
Bei Parabolrinnen genügt eine einachsige Nachführung. Bei der üblichen Nord-Süd-Ausrichtung der Rinnenachsen muss die Rinne zwischen Sonnenaufgang und

-untergang kontinuierlich um insgesamt 180° gedreht werden. Bei der Ost-West-Ausrichtung ist ein tageweiser Ausgleich der Deklination ausreichend.
Für konzentrierende Kollektoren muss Gl. (5.23) zur Bestimmung der photothermisch gewandelten und absorbierten Strahlungsenergie erweitert werden, da zusätzlich die Reflexionsverluste des konzentrierenden Systems zu berücksichtigen sind. Mit Einführung des optischen Wirkungsgrades des Konzentrators η_{conc} gilt hier

$$\dot{Q}_{abs\,C} = \eta_{conc} \cdot (\tau\alpha)_e \cdot DNI \cdot A_a \,. \tag{5.27}$$

A_a ist die strahlungsempfangende Aperturfläche. Anstatt der Globalstrahlung wird bei nachgeführten Systemen oft nur der Direktstrahlungsanteil verwendet und der Diffusanteil vollständig vernachlässigt. In der Fachliteratur zu Solarkraftwerken bezeichnet man die bei der zweiachsigen Nachführung immer normal zur Aperturebene einfallende Direktstrahlung als Direktnormalstrahlung *DNI* (Abb. 5.11). Bezieht man den Konzentrationsfaktor C mit ein, ändert sich der Flächenbezug von der Apertur- zur Absorberfläche A_A,

$$\dot{Q}_{abs\,C} = \eta_{conc} \cdot (\tau\alpha)_e \cdot DNI \cdot C \cdot A_A \,. \tag{5.28}$$

Einflüsse auf den Konzentratorwirkungsgrad

Je nach Art des Konzentrationssystems setzt sich der optische Wirkungsgrad η_{conc} aus unterschiedlichen Anteilen zusammen, es gilt

$$\eta_{conc} = \prod \eta_i = \eta_\rho \cdot \eta_{Form} \cdot \eta_{VB} \cdot \eta_{cos} \cdot \eta_{poll} \cdot \eta_{degrad} \cdot \ldots \cdot \eta_{end} \cdot$$

- Reflektierende Oberflächen erreichen bei Silberverspiegelung einen solaren Reflexionsgrad $\eta_\rho = \rho_{sol}$ im AM 1,5-Spektrum der Sonne von etwa 90 - 95 %. Polierte Aluminiumflächen erreichen i.A. nur Werte < 90 %.
- Die tatsächliche Spiegelform entspricht fertigungsbedingt nie der idealen Parabelform. Durch diese Abweichungen gelangt nur der Anteil η_{Form} der reflektierten Solarstrahlung auf die Absorberfläche. η_{Form} wird in der Literatur zu Parabolrinnenkollektoren auch als Interception-Faktor γ bezeichnet und nimmt typische Werte um 95 % an.
- Bei Heliostaten-Anlagen mit einer Vielzahl zweiachsig nachführbarer Spiegel treten Verschattungs- und Blockierungseffekte [11] auf, die in einem Gesamtwirkungsgrad η_{VB} (typisch 99 %) erfasst werden.
- Nur bei Heliostatenspiegeln ist der Cosinuseffekt zu berücksichtigen. Bei schräg einfallender Strahlung ist die reflektierende Spiegelfläche um den Faktor $cos(\theta)$ vermindert. Bei Turmkraftwerken beträgt der als Wirkungsgrad definierte cos-Faktor η_{cos} im Mittel ca. 99 %.
- Zu berücksichtigen ist in einem Wirkungsgrad η_{poll} schließlich noch die mögliche Verschmutzung des Spiegels[12]. Auch die Verluste infolge Alterung können

[11] Benachbarte Spiegel *mindern* durch Verschattung die einfallende Strahlung oder *blockieren* die reflektierte Strahlung auf ihrem Weg zum Absorber.

[12] Pollution „poll“ für Verschmutzung.

in einem Wirkungsgrad η_{degrad} beschrieben werden. Sie werden verursacht von kondensierendem Wasser und damit verbundener Korrosion, von mechanischem Abrieb z.B. durch Sandstürme und ggf. durch Materialveränderungen.
- Bei Parabolrinnenkollektoren sind noch die Endverluste in einem zusätzlichen Wirkungsgrad η_{end} zu berücksichtigen: Bei schrägem Strahlungseinfall trifft ein Teil der reflektierten Solarstrahlung am Ende des Kollektors nicht mehr auf das Absorberrohr.

Je nach Konzentratorart sind nur einige der o.g. Wirkungsgrade zu berücksichtigen, die anderen sind dann zu $\eta_i = 1$ zu setzen.

5.2.5 Wärmetransport im Kollektor

Durch die photothermische Wandlung erhöht sich die Innere Energie des Absorbers und damit auch dessen Temperatur gegenüber der Umgebung. Mit einer Temperaturdifferenz ist immer ein Energietransport verbunden, der bereits als Verlustwärmestrom $\dot{Q}_v = |\sum \dot{Q}_{vi}|$ eingeführt wurde (vgl. Gl. (5.2)). Über die bekannten Transportpfade Wärmestrahlung, Wärmeleitung (Konduktion) und Konvektion verliert der Absorber im Betrieb einen Teil der absorbierten Energie $\dot{Q}_{abs}$ an die Umgebung. Wie Abb. 5.15 für einen Flachkollektor zeigt, gilt es eine Vielzahl von Wärmeverlustpfaden zu unterscheiden, die ein Berechnungsmodell sehr komplex machen.

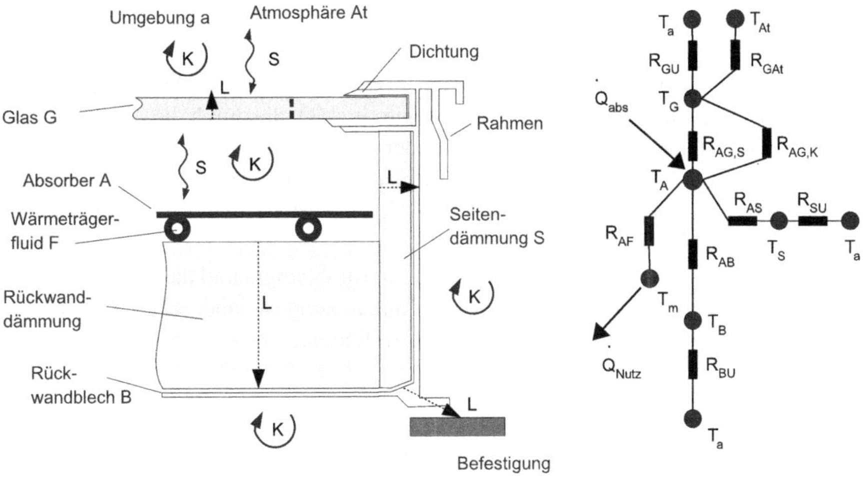

Abb. 5.15 Schnittbild (links) eines Flachkollektors mit einer Auswahl von Wärmeverlustpfaden. Neben den konvektiven Transportvorgängen („K") und der Wärmeleitung („L") sind die Strahlungswärmeströme („S") zu berücksichtigen. Das Bild rechts zeigt ein sehr einfaches Modell als thermisches Netzwerk. Die realen Bauteile wurden durch 5 Temperaturknoten (Absorber (A), Glas (G), Seitenwand (S), Rückwand (B) und Fluid (F) mit der mittleren Temperatur T_m) ersetzt, die über die Widerstände R_{ij} mit der Umgebung (a) bzw. der Atmosphäre (At) Energie verlieren.

Thermisches Netzwerk

Wärmetransportvorgänge sind in Analogie zur Elektrotechnik in RC-Schaltbildern darstellbar und auch mit den bekannten Methoden der Elektrotechnik berechenbar. Hierbei entspricht der thermische Widerstand R_{th} dem ohmschen R_{Ω} und der Wärmestrom $\dot{Q}_{th}$ dem elektrischen Strom $\dot{I}_{el}$. Die bei instationären Vorgängen zu berücksichtigenden elektrischen Kapazitäten entsprechen der thermischen Kapazität $C = m \cdot c$ des Bauteils. Die durch die elektrische Spannung U_{el} angegebene elektrische Potentialdifferenz entspricht der Temperaturdifferenz ΔT zwischen den einzelnen Temperaturknoten; damit ist $U_{el} = R_{\Omega} \cdot \dot{I}_{el}$ und in Analogie $\Delta T = R_{th} \cdot \dot{Q}_{th}$. Der thermische Widerstand wird mit

$$\dot{Q}_{th} \equiv \frac{1}{R_{th}} \cdot \Delta T \equiv G_{th} \cdot \Delta T \tag{5.29}$$

definiert, sein Kehrwert als thermischer Leitwert G_{th} bezeichnet.
Bei stationären Bedingungen lassen sich die einzelnen Wärmeverlustströme $\dot{Q}_{vi}$ im Kollektor durch ein weit verzweigtes Netzwerk thermischer Widerstände nachbilden (wie in Abb. 5.15, rechts), die eine Vielzahl von Temperaturknoten verbinden. Jedem Bereich mit (näherungsweise) konstanter Temperatur muss ein solcher Temperaturknoten zugeordnet werden. Bei instationärer Betrachtung ist für jeden Temperaturknoten zusätzlich eine eigene Wärmekapazität $C_i = m_i \cdot c_i$ zu berücksichtigen, die auch als Blockkapazität bezeichnet werden.
Für ein instationäres thermisches Netzwerk mit n Knoten ergibt sich ein Gleichungssystem aus n Energiebilanzen für jeden Temperaturknoten $1 \leq i \leq n$,

$$C_i \cdot \frac{dT_i}{dt} = \sum_j \frac{T_j - T_i}{R_{ij}} + \sum_i \dot{Q}_{ex,k} \,. \tag{5.30}$$

Der Term links des Gleichheitszeichens entspricht der zeitlichen Änderung der im Teilsystem i gespeicherten thermischen Energie (in J/s), die durch die über die thermischen Widerstände R_{ij} zu- oder abfließenden Wärmeströme oder durch „äußere“ Energieströme $\dot{Q}_{ex,k}$ verursacht wurde. Als Beispiel für die letzteren seien die bereits eingeführten $\dot{Q}_{abs}$ und $\dot{Q}_{Nutz}$ genannt. Für $T_j < T_i$ „verliert“ der Temperaturknoten Energie, für $T_j > T_i$, strömt Energie zu.
Die thermischen Widerstände sind meist temperaturabhängig und das gesamte Gleichungssystem damit hochgradig nichtlinear. Eine Lösung ist daher schwierig und oft nur mit Hilfe numerischer Ingenieursoftware zu finden.

→ Berechnungsbeispiel

Im stationären Fall verschwinden die Speicherterme mit den Wärmekapazitäten auf der linken Seite der Gl. (5.30). Für das in Abb. 5.15, rechts dargestellte einfache Netzwerk mit 5 Temperaturknoten lautet dann z.B. die Energiebilanz für den Absorber A:

$$0 = \frac{T_G - T_A}{R_{AG,K}} + \frac{T_G - T_A}{R_{AG,S}} + \frac{T_B - T_A}{R_{AB}} + \frac{T_S - T_A}{R_{AS}} + \frac{T_m - T_A}{R_{AF}} + \dot{Q}_{abs} \,.$$

$\dot{Q}_{abs} > 0$ ist hier der „äußere“ Wärmestrom, der dem Absorber zugeführt wird, alle anderen Terme sind negativ, da im Kollektormodell immer $T_i - T_A < 0$ ist. Für alle weiteren Temperaturknoten sind ähnliche Gleichungen dieser Art zu erstellen und dann die Wärmewiderstände zu definieren.

Vereinfachtes Kollektormodell

Zahlreiche Untersuchungen haben gezeigt, dass ein vereinfachtes Modell mit nur zwei Temperaturknoten (T_A, T_m) für Absorber und Fluid das thermische und dynamische Verhalten eines Kollektors bereits sehr gut wiedergibt. Das infolge der Durchströmung mit der Wärmeträgerflüssigkeit eigentlich zweidimensionale Temperaturfeld des Absorbers wird im Modell durch eine einzige Temperatur T_A ersetzt. Für die Wärmeträgerflüssigkeit wird die arithmetrische mittlere Fluidtemperatur T_m aus Ein- und Austrittstemperatur bestimmt, $T_m = 1/2 \cdot (T_{F,out} + T_{F,in})$. Das Widerstandsnetzwerk des Zweiknotenmodells mit den Temperaturknoten T_A und T_m zeigt Abb. 5.16.

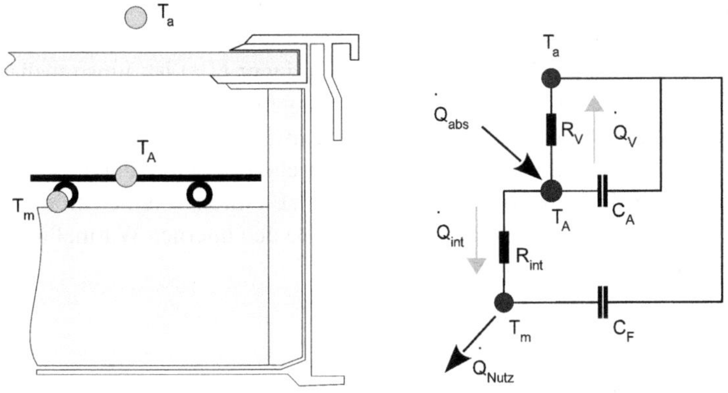

Abb. 5.16 Thermische Modellierung des Flachkollektors mit 2 Temperaturknoten. Der Absorber mit der geometrieunabhängigen Temperatur T_A nimmt durch photothermische Wandlung in der Absorberschicht die Leistung $\dot{Q}_{abs}$ auf und leitet einen Teil als internen Wärmestrom $\dot{Q}_{int}$ in das Fluid. Aufgrund der Temperaturdifferenz zur Umgebung $T_A - T_a$ fließt ein Gesamtwärmeverluststrom $\dot{Q}_V$ gegen den Gesamtverlustwiderstand R_V an die Umgebung ab. Die Wärmeverluste des Fluids und der weiteren Bauteile an die Umgebung sind in $\dot{Q}_V$ mit berücksichtigt. Bei instationären Berechnungen muss jedem Temperaturknoten eine eigene Wärmekapazität (C_A und C_F) zugeordnet werden.

Die Leistungsbilanz[13] des Kollektors nach Gl. (5.2) teilt sich für das Zweiknotenmodell in zwei Teilsysteme auf. Für das Teilsystem „Absorber" um den Temperaturknoten T_A gilt nach Gl. (5.30)

$$C_A \cdot \frac{dT_A}{dt} = \dot{Q}_{abs} - \dot{Q}_{int} - \dot{Q}_V \tag{5.31}$$

und für das Teilsystem „Fluid" um den Temperaturknoten T_m:

$$C_F \cdot \frac{dT_m}{dt} = \dot{Q}_{int} - \dot{Q}_{Nutz} \,. \tag{5.32}$$

Interner Wärmefluss

Für den internen Wärmefluss $\dot{Q}_{int}$ zwischen Absorber und Fluid gilt

$$\dot{Q}_{int} = \frac{1}{R_{int}} \cdot (T_A - T_m) \quad \text{mit} \quad R_{int} = \frac{1}{U_{int} \cdot A_{abs}} \,. \tag{5.33}$$

Physikalisch relevant für den internen Wärmetransport (und auch für die Wärmeverluste) ist die tatsächliche Absorberfläche A_{abs}. Der auf diese Fläche bezogene interne Wärmedurchgangskoeffizient U_{int} ist von entscheidender Bedeutung für die thermische Güte eines Kollektors und beeinflusst die Leistungsfähigkeit des Kollektors erheblich, etwa im gleichen Umfang wie die Materialkennwerte der Absorberbeschichtung (Absorptions- und Emissionsgrad) und des Solarglases (Transmissionsgrad). Je höher der interne Widerstand R_{int} (je geringer U_{int}) ist, umso mehr Energie fließt über den Verlustwiderstand R_V an die Umgebung und umso geringer ist die entnehmbare Nutzleistung $\dot{Q}_{Nutz}$. Der Kollektorentwickler kann durch Festlegung der Absorbergeometrie (z.B. Finnenbreite und Blechdicke bei Flachkollektoren) und der Strömungsbedingungen (Absorberhydraulik, Fluidrohrvolumenströme, aber auch Fluidstoffwerte wie Viskosität) in hohem Maße den internen Wärmefluss beeinflussen und so die Kollektorleistung verbessern.

→ Weiterlesen

W. Eisenmann behandelt in seiner Dissertation von 2003 [57] die Modellierung von Flachkollektoren in sehr detaillierter und dennoch gut nachvollziehbarer Form. Die Berechnungsergebnisse für Flachkollektoren mit Serpentinen- und Harfenabsorbern werden mit experimentellen Untersuchungen verglichen und zeigen dabei gute Übereinstimmungen. Von besonderem Interesse sind die Untersuchungen zum optimalen Materialaufwand bei Rippe-Rohr-Geometrien. Sie können dem Kollektorkonstrukteur Hinweise zu einer hinsichtlich thermischer Leistung und Herstellkosten optimalen Absorbergeometrie geben.

---

[13] Im Gegensatz zu der in der Thermodynamik verwendeten Notation sind in diesem Kapitel die Energieströme grundsätzlich als Betragswerte angegeben. Das Vorzeichen gibt an, ob der Energiestrom vom System aufgenommen (+) oder abgegeben (-) wird.

Kollektorwirkungsgradfaktor

Um verschiedene Absorbergeometrien hinsichtlich des internen Wärmeflusses zu bewerten, wird der sog. Kollektorwirkungsgradfaktor F' bestimmt. Der Kollektorwirkungsgradfaktor F' ist das Verhältnis der tatsächlichen Kollektornutzleistung $\dot{Q}_{Nutz}$ zu der nur theoretisch erreichbaren Nutzleistung $\dot{Q}_{Nutz,\infty}$, die sich ergäbe, wenn die Absorbertemperatur T_A die mittlere Fluidtemperatur T_m erreichen würde:

$$F' \equiv \frac{\dot{Q}_{Nutz}(T_A)}{\dot{Q}_{Nutz,\infty}(T_A \to T_m)} \leq 1 \,. \tag{5.34}$$

$\dot{Q}_{Nutz}$ ist immer kleiner als $\dot{Q}_{Nutz,\infty}$, da T_A niemals T_m erreichen kann: Es muss eine Temperaturdifferenz bestehen bleiben, da die Fluidaustrittstemperatur $T_{F,out}$ der Absorbertemperatur T_A nur beliebig nahe kommen kann und die Fluidtemperatur T_m als Mittelwert zwischen Eintritts- und Austrittstemperatur immer kleiner ist als T_A (Abb. 5.17). Damit ist F' immer < 1.

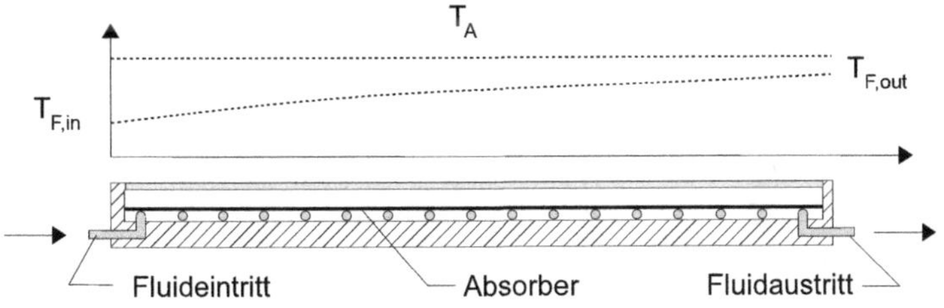

Abb. 5.17 Temperaturverlauf in einem Kollektor zur Definition von F'.

Mit den Gl. (5.31) und (5.32) ergibt sich nach Umformung für den stationären Fall

$$F' = \frac{R_V}{R_V + R_{int}} = \frac{U_{int}}{U_{int} + U_V} \tag{5.35}$$

mit dem Wärmeverlustkoeffizienten U_V, der mit dem Wärmeverlustwiderstand R_V definiert ist,

$$R_V = \frac{1}{U_V \cdot A_{abs}} = \frac{T_A - T_a}{\dot{Q}_V} \,. \tag{5.36}$$

Da sowohl U_V als auch U_{int} temperaturabhängig sind[14], wird auch der Kollektorwirkungsgradfaktor F' (mindestens) eine Funktion von ΔT sein.

Berechnungsansatz für eine Vakuumröhre

Für eine direktdurchströmte Vakuumröhre nach Abb. 5.18 soll der interne Wärmefluss $\dot{Q}_{int}$ beispielhaft durchgerechnet werden. Später werden an dem gleichen Bei-

[14] Beide Koeffizienten sind zudem von weiteren Betriebsbedingungen wie der Bewindung, den Durchströmungsverhältnissen u.v.m. abhängig, wie später gezeigt wird.

spiel auch die Wärmeverluste an die Umgebung bestimmt. Allerdings ist das vorgestellte thermische Kollektormodell für die Praxis von nur geringer Relevanz, da direktdurchströmte Vakuumröhren nur in konzentrierenden Parabolrinnenkollektoren eingesetzt werden, die nur eine geringe Marktbedeutung haben. Grund für die Auswahl ist der geometrisch einfache achsensymmetrische Aufbau, der eine übersichtliche Modellierung zulässt.

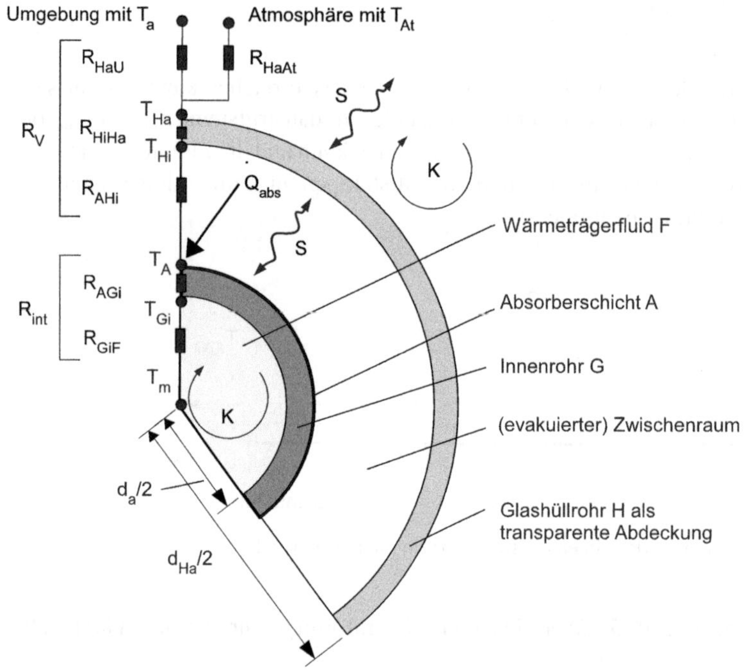

Abb. 5.18 Thermische Modellierung einer direktdurchströmten Vakuumröhre. Die innere Glasröhre (G) ist an ihrer Außenseite mit einer selektiven Absorberbeschichtung (A) versehen.

Die Abb. 5.18 zeigt in einem Querschnitt das äußere Hüllrohr aus Glas (H), das als transparente Abdeckung gegen die Umgebung (U) dient und zur Reduktion der Wärmeverluste evakuiert ist. Das ebenfalls aus Glas gefertigte Innenrohr (G) trägt auf seiner Außenseite die selektive Absorberbeschichtung (A), die sich bei Sonneneinstrahlung stark erwärmt. Im Innern des Rohres zirkuliert das Wärmeträgerfluid (F), das die Nutzenergie aus dem Kollektor abführt. Abb. 5.18 zeigt das vereinfachte thermische Widerstandsnetzwerk für ein gerades Rohrstück, die Wärmetransportvorgänge an den beiden Rohrenden werden nicht betrachtet.

Interner Wärmewiderstand

Der interne Wärmestrom $\dot{Q}_{int}$ fließt zwischen der Absorberschicht (A) auf der Außenseite des Innenrohres mit der Temperatur T_A und dem Wärmeträgerfluid (F) mit

T_m. Hierbei sind die beiden seriellen Einzelwiderstände R_{AGi} und R_{GiF} zu berücksichtigen,

$$R_{int} = R_{GiF} + R_{AGi} \,, \tag{5.37}$$

die im folgenden detailliert berechnet werden.
Der Widerstand R_{AGi} kennzeichnet die Wärmeleitung im inneren Glasrohr (Index G). Für eine zylindrische Glasgeometrie mit dem Außendurchmesser d_a, der Wandstärke s, dem Innendurchmesser $d_i = d_a - 2\,s$ und der Länge L gilt bei eindimensionaler[15] radialer Wärmeleitung mit der Wärmeleitfähigkeit λ_G von Glas

$$R_{AGi} = \frac{\ln(d_a/d_i)}{2 \cdot \pi \cdot L \cdot \lambda_G} \,. \tag{5.38}$$

Zwischen der Glasrohrinnenwand (Gi) und dem Wärmeträgerfluid (Index F) wird der Wärmestrom konvektiv übertragen. Der thermische Widerstand beträgt

$$R_{GiF} = \frac{1}{\alpha_{GiF} \cdot A_{Gi}} \tag{5.39}$$

mit $A_{Gi} = \pi \cdot d_i \cdot L$. Der Wärmeübergangskoeffizient α_{GiF} berechnet sich aus der dimensionslosen Nusselt-Zahl Nu, die für den entsprechenden Strömungsfall z.B. dem VDI-Wärmeatlas [119] oder dem Recknagel [103] zu entnehmen ist. Es gilt mit der spezifischen Wärmekapazität λ_F bei der mittleren Fluidtemperatur T_m

$$Nu = \frac{\alpha_{GiF} \cdot d_i}{\lambda_F} \,. \tag{5.40}$$

Im gezeigten Fall handelt es sich um eine Rohrströmung, die Nu-Zahl ist hier nach Recknagel [103] in Abhängigkeit von Re mit

$$Re = \frac{w \cdot d_i}{\nu_F} \tag{5.41}$$

zu berechnen. ν_F ist die kinematische Viskosität in m^2/s bei der Fluidtemperatur T_m. Diese wird als arithmetrisches Mittel aus Eintritt- und Austrittstemperatur des Kollektors berechnet, $T_m = 1/2 \cdot (T_{F,out} + T_{F,in})$. Für laminare Strömung mit Re < 2320 gilt

$$Nu_{lam} = \left[49{,}028 + 4{,}173 \cdot Re \cdot Pr \cdot \frac{d_i}{L} \right]^{0{,}333} \,, \tag{5.42}$$

der Gültigkeitsbereich ist mit Re < 2320 und 0,1 < $(Re \cdot Pr \cdot \frac{d_i}{L}) < 10^4$ angegeben. Die Prandl-Zahl Pr ist eine dimensionslose Stoffgröße,

$$Pr = \frac{\nu \cdot \rho \cdot c_p}{\lambda} . \tag{5.43}$$

Im vollturbulenten Bereich mit Re > 10000 ist nach [103] für die Nu-Berechnung

$$Nu_{turb} = \frac{B \cdot (Re - 1000) \cdot Pr}{1 + 12{,}7 \cdot B^{0{,}5} \cdot (Pr^{0{,}667} - 1)} \cdot K_L \tag{5.44}$$

[15] Die Wärmeverluste an den beiden Enden des Absorberrohres werden durch Annahme einer eindimensionalen Wärmeleitung vernachlässigt.

mit

$$B = \frac{1}{(5,15 \cdot \lg(Re) - 4,64)^2} \quad \text{und} \quad K_L = \left[1 + \left(\frac{d_i}{L}\right)^{0,667}\right]$$

zu verwenden[16].
Nach Recknagel [103] sollte im Übergangsbereich 2320 < Re < 10.000 die lineare Interpolation

$$Nu_m = (1-\gamma) \cdot Nu_{lam}(Re = 2320) + \gamma \cdot Nu_{turb}(Re = 10.000) \tag{5.45}$$

mit

$$\gamma = \frac{Re - 2320}{10.000 - 2320} \quad \text{mit} \quad 0 \leq \gamma \leq 1$$

verwendet werden, die [119] entnommen ist. Erst oberhalb von Re > 10.000 ist Gl. (5.44) zu verwenden.
Wenn die Widerstände R_{GiF} und R_{AGi} bekannt sind, können der interne Widerstand R_{int} nach Gl. (5.37) und mit Gl. (5.33) dann der interne Wärmestrom $\dot{Q}_{int}$ für den gegebenen Betriebspunkt berechnet werden. Der auf die reale Absorberfläche A_{abs} bezogene interne Wärmedurchgangskoeffizient U_{int} ist damit

$$U_{int} = \frac{1}{R_{int} \cdot A_{abs}} = \frac{1}{(R_{GiF} + R_{AGi}) \cdot A_{abs}} .$$

→ Berechnungsbeispiel

Der Außendurchmesser des Absorberrohrs sei d_a = 0,030 m, der Innendurchmesser d_i = 0,026 m und die Länge L = 1 m. Mit der Wärmeleitfähigkeit λ_G = 1,4 W/m/K von Glas gilt nach Gl. (5.38)

$$R_{AGi} = \frac{\ln(d_a/d_i)}{\lambda_G \cdot 2 \cdot \pi \cdot L} = 0,0163 \text{ K/W} .$$

Als Wärmeträgerfluid soll ein Wasser-Glycol-Gemisch mit einem Volumenstrom von $\dot{V}_F$ = 250 l/h bei einer mittleren Fluidtemperatur von T_m =50 °C angenommen werden. Die kinematische Viskosität $\nu(T_m)$ = 1,6873 10^{-6} m²/s wurde nach [68] in Abhängigkeit von der Fluidtemperatur T_m bestimmt (vgl. S. 872). Die Strömungsgeschwindigkeit im Absorberglasrohr beträgt damit $w_A = 4\ \dot{V}/(\pi\ d_i^2)$ = 0,131 m/s und die Re-Zahl $Re = (w\ d_i)/\nu_F$ = 2.015, es liegt noch laminare Strömung vor. Nach Gl. (5.42) ist Nu = 14,84 und der Wärmeübergangskoeffizient α_{GiF} = 251,4 W/m²/K, wenn die Wärmeleitfähigkeit λ_F = 0,4404 W/m/K und Pr = 14,85 beträgt. Der konvektive Widerstand berechnet sich mit der Innenfläche des Innenrohres $A_{Gi} = \pi \cdot d_i \cdot L$ = 0,0817 m² zu

$$R_{GiF} = \frac{1}{\alpha_{GiF} \cdot A_{Gi}} = 0,0487 \text{ K/W} .$$

[16] Der Gültigkeitsbereich ist mit $2320 < Re < 10^6$ und $d_i/L < 1$ angegeben.

Der Gesamtwiderstand für den internen Wärmefluss ist damit

$$R_{int} = R_{AGi} + R_{GiF} = 0{,}065 \text{ K/W} .$$

Bei einem Außendurchmesser des Absorberrohrs von d_a = 30 mm beträgt die reale Absorberfläche je Vakuumröhre $A_{abs} = \pi \cdot d_a \cdot L$ = 0,094 m^2. Der interne Wärmedurchgangskoeffizient nach Gl. (5.33) ist damit gegeben mit

$$U_{int} = \frac{1}{R_{int} \cdot A_{abs}} = 163{,}3 \text{ W/(m}^2\text{K)} .$$

Bei einer Vervierfachung des Volumenstroms auf 1.000 l/h beträgt die Re-Zahl $Re = 8062$, damit ist die Gl. (5.45) für den Übergangsbereich zwischen laminarer und turbulenter Strömung anzuwenden. Mit $\gamma = 0{,}748$, $Nu_{lam}(2320) = 15{,}54$ und $Nu_{turb}(10^4) = 111$ ergibt sich eine Nu-Zahl von $Nu_m = 86{,}91$, ein Wärmeübergangskoeffizient von $\alpha_{GiF} = 1472$ W/(m^{2}K) und ein konvektiver Widerstand von nur noch R_{GiF} = 0,0083 K/W. Der interne Widerstand beträgt nun R_{int} = 0,0246 K/W und der Wärmedurchgangskoeffizient dann U_{int} = 432 W/(m^{2}K), ist also um das 2,5-fache erhöht. Entsprechend fließt ein höherer interner Wärmestrom $\dot{Q}_{int}$ von der Absorberschicht zum Fluid. Bei gegebener Fluidtemperatur führt dies zu einer Verringerung der Temperaturdifferenz zwischen Absorber und Fluid. Mit $T_A \to T_m$ verbessert sich lt. Gl. (5.34) der Kollektorwirkungsgradfaktor.
Die nächste Abb. zeigt den für verschiedene Volumenströme $\dot{V}$ berechneten Wärmedurchgangskoeffizienten U_{int}, bei etwa 280 l/h der Umschlagpunkt von laminarer zu turbulenter Strömung zu erkennen:

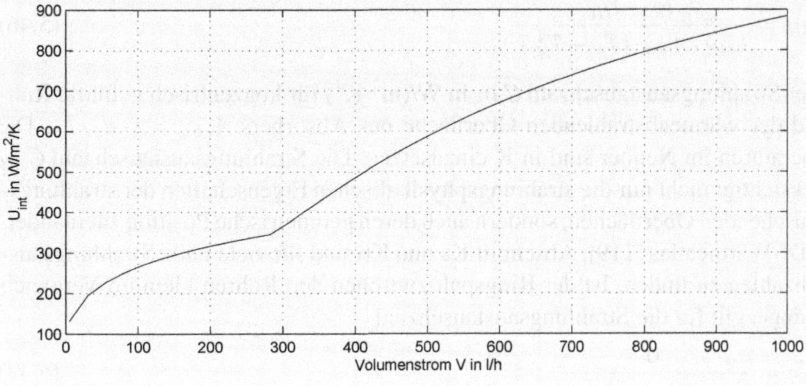

Für direktdurchströmte Vakuumröhren werden U_{int} - Werte von einigen hundert W/(m^{2}K) erreicht, wie das Berechnungsbeispiel zeigte. Bei Vakuumröhrenkollektoren nach dem Sydney-Prinzip (Abb. 5.45. S. 348) ist der interne Wärmefluss durch den relativ schlechten Energietransport im Wärmeleitblech stärker behindert, der interne Wärmedurchgangskoeffizient U_{int} erreicht daher nur Werte bis einige 10 W/(m^{2}K).

In Flachkollektoren werden je nach Rohrhydraulik und Blech-Rohrverbindung interne Wärmedurchgangskoeffizienten von $U_{int} \approx 50$ bis 120 W/(m²K) erreicht. Neben dem konvektiven Widerstand zwischen Fluid und Rohr sowie der Wärmeleitung im Rohr ist hier zusätzlich der Wärmetransport im Absorberblech und in der Schweißnaht zwischen Blech und Fluidrohr zu berücksichtigen. Zur Berechnung der Wärmeleitung im Absorberblech wird ein Rippenwirkungsgrad angesetzt, die Gleichungen dazu finden sich z.B. in [55] und [57].

Wärmeverluste an die Umgebung

Die Berechnung des Wärmeverluststroms $\dot{Q}_V$ an die Umgebung anhand eines thermischen Widerstandsnetzwerks ist erheblich aufwändiger als die Berechnung von $\dot{Q}_{int}$, da Wärmetransportvorgänge i. A. sehr komplex sind. Als Beispiel sei auf das in Abb. 5.15 (S. 303) gezeigte – noch immer recht einfache – 5-Knoten-Modell verwiesen. Bei der direktdurchströmten Vakuumröhre aus Abb. 5.18 ist der Wärmeverluststrom dagegen aufgrund der Axialsymmetrie eindimensional und daher sehr viel einfacher berechenbar. Die in Abb. 5.18 erkennbaren Einzelwiderstände R_{AHi}, R_{HiHa}, R_{HaU} und R_{HaAt} sollen nachfolgend detailliert berechnet werden.
Zwischen der Absorberschicht auf der äußeren Seite des Absorberrohres und dem Hüllrohr befindet sich bei der Vakuumröhre ein Teilvakuum, das den konvektiven Wärmetransport vollständig unterbindet[17]. Der Widerstand R_{AHi} ist folglich ein reiner Strahlungswiderstand. Bei konzentrisch ineinander geführten Zylindern [18] gilt für den Strahlungswiderstand

$$R_{AHi} = \frac{T_A - T_{Hi}}{C_{AH} \cdot A_{abs} \cdot (T_A^4 - T_{Hi}^4)} \tag{5.46}$$

mit der Strahlungsaustauschzahl C_{AH} in W/(m² K⁴) für konzentrisch geführte Rohre und der wärmeabstrahlenden Oberfläche des Absorbers $A_{abs} = \pi \cdot d_a \cdot L$. Die Temperaturen im Nenner sind in K einzusetzen. Die Strahlungsaustauschzahl C_{AH} berücksichtigt nicht nur die strahlungsphysikalischen Eigenschaften der strahlungsaustauschenden Oberflächen, sondern auch deren geometrische Position zueinander. Im VDI-Wärmeatlas [119], Abschnitt Ka und Kb sind für viele Fälle Strahlungsaustauschzahlen zu finden. Ist der Ringspalt zwischen den Rohren klein im Vergleich zur Länge, gilt für die Strahlungsaustauschzahl

$$C_{AH} = \frac{\sigma}{\frac{1}{\varepsilon_A} + \frac{A_{abs}}{A_{Hi}} \cdot \left(\frac{1}{\varepsilon_{Hi}} - 1\right)} \tag{5.47}$$

mit den materialabhängigen Emissionskoeffizienten ε_A (Absorber) und ε_{Hi} (Hüllrohr) für langwellige thermische Strahlung und der Stefan-Boltzmann-Konstanten [19]

---

[17] Der Absolutdruck im Hüllrohr muss dazu einen Wert von etwa 10^{-3} mbar unterschreiten.

[18] Hierbei wird angenommen, dass das Verhältnis Länge zu Durchmesser sehr groß ist und die Stirnseiten des Zylinders gegenüber der Mantelfläche vernachlässigbar klein sind.

[19] Der genaue Wert der Stefan-Boltzmann-Konstanten ist nach [4] $(5{,}669\ 59 \pm 0.000\ 76) \cdot 10^{-8}$ W/m²K⁴.

$\sigma = 5{,}67 \cdot 10^{-8}$ W/m²/K⁴. Die Geometrie wird durch die Zylinderflächen A_{abs} des Absorbers und der Innenseite des Hüllrohrs $A_{Hi} = \pi \cdot d_{Hi} \cdot L$ berücksichtigt.
Die mittlere Temperatur des Fluids im Absorberrohr T_m ist als Mittelwert der Ein- und Austrittstemperaturen des Nutzenthalpiestroms durch den Solarkollektor einfach zu bestimmen. Bei Kenntnis des internen Wärmewiderstands R_{int} kann daraus die Absorbertemperatur T_A für Gl. (5.46) berechnet werden. Die Temperaturen an Ober- und Unterseite des Hüllrohrs T_{Ha} und T_{Hi} werden zwischen Absorbertemperatur und Umgebungstemperatur T_a liegen und müssen an dieser Stelle der Berechnung vorerst geschätzt werden. Als Starttemperatur kann die Beziehung $T_{Hi}(0) = 0{,}5 \cdot (T_a + T_A)$ verwendet werden. Die Hüllrohrtemperatur ist am Ende der Rechnung iterativ anzupassen.
Der konduktive Widerstand im Glashüllrohr R_{HiHa} wird aufgrund seiner geringen Größe meist direkt vernachlässigt, da er seriell mit erheblich größeren Widerständen zusammengeschlossen ist. Für das Hüllrohr nimmt man dann eine einheitliche Temperatur von T_H an. Bei genauerer Berechnung gilt für den Widerstand R_{HiHa} mit dem Außendurchmesser d_{Ha}, dem Innendurchmesser d_{Hi} und der Länge L bei radialer Wärmeleitung mit der Wärmeleitfähigkeit λ_G des Hüllrohres aus Glas

$$R_{HiHa} = \frac{\ln(d_{Ha}/d_{Hi})}{2 \cdot \pi \cdot L \cdot \lambda_G} \,. \tag{5.48}$$

An der Außenseite des Hüllrohres müssen zwei parallel ablaufende Wärmetransportvorgänge betrachtet werden, wie Abb. 5.18 zeigt. Das Hüllrohr steht im Strahlungsaustausch mit der Atmosphäre, deren Strahlungstemperatur T_{At} je nach Bewölkung weit unterhalb der Umgebungstemperatur liegen kann.
Die VDI 3789-2 [122] gibt Berechnungsgleichungen an, mit deren Hilfe man die Strahlungstemperatur der Atmosphäre (T_{At}, auch Himmelstemperatur) anhand der Umgebungstemperatur T_a und bei teilbedecktem Himmel anhand des Bedeckungsgrades N bestimmen kann. Hierbei wurde die Annahme gemacht, dass die Atmosphäre im gleichen Umfang elektromagnetische Strahlung emittiert wie ein Schwarzer Körper mit der Temperatur T_{At}, der Emissionsgrad für den Himmel ist also mit $\varepsilon_{At} = 1$ anzunehmen.
Der Bedeckungsgrad N des Himmelshalbraums mit Wolken wird in Achteln angegeben (vgl. auch Kap. 3.1.5). Die VDI 3789-2 unterscheidet zusätzlich die Bedeckung durch niedrige, mittelhohe und hohe Wolken. Die Umgebungstemperatur entspricht der Lufttemperatur in 2 m Höhe. Abb. 5.19 zeigt die Himmelstemperatur T_{At} für wolkenlosen (N=0), teilbewölkten (N=4/8) und vollständig bedeckten Himmel (N=8/8) als Graph sowie die zugehörigen Fit-Funktionen.
Geht man davon aus, dass das Glashüllrohr im oberen Halbraum in die Atmosphäre strahlt und im unteren Halbraum indirekt über den darunterliegenden Reflektor ebenfalls im Strahlungsaustausch mit der Atmosphäre steht (der Reflexionsgrad einer Silberbespiegelung beträgt für thermische Strahlung bei Umgebungstemperatur etwa 98 %), so steht das Hüllrohr ausschließlich im Strahlungsaustausch mit der Atmosphäre. Es gilt näherungsweise $A_{At} \gg A_H$ und die Strahlungsaustauschzahl aus Gl. (5.47) vereinfacht sich zu

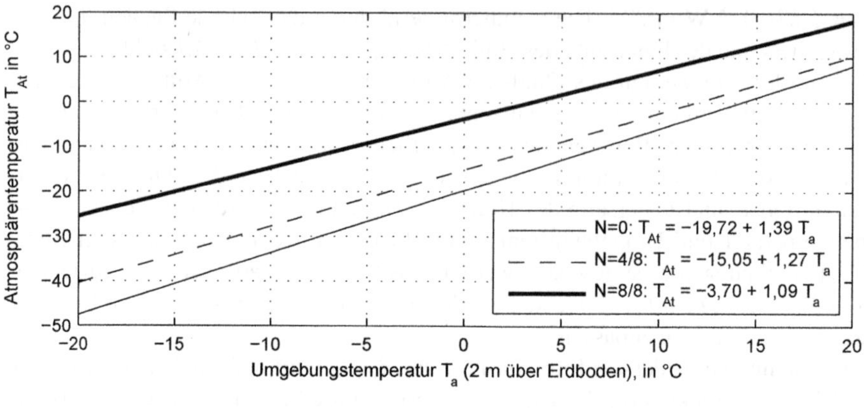

Abb. 5.19 Zusammenhang zwischen Himmelstemperatur T_{At} und Lufttemperatur T_a bei verschiedenen Wolkenbedeckungsgraden N nach VDI 3789-2 [122].

$$C_{HaAt} = \frac{\sigma}{\frac{1}{\varepsilon_G}} = \varepsilon_G \cdot \sigma \,. \tag{5.49}$$

Im VDI-Wärmeatlas [119] wird der Emissionsgrad von Glas bei einer Temperatur von 293 K mit $\varepsilon_G = 0{,}94$ angegeben [20]. Zur Berechnung des Strahlungswiderstands R_{HaAt} ist dann Gl. (5.46) mit C_{HaAt}, T_{Ha} und T_{At} zu verwenden.
Zur Berechnung des konvektiven Wärmetransports am Hüllrohr muss bekannt sein, ob der Einfluss des Windes mit zu berücksichtigen ist. Bei Windstille ist der Wärmeübergangskoeffizient bzw. die Nu-Zahl z.B. nach dem VDI-Wärmeatlas [119] [21] zu bestimmen. In [103] findet sich ein vereinfachter Ansatz für den Wärmeübergangskoeffizienten α_{HaU} bei freier Konvektion[22]:

$$\alpha_{HaUfK} = 1{,}23 \cdot \frac{(T_{Ha} - T_a)^{0{,}25+0{,}1\cdot d_{Ha}}}{{d_{Ha}}^{0{,}25}} \,. \tag{5.50}$$

Der konvektive Widerstand R_{HaU} zwischen Hüllrohr und Umgebung ergibt sich damit zu

$$R_{HaUfK} = \frac{1}{\alpha_{HaUfK} \cdot A_{Ha}} \,, \tag{5.51}$$

$A_{Ha} = d_{Ha} \cdot \pi \cdot L$ ist die Hüllrohraußenfläche.
Muss Windeinfluss mitberücksichtigt werden, liegt erzwungene Konvektion vor. Bei Längsströmung über das Rohr ist nach VDI-Wärmeatlas [119], Abschnitt Ge (längsumströmte schlanke Zylinder), bei Queranströmung nach Abschnitt Gf zu verfahren,

[20] Nach Abb. 5.8 auf S.292 beträgt α_λ im langwelligen IR-Bereich rund 90%, es gilt $\varepsilon_{IR} = \alpha_{IR}$.

[21] Im Falle der Vakuumröhre gilt näherungsweise Abschnitt Fa4 für den Fall freier Konvektion um horizontal ausgerichtete Zylinder.

[22] Gültig für Lufttemperaturen T_a zwischen 0 °C und 20 °C und Rohrdurchmesser d_a von 0,01 m bis 1 m.

um die Nu-Zahl Nu_{HaU} zu bestimmen. Die Berechnung des konvektiven Wärmewiderstands R_{HaU} erfolgt analog zu dem internen konvektiven Teilwiderstand R_{GiF} nach Gl. (5.39) bzw. (5.40).
Eine sehr viel einfachere Näherungsrechnung ist im Recknagel [103], Kap. 1.3.5 zu finden. Danach gilt für den konvektiven Wärmeübergangskoeffizienten eines querangeströmten Einzelrohres bei der Windgeschwindigkeit w in m/s:

$$\alpha_{HaU\,eK} = 4,8 \cdot \frac{\left(w \cdot \frac{273}{273+T_a}\right)^{0,61}}{d_{Ha}{}^{0,39}} , \tag{5.52}$$

damit ist

$$R_{HaU\,eK} = \frac{1}{\alpha_{HaU\;eK} \cdot A_{Ha}} . \tag{5.53}$$

Bei parallelen Widerständen sind nach den bekannten Regeln aus der Elektrotechnik die Kehrwerte der Einzelwiderstände zum Kehrwert des Gesamtwiderstands zu addieren[23]. Für die parallelen Konvektiv- und Strahlungswiderstände zwischen Hüllrohr und Umgebung gilt für den Fall, wenn R_{HaAT*} auf die Umgebungstemperatur T_a bezogen wird:

$$\frac{1}{R_{HaU,ges}} = \frac{1}{R_{HaU}} + \frac{1}{R_{HaAt*}} . \tag{5.54}$$

mit

$$R_{HaAt*} = \frac{T_{Ha} - T_U}{C_{HaAt} \cdot A_{Ha} \cdot (T_{Ha}^4 - T_{At}^4)} \tag{5.55}$$

Der Gesamtwiderstand des Wärmeverluststroms im Falle des Vakuumrohres ergibt sich aus

$$R_V = R_{AHi} + R_{HiHa} + R_{HaU,ges} . \tag{5.56}$$

Der Wärmeverluststrom zwischen Absorberschicht A und Umgebung U beträgt damit

$$\dot{Q}_V = \frac{1}{R_V} \cdot (T_A - T_a) . \tag{5.57}$$

Nun ist die zu Beginn der Rechnung geschätzte Hüllrohrtemperatur $T_{Hi}(0)$ zu prüfen. Da der Gesamtwärmestrom $\dot{Q}_V$ durch jeden seriellen thermischen Widerstand fließt, muss für die Wärmeübertragung zwischen Absorber und Hüllrohr gelten:

$$\dot{Q}_V(0) = \frac{1}{R_{AHi}} \cdot (T_A - T_{Hi}(1)) , \tag{5.58}$$

bzw.

$$T_{Hi}(1) = T_A - \dot{Q}_V(0) \cdot R_{AHi} , \tag{5.59}$$

[23] Bei Verwendung von Leitwerten G_i nach Gl. (5.29) sind diese entsprechend zum Gesamtleitwert zu addieren.

R_{AHi} wurde zu Beginn mit der Starttemperatur $T_{Hi}(0)$ bestimmt. Die iterative Rechnung ist zu wiederholen, bis die Abbruchbedingung $|T_{Hi}(n) - T_{Hi}(n-1)|/T_{Hi}(n) < \varepsilon$ mit z.B. $\varepsilon = 0,1$ erfüllt ist.

Ist der Ringspalt zwischen Absorberschicht und Ringraum luftgefüllt, werden durch Temperaturdifferenzen in der Luft freie Konvektionsströmungen hervorrufen, die den Wärmefluss zwischen Absorber und Hüllrohr beträchtlich erhöhen. Der Wärmewiderstand bzw. Wärmeübergangskoeffizient für freie Konvektion im horizontalen und bis < 45° geneigten Ringspalt ist nach VDI Wärmeatlas [119], Abschnitt Fc zu berechnen. Es gilt

$$Nu_s = 0,2 \cdot (Gr_s \cdot Pr)^{0,25} \cdot \left(\frac{d_{Hi}}{d_A}\right)^{0,5} \tag{5.60}$$

mit

$$Gr_s\,Pr = \frac{g \cdot s^3 \cdot \Delta T \cdot \rho \cdot c}{(273,15 + T_L) \cdot \nu \cdot \lambda} \quad \text{und} \quad s = \sqrt{(0,25 \cdot d_{Hi} \cdot d_A)} \cdot \ln(d_{Hi}/d_A).$$

Die Wärmeleitfähigkeit λ, die Wärmekapazität c und die Dichte ρ sind für Luft bei $T_L = 1/2 \cdot (T_A + T_{Hi})$ einzusetzen, es ist $\Delta T = T_A - T_{Hi}$. Mit der Beziehung

$$Nu_s = \frac{\alpha \cdot s}{\lambda} \tag{5.61}$$

ist der Wärmeübergang α_{AHi} und daraus der Widerstand R_{AHi} zu berechnen.

Aus dem Gesamtwärmeverlustwiderstand des Kollektors R_V wird durch Bezug auf die reale Absorberfläche A_{abs} der Wärmeverlustkoeffizient U_V in W/m²/K bestimmt,

$$U_V = \frac{1}{R_V \cdot A_{abs}} \,. \tag{5.62}$$

Der Wärmeverluststrom des Kollektors im betrachteten stationären Betriebszustand lautet damit für das Zweiknotenmodell

$$\dot{Q}_V = \frac{1}{R_V} \cdot \Delta T = U_V \cdot A_{abs} \cdot (T_A - T_a). \tag{5.63}$$

→ Berechnungsbeispiel

Die Wärmeverluste der Vakuumröhre aus Abb. 5.18 sollen für verschiedene Bedingungen bestimmt werden. Der Absorber bestehe aus einem Glasrohr mit 30 mm Außendurchmesser (d_a) und 1 m Länge L und der thermische Emissionsgrad der Absorberschicht sei $\varepsilon_A = 0,91$ (nichtselektiv!). Das Absorberrohr ist von einem Hüllrohr umgeben, dessen Außendurchmesser $d_{Ha} = 50$ mm, dessen Wandstärke s = 2 mm und dessen thermischer Emissionsgrad $\varepsilon_G = 0,94$ betrage. Der Ringspalt zwischen Absorber- und Hüllrohr sei evakuiert. Die Umgebungstemperatur sowie die Atmosphärentemperatur seien mit $T_a = T_{At} = 15$ °C konstant, über dem mit 45 °C geneigten Kollektor ist eine Windgeschwindigkeit von $w = 3$ m/s zu messen. Im Berechnungsbeispiel für den internen Wärmestrom betrug die angenommene Fluidtemperatur T_m= 50 °C. Die Absorbertemperatur ist unbekannt, da sie von R_{int} und dem noch unbekannten Widerstand R_V abhängt. Daher wird mit einem

Schätzwert von T_A = 55 °C gerechnet. Um die tatsächliche Absorbertemperatur bestimmen zu können, werden später die Berechnungen von R_{int} und R_V zusammengeführt.

Für die ebenfalls unbekannte Hüllrohrtemperatur wird $T_H(0) = 0{,}5\ (T_a + T_A) =$ 30 °C gesetzt und der konduktive Widerstand im Hüllrohr R_{HiHa} vernachlässigt. Bei einer Wandstärke von 2 mm und $\lambda = 1{,}4$ Wm/K würde die Temperaturdifferenz zwischen Innen und Außen bei dieser Rechnung < 0,5 K betragen. Das Hüllrohr wird damit als unendlich dünnes Rohr mit nur einer Temperatur T_H angenommen. Bei erzwungener Konvektion (Wind) um das Hüllrohr beträgt der Wärmeübergangskoeffizient nach Gl. (5.52) α_{HU} = 29,2 W/m²/K und der konvektive Widerstand mit Gl. (5.53) R_{HU} = 0,218 K/W. Der Strahlungswiderstand zwischen Hüllrohr und Atmosphäre wird mit $C_{HAt} = \varepsilon_H \cdot \sigma = 0{,}94 \cdot \sigma$ nach Gl. (5.49) sowie Gl. (5.46) zu R_{HAt} = 1,155 K/W bestimmt. Der Gesamtwiderstand zwischen Hüllrohr und Umgebung bzw. Atmosphäre beträgt damit $R_{HU,ges}$ = 1,833 K/W.

Dem Strahlungsaustausch zwischen dem Absorber und dem Hüllrohr steht mit C_{AH} = $0{,}877 \cdot \sigma$ nach Gl. (5.47) sowie (5.46) ein Widerstand von R_{AH} = 1,783 K/W entgegen. Der Gesamtwiderstand des Wärmeverluststroms ergibt in diesem Beispiel

$$R_V = R_{AH} + \frac{1}{\frac{1}{R_{HU}} + \frac{1}{R_{HAt}}} = 1{,}976 \text{ K/W} .$$

Der längenspezifische Wärmeverluststrom zwischen Absorberschicht A und Umgebung beträgt damit

$$\dot{q}_V = \frac{1}{R_V \cdot L} \cdot (T_A - T_a) = \frac{1}{1{,}976} \cdot (55 - 15) = 20{,}24 \text{ W/m} .$$

Nun muss die zu Beginn geschätzte Starttemperatur für das Hüllrohr nachgerechnet werden. Es ist

$$T_H(1) = T_A - \dot{Q}_V \cdot R_{AH} = 18{,}71 \text{ °C} .$$

Eine Wiederholung der Widerstandsberechnungen mit der neuen Hüllrohrtemperatur führt schließlich zu einem Endwert von $T_H(n)$ = 18,74 °C. In diesem Fall nehmen die Widerstände R_{HU} = 0,185 K/W, R_{HAt} = 1,22 K/W, R_{AH} = 1,783 K/W und R_V = 1,977 K/W an, der auf die Längen bezogene Wärmeverluststrom $\dot{q}_V$ beträgt 20,23 W/m (100 %).

Mit dem internen Wärmewiderstand $R_{int} = 0{,}065$ K/W aus dem Berechnungsbeispiel von S. 310 und dem hier berechneten $R_V = 1{,}977$ K/W ist nun auch der Kollektorwirkungsgradfaktor F' nach Gl. 5.35 berechenbar:

$$F' = \frac{R_V}{R_V + R_{int}} = \frac{1{,}977}{1{,}977 + 0{,}065} = 96{,}82\% .$$

Es empfiehlt sich, die Berechnung von Wärmeströmen in einem Tabellenkalkulationsprogramm aufzubauen und die z.B. in der WINDOWS-Software EXCEL enthaltene Solver-Funktion für die Lösung der iterativen Fragestellungen zu verwenden. Noch einfacher ist der Ansatz in EES [83] zu machen: Die Software löst beliebig viele nichtlineare Gleichungssysteme simultan. So können dann in kürzester Zeit Parametervariationen durchgeführt werden:

Vakuum [1]	Wind [2]	$\varepsilon_{Abs}[1]$ [3]	T_{Ha} in [°C] [4]	$\dot{q}_V$ in [W/m] [5]
ja	ja	0,91	18,7	20,23
ja	ja	0,05	15,2	1,247
ja	nein	0,91	25,6	16,92
ja	nein	0,05	16,0	1,227
nein	ja	0,91	21,4	34,6
nein	ja	0,05	18,5	18,71
nein	nein	0,95	30,1	25,35
nein	nein	0,05	24,5	14,94

[1] Hüllrohr evakuiert (ja) oder luftgefüllt (nein)
[2] Einzelrohr quer angeströmt (ja) oder ohne Wind (nein)
[3] Emissionskoeffizient der Absorberoberfläche
[4] Hüllrohr-Außentemperatur
[5] Wärmeverluststrom des Einzelrohrs.

Die Ergebnisse der Parametervariationen in der Tabelle zeigen, wie wichtig die Vakuumdämmung und ein niedriger Emissionsgrad in der Absorberschicht sind. Der Verlust der Vakuumdämmung führt zu einer massiven Erhöhung des Wärmestroms $\dot{q}_V$ an die Umgebung. Der Hersteller von Vakuumröhren muss daher gewährleisten können, dass die Röhren über 20 und mehr Jahre ausreichend dicht bleiben. Da sich die Hüllrohrtemperatur T_{Ha} bei Verlust des Vakuums erhöht, kann die Dichtigkeit einzelner Röhren durch einfache Temperaturvergleichsmessungen geprüft werden.

Nutzleistung der Vakuumröhre

Die in Gl. (5.31) und (5.32) aufgestellte Leistungsbilanz für den Kollektor vereinfacht sich bei stationärer Betrachtung erheblich, da die Speicherterme wegen $dT_A/dt = 0$ und $dT_m/dt = 0$ verschwinden. Es gilt dann

$$\dot{Q}_{Nutz} = \dot{Q}_{abs} - \dot{Q}_V \;, \tag{5.64}$$

da der interne Wärmestrom in diesem Fall mit der Nutzleistung identisch ist. Da die Gleichungen zur Bestimmung des absorbierten Wärmestroms $\dot{Q}_{abs}$ und des Wärmeverluststroms $\dot{Q}_V$ für die Vakuumröhre hergeleitet sind, ist eine Berechnung der Kollektornutzleistung $\dot{Q}_{Nutz}$ im stationären Fall nun möglich.

→ **Berechnungsbeispiel**

Für die in den vorangegangenen Beispielen beschriebene Vakuumröhre wurden die Berechnungsgleichungen für R_{int} und R_V numerisch mit Hilfe der Software EES [83] für unterschiedliche Fluidtemperaturen T_m gelöst. Dazu waren für alle Temperaturknoten Bilanzgleichungen nach Gl. (5.30) aufzustellen. Zusammen mit den Berechnungsgleichungen für die Einzelwiderstände führte dies zu einem Gleichungssystem mit 82 Unbekannten. Die Aperturfläche der Vakuumröhre wurde mit $A_a = 2$ m^2 angenommen und zur Berechnung der absorbierten Strahlung nach Gl. (5.24) $G = 1000$ W/m^2 und $(\tau\alpha)_e = 0{,}80$ gesetzt.

Abb. 5.20 zeigt jeweils die Nutzleistung Q_{Nutz} sowie die Wärmeverlustleistung Q_V einer direktdurchströmten Vakuumröhre mit selektiver bzw. nicht selektiver Beschichtung. Deutlich sichtbar ist, dass die Wärmeverlustleistung des Kollektors nichtlinear mit der Temperaturdifferenz zwischen T_m und T_a zunimmt und die entnommene Nutzleistung entsprechend sinkt.

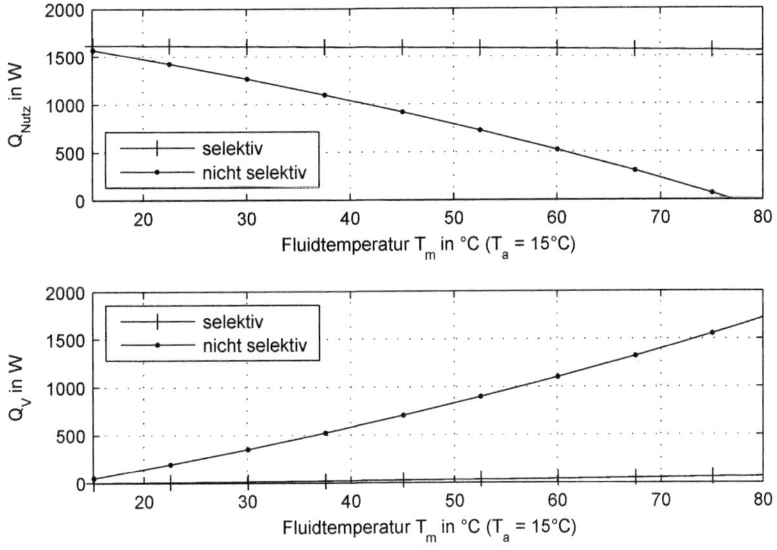

Abb. 5.20 Nutzleistung Q_{Nutz} und Wärmeverlustleistung Q_V einer Vakuumröhre mit $A_a = 2\ m^2$.

5.2.6 *Kenn- und Leistungsdaten von Solarkollektoren*

Die Berechnungsbeispiele zu der direktdurchströmten Vakuumröhre zeigten, dass die Nutzleistung Q_{Nutz} von den aktuellen Betriebsbedingungen abhängig ist. Wichtigste Einflussfaktoren sind die Temperaturdifferenz $T_m - T_a$, die Einstrahlung G sowie – bei Kollektortypen ohne transparente Abdeckung – die Windgeschwindigkeit. Wie und bei welchen Betriebsbedingungen soll nun die Leistung eines Kollektors angegeben werden?
Für Solarkollektoren existiert dazu ein umfangreiches Regelwerk, das in den vergangenen Jahren zunehmend auf europäischer und internationaler Ebene vereinheitlicht wurde. Darin ist eine Vielzahl von Kenn- und Leistungsdaten für Solarkollektoren definiert, um deren Eigenschaften und Leistungsfähigkeit zu beschreiben.

- Auf internationaler Ebene wird die DIN EN ISO 9488: 2001-03 „Sonnenenergie - Vokabular“ [53] angewendet. Darin sind die wichtigsten Begriffe und De-

finitionen zu Solarkollektoren, zur Solarstrahlung, zu Flächendefinitionen etc. beschrieben. Man ist bemüht, nur diese in allen Normen und Richtlinien zu verwenden.
- Leistungsmessungen an Solarkollektoren werden nach DIN EN 12975-1 [41] (Anforderungen) und DIN EN ISO 9806 [52] (Prüfverfahren) vorgenommen. Die bekannte frühere „Kollektorprüfnorm" EN 12975-2 wurde 2013 durch die ISO 9806 abgelöst, die einige wesentliche Änderungen gegenüber der EN 12975-2 einführte.

Nachfolgend sind in Form eines Glossars die wichtigsten Begriffe zu Solarkollektoren erläutert, die in den o.g. Normen verwendet werden.

Kollektorleistung nach dem quasidynamischen Prüfverfahren (QDT)

Die DIN EN ISO 9806 [52] beschreibt zwei zulässige Varianten zur Leistungsmessung von Kollektoren. Bei der Untersuchung unter quasidynamischen Bedingungen (kurz QDT von „Quasi Dynamic Testing") wird der Kollektorprüfling vorgegebenen Prüfsequenzen unterzogen, in denen die Betriebsbedingungen bestimmte Änderungen zu vollziehen haben (Bestrahlungsstärke, Eintrittstemperatur etc., der Kollektor wird wie beim → SST-Verfahren mit einer Windgeschwindigkeit von $u = 3 \pm 1$ m/s angeblasen. Die Nutzleistung $\dot{Q}$ des Kollektors wird über sorgfältige Messung der Fluidein- und -austrittstemperaturen und des Volumenstroms für jeden einzelnen Betriebspunkt mindestens 10-sekündlich bestimmt,

$$\dot{Q} = \rho \cdot c \cdot \dot{V} \cdot (T_{F,out} - T_{F,in}) \ . \tag{5.65}$$

dabei müssen die Betriebsbedingungen über weite Bereiche variiert werden, wie Abb. 5.21 zeigt[24].
Aus den Messwerten werden durch Multiple Lineare Regression (MLR) die Kollektorparameter $\eta_{0,b}$, $K_b(\theta)$, K_d und a_1 bis a_8 der Bilanzgleichung

$$\begin{aligned}\frac{\dot{Q}}{A_G} &= \eta_{0,b} \cdot K_b(\theta) \cdot G_b + \eta_{0,b} \cdot K_d \cdot G_d - a_1 \cdot (T_m - T_a) - a_2 \cdot (T_m - T_a)^2 \\ &\quad - a_3 \cdot u \cdot (T_m - T_a) + a_4 \cdot (E_L - \sigma \cdot T_a^4) - a_5 \cdot \frac{dT_m}{dt} \\ &\quad - a_6 \cdot u \cdot G - a_7 \cdot u \cdot (E_L - \sigma \cdot T_a^4) - a_8 \cdot (T_m - T_a)^4\end{aligned} \tag{5.66}$$

bestimmt. Das Modell ist aufgrund seiner großen Zahl von Parametern und Einflussgrößen geeignet eine Vielzahl verschiedener Kollektorbauarten nachzubilden. Neben der mittleren Fluidtemperatur T_m, der Umgebungstemperatur T_a und der mittleren Windgeschwindigkeit u beeinflussen die solare Direkt- und Diffusstrahlung G_b und G_d sowie die langwellige Einstrahlung E_L in der Kollektorebene die Kollektorleistung $\dot{Q}$, die auf die Bruttofläche A_G zu beziehen ist. E_L ist die Wärmestrahlung der Atmosphäre,

$$E_L = \sigma \cdot T_{at}^4 \ . \tag{5.67}$$

[24] $\dot{Q}$ entspricht der bisher verwendeten Bezeichnung $\dot{Q}_{Nutz}$.

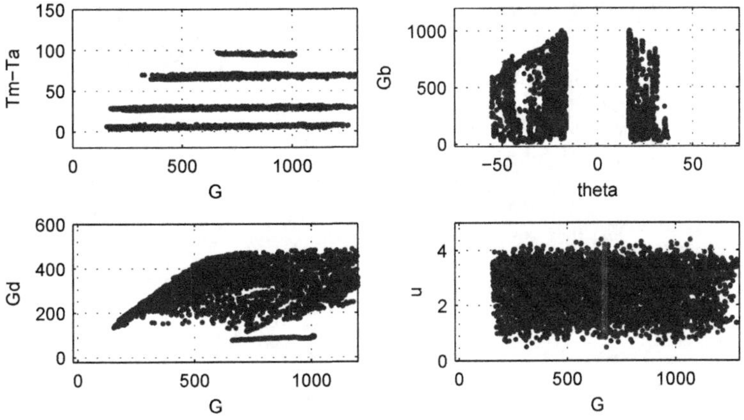

Abb. 5.21 Bei QDT-Messungen müssen die Betriebsbedingungen eine ausreichende Varietät aufweisen.

Der Nettostrahlungsaustausch $(E_L - \sigma \cdot T_a^4)$ zwischen bedecktem Himmel und der Umgebung mit $T_{At} = T_a$ beträgt 0 W/m^2, bei clear-sky-Bedingungen mit T_{At} = 0 °C und T_a = 20 °C dagegen -100 W/m^2.

Bei abgedeckten Kollektoren mit einer transparenten Schicht oberhalb des Absorbers kann das Modell erheblich vereinfacht werden, da der Absorber hier vor Windeinfluss und dem direkten langwelligen Strahlungsaustausch mit dem Himmel geschützt ist. Gl. (5.66) lautet nun:

$$\frac{\dot{Q}}{A_G} = \eta_{0,b} \cdot K_b(\theta) \cdot G_b + \eta_{0,b} \cdot K_d \cdot G_d \\ - a_1 \cdot (T_m - T_a) - a_2 \cdot (T_m - T_a)^2 - a_5 \cdot \frac{dT_m}{dt} \, .$$

Die für abgedeckte Kollektoren aus Gl. (5.68) zu bestimmenden Parameter werden in DIN EN ISO 9806 [52] bezeichnet als

- effektive Wärmekapazität a_5 in J/(m^2 K),
- Spitzenwirkungsgrad $\eta_{0,b}$, basierend auf der Direktstrahlung G_b in Kollektorebene,
- Einfallswinkelkorrekturfaktor für direkte Strahlung $K_b(\theta)$ in Abhängigkeit[25] vom Einfallswinkel θ und für diffuse Strahlung K_d
- sowie a_1 in W/(m^{2}K) und a_2 in W/(m^{2}K^2) als Wärmedurchgangskoeffizienten.

Abb. 5.22 zeigt den QDT-Leistungsprüfstand des in.RET-Instituts der Hochschule Nordhausen.

[25] Bei einigen Kollektormodellen ist K_b als Funktion $K_b(\theta_L, \theta_T)$ vom transversalen und longitudinalen Einfallswinkel zu bestimmen, s.u.

Abb. 5.22 Leistungsprüfstand des in.RET-Instituts der Hochschule Nordhausen zur QDT-Prüfung von Solarkollektoren.

Kollektorleistung nach dem stationären Prüfverfahren (SST)

Im Abschnitt 23.4 der DIN EN ISO 9806 [52] ist das von Prüfinstituten häufig angewendete Verfahren der Leistungsmessung im stationären Fall beschrieben (kurz: SST von „Steady State Testing"). Hierbei müssen die Betriebsbedingungen während der Leistungsmessung näherungsweise konstant sein. Sowohl die Bestrahlungsstärken G_b und G_d als auch die Kollektoreintrittstemperatur $T_{F,in}$ (und damit auch $T_{F,out}$ und T_m) dürfen nur innerhalb enger Grenzen schwanken. Die Windgeschwindigkeit u muss sich während der Messung im Bereich von 2 m/s bis 4 m/s bewegen. Zudem muss die Messung bei hoher Bestrahlungsstärke mit niedrigem diffusen Anteil ($G_b >> G_d$ und damit $G_b \approx G$) und nahezu senkrechtem Einfall (Einfallswinkel $\theta \approx 0$) vorgenommen werden. Durch diese Vorgaben vereinfacht sich die Energiebilanz nach Gl. (5.66) zu:

$$\begin{aligned}\frac{\dot{Q}}{A_G} &= \eta_{0,hem} \cdot K_{hem}(\theta) \cdot G - a_1 \cdot (T_m - T_a) - a_2 \cdot (T_m - T_a)^2 \\ &\quad - a_3 \cdot u \cdot (T_m - T_a) + a_4 \cdot (E_L - \sigma \cdot T_a^4) - a_6 \cdot u \cdot G \\ &\quad - a_7 \cdot u \cdot (E_L - \sigma \cdot T_a^4) - a_8 \cdot (T_m - T_a)^4 \end{aligned} \tag{5.68}$$

Für die am häufigsten verwendeten abgedeckten Kollektoren sind die Parameter a_3, a_4, a_6, a_7 und a_8 nicht relevant, die Gleichung vereinfacht sich damit erheblich[26] zu:

$$\frac{\dot{Q}}{A_G} = \eta_{0,hem} \cdot K_{hem}(\theta) \cdot G - a_1 \cdot (T_m - T_a) - a_2 \cdot (T_m - T_a)^2 \,, \tag{5.69}$$

[26] Die Parameter a_4, a_6, a_7 können mit Parametern aus älteren Kollektormodellen berechnet werden: $a_4 = \eta_{0,hem} \cdot \frac{\varepsilon}{\alpha}$, $a_6 = \eta_{0,hem} \cdot b_u$ und $a_7 = \eta_{0,hem} \cdot b_u \cdot \frac{\varepsilon}{\alpha}$. ε und α sind der Emissionsgrad bzw. Absorptionsgrad des Absorbers, b_u ist der windabhängige Kollektorwirkungsgradfaktor in s/m.

- $\eta_{0,hem}$ ist der Spitzenwirkungsgrad des Kollektors und
- $K_{hem}(\theta)$ ist der Einfallswinkelkorrekturfaktor[27] jeweils bei hemisphärischer Globalstrahlung G,
- a_1 in W/(m²K) und a_2 in W/(m²K²) sind die Wärmedurchgangskoeffizienten.

Nach der Norm werden Messdaten für verschiedene Betriebspunkte aufgenommen. Dazu wird die Eintrittstemperatur in einer möglichst großen Bandbreite variiert. Die erhaltenen Messwertepaare [$(\dot{Q}/A_G)_i$; $((T_m - T_a)_i$] werden mit einem Polynom zweiter Ordnung nach der Least Squares Methode angefittet, um die oben genannten Parameter zu bestimmen.
Um einen nach dem SST- Verfahren vermessenen Kollektor in dynamischen Simulationen abzubilden, muss in einer gesonderten Mess- oder Rechenmethode zusätzlich die → effektive Wärmekapazität C ermittelt werden.

Kollektorleistung

Die nach dem SST oder QDT-Verfahren ermittelte Kollektorleistung (oder Modulleistung) $\dot{Q}$ ist nach Anhang A der DIN EN ISO 9806 als Ergebnis der Leistungsprüfung für drei unterschiedliche Standardbedingungen anzugeben, die in Tab. 5.2 wiedergegeben sind.

Tabelle 5.2 Standardbedingungen (SRC) für Kollektoren

Klimatische Bedingung	Blauer Himmel	Trüber Himmel	Grauer Himmel
Direktstrahlung G_b	850 W/m²	440 W/m²	200 W/m²
Diffusstrahlung G_d	150 W/m²	260 W/m²	200 W/m²
Umgebungstemperatur T_a	20 °C	20 °C	20 °C
Korrekturfaktor K_b	1	1	1
Wärmestrahlung $(E_L - \sigma \cdot T_a)$	-100 W/m²	-50 W/m²	0 W/m²

Die Kollektorleistung $\dot{Q}$ ist in Tabellenform und als Graph für Temperaturdifferenzen $T_m - T_a$ von -10 K bis 30 K über die maximal geprüfte Temperaturdifferenz hinaus im Prüfbericht zu dokumentieren, wie Abb. 5.23 beispielhaft für einen Flachkollektor zeigt.
Hierzu sind die → Leistungskennwerte des Kollektors nach Gl. (5.68) bzw. (5.66) zu verwenden, wobei der dynamische Parameter a_5 zu Null zu setzen ist. Bei nicht abgedeckten Kollektoren muss die Kollektorleistung zudem bei unterschiedlichen Windgeschwindigkeiten angegeben werden.

Kollektorkennlinie

Die Kollektorkennlinie beschreibt die Ausgleichskurve zweiter Ordnung für den Momentanwirkungsgrad η, der bei der Leistungsprüfung von Kollektoren nach dem stationären Verfahren ermittelt wird. Für abgedeckte Kollektoren gilt:

[27] Bei einigen Kollektormodellen ist $K_{hem}(\theta_L, \theta_T)$ zu bestimmen.

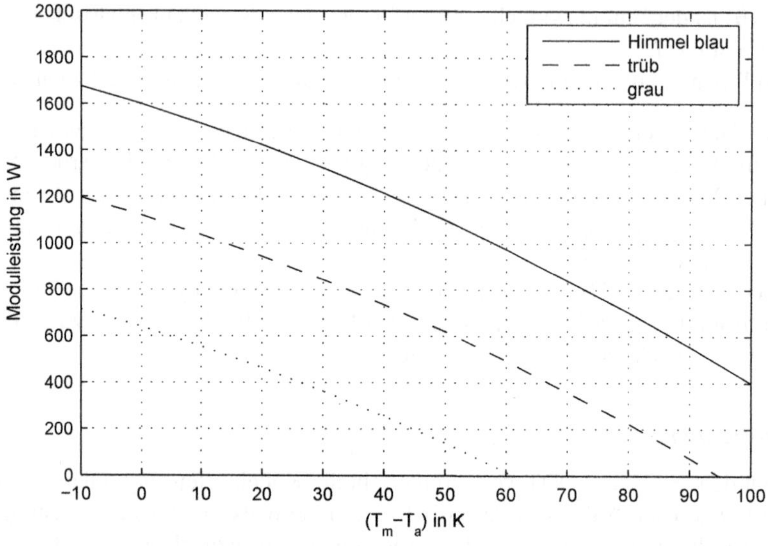

Abb. 5.23 Von einem typischen Flachkollektor (A_G = 2 m^2) abgegebene Leistung $\dot{Q}$ bei unterschiedlichen SRC-Witterungsbedingungen.

$$\eta = \frac{\dot{Q}}{G \cdot A_G} = \eta_{0,hem} - a_1 \cdot \frac{(T_m - T_a)}{G} - a_2 \cdot \frac{(T_m - T_a)^2}{G} \text{ bzw.}$$
$$= \eta_{0,hem} - a_1 \cdot T_m^* - a_2 \cdot G \cdot T_m^{*2} \tag{5.70}$$

Bis zur Einführung der DIN EN ISO 9806 [52] waren die Parameter der Ausgleichskurve im Regelfall auf die Aperturfläche A_a bezogen, durften aber auch auf die Absorberfläche bezogen werden. In diesem Fall war der Index A, also η_{0A}, a_{1A} etc. zu verwenden.[28] Seit 2013 ist für den geprüften Solarkollektor nicht mehr die Kollektorkennlinie, sondern die → Modulleistung anzugeben.

Spitzenwirkungsgrad des Kollektors

Nach Anhang A der DIN EN ISO 9806 sind zur Berechnung der Kollektorleistung die in Gl. (5.68) bzw. (5.66) definierten Parameter $\eta_{0,hem}$, $\eta_{0,b}$, K_{hem}, $K_b(\theta)$, K_d sowie a_1 bis a_8 anzugeben. Je nachdem, mit welchem Verfahren die Parameter ermittelt wurden, sind Umrechnungen vorzunehmen.
Nach QDT-Messungen muss der Spitzenwirkungsgrad bei hemisphärischer Einstrahlung $\eta_{0,hem}$ mit

$$\eta_{0,hem} = \eta_{0,b} \cdot (0{,}85 + K_d \cdot 0{,}15) \tag{5.71}$$

[28] Eine Umrechnung der Parameter erfolgt über die entsprechenden Flächenverhältnisse, so ist $a_{1,a} \cdot A_a = a_{1,A} \cdot A_A$ etc.

und $K_{hem} \approx K_b$ bestimmt werden[29]. $\eta_{0,hem}$ wird häufig noch als Konversionsfaktor bezeichnet. Zwischen dem Konversionsfaktor $\eta_{0,hem}$, dem bereits auf S. 307 in Gl. (5.35) eingeführten Kollektorwirkungsgradfaktor F' und dem Transmissions-Absorptions-Produkt $(\tau\alpha)_e$ aus Gl. (5.25), S. 298, besteht der folgende Zusammenhang

$$\eta_{0,hem} \approx F' \cdot (\tau\alpha)_e \ , \tag{5.72}$$

auf den später nochmals eingegangen wird.

Spitzenleistung $\dot{Q}_{peak}$

Die Spitzen- oder Peak-Leistung des Kollektors $\dot{Q}_{peak}$ in W ist nach DIN EN ISO 9806 die Leistung des Kollektors bei den SRC-Bedingungen „blauer Himmel" und verschwindender Temperaturdifferenz, $T_m - T_a = 0$ K,

$$\dot{Q}_{peak} = \eta_{0,hem} \cdot G \cdot A_G \ . \tag{5.73}$$

Norm-Stillstandstemperatur T_{stg}

Die Stillstandstemperatur nach DIN ISO EN 9806 wird erreicht, wenn dem Kollektor bei stationären Bedingungen und hoher Einstrahlung keine Nutzleistung entzogen wird. Die Norm verlangt eine messtechnische Bestimmung von T_{stg} bei einer hemisphärischen Bestrahlungsstärke G von 1000 W/m^2, einer Umgebungstemperatur von 30°C und einer Windgeschwindigkeit $u < 1$ m/s. Bei Flachkollektoren ist an der heißesten Stelle des Absorbers zu messen, die sich in der vertikalen Achse in 2/3 der Kollektorhöhe befindet. Bei Sydney-Röhren wird zwischen der Innenwandung der inneren Glasröhre und dem eingeschobenen Wärmeleitblech gemessen. Bei heatpipe-Röhren erfolgt die Messung der Stillstandstemperatur am Kondensator.
Die Stillstandstemperatur kann prinzipiell auch mit Hilfe der Kollektorkennlinie nach Gl. (5.70) für die Bedingung $\dot{Q} = 0$ bzw. $\eta = 0$ ermittelt werden. Dabei wird berücksichtigt, dass die Absorbertemperatur um einige Kelvin heißer ist als die Fluidtemperatur T_m. Mit der Annahme $T_{stg} \approx T_m + 20$ K folgt

$$T_{stg} = T_a + \frac{-a_1 + \sqrt{a_1^2 + 4 \cdot \eta_{0,hem} \cdot G \cdot a_2}}{2 \cdot a_2} + 20\,\mathrm{K} \ . \tag{5.74}$$

Gute Flachkollektoren erreichen Stagnationstemperaturen von 180 bis 240 °C, Vakuumröhrenkollektoren bis 340 °C. Nach EN 12975 gefertigte und geprüfte Kollektoren müssen diesen Temperaturen ohne Schäden am Material oder Funktionsbeeinträchtigung widerstehen können. Bei der Auswahl der Werkstoffe, die zur Herstellung von Kollektoren oder für Installationen im Kollektorbereich verwendet werden, muss die Stagnationstemperatur entsprechend berücksichtigt werden.

---

[29] Der Wert 0,85 entspricht dem Verhältnis G_b/G aus Tab. 5.2, entsprechend ist $G_d/G = 0,15$.

Effektive spezifische Wärmekapazität des Kollektors C

Die effektive Wärmekapazität des Kollektors C in kJ/K wird benötigt, um in Simulationsprogrammen bei wechselnder Einstrahlung und Eintrittstemperatur das dynamische Verhalten des Kollektors korrekt abzubilden. Oft wird sie flächenspezifisch auf die Bruttofläche A_G bezogen als c in kJ/(m^{2}K) angegeben. Im Abschnitt 25 der ISO 9806 sind Verfahren beschrieben, wie C zu ermitteln ist:

- In Ergänzung zum → SST-Verfahren kann C aus der messtechnisch ermittelten Antwort auf eine Sprungfunktion bestimmt werden. Hierzu wird ein abgedeckter Kollektor unter stationären Bedingungen plötzlich einer konstanten Bestrahlungsstärke ausgesetzt.
- Zudem ist ein Berechnungsverfahren zulässig, bei dem die Massen der einzelnen Kollektorbauteile m_i und deren spezifische Wärmekapazitäten c_i mit einem Gewichtungsfaktor p_i multipliziert werden. p_i gibt an, in welchem Grad das jeweilige Bauteil i im thermischen Kontakt zum Absorber steht, es gilt mit $0 \leq p_i \leq 1$ $C = \sum_i m_i \cdot c_i \cdot p_i$.
- Bei der → QDT-Leistungsmessung wird direkt aus den Messwerten ein zur zeitlichen Änderung der Kollektormitteltemperatur dT_m/dt proportionaler Kollektorparameter c_5 in kJ/(m$_G^2$K) identifiziert, mit dem die effektive dynamische Wärmekapazität aus $C = a_5 \cdot A_G$ berechnet wird.

Einfallswinkelkorrekturfaktoren $K_i(\theta)$

Die Kollektorparameter zur Bestimmung der Modulleistung aus Gl. (5.68) werden beim SST-Verfahren bei senkrechtem Strahlungseinfall ermittelt. Zur Berechnung der Leistung unter beliebigen Einfallswinkeln θ dient der Einfallswinkelkorrekturfaktor $K_{hem}(\theta)$ (auch als IAM, incident angle modifier bezeichnet), der die Winkelabhängigkeit des Kollektorspitzenwirkungsgrades $\eta_{0,hem}$ aufgrund der Einflüsse der Absorberschicht, des Glases und des Gehäuses beschreibt. Bei Berücksichtigung hemisphärischer Globalstrahlung gilt:

$$K_{hem}(\theta) = \frac{\eta_{0,hem}(\theta)}{\eta_{0,hem}} \tag{5.75}$$

$K_{hem}(\theta)$ wird bei der SST-Leistungsprüfung in einer Zusatzmessung ermittelt. Bei Ermittlung der Kollektorleistung nach der QDT-Methode werden die Modellparameter $K_b(\theta)$ und K_d unmittelbar durch Parameteridentifikation ermittelt. Nach EN 9806 darf $K_{hem}(\theta) \approx K_b(\theta)$ angenommen werden.
Der Verlauf von $K_{hem}(\theta)$ wird wesentlich durch die optischen Eigenschaften der Glasabdeckung und der Absorberschicht, aber auch durch geometrische Eigenschaften des Kollektors bestimmt. Neben der gekrümmten Oberfläche der Vakuumröhre verursachen auch Rahmen und Gehäuse von Flachkollektoren durch Schattenwurf eine Minderung des Strahlungseinfalls bei schräger Einstrahlung. Bei Röhrenkollektoren wirkt sich die Krümmung von Hüll- und Absorberrohr zusätzlich auf die Winkelabhängigkeit aus. Daher wird in diesen Fällen $K_{hem}(\theta_L, \theta_T)$ bzw. $K_b(\theta_L, \theta_T)$

für Einfallswinkel in longitudinaler Richtung θ_L und in transversaler Richtung θ_T messtechnisch ermittelt und in Wertetabellen hinterlegt. Die longitudinale Ebene wird von der Einstrahlungsrichtung und der Röhrenachse aufgespannt, die transversale Ebene steht orthogonal dazu[30]. $K_{hem}(\theta_L, \theta_T)$ ist hier zu bestimmen mit

$$K_{hem}(\theta_L, \theta_T) = K_{hem}(\theta_L, 0) \cdot K_{hem}(0, \theta_T) \; . \tag{5.76}$$

Die longitudinale und die transversale Koordinaten des Einfallswinkels θ berechnen sich mit

$$\tan(\theta_L) = \frac{\sin(\theta) \cdot \cos(\alpha_s - \alpha)}{\cos(\theta)} \tag{5.77}$$

bzw.

$$\tan(\theta_T) = \frac{\sin(\theta) \cdot s \in (\alpha_s - \alpha)}{\cos(\theta)} \; , \tag{5.78}$$

dabei stehen die beiden Teilwinkel θ_L und θ_T zum Einfallswinkel θ in der Beziehung $\tan^2(\theta) = \tan^2(\theta_L) + \tan^2(\theta_T)$, α_s ist nach Kap. 3.1.4 der Sonnenazimut-, α der Flächenazimutwinkel.
In der Literatur sind zwei unterschiedliche Fit-Ansätze zur Beschreibung der Einfallswinkelabhängigkeit von $K_{hem}(\theta)$ zu finden. Nach *Ambrosetti* gilt

$$K_{hem}(\theta) = 1 - \left[\tan\left(\frac{\theta}{2}\right)\right]^{\frac{1}{r}} \; , \tag{5.79}$$

der Parameter r nimmt typische Werte zwischen $0,25 \leq r \leq 0,40$ an. Das bekannte Simulationstool TRNSYS verwendet diesen Ansatz in seinem Kollektormodell. Der sog. *b_0-Ansatz* wird in der ISO 9806 verwendet:

$$K_{hem}(\theta) = 1 - b_0 \cdot \left(\frac{1}{\cos(\theta)} - 1\right) \; . \tag{5.80}$$

Bei der QDT-Leistungsmessung von Flachkollektoren wird dieser Ansatz in Gl. (5.66) für $K_b(\theta)$ eingesetzt, der darin enthaltene Parameter b_0 ist dann durch Regression zu identifizieren. Die Werte des Parameters liegen für Flachkollektoren im Bereich $0,09 \leq b_0 \leq 0,27$.
Abb. 5.24 zeigt den nach beiden Verfahren berechneten Winkelkorrekturfaktor $K_{hem}(\theta)$. Im Gegensatz zum Ambrosetti-Fit erreicht der b_0-Ansatz bereits bei Einfallswinkeln < 90° den Wert null.
Ist eine Umrechnung notwendig, wird diese oft bei der Stützstelle $\theta = 50\,°$ vorgenommen:

$$b_0(r) = \frac{1 - K_{hem}(50\,°)}{1/\cos(50\,°) - 1} \quad \text{mit} \quad K_{hem}(50\,°) = 1 - \left[\tan\left(\frac{50\,°}{2}\right)\right]^{\frac{1}{r}} \; . \tag{5.81}$$

$K_{hem}(50\,°)$ ist der beim Einfallswinkel $\theta = 50°$ messtechnisch ermittelte Winkelkorrekturfaktor.

[30] Im Tagesverlauf wird der Wirkungsgrad einer in Nord-Süd-Richtung ausgerichteten Röhre folglich vor allem durch den transversalen $K_{hem}(0, \theta_T)$ beeinflusst.

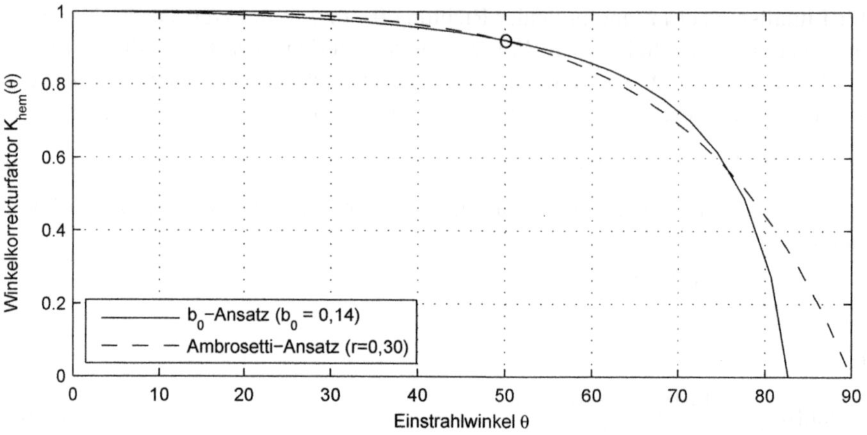

Abb. 5.24 Ambrosetti-Ansatz und b_0- Ansatz zur Beschreibung der Einfallswinkelabhängigkeit des Spitzenwirkungsgrads $\eta_{0,hem}$. Die Kurven schneiden sich bei $\theta = 50\,°$, in diesem Beispiel gilt $K_b(50\,°) = 0{,}92$.

Beim QDT-Prüfverfahren (vgl. S. 320) wird der einfallswinkelunabhängige K_d durch Parameteridentifikation unmittelbar aus den Messdaten ermittelt. Mit dem stationären SST- Verfahren kann dagegen nur der hemisphärische Winkelkorrekturfaktor K_{hem} ermittelt werden. Zur Ableitung von K_d aus SST-Parametern ist im Anhang B der ISO 9806 ein Berechnungsverfahren beschrieben, das sich auf eine Integration des $gK_b(\theta)$ über den Himmelshalbraum stützt,

$$K_d = \frac{1}{W} \cdot \sum_{\theta,\beta=0°,10°,...}^{90°} K_b(\theta,\beta) \cdot \sin(\theta) \cdot \cos(\beta) \tag{5.82}$$

mit

$$W = \sum_{\theta,\beta=0°,10°,...}^{90°} K_b(\theta,\beta) \cdot \sin(\theta) \cdot \cos(\beta)\ . \tag{5.83}$$

Da bei SST-Messungen ein hoher Direktstrahlungsanteil vorgeschrieben ist, gilt hierfür näherungsweise $K_b(\theta) \approx K_{hem}(\theta)$. Wenn K_d berechnet ist, kann für SST-Messungen schließlich auch der Spitzenwirkungsgrad für Direktstrahlung $\eta_{0,b}$ durch Umkehrung der Gl. (5.71) angegeben werden.

5.3 Komponenten

Zentrale Komponente jeder Solaranlage ist der Solarkollektor. Der folgende Abschnitt erläutert die verschiedenen Kollektortypen, Absorber- und Beschichtungsvarianten und geht auf die Besonderheiten von Solarglas ein. Das Kollektorfeld ist über den Kollektorkreis mit dem Speichersystem verbunden, das einen großen Einfluss auf die Effizienz der Anlage hat. Grundsätze zu den verwendeten Wärmeübertragern sowie zur Regelung des Kollektorkreises und zu den zukünftigen Entwicklungslinien schließen das Kapitel.

5.3.1 Kollektoren

Je nach Anwendungszweck kommen unterschiedliche Bauformen von Solarkollektoren zum Einsatz. Die DIN EN ISO 9806 unterscheidet zwischen

- Kollektoren mit einer transparenten Abdeckung über dem Absorber wie Flachkollektoren (FK) und Vakuumröhrenkollektoren (VRK) sowie
- Kollektoren ohne transparente Abdeckung, die damit sehr wind- und wärmestrahlungsempfindlich sind (in der ISO 9806 als WISC-Kollektoren bezeichnet[31]),
- Kollektoren, die gleichzeitig Strom und Wärme erzeugen (Hybridsolar- oder oft einfach PVT-Kollektoren[32]),
- flüssigkeitsdurchströmten oder luftdurchströmten Kollektoren sowie
- nichtkonzentrierenden und konzentrierenden Kollektoren.

Vor allem das Nutztemperaturniveau bestimmt die erforderlichen Eigenschaften des Kollektors und damit die Wahl des passenden Typs. Bei der Erwärmung des Badewassers in Freibädern liegt die angestrebte Nutztemperatur mit rund 25 °C in Höhe der Umgebungstemperatur, an heißen Sommertagen sogar darunter. Kollektoren zur Schwimmbadwassererwärmung werden daher vollständig ohne Wärmedämmung konstruiert. Bei der Trinkwassererwärmung und der Raumbeheizung beträgt das Nutztemperaturniveau rund 40 bis 60 °C. Hier ist der Einsatz kostengünstiger Flachkollektoren sinnvoll. Im industriellen und gewerblichen Bereich wird häufig Prozesswärme benötigt, zum Reinigen, zum Spülen oder zum Betrieb thermischer Verdichter in Absorptionskältemaschinen. Die Nutztemperaturen überschreiten in diesen Fällen schnell 80 bis 90 °C. Für diese Zwecke eignen sich Vakuumröhrenkollektoren, die in diesem Temperaturbereich einen noch hohen Wirkungsgrad erbringen.
Für einige Kollektorbauformen sind in der Tab. 5.3 typische Kennlinien-Koeffizienten $\eta_{0,hem}$, a_1 und a_2 angegeben.

[31] WISC für **W**ind and/ or **I**nfrared **S**ensitive **C**ollectors.

[32] PVT = **P**hoto**V**oltaisch und **T**hermisch

Tabelle 5.3 Markttypische Kennwerte unterschiedlicher Kollektorbauformen, als Bezugsfläche gilt nach ISO 9806 die Bruttofläche A_G. Typische Verhältnisse zwischen Aperturfläche A_a und A_G sind mit angegeben.

Kollektorbauform	A_a/A_G	$\eta_{0,hem}$	a_1	a_2
in	m²/m²	-	[W/m²/K]	[W/m²/K²]
Schwimmbadabsorber (SB-Abs.)	1	0,85	18	0
PVT-Kollektor[1]	1	0,40	6,2	0
Flachkollektor (FK)	0,921	0,77	3,24	0,015
Flachkollektor mit AR-Glas (FK-AR)	0,921	0,83	3,24	0,015
Hochtemperatur-Flachkollektor (FK-HT)	0,923	0,74	2,37	0,005
CPC-Röhrenkollektor (CPC)	0,613	0,59	0,68	0,005
Voll-Vakuumröhrenkollektor (VRK)	0,748	0,56	0,56	0,005

[1] mit rückseitig angebrachtem thermischem Absorber und Dämmung, nach ISO 9806 wird die thermische Leistung von PVT-Kollektoren bei elektrischer Stromproduktion im MPP gemessen.

Abb. 5.25 zeigt den Verlauf der Modulleistungen in Abhängigkeit von der Fluidtemperatur T_m, jeweils für eine Bruttofläche von $A_G = 2$ m² und Standardbedingungen (SRC, clear sky bei T_a= 20 °C). Schwimmbadabsorber und PVT-Kollektoren ohne transparente Absorberabdeckung können nur bei Nutztemperaturen nicht weit über der Umgebungstemperatur eingesetzt werden. Auf deren Anwendungsmöglichkeiten wird später vertiefend eingegangen.

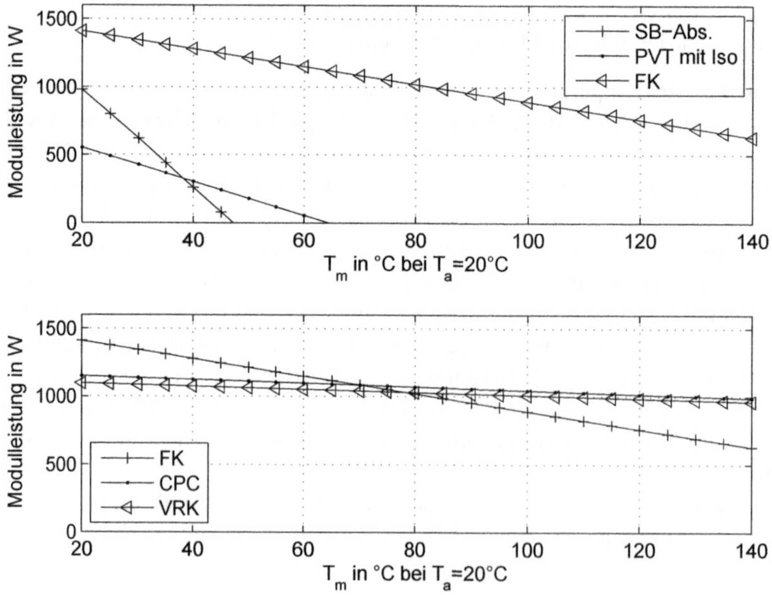

Abb. 5.25 Typische Modulleistungen in Abhängigkeit von der mittleren Fluidtemperatur T_m bei $A_G = 2m^2$. Die Leistungskennwerte und Abkürzungen sind Tab. 5.3 entnommen.

Flachkollektoren erbringen bei nicht zu hohen Fluidtemperaturen höhere Leistungen als Vakuumröhrenkollektoren und sind daher zur solaren Vorwärmung von Trinkwasser – auch aufgrund der geringeren spezifischen Kosten – besser geeignet. Bei höheren Fluidtemperaturen (> 70 °C) sind CPC-Röhren und Vollvakuumröhren deutlich im Vorteil. Generell sollten ab einem Nutztemperaturniveau > 80 °C nur noch Vakuumröhren eingesetzt werden.

WISC-Kollektoren

Bei WISC-Kollektoren steht der Absorber unmittelbar mit der Umgebung im konvektiven und im Strahlungsaustausch, entsprechend empfindlich reagieren sie auf Wind und auf geringe Umgebungs- bzw. Atmosphärentemperaturen. Bei Leistungsmessungen müssen daher unbedingt die Kollektorparameter a_3, a_4, a_6 und a_7 nach Gl. (5.66) bzw. Gl. (5.68) ermittelt werden. Durch den Verzicht auf die Abdeckung werden jedoch sehr hohe Spitzenwirkungsgrade erreicht, wie der Schwimmbadabsorber in Abb. 5.25 bzw. Tab. 5.3 zeigt. Beim PVT-Kollektor würde eine transparente Abdeckung zudem die elektrische Leistung mindern. Zwei Varianten von WISC-Kollektoren werden nachfolgend vorgestellt.

Schwimmbadabsorber

Die einfachsten volldurchströmten Flächenabsorber zur Beckenwassererwärmung sind aus schwarz gefärbtem Kunststoff als Rohrmatten gefertigt. Die Matten werden auf einem Flachdach oder auf der Wiese ausgelegt und direkt mit dem Beckenwasser durchströmt. Als Material eignet sich jeder Kunststoff, der UV-, hydrolyse-, chlor- und dauertemperaturbeständig bis etwa 100 °C ist, es kommen Polyethylen (PE), Polypropylen (PP), PVC und EPDM zum Einsatz. Abb. 5.26 zeigt ein Schwimmbadabsorberfeld.
Der solare Absorptionsgrad α_{sol} erreicht je nach Material rund 90 % bis 95 %, der thermische Emissionsgrad liegt in gleicher Größenordnung, da das Material nichtselektiv ist.

PVT-Kollektor

Aus Kap. 4, S. 219 ist bekannt, dass die elektrische Leistung von Photovoltaik-Modulen mit zunehmender Zelltemperatur abnimmt. Bei kristallinen Zellen mindert sich die elektrische Leistung P_{el} um rund 0,5% je K Temperaturerhöhung. Da auf Dächern installierte Module sich bei Sonneneinstrahlung und hohen Umgebungstemperaturen auf 60 °C und mehr erwärmen, ist der Gedanke naheliegend, durch Kühlung der Module die elektrische Energieausbeute zu erhöhen und die dabei gewonnene thermische Energie nutzbringend einzusetzen.

Abb. 5.26 Einfacher Schwimmbadabsorber aus Kapillarrohrmatten auf dem Dach eines kombinierten Frei- und Hallenbades.

Abb. 5.27 zeigt den Aufbau von PVT-Kollektoren. Bei der unverglasten[33] Variante (a) ist der thermische Absorber von hinten an die Rückseite eines handelsüblichen PV-Moduls kontaktiert. Hier gibt es unterschiedliche Varianten, z.B. kann ein geschwärztes Blech mit angebundenem Rohrregister (Harfe oder Mäander) aufgeklebt sein oder eine durchströmte Kunststoffmatte (vgl. Schwimmbadabsorber). Der Absorber kann zusätzlich mit einer witterungsbeständigen Dämmung (b) versehen sein, der die Wärmeverluste auf der Rückseite mindert.

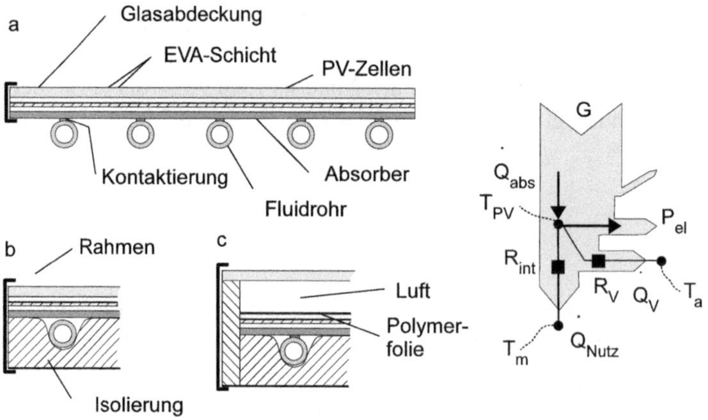

Abb. 5.27 Aufbau von PVT-Kollektoren (links) und Energiefluss mit Ersatzschaltbild

[33] Auch bei „unverglasten" Kollektoren ist die PV-Zelle zum Schutz vor Witterung nach vorne mit einem Solarglas abgedeckt.

Bei verglasten Kollektoren (c) findet sich zwischen Glasabdeckung und PV-Zelle ein luftgefüllter Abstand von rund 25 mm. Die Glasabdeckung der PV-Zelle ist durch eine Polymerfolie ersetzt. Weitere Informationen zu PVT-Kollektoren finden sich z.B. in [1] und in [10].
In [10] ist ein einfacher Modellansatz wiedergegeben, um die elektrische Leistung eines PVT-Kollektors bei von den Standardbedingungen (G_{STC} = 1000 W/m^2, T_{STC} = 25 °C) abweichenden Betriebsbedingungen zu ermitteln:

$$P_{el} = \left(1 + 0,04 \cdot \ln(\frac{G}{G_{STC}}) - c_T \cdot (T_{PV} - T_{STC})\right) \cdot \frac{G}{G_{STC}} \cdot P_{STC} \,. \tag{5.84}$$

Die elektrische Nennleistung P_{STC} bei Standardbedingungen und der Leistungstemperaturkoeffizient c_T in K^{-1} sind dem Datenblatt des PV-Moduls zu entnehmen.
Die Abb. 5.28 zeigt die elektrische und thermische Nutzleistung eines typischen unverglasten PVT-Kollektors (A_G = 2 m^2) mit Rückwanddämmung sowie die Zelltemperatur (T_{PV}) für unterschiedliche Fluidtemperaturen T_m. Die Zelltemperatur T_{PV} wurde dazu mit einem internen Leitwert von U_{int} = 60 W/(m^{2}K) aus

$$\dot{Q}_{th} = U_{int} \cdot A_G \cdot (T_{PV} - T_F) \tag{5.85}$$

berechnet. Hierbei ist angenommen, dass in der PV-Zellebene die Strahlungswandlung stattfindet (siehe Abb. 5.27, rechts).

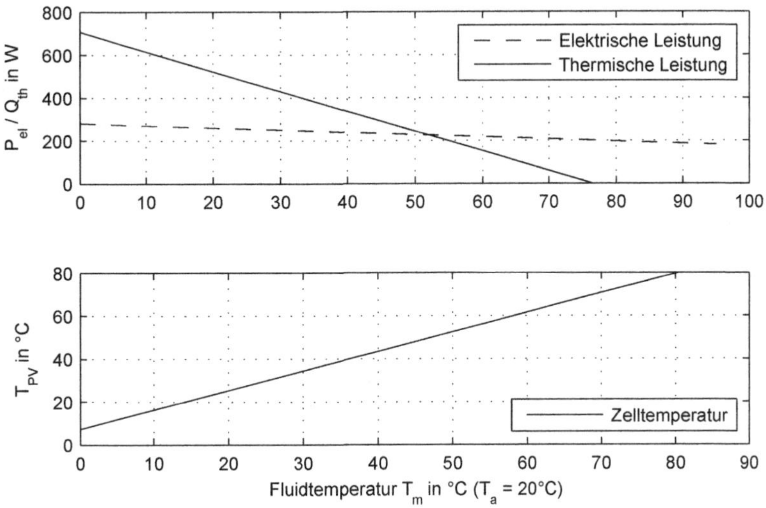

Abb. 5.28 Leistungen eines typischen PVT-Kollektors in Abhängigkeit von der mittleren Fluidtemperatur T_m bei einer Umgebungstemperatur $T_a = 20$ °C für eine Bruttofläche von $A_G = 2$ m^2.

Nur noch die Differenz $\dot{Q}_{abs} - P_{el}$ kann thermisch umgesetzt werden – je nach Verhältnis R_{int} zu R_V als thermische Nutzleistung $\dot{Q}_{abs}$ oder als Wärmeverlust $\dot{Q}_V$. Bei

Untersuchungen von [10] wurden an handelsüblichen PVT-Kollektoren U_{int}-Werte zwischen 10 und 80 W/(m^{2}K) gemessen, aus Effizienzgründen sollten mindestens 60 W/(m^{2}K) erreicht werden. Die Stagnationstemperatur T_{STG} beträgt bei ungedämmten Kollektoren rund 65 °C, gedämmte Typen erreichen 80 °C.
Abb. 5.28 zeigt, dass auch bei einem gedämmten PVT-Kollektor ein Betrieb mit nennenswertem Wirkungsgrad nur bis zu einer Fluidtemperatur von max. 30 - 40 °C sinnvoll ist. Auf diesem Temperaturniveau ist eine direkte Nutzung zur Raumheizung oder Trinkwassererwärmung nur bedingt sinnvoll und im Allgemeinen unwirtschaftlich. Sinnvoller erscheint eine Kombination der PVT-Kollektoren mit Geothermiesystemen. Dazu wurde bereits eine Vielzahl von Studien veröffentlicht, so auch ein Forschungsbericht vom ISFH [10]. Bei einer dort vermessenen Pilotanlage mit 39 m^2 PVT-Kollektoren, 225 m Erdsonden und einer 11 kW - Wärmepumpe konnte ein PV-Mehrertrag von 4% nachgewiesen werden, deutlich weniger als erwartet. Durch den Eintrag solarer Niedertemperaturwärme in das Erdreich wurde die Arbeitszahl der Wärmepumpe um rund 10% verbessert. Andere Untersuchungen zeigen jedoch, dass die Effizienz der Geothermieanlage nur dann steigt, wenn die geothermische Wärmequelle nicht ausreichend groß dimensioniert wurde. Auch bei der untersuchten Pilotanlage war der Wärmebedarf gegenüber der Planung deutlich (25 - 47%) erhöht.

Flachkollektoren

Der grundsätzliche Aufbau von Flachkollektoren ist in Abb. 5.29 dargestellt. Der Rahmen des Kollektors ist in den meisten Fällen aus einem Aluminium-Strangpressprofil gefertigt (typische Höhe 90 - 110 mm), der Boden aus einem Aluminiumblech (0,5 mm Dicke) oder einem aluverzinkten Stahlblech (0,3 mm). Dachinte-

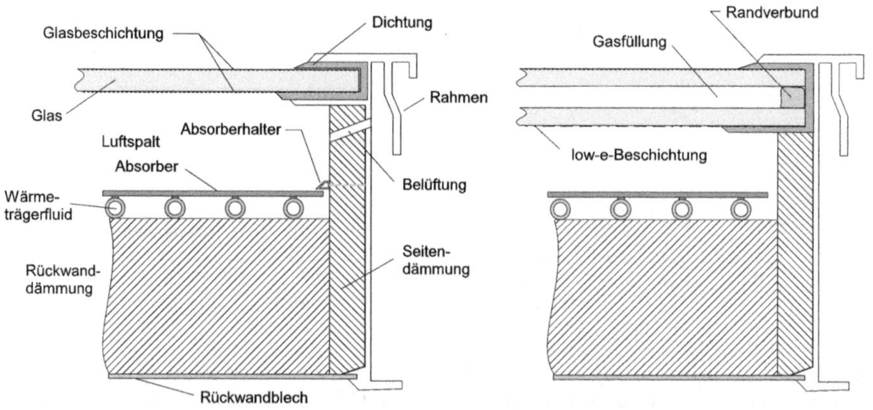

Abb. 5.29 Schnittmodell eines einfachen Flachkollektors (links) und eines Kollektors mit Isolierglas (rechts)

grierte Kollektoren sind oft aus Holzrahmen aufgebaut[34]. Am Markt gibt es zudem Kollektoren, deren Gehäuse aus einer tiefgezogenen Wanne aus Aluminium bestehen oder deren Profile und Eckverbinder aus GFK hergestellt wurden. Kollektoren, die nach Herstellerangaben für Neigungswinkel $> 75\ ^\circ$ zugelassen sind, werden als Fassadenkollektoren bezeichnet.
Zur Rückwand- und Seitenwanddämmung wird spezielle Mineralwolle eingesetzt, die zur Verhinderung von Fogging[35] besonders bindemittelarm sein muss. Nur in seltenen Fällen finden sich PU-geschäumte Rückwände oder PS-Platten, da diese Materialien ungeschützt nicht gegen die hohen Stagnationstemperaturen beständig sind. Abstandshalter sorgen dafür, dass sich der auf die Rückwanddämmung aufgelegte Absorber beim Transport und durch Wärmedehnung nicht nach oben schiebt[36].
Als transparente Abdeckung wird meist Solarglas mit einer Dicke von 3,2 bzw. 4,0 mm eingesetzt, je nach Scheibengröße. Das Glas wurde entweder während des Fertigungsprozesses formschlüssig in eine Nut im Rahmen eingelegt oder es wird mit einem zusätzlichen Aluminium-Abdeckprofil von oben am Rahmen verschraubt. In einigen Kollektorvarianten ist das Glas nur mit dem Rahmen verklebt[37]. Zum Schutz vor Staub und Regen wird das Glas mit Silikon, Butylband oder umlaufenden EPDM-Profilen gegen den Rahmen abgedichtet.

Abb. 5.30 Vorder- und Rückseite eines Flachkollektors mit geschweißtem Aluminiumrahmen. Die Glasscheibe ist eingeklebt und mit einem Alu-Profil überdeckt, die Ecke zusätzlich geschützt. Im Bild rechts ist die verklebte Rückwand aus Aluminium sichtbar.

[34] Es sei darauf hingewiesen, dass bei dieser Kollektorbauart nach einer Untersuchung von Hoyer [74] besonders auf Brandschutz zu achten ist. Dauerhaft hohe Temperatureinwirkungen während der Stagnation können die Zündtemperatur von Holz bis auf $120\,^\circ$C absenken und dadurch eine Selbstentzündung verursachen.

[35] Bei hohen Temperaturen können aus der Mineralwolle Reste organischer Bindemittel verdampfen und sich an der Innenseite der kühlen Glasabdeckung niederschlagen (Fogging).

[36] Aus unterschiedlichen Materialien gefertigte Absorber (z.B. Alu-Blech und Cu-Rohre) neigen dazu, sich beim ersten Erwärmen aufzuwölben. Ohne Halterungen und ausreichenden Abstand kann es zum Kontakt mit der Glasplatte kommen.

[37] Hier muss der Hersteller sicherstellen, dass die Klebung ausreichende Zeitstandsfestigkeit besitzt und den Brandschutzanforderungen genügt.

Ein handelsüblicher Flüssigkeits-Flachkollektor mit etwa 2,2 bis 2,6 m^2 Bruttofläche wiegt je nach Bauweise 35 bis 50 kg, gerade so viel, dass er von zwei Personen noch auf das Hausdach gehoben werden kann. Großflächenkollektoren mit 6 bis 15 m^2 Bruttofläche müssen so konstruiert sein, dass sie mit dem Kran gehoben werden können.

Abb. 5.29 (rechts) zeigt einen Flachkollektor mit einer Isolierglasabdeckung. Das Isolierglas vermindert erheblich die konvektiven Verluste, so dass Wärmeverlustkoeffizienten von $a_1 \approx 2{,}5$ W/(m^2K) erreicht werden. Der Konversionsfaktor η_0 sinkt allerdings aufgrund der erhöhten Reflexionen auf einen Wert von unter 80 % (trotz Einsatz von Antireflex-Beschichtungen). Eine low-e-Beschichtung auf der Glasunterseite mindert zusätzlich die Strahlungswärmeverluste. Von einem dänischen Hersteller wird bereits seit etwa 20 Jahren sehr erfolgreich ein Flachkollektor angeboten, in dem eine dünne Polymer-Folie (FEP oder ETFE) in den Zwischenraum zwischen Glasabdeckung und Absorber eingespannt ist. Der sehr hohe Transmissionsgrad der Folie mindert den Konversionsfaktor nur wenig, die Wärmeverluste können dagegen um rund ein Drittel reduziert werden. Die genannten Bauarten mit doppelter Abdeckung werden auch als Hochtemperatur (HT)-Kollektor bezeichnet. Abb. 5.31 zeigt die Modulleistungen verschiedener Flachkollektortypen.

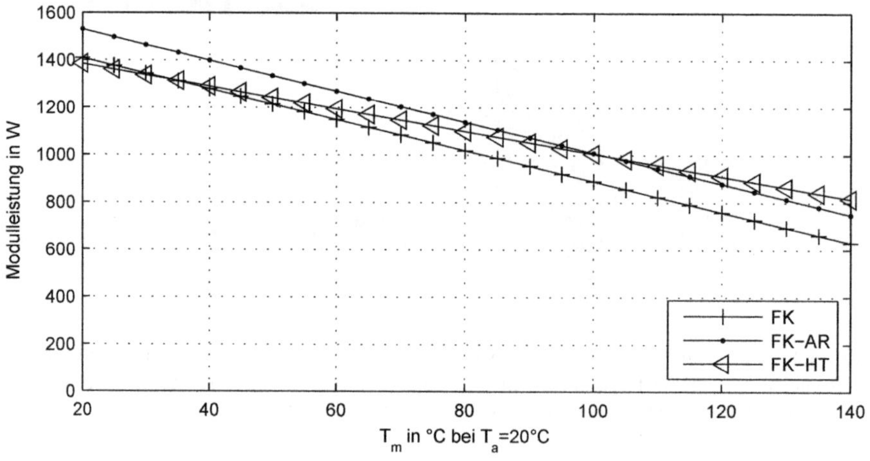

Abb. 5.31 Typische Modulleistungen verschiedener Flachkollektortypen in Abhängigkeit von der mittleren Fluidtemperatur T_m bei $A_G = 2m^2$. Die Leistungskennwerte und Abkürzungen sind Tab. 5.3 entnommen.

An den beiden Stirnseiten von Flachkollektoren befinden sich i.d.R. Belüftungsöffnungen (Abb. 5.29, links), um einen Mindestluftaustausch zu gewährleisten. Damit wird sichergestellt, dass im Kollektor entstehende Feuchtigkeit abtransportiert wird. Das sich bei der Nachtauskühlung oftmals an der kalten Glasinnenscheibe niederschlagende Kondensat würde ansonsten die Isolation durchfeuchten und deren Dämmwirkung herabsetzen. Der auf die rückseitige Wärmedämmung aufgelegte Absorber ist fast immer ein Vollflächenabsorber, der aus dem selektiv beschichteten

Blech und den thermisch angekoppelten Fluidrohren besteht. Die Absorberbauweisen werden in Kap. 5.3.2 ausführlich behandelt.
Ein guter marktüblicher Flachkollektor mit hochselektiver Beschichtung und einer Bruttofläche von 2,0 bis 2,4 m^2 kostet den Endkunden rund 550 bis 950 € (incl. MwSt.). Die spezifischen Kosten je m^2 betragen je nach Qualität und Leistungsfähigkeit etwa 270 bis 400 €/m^2. Bei Großflächenkollektoren sinken die spezifischen Kosten nur wenig, Einsparungen werden hier v.a. durch die geringeren Montage- und Verrohrungskosten erzielt.

Vakuumröhrenkollektoren

Vakuumröhrenkollektoren unterteilen sich in zwei Bauarten. In der ersten Variante (Vollvakuumröhren) befindet sich der Absorber in einer teilevakuierten Glasröhre (Hüllrohr) mit Durchmessern von etwa 75 bis 80 (100) mm. Dadurch beschränken sich die Wärmeverluste auf den Strahlungsaustausch zwischen Absorber und Hüllrohr, zusätzlich sind konduktive Verluste an der stirnseitigen Verbindungsstelle zwischen Hüllrohr und Fluidrohren zu berücksichtigen.

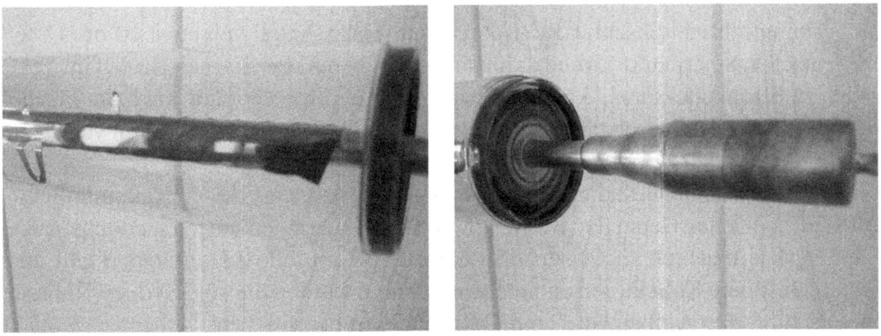

Abb. 5.32 Kostengünstige Import-Vollvakuumröhre mit ultraschallgeschweißter Selektivblechfinne und Halteklammern (links), das als Heatpipe ausgeführte Fluidrohr endet außerhalb des Rohres in einem Kondensator (rechts).

Der Absorber selbst ist meist aus einem schmalen hochselektiv beschichteten Alu- oder Kupferblech gefertigt, das durch Laser- bzw. Ultraschall-Schweißung mit einem koaxialen Kupferrohr verbunden ist[38]. In einer Ausführungsform ist das Fluidrohr als heatpipe ausgebildet[39].
Durch Evakuierung des Hüllrohrs werden besonders geringe Wärmeverlustkoeffizienten erreicht, wie die Berechnung von S. 318 zeigte. Die Stagnationstemperaturen erreichen aufgrund der hohen Leistungsfähigkeit rund 280 bis 340 °C. Dennoch ha-

[38] Varianten mit einem U-förmig gebogenen Fluidrohr werden inzwischen vermieden, da hier zwei Rohre eingedichtet werden müssen

[39] Zur Funktion des heatpipe-Fluidrohres vgl. S. 347

Abb. 5.33 CPC-Vakuumröhren unterschiedlicher Bauart. (a) CPC-Röhre mit Wärmeleitblech und Fluidrohr, (b) CPC-Röhre mit Blick auf den speziell geformten Reflektor, (c) CPC-Vakuumröhrenkollektorfeld, (d) Heatpipe-Anbindung mit Vollvakuumröhre, (e) Heatpipeanbindung einer CPC-Röhre , (f) CPC-Röhre

ben Vakuumröhren (einschl. CPC-Röhren) nur einen Anteil von etwa 10 bis 12 % am deutschen Solarmarkt. Grund dafür sind die höheren spezifischen Kosten im Vergleich zu Flachkollektoren. Absorberfläche und Aperturfläche sind wie beim Flachkollektor etwa gleich groß, da diese Kollektorbauart nicht mit Reflektoren versehen ist.

Die dauerhaft dichte Gestaltung des Glas-Metall-Übergangs bei Vollvakuumröhren erfordert spezielles Hersteller-Know-how, da die Materialien unterschiedliche Ausdehnungskoeffizienten aufweisen. Um diese Schwachstelle zu vermeiden und um kostengünstigere Kollektoren anbieten zu können, wurden die sog. Sydney-Röhren entwickelt. Deren Aufbau wird ab S. 348 detailliert beschrieben.

Um die röhrenförmige Absorberschicht effizient nutzen zu können, ist unter dem Hüllrohr ein Reflektor (CPC-Spiegel) montiert, der die zwischen den Absorberröhren durchfallende Strahlung auf die nicht beschienene Rückseite des Absorberrohrs lenkt. Die Spiegel sind in ihrer Form so optimiert, dass im Jahresverlauf ein maximaler Strahlungsanteil auf den festmontierten Kollektor auftrifft. Die Verwendung dieser Spiegelform (vgl. Abb. 5.33, Mitte) hat dem CPC-Vakuumröhrenkollektor seinen Namen gegeben (compound parabolic collector) [40]. Die spezifischen Kosten sind etwas geringer als bei den Vollvakuumröhren, aber noch etwa doppelt so hoch wie beim Flachkollektor.

[40] Prinzipiell kann die reflektierende Schicht auch auf der unteren Hälfte der Innenseite des Hüllrohres angebracht werden, wo sie vor Umwelteinflüssen optimal geschützt ist.

Luftkollektoren

Während beim „normalen“ Kollektor der Absorber mit einer Flüssigkeit durchströmt wird, erwärmt der Luftkollektor einen Luftstrom.

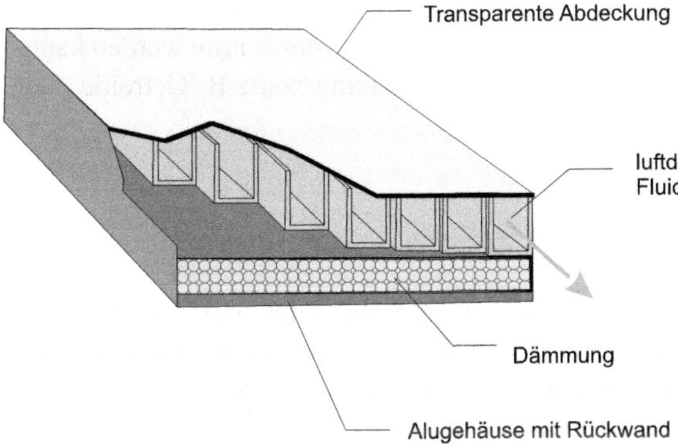

Abb. 5.34 Vereinfachte Schnittdarstellung eines Luftkollektors nach GRAMMER SOLAR [69].

Luftkollektoren werden als Flach- oder als Röhrenkollektor angeboten. Um bei der Bauart als Flachkollektor (Abb. 5.34) einen ausreichend hohen internen Wärmefluss zwischen Absorber und Fluid (hier Luft) zu erreichen, muss der Absorber mit Außenrippen versehen werden. Die Luft wird nicht in Rohren geführt, sondern im Zwischenraum von transparenter Abdeckung und Absorber (Fluidkanal). Die Luftkollektoren werden stirnseitig zu langen Reihen verbunden und auf dem Dach bzw. an Fassaden befestigt.
Luftkollektoren werden auch aus Vakuumröhren nach dem Sydney-Prinzip (Abb. 5.35) gebaut. Im Bild oben wird die Luft erst durch den äußeren Ringspalt des linken

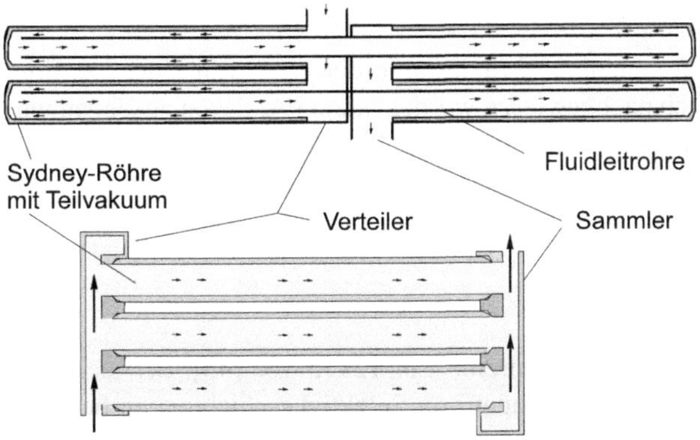

Abb. 5.35 Schnittdarstellung von Röhren-Luftkollektoren. Konstruktionsprinzipien der KOLLEKTORFABRIK GMBH (oben) und von AIRWASOL GMBH (unten)

Glasrohrs, dann durch das innere Fluidleitrohr nach rechts und dann durch den äußeren Ringspalt des rechten Glasrohrs geführt. Mehrere dieser Doppelrohre werden dann zu einem Kollektormodul parallelgeschaltet. Im Bild unten sind die parallel geschalteten Sydneyröhren einfach von links nach rechts durchströmt.
Luftkollektoren sind besonders geeignet für die solare Heizungsunterstützung in Gewerbe- und Industriebauten mit raumlufttechnischen Anlagen, da die dem Gebäude zugeführte Frischluft in den Luftkollektoren direkt vorgewärmt werden kann. Eine weitere Einsatzmöglichkeit ist die solare Trocknung von z.B. Getreide oder Hackschnitzeln.

Qualität und Ertrag

Wie bei den meisten Produkten existieren auch für Solarkollektoren spezielle Produktnormen zum Nachweis der Qualität, zudem wurde eine Reihe von Qualitäts- und Gütezeichen entwickelt. Zur Abschätzung des jährlichen Ertrags von Solarkollektoren gibt es seit 2013 die q_{ACO}-Angaben.
Die Normen EN 12975 / ISO 9806 geben die technischen Anforderungen an die Dauerhaftigkeit, Zuverlässigkeit und Sicherheit von Kollektoren vor und beschreiben die Verfahren zur messtechnischen Bestimmung der Kollektorleistung. Die Qualitätstests umfassen u.a.

- Leckageprüfungen,
- Bruch- und Druckprüfung,
- Bestimmung der Norm-Stillstandstemperatur,
- Freilandbewitterungsprüfung,
- Prüfungen mit schnellem inneren und äußerem Temperaturwechsel,
- Prüfung auf eingedrungenes Regenwasser,
- Frostbeständigkeitsprüfung,
- Innendruckprüfung an Wärmeträgerkanälen,
- Prüfung der mechanischen Belastbarkeit und Schlagfestigkeit (Hagel)
- sowie die Druckabfallmessung.

Wenn alle in der EN 12975 genannten Mindestanforderungen von einem zertifizierten Prüfinstitut erfolgreich nachgewiesen wurden, kann i.A. davon ausgegangen werden, dass der Kollektor qualitativ hochwertig ist. Aus diesem Grund hat die Bundesregierung für die Vergabe von Fördergeldern u.a. die erfolgreiche Prüfung nach EN 12975 / ISO 9806 zur Fördervoraussetzung gemacht (siehe dazu ab S. 428).

Lebensdauer von Selektivbeschichtungen

Seit 2011 liegt der Teil 3-1 der Normenreihe EN 12975 vor [43], der sich mit dem Langzeitverhalten und der Lebensdauer von Selektivbeschichtungen befasst. Zur Klassifizierung der Beständigkeit wird das später erläuterte PC-Kriterium (Gl. (5.87), S. 353)) angewendet. Als Einflussfaktoren werden Temperaturen, Wasserkondensation, Luftfeuchte und der Luftschadstoff Schwefeldioxid berücksichtigt.

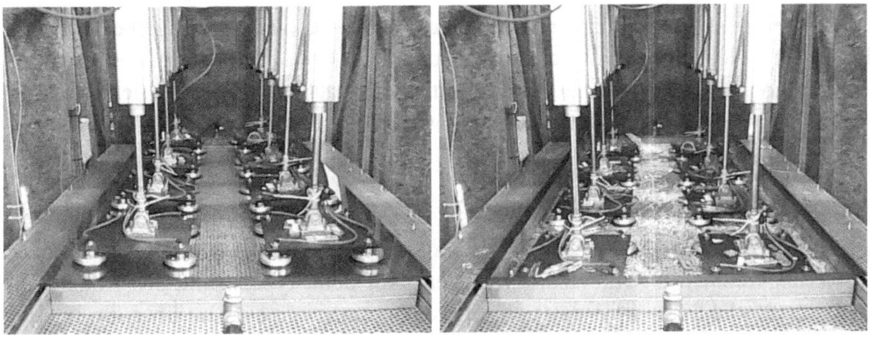

Abb. 5.36 Bei der Druckprüfung von Flachkollektoren nach ISO 9806 wird die Flächenlast schrittweise erhöht, bis die transparente Abdeckung bricht. Im Bild wird eine einfache Floatglasscheibe belastet, bis sie bei einer Flächenlast q von etwa 4.000 Pa zerbricht.

Für weitere Komponenten von Solarkollektoren sind bereits Normen zur Bewertung der Lebensdauer und der Gebrauchstauglichkeit in Arbeit, so für Glasabdeckungen und Wärmedämmmaterialien[41].

Blauer Engel

Das Bundesumweltamt hat das erfolgreiche Umweltzeichen „Blauer Engel" auch auf Solarkollektoren ausgedehnt (Abb. 5.37, Mitte). In der Vergabegrundlage RAL UZ 73 [97] ist festgelegt, dass neben der DIN EN 12975- Prüfung und einem Mindestertragsnachweis eine Reihe umweltrelevanter Faktoren bei der Produktion des Kollektors erfüllt werden müssen, u.a. ist die Rücknahmepflicht und der Einsatz giftiger Hilfsstoffe geregelt.

Abb. 5.37 Solar Keymark mit DIN-geprüft-Zeichen und Lizenznummer (links), Blauer Engel (Mitte), CE-Kennzeichen (rechts)

Solarkeymark

Auf europäischer Ebene wurde mit dem Solarkeymark ein einheitliches Qualitätszeichen für Solarkollektoren geschaffen (Abb. 5.37, links). Die Vergabe obliegt einer Zertifizierungsorganisation (in Deutschland z.B. DIN CERTCO), die die Untersuchungen von dazu eigens akkreditierten Prüfinstituten vornehmen lässt. Diese

[41] ISO 22975: Solar Energy - Collector components and materials, Teil 4 und 5.

entnehmen den Prüfkollektor als zufällige Stichprobe aus dem Lagerbestand des Herstellers. Neben der erfolgreichen Prüfung nach EN 12975 / ISO 9806 wird für die Vergabe des Solar Keymark die Qualitätsüberwachung des Herstellers bei Wareneingang und Fertigung untersucht und wiederkehrend geprüft.

Jährlicher solarer Kollektorertrag Q_{ACO}

Seit 2010 muss jeder in Deutschland geförderte Kollektor über das europäische Zertifizierungszeichen Solarkeymark verfügen. Auf dem Typenschild des Kollektors bzw. im Produktblatt wird dazu eine Lizenznummer angegeben, über die im Internet[42] ein offizielles Datenblatt abrufbar ist, das die wichtigsten Kenndaten für diesen Kollektor angibt. Grundlage sind die Testergebnisse, die von zugelassenen Prüfinstituten nach der Kollektornorm DIN EN ISO 9806 mit dem QDT- oder dem SST-Messverfahren ermittelt wurden.

TÜVRheinland®
DIN CERTCO
ISFH
Page 2/2

Annual collector output based on EN 12975 Test Results, annex to Solar KEYMARK Certificate	Licence number	011-xyyyy F
	Issued	04.10.2016

Annual collector output kWh															
	Location and collector temperature (T_m)														
	Athens			Davos			Stockholm			Würzburg					
Collector name	25°C	50°C	75°C	25°C	50°C	75°C	25°C	50°C	75°C	25°C	50°C	75°C			
Typ xyz	3 223	2 384	1 615	2 680	1 904	1 219	1 835	1 243	777	1 990	1 346	827			

Abb. 5.38 Seite 2 eines Solarkeymark-Zertifikats mit Angabe des Annual collector output Q_{ACO}.

Die Seite 2 des Datenblatts enthält eine Angabe zur Leistungsfähigkeit des Kollektors für vier europäische Standorte[43] mit sehr unterschiedlicher Witterung, den Annual Collector Output Q_{ACO} in kWh/a (Abb. 5.38). Dieser gibt an, welche Nutzenergie das Kollektormodul bei Vorgabe einer festen Fluidtemperatur $T_m$innerhalb eines Jahres liefern kann.

→ Annual Collector Output Q_{ACO}

Für jede Stunde h des Jahres wird die Nutzenergiemenge $Q_{ACO}(h)$ berechnet, die ein mit Kollektorkennwerten nach ISO 9806 beschriebener Solarkollektor bei vorgegebener Neigung in Südausrichtung erzielt, wenn die Fluidmitteltemperatur T_m mit einem konstanten Wert ($25°C$, $50°C$, $75°C$) vorgegeben wird:

$$Q_{ACO}(h)/A_G = \eta_{0,b} \cdot K_b(\theta(h)) \cdot G_b(h) + \eta_{0,b} \cdot K_d \cdot G_d(h) - \\ -a_1 \cdot (T_m - T_a(h)) - a_2 \cdot (T_m - T_a(h))^2$$

[42] unter `http://www.solarkeymark.dk/CollectorCertificates`

[43] Athen, Davos, Stockholm, Würzburg.

Die Jahressumme der flächenbezogenen Nutzenergie Q_{ACO} in kWh/a ergibt sich durch Summation über alle Stunden des Jahres, wobei nur die Stundenwerte $q_{ACO}(h) \geq 0$ summiert werden:

$$Q_{ACO} = \sum_{h=1}^{8760\,h/a} Q_{ACO}(h) \text{ für } Q_{ACO}(h) \geq 0$$

Das beschriebene Berechnungsverfahren wurde vom SP TECHNICAL RESEARCH INSTITUTE OF SWEDEN entwickelt und kann als EXCEL-Version im Internet (mit einer Anleitung)[44] heruntergeladen werden. Wie aus dem Berechnungsalgorithmus zu erkennen ist, werden bei der Energiebilanzierung keinerlei dynamische (zeitabhängige) Effekte berücksichtigt. Der Kollektor weist immer die gleiche vorgegebene Kollektormitteltemperatur T_m auf, erwärmt sich nicht und kühlt sich nicht ab. Die effektive Wärmekapazität des Kollektors C und insbesondere die während des Tages durch die solare Beladung ansteigenden Speicher- und Solarkreisrücklauftemperaturen bleiben in diesem Ansatz also vollständig unberücksichtigt.
In Abb. 5.39 sind für einige häufig verwendete Kollektorvarianten die auf die Bruttofläche bezogenen typischen ACO-Erträge bei Kollektormitteltemperaturen zwischen 25 °C und 100 °C angegeben.

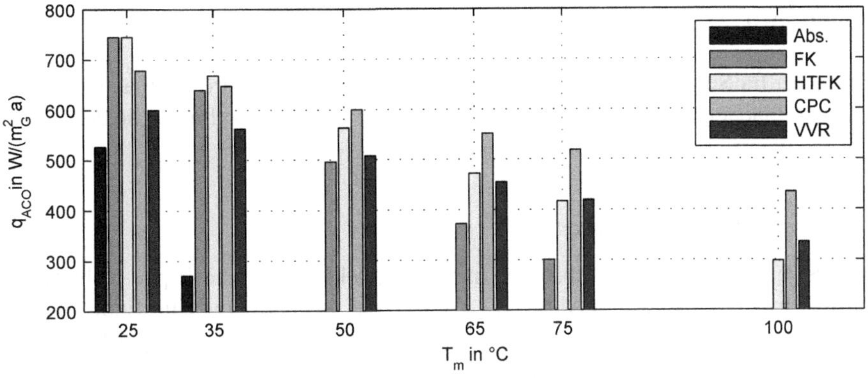

Abb. 5.39 Jährlicher Kollektorertrag $q_{ACO} = Q_{ACO}/A_G$ in kWh/(m_G^2 a) für die unterschiedlichen Kollektortypen nach Tab.5.3 (Standort Würzburg).

Das Bundesamt für Wirtschaft und Ausfuhrkontrolle (BAFA) schreibt in seinen Förderbedingungen für Solaranlagen vor, dass der Kollektor einen jährlichen Kollektorertrag q_{BAFA} von mindestens 525 kWh/(m_a^2 a) erzielen muss. Die Berechnung nach [18] bezieht sich dabei auf die im solarkeymark-Zertifikat nachgewiesenen Q_{ACO}-Werte für den Standort Würzburg bei einer mittleren Fluidtemperatur von 25 °C

[44] `http://www.sp.se/en/index/services/solar/ScenoCalc/Sidor/default.aspx`

bzw. 50 °C sowie die spezifische Wärmekapazität C. Es gilt die Zahlenwertgleichung[45]:

$$q_{kol} = 0,38 \cdot \left(\frac{Q_{ACO,25°C}/[kWh/a]}{A_a/[m^2]} - \frac{C}{[kJ/(m_a^2 K]} \right) + 0,71 \cdot \left(\frac{Q_{ACO,50°C/[kWh/a]}}{A_a/[m^2]} - \frac{C}{[kJ/(m_a^2 K]} \right) \leq 525 \frac{kWh}{m_a^2 a} . \tag{5.86}$$

Vor 2013 wurden noch andere Berechnungsverfahren für jährliche solare Kollektorerträge verwendet, die sich vereinzelt noch in aktuellen Förderbedingungen wiederfinden. So bezieht sich die Vergabegrundlage zum blauen Engel des Umweltbundesamts noch auf dem sog. „Kollektorertragsnachweis“, der ausführlich in der zweiten Auflage dieses Buchs erläutert war.

5.3.2 Absorber

Der Absorber ist der Teil des Solarkollektors, der die einfallende Solarstrahlung absorbiert, sie in thermische Innere Energie umwandelt und der Wärmeträgerflüssigkeit zuführt.

Bauformen

Absorber für Solarkollektoren werden als voll- oder teildurchströmte Flächenabsorber, als Flächenabsorber in Rippe-Rohr-Geometrie und als zylindrische Absorber für Vakuumröhrenkollektoren angeboten.

Absorber für Flachkollektoren

Die Standardbauform für Absorber in Flachkollektoren ist die Rippe-Rohr-Konstruktion (Abb. 5.40 a und Abb. 5.42 a + b.) Hier wird ein zuvor im Endlosbandprozess selektiv beschichtetes dünnes Blech mit einem die Wärmeträgerflüssigkeit führenden Fluidrohr thermisch verbunden.
Früher wurden einzelne Blechbänder (Finnen oder Rippen) mit Breiten von 90 bis 120 mm mit Fluidrohren verschweißt und dann nebeneinander mit Sammler und Verteiler verbunden. Heute setzt man in Flachkollektoren *Vollflächenabsorber* bis zu einer Breite von 1200 mm ein, die vollautomatisiert mit einer Fluidrohrharfe oder einem Mäanderrohr (Abb. 5.42, mitte und Abb. 5.43, rechts) verschweißt werden. Als Harfe (Abb. 5.43, links) werden die 8 bis 12 parallelen, mit Sammler und Verteiler verbundenen Fluidrohre bezeichnet. Die Fluidrohre sind Kupferrohre mit einem Außendurchmesser von 6 bis 10 mm und einer Wandstärke von 0,37 bis 0,5 mm. Die Absorberbleche bestehen aus dem preisgünstigeren Aluminium (typische

[45] Die MAP-Richtlinie verwendet die Bezeichnungen $W25$ und $W50$ und C_{eff} für C.

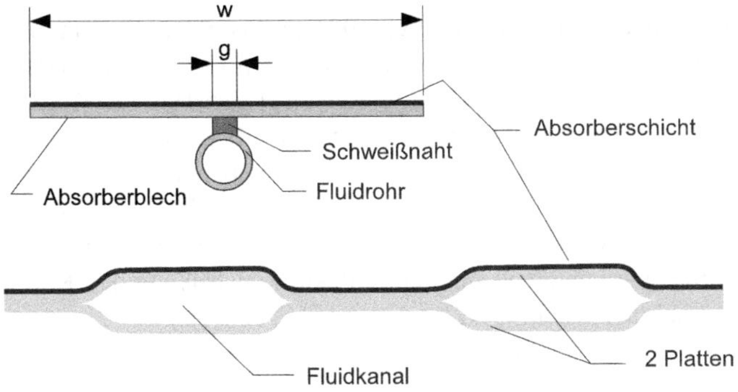

Abb. 5.40 Absorbervarianten. (a) Rippe-Rohr-Absorber, (b) Rollbond

Blechdicke 0,4 mm) oder Kupfer (0,18 mm). Die Blechstärke bei Alu ist erhöht, weil die Wärmeleitfähigkeit gegenüber Kupfer nur rund 50% beträgt.
Je weiter die Abstände *w* (vgl. Abb. 5.40) zwischen den Fluidrohren sind (je breiter also die Finnen sind), desto geringer ist der interne Leitwert U_{int} zwischen Absorberschicht und Fluid, da die thermische Energie erst durch das Blech bis zur Schweißnaht durch Wärmeleitung transportiert werden muss. Abb. 5.41 zeigt den Einfluss der Finnenbreite *w* auf den internen Leitwert U_{int} (oben) und die Kollektorleistung $\dot{Q}_{Nutz}$ (unten) in Abhängigkeit von U_{int}.

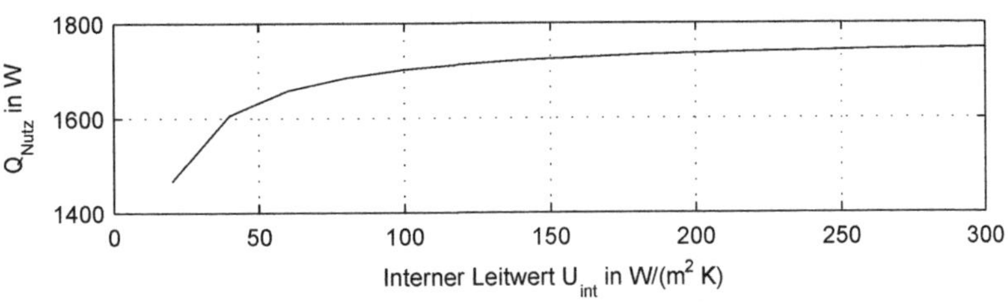

Abb. 5.41 Einfluss der Finnenbreite *w* (siehe Abb. 5.40) auf den internen Leitwert U_{int} (oben) und Abhängigkeit der Kollektorleistung $\dot{Q}_{Nutz}$ von U_{int}, berechnet für einen hochwertigen Flachkollektor mit A_G = 2,6 m² bei SRC-Bedingungen (clear sky) und konstanter Eintrittstemperatur ($T_{F,in}$ = 55 °C).

Am Markt hat sich eine Standardfinnenbreite w von 90 mm bis etwa 120 mm bei den o. g. Blechstärken ausgebildet – ein Kompromiss zwischen Leistung und Herstellkosten; der interne Leitwert U_{int} nimmt dabei Werte von etwa 50 bis 120 W/(m^2 K) an. Der Kollektorwirkungsgradfaktor F' nach Gl. (5.35)[46] beträgt bei akzeptablem Materialeinsatz dann zwischen 90 bis 96 %. Mit einer Verringerung der Finnenbreite bzw. Erhöhung der Blechstärke könnte F' zwar noch verbessert werden, die flächenspezifischen Materialkosten würden aber steigen. Mit der Finnenbreite w (und weiteren Konstruktionsparametern) kann der Kollektorkonstrukteur den Konversionsfaktor beeinflussen, da nach Gl. (5.72) $\eta_{0,hem} \approx F' \cdot (\tau\alpha)_e$ ist.

Rollbond-Absorber

In den südlichen Ländern werden in abgedeckten Flachkollektoren vorwiegend teildurchströmte Flächenabsorber eingesetzt. Hierbei werden Fluidkanäle in dünne Edelstahl- oder Stahlplatten eingepresst, gegeneinandergelegt und dann mit einzelnen Schweißpunkten zusammengeheftet und am Rand verschweißt. Diese Herstelltechnik ist aus der Plattenheizkörperproduktion bekannt.

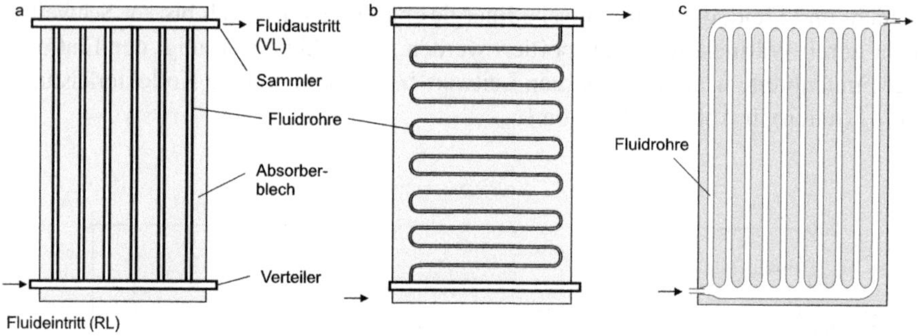

Abb. 5.42 Absorberhydrauliken. Im Bild links dargestellt ist ein Harfenabsorber, in der Mitte ein Mäanderabsorber und rechts ein Rollbondabsorber.

Beim Rollbond-Herstellungsverfahren werden auf dünnen Aluminiumplatten mit einem Trennmittel die Flächenbereiche benetzt, die später das Fluid transportieren sollen (Abb. 5.40 b und Abb. 5.42 c). Danach werden die zwei Platten in einer Form gegeneinandergepresst und hydraulisch in dem Werkzeug aufgeformt. Die hohe Flächenpressung führt zu einer Kaltverschweißung der Plattenbereiche, die vom Trennmittel nicht benetzt sind. Das Rollbonding gilt als das Standardverfahren zur Herstellung von Verdampfern für Kühlschränke und andere Kältemaschinen. Beim Auftragen des Trennmittels können prinzipiell beliebige Durchströmungsgeometrien erzeugt werden, z.B. auch fraktale hydraulische Verzweigungen nach dem biologischen Vorbild des Blutkreislaufs[47]. Dadurch ist eine optimale Durchströmung

[46] Bei Flachkollektoren kann F' mit $U_L \approx 5$ W/(m^2 K) geschätzt werden.

[47] Solche bionischen Ansätze zur Entwicklung energieeffizienter Fluidsysteme wurden 2005 in einer Dissertation ausführlich untersucht [71].

mit Kollektorwirkungsgradfaktoren bis F' = 99 % bei geringen Druckverlusten zu erreichen. Als großer Nachteil des Rollbondabsorbers ist anzusehen, dass er nicht mit den hochselektiven Beschichtungen im Endlosbandverfahren kombiniert werden kann. Die Beschichtung kann erst auf die fertigen Absorber aufgebracht werden.[48] Zudem können derzeit nur Absorberbreiten von deutlich unter 1 m realisiert werden und die Investitionskosten für die erforderlichen Pressen sind sehr hoch.

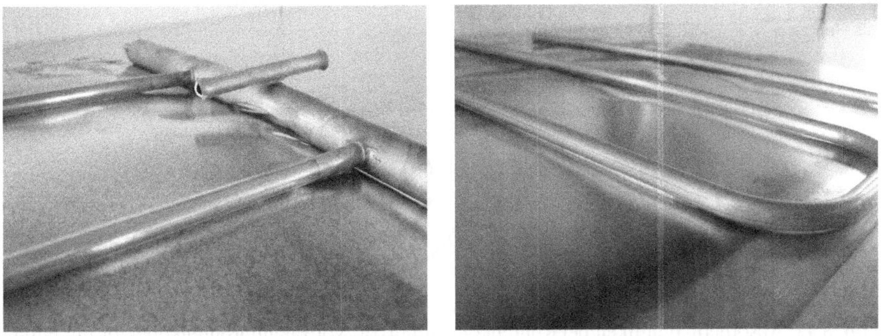

Abb. 5.43 Harfenabsorber (links) mit den in den Sammler eingelöteten Fluidrohren und Absorberfühlerhülse; Mäanderabsorber (rechts) mit nicht angeschweißten Rohrbögen.

Absorber für Röhrenkollektoren

Bei Röhrenkollektoren gibt es zwei Hauptvarianten. Bei den vollevakuierten Röhren besteht der Absorber aus einer einfachen Rippe-Rohr-Konstruktion, die in einem evakuierten Hüllrohr untergebracht ist. Das Fluidrohr ist als geschlossenes heatpipe-Rohr (Abb. 5.44a), als Koaxialrohr (d) oder haarnadelförmig (b) ausgebildet.
Das geschlossene heatpipe- oder Wärmerohr ist mit einer bei niedrigen Temperaturen verdampfenden Flüssigkeit gefüllt. Der bei Wärmezufuhr sich bildende Dampf wird durch Diffusion in kältere Bereiche transportiert und an einem Wärmeübertrager kondensiert (vgl. Abb. 6.30 in Kap. 6). Die Wärmeträgerflüssigkeit nimmt die Kondensationsenthalpie auf und führt sie aus dem Kollektor ab. Das Kondensat wird über Schwerkraft oder durch Kapillarstrukturen gegen diese zurück in den Verdampfer des Wärmerohrs gefördert. Durch Einsatz von Bimetallen ist es möglich, die Kondensatrückleitung zu unterbinden und den Kollektor bei zu hohen Temperaturen „abzuschalten".
Das haarnadelförmig gebogene Fluidrohr wird vom Wärmeträger direkt durchflossen. In einigen Ausführungen ist das Absorberblech nicht plan, sondern halbkreisförmig gebogen, um bei schrägem Lichteinfall eine größere Absorberfläche zu bieten.

[48] Die bei Flächenabsorbern aus Aluminium oder Edelstahl verwendeten Tauch- und Lackierverfahren zur Beschichtung erreichen oft nur eine geringe Selektivität. Während der solare Absorptionsgrad 85 bis 90 % aufweist, beträgt der thermische Emissionsgrad meist nur 40 bis 60 %.

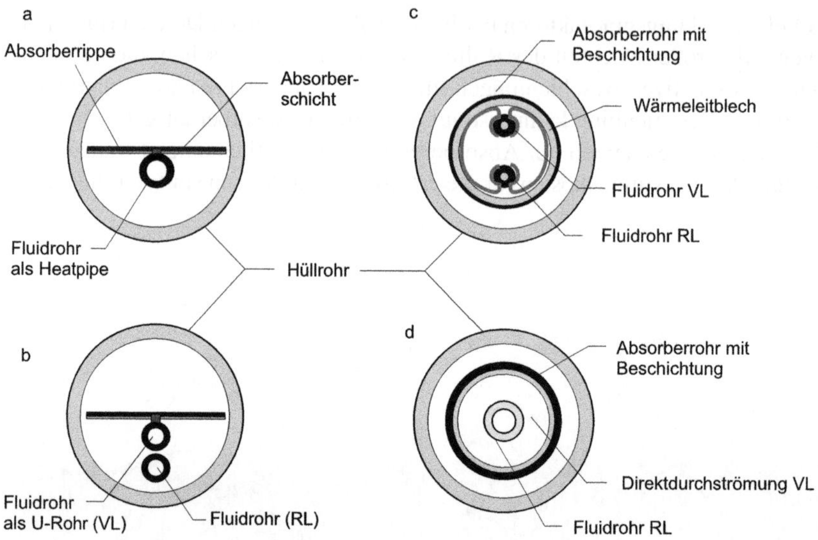

Abb. 5.44 Absorberhydrauliken bei Röhrenkollektoren. (a) Vollvakuumröhrenkollektor mit Fluidrohr als Heatpipe, (b) mit Fluidrohr in U-Form; (c) CPC-Kollektor mit Wärmeleitblech und Fluidrohr in U-Form, (d) direktdurchströmter CPC-Kollektor mit Fluidrohr für Rücklauf.

Bei den Vakuumröhrenkollektoren nach dem Sydneyprinzip (Abb. 5.44 c und Abb. 5.45) ist die innere Glasröhre an ihrer Außenseite mit einer Selektivbeschichtung versehen, die durch das Hüllrohr ideal vor Umwelteinflüssen geschützt ist.

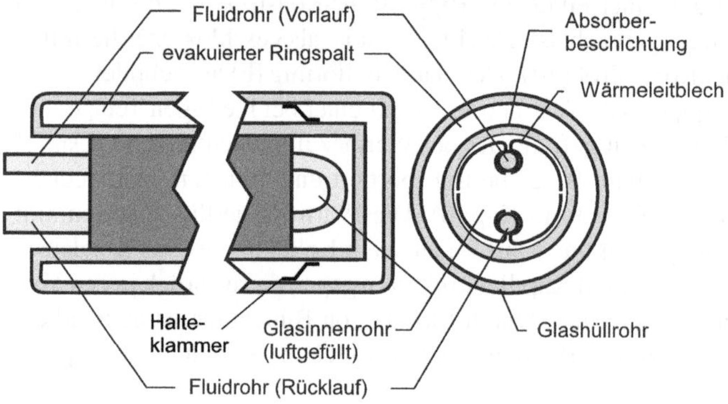

Abb. 5.45 Schnittdarstellung eines Vakuumröhrenkollektors nach dem Sydney-Prinzip.

Die Sydney-Röhre besteht aus zwei koaxial geführten Glasrohren, die mit metallischen Klammern auf Abstand gehalten werden. An einer Stirnseite ist das etwas längere äußere Hüllrohr zusammengeführt und verschweißt, an der anderen Seite sind die beiden Glasrohre miteinander verschmolzen. Der so im Innern entstehende Hohlraum wird vor dem Verschließen evakuiert. Die Bauweise erinnert an eine

Thermoskanne und wird oft auch danach benannt. In das Innere der Sydneyröhre, das an einer Seite offen ist, wird ein U-förmig gebogenes Kupfer- oder Edelstahlrohr geschoben, das über ein Wärmeleitblech im thermischen Kontakt mit dem Absorberglasrohr steht. Da nur eine punkt- oder linienförmige Kontaktierung zustande kommt, ist der interne Wärmewiderstand R_{int} recht hoch und der innere Wärmefluss behindert.
Entsprechend Gl. (5.35) ist der Kollektorwirkungsgradfaktor F' mit rund 60 bis 80 % sehr niedrig und damit auch der Konversionsfaktor $\eta_{0,hem}$, trotz Einsatzes hochselektiver Beschichtungen und hochwertigen Solarglases. Der Konversionsfaktor wird zusätzlich gemindert durch das ungünstige Flächenverhältnis A_a/A_G (vgl. Tab. 5.3, S. 330).

Rippe-Rohr-Verbindungstechniken

Die derzeit am häufigsten eingesetzten Verbindungstechniken (Abb. 5.46) zwischen Absorberblech und Fluidrohr sind das Laserschweißen sowie das Ultraschall-Schweißen (US). Als weitere Verbindungstechnik nach dem Stand der Technik gilt die Verklebung.

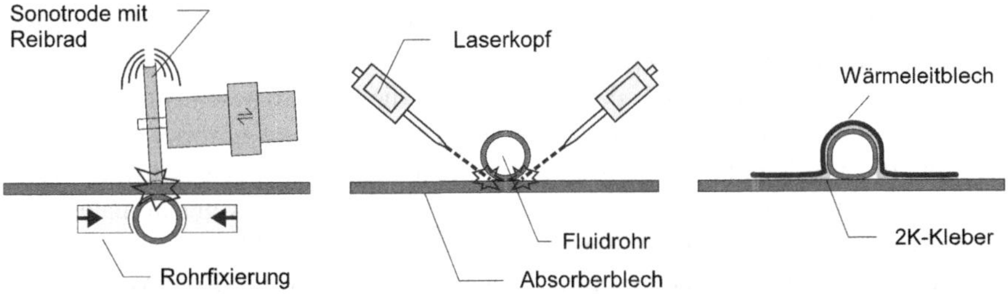

Abb. 5.46 Prinzipskizzen. Links: Beim Ultraschallschweißen wird mit Hilfe von Piezokristallen ein Reibrad in Schwingungen versetzt; Mitte: Die Laserstrahlen schmelzen beidseitig Material punktförmig auf; Rechts: Fixierung des Fluidrohrs durch Verkleben eines Wärmeleitblechs.

Ultraschall-Schweißen

Das über Piezokristalle in hochfrequente Schwingungen versetzte Reibrad (Sonotrode) erzeugt eine hohe Energiedichte, die Rohr- und Blechmaterial in einem schmalen Bereich von 2 - 3 mm stark erwärmt (Abb. 5.46) und die Oxidschichten zerstört. Die Materialpaarung wird in der sog. Fügezone plastisch und verbindet sich aufgrund des Anpressdrucks der Sonotrode. Es sind Schweißgeschwindigkeiten von 8 bis 15 m/min erreichbar. Die Absorberoberfläche weist durch die lokale Einbringung großer thermischer Energie zahlreiche Blechverwerfungen auf, die wie die sichtbaren Schweißnähte typisch für das US-Schweißverfahren sind.

Abb. 5.47 Links: Ultraschallschweißautomat bei der Herstellung eines Vollflächenabsorbers in Rippe-Rohr-Geometrie. Das typische Streifenmuster entsteht, wenn beim Schweißprozess ein schmaler Streifen der Absorberselektivbeschichtung zerstört und das Absorbersubstrat darunter sichtbar wird [27]. Rechts: Kopf einer Laserschweißanlage (Foto rechts: TiSUN/DTEC)

Laserschweißen

In den letzten Jahren setzt sich zunehmend das Laserschweißen durch. Mit zwei seitlich einfallenden Laserstrahlen wird rechts und links der Kontaktlinie zwischen Blech und Rohr punktförmig Material aufgeschmolzen. Vorteil dieses Verfahrens ist die hohe Verarbeitungsgeschwindigkeit (bis 20 m/min), eine verbesserte Prozesskontrolle sowie die gute Optik der Absorber, da die Selektivbeschichtung an der Oberfläche unbeschädigt bleibt. Zudem können im Gegensatz zum US-Schweißen nicht nur die geraden Fluidrohre, sondern auch die Mäanderbögen geschweißt werden. Laserschweißvollautomaten sind gegenüber dem US-Schweißautomaten um den Faktor 2 bis 3 teurer (Investitionskosten von mehr als 500.000 €). Die Abb. 5.48 zeigt im Vergleich eine Laser- und eine US-geschweißte Absorber-Rohr-Verbindung sowie eine Verbindung durch Verkleben mit einem Alu-Wärmeleitblech.

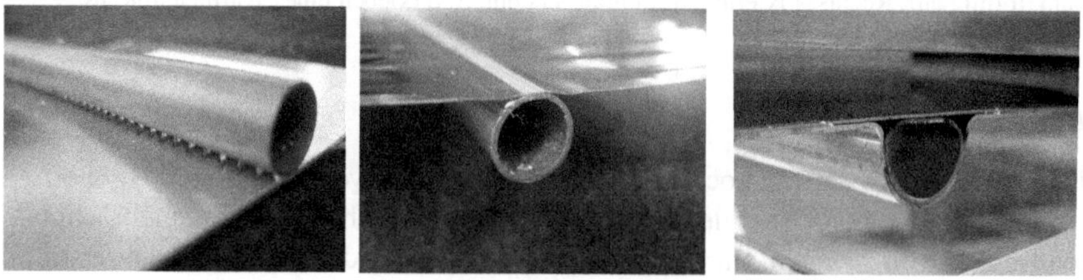

Abb. 5.48 Lasergeschweißte Absorber-Rohrverbindung (links), ultraschallgeschweißte Absorber-Rohrverbindung (Mitte) [27] und Verklebung mit einem Alu-Wärmeleitblech [104]

Vergleicht man die an eine Naht erinnernde Laser-Schweißverbindung in Abb. 5.48 mit einer US-Schweißung, so kommt die Frage auf, mit welchem Abstand *e* die Laser-Schweißpunkte zu setzen sind, um den Wärmefluss nicht zu behindern. Nach

Abb. 5.49 sollte die auf die Fluidrohrlänge L bezogene wärmeübertragende Querschnittsfläche A_q beim Übergang vom Blech auf das Rohr mindestens gleich bleiben, damit muss gelten:

$$A_q/L = 2d = \frac{n_{SP}}{2} \cdot A_{SP} = \frac{2}{e} \cdot A_{SP} \,,$$

n_{SP} ist die Anzahl der pro m Fluidrohr erforderlichen Schweißpunkte und A_{SP} die Querschnittsfläche des einzelnen Schweißpunkts.

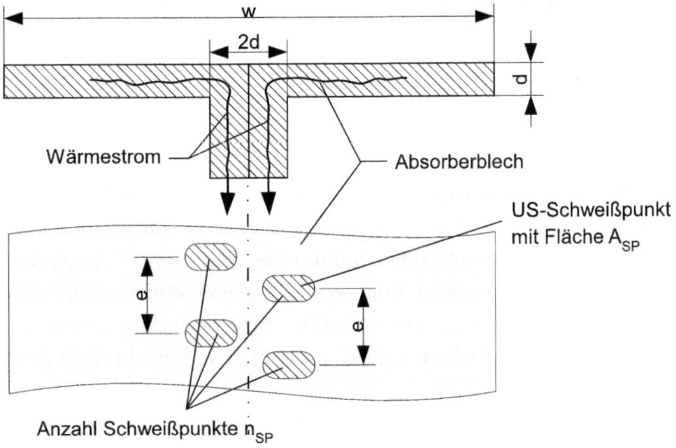

Abb. 5.49 Laserschweißpunkte zur Verbindung des Absorberblechs mit dem Fluidrohr

→ Berechnungsbeispiel

Bei einer Absorberblechdicke von d = 0,5 mm und kreisrunden Schweißpunkten mit d_{SP} = 2 mm beträgt der Querschnitt eines Schweißpunkts A_{SP} = 3,14 mm^2. Um die wärmeübertragende Fläche A_q nicht einzuschnüren, müssen $n_{SP} = 2d/A_{SP}$ = 637 Einzelpunkte je m Rohrlänge gesetzt werden, der Abstand der doppelseitig gesetzten Schweißpunkte nach Abb. 5.49 beträgt damit e = 1,57 mm.

Klebetechniken

Seit wenigen Jahren wird ein Aluminium-Vollflächenabsorber mit einer Klebe-Verbindungstechnik angeboten (Abb. 5.48, rechts), der thermische Spannungen zwischen dem Aluminiumblech und dem Kupferrohr reduzieren soll. Hierbei wird ein mit einem Spezialkleber beschichtetes Wärmeleitblech aus Aluminium von hinten gegen das Absorberblech geklebt, sodass es das Kupferrohr vollständig umschließt. Das Rohr erhält nach Angabe des Herstellers durch leichtes Verformen einen guten thermischen Kontakt, kann sich aber bei unterschiedlicher thermischer Ausdehnung gegen das Blech verschieben.

Lötabsorber

Nur noch sehr selten finden sich am Markt Rippe-Rohr-Absorber, die durch Weichlöten miteinander verbunden wurden. Zum einen ist der Verbrauch an teurem Lot relativ hoch, zum anderen besteht die Gefahr, dass Kolophoniumreste (im Lot als Flussmittel enthalten) bei hohen Betriebstemperaturen ausdampfen, an der kälteren Glasabdeckung kondensieren und dort einen sichtbaren Belag bilden (Fogging). Da das Lot zudem bei Temperaturen nahe 200 °C aufzuschmelzen beginnt[49], können bei Stagnationsbedingungen mechanische Spannungen zwischen Absorberblech und Fluidrohr die Lotverbindung aufreißen und den thermischen Kontakt zerstören.

Selektive Beschichtungen

Absorber mit Selektiv-Beschichtung werden in Deutschland seit mehr als 35 Jahren eingesetzt. Davor wurden die Absorber durch chemische Verfahren nur geschwärzt oder lackiert. Nach erstmaliger Einführung einer Selektivbeschichtung[50] durch die schwedische Fa. TEKNOTERM wurde später eine Vielzahl neuer und leistungsfähiger Verfahren entwickelt. Grundsätzlich unterscheidet man zwischen „nassen" und „trockenen" Verfahren [100]. Das bekannteste nasschemische Verfahren ist das Schwarzchrombeschichten.
Beim Schwarzchrom-Bandverfahren wird ein Endlos-Kupferband von der Rolle durch aufeinander folgende Bäder mit Lösungs- und Reinigungsflüssigkeiten kontinuierlich geführt und in einem galvanischen Bad elektrolytisch Chromdioxid auf das Band aufgebracht. Schwarzchrombeschichtungen werden auch im Tauchbadverfahren angewendet, hierbei werden die Absorberbleche in Tragegestellen im Batchprozess in Einzelbädern beschichtet. Dieses Verfahren ist auch für geometrisch dreidimensional geformte Absorber geeignet, während mit dem Bandverfahren nur dünne Endlosbleche verarbeitet werden können.
Eine zwischen dem Trägermaterial (dem Substrat) und der Beschichtung aus Chromoxiden (CrO_x) aufgebrachte Nickelschicht mit einer Dicke von etwa 10 μm wirkt als Diffusionsbarriere und reduziert zusätzlich die Emission thermischer Strahlung.
Das sog. „Black-Crystal"- Bandverfahren des amerikanischen Herstellers THERMFIN verzichtet auf das galvanische Auftragen der Chrombeschichtung, stattdessen werden Chromkristalle auf der Oberfläche „gezüchtet" und mit einer glasähnlichen Schutzschicht fixiert.
Die trockenen Beschichtungsverfahren unterscheiden sich in physikalische und chemische Methoden. Bei PVD- Beschichtungen (physical vapour deposition) werden unter Vakuumbedingungen ($\leq 10^{-3}$ mbar) mittels eines Elektronenstrahls Atome verschiedener Materialien aus einem an der Kathode befestigten Tiegel (Target) herausgeschlagen und über ein angelegtes elektrisches Feld auf dem als An-

[49] Für die Qualität S-Sn97Ag3 gibt das Deutsche Kupferinstitut ein Schmelzbereich von 221 - 230°C an, für S-Sn97Cu3 einen Bereich von 230 - 250°C.

[50] Hierbei handelte es sich um ein nickelpigmentiertes Aluminiumoxid.

Abb. 5.50 PVD-Beschichtungsanlage des Unternehmens Alanod-Solar GmbH [28]

ode wirkenden Kupfer- oder Aluminiumband abgeschieden. Auf das Substrat wird nach einer Haft- und Diffusionsschicht die Funktionsschicht und abschließend eine Deckschicht aufgetragen, die Gesamtdicke beträgt rund 0,6 -0,7 μm. Die Funktionsschicht besteht aus einer Keramikmatrix, in der Metallpartikel (Chrom) mit nach oben zunehmender Konzentration eingebettet sind. Der Bedampfungsprozess findet in einer Argon-Schutzatmosphäre statt.
Bei dem sehr ähnlichen Sputter-Verfahren werden durch das elektrische Feld nicht Elektronen, sondern Argon-Ionen in Richtung der Targets beschleunigt. Die marktführenden Schichten werden über PVD-Sputter-Verfahren hergestellt.
Bei CVD-Verfahren (chemical vapour deposition) reagieren die Beschichtungsmaterialien über den Zwischenschritt einer flüchtigen Verbindung in einem Reaktionsraum auf dem erhitzten Kupferband chemisch. Sogenannte PCVD-Verfahren (plasma chemical vapour deposition) sind eine Kombination aus PVD- und CVD-Verfahren.
Tabelle 5.4 gibt einen Überblick über die am Markt erhältlichen Beschichtungen. Neben guten strahlungsphysikalischen Eigenschaften müssen die Beschichtungen natürlich auch eine hohe Alterungsbeständigkeit und mechanische Beständigkeit aufweisen. Bei dem dazu urspünglich von der IEA-SHC Task 10 entwickelten Test (dokumentiert im Normentwurf DIN EN 12975-3-1 [43]) wird die thermische Beständigkeit (u.a. beschleunigte Alterungsprüfung durch 75 Stunden bei z.B. 300 °C), die Feuchteresistenz und die Beständigkeit gegen Einwirkung des Luftschadstoffs Schwefeldioxid untersucht. Nach einem bestandenen Test geht man davon aus, dass die Schicht innerhalb einer Lebenszeit von 25 Jahren maximal 5 % ihrer Leistung verliert. Das sogenannte PC-Kriterium (performance criterium) wird berechnet mit

$$PC = -\Delta\alpha_{sol} + 0,50 \cdot \Delta\varepsilon_{373K} \leq 0,05 \ . \tag{5.87}$$

Die Veränderungen des Absorptions- und Emissionsgrades $\Delta\alpha_{sol}$ bzw. $\Delta\varepsilon_{373K}$ der Schicht werden durch Messungen vor und nach dem Alterungstest bestimmt[51].

[51] Das PC-Kriterium ist so definiert, dass sein Wert positiv ist: Da der Absorptionsgrad sich bei Alterung mindert, ist $\Delta\alpha_{sol} < 0$; der Emissionsgrad dagegen erhöht sich, daher gilt $\Delta\varepsilon_{373K} > 0$.

Tabelle 5.4 Am Markt erhältliche Selektivbeschichtungen mit Angabe des Herstellers, des Handelsnamens und des Trägermaterials. Der solare Absorptionskoeffizient α_{sol} und der Emissionskoeffizient ε_{373K} sind mit den Herstelltoleranzen angegeben.

Hersteller	Produkt	Trägermaterial	Absorption [%]	Emission [%]
Alanod-Solar	sunselect[4]	Kupfer	95 ±2	5 ±2
Alanod-Solar	mirotherm[4]	Aluminium	95 ±1	5 ±2
Alanod-Solar	mirosol TS[4]	Aluminium	90 ±2	20 ±3
Alanod-Solar	eta plus Al[4]	Aluminium	95 ±2	5 ±2
Alanod-Solar	eta plus Cu[4]	Kupfer	95 ±2	5 ±2
Almeco Solar	Tinox Energy Cu[1]	Kupfer	95 ±2	4 ±2
Almeco Solar	Tinox Energy nano[1]	Kupfer	90 ±2	5 ±2
Almeco Solar	Tinox Energy Al[1]	Aluminium	95 ±2	4 ±2
Almeco Solar	Tinox artline[1]	Kupfer / Alu	90 ±2	5 ±2
Almeco Solar	Tinox tube[1]	Edelstahl	94 ±2	10 ±2
Ardis	Perit[1]	Kupfer	95 ±2	5 ±2
Teknoterm	sunstrip	Aluminium	96 ±2	7 ±2
Nicrom	-[3]	k.A.	95 ±2	12 ±2
Chromcoat	-[3]	Kupfer	95 ±2	10 ±2
Energie Solaire	AS[3]	Edelstahl	94	18
Energie Solaire	AS +[3]	Edelstahl	94	7

Produkt: [1] titanbasiert, [2] nickelbasiert, [3] schwarzchrombasiert, [4] chrombasiert

Thermochrome Beschichtungen

Als eine der wenigen innovativen Entwicklungen der letzten Jahre ist die thermochrome Beschichtung zu nennen, die im Rahmen eines geförderten Verbundprojekts zwischen Wissenschaft und Industrie entwickelt wurde, [64], [95]. Thermochrome Beschichtungen verändern ihr Emissionsverhalten im langwelligen Bereich ab einer bestimmten Schalttemperatur. Abb. 5.51 zeigt die mit Hilfe eines Modells berechneten Kollektorleistungen eines typischen Flachkollektors mit einer selektiven Absorberfläche (α_{sol} = 95%) mit ε_{IR} = 5% und ε_{IR} = 50%. In der dritten Funktion wurde ab einer Absorbertemperatur T_{abs} > 80 °C (Schalttemperatur) ε_{IR} von 5 auf 50% sprunghaft erhöht: die Leistung sinkt deutlich ab, entsprechend geringer ist auch die Stagnationstemperatur. Im typischen Arbeitsbereich des Kollektors dagegen bleibt die Leistung unbeeinflusst.

Eine reduzierte Stagnationstemperatur mindert nicht nur die thermische Belastung aller Bauteile des Kollektors, sondern auch die der Solarflüssigkeit und weiterer Komponenten. Dies könnte den Einsatz von weniger temperaturbeständigen Komponenten z.B. aus Kunststoff ermöglichen.

Ein an der Verbundforschung beteiligter Kollektorhersteller hat die Entwicklung inzwischen unter dem Markennamen THERMOPROTECT in die Serie übernommen. Bei den damit ausgestatteten Flachkollektoren beträgt die Stagnationstemperatur nur noch 145 °C anstatt der für diese Kollektoren üblichen 180 bis 200 °C.

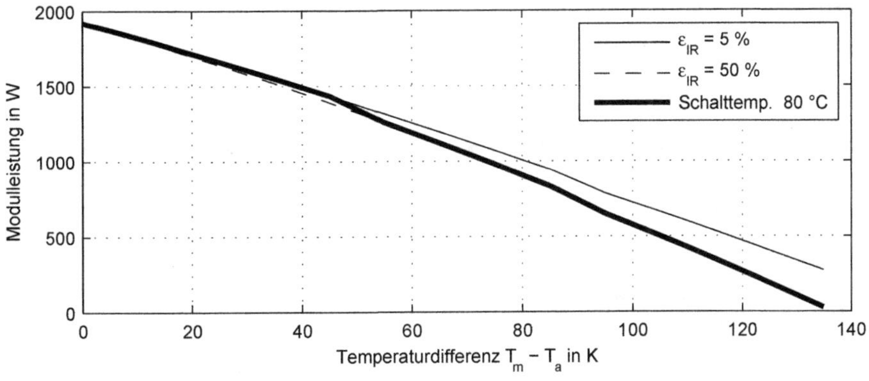

Abb. 5.51 Kollektorleistung eines Flachkollektors bei unterschiedlichen Emissionsgraden ε_{373K} – berechnet mit einem 15-Knoten-Modell und typischen Material- bzw. Geometriedaten (A_G = 2,6 m^2, G = 1000 W/m^2).

5.3.3 Transparente Abdeckungen

Transparente Abdeckungen von Solarkollektoren sollen den Absorber vor Regen, Verschmutzung und mechanischen Einwirkungen schützen, gleichzeitig müssen sie von der kurzwelligen Solarstrahlung möglichst vollständig durchdrungen werden und die thermische Strahlung des Absorbers möglichst zurückhalten.
Die strahlungsphysikalischen und mechanischen Eigenschaften der Abdeckung dürfen sich über die gesamte Lebensdauer des Kollektors, mindestens 25 Jahre, nicht verändern. In Tab. 5.1 waren die optischen Eigenschaften einiger transparenter Materialien angegeben.

Solarglasherstellung

Als Werkstoff wird heute überwiegend spezielles Solarglas verwendet. Gegenüber dem normalen Fensterglas zeichnet es sich durch einen besonders geringen Gehalt an Eisenoxid aus und weist dadurch eine um etwa 3 bis 4 % höhere solare Transmission auf. Eisenoxid im Glas erhöht die spektrale Absorption im solaren Spektralbereich; schon bei 0,5 Mass.% Fe_2O_3 erscheint das Glas grünlich und ist nur eingeschränkt transparent. Für Solargläser sind Fe_2O_3-Konzentrationen von 0,02 % bis maximal 0,10 % zulässig. Abb. 5.53 zeigt die spektrale Transmission von Solargläsern unterschiedlicher Qualität.
Hinsichtlich der Geometrie wird Flachglas und Rohrglas unterschieden. Für die Produktion von Flachglas gibt es zwei verschiedene Herstellverfahren, die in Abb. 5.52 skizziert sind.
Das Floatglas-Produktionsverfahren dient der Herstellung von handelsüblichem Fensterglas. Der Schmelzofen wird über Jahre ohne Unterbrechung kontinuierlich betrieben. In sog. „Kampagnen" werden verschiedene Glassorten mit unterschiedlicher Zusammensetzung gefahren. Für die Produktion von Solarglas wird durch

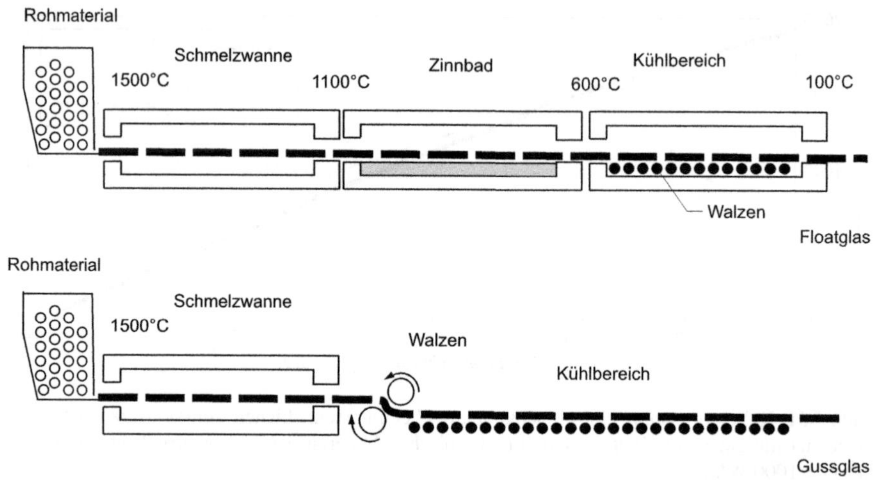

Abb. 5.52 Herstellverfahren von Flachfloatglas und Gussglas

Beigabe von Reduktionsmitteln eine zusätzliche chemische Reinigung des Grundstoffes vorgenommen und dadurch der Eisenoxidgehalt reduziert. Die Glasschmelze fließt mit etwa 1100 °C aus der Schmelzwanne unter Schutzgasatmosphäre auf ein flüssiges Zinnbad und tritt mit etwa 600 °C in den Kühlbereich. Die Dicke des Flachglases wird über die Laufgeschwindigkeit der Walzen geregelt, nach der Abkühlung auf rund 100 °C erfolgt eine Qualitätskontrolle und der automatisierte Zuschnitt auf Tafeln mit dem Standardmaß 3,21 m x 6,0 m. Die Halbzeuge werden gelagert und erst später auf die bestellten Maße geschnitten, veredelt und dann verpackt. In modernen Floatglasstraßen können Produktionsgeschwindigkeiten bis 1.100 m je Stunde erreicht werden.
Der Gussglas-Produktionsprozess verzichtet auf das Zinnbad und weist dadurch herstellbedingt leichte optische Beeinträchtigungen wie Schlieren auf. Gussglas wird daher oft mit Hilfe von Profilwalzen beidseitig mit Strukturierung (Ornamentierung, Prismierung) versehen. Gussglas wird überwiegend nach dem Prinzip der überlaufenden Wanne hergestellt, direkt von Walzen abgezogen, gekühlt und geschnitten. Mit dem Gussglas-Verfahren wird ein etwas höherer Transmissionsgrad erreicht als mit Floatglas, da der Prozess mit einem geringeren Eisenoxidgehalt gefahren werden kann.
Für die Flachkollektorenproduktion wird meist Einscheibensicherheitsglas (ESG, gehärtetes Glas) verwendet, das seine höhere Bruchfestigkeit durch Erhitzen auf etwa 600 °C und schnelles Ankühlen (Anblasen mit Luft) erhält (sog. „Tempern“). Die dabei enstandene thermische Eigenspannung zwischen Außenseiten und Kern führt bei zu hohen mechanischen Belastungen zur Zerteilung in viele kleine, nicht mehr scharfkantige Bruchstücke. Nicht vorgespannte Gläser brechen in große dolchartige, scharfkantige Stücke. Verbundsicherheitsglas (VSG) besteht aus mindestens zwei Glasscheiben, die mit einer elastischen Hochpolymerfolie (meist Polyvinylbutyral, PVB) verbunden sind.

Als Isolierglas werden Mehrscheibensysteme bezeichnet, deren Scheibenzwischenraum mit einem vermindert wärmeleitenden Edelgas gefüllt ist. Der Randverbund besteht aus einem mit Trocknungsmitteln gefüllten Profil aus Aluminium, Edelstahl oder Kunststoff als Abstandshalter (Spacer) und ist meist mit PVB eingeklebt. Bei der sogenannten TPS-Verglasung ist das Profil durch ein mit einem Trocknungsmittel versetztes thermoplastisches Silikon ersetzt.
Rohrglas wird in ähnlicher Weise wie Gussglas hergestellt, die Glasschmelze fließt hier auf einen geneigten und rotierenden Hohlzylinder aus Keramik (Pfeife), der von innen mit Druckluft gekühlt wird. Das flüssige Glas formt sich beim Erstarren zu einem Rohr, das über Rollen kontinuierlich abgezogen und dann weiterverarbeitet wird (Danner-Verfahren).
Als Alternative zu Glas werden in einigen Kollektoren auch transparente Kunststoffe eingesetzt. Neben Doppelstegplatten aus Polycarbonat (PC, bekannter Handelsname „Makrolon") kommen als zweite „innere" Abdeckung Folien aus FEP (Fluoriertes Ethylen-Propylen), ETFE (Ethylen-Tetrafluorethylen) und PVF (Polyvinylfluorid, Handelsname „Tedlar") sowie PMMA (Polymethylmetacrylat, Handelsname „Plexiglas") zum Einsatz. Transparente Kunststoffe weisen i. A. sehr hohe solare Transmissionsgrade auf, zeigen aber häufig Probleme in der Dauerbeständigkeit gegenüber den mechanischen, thermischen und chemischen Belastungen bei der geforderten Kollektorbetriebszeit von mehr als 25 Jahren[52].

Antireflexbeschichtung

Die Absorption im Glas kann durch Reduktion des Eisenoxidgehaltes vermindert werden. Antireflexbeschichtungen (AR) können die Reflexion an den beiden Glasgrenzflächen mindern. Hierzu wird auf die Oberflächen eine AR-Schicht aufgebracht oder erzeugt, deren Brechungsindex n_S im Idealfall von der luftzugewandten Seite her von $n = 1$ zum Glas hin zunimmt bis zum Brechungsindex des Glases mit $n = 1{,}52$. Im Labormaßstab ist es gelungen, kegelähnliche Mikrostrukturen in die Oberfläche einzuwalzen.
Nach Duffie [55] sollte die AR-Schicht auf eine optimale Dicke von $s = \lambda/(4 \cdot n_s)$ eingestellt werden, damit sich die elektromagnetischen Wellen der Solarstrahlung über Interferenz auslöschen und so eine Reflexion vermieden wird. n_s ist der Brechungsindex der Schicht. Die optimale Schichtdicke beträgt etwa 100 bis 150 nm, wenn für die Wellenlänge mit maximaler spektraler solarer Strahlungsstärke der Wert von $\lambda \approx 550$ nm angenommen wird. Diese sog. $\lambda/4$-Schichten eignen sich jedoch nur für einen sehr engen Spektralbereich, z.B. für das sichtbare Licht mit 400 bis 800 nm. Sie werden daher zum „Entspiegeln" von Brillengläsern eingesetzt. Bei solaren Anwendungen sind dagegen Breitband-AR-Schichten für den Wellenlängenbereich von 300 bis 2.500 nm erforderlich. Abb. 5.53 zeigt den spektralen Transmissionsgrad unterschiedlicher Gläser.
Das von dem dänischen Unternehmen SUNARC entwickelte Flusssäure-Ätzverfahren in Tauchbädern erzeugt durch Herauslösen von Glaspartikeln einen Übergangs-

---

[52] Ein besonderes Problem stellt auch die thermische Ausdehnung der Folien dar, die produktionsbedingt richtungsabhängig ist und den Einsatz in Flachkollektoren erschwert.

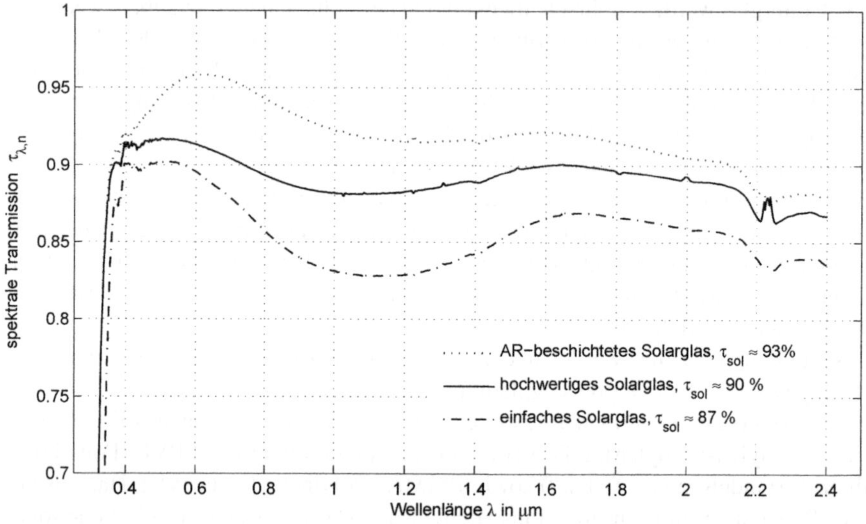

Abb. 5.53 Spektraler Transmissionsgrad $\tau_{\lambda,n}$ unterschiedlicher Solargläser in einem Teil des Spektralbereichs der Sonne bei senkrechter Einstrahlung (Index n)

bereich mit zunehmendem Glasanteil. Die Abmessungen der beim Ätzprozess entstandenen porösen Strukturen müssen unterhalb der Wellenlänge der Strahlung liegen, damit der effektive Brechungsindex zwischen Luft und Glas liegt. Das Verfahren wird bereits seit 1999 im großtechnischen Maßstab angewendet, die Mehrkosten betragen rund 7 € je m^2 Glasfläche.

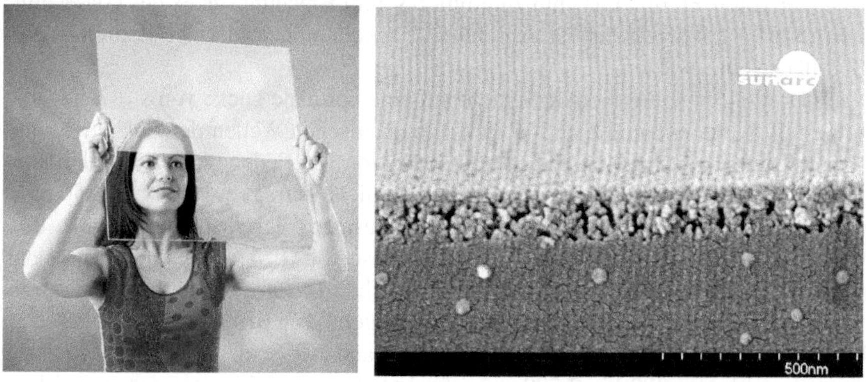

Abb. 5.54 Antireflexbeschichtung nach dem Ätzverfahren, links eine teilentspiegelte Glasprobe, rechts eine Elektronenmikroskopaufnahme [27]

Wird die AR-Schicht als homogene Schicht aufgebracht, sollte ihr Brechungsindex $n_s = \sqrt{n_L \cdot n_G} \approx 1{,}23$ betragen. Das bis 2014 von der Fa. CENTROSOLAR aus Fürth

produzierte sol-GEL-Solarglas brachte eine poröse Schicht aus SiO_2 auf das Glassubstrat auf. Dazu wurde das Glas aus einem Tauchbad mit definierter Geschwindigkeit senkrecht herausgezogen und dann bei hohen Temperaturen getrocknet.
Seit einigen Jahren bieten auch die Glashersteller selbst Antireflexbeschichtungen an, die vor allem für den PV-Bereich entwickelt wurden. Im Gegensatz zu den beschriebenen Tauch- und Ätzverfahren wird hier während des Produktionsprozesses einseitig im Durchlauf in einem Sputterverfahren eine Breitband-Antireflex-Beschichtung aufgebracht (1AR-Schicht). Die auf das Standardmaß zugeschnittenen Tafeln können nachträglich auch doppelseitig AR-beschichtet (2AR) werden. Der solare Transmissionsgrad τ_{sol} erhöht sich nach Herstellerangaben um rund 2,5%- bzw. 5%-Punkte.

Wärmeschutzbeschichtung

Wärmeschutzbeschichtungen – auch als low-e-Beschichtungen bezeichnet – werden schon seit Anfang der 1980er Jahre bei der Herstellung von Isoliergläsern eingesetzt. So konnte der Wärmedurchgangskoeffizient (U_g-Wert) einer Zweischeiben-Isolierverglasung von etwa 3 W/(m^{2}K) auf Werte um 1,1 W/(m^{2}K) herabgesetzt werden, mit der heute üblichen Dreifachverglasung sind 0,7 W/(m^{2}K) möglich.
Eine low-e-Beschichtung besteht aus mehreren sehr dünnen Schichten, die noch während des Flachglas-Produktionsprozesses einseitig auf die Oberfläche aufgebracht werden [62]:

- Die ersten Schichten Anfang der 1980er Jahre bestanden aus einer sehr dünnen Silberschicht (12 nm), die in mehrere Haft- , Schutz- und Deckschichten eingebettet war.
- Heute werden fast ausschließlich Metalloxide als Halbleiterschichtsysteme unmittelbar im Herstellungsprozess pyrolytisch aufgebracht. In einer am Markt erhältlichen Version wird mit Fluor dotiertes Zinnoxid (SnO:F) eingesetzt. Im Vergleich zu den früher üblichen Silberschichten sind diese transparent leitenden Oxid-Schichten (TCO)[53] chemisch, mechanisch und thermisch beständig und zudem kostengünstiger.
- Für die Produktion hochtransparenter Solargläser mit low-e-Beschichtung eignet sich das Sputtern von Alu-dotiertem Zinkoxid („AZO“). Ein Anwendungsgebiet sind Dünnschicht-PV-Module.

Low-e-Beschichtungen verändern das spektrale Emissionsvermögen der Glasoberfläche im langwelligen Strahlungsbereich, vergleichbar mit der selektiven Absorberbeschichtung. Abb. 5.55 zeigt den spektralen Transmissionsgrad τ_λ und den spektralen Emissionsgrad ε_λ eines Solarglases mit AR-Beschichtung und eines Floatglases mir low-e-Beschichtung im Vergleich. Im Wellenlängenbereich ab 2,5 μm liegt der Emissionskoeffizient bei der low-e-Beschichtung durchgängig unter 30%, bei Floatglas oder Solarglas beträgt $\varepsilon_{\lambda,IR}$ dagegen etwa 90% (Abb. 5.5, oben).
Leider wirkt sich die Beschichtung auch auf das kurzwellige Strahlungsverhalten aus – der spektrale Transmissionsgrad τ_λ wird vor allem im nahen IR-Bereich her-

[53] TCO: transparent conductive oxide

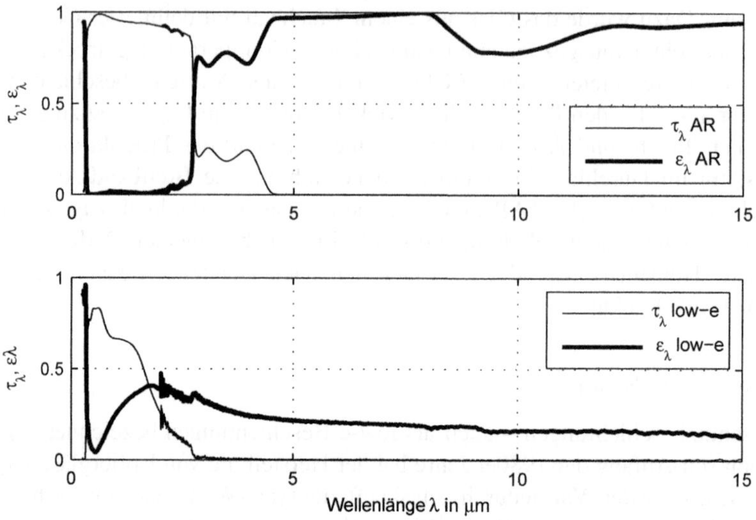

Abb. 5.55 Spektraler Transmissionsgrad τ_λ und Emissionsgrad ε_λ von Gläsern mit AR-Beschichtung (oben) und mit low-e-Beschichtung (unten), nach [77].

abgesetzt. Der Effekt ist auch bei Vergleich der integralen Größen τ_{sol} und ε_{IR} in Tab. 5.5 zu sehen.

Tabelle 5.5 Spektrale Eigenschaften von Gläsern mit unterschiedlicher Beschichtung,

Glasart	τ_{sol} in [%]	ε_{IR} in [%]
Solarglas mit AR-Beschichtung [62]	96	83,7
Float mit low-e (Silber) [62]	85 - 90	3 - 4
Float mit low-e (TCO) [62]	70,7	18,8
Float mit low-e (AZO, ISFH) [63]	86	29

Während in der Fensterindustrie die Wärmeschutzverglasung zum Standard geworden ist, sind low-e-Beschichtungen in der Kollektorproduktion nur in bestimmten Fällen sinvoll. Bei einem Flachkollektor mit Einfachverglasung ist der Strahlungswärmeverluststrom $\dot{q}_S$ zwischen einem selektiv beschichteten Absorber ($\varepsilon_{373K} = 0,05$) und einem Standardsolarglas proportional zu $C_{AG} = 0,0495 \cdot \sigma$. Der Einsatz einer low-e-Schicht würde nur zu einer nicht signifikanten Verbesserung ($C_{AG'} = 0,0411 \cdot \sigma$) führen.
Beim Einsatz von Isoliergläsern in Hochtemperatur-Flachkollektoren (vgl. Abb. 5.29, S. 334) dagegen wird eine ähnliche Reduzierung erreicht wie im Wärmeschutzglas: Ohne low-e-Schicht würden zwei Gläser mit hohem ε_{IR} im Strahlungsaustausch gegenüberstehen. In einem Forschungsprojekt [63] wurde der Effekt

nachgewiesen und zudem eine neue low-e-Beschichtung mit verbessertem solarem Transmissionsgrad entwickelt.

→ **Berechnungsbeispiel**
Wie wirkt sich der veränderte ε_{IR}-Wert auf den Strahlungswärmetransport aus?

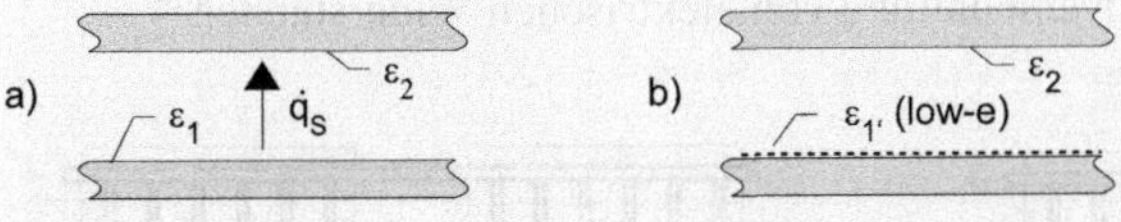

Auf S. 312 war der Strahlungswärmewiderstand $R_{S,12}$ zwischen zwei planparallelen Oberflächen behandelt worden, der flächenspezifische Strahlungswärmestrom beträgt

$$\dot{q}_{S,12} = \frac{T_1 - T_2}{R_{S,12}} = C_{12} \cdot (T_1^4 - T_2^4) \, .$$

Bei vorgegebenen Temperaturen der Scheiben T_1 und T_2 ist $\dot{q}_{S,12}$ proportional zur Strahlungsaustauschzahl C_{12} nach Gl. (5.47). Bei Scheiben gleicher Größe gilt

$$C_{12} = \frac{\sigma}{\frac{1}{\varepsilon_1} + (\frac{1}{\varepsilon_2} - 1)} \, .$$

Der Strahlungswärmeverluststrom $\dot{q}_{S,12}$ im Scheibenzwischenraum eines unbeschichteten Isolierglases (Abb. links) ist mit $\varepsilon_1 = \varepsilon_2 = \varepsilon_{IR} = 0,837$ nach Tab. 5.5 proportional zu $C_{12} = 0,72 \cdot \sigma$.
Wird eine Glasscheibe dagegen zum Scheibenzwischenraum hin mit einer low-e-Beschichtung versehen (Abb. rechts), ist mit $\varepsilon_1' = 0,188$ und $\varepsilon_2 = 0,837$ nun $C_{1'2} = 0,18 \cdot \sigma$, der Strahlungswärmeverluststrom $\dot{q}_{S,1'2}$ wird somit um 75% reduziert.
Eine low-e-Beschichtung beider Glasinnenflächen würde nur noch zu einer geringeren Verbesserung mit $C_{1'2'} = 0,10 \cdot \sigma$ führen. Es genügt also, wenn einer der beiden Emissionskoeffizenten der im Strahlungsaustausch befindlichen Schichten herabgesetzt ist.

5.3.4 Kollektorkreis

Die im Kollektorfeld durch photothermische Wandlung gewonnene Nutzleistung $\dot{Q}_{Nutz}$ muss durch den Kollektorkreis zum Speicher bzw. zum Verbraucher geleitet werden. Dazu ist ein wärmegedämmtes, druckfestes Rohrsystem erforderlich, (meist) eine Umwälzpumpe, ein Wärmeübertrager und diverse Sicherheitseinrichtungen. Die VDI 6002 [124] fasst die wichtigsten Anforderungen für die einzelnen Bauteile hinsichtlich Materialauswahl, Dimensionierung und Temperaturbeständigkeit zusammen.

Kollektorfelder

Um größere Kollektorflächen zu erzielen, werden einzelne Kollektoren zu Kollektorfeldern zusammengeschaltet. Die Kollektoren können hintereinander (seriell) oder nebeneinander (parallel) durchströmt werden (Abb. 5.56). Für die Berechnung der Teilvolumenströme und -druckverluste gelten die Widerstandsgesetze entsprechend der Parallel- bzw. Serienverschaltung von elektrischen Widerständen [54].

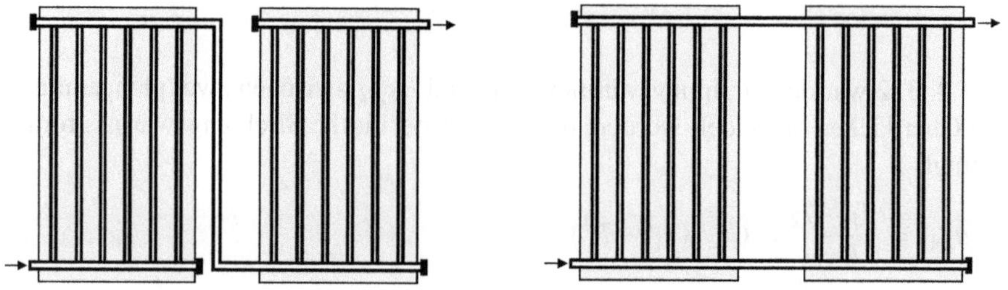

Abb. 5.56 Kollektorfeld in serieller (links) und paralleler Verschaltung (rechts)

Bei der Dimensionierung von Kollektorfeldern ist zu beachten, dass eine homogene Durchströmung aller Kollektoren bzw. Kollektorteilfelder erreicht wird, die Abweichungen der parallelen Teilvolumenströme zueinander sollten 10 % nicht überschreiten. Nach den Vorgaben der Tichelmann-Verschaltung werden dazu die Rohrleitungen in jedem parallelen Strang genau gleich lang ausgeführt, bei Bedarf sind Strangregulierventile zu verwenden, um die Teildruckverluste anzugleichen.

Kollektorvolumenstrom

Die Strömungsgeschwindigkeiten im Kollektorfeld sind so zu wählen, dass in den Fluidrohren des Kollektors die vom Hersteller angegebenen Nennvolumenströme $\dot{V}_{C,N}$ erreicht werden. Im Allgemeinen wurden diese so festgelegt, dass z.B. eine gleichmäßige Durchströmung der parallelen Fluidrohre erreicht wird und durch den dann verbesserten konvektiven Wärmeübergang der interne Widerstand R_{int} verringert ist.

Kollektorfeldvolumenstrom

Der Gesamtvolumenstrom durch das Kollektorfeld ist so einzustellen, dass der ebenfalls herstellerseitig vorgegebene flächenspezifische Feldvolumenstrom v_{FK} erreicht wird:

$$v_{KF} = \frac{\dot{V}_{KF}}{A_{KF}} = \frac{\dot{V}_{KF}}{n \cdot A_G} \,. \tag{5.88}$$

[54] Zur Druckverlustrechnung siehe auch Kap. 6, S. 445 ff.

Die Kollektorfeldgröße A_{KF} ergibt sich aus der Bruttofläche des einzelnen Kollektors A_G und der Gesamtanzahl der verwendeten Module n. Bei sogenanten *highflow*-Anlagen beträgt v_{KF} etwa 25 bis 50 l/h/m^2, bei *lowflow*-Anlagen 15 bis 25 l/h/m^2. Das nachfolgende Beispiel zeigt, dass im lowflow-Betrieb die Temperaturerhöhung im Kollektor um den Faktor 1,5 bis 3 höher und der Gesamtvolumenstrom um diesen Faktor kleiner ist. So können die Rohrleitungsquerschnitte und damit auch die Wärmeverluste erheblich reduziert werden. Der spezifische Kollektorertrag ist bei highflow- und lowflow-Anlagen vergleichbar. Die Kosteneinsparungen im lowflow-Betrieb durch den verringerten Hilfsenergiebedarf für die Umwälzpumpe und die kleineren Leitungsquerschnitte werden vor allem bei großen solarthermischen Anlagen ab 20 m^2 genutzt.
Der Gesamtdruckverlust des Feldes sollte bei Anlagen bis 50 m^2 Kollektorfläche 300 mbar, bis 200 m^2 Kollektorfläche 600 mbar und bis 500 m^2 Kollektorfläche 800 mbar nicht überschreiten.

→ Berechnungsbeispiel

Bei typischen Betriebsbedingungen (Einstrahlung G = 800 W/m^2, Kollektor- bzw. Kollektorfeldwirkungsgrad $\eta = 60\ \%$) berechnet sich für das Kollektorfeld die Nutzleistung unter stationären Bedingungen zu

$$\dot{Q}_{Nutz} = \eta \cdot G \cdot A_{KF} \quad \text{bzw.} \quad \dot{Q}_{Nutz} = \dot{V}_{KF} \cdot \rho \cdot c_p \cdot (T_{F,out} - T_{F,in}) \ .$$

Mit Einführung des spezifischen Feldvolumenstroms v_{KF} ist

$$\eta \cdot G = v_{FK} \cdot \rho \cdot c_p \cdot (T_{F,out} - T_{F,in}).$$

Für die im Solarfluid erzielte Temperaturerhöhung ΔT im highflow-Betrieb gilt, wenn die volumetrische Wärmekapazität ($\rho\ c_p$) mit 1 Wh/l/K angenommen wird:

$$\Delta T = T_{F,out} - T_{F,in} = \frac{\eta \cdot G}{v_{FK} \cdot \rho \cdot c_p} = \frac{0{,}6 \cdot 800\ \text{W/m}^2}{50\ \text{l/m}^2\text{/h} \cdot 1\ \text{Wh/l/K}} \approx 10\ \text{K}\ .$$

Im lowflow-Betrieb ist die Temperaturerhöhung um den Faktor 2 bis 3 größer, hier gilt

$$\Delta T = \frac{0{,}6 \cdot 800\ \text{W/m}^2}{20\ \text{l/m}^2\text{/h} \cdot 1\ \text{Wh/l/K}} \approx 25\ \text{K}\ .$$

Kollektormontage

Kollektorfelder werden in Aufdachmontage, Indachmontage oder Freiaufstellung befestigt (Abb. 5.57). Bei der Aufdachmontage sind die Kollektoren mit Dachankern durch die Dachhaut an den Sparren des Daches befestigt. Montageschienen aus Aluminium verbinden die Dachanker untereinander, darauf werden die Kollektoren mit speziellen Halteklammern befestigt. Zur Einführung der Rohrleitungen vom Kollektorfeld in das Gebäude nutzt man Entlüfterziegel.

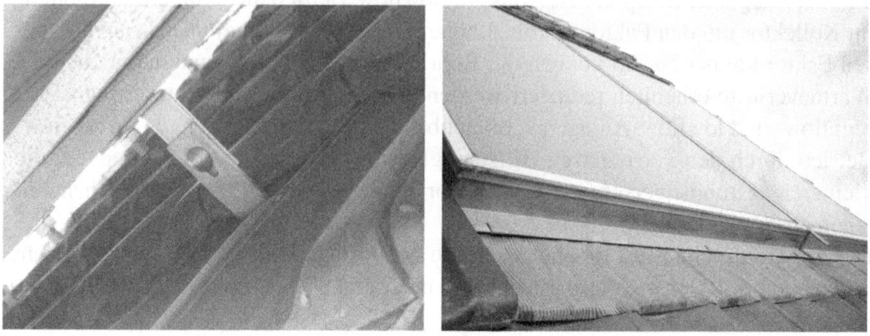

Abb. 5.57 Kollektoren in Aufdachmontage (links) mit höhenverstellbarem Sparrenanker und in Indachmontage (links) mit Rahmenprofil und Bleischürze zum Regenablauf.

Bei der Dachintegration wird ein Teil der Dachbedeckung entfernt und durch den Kollektor ersetzt. Hierbei ist auf eine dauerhafte Abdichtung zwischen Dachbedeckung und Kollektorrahmen zu achten. Die Dachintegration ist immer teurer als die Aufdachmontage, bietet aber u.U. gestalterische Vorteile.

Abb. 5.58 Flachkollektorfeld in Freiaufstellung auf dem Dach eines Krankenhauses

Zur Freiaufstellung von Kollektoren auf Flachdächern oder Freiflächen (Abb. 5.58) werden Profilschienensysteme aus Edelstahl oder Aluminium verwendet, die mit dem flachen Untergrund (bei Dächern wasserdicht!) verschraubt sind. Alternativ finden kostengünstigere Beschwerungen (Betonplatten, Betonquader oder Wannen mit Kiesfüllung) Verwendung.
Die Montagesysteme für Solarkollektoren sind nach den geltenden Normen zur Tragwerksberechnung auszulegen, die Lastannahmen für Bauten bzgl. Wind und

Schnee sind hierbei besonders zu beachten.[55] Die Solarindustrieverbände BDH und BSW haben zur Ermittlung von Schneelasten an solarthermischen Anlagen ein spezielles Arbeitsblatt herausgegeben [26].
Bei größeren Anlagen sollte der Hersteller des Montagesystems immer eine prüffähige Statik für sein Produkt vorlegen. Vor der Montage ist der Zustand des Daches zu bewerten, dessen Lebensdauer mindestens weitere 25 Jahre betragen sollte. Schon in der Angebotsphase ist die Konstruktion und Statik des Gebäudes zu beachten, die Tragfähigkeit für die zusätzlichen Lasten durch Kollektorfeld und Schnee- bzw. Windmehrlasten muss gegeben sein. Die besonderen Regeln bei Überkopfverglasungen sind zu beachten, um Gefahren durch herabstürzende Glassplitter (bei den nicht getemperten Vakuumröhren besonders groß) zu vermeiden. Bei der Kollektormontage gelten die Anforderungen der Berufsgenossenschaften an den Arbeitsschutz, dazu zählen die Sicherung vor Herabfallen, Gerüste, etc.

Weitere Kollektorkreiskomponenten

Bei der Ausführung des Kollektorkreises ist immer die kürzeste Verrohrung zwischen Kollektoren und Speicher zu wählen, um die Wärmeverluste an die Umgebung und den Hilfsenergieeinsatz zur Überwindung der Druckverluste zu minimieren. Bei der Rohrführung ist auf ausreichende Entlüftungsmöglichkeit zu achten, die Leitungen sind daher möglichst mit Gefälle zu verlegen.

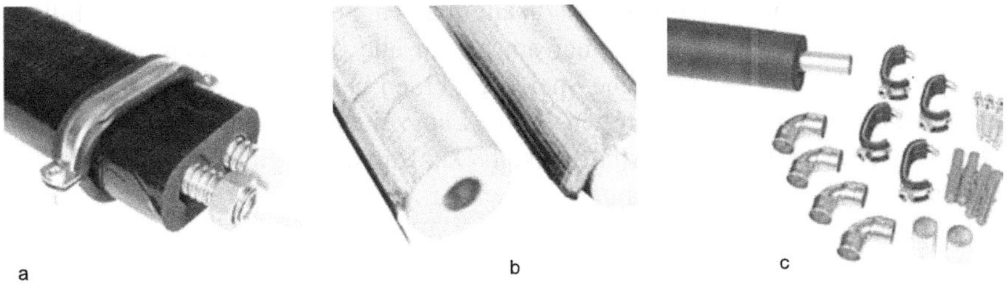

Abb. 5.59 Rohrmaterial für den Kollektorkreis, (a) Doppelwellrohr mit EPDM-Isolierung und Fühlerkabel, (b) Rohrschalen aus Mineralwolle für Stahl- und Kupferrohre, (c) Standard-Cu-Rohre mit Lötfittungs und Rohrschellen, [27]

Bei der Auswahl der Kollektorkreiskomponenten sollten einige Grundsätze beachtet werden, weitere Empfehlungen sind der VDI 6002-1 [124] zu entnehmen. Die Temperaturbelastung des Rohrsystems ist bei Solaranlagen relativ hoch, da es (zumindest im Kollektorfeld) den Stagnationstemperaturen des Kollektors standhalten muss. Im sonstigen Kreislauf können bei besonderen Betriebszuständen mit Dampfbildung Temperaturen von 120 bis 140 °C erreicht werden. Bei Außenverlegung dagegen sinken im Winter die Minimaltemperaturen auf -15 bis -20 $°C$. Die Rohr-

[55] u.a. DIN EN 1991-1-3, DIN EN 1991-1-3/NA, DIN EN 1990 und DIN EN 1990/NA.

verbindungen und alle Bauteile müssen diesen Temperaturen standhalten, im Kollektorbereich darf nicht weichgelötet werden.
Bei kleinen Solaranlagen wird meist Kupferrohr verwendet, bei größeren Anlagen aus Kostengründen eher (unverzinktes) Stahlrohr. Wenige Anlagen verwenden Kunststoff-Aluminium-Verbundrohre.
Das Dämmmaterial im Außenbereich muss witterungsfest, resistent gegen Vogel- und Mäusefraß und UV-beständig sein. Es darf keine Feuchtigkeit aufnehmen und muss kurzzeitig temperaturbeständig bis 180 °C und im Kollektorbereich dauerbeständig bis 150 °C sein.

5.3.5 Speicher

Die von der Solarflüssigkeit im Kollektorfeld aufgenommene Nutzleistung $\dot{Q}_{Nutz}$ muss für einen stationären Betrieb über einen Wärmeübertrager an einen Speicher abgegeben werden. Energiespeicher sind bei thermischen Solaranlagen immer erforderlich, weil Energieangebot (Solarstrahlung) und Energiebedarf (zur Trinkwassererwärmung, Raumheizung, etc.) nur selten gleichzeitig vorliegen.
An die Speicher wird eine Vielzahl von Anforderungen gestellt. Sie müssen kostengünstig sein, den hygienischen Vorgaben genügen, sowie dauertemperatur- und druckfest sein. Auch das Speichermedium muss kostengünstig, gesundheitsunschädlich und umweltverträglich sein, zudem eine hohe volumetrische Wärmekapazität bei geringer Viskosität besitzen und auch dauertemperaturbeständig sein.
Trotz intensiver Forschungsarbeiten zu alternativen Speichermaterialien erfüllen einfache Wasserspeicher noch immer am besten alle Anforderungen. Latentwärmespeicher oder thermochemische Speicher werden bisher nur vereinzelt angeboten und eingesetzt. Probleme bereiten v.a. die Langzeittemperaturbeständigkeit (Zyklenfestigkeit) sowie die Wirtschaftlichkeit. Das Kapitel 10 gibt vertiefende Informationen zum Stand der Forschung.

Bauarten

Die mehrteilige Normenreihe DIN 4753 [36] regelt alle Anforderungen an Speicher für Wassererwärmungsanlagen. Man unterscheidet verschiedene Speichervarianten (vgl. Abb. 5.60):

- Trinkwasserspeicher bevorraten direkt das zu erwärmende Medium. Sie müssen hohen hygienischen Anforderungen entsprechen (Wasser ist ein Lebensmittel!), dem Leitungsdruck des Kaltwasserversorgungsnetzes widerstehen (oft 10 bar) und korrosionsgeschützt sein, da Trinkwasser immer maximal sauerstoffgesättigt ist. Standard ist eine Emaillierung (ein etwa 0,3 mm dünner Glasüberzug) auf allen trinkwasserberührten Innenflächen in Verbindung mit einer Opferanode oder einer Fremdstromanode. Alternativ wird korrosionsbeständiger Edelstahl für Behälter und Einbauten verwendet.

- Pufferspeicher benötigen keinen Korrosionsschutz, da sie mit sauerstofffreiem Betriebswasser (Heizungswasser) befüllt sind. Da eine Trennung zum Heizkreislauf nicht nötig ist, werden Pufferspeicher direkt be- und entladen. Dadurch werden Exergieverluste in einem Wärmeübertrager vermieden. Zwischen Solarkreis und Pufferspeicher muss bei Verwendung spezieller Solarflüssigkeit ein Wärmeübertrager geschaltet werden. Pufferspeicher werden bei Stückholz- und Festbrennstoffkesseln immer eingesetzt, um die beim vollständigen Abbrand der Brennstofffüllung entstandene thermische Energie „puffern" zu können, daher ihr Name. In Kombination mit Frischwasserstationen werden Pufferspeicher auch zur hygienischen Trinkwassererwärmung genutzt.
- Als Schichtenspeicher werden Trinkwasser- oder Pufferspeicher bezeichnet, die über spezielle Einbauten zur Einschichtung der zugeführten Volumenströme verfügen. Auf solche Einschichtungshilfen wird später eingegangen.
- Zur solaren Heizungsunterstützung wurden spezielle Kombispeicher entwickelt, die aus einem (größeren) Pufferspeicher und einem darin integrierten kleineren Trinkwasserspeicher bestehen (auch Tank-in-Tank-Speicher genannt). Der Trinkwassertank muss innen korrosionsgeschützt sein und wird vom umgebenden Pufferwasser beheizt. Bei einigen Kombispeichermodellen ist der Innentank durch ein Edelstahlwellrohr mit größerem Querschnitt (32 bis 120 mm) ersetzt, das spiralförmig im Speicher verlegt ist. Da das enthaltene Trinkwasservolumen selten 50 - 80 Liter übersteigt, muss bei größeren Zapfungen das Trinkwasser im Durchlauf auf Solltemperatur gebracht werden.
- In solaren Nahwärmenetzen werden Langzeit- oder Saisonalspeicher eingesetzt, die aufgrund ihrer Größe (mehrere 100 bis 10.000 m^3) gänzlich andere Konstruktionstechniken erfordern (siehe dazu u.a. [70], [114] und [93]). Weitere Informationen dazu sind in Kapitel 10.2.1 nachzulesen.

Neben den aufgezeigten Speichertypen wird am Markt noch eine Vielzahl weiterer Varianten angeboten, z.B. drucklose Speichersysteme mit Volumina von 2 bis 10 m^3 aus glasfaserverstärkten Kunststoffen oder anderen Verbundmaterialien (vgl. Abb. 5.61, links).

Leistungsparameter für Speicher

Für thermische Speicher gibt es je nach Einsatzzweck eine Vielzahl von Leistungskennwerten. Entsprechend groß ist die Anzahl der Normen, die sich mit deren Bewertung befassen.

Beim Einsatz in Solaranlagen werden die Leistungsparameter des Speichers nach der DIN EN 12977-3 ermittelt. Hierbei werden die Parameter eines vereinfachten Speichermodells aus den Messergebnissen verschiedener Prüfsequenzen berechnet. Damit wird die Beschreibung des zeitdynamischen Verhaltens von Speichern bei Simulationen möglich.

Beim Einsatz von Speichern zur Trinkwassererwärmung ist die Normenreihe DIN 4708 [35] heranzuziehen. Im Teil 3 sind die wichtigsten Leistungskennwerte für

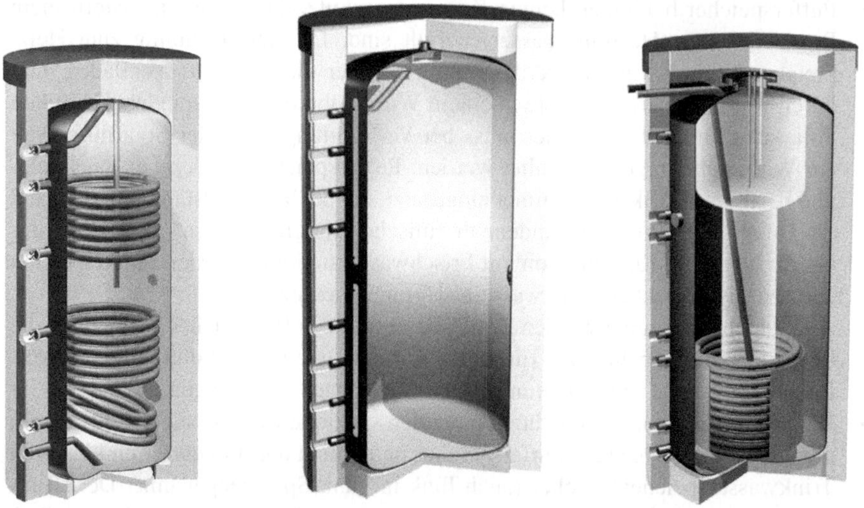

Abb. 5.60 Schnittdarstellungen verschiedener Speichervarianten. Bivalenter Trinkwasserspeicher (links), Pufferspeicher (Mitte), Kombispeicher, System Tank-in-Tank (rechts) [27]

Abb. 5.61 Modularer druckloser Pufferspeicher mit drei hydraulischen Kreisen (links) (FSAVE, Kassel [66]), Latentwärmespeichersystem mit Natriumacetat (rechts) (H.M. Heizkörper GmbH, Dingelstädt [73])

Trinkwasserspeicher definiert, die Dauerleistung $\dot{Q}_D$ sowie die Leistungskennzahl N_L.

Bei der Messung der Dauerleistung $\dot{Q}_D$ wird der Volumenstrom an Trinkwasser $\dot{V}_D$ ermittelt, der bei stationären Bedingungen bei einer vorgegebenen Nachheizeintrittstemperatur T_{Ci} und einem Nachheiz-Volumenstrom $\dot{V}_C$ von der Kaltwassertemperatur T_{Di} auf die Warmwassertemperatur $T_{Do,Soll} = T_{Di} + 35$ K erwärmt werden kann:

$$\dot{Q}_D = \dot{V}_D \cdot \rho \cdot c \cdot 35\,\mathrm{K}\,. \tag{5.89}$$

Dazu wird ein erster Wert für den Entladevolumenstrom $\dot{V}_{D,1}$ geschätzt und die Messung durchgeführt. Abb. 5.62 zeigt den Verlauf der Temperaturen und Volumenströme bei einer Dauerleistungsmessung. Erreicht die Warmwassertemperatur T_{Do} nicht den Sollwert, muss der Entladevolumenstrom vermindert werden. Die Messungen werden wiederholt, bis $T_{D,o} = T_{Do,Soll} \pm 1$ K erfüllt ist.

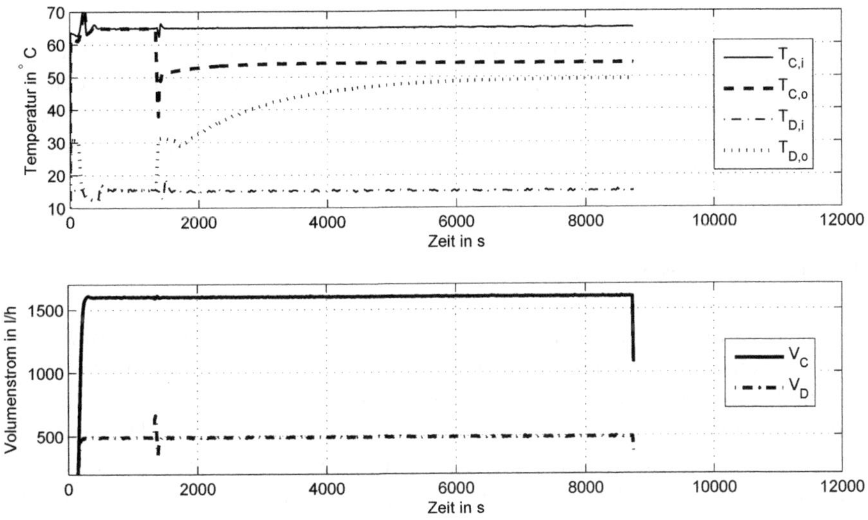

Abb. 5.62 Verlauf der Temperaturen (oben) und der Volumenströme (unten) bei einer Dauerleistungsmessung. Nach etwa 2 Stunden (< 7.200 s) erreichen die Austrittstemperaturen aus dem Speicher (T_{Do}) und aus dem Beladewärmeübertrager (T_{Co}) konstante Werte. Der Beladevolumenstrom (V_C) sowie die Temperaturen T_{Ci} und T_{Di} sind fest vorgegeben.

Die N_L-Zahl gibt vereinfacht die Anzahl von Einheitswohnungen an, die mit einem Trinkwassererwärmungssystem beheizt werden kann. Ein solches System besteht aus dem Speicher mit Nachheizwärmetauscher sowie einem Heizkessel definierter Nennleistung. Neben der Wärmeübertragerfläche A_{hx} ist auch das Bereitschaftsvolumen, der auf Solltemperatur befindliche obere Speicherinhalt, von großem Einfluss. So weist z.B. ein bivalenter Solarspeicher mit 300 Liter Nennvolumen (davon 135 Liter Bereitschaftsvolumen) eine N_L-Zahl von etwa 2 auf, wenn er mit einem Nachheizwärmetauscher mit $A_{hx} = 1{,}3\ \mathrm{m}^2$ ausgestattet ist.

Speicherdimensionierung in Solaranlagen

Die Dimensionierung des Solarspeichervolumens erfolgt nach der Kollektorfeldgröße A_{KF}. Für das spezifische Speichervolumen $V_{S,spez}$ gelten folgende Größen:

- Bei Solaranlagen zur Trinkwassererwärmung mit kontinuierlichem Tages- und Wochenbedarf im Sommer ist $V_{S,spez} \approx 50\ \mathrm{l/m}^2$ einzuplanen.

- Bei heizungsunterstützenden Anlagen, die Solarwärme über mehrere Tage bevorraten oder auch bei Prozesswärmeanlagen, für die nur werktäglich eine Lastabnahme erfolgt, ist ein spezifisches Speichervolumen von $V_{S,spez} \approx 75$ l/m^2 sinnvoll.
- Solarthermisch zu unterstützende Prozesse mit hohen Systemtemperaturen, die nur werktäglich betrieben werden (z.B. Galvanikbäder), erfordern Speichervolumen von $V_{S,spez} \approx 100$ l/m^2.

Bei Solaranlagen mit saisonaler Wärmespeicherung (vgl. Kap. 10.2.1) müssen weitaus größere Speicher eingeplant werden: Als Heißwasserspeicher werden sie mit einem spezifischen Volumen $V_{S,spez}$ von 1,5 bis 2,5 m^3/m^2 ausgeführt. Kieswasserspeicher haben eine geringere volumetrische Wärmekapazität, daher beträgt $V_{S,spez}$ hier eher 2,5 bis 4,0 m^3/m^2.

Wärmeverluste des Speichers

Solarspeicher mit einem Volumen von 300 bis etwa 2000 Liter sind meist mit einer abnehmbaren Dämmung aus Polyurethan (PU)-Weichschaum versehen. Bei einer Schaumdichte von 15 bis 25 kg/m^3 beträgt dessen spezifische Wärmeleitfähigkeit (temperaturabhängig) etwa 0,04 bis 0,05 W/m/K, vgl. dazu Abb. 5.63. Dämmungen werden zudem aus expandiertem Polystyrol (EPS), PU-Hartschaum oder Polyester-Vlies hergestellt. Die Außenseite der Dämmung ist mit einem lackierten Blechmantel, mit einer etwa 1 mm dicken Polystyrolplatte oder einer reißfesten gewebeverstärkten PVC-Folie kaschiert.

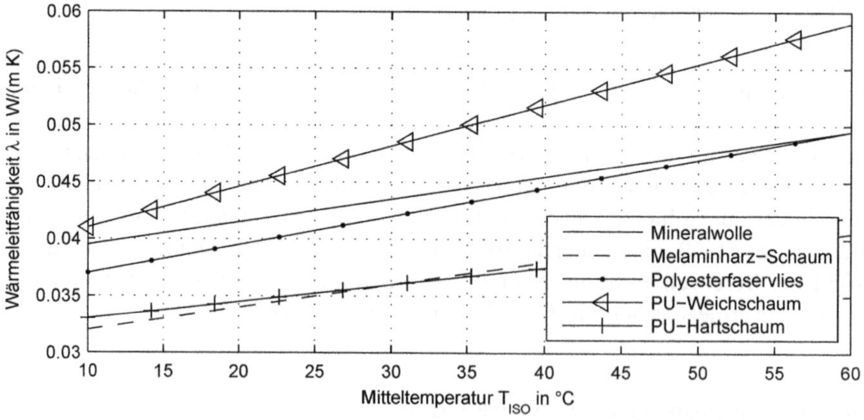

Abb. 5.63 Die Wärmeleitfähigkeit von Dämmmaterialien ist stark temperaturabhängig. T_{ISO} ist die Temperatur in der Mitte der Isolierung.

Aufgrund der geringeren Wärmeleitfähigkeit weist PU-Hartschaum bessere Dämmeigenschaften auf als PU-Weichschaum und wird daher häufig bei kleineren Speichern bis etwa 300 Liter eingesetzt. Der PU-Schaum wird dazu direkt in eine teilbare Form eingespritzt, die den Speicherbehälter umschließt. Da die Hartschaumdämmung dauerhaft mit dem Speicher verbunden ist, begrenzt das Türeinbringmaß (rund 80 cm) die Einsatzmöglichkeiten. Größere Speicher werden daher mit einer abnehmbaren PU-Weichschaumisolierung und zunehmend häufiger mit Polyester-Vlies ausgeliefert.

Die Wärmeverluste eines Speichers $\dot{Q}_{V,S}$ sind wesentlich von der Größe und der Dämmstärke, aber auch von der Anzahl der Rohranschlüsse abhängig. Die Wärmeverlustrate $(UA)_S$ in W/K wird nach DIN EN 12977 [48] bei einer Speichertemperatur T_S von 60 °C und einer Umgebungstemperatur T_a von 20 °C anhand einer speziellen Prüfsequenz[56] durch Parameteridentifikation ermittelt. Es gilt

$$\dot{Q}_{V,S} = (UA)_S \cdot (T_S - T_a) = \frac{1}{R_{S,V}} \cdot (T_S - T_a) \tag{5.90}$$

Das Umweltbundesamt hat zur Kennzeichnung besonders verlustarmer Speicher das Umweltzeichen „Blauer Engel“ herausgegeben (Vergabegrundlage RAL-UZ 124 [98]) [57]. Mit diesem Zeichen sollen die energieeffizientesten Speicher ausgezeichnet werden. Anhand des in der Vergabegrundlage vorgegebenen Grenzwertes für die maximale Wärmeverlustrate

$$(UA)_{S,max,RAL} = 0,135 \cdot (V_S)^{0,5} \text{ in W/K} \tag{5.91}$$

kann eine sinnvolle Abschätzung der Speicherwärmeverlustrate in Abhängigkeit vom Speichervolumen V_S (tatsächliches oder effektives, in Liter einzusetzen) vorgenommen werden. Die Norm DIN EN 12977 legt allgemeine Anforderungen an kundenspezifisch gefertigte thermische Solaranlagen und ihre Bauteile fest. Im Teil 1 [46] wird für Solarspeicher – abhängig hier vom Nennvolumen V_n – eine maximale Wärmeverlustrate von

$$(UA)_{S,max,EN} = 0,160 \cdot (V_n)^{0,5} \text{ in W/K} \tag{5.92}$$

gefordert, dieser Grenzwert liegt etwa 20 % höher als der Grenzwert des Blauen Engels.

Nach DIN EN 12897 [51] wird der Bereitschafts-Wärmeaufwand Q_{st} ermittelt, der identisch ist mit dem Wärmebereitschaftsaufwand W_B nach der inzwischen zurückgezogenen, aber noch häufig verwendeten DIN V 4753-8 [36]. Beide Größen geben die Energiemenge in kWh an, die ein Speicher während 24 Stunden bei einer Temperaturdifferenz von 45 K zwischen Speicher und Umgebung verliert. Die Umrechnung zwischen Wärmeverlustrate $(UA)_S$ und Bereitschafts-Wärmeaufwand Q_{st} in kWh/d erfolgt nach

$$Q_{st} = W_B = (UA)_S \cdot 45\,\text{K} \cdot \frac{24\,\text{h}}{\text{d}}\,. \tag{5.93}$$

---

[56] Prüfsequenz L nach DIN EN 12977-3 .

[57] Das Umweltzeichen zeichnet jeweils die etwa 30 % umweltverträglichsten Modelle einer Produktgruppe aus. Der Blaue Engel für Speicher wird von den Herstellern aber nur im geringen Maße angenommen, bislang sind lediglich 8 Speicher registriert.

Seit Herbst 2015 sind die Wärmeverluste von Speichern nach den Vorgaben der ErP-Richtlinie zu klassifizieren [54]. Jeder Speicher benötigt ein sog. Energy Label ähnlich Abb. 2.1, S. 43, das Auskunft über dessen Stillstandsverlustwärmestrom

$$S = 45\ \mathrm{K} \cdot (UA)_S \qquad (5.94)$$

in W gibt.

→ Berechnungsbeispiel

Die Wärmeverluste von Speichern erreichen aufgrund der langen Betriebszeiten im Jahr hohe Werte. Wird ein Trinkwasserspeicher mit 300 Litern im Jahresdurchschnitt mit einer Warmwassersolltemperatur von 60 °C betrieben und beträgt die Umgebungstemperatur am Aufstellungsort im Mittel 15 °C, so ist mit einer Temperaturdifferenz von $(T_S - T_a)$ = 45 K zu rechnen. Die Wärmeverlustrate wird mit Gl. (5.91) abgeschätzt:

$$(UA)_{S,max,RAL} = 0,135 \cdot (V_S)^{0,5} = 0,135 \cdot (300)^{0,5} = 2,33\ \mathrm{W/K},$$

der mittlere Wärmeverluststrom beträgt damit

$$S = 45 \cdot (UA)_S = 45\ \mathrm{K} \cdot 2,33\ \mathrm{W/K} = 105\ \mathrm{W}.$$

Der Bereitschafts-Wärmeaufwand nach DIN EN 12897 berechnet sich gemäß Gl. (5.93) zu

$$Q_{st} = W_B = (UA)_S \cdot 45\ K \cdot \frac{24\mathrm{h}}{\mathrm{d}} = 2,33\ \mathrm{W/K} \cdot 45\ \mathrm{K} \cdot 24\ \mathrm{h/d} = 2,52\ \frac{\mathrm{kWh}}{\mathrm{d}}\ .$$

Bei einer maximalen jährlichen Betriebszeit von t_b = 8.760 h/a betragen die jährlichen Wärmeverluste

$$Q_{v,a} = \dot{Q}_{V,S} \cdot t_b = 0,105\ \mathrm{kW} \cdot 8.760\ \frac{\mathrm{h}}{\mathrm{a}} = 922\ \mathrm{kWh/a}\ .$$

Wie später gezeigt wird, benötigt man allein zur Deckung dieser Speicherverluste eine Kollektorfläche von rund 2 bis 3 m^2.

Die Speicher verlieren nicht nur Energie an die Umgebung. Im Innern führen Mischungsvorgänge durch einströmendes Kaltwasser bei der Be- und Entladung zu erheblichen Exergieverlusten. Abb. 5.64 zeigt rechts die Ausbildung einer Mischungszone während der instationären Simulation einer Speicherentladung. Hinweise zur exergetischen Optimierung von Warmwasserspeichern finden sich u.a. in [86].

5.3.6 Weitere Komponenten

Wärmeübertrager

Der Solar-Wärmeübertrager ist die Schnittstelle zwischen dem Kollektorkreis und dem Speicher. Bei dem Wärmeträgermedium im Kollektorkreis handelt es sich meist um frostgeschützte Solarflüssigkeit, Speichermedium ist i.d.R. Heizungswasser oder Trinkwasser. Die Anforderungen an Solar-Wärmeübertrager sind in der VDI 6002 [124] nachzulesen. Zudem existieren eigene Normenreihen für Herstellung, Installation und Betrieb von Speichertrinkwassererwärmern (z.B. DIN 1988 [34], DIN EN 1717 [40] und DIN 4753 [36]).

Rohrwendelwärmeübertrager

Kleinere Solarspeicher bis etwa 2.000 Liter Nennvolumen sind vorwiegend mit innenliegenden Rohrwendelwärmeübertragern ausgestattet. Abb. 5.64 zeigt links das Modell eines bivalenten Solarspeichers mit zwei internen Wärmeübertragern. Das häufig verwendete einzöllige Gewinderohr (Außendurchmesser 33,7 mm, Wandstärke 2,6 mm) besitzt eine spezifische Außenwandfläche von etwa 0,1 m^2 je m Rohrlänge. Es wird vom Hersteller zuerst durch stirnseitiges Verschweißen zur erforderlichen Länge zusammengesetzt (bei 1,4 m^2 also 14 m) und dann über eine Dreirollenvorrichtung zu einer Wendel gebogen.

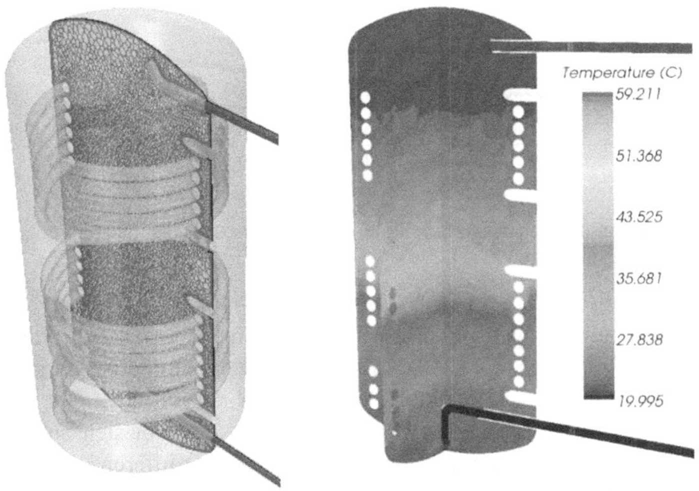

Abb. 5.64 Schnittdarstellung eines bivalenten Solarspeichers mit zwei internen Rohrwendel-Wärmeübertragern (links) und Strömungssimulation bei der Warmwasserentnahme (rechts). In der Speichermitte ist die Mischungszone sichtbar, in der sich das heiße Speicherwasser mit dem einströmenden Kaltwasser vermischt [86].

Die spezifische Wärmeübertragerrate von Solar-Wärmeübertragern $(UA)_{hx}/A_{KF}$ sollte nach [117] 100 bis 200 W/K je m^2 betragen, die VDI 6002 [124] empfiehlt 120 W/(Km^2).
Bei solaranlagentypischen Betriebszuständen (z.B. Kollektorkreistemperatur 40 °C, Speichertemperatur 30 °C) ist für Rohrwendelwärmeübertrager ein Wärmedurchgangskoeffizient von $U_{hx} \approx 250$ W/(Km^2) berechenbar, wie Abb. 5.65 zeigt. Die Leistungsbilanz für den Wärmeübertrager lautet

$$A_{KF} \cdot \eta \cdot G = UA_{hx} \cdot \Delta T_m = U_{hx} \cdot A_{hx} \cdot \Delta T_m ,$$

daraus ist die notwendige spezifische Wärmeübertragerfläche bestimmbar,

$$\frac{A_{hx}}{A_{KF}} = \frac{\eta \cdot G}{U_{hx} \cdot \Delta T_m} .$$

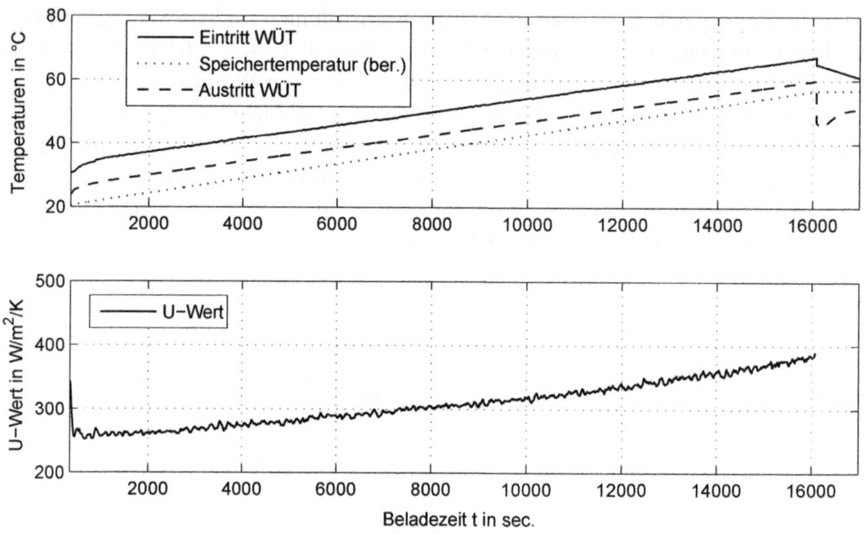

Abb. 5.65 Messdaten der Beladung eines 300-Liter-Speichers über den unteren (Solar)-Wärmeübertrager (Beladeleistung: 3.000 W) [75]

Rohrwendelwärmeübertrager sind in der Praxis mit einer spezifischen Wärmeübertragerfläche A_{hx}/A_{KF} von 0,2 bis 0,3 m^2_{hx} je m^2 Kollektorfläche dimensioniert. Wird die flächenspezifische Kollektorfeldleistung $(\eta \cdot G)$ mit etwa 600 W/m^2 angenommen und UA_{hx}/A_{KF} = 120 W/K/m^2 gesetzt, so ergibt sich aus dem o.g. Flächenverhältnis eine mittlere logarithmische Temperaturdifferenz ΔT_m zwischen Wärmeträger- und Speichermedium von etwa 8 bis 12 K. Bei einer etwas größer dimensionierten Wärmeübertragerfläche würde das Solarsystem mit geringerer Temperaturdifferenz und damit effizienter arbeiten.
Wird der interne Rohrwendelwärmeübertrager im oberen Speicherbereich zur Nachheizung (NH) eingesetzt, so kann der Wärmedurchgangskoeffizient aufgrund höherer Temperaturen (geringerer Viskosität) und höherer Volumenströme mit $U_{hx,NH} \approx$

400 W/m²/K angenommen werden. In Abb. 5.60, 5.64 und 5.66 sind Rohrwendelwärmetauscher zu sehen.
Abb. 5.65 zeigt die Ergebnisse der Beladung eines bivalenten Solarspeichers (300 l) über einen Rohrwendelwärmeübertrager mit 1,3 m^2 Übertragerfläche. Die Temperaturspreizung zwischen Tauscherein- und -austritt beträgt rund 8 K, die mittlere Differenz zwischen Wärmeträgerfluid und Speicher rund 10 K. Der Wärmedurchgangskoeffizient U_{hx} nimmt mit zunehmender Fluidtemperatur und damit abnehmender Viskosität stetig zu.

Plattenwärmeübertrager

Bei Kollektorfeldern mit mehr als 15 m^2 Fläche würden interne Rohrwendelwärmeübertrager für den Speichereinbau zu groß werden. Als externe Wärmeübertrager haben sich Plattenwärmeübertrager (PWT) bewährt (engl. brazed heat exchanger (BHE) oder plate heat exchanger (PHE)). Standard-PWT sind aus 20, 50 oder gar 100 profilierten Edelstahlplatten gefertigt, die stirnseitig kupfergelötet werden. Der Spalt zwischen der ersten und der zweiten, der dritten und der vierten Platte usw. wird vom heißen Primärstrom durchflossen, die dazwischenliegenden Spalte jeweils vom Sekundärmedium (vgl. Abb. 5.67).

Abb. 5.66 Aufgeschnittener Behälter mit Rohrwendelwärmeübertrager (links) und Plattenwärmeübertrager mit sichtbarer Profilierung.

In dieser Bauweise sind extrem große Wärmeübertragerflächen A_{hx} realisierbar, durch Profilierung der Edelstahlplatten erreicht man zudem turbulente Strömungen mit hohen Wärmeübergangskoeffizienten (vgl. Abb. 5.66, rechts). Wegen der vorherrschenden turbulenten Plattenströmung sind Wärmedurchgangskoeffizienten von rund $U_{hx,NH} \approx 3.000$ W/m²/K zu erreichen; mit der Vorgabe von UA_{hx}/A_{KF} nach [117] von 100 bis 200 W/K/m^2_{hx} beträgt die spezifische Wärmeübertragerfläche hier $A_{hx}/A_{KF} \approx 0{,}03$ bis 0,07 m^2_{hx} je m^2_{KF}. Die VDI 6002-1 [124] gibt für PWT im Kollektorkreis eine erforderliche spezifische Wärmeübertragerrate von $(UA)_{hx}/A_{KF} =$ 100 W/K/m^2_{KF} an.

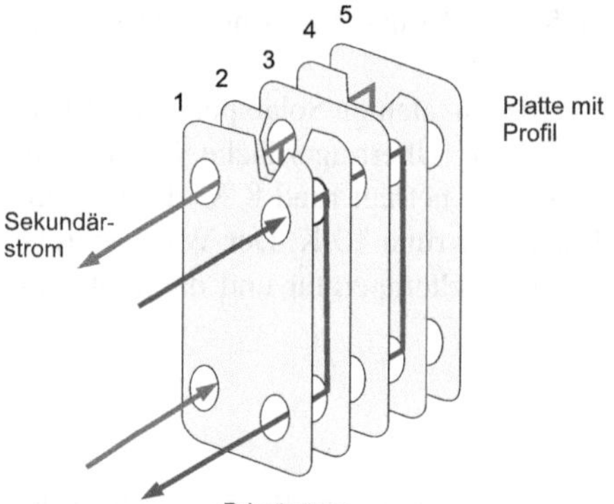

Abb. 5.67 Vereinfachte Schnittdarstellung eines Plattenwärmeübertragers. Der Primärenthalpiestrom strömt oben rechts in den Wärmeübertrager ein und – abgekühlt – unten rechts wieder aus, der Sekundärstrom wird gegenläufig auf der linken Seite erwärmt.

Für die richtige Dimensionierung von PWT (Durchströmung, Druckverlust, Temperaturdifferenzen) sind die Berechnungsprogramme der Hersteller zu verwenden. Die mittlere logarithmische Temperaturdifferenz ΔT_m ist bei externen WÜT mit rund 5 K anzunehmen, keinesfalls größer[58]. Der Druckverlust Δp sollte auf jeder Seite des Platten-WÜT 150 mbar nicht überschreiten und die Wärmekapazitätsströme $\dot{C} = \dot{V} \cdot \rho \cdot c_p$ sollten auf Primär- und Sekundärseite gleich sein. Beim Wärmeaustausch zwischen Wasser und einem Wasserglycolgemisch führt dies zu einem um den Faktor 1,1 größeren Volumenstrom auf der Gemischseite.

Einschichtungshilfen

Wenn Speicher in einem hydraulischen Kreislauf eingebunden sind, kommt es immer wieder zu Situationen, in den der Rücklauf mit einer höheren oder niedrigeren Temperatur in den Speicher zurückfließt, als der Speicherinhalt in der Höhe des Rohranschlusses aufweist (Abb. 5.68, links). Es kommt in der Folge zur Vermischung und damit zu einem Exergieverlust. Mit der Entwicklung sinnvoller Einschichtungshilfen haben sich sehr viele Projekte befasst, am Markt verfügbar sind jedoch nur wenige Varianten, denen eine Funktionsfähigkeit (wenigstens bei bestimmten Betriebsbedingungen) zugeschrieben werden kann.
Meist wird ein vertikales Rohrsystem mit Öffnungen in unterschiedlichen Höhen verwendet, in dem der zufließende Volumenstrom aufgrund der temperaturbedingten Dichtedifferenzen auf- oder absteigen soll, bis die Temperatur in der Speicherschicht mit der Zuflusstemperatur übereinstimmt. Bei der in Abb. 5.68 (rechts) gezeigten Variante verhindert eine Membranklappe, dass durch den Auftrieb im Vertikalrohr Speicherwasser eingesogen wird.

58 In Kap. 14, S. 861 wird gezeigt, dass beim Wärmeübertragungsvorgang umso mehr Exergie vernichtet wird, je höher die mittlere Temperaturdifferenz zwischen Primär- und Sekundärmedium ist.

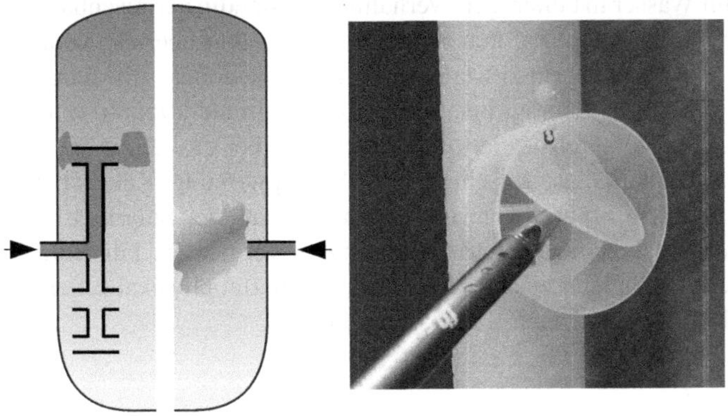

Abb. 5.68 Funktionsprinzip der Einschichtungshilfe (links) und Einschichtungsrohr der Fa. SOLVIS GMBH mit Membranklappe. Temperaturbedingte Dichtedifferenzen lassen den Zulauf im vertikalen Rohr bis zu der seitlichen Öffnung auf- oder absteigen, bei der die Zulauftemperatur mit der Speichertemperatur übereinstimmt.

Solarflüssigkeit

In Klimaregionen mit Frostgefahr muss der Kollektorkreis mit einem frostgeschützten Wärmeträgerfluid betrieben werden. Andernfalls müsste das System in der kalten Jahreszeit vollständig entleert werden, um Schädigungen des Kollektors durch Eisbildung zu verhindern (Abb. 5.69). Am Markt werden Konzentrate von Solarflüssigkeit angeboten, die auf Basis des nicht gesundheitsschädlichen 1,2-Propylenglycols hergestellt sind. Der Stockpunkt der reinen Flüssigkeit liegt bei unter -50 °C. Weitere Zusätze (Korrosionsschutzinhibitoren) schützen die im Kollektorkreis verwendeten Materialien wie Kupfer, Aluminium, Messing und Stahl vor Korrosion und Ablagerungen (Inkrustierung).

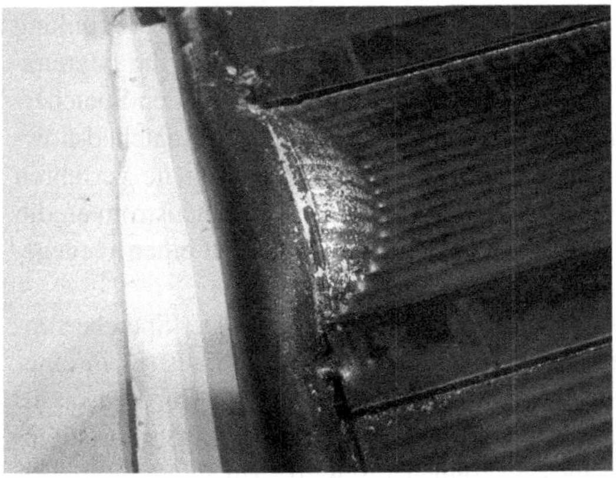

Abb. 5.69 An der Verbindungsnaht zwischen Aluminium-Flachrohr und Sammler durch Eisbildung geschädigter Solarabsorber (Frostbeule)

Propylenglycol ist mit Wasser in beliebigem Verhältnis vollständig vermischbar. Um eine ausreichende Wirkung der Inhibitoren zu gewährleisten, darf aber ein Konzentratanteil von 30 % nicht unterschritten werden. Der Eisflockenpunkt (Bildung erster Eiskristalle bei Abkühlung) beträgt bei einem Mischungsanteil von 40 % etwa -20 °C, der sich bildende Eisbrei gefriert erst vollständig bei ca. -28 °C (Stockpunkt). Bis etwa -24 °C bleibt diese Mischung ohne Sprengwirkung (Kälteschutz). Dauertemperaturen > 170 °C führen zur vorzeitigen Alterung der Solarflüssigkeit und sind daher durch entsprechende Betriebsführung zu vermeiden. Für Berechnungen wird auf die Gleichungen zur Beschreibung der thermophysikalischen Eigenschaften von Solarflüssigkeiten auf S. 873 verwiesen.

Regelung

Die Grundaufgabe der Solarkreisregelung besteht in der Beladung des Solarspeichers durch Ein- und Ausschalten der Kollektorkreispumpe. Zu diesem Zweck wird über einen Temperaturfühler die Kollektortemperatur T_K mit der Temperatur im Speicher T_S verglichen. Abb. 5.70 zeigt in einem stark vereinfachten Anlagenschema die Sensorpositionen. Ist die aktuell gemessene Differenz $\Delta T_{KS} = T_K - T_S$ größer als der Einschaltsollwert $\Delta T_{KS} > \Delta T_{KS,EIN}$ (typisch: 6 bis 8 K), so schaltet der Regler über einen Leistungsausgang die Spannungsversorgung für die Umwälzpumpe frei. Die im Solarkollektor erwärmte Solarflüssigkeit wird im Wärmeübertrager des Speichers abgekühlt und wieder über den Rücklauf dem Kollektorfeld zugeführt. Es stellt sich ein Gleichgewicht ein zwischen der Kollektorfeldleistung auf der einen Seite und dem Wärmestrom im Solarwärmeübertrager sowie den Wärmeverlusten im Kollektorkreis auf der anderen Seite. Die Temperatur im Speicher steigt nun kontinuierlich an – ebenso wie die Vor- und Rücklauftemperaturen im Kollektorkreis, wie Abb. 5.65 zeigte.
Sinkt die Kollektorfeldleistung, mindert sich die Kollektoraustrittstemperatur und damit auch die Differenz ΔT_{KS}. Der Regler schaltet die Umwälzpumpe aus, sobald eine einstellbare Mindesttemperaturdifferenz $\Delta T_{KS} < \Delta T_{KS,AUS}$ unterschritten wurde. Man wählt diese Größe oft mit 3 K und berücksichtigt damit die Abkühlung des Kollektorvorlaufs im Kollektorkreis durch Wärmeverluste sowie die begrenzte Genauigkeit der Temperatursensoren: Der Vorlauf beim Eintritt in den Speicher-Wärmeübertrager muss immer heißer sein als der Speicherinhalt. Bei matched-flow-Regelungen passt der Regler durch Pulsweitenmodulation oder ähnliche Verfahren die Leistung der Umwälzpumpe und damit den Kollektorfeldvolumenstrom an die aktuelle Temperaturdifferenz $\Delta T_{KS} \approx \Delta T_{soll}$ an und regelt diese auf einen vorgegebenen Wert (z.B. 10 K) ein.
Als Temperaturfühler werden standardmäßig PT 1000 eingesetzt. Der Speicherfühler ist in mittlerer Höhe zwischen Solarwärmeübertragerein- und austritt in einer Fühlerklemmleiste befestigt oder in einer Tauchhülse eingesteckt. Der Sensor für T_K sollte die Temperatur der Solarflüssigkeit im Bereich des Kollektorvorlaufanschlusses im Inneren des Kollektors messen können. Oft wird dazu am Sammlerrohr

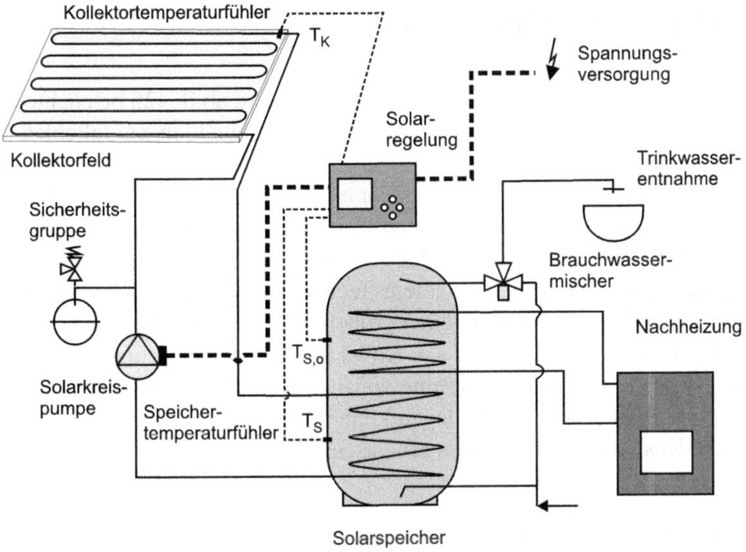

Abb. 5.70 Regelung einer einfachen Solaranlage zur Trinkwassererwärmung mit Sensoren (Temperaturfühler) und Aktoren (Umwälzpumpe)

des Absorbers eine Kupferhülse angebracht, in die der Fühler nach der Installation durch eine Bohrung im Kollektorrahmen eingesteckt werden kann (vgl. Abb. 5.43). Als zweite Grundfunktion überwacht der Solarregler die Speichermaximaltemperatur. Dazu wird im oberen Speicherbereich die Temperatur $T_{S,o}$ (Abb. 5.70) gemessen und mit einem vorgegebenen Sollwert $T_{S,max}$ verglichen. Bei Überschreitung des Grenzwertes schaltet der Regler die Kollektorkreispumpe aus. Bei Speichern nach DIN 4753 [36] ist die Speichermaximaltemperatur auf 95 °C zu begrenzen.

Bei aufwändigeren hydraulischen Schaltungen übernimmt der Solarregler weitere Regel- und Steueraufgaben zur Entladung des Speichers, so das Schalten von Zwei- und Dreiwegeventilen, das Ein-/ Ausschalten weiterer Pumpen etc. Auf einige dieser Funktionen wird in Kap. 5.4 eingegangen. Sinnvoll ist die Integration von Mechanismen zur Funktionskontrolle der Solaranlage in den Regler [59]. Mindestens muss die Funktionsfähigkeit der Sensoren überwacht werden. Durch Einbau weiterer Temperatursensoren und von Volumenstrommessgeräten ist auch eine Ertragskontrolle möglich. Eine Messung der solaren Nutzwärmeleistung im Kollektorkreis allein ist aber nicht sinnvoll, wenn andere wichtige Betriebsgrößen wie Einstrahlung oder Trinkwasserverbrauch unbeachtet bleiben.

[59] Die VDI-Richtlinie VDI 2169 [121] behandelt ausführlich Maßnahmen zur Funktionskontrolle und Ertragsbewertung bei solarthermischen Anlagen.

5.3.7 Zukünftige Entwicklungslinien

Die Rolle der Solarthermie im zukünftigen Wärmemarkt wird ab S. 425 beleuchtet. Hier soll daher nur kurz auf die zukünftigen technischen Entwicklungsmöglichkeiten eingegangen werden.
Der Bundesverband Solarwirtschaft (BSW) sieht ein erhebliches Entwicklungspotential für die Solarthermie, sofern eine massive Kostenreduktion bei den solarthermischen Komponenten gelingt; Ansatzpunkte bieten nach dem BSW Montagevereinfachung, Systemoptimierung und vor allem Technologiesprünge im Kollektor- und Speicherbereich. Die Kostenstruktur einer großen Solarthermieanlage zur Trinkwassererwärmung (Tab. 5.6) zeigt, dass die Kollektoren 32 %, einschließlich des Unterbaus, der Montage und der Verrohrung sogar 53 % der Gesamtanlagenkosten ausmachen. Die Kosten von Großanlagen können nur dann drastisch reduziert werden, wenn die Kosten für Solarkollektoren gesenkt werden.

Tabelle 5.6 Aufteilung der Systemkosten einer solaren Großanlage zur Trinkwassererwärmung incl. Planung und Montage, nach [25].

Kostenstelle	Anteil	Kostenstelle	Anteil
Kollektoren	32 %	Unterbau Kollektoren	11 %
Montage Kollektoren	6 %	Verrohrung Kollektoren	4 %
Sonstige Verrohrung	15 %	Speicher und Wärmeübertrager	11 %
Regelung	4 %	Sonstiges	3 %
Planung	14 %		

Sehr viel anders schaut die Kostenstruktur bei Kleinanlagen aus. Tab. 5.7 zeigt die Aufteilung des Endkunden-Systempreises einer marktüblichen Anlage zur solaren Heizungsunterstützung mit 11 m^2 Flachkollektoren. Der Verbraucher muss für eine solche Anlage rund 8.200 € (ohne Mwst.) zahlen. Davon „verbleiben“ beim Hersteller 38 %, beim Fachgroßhandel 12 % und beim Handwerksbetrieb 50 %.

Tabelle 5.7 Endkunden-Systempreise einer Solarwärmeanlage[1] im Jahr 2011, nach [25].

Prozesskette	Kostenanteil	größter Einzelposten
Hersteller	38 %	Herstellungskosten mit 25 %
Großhandel	12 %	Logistik mit 8 %
Montage + Install. Handwerk	16 %	Personalkosten mit 8 %
Vertrieb Handwerk	34 %	Erlös (EBITDA) mit 29 %

[1] Basis: Anlage zur solaren Heizungsunterstützung mit 11 m^2 Flachkollektoren, Preise ohne Mwst.

Bei kleinen Solaranlagen machen die Installationskosten einen sehr viel höheren Anteil aus: zu den eigentlichen Kosten für die Montage durch den Handwerker von 16 % sind noch die Vertriebskosten mit 34 % hinzu zu addieren. Kostenreduktionen sind hier also eher durch eine Änderung des Vertriebsweges und durch Montagevereinfachung zu erreichen, nicht durch Kostensenkungen bei der Kollektorproduktion.

Die Herstellkosten[60] von Flachkollektoren in der Großserie (> 100.000 m^2/a) werden branchenintern mit < 70 €/m^2 angegeben. Der Materialanteil an den Fertigungskosten liegt inzwischen bei 80 bis 90 %, da die Personalkosten in den letzten Jahren durch fertigungsgerechte Konstruktionen und Produktionsautomatisierung drastisch reduziert werden konnten.
Nach Tab. 5.8 trägt der Absorber mit 16 % nur wenig zur Gesamtmasse, mit 46 % dagegen aber erheblich zu den Fertigungskosten von Flachkollektoren bei. Auch das übliche Aluminiumgehäuse ist mit 20 % ein wesentlicher Kostenfaktor. Eine Kostenreduktion müsste also am Absorber ansetzen. Die Entwicklung des Kupferpreises der letzten Jahre[61] hat bereits dazu geführt, dass Absorberbleche nun vornehmlich aus dem günstigeren Aluminium hergestellt werden. Die wichtigsten Ansätze zur Reduktion der Fertigungskosten sieht der BSW bei der Materialeinsparung, der Entwicklung spezieller einsatzoptimierter Kollektoren (Fassaden, Hochtemperatur etc.), durch Materialsubstitution und schließlich in einer vollständig neuen Kollektortechnologie auf Kunststoffbasis.

Tabelle 5.8 Aufteilung der Gestehungskosten und Massenanteile eines Flachkollektors, nach [81].

Komponente	Massenanteil	Kostenanteil
Glasabdeckung	41 %	13 %
Gehäuse (Aluminium) mit Dichtung	31 %	20 %
Dämmung (Mineralwolle)	12 %	9 %
Absorber (Kupfer)	16 %	46 %
Sonstiges	–	12 %

Thermische Speicher machen bei solaren Großanlagen nach Tab. 5.6 mit 11 % einen nur geringen Anteil an den Anlagensystemkosten aus. Dennoch müssen nach Ansicht des Bundesverbands Solarwirtschaft auch hier Technologiesprünge erreicht werden, um das Zukunftspotential der Solarthermie nutzen zu können. Die bisher fast ausschließlich eingesetzten Wasserspeicher (meist als Puffer) mit einer spezifischen Auslegung von 50 - 70 l/m^2 Kollektorfläche erlauben lediglich solare Deckungsanteile von 10 bis 25 % am Gesamtendenergiebedarf des Haushalts für Raumheizung und Trinkwasser [25]. Die durchschnittlichen Marktpreise für Speicher zwischen 1 und 5 m^3 betragen nach [25] rund 1.600 €/m^3. Mit zunehmender Speichergröße sind die spezifischen Kosten erheblich geringer, bei sehr großen Saisonalspeichern (z.B. Kies-Wasser oder Heißwasser) mit 1.000 bis 10.000 m^3 etwa 100 - 200 €/m^3 [8]. Weitere Informationen zu Speicherentwicklungen finden sich im Kapitel 10.
Bei sehr hohen Deckungsanteilen von 70 % und mehr würden die Speicherkosten anteilig die Kosten für die Kollektoren übersteigen. Das Ziel muss also sein, die spezifischen Kosten für mittelgroße Speicher zwischen 5 und 50 m^3 drastisch zu reduzieren.

60 Produktionskosten incl. Fertigungs- und Materialkosten, Lohnkosten und auch Gemeinkosten.

61 2003 kostete Kupfer rund 2.000 €/Tonne, im Januar 2012 rund 6.500 €/Tonne. Der Aluminium-Preis bewegte sich in diesem Zeitraum in einem Fenster zwischen 1.000 und 2.000 €/Tonne [25].

→ Weiterlesen

In der 2007 gegründeten Deutsche Solarthermie-Technologieplattform (DSTTP) organisieren sich alle relevanten Akteure der Solarthermie-Industrie und -Forschung in Deutschland. Die DSTTP versteht sich als Ansprechpartner für die Forschung und Entwicklung zur Solarthermie. In ihrer „Solarwärmestrategie 2020“ [30] sieht die DSTTP folgende Marktsegmente als wichtig und zukunftsträchtig an:

- Kostengünstige, leistungsfähige und effiziente Standardanlagen für Ein- und Zweifamilienhäuser zur Trinkwassererwärmung und Heizungsunterstützung (Kombianlagen)
- Solaranlagen zur Trinkwassererwärmung und solare Kombianlagen für Mehrfamilienhäuser
- Innovative Kombianlagen mit hohen solaren Deckungsanteilen, insbesondere für Einfamilienhäuser und kleinere Mehrfamilienhäuser
- Solare Fernwärmesysteme zur Versorgung von Quartieren und Städten und
- Solare Prozesswärme

Als wichtigste Aufgaben für die zukünftige Forschung und Entwicklung werden genannt:

- Vereinfachung von Installation und Montage („plug and function“) z.B. durch die Entwicklung kostengünstiger, vorgefertigter Baugruppen,
- Erhöhung der Fehlersicherheit und Minderung des Planungsaufwands sowie
- Standardisierung von Baugruppen und Schnittstellen zwischen solarthermischen Komponenten und konventioneller Heiztechnik

Mittelfristig soll als Kostenziel die sog. „gas parity“ erreicht werden – vergleichbare Wärmegestehungskosten zu einem konventionellen Brennwertgaskessel.

5.4 Systemtechnik

In der Systemtechnik soll das Zusammenwirken der beschriebenen Hauptkomponenten Kollektor, Speicher und Regelung betrachtet werden. Die folgenden Abschnitte beschreiben Solaranlagen zur Trinkwassererwärmung, zur Raumheizungsunterstützung, für Prozesswärme, zum solaren Kühlen, für Wärmenetze und zur solarthermischen Stromerzeugung. Die verwendeten geometrischen Darstellungen der Rohrleitungsverbindungen zwischen den Komponenten, Pumpen, Umschaltventilen etc. werden als Hydraulikplan bezeichnet.
Für Solaranlagen wurde in den vergangenen Jahren ein umfangreiches Regelwerk geschaffen, das bereits teilweise auf europäischer und internationaler Ebene vereinheitlicht wurde. Neben einer Vielzahl von Anforderungen an Komponenten und

Solaranlagen finden sich auch Planungs- und Auslegungshinweise. Die folgende Zusammenstellung soll einen ersten Überblick schaffen:

- Vom Hersteller vollständig zusammengestellte Solaranlagen werden nach der Norm DIN EN 12976-1 ([44] bzw. DIN EN 12976-2 [45]) hinsichtlich Leistung, Dauerhaftigkeit, Zuverlässigkeit und Sicherheit geprüft. Für kundenspezifisch (vom Handwerker) zusammengestellte Solaranlagen wurde die DIN EN 12977 mit ihren Teilen 1 bis 5 ([46], [47], [48], [49], [50]) geschaffen, die Anforderungen und Prüfanweisungen für einzelne Komponenten vorgeben.
- Die solarthermierelevanten VDI-Richtlinien haben zum Ziel, sinnvolle Planungs- und Bemessungsregeln zu definieren. Blatt 1 der VDI 6002 ([124] beschreibt die Auslegung solarer Trinkwassererwärmung in Ein- und Mehrfamilienhäusern, Blatt 2 [125]) die Auslegung für Wohnheime, Krankenhäuser, Hallenbäder und Campingplätze. Der kurz vor Veröffentlichung stehende Entwurf der VDI 3988 behandelt die solare Prozesswärme. Die VDI 2169 [121] schließlich gibt Hinweise zur Funktions- und Ertragskontrolle bei Solaranlagen.
- Aus dem Bereich der Gebäude- und Anlagentechnik ist die zur EnEV gehörige Berechnungsnormenreihe DIN 18599 zu nennen. Die Teile DIN 18599-8 [38]) bzw. DIN V 18599-5 ([37]) beinhalten Berechnungsvorgaben zum Energieertrag von thermischen Solaranlagen, um deren Reduktion des fossilen Primärenergieeinsatzes unter Normbedingungen berücksichtigen zu können.

Zunächst sollen die unterschiedlichen Betriebsarten sowie die wichtigsten Systemkennwerte zur Beurteilung von Solaranlagen vorgestellt werden.

5.4.1 Betriebsarten

Zwangsumwälzbetrieb

Kollektorkreise werden in unterschiedlicher Weise „betrieben". Am verbreitetsten ist das Zwangsumwälzsystem, bei dem die Solarflüssigkeit in einem geschlossenen Rohrsystem[62] mit statischem Überdruck von rund 2 bar mit einer Umwälzpumpe umgewälzt wird (Abb. 5.71, links). Wenn das Rohrsystem vollständig entlüftet ist, muss der Förderdruck der Umwälzpumpe ausschließlich die Druckverluste des Rohrsystems überwinden. In Solaranlagen mit Kollektorflächen kleiner 50 m^2 sollte der Druckverlust bei Nennvolumenstrom 500 mbar nicht überschreiten[63]. Bei Wasser-Glycolgemischen hat sich eine Strömungsgeschwindigkeit von 0,4 bis 0,7 m/s in den Rohren bewährt, um einerseits einen ausreichend geringen Druckverlust, andererseits eine gute Entlüftung zu gewährleisten.

---

[62] Rohrleitungen mit Rohrverbinder, dazu Umwälzpumpen, Filter und sonstige Einbauteile.

[63] Nach VDI 6002 [124] sollte zudem das Kollektorfeld so verschaltet werden, dass max. 300 mbar Druckverlust entstehen, bei externen Wärmeübertragern sollten 250 mbar nicht überschritten werden.

Der elektrische Hilfsenergiebedarf $Q_{el,a}$ für die Umwälzpumpe ist anhand der solaren Jahresarbeitszahl

$$JAZ_{sol} = \frac{Q_{sol,a}}{Q_{el,a}} \tag{5.95}$$

abzuschätzen, die das Verhältnis des solaren Nutzertrags $Q_{sol,a}$ zum jährlichen elektrischen Hilfsenergiebedarf $Q_{el,a}$ angibt. Darin enthalten ist auch der (geringe) elektrische Energiebedarf für den Solarregler. Zahlenwerte für JAZ_{sol} sind auf S. 431 nachzulesen. Nach Inkrafttreten einer EU-Verordnung [128] ist seit 2013 nur noch der Einbau von hocheffizienten Umwälzpumpen zulässig.

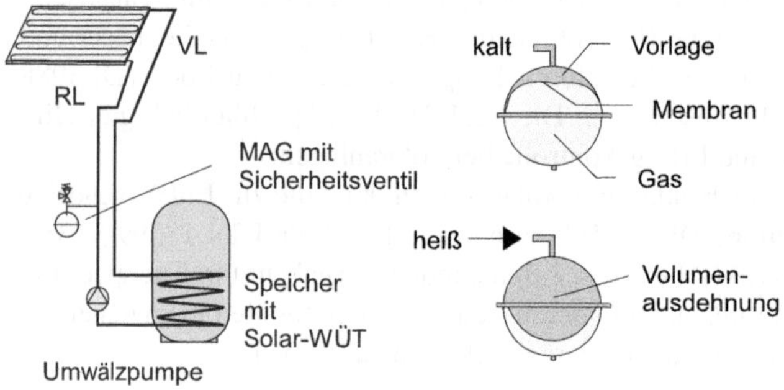

Abb. 5.71 Betriebssysteme von Kollektoren: Zwangsumwälzung (links), Funktion des Membranausdehnungsgefäßes (MAG) (rechts)

Die gewählte Umwälzpumpe muss für den Betrieb mit Solarflüssigkeit geeignet sein. Es ist zu beachten, dass die Förderleistung bei Wasser-Glycolgemischen um ca. 10 % gegenüber den für Wasser angegebenen Kennwerten gemindert ist. Die Temperaturbeständigkeit sollte im Betrieb 110 °C, im Stillstand 130 °C betragen. Die Umgebungstemperatur am Einbauort darf bei den meisten Modellen 40 °C nicht überschreiten. Der Betriebspunkt der Pumpe ist möglichst im mittleren Drittel der Pumpenkennlinie bei höchstem Pumpenwirkungsgrad zu wählen.

Um die Volumenausdehnung der Solarflüssigkeit bei Temperaturerhöhung im geschlossenen Rohrsystem ausgleichen zu können, ist immer ein Membranausdehnungsgefäß (MAG) zu installieren (Abb. 5.71, rechts). Bei der Auslegung des MAG ist zu beachten, dass bei kalter Solarflüssigkeit an der höchsten Stelle im Kollektor noch ein leichter Überdruck von 0,5 bar herrscht und sich im MAG noch eine Mindestmenge Flüssigkeit befindet (Wasservorlage), um Unterdruck bei weiterer Abkühlung zu vermeiden.

Bei Stagnation im Kollektorfeld verdampft ein Teil des Kollektorinhaltes und verdrängt den Kollektorfeld- und zum Teil den Kollektorkreisinhalt. Das Gasvolumen im MAG muss daher so bemessen sein, dass neben der gesamten Volumenausdehnung der Solarflüssigkeit bei einer Temperaturerhöhung bis 140 K auch der gesamte Kollektorfeldinhalt und ein Teil des Inhaltes der Kollektorkreisleitungen aufgenommen werden können, ohne den Anlagenmaximaldruck zu überschreiten.

Dieser wird durch den Nenndruck des Sicherheitsventils vorgegeben. Die VDI 6002 [124] gibt Hinweise zur Dimensionierung und auch zum richtigen Einbau des Membranausdehnungsgefäßes – in Strömungsrichtung nach der Pumpe.
Die EN 12977 [46] fordert für den Betrieb von Solaranlagen die sog. *Eigensicherheit*. Auch anhaltende Strahlungsabsorption ohne Nutzenergieentnahme (Stagnationsbedingung) darf danach nicht zu einem Störfall führen, dessen Behebung über den üblichen Bedienungsaufwand hinausgeht. Die Anlage muss also nach dem Ende der Stagnationsphase selbsttätig wieder in Betrieb gehen können.

Drainbackbetrieb

Beim *Drainbackbetrieb* des Kollektors ist der Kollektorkreis bei Pumpenstillstand oberhalb des Speichers mit Luft gefüllt (Abb. 5.72). Beim Start muss die Pumpe erst eine Flüssigkeitssäule H bis zum oberen Kollektoranschluss aufbauen, entsprechend sind nur leistungsstarke Pumpen mit Nullförderhöhen von mindestens 8 bis 10 m WS in Einfamilienhäusern geeignet[64]. Bei *geschlossenen* Drainback-Anlagen (Abb. 5.72, mitte) gleicht die Systemluft die Volumenänderung der Solarflüssigkeit durch Druckerhöhung (etwa 0,1 bis 0,5 bar) aus, bei *offenen* Systemen (Abb. 5.72, links) erfolgt ein Luftaustausch und Druckausgleich mit der Umgebung. [11] gibt einen umfassenden Überblick zu den vielfältigen Ansätzen bei Drainbackanlagen.
Vorteile von Drainbackanlagen sind ihre baulichen Einfachheit (keine Membranausdehnungsgefäße), die Stagnationssicherheit und die Möglichkeit, ohne Frostschutzmittel zu arbeiten: Sind alle Rohrleitungen des Kollektorkreises mit Gefälle (mindestens 2 %) verlegt, läuft die Solarflüssigkeit bei Anlagenstillstand nur aufgrund der Schwerkraft vollständig in den Speicher bzw. Wärmeübertrager zurück. Der dann mit Luft gefüllte Kollektor ist dadurch vor Beschädigungen bei Eisbildung geschützt, als Solarflüssigkeit ist daher Wasser einsetzbar. Zudem ist die Solarflüssigkeit im Stagnationszustand keinen hohen thermischen Belastungen ausgesetzt.

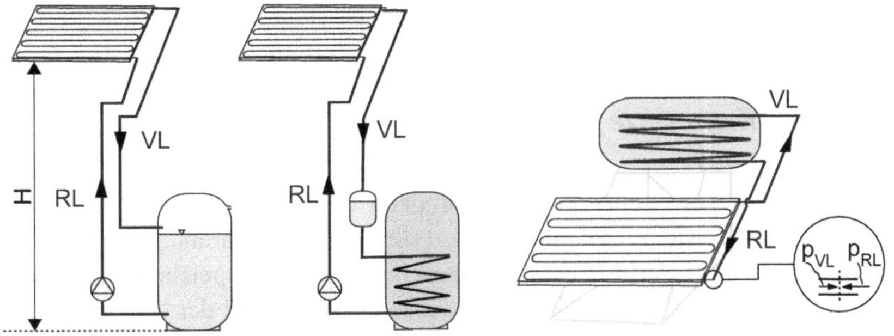

Abb. 5.72 Betriebssysteme von Kollektoren: Drainback offen (links), geschlossen (mitte) und Thermosyphon (rechts)

[64] Auch die Verwendung von zwei seriell geschalteteten Standardpumpen ist möglich. Der geodätische Druck einer Wassersäule (WS) von $H = 10$ m entspricht mit $p = \rho \cdot g \cdot H$ etwa 1 bar.

Thermosyphonbetrieb

Im Mittelmeerraum, in asiatischen Ländern und in Australien hat sich eine weitere Variante etabliert. Bei *Thermosyphon*-Anlagen handelt es sich um geschlossene flüssigkeitsgefüllte Systeme ohne Umwälzpumpe (Abb. 5.72, rechts). Man nutzt hier die Temperaturabhängigkeit der Dichte der Solarflüssigkeit, um einen natürlichen, thermosyphonischen Umwälzstrom zu erzeugen. Bei Thermosyphon-Anlagen muss der Speicher immer oberhalb des Kollektors angebracht sein. Bei Sonneneinstrahlung erwärmt sich die Solarflüssigkeit im Kollektor (Vorlauf, VL) und deren Dichte vermindert sich. Die im Verbindungsrohr zwischen Speicher-Wärmeübertrager und Kollektoreintritt (RL, Rücklaufrohr) befindliche Flüssigkeit ist kälter und damit schwerer. Die beiden miteinander verbundenen Flüssigkeitssäulen bilden aufgrund der unterschiedlichen Dichten am Kollektoreintritt unterschiedliche statische Drücke (vgl. 5.72, rechts) aus. Die Differenz aus beiden ist der Förderdruck,

$$\Delta p_F = g \cdot \int_{h=0}^{H} \rho_{RL}(h) - \rho_{VL}(h)\, dh\,. \tag{5.96}$$

Bei einer mittleren Temperatur in der RL-Flüssigkeitssäule von T_{RL} = 55 °C, einer Temperaturerhöhung von 10 K in der VL-Säule (dem Kollektor und der Verbindung zum Speicher-Wärmeübertrager, also T_{VL} = 65 °C) und einer Gesamthöhe H von 2 m beträgt der Antriebsdruck Δp_F etwa 75 Pa. Die Solarflüssigkeit wird dadurch beschleunigt, bis ein Gleichgewicht zwischen Antriebsdruck und Anlagendruckverlust erreicht ist: $\Delta p_F = \Delta p_V$. Der Anlagendruckverlust erhöht sich dabei proportional zum Quadrat der Strömungsgeschwindigkeit. Je nach Dimensionierung des Kollektorabsorbers stellen sich Volumenströme von 60 l/h bis 150 l/h ein.
Die im geschlossenen Thermosyphonkreis ebenfalls auftretende thermische Volumenausdehnung führt zu einer Druckerhöhung im System und wird über ein Sicherheitsventil durch Flüssigkeitsabgabe begrenzt. Bei Verwendung von Solar-Mantelwärmeübertragern trägt ein darin befindliches Luftpolster zum Druckausgleich bei, bei Rohr-Wärmeübertragern ist ein einfaches, luftgefülltes Ausdehnungsgefäß im Speicher integriert.

5.4.2 System-Kennwerte

Zur Bewertung der thermischen Leistungsfähigkeit von Solarkollektoren wurde in Kap. 5.3 die Modulleistung $\dot{Q}$ definiert. Wird die gesamte Solaranlage betrachtet, müssen auch die Wärmeverluste des Kollektorkreises und des Speichersystems sowie die Stillstandszeiten mitberücksichtigt werden. Hierzu wird der Nutzungsgrad des Systems η_{sol} eingeführt. Die Dimensionierung einer Solaranlage erfolgt durch Vorgabe der Auslastung v_{ausl}. Der solare Deckungsanteil f_{sol}, die anteilige Energieeinsparung f_{SAV} und der spezifische Systemertrag q_{sol} geben den Anteil solarer Nutzwärme am Gesamtwärmebedarf in unterschiedlicher Weise an.

Auslastung

Die Auslastung einer Solaranlage zur Trinkwassererwärmung ist definiert als der auf die Kollektorfeldfläche A_{KF} bezogene Tagesverbrauch $V_{D,60}$ an Trinkwarmwasser[65] in l/m²/d:

$$v_{ausl} = \frac{V_{D,60}}{A_{KF}}. \tag{5.97}$$

Dabei wird angenommen, dass das Trinkwasser von durchschnittlich 13 °C auf eine Solltemperatur von 60 °C zu erwärmen ist. Mit Hilfe der Auslastung v_{ausl} sind Aussagen zur Dimensionierung von Solaranlagen zur Trinkwassererwärmung möglich (vgl. Abb. 5.75 auf S. 392). Je höher die Auslastung ist, desto geringer ist der Beitrag der Solaranlage zum erforderlichen Energiebedarf für die Trinkwassererwärmung.

→ **Berechnungsbeispiel**

An einem wolkenlosen Sommertag werden auf eine nach Süden geneigte Kollektorfläche etwa 7 bis 8 kWh/m² Solarenergie eingestrahlt. Bei einem Nutzungsgrad des Solarsystems von etwa 50 % können davon 3,5 bis 4 kWh/m² thermischer Energie q_{sol} in den Trinkwasserspeicher übertragen werden.
Diese Energie soll dazu verwendet werden, Trinkwasser von der Kaltwassertemperatur $T_{KW} \approx 13$ °C auf die Warmwassersolltemperatur $T_{WW} = 60$ °C zu erwärmen. Die volumetrische Wärmekapazität $(\rho \cdot c)$ des Trinkwassers betrage 1,15 Wh/l/K. Mit 1 m² Kollektorfläche kann damit täglich eine Trinkwassermenge von rund 70 l/m² auf Solltemperatur erwärmt werden:

$$\frac{V_{D,60}}{A_{KF}} = \frac{q_{sol}}{\rho \cdot c \cdot (T_{WW} - (T_{KW})} = \frac{3,5..4 \text{ kWh/m}^2}{1,15 \text{ Wh/l/K} \cdot 47 \text{ K}} \approx 70 \frac{l_{60°}}{\text{m}^2 \text{ d}}$$

Werden in einem Mehrfamilienhaus am Tag 1.400 Liter Warmwasser benötigt, so beträgt die Last $V_{D,60} = 1.400$ l/d. Bei einer installierten Kollektorfläche von 20 m² errechnet sich eine Auslastung von 70 l/m²/d:

$$v_{ausl} = \frac{V_{D,60}}{A_{KF}} = \frac{1400}{20} = 70 \frac{l_{60°}}{\text{m}^2 \text{ d}}.$$

An Sommertagen mit der o.g. Einstrahlung wird die Solaranlage also genau so viel Energie liefern, dass der Warmwasserbedarf vollständig gedeckt wird. Wären dagegen 40 m² Kollektorfläche installiert, betrüge die Auslastung nur 35 l/m²/d. Die Solaranlage wäre in diesem Fall im Verhältnis zum Bedarf (der Last) erheblich größer dimensioniert, wie die Halbierung der Auslastung v_{ausl} zeigt. Bei anhaltender sommerlicher Witterung würde der Solarspeicher seine Maximaltemperatur erreichen und die Regelung der Solaranlage die Umwälzpumpe abschalten. Bei anhaltender Solarstrahlung wird die Anlage mit geringer Auslastung also in Stagnation gehen.

[65] „D" für engl. demand (Bedarf, Last).

Solarer Deckungsgrad

Aus der Fachliteratur sind eine Vielzahl von Definitionen zum solaren Deckungsgrad bekannt, die sich mehr oder weniger unterscheiden. Hier soll der solare Deckungsanteil f_{sol} in Anlehnung an EN 12976 [44] verwendet werden.

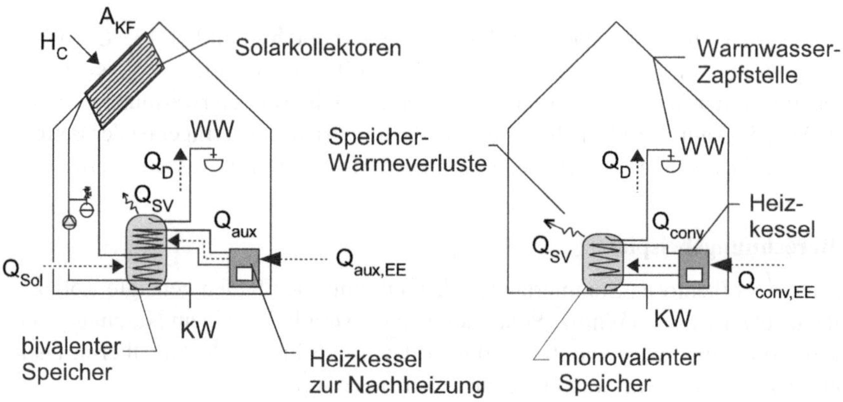

Abb. 5.73 Zur Definition des solaren Deckungsanteils f_{sol} (links) und der anteiligen Energieeinsparung f_{SAV} (links + rechts)

Abb. 5.73 (links) zeigt stark vereinfacht die Energieströme einer Solaranlage zur Trinkwassererwärmung mit bivalentem Speicher und daran angebundener Nachheizung. Als Last der Anlage wird der Nutzenergiebedarf Q_D bezeichnet, der zur Erwärmung des Trinkwasservolumens V_D von Kaltwassertemperatur T_{KW} auf Solltemperatur T_{WW} erforderlich ist,

$$Q_D = V_D \cdot \rho \cdot c \cdot (T_{WW} - T_{KW}). \tag{5.98}$$

Die von der Solaranlage in den Trinkwasserspeicher eingespeiste Energiemenge – der solare Systemertrag – ist mit Q_{sol} bezeichnet. Die Wärmeverluste des Speichers Q_{SV} und der Nutzbedarf an Zusatzenergie Q_{aux} vervollständigen die Energiebilanz um den Speicher. Der solare Deckungsanteil f_{sol} ist nun das Verhältnis des jährlichen solaren Systemertrags Q_{sol} zum jährlichen Nutzenergiebedarf Q_D,

$$f_{sol} = \frac{Q_{sol}}{Q_D}. \tag{5.99}$$

Bei großen Solaranlagen zur Trinkwassererwärmung werden Deckungsanteile von etwa 30 bis 35 % angestrebt, um das wirtschaftliche Optimum zu erreichen. Dazu ist die Anlage mit einer Auslastung v_{ausl} von etwa 60 bis 70 l/h/m^2 zu dimensionieren. Der solare Deckungsanteil erreicht etwa 60 % bei einer Auslastung von rund 20 - 40 l/h/m^2. Wie später gezeigt wird, erhöhen sich dann aufgrund der langen Stagnationszeiten die solaren Wärmegestehungskosten beträchtlich.

Anteilige solare Energieeinsparung

Die Verwendung des solaren Deckungsgrads hat einen entscheidenden Nachteil. Er gibt nicht exakt an, welcher Anteil an Zusatzenergie (etwa Heizöl oder Erdgas) durch Einbau einer Solaranlage tatsächlich eingespart werden könnte. Grund dafür sind die notwendigen Änderungen am Trinkwasserspeicher. Bei einem konventionellen System zur Trinkwassererwärmung versorgt der Heizkessel einen eher klein dimensionierten monovalenten Speicher mit Energie (Abb. 5.73 rechts), dazu wird die Nutzenergie Q_{conv} benötigt.
Zum Betrieb der Solaranlage muss der monovalente Speicher gegen ein bivalentes Speichermodell ersetzt werden, das in etwa das doppelte Nennvolumen besitzt. Trotz des allgemein überdurchschnittlich guten Dämmstandards von Solarspeichern erhöhen sich die Speicherwärmeverluste, wie Gl. (5.91) nahelegt.
Der solare Deckungsanteil f_{sol} berücksichtigt nicht die höheren Speicherwärmeverluste bei Solaranlagen. Bei Verwendung eines sehr schlecht gedämmten und überdimensionierten Speichers würde der solare Deckungsanteil sogar steigen, da mehr Solarwärme in den Speicher eingebracht werden könnte. Eine sinnvollere Definition des solaren Anteils an der Energieversorgung liefert daher die in der DIN EN 12977 beschriebene anteilige solare Energieeinsparung f_{sav}:

$$f_{sav} = \frac{Q_{conv,EE} - Q_{aux,EE}}{Q_{conv,EE}}. \tag{5.100}$$

f_{sav} setzt den nach Einbau einer Solaranlage verbleibenden Bedarf an Zusatzendenergie $Q_{aux,EE}$ ins Verhältnis zum Endenergiebedarf des konventionellen Heizsystems $Q_{conv,EE}$ (vgl. Abb. 5.73). Um die dem Heizkessel zuzuführende Endenergie zu bestimmen, muss der Nutzungsgrad des Kessels η_{NH} mitberücksichtigt werden:

$$Q_{aux} = \eta_{NH} \cdot Q_{aux,EE} \tag{5.101}$$

bzw.

$$Q_{konv} = \eta_{NH} \cdot Q_{konv,EE}.$$

Streng genommen müssten in den beiden Gl. (5.101) zwei Nutzungsgrade unterschieden werden, da die Betriebsbedingungen für den Kessel voneinander abweichen. Die Kesselnutzungsgrade beziehen sich hier auf die Trinkwassernachheizung. Die in Tab. 5.9 gegebenen Werte zeigen, dass diese im Sommer sehr ungünstig sind.

Tabelle 5.9 Nutzungsgrade η_{NH} verschiedener Kesseltypen bei der Trinkwassererwärmung in Abhängigkeit von der Auslastung v_{ausl} der Solaranlage und der Nutzungszeit, nach VDI 6002 [124].

		$\eta_{NH,So}$ [1]		$\eta_{NH,Wi}$ [2]
Kesseltyp	30 l/m²/d	45 l/m²/d	60 l/m²/d	
Pelletkessel	35%	40%	45%	85%
Niedertemperaturkessel	45%	50%	55%	85%
Brennwert-Wandgerät	55%	60%	65%	90%

[1] So = Sommer, außerhalb der Heizperiode, [2] Wi = Winter, in der Heizperiode

Die VDI 6002 empfiehlt die Verwendung eines gewichteten Jahresnutzungsgrades gemäß

$$\eta_{NH}(v_{ausl}) = 0{,}7 \cdot \eta_{NH,So}(v_{ausl}) + 0{,}3 \cdot \eta_{NH,Wi}, \tag{5.102}$$

da rund 70% des jährlichen solaren Nutzenergieertrags Q_{Sol} in den Sommermonaten außerhalb der Heizperiode erbracht werden und der Kessel dann ausschließlich zur Trinkwassererwärmung in Betrieb ist.
Der Systemkennwert f_{sav} ist auch geeignet, Solaranlagen zur Heizungsunterstützung zu bewerten. Die Bestimmung von f_{sav} erfordert immer einen höheren Aufwand, da zwei Simulationsrechnungen (einmal ohne, einmal mit Solaranlage) nötig sind.

Solarer Nutzungsgrad

Der solare Nutzungsgrad η_{sol} ist ein Maß für die Effizienz des solaren Gesamtsystems. Er ist das Verhältnis der von der Solaranlage in den Trinkwasserpeicher eingespeisten Energiemenge (Systemertrag) Q_{sol} zu der auf die Kollektorfläche A_{KF} innerhalb eines Jahres einfallenden solaren Strahlungsenergie H_c,

$$\eta_{sol} = \frac{Q_{sol}}{A_{KF} \cdot H_c} \quad . \tag{5.103}$$

Für eine mit 45 ° nach Süden geneigte Kollektorfläche in Würzburg beträgt die Jahressumme z.B. $H_c = 1.200$ kWh/m^2/a. Anhand von Abb. 5.73 (links) ist die Definition nachvollziehbar. Sinkt die Auslastung v_{ausl} der Solaranlage, sinkt auch der solare Nutzungsgrad η_{sol}, da die unproduktiven Stagnationszeiten der Anlage zunehmen. Gleichzeitig steigt aber der solare Deckungsanteil f_{sol}.

Solarer Jahresertrag

Bei einer großen Solarthermieanlage zur Trinkwassererwärmung sind grundsätzlich vier Hydraulikkreisläufe als Teilsysteme zu unterscheiden, wie Abb. 5.74 zeigt. An den Schnittstellen zwischen den Teilsystemen sind verschiedene solare Jahreserträge zu unterscheiden:

- Im Kollektorkreis (I) wird Solarflüssigkeit umgewälzt. Aus dem Kollektorfeld wird der Kollektorfeldertrag Q_{KF} in den Kollektorkreis eingespeist.
- Der Pufferkreis (II) ist mit Betriebswasser gefüllt. Aus dem Kollektorkreis wird der Kollektorkreisertrag Q_{KK} entnommen und in die Pufferspeicher eingespeichert. Die Differenz zwischen Kollektorfeldertrag und Kollektorkreisertrag entspricht den Wärmeverlusten des Kollektorkreises, $Q_{V,KK} = Q_{KF} - Q_{KK}$.
- Die an den Trinkwasserkreis (III) übergebene Wärmemenge wird als Solarer Nutzwärmeertrag Q_{sol} bezeichnet. Er ist um die Wärmeverluste des Pufferkreises (hauptsächlich der Pufferspeicher) $Q_{V,S}$ geringer als der Kollektorkreisertrag.

- Der Nachheizkreis ((IV), Heizungswasser) belädt über einen Wärmeübertrager den Bereitschaftsspeicher mit der Nachheizenergie Q_{aux} und hält das Warmwasser auf der geforderten Solltemperatur von mindestens 60 °C.

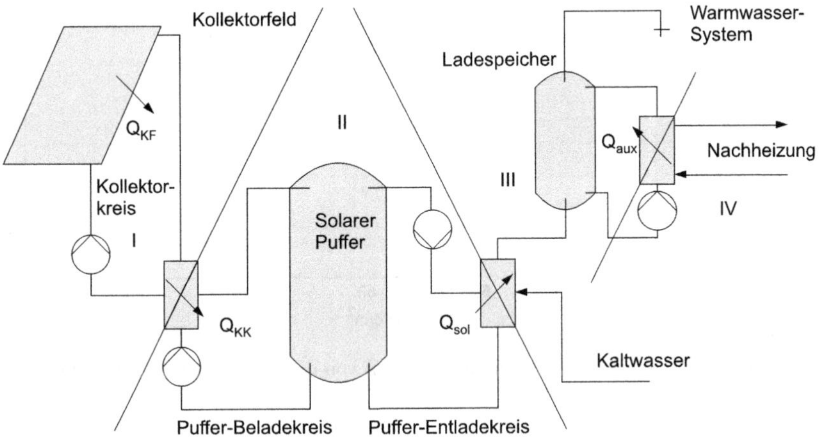

Abb. 5.74 Definition von Kollektorfeldertrag Q_{KF}, Kollektorkreisertrag Q_{KK} und solarem Nutzenergieertrag Q_{sol} anhand eines typischen Schaltbilds einer großen Solarthermieanlage zur Trinkwassererwärmung

Der solare Nutzenergieertrag bzw. Systemertrag Q_{sol} in kWh/a ist die Energiesumme, die der Nutzlast tatsächlich zugeführt wird. Bei der Trinkwassererwärmung muss Q_{sol} nach der VDI 6002 abhängig von der Anlagenschaltung an unterschiedlichen Bilanzgrenzen ermittelt werden, Abb. 5.74 zeigt ein Beispiel.
Der spezifische solare Systemertrag q_{sol} ist der von der Solaranlage im Jahr eingespeiste solare Nutzenergieertrag Q_{sol}, bezogen auf die installierte Kollektorfeldfläche A_{KF}:

$$q_{sol} = \frac{Q_{sol}}{A_{KF}}. \tag{5.104}$$

q_{sol} führt die Einheit kWh/(m^2 a) und ist bei Trinkwasser-Solaranlagen wiederum wesentlich von der Auslastung v_{ausl} beeinflusst. Abb. 5.75 gibt $q_{sol,opt}$ in Abhängigkeit von der Auslastung v_{ausl} für Solaranlagen zur Trinkwassererwärmung bei optimaler Kollektorausrichtung wieder. Die Datenreihen für Groß- und Kleinanlagen wurden mit Hilfe des Simulationstools POLYSUN [118] [66] erstellt, die Datenreihe „VDI 6002" ist [124] entnommen.

[66] Simuliert wurde eine Solaranlage zur Trinkwassererwärmung mit guten Flachkollektoren, Standort: Würzburg. Parameter für die Kleinanlage: bivalenter Solarspeicher (300 Liter), Nachheizung mit 10 kW-Gaskessel, Tagesbedarf 200 l_{60}/d; alle weiteren Randbedingungen in Anlehnung an [47]. Großanlage: Pufferspeicher mit 2000 Liter, TW-Plattenwärmeübertrager, Nachheizspeicher mit 600 Liter; Zirkulationsverluste: 25% der TW-Tagesenergiebedarfs (660 l_{60}/d).

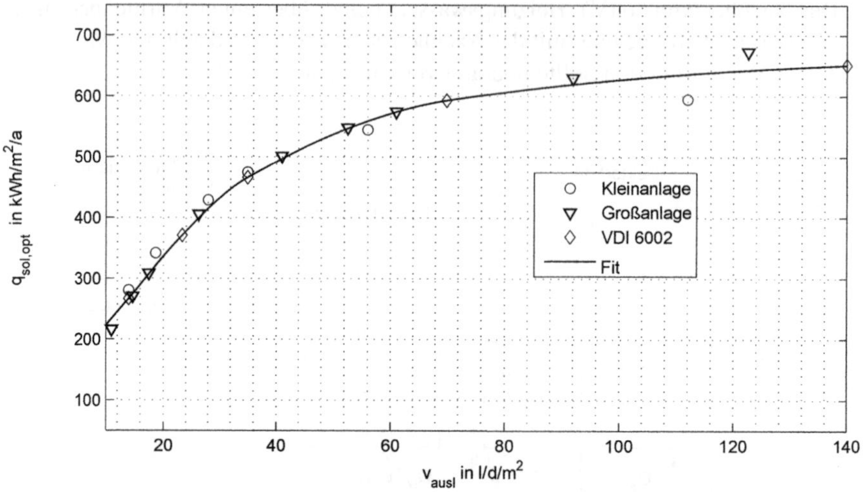

Abb. 5.75 Solarer Systemertrag $q_{sol,opt}$ in Abhängigkeit von der Auslastung v_{ausl} bei optimaler Ausrichtung.

Zwischen dem Nutzungsgrad η_{sol} und dem solaren Nutzenergieertrag q_{sol} besteht ein direkter Zusammenhang. Es gilt

$$q_{sol} = \eta_{sol} \cdot H_c \,. \tag{5.105}$$

q_{sol} ist eine wichtige Kenngröße zur Grobauslegung von Solarwärmeanlagen. Zudem wird q_{sol} für Wirtschaftlichkeitsberechnungen benötigt (ab S. 429). Bei Anlagen zur Trinkwassererwärmung mit hoher Auslastung werden Werte von $q_{sol} > 500$ kWh/m^2/a erreicht, bei geringer Auslastung (und damit langen Stagnationszeiten) sinkt q_{sol} auf Werte um 350 kWh/m^2/a. Der in Abb. 5.75 bei großer Auslastung sichtbare höhere Systemertrag der Großanlage ist auf das gleichmäßigere Tageszapfprofil zurückzuführen: Bei häufiger Warmwasserentnahme ist das Temperaturniveau im Speicher niedriger.
Solaranlagen zur Heizungsunterstützung erreichen bei einer anteiligen Energieeinsparung f_{sav} von etwa 20 % einen spezifischen Jahresertrag von rund 280 kWh/m^2/a. Steigt die anteilige Energieeinsparung f_{sav} auf 30 %, sinkt q_{sol} auf etwa 200 kWh/m^2/a, bei einem f_{sav} von rund 50 % beträgt der Jahresertrag nur noch etwa 120 kWh/m^2/a. Die Angaben gelten für typische Solaranlagen mit Flachkollektoren in Südausrichtung.[67]

Einfluss der Ausrichtung des Kollektorfeldes

Entgegen der allgemeinen Erwartung können Solaranlagen auch dann hohe Systemerträge erzielen, wenn sie nicht ideal nach Süden ausgerichtet sind. Abb. 5.76 zeigt

[67] Zu den Systemerträgen von solaren Prozesswärmeanlagen siehe Kap. 5.4.7.

den Korrekturfaktor f_{NA} für Neigung β und Ausrichtung α des Kollektorfeldes einer Solaranlage zur Trinkwassererwärmung. Das Optimum liegt bei Südausrichtung ($\alpha = 0$ °) mit einem Neigungswinkel von $\beta = 45$ °, aber auch z.B. nach Westen ausgerichtete Anlagen ($\alpha = 90$ °) können noch mehr als 80 % des Optimums erzielen.

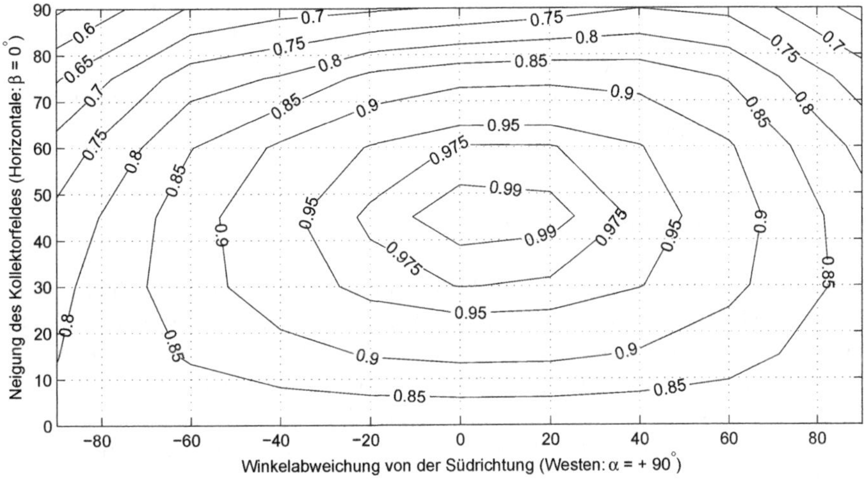

Abb. 5.76 Korrekturfaktor f_{NA} für Neigung und Ausrichtung des Kollektorfeldes einer Solaranlage zur Trinkwassererwärmung nach DIN 18599-8 in der Fassung von 2011.

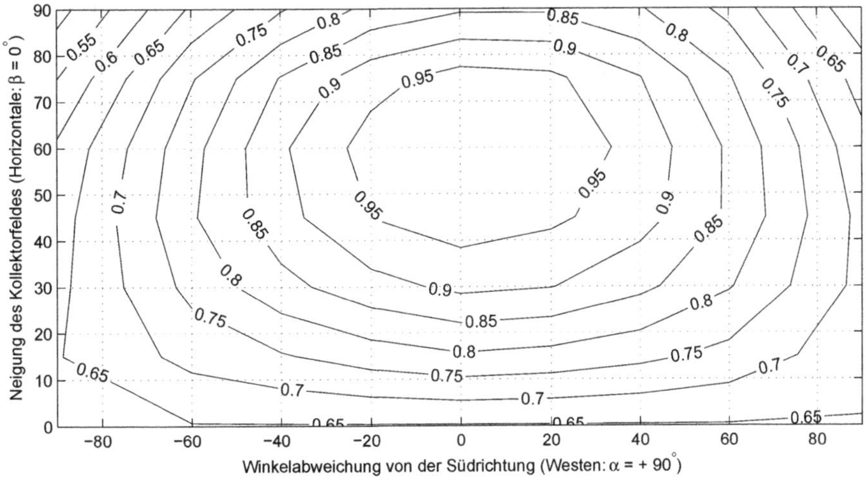

Abb. 5.77 Korrekturfaktor $f_{NA,RH}$ für Neigung und Ausrichtung des Kollektorfeldes einer solaren Kombianlage nach DIN 18599-5 in der Fassung von 2011.

Der Systemertrag q_{sol} einer Anlage zur Trinkwassererwärmung bei einer gegebenen Ausrichtung kann über die einfache Beziehung

$$q_{sol} = f_{NA}(\alpha, \beta) \cdot q_{sol,opt} \tag{5.106}$$

geschätzt werden, wenn f_{NA} aus Abb. 5.76 und $q_{sol,opt}$ aus Abb. 5.75 ermittelt sind. Bei Solaranlagen mit Heizungsunterstützung wird der maximale Ertrag bei Südausrichtung und einer Neigung von etwa $\beta = 60\ ^\circ$ erzielt. Abb. 5.77 zeigt den entsprechenden Korrekturfaktor $f_{NA,RH}$ [68]. Selbst Anlagen mit Fassadenkollektoren in Südausrichtung ($\beta = 90^\circ$, $\alpha = 0^\circ$) erreichen noch Erträge in Höhe von mehr als 80% des Maximalertrags.

Systemertrag und Collector Annual Output

Abb. 5.39, S. 343 zeigte die jährlichen Kollektorerträge Q_{ACO} unterschiedlicher Kollektortypen in Abhängigkeit von der (als konstant angenommenen) Kollektormitteltemperatur. Diese Werte finden sich im Solarkeymark-Datenblatt des Kollektors. Mit Hilfe des auf die Bruttofläche A_G bezogenen Collector Annual Outputs q_{ACO} ist der spezifische solare Systemertrag einer Solaranlage q_{sol} grob abschätzbar, wenn diese auf die maximale sommerliche Last ausgelegt wurde. Nach [123] gilt in diesem Fall

$$q_{sol} \approx q_{ACO}(T_m) \cdot f_{ACO} \tag{5.107}$$

mit dem Lastkorrekturfaktor f_{ACO} aus Tab. 5.10.

Tabelle 5.10 Lastkorrekturfaktor f_{ACO} zur Abschätzung des spezifischen solaren Systemertrags einer Solaranlage q_{sol}, nach [123].

Wochenprofil	$T_m =$	40 °C	50 °C	60 °C	70 °C
7 d/Wo	$f_{ACO} =$	0,90	0,88	0,85	0,81
5 d/Wo	$f_{ACO} =$	0,73	0,71	0,68	0,64

Die Kollektormitteltemperatur T_m ist mit

$$T_m \approx \frac{T_{WS,VL} + T_{WS,RL}}{2} + 5\,K \cdot n_{hx} \tag{5.108}$$

aus den Vor- und Rücklauftemperaturen der Wärmesenke $T_{WS,VL}$, $T_{WS,RL}$ sowie der Zahl der Wärmeübertrager n_{hx} zwischen Kollektorfeld und Wärmesenke bestimmbar. Ein Berechnungsbeispiel folgt im Kap. 5.4.7.

[68] Die $f_{NA,RH}$-Werte aus der DIN 18599-5 wurden auf den Maximalwert (1,02) normiert.

5.4.3 Exkurs – Trinkwassererwärmung und Hygiene

In den vergangenen Jahrzehnten traten immer wieder Krankheitsfälle auf, die durch mikrobiell verkeimtes Trinkwasser verursacht waren. Das Krankheitsbild bei einer Legionellen-Infektion ähnelt dem einer schweren Grippe bzw. Lungenentzündung und wird daher oft nicht richtig diagnostiziert.

Bei einer Tagung von Kriegsveteranen in den USA in einem Hotel in Philadelphia erkrankten im Jahr 1976 über 180 Personen. Die Untersuchung dieser Fälle führte zur Entdeckung des Krankheitserregers Legionella pneumophila und gab ihm auch seinen Namen. Man stellte fest, dass diese Bakterien in nahezu allen Trinkwasserproben enthalten sind (ubiquitär), aber erst ab einer bestimmten Keimdichte krankheitserregend wirken. Die Vermehrungsrate steigt durch lange Verweilzeiten des Trinkwassers bei Temperaturen zwischen 25 und 45 °C massiv an.

Die Deutsche Vereinigung des Gas- und Wasserfaches e.V. (DVGW), das Deutsche Institut für Normung (DIN) und der Verein Deutscher Ingenieure (VDI) haben entsprechende Regeln zur Planung, Installation und zum Betrieb von Trinkwassererwärmungsanlagen vorgelegt, um die Verkeimung des Trinkwassers zu verhindern ([56], [33] und [126]). Diese technischen Regeln bzw. Richtlinien gelten für alle Trinkwasser-Installationen und haben damit auch Auswirkungen auf die hydraulische Gestaltung von Solaranlagen, wie später gezeigt wird. Basis aller Vorschriften zur Wasserhygiene ist die in 2016 aktualisierte Trinkwasserverordnung (TrinkwV 2001). Für größere Trinkwassererwärmungsanlagen, die der DVGW W 551 unterliegen[69], bestehen besondere Anforderungen:

- Die Anlagen müssen so geplant, errichtet und betrieben werden, dass am Warmwasseraustritt des Trinkwasserspeichers immer Temperaturen ≥ 60 °C eingehalten werden,
- der Trinkwasserinhalt aller Speicher (auch der Vorwärmspeicher) muss einmal täglich mindestens auf 60 °C erwärmt werden,
- mit Hilfe eines Zirkulationssystems ist das Trinkwasser im Warmwassernetz ständig im Kreislauf zu führen (max. 8 h Abschaltzeit pro Tag), dabei muss der Zirkulationsrücklauf in den Speicher immer eine Temperatur ≥ 55 °C aufweisen.

Es wird empfohlen, diese Maßnahmen auch in Trinkwassererwärmungsanlagen von Ein- und Zweifamilienhäusern anzuwenden. Nach der DIN 1988-200 [34] dürfen dort Warmwassersolltemperaturen von 50 °C dann eingestellt werden, wenn im Betrieb ein Wasseraustausch innerhalb von 3 Tagen sichergestellt werden kann. Betriebstemperaturen < 50°C sind in jedem Fall zu vermeiden.

Neben der thermischen Desinfektion gibt es eine Vielzahl weiterer zugelassener Verfahren (Ultrafiltration, chemische Desinfektion, UV-Bestrahlung etc.) zur zuverlässigen Abtötung von Mikrorganismen. Leider wird in den o.g. Vorschriften keine Daten zu den notwendigen Einwirkzeiten bei der thermischen Desinfektion genannt.

---

[69] Nach der DVGW W 551 sind Anlagen mit einem Trinkwasserspeicherinhalt < 400 Liter und mit einem Rohrinhalt von max. 3 Liter zwischen Speicher und Entnahmestelle sowie alle Trinkwassererwärmungsanlagen in Ein- und Zweifamilienhäusern als Kleinanlagen definiert. Alle anderen Anlagen sind Großanlagen und unterliegen den Vorschriften der DVGW.

→ **Weiterlesen**

Auch auf EU-Ebene hat man sich des Problems mangelnder Trinkwasserhygiene angenommen und im Herbst 2012 einen Technischen Bericht mit Empfehlungen zur Verhinderung des Legionellenwachstums in Trinkwasser-Installationen veröffentlicht [32]. Darin wurden einige Empfehlungen der nationalen Vorgaben präzisiert. So darf die Kaltwassertemperatur maximal 25 °C betragen, das Warmwasser muss spätestens 30 s nach dem vollständigen Öffnen der Entnahmestelle mit 60 °C ausfließen. Der Technische Bericht nennt auch Vorgaben zur thermischen Desinfektion: Bei einer Temperatur von 60 °C sollte diese 20 min dauern, bei 65 °C genügen 10 min und bei 70 °C 5 min. Die Desinfektion sollte mindestens einmal wöchentlich an jeder Entnahmestelle erfolgen.

Die in der DVGW-Vorschrift und in dem Technischen Bericht der EU beschriebenen Schutzmaßnahmen gegen Legionellen wurden weitestgehend auch in die überarbeitete Fassung der DIN 1988-200 [34] übernommen.

5.4.4 Solare Trinkwassererwärmung im Ein- und Zweifamilienhaus

Kleine Solaranlagen zur Trinkwassererwärmung im Ein- und Zweifamilienhausbereich verfügen typischerweise über einen bivalenten Trinkwasserspeicher, siehe Abb. 5.78 links. Das Trinkwasser ist in diesem Fall direkt das Speichermedium. Um bei hohen Speichertemperaturen im Sommer die Nutzer vor Verbrühung zu schützen, muss den Zapfstellen immer ein thermostatisch geregelter Brauchwassermischer vorgeschaltet sein, der die Temperatur des heißen Wassers aus dem Speicheraustritt (bis max. 95 °C!) durch Beimischung kalten Trinkwassers auf max. 60 °C reduziert.

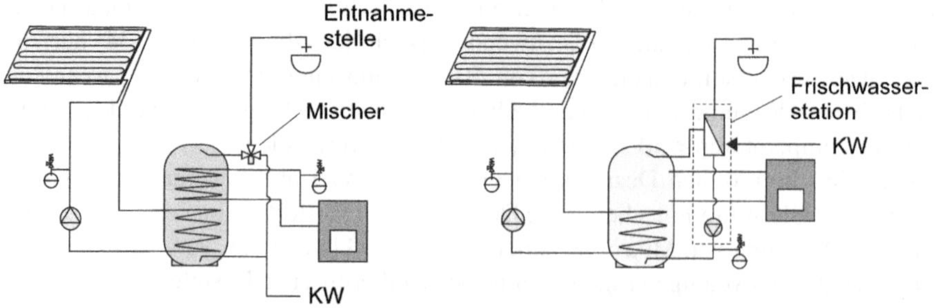

Abb. 5.78 Hydraulikpläne kleiner Solaranlagen zur Trinkwassererwärmung im Ein- und Zweifamilienhausbereich mit bivalentem Speicher (links) bzw. Pufferspeicher und Frischwasserstation (rechts)

Eine zweite Variante kleiner Solaranlagen ist in Abb. 5.78 rechts, gezeigt. Solaranlage und Nachheizung erwärmen hier das Heizungswasser in einem Pufferspeicher. Das Trinkwasser wird über einen externen Wärmeübertrager direkt auf Solltemperatur erwärmt, dazu entnimmt eine geregelte Umwälzpumpe dem Pufferspeicher oben (solar) erwärmtes Heizungswasser und speist es abgekühlt unten in den Pufferspeicher wieder ein. Wärmeübertrager, Pumpe und Regelung sind in einem separaten Gehäuse meist vorinstalliert und werden dann als Frischwasserstation bezeichnet. Die Regelung muss mit Hilfe von Sensoren zur Temperaturmessung und zur Erkennung der Warmwasserzapfung (einfache Paddelschalter oder Volumenstrommesswertgeber) bei Bedarf die Umwälzpumpe einschalten und deren Förderleistung regulieren, um die vorgewählte Warmwasser-Solltemperatur zu erreichen.
Diese Hydraulikschaltung mit solarem Pufferspeicher bietet trotz höherer Kosten zwei Vorteile: Die Gefahr der mikrobiellen Verkeimung des Trinkwassers ist erheblich reduziert und die Kombination der Solaranlage mit einem Festbrennstoffkessel wird vereinfacht.
Typische Speichergrößen bei kleinen Trinkwasseranlagen sind 300 l bei Kollektorflächen von 4 bis 6 m^2, 400 l bei 6 bis 10 m^2 und 500 l bei 8 bis 10 m^2.

→ **Praxiswerte**

Die beschriebenen kleinen Trinkwassererwärmungsanlagen sind von den Herstellern als Komplettpakete zu beziehen und kosten bei einer Kollektorfläche von 4 bis 6 m^2 je nach Ausstattung etwa 3.000 bis 5.500 € incl. MwSt., die Installation zusätzlich 600 - 1.200 € [113]. Die spezifischen System-Investitionskosten betragen also etwa 700 - 1.000 €/m^2_{KF}. Tab. 5.12 auf S. 431 gibt belastbare Schätzwerte an.

Um in den Sommermonaten ohne Raumheizungsbedarf den Heizkessel komplett abschalten zu können, ist eine Auslastung v_{ausl} von etwa 20 - 40 l/m^2_{KF}/d anzustreben. Der Kollektorjahresertrag q_{sol} sinkt dabei auf Werte von etwa 350 kWh/m^2/a und der solare Nutzungsgrad η_{sol} auf etwa 30 %. Der solare Deckungsgrad f_{sol} beträgt dann aber mehr als 60 %.

5.4.5 Große Solaranlagen zur Trinkwassererwärmung

Die Bezeichnung „Große Solaranlagen zur Trinkwassererwärmung" wird bei Anlagen mit mehr als 20 m^2 Kollektorfläche für Mehrfamilienhäuser sowie für Einzelobjekte wie Krankenhäuser, Hallenbäder und Wohnheime verwendet. Von der Vielzahl realisierter Systemschaltungen werden nachfolgend drei Varianten vorgestellt, die sich in der Praxis bewährt haben und auch in [124] behandelt werden.

Solarer Vorwärmspeicher

Große Solaranlagen zur Trinkwassererwärmung werden meist mit solaren Pufferspeichern geplant, um das Verkeimungsrisiko zu minimieren. Abb. 5.79 gibt die verbreitetste Variante wieder.

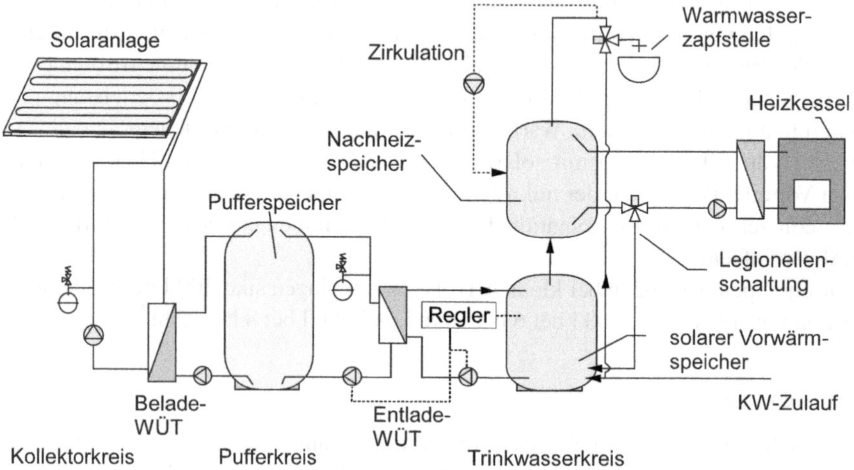

Abb. 5.79 Hydraulikplan einer großen Solaranlage zur Trinkwassererwärmung mit solarem Pufferspeicher und solarem TW-Vorwärmspeicher

Die Solaranlage speist ihre Energie über einen externen Belade-Wärmeübertrager in das Heizungswasser des Pufferspeichers ein. Ist die Temperatur im oberen Bereich des Pufferspeichers höher als im solaren Vorwärmspeicher, schaltet der Entladekreis ein, über den Entlade-Wärmetauscher wird das Trinkwasser im Vorwärmspeicher vorgewärmt. Die Regelung des Heizkessels überwacht die Temperatur im Bereitschaftsspeicher (oder Nachheizspeicher) und schaltet bei Bedarf den Heizkessel zu. In Abb. 5.79 ist zusätzlich der Zirkulationskreislauf dargestellt, dessen Rücklauf in den Bereitschaftsspeicher gespeist wird. Bei aktivierter Legionellenschaltung zur thermischen Desinfektion wird das vom Heizkessel im Platten-Wärmeübertrager auf hohe Temperaturen (> 70 °C) erwärmte Trinkwasser durch Nachheizspeicher und Vorwärmspeicher geleitet.

Die Vorteile dieser Hydraulikvariante liegen in der einfachen Regelbarkeit der Be- und Entladung des Pufferspeichers, der unproblematischen Auslegung der Wärmeübertrager und der einfachen Integration in bestehende Anlagen. Nachteilig gegenüber anderen Varianten sind die etwas erhöhten Kosten durch den Vorwärmspeicher.

Solarer Entlade-Wärmeübertrager

Die zweite Systemvariante in Abb. 5.80 verzichtet auf einen Vorwärmspeicher. Bei jeder Warmwasserentnahme wird die solarthermische Energie aus dem Pufferspeicher über den Entlade-Wärmeübertrager an den Kaltwasserzulauf übertragen.

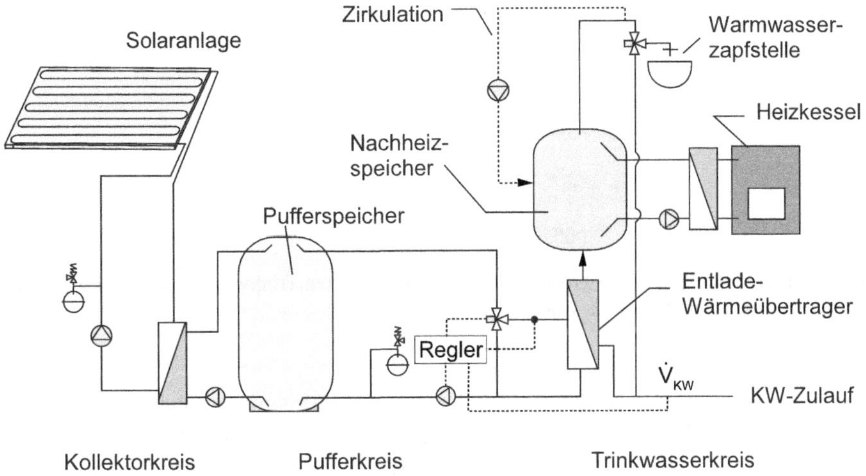

Abb. 5.80 Hydraulikplan einer großen Solaranlage zur Trinkwassererwärmung mit solarem Pufferspeicher und Endlade-Wärmeübertrager

Durch die Wärmeübertragung an das Kaltwasser wird ein besonders niedriges Temperaturniveau im solaren Pufferspeicher erreicht und damit der solare Nutzungsgrad erhöht. Eine Entladung des Pufferspeichers ist jedoch nur in der (kurzen) Zeit möglich, wenn Trinkwasser gezapft wird. Zudem ist die Auslegung des Entlade-Wärmeübertragerkreislaufs (Wärmeübertrager mit Pumpe und Entladeregelung) problematisch, da der Entnahmevolumenstrom sowohl an die maximalen Zapfvolumenströme als auch an kleinste Zapfraten angepasst werden muss. Vorteilhaft ist jedoch die leichte Nachrüstbarkeit bei bestehenden Anlagen. Die Rücklaufbeimischung vor dem Entlade-Wärmeübertrager verhindert durch Temperaturbegrenzung eine Verkalkung der Frischwasserseite.

Direkte Trinkwassererwärmung

Ein weiteres Konzept der solaren Einbindung stellt Abb. 5.81 dar. Hier wird das Trinkwasser ohne Bereitschaftsspeicher direkt beim Durchgang durch den Entlade-Wärmeübertrager auf die erforderliche Solltemperatur von T_{WWsoll} = 60 °C gebracht. Dazu muss der obere Teil des Pufferspeichers (der Bereitschaftsteil) von der Nachheizung auf der notwendigen Vorlauftemperatur von etwa 70 °C gehalten werden. Der Wärmerzeuger heizt also direkt in den Puffer.

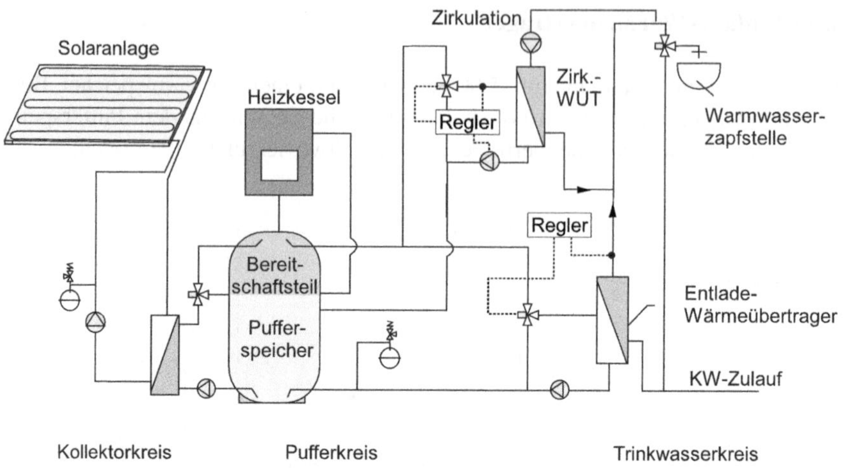

Abb. 5.81 Hydraulikplan einer großen Solaranlage zur direkten Trinkwassererwärmung mit solarem Pufferspeicher und Endlade-Wärmeübertrager

Die Wärmeverluste des Zirkulationssystems werden wegen des hohen Temperaturniveaus (60 °C / 55 °C) über einen gesonderten Zirkulations-Wärmeübertrager gedeckt. Der noch warme Rücklauf darf im Pufferspeicher nicht unten, sondern muss in mittlerer Höhe eingespeist werden.

→ Praxiswerte

Große solare Trinkwassererwärmungsanlagen sind trotz ihres komplexeren Aufbaus kostengünstiger als kleine Anlagen. Die spezifischen System-Investitionskosten betragen nach [25] 620 - 480 €/m^2 (vgl. Tab. 5.12). Auch bei kleineren Anlagen sollten 700 €/m^2 nicht überschritten werden. Die VDI 6002 empfiehlt im Wohnungsbau, bei Studentenwohnheimen, Krankenhäusern und bei Altenheimen eine Auslastung v_{ausl} von 55 bis 70 l/m$^2_{KF}$/d, um materialbelastende Stillstandszeiten zu vermeiden. Der Systemertrag q_{sol} erhöht sich dabei gegenüber Anlagen mit geringer Auslastung auf Werte um etwa 500 kWh/m^2/a, der solare Nutzungsgrad η_{sol} steigt auf 40 bis 45 %. Der solare Deckungsgrad f_{sol} beträgt aber nur etwa 35 %.
Bei der genannten Auslegung „kostet" die kWh solarer Nutzwärme rund 0,12 bis 0,15 €/kWh$_{th}$. Hierbei sind die zusätzlichen Investitionen für die Solaranlage und deren jährliche Betriebskosten (Instandhaltung und elektrischer Hilfsenergiebedarf) bereits berücksichtigt. Die konventionell erzeugte kWh solarer Nutzwärme kostet je nach Nutzungsgrad des Heizkessels und Brennstoffkosten im Vergleich etwa 0,08 bis 0,17 €/kWh$_{th}$. Bei entsprechender Auslegung sind große Solaranlagen zur Trinkwassererwärmung also schon bei heutigen Energiepreisen wirtschaftlich.

Die direkte Trinkwassererwärmung bietet den Vorteil eines einfachen Systemaufbaus und guter Trinkwasserhygiene. Zudem ist hier die solare Teildeckung der Wärmeverluste des Zirkulationssystems möglich. Nachteilig ist die hohe Temperatur im Bereitschaftsteil des Pufferspeichers, vor allem aber der hohe Regelaufwand, um die Soll-Warmwassertemperatur auch bei extremen Zapfsitationen einzuhalten.
In VDI 6002 [124] und [125] werden ausführlich die Planungs- und Bemessungsregeln für den Wohnungsbau, für Studentenwohnheime, Seniorenheime, Krankenhäuser, Hallenbäder und auch für Campingplätze behandelt. Dort finden sich auch sinnvolle Annahmen zur Bestimmung der Tageslast an 60-grädigem Trinkwarmwasser in der sommerlichen Schwachlast. Für die Planung von Solaranlagen in Hotelanlagen ist eine Veröffentlichung von Schwenk et.al. [105] zu empfehlen.
Ein Berechnungs- und zwei Anwendungsbeispiele sollen die vermittelten Grundlagen zur Systemtechnik solarthermischer Anlagen vertiefen und erläutern.

→ Berechnungsbeispiel

Ein Mehrfamilienhaus mit 45 Wohnungen soll mit einer Solarthermieanlage zur Trinkwassererwärmung ausgestattet werden. Ein geeignetes Dach ist aus der Südrichtung um 30° nach Ost gedreht, dessen Neigung beträgt 45°. Der Nutzenergieertrag der Solaranlage Q_{sol} und die mögliche Endenergieeinsparung $\Delta Q_{EE,sol}$ sind überschlägig zu bestimmen. Für die Anlage liegen nur wenige Messdaten vor. Lediglich der jährliche Warmwasserverbrauch in Höhe von 1.058 m^3 ist bekannt. Wurde das Warmwasser mit einer Bereitschaftsspeichertemperatur von 60 °C entnommen, errechnet sich der mittlere Tagesverbrauch daraus zu

$$V_{d,60} = \frac{1058\ \text{m}^3}{365\ \text{d}} \approx 2.900\ \text{l/d}\ .$$

Die Solaranlage soll als Vorwärmanlage mit einem Deckungsanteil von rund 30 % ausgelegt werden, dazu ist eine Auslastung v_{ausl} von 50 l/m^2/a anzustreben. Die zu installierende Kollektorfläche A_{KF} berechnet sich damit zu

$$A_{KF} = \frac{V_{d,60}}{v_{ausl}} = \frac{2.900\ \text{l/d}}{50\ \text{l/m}^2/\text{a}} \approx 58\ \text{m}^2\ ,$$

es wird eine Kollektorfläche von $A_{KF} = 60$ m^2 gewählt. Der Abb. 5.75 wird der spezifische Systemertrag für eine solare Trinkwassererwärmungsanlage entnommen. Für eine Auslastung von 50 l/m^2/a beträgt der spezifische Systemertrag bei optimaler Ausrichtung $q_{sol,opt} \approx 520$ kWh/m^2/a.
Bei Berücksichtigung der Dachausrichtung (Neigung $\beta = 45$ °, Ausrichtung $\alpha = -30$ °) ist der Abb. 5.76 ein Korrekturfaktor von $f_{NA} = 0{,}95$ zu entnehmen. Damit beträgt der zu erwartende spezifische Solarsystemertrag q_{sol} noch

$$q_{sol} = f_{NA} \cdot q_{sol,opt} = 0{,}95 \cdot 520 = 495\ \text{kWh/m}^2/\text{a}\ .$$

Als Wärmeerzeuger wird in dem Mehrfamilienhaus ein Niedertemperaturheizkessel mit Erdgas betrieben, dessen Erzeugeraufwandszahl nach Tab. 2.5 mit $e_g = 1{,}19$ anzunehmen ist. Nach Gl. (2.39) beträgt die jährliche Endenergieeinsparung

$$\Delta Q_{EE,sol} = e_g \cdot q_{sol} \cdot A_{KF} = 1{,}19 \cdot 495\,\text{kWh/m}^2/\text{a} \cdot 60\,\text{m}^2 = 35.343\,\text{kWh/a}\,.$$

Bei einem Heizwert von $H_i = 10\,\text{kWh/m}_N^3$ können mit der Solaranlage damit rund $3.530\,\text{m}_N^3/\text{a}$ Erdgas eingespart werden.

Die beiden folgenden Anwendungsbeispiele sind dem Buch *Solarthermie – Wie Sonne zu Wärme wird* [101] entnommen.

Anwendungsbeispiel 1

Die Wohnungsbaugenossenschaft Südharz (WBG Südharz) betreibt in Nordhausen / Thüringen in mehreren Mehrfamilienhäusern Solaranlagen zur Trinkwassererwärmung. Die nachfolgend beschriebene Anlage verfügt über ein Kollektorfeld aus 20 Kollektoren mit einer Bruttofläche von 51 m^2. Das Kollektorfeld ist aus der Südrichtung um rund 10° nach Westen gedreht, die Neigung beträgt 40°. Nach den Erkenntnissen aus Kap. 5.4.2 wird diese leichte Abweichung von der optimalen Ausrichtung den Ertrag nur um wenige Prozent mindern.

Abb. 5.82 Kollektorfeld einer solaren Trinkwassererwärmung auf einem Mehrfamilienhaus der WBG

Der Aufbau der Solarthermieanlage (siehe Hydraulikplan) entspricht weitgehend dem auf Seite 399 in Abb. 5.80 beschriebenen Anlagenschema. Das im Kollektorfeld erwärmte Solarfluid gibt die Energiemenge Q_{KK} über einen Plattenwärmeübertrager an einen Pufferspeicher (2.500 l) ab, das spezifische Speichervolumen beträgt hier 55 l/m^2. Das kalte Trinkwasser wird bei jeder Zapfung über den Entlade-Plattenwärmeübertrager im Gegenstrom solar vorgewärmt und dabei die Energie

$Q_{sol,w}$ übertragen. Zusätzlich wird über einen zweiten Entlade-Plattenwärmeübertrager der Zirkulationsrücklauf mit der Energie $Q_{sol,z}$ solar vorgewärmt, sofern im Pufferspeicher Wasser mit einer Temperatur größer 65 °C vorhanden ist. Auf Seite 395 wurde beschrieben, dass das Zirkulationssystem zur Erhaltung der Trinkwasserhygiene benötigt wird. Der Rücklauf aus dem Zirkulations-Wärmeübertrager wird im oberen Teil des Pufferspeichers eingeschichtet.
Das solar vorgewärmte Trinkwasser wird von zwei in der Dachzentrale installierten Gas-Brennwertgeräten in zwei parallelgeschalteten Bereitschaftsspeichern mit je 500 Litern nachgeheizt. Bei der gezeigten Einbindung der solarthermischen Anlage ohne solaren Vorwärmspeicher ist die tägliche thermische Desinfektion auf die beiden Pufferentlade-Wärmeübertrager und den Bereitschaftsspeicher beschränkt.

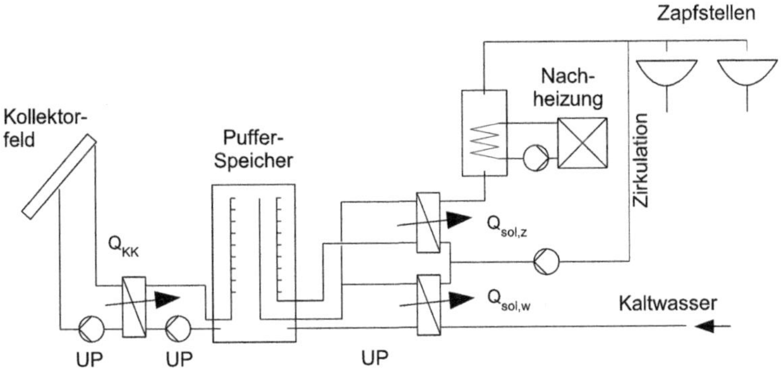

Abb. 5.83 Hydraulikschema einer solaren Trinkwassererwärmung im Mehrfamilienhaus. Der Pufferspeicher ist mit sogenannten Schichtlanzen ausgestattet, die den Rücklauf in den Speicherbereich mit gleicher Temperatur einschichten sollen

Bei der Planung der Anlage wurde ein Trinkwassertagesbedarf von 2.300 l/d (bei 60 °*C*) angenommen. Bezogen auf die installierte Kollektorfeldfläche von 45 m^2 ergibt sich damit eine Auslastung von 51 l/m^2/d. Eine Analyse von Messdaten zeigte, dass die tatsächliche Auslastung durchschnittlich 64 l/m^2/d beträgt – offenbar wurde der Warmwasserbedarf bei der Planung unterschätzt oder er stieg nach Inbetriebnahme um 25 % an. Bei der Untersuchung wurde ein spezifischer Kollektorkreisertrag q_{KK} von 522 kWh/m^2/a ermittelt und anhand dessen der solare Systemertrag q_{sol} zu 485 kWh/m^2/a geschätzt.
Aufgrund der professionellen Auslegungsplanung, der sinnvollen Systemauswahl und einer besonderen Förderung erreicht die untersuchte Solaranlage mittlere Wärmegestehungskosten von 0,055 € /kWh und kann damit Wärme günstiger produzieren als die zur Nachheizung eingesetzten Gaskessel, deren mittlere konventionelle Gestehungskosten 0,110 € /kWh betragen.

Anwendungsbeispiel 2

Das 1980 eröffnete Südharzklinikum liegt in der Stadt Nordhausen. Das Krankenhaus mit ursprünglich 850 Betten verfügt über eine an das Fernwärmenetz angeschlossene zentrale Trinkwassererwärmung. Als Planungsgrundlage für die 1999 installierte Solaranlage zur Trinkwassererwärmung wurde in Verbrauchsmessungen ein Warmwassertagesverbrauch von 73 l je Belegungsbett und Wochentag ermittelt. Das Kollektorfeld wurde auf zwei Flachdächern des Krankenhauses (Apotheke und Technikbau) installiert. Eine Forschergruppe der TU Ilmenau überwachte die Anlage in den ersten Jahren nach Inbetriebnahme messtechnisch [13].

Abb. 5.84 Kollektorfeld auf der Apotheke und dem Technikbau des Südharzklinikums

Die beiden Kollektorfelder sind um 17° aus der Südachse nach Westen gedreht und mit einem Neigungswinkel von 30° auf den Flachdächern aufgeständert. Insgesamt sind 280 Kollektoren mit einer Aperturfläche von 717 m^2 installiert, die in zwei Pufferspeicher mit 35 m^3 Gesamtinhalt einspeisen. Das spezifische Speichervolumen beträgt hier 49 l/m^2.

Im ersten Betriebsjahr 1999/2000 wurde bei einem Trinkwassertagesbedarf von durchschnittlich 55 m^3/d eine tatsächliche Auslastung von 76 $l/m^2/d$ erreicht, der solare Systemertrag q_{sol} betrug 551 $kWh/m^2/a$. Im zweiten Betriebsjahr sank der Trinkwassertagesbedarf auf 43 m^3/d, im dritten Betriebsjahr weiter auf 41 m^3/d. Die Auslastung sank entsprechend auf 60 $l/m^2/d$ bzw. nur noch 57 $l/m^2/d$. Der Systemertrag q_{sol} minderte sich dadurch im zweiten Jahr auf 516 $kWh/m^2/a$, im dritten auf noch 433 $kWh/m^2/a$. Die Wärmegestehungskosten werden bei [13] mit 0,103 €/kWh bis 0,130 €/kWh (Zahlen des dritten Jahres) angegeben.

5.4.6 *Solare Heizungsunterstützung*

Solaranlagen können bei größerer Auslegung auch einen Teil der erforderlichen Nutzenergie zur Raumheizung abdecken. Die am Markt angebotenen Anlagen mit typisch 10 bis 20 m^2 Kollektorfläche erreichen solare Deckungsanteile (hier bezogen auf den gesamten Nutzenergiebedarf zur Trinkwassererwärmung und Raumheizung $Q_{ha} + Q_{wa}$) von etwa 20 bis 30 %, natürlich abhängig von vielen Einflussfaktoren. Bei Betrachtung der Hydrauliken finden sich zwei Varianten besonders häufig, auf die detaillierter eingegangen wird.
Eine heizungsunterstützende Solaranlage mit Rücklauftemperaturanhebung ist in Abb. 5.85 gezeigt. Die Solaranlage gibt die Energie über einen externen Belade-Wärmeübertrager in den Pufferspeicher ab. Die Trinkwassererwärmung erfolgt hier über eine Frischwasserstation direkt aus dem Pufferspeicher. Alternativ dazu wäre die Trinkwassererwärmung z.B. auch über einen Tank-in-Tank-Speicher nach Abb. 5.60 realisierbar. Der Heizkessel versorgt das Wärmeabgabesystem (hier Radiatoren) mit Heizungswasser, dessen Vorlauftemperatur in Abhängigkeit von der Außentemperatur und der Heizkreisauslegung geregelt ist. Der eingezeichnete Heizkreismischer ist dann erforderlich, wenn die maximal zulässigen Temperaturen im Wärmeabgabesystem begrenzt sind, z.B. bei der Fußbodenheizung mit max. 40 °C.

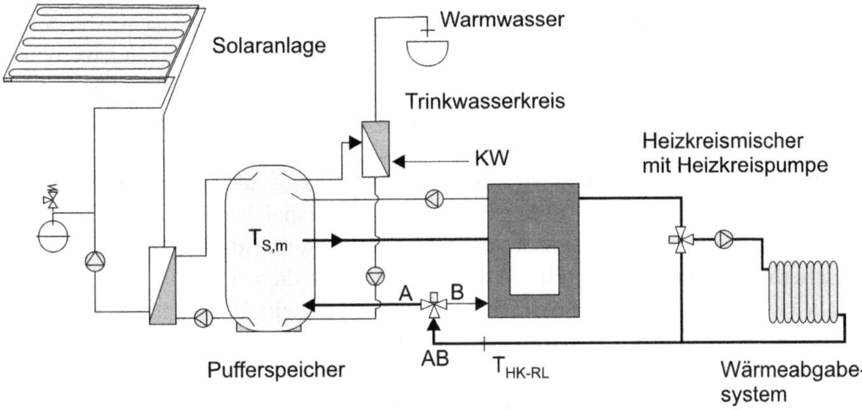

Abb. 5.85 Hydraulikplan einer Solaranlage zur kombinierten Trinkwassererwärmung und Heizungsunterstützung mit solarem Pufferspeicher und Rücklaufanhebung

Die Rücklauftemperatur nach dem Wärmeabgabesystem T_{HK-RL} wird vom Solarregler mit der aktuellen Temperatur in der Mitte des Pufferspeichers $T_{S,m}$ verglichen. Ist die Temperatur im Speicher höher, schaltet der Solarregler das Dreiwegeventil im Rücklauf in die Position AB → A, der kältere Heizkreisrücklauf fließt unten in den Pufferspeicher, das solar vorgewärmte Pufferspeicherwasser über den mittigen Rohranschluss in den Heizkessel. Sind die Speichertemperaturen geringer als im

Rücklauf, schaltet das Dreiwegeventil in die Position AB → B, der Rücklauf aus dem Wärmeabgabesystem wird nun direkt in den Heizkessel geleitet.

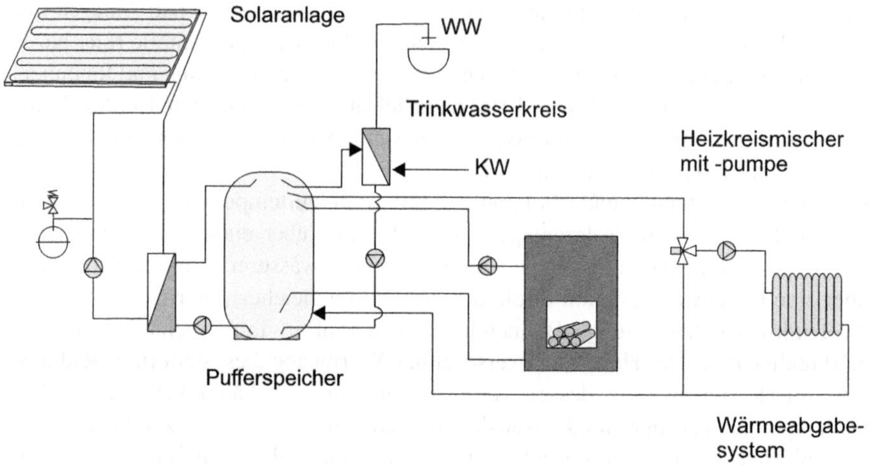

Abb. 5.86 Hydraulikplan einer Solaranlage zur kombinierten Trinkwassererwärmung und Heizungsunterstützung mit Schaltung des solaren Pufferspeichers als hydraulische Weiche

Die Schaltung des solaren Pufferspeichers als hydraulische Weiche nach Abb. 5.86 ist besonders dann interessant, wenn ein Festbrennstoffkessel oder ein anderer Wärmeerzeuger eingesetzt wird, der aufgrund seiner vorgegebenen oder gewünschten Mindestlaufzeit die Heizenergie in einen Pufferspeicher abgeben muss. Auch z.B. ein Pelletheizkessel erreicht einen höheren Nutzungsgrad, wenn durch Pufferung kurzzeitiges Takten vermieden wird. Sowohl der Heizkreis als auch die Frischwasserstation (als Wärmesenken) entnehmen dem Pufferspeicher im oberen Bereich direkt Heizungswasser. Das abgekühlte Heizungswasser wird jeweils dem unteren Speicherbereich wieder zugeführt. Als „Wärmequelle" dienen sowohl der Heizkessel als auch die Solaranlage, beide speisen in den Puffer ein. Es ist naheliegend, den Pufferspeicher in diesem Hydrauliksystem auch als „Wärmemanager" zu bezeichnen, wie dies einige Hersteller tun.
Umfangreiche Simulationsuntersuchungen konnten zeigen, dass die Hydraulikschaltung mit Rücklaufanhebung eine etwas höhere anteilige Energieeinsparung f_{SAV} erreichen kann [82]. Die sehr energieeffiziente und CO_2-neutrale Kombination eines Biomassekessels mit einer Solaranlage lässt sich aber besser mit der Weichenschaltung realisieren.
Die Solarbranche hat sich zum Ziel gesetzt, zukünftig mindestens 50 % des Wärmebedarfs von Gebäuden solarthermisch zu decken, wie in einer Veröffentlichung der European Solar Thermal Technology Platform (ESTTP) [60] nachzulesen ist.

→ **Praxiswerte**

Heizungsunterstützende Solaranlagen sind von den Herstellern ebenfalls als Komplettpakete zu beziehen und kosten bei einer Kollektorfläche von 10 m^2_{KF} bzw. Speichergröße von 700 Litern je nach Ausstattung etwa 7.000 €, größere Anlagen mit 15 m^2_{KF} / 1.000 Litern etwa 10.000 € (vgl. Tab. 5.12, ohne Mwst.). Anlagen mit Vakuumröhrenkollektoren sind meist um einige 1.000 € teurer.
Die kleineren Pakete erreichen anteilige Energieeinsparungen f_{SAV} von etwa 20 %, die größeren Anlagen 25 bis 30 %. Der solare Nutzungsgrad η_{sol} beträgt für kleinere Anlagen rund 30 %, bei größerer Auslegung eher 20 %. Der Systemertrag q_{sol} ist mit 200 - 300 kWh/m^2_{KF}/a aufgrund der langen Stagnationsphasen im Sommer erheblich geringer als bei Solaranlagen zur ausschließlichen Trinkwassererwärmung.
Die Integration von Heizkesseln in Wärmeverbundsysteme mit großen Solaranlagen wurde von 2009 bis 2012 in einem umfangreichen Forschungsprojekt [59] untersucht. Der vollständige Abschlussbericht ist über die web-Seite `http://www.delta-q.de` zugänglich. Die Ergebnisse zeigen:

- Der Nutzungsgrad des konventionellen Wärmeerzeugers wird durch die solare Heizungsunterstützung gleichzeitig negativ (Anhebung der Kesselrücklauftemperaturen) und positiv (Reduktion der Taktzahlen und des ineffizienten Sommerbetriebs) beeinflusst und ändert sich daher nur wenig (-0,5 bis +0,1 %-Punkte).
- Die im Projekt untersuchten Feldtestanlagen erreichten im Durchschnitt nur Endenergieeinsparungen von 6,5% und lagen damit unter den erwarteten Werten.
- Der gemessene Kollektorkreisertrag lag im Mittel bei 340 kWh/m^2/a (Streubreite 215 - 494 kWh/m^2/a) und der solare Deckungsanteil bei 11 bis 13% (Streubreite 2 - 28%).

Die Studie zeigt, dass die untersuchten Solarsysteme z.T. nicht optimal ausgelegt oder zweckmäßig in das Heizsystem integriert waren und dass häufig Installationsfehler gemacht wurden. Hier besteht offenbar noch Optimierungspotential.

5.4.7 Solare Prozesswärme

Als solare Prozesswärme wird solar bereitgestellte Wärme bezeichnet, „die in Betrieben zur Herstellung, Weiterverarbeitung oder Veredelung von Produkten oder zur Erbringung einer Dienstleistung mit Prozesswärmebedarf" genutzt wird [15]. Für Fördermaßnahmen ist auch eine anteilige Nutzung zur Trinkwassererwärmung bzw. Raumheizung zulässig.

Technisches Potential

In einer Ende 2011 erschienenen Studie der Universität Kassel [85] wird eine Abschätzung des Potentials für solare Prozesswärme gegeben. Danach betrug im Jahr 2007 der gesamte industrielle Nutzwärmebedarf 509 TWh/a. Bei einem angenommenen Nutzungsgrad von 75 % mussten von der Industrie zu deren Deckung 678 TWh/a Endenergie aufgewendet werden, dies entspricht 28 % des bundesdeutschen Endenergiebedarfs (2.384 TWh/a in 2007).
Um das solare Potential zu ermitteln, wurden von den Forschern detailliert Prozessketten untersucht und geeignete Branchen identifiziert. Wichtigstes Kriterium für die Eignung ist die Nutztemperatur, bei der der Wärmebedarf anfällt. Hierbei wurden drei Bereiche unterschieden:

- Eine Nutztemperatur <100 °C wird beim Erhitzen von Reinigungs- und Spülwässern (Ernährungsgewerbe) oder Beheizen industrieller Bäder (Galvanik) nicht überschritten. Hierzu zählt auch der industrielle Wärmebedarf zur Raumheizung und Trinkwassererwärmung. Dieser Temperaturbereich ist besonders interessant, da er zum Teil noch mit kostengünstigerer Flachkollektortechnik erschlossen werden kann.
- In einem Nutztemperaturbereich von 100 bis 150 °C (z.B. Dampfnetze) können nur Vakuumröhrenkollektoren sinnvoll eingesetzt werden.
- Im Nutztemperaturbereich zwischen 150 bis 250 °C sind Vakuumröhrenkollektoren prinzipiell noch einsetzbar, bei ausreichender Direkteinstrahlung konzentrierende Solarkollektoren (Parabolrinnen) jedoch effizienter.

Nach [85] wird ein Viertel des industriellen Nutzwärmebedarfs von 509 TWh/a im Nutztemperaturbereich < 250 °C benötigt (129 TWh/a). Dieses theoretische Potential ist für solare Prozesswärme aber nicht vollständig erschließbar: So reduzieren bereits einfache Energieeffizienzmaßnahmen wie Wärmerückgewinnung etc. das solare Potential, da sie kostengünstiger und schneller umzusetzen sind. Oft sind auch Dachflächen mit geeigneter Größe und Traglast nicht ausreichend vorhanden.
In [85] wurde daher angenommen, dass nur etwa 40 % des theoretischen Potentials solar erschließbar ist. Bei Annahme eines pauschalen Deckungsanteils von 30 % könnten damit $129 \cdot 0{,}4 \cdot 0{,}3 = 15{,}4$ TWh/a solarthermisch gedeckt werden, diese Größe wird als technisches Potential bezeichnet. Das wirtschaftliche Potential ist wiederum erheblich geringer – hierbei würden nur die Solaranlagen berücksichtigt werden, deren solare Gestehungskosten zum heutigen Endenergiepreisniveau wettbewerbsfähig sind.
Tab. 5.11 gibt das technische Potential für solare Prozesswärme wieder, aufgeteilt nach dem Nutztemperaturniveau. Rund 2/3 des Potentials erfordert Nutztemperaturen < 100 °C und ist damit mit relativ kostengünstiger Technik zu erschließen.
Bei Annahme eines mittleren Systemertrags von $q_{sol} = 450$ kWh/m^2/a (d.h. Betrieb mit hoher Auslastung) errechnen die Autoren der Kasseler Studie [85] daraus eine zu installierende Gesamtkollektorfläche von ca. 35 Mio m^2, entsprechend einer Leistung von ca. 25 GW_{th}[70]. Ein Vergleich mit der im Jahr 2015 in Deutschland

[70] Umrechnungsfaktor 0,7 kW/m^2

Tabelle 5.11 Technisches Potential für solare Prozesswärme in TWh_{th}/a nach [85].

Wirtschaftszweig	< 100°C	100 bis 150°C	150 bis 250°C	Summe
Ernährungsgewerbe	2,00	1,00	0,40	3,40
Textilgewerbe	0,60	0	0	0,60
Holzgewerbe	0,19	0,02	0,02	0,24
Papiergewerbe	0,71	0,66	0,66	2,03
Chemische Industrie	2,84	0,79	1,13	4,76
Gummi- / Kunststoffproduktion	0,35	0,20	0,10	0,65
Metallerzeugnisse	1,02	0,08	0,04	1,14
Maschinenbau	0,88	0,07	0,04	0,98
Kraftwagen und -teile	1,44	0,12	0,06	1,62
Summen	10,03	2,95	2,44	15,42

ingesamt installierten Kollektorleistung von 14 GW_{th} zeigt, dass das Potential für solare Prozesswärme tatsächlich sehr groß ist.
Anlagen zur Frischwassererwärmung bis 100 °C Nutztemperatur sind prinzipiell wie große solarthermische Anlagen mit Pufferspeicherung aufzubauen. Problematischer ist jedoch die richtige Auslegung sowie die hydraulische und regelungstechnische Einbindung in den Produktionsprozess. Als Folge müssen meist erhebliche Planungskosten aufgewendet werden, da jede Anlage individuell auszulegen ist. Es besteht noch ein größerer Forschungsbedarf, um wenigstens für die wichtigsten Prozessanwendungen Auslegungsempfehlungen zu erarbeiten. Bei über 100 °C Nutztemperatur sind nur noch Anlagen mit Vakuumröhrenkollektoren sinnvoll einzusetzen. Bei der Entwicklung hochtemperaturgeeigneter Komponenten besteht ebenfalls noch Entwicklungsbedarf.
Trotz der angesprochenen Probleme wurden in Europa schon viele solare Prozesswärmeanlagen in Betrieb genommen, nicht nur Pilot- und Demonstrationsanlagen.

Auslegung

Solaranlagen zur Erzeugung solarer Prozesswärme sind immer besondere Anlagen, die einer individuellen Planung bedürfen. Daher gehören sie zum sogenannten Projektgeschäft. Erfahrene Planer müssen in einem ersten Schritt direkt vor Ort die Rahmenbedingungen in einem umfassenden Energiekonzept beurteilen:

- Sind alle sonstigen Maßnahmen zur Energieeffizienz und Prozessoptimierung bereits ausgeschöpft? Werden alle Möglichkeiten z.B. zur Wärmerückgewinnung genutzt?
- Welche Prozessschritte im Unternehmen benötigen thermische Energie?
- Gibt es einen sommerlichen Prozesswärmebedarf mit einem Temperaturniveau unter 100 °C, besser unter 50 °C?
- Ist auch in den Sommermonaten der tägliche Prozesswärmebedarf groß genug?
- Besteht die Bereitschaft für eine langfristige Investition? Gibt es für den Standort und den Prozess langfristige Planungssicherheit?

- Stehen ausreichend Flächen auf dem Dach und in den Versorgungsräumen für die Solaranlage zur Verfügung? Wie hoch ist der Aufwand zur Einbindung der Solaranlage?

→ Weiterlesen

Eine Solaranlage kann vorwiegend in den Monaten März bis September Nutzenergie gewinnen. Daher muss in dieser Zeit ein kontinuierlicher Wärmebedarf (also 5 und mehr Tage je Woche) bestehen. Je geringer die Einspeisetemperatur in den Prozess ist, je höher ist der zu erwartende solare Systemertrag. Der Systemnutzungsgrad sinkt, wenn die Entfernung zwischen Einspeisepunkt und Solaranlage zu groß wird. Als Richtwert nach [123] sollte bei einer Kollektorfläche von 100 m^2 der Einspeisepunkt nicht weiter als 30 m entfernt sein. Auch muss dem Investor bewusst sein, dass eine Investition in eine Solarwärmeanlage zwar grundsätzlich wirtschaftlich sein kann, die Einsparungen an Betriebskosten aber langfristig über 20 Jahre erfolgen müssen.
Mit der VDI 3988 zur Solarthermischen Prozesswärme [123] wird ab 2017 eine Richtlinie vorliegen, um solarthermische Anlagen für industrielle Prozesse zu planen. Ein Schwerpunkt der nach HOAI strukturierten Richtlinie wird die Grundlagenermittlung (Voruntersuchung) sein, die bevorzugte Einsatzmöglichkeiten sowie Ausschlusskriterien nennt. Im Rahmen der Vorplanung werden auf Basis einfacher Berechnungsansätze Kollektorfeldgröße und Speichervolumen grob dimensioniert, der voraussichtliche solare Systemertrag ermittelt, sowie eine erste Abschätzung der Wärmegestehungskosten vorgenommen.

Vor der Dimensionierung der Anlage, die nur mit Hilfe spezieller Software[71] erfolgen kann, hilft eine Grobauslegung bei der Abschätzung der richtigen Anlagengröße und der voraussichtlichen Kosten. Basis ist die Kenntnis der thermischen Lastprofile: der Tageslast, der Wochenlast und der Jahreslast. Abb. 5.87 zeigt in einem Beispiel die Lastprofile für ein Hallenbad.
Soll die Solaranlage zur Erwärmung von Frischwasser (Trinkwasser) auf ein Temperaturniveau von 50 - 60 °C eingesetzt werden, können die Auslegungshilfen für Anlagen zur Trinkwassererwärmung herangezogen werden. Bei Kaltwassertemperaturen von ≈ 15 °C kann die Solaranlage in einem sehr effizienten Betriebspunkt gefahren werden. Bei einem Deckungsanteil von rund 40 % ist der solare Systemertrag mit $q_{sol} = 450$ kWh/m^2/a abschätzbar. Ein ähnliches Nutztemperaturniveau erreichen auch Solaranlagen, die z.B. Kesselzusatzwasser vorwärmen.
Soll die Solaranlage dazu eingesetzt werden, industrielle Bäder oder Prozesse auf einem konstanten Temperaturniveau von 50 - 60 °C zu halten, liegen die Vor- / Rücklauftemperaturen im Solarkreis schätzungsweise um 30 bzw. 20 K höher, bei einer Badtemperatur von 50 °C also bei $T_{VL} = 80$ / $T_{RL} = 70$ °C. Der Kollektorwirkungsgrad von Flachkollektoren sinkt bei diesem Temperaturniveau stark ab, der Systemertrag beträgt nur noch $q_{sol} = 250$ kWh/m^2/a oder weniger. In solchen Fäl-

[71] Geeignete Programme sind u.a.: TRNSYS, POLYSUN und T'SOL

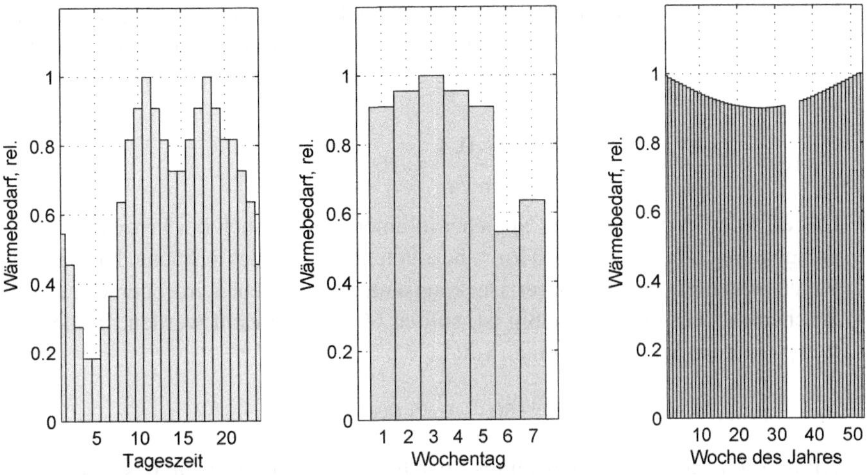

Abb. 5.87 Thermisches Lastprofil eines Hallenbades. Links Tageslastgang, in der Mitte Wochengang und rechts Jahresgang. Aus dem Lastprofil geht hervor, dass auch in den Sommermonaten, trotz mehrwöchiger Betriebspause ein ausreichender Bedarf vorhanden ist.

len sollten ausschließlich Vakuumröhrenanlagen eingesetzt werden, die bei diesen Bedingungen einen Ertrag von $q_{sol} = 320$ kWh/m^2/a und mehr erzielen.
Die Grobdimensionierung einer Anlage zur Frischwasservorwärmung[72] sieht folgende Schritte vor (vgl. [72]):

1. Ermittlung des Jahresmittels des täglichen Energiebedarfs. Wird z.B. an 5 Tagen pro Woche gearbeitet und an einem Tag im Schnitt 10 m^3 mit 60 °C benötigt, so beträgt der wöchentliche Energiebedarf

$$V_{wo} = 5\ \frac{\text{Tage}}{\text{Wo}} \cdot 10\ \frac{\text{m}^3}{\text{Tag}} = 50\ \frac{\text{m}^3}{\text{Wo}}\ .$$

   Arbeitet der Betrieb 46 Wochen/a (4 Wochen Werksferien im Sommer, 2 Wochen Weihnachtsferien), so beträgt der Jahresbedarf an Warmwasser mit 60 °C

$$V_a = 50\ \frac{\text{m}^3}{\text{Wo}} \cdot 46\ \frac{\text{Wo}}{\text{Jahr}} = 2.300\ \frac{\text{m}^3}{\text{a}}$$

   und der Energiebedarf im Jahresmittel

$$Q_a = V_a \cdot \rho\ c_p \cdot (60 - 15)\ \text{K} = 2.300\ \frac{\text{m}^3}{\text{a}} \cdot 1{,}15 \frac{\text{kWh}}{\text{m}^3\ \text{K}} \cdot 45\ \text{K} = 120\ \frac{\text{MWh}}{\text{a}}\ .$$

2. Nach heutigen Maßstäben ist es sinnvoll, die Solaranlage auf einen Deckungsanteil von etwa 40 % auszulegen. Damit ist sichergestellt, dass bei ausreichender Einstrahlung an Sommertagen die Solaranlage gerade den gesamten Bedarf alleine decken kann und nur wenige Stunden im Jahr unproduktive Stagnation auftritt.

[72] mit Kaltwassertemperaturen von $\approx 15\,^\circ$C

3. Die erforderliche Kollektorfläche A_{KF} des Kollektorfeldes ist über den angestrebten Deckungsanteil f_{sol} und den Schätzwert des Systemertrags bestimmbar. Bei Frischwassererwärmung kann bei $f_{sol} = 40\%$ mit $q_{sol} = 450\,\text{kWh/m}^2\text{/a}$ gerechnet werden:

$$A_{KF} = \frac{Q_a \cdot f_{sol}}{q_{sol}} = \frac{120\,\text{MWh/a} \cdot 0{,}4}{450\,\text{kWh/m}^2\text{/a}} \approx 100\,\text{m}^2\,.$$

4. Das erforderliche spezifische Speichervolumen beträgt auch bei Prozesswärmeanlagen ungefähr $V_{S,spez} = 50\,\text{l/m}^2$, bezogen auf die Kollektorfläche. Nur in den Fällen, wenn ein hoher solarer Deckungsanteil angestrebt wird oder wenn die Wochenlast sehr ungleichmäßig ist, sollten 60 l/m^2 gewählt werden. In diesem Beispiel ist ein Speichervolumen von

$$V_S = A_{ap} \cdot V_{S,spez} = 100\,\text{m}^2 \cdot 50\frac{\text{l}}{\text{m}^2} = 5.000\,\text{l}$$

erforderlich. Ein zu groß gewähltes Speichervolumen führt dazu, dass die Wassermenge nur unzureichend erwärmt und die Nutztemperatur nicht erreicht wird. Ein zu kleines Speichervolumen führt zum frühzeitigen und häufigen Abschalten des Solarkreises.
5. Die bei dieser Grobdimensionierung errechneten Werte sind Ausgangspunkt einer detaillierten Simulationsstudie, die die geplante Anlagenhydraulik, die Kollektorauswahl und -größe, das Pufferspeichervolumen und die vorgesehene Einbindung in das konventionelle System berücksichtigt. Es sollten immer auch Sensitivitätsuntersuchungen gemacht werden, die z.B. veränderte Lastgänge berücksichtigen.
6. Gemeinsam mit den Simulationsrechnungen sollen auch Wirtschaftlichkeitsberechnungen vorgenommen werden, um die optimale Anlagengröße zu identifizieren.

→ Weiterlesen

Die Ende 2011 erschienene Studie der Universität Kassel [85] mit dem Thema „Das Potential solarer Prozesswärme" gibt nicht nur eine Abschätzung zum zukünftigen Marktvolumen, sondern gibt auch einen Einblick in die zur solarthermischen Erschließung interessantesten Prozessschritte in den einzelnen Branchen. Das europäische Forschungsprojekt „SO-PRO" [72] hat zum Ziel, die Marktentwicklung solarer Prozesswärme zu fördern. U.a. mit Hilfe des Freiburger Fraunhofer Instituts für Solare Energiesysteme (FhG-ISE) wurden Planungshilfen und Checklisten erstellt, denen auch die hier gezeigte Grobauslegung entnommen wurde. Dazu wurden für die interessantesten Anwendungsfälle (Reinigungsprozesse, Vorwärmung von Kesselzusatzwasser, Beheizen industrieller Bäder ...) Nomogramme zur Systemauslegung erstellt, die eine genauere Abschätzung des solaren Potentials ermöglichen.

→ Berechnungsbeispiel

Der je m² Kollektorfeldfläche zu erwartende Systemertrag q_{sol} einer solaren Prozesswärmeanlage soll nach dem auf S. 394 beschriebenen Verfahren abgeschätzt werden.
Es sei angenommen, dass die Solaranlage in einer Brauerei werktäglich Trinkwasser von Kaltwassertemperatur auf 70 °C erwärmen soll. Die Anlage wird mit einem Pufferspeicher, einem Belade- und einem Entladewärmeübertrager ähnl. Abb. 5.80, S. 399, geplant. Mit Gl. (5.108) von S. 394 ist

$$T_m \approx \frac{15+70}{2}\ ^\circ\mathrm{C} + 5\ \mathrm{K} \cdot 2 \approx 53\ ^\circ\mathrm{C}$$

Nach Abb. 5.39, S. 343, ist bei dieser Kollektormitteltemperatur und Einsatz von CPC-Vakuumröhren ein jährlicher Bruttoertrag q_{ACO} von 600 kWh/(m²a) zu erwarten.
Aus Tab. 5.10 (S. 394) ist für den werktäglichen Betrieb ein Lastkorrekturfaktor von $f_{ACO} = 0{,}71$ zu entnehmen und damit nach Gl. (5.107) ein spezifischer solarer Systemertrag von

$$q_{sol} = 600\ \mathrm{kWh/(m^2a)} \cdot 0{,}71 = 426\ \mathrm{kWh/(m^2a)}$$

zu erwarten.

Das BAFA fördert seit März 2013 die Errichtung solarer Prozesswärmeanlagen ab einer Brutto-Kollektorfläche von 20 m² mit bis zu 50 % der nachgewiesenen Netto-Investitionskosten[73]. Im Gegenzug muss sich der Betreiber verpflichten, den solaren Systemertrag fortlaufend zu messen und die Daten der ersten 7 Betriebsjahre zur wissenschaftlichen Auswertung zur Verfügung zu stellen. Weitere aktuelle Informationen, u.a. das Merkblatt „Solare Prozesswärme“ [15], sind über das web-Portal `www.bafa.de` erhältlich.

Anwendungsbeispiel

Die Hütt-Brauerei in Baunatal / Nordhessen betreibt seit 2011 eine solare Prozesswärmeanlage. Als Planungsgrundlage diente ein Energiekonzept der Universität Kassel, das auch Wärmerückgewinnungsmaßnahmen innerhalb des Brauprozesses mit einschloss. Der Anlagenbetrieb wurde einige Zeit messtechnisch erfasst [116].

Der Brauprozess benötigt sehr viel Warmwasser auf einem Temperaturniveau zwischen 58 und 90 $^\circ C$ und ist daher grundsätzlich sehr gut für den Betrieb einer Solarthermieanlage geeignet. Vor der Installation der Solaranlage sollte der Brauprozess jedoch immer gründlich analysiert und hinsichtlich möglicher Energieeffizienzmaßnahmen untersucht werden. Oft ist der Energieverbrauch schon durch einfache Wärmerückgewinnungsmaßnahmen deutlich zu reduzieren. Die folgende Abb. 5.88

[73] D.h.: inkl. Planungskosten, Kosten für Systemeinbindung oder Kosten für Mess- und Datenerfassungseinrichtungen

zeigt den Brauprozess in einer stark vereinfachten Hydraulikskizze nach den Umbaumaßnahmen. Für das Maischen, Läutern und das Kochen wird sehr viel Energie benötigt, die vor den Umbaumaßnahmen zum größten Teil durch direktes Erhitzen bereitgestellt wurde. Das beim Einkochen der Würze in der Sudpfanne verdampfende Wasser dient dazu, den sog. Verdrängungsspeicher mit der Brauwasserreserve über einen Rohrbündel-Wärmeübertrager vorzuheizen. Aus dem Verdrängungsspeicher wird oben heißes Brauwasser entnommen, um die Würze vor dem Kochen vorzuwärmen und um kaltes Brauwasser zum Maischen und Läutern vorzuwärmen.

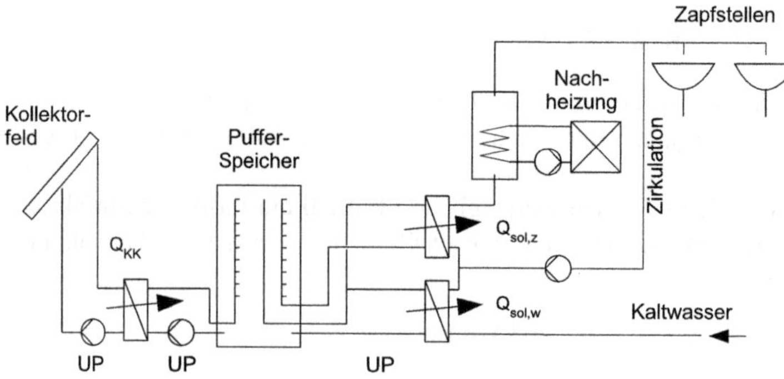

Abb. 5.88 Umsetzung einer solaren Prozesswärmeanlage in der Würzebereitung einer Brauerei, nach [116]

Die neu installierte Solaranlage mit 155 m^2 Kollektorfläche und 10 m^3 solarem Pufferspeicher (63 l/m^2) erwärmt über einen Entlade-Wärmeübertrager das dem Entleerungsspeicher zugeführte kalte Brauwasser. Dieser Speicher mit variablem Füllstand bildet den zweiten Teil der Brauwasserreserve. Wenn der Füllstand auf ein Mindestniveau gesunken ist, kann solar vorgewärmtes Brauwasser nachgefüllt werden.
Die folgende Abb. zeigt das Kollektorfeld, das mit einem Neigungswinkel von 28° in Südausrichtung montiert ist, sowie den solaren Puffer mit Ausdehnungsgefäßen im Vordergrund. Die Anlage konnte zu Systemkosten von 645 €/m^2 errichtet werden, zur Hälfte wurde die Investition im Rahmen des Programms *Solarthermie2000plus* vom Bundesumweltministerium gefördert.
Aus den Voruntersuchungen ergab sich ein spezifischer Systemertrag q_{sol} von 476 kWh/m^2/a. Tatsächlich wurden im ersten und zweiten Betriebsjahr jedoch nur 238 bzw. 272 kWh/m^2/a erreicht. Ursache für das unbefriedigende Betriebsergebnis waren technische Fehler an der Anlage, die (nur) durch die messtechnische Begleituntersuchung erkannt werden konnten (u.a. ein mangelhafter Wärmeübertrager) sowie manuelle Eingriffe des Betriebspersonals in den Prozess. Nach Fehlerbehebung konnte die Solaranlage die erwarteten Systemerträge erreichen.

Abb. 5.89 Kollektorfeld der Hütt-Brauerei (links) und Solarspeicher (rechts) [116]

5.4.8 Solares Kühlen

Beim solaren Kühlen oder solaren Klimatisieren sind (Energie-) Bedarf und (Solarstrahlungs-) Angebot eng miteinander verknüpft: Gerade an Sommertagen mit hoher Sonneneinstrahlung wird vor allem im gewerblichen Bereich (Läden, Kaufhäuser, Restaurants, Bürogebäude) besonders viel Kälte zur Klimatisierung benötigt. Die passende Technik zur Erzeugung von Kälte aus Solarstrahlung gibt es bereits seit vielen Jahrzehnten, dennoch existieren in Deutschland nur wenige realisierte Anlagen. Grund dafür sind die nur geringen Vollbenutzungsstunden von wenigen Hundert Stunden im Sommer, die i.d.R. keinen wirtschaftlichen Betrieb ermöglichen. Das später vorgestellte Anwendungsbeispiel zeigt, dass dies nicht immer gelten muss. Nachfolgend werden zwei völlig unterschiedliche Ansätze beschrieben, das photovoltaische und das solarthermische Kühlen.

Photovoltaisches Kühlen

Photovoltaisches Kühlen nutzt die herkömmliche Kühltechnik: Klassische Kältemaschinen mit einem mechanischen Kompressor werden über einen Elektromotor angetrieben, der elektrische Energie benötigt. Diese kann von einer Photovoltaikanlage unmittelbar aus der Solarenergie bereitgestellt werden, wie Abb. 5.90 zeigt.
Die zum Verdampfen des Kältemittels benötigte Energiemenge wird dem Kühlwasser bzw. indirekt dem Kühlraum entnommen. Das Kältemittel wird so ausgewählt, dass es bei passenden Temperaturen (z.B. 0 bis 5 $°C$ bei Klima- oder -25 $°C$ bei Tiefkühlanlagen) und technisch gut beherrschbaren Drücken (z.B. 2 bis 5 bar) verdampft.
In Abb. 5.90 wurde ein Raum mit der Kühlleistung $\dot{Q}_K$ entwärmt. Dazu wird in der Kältemaschine Wasser auf etwa 8 $°C$ abgekühlt und durch Kühlplatten im Raum geführt. Das Wasser nimmt aus dem Raum Energie auf und erwärmt sich dabei auf

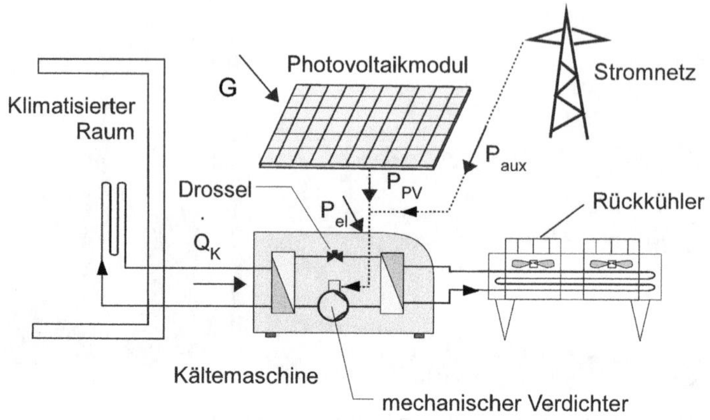

Abb. 5.90 Klimatisierung mit Kompressions-Kältemaschine und Photovoltaikmodul

etwa 12 °C. Die Kompressionskältemaschine benötigt für den Antrieb des mechanischen Verdichters mit Hilfe eines Elektromotors die elektrische Antriebsleistung P_{el}. Erzeugt das PV-Modul nicht genügend Leistung P_{PV}, muss aus dem Stromnetz zusätzlich P_{aux} bezogen werden.
Das Verhältnis der Kälteleistung $\dot{Q}_K$ zur benötigten elektrischen Leistung P_{el} wird als EER (energy efficiency ratio, häufig auch Kälteleistungszahl) bezeichnet, beim Antrieb mit thermischer Heizleistung $\dot{Q}_{zu}$ als Wärmeverhältnis ζ

$$EER = \frac{\dot{Q}_K}{P_{el}} \quad \text{bzw.} \quad \zeta = \frac{\dot{Q}_K}{\dot{Q}_{th}} \,. \tag{5.109}$$

Berechnungsbeispiel

Je erzeugte kW Kälteleistung ist bei Annahme einer Kälteleistungszahl von EER = 3 eine elektrische Antriebsleistung von etwa $\dot{P}_{el}$ = 330 W$_{el}$ erforderlich. Bei guter Ausrichtung treffen an einem klaren Sommertag rund G = 1.000 W/m^2 Solarstrahlung auf ein Photovoltaikmodul. Bei einem Wirkungsgrad von (je nach Technologie) η_{el} = 8 % bis 14 % erzeugt das Modul daraus eine elektrische Leistung von 80 bis 120 W/m^2. Es werden also rund 3 m^2 Modulfläche benötigt, um eine Kälteleistung von 1 kW zu generieren. Anders ausgedrückt: je kW installierter PV-Leistung (entsprechend 8 bis 12 m^2) können 3 kW Kälteleistung erzeugt werden.
Um die Kältemaschine auch bei Bewölkung oder an heißen, aber strahlungsarmen Tagen zu betreiben, muss entweder ein (teures) Batteriesystem als Stromspeicher installiert werden oder eine Anbindung an das Elektrizitätsnetz bestehen. Die Kosten photovoltaischer Kälte sind von sehr vielen Faktoren abhängig, sodass hier keine Aussagen gemacht werden können.

Solarthermisches Kühlen

Beim solarthermischen Kühlen wird ebenfalls altbekannte Technik eingesetzt – die ersten Sorptionskühlanlagen wurden bereits in der zweiten Hälfte des 19. Jahrhunderts eingesetzt, u.a. zur Kühlung von Brauereierzeugnissen. In Kap. 2.3.2 ab S. 75 wurde diese Technologie, die auch als Wärmepumpe zu verwenden ist, ausführlich erläutert. Bei den Absorptionskältemaschinen ist der in Abb. 5.90 sichtbare mechanische Kompressor durch einen thermisch angetriebenen Kompressor ersetzt, der die Heizleistung $\dot{Q}_{th}$ benötigt (Abb. 5.91). Bei ausreichender Sonneneinstrahlung kann diese ganz oder teilweise von einem Solarkollektor gedeckt werden. Je nach Art des verwendeten Kältemittels sind dazu Kollektorvorlauftemperaturen von 65 bis 140 °C nötig. Zum solaren Kühlen werden daher meist Vakuumröhren eingesetzt, die auch noch bei diesen hohen Kollektortemperaturen einen guten Wirkungsgrad zeigen. Genügt die Leistung des Kollektorfeldes nicht zum Antrieb des thermischen Verdichters, schaltet ein anderer Wärmeerzeuger zu. Das ausgedampfte Kältemittel wird im Rückkühler verflüssigt und gibt dabei die Wärmemenge Q_{AB} an die Umgebung ab.

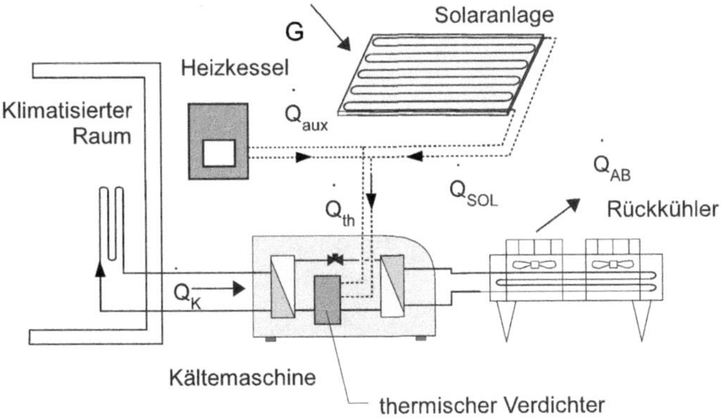

Abb. 5.91 Klimatisierung mittels Kältemaschine mit therm. Verdichter und Solarkollektoren

Berechnungsbeispiel

Kältemaschinen mit thermischen Verdichtern erreichen ein Wärmeverhältnis ζ von 0,6 bis 0,7. Je kW Kälteleistung Q_K ist also eine thermische Heizleistung $\dot{Q}_{th}$ von rund 1,5 kW erforderlich. Ein CPC-Röhrenkollektor kann bei Vorlauftemperaturen von 95 °C, einer Einstrahlung von 1000 W/m^2 und einer Umgebungstemperatur von 25 °C eine thermische Leistung $\dot{Q}_{sol}$ von rund 500 W je m^2 Bruttofläche aufbringen, wie Abb. 5.25 auf S. 330 zeigte. Es werden also rund 3 m^2 Bruttofläche benötigt, um eine Kälteleistung von 1 kW zu generieren. Im Vergleich zum photovoltaischen Kühlen zeigt sich damit eine ähnliche Flächeneffizienz.

Anwendungsbeispiel

Die FESTO AG & CO. KG betreibt für ihr Büro- und Verwaltungsgebäude in Esslingen eine große Anlage zur Kälteversorgung. Hierbei werden drei Adsorptionskältemaschinen mit jeweils 350 kW Nennleistung eingesetzt, die 26.760 m^2 Bürofläche sowie drei Atrien mit einer Fläche von 2.790 m^2 kühlen. Die Kältemaschinen wurden zuvor mit Gas-Brennwert-Kesseln sowie der Abwärme von Kompressoren (Temperaturniveau 65 bis 75 *°C*) betrieben. Als dritte Wärmequelle wurde 2008 eine Vakuumröhrenkollektor-Solaranlage mit 1.218 m^2 Aperturfläche hinzugefügt, die den Erdgasbedarf weiter senken sollte. Die Vakuumröhrenkollektoren sind auf einem Sheddach mit 30° Neigung installiert und zeigen eine Südabweichung von 17 ° nach Westen. Zwei Pufferspeicher mit je 8.500 l Volumen speichern die Solarwärme [109].
Abb. 5.92 zeigt das Kollektorfeld. Als Besonderheit ist zu nennen, dass die Kollektoren mit reinem Wasser ohne Frostschutzmittel als Solarflüssigkeit betrieben werden, das sog. „AquaSystem" ist eine Entwicklung des Unternehmens PARADIGMA aus Dettenhausen.

Abb. 5.92 Solarkollektorfeld auf dem Dach der FESTO AG & CO. KG in Esslingen aus [109]

In den Übergangszeiten und im Winter, wenn keine Kühlung der Gebäude notwendig ist, wird die solare Wärme unterstützend für die Gebäudebeheizung genutzt. Durch die Kombination von Kühlung und Heizung können niedrigere Wärmegestehungskosten erzielt werden als bei alleiniger Nutzung zur Klimatisierung. Für die solare Kühlung im Sommer stehen Temperaturen zwischen 75 und 95 °C, zur Heizungsunterstützung im Winter von 50 bis 70 °C zur Verfügung [109].
Im ersten Betriebsjahr 2008/2009 erreichte die Solaranlage einen spezifischen Systemertrag q_{sol} von 377 kWh/m^2/a, der im zweiten Jahr durch Optimierungsmaßnahmen auf 434 kWh/m^2/a gesteigert werden konnte. Die Solaranlage lieferte damit rund 9 % des Gesamtenergiebedarfs der Unternehmenszentrale für Heizen und Kühlen.

5.4.9 Solare Fernwärme

Dänemark gilt als Vorreiter der solaren Fernwärmeversorgung: Im September 2016 waren dort bereits Anlagen mit einer Gesamtfläche von 1.000.000 m^2 Kollektorfläche verbaut [110]. Im Internet sind die Kenndaten von 26 dieser Anlagen online abrufbar.[74] Dänemark hat sich zum Ziel gesetzt, im Jahr 2050 rund 40 % seines Wärmebedarfs durch Solarthermie bereitzustellen – davon 80 % in Form solarer Nahwärme. Die politischen Rahmenbedingungen dazu wurden u.a. durch hohe Steuerabgaben auf fossile Energien geschaffen. Zudem sind die auch im ländlichen Raum weit verbreiteten Wärmenetze meist von Genossenschaften in Bürgerhand betrieben, bei denen die Gewinnoptimierung nicht im Vordergrund steht.
Nach [92] können Großanlagen mit mehreren 10.000 m^2 Kollektorfläche schon heute für 200 bis 250 €/m^2 bei einem solaren Systemertrag von 400 bis 500 kWh/m^2/a realisiert werden. Die solaren Wärmegestehungskosten der in Dänemark betriebenen Anlagen werden mit einer Spanne von 0,03 bis 0,06 €/kWh angegeben. Diese sehr niedrigen Gestehungskosten sind auf die sehr einfache und kostengünstige Anlagentechnik zurückzuführen, u.a. werden die Saisonalspeicher als einfache „water pit" ausgeführt, wassergefüllte Gruben, die lediglich mit einer 2,5 mm dicken HDPE-Folie abgedichtet, aber nicht gedämmt sind.

Anwendungsbeispiel

Schon seit dem Jahr 1962 wird die Kleinstadt Marstal auf der dänischen Insel Aerö mit Fernwärme versorgt. Im Jahr 1996 wurde die Fernwärmeanlage um ein solarthermisches Kollektorfeld (8.000 m^2) und einen Stahltank-Wärmespeicher mit 2.100 m^3 erweitert. Im Rahmen eines EU-Projektes wurde 2003 das Kollektorfeld auf 18.300 m^2 vergrößert und ein erster Erdbecken-Wasserspeicher („water pit") mit 10.000 m^3 errichtet. Schon damals lag der solare Deckungsgrad der Anlage bei 30 %, bei einem jährlichen solaren Systemertrag von 28 GWh.
Im Rahmen des Vorhabens „SUNSTORE 4" wurde die Anlage 2012 erneut erweitert, nun stehen in der Summe 33.300 m^2 Kollektorfläche mit einer Nennleistung von 23,4 MW_{th} und ein weiterer Erdbeckenspeicher mit 75.000 m^3 zur Verfügung [106]. Abb. 5.93 zeigt die Stadt Marstal und die beschriebene Fernwärmeversorgung.
Das Gesamtsystem ermöglicht eine nahezu 100-prozentige Deckung mit nachhaltigen Energieträgern. Dazu tragen neben der Solaranlage eine in Kraft-Wärme-Kopplung geführte ORC-Anlage mit 750 kW_{el}, eine Wärmepumpe (1,5 MW) und ein Biomassekessel (4 MW_{th}) bei. Selbst die Spitzenlastwärmeerzeuger zur Lastdeckung in Zeiten hoher Nachfrage arbeiten regenerativ (18,3 MW_{th} Bio-Öl-Kessel). Die spezifischen Investitionskosten des zuletzt in Betrieb genommenen Kollektorfeldes betrugen nur rund 175 €/m^2 (bodenaufgeständert, inkl. Feldverrohrung, ohne MwSt.). Der elektrische Hilfsenergiebedarf zum Betrieb der solarthermischen Anlage wird vom Betreiber mit lediglich 3-4 kWh_{el}/MWh_{th} (JAZ_{sol} = 250 bis 330), die Wartungskosten werden mit 0,50 €/kWh_{th} angegeben. Die Anlage liefert insgesamt

[74] Siehe bei `http://solarheatdata.eu`.

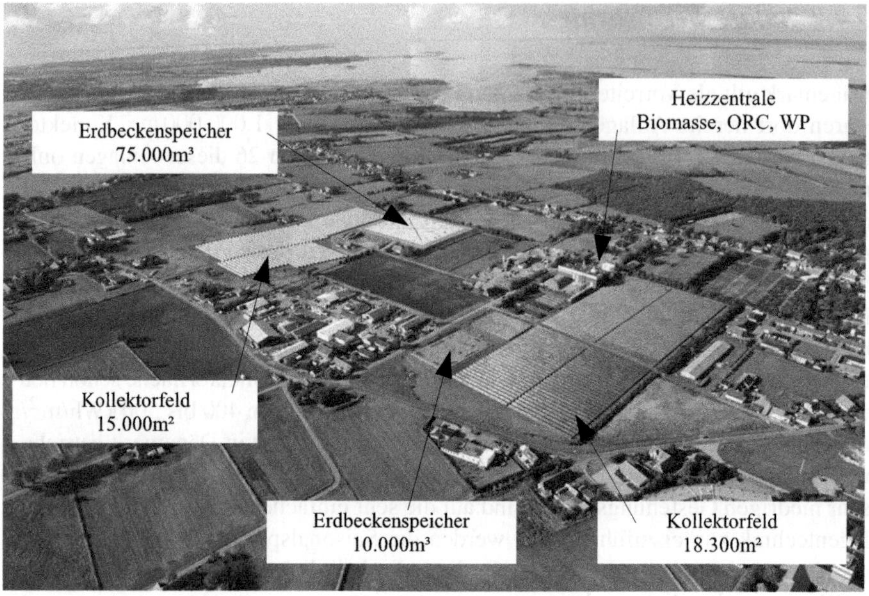

Abb. 5.93 Übersicht der Fernwärmeanlage in Marstal, DK [87]

solare Wärme zu Gestehungskosten von 0,03 bis 0,04 €/kWh$_{th}$ (ohne Förderung und ohne MwSt.) [106].
Der Erdbeckenspeicher mit einem Speichervolumen von 75.000 m^3 ist eine dänische Besonderheit: Das Erdbecken wird ausgehoben, nur mit einer HDPE-Folie ausgekleidet und dann mit Wasser befüllt. Nur die Wasseroberfläche des Beckens ist mit einer Wärmedämmung ausgestattet, auf einer schwimmenden Auskleidefolie sind dazu 240 mm PU-Schaum in mehreren Lagen verlegt. Wand und Boden sind nicht gedämmt. Die Baukosten für den Speicher betrugen 3 Mio. €, die spezifischen Investitionskosten entsprechend 39 €/m^3 (inkl. Planungskosten und Anlagentechnik, ohne MwSt.) [106]. Wie bei saisonalen Speichern üblich, ist das spezifische Speichervolumen mit 2.550 l/m^2 sehr groß gewählt.
Die Solaranlage soll lt. Planung jährlich 13.400 MWh Wärme liefern, rund 40 % des Energiebedarfs des gesamten Fernwärmenetzes. Dies würde einem spezifischen Systemertrag q_{sol} von etwa 400 kWh/m^2/a entsprechen.

5.4.10 Solare Nahwärme

Die Wärmeversorgung in Deutschland ist überwiegend dezentral aufgebaut – noch immer stellen Erdgas- und Heizölkessel den weitaus größten Anteil der Wärmeerzeuger. Lediglich 14 % der Wohnungen in Deutschland sind an ein Fernwärmenetz angeschlossen, wobei deutliche Unterschiede zwischen den westlichen

(9 %) und den östlichen Bundesländern (34 %) bestehen [2]. Nach Einführung des Erneuerbare-Energien-Wärmegesetzes (EEWärmeG) im Jahr 2008 (in 2011 gab es eine Neufassung, [67]) nimmt das Interesse zumindest für Nahwärmenetze in Neubaugebieten wieder zu, da durch die Einbindung von Biomasse oder Solaranlagen die Anforderungen des EEWärmeG erfüllt werden können.
Eine solare Nahwärmeversorgung muss aber immer mit einer Nachheizung gekoppelt sein, die auf die maximale Heizlast des Wärmenetzes ausgelegt ist. Solare Nahwärmeanlagen mit Kurzzeitwärmespeichern mit einem spezifischen Speichervolumen von rund 100 Liter pro m^2 Kollektorfläche erreichen Deckungsanteile von 15 bis max. 30 %. Sofern Deckungsanteile von 50 % erreicht werden sollen, müssen Langzeit- oder Saisonalwärmespeicher eingebunden werden (siehe Kap. 10).

Anwendungsbeispiel

In Büsingen (Landkreis Konstanz am Hochrhein) wurde bundesweit erstmalig das Konzept eines Bioenergiedorfs mit einer großen solarthermischen Anlage realisiert. Auf einem gepachteten kommunalen Grundstück am Ortsrand entstand eine Heizzentrale mit Hackschnitzelkesseln (1.450 kW_{th}) und zwei Vakuumröhren-Kollektorfeldern mit zusammen über 1.000 m^2 Bruttofläche. Wie in Abb. 5.94 zu sehen ist die Heizzentrale an ihrer steil geneigten Südfassade mit einem Teil der Kollektoren belegt, so kann die tiefstehende Wintersonne gut genutzt werden. Ein weiterer Teil des Kollektorfelds ist im Bildhintergrund erkennbar.
Die Solaranlage soll als zusätzliche regenerative Energiequelle dienen, da die Biomassepotentiale weitestgehend ausgeschöpft sind und nicht erweitert werden konnten. Wenn die Solarthermieanlage im Sommer in Betrieb ist, bleiben die Holzheizkessel ausgeschaltet, in der Übergangszeit werden sie solar unterstützt.

Abb. 5.94 Kollektorfeld Nord mit Heizzentrale, aus [107]

Auf dem flach geneigten Dachteil der Heizzentrale (im Bild nicht sichtbar) ist zudem eine Photovoltaikanlage mit 22 kW_p Leistung und rund 20.000 kWh Jahresstro-

mertrag installiert. Da die PV-Stromgestehungskosten deutlich geringer sind als die Netzbezugskosten, wird der Solarstrom zur Eigenstromversorgung der Heizzentrale verwendet.
Ein 6 km langes Wärmenetz versorgt über 100 Gebäude mit regenerativ erzeugter Wärme, darunter auch alle kommunalen Einrichtungen wie Schule, Rathaus, Kindergarten. Pro Jahr werden in der Summe 4.200 MWh Wärmeenergie erzeugt, die Vorlauftemperatur im Netz beträgt 80 bis 85 $^\circ C$, der solare Deckungsanteil soll etwa 13 % betragen. Das Investitionsvolumen für Heizzentrale, Wärmenetz, alle Wärmeübergabestationen sowie die beiden Kollektorfelder (Kollektorfeld Süd) betrug rund 3,75 Mio. € [107].

5.4.11 Solare Kraftwerke

Solarthermie kann auch zur Stromerzeugung eingesetzt werden. Über den Umweg der solarthermischen Energiewandlung wird hierzu in einem konventionellen Kraftwerksprozess mit Turbine, Kondensator und Generator elektrische Energie gewonnen. Die international übliche Bezeichnung für Solarthermische Kraftwerke lautet CSP (Concentrated Solar Power).
Um ausreichend hohe Frischdampftemperaturen zu erreichen, muss die Solarstrahlung vor der Umwandlung konzentriert werden. Dazu werden vor allem Spiegelsysteme, aber auch Linsen eingesetzt. Für Deutschland sind solche Kraftwerkskonzepte wegen des vergleichsweise geringen Anteils direkter – und damit konzentrierbarer – Solarstrahlung nicht sinnvoll. Im Süden Spaniens, in Kalifornien und vielen weiteren Ländern mit hohem Direktstrahlungsanteil werden Solarkraftwerke dagegen schon heute wirtschaftlich betrieben. Solarthermische Kraftwerke verwenden vorwiegend Parabolrinnenkollektoren und Turmkraftwerke mit Heliostatenfeldern, weil hier Strahlungskonzentrationsfaktoren (vgl. S. 298) zwischen 100 und 1.000 zu erzielen sind.
Überraschend ist die Tatsache, dass bereits 1912 am Nil bei Kairo ein solares Parabolrinnen-Kraftwerk mit einer Kollektorfläche von über 1.200 m^2 und einer Leistung von fast 90 kW in Betrieb war (Abb. 5.3, S. 281). Gebaut wurde es von Frank Shuman, einem Ingenieur und Erfinder aus Philadelphia, USA. Mit dem solar erzeugten Dampf wurde damals eine Pumpenanlage zur Bewässerung betrieben. Technische Probleme, der Beginn des Ersten Weltkriegs und das Aufkommen der Erdölindustrie beendeten diese Entwicklungslinie.

Anlagenbeispiel

Auf der Hochebene von Guadix (Granada, Spanien) sind seit einigen Jahren die Parabolrinnen-Solarkraftwerke Andasol 1 und 2 in Betrieb, seit 2011 auch Andasol 3. Die Anlagen verfügen jeweils über eine Nennleistung von 50 MW_{el} und erreichen aufgrund der guten Strahlungsbedingungen Vollbenutzungsstunden von 3.500 Stunden und mehr. Der elektrische Nettowirkungsgrad der Gesamtanlage, bezogen auf die solare Einstrahlung, beträgt 15 % im Jahresmittel und 28 % zu Spitzenzeiten. Die energetische Amortisationszeit wird vom Hersteller mit rund 5 Monaten angegeben. Abb. 5.95 zeigt den Grundaufbau des Andasol-Kraftwerks.

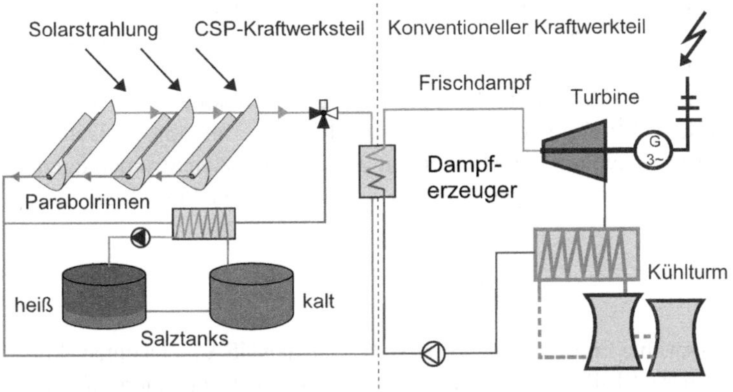

Abb. 5.95 Das Solarkraftwerk besteht aus dem konventionellen und dem CSP-Kraftwerksteil, hier dargestellt mit Parabolrinnenkollektoren und einem Salzspeicher, um auch in der Nacht Strom zu produzieren.

Um eine möglichst hohe Auslastung zu erreichen, wird bei den Andasol-Kraftwerken ein Teil der solarthermisch gewandelten Energie nicht direkt an die Turbine abgegeben, sondern in einem Salzspeicher zwischengespeichert. Dazu sind je Kraftwerk etwa 30.000 Tonnen einer speziellen Flüssigsalzmischung (vgl. dazu Kap. 10.2.1 ab S. 740) nötig, die von 290 °C auf 390 °C erwärmt wird. Mit einem vollen Tank kann jedes Kraftwerk bis zu 7,5 Stunden mit Nennleistung betrieben werden, sodass in den Sommermonaten ein Betrieb teilweise rund um die Uhr möglich ist.

Zukunftspotential

Im Jahr 2016 waren nach [94] weltweit insgesamt 102 CSP-Kraftwerke mit einer kumulierten Leistung von 5152 MW_{el} in Betrieb. Im Bau befanden sich zudem 21 Kraftwerke mit insgesamt 1598 MW_{el}. Weitere 55 Kraftwerke mit einer Gesamtnennleistung von über 10.000 MW_{el} befinden sich in der Planungs- bzw. bereits in der Vertragsphase. Erwähnenswert ist, dass rund die Hälfte dieser Projekte in den USA (28 Anlagen, 8934 MW_{el}) realisiert werden sollen und ein weiteres Drittel in China (18 Anlagen, 1249 MW_{el}) .

Spanien förderte bis vor wenigen Jahren den Aufbau von CSP-Kraftwerken in besonderer Weise, indem eine Einspeisevergütung für den solar erzeugten Strom mit rund 26 Ct/kWh_{el} über 25 Jahre garantiert wurde. Damit konnten die hohen Entwicklungs- und Investitionskosten gedeckt werden. Nach Aussage eines Kraftwerksbetreibers konnte der Solarstrom bei diesen Förderbedingungen für 4 bis 6 Ct/kWh_{el} (nach Tilgung der Baukosten) erzeugt werden [108]. Entsprechend stellt

Spanien im Jahr 2016 auch fast 50 % der in Betrieb befindlichen Anlagen [94]. Nach Auslaufen der Förderung ist dort ein Zubau nicht mehr zu erwarten – derzeit ist nur noch eine Anlage in Planung.
Eine Studie des Fraunhofer ISE [65] aus dem Jahr 2012 zu den Stromgestehungskosten Erneuerbarer Energien kommt zum Ergebnis, dass elektrische Energie aus CSP-Kraftwerken mit Salzspeichern im Mittel 19,4 Ct/kWh$_{el}$ kostet, während die Gestehungskosten bei Photovoltaik-Kraftwerken bei gleichen Einstrahlungsbedingungen (Spanien) nach [96] bereits 3,8 Ct/kWh$_{el}$ erreichen sollen. Die aktuellen Marktprognosen für CSP-Kraftwerke sind entsprechend eher ungünstig. Dennoch bietet dieser Kraftwerkstyp mit der Möglichkeit der zeitversetzten Stromerzeugung durch die Wärmespeicher einen prinzipiellen technologischen Vorteil gegenüber Wind und PV-Strom.

→ Weiterlesen

Das National Renewable Energy Laboratory (NREL) in den USA bietet einen aktuellen Überblick über CSP-Projekte weltweit. Es können dort Detaildaten für jedes in Betrieb befindliche, im Bau befindliche oder geplante Kraftwerk nachgeschlagen werden: `http://www.nrel.gov/csp/solarpaces/`

5.5 Solarwirtschaft

Bisher wurde die Technik solarthermischer Komponenten und -anlagen betrachtet, deren Modellierung, Funktionsweise und Auslegung. In der Praxis gibt es aber weitere Gesichtspunkte, die zu beachten sind. So muss der Hersteller seine Produkte auf Basis gesetzlicher Vorgaben produzieren und vertreiben. Der Kunde muss ggf. vor Installation der Solaranlage eine Baugenehmigung beantragen. Und nicht zuletzt müssen solarthermische Anlagen wirtschaftlichen Kriterien genügen, um dauerhaft eine nennenswerte Rolle im Wärmemarkt einzunehmen. Hierzu soll das Marktanreizprogramm (MAP) der Bundesregierung beitragen, das die Installation von Solaranlagen fördert. Alle genannten Aspekte werden in diesem Abschnitt zusammengefasst. Den Schluss des Kapitels bildet eine Wirtschaftlichkeitsbetrachtung von Solaranlagen.

5.5.1 Der Markt für Solarthermie

Zu Beginn des Kapitels 5 wurde einführend die Entwicklung des Solarthermiemarktes (Abb. 5.1) in den vergangenen Jahren gezeigt. Im Jahr 2011 waren nach [5] weltweit Solarkollektoren mit einer Gesamtleistung von 220 GW$_{th}$ installiert, die 154 TWh thermische Energie erzeugten.

In Deutschland waren Ende 2015 rund 2,15 Mio. Solaranlagen mit einer Gesamtleistung[75] von 13,4 GW_{th} in Betrieb, die rund 7,5 TWh_{th} thermische Energie produzierten. Damit wurde die Emission von mehr als 2 Mio. Tonnen CO_2 vermieden. Der Umsatz der Solarthermiebranche in Deutschland wird auf etwa 0,75 Mrd. €/a geschätzt, die Zahl der Beschäftigten wird mit 20.000 angegeben. [24]

→ Weiterlesen

Einen guten Überblick über die Marktdaten sowie die Marktakteure bieten die beiden deutschen Solarindustrieverbände

- BDH - Bundesindustrieverband Deutschland Haus-, Energie- und Umwelttechnik e.V. mit Sitz in Köln (`www.bdh-koeln.de`) sowie der
- BSW - Bundesverband Solarwirtschaft e.V. (`www.solarwirtschaft.de`) mit Sitz in Berlin

Sehr interessant sind auch die Förderstatistiken des Bundesamts für Wirtschaft und Ausfuhrkontrolle (`www.bafa.de`), das über das web-Portal `www.solaratlas.de` aktuelles Zahlenmaterial bereitstellt. Zu den Fördermaßnahmen der Jahre 2011 bis 2014 wurde ein Evaluationsbericht [17] erstellt, der ebenfalls wichtiges Zahlenmaterial enthält.
Früher wurden für Solarthermieanlagen die (neu) installierten Flächen in m^2 angegeben, was einen Vergleich mit anderen Erneuerbaren Energien schwierig machte. Inzwischen bedient man sich des allgemein akzeptierten Umrechnungsfaktors von

$$1\,m^2 \equiv 0{,}7\,kW_{th}\,.$$

Der Umrechnungsfaktor gibt in etwa die Spitzenleistung eines Solarkollektors nach (vgl. 325) wieder, der Maximalleistung bei günstigsten Betriebsbedingungen.
Auch nach der Umrechnung auf Leistungen bleibt noch der häufig (und von manchen gerne) übersehene Unterschied zwischen elektrischer und thermischer Leistung bzw. Energie. Abhilfe würde hier nur der Bezug auf die enthaltene Exergie schaffen.

Zukunft des Solarthermiemarktes

Wie schaut die Zukunft des Solarthermiemarktes aus? In den vergangenen Jahren mussten aufgrund ungünstiger Marktbedingungen in der Branche erstmals Personal zurückgebaut und Produktionskapazitäten reduziert werden. Als Ursache wird u.a. die Finanzkrise von 2008 mit ihrem negativen Einfluss auf die Bau- und Immobilienbranche genannt [5] sowie die anhaltend niedrigen Öl- und Gaspreise. Die in Abb. 5.1 dargestellte Marktentwicklung zeigt, dass die jährlichen Zubauraten auch noch 2015 abnehmend waren.

[75] Entsprechend 19,2 Mio. m^2 installierte Kollektorfläche.

Der Bundesverband Solarwirtschaft (BSW) hat bereits im Jahr 2012 einen umfangreichen „Fahrplan Solarwärme“ erstellt [25], in dem umfassende Prognosen nicht nur zur Zukunft der Solarwärme, sondern auch zum gesamten Wärmemarkt gemacht werden. Danach wird der gesamte Wärmemarkt bis zum Jahr 2030 um etwa 30 % sinken (dann: 2778 TWh_{th}), die gesamte installierte Kollektorleistung aber von heute etwa 10 GW_{th} auf 69 GW_{th} ansteigen. Mit dieser Leistung werden danach 7,7 % des Wärmebedarfs der Privathaushalte solarthermisch gedeckt werden (2010: 1 %) und 10,2 % des industriellen Wärmebedarfs (für Nutztemperaturen < 100 °C, Stand 2010: < 0,1 %). Eine entscheidende Voraussetzung für das Erreichen der prognostizierten Ziele ist eine massive Reduktion der Kosten von Solarwärmeanlagen – diese müssen bis 2030 um 43 % sinken. Ansatzpunkte bieten Montagevereinfachung, Systemoptimierung und nach Ansicht des BSW vor allem Technologiesprünge im Kollektor- und Speicherbereich.

→ Weiterlesen

Nicht nur der „Fahrplan Solarwärme“ [25] des Bundesverbands der Solarwirtschaft (BSW) bietet umfangreiche Informationen zum Marktpotential der Solarthermie. Auch die vom Bundesministerium für Umwelt, Naturschutz und Reaktorsicherheit herausgegebene „Leitstudie 2011“ [23] gibt einen Überblick zur Entwicklung des Wärmemarktes. Es werden darin die Techniken der Wärmeerzeugung hinsichtlich ihrer Zukunftsfähigkeit analysiert und eine wahrscheinliche Entwicklung des Wärmemarkts bis 2050 aufgezeigt.
Von dem 2025 erwarteten Endenergiebedarf für Wärme von 1.104 TWh/a (3.975 PJ/a) sollen demnach bereits etwa 20 % (223 TWh/a) durch Erneuerbare Energien gedeckt werden. Solarkollektoren als Einzelanlagen oder eingebunden in Nahwärmenetze tragen dazu 31,7 TWh/a (< 3 % des Gesamtbedarfs) bei. Im Jahr 2050 soll die Solarthermie 12 % (absolut: 95,3 TWh/a) des gesamten Endenergiebedarfs für Wärme (dann nur noch 800 TWh/a (2879 PJ/a)) abdecken. Der Abb. 5.1 ist zu entnehmen, dass im Jahr 2015 die gesamte Solarwärmeproduktion nur 7,5 TWh/a betrug.
Auch die bereits am Anfang des Kapitels zitierte „Energieeffizienzstrategie Gebäude“ des BMWi [20] erwartet bis 2050 einen Ausbau der Solarthermie auf 90 bis 180 Mio. m^2 Kollektorfläche – abhängig davon, welche Gebäudesanierungsraten in den kommenden Jahren tatsächlich realisiert werden können. Die solarthermische Wärmeproduktion läge dann mit rund 140 bzw. 290 PJ/a (40 bzw. 80 TWh/a) etwas unter den vom Branchenverband BSW erwarteten Zahlen.
Die Entwicklungsmöglichkeiten für Solarthermie sind offenbar noch gewaltig.

Es sei noch darauf hingewiesen, dass auch das in Kap. 2.2.1 auf S. 46 beschriebene Erneuerbare-Energien-Wärmegesetz für Neubauten und – auf Länderebene – für Bestandsgebäude zur Entwicklung des Solarthermiemarktes beitragen kann.

5.5.2 Gesetzliche Regelungen und Fördermaßnahmen

Für solarthermische Anlagen gelten eine Reihe gesetzlicher Regelungen, die bei der Produktion von Komponenten und der Errichtung von Anlagen zu beachten sind. Staatliche Fördermaßnahmen sollen die Entwicklung des Thermiemarktes beschleunigen.

Baurechtliche Vorschriften

Auch für solarthermische Anlagen und Photovoltaikanlagen gelten baurechtliche Vorschriften, die bei der Errichtung einzuhalten sind. Auf Bundesebene ist das Baugesetzbuch [6] bindend, auf dem die Baunutzungsverordnung fußt. Zusätzlich sind die Bauordnungen der Bundesländer zu beachten.
In § 35 des *Baugesetzbuchs* (BauGB, [6]) ist das Bauen im Außenbereich [76] geregelt. Dort heißt es: „Im Außenbereich ist ein Vorhaben nur zulässig, wenn öffentliche Belange nicht entgegenstehen, die ausreichende Erschließung gesichert ist und wenn es (...) der Nutzung solarer Strahlungsenergie in, an und auf Dach- und Außenwandflächen von zulässigerweise genutzten Gebäuden dient, wenn die Anlage dem Gebäude baulich untergeordnet ist." Der § 248 umfasst seit 2005 eine Sonderregelung zur sparsamen und effizienten Nutzung von Energie. Danach sind zum Zwecke der Energieeinsparungen auch „geringfügige Abweichungen von dem festgesetzten Maß der baulichen Nutzung, der Bauweise und der überbaubaren Grundstücksfläche zulässig, soweit dies mit nachbarlichen Interessen und baukulturellen Belangen vereinbar ist."
Die *Baunutzungsverordnung* (BauNVO, [7]) legt fest, dass neben den bekannten Arten von Baugebieten (Wohn-, Misch-, Gewerbe-, Industriegebiete) auch „Sonstige Sondergebiete" (§ 11) für „Anlagen, die der Erforschung, Entwicklung oder Nutzung erneuerbarer Energien, wie Wind- und Sonnenenergie, dienen", geplant werden dürfen.
Darüber hinaus erlassen die Bundesländer ergänzende *Landesbauordnungen* (LBO), die das Baurecht im Einzelnen (unterschiedlich) regeln. Die zuständigen Unteren Baubehörden (bei der Kommune oder Mittelbehörde angesiedelt) geben Auskunft, ob eine Solaranlage an der gewünschten Stelle errichtet werden darf und ob sie einer Baugenehmigung bedarf.
Die Landesbauordnungen regeln auch die Zulässigkeit von Bauprodukten. *Bauprodukte* sind nach [115] „Baustoffe, Bauteile und Anlagen, die hergestellt werden, um dauerhaft in bauliche Anlagen eingebaut zu werden" [77]. Dazu zählen nicht nur Mauersteine, Außentüren, Fenster und Dachziegel, sondern auch (auf und an Gebäuden installierte) Solarkollektoren und Photovoltaikmodule. Die an Bauprodukte gestell-

[76] Der Außenbereich umfasst alle Grundstücke, die nach [6] „nicht zu einem im Zusammenhang bebauten Ortsteil gehören und nicht im Geltungsbereich eines Bebauungsplans liegen".

[77] Auf EU-Ebene regelt die Richtlinie 305/2011 die Verwendbarkeit von Bauprodukten, auf Bundesebene das Bauproduktengesetz (BauPGNeuG).

ten Anforderungen an Sicherheit, gesundheitliche Unbedenklichkeit, Gebrauchstauglichkeit und vor allem an das Brandschutzverhalten wird in der Regel durch ein Ü-Zeichen nachgewiesen, das vom Deutschen Institut für Bautechnik (DIBt) nach Vorlage entsprechender Nachweise ausgestellt wird. Das DIBt hat eigens für die Herstellung, Planung und Ausführung von Photovoltaik- und Solarthermieanlagen ein Hinweisblatt herausgegeben [31].

Herstellerpflichten

Solarkollektoren und -speicher müssen einer Vielzahl von Normen und Vorschriften genügen, damit sie in Verkehr gebracht werden dürfen.
Die EU erlässt zur Schaffung eines einheitlichen Wirtschaftsraums und zum Abbau von Handelshemmnissen Richtlinien, die die grundlegenden Sicherheits- und Gesundheitsanforderungen für Produkte festlegen. Die Konformität eines Produktes mit der entsprechenden EU-Richtlinie wird mit dem CE-Zeichen zum Ausdruck gebracht. Dieses findet sich auf Spielzeug, Sportgeräten, Medizinprodukten, Maschinen (mit beweglichen Teilen), elektrischen Geräten (Niederspannung, Elektromagnetische Verträglichkeit) und Druckbehältern.
Die Vorgaben zur Erlangung des CE-Zeichens reichen dabei - je nach Gefährungspotential - von der einfachen Konformitätserklärung des Herstellers bis hin zur Einzelprüfung jedes Produktes (im Medizinbereich). Für den Bereich solarthermischer Komponenten sind folgende Richtlinien besonders wichtig:

- Druckgeräte-RL 97/23/EG: Solarspeicher über 0,5 bar, Rohrleitungen, Solarkollektoren.
- Einfache Druckbehälter 2009/105/EG: Innenüberdruck > 0,5 bar, zur Aufnahme von Luft oder Stickstoff: Ausdehnungsgefäße
- Maschinenrichtlinie (2006/42/EG bzw. 98/37/EWG): Umwälzpumpen
- Niederspannungsrichtlinie (2006/95/EG bzw. 73/23/EWG): Regler, Elektromotoren
- EMV-Richtlinie 2004/108/EG: alle Betriebsmittel, die elektromagnetische Störungen hervorrufen können.

Solarkollektoren und Warmwasserspeicher tragen ein CE-Zeichen auf Basis einer Hersteller-Konformitätserklärung, die sich auf die Druckgeräte-RL 97/23/EG bezieht. Weiteres dazu kann auf den web-Seiten des Bundesverband Solarwirtschaft nachgelesen werden[78].

Fördermaßnahmen

Das Erneuerbare-Energien-Gesetz (EEG) dient der Förderung des Marktanteils Erneuerbarer Energien an der Stromversorgung. Die Diskussionen um dessen Zukunft

[78] Im September 2013 wurde vom BSW dazu ein Hintergrundpapier zur EU-BauPVO erstellt.

und die Fördersätze für Solarstrom sorgen regelmäßig für Schlagzeilen. Anders schaut es bei den Programmen zur Förderung erneuerbarer Energien bei der Wärmebereitstellung aus. In Kap. 2.1 wurden die gesetzgeberischen Maßnahmen im Gebäudebereich (ENEV, EEWärmeG und KWKG) bereits erläutert, die u.a. eine Nutzungspflicht für erneuerbare Energien vorgeben. Darüber hinaus existiert das Marktanreizprogramm (MAP) der Bundesregierung [18] mit Richtlinien zur Förderung von Maßnahmen zur Nutzung erneuerbarer Energien im Wärmemarkt. Rechtsgrundlage bildet der § 13 des EEWärmeG, der ein Fördervolumen von bis zu 500 Mio. € pro Jahr festlegt. Das MAP wurde bisher mindestens einmal jährlich aktualisiert, da die bereitgestellten Fördergelder häufig bereits vor Jahresfrist ausgeschöpft waren. Kritiker machen das MAP für die starken Schwankungen und Unsicherheiten im Solarthermiemarkt verantwortlich.

Seit Veröffentlichung der noch immer aktuellen Fassung vom März 2013 werden mit dem MAP Solarkollektoranlagen zur Trinkwassererwärmung, zur Heizungsunterstützung, zur solaren Kälteerzeugung, zur Wärmenetzzuführung und zur Prozesswärme mit gleichbleibend hohen Fördersätzen kontinuierlich gefördert. So werden bei Prozesswärmeanlagen bis 50% der Nettoinvestitionskosten übernommen, die Fördersätze betragen je nach Anwendungsfall zwischen 75 und 200 € je m^2 Bruttokollektorfläche. Für große Solarthermieanlagen ab 20 m^2 ist alternativ auch eine ertragsabhängige Förderung möglich, dazu folgt später ein Berechnungsbeispiel.

Die wesentlichen Eckdaten zum Marktanreizprogramm können beim Bundesamt für Wirtschaft und Ausfuhrkontrolle (BAFA) abgerufen werden, [16] und [15].

5.5.3 Wirtschaftlichkeit

Die Grundlagen der Wirtschaftlichkeitsberechnung wurden in Kap. 2.4 ausführlich beschrieben. Bei Solaranlagen zur Trinkwasservorwärmung bietet sich ein vereinfachter Ansatz zur Ermittlung der Wirtschaftlichkeit an, da hier der konventionelle Anlagenteil immer auf die Spitzenlast auszulegen ist und sich daher bei der Installation der Solaranlage keine investiven Einsparungen erzielen lassen.

Die Wirtschaftlichkeit der Solaranlage ergibt sich allein durch die Einsparungen fossiler Endenergie während der Anlagenlebensdauer, also durch den Vergleich des Barwertes aller Kosten mit dem Barwert der Einsparungen durch Minderung des fossilen Energiebedarfs. Bei der Berechnung der solaren Wärmegestehungskosten werden nur die Kosten berücksichtigt, die durch Anschaffung, Einbau und Betrieb der Solaranlage zusätzlich anfallen. Da alle nicht verbrauchsgebundenen Kosten des konventionellen Teils sowohl bei der konventionellen als auch der solar-konventionell kombinierten Trinkwassererwärmungsanlage anfallen, können diese bei der Berechnung der solaren Wärmegestehungskosten außer Betracht bleiben.

Jährliche Preissteigerungen bei den fossilen Brennstoffkosten haben erheblichen Einfluss auf die Wirtschaftlichkeit der Solaranlage. Bei Investitionsentscheidungen wird daher empfohlen, diese durch Variantenrechnungen mit zu berücksichtigen. Bei der Berechnung der solaren Wärmegestehungskosten wird nur zwischen kapitalgebundenen, betriebsgebundenen, bedarfsgebundenen und sonstigen Kosten unterschieden (vgl. VDI 2067 [120] und VDI 6025 [127]), die Umsatzsteuer bleibt bei allen Positionen gemäß VDI 6025 i.d.R. unberücksichtigt. Der nachfolgende Berechnungsansatz wird auch in den Planungs-Richtlinien VDI 6002 [124] und VDI 3988 [123] verwendet.

Investitionskosten

Die kapitalgebundenen Investitionskosten K_{inv} umfassen alle Kosten für die Planung der Anlage K_{plan}, für die Anschaffung der Systemkomponenten K_{komp} sowie alle Installationskosten K_{inst} inklusive der bei der Installation notwendigen Baunebenkosten (einschließlich der Lohnkosten). Die Investitionskosten setzen sich aus folgenden Anteilen zusammen:

$$K_{inv} = K_{plan} + K_{komp} + K_{inst} - K_{foerd} - K_{einsp} \tag{5.110}$$

Werden bei der Errichtung der Solaranlage nichtrückzahlbare Fördermittel K_{foerd} verwendet, so mindern diese entsprechend der Gl. (5.110) die Investitionskosten. Gleiches gilt für vermiedene Kosten K_{einsp} durch konventionelle Bauteile, die durch den Einbau der Solaranlage eingespart werden. Alle genannten Kosten bzw. Fördergelder sind einmalige Kosten in €und werden hier mit ihrem Fälligkeitstermin auf den Beginn des ersten Betriebsjahres angesetzt.
Es ist oft sehr schwierig, für Heizungsanlagen spezifische Investionskosten anzugeben. Im konkreten Fall sollte immer auf vorliegende Angebote verwiesen werden können. Für überschlägige Berechnungen können die Angaben in Tab. 5.12 eine Hilfe sein.

Betriebsgebundene Kosten

Die jährlich anfallenden Kosten für Instandhaltung werden als betriebsgebundene Kosten k_{betr} in €/a zusammengefasst. Die Instandhaltung beinhaltet die Bedienung, das Reinigen, das Warten, das Inspizieren und die Instandsetzung der Anlage. In Anlehnung an VDI 2067 ist eine überschlägige Ermittlung der jährlich anfallenden Kosten k_{betr} (in €/a) über einen Faktor f_{betr} (in %/a) in Abhängigkeit von den Investitionskosten K_{inv} möglich:

$$k_{betr} = K_{inv} \cdot f_{betr} \tag{5.111}$$

Bei großen solarthermischen Anlagen werden die Kosten zur Instandhaltung mit etwa $f_{betr} = 1$ %/a, bei kleineren Anlagen eher mit $f_{betr} = 2$ %/a geschätzt.

Verbrauchsgebundene Kosten

Nach VDI 2067 werden die durch den Anlagenbetrieb entstehenden Endenergiekosten als bedarfsgebundene oder verbrauchsgebundene Kosten k_{verbr} (in €/a) be-

Tabelle 5.12 Spezifische Investitionskosten (Systemkosten) k_{inv} in €/kW für verschiedene Wärmeerzeuger (Anlage, einschl. Peripherie und Montage), Preisstand: 2011 (2010), netto.

Wärmeerzeuger	k_{inv} in [€/kW]	**Wärmeerzeuger**	k_{inv} in [€/kW]
Biomasse [21]			
Pelletöfen	457 (357)	Pelletkessel	758 (809)
Scheitholzkessel	455 (427)	Hackgut-Kessel	520 (-)
Solaranlagen bis 40 m² [21][25]			
RH[1] mit FK[3]	1.111 (1.089)	RH mit VRK[3]	1.503 (1.433)
TWE[2] mit FK	- (1.290)	TWE mit VRK	- (1.930)
Prozesswärme mit FK	1129 (-)	Große Solaranlagen	686 - 886
Wärmepumpen [21]			
Sole-Wasser-WP[4]	1.746 (1.770)	Luft-Wasser-WP	1.222 (1.490)
Wasser-Wasser-WP	1.180 (1.040)		
Brennwert-Gaskessel [17]			
EFH[5], unsaniert	300	EFH, ENEV 2009	525
MFH[5], unsaniert	100	EFH, ENEV 2009	130

[1] Anlagen zur solaren Raumheizung (RH), [2] Anlagen zur solaren Trinkwassererwärmung (TWE), [3] Flachkollektoren (FK) bzw. Vakuumröhrenkollektoren (VRK), [4] einschließl. Erdwärmetauscher, [5] Einfamilienhaus (EFH) bzw. Mehrfamilienhaus (MFH)

zeichnet. Bei Solaranlagen zählen nur die Kosten für Hilfsenergie wie Strom und Betriebsstoffe wie Entkalkungsmittel etc.. Thermische Solaranlagen benötigen zu ihrem Betrieb nur wenig elektrische Hilfsenergie (Betrieb von z.B. Umwälzpumpen und Ventilen) und verursachen damit meist nur geringe verbrauchsgebundene Kosten. Es gilt:

$$k_{verbr} = k_{el} \cdot Q_{el,a} \text{ mit } Q_{el,a} = \frac{Q_{sol}}{JAZ_{sol}} \tag{5.112}$$

Die Jahresarbeitszahl der Solaranlage JAZ_{sol} ist das Verhältnis der innerhalb eines Jahres erzeugten solaren Nutzenergie Q_{sol} zur aufgewendeten elektrischen Hilfsenergie $Q_{el,a}$ für Pumpen, Ventile und Regelung. Die Einheit ist $\mathrm{kWh}_{sol}/\mathrm{kWh}_{el}$.
Bei großen Anlagen wird bei Einsatz klassischer Umwälzpumpen je 50 kWh solarer Nutzenergie etwa eine kWh Strom eingesetzt ($JAZ_{sol} = 50$), bei kleinen Anlagen ist die Arbeitszahl mit ($JAZ_{sol} = 20...30$) etwas geringer. Der Einsatz von Hocheffizienzpumpen führt zu einer beträchtlichen Erhöhung der solaren Jahresarbeitszahl, Werte von $JAZ_{sol} = 100$ bis 250 sind erreichbar.
Die spezifischen Strombezugskosten k_{el} nehmen derzeit eine Spanne von etwa $0,15$ €/kWh$_{el}$ (bei Großverbrauchern wie Krankenhäusern und Industriebetrieben) bis zu $0,28$ €/kWh$_{el}$ (bei Privatverbrauchern in Ein- und Zweifamilienhäusern) ein.

Solarer Systemertrag

Bei der Planung und Auslegung von Solaranlagen werden meist Simulationsprogramme eingesetzt, die den erwarteten jährlichen solaren Energieertrag in monat-

licher Auflösung oder auch in einer Auflösung von nur einigen Minuten ausgeben. Für die Wirtschaftlichkeitsbetrachtung wird der Jahreswert des solaren Systemertrages Q_{sol} in kWh/a benötigt.
Der jährliche solare Systemertrag wird durch Multiplikation des flächenspezifischen Systemertrags q_{sol} mit der Kollektorfeldfläche A_{KF} bestimmt, es gilt:

$$Q_{sol} = q_{sol} \cdot A_{KF} . \tag{5.113}$$

Abb. 5.75 (S. 392) gibt q_{sol}-Werte für solare Trinkwasseranlagen unterschiedlicher Auslastung an. Für solare Prozesswärmeanlagen sind Zahlen im Abschnitt 5.4.7 ab S. 410 zu finden.

Solare Gesamtkosten

Die solaren Gesamtkosten K_{sol} entsprechen der Summe der Investitionskosten K_{inv} und der Barwerte aller Zahlungen, in diesem Fall:

$$K_{sol} = K_{inv} + k_{betr} \cdot b + k_{verbr} \cdot b_{r,el} = K_{inv} + B_{betr} + B_{verbr} . \tag{5.114}$$

Der Barwert der betriebsgebundenen Kosten B_{betr} entspricht dem Geldbetrag in €, der zum Investitionszeitpunkt vorhanden sein müsste, um über die gesamte Lebensdauer der Anlage die Betriebskosten zu decken. Der Barwert der verbrauchsgebundenen Kosten B_{verbr} berücksichtigt bei Verwendung von $b_{r,el}$ die prognostizierten jährlichen Preissteigerungen j_{el} für den Bezug der elektrischen Hilfsenergie.
Für die Berechnung der Barwertfaktoren b und $b_{r,el}$ nach Gl. (2.55) bzw. (2.54) wird in der VDI 6002 ein Kalkulationszinssatz von $i = 5$ % empfohlen. In der Praxis kann für Solaranlagen eine technische Lebensdauer von $T = 20$ Jahren angesetzt werden.
Eine Aussage zur Wirtschaftlichkeit der Solaranlage ist nun möglich, wenn den solaren Gesamtkosten K_{sol} zum Vergleich der Barwert der Einsparungen durch Minderung des fossilen Energiebedarfs K_{konv} gegenübergestellt wird. Hierbei wird die Preissteigerungsrate j_{EE} beim fossilen Endenergiebezug in dem preisdynamischen Barwertfaktor $b_{r,EE}$ berücksichtigt. Es müssen nur die verbrauchsgebundenen Kosten berücksichtigt werden, die beim Betrieb der Solaranlage eingespart werden, da die Investitionskosten und jährlichen Betriebskosten der konventionellen Anlage unabhängig von der Existenz einer Solaranlage anfallen. Der Barwert der konventionellen Wärmegestehungskosten K_{konv} berechnet sich damit zu:

$$K_{konv} = \Delta Q_{konv} \cdot k_{EE} \cdot b_{r,EE} \quad \text{mit} \quad \Delta Q_{konv} = \frac{Q_{sol}}{\eta_{NH}} = Q_{sol} \cdot e_g . \tag{5.115}$$

Der Anteil ΔQ_{konv} entspricht der eingesparten konventionellen Endenergie in kWh/a. Der gewichtete Nutzungsgrad η_{NH} des konventionellen Anlagenteils (bzw. dessen Erzeugeraufwandszahl e_g) berücksichtigt die Energieverluste durch Energieumwandlung und Erhaltung der Betriebsbereitschaft. Nach VDI 6002 beträgt der Nutzungsgrad auch für moderne Brennwertgeräte nur etwa 65 % bis 70 % [79], je nach

[79] Entsprechend einer Erzeugeraufwandszahl von $e_{g,w} = 1,54$ bis $1,43$, vgl. dazu Abschnitt 2.2.2 und Tab. 5.9.

Dimensionierung der Solaranlage. Die spezifischen Endenergiekosten k_{EE} betragen aktuell rund 8...9 Ct/kWh.
Ist der Barwert der solaren Gesamtkosten K_{sol} geringer als der Barwert der konventionellen spezifischen Verbrauchskosten K_{konv},

$$K_{sol} \leq K_{konv} \,, \tag{5.116}$$

so lohnt die Investition bei den vorgegebenen Randbedingungen. Die getroffenen Annahmen bzgl. des Kalkulationszinssatzes i und der erwarteten Preissteigerung j_{foss} beim Bezug fossiler Endenergie haben hierbei einen entscheidenden Einfluss auf die Wirtschaftlichkeit der Solaranlage. So benachteiligen hohe Kalkulationszinssätze die kapitalintensive solarthermische Anlage, die Annahme hoher fossiler Preissteigerungsraten begünstigt sie dagegen.

Solare Wärmegestehungskosten

Die solaren und konventionellen Gesamtkosten K_{sol} und K_{konv} beziehen sich auf den Investitionszeitpunkt. Üblicher ist jedoch die Angabe von mittleren Wärmegestehungskosten in €/kWh. Hierzu genügt es, die Gesamtkosten mit dem Kehrwert des Barwertes b zu multiplizieren und auf den im Jahr produzierten solaren Nutzenergieertrag Q_{sol} zu beziehen. Die Energiemenge $Q_{sol} \cdot b$ in kWh wird auch als Barwert der Wärmeproduktion bezeichnet. Es gilt für die mittleren solaren Wärmegestehungskosten k_{sol} in €/kWh:

$$k_{sol} = \frac{K_{sol}}{Q_{sol} \cdot b} \,, \tag{5.117}$$

die mittleren fossilen Wärmegestehungskosten k_{konv} in €/kWh errechnen sich entsprechend zu:

$$k_{konv} = \frac{K_{konv}}{Q_{sol} \cdot b} \,. \tag{5.118}$$

Die Wirtschaftlichkeit der Solaranlage ist gegeben, wenn die solaren Wärmegestehungskosten k_{sol} gleich oder geringer sind als die konventionellen Verbrauchskosten k_{konv}, also $k_{sol} \leq k_{konv}$ gilt.

Überschlagsverfahren nach VDI 3988

Die VDI 3988 [123] verwendet zur überschlägigen Ermittlung der solaren Wärmegestehungskosten die Vereinfachung[80]

$$k_{sol} = \frac{1{,}23 \cdot K_{inv} - K_{foerd}}{Q_{sol} \cdot b} \,. \tag{5.119}$$

[80] Annahmen: Kalkulationszinssatz: 3,5%/a, Lebensdauer: 20 a, ohne Berücksichtigung der Inflation, JAZ_{sol} = 70, f_{betr} = 1,5%/a, k_{el} = 0,15 €/kWh, e_{el}= 3%/a

Die Wärmegestehungskosten des konventionellen Wärmeerzeugers betragen demnach

$$k_{konv} = k_{EE} \cdot \frac{1}{\eta_{NH}} \cdot f_{i,j_{EE}} \tag{5.120}$$

mit dem Zinsfaktor $f_{i,j_{EE}}$ aus Tab. 5.13. Dort sind auch die Barwerte b für zwei verschiedene Kalkulationszinssätze aufgeführt.

Tabelle 5.13 Zinsfaktoren $f_{i,j_{EE}}$ und Barwerte b bei unterschiedlichen Kalkulationszinssätzen

			Preissteigerungsrate j_{EE}			
Kalk.-Zinssatz	**Barwert**	**Zinsfaktor**	0 %/a	3 %/a	5 %/a	6 %/a
$i = 3{,}5$ %/a	$b = 14{,}21$ a	$f_{i,j_{EE}} =$	1,00	1,30	1,56	2,10
$i = 5{,}0$ %/a	$b = 12{,}46$ a	$f_{i,j_{EE}} =$	1,00	1,28	1,53	2,02

→ Berechnungsbeispiel

Es sollen die Wärmegestehungskosten k_{sol} einer solaren Trinkwassererwärmungsanlage für ein Mehrfamilienhaus berechnet werden. Die nachfolgenden Auslegungsdaten sind dem Berechnungsbeispiel von Seite 401 entnommen:
Für das Mehrfamilienhaus mit einem sommerlichen Tageswarmwasserbedarf von $V_{d,60} = 2.900$ l/d wurde eine Solarkollektorfeld mit einer Fläche von $A_{KF} = 60\ m^2$ dimensioniert. Die Investitionskosten werden mit $K_{inv} = 42.000$ € angenommen (kollektorflächenspezifisch: $K_{inv,KF} = 700$ €$/m^2$). Der bei der gegebenen Ausrichtung und Auslastung erwartete spezifische Systemertrag betrug $q_{sol} = 495$ kWh/$(m^2 a)$, entsprechend ist $Q_{sol} = 29.700$ kWh/a.
Um die solaren Kosten der Trinkwassererwärmung zu berechnen, müssen die Barwerte der betriebs- und verbrauchsgebundenen Kosten ermittelt werden. Bei mittelgroßen solarthermischen Anlagen werden die Kosten zur Instandhaltung mit etwa $f_{betr} = 1{,}5$ %$/a$ geschätzt, daher ist nach Gl. (5.111)

$$k_{betr} = K_{inv} \cdot f_{betr} = 42.000\ € \cdot 1{,}5\ \%/\text{a} = 630\ €/\text{a}\ .$$

Der Barwertfaktor für eine Lebensdauer von $T = 20$ a und einen Kalkulationszinssatz von $i = 5$ % beträgt $b = 12{,}46$ a, damit ist mit Gl. (5.114)

$$B_{betr} = k_{betr} \cdot b = 630\ €/\text{a} \cdot 12{,}46\ \text{a} = 7.851\ €\ .$$

Bei Annahme einer jährlichen Preissteigerungsrate von $j_{el} = 3$ %/a für die elektrische Hilfsenergie beträgt der preisdynamische Barwertfaktor $b_{r,el} = 15{,}96$ a. Für eine solare Jahresarbeitszahl von $JAZ_{sol} = 50$ kWh$_{sol}$/kWh$_{el}$ und spezifische Kosten von (nur) $k_{el} = 0{,}15$ €/kWh betragen die verbrauchsgebundenen jährlichen Kosten

$$k_{verbr} = k_{el} \cdot \frac{Q_{sol}}{JAZ_{sol}} = 0{,}15\ €/\text{kWh} \cdot \frac{29.700\ \text{kWh/a}}{50\ \text{kWh}_{sol}/\text{kWh}_{el}} = 89{,}10\ €/\text{a}\ ,$$

deren Barwert ist

$$B_{verbr} = k_{verbr} \cdot b_{r,el} = 89,10 \text{ €/a} \cdot 15,96 \text{ a} = 1.422 \text{ €} .$$

Die Gesamtkosten der solaren Trinkwassererwärmung, bezogen auf den Investitionszeitpunkt, betragen damit

$$K_{sol} = K_{inv} + B_{betr} + B_{verbr} = 42.000 + 7.851 + 1.422 = 51.273 \text{ €} .$$

Nun ist der Barwert der Einsparungen an fossiler Endenergie zu bestimmen. Für Erdgas (oder Heizöl) wird in diesem Beispiel eine Preissteigerungsrate von $j_{EE} = 5$ %/a angenommen, der preisdynamische Barwertfaktor beträgt damit $b_{r,EE} = 19,05$ a.

Im Beispiel von S. 401 wurde eine jährliche Endenergieeinsparung $\Delta Q_{EE,sol}$ von 35.343 kWh/a ermittelt. Die spezifischen Endenergiekosten für den Bezug von Erdgas k_{EE} werden mit 0,80 €/m^3_N angenommen, der Heizwert H_i mit 10 kWh/m^3:

$$\begin{aligned} K_{konv} &= \Delta Q_{EE,sol} \cdot \frac{k_{EE}}{H_i} \cdot b_{r,EE} \\ &= 35.343 \text{ kWh/a} \cdot 0,08 \text{ €/kWh} \cdot 19,05 \text{ a} = 53.856 \text{ €} . \end{aligned}$$

Das Ergebnis zeigt, dass ein moderner Brennwertkessel in Kombination mit einer Solaranlage über die Lebensdauer von 20 Jahren das Trinkwasser sogar etwas kostengünstiger erwärmt als im monovalenten Betrieb, da $K_{sol} \leq K_{konv}$ ist.

Nach Gl. (5.117) betragen die mittleren solaren Wärmegestehungskosten

$$k_{sol} = \frac{K_{sol}}{Q_{sol} \cdot b} = \frac{51.272}{29.700 \cdot 12,46} = 0,1385 \text{ €/kWh} ,$$

die mittleren fossilen Wärmegestehungskosten nach Gl. (5.118) dagegen

$$k_{konv} = 0,1455 \text{ €/kWh} .$$

Die solaren Wärmegestehungskosten sind geringer als bei der konventionellen Variante, es ist $k_{sol} < k_{konv}$. Die Berechnungsergebnisse zeigen also, dass der Einsatz von Solarthermie nicht nur energieeffizienter, sondern auch in betriebswirtschaftlicher Sicht sinnvoll ist.

Der in den Gl. (5.119) und Gl. (5.120) beschriebene überschlägige Berechnungsansatz führt zu ähnlichen Ergebnissen. Für die solaren Gestehungskosten ergibt sich

$$k_{sol} = \frac{1,23 \cdot 42.000}{29.700 \cdot 12,46} = 0,1396 \text{ €/kWh} ,$$

und mit $f_{i,jEE} = 1,53$ aus Tab. 5.13 und der Anlagenaufwandszahl $e_g = 1/\eta_{NH} = 1,19$ aus dem Beispiel von S. 401 folgt für die konventionellen Gestehungskosten

$$k_{konv} = 0,08 \cdot 1,19 \cdot 1,53 = 0,1457 \text{ €/kWh} .$$

Sensitivität der solaren Wärmegestehungskosten

Die solaren und konventionellen Wärmegestehungskosten sind sehr stark abhängig von den Grundannahmen, die für die Wirtschaftlichkeitsbetrachtung gesetzt wurden. Damit ist zu erklären, dass Aussagen zur Wirtschaftlichkeit von Solaranlagen oft stark voneinander abweichen. Um den Einfluss der wichtigsten Grundannahmen zu zeigen, sollen nachfolgend einige Sensitivitätsanalysen vorgenommen werden.
Als Grundannahmen für die Wirtschaftlichkeitsbetrachtung werden die Zahlen aus den Berechnungsbeispielen von S. 434 bzw. S. 401 übernommen. Tab. 5.14 zeigt diese in einer Übersicht.

Tabelle 5.14 Grundannahmen zur Wirtschaftlichkeitsberechnung (alle Preise/Kosten ohne MwSt.)

Einflussgröße	Formelzeichen	Wert
Spezifische Systemkosten	$K_{INV,KF}$	700 €/m^2
Kalkulationszinssatz	i	5%
Anlagenlebensdauer	T	20 a
spezifische Betriebskosten / anteilig an K_{Inv}	f_{betr}	1,5 %/a
solare Jahresarbeitszahl	JAZ_{sol}	50
Bezugskosten für Elektrische Hilfsenergie im Basisjahr	k_{el}	0,15 €/kWh
Energiepreissteigerungsrate für el. Hilfsenergie	j_{el}	3 %/a
Heizwert von Erdgas	H_i	10 kWh/m$_N^3$
Bezugskosten für Erdgas im Basisjahr	k_{EE}	0,8 €/m$_N^3$
Endenergiepreissteigerungsrate für fossile Endenergie	j_{EE}	5 %/a

Solare Systemkosten / Kalkulationszinssatz

Im ersten Fall wurden die flächenspezifischen solaren Systemkosten in einem Bereich zwischen 400 und 1.400 €/m^2 variiert. Tab. 5.12 zeigt, dass ein derart großer Kostenunterschied durchaus realistisch ist. Abb. 5.96 (links) zeigt das Ergebnis: Bei den Grundannahmen nach Tab. 5.14 ist der Betrieb einer Solaranlage nur dann wirtschaftlich(er), wenn die Systemkosten mit Berücksichtigung der Fördermittel 700 € /m^2 unterschreiten.
Die Variation des Kalkulationszinssatzes *i* im Bereich zwischen 2 und 10 % (Abb. 5.96, rechts) führt zu dem Ergebnis, dass die kapitalintensive Solaranlage ihre Wirtschaftlichkeit einbüßt, sobald der Kalkulationszinssatz *i* für die Finanzierung einen Grenzwert von 5,6 % übersteigt. Wurde die Anlage aus eigenen Mitteln finanziert, beträgt die Rentabilität der – mit 20 Jahren sehr langfristigen – Investition in die Solaranlage entsprechend 5,6 %.

Endenergiebezugskosten / Preissteigerungsrate

Auch die angenommenen Endenergiebezugskosten haben einen großen Einfluss auf die Wirtschaftlichkeit, wie die Abb. 5.97 zeigt.

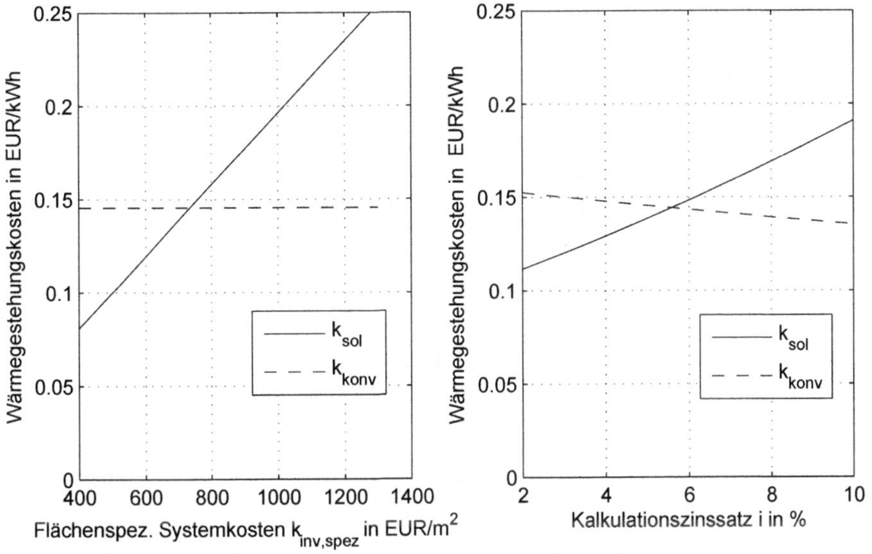

Abb. 5.96 Wärmegestehungskosten in Abhängigkeit von den flächenspezifischen solaren Systemkosten in €/m^2 (links) und vom Kalkulationszinssatz i in % (rechts).

Übersteigen die Endenergiebezugskosten k_{EE} im Basisjahr 0,75 €/m^3 bei Erdgas bzw. 0,75 €/l bei Heizöl, so sind die konventionellen Wärmegestehungskosten höher als die solaren.

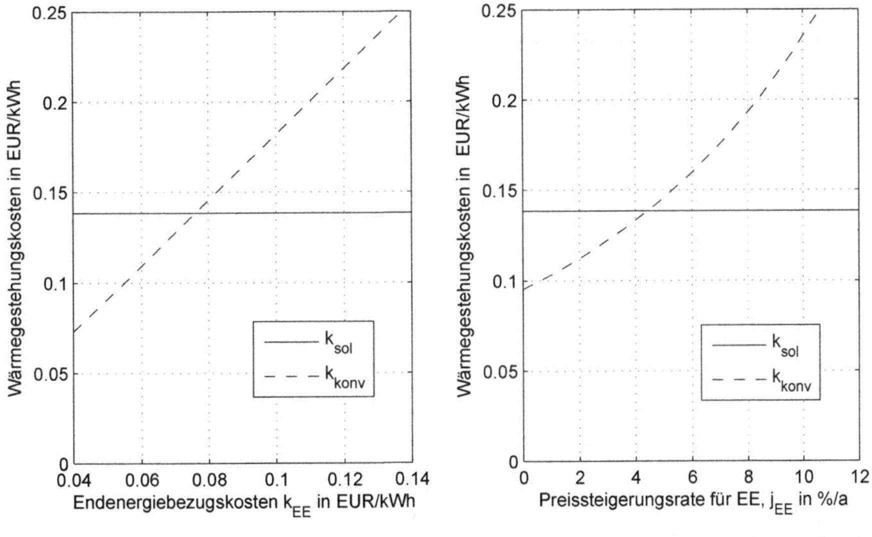

Abb. 5.97 Wärmegestehungskosten in Abhängigkeit von den Endenergiebezugskosten k_{EE} in €/kWh (links) und von der jährlichen Endenergiepreissteigerung j_{EE} in %/a (rechts).

Die Zahlen in Abb. 5.97, links wurden mit einer Endenergie-Preissteigerungsrate j_{EE} von 5 %/a berechnet. Im Bild rechts wurde diese Größe variiert (nun mit k_{EE} = 0,80 €/m_N^3 bzw. 0,08 €/kWh). Bereits ab einer Preissteigerungsrate von 4,4 %/a produziert die Solaranlage günstiger Wärme als der konventionelle Wärmeerzeuger allein. Nach Zahlen des Statistischen Bundesamts (Tab. 5.15) betrugen die Energiepreissteigerungen für Heizöl und Erdgas seit 2000 durchschnittlich 2,4 bzw. 4,2 %/a. Die Indices für das Jahr 2008 zeigen die Preisentwicklung vor der Weltwirtschaftskrise.

Tabelle 5.15 Zahlen des Statistischen Bundesamts zu Energiepreisen und daraus errechnete jährliche Preissteigerungsraten, nach [112].

Endenergieträger	2000	2005	2008	2010[1]	2015	2000 - 2015
Erdgas, Abgabe an Industrie	54.4	75.8	114.6	100	115.4	4,2 %/a
Erdgas, Abgabe an private Haushalte	62.2	84.1	111.5	100	110.7	3,9 %/a
Superbenzin ab Tankstelle	71.7	86.4	98.9	100	98.4	2,1 %/a
Diesel ab Tankstelle	65.4	86.9	108.7	100	95.8	2,6 %/a
Heizöl leicht, Abgabe an Privathaushalte	63.0	84.8	117.7	100	90.4	2,4 %/a
Strom, Abgabe an Privathaushalte	62.1	76.8	91.2	100	124.8	4,8 %/a
Strom, Abgabe an Sondervertragskunden	62.8	79.5	103.2	100	112.1	3,9 %/a

[1] Preise des Basisjahres 2010 = Index 100

Fazit

Solaranlagen sind dann wirtschaftlich zu betreiben, wenn durch Wahl einer einfachen Systemtechnik und einer sinnvollen Speichergröße (50 bis max. 60 l/m ^{2}) die spezifischen Investitionskosten niedrig gehalten werden können (Ziel: $<$ 700 €/m ^{2}). Um einen ausreichend hohen spezifischen Systemertrag ($q_{sol} > 450$ kWh/m^2/a) zu erreichen, soll die Auslastung mit $v_{ausl} > 50$ l/m^2/d gewählt werden. Die Sensitivitätsanalyse zeigt, dass bei diesen Vorgaben ab einem Bezugspreis der Nachheizenergie von 7,5 Ct/kWh eine Solaranlage zur Trinkwassererwärmung wirtschaftlich zu betreiben ist.

Literaturverzeichnis

1. Adam, M., et.al.: Verbundprojekt: Standardisierung und Normung von multifunktionalen PVT Solarkollektoren (PVT-Norm). Teilvorhaben: PVT – Systemanwendungen und Simulationen. FKZ 01FS12037, Düsseldorf (2014)
2. AGFW (Hg.): Branchenreport 2007, Frankfurt/M. (2009)
3. Bachmann, S.: Die frühe Geschichte der thermischen Nutzung der Sonnenenergie. Vortrag am Institut für Thermodynamik und Wärmetechnik (ITW). Stuttgart (2004)
4. Baehr, H.D., Stephan, K.: Wärme- und Stoffübertragung. Springer, Berlin (2004)
5. Bankhaus Sarasin & Cie AG (Hg.): Solarwirtschaft: Hartes Marktumfeld – Kampf um die Spitzenplätze. Basel (2011)

6. Baugesetzbuch, in der Fassung der Bekanntmachung vom 23. September 2004 (BGBl. I S. 2414), das zuletzt durch Artikel 1 des Gesetzes vom 22. Juli 2011 (BGBl. I S. 1509) geändert worden ist.
7. Baunutzungsverordnung, in der Fassung der Bekanntmachung vom 23. Januar 1990 (BGBl. I S. 132), die durch Artikel 3 des Gesetzes vom 22. April 1993 (BGBl. I S. 466) geändert worden ist.
8. Benner, M., et.al.: Forschungsbericht zum BMBF/BMWA-Vorhaben: Solar unterstützte Nahwärmeversorgung mit und ohne Langzeit-Wärmespeicher (November 1998 bis Januar 2003). FKZ 0329606S, Stuttgart (2004)
9. Bayerisches Zentrum für Angewandte Energieforschung e.V.: Hocheffizienter Flachkollektor mit Foliendämmung und Überhitzungsschutz für Betriebstemperaturen von 70 bis 100°C. Abschlussbericht zum Projekt 0329280A BMU (2010)
10. Bertram, E.: Abschlussbericht zum Vorhaben Solarthermie2000plus: Solare Gebäudewärmeversorgung mit unverglasten photovoltaisch-thermischen Kollektoren, Erdsonden und Wärmepumpen für 100% Deckungsanteil. FKZ 0325952B. Berlin (2011)
11. Botpaev, R., et.al.: Drainback solar thermal systems: A review. Solar Energy **128**, S. 41-60 (2016)
12. Brunold, S.: Entwicklung von Kunststoffkollektoren: Grundlegende Fragestellungen und Ergebnisse eines Forschungsprojekts. 20. Symposium Thermische Solarenergie, Regensburg (2010)
13. Bühl, J., Müller, M.: Förderprogramm „Solarthermie 2000“ Teilprogramm 2 – Zwischenbericht der 3. Messperiode 04.04.2001 - 05.04.2002 (Südharzkrankenhaus Nordhausen), Ilmenau (2004)
14. Bundesamt für Wirtschaft und Ausfuhrkontrolle (BAFA) (Hg.): Erneuerbare Energien. Förderbare Kollektoren und Solaranlagen, Stand: 05.09.2012, Eschborn (2012)
15. Bundesamt für Wirtschaft und Ausfuhrkontrolle (BAFA) (Hg.): Merkblatt Prozesswärme. Solarthermie, Stand: 04.11.2015, Eschborn (2015)
16. Bundesamt für Wirtschaft und Ausfuhrkontrolle (BAFA) (Hg.): Förderübersicht Solar (Basis-, Innovations- und Zusatzförderung), Stand: 08.05.2015, Eschborn (2015)
17. Bundesministerium für Wirtschaft und Energie (Hg.): Evaluierung von Einzelmaßnahmen zur Nutzung erneuerbarer Energien im Wärmemarkt (Marktanreizprogramm) für den Zeitraum 2012 bis 2014. Berlin (2016)
18. Bundesministerium für Wirtschaft und Energie (Hg.): Richtlinien zur Förderung von Maßnahmen zur Nutzung erneuerbarer Energien im Wärmemarkt vom 11. März 2013. Berlin (2013)
19. Bundesministerium für Wirtschaft und Energie (Hg.): Grünbuch Energieeffizienz. Diskussionspapier. Berlin (2016)
20. Bundesministerium für Wirtschaft und Energie (Hg.): Energieeffizienzstrategie Gebäude. Wege zu einem nahezu klimaneutralen Gebäudebestand. Berlin (2015)
21. Bundesministerium für Wirtschaft und Energie (Hg.): Zweiter Erfahrungsbericht zum Erneuerbare-Energien-Wärmegesetz. Die Entwicklung des Wärme- und Kältemarktes in Deutschland. Berlin (2015)
22. Bundesministerium für Umwelt, Naturschutz, Reaktorsicherheit (Hg.): Zeitreihen zur Entwicklung der Erneuerbaren Energien in Deutschland. Unter Verwendung von Daten der Arbeitsgruppe Erneuerbare Energien-Statistik (AGEE-Stat). Berlin (2012)
23. Bundesministerium für Umwelt, Naturschutz und Reaktorsicherheit (Hg.): Langfristszenarien und Strategien für den Ausbau der erneuerbaren Energien in Deutschland bei Berücksichtigung der Entwicklung in Europa und global (Leitstudie 2011). Schlussbericht BMU - FKZ 03MAP146. Berlin (2012)
24. Bundesverband Solarwirtschaft e.V. (Hg.): Statistische Zahlen der deutschen Solarwärmebranche. Berlin (2016) `http://www.solarwirtschaft.de`. Zitiert: 16.08.2016
25. Bundesverband Solarwirtschaft e.V. (Hg.): Fahrplan Solarwärme. Strategie und Maßnahmen der Solarwärme-Branche für ein beschleunigtes Marktwachstum bis 2030. Berlin (2012)
26. BDH, BSW (Hg.): Arbeitsblatt zur Ermittlung von Schneelasten an solarthermischen Anlagen. Informationsblatt Nr. 49, Köln/Berlin (2012)

27. Bildarchiv der Wagner & Co Solartechnik GmbH, Cölbe (2009)
28. Bildarchiv der Alanod-Solar GmbH & Co KG, Ennepetal (2009)
29. de Caus, S.: Von Gewaltsamen Bewegungen (Band 1). Franckfurt (1615) http://digital.slub-dresden.de/ppn276984048/51
30. Deutsche Solarthermie Technologie Plattform (DSTTP) http://www.solarthermietechnologie.de/dsttp/
31. Deutsches Institut für Bautechnik (DIBt) (Hg.): Hinweise für die Herstellung, Planung und Ausführung von Solaranlagen. o.O. (2012)
32. DIN CEN/TR 16355: Empfehlungen zur Verhinderung des Legionellenwachstums in Trinkwasser-Installationen. Beuth Verlag, Düsseldorf (2012)
33. DIN 1988-100: Technische Regeln für Trinkwasser-Installationen – Teil 100: Schutz des Trinkwassers, Erhaltung der Trinkwassergüte; Technische Regel des DVGW. Beuth Verlag, Düsseldorf (2011)
34. DIN 1988-200: Technische Regeln für Trinkwasser-Installationen – Teil 200: Installation Typ A (geschlossenes System) - Planung, Bauteile, Apparate, Werkstoffe; Technische Regel des DVGW. Beuth Verlag, Düsseldorf (2012)
35. DIN 4708: Zentrale Wassererwärmungsanlagen. Teil 1: Begriffe und Berechnungsgrundlagen, Teil 2: Regeln zur Ermittlung des Wärmebedarfs zur Erwärmung von Trinkwasser in Wohngebäuden, Teil 3: Regeln zur Leistungsprüfung von Wassererwärmern für Wohngebäude. Ausgabedatum: 1994-04. Beuth Verlag, Düsseldorf (1994)
36. DIN 4753: Wassererwärmer und Wassererwärmungsanlagen für Trink- und Betriebswasser. Beuth Verlag, Düsseldorf (2011)
37. DIN V 18599-5:2016-10: Energetische Bewertung von Gebäuden. Berechnung des Nutz-, End- und Primärenergiebedarfs für Heizung, Kühlung, Lüftung, Trinkwarmwasser und Beleuchtung. Teil 5: Endenergiebedarf von Heizsystemen. Beuth Verlag, Berlin (2016)
38. DIN 18599-8:2016-10: Energetische Bewertung von Gebäuden. Berechnung des Nutz-, End- und Primärenergiebedarfs für Heizung, Kühlung, Lüftung, Trinkwarmwasser und Beleuchtung. Teil 8: Nutz- und Endenergiebedarf von Warmwasserbereitungssystemen. Beuth Verlag, Berlin (2016)
39. DIN EN 410: Glas im Bauwesen. Bestimmung der lichttechnischen und strahlungsphysikalischen Kenngrößen von Verglasungen. Beuth Verlag, Düsseldorf (2011)
40. DIN EN 1717: Schutz des Trinkwassers vor Verunreinigungen in Trinkwasser-Installationen und allgemeine Anforderungen an Sicherheitseinrichtungen zur Verhütung von Trinkwasserverunreinigungen durch Rückfließen, Technische Regel des DVGW. Beuth Verlag, Düsseldorf (2011)
41. DIN EN 12975 Teil 1: Thermische Solaranlagen und ihre Bauteile - Kollektoren - Teil 1: Allgemeine Anforderungen; Deutsche Fassung prEN 12975-1:2011. Beuth Verlag, Düsseldorf (2011)
42. DIN EN 12975 Teil 2: Thermische Solaranlagen und ihre Bauteile - Kollektoren - Teil 2: Prüfverfahren; Deutsche Fassung EN 12975-2:2006. Beuth Verlag, Düsseldorf (2006)
43. DIN EN 12975 Teil 3-1: Thermische Solaranlagen und ihre Bauteile - Kollektoren - Teil 3-1: Qualifizierung der Beständigkeit von Solarabsorberflächen; Deutsche Fassung prEN 12975-3-1:2011. Beuth Verlag, Düsseldorf (2011)
44. DIN EN 12976 Teil 1 - Entwurf: Thermische Solaranlagen und ihre Bauteile - Vorgefertigte Anlagen - Teil 1: Allgemeine Anforderungen. Beuth Verlag, Düsseldorf (2014)
45. DIN EN 12976 Teil 2 - Entwurf: Thermische Solaranlagen und ihre Bauteile - Vorgefertigte Anlagen - Teil 2: Prüfverfahren. Beuth Verlag, Düsseldorf (2014)
46. DIN ENV 12977 Teil 1 - Entwurf: Thermische Solaranlagen und ihre Bauteile. Kundenspezifisch gefertigte Anlagen Teil 1: Allgemeine Anforderungen für solare Trinkwassererwärmer und Kombisysteme, Vornorm. Beuth Verlag, Düsseldorf (2016)
47. DIN ENV 12977 Teil 2 - Entwurf: Thermische Solaranlagen und ihre Bauteile. Kundenspezifisch gefertigte Anlagen Teil 2: Prüfverfahren für solare Trinkwassererwärmer und Kombisysteme, Vornorm. Beuth Verlag, Düsseldorf (2016)

48. DIN EN 12977 Teil 3 - Entwurf: Thermische Solaranlagen und ihre Bauteile. Kundenspezifisch gefertigte Anlagen Teil 3: Leistungsprüfung von Warmwasserspeichern für Solaranlagen. Beuth Verlag, Düsseldorf (2016)
49. DIN EN 12977 Teil 4 - Entwurf: Thermische Solaranlagen und ihre Bauteile. Kundenspezifisch gefertigte Anlagen Teil 4: Leistungsprüfung von Kombispeichern. Beuth Verlag, Düsseldorf (2016)
50. DIN EN 12977 Teil 5 - Entwurf: Thermische Solaranlagen und ihre Bauteile. Kundenspezifisch gefertigte Anlagen Teil 5: Leistungsprüfung von Reglern. Beuth Verlag, Düsseldorf (2016)
51. DIN EN 12897 - Entwurf: Wasserversorgung - Bestimmung für mittelbar beheizte, unbelüftete (geschlossene) Speicher-Wassererwärmer. Beuth Verlag, Düsseldorf (2014)
52. DIN EN ISO 9806-06: Solarenergie - Thermische Sonnenkollektoren - Prüfverfahren, Deutsche Fassung ISO/DIS 9806:2016. Beuth Verlag, Düsseldorf (2016)
53. DIN EN ISO 9488: Sonnenenergie. Vokabular. Dreisprachige Fassung der EN ISO 9488-1999. Beuth Verlag, Düsseldorf (2001)
54. Directive 2010/30/EU of the European Parliament and of the Council of 19 May 2010 on the indication by labelling and standard product information of the consumption of energy and other resources by energy-related products.
55. Duffie, J., Beckman, W.: Solar engineering of thermal processes. Wiley, New York (1991)
56. DVGW W 551: Trinkwassererwärmungs- und Trinkwasserleitungsanlagen – Technische Maßnahmen zur Verminderung des Legionellenwachstums – Planung, Errichtung, Betrieb und Sanierung von Trinkwasser-Installationen. Beuth Verlag, Düsseldorf (2004)
57. Eisenmann, W.: Untersuchungen zu Leistungsfähigkeit und Materialaufwand von Sonnenkollektoren mit serpentinen- und harfenartiger Rohrverlegung. Fortschritt-Berichte VDI, Reihe 6, Nr. 490, VDI Verlag, Düsseldorf (2003)
58. Eisenmann, W., et.al.: Entwicklung eines leistungsgesteigerten Flachkollektors mit Reflektoren für die Gewinnung von Prozesswärme bis 150°C; Kurzbezeichnung: RefleC. Projektlaufzeit 01.08.2007 - 31.12.2010. Abschlussbericht zum Projekt 0329280C (2011)
59. EOS - Institut für Energieoptimierte Systeme, FH Braunschweig/Wolfenbüttel et.al.: Integration von Heizkesseln in Wärmeverbundsysteme mit großen Solaranlagen; Laufzeit des Vorhabens: 01.06.2009 - 31.05.2012. Abschlussbericht zum Projekt 0325958A (2012)
60. European Solar Thermal Technology Platform (ESTTP) (Hg.): Solares Heizen und Kühlen für eine nachhaltige Energiezukunft in Europa. Vision, Potenzial, Entwicklungsplan, Strategische Forschungsagenda. Berlin (2008)
61. Fischer, S., Müller-Steinhagen, H.: Leistungsprüfung von Sonnenkollektoren – Kürzere Prüfzeiten durch die Verwendung eines Zweiknotenmodells. 17. Symposium Thermische Solarenergie, S. 256-258, Regensburg (2007)
62. Föste, S.: Flachkollektor mit selektiv beschichteter Zweischeibenverglasung. Dissertation. Universität Hannover (2013)
63. Föste, S., et.al.: Hocheffiziente Flachkollektoren mit selektiv beschichteten Zweischeibenverglasungen : Kurzbezeichnung: HFK Low-e ; Abschlussbericht. FKZ 0325973A-D Hameln/Emmerthal (2014)
64. Föste, S., et.al.: Leistungsfähigkeit und Stagnationsverhalten von Kollektoren mit thermochromen Absorberbeschichtungen. In: 25. Symposium Thermische Solarenergie, Regensburg (2015)
65. Fraunhofer ISE (Hg.): Stromgestehungskosten Erneuerbarer Energien. Freiburg (2012)
66. FSAVE GmbH, Kassel (2012)
67. Gesetz zur Förderung Erneuerbarer Energien im Wärmebereich (Erneuerbare-Energien-Wärmegesetz - EEWärmeG), zuletzt durch Artikel 7 des Gesetzes vom 28. Juli 2011 (BGBl. I S. 1634) geändert
68. Glück, B.: Simulationsmodell Erdwärmesonde zur wärmetechnischen Beurteilung von Wärmequellen, Wärmesenken und Wärme-/ Kältespeichern. Rud. Otto-Meyer-Umweltstiftung, Hamburg (2008)
69. Grammer Solar (Hg.): Produktunterlagen, Amberg (2012)

70. Hahne, E.: Solare Nahwärme. TÜV-Verlag, Köln (1998)
71. Hermann, M.: Bionische Ansätze zur Entwicklung energieeffizienter Fluidsysteme für den Wärmetransport. Dissertation, Universität Karlsruhe (2005)
72. Heß, S., et.al.: Solare Prozesswärme. Planungshilfe für die solarthermische Prozesswärmeerzeugung. Essen (2010)
73. H.M. Heizkörper GmbH & Co. KG, Dingelstädt (2012)
74. Hoyer, J.: Brände an thermischen Solaranlagen. http://www.schadenprisma.de/pdf/sp_2014_2_4.pdf
75. Institut für Regenerative Energietechnik (in.RET): Untersuchungen zur Leistungsoptimierung von Warmwasserspeichern. Interner Bericht, Nordhausen (2012)
76. Institut für Solarenergieforschung GmbH: Abschlussbericht zum Vorhaben Solarthermie-2000plus: Grundlagen für selektiv beschichtete Hochleistungsverglasungen für Flachkollektoren. Emmerthal (2011)
77. Institut für Solarenergieforschung GmbH: Interne Informationen. Emmerthal (2016)
78. Interpane Glas Industrie AG (Hg): Gestalten mit Glas. Lauenförde (2013)
79. ITW: Persönliche Mitteilungen des ITW vom Februar 2011.
80. ISO 9845-1: Referenzwerte für spektrale, solare Bestrahlungsstärke am Boden bei unterschiedlichen Empfangsbedingungen; Teil 1: Direkte Sonnenstrahlung auf normale Empfangsebene und hemisphärische Sonnenstrahlung für Luftmassen 1,5. Beuth Verlag, Düsseldorf (1992)
81. Jäger, H., Terschüren, K.-H.: Produktionsverfahren für Solarkollektoren - von der Manufaktur zur Automatisierung. In: ForschungsVerbund Sonnenenergie: Produktionsthemen für die Solarenergie, Hannover/Berlin (2007)
82. Kerskes, H., Drück, H., Bachmann, S.: Kombianlagen. Solaranlage zur kombinierten Trinkwassererwärmung und Heizungsunterstützung. Abschlussbericht. Stuttgart (2001)
83. Klein, S.A.: Engineering Equation Solver (EES) Professional V9.171-3D [7/03/12] D-Chart Software. Box 44042 Madison (2013)
84. Körner, W.: Skript zur Vorlesung Solarthermie, Universität Kassel, Kassel (1991)
85. Lauterbach, C., et.al: Das Potential solarer Prozesswärme in Deutschland. Teil 1 des Abschlussberichtes zum Forschungsvorhaben „SOPREN - Solare Prozesswärme und Energieeffizienz". FKZ 0329601T. Institut für Thermische Energietechnik, Universität Kassel. Kassel (2011)
86. Leibbrandt, P., Schabbach, T.: Optimierung von Standardsolarspeichern - Projektergebnisse. 23. Symposium Thermische Solarenergie, Regensburg (2013)
87. Marstal Fjernvarme (Hg.): Übersicht Projekt Fernwärme Marstal DK, Marstal Fjernvarme (2014)
88. Mener, G.: Geschichte der Sonnenenergienutzung in Deutschland und den USA 1860 - 1986. LK-Verlag, München (2001)
89. Mohr, M.: Praxis solarthermischer Kraftwerke. Springer, Berlin (1999)
90. Mouchot, Augustin: Die Sonnenwärme und ihre industriellen Anwendungen. Nachdruck der Ausgabe von 1879 in dt. Sprache. Olynthus-Verlag, Oberbözberg (1987)
91. N.N.: Neue Wärme braucht das Land. Marktübersicht Solarthermie. Erneuerbare Energien **19**, Nr. 5, Hannover (2009)
92. Nielson, J.E.: Masterplan Dänemark. 23. Symposium Thermische Solarenergie, Regensburg (2013)
93. Nilius, A., Bühl, J.: Durchführung eines Messprogramms an dem 300 m^3 GFK-Pilotspeicher und Untersuchungen zur Optimierung des Wärmespeicherkonzeptes. Forschungsbericht, Ilmenau (2003)
94. National Laboratory of the U.S. Department of Energy (NREL): Concentrating Solar Power Projects. http://www.nrel.gov, Abruf am 08.11.2016
95. Pazidis, Alexandra et.al.: Entwicklung eines Absorbers für thermische Solarkollektoren mit Stagnationstemperatur unter 140 °C und hoher Effizienz. Abschlussbericht. FKZ 0325988B, Hameln (2015)
96. Remmers, K.-H.: Solarstrom in Spanien jetzt ab 3,8 Cent pro Kilowattstunde möglich. pv magazine - Photovoltaik (2016) http://www.pv-magazine.de/meinung/blogdetails

97. RAL gGmbH (Hg.): Vergabegrundlage für Umweltzeichen. Sonnenkollektoren. RAL-UZ 73. Ausgabe, Sankt Augustin (2009)
98. RAL gGmbH (Hg.): Vergabegrundlage für Umweltzeichen. Energiesparende Warmwasserspeicher. RAL-UZ 124. Ausgabe, Sankt Augustin (2008)
99. Reitter, C., et.al.: Kunststoffe in solarthermischen Kollektoren - Anforderungsdefinition, Konzeptentwicklung und Machbarkeitsbewertung. Abschlussbericht im BMU-Forschungsvorhaben Solarthermie-2000plus. Ingolstadt (2011)
100. Remmers, K.-H.: Forum Solarpraxis, Selektive Schichten. Sonnenenergie u. Wärmetechnik **4**, S. 11-14 (1998)
101. Schabbach, T., Leibbrandt, P.: Solarthermie – Wie Sonne zu Wärme wird. Springer Vieweg, Berlin (2014)
102. Schorn, C., et.al.: Präzise Messungen zum kleinen Preis – Aufbau eines Prüfstandes zur Leistungsmessung von Sonnenkollektoren nach EN 12975. 18. Symposium Thermische Solarenergie, S. 334-339, Regensburg (2008)
103. Schramek, E.-R. (Hg.): Taschenbuch für Heizung und Klimatechnik. 76. Auflage. Oldenbourg Industrieverlag, München (2014)
104. Schüco International KG (Hg.): Produktunterlagen, Bielefeld (2012)
105. Schwenk, Ch., et.al.: Sonne für Hotels. Planung von Kollektoranlagen zur Warmwasserbereitung. Verlag Arbeitsgemeinschaft Erneuerbare Energie, Hannover (1999)
106. Schmidt; Mangold: Solar unterstütze Kraft-Wärme-Kopplung mit saisonalem Wärmespeicher – das dänische Projekt „SUNSTORE 4". 23. OTTI Symposium Solarthermie, Bad Staffelstein (2013)
107. Solarkomplex (Hg.): Bioenergiedorf Büsingen, Bewerbungsunterlagen zum Georg-Salvamoser-Preis 2014, Singen (2014)
108. Solar Millenium AG (Hg.): Die Parabolrinnen-Kraftwerke Andasol 1 bis 3. Erlangen (2011)
109. Solar Server (Hg.): Solarwärme zur Heizung und Klimatisierung: Weltgrößte Vakuumröhrenkollektoranlage versorgt größte Adsorptionskälteanlage der Welt. `www.solarserver.de/solarmagazin/anlagemaerz2008.html` Abruf am 17.07.14, 16:20 Uhr
110. SOLITES (Hg.): Newsletter zum Forschungsvorhaben SDHp2m. September 2016 `http://solar-district-heating.eu/Default.aspx?tabid=190&CategoryID=55`
111. SP-method 2709, Calculation of annual energy gain from solar collectors (in Swedish), Edition 3, 2008-09-19
112. Statistisches Bundesamt: Preise. Daten zur Energiepreisentwicklung – Lange Reihen von Januar 2000 bis August 2016. Wiesbaden (2016)
113. Stiftung Warentest (Hg.): Vom Kollektor in die Badewanne. Solaranlagen. Test **70**, Nr. 3, Berlin (2008)
114. Stryi-Hipp, G., Schnauss, M., Moch, F.: Studie zu großen Solarwärmeanlagen. Erstellt im Rahmen des Projektes „GroSol - Analyse der Solarbranche zu Hemmnissen bei der Markteinführung großer solarthermischer Anlagen und Ausarbeitung von Maßnahmen zur Beschleunigung der Markteinführung", Berlin (2007)
115. Thüringer Bauordnung, Gesetzentwurf der Landesregierung vom 20.07.2012.
116. Universität Kassel (Hg.): Pilotanlage zur Bereitstellung solarer Prozesswärme bei der Hütt-Brauerei. Abschlussbericht FKZ 0329609E (Solarthermie2000plus), Kassel (2011)
117. Vajen, K.: Systemuntersuchungen und Modellierung solarunterstützter Warmwasserbereitungssysteme in Freibädern. Dissertation. Universität Marburg, Marburg (1996)
118. VELA SOLARIS AG: POLYSUN-Simulationssoftware, Version 5.10. CH-8400 Winterthur (2012)
119. Verein Deutscher Ingenieure (Hg.): VDI-Wärmeatlas. 10. bearbeitete und erweiterte Auflage. Springer, Berlin (2006)
120. VDI 2067 Blatt 1:2012-09 Wirtschaftlichkeit gebäudetechnischer Anlagen; Grundlagen und Kostenberechnung (Economic efficiency of building installations; Fundamentals and economic calculation). Beuth Verlag, Düsseldorf (2012)
121. VDI 2169:2012-10 Funktionskontrolle und Ertragsbewertung bei solarthermischen Anlagen. Beuth Verlag, Düsseldorf (2012)

122. VDI 3789 Blatt 2:1994-10 Umweltmeteorologie - Wechselwirkungen zwischen Atmosphäre und Oberflächen - Berechnung der kurz- und der langwelligen Strahlung. Beuth Verlag, Düsseldorf (1994)
123. VDI 3988 (Entwurf): Solarthermische Prozesswärme. Beuth Verlag, Düsseldorf (voraussichtlich 2017)
124. VDI 6002 Blatt 1:2014-03 Solare Trinkwassererwärmung. Allgemeine Grundlagen, Systemtechnik und Anwendung im Wohnungsbau. Beuth Verlag, Düsseldorf (2014)
125. VDI 6002 Blatt 2:2014-03 Solare Trinkwassererwärmung. Anwendungen in Studentenwohnheimen, Seniorenheimen, Krankenhäusern, Hallenbädern und auf Campingplätzen. Beuth Verlag, Düsseldorf (2014)
126. VDI/DVGW 6023:2012-04 Hygiene in Trinkwasser-Installationen. Anforderungen an Planung, Ausführung, Betrieb und Instandhaltung (Entwurf). Beuth Verlag, Düsseldorf (2012)
127. VDI 6025:2012-11 Betriebswirtschaftliche Berechnungen für Investitionsgüter und Anlagen. Beuth Verlag, Berlin (2012)
128. Verordnung (EG) Nr. 641/2009 vom 22. Juli 2009 zur Durchführung der Richtlinie 2005/32/EG.

Kapitel 6
Geothermie

Geothermie ist die Nutzung der im Untergrund gespeicherten thermischen Energie zur Beheizung von Gebäuden, zur Trinkwassererwärmung und als Prozesswärme für gewerbliche oder industrielle Zwecke. Durch Zwischenschaltung eines thermodynamischen Kraft-Wärme-Prozesses kann die Geothermie auch zur Stromerzeugung genutzt werden.
Der Bereich der *hydrothermalen Geothermie* umfasst die Verwendung von Grundwasser in oberflächennahen Bereichen und tiefliegender Wasserleiter, die Aquifere genannt werden. Diese natürlichen Warm- und Heißwasservorkommen mit Temperaturen von typischen 50 bis 120 °C sind direkt nutzbar.
Durch Einsatz von Erdwärmesonden können auch trockene Gesteinsschichten der thermischen Nutzung zugänglich gemacht werden, man spricht hier von *petrothermaler Geothermie*. Auch das in Entwicklung befindliche Hot-Dry-Rock-(HDR) Verfahren bietet die Möglichkeit trockene Gesteinsschichten geothermal zu erschließen.
Eine weitere Unterscheidung wird hinsichtlich der Tiefe des genutzten Untergrundes getroffen. Im Laufe der Jahre hat sich zur Trennung der *oberflächennahen Erdwärmenutzung*[1] von der *tiefen Geothermie* die Grenze von 400 m Tiefe etabliert. Diese Einteilung ist willkürlich, da keine besonderen physikalischen oder auch gesetzlichen Gründe für diese Grenzfestlegung existieren. Die Bodenschichten bis in 400 m Tiefe überschreiten aber in der Regel nie die Temperaturgrenze von 20 - 25 °C und können daher zur Raumheizung nur indirekt über Wärmepumpen genutzt werden. Zur Stromerzeugung ist der Temperaturunterschied zur Umgebung bei heutigem technologischem Stand nicht ausreichend. Allerdings ist im Sommer eine direkte Nutzung dieser Temperaturen zur Raumkühlung möglich. Aus genehmigungsrechtlichen Gründen besteht eine weitere Grenze bei 100 m Tiefe, ab der in Deutschland neben eines wasserrechtlichen auch ein bergrechtliches Genehmigungsverfahren zu durchlaufen ist.
Erst ab Endteufen von 1.000 m und mehr werden Gesteinsschichten oder Wasservorkommen mit Temperaturen ab 50 °C erreicht, die direkt zur Raumbeheizung oder

[1] In der Schweiz spricht man auch von der *untiefen* oder sogar der *flachen* Geothermie.

Trinkwassererwärmung nutzbar sind. Die geothermische Stromerzeugung wird ab Temperaturen von über 100 °C sinnvoll. Aufgrund der im Vergleich zu sonstigen Kraftwerken noch immer sehr geringen Frischdampftemperaturen sind hier neuartige Kreisprozesse mit niedrigsiedenden organischen Lösungsmitteln (ORC-Prozess) oder Zweiphasengemischen (Kalina-Prozess) einzusetzen.
Die Geothermie weist im Vergleich zu anderer regenerativer Energienutzung einige Besonderheiten auf:

- Grundsätzlich ist die (tiefe) Geothermie eine regenerative Energiequelle mit sehr großem – im menschlichen Maßstab nahezu unbegrenztem – Potenzial. Durch das in Entwicklung befindliche HDR-Verfahren wird es möglich sein, aus nahezu jedem beliebigen Untergrund thermische Energie zu entnehmen. Selbstverständlich ist auch die Geothermie durch wirtschaftliche Gesichtspunkte in ihrer Anwendung beschränkt. In vielen Fällen wird eine alternative regenerative Energieversorgung - über Solarthermie oder Biomasse - günstiger sein.
- Im Gegensatz zu Wind- und Solarenergie unterliegt das geothermische Energieangebot des tiefen Untergrundes keiner zeitlichen Fluktuation. Da weder kurz- noch langfristige Fluktuationen vorhanden sind, ist theoretisch eine Stromerzeugung in Grundlast denkbar.
- Ein großes – vor allem wirtschaftliches – Problem der tiefen Geothermie stellt das Fündigkeitsrisiko dar. Besonders bei der hydrothermalen Nutzung müssen schwer lokalisierbare wasserführende Schichten in großer Tiefe erschlossen werden, die über eine ausreichende Ergiebigkeit verfügen. Die Heißwasservorkommen müssen ausreichend mächtig sein, um einen Heizkraftwerksbetrieb über mindestens 20 Jahre zu ermöglichen.
- Bei der oberflächennahen Erdwärmenutzung wird der Untergrund als saisonaler *thermischer Speicher* genutzt. Da die geothermische Wärmestromdichte aus dem Erdinnern im Mittel nur 65 mW/m^2 beträgt, muss einer geothermischen Nutzungszeit (in der Heizperiode) immer eine Regenerationszeit (im Sommer) folgen, damit sich der thermische Speicher wieder auflädt.
- Aufgrund der notwendigen Regenerationszeiten sind die spezifischen Entzugsleistungen und die Energiemengen, die dem Untergrund entnommen werden können, beschränkt. Voraussetzung einer nachhaltigen geothermischen Nutzung ist die sorgfältige und korrekte Auslegung der Wärmequellenanlagen.
- Die geothermische Nutzung oberflächennaher Bodenschichten und des Grundwassers steht in Konkurrenz mit der Nutzung als Trinkwasser, da sich aus gesundheitlich-hygienischen Gründen eine Doppelnutzung ausschließt. Aus diesem Grund fungieren die Wasserwirtschaftsämter als Genehmigungsbehörden für geothermische Anlagen. Damit wird den Gefahren der Verunreinigung des Trinkwassers durch Bohrungen begegnet.

Die oberflächennahe geothermische Nutzung erfuhr seit Mitte der 1990er Jahre einen enormen Aufschwung, der einerseits auf die zunehmende Sorge um den Klimawandel, andererseits auf den Preisanstieg bei Erdgas und Heizöl zurückzuführen war. Seit 2006 beträgt die Anzahl der jährlich in Deutschland installierten Heizungswärmepumpen etwa 60.000, mit leicht abnehmender Tendenz, wie Abb. 6.1 zeigt.

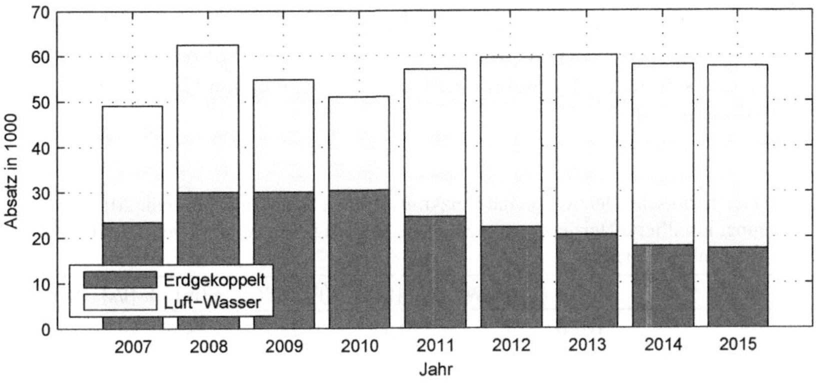

Abb. 6.1 Jährlich installierte Heizungswärmepumpen in Deutschland seit 2007 [5]

Seit 2005 gewinnen die Luft-Wasser-Wärmepumpen zunehmend an Bedeutung, – zuletzt im Jahr 2015 mit einem Anteil von fast 70 % an den Heizungswärmepumpen. Sie werden vor allem im Neubau und Sanierungsbereich in bivalenter Betriebsweise eingesetzt. Der Anteil erdreichgekoppelter Wärmepumpen ist inzwischen auf unter ein Drittel gesunken. Nach Einführung des EEWärmeG (siehe dazu Kap. 2.2.1, S. 46) im Jahr 2009 werden in 31% der Neubauten als Wärmeerzeuger Wärmepumpen eingesetzt [5]. In nur 23 Prozent der Fälle sind die Wärmepumpen mit einer geothermischen Wärmequelle gekoppelt, in allen anderen Anlagen sind es überwiegend Luft-Wasser-Wärmepumpen.

Zusätzlich werden pro Jahr etwa 12.500 Wärmepumpen zur Trinkwassererwärmung neu installiert. Diese entnehmen die zur Beheizung von Trinkwasserspeichern erforderliche Energie der Umgebungsluft ihres Aufstellorts oder der Abluft einer Wohnungslüftungsanlage.

Auch die Zahl der Projekte zur Nutzung tiefer Geothermie hat in den vergangenen Jahren erfreulich zugenommen - auch durch die Verbesserung der Förderbedingungen geothermisch gewonnener Endenergie durch das Erneuerbare-Energien-Gesetz. Nach den Angaben der Geothermischen Vereinigung GtV [3] beschränkt sich in Deutschland die Nutzung bis Ende 2016 allerdings auf 34 Anlagen im Betrieb mit einer installierten Heizleistung von ca. 302 MW_{th}. Tab. 6.1 zeigt den aktuellen Stand. Die installierte Leistung zur geothermischen Stromerzeugung beträgt 42 MW_{el}, in Bau ist z.Z. eine Anlage, in Planung sind 30 tiefengeothermische Anlagen, vornehmlich in Bayern. In der Vergangenheit wurde eine hydrothermale Nutzung fast ausschließlich im Zusammenhang mit dem Betrieb von Heil- oder Thermalbädern vorgenommen.

Die weitaus größte Zahl der tiefengeothermischen Anlagen nutzt hydrothermale Vorkommen, nur vier der in Tab. 6.1 genannten Anlagen setzen petrothermale Erdwärmesonden ein.

Nach Angaben der Geothermischen Vereinigung (GTV) wurden 2015 weltweit über 121,7 TWh Wärme mit einer installierten Leistung von 70.274 MW_{th} geothermisch produziert (163.907 Anlagen). Zur geothermischen Stromerzeugung wurden weltweit 526 Kraftwerke mit einer installierten Leistung von 12.594 MW_{el} betrieben, die 63,6 TWh elektrische Energie produzierten – das entspricht im Mittel 5050 Jahresvollbenutzungsstunden. 209 dieser Kraftwerke wurden in den USA betrieben, 56 auf den Philippinen. [4]

Tabelle 6.1 Geothermische Heizwerke und Heizkraftwerke in Deutschland im Jahr 2016, nach [3], Art der Nutzung, installierte Heizleistung, elektrische Leistung, Temperaturniveau, Teufe, Förderrate und Jahr der Inbetriebnahme.

Name	Art	$\dot{Q}_{th}$ [MW]	$\dot{Q}_{el}$ [MW]	T_{max} [°C]	z [m]	$\dot{V}$ [l/s]	Start
Bruchsal[1]	Hydro	5,5	0,55	120	2.542	24	2009
Aschheim/Feldkirchen/ Kirchheim[2]	Hydro	9	0	85	2.630	75	2009
Dürrnhaar[2]	Hydro	0	7	141	3.926	115	2013
Erding[2]	Hydro	10,2	0	65	2.359	55	98/08
Garching[2]	Hydro	7,95	0	75	2.100	100	2010
Ismaning[2]	Hydro	7,2	0	78	1.906	85	2013
Kirchstockach[2]	Hydro	0	7	141	3.882	135	2013
Kirchweidach*[2]	Hydro	12	0,7	127	3.500	50	2013
München-Freiham[2]	Hydro	20	0	90	2.350	90	2016
München-Riem[2]	Hydro	10	0	93	2.746	75	2004
Oberhaching-Laufzorn[2]	Hydro	40	0	130	3.300	138	2011
Poing[2]	Hydro	9	0	85	3.014	100	2011
Pullach[2]	Hydro	15	0	107	3.445	105	05/12
Sauerlach[2]	Hydro	4	5	140	4.480	110	2014
Simbach/Braunau[2]	Hydro	7	0,2	80	1.942	80	2001
Straubing[2]	Hydro	4,1	0	36	800	45	1999
Taufkirchen/Oberhaching*[2]	Hydro	35	4,3	136	3.696	120	2014
Traunreut[2]	Hydro	12	5,5	120	4.545	143	20014
Unterföhring[2]	Hydro	10	0	87	2.124	75	2009
Unterföhring[2] 2	Hydro	11,3	0	93	2.341	90	2014
Unterhaching[2]	Hydro	38	3,36	122	3.446	150	2007
Unterschleißheim[2]	Hydro	7	0	80	1.960	90	2003
Waldkraiburg[2]	Hydro	15	0	104	2.718	80	2012
Neuruppin[3]	Hydro	2,1	0	64	1.700	13,9	2007
Heubach[7]	Sonde	0,0-	0	36,7	773	0	2012
Prenzlau[3]	Sonde	0,15	0	108	2.790	0	1994
Neubrandenburg[4]	Hydro	3,8	0	53	1.267	28	1987
Neustadt Glewe[4]	Hydro	7	0,2	99	2.320	35	1994
Waren[4]	Hydro	1,3	0	63	1.566	17	1984
Arnsberg[5]	Sonde	0,35	0	55	2.800	5,6	2012
Marl[5]	Sonde	0,06	0	20	700	k.A.	2010
Insheim[6]	Hydro	k.A.	4,8	160	3.300	85	2012
Landau[6]	Sonde	0,08	0	k.A.	800	k.A.	2014
Landau[6]	Hydro	0	0,79	160	3.340	70	2007
Summe		**301,96**	**41,99**				

[1]Baden-Württemberg, [2]Bayern, [3]Brandenburg, [4]Mecklenburg-Vorpommern, [5]Nordrhein-Westfalen, [6]Rheinland-Pfalz, [7]Hessen, * im Bau

6.1 Geschichte der geothermischen Energienutzung

Dem Menschen ist die geothermische Energienutzung schon seit Anbeginn seiner Geschichte vertraut. Sicher war die erste Form der Nutzung noch rein passiv. Vor der Nutzbarmachung des Feuers boten Erdhöhlen, die in das Erdreich hineingebaut waren, Schutz vor kalten Umgebungstemperaturen. Erdlöcher dienten im Sommer der kühlen Lagerung von Speisen. Man nutzte dabei den Effekt, dass der saisonale Temperaturverlauf im Erdboden mit zunehmender Temperatur eine Phasenverschiebung und eine Absenkung der maximalen Temperaturamplitude aufweist. Sofern vorhanden, wurden sicher auch schon Heißwasserquellen zum Wärmen, zum Reinigen oder auch zum Kochen genutzt, wie Abb. 6.2 zeigt.

Abb. 6.2 Traditionelle Nutzung heißer Warmwasserquellen zum Kochen und Heizen. Bild rechts zeigt eine historische Aufnahme zu Anfang des 20. Jahrhunderts von Maoris, den Ureinwohnern Neuseelands. Im Bild links sind in einer Radierung amerikanische Ureinwohner wiedergegeben. Quelle: Geothermal Education Office (USA)

Eine bewusste Beschäftigung mit der Geothermie ist in der Geschichte erst mit Beginn der Renaissance und der Aufklärung feststellbar. Der englische Empiriker und Physiker Boyle beschrieb im Jahre 1680 wissenschaftlich eine Temperaturzunahme im Erdinneren. Durch den Bergbau, der seit dem späten Mittelalter stark an Bedeutung zunahm, hatte man bereits entsprechende Erfahrungen, aber noch keine geeigneten Messtechniken entwickelt. Buffon errechnete bereits 1778 in seinem Werk zur Naturgeschichte anhand von Messungen in Gruben einen Temperaturgradienten von 3,1 K pro 100 m.
Noch zu Beginn des 19. Jahrhunderts wurde in Wissenschaftskreisen ernstlich diskutiert, ob das Erdinnere heiß oder kalt sei. Die „Plutonisten" vertraten die Theorie, dass die empirisch nachweisbare Temperaturzunahme auf ein Zentralfeuer im Erdinnern zurückzuführen sei. Diese Theorie wurde auch von Alexander v. Humboldt vertreten, der selbst auf seinen Forschungsreisen in Europa, Russland und Südamerika in Bergwerken Temperaturmessungen vornahm.
Eine völlig entgegengesetzte Theorie vertraten die „Neptunisten" unter geistiger Führung von Abraham Gottlob Werner, die von einem kalten Erdinneren ausgingen. Phänomene wie der Vulkanismus wurden durch brennende Kohleflöze erklärt.

→ **Weiterlesen**

Im Lehrbuch von Kaltschmitt (et.al.) [22] ist ein umfassender geschichtlicher Rückblick gegeben. Kaltschmitt zitiert dabei auch aus einem Artikel, den Burkhard Sanner 1996 veröffentlichte [37]. Der vorliegende Abschnitt 6.1 stützt sich weitgehend auf die Daten aus diesen Quellen.
Es gibt bisher leider nur wenig Literatur, die die Geschichte der Energienutzung zusammenfassend darstellt. In den bekannten Werken zur Technikgeschichte – z.B. von König (et.al.) [26] und [39] – finden sich jedoch viele Abschnitte, die sich mit der Nutzbarmachung regenerativer Energien wie Wasser- und Windkraft sowie fossiler Energien wie Kohle beschäftigen.

In den Jahren 1869 bis 1871 wurde in der Nähe Berlins eine erste Tiefbohrung mit einer Endteufe von 1271 m vorgenommen. Eigentliches Ziel war die Suche nach Zechstein. Der Wissenschaftler Eduard Dunker führte darin sehr genaue Temperaturmessungen durch. Erst mit der Entdeckung der Radioaktivität wurde zu Beginn des 20. Jahrhunderts eine der ursprünglichen Quellen der Erdwärme entdeckt.
Aus dem Jahr 1904 ist eine Reihe historischer Fotographien bekannt, die den toskanischen Grafen Ginori Conti zeigen, der möglicherweise die weltweit erste Apparatur zur geothermischen Stromerzeugung vorführt (Abb. 6.3). Die Maschine sammelt Dampf aus einer geothermischen Quelle und betreibt damit einen Dampfmotor.

Abb. 6.3 Photographie des toskanischen Grafen Ginori Conti, der seine Apparatur zur geothermischen Stromerzeugung präsentierte. Die Aufnahmen wurden 1904 in Larderello (Toskana, Italien) gemacht [46].

Im Jahr 1945 wurde in Indianapolis (USA) die weltweit erste geothermische Wärmepumpe in Betrieb genommen. Die auch zum Kühlen des Wohnhauses von Robert C. Webber benutzte Anlage mit einer Verdichterleistung von 2,2 kW verdampfte ihr Kältemittel direkt in insgesamt 152 m langen Kupferrohren, die in 2 m tiefen Gräben verlegt waren [22].
Erst ab 1973 – nach dem Schock der ersten Ölkrise – wurde die Technik der Wärmetransformation und damit die geothermische Energienutzung wieder in Angriff

genommen. Dem kurzen Boom der Wärmepumpentechnologie Anfang der 1980er Jahre folgte eine Zeit der Ernüchterung, verursacht durch große technische Probleme mit der noch neuen Technologie.
Die Diskussion um die Begrenztheit der fossilen Energiequellen und vor allem der ins Bewusstsein der breiten Öffentlichkeit gerückte Klimawandel führten ab 1995 zu einer Renaissance der Wärmepumpentechnologie. Es ist zu erwarten, dass sich dieser Technologietrend in den kommenden Jahren fortsetzt und dabei auch höhere Gütezahlen erreicht werden. Auch die Kombination geothermischer Wärmepumpenanlagen mit Solarthermie gewinnt zunehmend an Bedeutung.
Die geothermische Stromerzeugung wurde vor allem in Island, einem Land mit einer hohen Anzahl natürlicher Heißwasserquellen, vorangebracht. Andere Länder mit ähnlichen geologischen Bedingungen wie die portugiesischen Azoren folgten dem Beispiel. Auch in den ostdeutschen Bundesländern wurde vor 1990 in großem Maße an der Nutzung tiefer Energievorkommen gearbeitet. Man betrieb Heizwerke, die über Fernwärmenetze ganze Stadtteile und Produktionsbetriebe mit Heizwärme versorgten.
Die Techniken zur Nutzung trockener Gesteinsschichten – das Hot-Dry-Rock-Verfahren – wurden bereits in den 1970er Jahren in Entwicklungslaboren im amerikanischen Los Alamos entwickelt und dann in Japan und Europa fortgesetzt. In den 90er Jahren startete das HDR-Projekt im elsässischen Soultz-sous-Forets.

6.2 Grundlagen

Die geothermische Energie kann nur in seltenen Fällen direkt verwendet werden. Ein Beispiel ist die direkte Nutzung von im Erdreich abgekühlter Flüssigkeit zur Klimatisierung von Gebäuden. Meist bedarf es eines thermodynamischen Kreisprozesses, um die geothermische Energie nutzbar zu machen. Die im oberflächennahen Untergrund gewinnbare thermische Energie ist aufgrund des geringen Temperaturniveaus von unter 25 °C nicht direkt zu Heizzwecken geeignet. Nur durch den Einsatz einer Wärmepumpe kann das Temperaturniveau angehoben werden. Bei der geothermischen Stromerzeugung müssen spezielle Kraftkraftwerkstypen eingesetzt werden, die bei erheblich geringeren Temperaturen als im konventionellen Kraftwerksbereich arbeiten.
Im Kap. 3.2 wurde bereits der Einfluss der Energieentnahme auf die Temperaturen im Untergrund erläutert. Im Abschnitt 6.2.1 werden zunächst die Wärmetransportvorgänge in der Erdwärmesonde als typisches Wärmequellensystem modelliert, um darauf aufbauend die Thermodynamik der Wärmepumpen in Abschnitt 6.2.2 zu behandeln. Der Wärmepumpen-Kreisprozess wird wesentlich von den Temperaturen im Primärkreislauf bestimmt.
Die zur geothermischen Stromerzeugung (Abschnitt 6.2.3) erforderlichen Kreisprozesse unterscheiden sich erheblich von denen der konventionellen Kraftwerkstechnik. Auch bei sehr tiefen Bohrungen werden selten Vorlauftemperaturen von mehr als 180 °C erreicht, daher ist die Verwendung des klassischen Arbeitsmittels Wasser-

dampf thermodynamisch nicht sinnvoll. Stattdessen kommen neuartige Kreisprozesse mit niedrigsiedenden organischen Lösungsmitteln (ORC-Prozesse) oder Zweiphasengemischen (Kalina-Prozess) zum Einsatz, die sich zum Teil noch im Feldteststadium befinden. In diesem Kapitel sollen die thermodynamischen Besonderheiten sowie die Ausführungsformen beschrieben werden.

6.2.1 Modellierung von Erdwärmesonden

Immer wieder trifft man auf die irrige Annahme, dass bei der Verwendung einer „guten" Hochleistungserdwärmesonde die Wärmequellenanlage kleiner dimensioniert und „Bohrlochmeter" eingespart werden könnten. Diese Aussage ist nicht korrekt – allein die thermodynamischen Eigenschaften des Untergrunds bestimmen die jährlich entnehmbare Energiemenge $q_{E,a}$ und die spezifische Entzugsleistung $\dot{q}_E$, wie in Kap. 3.2 ab S. 139 beschrieben wurde. Dort wurde ein Modell eingeführt, um das Temperaturfeld $T(r,t)$ um eine aktive Erdwärmesonde zu beschreiben. Bei Kenntnis der Entzugsleistung $\dot{q}_E(t)$ und der Stoffeigenschaften des Untergrunds ist dieses außerhalb der Sonde ($r > r_b$) berechenbar und damit eine Vorhersage für die Temperatur in der Bohrlochwand $T_b(t)$ machbar. Für den Sondenbereich selbst muss ein weiteres – vereinfachtes – Modell geschaffen werden, um eine Aussage über die Fluidtemperaturen in den Sondenrohren zu erreichen.

Definition des Bohrlochwiderstands

Abb. 6.4 zeigt, dass die Bohrlochwandtemperatur $T_b(z,t)$ nicht konstant, sondern zeit- und tiefenabhängig ist. Die Temperaturzunahme über eine typische Sondenlänge von 100 m oder weniger ist jedoch so gering, dass für die nachfolgende Modellierung vereinfacht ein tiefenunabhängiger Wert $T_b(t)$ angenommen werden kann. Zwischen dem Temperaturknoten $T_b(t)$ in der Innenwand des Bohrlochs und dem der Fluidtemperatur in der Sonde $T_{fl}(t)$ wird ein thermischer Widerstand, der Bohrlochwiderstand R_b definiert, über den die längenspezifische Entzugsleistung $\dot{q}_E(t)$ geführt wird:

$$\dot{q}_E(t) = \frac{\dot{Q}_E(t)}{H} = \frac{1}{R_b} \cdot \left(T_b(t) - T_{fl}(t)\right) \ . \tag{6.1}$$

Die Einheit von R_b muss Km/W betragen. Die Fluidtemperatur wird als Mittel aus Sondenvor- und -rücklauftemperatur berechnet,

$$T_{fl}(t) = \frac{1}{2} \cdot (T_{VL}(t) + T_{RL}(t)) \ . \tag{6.2}$$

Abb. 6.4 (rechts) zeigt das Wärmetransportmodell. Der Bohrlochwiderstand R_b wird v.a. durch die Konstruktion der Erdwärmesonde bestimmt und hat ebenfalls einen Einfluss auf die Effizienz der Wärmepumpenanlage. Die geometrische Bauform ist aber nur ein Einflussparameter unter vielen, wie der folgende Abschnitt zeigen soll.

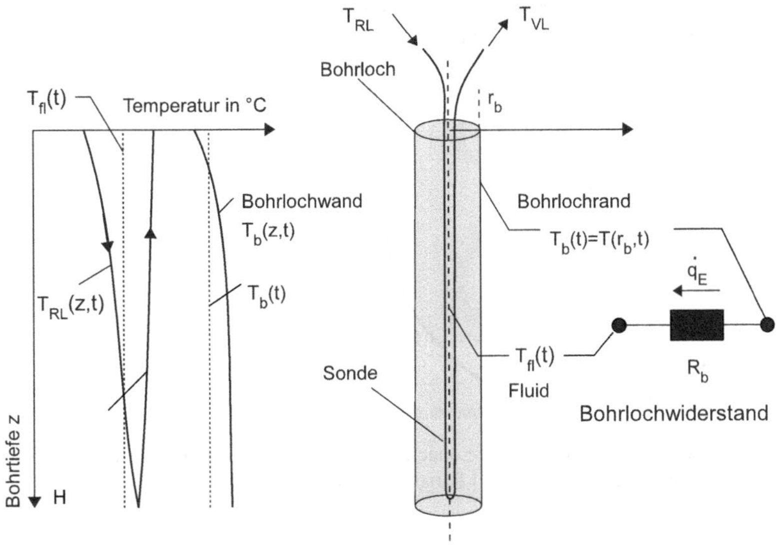

Abb. 6.4 Temperaturen des Untergrunds im Bereich einer Erdwärmesonde nach [14] (links) und vereinfachtes Sondenmodell (rechts). Die mit der Temperatur $T_{RL}(z,t)$ in die Erdwärmesonde eintretende Wärmeträgerflüssigkeit kühlt aufgrund der hohen Temperaturdifferenz den oberen Bereich des Erdbodens besonders stark aus. Im Sondenfuß erfolgt die Umlenkung der Wärmeträgerflüssigkeit. Beim Aufsteigen in den Vorlaufrohren ist die Temperaturzunahme im Wärmeträger geringer, da sich die treibende Temperaturdifferenz zwischen Bohrloch und Fluid immer mehr verringert. Der Wärmeträger tritt mit der Vorlauftemperatur $T_{VL}(z,t)$ wieder aus.

Wärmetransport in der Erdwärmesonde

Um die verschiedenen Einflussfaktoren einer Erdwärmesondenanlage auf den Bohrlochwiderstand zu bestimmen, soll ein vereinfachtes Modell einer Standard-Doppel-U-Rohrsonde analysiert werden. Abb. 6.5 zeigt den Querschnitt des Bohrlochs. Von der Wandung des Bohrlochs mit der Temperatur $T_b(t)$ wird über konduktive und ggf. konvektive Wärmetransportvorgänge an die in den Rohren strömende Flüssigkeit der Temperatur $T_{fl}(t)$ Energie übertragen. Der je Meter Bohrlochlänge übertragene Wärmestrom $\dot{q}_E$ wird durch den Wärmewiderstand R_b und die Temperaturdifferenz zwischen Bohrlochwand und Fluid bestimmt (vgl. Gl. (6.1)). Für die Modellierung der Wärmetransportvorgänge im Bohrloch sind einige Vereinfachungen zu treffen:

- Der Bohrlochdurchmesser $d_b = 2 \cdot r_b$ sei über die gesamte Bohrlochlänge konstant und betrage 120 bzw. 150 mm.
- Die Sonde sei als Doppel-U-Rohr-Sonde mit 2 x 2 Rohren der Dimension PE 100 DN 32 x 2,9 ausgeführt, die Sondenlänge betrage $H = 100$ m.
- Die Bohrlochwandtemperatur T_b ist in der Realität zeit- und tiefenabhängig und von den thermodynamischen Eigenschaften von Erdreich und Wärmepumpe beeinflusst. Am Beginn der Heizperiode beträgt die über die Bohrlochlänge gemittelte Bohrlochwandtemperatur rund 10 °C, sinkt aber bis zum Ende der Heizpe-

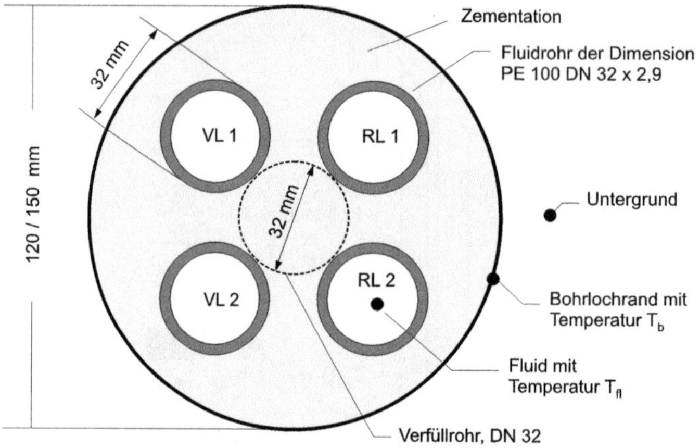

Abb. 6.5 Querschnitt einer Doppel-U-Rohr-Sonde mit 2 x 2 Rohren der Dimension PE100 DN 32 x 2,9. Der Bohrlochdurchmesser d_b beträgt 120 bzw. 150 mm.

riode auf Werte nahe 0 °C. Für die Modellierung wird vereinfachend eine konstante mittlere Bohrlochwandtemperatur T_b von 5 °C angenommen.

- Auch die Fluidtemperatur T_{fl} ist stark variabel und zeit- sowie tiefenabhängig. Im Mittel liegt sie (abhängig vom Bohrlochwiderstand) etwa 5 K unterhalb der Bohrlochwandtemperatur. Die Differenz zwischen Vorlauf und Rücklauf beträgt normalerweise rund 3 - 4 K. Für die Modellierung wird angenommen, dass die Fluidtemperatur in allen vier Rohrquerschnitten bei konstant $T_{fl} = 0$ °C liegt.
- Als Wärmeträgerflüssigkeit wird ein Gemisch aus Wasser und dem Frostschutzmittel Polypropylenglycol eingesetzt. Die thermodynamischen Stoffwerte eines 25 %-igen Gemischs wurden mit der Software EES [24] ermittelt.
- In der Praxis muss davon ausgegangen werden, dass die Zementation der Fluidrohre im Bohrloch nicht vollständig erfolgt. Untersuchungen deuten darauf hin, dass einzelne Bohrlochbereiche durch Lufteinschlüsse oder Rückstände von Spülmedien nicht ausreichend zementiert werden. Für die Modellierung wird angenommen, dass die Bohrlochquerschnittsfläche vollständig und homogen mit der Zementmasse verfüllt ist.
- Bedingt durch die vertikale Einbringung der Erdwärmesonde in das Bohrloch ist in der Praxis nicht davon auszugehen, dass die Fluidrohre axialsymmetrisch im Bohrloch einzementiert sind. Wahrscheinlicher ist es, dass die Rohre in Wellenlinien direkten Kontakt zum Erdreich aufweisen. Bei der Modellierung wird eine symmetrische Anordnung angenommen, davon ausgehend, dass sich die ungleichmäßigen Abstände über die Bohrlochhöhe ausmitteln.
- Auch der Abstand zwischen den vier Fluidrohren ist in der Praxis sicher ungleichmäßig und von vielen Faktoren abhängig. Für die Modellierung wird angenommen, dass die Zementmasse durch ein zentrales Verfüllrohr (mit der gleichen Dimension DN 32) eingebracht wird und die Fluidrohre an diesem Mittelrohr anliegen. Daraus ergeben sich die Positionen der vier Rohre in Abb. 6.5.

Bei Beachtung dieser Vorgaben ist der Wärmetransport zwischen Bohrlochwandung und Wärmeträgerflüssigkeit mit dem Ersatzschaltbild nach Abb. 6.6 modellierbar.

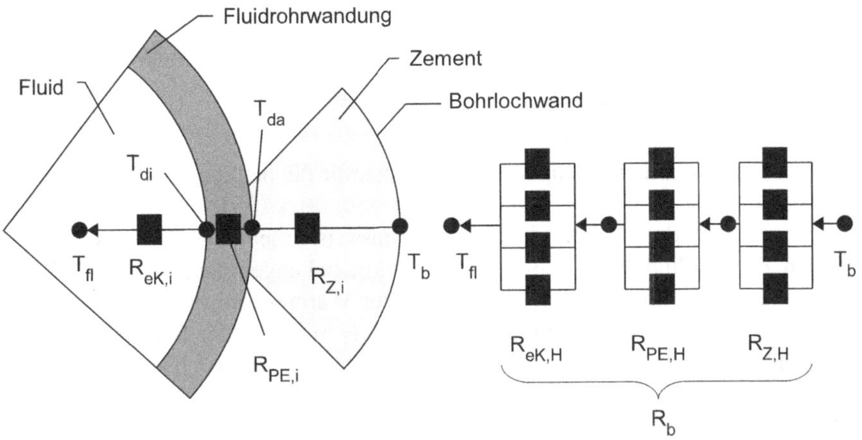

Abb. 6.6 Ersatzschaltbild des Wärmetransports in einer Erdwärmesonde. Bei Annahme einer mittleren Fluidtemperatur in den axialsymmetrischen Rohren können die Wärmeströme aus den einzelnen Quadranten als parallele Widerstände betrachtet werden.

Der Gesamtwiderstand des Bohrlochs R_b

$$R_b = \sum_i R_i = R_{eK,H} + R_{PE,H} + R_{Z,H} \tag{6.3}$$

wird aus der Summe der seriellen Widerstände nach Abb. 6.6 gebildet, alle sind auf die Sondenlänge H bezogen und führen die Einheit Km/W.
Der Einzelwiderstand $R_{ek,i}$ in K/W ist der Wärmewiderstand aufgrund erzwungener Konvektion an der inneren Wandung des Rohres. Es gilt für das Einzelrohr

$$R_{eK,i} = \frac{1}{\alpha \cdot A_{di}}$$

und für die vier parallelen Rohre der Doppel-U-Rohrsonde, nun auf die Sondenlänge bezogen in Km/W

$$R_{eK,H} = \frac{R_{eK,i} \cdot H}{4} = \frac{H}{4 \cdot \alpha \cdot A_{di}} \,. \tag{6.4}$$

Die auf die Bohrtiefe H bezogene Innenwandfläche des Einzelrohrs beträgt $A_{di} = H \cdot \pi \cdot d_i$. Der Wärmeübergangskoeffizient α wird über die Berechnung der Nu-Zahl bestimmt,

$$\alpha = \frac{Nu \cdot \lambda}{d_i} \,. \tag{6.5}$$

Die Gleichungen zur Berechnung des Wärmeübergangs bei erzwungener Konvektion in Rohrleitungen wurden bereits in Kap. 5.2.5 ab S. 309 eingeführt.

Innerhalb der Wandung des Fluidrohres wird der Wärmestrom konduktiv übertragen. Der längenspezifische Wärmewiderstand $R_{PE,i}$ ist nach [45] für das Einzelrohr

$$R_{PE,i} = \frac{\ln(d_a/d_i)}{2 \cdot \pi \cdot \lambda \cdot H}$$

und zusammengefasst für vier Rohre mit Sondenlängenbezug in Km/W

$$R_{PE,H} = \frac{R_{PE,i} \cdot H}{4} = \frac{\ln(d_a/d_i)}{8 \cdot \pi \cdot \lambda} \,. \tag{6.6}$$

Die spezifische Wärmeleitfähigkeit des Kunststoffs PE beträgt λ = 0,40 W/m/K [41].

Der thermische Widerstand der Zementationsmasse ist erheblich schwieriger zu bestimmen, da die Fluidrohre im Bohrloch nicht koaxial angeordnet sind. Nach VDI Wärmeatlas [45] (Abschnitt Ea 4) lässt sich der Wärmestrom zwischen zwei beliebig angeordneten isothermen Flächen A_1 und A_2 mit Hilfe des Formfaktors $S_{l,12}$ (ohne Einheit) angeben, wenn das Problem zweidimensional ist.[2] Es ist

$$\dot{Q}_{12} = \lambda \cdot S_{l,12} \cdot H \cdot (T_1 - T_2) \tag{6.7}$$

mit

$$S_{l,12} = \frac{\iint_{A_1} (\partial T/\partial \mathbf{n})_1 \, dA}{L \cdot (T_1 - T_2)} \,. \tag{6.8}$$

Abb. 6.7 zeigt die Einflussfaktoren auf den Formfaktor. Hierbei ist $\mathbf{n}_1$ der Normalenvektor senkrecht zum Flächenelement dA_1 und T_1 dessen Temperatur. Der VDI-Wärmeatlas gibt für einfache geometrische Fälle in einer Tabelle analytische Lösungen für den Formfaktor an.

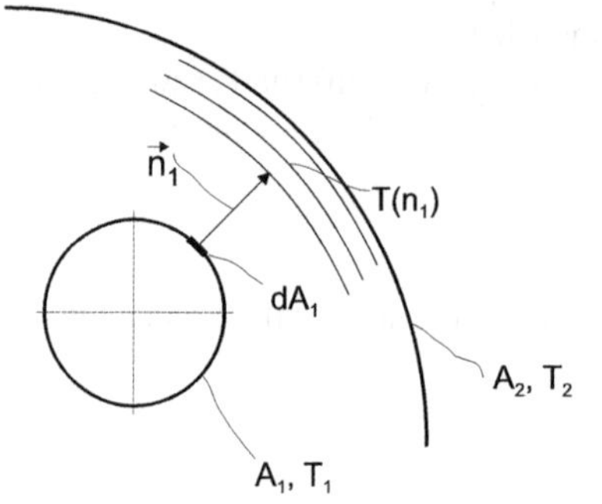

Abb. 6.7 Skizze zur Beschreibung des Formfaktors S_l. Der Verlauf der Isothermen $T(\mathbf{n}_1)$ ist von der Geometrie und zusätzlich von den Temperaturen T_1 und T_2 abhängig. Die dritte Dimension $L = H$ erstreckt sich senkrecht zur Zeichenebene.

Zur Bestimmung der Formfaktoren für Erdwärmesonden hat Glück im Jahr 2008 ein sehr hilfreiches Berechnungsverfahren veröffentlicht [14], das drei verschiedene Flächen mit unterschiedlichen Temperaturen berücksichtigt.[3]

---

[2] Es ist zu unterscheiden: Der Formfaktor S_l (ohne Einheit) wird aus dem Formkoeffizienten S (in m) mit $S_l = S/H$ berechnet.

[3] Neben der Bohrlochwand können für Vorlauf und Rücklauf einzelne Temperaturen angegeben werden. Unterschiedliche Temperaturen bewirken unsymmetrische Isothermenverläufe und damit

Der Formfaktor für ein Bohrlochbild nach Abb. 6.5 beträgt demnach $S_{l,fl-b} = 4,669$, wenn d_b mit 120 mm angenommen wird. Bei gleicher Rohranordnung um die Achse, aber vergrößertem Bohrlochdurchmesser von d_b = 150 mm ist $S_{l,fl-b} = 2,777$. Der thermische Widerstand der Zementation ist damit in K/W

$$R_{Z,i} = \frac{1}{\lambda \cdot S_{l,fl-b} \cdot H}\,, \tag{6.9}$$

für das Doppel-U-Rohr gilt mit Sondenlängenbezug in Km/W

$$R_{Z,H} = \frac{R_{Z,i} \cdot H}{4} = \frac{1}{4 \cdot \lambda \cdot S_{l,fl-b}}\,. \tag{6.10}$$

Aus den Ergebnissen zu $R_{ek,H}$, $R_{PE,H}$ sowie $R_{Z,H}$ ist nun nach Gl. (6.3) der Bohrlochwiderstand R_b bestimmbar.

Einflussfaktoren auf den Bohrlochwiderstand

Tab. 6.2 und Tab. 6.3 zeigen die für das Bohrlochbild nach Abb. 6.5 berechneten Bohrlochwiderstände, wenn verschiedene Parameter variiert werden. Für Tab. 6.2, Fall 1a bis 6a, wurde die Fluidtemperatur konstant gehalten, T_{fl} = 0°C; in der Tab. 6.3, Fall 1b bis 6b, wurde dann die Entzugsleistung konstant gesetzt, q_E = 40 W/m.

Tabelle 6.2 Bohrlochwiderstand R_b und sonstige Rechengrößen für ein Bohrlochbild nach Abb. 6.5. Die variierten Einflußgrößen sind hervorgehoben, die Fluidtemperatur T_{fl} wurde auf 0°C gesetzt.

Parameter	Einheit	Fall 1a	Fall 2a	Fall 3a	Fall 4a	Fall 5a	Fall 6a
Bohrlochdurchmesser d_b	mm	120	120	120	120	120	**150**
Volumenstrom $\dot{V}_{ges}$	l/h	2.000	2.000	2.000	**4.000**	**1.000**	2.000
Zementation λ_Z	W/m/K	0,8	**1,6**	**0,0024**	0,8	0,8	0,8
Formfaktor S_{fl-b}	[-]	4,669	4,669	4,669	4,669	4,669	2,777
Re-Zahl *Re*	[-]	2.511	2.511	2.511	5.022	1.255	2.511
Konvektion, $R_{ek,H}$	Km/W	0,022	0,022	0,022	0,003	0,041	0,022
Konduktion, PE $R_{PE,H}$	Km/W	0,020	0,020	0,020	0,020	0,020	0,020
Konduktion, Zement. $R_{Z,H}$	Km/W	0,067	0,033	2,231	0,067	0,067	0,113
Bohrlochwiderstand R_b	Km/W	0,109	0,076	2,273	0,090	0,128	0,155
Entzugsleistung q_E	W/m	45,7	65,9	2,2	55,5	39,2	32,3

Die Berechnungen gelten für eine Doppel-U-Rohrsonde PE 100 DN 32 x 2,9. Neben dem Gesamtvolumenstrom $\dot{V}_{ges}$ (Fall 4, 5), der sich über die Strömungsgeschwindigkeit, die Re-Zahl und die Nu-Zahl auf den Bohrlochwiderstand auswirkt, wurden der Bohrlochdurchmesser d_b (Fall 6) und die Wärmeleitfähigkeit des Zementationsmaterials λ_Z (Fall 2, 3) variiert.
Als Standardkonfiguration (Fall 1) wurde ein Bohrloch mit einem Durchmesser von $d_b = 120$ mm betrachtet, die Wärmeleitfähigkeit des Zementationsmaterials betrug

unterschiedliche Formfaktoren. Nimmt man jedoch für Vor- und Rücklauf gleiche Fluidtemperaturen an, sind die Formfaktoren $S_{l,VL-b}$ und $S_{l,RL-b}$ identisch.

Tabelle 6.3 Bohrlochwiderstand R_b und sonstige Rechengrößen für ein Bohrlochbild nach Abb. 6.5. Die variierten Einflussgrößen sind hervorgehoben, die Entzugsleistung wurde zu q_E = 40 W/m gesetzt.

Parameter	Einheit	Fall 1b	Fall 2b	Fall 3b	Fall 4b	Fall 5b	Fall 6b
Bohrlochdurchmesser d_b	mm	120	120	120	120	120	**150**
Volumenstrom $\dot{V}_{ges}$	l/h	2.000	2.000	2.000	**4.000**	**1.000**	2.000
Zementation λ_Z	W/m/K	0,8	**1,6**	**(0,15)**	0,8	0,8	0,8
Formfaktor S_{fl-b}	[-]	4,669	4,669	4,669	4,669	4,669	2,777
Re-Zahl Re	[-]	2.603	2.791	1.387	5.361	1.249	2.309
Konvektion, $R_{ek,H}$	Km/W	0,019	0,014	0,037	0,003	0,041	0,037
Konduktion, PE $R_{PE,H}$	Km/W	0,020	0,020	0,020	0,020	0,020	0,020
Konduktion, Zement.$R_{Z,H}$	Km/W	0,067	0,033	0,357	0,067	0,067	0,113
Bohrlochwiderstand R_b	Km/W	0,106	0,068	0,414	0,090	0,128	0,169
Fluidtemperatur T_{fl}	°C	0,8	2,3	(-11,6)	1,4	-0,1	-1,8

$\lambda_Z = 0,80$ W/(mK) und der Gesamtvolumenstrom durch das Doppel-U-Rohr $\dot{V}_{ges}$ = 2.000 l/h. Die Parametervariationen in Tab. 6.2 bzw. 6.3 zeigen:

- Bei der Standardkonfiguration (Fall 1a,1b) beträgt der Bohrlochwiderstand $R_{b,H}$ = 0,109 Km/W bei gegebener Fluidtemperatur bzw. 0,106 Km/W bei konstanter Entzugsleistung. Bei einer angenommenen Temperaturdifferenz von 5 K (Fall 1a) berechnet sich der spezifische Entzugswärmestrom nach Gl. (6.1) zu $\dot{q}_E$ = 45,7 W/m. Die Reynoldzahl ist gerade überkritisch, die Strömung aber mit hoher Wahrscheinlichkeit noch laminar. Dies äußert sich in dem relativ hohen konvektiven Widerstand $R_{eK,H}$, der etwa zu 20 % zum Gesamtwiderstand R_b beiträgt. Der konduktive Wärmewiderstand des Zementationsmaterials $R_{Z,H}$ entspricht mehr als der Hälfte des Gesamtwiderstands, die effektive Wärmeleitfähigkeit λ_Z ist offensichtlich ein wesentlicher Einflussparameter.
- In den Fällen 2 und 3 wurde die effektive Wärmeleitfähigkeit des Zementationsmaterials verändert. Bei einem mit speziellem Verfüllmaterial durchaus erreichbaren Wert von λ_Z = 1,6 W/m/K vermindert sich der Bohrlochwiderstand R_b um 30 %. Bei gleicher Temperaturdifferenz zwischen Bohrlochwand und Fluid könnte ein Wärmestrom von 65,9 W/m übertragen werden. Bei Vorgabe der Entzugsleistung q_E würde sich die Temperaturdifferenz von 5 K auf 2,7 K vermindern – mit positiven Auswirkungen auf die Effizienz der Wärmepumpe.
- Bilden sich während der Verfüllung des Bohrlochs luftgefüllte Hohlräume, erhöht sich in diesem Sondenabschnitt der Bohrlochwiderstand auf R_b = 2,273 Km/W. Im Fall 3a wurde $R_{Z,H}$ mit der Wärmeleitfähigkeit von Luft (0,024 W/(m K)) berechnet. Bei Vorgabe der Entzugsleistung (Fall 3b) zeigt sich, dass bereits bei einer Wärmeleitfähigkeit von $\lambda_Z = 0,15$ W/(m K) die Fluidtemperatur auf -11,6°C sinken muss, um die Entzugsleistung zu erreichen.
- Auch eine Erhöhung des Volumenstroms und damit der Strömungsgeschwindigkeit verbessert den Bohrlochwiderstand merklich. Bei Verdopplung der Strömungsgeschwindigkeit (Fall 4, 4.000 l/h) wird eine Re-Zahl von über 5.000 erreicht. Bei einem Volumenstrom von nur 1.000 l/h (Fall 5) herrscht ein laminares Strömungsprofil vor, der Bohrlochwiderstand ist nun höher als im Standardfall.

- Im Fall 6 der Tab. 6.2 wurde der Bohrlochdurchmesser d_b von 120 auf 150 mm vergrößert, der Bohrlochwiderstand erhöht sich damit auf einen Wert von R_b = 0,155 Km/W.

Die Untersuchungen an dem vereinfachten Modell zeigen, dass die Auswahl einer qualitativ hochwertigen Erdwärmesonde mit großer wärmeübertragender Oberfläche allein nicht ausreicht, um eine effiziente Erdwärmequelle zu erhalten. Vor allem der Vorgang der Zementation und damit die handwerkliche Qualität des Sondeneinbaus beeinflusst die Effizienz der geothermischen Anlage. Lufteinschlüsse oder mit Spülwasser gefüllte Bereiche sind unbedingt zu vermeiden.

6.2.2 Thermodynamik der Wärmepumpen

Wärmepumpen sind im thermodynamischen Sinn Arbeitsmaschinen, die in einem linkslaufenden Kreisprozess mit Hilfe zugeführter mechanischer Arbeit Wärmeströme von niedrigem Temperaturniveau auf ein höheres Temperaturniveau transformieren. Das Arbeitsmittel wird als Kältemittel bezeichnet, da Wärmepumpen auf Basis der Kältemaschinentechnik entwickelt wurden. Das Kältemittel – meist ein Fluorkohlenwasserstoff (FKW) – vollzieht innerhalb des Kreisprozesses periodisch einen Aggregatzustandswechsel. Der Übergang von flüssig nach gasförmig erfolgt im Verdampfer nahe der Umgebungstemperatur, Wärmepumpen- und Kälteprozesse werden im Gegensatz zu Dampfkraftwerksprozessen daher auch als Kaltdampfprozesse bezeichnet.

Der Wärmepumpen-Kreisprozess

In der Abb. 6.8 sind die wichtigsten Komponenten eines einfachen Wärmepumpenprozesses dargestellt. Zentrales Bauelement der Wärmepumpe ist der Verdichter, der das gasförmige Kältemittel auf einen höheren Druck – je nach Kältemittel z.B. 25 bar – verdichtet. Im Verflüssiger, einem Wärmeübertrager, wird das überhitzte Kältemittel durch Abgabe eines Wärmestroms bis zur Taupunkttemperatur abgekühlt und dann vollständig kondensiert. Im Verflüssiger wird im Gegenstrom der Heizkreis erwärmt.
Im Gegensatz zur Wärmekraftmaschine wird das Kältemittel jedoch nicht mit Arbeitsgewinn in einer Turbine entspannt, sondern isenthalp[4] in einem Drosselventil. Über eine Rückkopplung zum Verdampferaustritt regelt das Drosselventil den umlaufenden Massenstrom des Kältemittels und das Druckverhältnis zwischen Verflüssiger und Verdampfer. Bei der Drosselung sinkt die Temperatur des Kältemittels so weit ab, dass im Verdampfer von der Wärmequelle der Wärmestrom $\dot{Q}_{WQ}$ über-

---

[4] Bei der isenthalpen Zustandsänderung bleibt die spezifische Enthalpie des Massenstroms konstant.

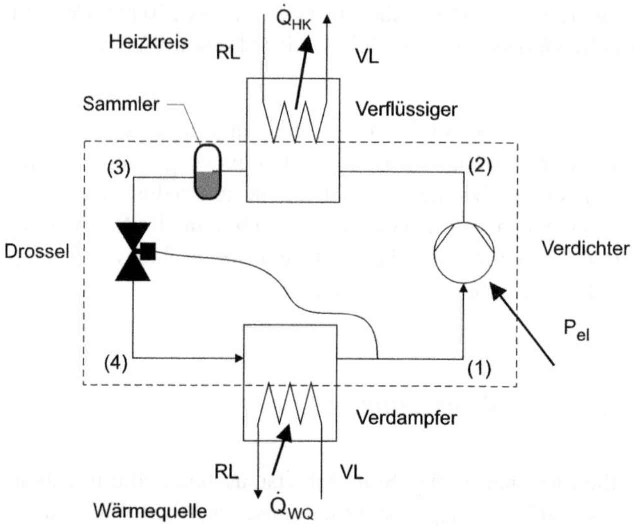

Abb. 6.8 Grafische Darstellung des Systems Wärmepumpe mit den Komponenten Verdichter, Verflüssiger, Sammler, Drosselventil und Verdampfer

tragen werden kann. Das vollständig verdampfte und leicht überhitzte Kältemittel gelangt dann zum Verdichter.

log(p)-h-Diagramm

Die Stoffeigenschaften von Kältemitteln sind i.A. nicht analytisch beschreibbar, man behilft sich mit Diagramm- oder Tabellendarstellungen der thermischen und kalorischen Zustandseigenschaften. Für Wärmepumpen- und Kältemaschinenprozesse hat sich die Darstellung im log(p)-h-Diagramm wie in Abb. 6.9 als besonders geeignet herausgestellt, da der Kreisprozess im Idealfall aus zwei isobaren ($dp = 0$) Zustandsänderungen im Verflüssiger und im Verdampfer, einer isentropen ($ds = 0$) Zustandsänderung im Verdichter und der isenthalpen Entspannung im Drosselventil besteht. Das Kältemittel im Zustand vor dem Verdichter (1) wird in der Praxis als Sauggas bezeichnet, der Druck entsprechend als Saugdruck oder unterer Druck p_u. Das Kältemittel nach dem Verdichter (2) wird Druckgas genannt, der Druck Hochdruck oder oberer Druck p_o. Anhand des in Abb. 6.9 dargestellten Kreisprozesses sollen die Vorgänge in der Wärmepumpe nachfolgend erläutert werden.

Wärmeaufnahme aus der Umwelt

Dem Verdampfer wird der Enthalpiestrom $\Delta\dot{H}_{WQ}$ aus der Erdwärmequelle zugeführt,

$$\begin{aligned} \Delta\dot{H}_{WQ} &= \dot{m}_{WQ} \cdot (h_{WQ,VL} - h_{WQ,RL}) \text{ bzw.} \\ \Delta\dot{H}_{WQ} &= \dot{m}_{WQ} \cdot c_{WQ} \cdot (T_{WQ,VL} - T_{WQ,RL}) \end{aligned} \tag{6.11}$$

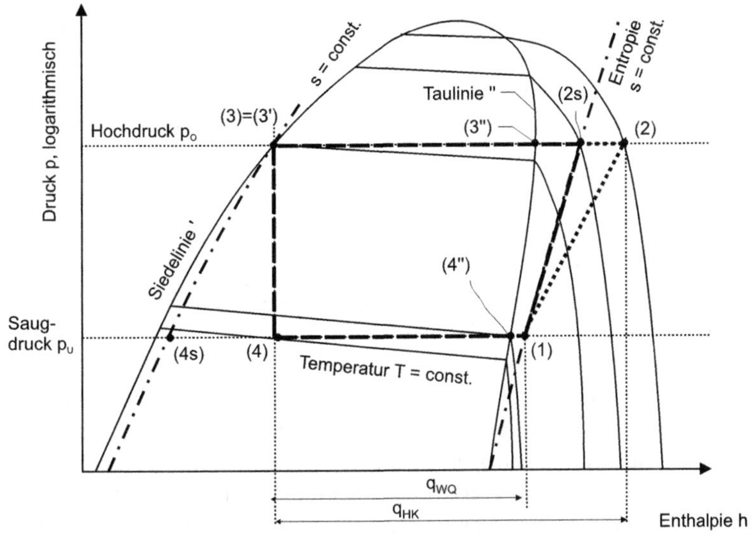

Abb. 6.9 log(p)-h- Diagramm des Kältemittels R407c mit eingezeichnetem linksläufigem Kreisprozess. Da das Kältemittel ein Gemisch aus drei verschiedenen Stoffen ist, überdecken sich im Nassdampfgebiet die Isobare und Isotherme nicht. Bei gleichbleibendem Druck im Verdampfer steigt die Verdampfungstemperatur mit zunehmendem Dampfgehalt an. Bei R407c beträgt die Temperaturerhöhung („Temperaturgleit") rund 7 K.

und dort als Wärmestrom $\dot{Q}_{WQ} = \dot{H}_{WQ}$ an das Kältemittel übertragen. Das Kältemittel wird dabei vollständig verdampft (4 → 4") und leicht überhitzt (4" → 1). Die spezifische Enthalpie h_1 nach dem Verdampfer (1) ist den Kältemittelstoffdaten für den Druck $p_1 = p_S(T_4)$ (mit p_S als Sättigungsdampfdruck) und die Temperatur $T_1 = T_{4''} + \Delta T_{\ddot{U}}$ zu entnehmen. Damit gilt:

$$\dot{Q}_{WQ} = \dot{m}_{KM} \cdot (h_1 - h_4) = \dot{m}_{KM} \cdot (h_{4''} - h_4) + \dot{m}_{KM} \cdot (h_1 - h_{4''}) \,. \tag{6.12}$$

Temperaturerhöhung

Maßgabe für die Verdichtung des Kältemittels ist, dass der Verflüssigerdruck p_3 erreicht wird. Dieser wird von der Rücklauftemperatur des Heizkreises $T_{HK,RL}$ bestimmt. Die Kondensationstemperatur im Verflüssiger T_3 muss um etwa 3 bis 10 K höher sein als die Rücklauftemperatur, damit der Wärmestrom $\dot{Q}_{HK}$ übertragen werden kann. Soll die Kondensation bei einer Temperatur von $T_3 = 45°C$ erfolgen, beträgt der zu dieser Temperatur gehörende Druck und damit auch der Druck nach dem Verdichter p_2 beim Kältemittel R407c z.B. $p_3 = p_2 = 17{,}54$ bar. Die Verdichterleistung P_V wird durch die Angabe des isentropen Verdichterwirkungsgrads $\eta_{S,V}$ ermittelt:

$$\eta_{S,V} = \frac{h_{2s} - h_1}{h_2 - h_1},$$

es gilt

$$P_V = \frac{1}{\eta_{S,V}} \cdot \dot{m}_{KM} \cdot (h_{2s} - h_1) = \dot{m}_{KM} \cdot (h_2 - h_1). \tag{6.13}$$

Bei der idealen isentropen Verdichtung (1 → 2s) wird vorausgesetzt, dass der Verdichter reversibel und adiabat, also reibungsfrei und ohne Abgabe eines Wärmeverluststroms an die Umgebung arbeitet. Dies ist in der Realität natürlich nicht der Fall. Um auf das Kältemittel die Verdichterleistung P_V zu übertragen, muss die Antriebsleistung P_{el} zugeführt werden:

$$P_V = a \cdot P_{el} \text{ bzw. } P_V = \eta_{P,m} \cdot P_{el} \ . \tag{6.14}$$

Der Verdichterverlustfaktor a erreicht bei den oft eingesetzten hermetischen Verdichtern einen Wert von 0,90 und beinhaltet neben den Wärmeverlusten an die Umgebung auch die mechanischen Reibungsverluste des antreibenden Elektromotors. Bei der Verdichtung erhöht sich die Temperatur des Kältemittels beträchtlich. Die Temperaturzunahme ist nur zu einem kleinen Teil durch Irreversibilitäten verursacht (rund 20 %), auch bei isentroper Verdichtung erhöht sich die Temperatur mit dem Druck, da diese beiden Zustandsgrößen über die Thermische Zustandsgleichung verknüpft sind. Die zulässige Maximaltemperatur nach dem Verdichter liegt materialbedingt bei etwa 120 °C.

Wärmeabgabe an den Heizkreis

Die im Verflüssiger frei werdende Kondensationsenergie (und die Entwärmung des überhitzten Kältemittels) erhöht den Enthalpiestrom $\Delta \dot{H}_{HK}$ des Heizkreislaufs. Für den übertragenen Wärmestrom $\Delta \dot{H}_{HK} = \dot{Q}_{HK}$ gilt :

$$\dot{Q}_{HK} = \dot{m}_{KM} \cdot (h_2 - h_3) = \dot{m}_{KM} \cdot ((h_2 - h_{3''}) + (h_{3''} - h_{3'})) \tag{6.15}$$

und

$$\dot{Q}_{HK} = \dot{m}_{HK} \cdot (h_{HK,VL} - h_{HK,RL}) = \dot{m}_{HK} \cdot c_{HK} \cdot (T_{HK,VL} - T_{HK,RL}) \ . \tag{6.16}$$

Einige Wärmepumpen nutzen die hohen Temperaturen bei der Entwärmung des überhitzten Kältemittels (2 → 3") in einem gesonderten Wärmeübertrager zur Trinkwassererwärmung.
Nach dem Verflüssiger wird das Kältemittel in einen Sammler (Separator) geführt, der verbleibende Dampfreste zurückhält. Das flüssige, siedende Kältemittel (3') gelangt in das Drosselventil, wo es auf den Verdampferdruck p_4 expandiert wird (3' → 4) (vgl. Abb. 6.14a) .

Temperaturabsenkung

Wie in Abb. 6.9 zu sehen ist, liegt der Zustandspunkt (4) des Kältemittels nach dem Drosselventil mitten im Nassdampfgebiet, der Dampfgehalt x_4 beträgt etwa 30 % bis 40 %. Im Nassdampfgebiet sind Druck und Temperatur durch die Dampfdruckkurve fest miteinander verknüpft, bei einem typischen Kältemittel beträgt die Verdampfungstemperatur $T_4 = -10\ °C$ und der Druck $p_4 = p_1$ rund 3 bar.[5]

[5] Bei Stoffgemischen wie R407c stimmt dies nicht ganz, da durch die seriell verlaufenden Verdampfungen der einzelnen Komponenten ein Temperaturgleit entsteht, der bei einem Druck von

Bei Verwendung einer idealen reibungsfreien Turbine würde nach einer isentropen Entspannung der Zustandspunkt (4s) erreicht werden und die vom Kältemittel aufgenommene Verdampfungswärme $q_{WQ} = h_1 - h_{4s}$ im gewählten Beispiel um etwa 6 % gegenüber der Entspannung mit einem Drosselventil ($q_{WQ} = h_1 - h_4$) zunehmen, da der Dampfgehalt geringer wäre.
Mit der isentropen Turbine könnte dem Kältemittel bei der Zustandsänderung (3) nach (4s) eine mechanische Leistung von lediglich etwa 60 W je kW Kälteleistung entnommen werden[6]. Damit wird klar, warum Wärmepumpenhersteller das erheblich kostengünstigere Drosselventil einsetzen. Da während der Entspannung im Drosselventil die Enthalpie konstant bleibt[7], gilt für den Zustandspunkt (4) näherungsweise $h_4 = h_3 = h'(p_3)$.
Das thermostatisch geregelte Drosselventil (Abb. 6.14, b) regelt den Massenstrom in allen Betriebspunkten in der Weise, dass das Kältemittel noch im Verdampfer seine Verdampfungstemperatur um 5 bis 10 K überschreitet (Zustandspunkt (1) in Abb. 6.9). Die Überhitzung $\Delta T_{\ddot{U}} = T_1 - T_{4''}$ ist notwendig, um den Verdichter vor Flüssigkeitstropfen zu schützen, die im realen Prozess auftreten und die Innenwandflächen des Verdichters beschädigen können.[8]

Energiebilanzierung

Die Energiebilanz für den Wärmepumpen-Kreisprozess lautet damit

$$0 \stackrel{!}{=} \dot{Q}_{WQ} + \dot{Q}_{HK} + a \cdot P_{el}, \tag{6.17}$$

hierbei ist zu beachten, dass die abgegebene Heizleistung $\dot{Q}_{HK}$ negativ ist. Die 0 auf der linken Seite der Gleichung bringt zum Ausdruck, dass sich der Energiegehalt des Gesamtsystems „Wärmepumpe“ in der stationären Betriebsphase nicht verändert.
Das Verhältnis von Nutzen zu Aufwand wird bei linksläufigen Kreisprozessen nicht Wirkungsgrad genannt, da es Werte > 1 annimmt. Man verwendet stattdessen den Begriff Leistungszahl *COP* (engl. coefficient of performance):

$$COP = \frac{|\dot{Q}_{HK}|}{P_{el}} = \frac{a \cdot P_{el} + \dot{Q}_{WQ}}{P_{el}} \approx 1 + \frac{\dot{Q}_{WQ}}{P_{el}} \,. \tag{6.18}$$

Die Leistungszahl wird nach DIN EN 14511 bestimmt [12]. Dort ist sie definiert als das Verhältnis des bei bestimmten Betriebsbedingungen abgegebenen Nutzwärmestroms zur erforderlichen elektrischen Leistung für den Antrieb des Verdichters und zusätzlich der Hilfsantriebe (z.B. Primärkreispumpe, Regelung).

3,2 bar bei vollständiger Verdampfung etwa 6,5 K beträgt. Im Gegensatz zu reinstoffigen Kältemitteln muss man daher hier auch $T'(p_S)$ und $T''(p_S)$ unterscheiden.

[6] Berechnung für einen einstufigen Prozess mit R407c bei einer Verdampfertemperatur von -7°C und einer Verflüssigertemperatur von 45 °C. Die Verdichterleistung betrug hier 0,36 kW, die Heizleistung 1,36 kW.

[7] In der Praxis reduzieren lediglich die bei der geringen Baugröße des Drosselventils zu vernachlässigenden Wärmeverluste an die Umgebung den Enthalpiestrom des Kältemittels.

[8] Neben der Gefahr der Tropfenschlagerosion kann Kondensat zur Wirkungsgradminderung führen, wenn die Flüssigkeit mitbeschleunigt werden muss.

Die exergetische Betrachtung des Wärmepumpenprozesses gestaltet sich recht einfach, da jeder Kraft-Wärme-Prozess durch den Carnotfaktor begrenzt ist. Für die maximal erreichbare innere Leistungszahl $\varepsilon_{C,i}$ gilt

$$\varepsilon_{C,i} = \frac{T_4}{T_3 - T_4}, \tag{6.19}$$

bezogen auf die Temperaturen des Kältemittels im „Inneren" der Wärmepumpe. Bei $T_{3'} = T_3 = 45$ °C und $T_4 = -10$ °C beträgt $\varepsilon_{C,i} = 4{,}8$. Die Leistungszahl des äußeren Carnot-Prozesses $\varepsilon_{C,a}$ wird in entsprechender Weise mit der Rücklauf-Temperatur des Heizkreises $T_{HK,RL}$ und der Vorlauftemperatur $T_{WQ,VL}$ des Wärmequellenmediums gebildet. Das Verhältnis der tatsächlich erreichten zur maximal möglichen Leistungszahl ist die Güte ν_{WP} der Wärmepumpe,

$$\nu_{WP} = \frac{\varepsilon_{WP}}{\varepsilon_{C,a}} . \tag{6.20}$$

Die Güte entspricht in etwa dem exergetischen Wirkungsgrad, der thermodynamisch korrekt definiert ist als

$$\eta_{ex,WP} = \frac{\dot{Ex}_{\dot{Q}_{HK}}}{P_{el}} = \frac{\eta_c \cdot \dot{Q}_{HK}}{P_{el}} . \tag{6.21}$$

Kältemittel

Die in Wärmepumpen verwendeten Kältemittel müssen so ausgewählt werden, dass sie chemisch langzeitstabil, nicht explosiv, nicht brennbar, nicht toxisch und gesundheitlich unbedenklich sind. Es muss zudem sichergestellt sein, dass die Verdampfung und Kondensation auf einem Druckniveau stattfindet, das bei geringen Baukosten technisch beherrschbar ist. Der Verdampfungsdruck p_u sollte dabei etwas über dem Umgebungsluftdruck liegen, anderenfalls besteht die Gefahr des Eindringens von Luft in den Prozess bei den in der Praxis nicht vollständig vermeidbaren Undichtigkeiten. Der Verflüssigerdruck p_o sollte möglichst nicht über 25 bis 30 bar steigen, da hochdruckfestere Bauteile sehr teuer sind.
Der umlaufende Massenstrom beeinflusst die Querschnittsflächen aller Bauteile und damit die Gesamtgröße der Wärmepumpe erheblich. Bei gegebener Verdampferleistung $\dot{Q}_{WQ}$ kann er um so niedriger sein, je höher die volumetrische Kälteleistung $q_{0,v}$ (in kW/m^3/s) des Kältemittels ist. Sie ist die Kälteleistung $\dot{Q}_{WQ}$ bei Nennbedingungen (Verdampfertemperatur T_0), bezogen auf den Volumenstrom des angesaugten Kältemittelsattdampfs $\dot{V}_{KM,1}$ im Ansaugzustand des Verdichters.

$$q_{0,v} = \frac{\dot{Q}_{WQ,max}}{\dot{V}_{KM,1}} = \frac{h''(T_0) - h'(T_U)}{v''(T_0)} . \tag{6.22}$$

Hierbei sind nach [38] $h''(T_0)$ die Enthalpie und $v''(T_0)$ das spezifische Volumen des Sattdampfs bei T_0, $h'(T_U)$ ist die Enthalpie des siedenden Kältemittels bei Umgebungstemperatur T_U.
Zur Bewertung der Umwelteigenschaften von Kältemitteln wurden die Kriterien ODP, TEWI und GWP eingeführt.

- Das Ozonabbaupotenzial ODP (Ozone Depletion Potential) drückt den Beitrag des Kältemittels zum Ozonabbau als Vergleichswert zum nicht mehr zulässigen Kältemittel R11 aus. Das häufig verwendete Kältemittel R407c hat z.B. einen ODP-Wert von 0. Seit 2015 ist in Deutschland der Einsatz von Kältemitteln mit ODP > 0 verboten.
- Der GWP-Wert (Global Warming Potential) ist ein Relativmaß für den Beitrag des Kältemittels zum Treibhauseffekt. Das Kältemittel R407c mit dem GWP-Wert von 1610 verursacht in 100 Jahren die 1610-fache Wirkung gegenüber CO_2.
- Der TEWI-Wert nach DIN 378-1 (Total Equivalent Warming Impact) erfasst neben dem direkten Beitrag des Kältemittels zum Treibhauseffekt auch die indirekten CO_2-Emissionen, die bei der Herstellung des Kältemittels durch Energiewandlung entstanden sind. Die direkten Emissionen werden durch Kältemittelverluste im Betrieb (ca. 2 % pro Jahr) und bei Servicearbeiten verursacht.

Die Bezeichnung der Kältemittel erfolgt nach der Nomenklatur „RXYZ", die mit den Kennzahlen X, Y, und Z die chemische Basis des Kältemittels (X = 0 für ein Methanderivat (R22 = R022), 1 für ein Ethanderivat und 2 für ein Propanderivat), die Anzahl der Wasserstoffatome (Y-1) im Kältemittel und die Zahl der Fluoratome (Z) festlegt. Unter der Nomenklatur R7YZ sind die natürlichen oder anorganischen Kältemittel wie Kohlendioxid (R774), Wasser (R718), Ammoniak (R717) oder Stickstoff (R728) zusammengefasst. Die Reihe R5YZ enthält die azeotropen Gemische. Die Reihe R4YZ schließlich umfasst die zeotropen Gemische, bekanntester Vertreter ist das Kältemittel R407c. Die Tab. 6.4 gibt die Zustandsgrößen dieses häufig verwendeten Kältemittels im Nassdampfgebiet wieder.

Verdichter

Zum Fördern und Verdichten von kompressiblen Medien wie Gasen und Dämpfen [9] werden Verdichter verwendet, die auch Kompressoren genannt werden. Man unterscheidet zwei unterschiedliche Bauarten: Verdrängermaschinen wie Hubkolbenverdichter, Scrollverdichter oder Schraubenverdichter, sowie Strömungsmaschinen wie Kreiselradverdichter oder Strahlverdichter.
In Wärmepumpen mit einer Heizleistung von 5 bis zu 100 kW werden fast ausschließlich Scrollverdichter eingesetzt. Ein einzelnes Verdichtermodul erreicht bis 50 kW, darüber hinaus werden zwei oder drei Verdichter als Verbundanlagen in die Wärmepumpen eingebaut.

Scroll-Verdichter

Der Scrollverdichter besteht aus zwei Spiralen (engl. scroll), die aus evolventenförmig gebogenen Flachstählen gefertigt sind. Eine Spirale ist fest im Gehäuse ver-

[9] Als Dämpfe werden gasförmige Stoffe bezeichnet, deren Zustand sich in der Nähe des Nassdampfgebietes befindet und die im betrachteten Prozess einen Aggregatzustandswechsel zur Flüssigkeit hin machen.

Tabelle 6.4 Zustandsgrößen des Kältemittels R407c (ein zeotropes Gemisch aus R125, R32 und R134a mit 25/23/52 Massen-%) im Nassdampfgebiet, berechnet mit EES [24]

p [bar]	T' [°C]	T'' [°C]	v' [dm^3/kg]	v'' [m^3/kg]	h' [kJ/kg]	h'' [kJ/kg]	s' [kJ/kg/K]	s'' [kJ/kg/K]
1	-44,18	-36,95	0,7227	0,2212	-5,314	244,1	-0,02377	1,065
2	-28,56	-21,68	0,7498	0,1153	14,89	253,6	0,06415	1,04
3	-18,25	-11,52	0,7698	0,07855	28,75	259,8	0,1209	1,027
4	-10,34	-3,707	0,7865	0,05966	39,69	264,4	0,164	1,019
5	-3,816	2,73	0,8012	0,04809	48,91	268	0,1991	1,012
6	1,779	8,242	0,8147	0,04025	56,96	271	0,229	1,007
7	6,708	13,08	0,8272	0,03458	64,17	273,5	0,2552	1,003
8	11,13	17,42	0,839	0,03027	70,74	275,6	0,2786	0,9992
9	15,16	21,34	0,8502	0,02688	76,81	277,5	0,2999	0,9958
10	18,86	24,94	0,8611	0,02414	82,46	279,1	0,3194	0,9926
11	22,3	28,26	0,8716	0,02189	87,78	280,5	0,3375	0,9897
12	25,51	31,36	0,8818	0,01999	92,81	281,8	0,3543	0,9868
13	28,53	34,25	0,8919	0,01837	97,6	282,8	0,3702	0,9841
14	31,38	36,97	0,9017	0,01697	102,2	283,8	0,3852	0,9814
15	34,08	39,54	0,9114	0,01575	106,6	284,6	0,3995	0,9787
16	36,66	41,98	0,921	0,01468	110,8	285,3	0,4131	0,9761
17	39,11	44,29	0,9305	0,01372	114,9	285,9	0,4261	0,9735
18	41,46	46,5	0,94	0,01287	118,9	286,4	0,4386	0,9709
19	43,72	48,61	0,9494	0,0121	122,7	286,8	0,4507	0,9683
20	45,89	50,64	0,9588	0,01141	126,5	287,1	0,4624	0,9656
21	47,99	52,59	0,9682	0,01077	130,2	287,3	0,4737	0,9629
22	50,01	54,46	0,9777	0,0102	133,8	287,5	0,4847	0,9603
23	51,97	56,27	0,9872	0,009665	137,3	287,6	0,4955	0,9575
24	53,86	58,01	0,9968	0,009176	140,8	287,6	0,506	0,9548
25	55,7	59,7	1,007	0,008724	144,3	287,6	0,5163	0,9519
26	57,49	61,34	1,016	0,008304	147,7	287,5	0,5264	0,9491
27	59,23	62,93	1,026	0,007914	151,1	287,3	0,5365	0,9462
28	60,92	64,47	1,036	0,00755	154,5	287,1	0,5464	0,9433
29	62,57	65,98	1,047	0,007209	157,9	286,8	0,5562	0,9403
30	64,18	67,44	1,057	0,006891	161,3	286,5	0,566	0,9372
31	65,75	68,87	1,068	0,006592	164,7	286,1	0,5758	0,9341

ankert, während die andere Spirale von oben eingesteckt ist und von einem Elektromotor oszillierend bewegt wird. Die Fliehkräfte drücken die bewegliche Spirale an die feste an und bilden so geschlossene, sichelförmige Volumina, die sich durch den Einlass (in Abb. 6.10 im Bild rechts unten erkennbar) mit Kältemitteldampf im Zustand (1) füllen. Ein Ölfilm in den Spiralen unterstützt die Gasdichtigkeit.

Durch die oszillierende Bewegung gelangt das sichelförmige Volumen mit dem Kältemitteldampf kontinuierlich von außen nach innen, wobei sich das Volumen verringert und das Kältemittel verdichtet wird. Nach etwa drei Umdrehungen erreicht das Kältemittel die Auslassöffnung in der Achse der festen Spirale, die durch ein Rückschlagventil geschlossen ist. Im Betrieb ist die Verdichtung ausreichend hoch, um

Abb. 6.10 Fotografie eines geöffneten Scrollverdichters

das Ventil zu öffnen. Im Gegensatz zum Kolbenverdichter ist der Scrollverdichter sehr laufruhig.
Scrollverdichter werden für Ansaugvolumenströme von etwa 5 m^3/h bis zu 45 m^3/h hergestellt und i.d.R. von einem 3-Phasen-Wechselstrom-Elektromotor angetrieben. Der ungeregelte Motor bewegt die Spirale mit einer festen Drehzahl, es erfolgt also keine direkte Leistungssteuerung des Verdichters. Bei Wärmepumpen mit drehzahlkonstanten (fixed-speed) Scrollverdichtern erfolgt die Variation der Heizleistung wesentlich durch das thermostatische Expansionsventil, das in Abhängigkeit von der Verdampfertemperatur T_v das Druckverhältnis und den Massenstrom regelt. Durch Ein-/Ausschalten (Takten) muss die mittlere Leistung der Wärmepumpe an den Bedarf angepasst werden. Verbundverdichter können die parallelen Einzelmodule einzeln schalten und damit die Heizleistung in Stufen verändern. Grundsätzlich eignen sich die Scrollverdichter auch für drehzahlgesteuerte Antriebe.

Leistungsgeregelte Verdichter

Die Hersteller bieten in jüngster Zeit zunehmend Inverter-Wärmepumpen an. Als Inverter wird die Leistungselektronik-Komponente bezeichnet, die eine Drehzahlregelung des Verdichters über die Änderung der Wechselstromfrequenz im Bereich 20 Hz bis 120 Hz ermöglicht (Netzfrequenz 50 Hz). Mit der variablen Verdichterleistung wird die Heizleistung der Wärmepumpe an den Bedarf angepasst und das Takten vermieden. Durch die Reduktion der Zahl der Anfahrvorgänge kann insgesamt die Jahresarbeitszahl verbessert werden.
Abb. 6.11 zeigt, wie sich die leistungsgeregelte Wärmepumpe an die von der Außentemperatur abhängige Heizlast anpasst, während die Wärmepumpe mit dem fixed-speed-Verdichter nur durch Takten (Ein- und Ausschalten) ihre Heizleistung mindern kann.

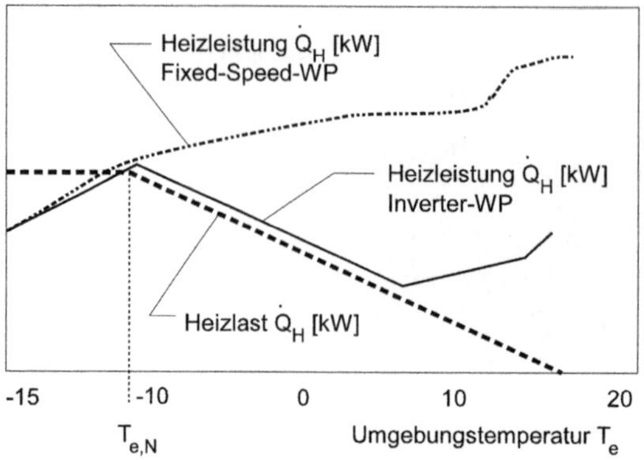

Abb. 6.11 Typische Heizlast $\dot{Q}_H$ in Abhängigkeit von der Außentemperatur T_e mit dem Nennauslegungspunkt $T_{e,N}$, Heizleistung einer fixed-speed-Wärmpumpe sowie variable Heizleistung einer leistungsgeregelten Wärmepumpe, in Anlehnung an [43].

Verfüssiger und Verdampfer

Verflüssiger und Verdampfer in Wärmepumpen sind Wärmeübertrager, in denen auf jeweils einer Seite das Kältemittel verdampft bzw. kondensiert. Bei Wärmepumpen sind sie nahezu immer als Plattenwärmeübertrager ausgeführt, die im Betrieb weitestgehend mit Kältemitteldampf gefüllt sind (Abb. 6.14 f). Das Kältemittel ist nach der Entspannung im Drosselventil zum größeren Teil noch flüssig, der Dampfgehalt beträgt etwa 30 bis 40 % und gelangt dann auf die kältere (Sekundär-) Seite des Verdampfers, wo es vollständig verdampft.[10] Auf der heißeren Primärseite wird der erforderliche Wärmestrom $\dot{Q}_{WQ}$ durch den Enthalpiestrom aus der Wärmequelle $\Delta\dot{H}_{WQ}$ bereitgestellt. Um den Verdichter vor Kondensatanfall zu schützen, ist nach der vollständigen Verdampfung noch eine definierte Überhitzung von $\Delta T_{Ü}$ von 5 bis 10 K erforderlich, die am thermostatischen Drosselventil voreingestellt wird.
Der Temperaturverlauf auf der Kältemittel- und der Wärmequellenseite ist in Abb. 6.12 dargestellt. Je höher die Überhitzung ist, je größer ist die mittlere Temperaturdifferenz zwischen Kältemittel und Wärmequellenvolumenstrom. Die Effizienz der Wärmepumpe sinkt dadurch, da der Verdichter bei sehr geringem Verdampferdruck nur wenig Kältemittel auf den erforderlichen Verflüssigerdruck bringen kann. Aus der Thermodynamik ist zudem bekannt, dass bei der Wärmeübertragung in Abhängigkeit der Temperaturdifferenz Exergie verloren geht und Entropie entsteht. Die Temperaturverläufe im Verdampfer sollten also mit geringstmöglichem Abstand erfolgen. Der Temperaturgleit des Kältemittel R407c von etwa 7 K kommt dem Idealfall parallel verlaufender Temperaturen im Verdampfer entgegen, wie in Abb. 6.12 zu sehen ist.

[10] Die Flüssigkeit nimmt im Verdampfer nur ein sehr geringes Volumen ein, da die Dichte sehr hoch ist. Daher spricht man von trockenen Verdampfern.

Der im Verdampfer übertragene Wärmestrom ist von Bauart und Baugröße des Wärmeübertragers abhängig, da sie die Wärmeübertragerrate UA_{hx} in W/K wesentlich bestimmen. Es gilt mit der mittleren logarithmischen Temperaturdifferenz

$$\Delta T_m = \frac{\Delta T_{gr} - \Delta T_{kl}}{\ln\left(\frac{\Delta T_{gr}}{\Delta T_{kl}}\right)} \tag{6.23}$$

für den übertragenen Wärmestrom

$$\dot{Q}_{hx} = UA_{hx} \cdot \Delta T_m \ . \tag{6.24}$$

ΔT_m ist für Enthitzung und Kondensation bzw. Verdampfung und Überhitzung abschnittsweise zu bilden. Bei der Auslegung des Verdampfers ist zu beachten, dass mit der Erhöhung der Strömungsgeschwindigkeiten zwar die Wärmeübertragungsrate steigt, jedoch auch die Druckverluste mit dem Quadrat der Geschwindigkeit zunehmen. Es muss letztlich ein wirtschaftliches Optimum gefunden werden.

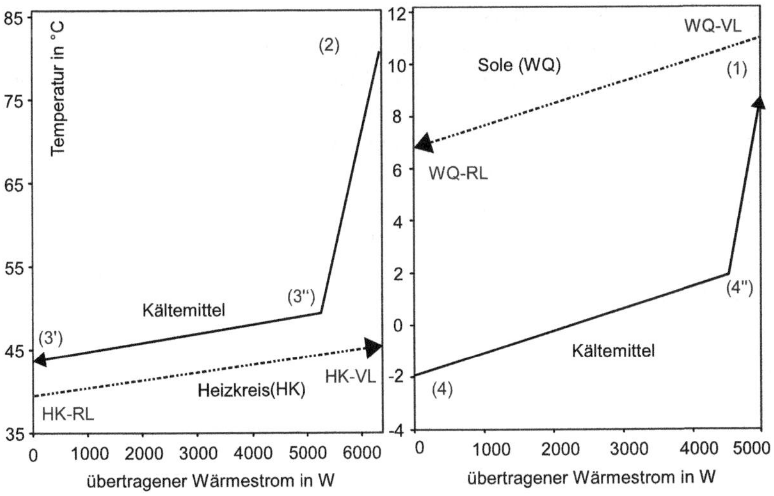

Abb. 6.12 Grafische Darstellung der Temperaturverläufe im Kondensator (links) und im Verdampfer (rechts) über dem übertragenen Wärmestrom (Zeotropes Kältemittel mit Temperaturgleit).

Aufgabe des Kondensators (Verflüssigers) ist es, den überhitzten Kältemitteldampf (Zustand (2) in Abb. 6.9) auf die zum Druck p_2 korrespondierende Kondensationstemperatur $T_{3''}$ abzukühlen und dann vollständig zu kondensieren. Je nach Betriebszustand beträgt die Temperatur T_2 des überhitzten Dampfes 60 °C bis maximal 120 °C, der Einsatzgrenze der meisten Verdichter.

Auch für den Verflüssiger gilt, dass die Wärmeübertragerrate möglichst hoch sein sollte, um die Temperaturdifferenz zwischen Heizkreis und Kältemittel und damit die Exergieverluste zu minimieren.

Drosselventile

Das Drosselventil (auch: Expansionsventil) übt eine regelnde Funktion im Wärmepumpenkreislauf aus. Seine Aufgabe ist es, die erforderliche Überhitzung $\Delta T_{\ddot{U}}$ nach dem Verdampfer zur Vermeidung von Schäden im Verdichter einzuhalten. Dazu muss das Drosselventil in der Lage sein, den umlaufenden Kältemittelvolumenstrom $\dot{m}_{KM}$ zu regulieren. Als Standard wird in heutigen Serienwärmepumpen noch das thermostatische Drosselventil (TEV, Abb. 6.14b) eingesetzt, dessen Funktionsweise in Abb. 6.13 dargestellt ist. Immer mehr Wärmepumpen verfügen inzwischen jedoch über elektrisch betriebene und elektronisch geregelte Expansionsventile.
Das mit einem geeigneten Fluid gefüllte Kapillarrohr ist im thermischen Kontakt mit dem vom Kältemittel durchströmten Rohr vor dem Verdichter (siehe Abb. 6.8 und Abb. 6.14d). Eine Temperaturerhöhung im Verdampfer führt zu einer Dichteänderung und damit zu einer Volumenvergrößerung im Kapillarrohr. Die Membran im Drosselventil schiebt dadurch die daran befestigte Nadel gegen die Regulierfeder nach unten und vergrößert den Querschnitt der Düse; damit erhöht sich der umlaufende Massenstrom des Kältemittels.
Gemeinsam mit der Regulierfeder wirkt der Verflüssigerdruck p_3 auf die Unterseite der Membran (innerer Druckausgleich). Durch einen höheren Massenstrom verringert sich im Verdampfer bei gleichbleibendem zugeführten Wärmestrom die Austrittstemperatur des Kältemittels. Umgekehrt wird der Massenstrom des Kältemittels verringert, wenn die Temperatur nach dem Verdampfer sinkt. Über die Regulierschraube kann der gewünschte Sollwert der Überhitzung voreingestellt werden. Bei größeren Druckverlusten im Verdampfer werden thermostatische Expansionsventile mit äußerem Druckausgleich eingesetzt, bei denen ein zweites Kapillarrohr den Druck am Verdampferende p_1 auf die Oberseite der Membran bringt.

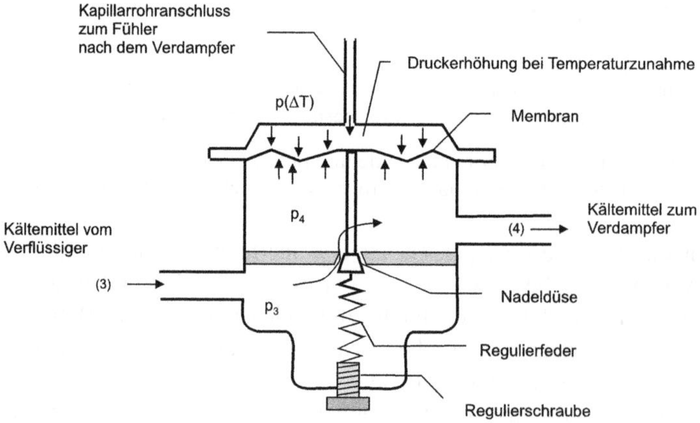

Abb. 6.13 Das thermostatische Drosselventil regelt den Kältemittelmassenstrom in Abhängigkeit von der Temperaturüberhitzung $\Delta T_{\ddot{U}}$ nach dem Verdampfer.

Sonstige Bauteile in der Wärmepumpe

In der Kältemittelleitung vor dem thermostatischen Drosselventil einer Wärmepumpe ist oft zusätzlich ein Magnetventil verbaut, das gleichzeitig mit dem Abschalten des Verdichters schließt. Auf diese Weise wird verhindert, dass sich der Druck zwischen Verflüssiger- und Verdampferseite ausgleicht und flüssiges Kältemittel (durch den Druckanstieg im Verdampfer) in den Verdichter gespritzt wird.

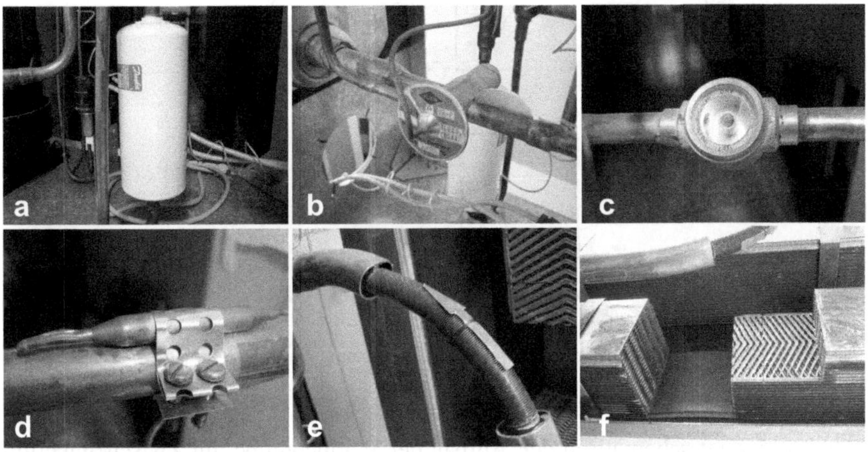

Abb. 6.14 Bauteile einer Wärmepumpe **a** Kombinierter Sammler/Entfeuchter; **b** Expansionsventil, **c** Schauglas, **d** Fühlerbirne vor dem Verdichter, **e** interner Wärmeübertrager, **f** Verflüssiger/Verdampfer im Schnitt

Darüber hinaus werden Kältemitteltrockner eingesetzt, deren Aufgabe die Entfernung evtl. noch aus dem Herstellprozess vorhandenen Wassers aus dem Kältemittel ist. Oft sind diese mit dem Sammler kombiniert. Ein Schauglas mit einem Feuchtigkeitsindikator (Abb. 6.14c) zeigt dessen Funktionsweise an.

Verbesserte Wärmepumpen-Kreisprozesse

Die zur Vermeidung von Verdichterschäden erforderliche Kältemittelüberhitzung nach dem Verdampfer hat zur Folge, dass eine recht hohe Temperaturdifferenz zwischen Wärmequellenvorlauf und Kältemittelverdampfungstemperatur gefahren werden muss (vgl. Abb. 6.12). Um dies zu vermeiden, wird beim Prozess mit Zwischenüberhitzung nach dem Verdampfer ein zusätzlicher interner Wärmeübertrager eingebaut, der die Überhitzung übernimmt. Oft ist dieser als Koaxialrohr ausgeführt, wie Abb. 6.14e zeigt.

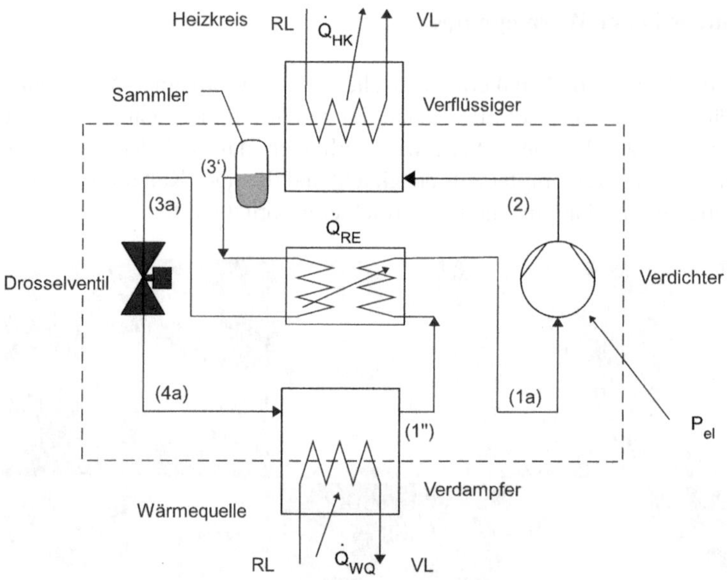

Abb. 6.15 Wärmepumpenprozess mit Zwischenüberhitzung.

Abb. 6.15 zeigt schematisch den Aufbau der Wärmepumpe mit Zwischenüberhitzung und Abb. 6.16 die Zustandsänderungen im log(p)-h- Diagramm. Die intern übertragene Wärmeleistung[11] beträgt

$$\dot{Q}_{RE} = \dot{m}_{KM} \cdot (h_{3'} - h_{3a}) = \dot{m}_{KM} \cdot (h_{1a} - h_{1''}) \tag{6.25}$$

Die erforderliche Energie wird dem verflüssigten Kältemittel entnommen, das im internen Wärmeübertrager um einige Kelvin unterkühlt und erst dann in das Drosselventil eingeleitet wird. Als weiterer Vorteil wird nach der Expansion ein Zustand (4a) mit geringerem Dampfanteil erreicht, sodass bei gleichem Massenstrom die Verdampferleistung erhöht wird. Die Leistungszahl des Prozesses verbessert sich durch den internen Wärmeübertrager um bis zu 5 Prozent.

Eine andere Methode zur Verbesserung des Wärmepumpenprozesses stellt der EVI-Prozess mit Dampfeinspritzung[12] dar. Es wurde bereits darauf hingewiesen, dass die Temperaturerhöhung beim Verdichtungsprozess begrenzend auf das erreichbare Verdichtungsdruckverhältnis wirkt, die Obergrenze liegt bei etwa 120 °C. Abb. 6.17 zeigt schematisch den Aufbau der EVI-Wärmepumpe. Durch Einspritzen von kühlem Kältemitteldampf (6), dessen Temperatur etwa in der Mitte zwischen Verdampfer- und Verflüssigertemperatur liegt, wird eine Temperaturreduktion im Verdichter erreicht und der Verdichtungsprozess kann weitergeführt werden. Der kühle Kältemitteldampf wird als Flüssigkeit vor dem Drosselventil entnommen (3a), in einem eigenen Expansionsventil entspannt (5) und dann in einem Zusatzwärme-

---

[11] *RE* für Reheating.

[12] *EVI* für Evaporation Injection

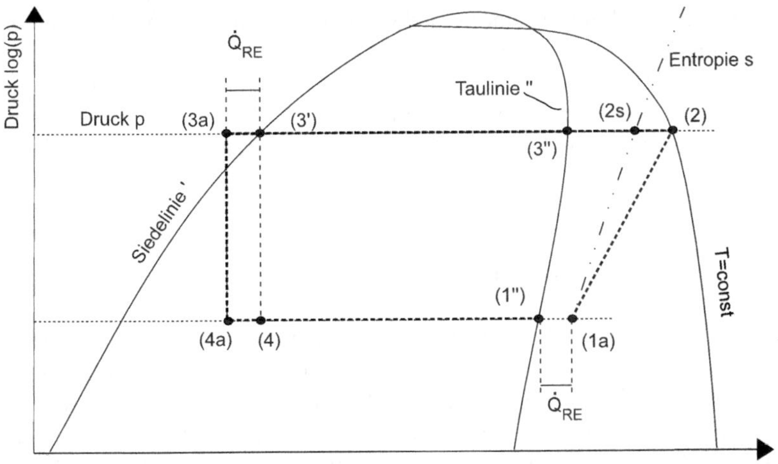

Abb. 6.16 Zustandsänderungen des Wärmepumpenprozesses mit Zwischenüberhitzung im log(p)-h-Diagramm. $\dot{Q}_{RE}$ ist der intern im Prozess ausgetauschte Wärmestrom.

tauscher (5 $\rightarrow$ 6) verdampft. Die erforderliche Wärmeleistung $\dot{Q}_{int}$ erhält man durch die Unterkühlung des Kältemittels (3' $\rightarrow$ 3a).

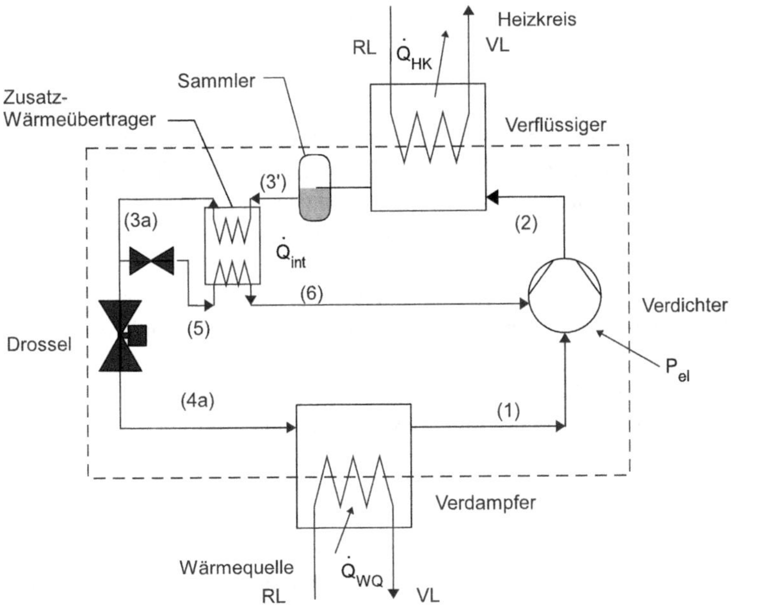

Abb. 6.17 Beim EVI-Wärmepumpenprozess wird das Kältemittel nach dem Verflüssiger in einem Zusatzwärmeübertrager unterkühlt.

Durch die Zwischenkühlung ist eine zusätzliche Druckerhöhung im Verdichter möglich. Im Verflüssiger stellt sich wegen des höheren Druckniveaus eine höhere Kondensationstemperatur ein und damit auch höhere Vorlauftemperaturen im Heizkreisvolumenstrom. Wärmepumpen mit EVI-Prozess eignen sich daher besonders für den Betrieb in Altbauten mit hohen Auslegungstemperaturen im Wärmeabgabesystem.

Innovative Wärmepumpentechnik

Stand der Technik ist die elektrisch angetriebene Kompressions-Wärmepumpe mit Invertertechnik. Zunehmend an Bedeutung gewinnen auch die Sorptionswärmepumpen, deren Funktion in Kap. 2 ab S. 75 beschrieben wurde. Zudem wird als Kältemittel nun auch CO_2 eingesetzt, das gegenüber herkömmlichen Stoffen eine äußerst geringe Klimaschädlichkeit aufweist – der GWP-Wert für CO_2 beträgt nur 1. Der Kreisprozess muss hier bei sehr hohen Drücken über 100 bar geführt werden. Als Besonderheit ist auf den Gasenthitzer zu verweisen, der im CO_2-Kreisprozess den Kondensator ersetzt: das CO_2 wird auf der Druckseite überkritisch geführt. CO_2-Wärmepumpen erreichen dadurch sehr hohe Heizkreis-Vorlauftemperaturen und eignen sich damit für die Nachrüstung von Bestandsgebäuden.

6.2.3 Thermodynamik der geothermischen Stromerzeugung

Im Kap. 14 wird ausführlich dargestellt, wie mit Hilfe eines Kraft-Wärme-Prozesses einem Enthalpiestrom mechanische Leistung entnommen werden kann. Durch Anwendung solcher Kreisprozesse ist die Enthalpie des natürlichen Thermalwassers oder von Prozesswasser, das in künstlichen Wärmeübertragern der HDR-Anlagen erhitzt wurde, zur Stromerzeugung nutzbar. Thermalwasser wird wegen seines oft hohen Salzgehalts auch als Sole bezeichnet.
Bei ausreichend hohen Temperaturen und Drücken der Geothermievorkommen ist es prinzipiell möglich, den Dampf in Turbinen direkt zu nutzen, indem die thermohydraulische Energie des Thermalwassers in den Leiträdern der Turbine erst in kinetische Energie umgewandelt und diese dann über die Schaufeln auf die Turbinenwelle übertragen wird. Im englischen Sprachgebrauch werden diese Anlagen als „flash plants" bezeichnet. Zur direkten geothermischen Energiewandlung sind nach DiPippo [7] nur hochenthalpe Quellen geeignet, deren Temperaturen oberhalb 160 °C liegen und deren Dampfgehalt x mehr als 30 bis 40 % beträgt.
Zur geothermischen Stromerzeugung sind daher i.d.R. nur Kraftwerke mit Sekundärkreislauf geeignet. Hier wird das aus der Förderbohrung entnommene Thermalwasser mit einem meist geringen Dampfanteil kleiner 30 % in einem Primärwärmeübertrager abgekühlt und dann über eine Injektionsbohrung in ausreichendem Ab-

stand wieder in das Reservoir eingespeist.[13] Gleichzeitig verdampft und überhitzt auf der Sekundärseite des Wärmeübertragers ein spezielles Arbeitsmedium. Der geschlossene Kreisprozess dieses speziellen Arbeitsmediums entspricht weitgehend einem konventionellen Kraftwerksprozess nach Clausius-Rankine (CR). Anlagen mit indirekter Nutzung geothermischer Enthalpie werden im englischen Sprachraum als „binary cycle plants" bezeichnet.
Bei konventionellen Kraftwerken werden in den Verdampfer- und Überhitzerrohren des Kessels Wasserdampftemperaturen von über 540 °C bei Drücken von 250 bar erreicht, die Verbrennungstemperatur der Rauchgase erreicht weit über 1.000 °C.[14] Die in 2 bis 5 km Tiefe derzeit technisch und wirtschaftlich sinnvoll erschließbaren geothermischen Lagerstätten weisen dagegen nur Temperaturen von 100 bis 150 °C auf (vgl. auch Tab. 6.1). Aus thermodynamischen Gründen ist es nicht sinnvoll, bei diesen geringen Temperaturen Wasser als Arbeitsmittel einzusetzen. Stattdessen verwendet man organische Arbeitsmittel, deren Kreisprozess als ORC-Prozess (Organic Rankine Cycle) bezeichnet wird.

Der ORC-Kreisprozess

Bei geothermischen Kraftwerken wäre die Verwendung von Wasser als Arbeitsmedium prinzipiell denkbar, jedoch müssten Verdampfung und Überhitzung bei sehr geringen Drücken erfolgen, um in der Turbine Schäden durch kondensierende Flüssigkeitströpfchen beim Entspannungsprozess zu vermeiden. Unterdrücke sind technisch zwar beherrschbar aber apparativ aufwändig. Abb. 6.18 zeigt, dass aufgrund des flachen Verlaufs der Taulinie im T-s-Diagramm zudem hohe Überhitzungstemperaturen T_3 erforderlich sind, um den vorgegebenen Mindestdampfgehalt x_{min} in der Turbine[15] nicht zu unterschreiten.
Organische Arbeitsmedien wie z.B. Pentan weisen einen steileren und damit günstigeren Verlauf der Taulinie ihres Nassdampfgebietes auf. Das hohe Gefälle der Taulinie erlaubt es, die Turbine ohne Schädigung durch Kondensatausfall auch bei geringer Überhitzung zu fahren. Wie in Abb. 6.18 zu sehen ist, kann die Überhitzungstemperatur T_3 erheblich gesenkt werden.
Arbeitsmittel, deren Taulinie nach hinten geneigt ist, werden als retrograd bezeichnet. Im mathematischen Sinne hat die Taulinie retrograder Fluide eine positive Steigung. Entsprechend wird bei retrograden Arbeitsfluiden von der „trockenen Entspannung" in der Turbine gesprochen, sonst von „nasser Entspannung". [16]

---

[13] Bei einer Förderung des Primärvolumenstroms im geschlossenen Rohrsystem ist es möglich, das Thermalwasser thermisch zu nutzen, ohne dass chemische Reaktionen mit der Umgebungsluft auftreten oder die evtl. vorhandenen aggressiven Inhaltsstoffe Turbinen oder Pumpen schädigen.

[14] Beim Neubau (2011) des Braunkohlekraftwerksblocks in Neurath wurde eine Dampfüberhitzung bis auf 605 °C bei einem Druck von 272 bar realisiert. Die maximale Frischdampftemperatur ist durch die Temperaturbelastbarkeit der im Kessel eingesetzten Stahllegierungen vorgegeben.

[15] In axialen Turbinen sollte der Dampfgehalt einen Mindestwert von $x_{min} > 0{,}85$ einhalten, bei radialen Turbinen $x_{min} > 0{,}70$.

[16] Im englischen Sprachraum unterscheidet man entsprechend dry und wet expansion.

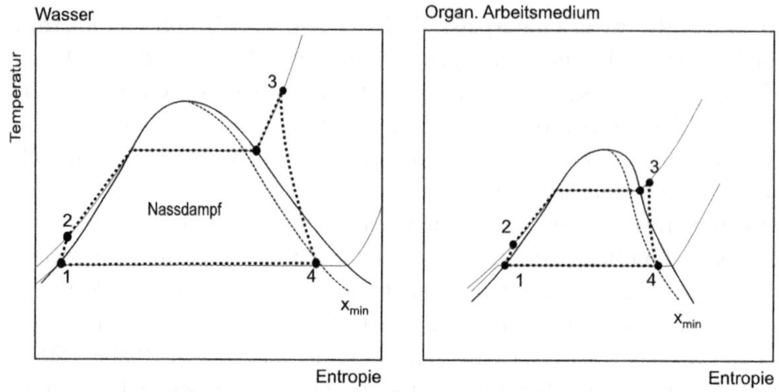

Abb. 6.18 T-s- Diagramm der Zustandsänderungen in einer Entspannungsturbine bei Wasser (links) und einem organischen Arbeitsmedium (rechts). Durch die steilere Neigung der Taulinie des organischen Arbeitsmediums genügen geringere Überhitzungstemperaturen T_3 zum gefahrlosen Betrieb der Turbine.

Aufgrund dieser Eigenschaften werden in geothermischen Stromerzeugungsprozessen organische Arbeitsmedien eingesetzt. Tab. 6.5 zeigt eine Auswahl von Arbeitsmitteln, die in Kraft-Wärme-Prozessen verwendet werden. In Abb. 6.19 sind die Nassdampfgebiete einiger typischer ORC-Arbeitsmittel im T-s-Diagramm skizziert.

Tabelle 6.5 Typische Arbeitsmittel zum Einsatz in Clausius-Rankine-Kreisprozessen nach [25] bzw. [24]. Neben Wasser und Ammoniak sind die kritischen Stoffdaten der häufig in ORC-Prozessen verwendeten Arbeitsmittel Butan, Pentan und R134a dargestellt.

Arbeitsfluid	**Bezeichnung**	T_{krit} in °C	p_{krit} in bar
Wasser	R718	373,15	220,64
Ammoniak	R717	132,25	113,33
Propan	R290	96,675	42,5
n-Butan	R600	151,98	37,96
iso-Butan	R600a	134,7	36,4
n-Pentan	R601	196,6	33,7
Octafluorocyclobutan	R318	115,2	27,78
1,1,1,2-Tetrafluorethan	R134a	101,03	40,6

Die Entspannung des verwendeten Arbeitsmittels in der Turbine kann maximal auf Umgebungstemperatur erfolgen, da die dem Prozess mit dem Primärwärmestrom zugeführte Entropie im Kondensator wieder entnommen werden muss. Die Kondensationstemperatur muss höher sein als die Umgebungstemperatur, damit der Kondensationswärme- bzw. Entropiestrom übertragen werden kann. [17]
Die Abb. 6.20 zeigt den typischen Aufbau eines ORC-Kreisprozesses mit Separator im Primärkreislauf, getrennter Vorwärmung und Verdampfung des Arbeitsfluids sowie interner Wärmeübertragung zur Vorwärmung des flüssigen Arbeitsfluids nach

[17] Der Sättigungsdruck von Wasser bei 25 °C beträgt z.B. 0,03 bar.

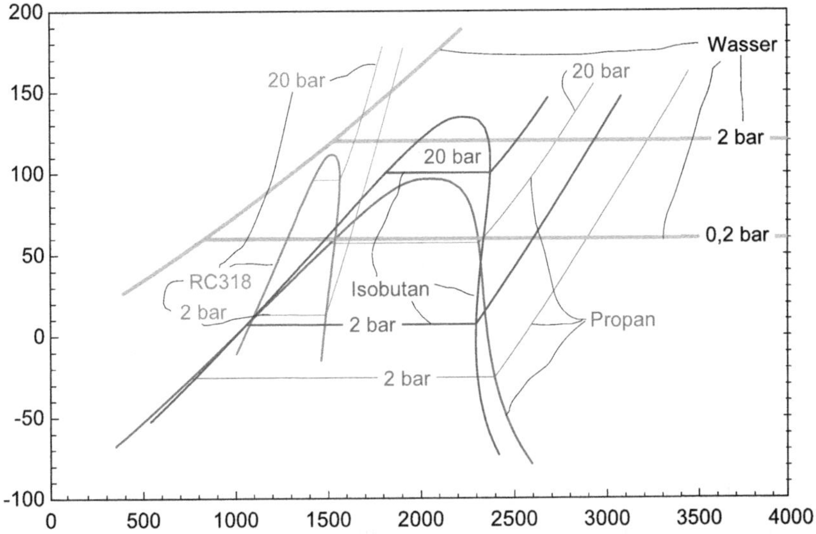

Abb. 6.19 T-s-Diagramm der Nassdampfgebiete einiger organischer Arbeitsmedien mit den Isobaren bei 2 / 20 bar. Die Arbeitsmittel RC 318 und Isobutan zeigen einen deutlichen retrograden Verlauf in ihren Taulinien. Die Siedelinie von Wasser sowie die Isobaren 0,2 / 2 bar sind angedeutet. Alle Stoffdaten wurden mit EES berechnet [24].

der Speisepumpe. Die im Bild eingezeichneten Zustandspunkte werden im nachfolgenden Text verwendet.[18] Viele Thermalwasserbohrungen bringen ein Gemisch aus Flüssigkeit und Dampf zur Oberfläche, das als Geofluid bezeichnet wird (1). Aufgabe des Separators ist die Trennung der beiden Phasen. Der Primärdampf (1") wird zur Verdampfung des Arbeitsfluids eingesetzt, dessen Kondensat mit dem Flüssiganteil des Thermalwassers (1') zusammengeführt (2) und dann im Vorwärmer entwärmt (3).

→ Weiterlesen

Das US-amerikanische Unternehmen ORMAT Technologies Inc. aus Nevada beschäftigt sich seit über 40 Jahren mit der Weiterentwicklung der Techniken geothermischer ORC-Kraftwerke. Die Webseiten des Herstellers (http://www.ormat.com) bieten u.a. auch hilfreiche Animationen zu den verschiedenen Varianten der ORC-Prozessführung. Ein Fachartikel des ORMAT-Entwicklers Uri Kaplan [23] gibt einen sehr guten Überblick über die neuesten Entwicklungsschritte bei ORC-Prozessen.

Aus der Kraftwerkstechnik sind einige Möglichkeiten zur Optimierung des CR-Kreisprozess bekannt, die in Abb. 6.21 skizziert sind:

[18] Die Zahlenreihe ist unvollständig.

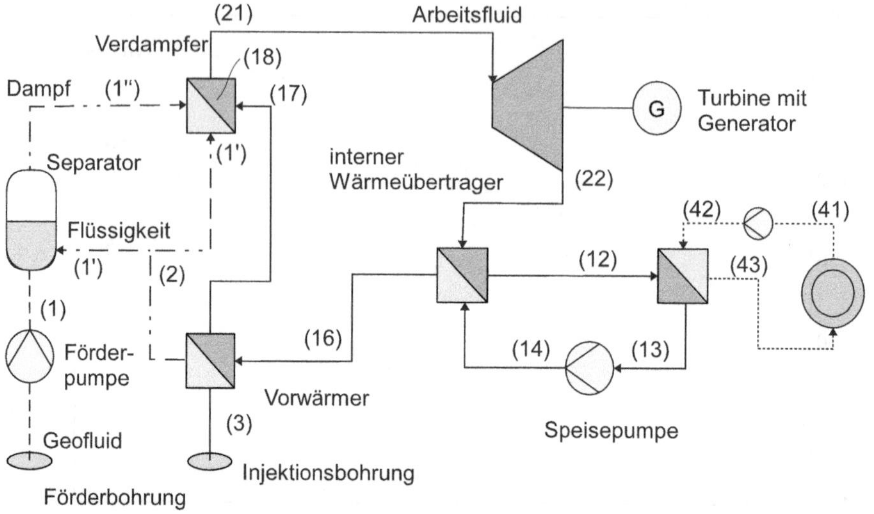

Abb. 6.20 Typischer Aufbau eines geothermischen ORC-Kreisprozesses mit Vorwärmung, Verdampfung und interner Wärmeübertragung.

- Der obere Prozessdruck p_{21} sollte soweit als möglich angehoben werden (Maßnahme a). Gleichzeitig steigt dadurch aber auch die Verdampfungstemperatur und damit die im geothermischen Primärkreislauf nach Abb. 6.20 minimal erzielbare Rücklauftemperatur T_3. Bei gegebener Primärheizleistung von $\dot{Q}_{geo} = \dot{V}_p \cdot \rho_p \cdot (h_1 - h_3)$ und gegebener Vorlauftemperatur T_1 muss eine Anhebung der Rücklauftemperatur mit einer Erhöhung des Primärvolumenstroms ausgeglichen werden. In der Folge erhöht sich der Hilfsenergiebedarf für die Primärkreispumpe. Untersuchungen von Köhler [25] zeigen, dass die optimalen Wertepaare (p_{21}, T_3) rechnerisch ermittelt werden können.
- Bei konventionellen Kraftwerken führt eine Überhitzung des Wasserdampfs (Maßnahme b, Abb. 6.21) nach der Verdampfung zu höheren thermischen Wirkungsgraden. Dieser Effekt stellt sich bei ORC-Prozessen mit retrograden Arbeitsmitteln nicht ein. Bei einer Überhitzung im Zustandspunkt (21) würde das entspannte Kältemittel im weit überhitzten enthalpiereichen Zustand (22) aus der Turbine austreten und die Arbeitsentnahme wäre nicht optimal. Daher verzichtet man im ORC-Prozess meist auf die Überhitzung und schließt mit der vollständigen Verdampfung zu Sattdampf (18 = 21) ab.
- Gerade bei ORC-Prozessen mit retrograden Arbeitsmitteln ist es sinnvoll, den entspannten, aber noch überhitzten Dampf (22) zur Vorwärmung der verdichteten Flüssigkeit (14) einzusetzen (Maßnahme c): Die Entnahme der Enthalpiedifferenz $\Delta h_{22,12}$ wird genutzt, um die Flüssigkeit nach der Pumpe um die Enthalpiedifferenz $\Delta h_{14,16}$ vorzuwärmen.
- Konstruktionstechnische und energetische (s.u.) Gründe machen es erforderlich, die Erwärmung des Arbeitsmittels bis zur Siedetemperatur (16 $\rightarrow$ 17) und die anschließende vollständige Verdampfung (17 $\rightarrow$ 18) und ggf. Überhitzung (18 $\rightarrow$

21) in zwei getrennten Wärmeübertragern (Vorwärmer, Verdampfer) zu vollziehen (Maßnahme d). Der geothermische Enthalpieestrom wird dazu, wie in Abb. 6.20 dargestellt, im Gegenstrom geführt: Nach Nutzung der höchsten Temperaturen (1") im Verdampfer / Überhitzer erfolgt die Vorwärmung des Arbeitsmediums durch Abkühlung des Geofluids (2 $\rightarrow$ 3). Mit der Rücklauftemperatur T_3 wird der Förderstrom anschließend in die Injektionsbohrung geleitet.

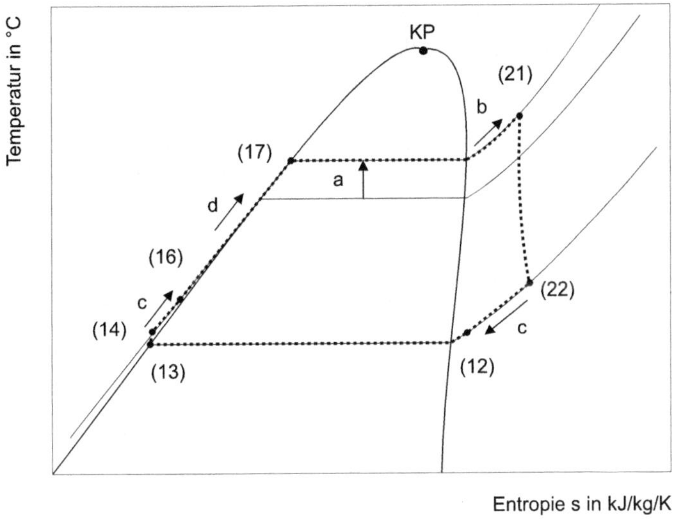

Abb. 6.21 Möglichkeiten zur Erhöhung des thermischen Wirkungsgrades des Clausius-Rankine-Kreisprozesses: Anhebung von Verdampfungsdruck und -temperatur (a), Steigerung der Dampfüberhitzung (b), interne Wärmeübertragung zur Speisewasservorwärmung (c), getrennte Energiezufuhr im Vorwärmer und Verdampfer (d).

Der bei idealer verlustloser Prozessführung erzielbare maximale thermische Wirkungsgrad des CR-Kreisprozesses beträgt nach Gl. (14.235), bezogen auf die Temperaturen des Primärkreislaufs (1) und (3) und die Kondensationstemperatur $T_{12,13}$:

$$\eta_{th,max} = 1 - \frac{T_{12,13}}{T_{1,3}} \; . \tag{6.26}$$

Bei einer angenommenen Abkühlung des Primärvolumenstroms von T_1 = 120 °C (393 K) auf T_3 = 70 °C (343 K) beträgt die logarithmische Mitteltemperatur $T_{1,3}$ nach Gl. (14.204) damit

$$T_{1-3} = \frac{(T_1 - T_3)}{\ln(\frac{T_1}{T_3})} = \frac{(393 - 343)}{\ln(\frac{393}{343})} = 367\ \text{K} \; , \tag{6.27}$$

also etwa 94 °C. Der im Idealfall bei reversibler Prozessführung erreichbare thermische Wirkungsgrad beträgt damit

$$\eta_{th,max} = 1 - \frac{293}{367} = 20\ \% \; , \tag{6.28}$$

wenn $T_{12,13}$ mit 20 °C angenommen wird.
Dieser Grenzwert wäre nur dann erreichbar, wenn die Druckerhöhung in der Pumpe (1 → 2) und die Arbeitsentnahme in der Turbine (21 → 22) ohne Entropieerzeugung durch Reibung und Wirbelbildung vonstatten gehen würde, was aber technisch nicht möglich ist. Zudem wären die Wärmeströme im Verdampfer, Vorwärmer und im internen Wärmeübertrager ohne Temperaturdifferenz zwischen Primär- und Sekundärseite zu übertragen, dazu müssten die Wärmeübertragungsflächen unendlich groß sein. Im Regelfall wird der praktisch erreichte thermische Wirkungsgrad η_{th} daher weit unter dem Maximalwert $\eta_{th,max}$ bleiben.
Entscheidend für die exergetische Qualität der Stromerzeugungsprozesses bei Wärmequellen mit niedriger Enthalpie[19] ist die Wärmübertragung auf der heißen Seite des Kraftwerks. Mit der vorgestellten Separation der beiden Phasen und der getrennten Vorwärmung und Verdampfung gelingt es, die Exergieverluste deutlich zu minimieren. Abb. 6.22 zeigt das Q-T-Diagramm der Wärmeübertragung auf das Arbeitsfluid.

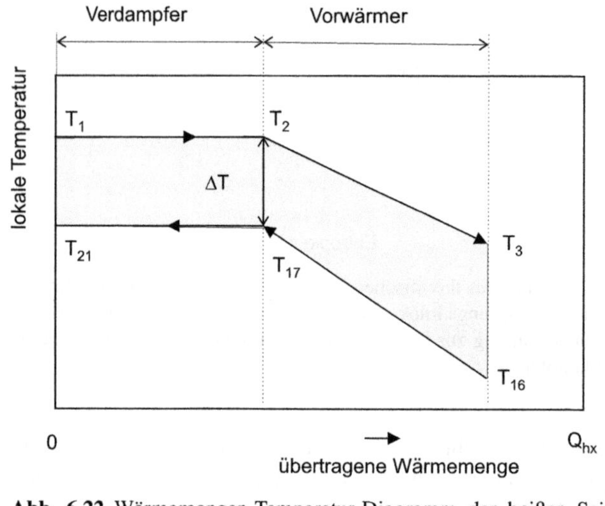

Abb. 6.22 Wärmemengen-Temperatur-Diagramm der heißen Seite des geothermischen ORC-Kreisprozesses mit Vorwärmung und Verdampfung. Der Separator im Förderkreislauf trennt den Dampf aus dem Geofluid von der Flüssigkeit ab, der im Verdampfer kondensiert (1 → 2). Die flüssige Phase aus dem Separator und das Dampfkondensat aus dem Verdichter geben einen Teil ihrer Enthalpie im Vorwärmer ab (2 → 3).

→ Berechnungsbeispiel

Es soll ein einfacher ORC-Prozess ohne interne Wärmeübertragung betrachtet werden. Als Arbeitsfluid wird Isobutan (R600a) eingesetzt, das bei einem Druck von 32,586 bar und einer Temperatur von 128,11 °C vollständig verdampft (17 → 21).

[19] Die Enthalpie des Geofluids steigt mit der Primärtemperatur und dem Dampfgehalt x.

Isobutan zählt zu den retrograden Kältemitteln, daher ist eine Überhitzung nicht erforderlich ($18 = 21, x_{21} = 1$).

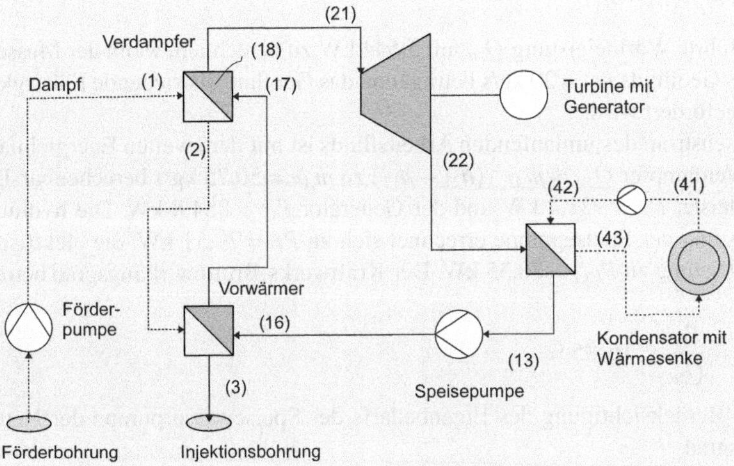

Für die Speisepumpe werden als isentroper Wirkungsgrad $\eta_{s,P} = 90\ \%$ und als elektrisch-mechanischer $\eta_{P,el} = 90\ \%$ angenommen. Der isentrope Wirkungsgrad der Turbine sei $\eta_{s,T} = 90\ \%$, der Generator-Wirkungsgrad $\eta_G = 95\ \%$.

Die obige Abb. zeigt den Aufbau sowie die Zustandspunkte, in der Tabelle sind die angenommenen bzw. berechneten Zustandsgrößen angegeben und schließlich im T-s-Diagramm graphisch dargestellt.

Nach der Entspannung in der Turbine ($21 \rightarrow 22$) wird der mit $T_{22} = 40{,}17$ °C noch leicht überhitzte Dampf im Kondensator bei einem Druck von 4,045 bar und der Siedetemperatur von $T_{13} = 30$ °C vollständig verflüssigt ($22 \rightarrow 13$) und der Speisepumpe zugeführt. Die isentrope Entspannung wird mit den Zustandspunkten ($21 \rightarrow 23$) beschrieben. In der folgenden Tabelle sind die Zustandsgrößen für alle Zustandspunkte aufgelistet:

Zustand	T_i in °C	p_i in bar	h_i in kJ/kg	s_i in kJ/kg/K	x_i [1]
Geofluid					
1	150,60	43,000	837,17	2,844	0
2	133,11	43,000	762,40	2,664	fl
3	85,20	40,000	559,99	2,134	fl
Arbeitsfluid					
13	30,00	4,045	271,31	1,246	0
16	31,60	32,586	277,12	1,248	fl
17	128,11	32,586	572,86	2,079	0
21	128,11	32,586	682,11	2,351	1
22	40,17	4,045	614,06	2,376	ü
23	36,12	4,045	606,50	2,351	ü

[1] ü: überhitzt, fl: flüssig, 0: siedende Flüssigkeit, 1: Sattdampf

Bei Annahme einer Vorlauftemperatur des Geofluids von $T_1 = 150,6°C$ und einer Injektionstemperatur von $T_3 = 85,2°C$ ist aus der Beziehung

$$\dot{Q}_{zu} = \dot{m}_P \cdot (h_1 - h_3)$$

die zugeführte Wärmeleistung $\dot{Q}_{zu}$ mit 5.544 kW zu berechnen, wenn der Massenstrom des Geofluids $\dot{m}_p$ = 20 kg/s beträgt und das Geofluid als siedende Flüssigkeit (x_1 = 0) gefördert wird.
Der Massenstrom des umlaufenden Arbeitsfluids ist mit der zweiten Energiebilanz um den Verdampfer $\dot{Q}_{zu} = \dot{m}_{AF} \cdot (h_{21} - h_{17})$ zu $\dot{m}_{AF}$ = 50,75 kg/s berechenbar. Die Turbine leistet P_T = 931,4 kW und der Generator P_G = 884,8 kW. Die hydraulische Leistung der Speisepumpe errechnet sich zu P_P = 79,51 kW, die elektrische Antriebsleistung zu $P_{P,el}$ = 88,35 kW. Der Kraftwerks-Bruttowirkungsgrad beträgt damit

$$\eta_{el,br} = \frac{P_G}{\dot{Q}_{zu}} = 16,95\ \%\ ,$$

bzw. mit Berücksichtigung des Eigenbedarfs der Speisewasserpumpe der Nettowirkungsgrad

$$\eta_{el,ne} = \frac{P_G - P_{P,el}}{\dot{Q}_{zu}} = 14,53\ \%\ .$$

Die folgende Abbildung zeigt den Kreisprozess für das Berechnungsbeispiel im T-s-Diagramm:

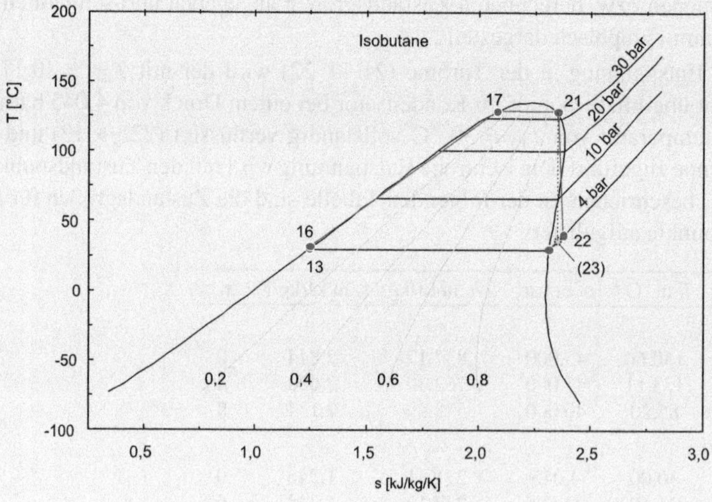

Der Kalina-Kreisprozess

Neben dem ORC-Kreisprozess hat sich in den vergangenen Jahren eine neuartige Technologie zur Nutzung von Niederenthalpieressourcen implementiert, der Kalina-Kreisprozess. Dieser wurde 1984 von dem russischen Ingenieur Alexander Kalina vorgestellt. Das Patent zum Verfahren ist laut [17] im Besitz des amerikanischen Unternehmens Exergy Inc. Kalina unterscheidet verschiedene Prozessvarianten je nach Anordnung der internen Wärmeübertrager oder der Anzahl parallel geschalteter Komponenten. Der Kreislauftyp KCS 34 ist speziell angepasst auf Enthalpieströme mit Vorlauftemperaturen von 100 bis 200 °C.
Im Gegensatz zu dem klassischen Wasserdampf- und auch dem ORC-Prozess besteht das Arbeitsfluid des Kalina-Prozesses nicht aus einer einzelnen reinen Komponente, sondern aus einem binären (Zweikomponenten-) Gemisch aus Wasser und Ammoniak. Die Verwendung binärer Gemische ist schon seit Ende des 19. Jahrhunderts aus der Kältetechnik bekannt. Im „thermischen" Verdichter wird dort eine hochkonzentrierte flüssige Wasser-Ammoniak-Lösung in einer Pumpe verdichtet und anschließend im Desorber das Ammoniak durch Zufuhr eines „Antriebswärmestroms" bei Temperaturen > 100 °C aus der Lösung ausgetrieben. Das gasförmige Ammoniak vollzieht dann durch Verflüssiger, Drosselventil und Verdampfer einen gewöhnlichen linksläufigen Kreisprozess[20], bevor es im Absorber erneut im zurückgeführten und entspannten Wasser gelöst wird.
Der Kalinaprozess wendet das Grundprinzip der Absorptionskältemaschine in anderer Weise an, um so durch einen nun rechtsläufigen Kreisprozess aus einem Enthalpiestrom Arbeit zu gewinnen. Abb. 6.23 zeigt den Aufbau des Kalina-Prozesses, auf diese bezieht sich auch die nachfolgende Beschreibung der vielfältigen Zustandsänderungen innerhalb des Prozesses.

- Der Primärvolumenstrom wird wie schon beim ORC-Prozess erst im Verdampfer und dann im Vorwärmer abgekühlt (Zustandsänderungen (1 $\rightarrow$ 2 $\rightarrow$ 3).
- Das Arbeitsfluid bildet innerhalb des Kreisprozesses drei unterschiedliche Phasen. Die im Zustand (13) flüssige Grundlösung enthält einen Massenanteil ξ_G von 70 bis 85 % Ammoniak, der Rest ist Wasser. Sie wird bei der Zustandsänderung (13 $\rightarrow$ 14) mit geringem Arbeitsaufwand (näherungsweise isochor) durch die Speisepumpe auf ein hohes Druckniveau gehoben.
- Im Niedertemperatur (NT)-Rekuperator und danach im Hochtemperatur (HT)-Rekuperator erfolgt eine Vorwärmung der Grundlösung (14 $\rightarrow$ 15 und 15 $\rightarrow$ 16), bevor im Vorwärmer mit Hilfe der Restenthalpie des Primärvolumenstroms die Grundlösung bis nahe an den Siedepunkt gebracht wird (16 $\rightarrow$ 17).
- Im Verdampfer wird ein größerer Anteil der Grundlösung verdampft und das Dampf-Flüssigkeitsgemisch im Zustandspunkt (18) anschließend im Separator in seine flüssige (31) und gasförmige (21) Phase getrennt. Die vornehmlich aus Ammoniak bestehende gasförmige Phase ist das eigentliche Arbeitsfluid, das den Entspannungsprozess in der Turbine durchläuft. Die Flüssigphase (31) enthält

[20] Der linksläufige Kaltdampf-Kreisprozess ist im Kapitel 6.2.2 ausführlich beschrieben, die Funktion einer Absorptions-Wärmepumpe in Kap. 2, S. 78.

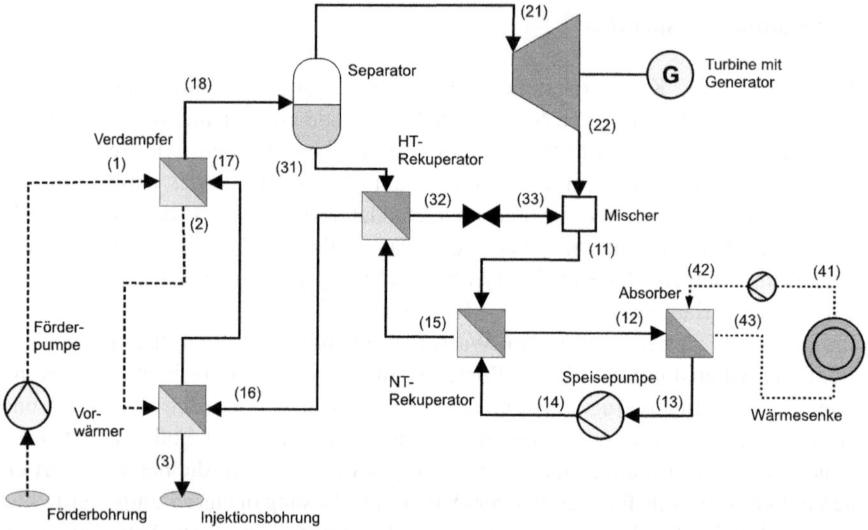

Abb. 6.23 Aufbau des KCS 34 -Kalina-Kreisprozesses mit den fünf getrennten hydraulischen Kreisen: geothermischer Primärkreislauf (Zustandspunkte 1 - 3), Grundlösung (11 - 18), ammoniakarme Flüssigkeit (31 - 33), ammoniakreicher Dampf (21 - 22) und Kühlmittel (41 - 43). Bild nach [17].

vor allem das Lösungsmittel Wasser. Die Verdampfung von binären Gemischen zeigt gegenüber der von Einstoffsystemen einige Besonderheiten, auf die später noch vertiefend eingegangen wird.

- Der Dampfanteil (21) (Dampfgehalt $x_{21} = 1$) enthält einen Massenanteil ξ_{21} von über 90 % Ammoniak, der Rest ist Wasserdampf. Dieser ammoniakreiche Dampf wird in der Turbine mit angeschlossenem Generator unter Arbeitsentnahme expandiert (21 $\rightarrow$ 22) und im Mischer mit der ammoniakarmen Flüssigkeit wieder vereint (22 + 33 $\rightarrow$ 11).
- Die dem Separator entnommene ammoniakarme siedende Flüssigkeit ($x_{31} = 0$) mit einem Ammoniak-Massenanteil ξ_{31} von unter 50 % gibt einen ersten Teil ihrer Enthalpie in einer internen Wärmeübertragung im HT-Rekuperator ab (31 $\rightarrow$ 32) und wird dann auf das untere Druckniveau entspannt (32 $\rightarrow$ 33), um mit dem überhitzten Dampf aus dem Turbinenaustritt (22) wieder zur Grundlösung (11) vermischt zu werden.
- Die Grundlösung besteht an dieser Stelle noch aus einer gasförmigen und einer flüssigen Phase mit recht hohen Dampfmassenanteil (11). Nach Abkühlung im NT-Rekuperator (11 $\rightarrow$ 12) erfolgt die Entnahme der Restentropie im Absorber und dabei die vollständige Kondensation (12 $\rightarrow$ 13). Der Kondensator im Kalina-Prozess wird auch als Absorber bezeichnet, weil hier das Ammoniak wieder vollständig im flüssigen Wasser gelöst wird.

Phasendiagramme binärer Gemische

Nach der Gibbschen Phasenregel (vgl. Kap. 14.2) muss bei einem binären Gemisch für die Angabe der Zustände auf der Dampfdruckkurve $p_S(T,X)$ neben der Temperatur T eine weitere Zustandsgröße angegeben werden, die Konzentration ξ_A des Stoffes A im binären Gemisch der Stoffe A und B. Zur Darstellung der Verdampfung wird ein Phasendiagramm verwendet, in dem für einen gegebenen Druck p der Verlauf der Siedetemperatur T über der Konzentration ξ wiedergegeben ist. Die Darstellung wird auch als Siedelinse bezeichnet, wie die Abb. 6.24 nahelegt. Für jede Konzentration ξ_i der Grundlösung gibt es genau eine Siedetemperatur $T_{i'}$ und eine Taupunkttemperatur $T_{i''}$, die im Phasendiagramm auf einer vertikalen Linie übereinanderliegen.

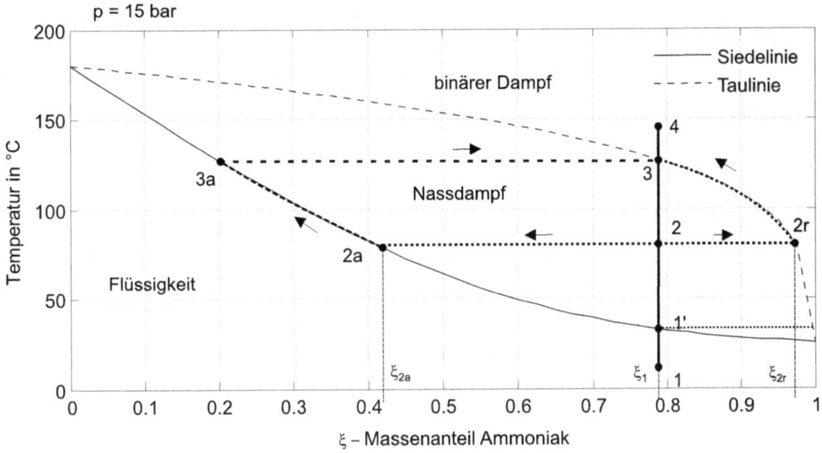

Abb. 6.24 Phasendiagramm eines binären Gemisches, hier Ammoniak und Wasser bei 15 bar. Die Abszisse gibt den Massenanteil des Ammoniaks ξ im Gemisch an. Das leichtersiedende Ammoniak verdampft beim gegebenen Druck in reiner Form bei 24,85 °C, das höhersiedende Wasser bei 180 °C.

Wird ein binäres Gemisch im Zustand (1) bei konstantem Druck und mit gegebener Konzentration ξ_1 durch Energiezufuhr erwärmt, so überschreitet es bei einer bestimmten Temperatur $T_{1'}$ im Zustandspunkt (1') die Siedelinie. Bei Erreichen der Temperatur T_2 hat sich eine gasförmige Phase gebildet, die in der Abb. 6.24 mit dem Zustand (2r) gekennzeichnet ist und beide Komponenten des binären Gemischs enthält. Da Ammoniak niedrigersiedender ist als Wasser, ist dessen Konzentration im Dampf ξ_{2r} gegenüber der Grundlösung erhöht. ξ_{2r} kann unten auf der Abszisse abgelesen werden. In der flüssigen Phase (2a) bei der Temperatur T_2 muss die Ammoniakkonzentration ξ_{2a} geringer sein als in der Dampfphase (2r), da die Ge-

samtmenge an Ammoniak nicht verändert wurde. Die gestrichelte Gerade zwischen (2r) und (2a) bildet die Verdampfungsisotherme.[21]
Bei weiterer Energiezufuhr und Temperaturerhöhung „wandern" die Zustandspunkte der gasförmigen und der flüssigen Phase entlang ihrer Siede- bzw. Taulinie nach oben. Durch vermehrtes Verdampfen des Wassers nimmt die Ammoniakkonzentration in der gasförmigen Phase ab. Wird die Temperatur T_3 der oberen Taulinie erreicht, ist die Verdampfung des binären Gemisches (3) = (3r) vollständig und der letzte Flüssigkeitstropfen (3a) verschwindet. Die Konzentration des Ammoniaks in der Gasphase entspricht nun wieder dem Ausgangszustand. Bei einer weiteren Temperaturerhöhung auf T_4 verhält sich das binäre Gemisch wieder wie ein reiner Stoff.
Die Besonderheiten beim Verdampfen eines binären Gemischs lassen sich in zwei Punkten zusammenfassen:

- Die Konzentrationen der Komponenten in flüssiger und gasförmiger Phase im Nassdampfgebiet sind abhängig von der Grundkonzentration des binären Gemischs und verändern sich mit Temperaturzunahme.
- Im Gegensatz zu Einkomponentensystemen haben Binärgemische einen Verdampfungstemperaturbereich, bei konstantem Druck steigt die Temperatur während der Verdampfung an (im Beispiel von $T_{1'}$ nach $T_{1''} = T_3$).

→ Berechnungsbeispiel

In Anlehnung an einen in [25] beschriebenen Kalina-Kreisprozess zur geothermischen Stromerzeugung wurde mit Hilfe der Software EES [24] ein thermodynamisches Berechnungsmodell erstellt. Die Eigenschaften des Geofluids entsprechen dem Beispiel zum ORC-Prozess ab S. 480. Die folgende Tabelle zeigt die Zustandspunkte von Geofluid, Arbeitsfluid und Kühlkreis entsprechend Abb. 6.23:

Zustand	T_i in °C	p_i in bar	h_i in kJ/kg	s_i in kJ/kg/K	x_i - [1]	ξ -
Geofluid						
1	150,60	43,000	637,13	1,844	0	-
2	92,67	43,000	391,51	1,221	fl	-
3	85,16	43,000	360,02	1,134	fl	-
Grundlösung						
11	55,25	10,506	1037,61	3,612	0,752	0,890
12	46,69	10,506	943,02	3,322	0,700	0,890
13	30,00	10,506	61,24	0,466	0	0,890
14	30,68	40,530	65,88	0,466	fl	0,890
15	50,25	40,530	160,47	0,768	fl	0,890
16	62,53	40,530	221,83	0,954	fl	0,890
17	84,67	40,530	337,41	1,287	0	0,890
18	121,37	40,530	1239,10	3,731	0,800	0,890

[21] Das in Wärmepumpen sehr häufig eingesetzte Kältemittel R407c ist ein „ternäres" Gemisch aus drei Einzelkomponenten. Wie Binärgemische zeigt auch R407c bei der isobaren Verdampfung eine Temperaturerhöhung (Temperaturgleit), die im Wärmepumpenverdampfer rund 7 K beträgt. Mit dem Fortschreiten der Verdampfung ändert sich auch bei R407c die Konzentration der einzelnen Komponenten im Dampf.

Zustand	T_i in °C	p_i in bar	h_i in kJ/kg	s_i in kJ/kg/K	x_i - [1]	ξ -
NH_3-reicher Dampf						
21	121,37	40,530	1464,64	4,279	1	0,974
22	52,09	10,506	1289,49	4,339	0,944	0,974
NH_3-arme Flüssigkeit						
31	121,37	40,530	336,73	1,537	0	0,553
32	58,25	40,530	29,86	0,691	fl	0,553
33	57,85	10,506	29,86	0,703	0,003	0,553
Kühlkreis						
41	25,00	5,000	105,29	0,367	-	-
42	25,00	5,000	105,29	0,367	-	-
43	30,00	5,000	126,19	0,437	-	-

[1] fl flüssig, 0 siedende Flüssigkeit, 1 Sattdampf.

Die am Beispiel der Abb. 6.24 gezeigten besonderen Verdampfungs- und Kondensationsvorgänge binärer Gemische erfolgen in den Wärmeübertragern und sonstigen Bauteilen des Kalinaprozesses bei verschiedenen Drücken. Dabei wechseln Dampfgehalt x_i und Dampfzusammensetzung, angegeben als Massenanteil ξ_i ständig.
Bei einem Geofluid-Massenstrom von $\dot{m}_P = 20$ kg/s und $x_1 = 0$ beträgt die zugeführte Wärmeleistung $\dot{Q}_{zu} = \Delta\dot{H}_{13}$ wieder 5542 kW. Der (nicht optimierte) Kalina-Prozess wird mit einem Ammoniak-Massenanteil in der Grundlösung ξ_G von 89 % gefahren. Der in der Turbine entspannte ammoniakreiche Dampf (21 $\rightarrow$ 22) enthält ξ_{21} = 97,4 % NH_3, die im Separator abgetrennte siedende Flüssigkeit ξ_{31} = 55,3 % NH_3. Die Dampfgehalte nach dem Separator sind wie erwartet $x_{21} = 1$ und $x_{31} = 0$. Bei einem Massenstrom der Grundlösung von $\dot{m}_{11}$ = 5,448 kg/s beträgt der Massenstrom durch die Turbine $\dot{m}_{21} = \dot{m}_G \cdot \xi_{21}$ = 4,359 kg/s, der Massenstrom siedender Flüssigkeit entsprechend $\dot{m}_{31}$ = 1,089 kg/s.
Bei Annahme gleicher Wirkungsgrade für Speisepumpe, Turbine und Generator wie im ORC-Prozess-Beispiel beträgt die Turbinenleistung in diesem Beispiel P_T = 763,4 kW, die Generatorleistung P_G = 725,2 kW. Die Speisepumpe benötigt eine hydraulische Leistung von P_P = 25,23 kW bzw. $P_{P,el}$ = 28,03 kW elektrisch. Der Kraftwerks-Bruttowirkungsgrad beträgt damit $\eta_{el,br}$ = 13,09 %, der Nettowirkungsgrad hier $\eta_{el,ne}$ = 12,58 %.
Der Vergleich mit den Leistungsdaten des ORC-Beispiels von S. 480 zeigt, dass der Kalina-Prozess für die gewählten – nichtoptimalen – Prozessgrößen schlechtere Wirkungsgrade erzielt. Mit entsprechender Softwareunterstützung (z.B. [24]) wäre eine Verbesserung sicherlich möglich.

Vergleich von ORC- und Kalina-Prozess

Der Kalina-Kreisprozess kann gegenüber dem ORC-Prozess grundsätzlich einen höheren thermischen Wirkungsgrad erreichen. Je näher die Temperatur des Arbeitsfluids an die Abkühlungskurve des Primärenthalpiestroms gebracht werden kann, desto geringer ist die irreversible Entropieproduktion. Aus Kap. 14.6.3 ist bekannt, dass jede Temperaturdifferenz bei der Wärmeübertragung zu Exergieverlusten führt. Gleiches gilt für die Entropieabgabe im Kondensator.

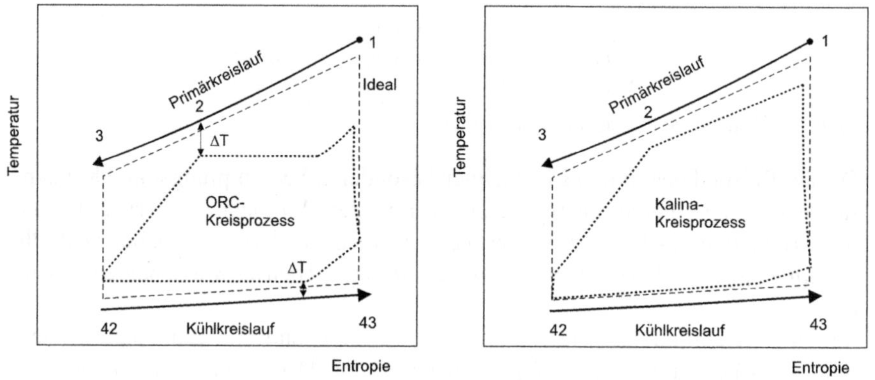

Abb. 6.25 Vergleichende Darstellung des ORC- und des Kalina- Kreisprozesses mit den Enthalpieströmen von Primär- und Kühlkreislauf (Primärkreis hier ohne Kondensation)

Abb. 6.25 zeigt das charakteristische Temperatur-Entropie-Diagramm eines geothermischen Stromerzeugungsprozesses für ein nicht kondensierendes Geofluid. Der Primärkreis kühlt sich von T_1 über T_2 nach T_3 ab und überträgt dabei einen Entropiestrom auf das Arbeitsfluid. Diese Entropie und die durch unvermeidbare Irreversibilitäten erzeugte zusätzliche Entropie muss im Kondensator an den Kältekreis bzw. die Umgebung wieder abgegeben werden. Auch hier gilt, dass der exergetische Wirkungsgrad des Prozesses umso besser ist, je näher sich die Fluidtemperatur an den Temperaturverlauf im Kältekreis anschmiegt. D.h. der Kalina-Prozess mit der für Binärgemische charakteristischen Temperaturzunahme während der isobaren Verdampfung kommt dem Idealprozess näher als der ORC-Prozess mit der isothermen Verdampfung. Die Zahl der realisierten Anlagen nach dem Kalina-Prozess ist derzeit aber noch zu gering, um eine Aussage zu treffen, inwieweit die theoretischen Vorteile tatsächlich auch realisiert werden können.

Natürlich besitzt der Kalina-Prozess nicht nur Vorteile, sondern auch eine Reihe praktischer Nachteile: So wirkt Ammoniak stark korrodierend – mit der Folge, dass alle NH_3-berührten Bauteile aus hochlegierten Stählen bestehen oder entsprechend beschichtet sein müssen. Selbst die vereinfachte Darstellung in Abb. 6.23 auf S. 484 zeigt, dass im Kalina-Prozess eine wesentlich höhere Zahl an Komponenten im Vergleich zum ORC-Prozess einzusetzen sind – mit dem Nachteil höherer Investitionskosten und geringerer Verfügbarkeit aufgrund der hohen Komplexität.

6.3 Komponenten und Systemtechnik

Geothermische Anlagen bestehen aus mehreren Teilsystemen. Die Wärmequellenanlage entzieht dem Untergrund die thermische Energie und führt sie der Energieversorgungs- oder -umwandlungsanlage zu. Horizontal verlegte Erdkollektoren entnehmen dem Untergrund oberhalb der neutralen Zone Energie, vertikale Erdwärmesonden sind in Bohrungen einzementiert und kühlen so den Untergrund aus. Zur thermischen Nutzung von Grundwasser sind Förder- und Injektionsbrunnen erforderlich. Wärmepumpen dienen der Erhöhung des Temperaturniveaus, falls dieses nicht zur direkten Beheizung ausreicht. Geothermische Anlagen werden auch in Kombination mit speziellen Flächenheiz- bzw. -kühlsystemen zur direkten Kühlung verwendet.
Die Komponenten einer geothermischen Anlage unterscheiden sich in ihren Bauformen und den verwendeten Materialien. Der Planer benötigt spezielle Kenntnisse zur richtigen Dimensionierung, der Anlagenbauer zum korrekten Einbau und Inbetriebnahme und schließlich der Anlagenbetreiber zum Betrieb. Das nachfolgende Kapitel soll die erforderlichen Informationen dazu bereitstellen.

6.3.1 Erdwärmesonden

Erdwärmesonden dienen der vertikalen Erschließung des Erdreichs. In der oberflächennahen Geothermie werden sie typischerweise bis 100 m Tiefe eingesetzt. In Kap. 3.2 wurde ausführlich dargestellt, dass die Stoffeigenschaften des Erdreichs und dessen Regenerationsfähigkeit die spezifische Entzugsleistung bestimmen, nicht die Bauform der Erdwärmesonde. Die zeitabhängige Temperatur in der Bohrlochwand $T_b(t)$ sinkt mit fortschreitendem Energieentzug, entsprechende Berechnungsansätze wurden in Kap. 3.2 ausführlich behandelt. Die Wärmeübertragungseigenschaften der Erdwärmesonde beeinflussen daher nicht die erforderliche Bohrlänge. Sie beeinflussen aber in gewissem Umfang die Jahresarbeitszahl der Wärmepumpe, da die mittlere Fluidtemperatur der Soleflüssigkeit T_{fl} vom Bohrlochwiderstand R_b beeinflusst wird.
Die Temperaturdifferenz zwischen der Bohrlochwand und der Wärmeträgerflüssigkeit $\Delta T_{fl-b} = T_{fl} - T_b$ wird bei gegebener Entzugsleistung $\dot{q}_E$ vom Bohrlochwiderstand R_b beeinflusst, und dieser ist von der Bauart, der Geometrie und der Durchströmung der Erdwärmesonde stark abhängig. Es gilt:

$$T_{fl} - T_b = \Delta T_{fl-b} = \dot{q}_E \cdot R_b \; . \tag{6.29}$$

Im Kapitel 6.2.1 wurde ein vereinfachtes Berechnungsmodell für den Bohrlochwiderstand vorgestellt. Je geringer der Bohrlochwiderstand der Erdwärmesonde ist, je höher ist bei gegebenem T_b die Fluidtemperatur T_{fl} und damit auch die Verdampfertemperatur T_4 in der Wärmepumpe (vgl. Abb. 6.9, S. 461). Damit ist die Druckdifferenz zwischen Verdampferseite und Heizseite geringer und die erforderliche Verdichterleistung sinkt. Die Abb. 6.26 zeigt die verschiedenen Temperaturen an einer Erdwärmesonde.

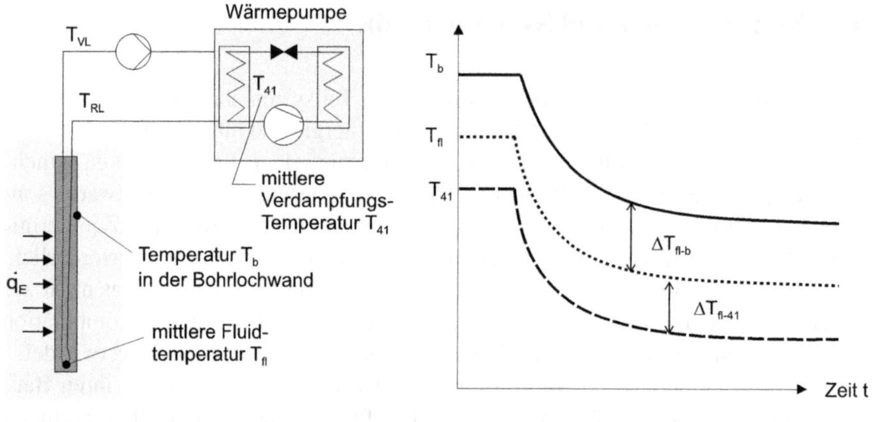

Abb. 6.26 Temperaturen an einer Erdwärmesonde. Die Wärmeträgerflüssigkeit tritt mit der Temperatur T_{RL} in die Erdwärmesonde ein und mit der Temperatur T_{VL} wieder aus. Die mittlere Temperatur der Flüssigkeit in der Erdwärmesonde beträgt T_{fl}. Die Temperatur am Rand des Bohrlochs T_b wird von den Stoffeigenschaften des umliegenden Erdreichs vorgegeben und sinkt im Laufe der Heizperiode ab. T_{41} ist die mittlere Verdampfertemperatur in der Wärmepumpe.

Gute Erdwärmesonden erreichen Bohrlochwiderstände von 0,10 Km/W, schlechte Sonden dagegen nur Werte von 0,20 Km/W und mehr. Bei einer spezifischen Entzugsleistung von 50 W/m beträgt die Temperaturdifferenz zwischen Bohrlochwand und Wärmeträgerflüssigkeit ΔT_{fl-b} dann 5 K bzw. 10 K. Bei einer Bodentemperatur von +5 °C innerhalb einer Betriebsphase sinkt die Temperatur der Flüssigkeit dabei im ersten Fall auf 0 °C, sonst auf -5 °C. Die Leistungszahl COP einer typischen Wärmepumpe erreicht bei diesen Fluidtemperaturen in Kombination mit der „guten“ Sonde einen Wert von 4,6, während die „schlechte“ Sonde nur einen COP von 3,9 erreicht (Abb. 6.27). Wird dazu angenommen, dass die Verbesserung der Leistungszahl über die gesamte Heizperiode wirkt, reduziert sich der elektrische Energiebedarf für den Verdichter $Q_{el,a}$ im gleichen Verhältnis. Die Einsparungen an elektrischer Hilfsenergie durch eine „gute“ Erdwärmesonde würden nach dieser einfachen Abschätzung also rund 15 % betragen.

Bauformen

Die Bohrgestänge der meisten Brunnenbauer sind für Bohrlochdurchmesser d_b von 120 mm ausgelegt. Weitere gängige Durchmesser sind 150, 160 oder 180 mm.[22] Die Endteufen liegen typischerweise bei 80 bis 100 m. Hinsichtlich der Bauformen unterscheidet man zwei Varianten, die auch in Abb. 6.28 skizziert sind:

[22] Im Abschnitt 6.2.1 wurde gezeigt, dass der Bohrlochdurchmesser aus thermodynamischen Gründen möglichst klein gewählt werden sollte, ein Bohrlochdurchmesser d_b von 120 mm ist also zu bevorzugen.

Abb. 6.27 Die Leistungszahl COP einer Wärmepumpe ist stark von der mittleren Fluidtemperatur T_{fl} abhängig. Die Abb. zeigt einen Kurvenverlauf, wie er für Wärmepumpen mit einer Heizleistung von rund 100 kW typisch ist, wenn die Heizkreisvorlauftemperatur 45 °C beträgt. Die Wärmequellenvorlauftemperatur T_{VL} wird mit etwa 1,5 K höher angenommen als die Fluidtemperatur T_{fl}.

- *Rohrsonden* werden von der Wärmeträgerflüssigkeit direkt durchströmt. Sie bestehen in der Standardvariante aus zwei U-förmig gebogenen Rohren, die parallel durchströmt sind. In anderen Varianten werden aufwändigere Koaxialrohre verwendet.
- *Heatpipe-* oder *Wärmerohrsonden* sind geschlossene Rohre, in deren Inneren kontinuierlich Verdampfungs- und Kondensationsprozesse stattfinden. Die dem Erdreich entzogene Energie wird an der Erdoberfläche an einen Sekundärkreislauf oder direkt an den Verdampfer der Wärmepumpe übertragen.

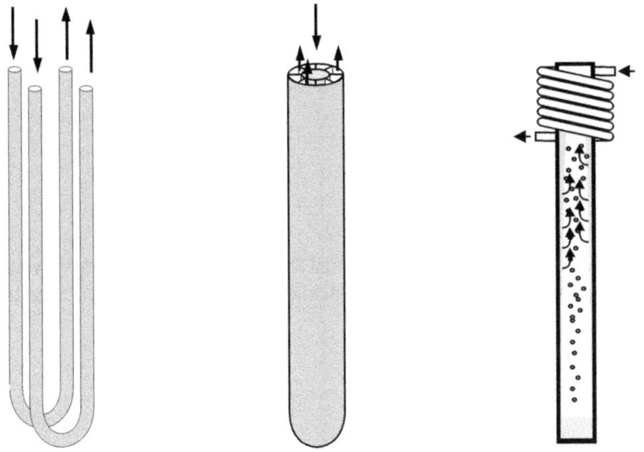

Abb. 6.28 Unterschiedliche Bauformen von Erdwärmesonden. Links die Standardbauform der Doppel-U-Rohrsonde, in der Mitte eine Variante der Koaxial-Wärmesonde. Im Bild rechts ist eine Heatpipe-Wärmesonde dargestellt.

Doppel-U-Rohrsonden

Doppel-U-Rohrsonden werden aus Polyethylen (PE) hergestellt. Die Normen DIN 8074 [9] und DIN 8075 [10] geben die Typbezeichnungen (z.B. PE 100) vor, beschreiben die gängigen Geometriemaße, die Güteanforderungen und die erforderlichen Prüfungen der PE-Rohre. Die Bezeichnung „100“ gibt Auskunft über die Zeitstand-Innendruckfestigkeit [23]. Die Bezeichnung wird ergänzt durch Außendurchmesser und Wandstärke. Als Standard wird PE 100 verwendet mit einem Durchmesser / Wanddickenverhältnis[24] von 11, der Nenndruck beträgt bei den o.a. Zeitstandsfestigkeitsgrenzwerten etwa 16 bar. In Erdwärmesonden sind meist Rohre mit der Bezeichnung „DIN 8074 - 32 x 2,9-PE 100“ verbaut. Der Innendurchmesser beträgt dann 26,2 mm. Seltener werden auch PE-Rohre mit der Nennweite DN 25 verbaut, deren Außendurchmesser 25 mm, deren Wandstärke 2,3 mm und deren Innendurchmesser damit 20,4 mm beträgt.
Die Hersteller versehen die PE-Rohre im Werk mit einem Sondenfuß, der die Wärmeträgerflüssigkeit am Ende des Bohrlochs um 180° umlenkt. Nach VDI 4640 [41] muss der Sondenfuß so ausgeformt sein, dass der Druckverlust bei einer Strömungsgeschwindigkeit von 1 m/s max. 10 mbar beträgt. Die Abb. 6.29 zeigt den Sondenfuß einer Doppel-U-Rohr-Erdwärmesonde. Der Sondenfuß hat in den meisten Bauformen eine Öse, in die ein Gewicht eingehängt werden kann. Das Gewicht zieht die Sonde beim Einbau gegen den vom Grundwasser verursachten Auftrieb in das Bohrloch hinein. Zudem muss der Sondenfuß so konstruiert sein, dass er den Aufprall am Bohrlochende ohne Schaden übersteht.

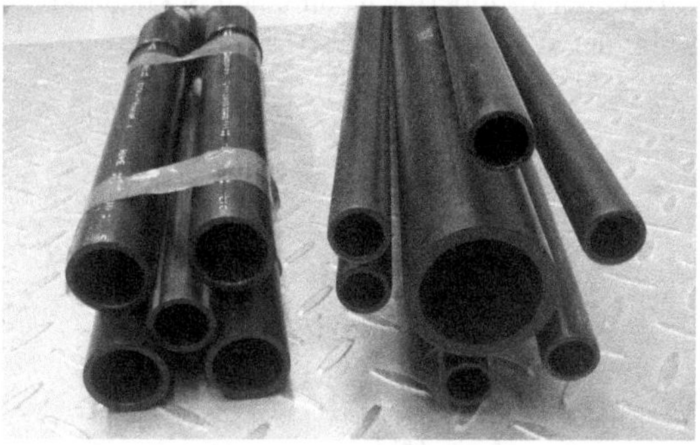

Abb. 6.29 Doppel-U-Rohr-Erdwärmesonde der Dimension DN 32 mit innenliegendem Verfüllrohr (links) und Koaxial-Erdwärmesonde mit zentralem Rücklaufrohr und 6 kleineren Satellitenrohren für den Vorlauf.

[23] Ein PE 100-Rohr ist so dimensioniert, dass es über eine Dauer von 100 Jahren einer Materialspannung von 10 N/mm^2 widersteht, die von einer Wasserfüllung mit 20 °C bei Nenndruckbelastung hervorgerufen wird.

[24] Das Verhältnis ist in der DIN 8074 als SDR-Wert (engl.: standard deviation ratio) definiert. Die ebenfalls dort definierte Rohrserienzahl S beträgt bei PE 100-Rohren für Erdwärmesonden S = 5.

In der Praxis werden meist Doppel-U-Sonden verwendet, obwohl diese teurer sind als einfache U-Rohrsonden. Grund dafür ist der Bohrlochwiderstand R_b, der sich durch die Vergrößerung der wärmeübertragenden Außenrohrfläche vermindert. Zudem kann der Druckverlust und damit der Hilfsenergieeinsatz durch die Verdopplung des Strömungsquerschnitts gesenkt werden.

Koaxial- Wärmesonden

Bei Koaxial-Wärmesonden gibt es sehr unterschiedliche Bauformen. Charakteristisch und namensgebend ist deren Eigenschaft, dass Vorlauf- und Rücklaufvolumenstrom axialsymmetisch geführt sind. Die Abb. 6.28 (Mitte) zeigt ein Beispiel mit einem zentralen Rücklaufrohr und mit an dessen Umfang symmetrisch angeordneten Kammern für den Vorlauf. Eine andere Variante ist in Abb. 6.29 (rechts) zu sehen. Hier sind um das zentrale Rücklaufrohr sechs kleinere Satellitenrohre für den Vorlauf angeordnet. Das Zentralrohr kann mit einer äußeren Rohrdämmung versehen sein.
Die Herstellungskosten von Koaxial-Wärmesonden sind bauartbedingt immer höher als die der einfachen Doppel-U-Rohrsonden. Eine Kompensation durch geringere Anlagenbetriebskosten ergibt sich nur dann, wenn der Bohrlochwiderstand der (eingebauten und verfüllten) Sonde geringer ist als die der Standardsonde.

Heatpipe-Wärmesonden

Heatpipe-Wärmesonden nutzen die hohen Energiedichten bei Verdampfungs- und Kondensationsvorgängen zum Energietransport zwischen Erdreich und Wärmepumpenverdampfer. Aufgrund der komplexen thermodynamischen Vorgänge existieren bisher lediglich Prototypen und Feldtestanlagen.
Der Grundaufbau der heatpipe- oder zu deutsch Wärmerohr-Sonde ist sehr einfach und in Abb. 6.30 skizziert. Ein Edelstahlrohr wird mit einem flüssigen Arbeitsfluid gefüllt, dessen Dampfphase die Luft im Rohr vollständig verdrängt. Wird die Sonde in eine Umgebung (hier dem Erdreich) eingebettet, deren Temperatur höher ist als die durch Füllmenge und -druck vorgegebene Verdampfungstemperatur im Inneren, so verdampft das Arbeitsfluid innerhalb der Verdampfungszone (Heizzone) und steigt aufgrund der durch die verminderte Dichte bewirkten Auftriebskräfte gegen die Richtung der Schwerkraft nach oben. Im Bereich der Kondensationszone (Kühlzone) wird dem Dampf seine Innere Energie entnommen, das Arbeitsfluid kondensiert und rinnt an der Rohrinnenseite nach unten. Der Wärmeübertrager kann außen an der Sonde angebracht sein oder intern.
Für die Wärmeübertragung bei Kondensation und Verdampfung gilt

$$\dot{Q}_E = \dot{m}_{hp} \cdot \Delta h_{hp} ,$$

wenn $\dot{Q}_E$ der übertragene Wärmestrom, $\dot{m}_{hp}$ der transportierte Massenstrom in der Sonde und Δh_{hp} die Verdampfungsenthalpie des Arbeitsfluids ist. Während die Auftriebskräfte – bei ausreichender Wärmezufuhr von außen – eine stetige Erhöhung des transportierten Massenstroms im heatpipe-Rohr bewirken, führen Reibung und

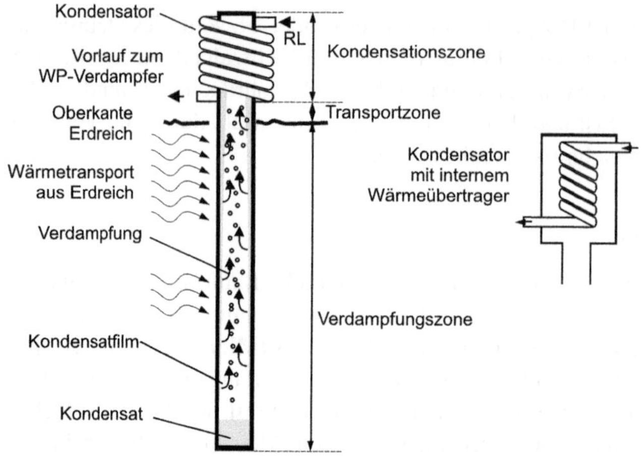

Abb. 6.30 Heatpipe-Wärmesonde mit Verdampferrohr und Kondensationszone. Der Wärmeübertrager zum Sekundärkreis kann außerhalb der Sonde oder intern (im Bild rechts) angeordnet sein.

die Ausbildung von Turbulenzen zu einer Abbremsung, bis sich ein Gleichgewicht einstellt.

Bei heatpipe-Erdwärmesonden ist die Transportzone (oder neutrale Zone), in der der Energieaustausch zwischen Sonde und Umgebung zu vernachlässigen ist, quasi nicht vorhanden. Bei industriellen Anwendungen von heatpipe-Wärmeübertragern kann diese jedoch einige Meter betragen.

Nach vorliegenden Untersuchungen [27] ist ein Edelstahlrohr mit Spiralwellung am besten geeignet, um das Kondensat möglichst weit nach unten zum Sondenfuß hin zu führen. Im Idealfall ist die gesamte Sondeninnenoberfläche von einem Kondensatfilm bedeckt, der bis zum Sondenfuß reicht. Bei ungünstigen Bedingungen kann der aufsteigende Dampf zu einem Kondensatabriss führen. Der heatpipe-Rohrbereich unterhalb dieser Stelle fällt dann trocken und die Übertragerleistung mindert sich erheblich, da sich der Wärmeübergangskoeffizient deutlich verringert und die flächenspezifische Wärmestromdichte bei gleichbleibender Temperaturdifferenz massiv abnimmt.

Aufgrund der beim Verdampfungsvorgang sehr hohen Energiedichte ist der Bohrlochwiderstand äußerst gering. Nach dem in Abschnitt 6.2.1 diskutierten Zusammenhang zwischen Bohrlochwiderstand und Jahresarbeitszahl ist daher bei Einsatz von heatpipe-Erdwärmesonden eine Effizienzverbesserung der Wärmepumpe zu erwarten. Zudem arbeitet die Wärmequellenanlage ohne Primärpumpe, wenn das Kältemittel direkt im Kondensator der heatpipe-Wärmesonde verdampft wird. Diesen möglichen Vorteilen stehen die Mehrkosten für die Herstellung der heatpipe-Wärmesonde gegenüber. Zudem muss die Dichtigkeit des Edelstahlrohrs über einen Betriebszeitraum von mindestens 25 Jahren gewährleistet sein. Zum Vergleich: Hersteller einfacher Doppel-U-Rohr-Wärmesonden geben Standzeiten von bis 100 Jahren für ihren Sondentyp an.

Dimensionierung

Die Dimensionierung von Erdwärmesonden umfasst mehrere Aspekte:

- Die Gesamtlänge der Erdwärmesonden H_{ges} ist über die erforderliche Heizleistung des Gebäudes $\dot{Q}_H$ und die untergrundspezifische Entzugsleistung $\dot{q}_E$ zu ermitteln.
- Der Volumenstrom durch die einzelne Erdwärmesonde $\dot{V}$ muss so bemessen sein, dass turbulente Strömungsverhältnisse erreicht werden und damit der Bohrlochwiderstand minimiert wird.
- Der ebenfalls von den Strömungsverhältnissen abhängige Druckverlust Δp_V in Rohrleitungen und den Erdwärmesonden beeinflusst wesentlich den elektrischen Hilfsenergiebedarf der Anlage und ist daher möglichst gering zu halten.

Hydraulische Auslegung

Bei durchströmten Erdwärmesonden ist neben der Längenfestlegung eine hydraulische Auslegung vorzunehmen. Im Folgenden soll vereinfachend nur auf die Rohrwärmesonden eingegangen werden. Der erforderliche Gesamtvolumenstrom für die Erdwärmesonde ist aus der Berechnungsgleichung für den Enthalpiestrom zu bestimmen:

$$\dot{V} = \frac{\dot{q}_E \cdot H_{ges}}{\rho \cdot c \cdot \Delta T_{VL,RL}} \tag{6.30}$$

Bei n parallel geschalteten Doppel-U-Rohrsonden (2!) beträgt der Volumenstrom durch das Einzelrohr

$$\dot{V}_R = \frac{\dot{V}}{2 \cdot n}\,. \tag{6.31}$$

Im Sondenrohr sollte die Strömungsgeschwindigkeit so groß sein, dass eine turbulente Strömungsform vorherrscht. Die dimensionslose Reynoldszahl wird berechnet mit

$$Re = \frac{w \cdot d_i}{\nu} = \frac{w \cdot d_i \cdot \rho}{\mu}\,, \tag{6.32}$$

hierbei ist w die Strömungsgeschwindigkeit in m/s, d_i der Innendurchmesser und ν in m^2/s die kinematische Viskosität, die als Quotient aus dynamischer Viskosität μ in Pa·s und Dichte ρ in kg/m^3 gebildet wird. Die Re-Zahl muss einen ausreichend hohen Wert oberhalb der kritischen Re-Zahl Re_{krit} = 2.320 erreichen, um einen guten Wärmeübergang zu erzielen – erst bei turbulenter Strömung erfolgt eine Quervermischung der Stromfäden, die den Wärmetransport von der Rohrwandung in das Fluid massiv verbessert. Im Bereich von $2.320 \le Re \le 10.000$ wird ein Übergangsbereich zwischen laminar und turbulent angenommen. Eine hohe Strömungsgeschwindigkeit erreicht man durch einen geringen Rohrinnendurchmesser d_i, es ist:

$$w = \frac{\dot{V}_R}{\frac{\pi}{4} \cdot d_i^2}\,. \tag{6.33}$$

Gleichzeitig erhöht sich aber auch der Strömungswiderstand und damit der Hilfsenergiebedarf für die Umwälzpumpe. Für den Druckverlust Δp_V einer Rohrströmung gilt

$$\Delta p_V = \zeta \cdot \frac{L}{d} \cdot \frac{\rho}{2} \cdot w^2 , \qquad (6.34)$$

hierbei ist ζ der dimensionslose Widerstandsbeiwert, das Verhältnis L/d ist der Geometriefaktor. Die Rohrlänge L entspricht bei einer U-Rohrsonde $L = 2 \cdot H$. Der Widerstandsbeiwert ist für Laminarströmung für technisch glatte und leicht raue Rohre nach VDI-Wärmeatlas [45]:

$$\zeta_{lam} = \frac{64}{Re} \text{ für } Re \leq 2320. \qquad (6.35)$$

Für höhere Re-Zahlen von $Re = 3.000$ bis $Re = 100.000$ gilt die Blasius-Formel:

$$\zeta_{turb} = \frac{0,3164}{\sqrt[4]{Re}}. \qquad (6.36)$$

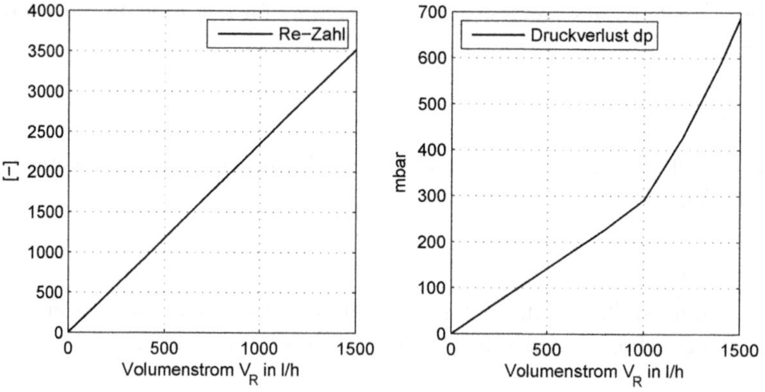

Abb. 6.31 Re-Zahl und Druckverlust in Abhängigkeit vom Volumenstrom $\dot{V}$, berechnet für ein 200 m langes PE-Rohr DN 32 x 2,9 (Bohrlochtiefe H = 100 m). Als Fluid wurde ein Gemisch von 25 % Frostschutz und 75 % Wasser bei einer Temperatur von 0 °C angenommen. Bei 1.000 l/h wird die kritische Re-Zahl erreicht und damit eine turbulente Strömung. Bei 1.500 l/h beträgt die Re-Zahl 3.500, der Druckverlust bereits fast 700 mbar.

Die Abb. 6.31 zeigt, wie sich Druckverlust und Re-Zahl mit dem Volumenstrom in einem PE-Rohr DN 32 verändern.

Wenn für die Umwälzpumpe ein realistischer Pumpenwirkungsgrad η_P von 25 % angenommen wird, beträgt der elektrische Hilfsenergiebedarf je Erdwärmesonde:

$$P_{el} = \frac{1}{\eta_P} \cdot \dot{V} \cdot \Delta p \qquad (6.37)$$

Energetische Dimensionierung

Die energetische Dimensionierung der Erdwärmesonde wird in Standardauslegungsfällen nach den Vorgaben der VDI 4640 Blatt 2 [41] vorgenommen. Mit dem Entwurf dieser Richtlinie von 2015 wurden gegenüber der Fassung von 2001 z.T. erhebliche Änderungen vorgenommen. Bei einer Gesamtheizleistung $\dot{Q}_H$ unter 30 kW wird ein vereinfachtes Verfahren vorgeschlagen, dass die Ermittelung von Sondenanzahl n_{EWS} und Sondenlänge H anhand weniger Angaben aus Tabellen ermöglicht. Hierbei gelten folgende weitere Voraussetzungen:

- Einzelsondenlängen H zwischen 50 m und maximal 200 m,
- maximal 5 Erdwärmesonden in vorwiegend linienförmiger Anordnung bei einem Abstand von mindestens 6 m,
- keine weiteren Sondenfelder in der Nachbarschaft,
- Jahresvolllaststunden t_{bv} des Wärmerzeugers zwischen 1200 h/a und 2400 h/a,
- Einsatz von turbulent durchströmten Erdwärmesonden mit einen Bohrlochwiderstand R_b um 0,12 W/(K m).[25]

Für die Auslegung muss die effektive Wärmeleitfähigkeit des Untergrunds λ bekannt sein, bei einem Schichtenaufbau ist sie entsprechend Gl. (3.48) zu bestimmen. Die erforderliche Gesamtbohrlochlänge H_{ges} wird gemäß VDI 4640 Blatt 2 [41] bestimmt nach:

$$H_{ges} = n_{EWS} \cdot H = \frac{\dot{Q}_{WQ}}{\dot{q}_{E,soll}(t_{bv}, n_{EWS}, \lambda)} \tag{6.38}$$

mit

$$\dot{Q}_{WQ} = \dot{Q}_{H,0} \cdot \left(1 - \frac{1}{SCOP}\right). \tag{6.39}$$

Zur Bestimmung der erforderlichen Wärmequellenleistung $\dot{Q}_{WQ}$ muss die berechnete Jahresarbeitszahl $SCOP$ der geplanten Wärmepumpe abgeschätzt werden. $SCOP$ ist für elektromotorisch betriebene Wärmepumpen nach VDI 4650 Blatt 1 [44] berechenbar, $\dot{Q}_{H,0}$ ist die Heizleistung der Wärmepumpe. Die empfohlene spezifische Entzugsleistung $\dot{q}_{E,soll}(t_{bv}, n_{EWS}, \lambda)$ ist den Tabellen 7 bis 13 der VDI 4640 Blatt 2 zu entnehmen. Diese unterscheiden sich durch folgende weitere Annahmen:

- ausschließlich Heizbetrieb, die Wärmepumpe ist in den 3 Sommermonaten außer Betrieb (Tab. 7 - 9),
- Heizbetrieb und Trinkwassererwärmung ohne sommerliche Betriebspause (Tab. 11 - 13),
- Auslegung für minimale Wärmequellenvorlauftemperaturen ($T_{WQ,VL}$) von -5 °C (Tab. 7, 11), -3 °C (Tab. 8, 12) oder 0 °C (Tab. 9, 13),
- Auslegungskorrektur bei laminarer anstatt turbulenter Durchströmung der Sonden (Tab. 10).

[25] Zum Bsp. eine Doppel-U-Rohrsonde, vgl. Tab. 6.2, S. 457.

Die höchsten Jahresarbeitszahlen werden erreicht, wenn die Wärmequellenanlage auf eine minimale Wärmequellenvorlauftemperatur von $T_{WQ,VL} = 0$ °C ausgelegt wird. Die frühere Ausgabe der Richtlinie von 2001 gab für die empfohlene längenspezifische Entzugsleistung $\dot{q}_{E,soll}$ lediglich allgemeine Richtwerte nach Tab. 6.6 an. Im Vergleich zu den Auslegungsempfehlungen von 2015 führten diese zu kürzeren Gesamtsondenlängen und damit langfristig zu geringeren Wärmequellenvorlauftemperaturen $T_{WQ,VL}$.

Tabelle 6.6 Spezifische Entzugsleistung $\dot{q}_{E,soll}$ für Erdwärmesonden nach der vorherigen Richtlinie VDI 4640 von 2011 [40]. Die Länge der einzelnen Sonden muss zwischen 40 und 100 m liegen, die zwischen den Sonden ist ein Minimalabstand von 5 m (H < 50 m) bzw. 6 m einzuhalten. Die Werte gelten für Doppel-U-Rohrsonden (DN 20, DN 25, DN 32) und Koaxialsonden mit einem Durchmesser > 60 mm. Die Werte können durch die Gesteinsausbildung wie Klüftung, Schieferung, Verwitterung erheblich schwanken.

Untergrund	**spezifische Entzugsleistung**	
	für 1800 h/a	für 2400 h/a
Schlechter Untergrund, trockenes Sediment ($\lambda < 1{,}5$ W/K/m)	25 W/m	20 W/m
Normaler Festgesteins-Untergrund und wassergesättigtes Sediment ($\lambda = 1{,}5$-$3{,}0$ W/K/m)	60 W/m	50 W/m
Festgestein mit hoher Wärmeleitfähigkeit ($\lambda > 3{,}0$ W/K/m)	84 W/m	70 W/m

Bei längeren Laufzeiten der Wärmepumpe muss auch die jährliche Entzugswärmemenge $q_{E,a}$ betrachtet werden, zwischen 100 und 150 kWh/m/a liegen sollte. Nötigenfalls muss die Gesamtbohrlochlänge größer gewählt werden, um die vollständige Regeneration des Erdreichs im Sommer sicherzustellen.
An dieser Stelle sei auf die Berechnungen in Kap. 3.2 auf S. 150 hingewiesen: Bei den dort gesetzten Bedingungen konnte dem Untergrund eine spezifische Entzugsenergie von $q_{E,a} = 71{,}8$ kWh je m Sonde und Jahr entnommen werden, bis die Bohrlochwandung auf - 2°C abgekühlt war.

→ **Berechnungsbeispiel**

Der Neubau eines Einfamilienhauses soll mit einer erdreichgekoppelten Wärmepumpenanlage beheizt werden. Um neben der Beheizung auch die Trinkwassererwärmung zu ermöglichen, wurde eine Wärmepumpenmodell mit einer Nenn-Heizleistung (im Betriebspunkt B0W35) von $\dot{Q}_{H,0} = 12$ kW ausgesucht. Der Hersteller gibt eine Nenn-Leistungszahl von $COP_N = 4{,}6$ an. Die berechnete Jahresarbeitszahl (s.u., S.508) nach VDI 4650 Blatt 1 [44] beträgt $SCOP = 4{,}76$. Nach Gl. (6.39) ist die erforderliche Wärmequellenleistung damit $\dot{Q}_{WQ} = 9{,}48$ kW.
Bei Vorgaben einer minimalen Wärmequellenvorlauftemperatur von $T_{WQ,VL} = 0$ °C kann der VDI 4640 Blatt 2, Tab. 13 bei Annahme einer effektiven Wärmeleitfähigkeit des Untergrund von $\lambda = 2{,}0$ W/(m K) sowie Jahresvolllaststunden von $t_{bv} = 1800$ h/a die spezifische Entzugsleistung $\dot{q}_{E,soll}(t_{bv}, n_{EWS}, \lambda)$ bei Verwendung von

1 bis 5 Sonden entnommen werden. Nach Gl. (6.38) ist daraus die Einzelsondenlänge H bestimmbar, die nachfolgende Tabelle gibt alle Daten wieder:

Sondenzahl	n_{EWS}	1	2	3	4	5	
VDI 4640 (Tab. 13)	$\dot{q}_{E,soll}(t_{bv}, n_{EWS}, \lambda)$	27,8	25,8	24,0	22,6	21,8	W/m
Gesamtsondenlänge H_{ges}		341	367	395	419	435	m
Einzelsondenlänge	H	341	184	132	105	87	m

Soll eine maximale Bohrlochtiefe von rund 100 m eingehalten werden, sind in diesem Beispiel 4 Sonden mit je 105 m Länge zu wählen.

Im Weiteren sind die gewählten vier Doppel-U-Sonde hydraulisch zu dimensionieren. Das gewählte Sondenrohr trägt die Bezeichnung „DIN 8074 - 32 x 2,9 - PE 100“. Erdwärmesonden werden typischerweise mit einer Spreizung zwischen Rücklauf- und Vorlauftemperatur von $\Delta T_{VL,RL} = 3$ - 4 K betrieben, damit die Exergieverluste im Verdampfer der Wärmepumpe aufgrund der Temperaturspreizungen nicht zu groß werden. Nach Gl. (6.30) beträgt der erforderliche Gesamtvolumenstrom

$$\dot{V} = \frac{\dot{Q}_{WQ}}{\rho \cdot c \cdot \Delta T_{VL-RL}}$$

$$= \frac{9480\text{W}}{1.031\ \text{kg/m}^3 \cdot 3.876\ \text{J/(kgK)} \cdot 3{,}5\ \text{K}} = 0{,}00068\ \text{m}^3/\text{s} = 2.440\ \text{l/h}$$

und der Rohrvolumenstrom bei Parallelschaltung von jeweils 2 Sonden damit $\dot{V}_R =$ 610 l/h.

Der Abb. 6.31 ist zu entnehmen, dass in jeder Erdwärmesonde (bei einer Bohrlochtiefe von $H = 100$ m und einer Rohrlänge von $L = 200$ m) mit $\dot{V}_R = 610$ l/h eine Re-Zahl von etwa 1.250 erreicht wird und der Druckverlust je Sonde rund 150 mbar beträgt. Bei Reihenschaltung von jeweils 2 Sonden muss eine Pumpe ausgewählt werden, die den Gesamtvolumenstrom von 2.440 l/h bei einem Gesamtdruckverlust von $2 \cdot 150 = 300$ mbar zu fördern hat. Der notwendige elektrische Leistung der Pumpe beträgt bei einer angenommenen Laufzeit von 1.800 h/a überschlägig nach Gl. (6.37)

$$P_{el} = \frac{1}{\eta_P} \cdot \dot{V}\, \Delta p = \frac{1}{0{,}25} \cdot \frac{2.440\ \text{m}^3/\text{s}}{1.000 \cdot 3.600} \cdot 300 \cdot 10^2\ \text{Pa} = 81\ \text{W}$$

und der elektrische Hilfsenergiebedarf

$$Q_{el,a} = P_{el} \cdot t_{bv} = 81\ \text{W} \cdot 1.800\ \text{h/a} = 144\ \text{kWh/a}\ ,$$

wenn der Pumpenwirkungsgrad mit 25 % angenommen wird. Darüber hinaus sind noch die Druckverluste durch Verteiler- und Sammlerrohre, Wärmeübertrager und sonstigen Einbauten zu berücksichtigen.

Anlagen > 30 kW

Bei größeren Anlagen ab einer Heizleistung von 30 kW, bei Anlagen mit Betriebsstunden größer 2.400 h/a und bei Anlagen mit zusätzlichen Wärmequellen oder Wärmesenken muss laut VDI 4640 die Anlagenauslegung durch Berechnung nachgewiesen werden. Dazu existiert mittlerweile eine Reihe von Computer-Software, die mittels numerischer Simulation des Erdreichs die Entwicklung der Erdreich- und der Sondenvorlauftemperaturen vorhersagen können.

Einbau und Zementation

Die sorgfältige Verfüllung des Bohrlochs ist eine Grundvoraussetzung für den effizienten Betrieb einer Erdwärmesondenanlage. Durch die Verwendung von ungeeignetem Zementierungsmaterial oder durch unverfüllte Bereiche erhöht sich der Bohrlochwiderstand unnötigerweise und die Effizienz der Gesamtanlage sinkt, wie Kapitel 6.2.1 zeigt.
Die Zementation erfüllt aber noch eine weitere wichtige Aufgabe. Wenn sich Grundwasser in übereinanderliegenden Stockwerken befindet, kann es durch die Bohrung zu einer Vermischung des Wassers in den angebohrten Schichten kommen. Zur Verhinderung dieser Vertikaldrainage muss das Bohrloch wasserdicht und lückenlos zementiert werden.
Nach Fertigstellung der Bohrung muss die Sonde mit Wasser gefüllt und verschlossen werden, damit sie durch den hydrostatischen Druck des Grundwassers und die anschließende Verpressung mit Zementationsmaterial nicht zerdrückt wird. Zudem würde sie ohne Füllung im Wasser aufschwimmen. Oft wird an den Sondenfuß ein zusätzliches Gewicht gehängt. Es empfiehlt sich, die Sonde direkt von einer Holzhaspel abzuwickeln und darauf zu achten, dass die Sonde am Standrohr beim Einbringen nicht beschädigt wird.
Mit der Sonde muss gleichzeitig das Verfüllrohr eingebracht werden. Bei einer Doppel-U-Rohrsonde ist dieses mittig in der Achse geführt (siehe Abb. 6.5) und von den außen liegenden Fluidrohren mit einem Klebeband fixiert.
Vor dem Zementieren muss nach den Vorgaben der VDI 4560 [41] mit einer Druck- und Spülprobe festgestellt werden, ob die Fluidrohre frei und unbeschädigt sind. Erst danach beginnt der Verfüllprozess. Dazu ist das Bohrloch von unten nach oben mit dem Zementationsmaterial zu verpressen. Das Verfüllrohr wird dabei Stück um Stück herausgezogen. Ab Bohrtiefen von > 60 m ist es aufgrund des sehr hohen Reibungswiderstands sinnvoll, ein zweites Verfüllrohr mit halber Länge mit einzuziehen, das bis zur Endteufe reichende Verfüllrohr verbleibt dann im Bohrloch.
Als Zementationsmaterial für Erdwärmesonden haben sich in der Praxis Mischungen aus Bentonit[26], Hochofenzement und Quarzsand bewährt. Mischungen ohne Quarzsand sind nicht frostbeständig und weisen zudem eine sehr schlechte Wärmeleitfähigkeit (λ_Z = 0,7 W/m/K) auf. Der im Brunnenbau verwendete *Brunnendämmer* hat ebenfalls eine sehr geringe Wärmeleitfähigkeit (λ_Z = 0,8 W/m/K) und soll-

[26] Bentonit ist ein natürliches Tonmineral.

te daher eigentlich nicht zur Zementation von Erdwärmesonden verwendet werden. Besser geeignet sind spezielle Produkte wie z.B. *Stüwatherm* (λ_Z = 1,6 W/m/K). Nach dem Verfüllen bindet der Hochofenzement durch Wasseraufnahme ab. Bei dieser chemischen Reaktion wird Reaktionsenergie frei und die Bohrlochtemperatur steigt für einige Stunden an. Untersuchungen von Großwig [16] aus 2007 zeigen, dass der Temperaturanstieg bereits einige Stunden nach der Verfüllung etwa 1 bis 2 K beträgt und dann langsam abnimmt. [27]
Nach Verfüllung des Bohrlochs müssen die Fluidrohre der Erdwärmesonde bis zum Anschluss an die Wärmepumpe verschlossen bleiben.

6.3.2 Erdkollektoren

Der oberflächennahe Untergrund wird nicht nur über vertikale Erdwärmesonden, sondern auch über horizontale Erdkollektoren erschlossen. Hierbei legt man in einer Tiefe von etwa 1,2 bis 1,5 m unter der Erdoberfläche Rohre flächig aus und entzieht so dem Erdreich Innere Energie während der Heizperiode. Als Richtwert gilt hier, dass die aktivierte Erdkollektorfläche etwa die 1,5 bis 2-fache Größe der zu beheizenden Gebäudenutzfläche aufweisen muss.

Bauformen

Die am weitesten verbreitete Art von Erdkollektoren sind horizontal verlegte Rohre oder Kapillarrohrmatten. Die Abb. 6.32 (links) zeigt ein Kapillarrohrmattenfeld mit einer Gesamtflächen von 30 m^2, das als Versuchsfeld im Geothermie-Labor der Hochschule Nordhausen verwendet wird. Kapillarrohrmatten sind aus vielen parallelgeschalteten druckfesten Kunststoffröhrchen (Außendurchmesser rund 5 bis 6 mm) aufgebaut, die strömungstechnisch optimiert zu großen Flächen verschaltet werden. Etwas preiswerter ist die mäanderförmige Verlegung von PE-Rohren, die in der Abbildung rechts zu sehen ist. Der Rohrabstand ist nach VDI 4640 [41] im Bereich von etwa 0,2 m bis 0,8 m zu wählen.
Am Markt werden auch andere Varianten angeboten. Sogenannte Erdwärmekörbe sind auf einem konischen Gestell (Durchmesser unten etwa 1 m, oben etwa 1,8 m) spiralförmig aufgewickelte PE 100 DN 32-Rohre mit einer Länge von etwa 100 m. Diese werden in quadratische Erdaushübe von etwa 2,5 m Tiefe eingelassen. Je Korb soll nach Herstellerangaben eine unversiegelte Fläche von etwa 10 m^2 ausreichend sein, um eine Wärmeentzugsnennleistung von 0,7 bis 1 kW zu erzielen. Bei rund 2000 Betriebsstunden pro Jahr würden dem Erdreich bei einer angenommenen

[27] Es sei darauf hingewiesen, dass die experimentelle Bestimmung des Bohrlochwiderstands mit dem Thermal-Response-Test im ausreichenden zeitlichen Abstand (Tage bis Wochen) zur Verfüllung erfolgen muss, damit die unberührte Erdreichtemperatur unbeeinflusst von der Reaktionswärme bestimmt werden kann, vgl. dazu auch VDI 4640 Blatt 5 [42].

Abb. 6.32 Erdkollektoren werden als Kapillarrohrmatten (links) oder kostengünstiger durch mäanderförmige Verlegung von PE-Rohr ausgeführt.

Tiefe von 3 m damit 467 - 667 kWh/m/a entzogen - weit mehr, als für vertikale Erdwärmesonden zulässig ist.
Loose [30] berechnet dagegen für ähnliche zylindrische Sonden lediglich Entzugsleistungen von max. 0,5 kW und weniger. Es sollte also geprüft werden, ob die Empfehlungen der Hersteller tatsächlich ausreichend sind. Bei Anlagen mit kombinierter Heizlast und Kühllast kann die Regeneration im Sommer durch Zufuhr von Abwärme aus dem Gebäude verbessert werden.

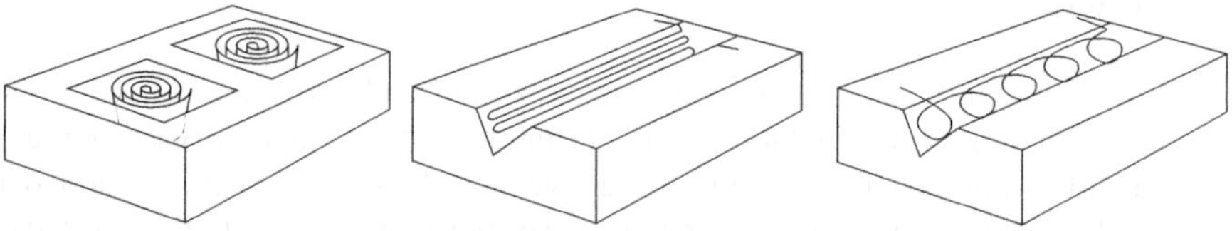

Abb. 6.33 Sonderformen von Erdwärmekollektoren. Links Erdwärmekörbe, in der Mitte ein Grabenkollektor und rechts ein Spiralkollektor.

Graben- und Spiralkollektoren haben in den USA eine gewisse Verbreitung gefunden (Abb. 6.33). Hier wird ein bis zu 3 m tiefer Graben mit schrägen Wänden ausgehoben und an den Wandflächen PE-Rohre mit engem Abstand (ca. 10 cm) fixiert. Bei Spiralkollektoren unterscheidet man sog. SLINKY- und SVEC-Bauarten. Im ersten Fall wird ein einfaches, gewickeltes PE-Rohr an die Wandseite des Grabens gelegt und seitlich (senkrecht zur Wickelachse) auseinandergezogen. SVEC-Kollektoren sind bereits herstellerseitig auf eine Walze gewickelt und werden im Graben dann wie eine Schraubenfeder auseinandergezogen. Spiralkollektoren neigen zu Entlüftungsproblemen.
Eine weitere Variante der oberflächennahen Erdwärmenutzung bestehen darin, die Gründungspfähle von Bauwerken thermisch zu nutzen. Dazu werden in die Stahlbetonstützen Kunststoffrohre eingebettet, die von der Wärmeträgerflüssigkeit durchströmt sind.

Sinnvoll zur Förderung der Regeneration des Erdreichs ist die Kombination der Raumbeheizung mit einer Gebäudeklimatisierung. Bei sommerlichem Kühlbedarf entzieht z.B. ein Flächenkühlsystem den klimatisierten Räumen thermische Energie, die direkt über einen Plattenwärmeübertrager dem Solefluid zugeführt wird. Das erwärmte Solefluid gibt in den Erdwärmesonden diese thermische Energie an das umliegende, in der Heizperiode ausgekühlte Erdreich ab und beschleunigt damit die Regeneration. Die bei kombiniertem Heiz- und Kühlbetrieb realisierbaren spezifischen Entzugsleistungen müssen im Einzelfall berechnet werden.

Abwassernutzung

In der Schweiz hat sich die thermische Nutzung von Abwasser etabliert. Hierbei nutzt man den Effekt, dass Haushalts- und Industrieabwässer ein relativ hohes Temperaturniveau von > 10 °C aufweisen. Zusätzlich wird oft ein Teil der Energie des die Kanalrohre umgebenden Erdreichs mit genutzt.
Es sei darauf hingewiesen, dass zur Beheizung von Wohngebäuden aus Abwasser-Abwärme weitaus größere Mengen an Abwasser erforderlich sind, als von den Hausbewohnern produziert werden. Bestenfalls können im städtischen Bereich einzelne Gebäude versorgt werden. Nach Recknagel [38] kann aus dem Abwasser von 5.000 bis 10.000 Einwohnern eine Dauer-Entzugsleistung von 100 kW bereitgestellt werden.[28]

Bergwerke

Ehemalige und in Betrieb befindliche Bergwerksanlagen sind ebenfalls zur thermischen Nutzung geeignet. Zum einen ist die thermische Energie des Grundwassers in gefluteten Stollen nutzbar. Bei geschickter Führung des Rücklaufwassers ist es möglich, einen hydraulischen Kreislauf aufzubauen und auch die thermische Energie des Gesteins mit zu nutzen.

Direktverdampfer

Als letzte Variante der Erdreichkollektoren sollen die Direktverdampferanlagen kurz erwähnt werden. Hierbei findet die Verdampfung des Kältemittels nicht wie üblich in einem Plattenwärmeübertrager innerhalb der Wärmepumpe statt, sondern in Kupfer-Rohrleitungen, die mäanderförmig im Garten verlegt sind.
Durch die direkte Verdampfung des Kältemittels durch Wärmeaufnahme aus dem Erdreich fällt ein vollständiger hydraulischer Kreislauf (die frostgeschützte Soleflüssigkeit) weg. Damit mindern sich auch die Exergieverluste der Wärmübertragung, da die Temperaturdifferenz zwischen Kältemittel und Erdreich um etwa 5 K geringer ist. Nach VDI 4640 sollte der Rohrabstand zwischen den Direktverdampferrohren auf 50 bis 80 cm erhöht werden, um bei den geringeren Rohraußentemperaturen Eisbildung zu reduzieren.

---

[28] Damit ist eine Beheizung von 5 - 10 Einfamilienhäusern im Bestand möglich.

Dimensionierung

Die energetische Dimensionierung von Rohr-Kollektoren und Kapillarrohrmatten wird in Standardauslegungsfällen nach den Vorgaben der VDI 4640 Blatt 2, Tab. 1 [41] von 2015 vorgenommen. Auch hier haben sich wie zuvor bereits bei der Erdwärmesonde die Auslegungsempfehlungen gegenüber der Ausgabe von 2001 (vgl. Tab. 6.7) erheblich verändert.
Zur Bestimmung der erforderlichen Erdreichkollektorfläche A_{EK} wird aus Tabellenwerten der VDI 4640 Blatt 2 eine flächenspezifische Entzugsleistung $\dot{q}_{EK,soll}$ in W/m^2 sowie eine maximale Jahresentzugsarbeit $q_{EKa,soll}$ in kWh/(m^2 a) in Abhängigkeit von der geographischen Lage[29], von der Beschaffenheit des Untergrunds[30] und von den veranschlagten Jahresvollbenutzungsstunden t_{bv} entnommen. Es gilt

$$A_{EK} = max\{A_{EK;I}, A_{EK,II}\} \tag{6.40}$$

mit

$$A_{EK;I} = \frac{\dot{Q}_{WQ,N}}{\dot{q}_{EK,soll}} \quad \text{bzw.} \quad A_{EK;II} = \frac{Q_{WQ,a}}{q_{EKa,soll}} \,.$$

$\dot{Q}_{WQ,N}$ ist hierbei die Wärmequellenentzugsleistung im Nennbetriebspunkt B0W35, $Q_{WQ,a}$ die jährlich von der Wärmequelle zu liefernde Wärmemenge, die sich durch Multiplikation der erforderlichen Wärmequellenleistung nach Gl. (6.39) mit den Vollbenutzungsstunden t_{bv} ergibt,

$$Q_{WQ,a} = \dot{Q}_{WQ} \cdot t_{bv} \,. \tag{6.41}$$

Die Tabellen der VDI 4640 enthalten auch Empfehlungen für den Rohrabstand b, der bei der vorherrschenden Untergrundbeschaffenheit gewählt werden sollte.
Die Auslegungsempfehlungen aus der VDI 4640 von 2001 berücksichtigten im Vergleich zur Auslegungsempfehlung von 2015 nur wenige Einflussfaktoren, wie Tab. 6.7 zeigt.

Tabelle 6.7 Spezifische Entzugsleistung $\dot{q}_{EK,soll}$ für Erdwärmekollektoren nach der VDI 4640 von 2001 [40]. Die Werte gelten nur für flächig verlegte Rohr-Kollektoren und Kapillarmatten. Bei Erdreichkörben, Grabenkollektoren etc. sind individuelle Berechnungen erforderlich.

Untergrund	**spezifische Entzugsleistung**	
	für 1.800 h/a	für 2.400 h/a
trockener, nicht bindiger Boden	10 W/m^2	8 W/m^2
bindiger Boden, feucht	20 - 30 W/m^2	16 - 24 W/m^2
wassergesättigter Sand/Kies	40 W/m^2	32 W/m^2

[29] Die Richtlinie enthält eine Klimazonenkarte mit 13 Klimazonen.

[30] Der Untergrund wird nach den Bodenarten Sand, Lehm, Schluff oder sandiger Ton unterschieden.

→ Berechnungsbeispiel

Die Wärmepumpe eines Einfamilienhauses (Klimazone 13) soll über einen horizontalen Erdreichkollektor versorgt werden. Der Untergrund sei vorwiegend lehmhaltig ist und die Wärmepumpe wie im Beispiel von S. 498 dimensioniert. Damit sind bekannt:

- Wärmequellenleistung $\dot{Q}_{WQ} = 9{,}48$ kW
- Jahresvollbenutzungsstunden $t_{bv} = 1.800$ h/a,
- aus Nennheizleistung $\dot{Q}_{N,0} = 12$ kW und $COP_N = 4{,}6$ bei B0W35 berechnete Nennwärmequellenleistung $\dot{Q}_{WQ,N} = 9{,}39$ kW.

Aus der Tabelle 4 der VDI 4640 Blatt 2 sind für die genannten Bedingungen eine flächenspezifische Entzugsleistung von $\dot{q}_{EK,soll} = 25$ W/m^2 , eine maximale Jahresentzugsarbeit von $q_{EKa,soll} = 45$ kWh/(m^{2}a) sowie ein empfohlener Rohrabstand von 0,65 m $< b <$ 0,8 m zu entnehmen. Mit den Gl. (6.40) folgt

$$A_{EK;I} = \frac{\dot{Q}_{WQ,N}}{\dot{q}_{EK,soll}} = \frac{9.390}{25} = 376\ \mathrm{m}^2$$

sowie

$$A_{EK;II} = \frac{Q_{WQ,a}}{q_{EKa,soll}} = \frac{9{,}48 \cdot 1.800}{45} = 379\ \mathrm{m}^2\ .$$

Die Erdkollektorfläche A_{EK} ist also mit 379 m^2 auszuführen, bei einem mit $b =$ 0,70 m gewählten Rohrabstand beträgt die Gesamtrohrlänge mit $L_{Rohr} = A_{EK}/b$ hier 541 m.

Installation

Zum Schutz vor Bodenaufwerfungen sollte eine Verlegetiefe von mindestens 1 m gewählt werden. Da die Verlegekosten mit zunehmender Tiefe überproportional zunehmen[31], empfiehlt die VDI 4640 [41] für Erdwärmekollektoren eine Verlegetiefe von 1,2 m bis 1,5 m. Diese Angaben decken sich auch sehr gut mit den Simulationsrechnungen, die Ramming 2007 veröffentlichte [33][34].
Der Bereich oberhalb der Erdwärmekollektoren ist von Bebauung und Versiegelung freizuhalten, damit der Untergrund durch Absorption von Sonnenstrahlung sowie durch eindringendes Regen- und Oberflächenwasser thermisch regeneriert werden kann. Bepflanzung bzw. Gartennutzung oberhalb des Erdkollektors ist möglich, jedoch kann die sich bildende Eisschicht im Untergrund zu einem verspäteten Beginn der Vegetationsperiode führen. Kalte Anlagenteile müssen einen Abstand von mindestens 70 cm zu Bauwerken und Versorgungsleitungen haben, um Schäden durch Eisbildung zu verhindern.

[31] Ab einer Grabentiefe von 1,5 m müssen die Wände bei Erdarbeiten gestützt werden, um ein Nachrutschen zu verhindern.

Um einen großflächigen Aushub von Erdreich zu vermeiden, können die Rohre mäanderförmig in Gräben verlegt werden. Sinnvoll zum Schutz der Rohre vor mechanischen Einwirkungen ist ein Sandbett und die Verlegung eines Warnbandes 30 cm oberhalb der Rohre. Die VDI 4640 enthält eine Fülle weiterer wichtiger Hinweise zur Verlegung der Rohre, der Druckabsicherung und schließlich auch zum Füllen, Entlüften und zur Inbetriebnahme.

6.3.3 Grundwasserbrunnen

Die thermische Nutzung von Grundwasser ist in energetischer Hinsicht empfehlenswert, da die Wassertemperatur im Jahresverlauf auf einem hohen Niveau von 5 bis 15 °C liegt und prinzipiell keine Regenerationszeit vorzusehen ist. Zudem ist die Bohrtiefe erheblich geringer als bei vertikalen Erdwärmesonden. Dennoch beträgt der Anteil von Grundwasser-Wärmepumpen am Bestand nach [6] weniger als 5 %. Grund dafür ist die Genehmigungspraxis der Wasserwirtschaftsämter, die immer den Schutz des Grundwassers als potenzielles Trinkwasser vor Verunreinigung gegen die thermische Nutzung abzuwägen haben.

Brunnenbau

Zur thermischen Grundwassernutzung sind grundsätzlich mindestens zwei Brunnen zu bohren. Dem Förderbrunnen (der Produktionsbohrung) wird das Grundwasser mittels einer Unterwasserpumpe entnommen, über ein geschlossenes Rohrsystem über die Primärseite des Verdampfers der Wärmepumpe geführt und in einem oder mehreren Schluckbrunnen (Injektionsbohrungen) wieder unterhalb des Grundwasserspiegels zurückgeführt. Es ist darauf zu achten, dass der Schluckbrunnen in Grundwasserfließrichtung hinter dem Förderbrunnen gesetzt wird, um einen hydraulischen Kurzschluss zu vermeiden. In diesem Fall würde das bereits abgekühlte Grundwasser erneut an die Oberfläche gefördert werden. Die Bohrungen dürfen nur von einem als Fachfirma nach der DVGW W 120 zertifizierten Bohrunternehmen ausgeführt werden [13].

Das Grundwasser sollte immer in einem geschlossenen Rohrsystem unter Druck geführt werden, um den Zutritt von Luftsauerstoff zu verhindern. Bei sauerstofffreien Grundwässern mit niedrigem Redoxpotenzial[32] und höherem Eisen- oder Mangangehalt besteht die Möglichkeit der Verockerung, der Bildung wasserunlöslichen Fe^{3+}-Hydroxids, das die feinmaschigen Filter zusetzt.

Die Abkühlung des Grundwassers kann auch eine Verschiebung der (temperaturabhängigen) Gleichgewichtskonstanten anderer chemischer Reaktionen mit Ausfällungen zur Folge haben, daher muss die Temperaturabsenkung begrenzt sein. Zudem besteht beim Vorhandensein korrosiver Wasserinhaltsstoffe die Gefahr, dass

[32] Oxidations-Reduktions-Reaktionen beruhen auf der Abgabe und Aufnahme von Elektronen. Reaktionen mit hohem Redoxpotenzial reagieren schnell und heftig.

wasserberührte Metall- und sogar Betonteile angegriffen werden. Kalkausfällungen spielen bei den geringen Temperaturen dagegen keine Rolle.

Dimensionierung

Die mit dem Fördervolumenstrom $\dot{V}_{GW}$ erzielbare Entzugsleistung beträgt:

$$\dot{Q}_E = \dot{V}_{GW} \cdot \rho\, c \cdot (T_{GW,VL} - T_{GW,RL})\,. \tag{6.42}$$

Die Temperaturabsenkung $\Delta T_{GW} = T_{GW,VL} - T_{GW,RL}$ im Grundwasserrücklauf sollte einerseits möglichst hoch sein, um den übertragenen Wärmestrom $\dot{Q}_E$ zu maximieren. ΔT_{GW} darf andererseits nicht zu groß sein, da sich das mittlere Temperaturniveau des Grundwassers $T_{GW} = T_{GW,VL} - \Delta T_{GW}/2$ vermindert und damit die Leistungszahl der Wärmepumpe. Zudem muss ein ausreichender Abstand zur Gefriertemperatur bestehen.
Bei einer vorgegebenen Gesamtentzugsleistung $\dot{Q}_E$ berechnet sich aus der Enthalpiestromdifferenz $\Delta\dot{H}_{GW} = \dot{V}_{GW}\, \rho\, c\, \Delta T$ des Grundwassers der erforderliche auf die Entzugsleistung bezogene spezifische Fördervolumenstrom v_{GW} in m^3/(h kW) mit $\rho = 1.000$ kg/m^3 und c = 4.200 J/kg/K,

$$v_{GW} = \frac{\dot{V}_{GW}}{\dot{Q}_E} = \frac{3600\text{ s } 1000\text{ W} \cdot \text{kg K m}^3}{4200\text{ J } 1000\text{ kg } 3,5\text{ K h kW}} \approx 0,25\,\frac{\text{m}^3}{\text{h kW}}\,. \tag{6.43}$$

Die VDI 4640 schreibt zudem vor, dass die Temperaturänderung ΔT_{GW} auch kurzzeitig nicht $\pm$ 6 K überschreiten darf. Hierbei ist berücksichtigt, dass Grundwasser im Sommer durch direkte Nutzung auch zur Kühlung von Gebäuden geeignet ist.

→ Berechnungsbeispiel
In dem Beispiel aus Kap. 3.1, S. 159 wurde ein Volumenstrom von 40 m^3/h gefördert. Bei einer Abkühlung ΔT_{GW} von 3 bis 4 K ist demnach ein spezifischer Fördervolumenstrom von 0,25 m^3/h je kW Entzugsleistung zu wählen. Der im Verdampfer übertragene Wärmestrom $\dot{Q}_{hx} = \dot{Q}_E$ berechnet sich zu:

$$\dot{Q}_E = \dot{V}_{GW}/0,25\,\frac{\text{m}^3}{\text{h kW}} = 160\text{ kW}.$$

Mit dem gegebenen Grundwasservolumenstrom von 40 m^3/h kann eine Wärmepumpe mit einer Entzugsleistung von $\dot{Q}_E = 160$ kW betrieben werden.

6.3.4 Wärmepumpen

Die Funktionsweise von Wärmepumpen wurde im Kapitel 6.2 bereits ausführlich erläutert. In Kapitel 5 wurden spezifische Investitionskosten von Wärmepumpen genannt (Tab. 5.12 S. 431).

Die Dimensionierung von Wärmepumpen erfolgt wie bei anderen Wärmeerzeugern ebenfalls auf Basis der nach EN 12831 ermittelten Nennheizlast $\dot{Q}_H$ des zu versorgenden Gebäudes. Die im November 2016 als Entwurf veröffentlichte Richtlinie VDI 4645 [43] gibt zur Planung und Dimensionierung von Heizungsanlagen mit Wärmepumpen ausführliche Hinweise.
Der Hersteller nennt in den technischen Unterlagen zu den Geräten die nach DIN EN 14511 ermittelte Leistungszahl COP seiner Wärmepumpe und die elektrische Leistungsaufnahme P_{el} des Kompressors in Abhängigkeit von der Wärmequellenvorlauftemperatur $T_{WQ,VL}$ an. Oft wird bei Erdreich-Wasser-Wärmepumpen nur die Nenn-Leistungszahl COP_N bei B0/W35 angegeben. Mit B0/W35 werden die Randbedingungen bei der Ermittlung des COP angegeben, Solevorlauftemperatur $T_{WQ,VL}$ (B für brine, engl. Sole) und Heizkreisvorlauftemperatur $T_{HK,VL}$ (W für water). Die DIN EN 14511 macht für die Leistungsmessung u.a. auch Vorgaben zur Temperaturdifferenz am Verflüssiger $\Delta T_{HK,N}$ (vgl. S. 461).

Berechnete Jahresarbeitszahl (SCOP)

Mit Hilfe der Nenn-Leistungszahl COP_N wird nach VDI 4650 Blatt 1 [44] die Jahresarbeitszahl $SCOP$ (Seasonal Coefficient of Performance) berechnet,

$$SCOP = \frac{COP_N \cdot F_{\Delta\vartheta} \cdot F_{\vartheta}}{F_P} \, . \tag{6.44}$$

$SCOP$ ist das berechnete Verhältnis der im Jahr abgegebenen Nutzwärme $Q_{NE,gen}$ einer Elektrowärmepumpe bezogen auf die eingesetzte elektrische Energie Q_{el} für den Antrieb des Verdichters und der Hilfsantriebe[33]. Der Faktor $F_{\Delta\vartheta}$ berücksichtigt im Betrieb abweichende Temperaturdifferenzen am Verflüssiger $\Delta T_{HK} \neq \Delta T_{HK,0}$, $F_{\Delta\vartheta}$ abweichende Sole- sowie Heizkreisvorlauftemperaturen ($T_{WQ,VL}$, $T_{HK,VL}$) und F_P schließlich die Effizienz der Umwälzpumpe im Primärkreis. Die Faktoren sind in der VDI 4650 Blatt 1 tabelliert. Aus dem für den reinen Heizbetrieb berechneten $SCOP_H$ und der Jahresarbeitszahl für die Trinkwassererwärmung $SCOP_W$ ergibt sich die Jahresarbeitszahl für die gesamte Wärmepumpenanlage $SCOP_{WPA}$.
Die Erzeugeraufwandszahl $e_{g,WP}$, die für Berechnungen nach EnEV notwendig ist, ist nach Kap. 2, S. 57 der Kehrwert des $SCOP_{WPA}$,

$$e_{g,WP} = \frac{1}{SCOP_{WPA}} \, . \tag{6.45}$$

Im Anwendungsbereich der VDI 4650 wird ausdrücklich darauf hingewiesen, dass die berechneten Jahresarbeitszahlen $SCOP$ für den Gebrauch im Zusammenhang mit Energieeffizienzbetrachtungen (z.B. nach der EnEV) bestimmt sind. Sowohl das Nutzerverhalten als auch die klimatischen Bedingungen des Aufstellorts gehen also nicht in die Berechnung mit ein. Ein Vergleich mit aus gemessenen Energieverbräuchen bestimmten Arbeitszahlen (SPF)[34] ist nur sehr begrenzt möglich.

[33] Zur Berechnung der Nutzwärme $Q_{NE,gen}$ vgl. Kap. 2.

[34] SPF = Seasonal Performace Factor, Verhältnis der mit Messgeräten ermittelten Nutzwärme einer Elektrowärmepumpe bezogen auf die ebenfalls gemessene eingesetzte elektrische Energie für den Antrieb des Verdichters und der Hilfsantriebe.

Für eine Erdreich-Wasser-Wärmepumpe mit einer Nenn-Leistungszahl $COP_N = 4{,}6$ bei B0/W35 ergibt sich nach einem in der VDI 4650 berechneten Beispiel bei günstigen Betriebsbedingungen eine Jahresarbeitszahl im Heizbetrieb von $SCOP_H = 5{,}21$. Wird auch die Trinkwassererwärmung von der Wärmepumpe übernommen [35], sinkt die Arbeitszahl aufgrund der höheren Vorlauftemperaturen bei ansonsten gleichen Bedingungen auf $SCOP_{WPA} = 4{,}76$.

Jahresarbeitszahlen in der Praxis (SPF)

Die von der Herstellern angegebenen Leistungszahlen (COP) in Abhängigkeit der Wärmequellen- und -senkentemperatur sagen nur wenig aus über die von Wärmepumpen tatsächlich im Jahresbetrieb erreichten Nutzungsgrade. Auch die Berechnung der Jahresarbeitszahl nach der VDI 4650-1 ist nur begrenzt praxistauglich. Mit Unterstützung des Bundesministeriums für Wirtschaft und Technologie hat das Fraunhofer-Institut für Solare Energiesysteme (FhG-ISE) im Zeitraum von Oktober 2005 bis September 2010 insgesamt 110 Wärmepumpenanlagen messtechnisch untersucht und ausgewertet [31]. Als Projektpartner waren 7 Wärmepumpenhersteller und 2 überregionale Energieversorger beteiligt. Die Langfassung des Projektberichts ist auch im Internet erhältlich. Ziel war die „unabhängige Ermittlung der Effizienz von Wärmepumpen unter realen Bedingungen sowie die Abbildung und Analyse des Systemverhaltens“. Die untersuchten Gebäude verfügten im Schnitt über eine Nutzfläche von 199 m^2 und einen durchschnittlichen Heizwärmeverbrauch von 72 kWh/m^2 in 2009. Die Ergebnisse dieses umfangreichen Projekts seien hier in wenigen Punkten zusammengefasst:

- Wärmepumpenanlagen sind dann primärenergetisch effizienter und bieten ökologische wie ökonomische Vorteile gegenüber Erdgas- und Heizölsystemen, wenn sie gründlich geplant und sorgfältig installiert wurden.
- Die von Juli 2007 bis Juni 2010 bilanzierten Erdreich-Wärmepumpen erreichen eine mittlere Arbeitszahl *SPF* von 3,9. Nach Optimierungsmaßnahmen wurde in der zweiten Projektphase ein Wert von 4,1 erreicht. Der Mittelwert des COP_N im Betriebspunkt B0/W35 betrug bei den untersuchten Anlagen 4,66.
- Die im gleichen Zeitraum bilanzierten Luft-Wasser-Wärmepumpen erreichen eine mittlere Arbeitszahlen *SPF* von 2,9, nach Optimierung $SPF = 3{,}0$ (COP_N-Mittel bei A2/W35: 3,48).
- Es konnten nur 3 Grundwasseranlagen vermessen werden mit einer mittleren Jahresarbeitszahl *SPF* von 3,7.
- Erdreich-Wärmepumpen arbeiten effizienter, wenn als Wärmequellen eine Sondenanlagen anstatt eines Erdkollektors gebaut wurde.
- Die vielfach in Wärmepumpen verbauten elektrischen Zusatzheizungen für Spitzenlasten mindern die Arbeitszahl nur um 0,05 bis 0,06.

[35] Für die Trinkwassererwärmung wird nach der VDI 4650 eine separate Jahresarbeitszahl $SCOP_W$ (im Beispiel 3,42) bestimmt, die zur Berechnung der Gesamt-Jahresarbeitszahl $SCOP_{WPA}$ erforderlich ist.

- Die Temperatur der Außenluft, Wärmequelle der Luft-Wasserwärmepumpen, erreicht im Betrieb im Mittel $T_{e,m}$ = 2,8 °C, die Schwankungen ΔT betragen dabei jedoch 36 K.
- Mit Erdreichkollektoren werden im gewichteten Mittel Sole-Vorlauftemperaturen $T_{WQ,VL}$ von durchschnittlich 3,7 °C erreicht (ΔT = 17 K). [36]
- Die gewichteten mittleren Sole-Vorlauftemperaturen $T_{WQ,VL}$ bei Wärmepumpen mit Sondenanlagen erreichen 7,1 °C (ΔT = 9 K).
- Bei den drei untersuchten Grundwasseranlagen betrug die Wassertemperatur T_{GW} im Mittel 10,8 °C bei einer Schwankungsbreite von 4 K.
- Im Sommer ist der Anteil der gelieferten Nutzwärme an der gesamten produzierten Nutzenergie gering, da nur Trinkwasser erwärmt wird. Aufgrund der benötigten hohen Vorlauftemperaturen sinken die Monatsarbeitszahlen auf Werte zwischen 3 und 3,5. Ist die Wärmepumpe mit einer thermischen Solaranlagen zur Trinkwassererwärmung gekoppelt, werden diese uneffizienten Betriebsphasen vermieden. Gekoppelte Systeme erreichen daher höhere Systemarbeitszahlen.

Eine Einschätzung der primärenergetischen Effizienz von Wärmepumpen ist über die Energieaufwandszahl möglich.

Primärenergetische Betrachtung

Die Energieaufwandszahl e_P berechnet sich mit dem seit 2016 gültigen Primärenergiefaktor von f_P = 1,8 für elektrische Energie für die Sole-Wasser-Anlagen näherungsweise[37] zu

$$e_{P,S} \approx \frac{1}{SCOP_{WPA}} \cdot f_P = \frac{1,8}{3,9} = 0,462 \qquad (6.46)$$

und für die Luft-Wasser-Wärmepumpen zu

$$e_{P,L} \approx \frac{1,8}{2,9} = 0,621\,. \qquad (6.47)$$

Ein Erdgas-Brennwertgerät mit einem Jahresnutzungsgrad η_N von 95 % erreicht dagegen eine Energieaufwandszahl von

$$e_{P,EG} \approx \frac{1}{\eta_N} \cdot f_P = \frac{1,1}{0,95} = 1,158\,, \qquad (6.48)$$

je kWh Nutzenergie sind also 1,158 kWh fossiler Primärenergie einzusetzen. Die umfassenden Untersuchungen des ISE belegen damit, dass Wärmepumpenanlagen – auch Luft-Wasser-Wärmepumpen – in primärenergetisch effizient arbeiten.

---

[36] Zur Bestimmung der genannten mittleren Vorlauftemperaturen wurden die gemessenen Monatsmittel der Vorlauftemperatur mit der monatlich erforderlichen Nutzenergie gemittelt.

[37] Die Energieaufwandszahl e_P ist das Verhältnis eingesetzter fossiler Primärenergie zum Nutzenergiebedarf q_{NE} während das Produkt von Anlagenaufwandszahl und Primärenergiefaktor $e_g \cdot f_P$ das Verhältnis der eingesetzten fossilen Primärenergie zur generierten Nutzenergie $q_{NE,gen}$ darstellt. Diese berücksichtigt neben q_{NE} zusätzlich die technischen Verluste der Anlagentechnik.

6.4 Wirtschaftlichkeit von Wärmepumenanlagen

Auf Basis der in Kap. 2.4 ab S. 89 beschriebenen Wirtschaftlichkeitsberechnung sollen die mittleren Wärmegestehungskosten einer Luft-Wasser-Wärmepumpe und einer Sole-Wasser-Wärmepumpe miteinander verglichen werden. Als Referenz wird eine einfache Heizungsanlage mit einem konventionellen Gas-Brennwertgerät gegenübergestellt.
Die Berechnungen werden beispielhaft für ein Einfamilienhaus vorgenommen, dessen Wärmebedarfswerte für die Raumheizung $Q_{h,a}$ und für die Trinkwassererwärmung $Q_{w,a}$ dem Evaluationsbericht des BMU zum BAFA entnommen wurde [28]. Für ein dort verwendetes Berechnungsbeispiel (Einfamilienhaus, saniert) wurde der Heizwärmebedarf mit 23988,4 kWh/a und der Wärmebedarf zur Trinkwassererwärmung mit 5231,5 kWh/a angenommen; der Gesamtwärmebedarf beträgt also $Q_{NE,gen}$ = 29.220 kWh/a. Die Heizlast des Gebäudes macht einen Wärmeerzeuger mit einer Nennleistung $\dot{Q}_N$ von 19 kW erforderlich.
Die Kalkulation der Wirtschaftlichkeit erfolgt auf Basis eines Betrachtungszeitraums von T = 15 a, der Kalkulationszinssatz i soll 5 % betragen, die Endenergiepreissteigerungsrate für elektrische Energie j_{el} = 5 %/a sowie für Erdgas j_{EG} = 5 %/a. Der statische Barwertfaktor ergibt sich damit zu b = 10,38 a, die preisdynamischer Barwertfaktoren $b_{r,el}$ und $b_{r,EG}$ betragen je 12,53 a.

Investitionskosten

Im Evaluationsbericht des BMU [28] wurden die in 2009 geförderten Anlagen zur Wärmebereitstellung ausgewertet. In Abhängigkeit der Anlagengröße (> 10 kW bis 300 kW) wurden dort für die Wirtschaftlichkeitsbetrachtung aus den eingegangenen Rechnungen spezifische Investitionskosten $K_{inv,spez,i}$ ermittelt:

- für die Luft-Wasser-Wärmepumpe:
$$K_{inv,spez,L} = 5.361,502 \cdot \dot{Q}_N^{-0,595371411} \text{ €/kW},$$
ab $\dot{Q}_N > 78$ kW noch 400 €/kW;
- für die Sole-Wasser-Wärmepumpe, inkl. Erdwärmesondenanlage:
$$K_{inv,spez,S} = 7.363,65 \cdot \dot{Q}_N^{-0,588620165} \text{ €/kW},$$
ab $\dot{Q}_N > 43$ kW noch 800 €/kW;
- und für einen einfachen Gasbrennwertkessel
$$K_{inv,spez,EG} = 1.718,3 \cdot \dot{Q}_N^{-0,528043} \text{ €/kW}.$$

Die Investitionskosten K_{INV} ergeben sich durch Multiplikation mit der Nennleistung des Wärmeerzeugers,

$$K_{inv,i} = K_{inv,spez,i} \cdot \dot{Q}_N \,. \tag{6.49}$$

Verbrauchs- und betriebsgebundene Kosten

Die Wärmeerzeuger verursachen während des Betrachtungszeitraums betriebsgebundene Kosten k_{betr} sowie verbrauchsgebundene Kosten k_{verbr} durch den Bezug elektrischer bzw. fossiler Endenergie.
Die verbrauchsgebundenen Kosten von Wärmepumpen sind ausschließlich von den erreichten Jahresarbeitszahlen SPF abhängig. Um einen ausreichenden Praxisbezug zu gewährleisten, wurden diese dem WP-Effizienz-Bericht des FhG-ISE [31] entnommen: Für die Luft-Wasser-Wärmepumpe sei SPF_{LW} = 2,89, für Sole-Wasser-Wärmepumpe SPF_{SW} = 3,88. Der Jahresnutzungsgrad für den Erdgaskessel wird (günstig) mit $\eta_N = 0{,}95$ angenommen.
Die Bezugskosten für den Endenergieträger elektrische Energie im Basisjahr sollen k_{el} = 0,183 €/kWh betragen[38], die Bezugskosten für Erdgas k_{EG} = 0,085 €/kWh.

Endenergiebedarf

Der jährliche Endenergiebedarf in kWh_{el}/a ist für die Wärmepumpen über die Jahresarbeitszahl aus dem Nutzwärmebedarf zu ermitteln,

$$Q_{el,\,i} = \frac{Q_{NE,gen}}{SPF_i}\,, \tag{6.50}$$

für den Gaskessel gilt

$$Q_{EG} = \frac{Q_{NE,gen}}{\eta_N}\,. \tag{6.51}$$

Die verbrauchsgebundenen Kosten im ersten Betriebsjahr betragen damit

$$k_{verbr,\,i} = k_{el} \cdot Q_{el,i} \tag{6.52}$$

bzw.

$$k_{verbr,EG} = k_{EG} \cdot Q_{EG} \tag{6.53}$$

Die betriebsgebundenen Kosten werden nach VDI 2067 mit einem Faktor f_{betr} von 1,5 %/a in Abhängigkeit der Investitionskosten bestimmt. Die jährlichen Betriebskosten sind mit

$$k_{betr,\,i} = K_{inv,\,i} \cdot f_{betr}/100 \tag{6.54}$$

zu bestimmen.

Wärmegestehungskosten

Die Gesamtkosten in € für die Wärmepumpenanlagen (LW und SW) belaufen sich damit auf:

---

[38] Typischer Wert zum Preisstand 2013 bei einem Sondervertrag für Wärmepumpen.

$$K_i = K_{inv,\,i} + k_{betr,\,i} \cdot b + k_{verbr,\,i} \cdot b_{r,el} \ , \tag{6.55}$$

bzw. für die Anlage mit Erdgaskessel

$$K_{EG} = K_{inv,\,i} + k_{betr,\,i} \cdot b + k_{verbr,\,i} \cdot b_{r,EG} \ . \tag{6.56}$$

Die mittleren Wärmegestehungskosten in €/kWh$_{th}$ ergeben sich zu:

$$k_{gest,i} = \frac{K_i}{Q_{NE,gen} \cdot b} \quad \text{bzw.} \quad k_{gest,EG} = \frac{K_{EG}}{Q_{NE,gen} \cdot b} \ . \tag{6.57}$$

Ergebnisse

Für die oben angenommenen spezifischen Energiekosten, Nutzungsgrade und Kalkulationsgrundlagen ergeben sich die mittlere Wärmegestehungskosten zu $k_{gest,LW}$ = 0,154 €/kWh für die Luft-Wärmepumpe, $k_{gest,SW}$ = 0,159 €/kWh für die Sole-Wärmepumpe und im Fall des Erdgaskessels zu $k_{gest,EG}$ = 0,149 €/kWh. Die Wärmegestehungskosten liegen offensichtlich recht nahe beieinander. Daher soll abschließend die Sensitivität der Wärmegestehungskosten hinsichtlich der Endenergiekosten und voraussichtlichen Preisentwicklung untersucht werden, da hier die größten Unsicherheiten bei der Schätzung vermutet werden.

Tabelle 6.8 Wärmegestehungskosten $k_{gest,i}$ für Luft-Wärmepumpe (LW), Sole-Wärmepumpe (SW) und Erdgaskessel (EG) bei Variation der Endenergiebezugskosten k_i in €/kWh bzw. jährlichen Preissteigerungsraten j_i in %/a.

k_{el} €/kWh	k_{EG} €/kWh	j_{el} %/a	j_{EG} %/a	$k_{gest,LW}$ €/kWh	$k_{gest,SW}$ €/kWh	$k_{gest,EG}$ €/kWh
0,183	0,085	5	5	0,154	0,159	0,149
0,238	0,085	5	5	0,181	0,179	0,149
0,128	0,085	5	5	0,128	0,140	0,149
0,183	0,111	5	5	0,154	0,159	0,186
0,183	0,060	5	5	0,154	0,159	0,112
0,183	0,085	2	5	0,139	0,148	0,149
0,183	0,085	8	5	0,174	0,174	0,149
0,183	0,085	5	2	0,154	0,159	0,128
0,183	0,085	5	8	0,154	0,159	0,177

Auch die Ergebnisse der Sensitivitätsuntersuchungen belegen keinen eindeutigen Trend. Es zeigt sich jedoch, dass die Luft-Wasser-Wärmepumpe immer etwas günstiger ist als die Sole-Wasser-Wärmepumpe.

Hinsichtlich des fossilen Endenergiebedarfs und damit der ökologischen Auswirkungen liegen die drei Varianten ebenfalls in ähnlicher Größenordnung, wie der Vergleich der Energieaufwandszahlen (vgl. S. 510) zeigte.

6.5 Auslegungsbeispiele

6.5.1 Geothermische Beheizung eines Einfamilienhauses

2006 bis 2007 wurde in Kassel der Neubau eines Einfamilienhauses in Niedrigenergiebauweise mit einer geothermischen Beheizung geplant, gebaut und in Betrieb genommen. Das Haus der Familie Müller[39] weist nach EnEV eine Gebäudenutzfläche von 356 m^2 auf, das A/V_e- Verhältnis beträgt 0,62. Die tatsächliche Wohnfläche beträgt 250 m^2. Gemäß der zur Zeit des Baues geltenden EnEV 2005 betrug der zulässige Höchstwert des Jahres-Primärenergiebedarfs $q_{P,zul}$ = 103,3 kWh/m^2/a. In Absprache mit dem Bauherren wurde das Haus jedoch so geplant, dass ein Jahresprimärenergiebedarf von nur q_P = 56,2 kWh/m^2/a erreicht wurde.
Der spezifische Heizwärmebedarf des Gebäudes beträgt $\dot{q}_H$ = 29 W/m^2 Wohnfläche, der Nennheizwärmebedarf also $\dot{Q}_H$ = 7,2 kW. Bei der hochwärmegedämmten Bauweise ist von einer sehr niedrigen Heizgrenze von 10 °C auszugehen. Das Haus wird vollständig mit einer Fußbodenheizung erwärmt, die maximalen Vorlauftemperaturen im Auslegungsfall betragen daher nur $T_{VL,N}$ = 35 °C, die Rücklauftemperaturen $T_{VL,N}$ = 28 °C. Die Nennaußentemperatur nach DIN 4710 beträgt für Kassel $T_{e,N}$ = -12 °C.

Abb. 6.34 Einfamilienhaus in Niedrigenergiebauweise mit geothermisch versorgter Erdwärmepumpe. Das Bohrgerät im Bild ist für Endteufen bis 99 m ausgelegt [1].

Die Raumheizung und die Trinkwassererwärmung sollten monovalent durch eine Sole-Wasser-Wärmepumpe erfolgen. Für den Warmwasserbedarf der fünf Personen im Haushalt wurde ein Tageswert von etwa 200 l/d angenommen und daher ein Warmwasserspeicher mit 400 l Inhalt gewählt. Ein Elektroheizstab im Warmwasserspeicher übernimmt im Sommer die alleinige Nachheizung des Trinkwasserspeichers, wenn die Wärmepumpe aufgrund fehlenden Heizenergiebedarfs ausgeschal-

[39] Name geändert.

tet ist. Der Architekt riet zur Anschaffung einer kleinen Solaranlage mit rund 4 bis 5 m^2 zur Nachheizung des Trinkwassers im Sommer, die Investition musste jedoch aus wirtschaftlichen Gründen zurückgestellt werden. Beim Bau wurden aber bereits die Leerrohre vom Dachboden zum Heizungsraum eingezogen, um die Solaranlage später einfach nachzurüsten.

In Absprache zwischen dem Architekten, dem Bauherren und dem Heizungsbauer wurde ein Wärmepumpenmodell ausgewählt, das mit einer zusätzlichen elektrischen Heizpatrone ausgestattet ist. Diese unterstützt bei Außentemperaturen unterhalb der Auslegungstemperaturen die Raumheizung. Die Nennheizleistung der Wärmepumpe im Auslegungspunkt (Außentemperatur -12 °C, Vorlauftemperatur 35 °C) beträgt $\dot{Q}_N$ = 7,7 kW, die elektrische Leistungsaufnahme P_{el} = 1,7 kW. Die Nennheizleistung wurde um etwa 0,5 kW erhöht, um auch den Warmwasserbedarf decken zu können. Die Entzugswärmeleistung der Wärmequelle wurde bei einem COP_N von 4,6 und einer berechneten Jahresarbeitszahl $SCOP_{WPA}$ = 4,5 zu $\dot{Q}_{WQ}$ = 6 kW festgelegt. Der erforderliche geothermische Wärmestrom sollte durch Erdwärmesonden bereitgestellt werden.

Zur Planung der Wärmequellenanlage wurde eigens ein Geologe hinzugezogen, da die richtige Einschätzung der thermodynamischen Eigenschaften des Untergrunds von entscheidender Bedeutung für die Effizienz der Anlage und damit die späteren Jahresbetriebskosten sind. Nach einer Begehung des Gartengeländes, dem Studium geologischer Karten und der wasserwirtschaftlichen Beurteilung kam er zu dem Schluss, dass das Grundstück in einem wasserwirtschaftlich zulässigen Bereich liegt und die Zusammensetzung des Untergrundes laut VDI 4640 eine spezifische Entzugsleistung von $\dot{q}_E$ = 45 W/m ermöglicht. Bei der erforderlichen Entzugswärmeleistung $\dot{Q}_{WQ}$ = 6 kW berechnet sich die Gesamtbohrlänge zu H_{ges} = 133 m.

Ein sehr fachkundiges Bohrunternehmen aus dem benachbarten Nordthüringen realisierte die Bohrung. Der Auftrag umfasste folgende Einzelpunkte: Beantragung der Genehmigung bei der zuständigen unteren Wasserwirtschaftsbehörde, Einleitegenehmigung für das Bohrspülwasser, die Bohrungen selbst sowie der fachgerechte Einbau der Erdwärmesonden mit Verfüllung nach den Vorgaben der VDI 4640. Vertraglich wurde ein Grundpreis von 1.200 EUR sowie ein Festpreis je Bohrmeter von 41 EUR (Nettopreise) festgelegt.

Die Bohrungen fanden im Herbst 2007 statt. Es wurden zwei Bohrungen mit je 70 m abgeteuft, mit Doppel-U-Rohr-Erdwärmesonden DN 32 verbaut und mit einer gut wärmeleitfähigen Bentonit-Zement-Quarzsand-Suspension zementiert.

In der ersten Heizperiode bis zum Frühjahr 2008 lief die Wärmepumpe etwa 1.800 Stunden. Über Wärmemengenzähler konnte ermittelt werden, dass zur Raumbeheizung Q_H ca. 13.500 kWh/a Heizwärme und zur Trinkwassererwärmung Q_W ca. 4.150 kWh/a benötigt wurden[40]. Für den Betrieb der Wärmepumpe wurden über eine eigenen Stromzähler 4.100 kWh/a Elektroenergie $Q_{el,a}$ bezogen. Daraus errechnet sich eine Jahresarbeitszahl von

$$SPF = \frac{(Q_H + Q_W)}{Q_{el,a}} = 4{,}3\ .$$

[40] Einschließlich der technischen Verluste bei der Wärmeerzeugung, -speicherung und -verteilung.

Die Jahresenergiekosten betrugen in der ersten Heizperiode etwa 560 EUR. Mit den örtlichen Stadtwerken war ein spezieller Stromliefervertrag für Wärmepumpenbesitzer vereinbart worden, nachdem der elektrische Strom im Hochtarif (HT) netto 14,8 Ct/kWh und nachts im Niedrigtarif (NT) nur 12,8 Ct/kWh kostet.

6.5.2 Geothermisches Kraftwerk Ribeira Grande, Azoren

Die mitten im Atlantik gelegene Inselgruppe der Azoren bildet eine eigene autonome Region von Portugal. Acht der neun Inseln sind vulkanischen Ursprungs. In der Nähe der Stadt Ribeira Grande am Südufer der Insel Sao Miguel wird seit 1994 ein geothermisches Kraftwerk betrieben, das nach Fertigstellung der zweiten Ausbaustufe im Jahr 1998 mit einer Leistung von 13 MW_{el} Strom produziert.[41] Die beiden Turbinen aus der ersten Bauphase leisten je 2,5 MW_{el}, die zwei neueren Turbinen je 4 MW_{el}.
Betreiber der Anlage ist die Sociedade Geotermica dos Acores (SOGEO SA), eine Tochter des azoreanischen Energieversorgers Electricidade dos Acores (EDA). Das Kraftwerk produziert seit Fertigstellung der zweiten Ausbaustufe jährlich etwa 40 % des elektrischen Energiebedarfs von Sao Miguel, der Hauptinsel der Azoren. Aktuell werden pro Jahr 70 bis max. 85 GWh_{el} erzeugt, daraus errechnet sich eine Vollbenutzungsstundenzahl t_{BV} von 5.400 bis 6.150 h/a. Die Verfügbarkeit der Anlage liegt nach Angaben des Betreibers bei über 98 %.

Abb. 6.35 Das geothermische Kraftwerk Ribeira Grande (Sao Miguel, Azoren) arbeitet mit einem ORC-Kreisprozess und verfügt über eine elektrische Nennleistung von 13 MW_{el}. Im Hintergrund der Bilder ist die Kondensatoranlage zu sehen, die aus parallel geschalteten Luft-Wasser-Wärmeübertragern mit Zwangsbelüftung besteht.

Die ersten geologischen Untersuchungen zum geothermischen Potenzial der Azoren wurden im Jahr 1973 durch die weltweite Ölpreiskrise motiviert. In der Nähe

---

[41] Die Informationen zu diesem Kraftwerk wurden verschiedenen Quellen aus dem Internet entnommen, die bei Erscheinen der 3. Auflage nicht mehr aufrufbar waren.

des ruhenden Vulkans Pico Vermelho fanden sich bereits in 500 m Tiefe Temperaturen von 200 °C. Ein erstes geothermisches Kraftwerk wurde 1980 errichtet und mit einer Turbine des japanischen Herstellers Mitsubishi mit einer Nennleistung von 3 MW_{el} ausgestattet. Die tatsächliche Maximalleistung überschritt aber nie mehr als 0,8 MW_{el}, da die aus der Tiefe geförderte Dampfmenge geringer war als angenommen. Das Kraftwerk erzeugt jährlich 3 bis 5 GWh_{el}, der hohe Kalkgehalt in der Sole erfordert aber umfangreiche Wartungsarbeiten.
Von 1988 bis 1994 wurden an einem höher gelegenen Standort vier neue Bohrungen mit einer Endteufe zwischen 900 und 1.100 m niedergebracht, die im Jahr 2000 durch eine fünfte Bohrung ergänzt wurden. Aus vier der Bohrungen wird ein gespanntes Thermalwasser-Dampf-Gemisch gefördert, das bei einem Druck von 5,2 bar eine Temperatur von 153 °C aufweist. Dessen niedrige spezifische Enthalpie von etwa 1.100 kJ/kg ist charakteristisch für low-enthalpy fluids. Das entwärmte Wasser wird durch die fünfte Bohrung, die etwa 90 m tiefer als die Produktionsbohrungen endet, in den Untergrund reinjiziert. Unterhalb des angebohrten Wasserreservoirs befinden sich Magmakammern, die das Thermalwasser erhitzen.

Abb. 6.36 Der Separator im Bild links trennt die Dampfphase (etwa 33 % der Förderrate) und die nicht kondensierbaren Gase (rund 5 %) von der siedenden Flüssigphase. Die Gasphase wird zur Verdampfung des Pentans verwendet, die Flüssigphase zur Vorwärmung. Bild rechts zeigt den Anschluss an die Bohrung mit der Bezeichnung CL 4, die zur Reinjektion des auf rund 60 °C abgekühlten Thermalwassers in den Untergrund dient.

Das geförderte Thermalwasser hat einen Anteil von 2 bis 7 % an nicht kondensierbaren Gasen (NCG)[42], der Wasserdampfgehalt x liegt bei 22 bis 40 %. Um das Zweiphasengemisch aus Wasserdampf und Gasen bzw. siedender Flüssigkeit sinnvoll nutzen zu können, hat der Kraftwerkserbauer ORMAT TECHNOLOGIES einen speziellen ORC-Kreisprozess unter dem Namen „biphase type ORMAT energy converter“ entwickelt, der mit dem Arbeitsfluid Pentan (R601a) betrieben wird.
Ein wesentliches Bauelement des Kraftwerks stellt der Separator dar, der das zweiphasige Thermalwasser in seine Dampf- und Flüssigphase trennt (Abb. 6.36, links). Das Anlagenschema des ORC-Prozesses entspricht weitestgehend der Abb. 6.20 im

[42] NCG = engl.: Not Condensable Gases

Abschnitt 6.2.3. Beim Kraftwerk Ribeira Grande wird der Turbinenabdampf jedoch nicht zur internen Zwischenüberhitzung genutzt. Vorwärmer, Verdampfer und die Massenströme des Arbeitsfluids Pentan wurden von ORMAT auf die Enthalpieströme der beiden im Separator getrennten Phasen abgestimmt, so dass die Aufheizung des Arbeitsfluids von etwa 80 °C auf die Verdampfungstemperatur von 138 °C vollständig mit dem rückgeführten Solekondensat aus dem Verdampfer und der Flüssigphase aus dem Separator erfolgen kann. Die Verdampfung des Arbeitsfluids zu Sattdampf erfolgt im Anschluss, dabei wird die aus dem Separator entnommene Dampfphase des Thermalwassers kondensiert. Die getrennte Wärmeübertragung ermöglicht eine Temperaturdifferenz von 10 K bis max. 20 K zwischen dem Arbeitsfluid der Sekundärseite und dem Primärmedium Thermalwasser. Die durch Temperaturdifferenzen bedingten Exergieverluste sind damit auf ein Minimum reduziert. Die nicht kondensierbaren Gase werden an der höchsten Stelle im Verdampfer gesammelt, in einem Kompressor verdichtet und über die Injektionsbohrung zurück in den Untergrund geleitet.

Insgesamt werden 115 t/h Dampf und 227,6 t/h Soleflüssigkeit (brine) gefördert und auf die 4 Turbinen geleitet. Die von ORMAT in der zweiten Bauphase gelieferten Turbinen sind bei einer Nenndrehzahl von 1.500 U/min direkt und getriebelos an den Generator angekoppelt und erreichen auf diese Weise eine hohe Effizienz. ORMAT gibt den Turbinenwirkungsgrad mit 84 bis 88 % an. Der elektrische Wirkungsgrad des Generators beträgt bei Nennlast 96 %.

Der Turbinenabdampf wird in einer Reihe von luftgekühlten Trockenverflüssigern kondensiert und anschließend über isolierte Rohrleitungen der Umwälzpumpe zur Druckerhöhung zugeführt. In Abb. 6.35 rechts sind die Verflüssiger zu sehen. Prinzipiell wäre eine Nutzung der Restenthalpie des Arbeitsfluids durch Auskopplung in ein Heizwärmenetz möglich gewesen. In der Nähe des Kraftwerksstandortes gibt es jedoch keine größeren Verbraucher, die Heizwärme benötigen. [43]

Der im Jahr 1998 in der Bauphase B errichtete zweite Kraftwerksblock leistet 9,4 MW_{el} brutto bzw. nach Abzug des Eigenstrombedarfs für Primärpumpe, Umwälzpumpe und Verflüssiger netto 8 MW_{el}. Die spezifische Enthalpie des Thermalwassers bei einem Druck von 5,2 bar, einer Temperatur von $T_1 = 153$ °C und einem Dampfgehalt von etwa 21 % beträgt $h_1 \approx 1090$ kJ/kg, die spezifische Enthalpie des reinjizierten Thermalwassers (bei 5,2 bar und $T_3 = 60$ °C) noch $h_3 \approx 250$ kJ/kg. Der Primärenthalpiestrom berechnet sich bei einem Primärmassenstrom von $\dot{m}_p \approx 334$ t/h zu $\Delta\dot{H}_{1-3} \approx 78$ MW_{th}. Damit wird ein Bruttowirkungsgrad des Anlagenteils von $\eta_{el,br} \approx 12$ % und ein Nettowirkungsgrad von $\eta_{el,ne} \approx 10{,}3$ % erreicht.

Der Betreiber SOGEO plant weitere geothermische Kraftwerke dieses Typs. In einer Studie wurde allein für die Insel Sao Miguel ein Potenzial von 240 MW_{el} ermittelt. Im Herbst 2006 wurde am Pico Vermelho der Bau eines 11,5 MW_{el}-ORC-Kraftwerks von ORMAT begonnen, in dem auch ein interner Wärmeübertrager zum Einsatz kommen sollte. Der exergetische Wirkungsgrad dieses Kraftwerks liegt bei 40,8 %.

---

[43] Beim geothermischen Kraftwerk am Pico Vermelho konnte eine Wärmeauskopplung realisiert werden. Man nutzt dort das auf 80 - 90 °C aufgeheizte Kühlwasser zur Klimatisierung von Gewächshäusern u.a. für den Anbau von Ananas.

Literaturverzeichnis

1. Architekturbüro Planwerk, Karsten Wolf, Kassel (2009)
2. Bronicki, L.Y.: Geothermal Power Stations. In: Encyclopedia of Pysical Science and Technology. Third Edition FI - GI, Volume 6, pp. 709 - 719. Academic Press New York (2001)
3. Bundesverband Geothermie GtV (Hg.): Nutzung der Geothermie in Deutschland – Tiefe Geothermie. www.geothermie.de/wissenswelt/geothermie/in-deutschland.html, Abruf vom 5. November 2016
4. Bundesverband Geothermie GtV (Hg.): Geothermie in Zahlen - weltweit. www.geothermie.de/wissenswelt/geothermie/einstieg-in-die-geothermie.html, Abruf vom 5. November 2016
5. Bundesverband Wärmepumpe e.V.: Pressemitteilung. www.waermepumpe.de/fileadmin/user_upload/waermepumpe/05_Presse/01_Pressemitteilungen, Abruf vom 05. November 2016
6. Bundesverband Wärmepumpe e.V.: BWP-Branchenstudie 2015 – Szenarien und politische Handlungsempfehlungen. Berlin (2015)
7. DiPippo, R.: Geothermal Power Plants. Principles, Applications, Case Studies and Environment Impact. Second Edition. Butterworth-Heinemann, Oxford (2008)
8. DIN 4710: Statistiken meteorologischer Daten zur Berechnung des Energiebedarfs von heiz- und raumlufttechnischen Anlagen in Deutschland. Beuth Verlag, Düsseldorf (2003)
9. DIN 8074: Rohre aus Polyethylen (PE). Beuth Verlag, Düsseldorf (1999)
10. DIN 8075: Rohre aus Polyethylen (PE). PE 63, PE 80, PE 100, PE-HD. Allgemeine Güteanforderungen, Prüfung. Beuth Verlag, Düsseldorf (1999)
11. DIN/DIS 13370: Wärmetechnisches Verhalten von Gebäuden. Wärmeübertragung über das Erdreich. Beuth Verlag, Düsseldorf (2005)
12. DIN EN 14511: Luftkonditionierer, Flüssigkeitskühlsätze und Wärmepumpen mit elektrisch angetriebenen Verdichtern für die Raumbeheizung und Kühlung - Teil 1: Begriffe. Teil 2: Prüfbedingungen. Teil 3: Prüfverfahren. Beuth Verlag, Düsseldorf (2012)
13. DVGW W 120-1: Qualifikationsanforderungen für die Bereiche Bohrtechnik, Brunnenbau und Brunnenregenerierung. Technische Regel (Entwurf). Beuth Verlag, Düsseldorf (2008)
14. Glück, B.: Simulationsmodell Erdwärmesonde zur wärmetechnischen Beurteilung von Wärmequellen, Wärmesenken und Wärme-/Kältespeichern. Rud. Otto Meyer-Umwelt-Stiftung, Hamburg (2008)
15. Glück, B.: Simulationsmodell Erdwärmesonde zur wärmetechnischen Beurteilung von Wärmequellen, Wärmesenken und Wärme-/Kältespeichern. 1. Ergänzung: Koaxialwärmesonden. Rud. Otto Meyer-Umwelt-Stiftung, Hamburg (2008)
16. Großwig, S., Hurtig, E.: Qualitätssicherung an Erdwärmeanlagen mittels faseroptischer Messsysteme. Vortragsunterlagen zur 1. Thüringer Geothermietagung – 29. und 30. März 2007, Erfurt (2007)
17. Heumader, S.: Modellierung der thermodynamischen Prozesse in einem Kalina-Kraftwerksprozess zur geothermischen Stromerzeugung. Diplomarbeit (unveröffentlicht), FH Nordhausen, Nordhausen (2007)
18. Hölting, B.: Hydrogeologie: Einführung in die allgemeine und angewandte Hydrogeologie. 3., neu bearbeitete Auflage, Enke-Verlag, Stuttgart (1989)
19. Huber, Arthur; Pahud, David: Untiefe Geothermie: Woher kommt die Energie? Schlussbericht Projekt-Nr. 33'206 im Auftrag des Schweizer Bundesamts für Energie, o.O. (1999)
20. Iffland, Joachim: Geothermie – Grundlagen, Konzepte, Projekte. Vortragsunterlagen zur 1. Thüringer Geothermietagung – 29. und 30. März 2007, Erfurt (2007)
21. Jung, R.: Tiefengeothermie – Potentiale und Anwendungsbeispiele. Vortragsunterlagen zur 1. Thüringer Geothermietagung – 29. und 30. März 2007, Erfurt (2007)
22. Kaltschmitt, M. (Hg.): Energie aus Erdwärme. Dt. Verlag für Grundstoffindustrie, Stuttgart (1999)
23. Kaplan, U.: Organic Rankine Cycle Configurations. Proceedings European Geothermal Congress 2007, Unterhaching (2007)

24. Klein, S.A.: Engineering Equation Solver (EES) Professional V9.171-3D [7/03/12] D-Chart Software. Madison, USA (2013)
25. Köhler, Silke: Geothermisch angetriebene Dampfkraftprozesse. Analyse und Prozessvergleich binärer Kraftwerke. Dissertation, Technische Universität Berlin, Berlin (2005)
26. König, W. (Hg.): Propyläen Technikgeschichte. Propyläen Verlag, Berlin (1991)
27. Kruse, H.: CO_2 holt die Wärme aus dem Boden. Vortragsunterlagen zur 1. Thüringer Geothermietagung – 29. und 30. März 2007, Erfurt (2007)
28. Langniß, O., et.al.: Evaluierung von Einzelmaßnahmen zur Nutzung erneuerbarer Energien im Wärmemarkt (Marktanreizprogramm) für den Zeitraum 2009 bis 2011 Evaluierung des Förderjahres 2009. Zwischenbericht 2009. Bundesministerium für Umwelt, Naturschutz und Reaktorsicherheit, Berlin (2010)
29. Langniß, O., et.al.: Evaluierung des Marktanreizprogramms für erneuerbare Energien: Ergebnisse der Förderung für das Jahr 2010. Auszug aus dem Gutachten. Bundesministerium für Umwelt, Naturschutz und Reaktorsicherheit, Berlin (2011)
30. Loose, P.: Erdwärmenutzung. C.F. Müller Verlag, Heidelberg (2009)
31. Moira, M., et.al.: Wärmepumpen Effizienz. Messtechnische Untersuchung von Wärmepumpenanlagen zur Analyse und der Bewertung der Effizienz im realen Betrieb. FhG-ISE. Bundesministerium für Wirtschaft und Technologie - Projektnummer 0327401A. Freiburg (2011)
32. Paschen, H., Oertel, D., Grünwald, R.: Möglichkeiten geothermischer Stromerzeugung in Deutschland, Sachstandsbericht. Deutscher Bundestag – Ausschuss für Bildung, Forschung und Technikfolgenabschätzung (TAB), Arbeitsbericht Nr. 84, A-Drs. 15(17)70, Berlin (2003)
33. Ramming, Klaus: Optimierung und Auslegung horizontaler Erdwärmekollektoren. Vorstellung eines analytischen Modells – Teil 1. HLH **58**, Nr. 4, Düsseldorf (2007)
34. Ramming, Klaus: Optimierung und Auslegung horizontaler Erdwärmekollektoren. Vorstellung eines analytischen Modells – Teil 2. HLH **58**, Nr. 6, Düsseldorf (2007)
35. Reuß, M., Sanner, B.: Planung und Auslegung von Erdwärmesondenanlagen: Basis einer nachhaltigen Erdwärmenutzung, VDI-Richtlinie 4640 und Berechnungsverfahren. (o.J.)
36. Rummel, F., et.al.: Erdwärme. Energieträger der Zukunft? MeSy GmbH, Bochum (1992)
37. Sanner, B.: Kurzer Abriss der Geschichte der Erdwärmeforschung von der Antike bis zum Beginn des 20. Jahrhunderts. Giessener Geologische Schriften **56**, S. 255-277, Lenz-Verlag, Giessen (1996)
38. Schramek E.-R. (Hg.): Taschenbuch für Heizung und Klimatechnik. Oldenbourg Industrieverlag, München (2013)
39. Schuchardin S.W., et.al.: Allgemeine Geschichte der Technik. Bd. 1: Von den Anfängen bis 1870, Bd. 2: von 1870 bis etwa 1920. VEB Fachbuchverlag, Leipzig (1981)
40. VDI 4640 Blatt 2: 2011-05 Thermische Nutzung des Untergrundes. Erdgekoppelte Wärmepumpenanlagen. Beuth Verlag, Düsseldorf (2001)
41. VDI 4640 Blatt 2 Entwurf: 2015-05 Thermische Nutzung des Untergrundes. Erdgekoppelte Wärmepumpenanlagen. Beuth Verlag, Düsseldorf (2015)
42. VDI 4640 Blatt 5 Entwurf: 2016-08 Thermische Nutzung des Untergrundes. Thermal Response Test. Beuth Verlag, Düsseldorf (2016)
43. VDI 4645 Entwurf: 2016-10: Planung und Dimensionierung von heizungsanlagen mit Wärmepumpen in Ein- und Mehrfamilienhäusern. Beuth Verlag, Düsseldorf (2016)
44. VDI 4650 Entwurf: 2014-11: Kurzverfahren zur Berechnung der Jahresarbeitszahl von Wärmepumpenanlagen. Elektro-Wärmepumpen zur Raumheizung und Warmwasserbereitung (Entwurf). Beuth Verlag, Düsseldorf (2014)
45. Verein Deutscher Ingenieure (Hg.): VDI-Wärmeatlas. 10., bearbeitete und erweiterte Auflage. Springer-Verlag, Berlin (2006)
46. `www.worldofenergy.com.au/factsheet-geothermal/07-fact-geotherm-devel`. Abruf vom 13. März 2009

Kapitel 7
Biomasse

Biomasse kann durch technische Prozesse in vielfältiger Form in feste, flüssige oder gasförmige Energieträger umgewandelt werden (vgl. Abb. 7.1), so dass es zahlreiche Nutzungsmöglichkeiten gibt. In den letzten Jahren wurden verstärkt Bioenergieträger zur partiellen Substitution fossiler Energieträger eingesetzt, so beispielsweise durch die Beimischung von Biokraftstoffen in Otto- und Dieselkraftstoff oder durch die Einspeisung von aufbereitetem Biogas in das Erdgasnetz. Selbst die traditionel-

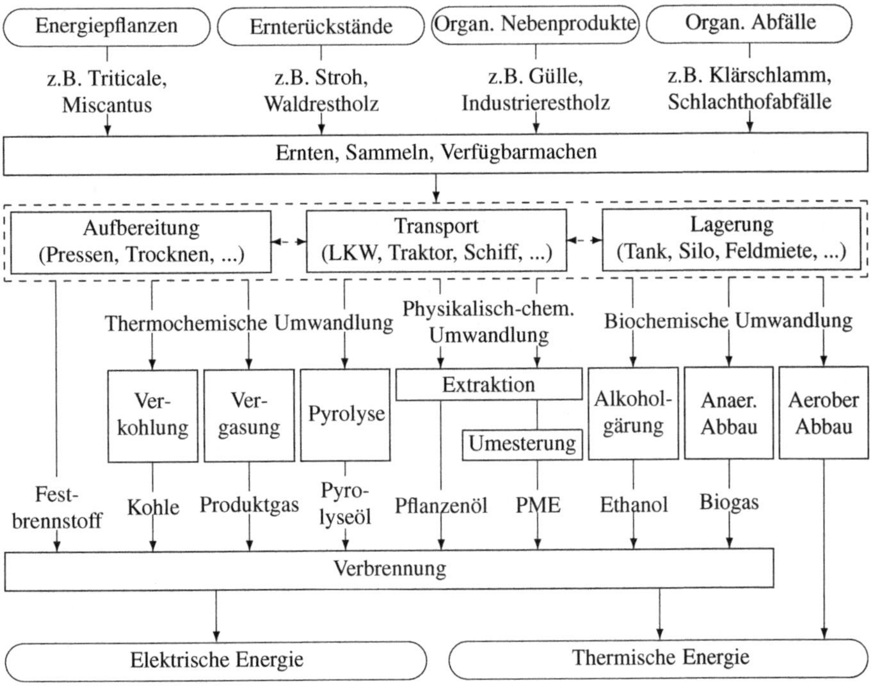

Abb. 7.1 Wandlungsketten für Bioenergieträger, nach [15]

le Nutzung von fester Biomasse zur Wärmebereitstellung hat einen technologischen Wandel erfahren: Holzpellets und Hackschnitzel ermöglichen eine weitgehend automatische Feuerungsbeschickung und stellen dadurch eine ähnlich komfortable Alternative zu fossilen Energieträgern dar.

7.1 Geschichte der energetischen Biomassenutzung

Biomasse stellt den ältesten von Menschen genutzten Energieträger dar. Die Entdeckung, dass Holz und Torf als Brennstoffe genutzt werden können, wurde bereits vor mehreren 100.000 Jahren gemacht. Mit diesen Energieträgern war es den Menschen erstmals möglich, Nahrung zu zubereiten und im Winter zumindest ein Mindestmaß an Behaglichkeit durch ein offenes Feuer zu erreichen. Letztlich bildete die Nutzung des Feuers díe Grundlage für unsere Zivilisation. So ermöglichte es das Holzfeuer, Metalle zu schmelzen und daraus Werkzeuge, Geräte und – wohl unvermeidlich – Waffen herzustellen. Im Laufe der Jahrtausende wurde die energetische Holznutzung immer wichtiger und die Technologien zur Nutzung entsprechend verfeinert. So wurde der Energiegehalt des Holzes durch die Holzkohleerzeugung in Köhlereien deutlich erhöht. Auf diese Weise erhielt man einen Sekundärenergieträger, der mit deutlich besseren Verbrennungseigenschaften höhere Temperaturen erreichte, die zur Verhüttung von Erz erforderlich waren. So war der Auf- und Ausbau des Bergbaus und der Hüttenindustrie, die beispielsweise im Harz bereits seit dem 11. Jahrhundert erfolgte, sehr eng mit der ausreichenden Verfügbarkeit des Baustoffs und Energieträgers Holz verbunden.

Mit dem beschleunigten Wirtschaftswachstum in Europa sowie dem wissenschaftlichen und technischen Fortschritt im ausgehenden Mittelalter wurde deutlich, dass Biomasse, speziell Holz, die stetig wachsende Nachfrage nach Energie nicht decken konnte – der Mangel an geeigneten Energieträgern behinderte in vielen Fällen eine wirtschaftliche Entwicklung. Mit der Nutzung der Kohle änderte sich diese Situation, so dass im Zuge der industriellen Revolution im späten 18. Jahrhundert biogene Brennstoffe im industriellen Bereich zunehmend durch Kohle verdrängt wurden bzw. nach anderen, effizienteren Verfahren zur Energieerzeugung aus Biomasse gesucht wurde. So wurden Holzvergaser oder Holzgasgeneratoren bereits im 19. Jahrhundert eingesetzt: Karl Bischof entwickelte 1839 einen ersten Holzgasgenerator in den Hüttenwerken in Lauchhammer zur Eisenherstellung. Derartige Gaserzeuger wurden später in großer Zahl verwendet, etwa zur Erzeugung von Stadtgas, allerdings dann unter Nutzung von Kohle. Ihren Platz bei der häuslichen Wärmeversorgung konnte die Bioenergie aber weitgehend behaupten. So setzten sich beispielsweise Heizöl oder Erdgas als Brennstoffe in großem Stil erst nach dem 2. Weltkrieg in Deutschland durch. Aber auch dann behielt Brennholz immer noch einen gewissen Stellenwert, wenn auch zunehmend als Zusatzbrennstoff für Kamine oder Kachelöfen. Erst in den 1980er Jahren kam es zu einer Renaissance der Bioenergie, als im Zuge der Diskussion um eine zukünftige umweltverträgliche Energieerzeugung regenerative Energien intensiver diskutiert wurden. Maßgebliche Impulse

kamen dabei u.a. aus Österreich, wo konventionelle Holzöfen intensiv weiterentwickelt und neue Technologien, etwa automatische Hackschnitzelheizungen oder – in den 1990er Jahren – Pelletzentralheizungen entwickelt wurden. In Dänemark wurden vorwiegend Strohheizungen in unterschiedlichen Leistungsklassen erprobt und am Markt eingeführt.
Auch die energetische Nutzung von Faulgasen (insbesondere CH_4) aus organischer Substanz hat eine lange Geschichte. So gibt es historische Hinweise darauf, dass bereits im 10. Jahrhundert v.u.Z. in Assyrien Biogas zur Beheizung von Badewasser in öffentlichen Bädern genutzt wurde. Marco Polo berichtete über die geschlossenen Behälter, in denen in China aus Abwasser ein Gas erzeugt wurde. Eine wissenschaftliche Erforschung der natürlichen Methanbildung begann im 16. Jahrhundert, als der Naturforscher Alessandro Volta Verbrennungsversuche mit Sumpfgas durchführte. Im 19. Jahrhundert führte Pasteur Versuche zur Biogasgewinnung aus Kuhmist durch und entdeckte mit Hoppe-Seyler die mikrobiologische Bildung von CH_4 bzw. CO_2 aus Acetat. 1897 ist der Bau einer ersten Biogasanlage für ein Lepra-Krankenhaus in Bombay/Indien dokumentiert, in der organische Abfälle und pflanzliche Materialien als Ausgangssubstrat genutzt wurden [47]. Das erzeugte Biogas wurde zur Beleuchtung (Gasbrenner) verwendet und ab 1907 zum Betrieb eines Motors für die Stromerzeugung genutzt.
1910 begann in Deutschland der Klärtechniker Imhoff mit dem Bau anaerober, zweistöckiger Abwasserreinigungsanlagen. 1937 hatten die Städte Halle, Pforzheim, Essen, Erfurt, Pössneck, München und Heilbronn ihre städtischen Fuhrparks auf Biogasbetrieb umgestellt. Während des Zweiten Weltkriegs wurde in Deutschland versucht, die Gasproduktion mit organischen landwirtschaftlichen Abfallstoffen zu erhöhen, also Verfahren anzuwenden, die wir heute als Kofermentation bezeichnen. Erst in der Nachkriegszeit wurde die Landwirtschaft als potenzieller Lieferant für Biogas entdeckt. In den 50er Jahren wurden etwa 50 Biogasanlagen in Deutschland erstellt, wobei aber viele nach kurzer Betriebszeit wegen mangelhafter Funktion wieder stillgelegt wurden. Der sinkende Ölpreis in den 1950er und 60er Jahren führte zur Schließung vieler Biogasanlagen.
Mit der Ölkrise im Jahr 1972/73 stieg das Interesse an der Biogasnutzung wieder an, allerdings nur in einem aus heutiger Sicht bescheidenen Umfang. So wurden 1985 in Deutschland 75 Anlagen erfasst. Ein dritter Aufschwung für die Biogasnutzung begann Anfang der 90er Jahre durch die gesetzliche Regelung der Einspeisevergütung für Strom aus Biogas und die Rahmenbedingungen des Kreislaufwirtschafts- und Abfallgesetzes. Die Novellierung des Stromeinspeisegesetzes im Jahr 2000 in Form des Erneuerbare-Energien-Gesetzes (EEG) führte zu einem weiteren deutlichen Schub im Bereich von Vergärungsanlagen von Reststoffen wie Gülle und organischen Abfällen. In verschiedenen Stufen novelliert setzte das EEG zunächst neue Schwerpunkte bei der Vergärung nachwachsender Rohstoffe, wodurch sich die Anzahl der Biogasanlagen schnell erhöhte. So waren Ende des Jahres 2014 in Deutschland etwa 8.000 Biogasanlagen in Betrieb, die eine gesamte elektrische Leistung von rund 4.100 Megawatt besitzen.
So erfreulich diese Entwicklung aus der Perspektive der regenerativen Energien war, wurde zunehmende Kritik am beschleunigten Ausbau der Bioenergie laut, die sich

vorrangig am Thema Biogas manifestierte. Die wichtigsten Argumente der Kritiker waren und sind:

- Der Einsatz nachwachsender Rohstoffe in Biogasanlagen führt zu einer zunehmenden Flächenkonkurrenz zum Nahrungsmittelanbau. Diese „Teller-oder Tank“ Diskussion führte in den vergangenen Jahren dazu, dass die Anbauflächen für Energiepflanzen durch europäische und/oder nationale Verordnungen und Vorschriften deutlich begrenzt wurden. So stagniert die Anbaufläche für Energiepflanzen in Deutschland seit 2012 bei etwa 2,2 Mio. ha, nachdem sie in den Vorjahren deutlich angestiegen war. Zum Vergleich: im Jahr 2004 wurden auf lediglich 800.000 ha Energiepflanzen angebaut. [19]
- In Deutschland führte der Biogasboom zu einem spürbaren Zuwachs an Maisanbauflächen, da sich Mais durch eine hohe Flächenproduktivität und eine gute Vergärbarkeit auszeichnet. In einigen Regionen Deutschlands, in denen bislang Mais bereits als Futterpflanze angebaut wurde, führte dies zu einer starken Zunahme der Maisanbaufläche. In anderen Regionen kam es erst durch die Errichtung von Biogasanlagen zu einem Maisanbau. Die damit verbundene Veränderung des Landschaftsbildes wurde und wird von einigen Bürgern nicht akzeptiert.
- Ebenso sank die generelle Akzeptanz für Biogasanlagen in der Öffentlichkeit. Sorgen über Geruchs- und Lärmbelästigungen aus dem Anlagenbetrieb oder über ein Zunahme des Verkehrsaufkommens durch die erforderlichen Substrat- und Gärresttransporte waren und sind die Hauptkritikpunkte der Biogasgegner.
- Schließlich wurde der Ausbau der Bioenergie durch die generelle Diskussion um die Auswirkungen der EEG-Umlage auf die Strompreise spürbar gehemmt. Ausgelöst durch diese Strompreisdiskussion wurde das Erneuerbare-Energien-Gesetz 2016 grundlegend novelliert und Bioenergieprojekte vorrangig über Ausschreibungsmodelle vergeben (vgl. Kasten).

→ Bioenergie im EEG 2016

Ab dem 1. September 2017 werden jährlich maximal 150 MW zusätzliche elektrische Leistung für Bioenergieanlagen ausgeschrieben. Um diesen Leistungspool müssen sich alle Interessenten, die neue Bioenergieanlagen errichten wollen, bewerben. Eine Ausnahme bilden kleine Anlagen mit maximal 150 kW elektrischer Leistung, für die es nach wie vor feste Vergütungssätze pro kWh eingespeisten Strom gibt. Im Rahmen des Angebotsverfahrens müssen die Bieter einen verbindlichen Preis für die erzeugte Kilowattstunde Strom anbieten, wobei der maximale Angebotspreis für Neuanlagen auf 14,88 Ct/kWh begrenzt ist. Der Bieter mit dem niedrigsten Gebot erhält dann den ersten Zuschlag, danach das zweitniedrigste Angebot usw. bis die Ausschreibungsgrenze von 150 MW elektrischer Leistung erreicht ist. Auch hinsichtlich der Einsatzstoffe gibt es Begrenzungen, so wird u.a. Altholz nicht mehr als EEG-förderfähig eingestuft; im Biogasbereich wird der zulässige Maisanteil am Substrateinsatz sukzessive von 50 Prozent im Jahr 2017 auf 44 Prozent im Jahr 2022 abgesenkt.

Durch die Neuregelungen des EEG 2016 wird der Bioenergieausbau in Deutschland weitgehend gestoppt: während zukünftig pro Jahr lediglich 150 MW an neuer elektrischer Leistung installiert werden können, wurden im Jahr 2014 allein im Biogasbereich Anlagen mit einer elektrischen Gesamtleistung von rund 350 MW in Betrieb genommen. Im Boomjahr 2011 waren es mehr als 1,2 GW.
Auch der Biokraftstoffbereich wurde durch die Diskussion um eine nachhaltige Bioenergienutzung verändert. Die Sorge um wachsende Importe von Rohstoffen wie Palm- oder Sojaöl aus Entwicklungsländern nach Europa und die bereits angesprochene Teller/Tank-Diskussion führten zu einer grundlegenden Neubewertung der europäischen Biokraftstoffstrategie. So wurde das ursprüngliche Ziel aufgegeben, den Biokraftstoffanteil in den Mitgliedstaaten der Europäischen Union bis 2020 auf 20 Prozent zu erhöhen. In der im April 2009 verabschiedeten Richtlinie 2009/28/EG zur Förderung der Nutzung von Energie aus erneuerbaren Quellen [12] wird ein neues Ausbauziel für den Anteil erneuerbarer Energieträger im Verkehrssektor definiert, nach dem der Anteil erneuerbarer Energien ab 2020 mindestens 10 Prozent gemessen am Energiegehalt des Gesamtkraftstoffverbrauchs betragen muss. Zwar lässt die Richtlinie grundsätzlich offen, auf welchen Weg dieses Ziel erreicht werden kann, doch wird deutlich, dass mit Blick auf den nahen Zeitpunkt und dem derzeitigen Stand der Technologieentwicklung ein wesentlicher Teil dieses Beitrags über Biokraftstoffe bereitgestellt werden muss.
Um der Diskussion um die Nachhaltigkeit der verstärkten Nutzung von Biokraftstoffen Rechnung zu tragen, änderte die Europäische Kommission im September 2015 die o.g. Richtlinien 2009/28/EG und die Kraftstoffqualitätsrichtlinie 98/70/EG [13]. An dieser Stelle soll nicht auf alle Einzelheiten eingegangen werden, wichtig für die Entwicklung des Biokraftstoffmarkts in Europa sind aber folgende Aspekte:

- So setzt die europäische Kommission verstärkt auf die Nutzung von Rest- und Abfallstoffen zur Biokraftstofferzeugung. Dagegen soll der Anteil von Biokraftstoffen aus Anbaubiomasse auf 7 Prozent (bezogen auf den Energiegehalt der Kraftstoffe) begrenzt werden.
- Zentraler Punkt der Nachhaltigkeitskriterien ist die Festlegung verbindlicher Treibhausgasminderungsziele für die Biokraftstoffproduktion. Die Erfüllung dieser Vorgaben stellt eine Voraussetzung zur Anrechenbarkeit der Biokraftstoffe auf die nationalen Biokraftstoffquoten dar. So muss Treibhausgasbilanz von Biokraftstoffen bis Ende 2017 um mindestens 35 Prozent geringer sein als der jeweilige Vergleichswert fossiler Kraftstoffe. Diese Zielvorgaben steigen ab 2018 auf 50 Prozent an und betragen für Neuanlagen bereits jetzt 60 Prozent.
- Für die Erstellung der Treibhausgasbilanz ist der gesamte Lebensweg eines Biokraftstoffs vom Anbau über den Transport bis hin zur Verarbeitung anzusetzen.

Diese Vorgaben sowie die geplante Umstellung der mengenbezogenen Biokraftstoffquote – z.B. in Deutschland 7 Prozent Beimischung von Biodiesel zu fossilem Dieselkraftstoff – auf eine treibhausgasbezogene Quote machen die Treibhausgasbilanz von Biokraftstoffen zukünftig zu einem wichtigen Wettbewerbskriterium [33]. In Deutschland sind die europäischen Vorgaben in der Biokraftstoff-Nachhaltigkeitsverordnung [57] umgesetzt.

7.2 Thermochemische Umwandlung

Bei der thermochemischen Umwandlung der Biomasse werden die organischen Stoffe unter dem Einfluss von Wärme in gasförmige, flüssige bzw. feste Energieträger überführt. Je nach Ablauf des Umwandlungsprozesses unterscheidet man Verkohlung, Pyrolyse (oder Verflüssigung), Vergasung und Verbrennung.

7.2.1 Verbrennung

Der Verbrennungsvorgang eines Festbrennstoffs lässt sich durch folgende vier Teilprozesse charakterisieren: Aufheizung/Trocknung, Pyrolyse, Vergasung und Verbrennung. Diese Teilprozesse laufen zeitlich versetzt auf verschiedenen Temperaturniveaus ab und zeichnen sich durch einen unterschiedlich hohen Sauerstoffbedarf aus, der durch die Luftüberschusszahl λ charakterisiert ist, vgl. Abb. 7.2. Zwar stellen die Teilprozesse Aufheizung/Trocknung, Pyrolyse und Vergasung nur die Anfangsphasen einer vollständigen Verbrennung dar, dennoch beeinflussen sie den gesamten Verbrennungsvorgang. Ihre Bedeutung für den Verbrennungsablauf hängt dabei von der eingesetzten Verbrennungstechnik, den Brennstoffeigenschaften und den Verbrennungsbedingungen ab.

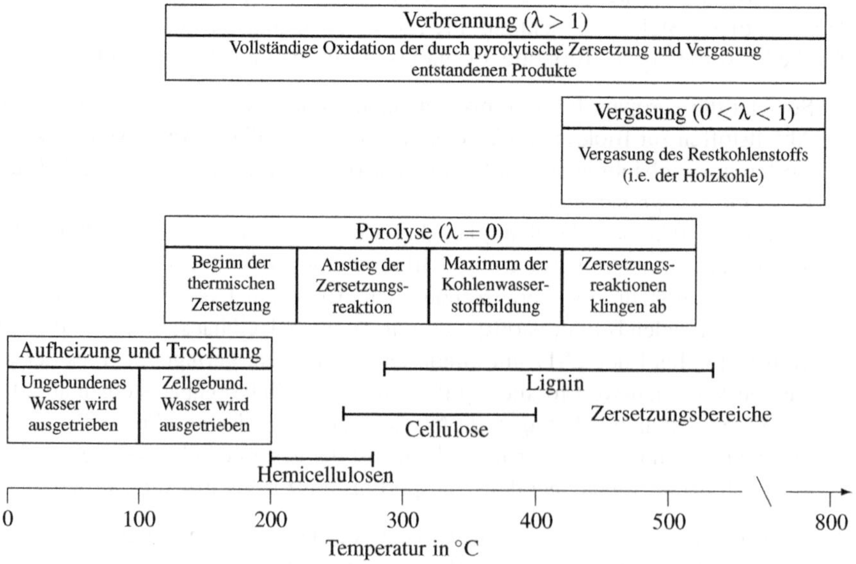

Abb. 7.2 Ablauf des Verbrennungsprozesses, nach [27]

Um die Qualität des Verbrennungsprozesses zu verbessern, die Effizienz zu steigern und die Emissionen zu verringern, wird angestrebt, die einzelnen Teilprozesse durch eine entsprechende Konstruktion der Feuerung zeitlich und räumlich voneinander zu trennen. Gut gelingt diese Trennung bei größeren Rostfeuerungen, in denen die genannten Teilprozesse auf verschiedenen Rostabschnitten ablaufen können. Naturgemäß sind die konstruktiven Möglichkeiten bei kleinen Biomassefeuerungen, etwa bei Holzöfen, begrenzt. Dennoch lässt sich auch hier eine zeitliche Trennung zwischen der Verbrennung der flüchtigen Bestandteile und der thermischen Umsetzung des festen Rückstands erreichen. Diese zeitliche Trennung gelingt um so besser, je kleiner die Biomassepartikel sind (Hackschnitzel, Pellets), während es bei der Verbrennung von grobstückigem Material wie Scheitholz zu einer starken Überlagerung der Teilprozesse kommt. Zum besseren Verständnis der komplexen Abläufe in einer Biomasse-Feststoffverbrennung werden nachfolgend die vier Teilschritte erläutert.

Aufheizung und Trocknung

Bei Temperaturen unterhalb von 100 °C beginnt das im Brennstoff enthaltene Wasser zu verdampfen. Da zum Austreiben des Wassers und seiner Verdampfung Energie benötigt wird, verringert dieser Prozess die Temperatur im Brennraum, wodurch sich der Verbrennungsprozess verlangsamt. Im Extremfall kann der Verbrennungsprozess vollständig zum Erliegen kommen. So lässt sich z.B. Holz mit einem Wassergehalt von mehr als 60 % nicht mehr verbrennen, da das feuchte Holz so viel Energie zur Wasserverdampfung benötigt, dass die Temperatur im Brennraum unter die Minimaltemperatur absinkt, die zum Aufrechterhalten des Verbrennungsvorgangs erforderlich ist. Hier zeigt sich erneut der große Einfluss des Wassergehalts auf die Verbrennungseigenschaften von Biomasse (siehe auch Kap. 3.3.3).

Pyrolyse

Unter Pyrolyse versteht man die thermische Zersetzung eines Festbrennstoffs unter Luftabschluss (Luftüberschusszahl $\lambda = 0$), d.h. ausschließlich unter Einwirkung von Wärme. Hierbei kommt es zu einer Aufspaltung der langkettigen organischen Verbindungen, etwa von Cellulose, in kurzkettige Kohlenwasserstoffmoleküle. Biomasse enthält z.T. hohe Anteile an Sauerstoff (Holz z.B. 44 % O_2), daher kann es sich bei diesen Zersetzungsreaktionen trotz des fehlenden Luftsauerstoffs um Oxidationsreaktionen handeln [34]. Dabei bilden sich drei Produkte:

- Pyrolysekohle („Holzkohle") als fester Rückstand,
- Pyrolyseöl („Teer") als flüssige Komponente und
- Pyrolysegas als gasförmiges Produkt, das neben gasförmigen Kohlenwasserstoffverbindungen auch CO_2 enthält.

Diese Pyrolyseprodukte können getrennt genutzt werden. Das bekannteste Beispiel ist die Erzeugung von Holzkohle, die in vielen Ländern Afrikas und Asiens als traditioneller Energieträger zum Kochen und Heizen auch heute noch starke Verbreitung besitzt. Pyrolyseöle können – mit allerdings nicht unerheblichem verfahrenstechnischen Aufwand – zu hochwertigen Biokraftstoffen aufbereitet werden oder sie finden in Industriefeuerungen zur Wärme- und Stromerzeugung Verwendung, wo sie Schweröl substituieren. Das Pyrolysegas wird ebenfalls zur Wärme- und Stromerzeugung genutzt oder dient als Ausgangsstoff für weitere Syntheseprodukte wie Methanol.

Vergasung

Wird der in einem Festbrennstoff gebundene Kohlenstoff unter Sauerstoffzugabe nicht zu Kohlendioxid sondern zu Kohlenmonoxid oxidiert, also nur teilverbrannt, so spricht man von einer Vergasung. Die Luftüberschusszahl λ liegt hier in einem Bereich von $0 < \lambda < 1$. Im Gegensatz zur Pyrolyse, deren Optimierung mit Blick auf eine maximale Ausbeute an Pyrolysekoks oder -öl erfolgt, ist es Ziel der Vergasung, einen möglichst hohen Gasertrag zu erzielen. Hierzu werden Prozesstemperaturen von 800 - 1.100 °C benötigt. Das erzeugte Gas enthält vorrangig CO, CO_2, H_2O, H_2, CH_4 und andere Kohlenwasserstoffe. Im einfachsten Fall wird das erzeugte Produktgas direkt in einem Kessel verbrannt und so Wärme oder Dampf gewonnen. Weitaus interessanter ist allerdings der Einsatz des Produktgases in Verbrennungsmotoren oder Gasturbinen zur Kraft-Wärme-Kopplung. Hierzu ist eine vorgeschaltete Gasreinigung erforderlich, um die im Rohgas enthaltenen Verunreinigungen (vor allem Staub, Teere und alkalische Elemente) zu entfernen. Hohe Anforderungen an die Gasreinheit stellt auch eine Synthese des Produktgases zu Methanol oder zu synthetischen Kraftstoffen.

Verbrennung

Die letzte Stufe in der thermischen Zersetzung eines Festbrennstoffs stellt die Verbrennung dar, die die vollständige Oxidation der brennbaren Gase mit Sauerstoff zu Kohlendioxid und Wasser zum Ziel hat. Die Verbrennung ist exotherm und liefert die Energie, die für die vorgeschalteten, überwiegend endothermen Teilprozesse benötigt wird. Verbrennungsreaktionen laufen bei Temperaturen ab 700 °C bis 1.400 °C ab. Kommt es dabei zu einer vollständigen Oxidation sämtlicher oxidierbarer Bestandteile des Brennstoffs, so handelt es sich um eine vollständige Verbrennung. Voraussetzung hierfür ist, dass die Luftüberschusszahl $\lambda \geq 1$ ist, so dass sich das zuvor gebildete Kohlenmonoxid und die in der Gasphase enthaltenen Kohlenwasserstoffe unter Bildung von Zwischenprodukten (wie Wasserstoff oder Methan) zu Kohlendioxid und Wasser umsetzen. Der Abbau der Kohlenwasserstoffe erfolgt unter Bildung von Kohlenmonoxid als Zwischenprodukt, das dann in einer weiteren Reaktion zu CO_2 reagiert. Bei Luftmangel ($\lambda < 1$) verbleiben nach Ablauf der Oxidationsreaktionen noch un- oder teiloxidierte Brennstoffmengen, wie etwa Kohlenmonoxid. In diesem Fall spricht man von einer unvollständigen Verbrennung.

Neben der Oxidation in der Gasphase, die durch eine Flammenbildung gekennzeichnet ist, kommt es zu der sogenannten flammenlosen Verbrennung, die im Endstadium des Verbrennungsvorgangs auftritt. Hier wird der aus der Pyrolysestufe gebildete feste Kohlenstoff im Glutbett zunächst vergast und dann in der Gasphase aufoxidiert. Als fester Verbrennungsrückstand verbleibt Asche.

7.2.2 Emissionen aus der Biomasseverbrennung

Die bei der Verbrennung fester Biomasse entstehenden Emissionen stammen zum einen aus dem Verbrennungsprozess, zum anderen werden sie in Form von Spurenelementen oder Brennstoffverunreinigungen als Schadstoffe in die Verbrennung eingetragen und dann als luftgetragene Emissionen freigesetzt. Die Emissionen aus dem Verbrennungsprozess lassen sich in Emissionen aus einer vollständigen Verbrennung und Emissionen aus einer unvollständigen Verbrennung unterteilen: Emissionen aus einer vollständigen Verbrennung sind Kohlendioxid und Wasserdampf. Bei den Emissionen aus einer unvollständigen Verbrennung handelt es sich insbesondere um Kohlenmonoxid, Kohlenwasserstoffe und Ruß als brennbarem Anteil der Staubemissionen.
Da die Konzentration von Kohlenmonoxid CO in einem Abgasstrom leicht messbar ist, wird CO als Indikator für die Güte einer Verbrennung herangezogen. Bei den Kohlenwasserstoffen handelt es sich um eine Stoffgruppe, die häufig die eigentliche Ursache für Geruchsbelästigungen aus Biomassefeuerungen sind. Darüber hinaus können sie in größeren Konzentrationen gesundheitsschädlich sein. Als Ruß werden sehr feine Feststoffpartikel aus überwiegend reinem Kohlenstoff bezeichnet. Aufgrund ihrer geringen Größe sind diese Partikel lungengängig und gelten als krebserregend. Ziel einer umweltfreundlichen Biomasseverbrennung muss es daher sein, die Entstehung von Emissionen so weit wie möglich zu vermeiden und ihre Freisetzung zu verhindern. Allgemein beruhen die Emissionen aus einer unvollständigen Verbrennung auf folgenden Ursachen:

- unzureichende Vermischung von Verbrennungsluft und Brennstoff im Brennraum, wodurch sich lokal Zonen mit einem Brennstoffüberschuss bilden können,
- ein insgesamt zu geringer Sauerstoffgehalt im Brennraum,
- zu niedrige Verbrennungstemperaturen,
- zu kurze Verweilzeiten der Brenngase in der Brennkammer.

In einem realen Verbrennungsprozess sind diese einzelnen Einflüsse komplex miteinander verknüpft. Die grundlegenden Zusammenhänge lassen sich aber vereinfacht über die sogenannte *3-T-Regel der Verbrennung* beschreiben. Die drei T stehen dabei für:

- Time, d.h. die Verweilzeit der Verbrennungsgase in der heißen Zone,
- Temperature, d.h. die Temperatur im Verbrennungsraum,
- Turbulence, d.h. für eine möglichst turbulente, intensive Vermischung von Brenngas und Luft in der Brennkammer.

In den Fällen, in denen ausreichend Sauerstoff zur Verfügung steht, stellt die Temperatur die bestimmende Einflussgröße für die Qualität der Verbrennung dar. Eine Verbesserung der Sauerstoffzufuhr und -verteilung im Brennraum (Turbulenz) sowie möglichst hohe Brennraumtemperaturen führen zu einer deutlichen Verringerung sämtlicher Emissionen aus der unvollständigen Verbrennung. Die Verweilzeit der Brenngase in der heißen Zone sollte dabei 0,5 bis 3 Sekunden betragen. Große Bedeutung für die Qualität der Verbrennung besitzt der Wassergehalt der eingesetzten Brennstoffe. So führen zu feuchte Brennstoffe zu einer deutlichen Absenkung der Brennraumtemperatur und damit zu einer Verlangsamung der ablaufenden Verbrennungsreaktionen. Ferner führt der hohe Anteil an Wasserdampf zu einer Erhöhung des Abgasvolumenstroms, woraus sich die Verweilzeit der Gase in der Brennkammer zwangsläufig verringert und die Verbrennung nicht vollständig ablaufen kann.

Tabelle 7.1 Wichtige Emissionen der Biomasseverbrennung und ihre Auswirkungen auf Klima, Umwelt und Gesundheit, vereinfacht nach [55]

Stoff	Biomassequelle	Klima-, Umwelt- und Gesundheitseinflüsse
CO_2	Hauptverbrennungsprodukt aller Biomassen	Klima: Direktes Treibhausgas; CO_2-Emissionen der Biomasseverbrennung werden jedoch hinsichtlich des Treibhauseffekts als CO_2-neutral betrachtet, da Biomasse eine erneuerbare Energie ist.
CO	Unvollständige Verbrennung aller Biomassen	Klima: Indirektes Treibhausgas aufgrund von O_3 Bildung. Gesundheit: Verringerte Sauerstoffaufnahme beeinflusst insbesondere Personen mit Asthma sowie Embryonen (Erstickungsgefahr).
CH_4	Unvollständige Verbrennung aller Biomassen	Klima: Direktes Treibhausgas; indirektes Treibhausgas aufgrund von O_3-Bildung.
NMVOC[1]	Unvollständige Verbrennung aller Biomassen	Klima: Direktes Treibhausgas; indirektes Treibhausgas aufgrund von O_3-Bildung. Gesundheit: Negative Auswirkungen auf das Atemsystem.
Partikel	Ruß, Kohle und kondensierte langkettige Kohlenwasserstoffe aus unvollständiger Verbrennung aller Biomassen; Flugasche und Salze	Klima und Umwelt: Umgekehrter Treibhauseffekt aufgrund von Aerosolbildung; indirekte Effekte von Schwermetallkonzentrationen in Ablagerungen. Gesundheit: Negative Effekte auf die Atemwege; kanzerogene Gefahren.
NO_x	Nebenprodukte der Verbrennung von allen Biobrennstoffen, die Stickstoff enthalten; zusätzliches NO_x kann aus dem Luftstickstoff unter bestimmten Bedingungen gebildet werden	Klima und Umwelt: Indirektes Treibhausgas aufgrund von O_3-Bildung; umgekehrter Treibhauseffekt aufgrund von Aerosolbildung; saurer Regen; Bildung von Smog; Korrosion und Materialschäden. Gesundheit: Negative Effekte auf die Atemwege; NO_2 ist giftig.

Zu den Emissionen aus Spurenelementen und Verunreinigungen zählen neben luftgetragenen Aschepartikeln (als nicht brennbarem Teil der Staubemissionen) vor allem Schwermetalle (wie Kupfer, Blei, Zink und Cadmium), Schwefel-, Chlor- und Kaliumverbindungen (wie SO_2, HCl, KCl), Dioxine und Furane sowie Stickstoff-

[1] Non Methane Volatile Organic Components

verbindungen (NO, NO_2, HCN, NH_3 und N_2O). Hierbei haben die Stickoxidemissionen (NO und NO_2) – zusammengefasst zu NO_x – eine besondere Bedeutung. Bei der Biomasseverbrennung wird, im Gegensatz zu Öl- und Erdgasfeuerungen, die Höhe der NO_x- Emissionen im Wesentlichen durch den Stickstoffanteil im Brennstoff bestimmt. Hier bestehen zwischen einzelnen Bioenergieträgern große Unterschiede: während Holz einen geringen Stickstoffanteil von lediglich rund 0,15 Prozent aufweist, liegt er bei Stroh bei ca. 0,45 Prozent und bei proteinreichen Rohstoffen, wie etwa Rapskörnern oder Rapspresskuchen, bei bis zu 4 Prozent [18]. Dieser Brennstoffstickstoff wird allerdings bei der Verbrennung zum Großteil in molekularen Stickstoff N_2 und nicht in NO_x umgewandelt. Ein sehr geringer Anteil des Stickstoffs wird in der Asche eingebunden. Eine weitere Quelle der Stickoxidbildung bei der Verbrennung stellt die Reaktion des mit der Verbrennungsluft eingetragenen Stickstoffs mit Sauerstoff dar. Hierfür sind allerdings sehr hohe Temperaturen von mehr als 1.300 °C erforderlich, die bei der Verbrennung von Biomasse nur kurzzeitig und örtlich in der Brennkammer auftreten. Daher spielt dieser Bildungsmechanismus bei der Biomasseverbrennung eine deutlich geringere Rolle als bei der Verbrennung von an sich stickstofffreien Brennstoffen wie Heizöl oder Erdgas. Tab. 7.1 fasst die wichtigsten Emissionen der Biomasseverbrennung, ihre Quellen sowie ihre Auswirkungen auf Umwelt, Klima und Gesundheit zusammen.

7.2.3 Anwendungsbereiche und Technologien zur Wärme- und Stromerzeugung

Biomasse stellt aufgrund ihres im Vergleich zu fossilen Energieträgern niedrigen Energiegehalts, ihres höheren Wassergehalts und ihrer geringen Schüttdichte eine regionale Energiequelle dar. In vielen Fällen ist ein Transport über lange Strecken aufgrund der geringen Energiedichte der Biomasse unwirtschaftlich. Daher werden Bioenergieträger heute vorwiegend in dezentralen Energieerzeugungsanlagen eingesetzt. Biomasseverbrennungsanlagen decken einen weiten Leistungsbereich ab, der von kleinen Feuerungen zur Raumheizung bis hin zu größeren Kraftwerken reicht (vgl. Abb. 7.3).
Große Marktbedeutung haben die privaten Holzfeuerungen, die i.A. als Kleinfeuerungen bezeichnet werden. Der Begriff Kleinfeuerungen umfasst an dieser Stelle – abweichend von der Definition im deutschen Immissionsschutzrecht – Anlagen mit thermischen Leistungen von wenigen kW im Bereich von Kaminen und Öfen bis hin zu Zentralheizungssystemen mit 100 kW thermischer Leistung. Dazu gehören Holzfeuerungen wie Kamine und Kaminofeneinsätze, Scheitholzöfen, Pelletöfen oder Zentralheizungskessel für Scheitholz, Pellets und Hackschnitzel.
Eine Charakterisierung der verschiedenen Feuerungsarten kann zum einen nach der Art der Wärmeabgabe erfolgen:

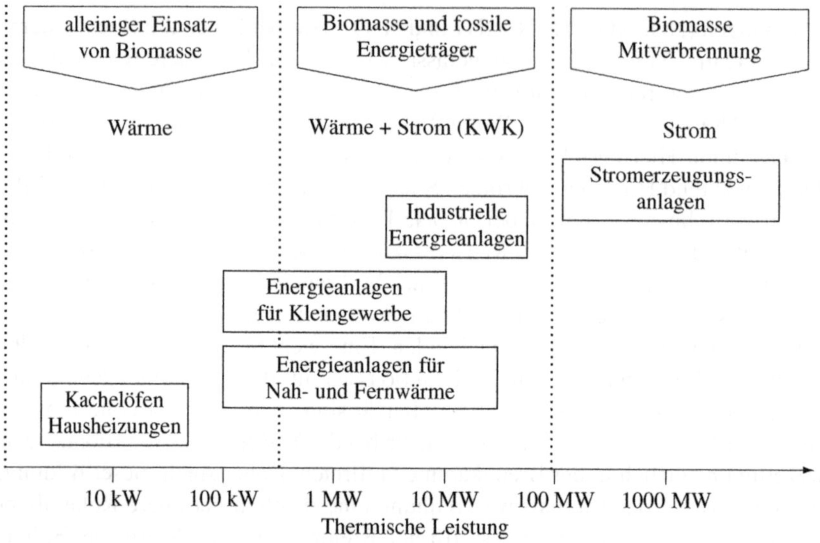

Abb. 7.3 Einsatzbereiche von Biomassefeuerungssystemen

- Bei Kaminen, Kaminöfen und Küchenherden handelt es sich um sogenannte *Einzelfeuerstätten*, die ihre Wärme bauartbedingt hauptsächlich in den Aufstellraum abgeben. Sie dienen damit vorrangig als Zusatzheizung.
- Als *erweiterte Einzelfeuerstätten* gelten Feuerungen, die eine Wärmenutzung auch außerhalb des Aufstellraums ermöglichen; hierzu zählen neben Zentralheizungsherden auch Pelletöfen mit integriertem Wasserwärmetauscher. Je nach konstruktiver Ausführung geben diese Systeme ca. 30 - 60 Prozent der erzeugten Wärme in den Aufstellraum ab. Sie eignen sich zur alleinigen Wärmeversorgung von Etagenwohnungen oder von Niedrigenergiehäusern.
- Bei *Zentralheizungskesseln* handelt es sich um wasserführende Systeme, die ihre Wärme nur außerhalb des Aufstellraums abgeben. Zentralheizungskessel sind mit einem Wasserwärmeübertrager ausgestattet und an einen Heizkreislauf angeschlossen, über den der geregelte Wärmetransport zu den Heizflächen der jeweiligen Räume erfolgt. Die Wärmeabstrahlung von der Geräteoberfläche in den Heizraum ist hier unerwünscht und daher als Verlustgröße anzusehen. Sie muss durch entsprechende Verkleidung und Wärmedämmung des Kessels minimiert werden.

Zum anderen können die Anlagen nach Art der Feuerungstechnik in hand- und automatisch beschickte Anlagen eingeteilt werden: Bei handbeschickten Feuerungen erfolgt die Brennstoffzufuhr diskontinuierlich, die Verbrennung chargenweise. In automatisch beschickten Anlagen wird ein durch Zerkleinerung oder Pelletierung hergestellter, leicht dosierbarer Brennstoff eingesetzt. In Verbindung mit einer kontinuierlichen, automatischen Brennstoffzufuhr kann eine weitgehend gleichmäßige Verbrennung mit konstanter Leistung gewährleistet werden.

Aufgrund der diskontinuierlichen Brennstoffzugabe weisen manuell beschickte Feuerungen im Vergleich zu Anlagen mit automatischer Brennstoffzufuhr deutlich ausgeprägtere Schwankungen im Verbrennungsablauf und in der Verbrennungsqualität auf. Dies gilt insbesondere für Anlagen ohne Gebläse („Naturzuganlagen"), zu denen die meisten Einzelfeuerstätten zählen. Hier schwanken die Randbedingungen der Verbrennung zwischen zwei Nachlegezeitpunkten erheblich. So bewirkt das Nachlegen von neuem kalten und noch feuchtem Brennstoff in Verbindung mit dem Öffnen der Brennraumtür zunächst eine Abkühlung im Brennraum. Während der anschließenden Abbrandphase nimmt das Füllvolumen im Feuerraum stetig ab, weshalb man auch vom „Chargenabbrand" spricht. Beim Chargenabbrand lassen sich drei zeitlich versetzt ablaufende Phasen unterscheiden:

- die Anfahrphase, in der der Ofen oder Kessel seine Betriebstemperatur noch nicht erreicht hat, so dass es zu erhöhten Emissionen an unverbrannten Stoffen (u.a. Kohlenwasserstoffe, Kohlenmonoxid) kommen kann,
- die stationäre Phase mit annähernd konstanter Leistung, in der die Betriebstemperatur erreicht ist und es bei geeigneter Zuführung der Verbrennungsluft zu einem guten Ausbrand der biogenen Festbrennstoffe kommt,
- die Ausbrandphase, in der schließlich die am Ende des Abbrandes zurückbleibende Holzkohle umgesetzt wird. Da in dieser Phase die Feuerungsleistung und Verbrennungstemperatur ebenfalls absinken, können die Emissionen unverbrannter Gase wiederum ansteigen. Da aber alle flüchtigen Kohlenwasserstoffe verbrannt sind, kommt es hier zu einem erhöhten Ausstoß an Kohlenmonoxid.

Ferner ändert sich während der Verbrennung das Füllvolumen in der Brennkammer. Als Folge kommt es in der Regel zu einer veränderten Verweilzeit der gebildeten Brenngase und daher zu starken Variationen in der Höhe der gebildeten Emissionen. Um die Qualität der Verbrennung zu verbessern, verfügen auch handbeschickte Feuerungen zunehmend über ein Gebläse, mit dem die zugeführte Menge an Verbrennungsluft dem momentanen Verbrennungszustand angepasst werden kann. Ferner wird versucht, durch konstruktive Maßnahmen einen möglichst gleichmäßigen Abbrand mit entsprechend geringen Emissionen zu erreichen. Hierzu ist es erforderlich, dass das Nachlegen des Brennstoffs und das veränderliche Füllvolumen einen möglichst geringen Störeinfluss auf den Verbrennungsablauf ausüben.
Besonderen Stellenwert in der großen Gruppe der manuell beschickten Feuerungen besitzen Scheitholz-Zentralheizungen, die gerade in ländlichen Regionen stark verbreitet sind und in Zeiten hoher Preise für fossile Energieträger einen starken Nachfragezuwachs erfahren haben. Diese Scheitholzkessel werden in einem weiten Leistungsbereich von 10 bis 800 kW Wärmeleistung angeboten, ihr Haupteinsatzbereich liegt aber bei Leistungen bis 50 kW. Nicht zuletzt auf Grund der zunehmenden Bedeutung von Niedrigenergiehäusern werden auch Anlagen mit weniger als 15 kW Nennwärmeleistung angeboten. Den heute höchsten technischen Standard der Scheitholzfeuerungen stellen Sturzbrandkessel dar. Abb. 7.4 zeigt das Grundprinzip dieser Kesselbauart. Aufgrund ihrer Bauweise, bei der die Verbrennungsgase gezwungen sind abwärts durch Bohrungen in einem keramischen Rost zu strömen, garantieren diese Kessel hohe Wirkungsgrade und niedrige Emissionen.

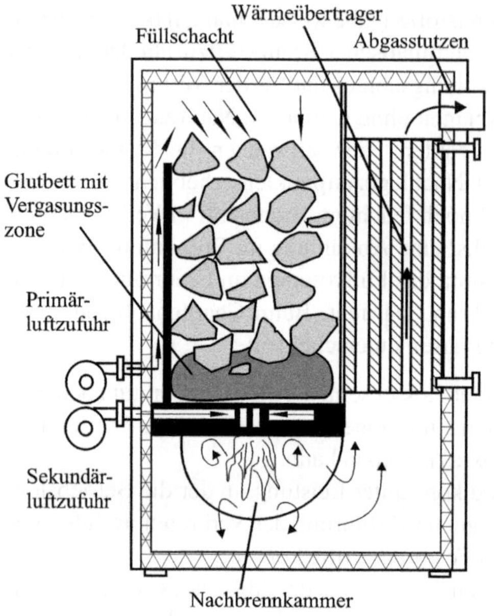

Abb. 7.4 Schnittbild durch einen Sturzbrandkessel

In automatisch beschickten Anlagen wird ein durch Zerkleinerung oder Pelletierung hergestellter, leicht dosierbarer Brennstoff eingesetzt. In Verbindung mit einer kontinuierlichen, automatischen Brennstoffzufuhr kann eine vergleichsweise gleichmäßige Verbrennung mit konstanter Leistung und folglich geringen Emissionen gewährleistet werden. Aufgrund der gleichmäßigen Brennstoffzuführung ist eine an die Brennstoffmenge angepasste Luftmengendosierung möglich; die Temperaturen im Feuerraum bleiben konstant. Im Kleinanlagenbereich werden automatische Feuerungen in Form von Hackschnitzelkesseln oder Pelletöfen und -kesseln angeboten. Die Vorteile der Nutzung von Hackschnitzeln im Vergleich zu Scheitholz sind der automatische Betrieb und die deutlich geringeren Emissionen aufgrund des kontinuierlichen Verbrennungsvorgangs. Der Nachteil ist, dass die Herstellung der Hackschnitzel sowie ihre Lagerung mit höheren Investitionen in die benötigten Maschinen und den Lagerraum verbunden sind.

Pelletöfen und Pelletkessel werden ausschließlich für den Einsatz von pelletierten Brennstoffen gebaut. Sowohl Pelletöfen als auch Pelletkessel besitzen ein Gebläse, das den Verbrennungsprozess durch die Veränderung der Verbrennungsluftmenge regelt. Beide Systeme sind üblicherweise mit einem Brennstoffvorratsbehälter, einem Zuführsystem, einem Verbrennungsluftgebläse, einer Brennkammer und einem Abgasabführungssystem ausgestattet. Ferner verfügen sie über eine vergleichsweise aufwändige Mess- und Regelungstechnik. Abb. 7.5 zeigt die Prinzipskizze eines Pelletofens mit einer Nennleistung von maximal 10 kW.

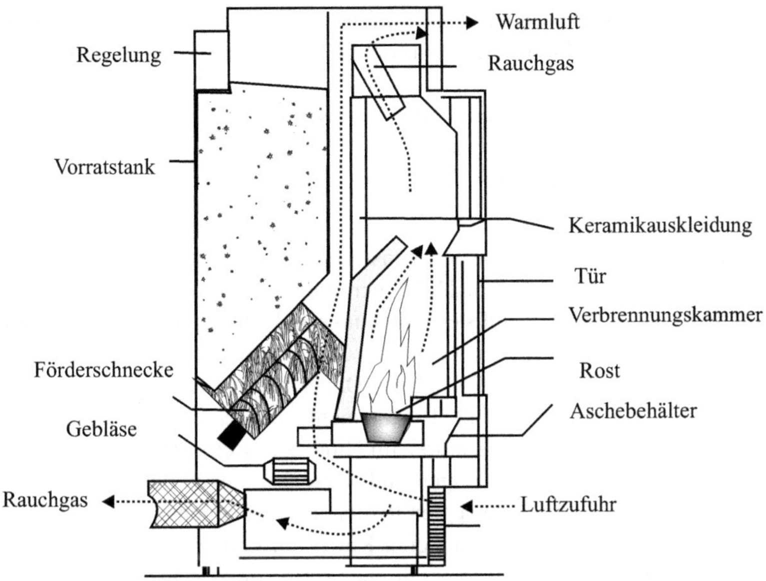

Abb. 7.5 Schnittbild eines Pelletofens

Aufgrund ihrer hohen Schüttdichte zeichnen sich Pellets durch einen geringen Lagerbedarf aus, der diesen Brennstoff gerade für Wohnhäuser interessant macht. Dem komfortablen, weitgehend automatisierten Anlagenbetrieb stehen allerdings höhere Brennstoffkosten im Vergleich zu Scheitholz oder Hackschnitzeln gegenüber.

→ **Weiterlesen**

An dieser Stelle kann nur ein kurzer Abriss dieser interessanten Technologien erfolgen, daher sei für eine detaillierte Darstellung auf das Handbuch Bioenergie-Kleinanlagen verwiesen [18], das auch als kostenfreier Download auf den Seiten der Fachagentur Nachwachsende Rohstoffe `www.bio-energie.de` erhältlich ist.

7.2.4 Verbrennung von Halmgut und Getreide

Besondere Anforderungen an die Feuerungstechnik stellt die Verbrennung von Stroh und anderen Halmgütern sowie von Getreide. So weisen diese landwirtschaftliche Festbrennstoffe zwar im Vergleich zu Holz nahezu den gleichen Heizwert auf, besitzen aber einige wesentliche Nachteile:

- Der Aschegehalt von Getreide beträgt etwa das Drei- bis Vierfache des Aschegehalts von Holz, bei Halmgutbrennstoffen (z.B. Stroh) kann der Aschegehalt sogar das Acht- bis Zehnfache des Gehalts von Holzbrennstoffen ausmachen.

- Bei einigen emissionsrelevanten Schadstoffen, vorrangig bei Stickstoff, Kalium und Chlor sind die Gehalte bei Halmgut- oder Getreidebrennstoffen deutlich höher als bei Holz. Entsprechend ergeben sich deutlich höhere Emissionen.
- Kalium und Chlor erhöhen die Gefahr der Korrosion und Verschlackung im Feuerraum oder an Wärmeübertragerflächen. Dies drückt sich beispielsweise in der Ascheerweichungstemperatur aus, die bei Stroh mit 1.000 °C deutlich niedriger ist als bei Holz (ca. 1.250 °C).

Infolgedessen unterscheiden sich speziell konstruierte Halmgut- und Getreidefeuerungen in verschiedenen Aspekten von Holzfeuerungen gleicher Leistungsgröße. So ist aufgrund des höheren Ascheanfalls eine leistungsstarke Entaschung erforderlich. Um der Gefahr der Verschlackung zu begegnen, sollte die maximale Feuerraumtemperatur nicht mehr als 800 bis 900 °C betragen. Daher werden durch feuerungstechnische Maßnahmen (z.B. durch gekühlte Rostelemente, wassergekühlte Brennraumoberflächen) die Verbrennungstemperaturen im Glut- oder Bettbereich begrenzt.
Eine weitere Möglichkeit, Versinterungen und Verschlackungen auf dem Rost zu vermeiden, bietet der Einsatz von bewegten Rosten, etwa in sogenannten Vorschubrostfeuerungen. Schließlich wird der höheren Korrosionsgefahr dadurch begegnet, dass insbesondere im Bereich der Wärmetauscher korrosionsbeständige Werkstoffe verwendet werden. Die zum Teil deutlich höheren Emissionen, etwa bei Staub und Stickoxiden, erfordern oft zusätzliche Maßnahmen zur Emissionsminderung (z.B. Filter). So ergibt sich ein Bündel an Maßnahmen, das dazu führt, dass diese speziellen Feuerungen deutlich teurer sind als vergleichbare Holzfeuerungen. Dies ist ein Grund dafür, weshalb das Marktangebot an Halmgut- und Getreidefeuerungen im Leistungsbereich unterhalb 100 kW sehr begrenzt ist. Da Halmgut- und Getreidefeuerungen im Leistungsbereich $>$ 100 kW in Deutschland deutlich strengeren Emissionsgrenzwerten unterliegen als Holzfeuerungen, werden diese Brennstoffe zurzeit kaum verwendet.

7.2.5 Verbrennung von Rest- und Abfallstoffen

Die steigende Nachfrage nach Brennholz hat in den vergangenen Jahren zu deutlich gestiegenen Preisen für die verschiedenen Brennstoffsortimente geführt. Entsprechend wächst das Interesse, auch landwirtschaftliche Rest- und Abfallstoffe als Brennstoffe zu nutzen. Allerdings zeigen Erfahrungen aus Forschung und Praxis, dass die für Stroh und Halmgut angesprochenen Emissionsprobleme bei der Nutzung von Reststoffen zum Teil noch deutlicher zu Tage treten.
Ein Beispiel für die energetische Nutzung von landwirtschaftlichen Reststoffen ist die Verbrennung von Pferdemist. Pferdemist setzt sich aus drei unterschiedlichen Fraktionen zusammen: dem Kot, dem Urin und dem verwendeten Einstreu in Form von Stroh oder Holzspänen. Dabei variieren die Anteile – und damit die Brennstoffqualität – je nach Pferderasse und Haltungsart. Zur Vergleichmäßigung der Brennstoffqualität bietet es sich an, den Pferdemist zunächst zu pelletieren. Verbrennungsversuche an derartigen Pferdemistpellets zeigten, dass durch Pelletierung

der Rohstoffe ein Brennstoff entsteht, der den europäischen Normen für Biomassepellets weitgehend entspricht und dessen Verbrennung auch in Kleinanlagen technisch möglich ist. Allerdings führte eine Verbrennung dieser Pellets in handelsüblichen Holzfeuerungen zu spürbar erhöhten Emissionen an Stickoxiden und Staub [41]. Vor dem Hintergrund sich stetig verschärfender Emissionsgrenzwerte für Verbrennungsanlagen dürfen daher die Chancen für den Einsatz derartiger Reststoffe in Kleinfeuerungsanlagen nicht überbewertet werden. Eine Nutzung von landwirtschaftlichen Rest- und Abfallstoffen wird auch zukünftig vornehmlich in größeren, speziell für derartige Brennstoffe zugeschnittenen Anlagen erfolgen können.

7.2.6 Verbrennung von Biomasse in Großfeuerungsanlagen

Folgt man der Einteilung von Biomassefeuerungen nach dem Bundesimmissionsschutzgesetz, so beginnt der Leistungsbereich für Biomasse-Großfeuerungsanlagen beim Einsatz von Holzbrennstoffen bei einer Feuerungswärmeleistung von 1 MW. Für Stroh, Halmgüter und ähnliche Brennstoffe liegt diese Grenze dagegen bei lediglich 100 kW. Grundsätzlich werden in diesem Leistungsbereich folgende Verbrennungstechnologien für Biomasse eingesetzt:

- Festbettverbrennung
- Wirbelschichtverbrennung
- Staubverbrennung.

Die Grundprinzipien dieser Feuerungen sind in Abb. 7.6 dargestellt.

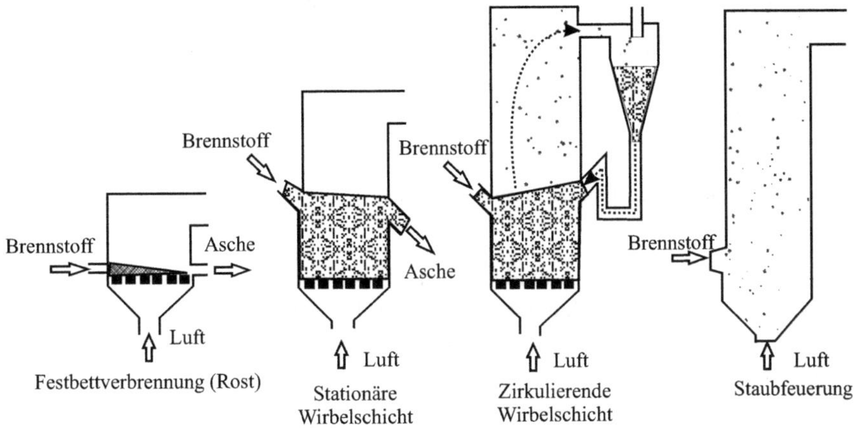

Abb. 7.6 Grundprinzipien von Biomasse-Großfeuerungen

Für die Festbettverbrennung von Biomasse im Leistungsbereich $\geq 1\ MW_{th}$ werden heute überwiegend Rostfeuerungen eingesetzt. Rostfeuerungen stellen geringe An-

forderungen an die Brennstoffqualitäten wie Stückigkeit, Asche- oder Wassergehalt, da die Verweilzeiten des Brennstoffs und die Verbrennungsluftströme über einen weiten Bereich den Brennstoffeigenschaften angepasst werden können. Daher lassen sich auch Brennstoffe mit ungünstigen Verbrennungseigenschaften, wie feuchte Holzreste oder aschereiche Rindenabfälle, in Rostfeuerungen einsetzen. Nachteilig ist, dass Vorschubrostfeuerungen auf Grund der größeren Brennstoffmengen im Feuerraum schlechter regelbar sind und sich daher für schnelle Lastwechsel weniger eignen als etwa Unterschubfeuerungen.
Die für die Biomasseverbrennung am häufigsten anzutreffende Rostbauart ist der in Abb. 7.7 dargestellte Vorschubrost. Durch die Rostbewegung wird das Brenngut

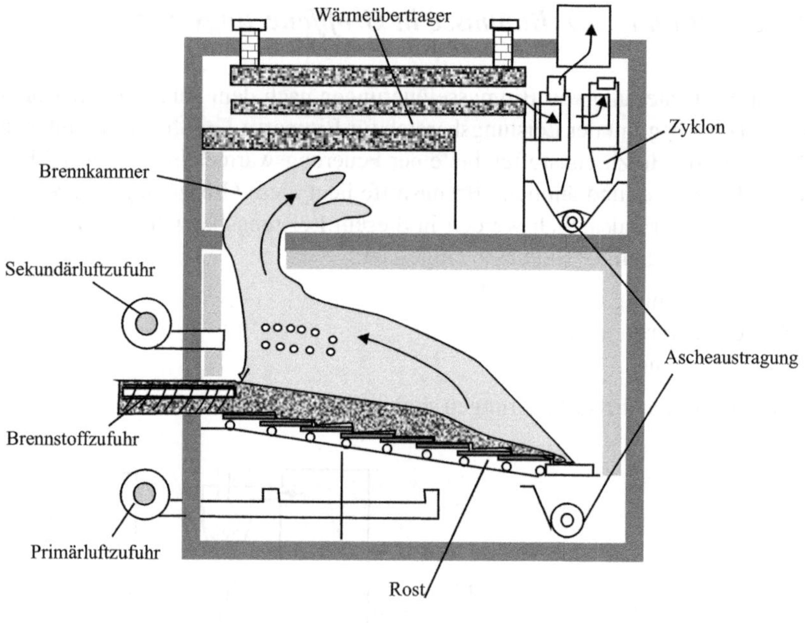

Abb. 7.7 Vorschubrostfeuerung für Biomasse, nach [35]

von der Aufgabe bis zum Rostende gefördert. Es trocknet, pyrolysiert, vergast und verbrennt während der Vorlaufzeit vollständig. Die Primärluft wird unterhalb, die Sekundärluft oberhalb des Rostes und vor den teilweise ausschamottierten Nachbrennzonen eingeblasen.
Für Brennstoffe mit hohem Wassergehalt wird das Prinzip der Unterschubfeuerung mit einem rotierenden Rost kombiniert. Dabei wird der Brennstoff in der Mitte einer kreisförmigen Rostfläche von unten zugegeben. Auch hier übernimmt der Rost die Funktion des Transports und der Vortrocknung des Brennstoffs sowie des Ascheabtransportes [35].
Trotz der aufwändigen Konstruktion und damit höheren Investitionskosten ist heute ein Trend feststellbar, Rostfeuerungen bereits bei kleineren thermischen Leistungen

von 500 kW und darunter einzusetzen, da das einsetzbare breite Brennstoffspektrum einen flexibleren Anlagenbetrieb erlaubt, wodurch sich die jährlichen Brennstoffkosten spürbar verringern lassen und über die Lebensdauer der Anlage die höheren Anschaffungskosten mehr als aufgewogen werden können. Rostfeuerungen eignen sich auch für die Verbrennung von Stroh und anderen Halmgütern.

In einer Wirbelschichtfeuerung wird die Biomasse bei 800 bis 900 °C verbrannt, während sie in einer Suspension schwebt, die aus dem festen Wirbelbettmaterial gebildet wird, das zu 95 bis 98 Prozent aus Inertmaterial (z.B. Sand) und nur zu 2 bis 5 Prozent aus brennbarem Material besteht. Die benötigte Verbrennungsluft wird dem Wirbelbett von unten zugeführt. In Abhängigkeit von der Luftgeschwindigkeit lassen sich stationäre und zirkulierende Wirbelschichtfeuerungen unterscheiden. Aufgrund der so erzielten intensiven Vermischung von Verbrennungsluft und Brennstoff, des guten Wärmeübergangs im Wirbelbett sowie der Entkopplung der Verweilzeit der Partikel und der Rauchgase eignen sich Wirbelschichtfeuerungen zur Verfeuerung von qualitativ minderwertigen bzw. stark unterschiedlichen Brennstoffen, die beispielsweise einen sehr hohen Wassergehalt aufweisen (z.B. Schlämme) [4]. Abb. 7.8 (links) zeigt eine stationäre Wirbelschichtfeuerung.

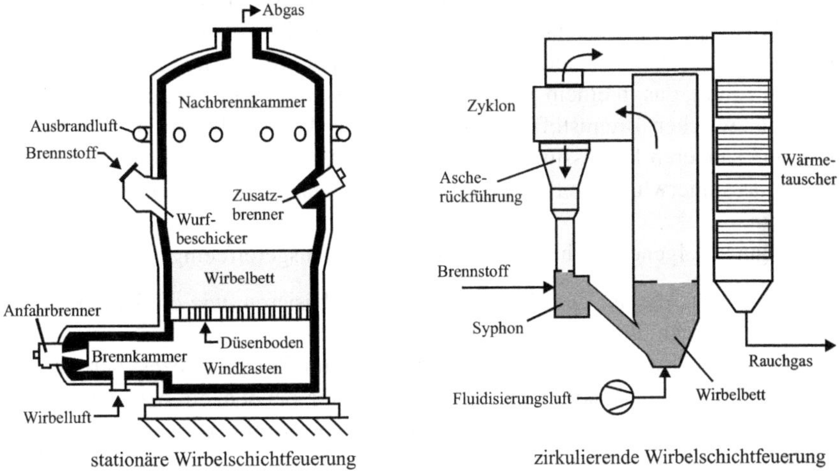

Abb. 7.8 Schema einer stationären und einer zirkulierenden Wirbelschichtfeuerung, nach [54][50]

Erhöht man die Luftzufuhr durch das Wirbelbett, so erfolgt ab einer bestimmten Luftgeschwindigkeit der Übergang zur zirkulierenden Wirbelschicht, bei der das Wirbelbett mit den Rauchgasen ausgetragen wird. In einem nachgeschalteten Zyklon wird das Bettmaterial vom Rauchgas getrennt und über den Siphon wieder der Feuerung zugeführt. Dort wird auch der Brennstoff, meist mit Förderschnecken, zudosiert. Abb. 7.8 (rechts) zeigt den Aufbau einer zirkulierenden Wirbelschicht.

Der Einsatzbereich der zirkulierenden Wirbelschicht beschränkt sich auf Anlagen mit mehr als 20 MW Feuerungswärmeleistung, da sie aufgrund des hohen tech-

nologischen Aufwands mit hohen Investitionskosten verbunden ist. Zusätzlich eignen sich zirkulierende Wirbelschichtfeuerungen besonders zur Mitverbrennung von Biomasse. Die Möglichkeiten und Grenzen der Mitverbrennung von Biomasse in konventionellen Kohlekraftwerken werden ausführlich in [55] dargestellt.
Die Staubfeuerung ist für Brennstoffe geeignet, die als kleine Partikel (d.h. mittlerer Durchmesser kleiner als 2 mm) zur Verfügung stehen. Ein Gemisch aus Brennstoff und Primärluft wird in die Verbrennungskammer eingedüst. Die Verbrennung findet statt, während der Brennstoff in der Luft schwebt. Der Ausbrand des Verbrennungsgases wird durch die Zugabe von Sekundärluft sichergestellt.

7.2.7 Kombinierte Erzeugung von Wärme und Strom aus Biomasse

Die Stromerzeugung aus einer Biomasseverbrennung kann über geschlossene thermische Prozesse oder offene Prozesse erfolgen. Offene Prozesse nutzen gasförmige oder flüssige Brennstoffe, um Verbrennungsmotoren anzutreiben. Dabei wird der Brennstoff entweder direkt im Motor oder einer separaten Verbrennungskammer verbrannt, aus der die Gase dann in einer Gasturbine entspannt werden. In geschlossenen Prozessen ist die eigentliche Verbrennung vom Prozess der Stromerzeugung durch eine Wärmeübertragung zwischen dem heißen Verbrennungsgas und einem Prozessmedium, das in einem Sekundärkreislauf genutzt wird, getrennt. Durch die Trennung zwischen Brennstoff und Stromerzeuger kommt der Stromerzeuger nur mit einem sauberen Prozessmedium in Kontakt. Auf diese Weise kann vermieden werden, dass unerwünschte Begleitstoffe im Brenngas zu Schäden im Stromerzeuger führen.
Heute können folgende Technologien als technisch ausgereift eingestuft werden:

- Technologien, die auf dem Dampfkraftprozess basieren, wie die Dampfturbine und der Dampfmotor,
- der ORC-Prozess, der auf einem Niedertemperatur-Rankineprozess beruht,
- der Stirlingmotor als indirekt befeuerter Gasmotor, bei dem ein Arbeitsgas (Luft, Helium oder Stickstoff) über einen Wärmetauscher vom Brenngas erhitzt wird,
- Verbrennungsmotoren und Gasturbinen, in denen gasförmige oder flüssige Bioenergieträger eingesetzt werden.

Dampfkraftprozesse werden sowohl zur reinen Stromerzeugung als auch zur gekoppelten Strom- und Wärmeerzeugung eingesetzt. Hierzu kommen neben Dampfturbinen auch Dampfmotoren zum Einsatz. Ein wirtschaftlicher Betrieb von Dampfturbinen setzt i.A. eine Anlagengröße oberhalb 1 MW_{el} voraus, da kleine Dampfturbinen nur über geringe elektrische Wirkungsgrade verfügen. Entsprechend lassen sich diese Anlagen nur dann wirtschaftlich sinnvoll einsetzen, wenn ein hoher und gleichmäßiger Bedarf an Wärme oder Prozessdampf über eine möglichst lange Zeit des Jahres (Vollbenutzungsstunden > 5.000) besteht. Dies ist etwa in der holzverarbeitenden Industrie bei der Trocknung von Schnittholz der Fall. Während im Bereich kleiner elektrischer Leistungen zunehmend Alternativtechnologien zur

Dampfturbine erprobt und eingesetzt werden, stellt die Dampfturbine dagegen im Bereich größerer elektrischer Leistungen (> 5 MW_{el}) nach wie vor die am häufigsten eingesetzte Technologie dar.
In Dampf-Heizkraftwerken als typischem Beispiel einer KWK-Anlage wird in der Kesselanlage überhitzter Dampf erzeugt, der in der Dampfturbine zur Stromerzeugung entspannt wird. Nach der Entspannung wird der Dampf in Heizkondensatoren zur Auskopplung der erforderlichen Wärme kondensiert. Betrachtet man das

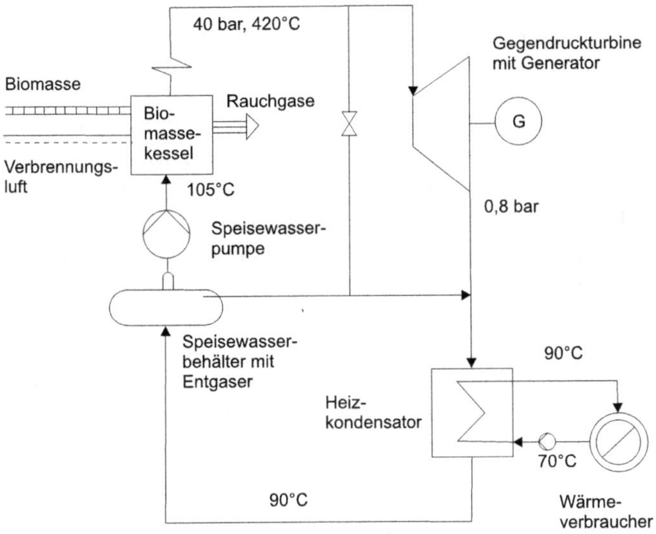

Abb. 7.9 Verfahrensschema eines Dampfturbinen-Heizkraftwerkes kleiner und mittlerer Leistung (bis etwa 20 MW Feuerungswärmeleistung) bei ausschließlichem Gegendruckbetrieb, nach [14]

in Abb. 7.9 dargestellte Verfahrensschema eines Biomasse-Heizkraftwerks, so fällt die im Vergleich zu Kohlekraftwerken niedrige Dampftemperatur auf. Hierbei handelt es sich um ein grundsätzliches Problem derartiger Anlagen, dessen Ursache in der im Vergleich zu Kohlebrennstoffen sehr heterogenen Zusammensetzung von Biomasse liegt. Von entscheidender Bedeutung sind dabei die Anteile an Alkalimetallen in der Biomasse (vorrangig Kalium) und der Chlor- bzw. Schwefelgehalt des Biobrennstoffs. Durch eine Kombination aus Verdampfungsprozessen –Kalium verdampft in der heißen Zone des Brennraums – und Kondensationsvorgängen an den vergleichsweise kühlen Oberflächen der Wärmeübertrager bzw. Verdampfer kommt es zur Bildung von chloridhaltigen Belägen an diese Oberfläche, die massive Korrosionsschäden auslösen. Natürlich ist dieser Effekt umso ausgeprägter, je höher die Gehalte an Kalium und Chlor im Brennstoff sind. Daher erfordert der Einsatz von Stroh und Halmgütern in Biomasse(heiz-)kraftwerken besonderes Augenmerk, um einen vorzeitigen Verschleiß bzw. Ausfall der Anlage zu verhindern. Diese sogenannte Heißdampfkorrosion erreicht unglücklicherweise bei den heute in Kraftwerken typischen Dampftemperaturen von ca. 550 °C ihr Maximum. Um diesen

Korrosionserscheinungen zu begegnen, gibt es aus heutiger Sicht zwei Möglichkeiten:

1. Erhöhung der Dampftemperaturen auf rund 600 °C, da sich bei diesen hohen Temperaturen keine dauerhaften Beläge an den Übertragerflächen mehr ausbilden können. Allerdings setzt dies die Verwendung hochlegierter, hochtemperaturfester und damit sehr teurer Stähle voraus.
2. Verringerung der Dampftemperatur auf unter 475 °C, da auch dadurch die Bildung dauerhafter Beläge an den Übertragerflächen unterdrückt wird.

Der zweite Weg wird heute überwiegend beschritten. Er ist allerdings mit einer spürbaren Verringerung des elektrischen Wirkungsgrads auf 33 - 35 Prozent verbunden – deutlich niedriger als der eines modernen Kohlekraftwerks.
Im unteren Leistungsbereich der Biomasse-Kraft-Wärme-Kopplung wird mit dem Dampfmotor als Weiterentwicklung der Kolbendampfmaschine eine an sich altbekannte Technologie verwendet. Dessen Einsatz ist bereits ab 140 kW_{el} möglich und pro Motoren-Modul auf etwa 2 MW_{el} beschränkt. Der Motor zeichnet sich durch gutes Teillastverhalten aus. Ein weiterer Vorteil besteht darin, dass er durch eine Erhöhung bzw. Verringerung der Zylinderanzahl an sich verändernde Rahmenbedingungen (größeres/kleineres Dampfangebot) angepasst werden kann. Elektrische Leistungen von mehr als 2 MW_{el} lassen sich durch einen Parallelbetrieb mehrerer Dampfmotoren erreichen. Neuere Entwicklungen ermöglichen niedrige Kolbengeschwindigkeiten (damit einen geringen Verschleiß) und einen ölfreien Betrieb, so dass die früher erforderliche, aufwändige nachgeschaltete Ölabscheidung entfallen kann. Dadurch wurden das Einsatzspektrum des Dampfmotors erweitert und die Betriebskosten gesenkt [49]. Neben dem Kolbendampfmotor befinden sich auch Schraubenmotoren in der Entwicklung. Ein Schraubenmotor besteht aus zwei schraubenförmigen Rotoren, die ineinander eingreifen. Der Arbeitsraum zwischen den beiden Rotoren ändert sich dabei periodisch. Der Schraubenmotor befindet sich zurzeit noch im Versuchs- und Demonstrationsstadium.
In den vergangenen Jahren hat sich im Bereich kleinerer bis mittlerer Leistungen der ORC-Prozess neben dem Dampfkraftprozess etabliert. Die Abkürzung ORC steht für Organic-Rankine-Cycle und weist auf die Besonderheit dieses Kreisprozesses hin, der anstelle von Wasser ein organisches Arbeitsmedium (Kohlenwasserstoffe wie Iso-Pentan, Iso-Oktan, Toluol oder Silikonöl) verwendet. Diese Arbeitsmedien verdampfen bereits bei Temperaturen oberhalb von 30 °C, so dass der ORC-Prozess auch dann attraktive Dampfparameter zur Verfügung stellt, wenn Abwärme auf einem niedrigen Temperatur- und Druckniveau verfügbar ist. Der wesentliche wirtschaftliche Vorteil besteht darin, dass ORC-Anlagen an einfache Warmwasserkessel angekoppelt werden können und damit der Einsatz teurer Dampferzeuger vermieden wird. Für den Einsatz einer ORC-Anlage spricht aus technischer Sicht deren guter Teillastwirkungsgrad. Allerdings sind die erreichbaren elektrischen Wirkungsgrade aufgrund der niedrigen Prozesstemperatur und des zusätzlichen Wärmetauschers zwischen Kessel und Thermoölerzeuger begrenzt. Daher ist der ORC-Prozess aus ökonomischer Sicht dann attraktiv, wenn ein möglichst hoher Wärmeabsatz (z.B. Fern- oder Prozesswärme) über einem möglichst langen Zeitraum des Jahres gesi-

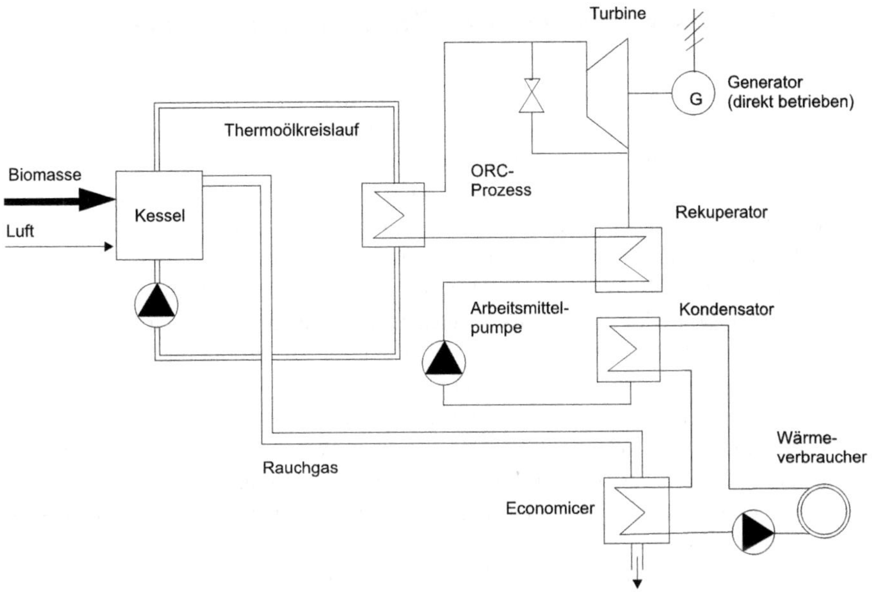

Abb. 7.10 Schema eines Biomasse-Heizkraftwerks mit ORC-Prozess, nach [37]

chert ist und damit der elektrische Strom quasi als Zusatzprodukt eingespeist und vergütet wird. Das Arbeitsprinzip des ORC-Prozesses und seine Einbindung in ein Biomasse-Heizkraftwerk sind in Abb. 7.10 schematisch dargestellt.
Tabelle 7.2 fasst die Einsatzbereiche und die erreichbaren elektrischen Wirkungsgrade der heute am Markt verfügbaren Stromerzeugungstechnologien auf Basis einer Biomasseverbrennung zusammen.

Tabelle 7.2 Leistungsbereiche und elektrische Wirkungsgrade für Stromerzeugungsanlagen bei der Biomasseverbrennung

Stromerzeugungskonzepte	Typ. Leistungsbereich in [MW_{el}]	El. Wirkungsgrad, bezogen auf den Brennstoffeinsatz in [%]
Dampfturbine	0,5 - 20	15 - 35
Dampfkolbenmotor	0,2 - 1,5	12 - 20
Dampfschraubenmotor	0,1 - 2,5	12 - 20
Stirlingmotor	0,01 - 0,15	8 - 22
ORC-Prozess	0,1 - 3	10 - 17

7.2.8 Biomassevergasung: Grundlagen und Anwendung

Neben der Verbrennung mit dem Ziel der vollständigen Oxidation des Brennstoffs kann feste Biomasse auch zunächst in einen Sekundärenergieträger umgewandelt werden. Hierzu dient die Vergasung. Unter Vergasung versteht man die Umwandlung eines Festbrennstoffes (z.B. Kohle oder Biomasse) in ein brennbares Gas als Produktgas unter Einsatz eines Vergasungsmittels (z.B. Luft, Sauerstoff, Wasserdampf oder Kohlendioxid). Das Produktgas besteht aus den Hauptkomponenten Kohlenmonoxid (CO),Wasserstoff (H_2), Kohlendioxid (CO_2), Methan (CH_4), Wasserdampf (H_2O) und, falls Luft als Vergasungsmittel angewendet wird, aus erheblichen Anteilen an Stickstoff (N_2). Die Eigenschaften des Produktgases hängen vom verwendeten Vergasungsstoff, dem Vergasungsmittel und den Reaktionsbedingungen ab. In der Regel ist der CO-Gehalt des Produktgases für seinen Energiegehalt und seinen Heizwert entscheidend. Das auf diese Weise erzeugte Gas kann mit einem vergleichsweise hohen Wirkungsgrad zur Bereitstellung von Wärme und Strom dienen oder als Ausgangsprodukt für eine weitere Verarbeitung, etwa zu Kraftstoffen, genutzt werden.
Bei der Vergasung laufen grundsätzlich die gleichen Umwandlungsprozesse ab wie bei der Verbrennung. Die einzelnen Stufen der thermochemischen Umwandlung werden jedoch räumlich und zeitlich getrennt realisiert. Im Gegensatz zur Verbrennung kommt es hier also nur zu einer partiellen Oxidation des Brennstoffs. In einem Vergasungsreaktor laufen verschiedene chemische Reaktionen ab, wobei es sich überwiegend um endotherme Reaktionen handelt. Folglich wird zur Vergasung von Biomasse Wärme benötigt, die dem Prozess auf unterschiedliche Weise zugeführt werden kann. Dabei ist zwischen autothermer und allothermer Vergasung zu unterscheiden (siehe Abb. 7.11).

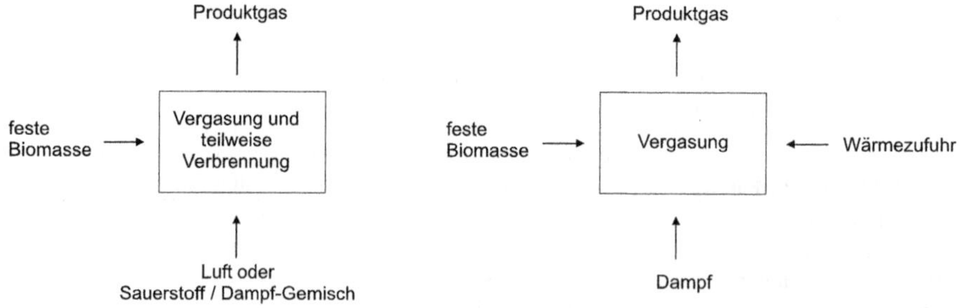

Abb. 7.11 Prinzip der autothermen (links) und allothermen (rechts) Biomassevergasung, nach [22]

Bei der autothermen Vergasung wird die benötigte Wärme im Reaktor selbst erzeugt, indem eine Teilverbrennung der Biomasse über Luftzufuhr erfolgt. Im Gegensatz dazu wird bei der allothermen Vergasung die Wärme indirekt zugeführt. Diese Wärmezufuhr kann über einen Wärmeübertrager oder durch ein umlaufendes, extern aufgeheiztes Bettmaterial erfolgen, wobei z.B. überschüssige Abwärme von thermochemischen Anlagen verwendet werden kann [17].

Neben endothermen Reaktionen laufen im Vergaser aber auch exotherme Prozesse ab. Daher liefert der gesamte Prozess der Biomassevergasung neben dem eigentlichen Produktgas zusätzlich Wärme. Wie bereits erwähnt, besteht das Produktgas aus einem Gemisch unterschiedlicher Gaskomponenten. Besonders problematisch sind unerwünschte Nebenprodukte, die je nach Vergasungsverfahren sowie Art und Qualität der eingesetzten Biomasse in unterschiedlichen Mengen entstehen. Hierzu zählen insbesondere langkettige organische Verbindungen, die als Teere oder Kondensate bezeichnet werden, sowie Asche und Staub. Die Zusammensetzung des Produktgases ist entsprechend abhängig vom eingesetzten Brennstoff, von der Art und Menge des Vergasungsmittels, vom Temperaturniveau, von der Reaktionszeit und von den Druckverhältnissen im Reaktor.
Bei der Vergasung von Biomasse laufen verschiedene physikalisch-chemische Prozesse ab. Die zeitliche und räumliche Zuordnung der Reaktionen ist in Abhängigkeit von der Bauart des Reaktors, von der Prozessführung und ggf. zusätzlich eingesetzten Katalysatoren unterschiedlich. Grundsätzlich lässt sich aber der Vergasungsprozess in die einzelnen Phasen Aufheizung und Trocknung, pyrolytische Zersetzung, Oxidation und Reduktion aufteilen (vgl. Abb. 7.12). Je nach konstruktiver Ausführung des Vergasungsreaktors laufen die einzelnen Teilprozesse unabhängig voneinander oder teilweise parallel ab.

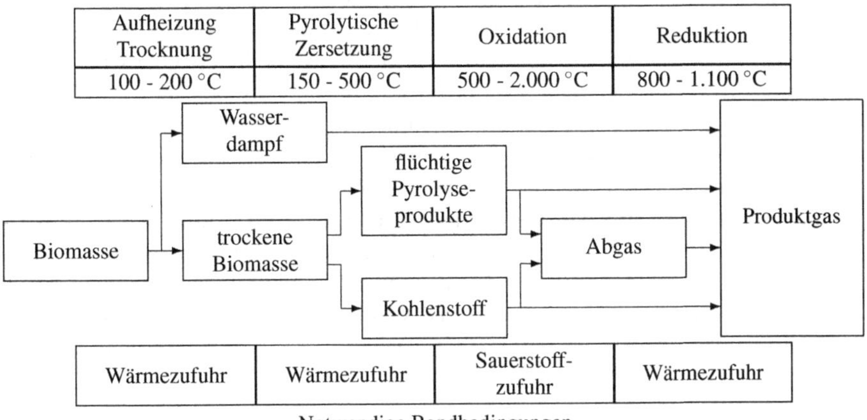

Abb. 7.12 Stufen der Biomassevergasung, nach [29]

- Aufheizung und Trocknung: In dieser Phase wird die Biomasse aufgeheizt und der im Brennstoff verbliebene Wasseranteil verdampft bei Temperaturen von bis zu 200 °C.
- Pyrolytische Zersetzung: Nach der Aufheizung und Trocknung des Partikels erfolgt bei Temperaturen zwischen 150 und 500 °C die pyrolytische Zersetzung der Makromoleküle, aus denen die Biomasse besteht. Hierbei entstehen gasförmige Kohlenwasserstoffverbindungen, Pyrolyseöle und Pyrolysekoks.

- Oxidation: Bei der Oxidation werden die entstandenen gasförmigen, flüssigen und festen Produkte durch weitere Wärmeeinwirkung zur Reaktion mit Sauerstoff gebracht; dadurch wird eine Erhöhung der Temperatur auf über 500 °C bewirkt. Der Koks und ein Teil der höheren Kohlenwasserstoffverbindungen werden in kleinere gasförmige Moleküle (CO, H_2, H_2O, CO_2 und CH_4) gespalten. Partiell kommt es auch zu einer Verbrennung von Kohlenstoff, wobei folgende Reaktionen ablaufen:

$$C + O_2 \rightarrow CO_2, \; \Delta H = -393{,}5 \text{ kJ/mol} \tag{7.1}$$

$$C + \frac{1}{2}O_2 \rightarrow CO, \quad \Delta H = -123{,}1 \text{ kJ/mol} \tag{7.2}$$

  Betrachtet man die Reaktionsgleichungen (7.1) und (7.2), so wird deutlich, warum für die Erzeugung eines energiereichen Synthesegases die CO-Bildung von so entscheidender Bedeutung ist: Während bei der vollständigen Oxidation von Kohlenstoff zu Kohlendioxid eine Energiemenge von rund 393 kJ/mol freigesetzt wird, beträgt diese Energiefreisetzung bei der Kohlenmonoxid-Reaktion nur rund 123 kJ/mol. Das bedeutet, das im erzeugten Gas rund 2/3 der in der festen Biomasse gespeicherten Energie erhalten bleibt. Diese Energie kann später in einem Gasmotor, einer Gasturbine oder einem Syntheseprozess weiter genutzt werden. Im Gegensatz zur Verbrennung ist es also das Ziel der Biomassevergasung, möglichst viel CO und wenig CO_2 entstehen zu lassen.
  Da die Reaktionsenthalpie ΔH bei beiden Reaktionen negativ ist, verlaufen sie exotherm und können bei der autothermen Vergasung die erforderliche Wärme für die Umsetzung der vorgelagerten endothermen Reaktionen der pyrolytischen Zersetzung und der Trocknung und Aufheizung des Brennstoffs bereitstellen. Aufgrund des in der Biomasse vorhandenen Sauerstoffs können diese oxidativen Reaktionen bei der allothermen Vergasung ebenfalls ablaufen – jedoch lange nicht im gleichen Ausmaß wie bei der autothermen Umsetzung.
- Reduktion. Bei der Reduktion wird der Hauptteil der brennbaren Bestandteile des Produktgases gebildet. Die bei der Oxidation entstehenden Verbrennungsprodukte Kohlenstoffdioxid (CO_2) und Wasser (H_2O) werden dabei mit festem Kohlenstoff zu Kohlenstoffmonoxid (CO) und Wasserstoff (H_2) reduziert. Dabei laufen vorrangig folgende Reaktionen ab:

$$C + CO_2 \rightarrow 2CO, \; \Delta H = 159{,}9 \text{ kJ/mol} \tag{7.3}$$

$$C + H_2O \rightarrow CO + H_2, \quad \Delta H = 118{,}5 \text{ kJ/mol} \tag{7.4}$$

Gl. (7.3) wird als Boudouard-Reaktion bezeichnet, bei Gl. (7.4) handelt es sich um die sogenannte heterogene Wassergas-Reaktion; beide Reaktionsgleichungen haben zentralen Charakter für die Produktgaserzeugung. Es handelt sich hierbei um endotherme Reaktionen, die aufgrund der dabei stattfindenden Gasbildung mit einer Volumenvergrößerung verbunden sind. Der Begriff *heterogen* weist darauf hin, dass die beteiligten Reaktionspartner in unterschiedlichen Phasen vorliegen. In diesem Fall reagiert eine Feststoffphase (C) mit einer Gasphase (CO_2 bzw. H_2O).
Parallel zur Reduktion von Kohlendioxid und Wasser finden noch weitere Reaktionen statt. Von Bedeutung ist die homogene Wassergas-Reaktion, Gl. (7.5), deren

Gleichgewicht sich mit steigender Temperatur zugunsten von CO und H_2O verschiebt:

$$CO + H_2O \rightarrow CO_2 + H_2, \quad \Delta H = -40{,}9\,\text{kJ/mol}\,. \tag{7.5}$$

Im Gegensatz zur heterogenen Reaktion liegen bei der homogenen Reaktion die Reaktionspartner im gleichen Phasenzustand (hier: gasförmig) vor. Ferner ist auch die Umsetzung von Kohlenstoff (C) und Wasserstoff (H_2) zu Methan (CH_4) durch die sogenannte Methan-Reaktion gemäß Gl. (7.6) von hoher praktischer Relevanz:

$$C + 2H_2 \rightarrow CH_4, \quad \Delta H = -87{,}5\,\text{kJ/mol}\,. \tag{7.6}$$

Zwar wird durch die Zufuhr von Luft ein Teil des festen Kohlenstoffs oder des Kohlenmonoxids – also ein Teil des gewünschten Produkts – verbrannt, doch sind diese Reaktionen bis zu einem gewissen Grade durchaus erwünscht, da sie die für den gesamten Vergasungsprozess benötigte Wärme bereitstellen.
Bei den stark exothermen Oxidation von Kohlenmonoxid zu Kohlendioxid nach Gl. (7.7), der Knallgasreaktion nach Gl. (7.8) sowie der Oxidation von Methan unter Abspaltung von Wasserstoff handelt es sich hingegen um unerwünschte Reaktionen, da sie zu einer Verminderung des Heizwertes des erzeugten Produktgases führen:

$$CO + \frac{1}{2}O_2 \rightarrow CO_2, \quad \Delta H = -283{,}0\,\text{kJ/mol}\,, \tag{7.7}$$

$$H_2 + \frac{1}{2}O_2 \rightarrow H_2O, \quad \Delta H = -285{,}9\,\text{kJ/mol}\,. \tag{7.8}$$

Die vorstehenden Ausführungen zeigen, dass die Gaszusammensetzung von den Betriebsbedingungen im Reaktor abhängig ist, wie z.B. von der Temperatur und dem Druck. Zusätzlich beeinflusst aber auch das eingesetzte Vergasungsmittel die Produktgaszusammensetzung, wie Tabelle 7.3 zeigt:

Tabelle 7.3 Einfluss des Vergasungsmittels auf die Zusammensetzung und den Energiegehalt des Produktgases, nach [17]

Gaskomponente in [Vol.-%]	**Vergasungsmittel** Luft	Luft / O_2 (80 %)	Wasserdampf
CO	10 - 20	40 - 50	25 - 47
H_2	9 - 20	9 - 17	35 - 50
CH_4	1 - 8	< 1	14 - 25
CO_2	10 - 20	19 - 25	9 - 15
N_2	40 - 55	15 - 30	2 - 3
Heizwert in [MJ/m^3]	4 - 6,5	7 - 9	12 - 17

Es zeigt sich, dass die Vergasung mit Luft zu einem qualitativ deutlich schlechteren Produktgas führt, da der zwangsläufig mit der Luft in den Reaktor eingetragene hohe Stickstoffanteil die Bildung von CO und H_2 behindert. Wird dagegen reiner Sauerstoff oder Wasserdampf als Vergasungsmittel eingesetzt, so erhöht sich der Heizwert des Produktgases spürbar.

Schließlich hat auch die Reaktorbauart einen Einfluss auf die Zusammensetzung des Produktgases. In den vergangenen Jahrzehnten wurden für die Feststoffvergasung zahlreiche unterschiedliche Konzepte entwickelt, die sich in drei Gruppen einteilen lassen: Festbettvergaser, Wirbelschichtvergaser und Flugstromvergaser.
Abb. 7.13 zeigt zwei unterschiedliche Ausführungsformen von Festbettvergasern. Sie lassen sich in Abhängigkeit von der Richtung, in der das entstandene Vergasungsprodukt im Vergleich zum Feststoff durch den Reaktor strömt in Gleich- oder Gegenstromverfahren unterteilen.

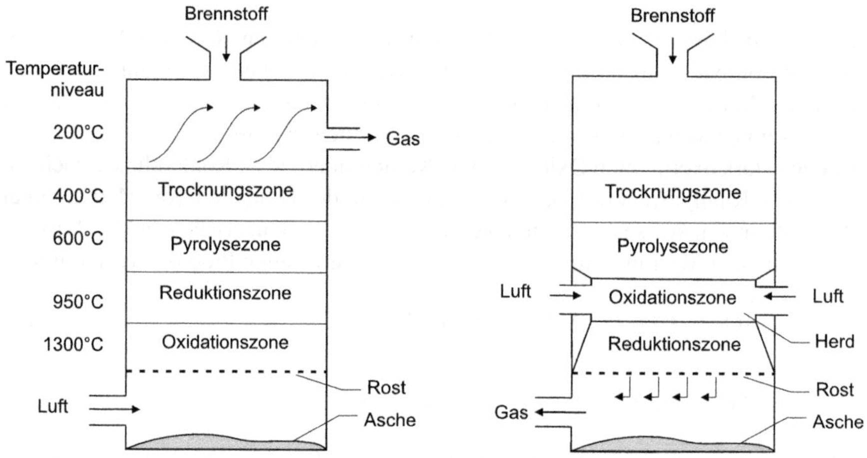

Abb. 7.13 Grundprinzipien der Festbettvergasung: Gegenstromprinzip (links) und Gleichstromprinzip (rechts), nach [17]

In einem Gegenstromvergaser strömt das Vergasungsmittel von unten in den Reaktor, während die Bewegung des Feststoffs entgegengesetzt von oben nach unten erfolgt. Nachteilig an dem Verfahren ist, dass das im unteren Teil gebildete Produktgas nach oben durch die Brennstoffschüttung strömt. Da hier lediglich Temperaturen von ca. 600 °C herrschen, reichert sich das Produktgas mit den flüchtigen Kohlenwasserstoffverbindungen an. Entsprechend weist das Produktgas sehr hohe Teer- und Partikelkonzentrationen auf, die vor einer Nutzung in einem Motor, einer Turbine oder einer weiteren Aufbereitung eine aufwändige Gasreinigung erfordern.
In einem Gleichstromvergaser strömen Vergasungsmittel und Feststoff in die gleiche Richtung. Zwar nimmt auf diesem Weg das gebildete Gas ebenfalls in der Pyrolysezone Teere auf, diese können jedoch in der nachfolgenden heißen Oxidationszone bei Temperaturen von über 1.300 °C größtenteils wieder zerstört („gecrackt") werden, so dass hier das Produktgas deutlich niedrigere Teergehalte aufweist.
Ähnlich wie bei die Verbrennung kann auch die Feststoffvergasung in Wirbelschichtverfahren durchgeführt werden. Vorteilhaft ist, dass sich der am unteren Ende in den Reaktor eintretende feinstückige Feststoff sehr homogen mit dem heißen, inerten Bettmaterial und dem Vergasungsmittel vermischt. Ferner sorgt das Inertmaterial aufgrund seiner Menge und seiner hohen Wärmekapazität für eine gleich-

mäßige Temperaturverteilung, wobei das Temperaturniveau mit ca. 800 bis 950 °C relativ niedrig gehalten wird, um ein Aufschmelzen der Asche und damit ein Versintern mit dem Bettmaterial zu vermeiden. Analog zur Wirbelschichtverbrennung lassen sich auch bei der Wirbelschichtvergasung Festbettvergaser und zirkulierende Wirbelschichtvergaser unterscheiden (Abb. 7.14).

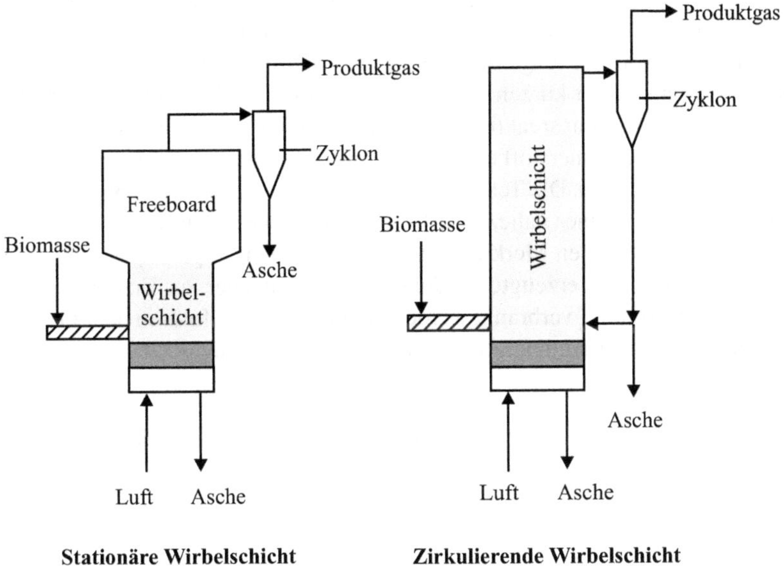

Abb. 7.14 Prinzip der Vergasung in einer stationären bzw. zirkulierenden Wirbelschicht, nach [17]

Bei der *stationären Wirbelschicht* laufen die maßgeblichen Vergasungsreaktionen nicht allein im Wirbelbett ab. Vielmehr kommt es im Freiraum oberhalb des Wirbelbetts, dem sogenannten Freeboard, zu einer Fortsetzung der Reaktionen zwischen dem Produktgas und vom Gas mitgerissenen feinen Kohlenstoffpartikeln. Aufgrund des größeren Querschnitts des Freeboards sind aber die Gasgeschwindigkeiten in diesem Bereich deutlich geringer als im eigentlichen Wirbelschichtbett, so dass ein Austrag von Bettmaterial oder Feststoffpartikeln aus dem Reaktor weitgehend verhindert werden kann und zur Staubabscheidung aus dem Produktgas ein einfacher Zyklonabscheider ausreicht.
In der *zirkulierenden Wirbelschicht* sind die Gasgeschwindigkeiten insgesamt deutlich höher, so dass es zu einem gemeinsamen Austrag von Bettmaterial und von größeren nicht umgesetzten Feststoffpartikeln kommt, die nach dem Verlassen des eigentlichen Reaktorraums durch einen Zyklon abgeschieden und dann in den Brennraum zurückgeführt werden. Allerdings bietet die zirkulierende Wirbelschicht sehr gute Möglichkeiten, ein allothermes Vergasungssystem zu realisieren. Hierbei wird das rückgeführte Bettmaterial durch einen externen Wärmeträger (z.B. Dampf) aufgeheizt und dann in die eigentliche Wirbelkammer zurückgeführt. Auf diese Weise lassen sich sehr niedrige Teergehalte – und damit ein saubereres Synthesegas – er-

zielen. Sowohl die zirkulierende als auch die stationäre Wirbelschicht bieten die Möglichkeit, über spezielle Bettmaterialien (z.B. Dolomit) zusätzliche chemische Reaktionen zu initiieren, die zu einer Einbindung von Störstoffen führen und die Synthesegasqualität verbessern.
Um eine Vergasung in einem Flugstromreaktor durchführen zu können, muss der Feststoff entweder staubfein aufgemahlen werden oder es werden pumpfähige Suspensionen eingesetzt. Da dieser Brennstoff gemeinsam mit dem Vergasungsmittel im Gleichstrom unter Druck in den Reaktorraum eingedüst wird, kommt es zu einer sehr intensiven Vermischung zwischen Feststoffpartikeln und Vergasungmittel, wobei sie sich während der kurzen Verweilzeit von wenigen Sekunden vollständig umsetzen und die Vergasungsreaktionen im Flug ablaufen. Üblicherweise wird als Vergasungsmittel reiner Sauerstoff eingesetzt, um ein qualitativ hochwertiges, energiereiches Gas zu erzeugen. Die Temperaturen können zwischen 1.200 bis 2.000 °C liegen, was zur Bildung eines nahezu teerfreien Synthesegases führt.
Tab. 7.4 fasst die wichtigsten Merkmale der verschiedenen Vergasungssysteme für Biomasse zusammen. Das erzeugte Produktgas kann entweder zur Erzeugung von Wärme oder Prozessdampf verbrannt werden oder es wird in Motoren oder Gasturbinen zur gleichzeitigen Erzeugung von Wärme und Strom eingesetzt.

Tabelle 7.4 Vergleich verschiedener Verfahren zur Biomassevergasung, nach [52]

Reaktortyp	Gegenstrom-vergaser	Gleichstrom-vergaser	stationäre Wirbelschicht	zirkulierende Wirbelschicht	Flugstrom
Vergasungsmittel	Luft	Luft	Luft	Luft	Luft/O_2
Leistung [MW_{th}]	1 - 10	0,2 - 2	0,5 - 20	10 - 100	20 - 100
Partikelgröße [mm]	5 - 200	20 - 200	1 - 50	1 - 10	< 1
Wassergehalt [Gew.%]	< 50	< 20	< 50	< 50	< 20
Reaktionstemperatur	< 1.100 °C	< 1.100 °C	< 950 °C	< 950 °C	> 1.200 °C
Teergehalt	hoch	gering	mittel	mittel	gering
Staubgehalt	gering	mittel	hoch	sehr hoch	sehr hoch
Scale-up-Fähigkeit	gut	schlecht	sehr gut	sehr gut	gut

7.3 Biochemische Umwandlung

Die biochemische Umwandlung von Biomasse in Endenergie nutzt biologische Prozesse unter Wirkung von Mikroorganismen. Dabei lassen sich folgende grundlegenden Prozesse unterscheiden:

- *Aerobe Fermentation:* Hier wird die organische Substanz von Mikroorganismen unter Einwirkung von Luftsauerstoff abgebaut. Wichtigstes Abbauprodukt ist Kohlendioxid CO_2. Bei diesem Prozess, der als Kompostierung bekannt ist, wird Niedertemperaturwärme frei, die in der Regel aber technisch nicht genutzt werden kann. Allerdings bestehen Überlegungen, die bei der Kompostierung großer

Abfallmengen frei werdende Wärme in Wärmepumpensystemen zu nutzen. Im Rahmen dieses Buchs wird auf die aerobe Vergärung nicht weiter eingegangen.

- *Anaerobe Vergärung:* Anaerobe Bakterien besitzen die Fähigkeit, organische Stoffe unter Luftabschluss abzubauen und dabei ein Mischgas zu erzeugen, das einen hohen Methananteil aufweist. Dieser Prozess hat als Biogas-, Klär- oder Deponiegaserzeugung mittlerweile eine hohe energiewirtschaftliche Bedeutung erlangt, auf ihn wird daher in den folgenden Abschnitten eingegangen.
- *Alkoholische Gärung:* Bei der alkoholischen Gärung setzen Mikroorganismen vorrangig zucker- und stärkehaltige Ausgangsstoffe in Alkohol um. Auf diese Weise wird Bioethanol hergestellt, der zurzeit als Alternative zu fossilen Ottokraftstoffen intensiv diskutiert wird.

Auf die Technik zur Ethanol-Herstellung wird aus systematischen Gründen in Kapitel 7.4 eingegangen, so dass in diesem Kapitel die Biogaserzeugung im Vordergrund steht.

7.3.1 Grundlagen der Biogaserzeugung

Biogas entsteht aus dem mikrobiellen Abbau organischer Substanz unter anaeroben Bedingungen, d.h. die Biogasbildung findet unter Luftabschluss statt. Die für die Methanbildung erforderlichen Methanbakterien gehören zu den ältesten Lebewesen auf der Erde; sie entstanden vor etwa drei bis vier Milliarden Jahren, also lange bevor sich die Atmosphäre, wie wir sie kennen, gebildet hatte. Anaerobe Prozesse laufen in der Natur beispielsweise in Mooren, auf dem Grund von Gewässern, im Pansen von Wiederkäuern aber auch in technischen Anlagen ab, wie bei der Faulung von Klärschlamm oder in den Deponiekörpern von Abfalldeponien. Da sich die Ausgangsstoffe und damit die Zusammensetzung des gebildeten Gasgemisches mehr oder weniger stark vom „natürlichen“ Biogas unterscheiden, spricht man in diesen Fällen aber von Klär- bzw. Deponiegas. Biogas besteht zu etwa zwei Dritteln aus Methan und zu etwa einem Drittel aus Kohlendioxid. Darüber hinaus enthält es geringe Mengen an Wasserstoff, Schwefelwasserstoff, Ammoniak und anderen Spurengasen.

Der Prozess der Biogasbildung ist ein vergleichsweise komplexer biochemischer Vorgang, der auf dem Zusammenwirken und Zusammenleben unterschiedlicher Mikroorganismen beruht. Vereinfacht lässt sich die Biogasbildung in die in Abb. 7.15 skizzierten vier Einzelschritte unterteilen:

Den ersten Schritt bildet die *Hydrolyse*. Hier werden die komplexen organischen Kohlenstoffverbindungen des Ausgangsmaterials wie Kohlenhydrate, Eiweiße und Fette in einfachere organische Verbindungen (z.B. Aminosäuren, Zucker, Fettsäuren) zerlegt. Für diese Zersetzung sind Enzyme erforderlich, die von den beteiligten Bakterien gebildet werden. Bereits dieser erste Schritt bestimmt maßgeblich Menge und Qualität des gebildeten Biogases. So können in den nachfolgenden Schritten nur die Zwischenprodukte der Hydrolyse weiterverarbeitet werden. Material, das sich dem hydrolytischen Aufschluss widersetzt, kann entsprechend kein Biogas er-

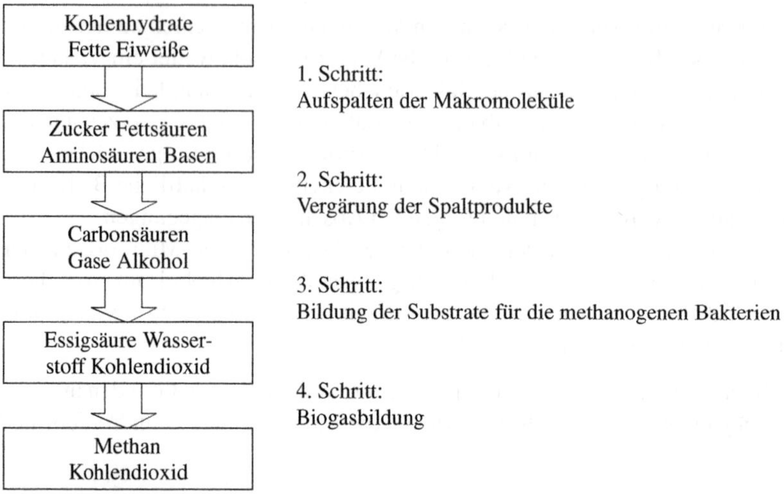

Abb. 7.15 Schematischer Ablauf der Biogasbildung

zeugen. Die Geschwindigkeit der hydrolytischen Umsetzung wird im Wesentlichen vom chemischen Aufbau der eingesetzten Rohstoffe („Substrate") bestimmt. Einfach aufgebaute Verbindungen, wie etwa Zucker, lassen sich sehr schnell hydrolysieren, komplexere Moleküle wie etwa Cellulose oder Lignin dagegen so gut wie gar nicht.

Im zweiten Schritt werden die in der Hydrolysestufe gebildeten Zwischenprodukte in der *Acidogenese*, der sogenannten Versäuerungsphase, durch säurebildende Bakterien weiter zu niederen Fettsäuren (Essig-, Propion- und Buttersäure) sowie zu Kohlendioxid und Wasserstoff abgebaut. Daneben bilden sich aber auch geringe Mengen an Milchsäure und an niederen Alkoholen. Da vergleichsweise viele Mikroorganismen in der Lage sind, aus einfach aufgebauten organischen Kohlenstoffverbindungen organische Säuren zu bilden, läuft dieser Prozess vergleichsweise schnell ab. Vereinfacht gesagt steigt die Bildung organischer Säuren mit steigendem Substratangebot an. Hier liegt eine Gefahr für den Biogasbildungsprozess, da ein Überangebot an organischer Säure in den nachfolgenden Schritten nicht verwertet werden kann. Als Folge steigt der Säuregehalt (der pH-Wert sinkt), der Reaktor versauert und „kippt um", d.h. der Biogasbildungsprozess kommt im Extremfall vollständig zum Erliegen.

Im dritten Schritt werden die organischen Säuren in der *Acetogenese*, der Essigsäurebildung, durch Bakterien zu Vorläufersubstanzen des Biogases (Essigsäure, Wasserstoff und Kohlendioxid) umgesetzt. Da die acetogenen Bakterien durch ihr eigenes Produkt – den Wasserstoff – gehemmt werden, sind sie auf die Entgiftung des Milieus durch die Methanbakterien angewiesen. Entsprechend bilden die Essigsäurebildner mit den Bakterien der nachfolgenden Methanogenese eine enge Lebensgemeinschaft.

Die *Methanogenese* stellt den vierten Schritt der Biogasbildung dar, wobei hier Methanbakterien aus der zuvor gebildeten Essigsäure und dem Wasserstoff Methan erzeugen. Im Gegensatz zu den Mikroorganismen der vorgelagerten Stufen sind Methanbakterien obligate Anaerobier, d.h. sie können nur im sauerstofffreien Milieu überleben. Da ohne Sauerstoff der Energiegewinn beim Substratabbau nur 1/7 desjenigen von aeroben Bakterien beträgt, vermehren sich die Anaerobier mit einer entsprechend langen Generationszeit. Aufgrund dieser langsamen Vermehrung begrenzt die Methanogenese die Geschwindigkeit des gesamten anaeroben Abbaus. Auch die Milieubedingungen in einem Biogasfermenter werden normalerweise an die Anforderungen der Methanbakterien angepasst. In einer Konkurrenzreaktion bilden sulfatreduzierende Bakterien Schwefelwasserstoff aus anorganischen wie organischen Schwefelverbindungen und Wasserstoff, so dass Biogas immer gewisse Spuren an Schwefelwasserstoff enthält.

Diese knappe Darstellung der Biogasbildung verdeutlicht, dass die vier Abbauschritte üblicherweise gemeinsam ablaufen und sich damit gegenseitig stark beeinflussen. Die technische Biogaserzeugung erfolgt in einem sogenannten Fermenter oder Reaktor, der in der Regel einstufig ausgeführt ist, so dass alle vier Phasen der Biogasbildung in einem Reaktor durchlaufen werden. Da aber die Bakterien der einzelnen Stufen sehr unterschiedliche Anforderungen an die Umgebungsbedingungen stellen und sich auch hinsichtlich ihrer Produktivität stark unterscheiden, wird in zweistufigen Anlagen eine Trennung der Prozessschritte vollzogen. Dabei werden die beiden schnell ablaufenden Prozessschritte, die Hydrolyse und die Acidogenese, von den nachfolgenden Abbaustufen, deren Geschwindigkeit durch die Methanogenese bestimmt wird, räumlich getrennt. Auf diese Weise können die Einzelschritte besser optimiert werden, wodurch sich höhere Abbauleistungen und damit höhere Biogasausbeuten erreichen lassen.

Nachdem Substrat in einen Biogasfermenter eingefüllt wurde, erfolgt die Biogasbildung nicht gleichmäßig, sondern durchläuft mehrere zeitlich aufeinanderfolgende Phasen, was am Beispiel einer einmaligen Substratzugabe – dem sogenannten Batch-Test – erläutert werden soll (Abb. 7.16).

Nach der Substratzugabe erfolgt zunächst die hydrolytische Zersetzung des Materials. In dieser Startphase wird noch relativ wenig Biogas erzeugt. Die leicht abbaubaren Stoffe stehen bereits kurz nach der Hydrolyse der Methanisierung zur Verfügung, so dass die Biogasproduktion schnell ihre Spitze erreicht. Nachdem die Bakterien die leicht abbaubaren Substanzen verarbeitet haben, stehen zur Methanisierung nur noch die schwerer abbaubaren Inhaltsstoffe zur Verfügung. Aus diesen wird noch weiterhin Gas gebildet, die Gasproduktionsrate nimmt aber stetig ab.

Um eine möglichst konstante Biogasproduktion zu erreichen, wird dem Fermenter in der Praxis in regelmäßigen Abständen neues Substrat zugeführt. Damit überlagern sich die einzelnen Gasbildungsphasen im Fermenter, so dass sich je nach Art und Häufigkeit der Zugabe die gewünschte konstante Gasproduktion einstellt.

Ein weiterer wichtiger Zusammenhang besteht zwischen der *Biogasausbeute* (in m^3 Gas je kg zugeführtem Substrat) und der spezifischen *Gasproduktionsrate* (in m^3 Gas je m^3 Fermentervolumen und Tag) von der durchschnittlichen hydraulischen *Verweilzeit* („Hydraulic Retention Time", HRT) im Fermenter. Unter der durch-

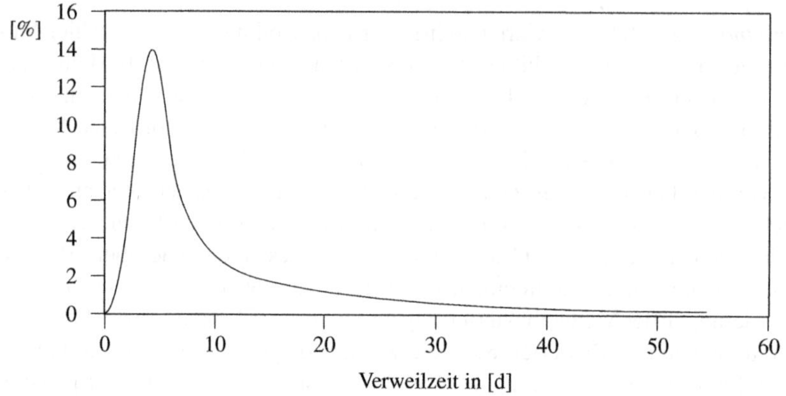

Abb. 7.16 Zeitlicher Verlauf der täglichen Biogasproduktion in % des Gesamtertrags nach einer einmaligen Substratgabe

schnittlichen hydraulischen Verweilzeit versteht man das Verhältnis zwischen dem gesamten Fermentervolumen und dem täglich zugeführten Substratvolumen. In Praxisanlagen steigt während der erstmaligen Fermenterbefüllung (Anfahrbetrieb) die Gasbildungsrate zunächst an und sinkt danach bis zum Erreichen eines quasi stationären Zustandes ab (Abb. 7.17). Gleichzeitig steigt die substratbezogene Biogasausbeute kontinuierlich an und erreicht nach ca. einem Monat ein konstantes Niveau.

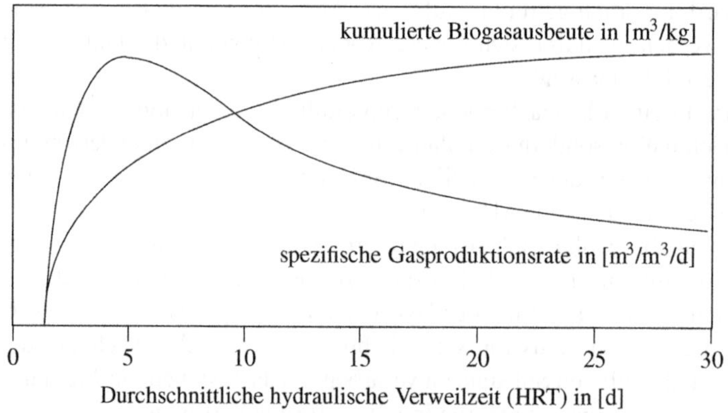

Abb. 7.17 Qualitativer Verlauf von Gasproduktionsrate und Biogasausbeute in Abhängigkeit von der hydraulischen Verweilzeit in einer Biogasanlage

Dieses Verhalten ist darauf zurückzuführen, dass mit zunehmender hydraulischer Verweilzeit im Fermenter das Material nicht mehr so schnell abgebaut werden kann wie zu Beginn des Abbauprozesses, da die leicht abbaubaren Substanzen verbraucht sind. Würden nun ausschließlich leicht verdauliche Substrate eingesetzt, würden die Zeiträume nach Abb. 7.17 theoretisch sehr kurz. Unter praktischen Bedingungen würde in diesem Fall der Fermenterinhalt versäuern und die Gasbildung zum Erlie-

gen kommen. Damit stellt die *Raumbelastung* einen weiteren zentralen Parameter für die Fermenterauslegung dar. Sie gibt an, wie viel organische Trockenmasse (kg oTM) dem Fermentervolumen zugeführt wird.
Menge und Qualität des gebildeten Biogases hängen zudem sehr stark von den Umgebungsbedingungen ab, denen die unterschiedlichen Bakterien ausgesetzt sind [16]. Folgende Parameter haben eine entscheidenden Einfluss auf den Biogasbildungsprozess:

Sauerstoff

Methanbildende Bakterien sind als obligate Anaerobier auf eine Lebensumgebung angewiesen, die frei von Sauerstoff ist. So können bereits geringe Sauerstoffmengen in einem Biogasfermenter dazu führen, dass einige Methanbakterienarten abgetötet werden. In der Praxis lässt sich aber ein Sauerstoffeintrag in den Fermenter nicht vollkommen vermeiden. Hier erweist es sich als vorteilhaft, dass die Methanbakterien in einer Gemeinschaft mit Bakterien aus den vorhergehenden Abbauschritten leben. Einige dieser Mikroorganismen sind sogenannte fakultativ anaerob lebende Bakterien, die sowohl unter Sauerstoffeinfluss als auch vollkommen ohne Sauerstoff überleben können. Ist der Sauerstoffeintrag in einen Fermenter nicht zu groß, so können diese Bakterien den Sauerstoff verbrauchen, bevor er die Methanbakterien schädigt.

Temperatur

In der Natur existieren unterschiedliche Bakteriengruppen, die zur Bildung von Biogas in der Lage sind. Diese Bakterienstämme haben sich den in ihrer Umwelt vorherrschenden Temperaturbedingungen angepasst, so dass sie ihre maximalen Abbauleistungen nur bei den für sie optimalen Temperaturen erbringen können. Weichen die tatsächlichen Temperaturen, etwa in einem Biogasfermenter, von diesen Optimalwerten nach unten oder oben ab, so tritt zunächst eine Verlangsamung (Hemmung) der Biogasbildung ein, im Extremfall können die Bakterien aber auch abgetötet werden. Mit Blick auf die jeweiligen optimalen Umgebungstemperaturen lassen sich die Bakterien in drei Gruppen einteilen:

- Psychrophile Bakterien sind Mikroorganismen, die auch bei tiefen Temperaturen noch zu einem biologischen Abbau in der Lage sind. Sie erreichen die höchsten Stoffwechselraten bei Temperaturen bis ca. 25 °C. Aus technischer Sicht wären diese Bakterienstämme sehr interessant, da bei solchen Temperaturen auch unter den in Mitteleuropa vorherrschenden klimatischen Bedingungen ein Aufheizen der Substrate bzw. des Fermenters entfallen könnte. Leider ist jedoch die Abbauleistung und damit die Gasproduktion dieser Bakterienstämme so gering, dass eine technische Nutzung nicht sinnvoll ist.
- Vom mesophilen Bereich spricht man bei Temperaturen von 32 bis 42 °C. Dieser Temperaturbereich bietet einen guten Kompromiss zwischen einer relativ hohen

Gasausbeute und einer guten Prozessstabilität, so dass technische Biogasanlagen hauptsächlich im mesophilen Bereich betrieben werden. Da durch den mikrobiellen Abbau nur geringe Mengen an Wärme erzeugt werden, ist unter unseren klimatischen Bedingungen zur Aufrechterhaltung des für den mesophilen Betrieb erforderlichen Temperaturniveaus eine externe Beheizung des Fermenters sowie eine gute Isolierung des Reaktors erforderlich.

- Thermophile Bakterien erreichen ihre optimale Stoffwechselaktivität im Temperaturbereich zwischen 50 und 57 °C. Durch eine thermophile Betriebsweise wird eine höhere Gasausbeute und ein höherer Abbaugrad erreicht. Zusätzlich ist zu beachten, dass zur Einhaltung des thermophilen Temperaturniveaus deutlich mehr Energie für das Aufheizen des Gärprozesses benötigt wird. Bei Biogasanlagen, in denen das Gas vor Ort in Blockheizkraftwerken verstromt wird, stellt der erhöhte thermische Energiebedarf allerdings in der Regel keinen Nachteil dar, da die überschüssige Wärme des BHKW oft nicht oder nur teilweise für eine externe Wärmeversorgung genutzt werden kann.
  Sinnvoll ist ein thermophiler Betrieb dann, wenn entweder Substrate verwendet werden, die bereits mit hoher Eigentemperatur anfallen, etwa bei der Vergärung von Prozesswasser aus der Lebensmittel- oder der chemischen Industrie oder wenn im Biogasfermenter eine Hygienisierung des Substrates erfolgen soll, indem gesundheitsschädliche Keime abgetötet werden. Hierbei ist allerdings anzumerken, dass die in einem thermophilen Fermenter erreichbaren Temperaturen für die bei bestimmten Substraten, etwa Schlachtereiabfälle oder Essensreste, gesetzlich vorgeschriebene Hygenisierung nicht ausreichen, da nicht sichergestellt werden kann, dass alle gesundheitlich bedenklichen Keime abgetötet werden. In diesen Fällen ist eine vorgeschaltete Hygienisierung der Substrate zwingend erforderlich.

pH-Wert

Um hohe Abbauleistungen zu erbringen, benötigen die Bakterien ein geeignetes Milieu, das neben der Temperatur auch durch den pH-Wert charakterisiert ist. Dabei unterscheiden sich die optimalen pH-Werte der einzelnen Prozessstufen. So liegt das pH-Optimum der hydrolisierenden und säurebildenden Bakterien bei einem pH-Wert von 4,5 bis 6,3. Sie sind aber nicht zwingend darauf angewiesen und können auch bei geringfügig höheren pH-Werten noch überleben, ihre Aktivität wird dadurch nur gering gehemmt. Dagegen benötigen die essigsäure- und methanbildenden Bakterien unbedingt einen pH-Wert im neutralen Bereich bei 6,8 bis 7,5. Dabei stellt sich der pH-Wert innerhalb eines Fermenters meist automatisch durch die alkalischen und sauren Stoffwechselprodukte ein, die während des anaeroben Abbaus gebildet werden. Allerdings ist dieses Gleichgewicht äußerst empfindlich gegenüber Störungen.
Eine wichtige Funktion übernimmt hierbei das bei der Fermentation gebildete Kohlendioxid, das eine Pufferwirkung ausübt und damit den pH-Wert im neutralen Bereich hält. Sinkt der pH-Wert aber ab, etwa weil zu viel Substrat zugegeben wurde

und sich damit zu viele organische Säuren bilden, so werden zunächst die Methanbakterien in ihrer Stoffwechselaktivität gehemmt. Entsprechend sinkt die Methanbildung und damit die Umsetzung der Essigsäuren aus der Acidogenese. Als Konsequenz kommt es zu einer Aufkonzentration der Säuren, wodurch der pH-Wert weiter absinkt, so dass am Ende dieser Kettenreaktion die Methanbakterien ihre Arbeit ganz einstellen. Daher wird in Biogasanlagen der ph-Wert kontinuierlich überwacht und im Falle seines Absinkens die Substratzufuhr sofort gedrosselt oder sogar gestoppt, damit die Methanbakterien Zeit haben, die vorhandenen Säuren abzubauen.

Nährstoffversorgung

„Was gut ist für die Kuh, ist auch gut für die Biogasanlage" – dieser Spruch aus der Biogasbetreiber-Szene beschreibt die Ansprüche, die eine effiziente Biogasanlage an die Nährstoffversorgung stellt, sehr gut. So sind die Abläufe in einer Biogasanlage durchaus mit den Vorgängen im Verdauungstrakt von Wiederkäuern vergleichbar. Entsprechend reagieren auch Biogasanlagen ähnlich negativ auf „Fütterungsfehler" wie Hochleistungskühe. So sind u.a. Spurenelemente und Nährstoffe wie Eisen, Nickel, Kobalt, Selen, Molybdän und Wolfram für das Wachstum und überleben der Bakterien und damit für eine stabile Methanproduktion und hohe Gasausbeute notwendig.

Erfahrungen zeigen, dass Biogasanlagen, die mit einem Gemisch aus unterschiedlichen Substraten unter Einsatz von Gülle betrieben werden, deutlich stabilere Betriebsbedingungen aufwiesen als solche Anlagen, die im güllelosen Betrieb ausschließlich ein Substrat vergären. Solche Monovergärungsanlagen sind in Deutschland in den vergangenen Jahren vermehrt errichtet worden, um vorrangig Maissilage zu vergären. Die Praxis zeigt aber, dass allein der Blick auf einen möglichst hohen Biogasertrag, den dieses Substrat verspricht, nicht unbedingt zu den gewünschten optimalen Betriebsergebnissen führt, da die Begrenzung auf ein Substrat den gesamten Biogasbildungsprozess anfällig gegenüber Störungen werden lässt.

Entscheidend für die Frage, wieviel Methan sich aus einem bestimmten Substrat gewinnen lässt, sind die darin enthaltenen Anteile an Proteinen, Fetten und Kohlenhydraten. Weiterhin ist für den stabilen Prozessablauf auf ein ausgewogenes Kohlenstoff/Stickstoff (C/N)-Verhältnis der eingesetzten Substrate zu achten. Ist dieses Verhältnis zu hoch (viel C und wenig N), kann der vorhandene Kohlenstoff nicht vollständig umgesetzt werden und es wird mögliches Methanpotential nicht genutzt. Gravierender sind oft die Auswirkungen im umgekehrten Fall: Ist der Stickstoffanteil im Substrat zu hoch, so kann es durch Stickstoffüberschuss zur Bildung von Ammoniak (NH_3) kommen, das schon in geringen Konzentrationen die Bakterien in ihrem Wachstum hemmt und sogar zum völligen Zusammenbruch der gesamten Bakterienpopulation führen kann. Entsprechend sollte sich das C/N-Verhältnis der dem Fermenter zugeführten Substrate im Bereich 10 bis 30 bewegen, um einen ungestörten Prozessablauf zu gewährleisten.

Hemmstoffe

Unter Hemmstoffen versteht man Stoffe, die unter Umständen schon in geringen Mengen toxisch auf die Bakterien wirken und den Abbauprozess behindern oder ganz zum Erliegen bringen. Hierbei ist zu unterscheiden zwischen Hemmstoffen, die durch die Substratzugabe in den Fermenter gelangen, und solchen, die als Zwischenprodukte aus den einzelnen Abbauschritten hervorgehen. Eine Auflistung einiger Hemmstoffe zeigt Tab. 7.5.

Tabelle 7.5 Wichtige Hemmstoffe und ihre schädigenden Konzentrationen, nach [16]

Hemmstoff	Konzentration
Natrium	zwischen 6 - 30 g/l
	bis zu 60 g/l (in adaptierten Kulturen)
Kalium	ab 3 g/l
Calcium	ab 2,8 g/l $CaCl_2$
Magnesium	ab 2,4 g/l $MgCl_2$
Ammonium	2,7 - 10 g/l
Ammoniak	ab 0,15 g/l
Schwefel	ab 50 mg/l H_2S, ab 100 mg/l S^{2-}, ab 160 mg/l Na_2S
	bis zu 600 mg/l Na_2S (in adaptierten Kulturen)
	bis zu 1000 mg/l H_2S (in adaptierten Kulturen)
Schwermetalle (Ionen)	ab 10mg/l Ni, ab 40 mg/l Cu, ab 130 mg/l Cr
	ab 340 mg/l Pb, ab 400 mg/l Zn
Schwermetalle (Carbonate)	ab 160 mg/l Zn, ab 170 mg/l Cu, ab 180 mg/l Cd
	ab 530 mg/l Cr^{3+}, ab 1750 mg/l Fe
Iso-Buttersäure	ab 50 mg/l

Es wurde bereits deutlich, dass eine übermäßige Substratzugabe („viel bringt viel") nicht zwangsläufig die gewünschte gesteigerte Biogasproduktion zur Folge hat, sondern im Gegenteil den Gärprozess spürbar hemmen kann. Das liegt daran, dass sich grundsätzlich jeder Inhaltsstoff eines Substrates in zu hohen Konzentrationen schädlich auf die Bakterien auswirken kann. Dies gilt natürlich ganz besonders für Substanzen, die außerhalb des Biogasreaktors zu Reinigungs- und Desinfektionszwecken oder zur Behandlung von Tierkrankheiten eingesetzt werden. Diese Stoffe werden ihre Wirkung naturgemäß auch im Biogasfermenter fortsetzen – dort dann allerdings mit der unerwünschten Folge, dass die Bakterien absterben. Neben Antibiotika, Desinfektions- oder Lösungsmitteln zählen auch Herbizide, Salze oder Schwermetalle zu den Stoffen, die bereits in geringen Mengen den Abbauprozess hemmen können. Aber auch essentielle Spurenelemente können in zu hohen Konzentrationen toxisch für die Bakterien sein. Da sich die Bakterien bis zu einem gewissen Maße auch an solche Stoffe anpassen können, ist die Konzentration, ab der ein Stoff die Bakterien schädigt, nur schwer zu bestimmen. [27][7]
Auch existieren für einige Hemmstoffe Wechselwirkungen mit anderen Stoffen. So wirken Schwermetalle nur dann schädigend auf den Gärprozess, wenn sie in gelöster Form vorliegen. Sie werden aber durch Schwefelwasserstoff, der ebenfalls im Gärprozess gebildet wird, gebunden und ausgefällt [27]. Weiterhin bildet sich wäh-

rend des Gärprozesses Ammoniak (NH_3), das bereits in geringen Konzentrationen schädigend auf die Bakterien wirkt. Die Bildung von Ammoniak steht im Gleichgewicht mit der Ammoniumkonzentration (NH_4) des Fermenters, da Ammoniak zum einen mit Wasser zu Ammonium und einem OH^--Ion reagiert, zum anderen aber auch die umgekehrte Reaktion abläuft. Als Konsequenz verschiebt sich das Gleichgewicht bei zunehmender OH^--Ionen-Konzentration, so dass die Ammoniakkonzentration zunimmt. Dabei wirkt Ammoniak schon in geringen Konzentrationen (ab 0,15 g/l) hemmend auf die Mikroorganismen [7]. Auch darf die Gesamtkonzentration an NH_3 und NH_4 nicht beliebig ansteigen, da ab einer Gesamtkonzentration von ca. 3 g/l eine Hemmung des Biogasprozesses erfolgt [59].
Schließlich bildet sich bei der anaeroben Vergärung auch Schwefelwasserstoff (H_2S), der in gelöster Form als Zellgift wirkt und bereits in geringen Konzentrationen von ca. 50 mg/l den Abbauprozess hemmen kann. Entsprechend dieser komplexen Zusammenhänge, die zum Teil heute noch nicht vollständig geklärt sind, ist die eine Festlegung exakter Grenzwerte, ab denen bei bestimmten Stoffen mit einer Hemmung der Biogasproduktion zu rechnen ist, nur schwer möglich.

7.3.2 Dimensionierung von Biogasanlagen

Ziel der technischen Biogasproduktion ist ein möglichst hoher und gleichmäßiger Biogasertrag. Da der mikrobielle Abbau organischer Substanz je nach Art der eingesetzten Substrate unterschiedlich schnell erfolgt, würde der vollständige Abbau einen vergleichsweise langen Zeitraum beanspruchen, so dass sehr große Behälter erforderlich wären. Da gleichzeitig mit zunehmender Verweildauer der Substrate im Fermenter die Biogasproduktion stark abnimmt, da nur noch schwer abbaubare Substanzen verbleiben, würde ein derartiges Biogasverfahren schnell unwirtschaftlich. Entsprechend muss bei der Auslegung von Biogasanlagen ein Kompromiss zwischen einem möglichst vollständigen Abbau und einer vertretbaren Verweilzeit der Substrate im Fermenter gefunden werden. Zwangsläufig wird dabei in Kauf genommen, dass sich nicht der gesamte organische Anteil des Substrats in Biogas umsetzen lässt. Zur Dimensionierung von Biogasanlagen wird auf folgende grundlegenden Kenngrößen zurückgegriffen:

Raumbelastung

Die Substratmenge, ausgedrückt in kg organischer Trockenmasse (oTM), die dem Fermeter pro m^3 Volumen und Zeiteinheit zugeführt wird, wird als Raumbelastung B_R bezeichnet. Sie ist eine zentrale Größe zur Dimensionierung der Fermenter:

$$B_R = \frac{\dot{m} \cdot c}{V_R}, \tag{7.9}$$

mit der zugeführten Substratmasse je Zeiteinheit $\dot{m}$ in kg/d, der Konzentration der organischen Substanz c in % und dem Reaktorvolumen V_R in Liter. Für die Auslegung von Biogasanlagen können folgende Grenzwerte als Richtschnur für die zulässige Raumbelastung dienen [5]:

- einstufige Anlagen: durchschnittlich 3 bis max. 5 $kg/m^3/d$ oTM
- mehrstufige Anlagen: im ersten Fermenter 7 bis zu 10 $kg/m^3/d$ oTM

Verweilzeit

Da insbesondere die methanbildenden Bakterien im Fermenter nur langsam wachsen (ihre Verdoppelungsrate liegt bei 10 Tagen und länger), muss verhindert werden, dass die zugeführte Biomasse den Reaktor verlässt, bevor ein weitgehender Abbau erfolgen konnte. Daher muss der Fermenter so ausgelegt werden, dass eine hinreichende Verweilzeit des Substrats sichergestellt werden kann. Die hydraulische Verweilzeit (Hydraulic Retention Time, HRT) ist ein weiterer wichtiger Parameter zur Auslegung von Biogasfermentern. Sie ist als die Zeitdauer definiert, die ein zugeführtes Substrat im Mittel bis zu seinem Austrag im Fermenter verbleibt und errechnet sich aus dem Verhältnis zwischen dem Fermentervolumen (V_R) und dem zugeführten Substratvolumenstrom:

$$HRT = \frac{V_R}{\dot{V}} \tag{7.10}$$

mit dem Fermentervolumen V_R in m^3 und dem zugeführten Substratvolumenstrom in $\dot{V}$ in m^3/d. Die Verweilzeit hängt von der Temperatur, der Raumbelastung, der Konzentration an aktiver Biomasse und dem gewünschten Abbaugrad ab. Für landwirtschaftliche Biogasanlagen kann bei Raumbelastungen von maximal 4 $kg/m^3/d$ oTM als Richtwert von Verweilzeiten zwischen 40 und 75 Tagen ausgegangen werden. Bei Trockenfermentationsverfahren im Bereich der Behandlung organischer Abfälle liegen die durchschnittlichen Verweilzeiten bei 15 bis 21 Tagen [25].
Um den Gärprozess aufrecht halten zu können und einen hohen Biogasertrag zu erreichen, muss die hydraulische Verweilzeit so gewählt werden, dass durch den ständigen Austausch des Reaktorinhalts nicht mehr Bakterien ausgespült werden als in dieser Zeit nachwachsen können. Da der mikrobielle Abbau von der Art des eingesetzten Substrats abhängt, ergeben sich stoffspezifische Abbaugeschwindigkeiten, so dass die Verweilzeit an die verwendeten Substrate angepasst werden muss. Da die tägliche Zugabemenge bekannt ist, kann in Verbindung mit der Abbaubarkeit des Substrates und der angestrebten Verweilzeit das benötigte Reaktorvolumen errechnet werden. Als Konsequenz ergibt sich, dass ein vollständiges Umstellen eines Biogasreaktors auf andere Substrate mit einem gänzlich anderen Abbauverhalten nicht ohne weiteres möglich ist.

Durchmischung

Die in den heute vorwiegend eingesetzten Nassfermentationsverfahren verwendeten Substrate zeichnen sich durch einen hohen Wassergehalt von zum Teil über 90 Pro-

zent und einen niedrigen Feststoffgehalt aus. Werden diese Substrate in einen nicht durchmischten Behälter gefüllt, so kommt es im Laufe der Zeit aufgrund der Dichteunterschiede zu einer Entmischung zwischen den einzelnen Phasen mit einer ausgeprägten Schichtenbildung [16]. Stoffe mit einer spezifisch kleineren Dichte als Wasser, wie die leicht abbaubaren Substrate, schwimmen auf der Wasseroberfläche auf. Dagegen reichert sich die Bakterienmasse aufgrund ihrer spezifisch hohen Dichte am Behälterboden an. Ein mikrobieller Abbau würde in diesem Fall nur auf die Grenzschicht zwischen diesen beiden Bereichen begrenzt bleiben, so dass nur wenig organische Substanz abgebaut werden kann.
Ferner verhindert die Durchmischung, dass sich Stoffe, die spezifisch leichter sind als Wasser, auf der Flüssigkeitsoberfläche sammeln und dort Schwimmschichten bilden, die den Austritt des gebildeten Biogases aus der Fermentationsbrühe behindern. Andererseits sollte aber auch ein zu starkes Durchmischen vermieden werden, da aufgrund hoher Scherkräfte, die durch zu starkes Rühren entstehen, die Bakterienpopulation geschädigt werden kann.
Auch ist zu berücksichtigen, dass die in Biogasanlagen eingesetzten Rührwerke große Eigenstromverbraucher sind. So benötigt der Fermenter einer 500 kW Biogasanlage, in der neben Gülle auch nachwachsende Rohstoffe eingesetzt werden, eine Rührerleistung von rund 30 kW, abhängig von Rührerbauart und Einbauform. Beim Einsatz stärkehaltiger Substrate, wie beispielsweise Mais- oder Getreidesilage sollte auch berücksichtigt werden, dass sich die Rheologie, also das Fließverhalten des Substratgemisches im Fermenter, unter Rührwirkung verändert. So zeigt Stärke ein ausgesprochen dilatantes Verhalten, d.h. je stärker gerührt wird, desto zähflüssiger wird die Flüssigkeit. Dieser Effekt ist vergleichbar mit dem Anrühren von Tapetenkleister. Im Extremfall kann die Zähigkeit der Fermentationsbrühe so stark ansteigen, dass es zu einem Bruch der Rührwerkswelle kommt.
Entsprechend der Faustregel: „Soviel Rühren wie nötig, so wenig wie möglich“ gilt es daher, in der Praxis einen Kompromiss zu finden. Deshalb werden in Biogasreaktoren langsam laufende Rührwerke eingesetzt, um die Scherkräfte gering zu halten und den Reaktorinhalt nur in kurzen Intervallen zu durchmischen [16].

Gasertrag

Der zu erwartende Gasertrag hängt stark von der eingesetzten Biomasse ab und ist damit sehr substratspezifisch. Für die wirtschaftliche Beurteilung von Biogasprojekten wäre es wünschenswert, den erwarteten Biogasertag bereits im Vorhinein möglichst genau bestimmen zu können. Leider ist in der Praxis diese exakte Berechnung des Biogasertrages kaum möglich, da hierfür eine genaue Kenntnis der jeweiligen Konzentrationen der im Substrat enthaltenen Einzelnährstoffe erforderlich wäre. Diese Nährstoffkonzentrationen sind aber selbst bei Einzelsubstraten nur selten bekannt. Da in Biogasanlagen in der Regel Substratgemische eingesetzt werden, kann daher die Berechnung des erwarteten Biogasertrags nur näherungsweise erfolgen.

In den vergangenen Jahren wurden aufgrund der starken Nachfrage nach Biogasanlagen zahlreiche Forschungsvorhaben zur Vergärbarkeit verschiedener Substrate aus der Landwirtschaft sowie aus dem Bereich der Rest- und Abfallstoffe durchgeführt. In umfangreichen Laborversuchen wurden mit Hilfe von Batch-Tests entsprechende Gaserträge erfasst. Diese Werte sind in einschlägigen Verzeichnissen, etwa [5] oder [30], tabelliert und können damit als Grundlage für eine realistische Bewertung des zu erwartenden Biogas- und Methanertrags herangezogen werden. Tabelle 7.6 fasst eine Auswahl der wichtigsten Substrate zusammen:

Tabelle 7.6 Biogas- und Methanausbeuten für verschiedene Substrate, nach [5]

Substrat	**TM** in [% FM] von - bis	**oTM** in [% FM] von - bis	**Biogas** in [m³/kg oTM] von - **Richtwert** - bis	**Methangehalt** in [%] von - **Richtwert** - bis
Rindergülle	7,5 - 13	6,4 - 10	0,17 - **0,28**- 0,63	53 - **55** - 62
Schweinegülle	2,3 - 11	1,3 - 7,1	0,30 - **0,40** - 0,88	47 - **58** - 68
Hühnermist	86	60	**0,50**	**60**
Grassilage	27 - 57	25 - 46	0,21 - **0,58** - 0,70	52 - **56** - 56
Maissilage	25 - 37	24 -36	0,30 - **0,60** - 1,13	47 - **54** - 69
Roggensilage	33 - 46	32 - 42	0,57 - **0,60** - 0,79	50 - **51** - 68
Getreidestroh			0,25 - 0,35	
Kartoffeln	19 - 21	17 - 20	0,59 - **0,70** - 0,82	**52**
Biertreber	21 - 25	20 - 24	0,42 - **0,53** - 0,85	**68**
Getreideschlempe	4,6 - 7,6	4,3 - 7,1	0,39 - **0,64** - 0,72	49 - **49** - 55
Rapskuchen	89	0,82 - 0,98		43 - 50

Trockensubstanzgehalt

Der Gehalt an Trockensubstanz[2] im Fermenter (TS-Gehalt) kann die Gasausbeute in zweierlei Hinsicht beeinflussen. Zum einen können sich die Bakterien bei hohen TS-Gehalten nur schlecht bewegen und so nur das Substrat in ihrem unmittelbaren Umfeld abbauen. Bei sehr hohen Trockensubstanzgehalten von 40 Prozent und mehr kann die Gärung sogar ganz zum Erliegen kommen, da hier nicht mehr genügend Feuchtigkeit für ein Bakterienwachstum vorhanden ist. Zum anderen kann es infolge der hohen Trockensubstanzgehalte zu Problemen mit Hemmstoffen kommen, da diese durch den niedrigen Wassergehalt in konzentrierter Form vorliegen können. Eine Vorbehandlung der eingesetzten Substrate (Zerkleinern, Homogenisieren) kann die Ausbeute steigern, da das Substrat den Bakterien so besser zur Verfügung steht [45].

[2] Die Begriffe Trockensubstanz (TS) und Trockenmasse (TM) werden synonym verwendet.

Biogasqualität

Ziel der Biogaserzeugung ist die nachfolgende energetische Nutzung des Gases. Daher sollte das Biogas einen möglichst hohen Methananteil aufweisen, da dieser den Energiegehalt des Biogases bestimmt. Der Methangehalt im Biogas hängt von mehreren Faktoren ab, wie Wassergehalt des Substrates, Gärtemperatur, Verweilzeit sowie Substrataufbereitung und dem Grad des Substratsaufschlusses. Typischerweise weist Biogas die in Tabelle 7.7 angegebene Zusammensetzung auf.

Tabelle 7.7 Typische Zusammensetzung von Biogas

Gasbestandteil	Anteil in [Vol.%]
Methan, CH_4	50 - 75
Kohlendioxid (CO_2)	25 - 50
Wasserdampf (H_2O)	0 - 10
Stickstoff (N_2)	0 - 5
Sauerstoff (O_2)	0 - 2
Wasserstoff (H_2), Ammoniak (NH_3), Schwefelwasserstoff (H_2S)	Spurengase

Der Heizwert von Biogas liegt zwischen 4 und 7,5 kWh/m^3, je nach Methangehalt. Bei einem Methangehalt von 60 Prozent kann mit einem mittleren Heizwert von 5,5 kWh/m^3 gerechnet werden (zum Vergleich: Erdgas ca. 11 kWh/m^3). Biogas hat eine durchschnittliche Dichte von 1,22 kg/m^3 und ist somit in etwa so schwer wie Luft (1,29 kg/m^3).

Für die nachgeschaltete Nutzung ist die Reinheit des Gasgemisches von Bedeutung. Insbesondere die Konzentration an Schwefelwasserstoff (H_2S) ist dabei zu beachten, da Schwefelwasserstoff bereits in relativ geringen Konzentrationen giftig ist. Darüber hinaus führen erhöhte Schwefelwasserstoffkonzentrationen zu Korrosionsschäden an Blockheizkraftwerken, Heizkesseln oder anderen nachgeschalteten Anlagenteilen.

7.3.3 Technik zur Erzeugung von Biogas

Zur effizienten Vergärung organischer Stoffe werden in der Praxis verschiedene Vergärungsverfahren eingesetzt, die sich hinsichtlich der Trockensubstanzgehalte, der eingesetzten Substrate, der Prozesstemperatur und -führung sowie im Stofffluss unterscheiden. Die wichtigsten Merkmale zur Klassifizierung von Vergärungsverfahren fasst Tabelle 7.8 zusammenfassen.

Ein wesentlicher Unterschied zwischen den einzelnen Vergärungsverfahren bestehen im Trockensubstanzgehalt im Fermenter. So lassen sich die Verfahren je nach Feststoffgehalt im Reaktorzulauf in Nass- und Trockenverfahren unterteilen. Der Bereich zwischen 15 und 20 Prozent Trockensubstanz wird als Semi-

Tabelle 7.8 Verfahrenstechnische Unterscheidungsmerkmale von Vergärungsanlagen, nach [58]

Verfahrensmerkmal	**Verfahrensvarianten**		
	Nassvergärung	Semi-Trockenvergärung	Trockenvergärung
Feststoffgehalt	TS < 15 %	15 % < TS < 20 %	TS > 20 %
Prozesstemperatur	psychrophil < 25°C	mesophil 33 - 37°C	thermophil 55 - 60°C
Prozessführung	einstufig	zweistufig	
Durchmischung	mechanisch	hydraulisch	pneumatisch

Trockenvergärung bezeichnet. Bei den Nassvergärungsverfahren wird die Biomasse durch die Zugabe von Flüssigkeit auf einen Trockensubstanzgehalt von bis zu 15 Prozent angemaischt, so dass die entstehende Suspension noch pump- und rührfähig ist. Trockenverfahren arbeiten dagegen bei Feststoffgehalten zwischen 20 und 40 Prozent. Hierdurch kann in Abhängigkeit vom eingesetzten Substrat die für das Anmaischen des Materials notwendige Prozesswassermenge deutlich reduziert werden. Auf die Zugabe von Anmaischwasser kann bei einigen Substraten (etwa Gülle) auf Grund ihres Wassergehaltes ganz verzichtet werden.
In den vergangenen Jahren wurden insbesondere bei der Behandlung von organischen Abfällen sog. Perkolationsverfahren eingesetzt. Hierbei wird das Material durch Prozesswasser ausgelaugt. Das mit organischen Substanzen angereicherte Prozesswasser wird anschließend einer anaeroben Verfahrensstufe zugeführt. Dort wird die Organik zu Biogas umgesetzt. Der Laugungsprozess kann hierbei sowohl kontinuierlich als auch diskontinuierlich erfolgen. In der Landwirtschaft werden auf Grund der geringeren Investitionskosten derzeit ausschließlich diskontinuierlich arbeitende Perkolationsverfahren, sogenannte Garagenverfahren, für die Verwertung von Energiepflanzen eingesetzt [25].
Andere für den Einsatz in landwirtschaftlichen Biogasanlagen derzeit erprobte Verfahren arbeiten mit einem Überstauen des Materials (Aufstauverfahren) oder ohne eine direkte Zugabe von Flüssigkeit (Haufwerksverfahren). Die Zuordnung dieser Verfahren zu den aus der Abfallbehandlung bekannten Trockenverfahren ist problematisch, derzeit scheint sich jedoch die Bezeichnung als diskontinuierliche Trockenverfahren zu etablieren. Die prinzipielle Einteilung der Vergärungsverfahren ist in Abb. 7.18 dargestellt.
Biogasanlagen werden heute sowohl einstufig als auch zweistufig ausgeführt. Da beim einstufigen Prozess die Abbauschritte gleichzeitig in einem Fermenter ablaufen, besteht hier eine erhöhte Gefahr für Prozessinstabilitäten. Die Trennung der Abbauschritte eröffnet bei zweistufigen Verfahren die Möglichkeit, die Prozessbedingungen den jeweiligen Milieubedingungen der Mikroorganismen anzupassen, führt jedoch zu einem erhöhten apparativen und baulichen Aufwand.
Auf die Notwendigkeit der sorgfältigen Durchmischung der Reaktoren für einen optimalen Stoff- und Wärmeaustausch, die Entgasung des Gärmaterials und die Unterstützung der mikrobiellen Aktivität wurde bereits hingewiesen. Bei Nassfermentationsverfahren erfolgt die Durchmischung entweder mechanisch durch Rührwerke oder hydraulisch durch Umpumpen. Eine hydraulische Durchmischung ist ebenfalls bei den Trockenverfahren durch den Einsatz von Feststoffpumpen möglich. Bis zu

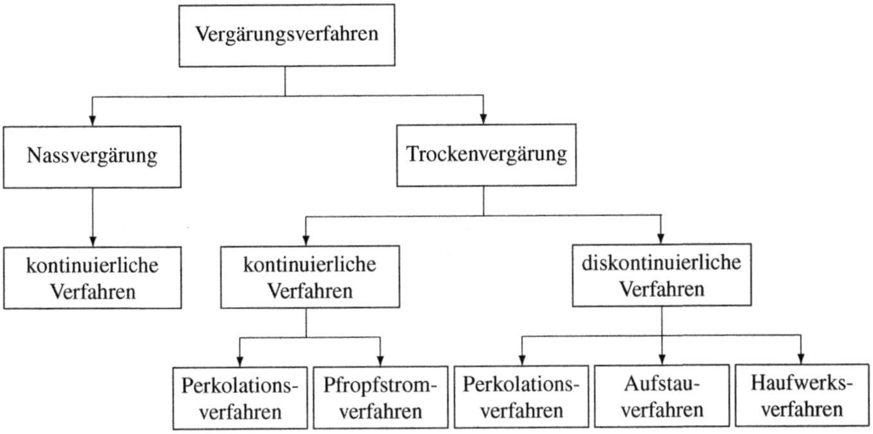

Abb. 7.18 Einteilung der Vergärungsverfahren, nach [58]

Feststoffgehalten von 40 Prozent besteht weiterhin die Möglichkeit, den Reaktorinhalt pneumatisch durch Einpressen von Biogas umzuwälzen. Der Einsatz von Energiepflanzen in konventionellen landwirtschaftlichen Biogasanlagen ist verfahrenstechnisch nicht unproblematisch, da die Vergärung von Feststoffen andere Ansprüche an die eingesetzten Technologien stellt. Daher wird seit geraumer Zeit der Einsatz verschiedener aus anderen Bereichen wie der Abfallbehandlung bekannter Aggregate für die Verwertung von Feststoffen erprobt. So erfolgt eine Anpassung vorhandener Techniken wie Trockenfermentations- und Perkolationsverfahren sowie von speziellen Verfahren zur Verwertung von Festmist an die Verwertung von Energiepflanzen.
Der prinzipielle Aufbau einer Biogasanlage zur Verwertung von Energiepflanzen und Wirtschaftsdüngern ist in Abb. 7.19 dargestellt.

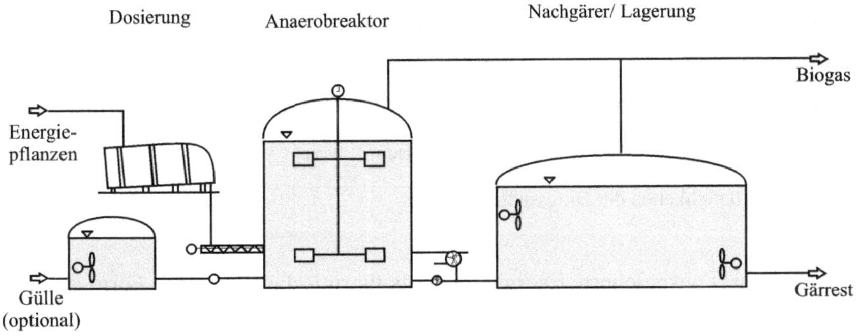

Abb. 7.19 Schematischer Aufbau einer Biogasanlage zur Verwertung von Energiepflanzen und landwirtschaftlichen Reststoffen

→ **Weiterlesen**

Die starke Nachfrage nach Biogasanlagen hat in den vergangenen Jahren zu umfangreichen Neu- und Weiterentwicklungen im Bereich der gesamten Anlagen- und Verfahrenstechnik geführt. Es sprengt den Rahmen dieser einführenden Darstellung, auf alle verfahrenstechnischen Teilbereiche einzugehen. Daher sei für eine detaillierte Darstellung des derzeit erreichten Stands der Technik im Bereich der Biogas-Verfahrenstechnik auf [5] und [16] verwiesen.

7.3.4 Technik zur Nutzung von Biogas

Für die Biogasnutzung steht eine Vielzahl marktreifer Technologien zur Verfügung. Die möglichen Nutzungswege sind in Abb. 7.20 als Übersicht dargestellt. Die im Biogas gespeicherte Energie wird zunächst zur Bereitstellung der thermischen und elektrischen Prozessenergie verwendet. Die Energiebereitstellung übertrifft in der Regel den Energiebedarf der Anlage, so dass elektrische und thermische Energie zu einer anderweitigen Nutzung zur Verfügung stehen.

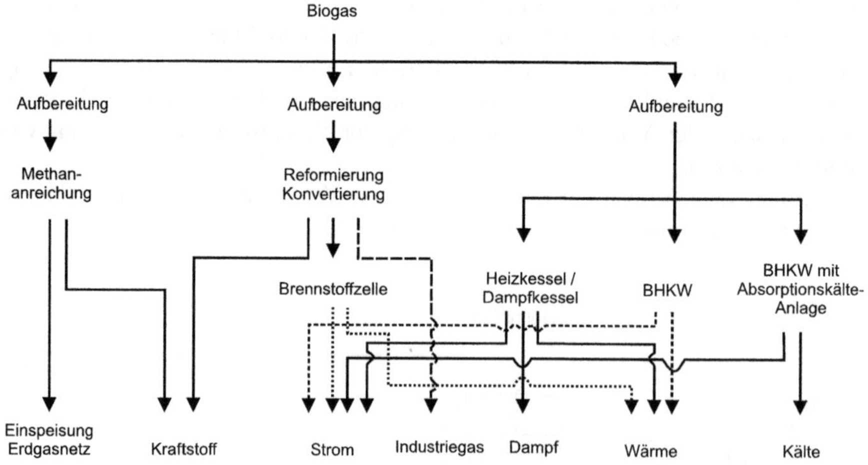

Abb. 7.20 Möglichkeiten der Biogasnutzung

Die im Biogas gespeicherte Energie kann als thermische Energie in Form von Kälte, Heißwasser oder Dampf, als elektrische Energie oder als Treibstoff verwendet werden. Nicht zuletzt aufgrund der Stromvergütung nach dem EEG ist die Verstromung als Kraft-Wärme-Kopplung in speziell hierfür konzipierten oder modifizierten Motoren in Deutschland die bislang häufigste Art der Biogasnutzung. Hier erweist es sich oft als Nachteil, dass zwar die elektrische Energie in das öffentliche Netz

eingespeist werden kann, die Nutzung der überschüssigen thermischen Energie in vielen Fällen direkt am Anlagenstandort aber nur eingeschränkt möglich ist. Daher findet zum einen eine Weiterentwicklung der Motoren-BHKW hin zu höheren elektrischen Wirkungsgraden statt, zum anderen werden zurzeit alternative Konzepte der Kraft-Wärme-Kopplung erprobt, die eine erhöhte Stromausbeute zum Ziel haben. Hierzu zählt der Einsatz von Mikrogasturbinen und Brennstoffzellen, beide Konzepte werden zur Zeit in Pilotanlagen erprobt. Ein anderer Weg ist, aus der Abwärme eines Motor-BHKW über nachgeschaltete thermische Prozesse zusätzlich Strom zu erzeugen. Hierzu bietet sich der Einsatz von ORC-Prozessen an. Derartige Kaskadenkonzepte wurden in Einzelfällen bereits realisiert. Allerdings zeigt sich, dass aufgrund der relativ niedrigen elektrischen Wirkungsgrade der nachgeschalteten ORC-Anlagen die zusätzliche Stromproduktion vergleichsweise gering ist. Ob daher der Betrieb derartiger Kombinationsanlagen unter wirtschaftlichen Gesichtspunkten sinnvoll ist, bedarf einer genauen Prüfung im Einzelfall.
Um die Biogaserzeugung und -nutzung räumlich und zeitlich trennen zu können, bietet sich die Aufbereitung des Biogases auf Erdgasqualität und die Einspeisung des so erzeugten Biomethans in das Erdgasnetz an. In den vergangenen Jahren hat die Aufbereitung von Biogas und die Einspeisung des erzeugten Biomethans in das Erdgasnetz deutlich an Bedeutung gewonnen. So waren im Jahr 2015 in Deutschland 189 Anlagen in Betrieb, die über eine Einspeisekapazität für Biomethan von ca. 117.000 Nm^3/h verfügen [19].
Die Einspeisung von aufbereitetem Biogas – dem sogenannten Biomethan – in das Erdgasnetz stellt besonders hohe Anforderungen an die Biogasqualität und damit an die Gasaufbereitung. Je nach angestrebter Biogasnutzung besteht die Biogasreinigung grundsätzlich aus einer Kombination der folgenden einzelnen Aufbereitungsschritte:

- Entstaubung bzw. Partikelabscheidung,
- Entfeuchtung bzw. Trocknung,
- Entfernung von Siloxanen,
- Entschwefelung,
- selektive Abtrennung von Biogaskomponenten.

Da die Methankonzentration im Biogas in der Regel zwischen 50 und 75 Vol.-% Methan beträgt, ist für eine Einspeisung zusätzlich eine Anreicherung des Methans erforderlich, bei der eine Abtrennung von Kohlendioxid erfolgen muss. So ist je nach der Erdgasqualität (L- oder H-Erdgasnetz) in einem lokalen Netz, in das eingespeist werden soll, eine Anreicherung des Methans bis zu einer Methankonzentration von 90 bis 96 Prozent erforderlich. Die Anreicherung des Methans kann prinzipiell auf verschiedenen Wegen erfolgen. Die derzeit verfügbaren Techniken bestehen in der Abtrennung der Verunreinigungen im Biogas durch

- selektive Membranen (Membranverfahren),
- Verflüssigung,
- Absorption in Waschflüssigkeiten (Gaswäsche),
- Adsorption an einem festen Adsorbens oder
- kryogene Trennung, bei der Biogas auf unter -80 ^{0}C abgekühlt wird.

Aufgrund der vorhandenen technischen Erfahrungen mit der Aufbereitung von Erdgas, aber auch Biogas, werden heute vorwiegend die Gaswäsche (Absorptionsverfahren) und die Druckwechseladsorption eingesetzt. Die gezielte Absorption von einzelnen Gaskomponenten in Flüssigkeiten basiert auf deren unterschiedlichen Löslichkeit in der Waschflüssigkeit, wobei für die Abtrennung der Begleitstoffe in Biogas Wasser als Waschflüssigkeit eingesetzt werden kann. Die Anreicherung des Methans beruht auf der größeren Löslichkeit von Kohlendioxid und Schwefelwasserstoff in der Waschflüssigkeit gegenüber Methan. Das Verfahrensprinzip der Druckwasserwäsche ist in Abb. 7.21 dargestellt.

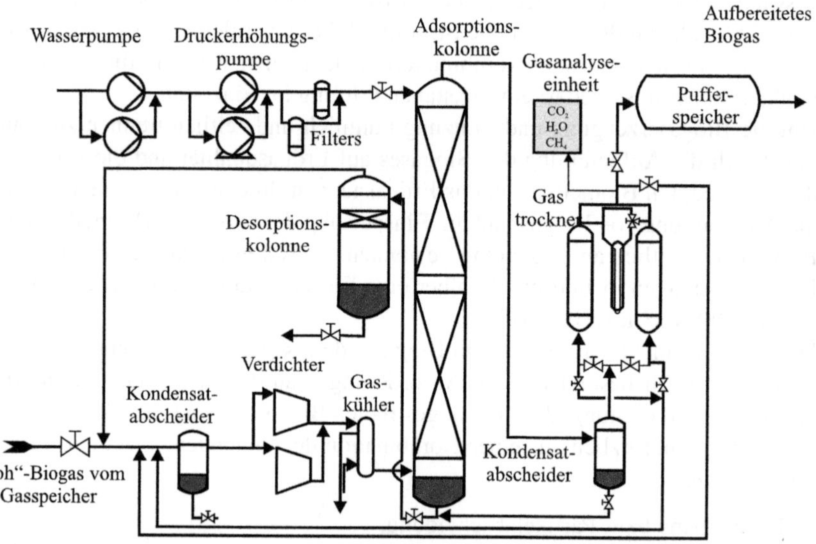

Abb. 7.21 Schema der Druckwasserwäsche, nach [51]

Die Adsorptionsverfahren eröffnen im Gegensatz zu den anderen Verfahren die Möglichkeit in einem Verfahrensschritt neben Kohlendioxid die weiteren Begleitkomponenten zu entfernen. Die Aktivkohle dient hierbei als ein Kohlenstoffmolekularsieb und ist für die Rückhaltung der Begleitkomponenten verantwortlich. Zur Verlängerung der Standzeiten der Aktivkohle ist eine vorhergehende Entschwefelung und Entfeuchtung des Biogases vorzunehmen. Die Druckwechseladsorption arbeitet quasi-kontinuierlich mit zyklisch geschalteten Adsorbern, so dass eine Reinigung des Biogases und eine Desorption möglich sind. Ein vereinfachtes Verfahrensschema einer Druckwechseladsorption ist in Abb. 7.22 dargestellt.

Membrantrennverfahren sind ein relativ neues Verfahren der Gasaufbereitung, die heute bei der Erdgaskonditionierung bereits vereinzelt eingesetzt werden. Nachteilig ist, dass die Trennleistungen derzeit noch nicht ausreichen, um die geforderten Produktreinheiten allein zu erreichen. Die entscheidende Triebkraft bei Membrantrennprozessen ist bei Porenmembranen ein Druckgefälle und bei Lösungs-Diffusionsmembranen eine unterschiedliche Löslichkeit und Diffusionsgeschwindigkeit von Gasen über der Membran. Wesentliches Kriterium für die Permeation der jeweiligen Gaskomponente durch die Membran ist die Diffusion und das Lösungsvermögen der Gasmoleküle selbst. Da die Permeabilität von Kohlendioxid etwa 20-mal und die von Schwefelwasserstoff etwa 60-mal höher ist als die von Methan, permeieren diese zwei Komponenten deutlich schneller durch die Membran als Methan [1].

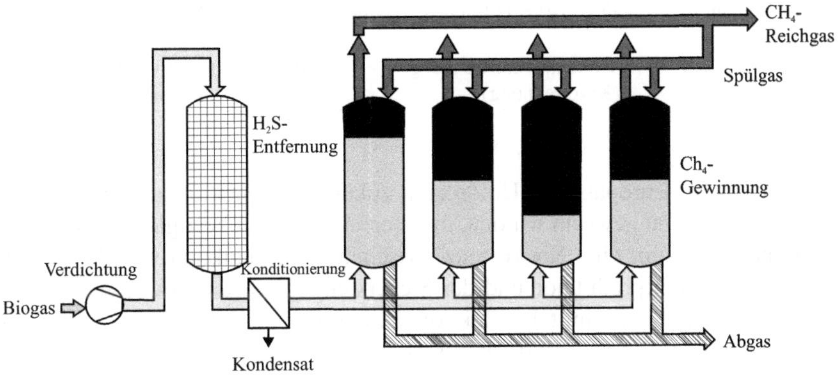

Abb. 7.22 Prinzip der Druckwechseladsorption zur Aufbereitung von Biogas

Vorteilhaft bei Membranverfahren ist der sehr einfache Aufbau, die einfache, nahezu wartungsfreie und unkomplizierte Handhabung des Verfahrens und die damit verbundene hohe Betriebssicherheit. Dies ermöglicht auch eine Reinigung kleiner Gasvolumenströme, ohne dass die spezifischen Kosten überproportional ansteigen. Kryogene Verfahren werden heute zur Luftzerlegung, zur Gasverflüssigung für Transport-und Speicherzwecke, zur Gewinnung von Edelgasen (z.B. Helium aus Erdgas) aber auch zur Gasaufbereitung – zum Beispiel zur Stickstoffentfernung aus stickstoffreichen Erdgasen aus der Nordsee – im großtechnischen Maßstab eingesetzt. Übliche Kapazitäten sind hier 500.000 bis 1.000.000 m^3/h. Nachteilig an diesen Verfahren sind die sehr hohen Energiekosten, die von 0,3 kWh je Liter LCH_4 bei großtechnischen Methanverflüssigungsanlagen bis zu 0,72 bis 1,15 kWh je Liter LCH_4 bei kleintechnischen CO_2-Ausfrierverfahren betragen können [1]. Entsprechend erscheinen diese Verfahren zurzeit für die Biogasaufbereitung nicht interessant. Tabelle 7.9 fasst die wesentlichen Merkmale der heute diskutierten Biogasaufbereitungsverfahren zusammen.

7.4 Flüssige Bioenergieträger: Biokraftstoffe

Gerade die im ersten Jahrzehnt des 21. Jahrhunderts sprunghaft gestiegenen Preise für fossile Brenn- und Treibstoffe haben zu einem stark gestiegenen Interesse an Biotreibstoffen geführt. Optimistische Erwartungen, die unter anderem mit den

Tabelle 7.9 Chemische und physikalische Verfahren zur Aufbereitung von Biogas, nach [3]

Grundoperation	Verfahrensbeispiel	Trenneffekt
Adsorption	Druckwechseladsorption (PSA)	Adsorption von CO_2 an einem Kohlenstoffmolekularsieb
Absorption	Druckwasserwäsche (DWW)	Lösung von CO_2 in Wasser
Chemische Absorption	Monoethanolamin (MEA)-Wäsche	Chemische Reaktion von CO_2 mit MEA
Membrantrennung	Polymermembrangastrennung	Membrandurchlässigkeit für CO_2 höher als für CH_4
Kühlung	Tieftemperaturtrennung (Kryotrennung)	Phasentrennung von flüssigem CO_2 und gasförmigem CH_4

Zielvorgaben der Europäischen Union zum zukünftigen Biokraftstoffanteil in der Europäischen Union geweckt wurden, mussten aber schnell korrigiert werden. Die wachsende Sorge um eine Konkurrenz zwischen der Produktion von Rohstoffen für die Biokraftstoffproduktion und der Sicherstellung einer weltweit ausreichenden Nahrungs- und Futtermittelproduktion führten seit dem Jahr 2007 zu einer starken Ernüchterung. Ein vollständiger Ersatz fossil basierter Kraftstoffe durch Biokraftstoffe ist in Anbetracht des weltweiten Bedarfs an Kraftstoffen unrealistisch. Vielmehr können Biokraftstoffe eine Brückentechnologie darstellen, bis andere Antriebskonzepte marktverfügbar sind. Damit würden sie einen wesentlichen Beitrag zur Sicherung der Mobilität in den kommenden Jahrzehnten leisten.

Biokraftstoffe lassen sich aus einer Vielzahl biogener Rohstoffquellen über vielfältige Umwandlungswege erzeugen. Neben Substituten für die heute überwiegend genutzten Otto-und Dieselkraftstoffe können gasförmige Biokraftstoffe aber auch biogener Wasserstoff gewonnen werden. Nicht alle technisch denkbaren Varianten haben allerdings heute einen Entwicklungsstand erreicht, der einen kommerziellen Einsatz erlaubt. Daher ist es sinnvoll, die unterschiedlichen Optionen der Biokraftstofferzeugung in unterschiedliche Kategorien, sogenannte Generationen zu untergliedern:

1. Generation: Hierbei handelt es sich um Kraftstoffe, die heute bereits kommerziell verfügbar sind und u.a. über Tankstellen in Reinform oder als Beimischungskomponente vertrieben werden. Zu dieser Kategorie gehören beispielsweise Pflanzenölkraftstoffe, Biodiesel und Bioethanol sowie Biogas. Verfahrenstechnisch gesehen handelt es sich hierbei um Kraftstoffe, die über eine physikalisch-chemische Umwandlung bzw. über eine aerobe und anaerobe Fermentation gewonnen werden.

2. Generation: In diese Gruppe lassen sich Biokraftstoffe einordnen, die sich zur Zeit noch im fortgeschrittenen Entwicklungsstadium befinden oder bereits den Schritt in eine erste Kommerzialisierung über Pilotanlagen geschafft haben. In diese Gruppe fallen vorrangig synthetische erzeugte Biokraftstoffe, wie Biomass-to-liquid (BtL), Hydrotreated Vegetable-Oils (HVO), Biomethanol und die Bioethanolherstellung aus Cellulose. Verfahrenstechnisch gesehen handelt es sich bei dem letztgenannten Produkt um ein fermentatives Verfahren, das allerdings eine aufwendige Rohstoffvorbereitung erfordert. Bei den anderen Varianten handelt es sich um

Verfahrensketten, die auf einer thermo-chemischen Umwandlung der Biomasse beruhen.
3. Generation: Diese Gruppe umfasst Biokraftstoffe, deren Herstellverfahren sich heute noch weitgehend im Forschungs- und Entwicklungsstadium befinden. Hierzu zählt beispielsweise die Erzeugung von Biodiesel aus Mikroalgen und die Gewinnung von Wasserstoff aus Biomasse. Eine Markteinführung dieser Kraftstoffe ist perspektivisch erst für die Periode 2025 - 2030 realistisch.

7.4.1 Entwicklung des weltweiten Biokraftstoffmarkts

Bevor die verschiedenen Optionen der Biokraftstofferzeugung näher vorgestellt werden, soll zunächst der Frage nachgegangen werden, welche Bedeutung Biokraftstoffe heute im weltweiten Kraftstoffmarkt besitzen und wie sich ihre Bedeutung in den nächsten Jahren verändert.
Der weltweite Endenergieträgerbedarf im Verkehrsbereich betrug im Jahr 2009 rund 96,3 EJ. Biokraftstoffe tragen hierzu mit rund 4,7 Prozent oder ca. 4,5 EJ bei. Betrachtet man die zeitliche Entwicklung der Biokraftstoffnachfrage, so fällt das starke Wachstum in den vergangenen 10 Jahren auf. So wurden im Jahr 2010 mit rund 110 Mrd. Litern fast sechsmal soviel Biokraftstoffe verwendet, wie im Jahr 2000. Hierdurch werden rund 25 Mio. t Rohöl ersetzt. Fast 60 Prozent dieser Biokraftstoffe stammen aus der Ethanolgewinnung, insbesondere in den USA hat die Ethanolproduktion in den vergangen Jahren stark zugenommen. [26]
Unter Berücksichtigung des zu erwartenden Anstiegs in der globalen Mobilität rechnet die Internationale Energieagentur IEA bis zum Jahr 2050 mit einem Anstieg des Kraftstoffbedarfs auf ca. 116 EJ, das entspricht rund 2.900 Mio. t Rohöläquivalent. Der Anteil an Biokraftstoffen wird dabei überproportional auf ca. 32 EJ wachsen, was einem relativen Anteil von rund 27 Prozent entspricht. Mineralölbasierte Kraftstoffe werden aber auch im Jahr 2050 noch den größten Anteil zur weltweiten Kraftstoffproduktion beitragen, wie Abb. 7.23 zeigt: rund 53 Prozent der verwendeten Kraftstoffe basieren auf fossilem Öl. [26]
Aus dieser gewaltigen Steigerung der Nachfrage resultiert zwangsläufig ein gestiegener Landbedarf für die Gewinnung der Rohstoffe. Allerdings steht der prognostizerten Verzehnfachung des Biokraftstoffbedarfs eine deutlich geringere Steigerung der erforderlichen Anbauflächen gegenüber. Hierzu tragen neben effizenteren Produktionsverfahren und einer verbesserten Landbewirtschaftung auch effizientere Konversionsverfahren bei. So zeichnen sich die Herstellverfahren für die Biokraftstoffe der 2. Generation dadurch aus, dass nicht mehr nur bestimmte Bestandteile der Pflanzen (wie z.B. das Öl oder der Zucker) genutzt werden, sondern die gesamte Pflanze als Rohstoffquelle genutzt wird. Damit steigt die Flächenproduktivität – also der Kraftstoffertrag pro ha – ganz erheblich an. Nach Abschätzungen der Internationalen Energie Agentur müssten sich die Anbauflächen bis 2050 daher von derzeit rund 30 Mio. ha auf rund 100 Mio. ha verdreifachen, um dem erwartenden zehnfachen Bedarf gerecht werden zu können [26]. Allerdings berücksichtigt dieser

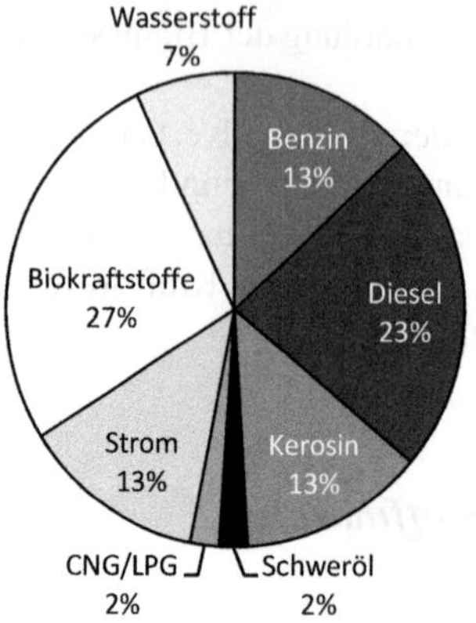

Abb. 7.23 Weltweiter Energieträgereinsatz im Verkehrsbereich im Jahr 2050, nach [26]; CNG: compressed natural gas (Erdgas), LPG: liquefied petroleum gas (Autogas)

Abschätzung nicht, dass durch eine technologische Weiterentwicklung zunehmend auch Reststoffe zu Biokraftstoffen umgewandelt werden können, so dass insgesamt der Landbedarf weiter reduziert werden könnte. Dennoch: in Anbetracht der Sorge um die Sicherstellung der Nahrungsmittelversorgung einer perspektivisch weiter wachsenden Weltbevölkerung ist die Frage nach der Konkurrenz um geeignete Anbauflächen berechtigt (siehe dazu auch Kap. 3.3.4).

7.4.2 Biokraftstoffe der 1. Generation: Pflanzenöle

Die technologisch einfachste Variante der Biokraftstoffgewinnung stellt die Nutzung von Pflanzenölen dar. Die in Deutschland wichtigste Ölpflanze ist der Raps. Im weltweiten Vergleich liegt Raps aber deutlich hinter anderen Ölpflanzen zurück. So wurden im Jahr 2008 weltweit rund 42 Mio. t Palmöl gewonnen, dagegen nur rund 18 Mio. t. Rapsöl. Große Bedeutung hat auch das Sojaöl, hier wurden im Jahr 2008 rund 40 Mio. Öl erzeugt [60]. Daneben gibt es eine Vielzahl weiterer Ölpflanzen. Bekannt sind beispielsweise Sonnenblumen-und Erdnussöl aus dem Nahrungsmittelbereich. Kokosnuss- und Rhizinusöl haben eine Bedeutung in der Kosmetikindustrie bzw. der Pharmazie.
Aus technischer Sicht stellt die Jatrophapflanze eine interessante Ölpflanze dar. Sie sichert einen vergleichsweise hohen Ölertrag pro ha (Abb. 7.24), ist eine relativ anspruchslose Pflanze und das aus ihr gewonnene Öl ist als Nahrungsmittel nicht nutzbar. Allerdings spielt sie mengenmäßig derzeit nur eine untergeordnete Rolle. In Zukunft könnte sich das aber ändern, da in vielen tropischen und subtropischen Ländern Projekte zur Nutzung von Jatrophaöl realisiert wurden.
Wie dargestellt, ist Raps in Deutschland die wichtigste Ölpflanze. Daher beziehen sich die folgenden Betrachtungen vorrangig auf die Verarbeitung von Raps. Grundsätzlich lassen sich die dargestellten Verfahrensketten aber auch auf andere Ölsaaten übertragen.

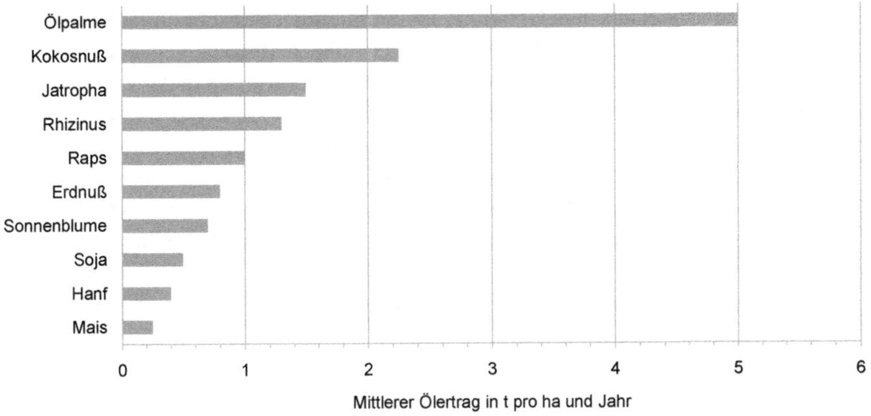

Abb. 7.24 Durchschnittlicher Ölertrag von wichtigen Ölpflanzen, nach [60]

Erzeugung von Pflanzenölkraftstoffen

Die Verarbeitung von Ölsaaten kann sowohl in dezentralen Kleinanlagen als auch in industriellen, zentralen Ölmühlen erfolgen. In Kleinanlagen werden in der Regel bis zu 25 Tonnen Ölsaat pro Tag verarbeitet, die Kapazität von Großanlagen liegt bei bis zu 4.000 t pro Tag.

Hinsichtlich der erzeugten Produkte unterscheiden sich dezentrale und zentrale Verarbeitungsanlagen: Während in Kleinanlagen hauptsächlich nur kaltgepresste Öle erzeugt werden, die keine weiteren Raffinationschritte durchlaufen, werden in den zentrale Ölmühlen überwiegend vollraffinierte Pflanzenöle unter Einsatz von Extraktionsmitteln hergestellt. Aufgrund der nachgeschalteten Raffination spielt die Qualität der Ölsaat sowie die Güte der vorgelagerten Prozessschritte (Abpressen, Reinigen) bei der großtechnischen Pflanzenölgewinnung eine geringere Rolle als bei der dezentralen Verarbeitung.

Bei der *dezentralen Verarbeitung* lassen sich folgende Verfahrensschritte unterscheiden: Nach der Reinigung der angelieferten Ölsaat wird die Saat mittels heißen Wassers erwärmt. Die Erwärmung der Saat dient dazu, den Pressvorgang zu erleichtern und die Ölausbeute zu erhöhen. Daran schließt sich der eigentliche Pressvorgang an, bei dem das Öl aus der Saat mechanisch herausgepresst wird, beispielsweise über eine Schneckenpresse.

Als Produkte des Pressvorgangs entsteht zum einen das sogenannte Truböl und zum anderen der Presskuchen. Dieser je nach Qualität des Pressvorgang mehr oder weniger stark ölhaltige Presskuchen wird heute überwiegend verfüttert. Es gibt aber auch Versuche, diesen Presskuchen als Substrat in Biogasanlagen einzusetzen und auf diesem Weg zusätzliche Energie zu erzeugen [40].

Das Truböl enthält noch relativ viele Verunreinigungen und Feststoffe (Partikel). Entsprechend wird es im nächsten Prozessschritt gereinigt. Hierzu stehen verschiedene mechanische Verfahren zur Verfügung. Im einfachsten Fall, der Sedimentation, wird das Öl in einem Absetztank zwischengelagert. Unter Schwerkrafteinfluß können dann die Partikel aus dem Öl heraus sedimentieren. Dem sehr einfachen Verfahrensprinzip steht als wesentlicher Nachteil der hohe Zeitbedarf gegenüber, der für die Sedimentation feiner Partikel erforderlich ist. Daher werden in der Praxis filternde Abscheider eingesetzt, entweder als Kammerfilterpressen oder als Kerzenfilter. Eine sehr schnelle und gründliche Ölreinigung lässt sich über das Zentrifugieren erreichen. Allerdings erfordert dieses Verfahren einen hohen Energieaufwand, so dass es bei der dezentralen Ölsaatenverarbeitung nicht verwendet wird. Ggf. ist zur Abscheidung auch letzter verbleibender Verunreinigungen noch ein Sicherheitsfilter nachgeschaltet. Das auf diese Weise erzeugte Rohöl kann z.B. als Lebensmittel verwendet werden. Aufgrund der insgesamt schonenden Verarbeitung ist es besonders hochwertig.

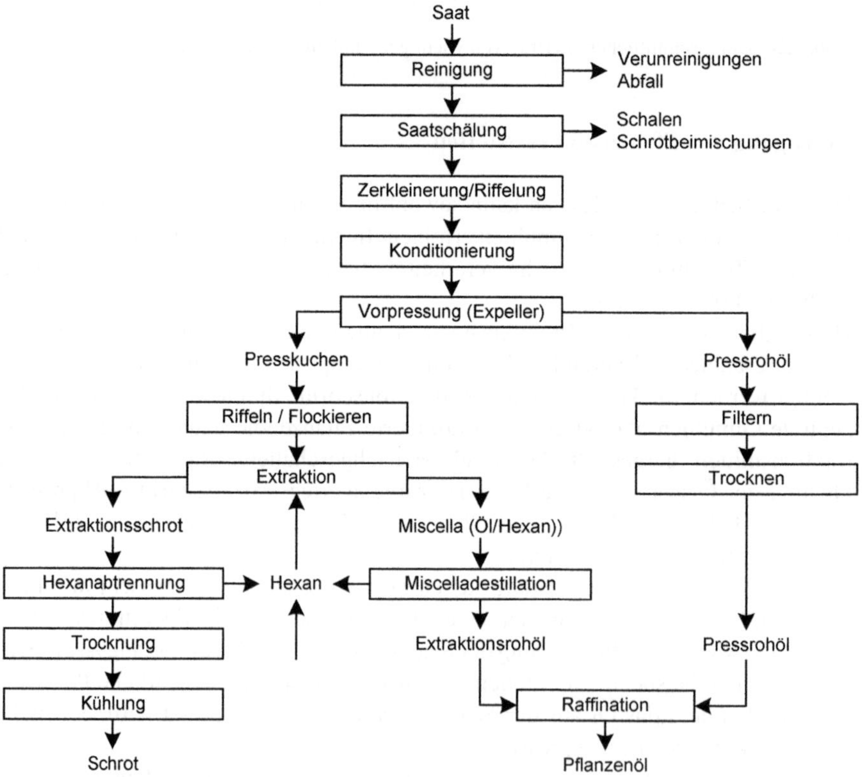

Abb. 7.25 Gewinnung von Pflanzenöl in zentralen Anlagen, nach [40]

Diese Verfahrensschritte finden sich auch bei der *zentralen Ölsaatenverarbeitung* wieder. Wie Abb.7.25 zeigt, ist hier der Verfahrensablauf deutlich komplexer. Insbesondere wird angestrebt, den Restölgehalt im Presskuchen so weit wie möglich zu verringern. Dann wird dieser Presskuchen mit einem Extraktionsmittel (in der Regel Hexan) behandelt, das die verbleibenden Restölgehalte aus dem Presskuchen

verdrängt. Das dabei gebildete Gemisch aus Pflanzenöl und Lösungsmittel, die sogenannte Miscella, wird nachfolgend destillativ aufgearbeitet, wodurch das Extraktionsmittel aus dem Presskuchen zurückgewonnen wird. Der getrocknete Rückstand – das sogenannte Extraktionsschrot – kann als Futtermittel verwendet werden.
Die beiden entstandenen Ölfraktionen, das eigentliche Truböl und das Extraktionsöl werden in der Folge einer weitergehenden Aufarbeitung, der Raffination, unterzogen. Am Ende dieses Prozesses erhält man das sogenannte voll raffinierte Pflanzenöl. Ziel der Raffination ist es, ein Pflanzenöl mit einer hohen, möglichst gleichmäßigen Qualität zu erhalten, wie es beispielsweise für den motorischen Einsatz erforderlich ist. Bei der Raffination lassen sich die chemische und die physikalische Raffination unterscheiden, die schematisch in Abb.7.26 gegenübergestellt sind.

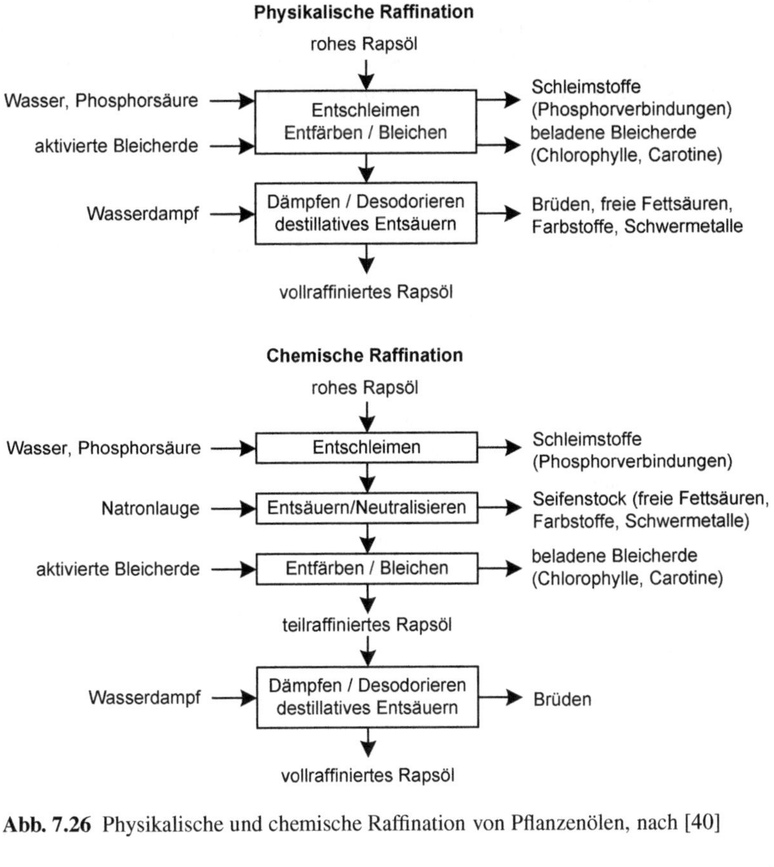

Abb. 7.26 Physikalische und chemische Raffination von Pflanzenölen, nach [40]

Aufbau von Pflanzenölen

Chemisch betrachtet, handelt es sich bei den Pflanzenölen, genauso wie bei pflanzlichen und tierischen Fetten, um sogenannte *Triglyceride*. Bei diesen chemischen Verbindungen sind díe einzelnen mittel- bis langkettigen Fettsäuren über eine Glycerinbrücke miteinander verbunden. Man spricht daher auch von einem Glycerin-Tri-Ester. Die einzelnen Pflanzenöle bzw. -fette unterscheiden sich durch die jeweilige Kettenlänge der drei Fettsäuren. Sie bewegen sich zwischen 8 und 22 Kohlenstoffatomen, wobei hauptsächlich geradzahlige Atomzahlen existieren.
Jedes natürliche Öl oder Fett verfügt je nach seiner Herkunft über ein ganz bestimmtes, charakteristisches Fettsäuremuster. Neben der Kettenlänge der Fettsäuren ist dabei vor allem das Auftreten von Doppelbindungen und Hydroxylgruppen ein Unterscheidungskriterium. Verfügt das Pflanzenöl oder -fett über Doppelbindungen, so spricht man von ungesättigten Fettsäuren. Wie die Gegenüberstellung wichtiger Fettsäuren in Tabelle 7.10 zeigt, können dabei auch Mehrfach-Doppelbindungen in dem Fettsäuremuster auftreten, entsprechend spricht man dann von mehrfach ungesättigten Fettsäuren.

Tabelle 7.10 Wichtige Fettsäuren

Länge	Chemische Bezeichnung	Trivialname	Pos. Doppelbindung(en)	Abk.[a]
	Gesättigte Fettsäuren			
C 12	Dodecansäure	Laurinsäure	-	12 : 0
C 14	Tetradecansäure	Myristinsäure	-	14 : 0
C 16	Hexadecansäure	Palmitinsäure	-	16 : 0
C 18	Octadecansäure	Stearinsäure	-	18 : 0
C 20	Ficosansäure	Arachinsäure	-	20 : 0
C 22	Docosansäure	Behensäure	-	22 : 0
	Ungesättigte Fettsäuren			
C 12	Dodecensäure	Lauroleinsäure	9 (c)[b]	12 : 1
C 14	Tetradeceiisäure	Myristoleinsäure	9 (c)	14: 1
C 16	Hexadecensäure	Palmitoleinsäure	9 (c)	16 : 1
C 18	Octadecensäure	Ölsäure	9 (c)	18 : 1
-	Octadecadiensäure	Linolsäure	9, 12 (c), (c)	18 : 2
-	Octadecatriensäure	Linolensäure	9, 12, 15 (c), (c), (c)	18 : 3
C 20	Eicosensäure	Gadoleinsäure	9 (c)	20 : 1
-	Ficosatetraensäure	Arachidonsäure	5, 8, 11, 14	20 : 4
C22	Docosensäure	Erucasäure	13 (c)	22 : 1
-	Docosapentaensäure	Clupanodonsäure	4, 8, 12, 15, 19	22 : 5

[a] C-Zahl : Anzahl der Doppelbindungen; [b] c: cis-Isomere

Ferner unterscheiden sich die ungesättigten Fettsäuren hinsichtlich der Position, an der die Doppelbindung in der Fettsäurekette auftritt. Während (mehrfach) ungesättigte Fettsäuren für die menschliche Ernährung eher förderlich sind, ist ihr Vorhandensein in Ölen und Fetten zur technischen Nutzung eher störend, da diese Doppelbindungen z.B. mit Sauerstoff reagieren und dadurch die Öle bzw. Fette schnell altern.

Die folgende Tabelle 7.11 stellt die Fettsäuregehalte wichtiger Ölpflanzen zusammen. Diese Tabelle zeigt, dass die meisten Öle, wie beispielsweise Palm-, Sonnenblumen- oder Erdnussöl überwiegend Fettsäuren mit einer Kettenlänge von 18 C-Atomen enthalten. Nur eine kleine Gruppe von Ölen, wie etwa das Kokosnuss oder Palmkernöl enthält überwiegend kurzkettige Fettsäuren im Bereich von 12 bis 14 Kohlenstoffatomen.

Tabelle 7.11 Fettsäuregehalte wichtiger Ölpflanzen

Ölpflanze	12:0	14:0	16:0	18:0	18:1	18:2	18:3	22:1
Ölpalme	-	2	42	5	41	10	-	-
Sonnenblume	-	-	6	4	28	61	-	-
Erdnuß	-	-	10	3	50	30	-	-
Lein/Flachs	-	-	5	4	22	17	52	-
Raps (alt)	-	1	2	1	15	15	7	50
Raps (neu)	-	1	4	1	60	20	9	2
Kokosnuß	48	17	9	2	7	1	-	-
Palmkern	50	15	7	2	15	1	-	-

Aufgrund dieser unterschiedlichen Fettsäuremuster unterscheiden sich die verschiedenen Öle und Fette hinsichtlich ihrer Eignung als Rohstoffe für die Biokraftstoffherstellung. Gerade bei der Verwendung von reinen Pflanzenölen ist daher eine Mischung unterschiedlicher Rohöle kaum möglich.
Die chemische Struktur der Pflanzenöle bestimmt deren Eignung als Biokraftstoff. So können an den Triglyceriden unterschiedliche chemische Reaktionen ablaufen, die zu einer mehr oder weniger starken Veränderung der Eigenschaften führen. Hierbei sind zu nennen:

- Durch thermische oder oxidative Polymerisation an den Doppelbindungen der Fettsäuren entstehen längere, vernetzte Strukturen mit einer geringeren Fließfähigkeit (Verharzung, „ranzig werden"). Diese Polymerisation kann einerseits durch Sauerstoff ausgelöst werden, andererseits aber auch durch hohe Temperaturen (thermischer Polymerisation) begünstigt werden, was z.B. bei der Lagerung von Pflanzenölen zu berücksichtigen ist.
- Hydrolyse oder das Abspalten von Fettsäuren tritt durch das Einwirken von Wasser auf. Dieser Prozess ist zwar günstig für die schnelle mikrobielle Abbaubarkeit von Pflanzenölen, für den Einsatz als Kraftstoff führt er aber zu einer Verringerung der Viskosität. Darüber hinaus ist ein zu hoher Wasseranteil im Kraftstoff grundsätzlich unerwünscht.
- Protonen-Abspaltung: diese Reaktion tritt am mittleren Kohlenstoff-Atom des Glycerins auf. Das hier gebundene Wasserstoff-Atom kann leicht abgespalten werden. In der Folge kommt es zu einer Versäuerung des Öls. Aufgrund der nun höheren Reaktionsfähigkeit des Triglycerids kann es zur Anlagerung andere Moleküle und damit zu einer Viskositätserhöhung kommen.

Ganz wesentlich wird die Qualität eines Pflanzenöl durch die Lagerung bestimmt: Oxidation, Polymerisation und Hydrolyse können bei unsachgemäßer Lagerung zu einer deutlichen Verschlechterung der Ölqualität beitragen. Daher sollten Pflanzenöle möglichst dunkel und bei konstanten Temperaturen im Bereich 5 - 10 °C gelagert werden. Ideal geeignet sind Erdtanks [53]. Aber auch ein qualitativ hochwertiges Pflanzenöl weist aufgrund seiner chemischen Struktur andere chemische und physikalische Eigenschaften auf als ein konventioneller Dieselkraftstoff. Besonders auffällig ist die deutlich veränderte kinematische Viskosität (Abb.7.27).

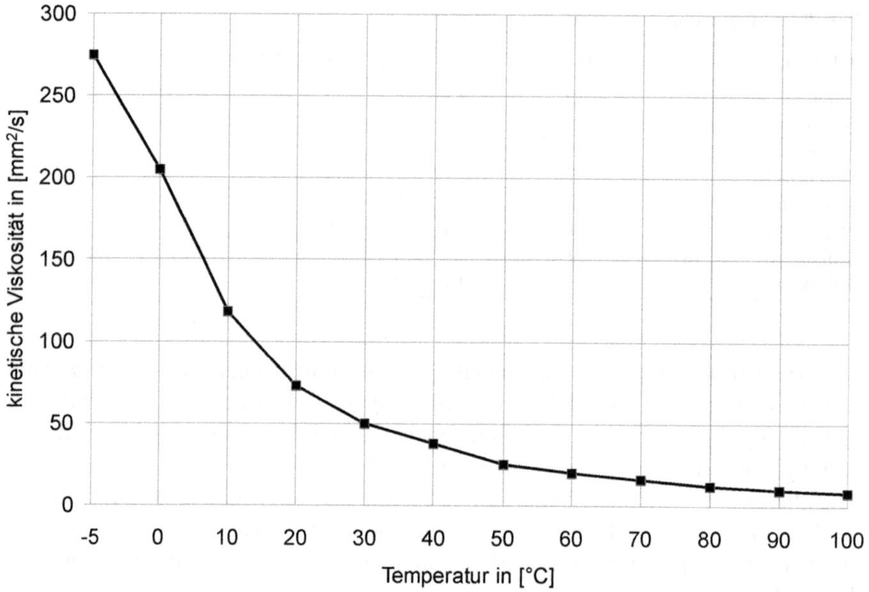

Abb. 7.27 Temperaturabhängigkeit der kinematischen Viskosität von kaltgepresstem Rapsöl, nach [53]

So zeigt das hier dargestellte Rapsöl nur bei Temperaturen oberhalb von 80 °C eine ähnliche Zähigkeit auf, wie ein Dieselkraftstoff. Bei sinkenden Temperaturen nimmt dagegen die kinematische Viskosität stark zu: bei 40 °C ist sie mit ca. 35 mm^2/s schon fast zehnmal so hoch wie bei Diesel. Entsprechend muss das Kraftstoff- und Einspritzsystems eines Dieselmotors an diese höhere Viskosität angepasst werden. Um ein ausreichendes Fließverhalten des Pflanzenölkraftstoffs sicherzustellen, ist bei niedrigen Temperaturen eine Vorwärmung des Tanks und des Kraftstoffsystems erforderlich.

Mit dem Einsatz von Raps in Dieselmotoren konnten in Deutschland in den vergangenen Jahren umfangreiche Erfahrungen gesammelt werden. Von besonderer Bedeutung ist dabei das durch das Ministerium für Ernährung, Landwirtschaft und Verbraucherschutz (BMELV) im Zeitraum von 2001 bis 2005 geförderte 100-Traktoren-Programms [21].

Die Erfahrungen aus diesem und anderen Forschungsvorhaben flossen in einen Qualitätsstandard für Rapsölkraftstoffe ein, der DIN-Norm 51605 [10]. Rapsölkraftstoff,

der diesem Qualitätsstandard entspricht, kann nach dem heutigen Stand der Technik problemlos in entsprechend angepassten Dieselmotoren eingesetzt werden. Qualitätsstandards für andere Pflanzenöle oder Pflanzenölmischungen sind in der DIN 51623 festgelegt [11].
Um eine größere Rohstoffbasis – auch unter Einbeziehung von pflanzlichen und tierischen Altölen und -fetten – nutzen zu können, ist eine weitergehende Standardisierung erforderlich. In den heute üblicherweise eingesetzten direkt einspritzenden Dieselmotoren ist der Einsatz von naturbelassenem Pflanzenöl nicht ohne Veränderungen am Motor möglich, da sich das Pflanzenöl in wesentlichen Eigenschaften (vor allem der Viskosität) vom Dieselkraftstoff unterscheidet.
Alternativ zur Anpassung des Motors an den Kraftstoff bietet es sich an, das Pflanzenöl an die Eigenschaften mineralisch basierter Kraftstoffe und damit an die marktverfügbare Motorentechnik anzupassen, so z.B. durch eine Weiterverarbeitung der Pflanzenöle zu einem Pflanzenölmethylester, im allgemeinen unter dem Namen „Biodiesel" bekannt. Grundlage des Verfahrens ist die sogenannte Umesterung, bei der die Fette und Öle unter Einsatz von Methanol in Fettsäuremethylester (FAME: Fatty Acid Methyl Ester) und Glycerin überführt werden.

7.4.3 Biokraftstoffe der 1. Generation: Biodiesel

Das bekannteste Verfahren zur Anpassung von Pflanzenöl an konventionelle Dieselmotoren ist die Umesterung zu einem Pflanzenölmethylester. Unter dem Namen „Biodiesel" ist dieses Produkt in Deutschland bekannt. Streng genommen bezieht sich aber der Begriff „Biodiesel" nur auf rapsölbasierte Produkte. In der Praxis kommen jedoch neben Rapsöl auch andere pflanzliche Öle wie Soja-, Palm- oder Sonnenblumenöl zum Einsatz. Daneben werden auch gebrauchte Pflanzenöle (z.B. Frittierfett) oder tierische Fette verwendet. Bei der Umesterung werden diese biologischen Öle und Fette unter Zugabe von Methanol in einen Methylester und in Glycerin überführt. Aus chemischer Sicht wird dabei das langkettige, 3-fach verzweigte Triglycerid in 3 niedermolekulare Einzelketten aufgespalten, s. Abb. 7.28.
Das verbindende Element des ursprünglichen Triglycerids wird dabei durch drei einwertige Alkohole verdrängt und als Glycerin ausgeschieden. Als Ergebnis entstehen nun drei Kohlenwasserstoffketten, die in ihrem Aufbau denen eines mineralischen Diesels sehr ähneln.
Für diese Umesterung wird, wie bereits erwähnt, Methanol eingesetzt. Theoretisch müssten zur vollständigen Reaktion pro mol Pflanzenöl 3 mol Methanol beigemischt werden. Allerdings zeigt sich in der Praxis, dass es sich bei dieser Reaktion um eine Gleichgewichtsreaktion handelt, die nur so lange abläuft, wie ein entsprechendes Konzentrationsgefälle von links nach rechts, also vom Pflanzenöl zum Pflanzenöl-Methylester besteht. Sind etwa 60 Prozent der Ausgangsprodukte verbraucht, so kommt diese Reaktion zum Stillstand [28]. Um die Ausbeute an Biodiesel zu erhöhen, wird daher Methanol im Überschuss zugeführt. Das bei der Umesterung gebildete Glycerin besitzt eine höhere Dichte als der Methylester, setzt sich daher am

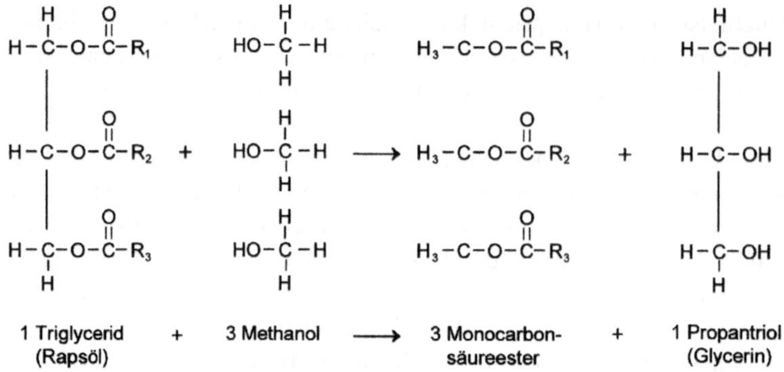

Abb. 7.28 Umesterung von Pflanzenölen [53]

Boden des Reaktionsgefäßes ab und kann so einfach abgetrennt werden. Bei dieser Abtrennung wird gleichzeitig der größte Teil des nicht reagierten Methanols abgetrennt.

Die Umesterungsreaktion läuft bei Umgebungstemperaturen nur sehr langsam ab. Eine Beschleunigung der Reaktion kann durch eine Temperaturerhöhung, eine Druckerhöhung oder die Zugabe eines Katalysators erreicht werden. Da in der Praxis hohe Reaktionsgeschwindigkeiten erwünscht sind, müssten Prozesstemperaturen von rund 300 °C erreicht werden. Bei diesen Temperaturen würden sich die Pflanzenöle aber bereits thermisch zersetzen. Auch die Druckerhöhung ist in der Praxis problematisch, da hierzu spezielle, druckfeste Reaktoren erforderlich wären. Daher wird die Umesterung heute katalytisch beschleunigt. Neben der sauren Katalyse können auch alkalische Katalysatoren eingesetzt werden. Beide Varianten ermöglichen eine Reaktion bei Raumtemperatur.

Basische Katalysatoren bieten einige Vorteile gegenüber sauren: so erlauben sie hohe Umwandlungsraten bei kurzen Reaktionszeiten und weniger Methanolüberschuss. Die basischen Katalysatoren liegen nach Abschluss der Umesterungsreaktion als Seife im Glycerin vor, aus dem sie abgetrennt werden können. Dabei führen die Katalysatoren zu einer erhöhten Reinheit des Rohglycerins. Begrenzt wird der Einsatz von alkalischen Katalysatoren durch den Anteil an freien Fettsäuren. Als maximal möglicher Anteil freier Fettsäuren werden 4 Prozent genannt [28], in der Regel soll aber der Anteil freier Fettsäuren im Pflanzenöl weniger als 0,5 Prozent betragen, um die erforderliche Katalysatormenge auf 5 bis 6 kg/t umzuesterndes Öl zu begrenzen.

Tierische Fette enthalten einen hohen Anteil an freien Fettsäuren. Daher wird hier dem Prozessschritt der eigentlichen Umesterung eine Veresterung unter Einsatz von Methanol und einem sauren Katalysator vorgeschaltet. Hierbei setzen sich die freien Fettsäuren mit Methanol unter Wasserabspaltung um und werden dadurch gesättigt. Der nachfolgende Schritt der Umesterung mit alkalischen Katalysatoren übernimmt dann gleichzeitig auch die Funktion eines Neutralisationsprozesses.

Nach der Abtrennung des Glycerins erfolgt zunächst eine Biodieselwäsche, um ggf. noch enthaltene Seifen zu entfernen. Im Anschluss wird der Methylester getrocknet, um das noch enthaltene Wasser und Methanolreste abzutrennen, wobei der Restgehalt der Stoffe auf insgesamt 250 ppm begrenzt wird [28]. Das bei der Verdampfung gebildete Wasser-Methanol-Gemisch kann anschließend durch Kondensation wieder aufgetrennt werden, so dass das Methanol in den Prozess zurückgeführt werden kann. Der Prozessablauf vom Rohstoff zum Methylester ist in Abb. 7.29 schematisch dargestellt.

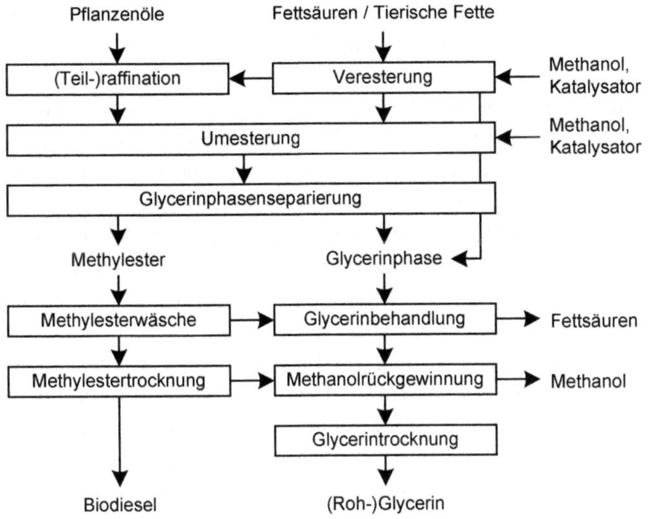

Abb. 7.29 Verfahrenskette der Biodieselproduktion durch Umesterung, vereinfacht nach [28]

Wird Methylester aus Alt- oder Tierfetten gewonnen, so ist als zusätzlicher Aufbereitungsschritt eine Destillation des Methylesters erforderlich. Ziel der Aufbereitung ist es, das im Überschuss eingesetzte Methanol möglichst vollständig zurückzugewinnen. Diesem Ziel dient auch die Rektifikation des Glyzerinwassers. Schließlich erfolgt noch eine Glycerinaufbereitung. Hierzu wird das Rohglycerin mit Schwefelsäure gemischt, so dass die enthaltenen alkalischen Katalysatoren umgewandelt und in eine feste Phase (bei Einsatz von Kaliumhydroxid als Katalysator z.B. als Kaliumsulfat) überführt, die in einem Separator von der flüssigen Phase abgetrennt werden kann. Die so gewonnenen Salze lassen sich als Düngemittel nutzen, das wässrige Glycerin wird eingedampft, so dass eine technische Reinheit von 90 Prozent erzielt werden kann.
Nach der vorstehend skizzierten Verfahrenskette kann die Herstellung von Biodiesel in dezentralen Kleinanlagen oder in zentralen Großanlagen erfolgen. Die Verfahren unterscheiden sich hinschlich

- der Betriebsweise (diskontinuierlich/kontinuierlich),
- der Prozesstemperatur (40 - 160 °C),

- dem Prozessdruck (in der Regel Umgebungsdruck, maximal 5 bar Überdruck),
- der Konzentration an Katalysator (0,01 - 5 Gew. %) und
- dem überstöchiometrischen Anteil an Methanol.

Bei dezentralen Anlagen wird vorzugsweise der apparatetechnisch einfache Batchprozess eingesetzt. Einer einfachen, robusten Prozessführung steht als Nachteil der hohe Zeitaufwand für das Befüllen, Entleeren und Reinigen der Behälter sowie die höheren Energieaufwendungen für das Aufheizen und Kühlen der jeweiligen Chargen gegenüber. Dieser Prozess wird daher vorwiegend bei Verarbeitungskapazitäten von 500 bis 10.000 t/a eingesetzt. Große Anlagen nutzen überwiegend kontinuierliche Prozessführungen, in denen die Umesterung mehrstufig erfolgt. Auf diese Weise lassen sich Produktionskapazitäten von mehreren 100.000 t/a erzielen.
Die vorstehend beschriebene Niederdruckumesterung stellt heute ein etabliertes Verfahren zur Herstellung von Biodiesel dar. Im Gegensatz dazu nutzt die Hochdruckumesterung ein Druckniveau von 20 bis 200 bar. Unter Einsatz von sogenannten Metallsalzen – Katalysatoren auf Zinkbasis – findet hier die Umesterung bei moderaten Temperaturen von 120°C statt. Vorteil des Verfahrens ist es, dass unterschiedliche Öle auch mit geringer Reinheit in einem einstufigen Prozess eingesetzt werden können. Auch eine vorgeschaltete Veresterung freier Fettsäuren kann entfallen und die Reaktionszeiten sind sehr kurz. Allerdings ist der Energieaufwand des Verfahrens aufgrund der hohen Prozessdrücke sehr hoch [28].
Im Gegensatz zu reinen Pflanzenölen unterliegt die Produktion von Biodiesel einer europaweite gültigen Norm, der DIN EN 14214 [9], in der Qualitätsanforderungen und -parameter festgelegt sind. Damit ist Biodiesel grundsätzlich für den Einsatz in konventionellen Dieselfahrzeugen geeignet. Derzeit wird Biodiesel europaweit fossilem Diesel beigemischt. In Deutschland beträgt der Beimischungsanteil zur Zeit (2016) maximal 7 Prozent. Der Absatz vor reinem Biodiesel ist dagegen in den vergangenen Jahren deutlich zurückgegangen. Die Gründe dafür liegen zum einen in den gestiegenen Rohstoffkosten, insbesondere bei Raps, aber auch der entfallenen Mineralölsteuerbefreiung.
In Deutschland wurden im Jahr 2015 rund 1,8 Mio. t Biodiesel als Kraftstoff verbraucht, damit entfielen rund 53 Prozent des gesamten nationalen Biokraftstoffeinsatzes auf Biodiesel [19]. Die weltweite Produktion von Biodiesel hat sich im letzten Jahrzehnt deutlich erhöht: wurden im Jahr 2002 weltweit lediglich rund 2,2 Mio. t Biodiesel erzeugt, erhöhte sich diese Produktionsmenge im Jahr 2015 auf rund 22 Mio. t. In Anbetracht dieser Zahlen wird deutlich, dass die Frage nach geeigneten Rohstoffquellen außerhalb der Nahrungs- und Futtermittelproduktion für einen weiteren Ausbau der globalen Biodieselproduktion von großer Bedeutung ist.

7.4.4 Biokraftstoffe der 2. Generation: Hydrierte Planzenöle

Eine weitere Möglichkeit die Eigenschaften von Pflanzenölen und tierischen Fetten an die Eigenschaften fossiler Kraftstoffe anzupassen ist die Hydrierung, das heißt die katalytische Umsetzung mit Wasserstoff. Diese hydrierten Pflanzenöle werden

als HVO-Kraftstoffe (Hydrotreated Vegetable Oil) bezeichnet. Zur Herstellung derartiger HVO-Kraftstoffe bieten sich grundsätzlich zwei Wege an: die gemeinsame Hydrierung mit Mineralölprodukten in einer herkömmlichen Raffinerie oder die ausschließliche Hydrierung von Pflanzenölen in speziellen Anlagen.
Grundgedanke dieses Verfahrens ist es, einen qualititiv hochwertigen Kraftstoff zu produzieren, der teilweise (Mitverarbeitung) oder vollständig (stand-alone Anlage) auf biogenen Rohstoffen basiert und für diesen Kraftstoff die bestehenden Vermarktungs-und Verteilstrukturen der Mineralölindustrie zu nutzen.
Ungeachtet der Verfahrensweise ist es Ziel der Hydrierung, die ursprünglichen Triglyceride durch eine katalytische Wasserstoffreaktion aufzuspalten. Im Idealfall entstehen auf diese Weise vollständig gesättigte Kohlenwasserstoffketten, die keinen Sauerstoff mehr enthalten und damit in ihren Eigenschaften dem fossilen Diesel stark ähneln. Als Nebenprodukte fallen Wasserdampf und Kohlendioxid an.
Hydrierte Pflanzenöle unterscheiden sich von fossilem Diesel in zwei Parametern:

- ihre Dichte ist etwas geringer als die Dichte mineralischen Diesels,
- die Cetanzahl als Maß für die Zündwilligkeit des Kraftstoffs ist dagegen mit einen Wert von bis zu 99 deutlich höher als bei fossilem Diesel, aber auch als bei Biodiesel bzw. Pflanzenöl [23].

Ein wesentlicher Nachteil von hydrierten Pflanzenölen im Vergleich zu Biodiesel und Pflanzenölen liegt im Verlust der guten biologischen Abbaubarkeit. Der Grund hierfür ist in der hohen Oxidationsstabilität der hydrierten Pflanzenöle (fehlende Doppelbindungen und fehlender Sauerstoff) zu suchen.
Wie eingangs erwähnt, kann die Hydrierung von Pflanzenölen entweder in den herkömmlichen Raffinationsprozess von Erdöl integriert werden oder gesondert in speziellen Anlagen erfolgen. Für die Mitraffination spricht auf den ersten Blick der geringere verfahrenstechnische Aufwand und damit geringere Herstellkosten. So lässt sich beispielsweise Rapsöl im sogenannten Hydrotreater dem Raffinationsprozess zuführen. In diesem Apparateteil wird das zuvor durch einen Aufspaltprozess („Cracken“) erzeugte Mitteldestillat entschwefelt. An dieser Stelle ist gleichzeitig ein Aufspalten der Triglyceride möglich, die in gesättigte Kohlenwasserstoffe überführt werden. Theoretisch sind Pflanzenölmischungen bis zu 30 Prozent denkbar [44]. Allerdings beeinflusst die Qualität der eingesetzten Pflanzenöle die Qualität des erzeugten Endprodukts stark. Gerade die Kältetauglichkeit der Kraftstoffs wird durch die Beimischung verschlechtert, so dass in der Praxis die Zumischung von Pflanzenölen im Hydrotreater auf maximal 20 Prozent im Sommer und 10 Prozent im Winter beschränkt bleibt. Da die erforderliche Aufspaltung der Triglyceride zusätzlichen Wasserstoff erfordert, erhöhen sich die Raffinationskosten erheblich. Entsprechend werden in den heutigen Anlagen deutlich geringeren Pflanzenölbeimischungen eingesetzt.
Eine optimierte Herstellung hydrierter Pflanzenöle kann in speziellen Anlagen erfolgen („stand-alone Verfahren“). Dem Nachteil höherer Anfangsinvestitionen stehen hier optimierte Prozessbedingungen gegenüber, die eine gleichbleibend hohe Produktqualität auch bei unterschiedlichen Rohstoffen und Rohstoffqualitäten sicher-

stellen. Dieses Verfahren wird zur Zeit in Europa vom finnischen Mineralölkonzern Neste Oil im großtechnischen Maßstab eingesetzt [24].
Das Verfahren setzt auf eine Kombination aus Einzelschritten der konventionellen Biodieselproduktion und der Hydrierung. Analog zur konventionellen Biodieselherstellung werden die pflanzliche Öle zunächst gereinigt. Damit ist grundsätzlich auch der Einsatz minderwertiger Rest- oder Altöle und -fette denkbar. Im Anschluss erfolgt das eigentlich „Hydrotreating". In einem Festbettreaktor erfolgt dabei die katalytische Umsetzung der pflanzlichen Öle mit Wasserstoff bei Temperaturen von ca. 350 - 450 °C und einem Wasserstoffpartialdruck von bis zu 150 bar. Auf diese Weise lassen sich nach Herstellerangaben 1 t Kraftstoff aus rund 1,23 t Rohstoff erzeugen, was einer Umwandlungseffizienz von rund 81 Prozent entsprechen würde [23].
Neben dem Hauptprodukt entsteht ein Brenngas, das im Prozess eingesetzt wird sowie – in geringem Umfang – Benzin. Der auf diese Weise erzeugte Kraftstoff ist frei von Sauerstoff, Stickstoff, Schwefel und Aromaten und erlaubt somit eine emissionsarme Verbrennung, ähnlich wie synthetisch hergestellte Dieselkraftstoffe. Ferner erfüllt der HVO-Kraftstoff die Anforderungen der DIN EN 590 für Dieselkraftstoffe mit Ausnahme der Dichte, die mit rund 780 kg/m^3 leicht unter der von mineralischem Diesel mit 840 kg/m^3) liegt [24].
Zurzeit werden HVO Kraftstoffe an vier Standorten in Finnland, den Niederlanden und Singapur produziert. Die Gesamtkapazität dieser Anlagen liegt bei rund 2 Mio. t Kraftstoff pro Jahr. In Deutschland wird HVO Diesel dem fossilen Diesel beigemischt. Bislang sind die Mengen – im Vergleich zu konventionellem Biodiesel – aber gering: im Jahr 2015 betrug die in Deutschland abgesetzte Menge an HVO-Kraftstoffen ca. 340.000 t [19]. Großes Interesse an HVO-Kraftstoffen hat allerdings die Luftfahrt, die im Einsatz dieser Kraftstoffe einen Weg sieht, den strenger werdenden Regelungen hinsichtlich des zulässigen Ausstoßes von Treibhausgasen gerecht werden zu können.
Um die Umweltvorzüglichkeit dieser Kraftstoffe zu überprüfen, wurden im Jahr 2010 Feldtests an Stadtbussen in der finnischen Hauptstadt Helsinki durchgeführt [36]. Die untersuchten Busse gehörten verschiedenen Fahrzeuggenerationen an und wiesen ein unterschiedliches Fahrzeugalter sowie unterschiedliche Laufleistungen auf. Gemäß ihrer Alters genügten die Motoren den Emissionsanforderungen der Klassen Euro III (Altfahrzeuge) bis EEV (Neufahrzeuge). Zur Vergleichbarkeit wurden die Messungen allerdings nicht im Alltagsverkehr sondern auf einem Prüfstand nach einem internationalen Testzyklus für Linienbusse („Braunschweig-Zyklus") durchgeführt. Im Ergebnis zeigte sich ein leichter Anstieg des Kraftstoffverbrauchs der Fahrzeuge um 3,5 - 5,2 Prozent (je nach Jahreszeit) im Vergleich zu Diesel. Der Grund für diesen Anstieg liegt in der geringeren spezifischen Dichte und damit dem geringeren volumenbezogenen Heizwert der HVO-Kraftstoffe. Die Unterschiede zwischen Winter und Sommer sind wiederum auf die verschiedenen Heizwerte der mineralischen Dieselvarianten zurückzuführen.
Weiterhin zeigten die Versuchsergebnisse Vorteile der HVO-Kraftstoffe bei den Partikel-(Ruß-)emissionen. Hier konnten bei ansonsten unveränderten Motoren Verringerungen von bis zu 30 Prozent und unabhängig von der Motorengeneration er-

zielt werden. Weniger ausgeprägt waren die Vorteile im Bereich der Stickoxidemissionen (NOx). Hier wurden Verbesserungen von max. 15 Prozent erreicht, wobei ältere Motoren deutlich stärker vom Einsatz der HVO-Kraftstoffe profitierten als Motoren der neuesten Generation, die serienmäßig mit einer Entstickungseinrichtung ausgerüstet waren.
Erwähnt werden soll auch, dass HVO-Kraftstoffe auch im Flugzeug erprobt wurden. So setzte die Lufthansa versuchsweise diese Kraftstoffe in Beimischungen von 50 % zu üblichem Kerosin sowohl auf Inlandsflügen als auch auf Transatlantikflügen ein. Die HVO-Kraftstoffe konnten hier allerdings zu keiner nennenswerten Umweltentlastung beitragen, auch wenn ihr Einsatz ansonsten völlig problemlos war.
Somit stellen HVO-Kraftstoffe eine interessante Zukunftsoption dar, besonders dann, wenn Alt- und Restöle bzw. -fette eingesetzt werden, also Stoffe, die in keiner direkten Konkurrenz zu Nahrungsmitteln stehen. Seitens des Produzenten Neste Oil ist auch angedacht, sogenannte Biowachse zu verarbeiten, d.h. Stoffe, die bei der Verarbeitung von Holz in der Papier- und Zellstoffindustrie anfallen. Auf diese Weise könnten integrierte Bioraffinerien entstehen, in denen neben stofflichen Produkten (z.B. Papier) auch Energie in Form von Strom und Wärme, sowie HVO-Kraftstoffe erzeugt werden könnten [32].

7.4.5 Erzeugung von Bioethanol

Bioethanol zählt sowohl zu den Biokraftstoffen der ersten als auch der zweiten Generation, je nachdem welcher Rohstoff eingesetzt wird. Die Erzeugung von Bioethanol erfolgt grundsätzlich so wie die Gewinnung von Trinkalkohol: an eine aerobe Fermentation eines zuckerhaltigen Substrats unter Einsatz von Hefen oder Bakterien schließt sich eine Destillation und Rektifikation zur Erhöhung des Alkoholgehalts an. Bioethanol als technischer Alkohol wird dann zusätzlich noch der sogenannten Absolutierung unterzogen, wodurch ein Alkohol mit einer Alkoholgehalt von mindestens 99 Vol.-% entsteht.
Die alkoholische Gärung basiert auf der fermentativen Umsetzung von Zucker. Entsprechend sind für die Bioethanolherstellung alle zuckerhaltigen Rohstoffe besonders interessant. Hierzu zählen neben Zuckerrohr vor allem Zuckerrüben und – heute kaum genutzt – Zuckerhirse. Im folgenden werden die Grundprozesse der Bioethanolherstellung zunächst auf Basis dieser zuckerhaltigen Rohstoffe erläutert. Im Anschluss erfolgt eine erweiterte Betrachtung zur Bioethanolgewinnung aus stärke- bzw. cellulosehaltigen Rohstoffen. Letztere ist den Biokraftstoffen der 2. Generation zuzurechnen.

Bioethanol aus zuckerhaltigen Rohstoffen

Im Unterschied zu Pflanzenölen kann Bioethanol nicht direkt aus den Pflanzen extrahiert werden, sondern muss durch einen Gärungsprozess (aerobe Fermentation) aus den in den Pflanzen enthaltenen Rohstoffen gewonnen werden. Die Umwandlung der Kohlenhydrate (also des Zuckers) erfolgt zunächst über die mikrobielle Spaltung der Zuckermakromoleküle in Einzelmoleküle. Über mehrere Zwischenprodukte werden diese Zuckerbausteine in Ethanol umgewandelt. Dabei verläuft der Gärprozess nach der folgenden Formel:

$$\text{Glucose} \longrightarrow \text{Kohlendioxid} + \text{Ethanol}\,.$$

Das Ethanol wird aus einer vergorenen Maische gewonnen, in dem diese Maische bis zum Sieden erhitzt wird. Dabei entweicht das Ethanol in Dampfform gemischt mit einem Anteil an Wasserdampf. Dieses Dampfgemisch wird anschließend in einem geschlossenen Rohrsystem aufgefangen und abgekühlt, so dass die wässrige Ethanollösung kondensiert. Da dieses Gemisch noch Nebenbestandteile aus dem Gärprozess enthält, ist eine weitere Reinigung erforderlich, die als Rektifikation bezeichnet wird. Nach Abb.7.30 lässt sich die Ethanolherstellung in 5 Teilschritte untergliedern.

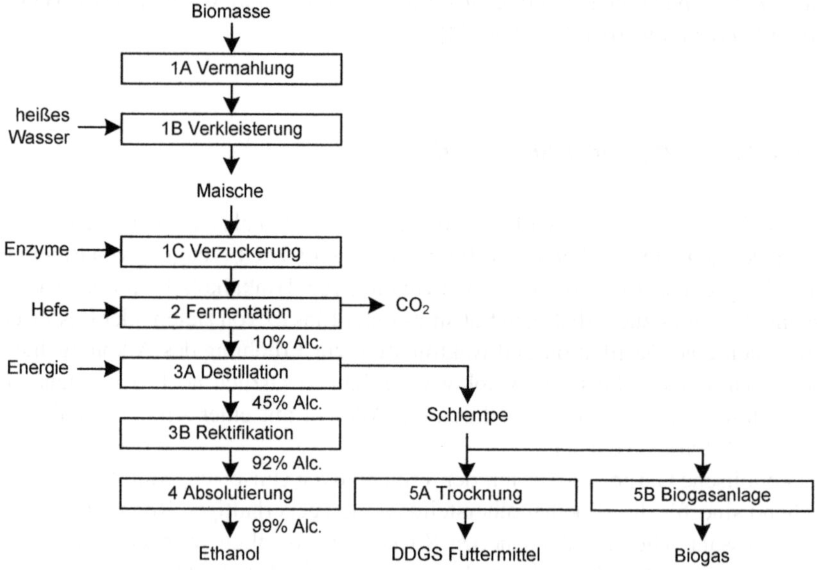

Abb. 7.30 Verfahrensschritte zur Herstellung von Bioethanol

Die üblicherweise zur alkoholischen Gärung eingesetzten Hefen (Bierhefe, lat. saccharomyces cerevisiae) sind nur in der Lage, niedermolekulare Einfachzucker, wie Glucose zu verarbeiten und als Nebenprodukt Alkohol zu erzeugen. Folglich ist der Prozess der alkoholischen Gärung für solche Rohstoffe besonders einfach, die einen hohen Anteil an Einfachzuckern enthalten. Hierzu gehören neben der einheimischen Zuckerrübe die tropischen Pflanzen Zuckerrohr und Zuckerhirse. Während die in Abb. 7.30 dargestellten Prozessstufen 2 bis 5 für alle Rohstoffe nahezu identisch sind, bestehen bei der Rohstoffaufbereitung und beim Zuckeraufschluss die größten Unterschiede.

Besonders einfach ist die Verarbeitung von *Zuckerrohr*, da die Pflanze den Zuckersaft in einem hohen Anteil enthält. So lässt sich dieser Saft nach einer vorgeschalteten Reinigung des Zuckerrohrs im einfachsten Fall mechanisch mittels Walzenpressen aus dem Rohr herauspressen. Um die Ausbeute zu erhöhen, werden derartige Walzenpressen („Kalander") kaskadenartig hintereinander geschaltet, wobei zwischen den einzelnen Pressen der Zucker durch Wasser herausgewaschen wird. Am Ende bleibt eine nahezu trockene, faserige Reststofffraktion übrig, die sogenannte Bagasse. Sie kann als Brennstoff zur Wärme- und Stromerzeugung in einem Biomasseheizwerk genutzt werden und so den Prozessenergiebedarf decken. Die Zuckerlösung kann zur nachfolgenden Fermentation geleitet werden. Da Zuckerrohr in tropischen Ländern ganzjährig geerntet werden kann, ist ein kontinuierlicher Produktionsprozess ohne Zwischenlagerung des leicht verderblichen Rohstoffs möglich.

Aufwändiger ist die Verarbeitung von *Zuckerrüben*. Da die Rüben im späten Herbst gerodet werden, haftet ihnen ein vergleichsweise hoher Anteil Erde an. Ferner können Steine im Erntegut enthalten sein. Entsprechend müssen die Rüben zunächst gründlich gewaschen sowie Steine und ggf. vorhandene Blattreste entfernt werden. Danach werden die Rüben in einer Trommelschneidmaschine zerkleinert. Die so gewonnen Rübenschnitzel werden mit ca. 70 °C heißem Wasser vermischt, wodurch die Inhaltsstoffe der Rüben extrahiert werden.

Im Gegensatz zu Zuckerrohr enthält dieser sogenannte Rohsaft neben Zucker (ca. 16 Prozent) noch unerwünscht Begleitstoffe, die in einer nachfolgenden Reinigung aus der Zuckerlösung entfernt werden müssen. Hierzu wird Kalk und Kohlensäure zugesetzt, als Endprodukt entsteht der sogenannte Dünnsaft. In einem weiteren Prozessschritt erfolgt die Aufkonzentrierung dieses Safts zu Dicksaft, der einen Zuckergehalt von rund 65 Prozent aufweist und noch etwa 5 Prozent Verunreinigungen enthält [46]. Für diese Aufkonzentrierung wird Dampf benötigt, so dass dieser Prozessschritt sehr energieintensiv ist. Da aber weder die Zuckerrübenschnitzel noch der Dünnsaft lagerstabil sind, ist die Dicksaftherstellung die einzige Möglichkeit, ein lagerfähiges Zwischenprodukt zu erhalten und so die Ethanolproduktion von der zeitlich eng begrenzten Rübenkampagne zu entkoppeln. Werden Zuckerrüben verarbeitet, so besteht der Dicksaft (Melasse) überwiegend aus Saccharose, einem Disaccharid. Dieses Molekül kann von der Hefe in ein Monosaccharid gespalten werden:

$$\text{Saccharose} + \text{Wasser} \longrightarrow \text{Monosaccharid}\,.$$

Bioethanol aus Getreide

Im Gegensatz zu den bisher behandelten Rohstoffen besteht Getreide hauptsächlich aus Stärke. Bei Stärke handelt es sich um langkettige Zuckermakromoleküle. Da Hefe nur in der Lage ist, niedermolekulare Einfachzucker zu verarbeiten, müssen diese Makromoleküle vor der eigentlichen Gärung in Einfachzucker zerlegt werden.

In einem vorgeschalteten Hydrolyseschritt wird das vermahlene Getreidekorn mit Wasser vermischt. Da sich Stärke in kaltem Wasser nicht löst, ist eine Erwärmung dieser Maische auf über 65 °C erforderlich. Hierbei quillt die Stärke auf und verkleistert, wodurch sich die Viskosität der Maische drastisch erhöht. Um diesen Viskositätsanstieg zu begrenzen, werden Enzyme – die sogenannte α-Amylase – eingesetzt, die einen Teil der Stärke in kleinere Zuckerbausteine, die Dextrine, zerlegen. Die Dextrine können aber nicht durch Hefepilze vergoren werden. Daher ist ein zweiter Verfahrensschritt erforderlich, bei dem bei Temperaturen von max. 55 °C die im Getreidekorn enthaltenen Verzuckerungsenzyme (β-Amylase) die Dextrine aufspalten. Diese Enzyme können zur Erhöhung der Ausbeute und zur Beschleunigung des Prozesses auch von außen zugeführt werden. Dennoch werden sowohl für den Schritt der Verflüssigung (α-Amylase) als auch der anschließenden Verzuckerung (β-Amylase) etwa eine Stunde benötigt. Ferner ist eine Rückgewinnung der Enzyme nicht möglich, so dass die externe Zugabe der vergleichsweise teuren Enzymen von ökonomischen Erwägungen abhängig ist.
Vereinfacht lässt sich der Prozess der Umsetzung von Stärke durch folgende Gleichung beschreiben:

$$\text{Stärke} + \text{Wasser} \longrightarrow \text{Glucose}\,.$$

Bioethanol aus Cellulose

Noch aufwändiger ist die Verarbeitung von cellulosehaltigen Rohstoffe, wie beispielsweise Stroh. Zwar besteht auch Cellulose aus Zuckerbausteinen, doch handelt es sich hierbei um langkettige Polysaccharide, die zudem räumlich vernetzt sind. Hieraus resultiert sowohl eine sehr feste Bindung der Cellulosemoleküle als auch der einzelnen Celluloseketten.
Diese Ketten müssen zunächst aufgespalten und dann – ähnlich wie bei der Ethanolgewinnung aus Stärke – die hochmolekularen Zuckerbausteine in Einfachzucker (wie Glucose) überführt werden. Um den Polymerisationsgrad und die Kristallinität der Cellulose zu verringern, die Oberfläche der Biomasse zu vergrößern, die um den Cellulosekern gebildete Schutzschicht aus Lignin aufzubrechen und damit eine Verzuckerung der Cellulose zu ermöglichen, sind entsprechende Vorbehandlungsschritte erforderlich. Die Vorbehandlung hat zum Ziel, die Effizienz der nachgeschalteten Hydrolyse der Lignocellulose zu erhöhen, in dem die sehr festen und stabilen Materialien aufgespalten und so einem mikrobiellen oder enzymatischen Aufschluss überhaupt erst zugänglich gemacht werden können. Aus heutiger Sicht stellt die effiziente Vorbehandlung den Schlüssel für die Bioethanolproduktion aus lignocellulosehaltiger Biomasse dar. Zusätzlich ist sie auch einer der kostenintensivsten Prozessschritte, weshalb ein Vorbehandlungsverfahren nicht nur aus technischer Sicht effizient sondern auch möglichst preisgünstig sein muss. An ein Vorbehandlungsverfahren sind daher folgende Anforderungen zu stellen:

- Freilegen der Cellulosefasern für die nachfolgende Hydrolyse, aber ohne die Fasern dabei zu zerstören;,

- Vermeiden der Bildung möglicher Inhibitoren, die die späteren Fermentationsschritte beeinträchtigen würden,
- Minimieren des Energiebedarfs für den Aufschluss,
- Vermeiden von Abfällen,
- Minimieren des Einsatzes chemischer Reagenzien,
- und folglich Minimieren der Gesamtkosten des Aufschlusses.

Abschätzungen zeigen, dass die Vorbehandlung bis zu 33 Prozent der Gesamtkosten der Bioethanolherstellung aus lignocellulosehaltiger Biomasse ausmachen können [8].
Die Wahl des Vorbehandlungsverfahrens hat auch Konsequenzen für die nachgeschalteten Prozessstufen der Hydrolyse und der Fermentation. So führt beispielsweise der Einsatz konzentrierter Säuren zu sehr schnellen Umsetzungsreaktionen. Leider wird dabei aber auch ein Teil der Cellulose und der Hemicellulose zerstört, so dass diese Anteile für die nachgeschaltete Fermentation nicht mehr nutzbar sind. Auch die Bildung von Abbauprodukten, die für die bei der Fermentation eingesetzten Hefen toxisch sind, ist möglich. Die Gesamteffizienz des Prozesses leidet deutlich. Moderne Verfahren zielen daher auf einen enzymatischen Aufschluss ab, wobei es hier das Ziel ist, einerseits die Umwandlungszeiten zu verkürzen, andererseits die Dosierung von Enzymen zu verringern. Diese Ziele stehen allerdings in Konflikt zueinander, weshalb noch umfangreiche Forschungsarbeiten zur Verbesserung dieser Prozesse erforderlich sind. Generell lassen sich die zur Verfügung stehenden Vorbehandlungsmethoden für den Aufschluss lignocellulosehaltiger Biomasse in vier Kategorien einteilen:

- biologische Verfahren,
- physikalische Verfahren,
- chemische Verfahren und
- physikochemische Verfahren.

Jede diese Methoden weist spezifische Vor- und Nachteile auf, so dass es bislang noch keine optimale Aufschlussmethode gibt. Im Folgenden sollen die Methoden kurz charakterisiert werden, einige Verfahren, die bereits eine technische Bedeutung erlangt haben, werden anschließend eingehender vorgestellt.
Wie der Name schon erwarten lässt, setzen biologischer Vorbehandlungsmethoden auf den Einsatz von Mikroorganismen, vorrangig auf Pilze. Diese Pilze können Lignin und Hemicellulose bereits bei Umgebungsbedingungen ansetzen, stellen also eine „sanfte“ Vorbehandlungsmethode dar. Vorteile biologischer Verfahren sind der niedrige Energiebedarf, ein geringer Anfall von Abbau- und Nebenprodukten, eine hohe Produktreinheit und damit – zumindest theoretisch – eine insgesamt hohe Ausbeute an hydrolisierbarer und fermentierbarer Cellulose. Diesen Vorteilen stehen aber einige gewichtige Nachteile gegenüber: zum einen benötigt ein biologischer Aufschluss viel Zeit, zum anderen verbrauchen einige Pilze relativ viel der erzeugten Zuckerbausteine für das eigene Wachstum, was zu Lasten der Effizienz der Verfahren geht. So lassen sich je nach Verfahrensvariante und eingesetzter Mikroorganismen Konversionsraten im Bereich von lediglich 5 bis hin zu 80 Prozent erreichen [8]. Diese Schwankungsbreite weist auf einen weiteren Nachteil für die

technische Anwendung hin: biologische Aufschlussverfahren wurden bislang relativ wenig erforscht.
Klassische physikalische Aufschlussverfahren nutzen mechanische Kräfte zum Aufschließen durch Zerkleinerung und Vermahlung der Biomasse. In der Vergangenheit wurden unterschiedliche Zerkleinerungsverfahren für den trockenen Aufschluss lignocellulosehaltiger Biomasse eingesetzt, wie beispielsweise Wälzmühlen, Hammermühlen oder die kryogene Vermahlung bei tiefen Temperaturen. Ebenso kommen Nassvermahlungsverfahren, wie Kolloidmühlen oder Fibrilatoren zum Einsatz, vorrangig dann, wenn Reststoffe wie Altpapier aufgeschlossen werden sollen. Ein großer Nachteil dieser physikalischen Verfahren ist ihr vergleichsweise hoher spezifischer Energiebedarf. So werden etwa zur Vermahlung von pflanzlicher Biomasse auf eine für die Bioethanolherstellung sinnvolle Korngröße von 2 mm rund 50 kWh/t Energie benötigt. Damit verbraucht allein die Zerkleinerung rund 2 Prozent der im späteren Produkt gebundenen Energie. Ein weiterer Nachteil physikalischer Aufschlussverfahren liegt darin, dass keine Ligninentfernung möglich ist, wodurch die nachfolgenden Konversionsschritte behindert werden.
Neue physikalische Verfahren setzen auf die Wirkung von Strahlung, beispielsweise in Form von Röntgenstrahlung oder Mikrowellen, um die Biomasse aufzuschließen. Allerdings sind diese Verfahren sehr teuer und bislang im industriellen Maßstab nicht einsetzbar. Schließlich kann ein physikalischer Aufschluss auch durch Extrudieren erfolgen. Dieses Verfahren kombiniert ein Aufheizen der Biomasse mit dem Einwirken hoher Scherkräfte. Auf diese Weise kann ein sehr gründlicher Aufschluss erreicht werden, wobei das Ergebnis durch die Prozessparameter Extruderschneckengeschwindigkeit, Prozesstemperatur und Wassergehalt der Biomasse beeinflusst wird [8].
Aufgrund des insgesamt eher geringen Aufschlussgrads werden physikalische Verfahren häufig in Kombination mit anderen Aufschlussverfahren eingesetzt. Hierzu zählen chemische Verfahren, die ein sehr breites Verfahrensspektrum abdecken. Die klassischen chemischen Aufschlussverfahren setzen dabei auf den Einsatz konzentrierter oder verdünnter Säuren, wie Schwefel- oder Salzsäure. Durch diesen Säureaufschluss kann sowohl Cellulose als auch Hemiscellulose mit hohen Ausbeuten in Zuckerbausteine zerlegt werden. Allerdings ist der Einsatz konzentrierter Säuren heute allein aus Umweltschutzgründen bedenklich, zumal die Rückgewinnung der konzentrierten Säuren schwierig ist. Auch müssen die eingesetzten Reaktoren aus teuren, säurefesten Werkstoffen gefertigt werden, was die Prozesse zusätzlich verteuert. Daher erfolgt heute überwiegend der Einsatz verdünnter Säuren.
Das wichtigste chemische Verfahren ist die direkte Verzuckerung durch verdünnte Schwefelsäure. Es wurde bereits in den 1940-er Jahren in Deutschland entwickelt. Hierbei wird Schwefelsäure in einem Konzentrationsverhältnis von 0,2 bis 2,5 Prozent in Wasser mit der Biomasse vermischt und das Gemisch auf eine Temperatur von 130 - 210 °C aufgeheizt. Auf diese Weise lässt sich Cellulose zu rund 74 Prozent in Zuckerbausteine zerlegen. Alternativ zu Schwefelsäure werden auch Phosphor- oder Salpetersäure eingesetzt. Um die auf diese Weise gebildeten Zuckerbausteine zu Alkohol umsetzen zu können, ist allerdings eine anschließende Neutralisation der Fermentationsbrühe notwendig. Ferner werden beim Säureaufschluss auch Zucker-

bausteine gebildet, die durch Hefen nicht in Ethanol umgewandelt werden können und im Extremfall sogar toxisch auf die Hefezellen wirken.
Anstelle von Säuren können auch Basen zum Aufschluss der Lignocellulose verwendet werden. Der Vorteil dieser Verfahren liegt in den vergleichsweise niedrigen Prozesstemperaturen (ca. 60 - 120 °C) . Nutzt man das obere Ende dieses Temperaturbereichs aus, lässt sich Lignin effizient entfernen. Nachteilig ist, dass bei diesen Prozessen ein hoher Laugeneinsatz erforderlich ist, da sich ein Teil der Alkalimetalle zu Salzen umwandelt bzw. als Salze in die Biomasse eingebunden wird. Der Umwandlungsgrad von Cellulose in Zuckerbausteine ist bei Einsatz von Laugen mit ca. 65 Prozent etwas geringer als beim Säureaufschluss.
Neben diesen „klassischen“ Verfahren wurden in den letzten Jahren chemische Aufschlussverfahren entwickelt, die auf dem Einsatz organischer Lösungsmittel oder sogenannter ionischer Flüssigkeiten beruhen. Allerdings sind diese Verfahren für eine großtechnische Anwendung noch zu teuer. Ähnliches gilt für den Einsatz von Ozon zum Aufschluss lignocellulosehaltiger Biomasse. Dabei dient das Ozon im Wesentlichen als Oxidationsmittel für das Lignin, das auf diese Weise sehr effizient aus der Biomasse entfernt werden kann, allerdings werden sehr große Ozonmengen benötigt. Ferner ist der Aufschlussgrad der Cellulose mit maximal 40 Prozent vergleichsweise gering [8].
Physikochemische Aufschlussverfahren setzen auf eine Kombination aus physikalischen und chemischen Verfahren zum Lignocelluloseaufschluss. Das bekannteste Verfahren ist hierbei der Dampfaufschluss (Steam Explosion). Das Verfahren wurde im Jahr 1926 zum Aufschluss von Holz entwickelt und wird auch heute noch eingesetzt. Beim Dampfaufschluss wird die zerkleinerte Biomasse mit Sattdampf bei Temperaturen von 180 - 220 °C in einem Druckbehälter vermischt. Das Gemisch wird bei Drücken von üblicherweise 10 - 35 bar über eine kurze Zeitspanne von einigen Sekunden bis wenigen Minuten gehalten. Danach wird der Druck schlagartig abgesenkt, wodurch die Zellwände der Biomasse aufplatzen. Dabei entstehen zwei Fraktionen: zum einen eine flüssige Fraktion, die vorrangig monomere und oligomere Zuckerbausteine aus dem Zerfall der Hemicelluose enthält und einen festen Anteil, der aus vergärbarer Cellulose und dem isolierten Lignin besteht. Die wesentlichen Einflussgrößen, die über die Qualität des Aufschlusses entscheiden, sind die Verweilzeit, die Partikelgröße, die Temperatur und der Druck. Je nach Prozessführung lassen sich bis zu 90 Prozent Celluloseaufschluss erreichen [8]. Wesentlicher Nachteil des Verfahrens ist der hohe Energieaufwand für die Dampf-und Druckerzeugung.
Andere Verfahrensentwicklungen versuchen ähnlich hohe Aufschlussgrade bei milderen Prozessbedingungen zu erreichen. Ein Beispiel hierfür ist das sogenannte AFEX-Verfahren (Ammonia Fibre Explosion). Hier wird flüssiges Ammoniak eingesetzt, das in einem Druckbehälter bei Temperaturen von 60 - 140 °C auf die Biomasse einwirkt, wobei die Einwirkzeit zwischen 5 und 45 Minuten variieren kann. Der Behälterdruck beträgt ca. 20 bar. Durch die schlagartige Druckabsenkung expandiert das Ammoniakgas und zerstört so die Verbindungen zwischen dem Lignin und den Kohlehydraten, so dass es zu einer teilweise Dekristallisation der Cellulose, einer Vor-Hydrolyse der Hemicellulose und einer Veränderung des Lignins

kommt. Üblicherweise werden pro Tonne trockener Biomasse 1 - 2 kg Ammoniak benötigt. Dadurch ist das Verfahren vergleichsweise teuer, zumal ein Teil des Ammoniaks entweicht und es so nicht vollständig zurückgewonnen werden kann. Weiterentwicklungen zielen daher darauf ab, die Ammoniakkonzentration zu verringern bzw. wässrige Lösungen mit unterschiedlichen Ammoniakkonzentrationen einzusetzen. [8]

Im Folgenden sollen zwei Verfahren detaillierter dargestellt werden. Verfahren, die einen *Säureaufschluss* nutzen, sind aus der holzverarbeitenden Industrie seit langem bekannt und großtechnisch erprobt. Zur Verarbeitung der Cellulose oder des Lignins wird hier hauptsächlich Schwefelsäure oder Salzsäure eingesetzt. Wird der konzentrierte Schwefelaufschluss zur Ethanolgewinnung aus cellulosehaltigen Rohstoffe eingesetzt, so erfolgt dieser Aufschluss zweistufig. Während in der ersten Stufe durch den Einsatz konzentrierter Säure die langkettigen Cellulosestrukturen zerstört werden, erfolgt die Hydrolyse im zweiten Schritt durch den Einsatz verdünnter Säure. Um die Zuckerlösung anschließend fermentativ vergären zu können, ist eine Abtrennung der Säure von der Zuckerlösung erforderlich. Dies stellt ein erhebliches technisches Problem dar. Ein Beispiel für ein Verfahren mit Säureaufschluss ist das Arkenol-Verfahren, dessen Ablauf in Abb. 7.31. schematisch dargestellt ist.

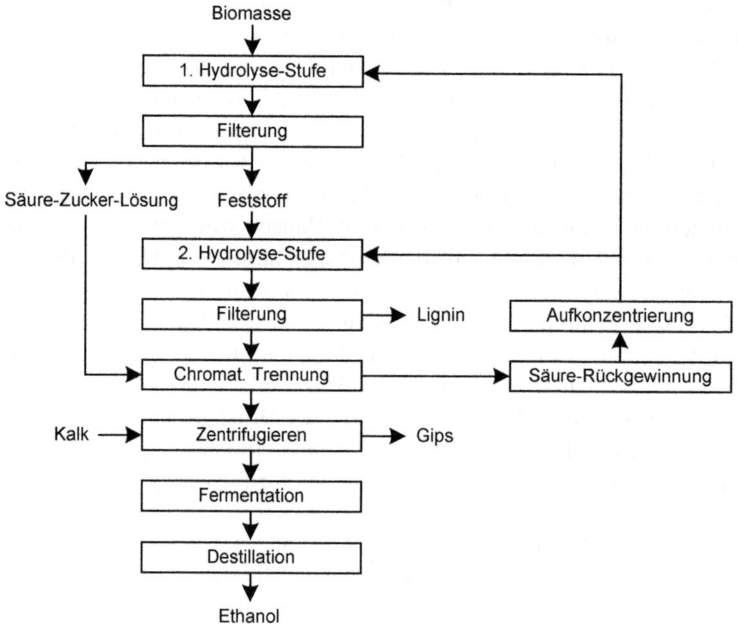

Abb. 7.31 Arkenol-Prozess zur Erzeugung von Ethanol aus cellulosehaltiger Biomasse, nach [28]

Hier findet in der ersten Stufe die Zerlegung der Cellulose unter Zugabe von ca. 75-prozentiger Schwefelsäure statt. Dabei beträgt das Verhältnis von Säure zu Biomasse ca. 1,25 : 1. Im nächsten Schritt wird Wasser zugegeben und so die Säure

auf max. 30 Prozent verdünnt. Anschließend wird diese Lösung auf 100 °C erhitzt. Nach einer Verweilzeit von etwa einer Stunde liegen dann vergärbare Einfachzucker vor, u.a. Xylose und Glucose.
Die weiteren Verfahrensschritte haben dann das Ziel, die nicht verzuckerten Reste und die Säure von der eigentlichen Zuckerlösung zu trennen. Dies erfolgt, wie in Abb. 7.31 ersichtlich, über mehrstufige Trennverfahren. Da nicht die gesamte Säure aus der Zuckerlösung zurückgewonnen werden kann, findet eine Neutralisation durch die Zugabe von Kalk statt. Dieser Kalk verbindet sich mit der Schwefelsäure zu Gips, der mittels einer Zentrifuge aus der Lösung abgetrennt wird. Mit Hilfe dieses aufwändigen Trennprozesses können die Säureverluste auf 3 Prozent begrenzt werden [28].
Einer Alternative zum Säureaufschluss wird im enzymatischen Celluloseaufschluss gesehen. Allerdings konnten bislang trotz intensiver Forschungsarbeiten keine befriedigenden Ergebnisse erzielt werden, bei denen vollständig auf den Säureeinsatz verzichtet werden kann. Die größte Schwierigkeit liegt darin, dass bei der enzymatischen Spaltung der Cellulose neben den gewünschten Zuckerverbindungen auch andere Zwischenprodukte entstehen, die den weiteren enzymatischen Abbau hemmen. Ziel der Forschung ist es daher, dieser Hemmkinetik zu vermeiden. Erste Erfolge konnten durch den Einsatz genveränderter Hefen erzielt werden [6].
Einen andern Weg schlägt die Firma Iogen ein, die vor einigen Jahren das in Abb. 7.32 skizzierte Verfahren zum *enzymatischen Celluloseaufschluss* entwickelte. Hier findet eine Kombination aus einem vorgeschalteten Säureaufschluss und einer nachfolgenden enzymatischen „Verzuckerung“ statt.

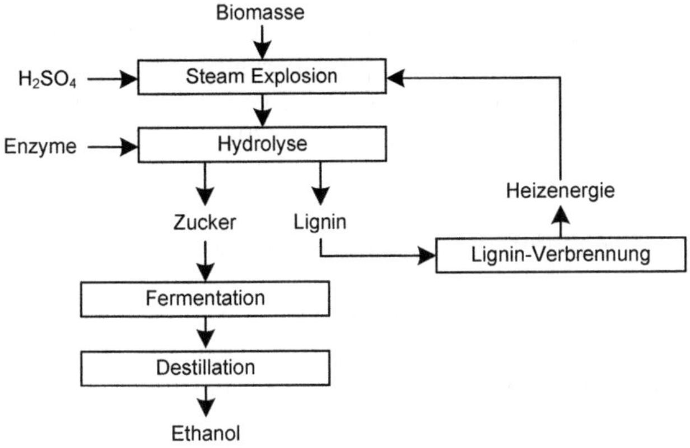

Abb. 7.32 Iogen-Prozess zur Ethanolgewinnung aus cellulosehaltiger Biomasse, nach [28]

Im ersten Schritt erfolgt eine Hochdruck-Dampfbehandlung des Rohstoffs unter Zugabe geringer Mengen Schwefelsäure (ca. 1 Prozent). Diese Mischung wird kurzfristig auf eine Temperatur von 220 - 250 °C erhitzt und dann schlagartig entspannt. Durch den plötzlichen Druckabfall bilden sich in der Biomasse Dampfbläschen, die beim Zerplatzen die ursprüngliche Zellstruktur zerstören („steam explosion“). Auf

diese Weise wird auch der überwiegende Teil des Lignins von der Cellulose abgetrennt.
Im nächsten Schritt findet zunächst eine Neutralisation statt. Bei einer Prozesstemperatur von rund 50 °C werden celluloseabbauende Enzyme (Cellulasen) zugesetzt. Nach einer Verweilzeit von 5 bis 7 Tagen ist dann die Cellulose nahezu vollständig abgebaut. Aus dieser Zuckerlösung müssen noch die verbleibenden, stark ligninhaltigen Feststoffe abgetrennt werden. Anschließend ist eine konventionelle Fermentation möglich.
Im Vergleich zu den zuvor beschriebenen Säureaufschlussverfahren bietet dieser Prozess den Vorteil, auf den aus Umweltsicht bedenklichen Einsatz großer Mengen konzentrierter Säure verzichten zu können. Allerdings ergeben sich dafür zwei andere gravierende Nachteile: Zum einen erfolgt der enzymatische Aufschluss relativ langsam, so dass für eine großtechnische Ethanolproduktion sehr große Reaktoren erforderlich sind. Zum anderen können die Enzyme nicht zurückgewonnen werden. Aufgrund der vergleichsweise hohen Kosten für diese Enzyme führt dies zu einer erheblichen Steigerung der Produktkosten.
Neue Ansätze verfolgen das Ziel, die bislang getrennt erfolgten Schritte „enzymatischer Aufschluss" und „Fermentation der Zuckerlösung" in einem Prozessschritt zusammenzuführen. Diese Verfahren sind unter dem Begriff SSF[3] bekannt und werden auch als Verfahren der 2. Generation zur Bioethanolherstellung bezeichnet. Diesen Weg verfolgt das „sunliquid-Verfahren" der Clariant AG. In diesem Prozess werden cellulosehaltige Pflanzenbestandteile wie beispielsweise Weizen- oder Maisstroh auf enzymatischen Weg in Zuckerbestandteile gespalten. Durch eine Fermentation wird daraus das Ethanol gewonnen. Neben Cellulose kann durch dieses Verfahren auch Hemicellulose zu Ethanol umgesetzt werden, wodurch eine etwa 50 Prozent höhere Ausbeute erzielt wird. Zur Zeit betreibt das Unternehmen am Standort Straubing eine Versuchsanlage, in der aus 4.500 t Stroh pro Jahr rund 1.000 t Bioethanol erzeugt werden können. Die Demonstrationsanlage soll zeigen, dass das neue Verfahren auch kommerziell und großtechnisch umsetzbar ist. [39]

Verfahrenstechnik der Fermentation zuckerhaltiger Lösungen

Die bisherigen Abschnitte behandelten die unterschiedlichen Aufbereitungsschritte zur Erzeugung einer fermentativ umsetzbaren Zuckerlösung aus zucker-, stärke- und cellulosehaltigen Rohstoffen. Nachdem auf unterschiedlichem Weg und mit unterschiedlichem Aufwand diese Maische erzeugt wurde, erfolgt im nächsten Schritt die eigentliche fermentative Umsetzung zu Ethanol.
Klassischerweise erfolgt die Fermentation unter Zugabe von Hefe. Diese Hefe setzt das Enzym Zymase frei, das Glucose in Ethanol und Kohlendioxid umsetzt. Allerdings stellt der erzeugte Alkohol ein Zellgift für die eingesetzte Hefe dar, so dass dieser Prozess bei einem Alkoholgehalt von etwa 12 Prozent zum Erliegen kommt.
Die Verfahren zur Ethanolherstellung lassen sich einteilen in

[3] Simultaneous Saccharification and Fermentation

- absätzige Verfahren (Batch-Verfahren),
- Kaskadenverfahren und
- kontinuierliche Verfahren.

Seit Jahrhunderten wird Alkohol mit Hilfe des Batch-Verfahrens gewonnen. Hierzu wird zunächst ein Gäransatz aus einem Teil der Maische und der Hefe hergestellt. Unter starker Belüftung vermehren sich die Hefezellen, so dass genügend Hefe für die Vergärung dieses Satzes zur Verfügung steht. Zu diesem Gäransatz wird dann die Maische zugegeben, bis der Gärbehälter gefüllt ist. Unter nun anaeroben Bedingungen wird der Zucker abgebaut und Ethanol gebildet. Diese ethanolhaltige Maische wird aus den Prozess herausgenommen und zur Destillation geleitet. Anschließend muss ein neuer Gäransatz hergestellt werden.

Der große Vorteil des Batchverfahrens liegt darin, dass die Hefezellen nur einmal genutzt werden. Die Gefahr, dass sich durch eine längere Verweilzeit der Hefe im Fermenter unerwünschte Keime, Schimmelpilze oder sonstige Mikroorganismen bilden, die den eigentlichen Gärprozess hemmen oder im Extremfall unterbinden können, wird so nahezu ausgeschlossen. Nachteilig ist, dass aufgrund des absätzigen Betriebs die Durchsatzleistung des Fermenters begrenzt ist.

Zur großtechnischen Herstellung von Ethanol werden kontinuierliche Verfahren eingesetzt. Bei diesen Verfahren wird in einem Fermenter der gesamte Fermentationsprozess betrieben, also gleichzeitig Hefe gezüchtet, zuckerhaltige Maische zugeführt, Ethanol erzeugt und vergorene Maische entnommen. Hierdurch ergibt sich ein hoher Automatisierungsgrad, ein hoher Durchsatz und niedrigere Energiekosten. Um der Gefahr einer Hefeinfektion zu begegnen, findet vor der Destillationsstufe eine Hefeseparierung statt. Dabei können leichtere, für den Gärprozess schädliche Bakterien von den schweren Hefepilzen abgetrennt werden. Während die Bakterien mit der vergorenen Maische zur Destillation gelangen, kann die Hefe in den Fermenter zurückgeführt werden. Dennoch stellt dieses Verfahren höhere Anforderungen an sterile Umgebungsbedingungen als das Batch-Verfahren.

Eine Zwischenstellung zwischen absätzigen und kontinuierlichen Verfahren nimmt das Kaskadenverfahren ein. Zur Erhöhung der Durchsatzleistung sind hier mehrere Fermenter hintereinander geschaltet, die schrittweise von der Maische durchflossen werden. So findet im ersten Fermenter die Belüftung der Maische statt, um die notwendige Hefezellenvermehrung zu erreichen. Im zweiten Fermenter wird dann die restliche Maische zugeführt und in den nachfolgenden Stufen (je nach Anlagengröße zwei bis drei) anaerob vergoren. Am Ende kann die nicht umgesetzte Hefe abgetrennt und dem Prozess erneut zugeführt werden. Der wesentliche Vorteil dieses Verfahrens liegt in der hohen Ethanolausbeute: der Ethanolgehalt der vergorenen Maische ist deutlich höher als beim Batch-Verfahren und den kontinuierlichen Prozessen. Damit kann in der Destillation Energie gespart werden. Wesentlicher Nachteil des Kaskadenverfahrens ist der hohe apparative Aufwand, da vier bis fünf Fermenterstufen erforderlich sind. [46]

Destillation und Rektifikation

An die Vergärungsstufe schließen sich die Destillations- und Rektifikationsstufen an. Bei beiden Verfahrensschritten handelt es sich um thermische Trennverfahren, die nachstehend nur knapp beschrieben werden. Zur vertieften Darstellung sei z.B. auf [48] oder [56] verwiesen.

Allgemein versteht man unter der *Destillation* die thermische Trennung eines Zweistoffgemischs durch einfache Trennkolonnen. Im vorliegenden Fall wird also das Zweistoffgemisch Ethanol und Wasser durch die Zugabe von Dampf aufgeheizt. Da Ethanol und Wasser unterschiedliche Siedetemperaturen aufweisen, verdampft das Ethanol aus dem Wasser und reichert sich in der Dampfphase an. Je geringer der Ethanolgehalt wird, umso mehr nähert sich die Siedetemperatur der Mischung der des reinen Wassers an. Damit wird deutlich, dass die Trennaufgabe umso schwieriger wird und einen höheren Energiebedarf erfordert, je niedriger der Ethanolgehalt in der Ausgangsmischung ist.

Im Idealfall lassen sich Zweistoffgemische durch diese destillative Trennung in zwei Reinkomponenten auftrennen:

- eine leichtflüchtige, die in gasförmigem Zustand den Kopf der Destillationskolonne verlässt (hier: Ethanol),
- eine schwerflüchtige, die sich im Sumpf der Destillationskolonne sammelt (hier: Wasser).

Bei der *Rektifikation* wird anschließend ein Teil des Destillats kondensiert und als sogenannter Rücklauf der Rektifikationskolonne am Kopf zugeführt. Dieser Flüssigkeitsstrom fließt im Gegenstrom zu einem aufsteigenden Dampfstrom. Hierdurch findet eine Reinigung und Aufkonzentration des Destillats statt, wobei die Reinheit über das sogenannte Rücklaufverhältnis und die Zahl der Trennstufen eingestellt werden kann.

Das physikalische Verhalten des zu trennenden Zweistoffgemischs bestimmt die Qualität der Destillation und Rektifikation. So liegt der Siedepunkt eines Gemischs aus Ethanol und Wasser je nach Alkoholkonzentration zwischen dem Siedepunkt des reinen Ethanols (78,3 °C) und und dem des reinen Wassers (100 °C). Wird eine Alkohol-Wasser-Mischung bis zum entsprechenden Siedepunkt erhitzt, beginnt das gesamte Flüssigkeitsgemisch zu sieden. In dieser Dampfphase liegt nun eine höhere Ethanolkonzentration vor als in der flüssigen Phase. Es kommt daher zu einer Verstärkung. In der Praxis wird auf diese Weise der Verstärkungsfaktor definiert, der das Verhältnis der Alkoholkonzentration im Dampf zur Alkoholkonzentration der siedenden Flüssigkeit ausdrückt. Ist dieses Verhältnis größer als 1, so reichert sich der Alkohol im Dampf an. Allerdings ist dieser Verstärkungsfaktor keine konstante Größe: Da das Ausgangsgemisch immer mehr an Alkohol verarmt, sinkt die in die Dampfphase übertretende Alkoholmenge mit steigender Temperatur. Bei der Destillation eines Ethanol-Wasser-Gemischs kommt es dabei zu der Besonderheit, dass der Verstärkungsfaktor bei einer Konzentration von 96,5 Vol.-% den Wert 1 erreicht. Hierbei handelt es sich um den azeotropen Punkt, bei dem die Siedetemperatur mit 78,15 °C ihren niedrigsten Wert erreicht. Da der Siedepunkt von reinem

Ethanol mit 78,3 °C oberhalb dieses Werts liegt, kann ein Ethanol- Wasser-Gemisch auf rein destillativem Weg nicht über die Grenze von 96,5 Vol.-% hinaus aufkonzentriert werden.
Für die Gewinnung von Trinkalkohol ist der über eine Destillation erreichbare Alkoholgehalt ausreichend. Soll Ethanol dagegen als Kraftstoff eingesetzt werden, so stört der verbleibende Wasseranteil. Aufgrund des Dichteunterschieds zwischen Ethanol und Wasser würde es z.B. bei der Lagerung zu einer Phasentrennung kommen, wodurch sich Wasser anreichern würde und es zu Korrosion bzw. anderen Störungen im Tank und Kraftstoffsystem eines Fahrzeugs käme. Daher muß Ethanol sowohl als Reinkraftstoff als auch als Beimischungskomponente zu fossilem Ottokraftstoff absolut wasserfrei sein.
Um die verbleibende Wassermenge abzutrennen, stehen verschiedene Verfahren zur Verfügung:

- die Schleppmitteldestillation
- das Membrantrennverfahren
- das Molekularsiebverfahren

Bei der *Schleppmitteldestillation* als ältester Verfahrensvariante wird zu dem Ethanol-Wasser-Gemisch ein dritter Stoff hinzugegeben. Dabei muss der dritte Stoff eine deutlich höhere Affinität zum Wasser aufweisen und so die verbleibenden Wassermengen an sich binden. In der Praxis wird hierfür häufig Cyclohexan eingesetzt. Das auf diese Weise erzeugte Ethanol-Schleppmittel-Wassergemisch lässt sich nun destillativ trennen. Im Gegensatz zu den bisherigen Verhältnissen bei der Destillation besitzt nun das Ethanol den höheren Siedepunkt, so dass das Gemisch aus Wasser und Cyclohexan destillativ aus dem Ethanol entfernt werden kann. Es entsteht wasserfreies Ethanol, das Schleppmittel-Wassergemisch entweicht als Dampf. Über einen Trennprozess (z.B. Dekantieren) können Schleppmittel und Wasser nach der Kondensation getrennt werden. Schleppmittelverfahren wurden in den letzten Jahrzehnten immer weiter verfeinert und optimiert und werden heute häufig eingesetzt [46].
Membrantrennverfahren eignen sich sehr gut zur Trennung azeotropbildender Lösungsgemische. Im Gegensatz zu anderen Trennverfahren kommt es hier zu einem Phasenwechsel der durch die Membran hindurchtretenden Komponente von der Flüssigkeits- in die Dampfphase. Man spricht daher auch vor „Pervaporation". Damit eine Trennung gelingt, ist eine treibende Kraft für den Stofftransport durch die Membran erforderlich. Diese Antriebskraft wird bestimmt durch den Unterschied im Partialdruck des Gemischs vor der Membran und des Partialdrucks im dampfförmigen Permeat hinter der Membran. Obwohl diese Verfahren zu sehr kompakten Trennapparaten führen, haben sie sich bislang in der Praxis nicht durchgesetzt. Ein Grund wird in den hohen Kosten und der nur begrenzten Lebensdauer der Membranen gesehen [46].
Bei Neuanlagen zur Ethanolherstellung hat sich in den letzten Jahren das *Molekularsiebverfahren* durchgesetzt. Auch hier beruht die Entwässerung des Ethanols auf einem seit langem bekannten Prinzip. So bestehen Molekularsiebe üblicherweise aus zwei Behältern, die mit einer Feststoffschüttung gefüllt sind. Diese Feststof-

fe, sogenannte Zeolithe, sind kristalline Aluminiumsilikate mit sehr feinen Poren und damit einer sehr großen inneren Oberfläche. Sie können in diesen feinen Poren (Durchmesser ca. 0,3 nm) kleine Moleküle einlagern und adsorptiv binden. Im Fall eines Ethanol-Wasser-Gemischs wird dieses Gemisch im dampfförmige Zustand verdichtet und durch das Molekularesieb gepresst. Während sich die kleineren Wassermoleküle in den Poren einlagern, wandern die Ethanolmoleküle ungehindert durch den Reaktor hindurch. Das anschließende kondensierte Ethanol weist einen Wasseranteil von weniger ab 500 ppm auf.
Nach einiger Zeit sind die Zeolithen mit Wasser beladen. Um das Wasser wieder auszutreiben, ist ein Desorptionsschritt erforderlich. Dazu wird ein Teil des entwässerten Ethanols eingesetzt. Durch dieses Rückspülen sinkt der Partialdruck, die Wassermoleküle lösen sich aus den Poren und werden ausgespült. Der nun wieder wasserhaltige Ethanolanteil kann erneut aufgearbeitet werden.
Um einen kontinuierlichen Betrieb eines solchen Molekularsiebs zu erlauben, werden in der Praxis zwei Reaktoren parallel geschaltet. Während in dem einen die Adsorption abläuft, findet im anderen die Desorption statt. In Intervallen von ca. 10 Minuten wird zwischen den Reaktoren hin- und hergeschaltet. Vorteilhaft ist dieses Verfahren im Vergleich zum Einsatz von Schleppmitteln durch den geringeren Energie- und Kostenaufwand. Im Vergleich zu den Membranverfahren zeichnet es sich durch eine höhere Unempfindlichkeit gegen Verunreinigungen aus. Nachteilig sind die hohen Investitionskosten für die Reaktoren und die Zeolithfüllung. Aufgrund der hohen Lebensdauer relativiert sich dieser Nachteil allerdings im Betrieb [28].

Reststoffnutzung bei der Ethanolerzeugung

Nach der Destillation fallen pro Liter erzeugten Ethanols rund 8 bis 10 Liter Destillationsrückstand an, der als Schlempe bezeichnet wird. Zur Verwertung dieser Rückstands gibt es folgende Möglichkeiten:

- Einsatz als Dünger in der Landwirtschaft
- Einsatz als Futtermittel in flüssiger oder fester Form
- Einsatz in Biogasanlagen zur Energieproduktion

Sind in kleinen Brennereien die Reststoffmengen begrenzt, so können sie direkt verfüttert oder als Dünger ausgebracht werden. Bei der großtechnischen Herstellung von Bioethanol ist diese Vorgehensweise aufgrund der großen Schlempemengen nicht möglich. Da die Schlempe einen hohen organischen Anteil besitzt, ist sie nur begrenzt lagerfähig. Daher ist eine Aufbereitung der Reststoffe erforderlich. Diese Aufbereitung ist mit einem hohen Energie- und Kostenaufwand verbunden. So fällt ein Anteil von etwa 45 Prozent des gesamten Energieaufwands der Bioethanolherstellung auf die Schlempeaufbereitung; das Investitionsvolumen der für die Schlempebehandlung erforderlichen Anlagen beläuft sich ebenfalls auf rund 45 Prozent der gesamten Anlagenkosten [46]. Aufgrund der hohen wirtschaftlichen aber auch energetischen Bedeutung der Schlempebehandlung für den Gesamtprozess der

Bioethanolgewinnung werden im folgenden die wichtigsten Verfahrensschritte kurz erläutert.
Die Schlempe enthält alle von der Hefe nicht umgesetzten Stoffe, wozu neben den überschüssigen Hefezellen der Restzucker, Salze und Faserstoffe sowie die stickstoffreichen Proteine gehören. Der Rohproteingehalt liegt mit 30 Prozent bezogen auf die Trockenmasse vergleichsweise hoch[4], so dass die Schlempe ein wertvolles Futtermittel darstellt [31].
Bei der großtechnischen Ethanolherstellung erfolgt die Schlempeaufbereitung mehrstufig. Zunächst findet eine mechanische Fest-Flüssig-Trennung statt, um den Feststoffanteil auf einen Trockensubstanzgehalt von ca. 25 bis 30 Prozent zu erhöhen. Hierzu werden überwiegend Dekanter eingesetzt. Bei Dekantern handelt es sich um Trennapparate, bei denen die feststoffbeladene Flüssigkeit in einer drehenden Trommel Fliehkräften ausgesetzt wird. Dadurch lassen sich, ähnlich wie in Zentrifugen, auch feine Feststoffpartikel von der flüssigen Fraktion abtrennen.
Die auf die Weise eingedickte Schlempe wird im nächsten Schritt in einem mehrstufigen Verdampfer eingedampft, um einen TS-Gehalt von ca. 70 Prozent zu erreichen [28]. Aufgrund der hohen Verdampfungsenthalpie von Wasser ist ein Eindampfprozess sehr energieaufwändig. Entsprechend kommen heute mehrstufige Verdampfer zum Einsatz, die mit einer internen Wärmerückgewinnung arbeiten. Hier können durch eine Serienschaltung mehrerer Verdampferstufen, die auf unterschiedlichen Druckniveaus arbeiten, die Dämpfe der einen Stufe zur Beheizung der nächsten Stufe dienen. Auf diese Weise lässt sich der Energieverbrauch spürbar absenken.Am Ende des Verdampfers tritt ein hochviskoser Sirup aus, der einen TS-Gehalt von 89 Prozent aufweist. Dieser Sirup wird mit den Feststoffen aus dem Dekantierungsprozess vermischt und getrocknet. So entsteht eine lagerfähige Trockenschlempe, die zu Pellets aufbereitet unter den Namen DDGS [5] als Futtermittel vermarktet wird.
Zur Trocknung der Schlempe werden meistens Trommeltrockner eingesetzt, in denen das zu trocknende Material durch Einbauten in der rotierenden Trommel gleichmäßig verteilt und bewegt wird. Auf diese Weise kann die Bildung von Ablagerungen im Trockner unterbunden werden. Je nach Beheizung der Trommel ist eine direkte und eine indirekte Trocknung zu unterscheiden. Bei der direkten Trocknung wird das Material direkt durch den heißen Rauchgasstrom getrocknet. Dadurch lässt sich ein schnelles Trocknen erzielen. Allerdings dürfen die Rauchgase keine toxischen Stoffe enthalten, die beispielsweise zur Bildung von Dioxinen im Trockengut führen. Eine schonendere Trocknung erlauben indirekte Verfahren, bei denen in einer doppelwandigen Trommel nur die innere Trommelwand mit Dampf beheizt wird. Problematisch ist hier eine gleichmäßiger Wärmeübergang an das zu trocknende Gut.
Die Erzeugung von Biogas aus der Schlempe konnte sich dagegen bislang nicht in der großtechnischen Praxis etablieren, in der jüngsten Vergangenheit wächst aber das Interesse an dieser Verwertungsmöglichkeit. Zur Zeit erfolgt der Einsatz nur in kleinen landwirtschaftlichen Brennereien, in denen das erzeugte Gas direkt zur

[4] Getreide weist z.B. Rohproteingehalte von 11 bis 14 Prozent bezogen auf die Trockenmasse auf.

[5] Dried Distillers Grain with Solubles

Strom- und Wärmeerzeugung genutzt wird. Aufgrund des relativ hohen Gehalts an organischer Trockensubstanz stellt Schlempe einen interessantes Substrat für die Biogasgewinnung dar. So lassen sich aus Weizenschlempe rund 0,5 m^3 Biogas pro kg oTS gewinnen[6]. Das Biogas hat mit 75 - 80 Prozent einen hohen Methangehalt[7] [31].

Ein wesentliches Hemmnis bei der Biogasgewinnung aus Schlempe stellt deren geringer Gehalt an organischer Trockensubstanz dar. Entsprechend sind die erzielbaren Raumbelastungen in der Fermentation mit 2 bis max. 5 kg CSB/m^3 vergleichsweise niedrig. Biogasanlagen zur Nutzung von Energiepflanzen und Gülle erreichen Raumbelastungen von 8 kg CSB/m^3. Da die Schlempe auch einen größeren Faseranteil enthält als andere Biogassubstrate, liegen zudem die Verweilzeiten im Biogasreaktor bei 30 bis 50 Tagen, in Extremfällen sogar bei bis zu 100 Tagen. Diese ungünstigen Vergärungseigenschaften würden daher zu extrem großen, niedrig belasteten – und damit unwirtschaftlichen – Fermentern führen. Ein Einsatz von Dünnschlempe in Biogasanlagen findet daher nur in wenigen Fällen statt, vorrangig bei kleinen landwirtschaftlichen Brennereien. Als Alternative gehen neuartige Konzepte daher davon aus, dass die Dünnschlempe zunächst eingedickt und erst dann in der Biogasanlage genutzt wird.

7.4.6 Biokraftstoffe der 2. Generation: synthetische Biokraftstoffe

Die bisher diskutierten Kraftstoffe stellen – mit Ausnahme der HVO-Kraftstoffe und des Bioethanols aus cellulosehaltigen Rohstoffen – Biokraftstoffe der 1. Generation dar. Kennzeichnend für diese Gruppe ist, dass sie mit der heute verfügbaren Technologie in großen Mengen erzeugt werden können. Nachteilig ist, das alle Produktionsverfahren nur Teile der Pflanzen bzw. besondere Inhaltsstoffe wie Öl oder Zucker nutzen. Damit bleibt ein Großteil der Biomasse ungenutzt und muss in Form von Nebenprodukten mehr oder weniger aufwändig aufbereitet werden.Ferner – und dieser Aspekt spielt in der aktuellen Diskussion „Teller oder Tank“ (vgl. Kap. 3.3.4) eine entscheidende Rolle – konkurrieren diese Biokraftstoffe in hohem Maß um die Flächen der Lebens- und Futtermittelerzeugung, da sie aufgrund der eingeschränkten Nutzbarkeit nur eine geringe Flächeneffizienz aufweisen.

Mit den HVO-Kraftstoffen wurde bereits ein erster Blick in die Gruppe der Biokraftstoffe der 2. Generation geworfen. Diese zeichnen sich dadurch aus, dass sie aus einer breiten Palette vor biogenen Roh- und Reststoffen gewonnen werden können und gleichzeitig die gesamte Pflanze zur Treibstoffproduktion herangezogen werden kann. Es verwundert daher sicher nicht, dass im zurückliegenden Jahrzehnt große Forschungsanstrengungen unternommen wurden, diese synthetischen Biokraftstoffe, die häufig unter dem Oberbegriff *Biomass to Liquid (BtL)* zusammengefasst werden, so weit zu entwickeln, dass eine großtechnische Produktion erfolgen kann und

[6] zum Vergleich: Maissilage mit 0,65 m^3 Biogas pro kg oTS

[7] zum Vergleich: Biogas aus Maissilage mit 55 Prozent Methangehalt

ein problemloser Motoreinsatz möglich ist. Während der letztgenannte Punkt weitgehend erreicht wurde, bestehen bei der großtechnischen Umsetzung der verschiedenen Konzepte nach wie vor große Probleme, die im folgenden diskutiert werden. Unter dem Oberbegriff „BtL" werden eine Vielzahl von verschiedenen Konversionswegen zusammengefasst, wie in Abb. 7.33 schematisch dargestellt. Allen gemeinsam ist, dass sie auf einer thermochemischen Umwandlung, also einer Vergasung der Biomasse beruhen. Das so erzeugte Produktgas wird zunächst gereinigt und konditioniert. Danach bieten sich verschiedene Umwandlungswege an, die sich in vier Hauptgruppen zusammenfassen lassen:

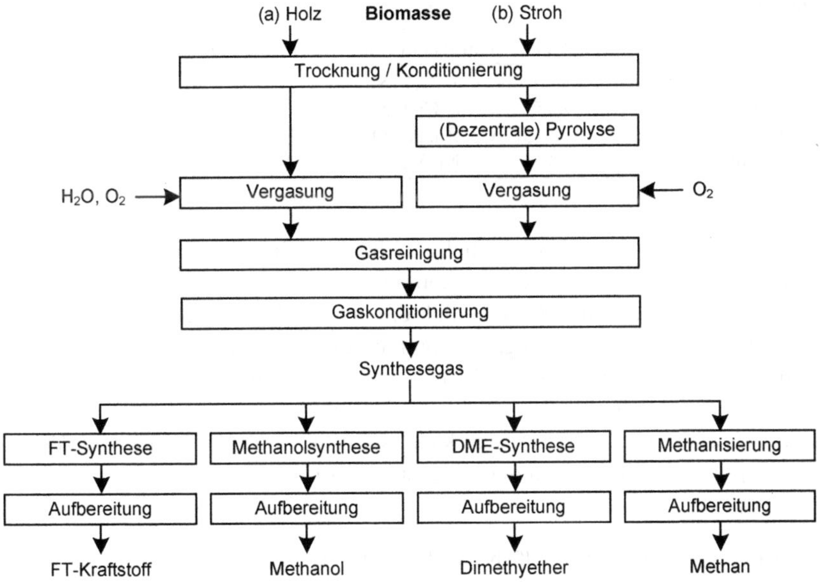

Abb. 7.33 Verfahrensübersicht zur Erzeugung ausgewählter synthetischer Kraftstoffe aus Biomasse, a) bevorzugter Pfad für Holz, b) bevorzugter Pfad für Stroh), nach [28]

- Fischer-Tropsch-Synthese
- Methanolsynthese
- Dimethylether-(DME)-Synthese
- Methanisierung

Die zwischen diesen Verfahren bestehenden Gemeinsamkeiten und Unterschiede werden im folgenden herausgearbeitet. Während die Fischer-Tropsch-Synthese (FT-Synthese) und die Methanolsynthese die Herstellung von flüssigen Biokraftstoffen ermöglichen, stellen die Methanisierung und die DME-Synthese Optionen für die Herstellung gasförmiger Biokraftstoffe dar. Gemeinsames Ausgangsprodukt für diese vier Synthesewege stellt ein gereinigtes, aufbereitetes Synthesegas dar. Welcher Weg eingeschlagen wird, hängt von den jeweiligen Prozessparametern ab. Im einzelnen sind dies:

- Druck
- Temperatur
- Verhältnis von Wasserstoff zu Kohlenmonoxid(H_2/CO)
- eingesetzter Katalysator

Wie Tab. 7.12 zeigt, ergeben sich hinsichtlich dieser Parameter wesentliche Unterschiede zwischen den einzelnen Synthesewegen. So ist für die Methanolsynthese und die DME-Erzeugung ein hoher Druck und für die Methanisierung ein hoher Wasserstoffanteil im Synthesegas erforderlich.

Tabelle 7.12 Relevante Prozessparameter für die Erzeugung synthetischer Biokraftstoffe

Syntheseweg	H_2/CO	Katalysatoren	Druck [bar]	Temperatur [°C]
Fischer-Tropsch-Synthese	0,85 - 3	Fe, Co, ZrO_2, SiO_2	1 - 70	120 - 350
Methanol-Synthese	1 - 2,15	Zn, Cr, Cu	50 - 300	220 - 380
Dimethylether-Synthese	$\leq$ 1 - 2,15	Cu, Zn, Al_2,O_3	15 - 100	220 - 300
Methanisierung	2 - 3	Ni, Mg	1 - 10	200 - 450

Für die Kraftstoffsynthese werden qualitativ hochwertige Gase benötigt, die möglichst niedrige Anteile an inerten Gaskomponenten wie Stickstoff und Kohlendioxid aufweisen und frei von Stoffen sind, die als Katalysatorgifte wirken können. Für die Erstellung des Synthesegases kommen daher nur die Wasserdampf- oder die Sauerstoff-Dampfvergasung im Wirbelschicht- oder Flugstromverfahren in Frage. Während diese Vergasungsverfahren ein Produktgas liefern, das in Gasmotoren nahezu problemlos eingesetzt werden kann, stellt die Kraftstoffsynthese weitergehende Ansprüche an die Gasreinheit, wie Tab. 7.13 zeigt.

Tabelle 7.13 Grenzwerte für Störstoffe bei der Biokraftstoffsynthese

Störstoffe in [mg/m^3]	Rohgas	FT-Synthese	MeOH-Synthese	Methanisierung
Staub	bis zu 10^5	0 („staubfrei")	< 0,2	< 0,5
Teer	bis zu 10^4	< Taupunkt	< 1	< 0,1
Natrium/Kalium	bis zu 1,7	< 0,003	< 0,2	< 1
NH_3, HCN	bis zu 1.600	< 0,76	< 0,1	< 0,8
H_2S, COS, CS_2	bis zu 170	< 1,5	< 0,1	< 0,4
Halogene	bis zu 480	< 0,016	< 0,1	< 0,06

Im Anschluss an diese Feinreinigung erfolgt die Gaskonditionierung. Hierunter ist die Anpassung der Gaszusammensetzung an den jeweiligen Syntheseprozess zu verstehen. Hierzu gehören hierzu:

- die Einstellung eines optimalen Wasserstoff zu Kohlenmonoxid Verhältnisses,
- die Entfernung von Kohlendioxid und
- eine ggf. erforderliche Reformierung von Kohlenwasserstoffen

Im nächsten Schritt findet dann die eigentliche katalysatorgestützte Synthese statt.

Wie in Tabelle 7.12 dargestellt, kommt dem H_2/CO-Verhältnis für die Kraftstoff-Synthese besondere Bedeutung zu. Dieses Verhältnis kann durch die sogenannte Wasser-Gas-Shift Reaktion eingestellt werden:

$$CO + H_2O \longleftrightarrow CO_2 + H_2 \tag{7.11}$$

Diese Reaktion läuft als Gleichgewichtsreaktion bei Temperaturen zwischen 300 und 500 °C ab, der Druck kann bis 30 bar betragen. Gleichgewichtsreaktion bedeutet, dass diese Reaktion sowohl von links nach rechts (höherer Wasserstoffanteil im Produktgas) als auch von rechts nach links (höherer CO-Gehalt im Produktgas) verlaufen kann, je nachdem, welche Komponente im Überschuss vorhanden ist. Um die Umsatzrate zu verbessern und die Reaktionsgeschwindigkeit zu erhöhen, werden bei dieser Reaktion Katalysatoren auf der Basis von Eisen- und Chromoxid eingesetzt (Fe_2O_3/CrO). Mit Hilfe der beschriebenen Wasser-Gas-Shift Reaktion lässt sich aus Biomasse auch reiner Wasserstoff erzeugen.

CO_2-Entfernung

Am Ende des Vergasungsprozesses enthält das erzeugte Gas einen relativ hohen Anteil an CO_2. Gemäß der Reaktionsgleichung (7.11) steigt dieser CO_2-Gehalt durch die Wasser-Gas-Shift Reaktion weiter an. Da Kohlendioxid ein inertes Gas ist, wäre seine Anwesenheit im Produktgas für die nachfolgende Synthese nicht grundsätzlich problematisch. Allerdings können hohe CO_2-Gehalte den Produktgasstrom so weit verdünnen, dass die Synthese nur unvollständig erfolgt. Daher ist eine CO_2-Entfernung erforderlich.

Zur CO_2-Abscheidung stehen prinzipiell ähnliche Verfahren zur Verfügung wie bei der CO_2-Entfernung aus Biogas (vgl. Kap. 7.3). Bei der Kraftstoffsynthese haben sich neben der Druckwechseladsorption vor allem Waschverfahren wie die Rectisol- oder Selexolwäsche als geeignet erwiesen [28].

Bei der *Rectisol-Wäsche* wird der CO_2-haltige Gasstrom mit Methanol als Lösungsmittel in Kontakt gebracht und auf diese Weise das CO_2 absorptiv gebunden. Verfahrenstechnisch ist die Rectisol-Wäsche aufwändig, da bei niedrigen Temperaturen (-30 bis -45 °C) und hohen Drücken (30 - 60 bar) gearbeitet werden muss. Vorteilhaft ist, dass neben dem CO_2 eine Vielzahl weiterer Schadstoffe aus dem Gas entfernt werden und somit das Produktgas nach der Wäsche einen hohen Reinheitsgrad aufweist. Das *Selexol-Verfahren* arbeitet dagegen bei deutlich niedrigeren Drücken von 10 bis 30 bar und Temperaturen zwischen 0 und 175 °C. Das Waschmedium besteht aus einem Gemisch aus Dimethylether und Polyethylenglykol.

Nach der Entfernung vom Kohlendioxid verbleibt ein Produktgas, das noch relativ hohe Anteile von Methan (CH_4) und anderen kurzkettigen Kohlenwasserstoffverbindungen (C_mH_n) enthält. Diese Inhaltsstoffe können die Ausbeute an Syntheseprodukten deutlich vermindern, so dass sie in einem weiteren Prozessschritt ebenfalls in CO und H_2 umgewandelt werden. Hierzu dient die sogenannte *Reformierung*, die üblicherweise bei Temperaturen von 800 bis 1.100 °C abläuft und einen nickelbasierten Katalysator verwendet. Da die Reformierungsreaktionen endotherm

sind, muß Wärme von außen zugeführt werden. Diese kann in Form von Dampf bereit gestellt werden (Dampfreformierung) oder durch die Oxidation eines Teilstroms des zu reformierende Gases erfolgen (autotherme Reformierung).
Betrachtet man diese Verfahrenskette, so wird ein Grundproblem deutlich: das erzeugte Synthesegas verlässt den Vergasungsreaktor mit Temperaturen > 500 °C. Es muss zur anschließenden CO_2-Abtrennung weit heruntergekühlt werden (im Falle des Rectisol-Verfahrens bis auf -45 °C!), um dann für die nachfolgenden Schritte wieder auf > 800 °C aufgeheizt zu werden. Die in dieser „Temperaturschaukel" freiwerdenden Wärmeenergiemengen im Prozess nutzbar zu machen und Wärmeverluste zu minimieren, stellt nach wie vor eine große technologische Herausforderung dar, die den energetischen Gesamtwirkungsgrad der Biokraftstoffsynthese ganz maßgeblich beeinflusst.

Die Fischer-Tropsch-Synthese

In den vergangenen Jahren zielten zahlreiche Forschungsarbeiten im Bereich der synthetischen Biokraftstoffe auf die Nutzung der Fischer-Tropsch-Synthese. Das Verfahren an sich ist schon alt: bereits im Jahr 1923 entwickelten Franz Fischer und Hans Tropsch das Synthol-Verfahren, das bei Temperaturen von 400 °C und einem Druck von 100 bar die Herstellung von Kohlenwasserstoffen aus Kohle erlaubte. Dazu wurden Katalysatoren auf Basis von Eisenspänen und Kaliumkarbonat verwendet. Aus dem Syntheseprodukt ließ sich mittels einer nachgeschalteten Entwässerung und Destillation ein Motorenkraftstoff erzeugen. Um die Produktausbeute – und damit den Wirkungsgrad des Syntheseverfahrens – zu erhöhen, untersuchten die beiden Wissenschaftler in der Folge zahlreiche Katalysatoren auf Eisen-, Kobalt- und Nickelbasis. Die bei diesen wegweisenden Arbeiten beschriebenen Einflüsse von Temperatur, Druck und Katalysatoren auf den Verlauf der Synthesereaktionen sowie die beobachtete Wirkung von Gasbestandteilen als Katalysatorgifte bilden noch heute die Grundlage der nach ihren Entwicklern benannten Fischer-Tropsch-Synthese.
Große Bedeutung erlangte die Fischer-Tropsch Synthese in Südafrika, das bis heute große Mengen an Kraftstoff nach diesem Verfahren aus Kohle erzeugt (CtL – Coal to Liquid). Der Einsatz der Fischer-Tropsch-Synthese bei der Konversion von Biomasse ist dagegen ein relativ junger Technologiepfad, mit dem man sich seit Ende der 1990er Jahre vornehmlich in Deutschland beschäftigt.
Bei der Fischer-Tropsch-Synthese entstehen aus einem Produktgas mit einem möglichst hohen Anteil an CO und H_2 verschiedene Kohlenwasserstoffverbindungen, die sich in ihrer Kettenlänge unterscheiden und vom Methan (C1) bis zu festen Wachsen (C20 und mehr) reichen. Dabei bilden sich vorwiegend gradkettige Moleküle, wohingegen verzweigte Strukturen selten sind. Die von Fischer und Tropsch gefundenen Zusammenhänge zwischen Temperatur, Druck und Katalysator beruhen im wesentlichen auf empirischen Erkenntnissen. Der grundlegende Reaktionsmechanismus der Fischer-Tropsch-Synthese ist kompliziert und bis heute nicht vollständig bekannt. Insgesamt setzt sich die Synthese aus einer Vielzahl von Einzel-

reaktionen zusammen, die zum Teil gleichzeitig verlaufen, zum Teil aber auch aufeinander aufbauen. Die Erzeugung von Biokraftstoffen mittels der Fischer-Tropsch-Synthese ist daher mit einem hohen experimentellen Aufwand verbunden, um geeignete Prozessparameter bzw. Parameterkombinationen zu ermitteln. Einige wichtige Reaktionen sind nachstehend zusammengefasst:

$$O + 2H_2 \longrightarrow CH_2 + H_2O \qquad \text{(Fischer-Tropsch-Reaktion)} \quad (7.12)$$

$$nCO + 2nH_2 \longrightarrow C_nH_{2n+1}OH + (n-1)H_2O \qquad \text{(Alkoholbildung)} \quad (7.13)$$

$$nCO + 2nH_2 \longrightarrow C_nH_{2n} + nH_2O \qquad \text{(Bildung von Alkenen)} \quad (7.14)$$

$$nCO + (2n+1)H_2 \longrightarrow C_nH_{2n+2} + nH_2O \qquad \text{(Bildung von Paraffinen)} \quad (7.15)$$

Welche dieser Hauptreaktionen ablaufen, wird von den folgenden Prozessparametern bestimmt:

- *Katalysatoren* beeinflussen die entstehenden Produkte. So läuft die Reaktion (7.12) vorrangig beim Einsatz von Kobaltkatalysatoren ab, während bei Verwendung eines preiswerteren Eisenkatatalysators vermehrt die Nebenreaktionen (7.13) - (7.15) auftreten.
- Unabhängig vom eingesetzten Katalysator führt eine *Temperaturerhöhung* generell zu kürzerkettigen Produkten nach Gl. (7.12). Allerdings steigt auch der Verzweigungsgrad. Ferner führen hohe Temperaturen verstärkt zur Kohlenstoffabscheidung (Rußbildung) auf den Katalysatoroberflächen und damit zu deren Inaktivierung.
- Da die maßgeblichen Vorgänge der Adsorption und Absorption bei der Fischer-Tropsch-Synthese mit steigendem *Druck* eher besser ablaufen, führt ein erhöhter Prozessdruck zu einem höheren Umsatz. Ferner sind bei der Synthese einige Produkte aufgrund ihres hohen Siedepunkts bei der Reaktionstemperatur noch flüssig. Sie bilden einen Flüssigkeitsfilm auf der Katalysatoroberfläche, welche die Reaktionsabläufe hemmt. Unter hohem Druck verbessert sich dagegen die Gaslöslichkeit in Flüssigkeiten und damit auch der Kontakt zwischen Katalysator und Gas.

Mit Blick auf die Erzeugung von flüssigen Kraftstoffen sind langkettige Syntheseprodukte (Wachse C20+) genauso uninteressant wie ganz kurze Ketten (gasförmige Produkte C1 - C3). Entsprechend kommt der Selektivität der Synthesereaktionen eine entscheidende Bedeutung für die Ausbeute, den Wirkungsgrad und damit die Wirtschaftlichkeit der Fischer-Tropsch-Synthese zu (Abb. 7.34). Diese Selektivität hängt von der sogenannten Kettenwachstumswahrscheinlichkeit ab, die wiederum von den obengenannten Prozessparametern Druck, Temperatur, Katalysator und dem H_2/CO Verhältnis im Produktgas beeinflusst wird.

Als Katalysatoren sind theoretisch die vier Metalle Eisen, Nickel, Kobalt und Ruthenium für die Fischer-Tropsch-Synthese geeignet. Dabei stellt Ruthenium den aktivsten Katalysator dar, der eine Synthese bereits bei 150 °C erlaubt. Zwar weist auch Nickel eine hohe katalytische Aktivität auf, bildet jedoch bei den üblichen Synthesetemperaturen hauptsächlich Methan. Unter Druck verbindet sich Nickel mit Kohlenstoff zu sogenannten Nickelcarbonylen, die aus dem Reaktor ausgetragen werden.

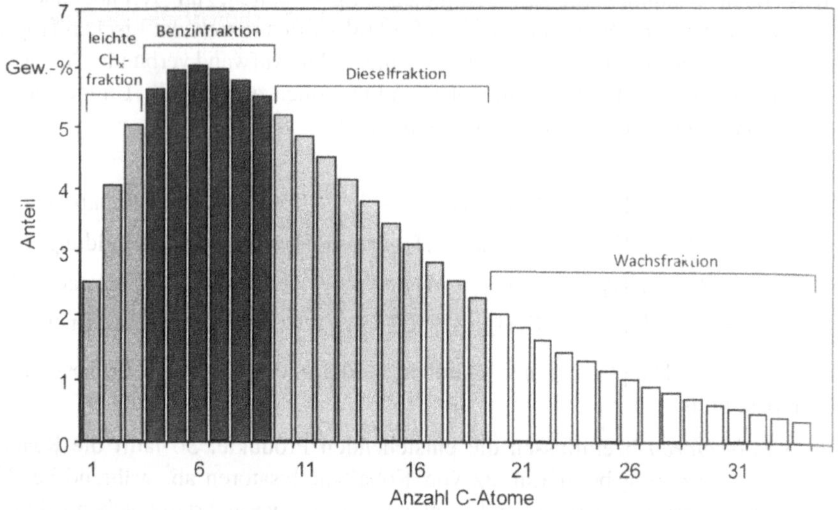

Abb. 7.34 Produktverteilung der Fischer-Tropsch-Synthese beim Einsatz von Biomasse [28]

Somit sinkt der Nickelgehalt des Katalysators schnell ab und er verliert seine Aktivität. Daher werden Nickelkatalysatoren bei der Fischer-Tropsch-Synthese nicht eingesetzt. Da das relative Preisverhältnis zwischen den genannten vier Metallen etwa 1 (Eisen) : 250 (Nickel) : 1.000 (Kobalt) : 50.000 (Ruthenium) beträgt, wird deutlich, dass Rutheniumkatalysatoren auf Grund ihres Preises für den großtechnischen Einsatz nicht geeignet sind [28]. Damit verbleiben Eisen- und Kobaltkatalysatoren, die heute großtechnisch verwendet werden, auch wenn sie eine deutlich geringere Selektivität zur Bildung von mittellangen Kohlenwasserstoffketten besitzen.
Die bisherige Beschreibung der Fischer-Tropsch-Synthese weist bereits auf die hohe Bedeutung der Prozesstemperatur für den Ablauf der Synthese hin. In der Praxis nutzt die Fischer-Tropsch-Synthese heute zwei unterschiedliche Temperaturniveaus aus:

- Die Niedertemperatursynthese (Low Temperature FTS, LTFT) nutzt einen Temperaturbereich von 200 - 240 °C. Bei Einsatz von Eisen und Kobaltkatalysatoren entstehen hauptsächlich lineare langkettige Kohlenwasserstoffe, also vorrangig Wachse.
- Die Hochtemperatursynthese (High Temperature FTS, HTFT) läuft dagegen bei 300 - 350 °C ab. Hier können preiswerte Eisenkatalysatoren genutzt werden. Hauptprodukte der Synthese sind hier kurzkettige Kohlenwasserstoffe wie Benzin oder Olefine.

Tabelle 7.14 stellt die typische Produktverteilung einer LTFT und einer HTFT vergleichend gegenüber.
Mit Blick auf die Biokraftstoffsynthese und den gewünschten Zielprodukten Benzin und Diesel ist die HTFT die interessantere Verfahrensalternative. So werden synthe-

Tabelle 7.14 Vergleich der Produktverteilung der Hoch- und Niedertemperatur-Fischer-Tropsch-Synthese, nach [28]

Komponente	LTFT in [Gew.-%]	HTFT in [Gew.-%]
CH_4	4	7
C2 - C4 Olefine	4	24
C2 - C4 Parafine	4	6
Benzin	18	36
Mitteldestillat	19	12
Wachse	48	9
Sauerstoffverbindungen	3	6

tische Kraftstoffe aus Kohle über diesen Verfahrensweg erzeugt. Beim Einsatz von Biomasse stellen sich aber neue Probleme: da die Biomasse einen mehr oder weniger hohen Anteil an Alkalimetallen besitzt, kommt es bei der HTFT zu unerwünschten Reaktionen zwischen diesen Stoffen und den Katalysatoren, wodurch eine rasche Deaktivierung ausgelöst wird. Daher kommt für den Einsatz von Biomasse aus heutiger Sicht nur die LTFT in Frage. Da hier sehr langkettige Kohlenwasserstoffe erzeugt werden, ist ein nachfolgender Aufbereitungsschritt, das sogenannte Cracken, erforderlich, um die gewünschten kurz- und mittellangen Kohlenwasserstoffe zu erzeugen. Damit erhöht sich der Produktionsaufwand für die Fischer-Tropsch-Synthese von Biomasse gegenüber der Kraftstoffproduktion aus Erdgas oder Kohle deutlich, die Produktionskosten steigen dadurch an.
Trotz Crackens besteht das Syntheseprodukt, genauso wie bei der HTFT, aus einem Gemisch unterschiedlicher Kohlenwasserstoffe. Um nun die gewünschten Kraftstoffe zu erhalten, ist eine abschließende destillative Auftrennung erforderlich. Hierbei entstehen die Produkte:

- Naphta (C4 - C9), ein Rohbenzin, das u.a. als Reinigungsmittel genutzt werden kann oder durch eine Isomerisierung in Benzin umgewandelt wird. Ziel dieser Isomerisierung ist es, die Klopffestigkeit des Kraftstoffs zu erhöhen und seine Fließfähigkeit bei niedrigen Temperaturen zu verbessern. Bei der Isomerisierung wird dazu ein Teil der langkettigen Kohlenwasserstoffe zu verzweigten umgewandelt.
- Synthese-Diesel (C10 - C18)
- Wachse (C20+)

Es zeigt sich an dieser Produktpalette, dass die Erzeugung von Benzinsubstituten aus der Fischer-Tropsch-Synthese mit höherem Aufwand als die Gewinnung von Dieselkraftstoffen verbunden ist. Daher steht beim Einsatz von Biomasse die Produktion von dieselähnlichen Kraftstoffen im Vordergrund. Aus technologischer Sicht ist diese Erkenntnis ernüchternd, da sich an die Fischer-Tropsch-Synthese die Hoffnung knüpfte, aus einer breiten Biomassebasis (vom Abfall bis zum Holz) maßgeschneiderte biogene Otto- und Dieselkraftstoffe erzeugen zu können.
Das Aufspalten der Wachse erfolgt in einem Hydrocracker. Hier werden die langkettigen Kohlenwasserstoffketten mit Wasserstoff in Verbindung gebracht und aufge-

spalten. Beispielhaft zeigt die folgende chemische Reaktionsgleichung diesen Prozess:

$$C_{20}H_{42} + H_2 \longrightarrow 2C_{10}H_{22} \; ; \quad \Delta H = 44 \text{ kJ/mol} \tag{7.16}$$

Wie die Reaktionsgleichung (7.16) zeigt, ist dieser Vorgang leicht exotherm. Der eingesetzte Wasserstoff sättigt dabei die beim Zerbrechen der langen Ketten entstehenden kurzen Bruchstücke ab. Damit dieser Vorgang ablaufen kann, sind Drücke von 30 - 200 bar und Temperaturen vom 350 - 500 °C erforderlich. Zur Beschleunigung der Reaktion werden Nickelkatalysatoren verwendet.

Im österreichischen Güssing werden beispielsweise in einer Versuchsanlage Fischer-Tropsch-Kraftstoffe aus Biomasse erzeugt. Die Erzeugung des benötigten Produktgases erfolgt in einer zirkulierenden Wirbelschicht. Zur Fischer-Tropsch-Synthese wird ein sogenannter Slurry-Reaktor nach Abb. 7.35 genutzt. In diesem Reaktor liegt ein 3-Phasengemisch aus einem festen Katalysator, dem flüssigen Produkt und dem Ausgangsgas vor. Das Gas tritt von unten in den Reaktor ein und hält – ähnlich wie in einem Wirbelschichtreaktor – die Katalysatorschüttung in Schwebe. Die erforderliche Prozesstemperatur wird über einen inneren Wärmetauscher aufgebracht, zur Beheizung wird Dampf genutzt. Während die langkettigen Wachse seitlich aus dem Reaktor abgezogen werden, treten die kurzkettigen Produkte am Kopf des Reaktors aus.

Aufgrund des guten und gleichmäßigen Wärmeübergangs zwischen den Reaktionspartnern stellt sich ein gleichmäßiges Temperaturprofil im Reaktor ein. Ein weiterer Vorteil dieses Reaktortyps ist sein einfacher Aufbau und seine scale-up Fähigkeit.

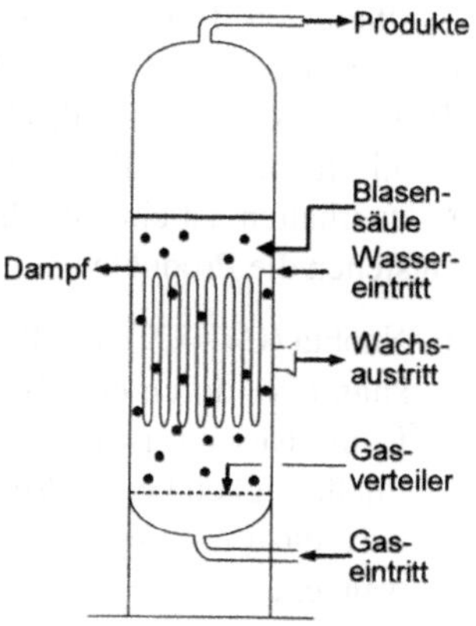

Abb. 7.35 Prinzip eines Slurry-Reaktors zur FT-Synthese [38]

In Güssing wird der Reaktor bei einer Temperatur von ca. 250 °C betrieben (LTFT), der Druck beträgt rund 3 bar. Unterschiedliche Katalysatoren bzw. Katalysatormischungen (Ruthenium / Kobalt, Kobalt, Eisen) wurden erprobt [38]. Wie aus der theoretischen Betrachtung zu erwarten, werden im Reaktor vorwiegend längere Kohlenwasserstoffketten erzeugt (C20+). Durch eine nachgeschaltete Gaswäsche können allerdings die längsten Kohlewasserstoffe entfernt werden, so dass das gereinigte Produkt durchaus eine dieselähnliche Molekülverteilung aufweist. Tabelle 7.15 stellt die wesentlichen Eigenschaften des in Güssing erzeugten Synthese-Diesels denen konventionellen Diesels gegenüber.

Im direkten Vergleich fällt die hohe Cetanzahl des synthetischen Kraftstoffs auf, ein Zeichen für eine hohe Zündwilligkeit und eine schnelle, vollständige und emissionsarme Verbrennung. Ferner enthält der synthetische Kraftstoff nur sehr wenig Schwefel und niedrige Konzentrationen an polyzyklischen Aromaten. Damit bietet dieser Kraftstoff gute Voraussetzungen zur Reduzierung umwelt- und gesundheits-

Tabelle 7.15 Vergleich wesentlicher Eigenschaften von Synthese-Diesel im Vergleich zu konventionellem Diesel, nach [38]

Eigenschaft	Diesel EN 590	Synthese-Diesel
Dichte (15°C) in [kg/m^3]	820 - 845	770 - 790
Cetan-Zahl	51	75 - 85
Polyzyklische Aromate in [Massen-%]	11	< 1
Schwefelgehalt in [mg/kg]	50	< 5
Verdampfungspunkt in [°C]	> 55	87 - 91
Cold Filter Plugging Point (CFPP) in [°C]	- 20	- 5 bis 0

gefährlicher Schwefel- und PAK-Emissionen. Dagegen liegt die Dichte des synthetischen Kraftstoffs leicht unter der von konventionellem Diesel, was sich in einem entsprechenden Mehrverbrauch ausdrücken würde. Auch der CFPP-Wert als Maß für die Kältefestigkeit des Kraftstoffs kann die Anforderungen an einen „Winterdiesel“ nicht erfüllen.
In den vergangenen Jahren wurden unterschiedliche Feldtests mit synthetischen Dieselkraftstoffen durchgeführt. Dabei zeigte sich, dass die theoretisch zu erwartenden Emissionsvorteile auch im praktischen Fahrbetrieb bestätigt werden konnten. So weist das Abgas eines mit Synthese-Diesel betriebenen Motors, der ansonsten technisch unverändert ist, deutlich niedrigere Kohlenwasserstoff- und Kohlenmonoxidemissionen auf als das mit konventionellem Diesel betriebene Pendant. Die Emissionsminderung kann dabei mehr als 75 Prozent betragen. Auch die Partikelemissionen sinken, hier liegt der Rückgang bei 35 bis 40 Prozent Weniger ausgeprägt ist dagegen die Reduzierung der Stickoxide, da diese Emissionen weniger vom Kraftstoff als vom Verbrennungsablauf im Motor bestimmt werden. Erwartungsgemäß stieg der spezifische Kraftstoffverbrauch aufgrund der geringeren Dichte des synthetischen Diesels um ca. 4 Prozent an. [2]

Methanolsynthese

Zurzeit wird Methanol als Additiv zu Benzin verwendet. Als MTBE[8] wird es als Antiklopfmittel mit Anteilen von bis zu 15 Prozent beigemischt. Das heute überwiegend aus Erdgas gewonnene Methanol kann auch aus Biomasse erzeugt werden. Ähnlich wie bei der Fischer-Tropsch-Synthese stellt ein Synthesegas die Grundstufe der Methanolsynthese dar. Eine aufwändige Gasreinigung schließt sich an. Die eigentliche Methanbildung erfolgt über eine Reaktion zwischen Wasserstoff und Kohlenmonoxid:

$$CO + 2H_2 \longrightarrow CH_3OH\ ; \quad \Delta H = -92\ \text{kJ/mol} \tag{7.17}$$

Zusätzlich ist auch eine Reaktion zwischen Kohlendioxid und Wasserstoff denkbar:

$$CO_2 + 3H_2 \longrightarrow CH_3OH + H_2O\ ; \quad \Delta H = -49\ \text{kJ/mol} \tag{7.18}$$

[8] Methyl-Tertiär-Butyl-Ether

Die Verwendung von CO_2 als Reaktionspartner ermöglicht es, die Methanolsynthese bei niedrigeren Temperaturen ablaufen zu lassen als bei der Reaktion mit CO. Auch verläuft die CO_2-Reaktion mit Blick auf das Produkt Methanol deutlich selektiver. Nachteilig ist, dass bei dieser Reaktion Wasser entsteht, das sich mit Anteilen von bis zu 60 Prozent mit dem Methanol vermischt und eine weitere destillative Aufbereitung erforderlich macht. Ferner zeigt Gl. (7.18), dass pro erzeugtem Mol Methanol mehr Wasserstoff eingesetzt werden muss als bei der Reaktion (7.17).
Die Reaktionsgleichungen verdeutlichen, dass auch für die Methanolsynthese das H_2/CO-Verhältnis eine große Rolle spielt. Findet die Reaktion in einem Festbettreaktor statt, so liegt das H_2/CO-Verhältnis bei ca. 2,05 - 2,15 [28].
Ähnlich wie bei der Fischer-Tropsch-Synthese handelt es sich auch bei der Methanolsynthese um eine katalytische Reaktion. Hier kommen Zink- und Chrom-Katalysatoren zu Einsatz. Die Synthese erfolgt bei 350 bis 400 °C auf einem ähnlichen Temperaturniveau wie die HTFT, sie erfordert allerdings mit mindestens 50 bar deutlich höhere Drücke. Auch unter diesen Bedingungen laufen neben den eigentlichen Hauptreaktionen (7.17) und (7.18) zur Methanolbildung eine Vielzahl unerwünschter Nebenreaktionen ab.
Grundsätzlich stehen zur Methanolsynthese unterschiedliche Verfahren zur Verfügung:

- Das älteste Verfahren ist die Hochdruck-Synthese. Die Umwandlung läuft bei Temperaturen von 320 - 380 °C ab, die Prozessdrücke sind mit 250 - 350 bar sehr hoch. Es werden Katalysatoren auf Basis von Zn/Cr_2O_3 eingesetzt.
- Bei ähnlichen Temperaturen, aber reduzierten Prozessdrücken von 100 - 250 bar ist die Methanolherstellung über die Mitteldruck-Synthese denkbar. Allerdings wird dieses Verfahren bislang nicht großtechnisch genutzt.
- Für die biomassebasierte Methanolsynthese ist vor allem das Niederdruck-Verfahren von Bedeutung. Hier herrschen Prozessdrücke von 50 - 100 bar, die Temperaturen bewegen sich im Bereich von 220 - 280 °C. Um bei diesen Prozessbedingungen eine hohe Ausbeute an Methanol zu erzielen, sind besonders selektive und aktive Katalysatoren erforderlich. Überwiegend werden Mischkatalysatoren bestehend aus Kupfer, Zink und Aluminiumoxid verwendet.

Beim Verlassen des Synthesereaktors ist das Methanol gasförmig. Um es von unerwünschten Nebenprodukten zu befreien, wird das Gas zunächst über einen Ölabscheider geführt, in dem langkettige Kohlenwasserstoffe abgeschieden werden. Danach wird das Gas abgekühlt und das Methanol auskondensiert. Da das Kondensat je nach Synthesereaktion noch Wasser enthält, wird über eine Destillation der Restwassergehalt auf unter 2 Vol.-% reduziert. Bei diesen Aufbereitung fällt ein energiereiches Restgas an, das einen hohen Methangehalt aufweist. Dieses Gas kann im Prozess wieder als Energieträger eingesetzt und z.B. in einer Gasturbine genutzt werden.
Zwar lässt sich Methanol ähnlich wie Ethanol auch als Reinkraftstoff in einem Verbrennungsmotor einsetzen, doch stellt es aufgrund seiner hohen Korrosivität erhöhte Anforderungen an Speicherung, Transport und Tanksysteme. Methanol ist daher vorwiegend als Beimischungskomponente interessant. Darüber hinaus könnte bio-

genes Methanol auch in der Biodieselproduktion verwendet oder zu Dimethylether (DME) weiterverarbeitet werden. Schließlich ist ein Einsatz reinen Methanols auch in Brennstoffzellen möglich.

Dimethylether (DME)

In den vergangenen Jahren trat mit Dimethylether[9] (DME) ein weiterer alternativer Kraftstoff in den Markt ein. DME lässt sich aus einer Vielzahl biogener Roh- und Reststoffe erzeugen, parallel dazu ist auch eine Produktion aus fossilen Quellen wie Erdgas, Erdöl oder Kohle möglich. Der heute bevorzugte Weg ist die Synthese aus Erdgas. Als Biomasseressource erscheint besonders die bei der Papier- und Zellstoffproduktion entstehende Schwarzlauge interessant [61]. Perspektivisch wird die DME-Produktion aus Kohle an Bedeutung gewinnen. Aus diesen Quellen lässt sich DME entweder direkt synthetisieren („direkte Methode“) oder indirekt über das Zwischenprodukt Methanol. Dabei sind die Anforderungen an den Syntheseprozess ähnlich wie bei der Methanolsynthese (z.B. H_2/CO-Verhältnis, Prozesstemperatur und -druck). Die direkte DME-Synthese findet allerdings heute noch keine großtechnische Anwendung, obwohl sie höhere Gesamtwirkungsgrade verspricht als der indirekte Syntheseweg.
Ein Einsatz von DME in Verbrennungsmotoren führt zu einem deutlich geringeren Schadstoffausstoß bei ansonsten vergleichbarer Motorleistung und unverändertem Wirkungsgrad. Daher ist der DME Einsatz besonders für Fahrzeuge in Ballungsgebieten (z.B. Lieferverkehr) oder für Fahrzeugflotten (öffentlicher Personennahverkehr) interessant. Gerade letztgenannter Anwendungsfall bietet für die Markteinführung von DME Vorteile, da durch die zentrale Fahrzeugbetankung keine flächendeckende Versorgungsinfrastruktur aufgebaut werden muss.
Die geringen Schadstoffemissionen von DME beruhen auf zwei Eigenschaften:

- DME verbrennt deutlich schneller und damit vollständiger als konventioneller Diesel. Hieraus ergibt sich ein insgesamt niedrigeres Emissionsniveau.
- DME verfügt einen hohen Sauerstoffanteil und weist keine Kohlenstoffdoppelbindungen auf. Daher verbrennt DME fast rußfrei, die bei Dieselfahrzeugen kritischen Feinstaubemissionen lassen sich somit weitgehend vermeiden.

Zusätzlich weist DME eine hohe Verdampfungsneigung und Zündwilligkeit auf, so dass es für den Einsatz in konventionellen Dieselmotoren besonders gut geeignet ist. Aufgrund der guten Gemischaufbereitung ist eine Absenkung der bei modernen Dieselmotoren üblichen hohen Einspritzdrücken um etwa 50 Prozent auf unter 500 bar möglich. Werden die Brennverfahren für den DME-Einsatz optimiert, lassen sich die Emissionen innermotorisch sogar so weit reduzieren, dass auf die heute üblichen aufwändigen Abgasnachbehandlungsverfahren verzichtet werden kann [61]. Hier liegt mit Blick auf die immer strenger werdende Abgasgesetzgebung in Nordamerika und Europa eine wichtige Stärke des DME-Kraftstoffs. Allerdings weist DME auch einige Nachteile auf:

[9] chemische Formel: CH_3-O-CH_3

- Aufgrund seiner geringeren Viskosität besitzt es eine schlechtere Schmierfähigkeit als Dieselkraftstoff, was z.B. den Verschleiß an den Hochdruckeinspritzsystemen erhöht.
- DME ist unter Umgebungsbedingungen gasförmig. Für eine flüssige Lagerung, etwa in einem Fahrzugtank, muss es auf über 5 bar verdichtet werden. Nur so lassen sich unerwünschte Dampfblasen im Kraftstoffsystem verhindern.
- Schließlich besitzt DME eine höhere chemische Aggressivität als Dieselkraftstoff. Die Kompressibilität ist stark temperaturabhängig. Daher müssen Dieselkraftstoffsysteme für den Einsatz von reinem DME angepasst werden. Der schwedische Nutzfahrzeughersteller Volvo bietet beispielsweise für der DME-Betrieb umgerüstete LKW an.

Die vorteilhaften emissionsmindernden Eigenschaften von DME kommen auch in Diesel-DME-Gemischen zum Tragen. So führt beispielsweise eine 20-prozentige Zumischung von DME zu Dieselkraftstoff zu einer Rußminderung von fast 60 Prozent [61]. Gerade geringere Beimischungsanteile erfordern keine Anpassung der Kraftstoffsystems und sind daher aus heutiger Sicht besonders interessant.
Zur Zeit wird DME vorwiegend in der chemischen Industrie genutzt, die Verwendung als Kraftstoffe nimmt aber stetig zu. Eine Vorreiterrolle in der Produktion und Nutzung von DME kommt dabei China zu. Hier gibt es Planungen, die Produktion bis 2018 auf ca. 20 Mio. t/a zu steigern [61]. Hiervon sollen rund 50 Prozent als Kraftstoff genutzt werden. Rohstoffquelle ist dabei vorrangig Kohle. Geringere DME Mengen werden heute in Ägypten, Australien, Indonesien, Japan, Schweden und Südkorea hergestellt.

7.4.7 Biokraftstoffe der 3. Generation

Die bislang diskutierten Wege zur Erzeugung von Biokraftstoffen basieren entweder auf der Nutzung von Pflanzen, Pflanzenteilen oder von biogenen Reststoffen. Alle diese Ressourcen sind mehr oder weniger stark begrenzt, wobei die Biokraftstoffproduktion in Konkurrenz zu anderen Nutzungswegen steht. Mit dem Ziel, die zur Biokraftstoffherstellung verfügbare Rohstoffbasis zu erweitern und von der Flächenkonkurrenz mit Nahrungs- und Futtermitteln zu entkoppeln, werden die Biokraftstoffe der 3. Generation entwickelt. Mikroalgen bilden dabei die Rohstoffquelle. Ähnlich wie bei den Pflanzen beruht das Wachstumsprinzip der Algen auf der photosynthetischen Umwandlung von CO_2, Nährstoffen und Wasser unter Lichteinwirkung zu organischen Bausteinen wie Proteinen oder Kohlehydraten. Im Gegensatz zum Anbau von Pflanzen können diese Vorgänge aber in Photo-Bioreaktoren ablaufen, wodurch sich theoretisch eine sehr hohe Flächenproduktivität ergibt [20]. Als Vorteile von Algen sind zu nennen:

- sie benötigen keine landwirtschaftlich wertvolle Fläche,
- sie benötigen kein Trinkwasser,

- sie sind ein vielseitig verwendbarer Grundstoff für die energetische und stoffliche Nutzung,
- im Gegensatz zu landwirtschaftlichen Produkten sind sie an keine feste Erntezeit gebunden, wodurch sich Lager- und Logistikkosten verringern,
- Algen nutzen CO_2 als Rohstoff und können damit als CO_2-Senke einen Beitrag zum Klimaschutz liefern.

Zur Zeit werden Algen vorwiegend industriell genutzt, z.B. in der Kosmetik- oder Pharmaindustrie. Im Umweltbereich spielen sie u.a. bei der Abwasserreinigung (Elimination von Stickstoff und Phosphor) eine Rolle. Mit Blick auf die Minderung von CO_2-Emissionen aus großen Punktquellen, wie fossil befeuerten Kraftwerken, könnte ihnen zukünftig auch beim CO_2-Recycling eine wichtige Bedeutung zukommen.
Unter dem Begriff „Algen" verbirgt sich eine breite Palette von Lebewesen. Grob lassen sich Algen in Mikro -und Makroalgen einteilen. Für die Biokraftstoffgewinnung sind vornehmlich solche Spezies interessant, die einen hohen Ölgehalt aufweisen. Die folgende Darstellung beschränkt sich daher auf Betrachtungen zu Mikroalgen.
Die industrielle Produktion von Algen kann entweder in offenen oder geschlossenen Systemen – den Photo-Bioreaktoren – erfolgen. Zu den offenen Systemen zählt die Kultivierung von Algen in flachen Küstengewässern, wie sie z.B. in Japan, Malaysia oder Tansania erfolgt. Aber auch Klär- und Absetzteiche oder Kühlturmwannen sind zur Zucht von Mikroalgen geeignet. Da die Lebewesen zum Wachstum Sonnenlicht benötigen, darf die Wassertiefe aber nicht größer als 300 mm sein, damit genügend Solarstrahlung für ein optimales Wachstum verfügbar ist. Insbesondere in Regionen, in denen die jahreszeitliche Einstrahlung stark schwankt, wird die Produktivität von Algen in diesen offenen Systemen stark eingeschränkt. Der Einsatz von Photo-Bioreaktoren zielt daher darauf ab, den Algen möglichst optimale Lebens- und Wachstumsbedingungen zu bieten. Hier werden die Mikroalgen in Schläuchen oder Röhrchen mit möglichst kleinem Durchmesser gezüchtet oder es werden Kapillarsystem, sogenannte Matrix-Systeme, verwendet. Tabelle 7.16 stellt am Beispiel der Grünalge Chlorella die Produktivität dieser Systeme gegenüber, Abb. 7.36 zeigt die Grundprinzipien offener und geschlossener Systeme.

Tabelle 7.16 Vergleich der Produktivität verschiedener Systeme zur Algenkultivierung, nach [20]

Eigenschaft	offene Systeme	geschlossene Systeme	3-D Matrix-Systeme
Produktivität in [g/m^2/d]	10 - 20	35 - 40	80 - 100
Schichtdicke in [mm]	30 - 300	10 - 50	1 - 3

Die Produktion von Mikroalgen im technischen Maßstab wird im folgenden anhand des Pilotprojekt der RWE am Kraftwerksstandort Bergheim-Niederaussem erläutert [42]. Ziel dieses Projekts war es, die CO_2-Abscheidung aus dem Rauchgasstrom eines Kohlekraftwerks mit Hilfe von Algen zu erproben. Hierzu werden die Rauchgase zunächst in einen sogenannten Blasenreaktor geleitet. Dieser Reak-

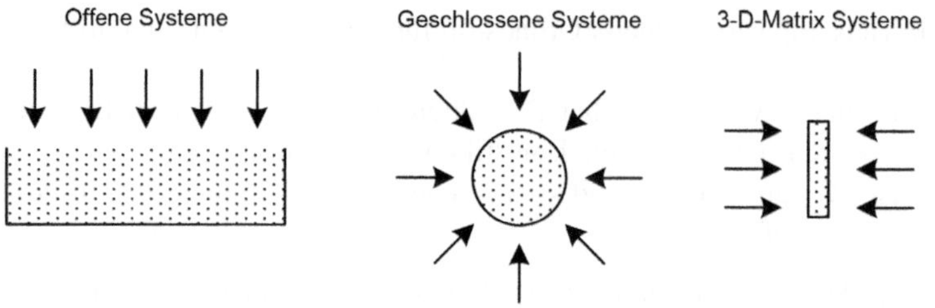

Abb. 7.36 Kultivationssysteme zur Gewinnung von Algenbiomasse, nach [20]

tor enthält Salzwasser und darin die Mikroalgen. Mit dieser Suspension vermischt sich das Rauchgas, wobei die Suspension das CO_2 bis zur Sättigung aufnimmt. Das Gas verlässt den Reaktor, die Algensuspension mit dem gelösten CO_2 wird in die eigentlichen Photo-Bioreaktoren geleitet. Diese Reaktoren bestehen aus V-förmig aufgehängten Kunststoffschläuchen. Um optimale Lichtverhältnisse und Nährstoffverbindungen sowie eine möglichst konstante Temperatur zu gewährleisten, stehen diese Reaktoren in einem speziellen Gewächshaus. Die zur Temperierung erforderliche Wärme kann als Abwärme aus dem Kraftwerk bereitgestellt werden.
Im Photo-Bioreaktor kommen die Algen nun in Kontakt mit Licht und wachsen. Für den photosynthetischen Wachstumsprozess benötigen sie CO_2, das aus der Suspension aufgenommen wird. Um eine hohe Produktivität zu erreichen, ist es erforderlich, dass alle Algen hinreichend Solarstrahlung erhalten. Um zu verhindern, das wandnahe Algenschichten das Innere des Reaktors verschatten, wird der Reaktor durch das Einblasen von Luft kontinuierlich durchmischt. Der CO_2-Gehalt in der Suspension wird über den pH-Wert als Indikator kontinuierlich gemessen. Je nach Veränderung des pH-Werts wird mehr oder weniger CO_2-angereicherte Suspension zugeführt. Die aus dem Photo-Bioreaktor abgezogene Suspension wird zunächst in den Blasenreaktor zurückgeführt, um erneut CO_2 aufzunehmen.
Über die Messung der optischen Dichte wird der Algenanteil im Reaktor bestimmt. Ist dieser Anteil ausreichend hoch, wird die Suspension in einen gesonderten Erntebehälter überführt. Hier werden die Algen vom Salzwasser mittels Zentrifungen getrennt. Während das Salzwasser in den Prozess zurückgeführt wird, verbleiben die Algen als pastöse Masse, die dann einer Weiterverarbeitung (z.B. Trocknung) unterzogen werden kann.
Die Pilotanlage der RWE wurde von 2008 - 2011 betrieben. Sie verfügte über 600 m^2 Fläche für Photo-Bioreaktoren, in denen rund 52 m^3 Algensuspension enthalten waren. In diesen Reaktoren konnten pro Jahr rund 12 t CO_2 eingebunden und ca. 6 t Algenbiomasse gebildet werden [42]. Ein Grund, diese Pilotanlage nicht weiter zu betreiben, lag in der insgesamt enttäuschenden flächenbezogenen Leistung der eingesetzten Bioreaktoren.
Um aus den erzeugten Algen Biokraftstoffe zu erzeugen, stehen unterschiedliche Wege zur Verfügung. Einschränkend muss dazu aber gesagt werden, dass bislang keine Kraftstoffproduktion aus Algen im technischen Maßstab erfolgt, sondern lediglich Forschungsanlagen betrieben werden. Wie Abb. 7.37 zeigt, stehen grund-

sätzlich ähnliche Konversionswege zur Verfügung, wie sie bereits bei der Erzeugung von pflanzen- oder reststoffbasierten Biokraftstoffen diskutiert wurden.

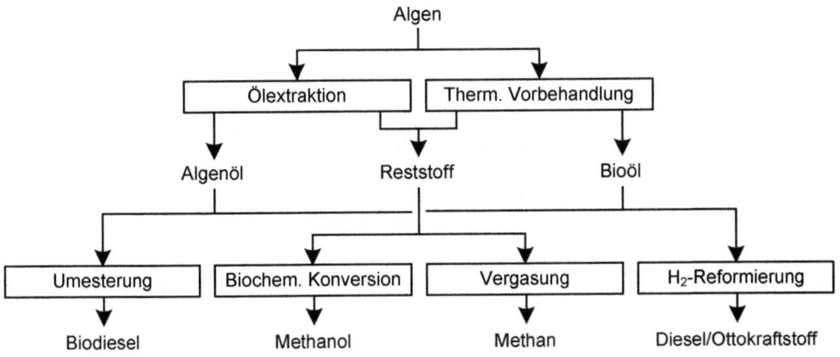

Abb. 7.37 Prozessketten zur Gewinnung von Biokraftstoffen aus Algenbiomasse, nach [43]

Die beim Einsatz von pflanzlicher Biomasse auftretenden technischen Restriktionen und Schwierigkeiten werden durch die Verwendung von Algen keinesfalls gelöst. Im Gegenteil: da Algen über eine hohen Wassergehalt verfügen, werden gerade die interessanten Prozesswege über die Erzeugung eines Synthesegases weiter verkompliziert. Inwieweit andere Verfahren, wie beispielsweise die überkritische Wasservergasung, hier einen Ausweg bieten, ist aus heutiger Sicht unklar. Technisch gangbar ist der technologisch relativ einfache Weg der Ölextraktion. Ähnlich wie bei der Biodieselgewinnung aus Ölpflanzen würde aber auch hierbei nur ein Teil der Biomasse – Algen enthalten nur zu ca. 50 Prozent Öl – als Kraftstoffquelle nutzbar sein.
Keiner der in Abb. 7.37 aufgezeigten Wege hat bisher den Schritt in eine industrielle Umsetzung erfahren. So erscheint aus heutiger Sicht die Gewinnung von Biodiesel aus Algen nur dann wirtschaftlich interessant, wenn sie quasi ein „Nebenprodukt" in einer hochwertigen Produktkette darstellt, in der die stoffliche Nutzung eindeutig überwiegt [62]. Entsprechend besteht hier noch erheblicher Forschungs- und Entwicklungsbedarf, bevor algenbasierte Kraftstoffe tatsächlich eine signifikante Marktrelevanz besitzen können.

Literaturverzeichnis

1. Althaus, W., Urban, W.: Analyse und Bewertung der Nutzungsmöglichkeiten von Biomasse, Band 3: Biomassevergasung, Technologien und Kosten der Gasaufbereitung und Potenziale der Biogaseinspeisung in Deutschland. S. 52-69 Oberhausen (2005)
2. Andorf, R.: Motorische Konzepte und Biokraftstoffe. Symp. Neue Biokraftstoffe, Berlin (2008)

3. Arbeitsgemeinschaft für sparsamen und umweltfreundlichen Energieverbrauch (Hg.): Bioerdgas: Regenerative Energie mit Zukunft, Standortbestimmung für Energieversorger. Kaiserslautern (2007)
4. Baumbach, G.: Luftreinhaltung. Springer Verlag, Berlin, Heidelberg (1990)
5. Bayerisches Landesamt für Umwelt (Hg.): Biogashandbuch Bayern, Materialienband. Augsburg (2007)
6. Boles, E.: Produktion von Bioethanol und Biochemikalien - Genetische Optimierung von Hefen, Institut für Molekulare Biowissenschaften, Frankfurt/M. (2009)
7. Braun, R.: Biogas, Methangärung organischer Abfallstoffe. Springer, Wien (1982)
8. Chiaramonti, D., Giovannini, A., Janssen, R., Mergner, R. (Hg.): Lignocellulosic Ethanol Process and Demonstration. WIP Renewable Energies, München (2013)
9. DIN EN 14214: Biodiesel. Beuth Verlag, Berlin (o.J.)
10. DIN 51605: Kraftstoffe für pflanzenöltaugliche Motoren – Rapsölkraftstoff – Anforderungen und Prüfverfahren. Beuth Verlag, Berlin (2016)
11. DIN 51623: Kraftstoffe für pflanzenöltaugliche Motoren – Pflanzenölkraftstoff – Anforderungen und Prüfverfahren. Beuth Verlag, Berlin (2015)
12. Directive 2009/28/EC of the Parliament and of the Council on the promotion of the use of energy from renewable sources and amending and subsequently repealing Directives 2003/30/EC. Brüssel (2009)
13. Directive (EU) 2015/1513 of the Parliament and of the Council of 9 September 2015, amending Directive 98/70/EC relating to the quality of petrol and diesel fuels and amending Directive 2009/28/EC on the promotion of the use of energy from renewable sources. Brüssel (2015)
14. Fachagentur Nachwachsende Rohstoffe (Hg.): Leitfaden Bioenergie. Gülzow (2000)
15. Fachagentur Nachwachsende Rohstoffe (Hg.): Leitfaden Bioenergie - Planung, Betrieb und Wirtschaftlichkeit von Bioenergieanlagen. Gülzow (2004)
16. Fachagentur Nachwachsende Rohstoffe (Hg.): Handreichung Biogasgewinnung und -nutzung, Gülzow (2004)
17. Fachagentur Nachwachsende Rohstoffe (Hg.): Analyse und Evaluierung der thermochemischen Vergasung von Biomasse. Landwirtschaftsverlag, Münster (2006)
18. Fachagentur Nachwachsende Rohstoffe (Hg.): Handbuch Bioenergie-Kleinanlagen. Gülzow (2013)
19. Fachagentur Nachwachsende Rohstoffe (Hg.): Basisdaten Bioenergie Deutschland 2015. Gülzow (2015)
20. Franke, H.: Bioenergie aus Mikroalgen, Symposium Neue Biokraftstoffe, Berlin (2008)
21. Hassel, E., Wichmann, V.: Ergebnisse des Demonstrationsvorhabens „Praxiseinsatz von serienmäßigen neuen rapsöltauglichen Traktoren“. Hannover (2005)
22. Hofbauer, H.: Wirbelschichtvergasung, Stand der Technik. In: Tagung „Thermo-chemische Biomasse-Vergasung“, Leipzig (2007)
23. Honkanen, S.: Fuels of the Future 2008: Case HVO Renewable Dsl. 6th International Congress for Biofuels of BBE and UFOP, Berlin (2008)
24. Honkanen, M.: Properties of hydro-treated vegetable oil and how to track it. 4th Seminar of European Customs Chemists, Helsinki (2010)
25. Hüttner, A.: Pöyry Environment Deutschland GmbH, Abt. IGW: Persönliche Mitteilung, 25.08.2008
26. International Energy Agency, IEA (Hg.): Technology Roadmap, Biofuels for Transport. Paris (2010)
27. Kaltschmitt, M., Hartmann, H. (Hg.): Energie aus Biomasse. Springer Verlag, Berlin (2001)
28. Kaltschmitt, M., Hofbauer, H., Hartmann, H. (Hg.): Energie aus Biomasse, Springer Verlag, Berlin (2008)
29. Kaltschmitt, M., Hartmann, H., Hofbauer, H.: Energie aus Biomasse. S. 1059-1169, Springer Verlag, Berlin (2016)
30. Kuratorium für Technik und Bauwesen in der Landwirtschaft (Hg.): Faustzahlen Biogas. Darmstadt (2007)

31. Kuratorium für Technik und Bauwesen in der Landwirtschaft (Hg.): Faustzahlen für die Landwirtschaft. Darmstadt (2009)
32. Lehtonen, J.: Liquid Fuel Options - Potential Processes and Products, Future Fuels for Engine Power Plants, Neste Oil Oyj (2011)
33. Majer, S., Oehmichen, K.: Bestimmungsgründe für die Neubewertung von Rest- und Abfallstoffen auf die THG-Bilanz von Biokraftstoffen der ersten Generation. DBFZ Deutsches Biomasseforschungszentrum, Leipzig (2013)
34. Nussbaumer, T., Kaltschmitt, M.: Grundlagen der Festbrennstoffnutzung, Definitionen. In: Kaltschmitt, M.; Hartmann, H. (Hg.): Energie aus Biomasse. S. 239-247, Springer Verlag, Berlin (2001)
35. Nussbaumer, T., Hartmann, H.: Automatisch beschickte Feuerungen. In: Kaltschmitt, M., Hartmann, H. (Hg.): Energie aus Biomasse. S. 345-363, Springer Verlag, Berlin (2001)
36. Nylund, N.O., et.al.: Optimized usage of NExBTL renewable diesel fuel. VTT Research Notes 2604, Espoo (2011)
37. Obernberger, I., Hammerschmid, A.: Biomasse-KWK mit ORC-Prozessen. In: Biomasse KWK Tagung, Leipzig (2001)
38. Potetz, A.: Synthetic Biofuels made in Güssing, 3. BtL-Kongress, Berlin (2007)
39. Rarbach,M., Söltl, Y.: Zellulose-Ethanol aus Agrar-Reststoffen, MTZ - Motortechnische Zeitschrift 04/2013, S. 274-278, Wiesbaden (2013)
40. Remmele, E.: Handbuch Herstellung von Rapsölkraftstoff in dezentralen Ölgewinnungsanlagen. Fachagentur Nachwachsende Rohstoffe e.V., Gülzow (2007)
41. Rübesamen, D., Vincent, L., Ziegler, M., Fischer, J.: Biofuels from agriculture residues – opportunities and challenges: The example of pellets produced from horse manure, 24th European Biomass Conference, Amsterdam (2016)
42. RWE Power AG (Hg.): Das RWE-Algenprojekt in Bergheim-Niederaussem, Produktion von Mikroalgen unter Nutzung von Kraftwerksrauchgasen zur CO_2-Einbindung. Essen (2011)
43. Ryan,C.: Environmental Challenges for algal BioFuels. International Workshop Aquatic Biomass: Sustainable Bioenergy from Algae?, Berlin (2009)
44. Salmenpohja, H.: Case study: Hydrotreated Vegetable Oil, a drop in biofuel. European Fuels Conference, Paris (2012)
45. Schattner, S., Gronauer, A.: Methangärung verschiedener Substrate, Kenntnisstand und offene Fragen. In: Gülzower Fachgespräche, Band 15: Energetische Nutzung von Biogas, S. 28-38, Weimar (2000)
46. Schmitz, N. (Hg.): Bioethanol in Deutschland, Schriftenreihe „Nachwachsende Rohstoffe" Band 21, Landwirtschaftsverlag, Münster (2003)
47. Schulz, H., Eder, B.: Biogas Praxis. Grundlagen - Planung - Anlagenbau - Beispiele. ökobuch Verlag, Staufen bei Freiburg (2006)
48. Schwister, K. (Hg.): Taschenbuch der Verfahrenstechnik, Carl Hanser Verlag, München (2010)
49. Spillingwerke GmbH (Hg.): Der ölfreie Dampfmotor, Hamburg (2003)
50. Spliethoff, H.: Verbrennung fester Brennstoffe zur Strom- und Wärmeerzeugung. Fortschritt-Bericht des VDI, Reihe 6, Nr. 443. Düsseldorf (2000)
51. Tentscher, W: Technische Voraussetzungen zur Einspeisung ins Erdgasnetz - Beispiele aus der Praxis. 3. Norddeutsche Biogastagung, Hildesheim (2006)
52. Tepper, H.: Zur Vergasung von Rest- und Abfallholz in Wirbelschichtreaktoren für dezentrale Energieversorgungsanlagen. Dissertation, Magdeburg (2005)
53. Thuneke, K., Remmele, E.: Pflanzenölkraftstoff, in: Kuratorium für Technik und Bauwesen in der Landwirtschaft e.V. (KTBL) (Hg.): Pflanzenölkraftstoff in landwirtschaftlichen Maschinen, KTBL-Schrift 478, S. 23-41, Darmstadt (2009)
54. Treiber, H., Schroth, H.: Die Klärschlamm-Wirbelschicht-Verbrennungsanlage II im Hauptklärwerk Stuttgart-Mühlhausen. BWK/Tü/UT - Special 10 (1992)
55. Van Loo, S.; Koppejan, J. (Hg.): Handbook of Biomass Combustion and Co-Firing, Twente University Press, Enschede (2002)
56. Vauck, W.R.A., Müller, H.A.: Grundoperationen chemischer Verfahrenstechnik, Wiley-VCH, Weinheim (2000)

57. Verordnung über Anforderungen an eine nachhaltige Erzeugung von Biomasse zur Verwendung als Biokraftstoff (Biokraftstoff-Nachhaltigkeitsverordnung – BiokraftNachV). Berlin (2009)
58. Weiland, P.: Verfahrenstechnik der anaeroben Abfallbehandlung. TAW-Seminar Vergärung von Bioabfällen: Neue Verfahrenstechniken", Braunschweig (1997)
59. Wellinger, A., et.al.: Biogas-Handbuch. Grundlagen, Planung, Betrieb landwirtschaftlicher Anlagen. Verlag Wirz, Aarau (1991)
60. Welternährungsorganisation FAO (Hg.): Welternährungsbericht. Rom (2008)
61. Werner, M.: Dimethylether, Dieselalternative der Zukunft. MTZ - Motortechnische Zeitschrift 07-08/2010, S. 540-542, Wiesbaden (2010)
62. Wijffels, R.H.: Microalgae for production of biofuels and bulk chemicals. Workshop Algae - The Future for Bioenergy? IEA Bioenergy, Lüttich (2009)
63. Woodger, J.: Renewable Energy & Chemicals: Refining Biological Feed-Stocks in Petroleum Refineries. New Biofuels Symposium, Berlin (2008)

Kapitel 8
Windkraftanlagen

Die Nutzung der Windenergie hat in Deutschland in den letzten Jahrzehnten zu einem stetig steigenden Anteil regenerativen Energieeinsatzes in der Stromproduktion geführt. Wie aus Abb. 8.1 hervorgeht, machte der aus Windenergie gewonnene Strom im Jahr 2015 etwa 45 % der gesamten Stromerzeugung aus erneuerbaren Energien aus, bei einem Gesamtanteil des regenerativ erzeugten Stroms am Bruttostromverbrauch[1] Deutschlands von 32,7 Prozent [23].

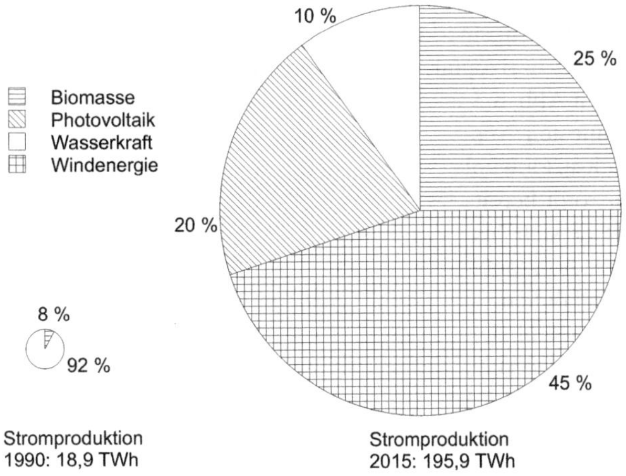

Abb. 8.1 Prozentuale Stromerzeugung aus unterschiedlichen erneuerbaren Energien im Jahre 1990 und 2015 in Deutschland nach [23]. Die Gesamtstromproduktion aus regenerativen Quellen betrug 1990 18,9 TWh und 2015 195,9 TWh.

Neben den positiven ökologischen Auswirkungen sind auch die Einflüsse der Windenergienutzung auf den Arbeitsmarkt unverkennbar. Im Jahre 2009 waren etwa 90.000 Beschäftigte in Deutschland dem Bereich Windenergie zuzuordnen [81].

[1] Unter dem Bruttostromverbrauch wird die in Deutschland aus allen Quellen produzierte Gesamtstrommenge zuzüglich der Stromimporte und abzüglich der Stromexporte verstanden.

Vorbereitend für die folgenden Abschnitte wird anhand zweier exemplarischer Merkmale der grundsätzliche Aufbau von Windenergieanlagen vorgestellt. Windkraftanlagen können in „Widerstand oder Auftrieb nutzend“ unterschieden werden. Diese Einteilung orientiert sich an der Entstehung der aerodynamischen Kräfte, die am Läufer angreifen. Das Widerstandsprinzip wird am einfachsten am Schalenkreuz deutlich, was z.B. als Anemometer eingesetzt wird. Die geöffnete Halbkugelschale setzt dem Wind eine größere Widerstandskraft entgegen als die konvexe Kugelaußenfläche, was zur Drehung des Schalenkreuzes in Richtung der größeren Kraft führt. Da die Kraft auf die Schalen von der Geschwindigkeit abhängt, mit der der Wind auf die Schale trifft, liegt die Umfangsgeschwindigkeit des *Widerstandsläufers* unter der Anströmgeschwindigkeit.

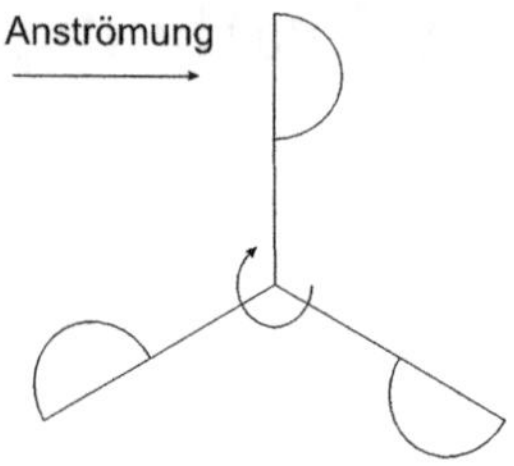

Abb. 8.2 Widerstandsläufer mit Dreh- und Windrichtung

Beim *Auftriebsläufer* wird die Auftriebskraft, die bei der Umströmung eines Rotorblattes entsteht, ausgenutzt. Hierfür ist es nicht zwingend notwendig, dass die Blätter eine bestimmte aerodynamische Form haben, da selbst eine angestellte Platte eine Auftriebskraft besitzt. Charakteristisch für den Auftriebsläufer ist, dass die Anströmrichtung nicht mit der Richtung der Umfangsgeschwindigkeit der Blätter zusammenfällt. Im Detail wird der Auftriebsläufer in Kapitel 8.2.1 beschrieben.
Ein zweites gängiges Unterscheidungsmerkmal ist die Ausrichtung der Rotorachse. Hierbei werden Maschinen mit horizontaler und vertikaler Drehachse unterschieden. Der Darrieusrotor, wie in Abb. 8.3 gezeigt, ist eine der bekanntesten Ausführungen mit vertikaler Achse. Obwohl das Patent für den Darrieusrotor bereits 1931 beantragt wurde, hat er sich bisher nicht gegen Anlagen mit horizontalen Rotorachsen durchsetzen können.
Während früher die technische Realisierbarkeit und Funktion im Vordergrund stand, sind heute in zunehmendem Maße wirtschaftliche Überlegungen von Bedeutung. Die Konzentration des Marktes auf auftriebsnutzende Anlagen mit horizontaler Achse ist ein Indiz dafür, dass diese Bauart die gestellten Anforderungen am besten erfüllt. Abb. 8 zeigt den prinzipiellen Aufbau einer Windkraftanlage mit horizontaler Drehachse. Wie im folgenden Abschnitt dargestellt wird, ist für die abgegebene Leistung einer Windkraftanlage die von den Rotorblättern

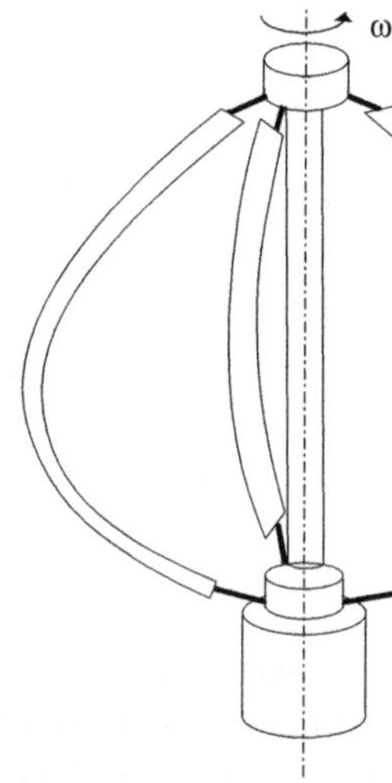

Abb. 8.3 Schematische Darstellung eines Darrieusrotors

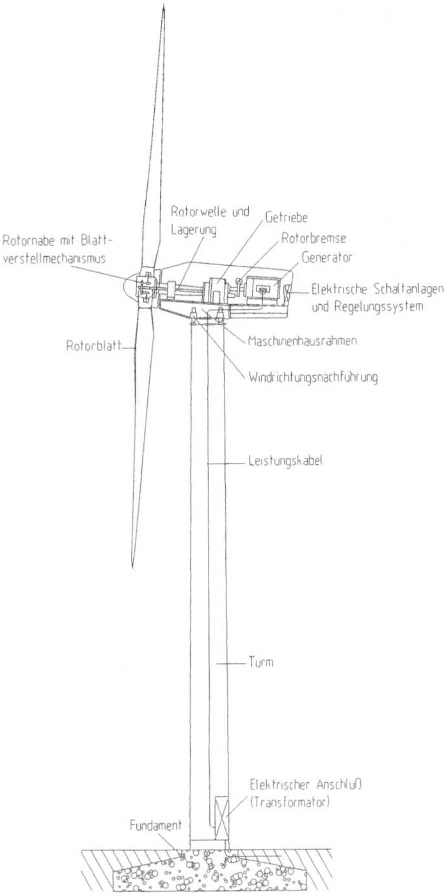

Abb. 8.4 Prinzipieller Aufbau einer Windkraftanlage mit horizontaler Welle, modifiziert nach [32]

überstrichene Fläche von entscheidender Bedeutung. Daher wurde in den letzten Jahren kontinuierlich die Anlagenleistung durch Vergrößern des Rotorblattradius gesteigert. Die Rotorblätter werden in der Regel aus Faser-Kunststoff-Verbunden hergestellt und je nach Maschinenkonzept drehbar in der Nabe gelagert oder fest angeschlossen. Die Nabe ist über eine Welle entweder erst mit einem Getriebe und dann mit dem Generator verbunden oder es wird ein Ringgenerator verwendet, der keine Übersetzung der Drehbewegung der Welle benötigt. Der Antriebsstrang ist auf den Maschinenhausrahmen montiert, der durch die Gondel eingeschlossen wird. Der Maschinenhausrahmen ist drehbar auf dem Turm gelagert und kann so mit Hilfe von Motoren (Azimutantriebe) entsprechend der Windrichtung ausgerichtet werden. Der Turm wird als Beton-, Stahlrohr- oder Gittermastkonstruktion ausgeführt, wobei sich hier vornehmlich die Frage nach der wirtschaftlichsten Variante stellt. Zu einer betriebsfähigen Anlage gehört eine Regelung, die u.a. den sicheren Anlagenbetrieb gewährleistet und in der Lage ist, die Maschine vor Überlastung zu schützen.

8.1 Geschichte der Windenergienutzung

In der Geschichte der Energieversorgung ist neben Wasserkraftanlagen die Nutzung des Windes eine der ältesten Möglichkeiten, mechanische Arbeit durch eine Kraftmaschine verrichten zu lassen. Aus dem asiatischen Raum ist die Nutzung einfacher Windräder bereits ab den 6. Jahrhundert n.u.Z. überliefert, wobei andere Quellen von einem wesentlich früheren Einsatz ausgehen.
In Europa lässt sich die Windkraftnutzung in Windmühlen bis auf das 12. Jahrhundert n.u.Z. zurückdatieren. Die damals eingesetzten Bockwindmühlen bestanden aus einem Mühlenhaus, das drehbar auf einem Bock gelagert wurde. Die Ausrichtung des Mühlenhauses entsprechend der Windrichtung erfolgte manuell, indem das Mühlenhaus auf dem Bock verdreht wurde. Eine Weiterentwicklung der Bockwindmühlen sind die bekannten Holländer-Windmühlen, wie beispielsweise in Abb. 8.5 dargestellt.

Abb. 8.5 Holländer-Windmühle mit Seitenrad und drehbarer Haube [32]

Abb. 8.6 Westernrad mit seitlicher Windfahne [32]

Die Holländer-Windmühle weist einige konstruktive Details auf, die auch an modernen Windkraftanlagen zu finden sind. Die Rotorblätter wurden im Betrieb mit Segeltuch bespannt. Durch Reffen, dem Verkleinern der Fläche des Segeltuches, konnten die Leistung sowie die Belastungen der Windmühle reduziert werden. Die Dachhaube ist drehbar gelagert und wurde mit Hilfe des auf ihr angebrachten zweiten, kleineren Windrades gedreht. Durch das feststehende Mühlenhaus war es mit der

Holländer-Windmühle möglich, Arbeitsmaschinen zu betreiben, die nicht mit dem Mühlenhaus mitgedreht werden konnten. Eine typische Anwendung stellte z.B. der Pumpenantrieb dar, der in weiten Bereichen zum Trockenlegen der holländischen Polder eingesetzt wurde. Mit einem Durchmesser von bis zu 25 m wurden Leistungen bis zu 30 kW erreicht. Durch den Umstand, dass die Leistung nur manuell begrenzt werden konnte, mussten die Anlagen unter ständiger Aufsicht betrieben werden, da sonst höhere Windgeschwindigkeiten zu ihrer Zerstörung geführt hätten.

Eine weitere bedeutsame Nutzung der Windenergie sind die sogenannten Westernräder. Im Gegensatz zur Holländer-Windmühle besitzen die Westernräder eine selbsttätig arbeitende Regelung, die den Rotor bei zu hohen Windgeschwindigkeiten aus dem Wind dreht und somit vor Überlastung schützt. Bei der in Abb. 8.6 dargestellten Variante erfolgt dies durch die leeseitig angebrachte Windfahne, die gleichzeitig der Windrichtungsnachführung dient, solange die Windgeschwindigkeit unterhalb der Auslegungswindgeschwindigkeit bleibt.

Der Rotordurchmesser lag bei Westernrädern im Bereich von 3 bis 5 m, womit eine mechanische Leistung von bis zu 1 kW für den Antrieb einer Arbeitsmaschine erreicht werden konnte. Das Westernrad ließ sich aufgrund seiner Regelung ohne Überwachung betreiben und konnte daher als Kleinanlage beispielsweise zum Betrieb von Wasserpumpen auf amerikanischen Farmen eingesetzt werden, woraus sich auch die Namensgebung ableitet.

Die wirtschaftliche Bedeutung der beiden aufgeführten Windkraftanlagen zeigt sich anhand der installierten bzw. gefertigten Einheiten. Im 19. Jahrhundert waren in Deutschland etwa 20.000 Windmühlen im Einsatz, in den Niederlanden wurden rund 9.000 Windmühlen betrieben. Vom amerikanischen Westernrad wurden bis zum Jahr 1930 ca. sechs Millionen Stück produziert. In Deutschland stellten beispielsweise die Deutschen Windturbinenwerke in Dresden das Windrad Herkules her, das nach amerikanischem Vorbild in Lizenz gebaut wurde.

8.2 Physikalische Grundlagen

8.2.1 Die Betzsche Theorie

Einen entscheidenden Beitrag für die Auslegung der Rotoren von Windkraftanlagen lieferte Albert Betz mit einer Veröffentlichung im Jahre 1926 [6]. Hierin werden, aufbauend auf der Rankineschen Strahltheorie, Auslegungsregeln für die aerodynamische Gestaltung der Rotorblattprofile hergeleitet.

Die Rankinesche Strahltheorie

Die Rankinesche Strahltheorie ist eine vereinfachte Betrachtung der Strömung durch den Rotor einer Windkraftanlage oder durch einen Propeller [73]. Mit dieser Theorie ist es möglich, die Energie zu bestimmen, die der Strömung durch den Rotor entzogen bzw. zugeführt wird, ohne im Detail auf die Strömungsvorgänge beim Durchströmen des Rotors einzugehen. Die entzogene Leistung wird mit Hilfe der Totaldrücke vor und hinter dem Rotor, p_{01} und p_{02}, bestimmt

$$P = p_{01} A_1 v_1 - p_{02} A_2 v_2 \,. \tag{8.1}$$

Die Bezugsebenen für die Punkte „1" und „2" sind in Abb. 8.7 eingezeichnet. Durch die Rankinesche Strahltheorie ist es möglich, in Gl. (8.1) die unbekannten Flächen A_1 und A_2 durch die von den Rotorblättern überstrichene Fläche A' zu ersetzen. Unter der Voraussetzung, dass

- die Strahldrehung keinen Einfluss auf die axiale Strömungsgeschwindigkeit hat,
- ein Rotor mit unendlich vielen Flügeln angenommen wird,
- die Strömung verlustfrei abgebremst bzw. beschleunigt wird,

können mit Hilfe der Bernoullischen Gleichung und durch Anwendung des Impulssatzes grundlegende Aussagen über die Strömungsverhältnisse getroffen werden.
Zur Herleitung der Rankineschen Strahltheorie wird das in Abb. 8.7 vereinfacht skizzierte Modell einer Windkraftanlage verwendet. Dargestellt ist ein Luftstrahl, der durch eine freifahrende Windturbine, also einen Rotor, der nicht ummantelt ist, hindurch strömt. Durch den Energieentzug, den der Wind in der Turbine erfährt, verringert sich in diesem Strahl die Geschwindigkeit von einem Wert v_1 in einem deutlichen Abstand vor der Turbine auf einen Wert v_2 hinter der Turbine. Der eingezeichnete Strahl ist dabei als Stromröhre zu verstehen, was bedeutet, dass der Massenstrom, der auf der linken Seite durch die mit A_1 bemaßte Fläche in die Röhre eintritt, diese nur auf der rechten Seite durch die Fläche der Größe A_2 verlässt. Aufgrund der Kontinuitätsgleichung

$$\rho_1 v_1 A_1 = \rho_2 v_2 A_2 \tag{8.2}$$

folgt (unter der Voraussetzung, dass die Dichte ρ konstant bleibt) eine Zunahme der Strömungsfläche des Strahles durch die sinkende Geschwindigkeit v. Da die

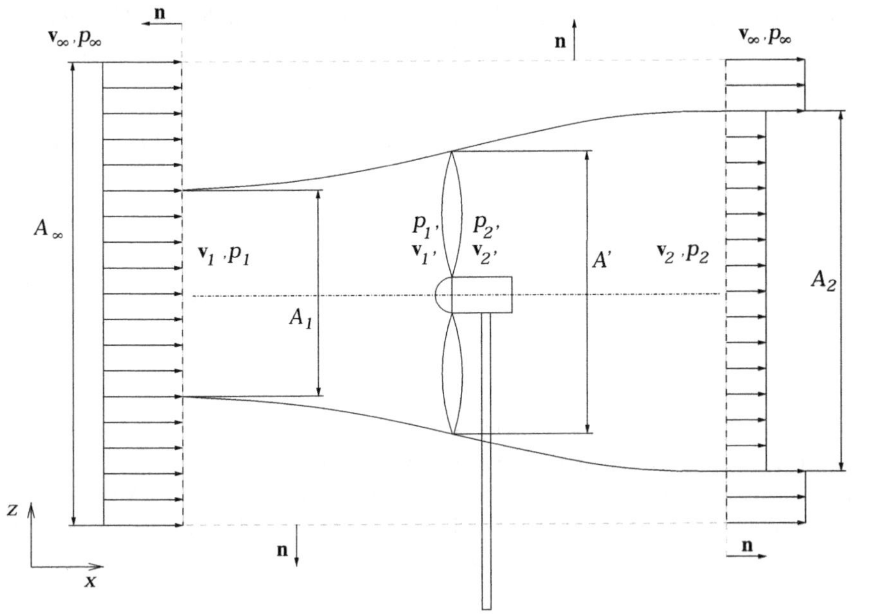

Abb. 8.7 Schematische Darstellung einer Windkraftanlage. Die Umrisse des Kontrollvolumens K_V sind durch die gestrichelten Linien dargestellt.

auftretenden Windgeschwindigkeiten deutlich kleiner als die Schallgeschwindigkeit sind, ist die Annahme einer Strömung mit konstanter Dichte für die Anwendung der Rankineschen Strahltheorie auf Windturbinen zulässig und soll für die weitere Herleitung gelten.

Um die Rankinesche Strahltheorie herzuleiten, wird der Schub auf den Rotor für zwei unterschiedliche Kontrollvolumina mit Hilfe des Impulssatzes der Strömungslehre bestimmt. Der Impulssatz für eine stationäre Strömung

$$\sum_{i=1}^{n} \mathbf{F}_i = \int_{K_V} \rho\, \mathbf{v}\,(\mathbf{v}\cdot\mathbf{n})\, dA \tag{8.3}$$

stellt einen Zusammenhang zwischen den an einem Kontrollvolumen K_V angreifenden äußeren Kräften $\mathbf{F}_i$ und der Änderung des Impulsflusses durch das Kontrollvolumen her. Der Geschwindigkeitsvektor wird dabei mit $\mathbf{v}$ und der Normalenvektor auf der Oberfläche des Kontrollvolumens mit $\mathbf{n}$ bezeichnet. Anhand von Gl. (8.3) wird deutlich, dass bei der Auswertung des Integrals eine Integration über die Oberfläche A des Kontrollvolumens zu erfolgen hat. In der Anwendung des Impulssatzes erweist sich dieser Umstand als besonders vorteilhaft, da es in vielen Fällen möglich ist, das Kontrollvolumen so zu wählen, dass sich die Strömungsgrößen auf der Oberfläche des Kontrollvolumens einfach bestimmen lassen. Ein Beispiel für eine solche Wahl stellt das gestrichelt eingezeichnete Kontrollvolumen in Abb. 8.7 dar. Die Grenzen des Kontrollvolumens sind so gewählt, dass auf dem linken Rand die Strömungsgrößen die Werte der ungestörten Anströmung annehmen. Der rechte

Rand ist so weit von der Windkraftanlage entfernt, dass sich dort der Umgebungsdruck p_∞ eingestellt hat. Die seitlichen Ränder des Kontrollvolumens sind so weit vom Rotor der Windkraftanlage entfernt, dass auch hier die ungestörte Anströmung vorherrscht.
Vor der eigentlichen Anwendung des Impulssatzes ist eine Vorüberlegung notwendig. Wird für das Kontrollvolumen die Massenbilanz aufgestellt, so ist die Massenerhaltung nur dann erfüllt, wenn auf der rechten Seite von Gl. (8.4) ein Korrekturterm $\Delta\dot{m}$ eingeführt wird:

$$\rho A_\infty v_\infty = \rho\,(A_2 v_2 + (A_\infty - A_2)\,v_\infty) + \Delta\dot{m}. \tag{8.4}$$

Aus dieser Massenbilanz lässt sich $\Delta\dot{m}$ zu

$$\Delta\dot{m} = \rho A_2\,(v_1 - v_2) \tag{8.5}$$

bestimmen, da $v_\infty = v_1$, wie aus Abb. 8.7 abgelesen werden kann. Der Teilmassenstrom $\Delta\dot{m}$ ergibt sich damit aus der Differenz des auf der linken Seite eintretenden und auf der rechten Seite austretenden Massenstroms. Aufgrund der Massenerhaltung muss dieser Teilmassenstrom das Kontrollvolumen verlassen, was nur über die seitlichen Ränder, wie in Abb. 8.8 gezeigt, möglich ist.

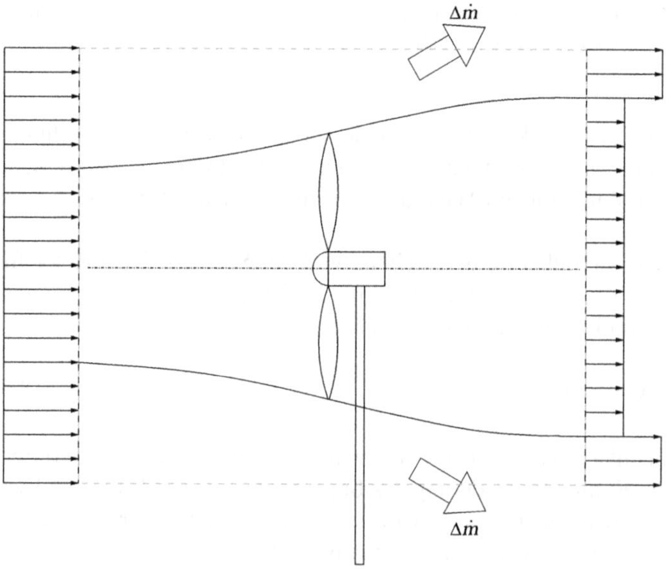

Abb. 8.8 Zur Definition des Teilmassenstroms $\Delta\dot{m}$

Bei der Anwendung des Impulssatzes sind die äußeren Kräfte auf das Kontrollvolumen zu bestimmen. Unter äußeren Kräften sind die Kräfte zu verstehen, die von der Umgebung auf das Kontrollvolumen übertragen werden. Im betrachteten Fall sind dies Druckkräfte und Stützkräfte, da das Kontrollvolumen den Turm der

Windkraftanlage schneidet. Durch die Wahl des Kontrollvolumens wird die gesamte Oberfläche mit dem Umgebungsdruck p_∞ beaufschlagt, was dazu führt, dass sich die Druckkräfte gegenseitig aufheben und nur die Stützkraft $\mathbf{F}_s$, die durch den Turm in das Kontrollvolumen eingeleitet wird, als äußere Kraft in den Impulssatz eingeht. Die Auswertung des Integrals ist für das gewählte Kontrollvolumen vergleichsweise einfach, da die Strömungsgrößen auf den betreffenden Oberflächen konstant sind. Für die Kraftkomponente in Richtung der x-Achse ergibt sich

$$F_{sx} = -\rho v_1^2 A_\infty + \rho v_2^2 A_2 + \rho v_1^2 (A_\infty - A_2) + \Delta\dot{m} v_1 . \tag{8.6}$$

Dass der Term $\Delta\dot{m}v_1$ in Gl. (8.6) auftreten muss, verdeutlicht die folgende Überlegung: Im Impulssatz stellt der Ausdruck $\rho\,(\mathbf{v}\cdot\mathbf{n})\,dA$ den infinitesimalen Massenstrom $d\dot{m}$ dar, der über die Fläche dA das Kontrollvolumen verlässt. Da der Normalenvektor $\mathbf{n}$ senkrecht und nach außen weisend auf dem Kontrollvolumen steht, wird ein das Kontrollvolumen verlassender Massenstrom mit positivem Vorzeichen versehen, ein einströmender mit einem negativen. Eingesetzt in den Impulssatz

$$\sum_{i=1}^{n} \mathbf{F}_i = \int_{\dot{m}} \mathbf{v}\, d\dot{m} \tag{8.7}$$

wird nun über die ein- und austretenden Massenströme integriert. Über die obere und untere Begrenzungsfläche tritt nach Gl. (8.5) $\Delta\dot{m}$ aus. Durch die dort herrschende Strömungsgeschwindigkeit v_1 in x-Koordinatenrichtung transportiert dieser Teilmassenstrom einen Impulsfluss aus dem Kontrollvolumen heraus. Unter Verwendung von Gl. (8.5) ergibt sich die x-Komponente der Stützkraft F_{sx} zu

$$F_{sx} = \rho v_2^2 A_2 - \rho v_2 v_1 A_2 . \tag{8.8}$$

Die Stützkraft F_{sx} ist die Reaktion auf die Schubkraft, die auf den Rotor der Windkraftanlage wirkt, wobei die Schubkraft den Kraftanteil in Windrichtung bezeichnet. Wie einleitend dargestellt, ist die Form des Kontrollvolumens nicht vorgegeben, sondern wird in geeigneter Weise gewählt. Insofern muss es möglich sein, die oben berechnete Stützkraft auch mit einem anderen Kontrollvolumen zu berechnen. Als zweites Kontrollvolumen wird, wie in Abb. 8.9 gezeigt, ein Bereich gewählt, der unmittelbar vor und hinter dem Rotor liegt. Auch hier wird als Vorüberlegung zuerst die Massenerhaltung für das Kontrollvolumen formuliert:

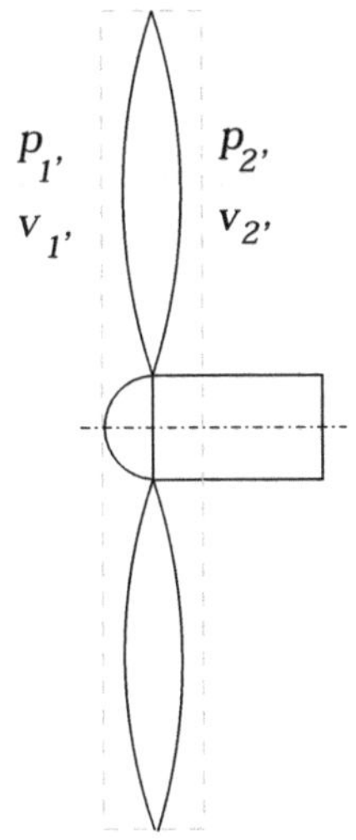

Abb. 8.9 Kontrollvolumen um den Rotor, gestrichelt dargestellt

$$\rho v_{1'} A_{1'} = \rho v_{2'} A_{2'} . \tag{8.9}$$

Hierbei sind $v_{1'}$ und $v_{2'}$ die Strömungsgeschwindigkeiten unmittelbar vor und hinter der Rotorebene und $A_{1'}$ und $A_{2'}$ die zugehörigen Begrenzungsflächen des Kontrollvolumens. Wie in Abb. 8.9 ersichtlich, sind die Flächen $A_{1'}$ und $A_{2'}$ gleich groß und werden daher durch die Rotorfläche A' ersetzt. Dies führt mit Gl. (8.9) zu

$$v_{1'} = v_{2'}, \tag{8.10}$$

bzw. der Aussage, dass die Geschwindigkeit unmittelbar vor und hinter dem Rotor gleich groß ist. Mithilfe des Impulssatzes wird nun die Stützkraft F_{sx} bestimmt, die durch die geschnittene Gondel auf das Kontrollvolumen ausgeübt wird:

$$F_{sx} + p_{1'}A' - p_{2'}A' = -\rho v_{1'}^2 A' + \rho v_{2'}^2 A'. \tag{8.11}$$

Unter Berücksichtigung von Gl. (8.10) ergibt sich daraus:

$$F_{sx} = (p_{2'} - p_{1'})A'. \tag{8.12}$$

Bevor Gl. (8.12) und (8.8) gleichgesetzt werden, ist es sinnvoll, die Drücke $p_{1'}$ und $p_{2'}$ zu ersetzen.
Für die verlustfreie Strömung vor der Windturbine kann die Bernoullische Gleichung angesetzt werden:

$$p_1 + \frac{\rho}{2}v_1^2 = p_{1'} + \frac{\rho}{2}v_{1'}^2. \tag{8.13}$$

Als Bezugspunkte werden dabei „1" und „1′" aus Abb. 8.7 gewählt. Analog dazu ergibt sich für die Strömung hinter dem Rotor die Bernoullische Gleichung zu:

$$p_2 + \frac{\rho}{2}v_2^2 = p_{2'} + \frac{\rho}{2}v_{2'}^2. \tag{8.14}$$

Für die Ebenen 1 und 2 können der Drücke p_1 bzw. p_2 durch den Umgebungsdruck p_∞ ersetzt werden, da diese sich entweder in der ungestörten Anströmung vor der Windkraftanlage befinden oder so weit hinter der Windkraftanlage, dass sich auch dort der Umgebungsdruck wieder eingestellt hat. Unter Verwendung des Zusammenhangs $p_1 = p_2 = p_\infty$ können die Gl. (8.13) und (8.14) zusammengefasst werden zu:

$$p_{2'} - p_{1'} = \frac{\rho}{2}\left(v_2^2 - v_1^2\right), \tag{8.15}$$

wobei ebenfalls Gl. (8.10) verwendet wurde. Für die Stützkraft F_{sx} in Gl. (8.12) ergibt sich damit:

$$F_{sx} = A'\frac{\rho}{2}\left(v_2^2 - v_1^2\right). \tag{8.16}$$

Die beiden Ausdrücke zur Berechnung der Stützkraft F_{sx}, Gl. (8.16) und (8.8), können nun gleichgesetzt werden:

$$\rho v_2^2 A_2 - \rho v_2 v_1 A_2 = A'\frac{\rho}{2}\left(v_2^2 - v_1^2\right). \tag{8.17}$$

Mittels der Kontinuitätsbeziehung

$$\rho A_1 v_1 = \rho A_2 v_2 = \rho A' v' \tag{8.18}$$

lässt sich auch auf der linken Seite von Gl. (8.17) die Fläche A' einführen. Die in Gl. (8.18) auftretende Geschwindigkeit v' ist dabei als die Geschwindigkeit in der Rotorebene zu verstehen, die aufgrund von Gl. (8.10) gleich der Geschwindigkeit in der Ebene vor bzw. hinter dem Rotor ist

$$v' = v_{1'} = v_{2'}. \tag{8.19}$$

Damit lässt sich Gl. (8.17) ausdrücken als:

$$\rho v' A' (v_2 - v_1) = A' \frac{\rho}{2} \left(v_2^2 - v_1^2\right). \tag{8.20}$$

Dieser Zusammenhang ist nur dann erfüllt, wenn

$$v' = \frac{v_2 + v_1}{2} \tag{8.21}$$

ist. Die Berechnung der Geschwindigkeit v' in der Rotorebene nach Gl. (8.21) wird als *Froudesches Theorem* bezeichnet. Für die Berechnung der dem Wind entzogenen Leistung

$$P = p_{01} A_1 v_1 - p_{02} A_2 v_2 \tag{8.22}$$

wird der Massenstrom in der Ebene „1" und „2" durch den der Rotorebene

$$\rho A_1 v_1 = \rho A_2 v_2 = \rho A' v' \tag{8.23}$$

ersetzt:

$$P = A' v' (p_{01} - p_{02}). \tag{8.24}$$

Da sich der Totaldruck aus statischem und dynamischem Druckanteil ergibt,

$$p_0 = p + \frac{\rho}{2} v^2,$$

lässt sich Gl. (8.24) wie folgt darstellen:

$$P = A' v' \left(p_\infty + \frac{\rho}{2} v_1^2 - \left(p_\infty + \frac{\rho}{2} v_2^2\right)\right). \tag{8.25}$$

Durch die Wahl der Bezugspunkte lässt sich in der gesuchten Bestimmungsgleichung für die Leistung der Druck eliminieren. Weiterhin kann durch Ersetzen von v' durch das Froudsche Theorem die Leistung nur in Abhängigkeit der Geschwindigkeiten vor und hinter der Windkraftanlage (v_1 und v_2), der vom Rotor überstrichenen Fläche A' sowie der Dichte ρ angegeben werden:

$$P = \frac{\rho}{4} A' v_1^3 \left(1 + \frac{v_2}{v_1}\right) \left(1 - \frac{v_2^2}{v_1^2}\right). \tag{8.26}$$

Bei einer Windkraftanlage mit vorgegebenem Durchmesser sind bis auf das Geschwindigkeitsverhältnis v_2/v_1 bzw. die Abströmgeschwindigkeit v_2 alle anderen Größen durch die Anströmungsbedingungen vorgegeben. Für die Auslegung einer Windkraftanlage ist das Geschwindigkeitsverhältnis so zu wählen, dass die Leistung P maximal wird. Der Wert v_2/v_1 kann durch eine Extremwertbestimmung ermittelt werden, wobei die Ableitung

$$\frac{dP}{d\left(\frac{v_2}{v_1}\right)} = \frac{\rho}{4} A' v_1^3 \left(-3 \frac{v_2^2}{v_1^2} - 2 \frac{v_2}{v_1} + 1\right) \tag{8.27}$$

zu null zu setzen ist. Als Ergebnis resultiert, wie in Abb. 8.10 dargestellt, dass bei einem Geschwindigkeitsverhältnis von

$$\frac{v_2}{v_1} = \frac{1}{3} \tag{8.28}$$

die maximale Leistung dem Wind entzogen wird.

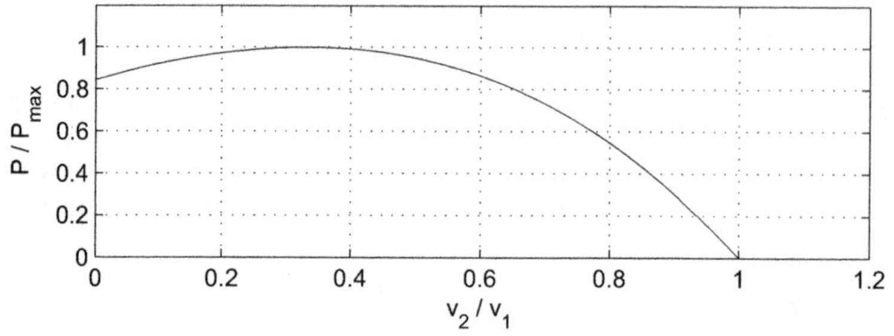

Abb. 8.10 P/P_{max} in Abhängigkeit von v_2/v_1

Die in Abb. 8.10 dargestellte Funktion der entzogenen Leistung zeigt die Leistungsminderung zu beiden Seiten des Extremwertes. Mit zunehmender Abströmgeschwindigkeit v_2 sinkt die Leistung ab, da zu viel kinetische Energie in der Windströmung verbleibt. Für den Fall, dass keine Abbremsung durch den Rotor erfolgt, geht die Leistung auf null zurück. Wird die Strömung durch den Rotor zu stark abgebremst, führt die „Versperrung" durch die zu langsam abströmende Luft zu einer nicht optimalen Leistungsausbeute.

Für Windkraftanlagen wird anstelle eines Wirkungsgrades in der Regel der *Leistungsbeiwert* c_p verwendet, der die Leistung P ins Verhältnis zur Windleistung P_0 stellt. P_0 ergibt sich, wenn der Wind bei gleichbleibendem Druck vollständig abgestoppt wird und analog zu Gl. (8.1) die Leistung mit dem Volumenstrom und der Totaldruckdifferenz berechnet wird:

$$P_0 = \left(p_1 + \frac{\rho}{2} v_1^2 - p_1\right) \dot{V} \tag{8.29}$$

bzw.

$$P_0 = \frac{\rho}{2} v_1^3 A'. \tag{8.30}$$

Der maximale Leistungsbeiwert $c_{p,max}$ kann nun explizit angegeben werden, wenn in Gl. (8.26) das optimale Geschwindigkeitsverhältnis eingesetzt wird:

$$c_{p,max} = \frac{\frac{\rho}{4} A' v_1^3 \left(1 + \frac{v_2}{v_1}\right)\left(1 - \frac{v_2^2}{v_1^2}\right)}{\frac{\rho}{2} v_1^3 A'} = \frac{16}{27}. \tag{8.31}$$

Der ideale Leistungsbeiwert gibt den maximalen Anteil an, der von einer idealen Windkraftanlage dem Wind entzogen werden kann. Hierin sind die Verluste, die zwangsläufig dabei entstehen, nicht enthalten. Es wird weder eine Aussage darüber gemacht, wie die Energie vom Wind auf die Windkraftanlage übertragen wird, noch gibt die bis hierher vorgestellte Theorie Auskunft darüber, wie das für den Maximalwert von $16/27$ notwendige Geschwindigkeitsverhältnis $v_2/v_1 = 1/3$ zu erreichen ist.

Aerodynamik des Rotors

Die Rotorblätter einer Windkraftanlage bestehen in der Regel aus aerodynamisch günstig geformten Profilen. Der Einfluss der aerodynamischen Profilqualität hängt jedoch von der Gesamtkonzeption der Windkraftanlage ab und wird im Folgenden näher behandelt. Aerodynamische Untersuchungen an umströmten Profilen wurden in großem Umfang für die Entwicklung von Flugzeugtragflügeln vorgenommen. Die dabei gewonnenen Erkenntnisse wurden so weit wie möglich auch bei der Entwicklung von Windkraftanlagen genutzt, was sich beispielsweise auch in der Übernahme der Nomenklatur widerspiegelt.
Abb. 8.11 zeigt ein schematisches Tragflügelprofil mit der zugehörigen Anströmung. Eingezeichnet sind Profilober- und unterseite sowie die Profilsehne, die die Profilnase mit dem Ende des Profils verbindet. Die Sehne ist insofern eine wichtige Bezugslinie, da der Anstellwinkel α zwischen der Sehne und der ungestörten Anströmung, gekennzeichnet durch die Geschwindigkeit v_∞, gemessen wird.

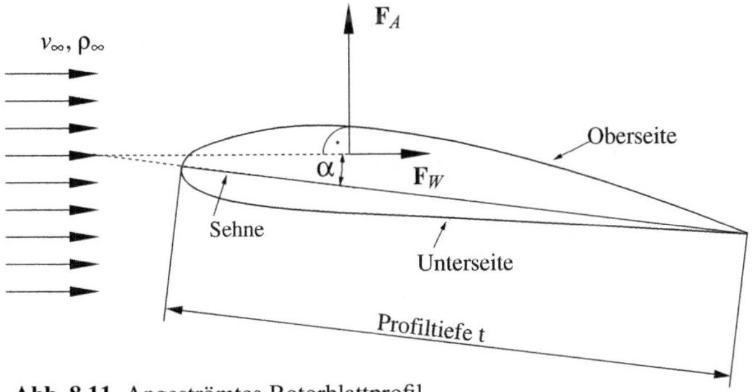

Abb. 8.11 Angeströmtes Rotorblattprofil

Für die Verwendung eines solchen Profils ist es notwendig, die bei der Umströmung auftretende Auftriebskraft $\mathbf{F}_A$ und die Widerstandskraft $\mathbf{F}_W$ bestimmen zu können. Per Definition steht die Auftriebskraft senkrecht zur Anströmungsrichtung, die Widerstandskraft ist parallel zur Anströmung gerichtet. Üblicherweise werden die Auftriebs- und die Widerstandskraft mithilfe der Anströmungsbedingungen (gegeben durch v_∞, ρ_∞) in dimensionslose Größen, den Auftriebsbeiwert c_A und den Widerstandsbeiwert c_w, umgerechnet. Der Auftriebsbeiwert ist definiert als

$$c_A = \frac{F_A}{\frac{\rho}{2} v_\infty^2 A}, \tag{8.32}$$

der Widerstandsbeiwert entsprechend als

$$c_W = \frac{F_W}{\frac{\rho}{2} v_\infty^2 A}. \tag{8.33}$$

Die Bezugsfläche A ist dabei die größte projizierte Flügelfläche und entspricht im Falle des in Abb. 8.11 gezeigten Profils dem Produkt aus Profiltiefe t und Länge des Rotorblattes bzw. des Flügels. Bei den in die Berechnung von c_A und c_W eingehenden Kräften spielt deren Entstehungsursache keine Rolle. Für die Widerstandskraft F_W bedeutet dies, dass darin sowohl Druckkräfte als auch Schubkräfte enthalten sein können, vorausgesetzt, sie sind parallel zur Anströmung gerichtet. Der Auftriebs- und Widerstandsbeiwert eines Profils wird in Form eines Profilpolarendiagramms dargestellt. Profilpolaren ausgeführter Rotorblätter sind in Abschnitt 8.3.1 zu finden. Als Parameter tritt in den Profilpolaren die Reynolds-Zahl Re auf, die mit der Profiltiefe t zu bilden ist:

$$Re = \frac{v_\infty t}{\nu}. \tag{8.34}$$

Die Strömung um ein Profil zeigen Abb. 8.13 und 8.14. Für diese Fotografien wurden dem strömenden Fluid Partikel zugefügt und durch Aufnahmen mit langer Belichtungszeit die Bahnlinien der Partikel aufgenommen. In Abb. 8.13 liegt die Strömung auf dem größten Teil der Ober- und Unterseite des Profils komplett an. In Abb. 8.14 reißt die Strömung auf der Oberseite kurz hinter der Vorderkante des Profils ab, wobei sich bis zur Hinterkante eine Ablöseblase ausbildet. Im Gegensatz zu Flugzeugtragflügeln, wo dieses Verhalten unerwünscht ist, nutzen Windkraftanlagen gezielt den Bereich der abgelösten Strömung zur Leistungsbegrenzung aus.

Die aerodynamischen Verhältnisse am Rotorblatt

Wird das aerodynamische Profil in Form eines Rotorblattes verwendet, sind zusätzlich die Rotation und die sich dadurch ändernde Anströmgeschwindigkeit zu berücksichtigen. Hierzu ist es zweckmäßig, das Rotorblatt in einem mitrotierenden Koordinatensystem zu betrachten. Das Koordinatensystem rotiert mit der gleichen Winkelgeschwindigkeit wie das Rotorblatt und kann daher auch als blattfestes Koordinatensystem bezeichnet werden. Die Anströmung des Rotorblattes erfolgt mit der Geschwindigkeit und Richtung, wie sie sich im blattfesten Koordinatensystem ergeben. Aus der Geschwindigkeit im blattfesten Koordinatensystem kann die Geschwindigkeit in einem ortsfesten, also nichtbewegten Koordinatensystem, durch Addition der Geschwindigkeitsvektoren ermittelt werden:

$$\mathbf{c} = \mathbf{u} + \mathbf{w}. \tag{8.35}$$

Hierbei ist $\mathbf{c}$ der Geschwindigkeitsvektor im ortsfesten Koordinatensystem, $\mathbf{u}$ die Umfangsgeschwindigkeit an der betrachteten Stelle des Rotorblattes und $\mathbf{w}$ die Strömungsgeschwindigkeit im blattfesten Koordinatensystem. Anschaulich lässt sich dieser Zusammenhang durch ein *Geschwindigkeitsdreieck* (Abb. 8.12) darstellen.

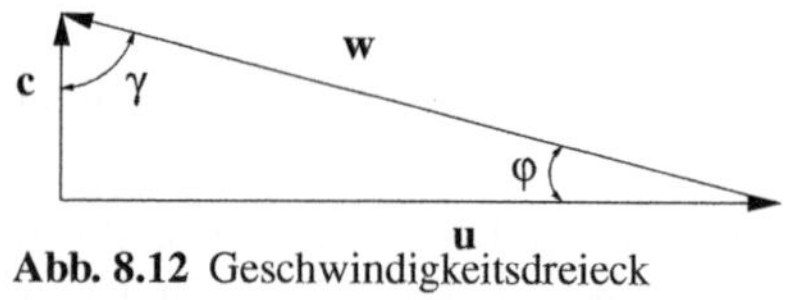

Abb. 8.12 Geschwindigkeitsdreieck

Abb. 8.13 Experimentell ermitteltes Stromlinienbild um ein angestelltes Flügelprofil mit einem kleinen Wirbelgebiet auf der Profiloberseite (sogenannte gesunde Strömung) [78]

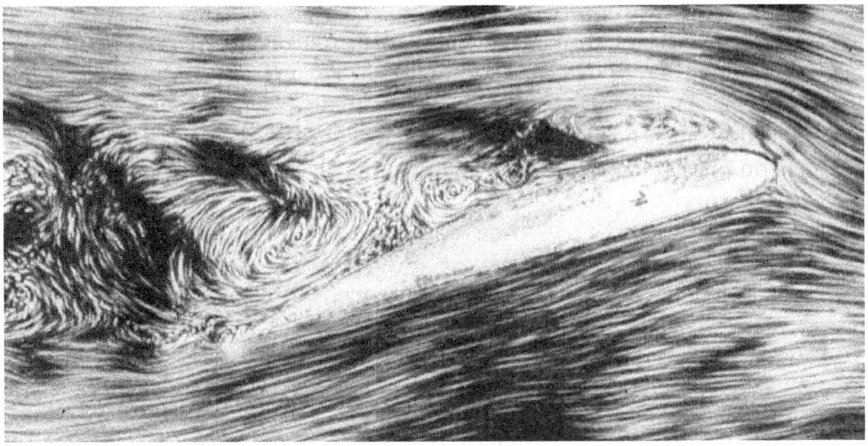

Abb. 8.14 Profilumströmung mit einer Ablösung auf der Oberseite (großes Wirbelgebiet) [78]

Bei einem Rotorblatt kann die Auftriebskraft nicht direkt genutzt werden. Vielmehr stellt sich die Frage, welcher Kraftanteil in Umfangsrichtung und welcher Kraftanteil senkrecht dazu durch die auf das Blatt wirkenden aerodynamischen Kräfte entsteht. Die Zerlegung der auf ein drehendes Rotorblatt wirkenden aerodynamischen Kräfte ist in Abb. 8.15 dargestellt.

Die Sehne des eingebauten Rotorblattes ist um den Winkel ϑ, der als Einbau- oder Einstellwinkel bezeichnet wird, zur Drehrichtung verdreht. Der Anstellwinkel α ergibt sich aus dem Geschwindigkeitsdreieck, da der dort auftretende Winkel φ

$$\varphi = \vartheta + \alpha \tag{8.36}$$

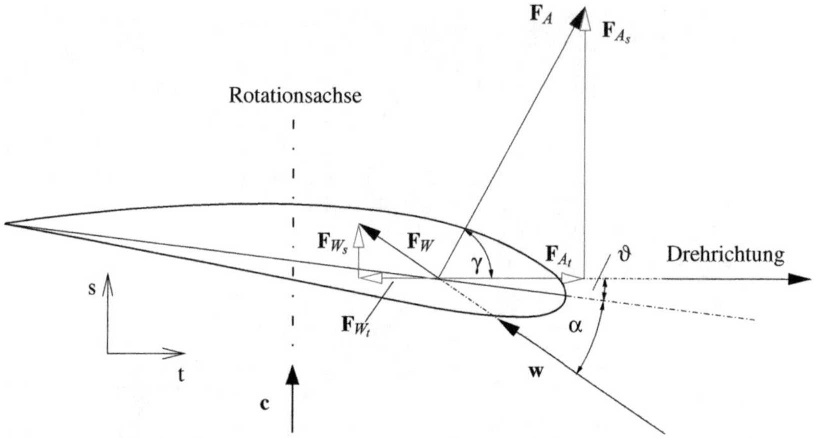

Abb. 8.15 Kräfte am rotierenden Rotorblatt, neben den Kräften sind auch die Geschwindigkeitsvektoren der Anströmung im feststehenden Koordinatensystem, **c**, sowie im mitbewegten Koordinatensystem, **w**, eingezeichnet.

durch die Umfangsgeschwindigkeit und die Anströmgeschwindigkeit vorgegeben wird. Die auf das Profil wirkende Auftriebskraft $\mathbf{F_A}$ und die Widerstandskraft $\mathbf{F_W}$ sind in ihrer Richtung durch den Vektor der Anströmgeschwindigkeit w vorgegeben. Die Windkraftanlage nutzt von diesen beiden Kräften den Anteil F_t in Drehrichtung, der in Form eines Momentes auf die Welle übertragen wird und in Abb. 8.15 mit dem Index t gekennzeichnet ist:

$$F_t = F_{A_t} - F_{W_t}. \tag{8.37}$$

Die beiden Kraftanteile können mittels der trigonometrischen Zusammenhänge

$$F_{A_t} = F_A \cos\gamma \quad \text{bzw.} \quad F_{W_t} = F_W \sin\gamma$$

bestimmt werden, wobei für die Winkel $\gamma + \alpha + \vartheta = 90$ Grad gilt.
Der zu F_t senkrecht stehende Kraftanteil wirkt als Schubkraft auf den Rotor und muss daher von einer entsprechenden Lagerung aufgenommen werden. Die Schubkraft F_s setzt sich ebenfalls aus zwei Anteilen zusammen

$$F_s = F_{A_s} + F_{W_s}, \tag{8.38}$$

wobei sich F_{A_s} und F_{W_s} wie folgt berechnen lassen:

$$F_{A_s} = F_A \sin\gamma \quad \text{bzw.} \quad F_{W_s} = F_W \cos\gamma\,.$$

Die Blattelementmethode

Bisher wurde mit der Rankineschen Strahltheorie die Strömung um die Windkraftanlage analysiert und die aerodynamischen Eigenschaften eines einzelnen, sich drehenden Rotorblattes betrachtet, wie in [6] oder [49] beschrieben. Durch die Blattelementmethode werden diese beiden Teilgebiete nun vereinigt. Insbesondere gibt die

Blattelementmethode Auskunft darüber, wie das von der Rankineschen Strahltheorie geforderte Geschwindigkeitsverhältnis $v_2/v_1 = 1/3$ eingehalten werden kann. Hierzu wird der Schub, also die Kraft F_s, auf den Rotor für ein Radelement einmal nach der Rankineschen Strahltheorie und einmal durch Berechnung der Schubkräfte der Einzelflügel bestimmt. Ein Rotor mit einem Radelement ist in Abb. 8.16 gezeigt. Das Radelement ist eine Kreisringfläche, die konzentrisch zur Drehachse aus der von den Rotorblättern überstrichenen Fläche herausgeschnitten wird.

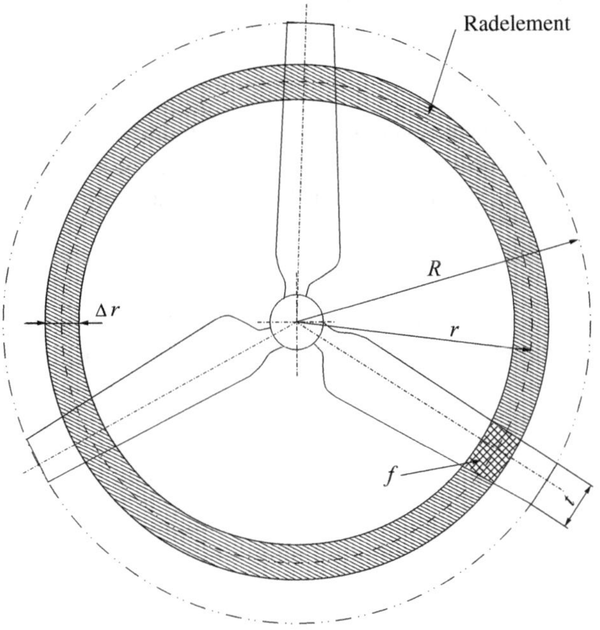

Abb. 8.16 Radelement, dargestellt für einen Dreiblattrotor

Für die Schubkraft, die auf ein Rotorblatt wirkt, ergibt sich aus der Gl. (8.38:

$$F_s = F_A \sin\gamma + F_W \cos\gamma. \tag{8.39}$$

Da für ein aerodynamisch geformtes Profil der Auftrieb sehr viel größer als der Widerstand ist, wird zur Vereinfachung der weiteren Betrachtung der Widerstandsanteil vernachlässigt. Um die bisher als Gesamtkraft angegebene Auftriebskraft mit einem Bereich des Rotorblattes in Verbindung bringen zu können, ist es notwendig, diese über den Auftriebsbeiwert c_A und die Fläche zu berechnen. Die Schubkraft, die vom Auftriebsanteil der Teilfläche f eines Rotorblattes ausgeht, ergibt sich daher zu:

$$F_{s_r} = \frac{\rho}{2} w^2 c_A f \sin\gamma. \tag{8.40}$$

Wie aus dem Geschwindigkeitsdreieck hervorgeht, kann der Ausdruck $\sin\gamma$ durch ein Geschwindigkeitsverhältnis ersetzt werden

$$\sin\gamma = \frac{u}{w},$$

wodurch die Umfangsgeschwindigkeit der betrachteten Teilfläche $f = \Delta r t$ des Rotors in die Berechnung der Schubkraft eingeführt wird:

$$F_{s_r} = \frac{\rho}{2} u w c_A \Delta r t. \tag{8.41}$$

Auf den gesamten Rotor wirkt für ein Radelement die Schubkraft, die pro Schaufel durch die entsprechende Fläche entsteht. Zur Berechnung der Gesamtkraft $F_{s_{rg}}$ für ein Radelement muss dementsprechend die Anzahl z der Blätter berücksichtigt werden:

$$F_{s_{rg}} = z \frac{\rho}{2} u w c_A \Delta r t. \tag{8.42}$$

Die Schubkraft für ein Radelement kann mit der Rankineschen Strahltheorie zweckmäßigerweise aus Gl. (8.16) hergeleitet werden. Durch Einsetzen der Geschwindigkeit in der Rotorebene $v' = (v_1 + v_2)/2$ ergibt sich die Schubkraft auf den gesamten Rotor zu:

$$F_s = \rho \dot{V} (v_1 - v_2). \tag{8.43}$$

Die Umrechnung auf das Radelement erfolgt, indem nur der Volumenstrom berücksichtigt wird, der durch die Fläche des Radelementes $2\pi r \Delta r$ mit der Geschwindigkeit v' hindurchströmt:

$$F_{s_{rg}} = 2\rho \pi r \Delta r v' (v_1 - v_2). \tag{8.44}$$

Die Gln. (8.42) und (8.44) können gleichgesetzt und nach der Profiltiefe t aufgelöst werden:

$$t = \frac{2\rho \pi r v' (v_1 - v_2)}{z \frac{\rho}{2} u w c_A}. \tag{8.45}$$

Das mit Gl. (8.45) gewonnene Ergebnis ist bemerkenswert, da es eine geometrische Größe in Abhängigkeit von Strömungsgeschwindigkeiten an der Windkraftanlage und der Umfangsgeschwindigkeit des Rotors darstellt. Damit die Windkraftanlage ihren optimalen Leistungsbeiwert erreichen kann, ist es notwendig, dass die Abströmgeschwindigkeit $v_2 = 1/3 v_1$ beträgt. Ausgehend von Gl. (8.45) wird im Folgenden gezeigt, dass dieses Geschwindigkeitsverhältnis durch die Profiltiefe t der Rotorblätter realisiert wird.
Durch die Forderung $v_2 = 1/3 v_1$ ist nach dem Froudeschen Theorem auch v' als $v' = 2/3 v_1$ festgelegt. Wird dieser Zusammenhang in Gl. (8.45) eingesetzt, führt dies zu

$$t = \frac{16 \pi r v_1^2}{9 z u w c_A}. \tag{8.46}$$

Wird weiterhin die Umfangsgeschwindigkeit u durch $u = r\omega$ sowie die Relativgeschwindigkeit w durch

$$w = \sqrt{u^2 + v'^2} \quad \text{bzw.} \quad w = \sqrt{r^2\omega^2 + \left(\frac{2}{3} v_1\right)^2}$$

ersetzt, folgt aus Gl. (8.46)

$$t = \frac{16\pi v_1^2}{9\, z\, \omega\, c_A \sqrt{r^2\omega^2 + \frac{4}{9}v_1^2}}. \tag{8.47}$$

Die Anzahl der Variablen in Gl. (8.47) verringert sich, wenn die auftretenden Geschwindigkeiten zusammengefasst werden. Als Ähnlichkeitsgröße bietet sich dabei die *Schnelllaufzahl* λ an, die wie folgt definiert ist:

$$\lambda = \frac{u}{v_1}.$$

Bei der Umfangsgeschwindigkeit u handelt es sich um die Blattspitzengeschwindigkeit. Die Schnelllaufzahl wird also aus Größen gebildet, die verhältnismäßig einfach anzugeben sind, da u mit der Drehzahl und v_1 mit den Anströmverhältnissen festgelegt ist. Durch Erweitern von Gl. (8.47) mit dem Außenradius der Rotorblätter R und Kürzen durch v_1^2 ergibt sich

$$t = \frac{16R\pi}{9z\,\frac{R\omega}{v_1}\,c_A \sqrt{\frac{r^2\,\omega^2\,R^2}{v_1^2\,R^2} + \frac{4}{9}}}. \tag{8.48}$$

Da $R \cdot \omega$ durch die Umfangsgeschwindigkeit u ersetzt werden kann, tritt anstelle der Geschwindigkeitsverhältnisse nur noch die Schnelllaufzahl λ auf:

$$\frac{t}{R} = \frac{16\pi}{9\, z\lambda c_A \sqrt{\lambda^2 \left(\frac{r}{R}\right)^2 + \frac{4}{9}}}. \tag{8.49}$$

Mit Gl. (8.49) ist es gelungen, die Profiltiefe t, die für den optimalen Leistungsbeiwert notwendig ist, in Abhängigkeit von der Schnelllaufzahl λ, der Anzahl der Rotorblätter z, dem Auftriebsbeiwert c_A und des Außenradius R anzugeben. Bei der praktischen Auslegung werden die genannten Parameter nicht beliebig verändert, sondern liegen größtenteils aufgrund von konstruktiven Vorgaben fest. Die Geschwindigkeit v_1 ist in der Regel durch die Windgeschwindigkeit im Auslegungspunkt vorgegeben. Wurden ω, c_A und z fest gewählt, hängt die Profiltiefe ausschließlich vom Radius ab.

Der Wirkungsgrad

Bisher wurden Verluste bei der Wandlung von Windenergie in Nutzenergie nicht berücksichtigt. Der Leistungsfaktor gibt ausschließlich an, wie hoch der maximale Anteil der genutzten Windenergie sein kann, wenn ein scheibenförmiger Windenergiekonverter eingesetzt wird. Über den Wirkungsgrad dieses Konverters wurde nichts ausgesagt. Die wichtigsten strömungsbezogenen Verluste sind:

- Profilverluste: Diese entstehen durch den Strömungswiderstand des verwendeten Profils.

- Tip-Verluste: Bei den bisherigen Betrachtungen wurde die Endlichkeit des Rotorblattes nicht berücksichtigt. Durch Umströmen der Blattspitze treten zusätzliche Verluste auf.
- Drallverluste: Die Rankinesche Strahltheorie geht davon aus, dass die Drehung der Strömung keinen Einfluss hat. Bei der realen Strömung tritt aber hier ein Verlust auf, da der Drall nicht vollständig wiedergewonnen wird.

Von den drei genannten Verlustquellen soll exemplarisch im Folgenden der Profilverlust quantitativ erfasst werden. Hierzu wird der Wirkungsgrad η_F verwendet, der die Wellenleistung an der Rotorwelle ins Verhältnis zur vom Wind abgegebenen Leistung setzt. Die Wellenleistung P_S eines Radelements lässt sich als

$$P_S = M\omega = F_t r \omega \tag{8.50}$$

berechnen, wobei r dem Radius entspricht, an dem die resultierende, auf das Radelement wirkende Tangentialkraft angreift.
Die vom Wind abgegebene Leistung P_W wird mit Hilfe der Totaldruckdifferenz, die über der von den Rotorblättern überstrichenen Fläche herrscht, bestimmt:

$$P_W = A v' \left(p_{02'} - p_{01'}\right). \tag{8.51}$$

Da sich die Totaldruckdifferenz nur aufgrund des statischen Druckunterschiedes zwischen der Vorder- und Rückseite des Rotors ergibt, kann die Totaldruckdifferenz durch die statische Druckdifferenz ersetzt werden:

$$P_W = A v' \left(p_{2'} - p_{1'}\right), \tag{8.52}$$

wobei $A\left(p_{2'} - p_{1'}\right)$ dem Schub F_s auf das Radelement entspricht. Gl. (8.52) wird damit umgeformt zu

$$P_W = v' F_s. \tag{8.53}$$

Mit Gln. (8.50) und (8.53) kann der Wirkungsgrad berechnet werden:

$$\eta_F = \frac{P_S}{P_W} = \frac{F_t r \omega}{v' F_s}. \tag{8.54}$$

Die Schub- und Tangentialkraft auf den Rotor wurden bereits in Gl. (8.37) und (8.38) verwendet. Bei der Bestimmung des Wirkungsgrads darf nun aber nicht der Anteil der Widerstandskraft vernachlässigt werden, da diese den strömungsmechanischen Verlust der Profilumströmung darstellt. Unter Einbeziehung des Widerstands sind F_s und F_t als

$$F_s = F_A \sin\gamma + F_W \cos\gamma \tag{8.55}$$

$$F_t = F_A \cos\gamma - F_W \sin\gamma \tag{8.56}$$

zu berücksichtigen. Für das weitere Vorgehen ist es zweckmäßig, die Gleitzahl ε zu verwenden. Die Gleitzahl ist das Verhältnis aus Widerstands- und Auftriebskraft:

$$\varepsilon = \frac{F_W}{F_A}. \tag{8.57}$$

Die Gleitzahl ist ein Maß für die aerodynamische Qualität eines Profils und hat ihren Ursprung im Flugzeugbau. Aus der Gleitzahl kann über die Beziehung $\varepsilon = \tan\gamma_G$

der Gleitwinkel γ_G bestimmt werden, der angibt, in welchem Winkel (zur Horizontalen gemessen) ein Flugzeug mit der entsprechenden Gleitzahl ohne Antrieb zu Boden gleitet. Durch Einführen der Gleitzahl in Gl. (8.55) und (8.56) kann dort F_A ausgeklammert werden:

$$F_s = F_A(1+\varepsilon\cot\gamma)\sin\gamma\,, \tag{8.58}$$

$$F_t = F_A(1-\varepsilon\tan\gamma)\cos\gamma\,. \tag{8.59}$$

Damit lässt sich der Wirkungsgrad η_F als

$$\eta_F = \frac{(1-\varepsilon\tan\gamma)}{(1+\varepsilon\cot\gamma)}\cdot\frac{r\,\omega}{v'}\cot\gamma\,, \tag{8.60}$$

darstellen. Das Geschwindigkeitsverhältnis u/v' kann durch $\tan\gamma$ ersetzt werden, was leicht anhand des Geschwindigkeitsdreiecks in Abb. 8.12 zu verifizieren ist. Damit geht Gl. (8.60) in

$$\eta_F = \frac{(1-\varepsilon\tan\gamma)}{(1+\varepsilon\cot\gamma)} \tag{8.61}$$

über. Letztendlich ist es noch möglich, die Winkelfunktion durch die effektive Schnelllaufzahl zu ersetzen, da $\lambda_{eff} = u/v' = \tan\gamma$, wie ebenfalls aus Abb. 8.12 hervorgeht:

$$\eta_F = \frac{(1-\varepsilon\lambda_{eff})}{(1+\varepsilon/\lambda_{eff})}. \tag{8.62}$$

Der Profilwirkungsgrad hängt damit von der Schnelllaufzahl und der Gleitzahl ab. Der Einfluss der Parameter wird in Abb. 8.17 deutlich. In diesem Diagramm ist der Leistungsbeiwert über der Schnelllaufzahl aufgetragen. Neben dem Profilwirkungsgrad sind in dem Diagramm auch die Tip- und Drallverluste berücksichtigt. Werden die Verluste durch Wirkungsgrade angegeben, dann mindert jeder Wirkungsgrad den maximalen Leistungsbeiwert:

$$c_{p_r} = c_{p,max}\eta_F\eta_T\eta_D. \tag{8.63}$$

Wie in Abb. 8.17 zu erkennen ist, machen sich die Drallverluste hauptsächlich bei kleineren Schnelllaufzahlen bemerkbar und führen zu einem deutlichen Abfall des realen Leistungsbeiwertes unterhalb einer Schnelllaufzahl von 2,5. Der Einfluss der Tip-Verluste zeigt sich unter anderem durch seine Abhängigkeit von der Rotorblattanzahl. Die Tip-Verluste sind für eine konstante Schnelllaufzahl näherungsweise umgekehrt proportional zur Anzahl der Rotorblätter. Daher nimmt der Leistungsbeiwert im Diagramm in Abb. 8.17 mit zunehmender Blattanzahl zu. Bei hohen Schnelllaufzahlen und unendlich vielen Rotorblättern sind dann vorwiegend die Profilverluste zu erkennen.

Die Aussage der Abb. 8.17 findet sich direkt in ausgeführten Anlagen bzw. in der zusammenfassenden Darstellung von Abb. 8.18 wieder. Wird ein aerodynamisch schlechtes Profil mit einer hohen Gleitzahl verwendet, dann lassen sich damit nur bei niedrigen Schnelllaufzahlen gute Wirkungsgrade erreichen. Beispiele hierfür sind

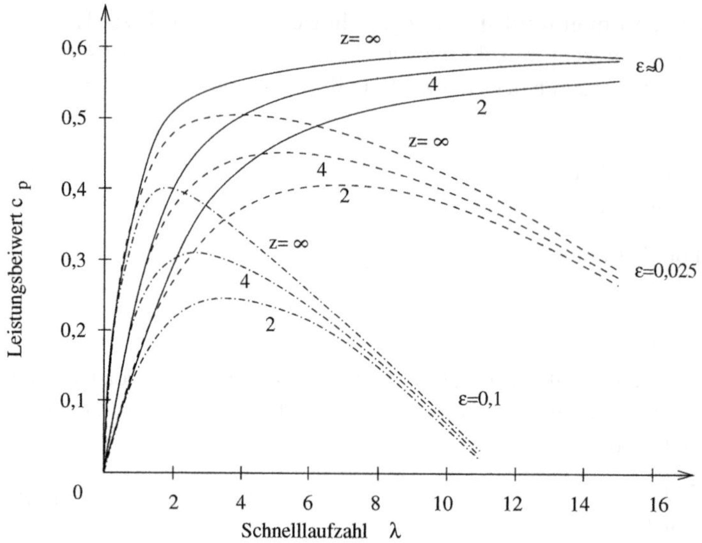

Abb. 8.17 Leistungsbeiwert c_p in Abhängigkeit von Schnelllaufzahl λ, Gleitzahl ε sowie der Anzahl z der Rotorblätter, nach [49].

die Holländische Windmühle und das Westernrad. Beim Westernrad werden Flügel aus bogenförmigen Blechen bzw. bei der Holländischen Windmühle bespannte Holzrahmen verwendet. Aufgrund der hohen Gleitzahlen liegen die realisierten Schnelllaufzahlen in einem Bereich zwischen 1 und 3, in dem sich auch die maximalen Leistungsbeiwerte in Abb. 8.17 für Profile mit einer Gleitzahl von $\varepsilon = 0,1$ befinden. Anders verhält es sich bei Anlagen mit hoher Schnelllaufzahl. Hier können im Hinblick auf den Leistungsbeiwert nur aerodynamische Profile mit kleiner Gleitzahl zum Einsatz kommen. Neben dem in Abb. 8.17 gezeigten Zusammenhang spielt nun aber auch Gl. (8.49) eine Rolle. Mit zunehmender Schnelllaufzahl nimmt die Profiltiefe ab. Da die Profiltiefe weiterhin reziprok proportional zur Anzahl der Rotorblätter ist, führt die Realisierung von hohen Schnelllaufzahlen zu Ein- bzw. Zweiblattrotoren, um die Rotorblätter mit festigkeitsbedingten Mindestabmessungen ausführen zu können. Bei der praktischen Auslegung dominieren Windkraftanlagen mit drei Rotorblättern. Im Vergleich zu einer vierblättrigen Anlage können dabei die Kosten für ein Rotorblatt eingespart werden. Zweiblattrotoren hingegen sind sowohl von den auftretenden Lasten als auch (aufgrund der höheren Schnelllaufzahlen) von den Geräuschemissionen her ungünstiger.
Eine Zuordnung der Bauarten von Windkraftanlagen zu den Bereichen der Schnelllaufzahlen und die dabei möglichen Leistungsbeiwerte gibt Abb. 8.18, die im Jahre 1974 von Wilson erstellt wurde. In dem Diagramm sind neben den Leistungsbeiwerten verschiedener Windkraftanlagen zum Vergleich der ideale Leistungsbeiwert nach Betz sowie der theoretische Leistungsbeiwert des Propellertyps aufgetragen. Während im Betzschen Modell Drallverluste unberücksichtigt bleiben, führen diese beim Propellertyp bei niedrigen Schnelllaufzahlen zum Absinken des Leistungsbeiwertes. Eine detaillierte Diskussion dieses Zusammenhangs findet sich bei Schmitz

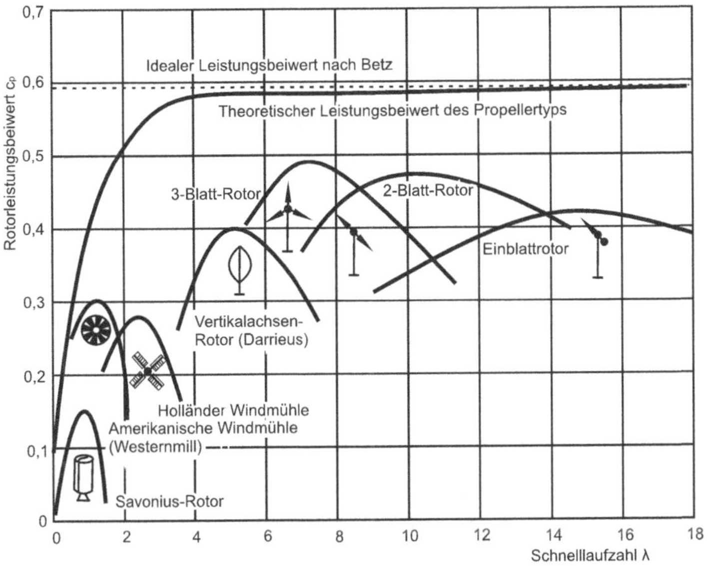

Abb. 8.18 Leistungsbeiwert für verschiedene Windkraftanlagen in Abhängigkeit von Schnelllaufzahl und Rotortyp [32]

[69]. Weiterhin ist anzumerken, dass durch die stetige Weiterentwicklung von Dreiblattrotoren der derzeit erreichte Leistungsbeiwert über 0,5 liegt.

Die Verwindung der Rotorblätter

Bisher wurde bei der Untersuchung der Anströmungsverhältnisse des Rotorblattes in der Regel die Umfangsgeschwindigkeit für den größten Blattradius verwendet. Durch die sich mit dem Radius ändernde Umfangsgeschwindigkeit ist es allerdings notwendig, die Rotorblattprofile der sich damit ändernden Anströmung anzupassen. Mit Hilfe der Geschwindigkeitsdreiecke, wie in Abb. 8.19 dargestellt, wird deutlich, wie die Profile durch Verwindung des Querschnittes anzupassen sind.
Abb. 8.19 zeigt ein Rotorblatt, das sich im Uhrzeigersinn dreht. Daneben sind 5 Schnitte durch das Blatt gezeichnet, die sich jeweils in unterschiedlichen Abständen von der Drehachse des Blattes befinden. Wird bei der Konstruktion der Geschwindigkeitsdreiecke von einem Bezugsquerschnitt ausgegangen, so steigt nach außen hin die Umfangsgeschwindigkeit $\mathbf{u}$ linear mit dem zunehmenden Radius, wobei die Absolutgeschwindigkeit $\mathbf{v}'$ gleich bleibt. Damit das Profil immer unter dem gleichen Anstellwinkel α angeströmt wird, ist es notwendig, den Profilquerschnitt von innen nach außen in Richtung des Vektors der Umfangsgeschwindigkeit zu verdrehen. Damit trägt der Einbauwinkel dem Umstand Rechnung, dass die Bewegung des Blattes in Umfangsrichtung mit zunehmendem Radius entscheidend die Relativgeschwindigkeit der Anströmung beeinflusst.

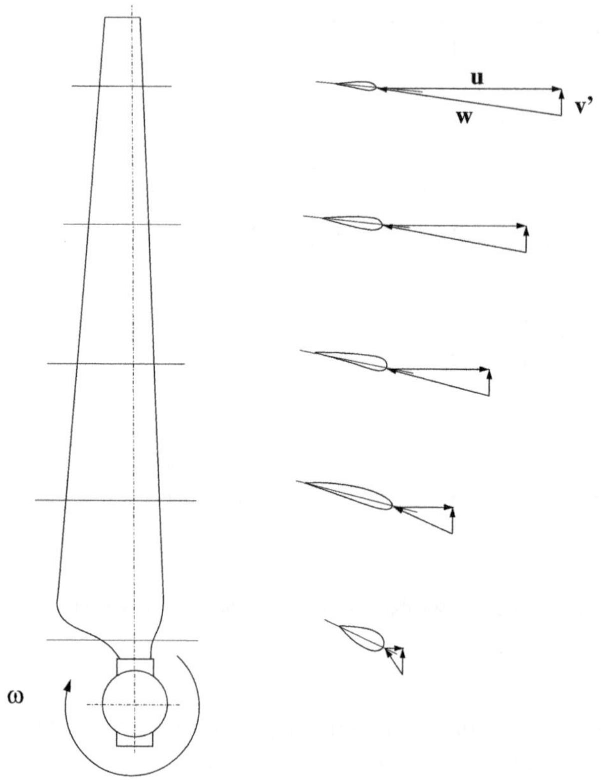

Abb. 8.19 Verwindung der Rotorblattprofils aufgrund der sich ändernden Umfangsgeschwindigkeit

8.2.2 Schwingungsverhalten von Windenergieanlagen

Bei der Auslegung von Windenergieanlagen spielen die aufgrund der Belastung auftretenden Schwingungen eine besondere Rolle. Diese treten dabei nicht nur an den weit auskragenden Teilen wie Turm oder Rotorblättern auf, sondern sind auch im Triebstrang, im Azimutantrieb oder der Blattverstellung zu finden. Ist es bei kleineren Anlagen noch möglich, eine ausreichend steife Auslegung vorzunehmen, so ist bei größeren Anlagen aufgrund der entstehenden Materialkosten eine Überdimensionierung der Bauteile zu vermeiden, was eine schwingungsgerechte Konstruktion voraussetzt [49]. In Anlehnung an [32] sind in Abb. 8.20 die wesentlichen auf eine Windkraftanlage einwirkenden Kräfte und die möglichen Verformungen dargestellt.

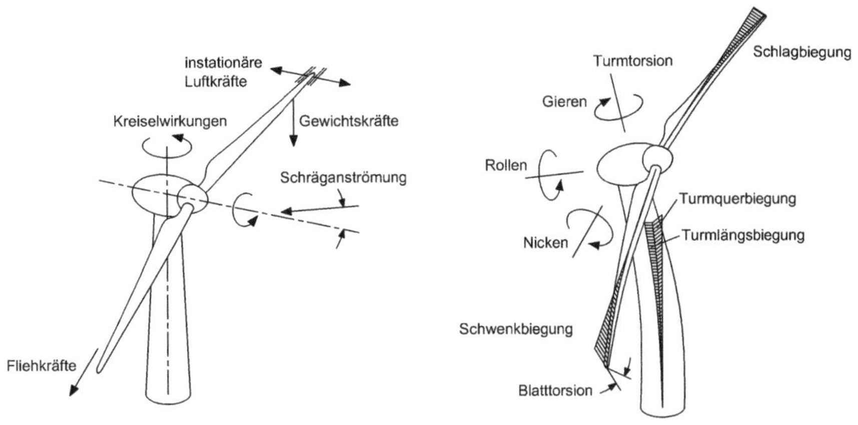

Abb. 8.20 Die an einer Windenergieanlage mit horizontaler Drehachse auftretenden Kräfte und Momente sowie die dadurch hervorgerufenen Bewegungen und Verformungen [32]. Die Bezeichnungen Roll-, Nick-, und Giermoment sind analog zu den in der Luftfahrt verwendeten Ausdrücken gewählt. Die Schwenkbiegung erfolgt in Richtung der Blattsehne. Anschaulicher wird dies wird durch die englische Bezeichnung „edgewise" beschrieben. Durch die Schlagbiegung verformt sich das Blatt senkrecht zur größten Blattprojektion, diese wird auch als „flapwise" bezeichnet.

Schwingungen des Turms und der Gondel

Um das Verhalten einer WEA vereinfacht analytisch beschreiben zu können, ist es sinnvoll, mit einem Ersatzmodell zu arbeiten. Bei der praktischen Auslegung von Windkraftanlagen sind aufwändigere Berechnungsmodelle notwendig, die allerdings ein grundlegendes Verständnis der Zusammenhänge erschweren. Für ein weitergehendes Studium des schwingungstechnischen Verhaltens von WEA sei auf Gasch [28] verwiesen, wo auch die folgenden Zusammenhänge entnommen wurden. Zur Untersuchung der Schwingungen des aus Turm und Gondel bestehenden Systems wird dieses durch eine Kombination aus einer rotierenden masselosen Scheibe, einer Punktmasse sowie einer Lagerung, die aus einer Feder und einem Dämpfungsglied besteht, ersetzt. Die Vereinfachungen sind in Abbildung 8.21 dargestellt, wobei für die Windkraftanlage ein dreiblättriger Rotor vorausgesetzt wird.
Für dieses einfache Modell kann nun die Differentialgleichung für die Bewegung des Massenpunktes angegeben werden:

$$m\ddot{x} + d\dot{x} + sx = F(t). \tag{8.64}$$

Hierbei bezeichnet $F(t)$ eine äußere Kraft, die am Massenpunkt mit der Masse m angreift, d den Dämpfungsbeiwert sowie s die Federsteifigkeit der dargestellten Feder. Der Term $d\dot{x}$ stellt eine geschwindigkeitsproportionale Dämpfung dar, die insbesondere von Flüssigkeitsdämpfern in guter Näherung erfüllt wird [37]. Bei einer Windenergieanlage ist diese auch als viskose Dämpfung bezeichnete Form unter anderem durch die Umgebungsluft gegeben. Es gibt aber auch Ausführungen von Windenergieanlagen, bei denen Flüssigkeitsdämpfer zur Schwingungsminderung im Turm eingesetzt werden. Die Variable x ist die Auslenkung des Massenpunktes aus seiner

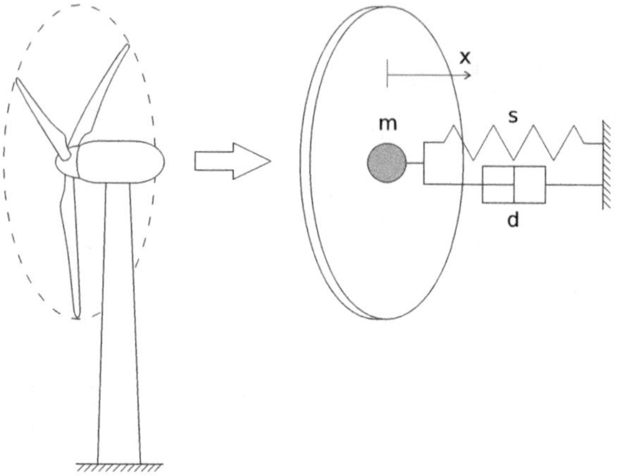

Abb. 8.21 Ersatzmodell zur Schwingungsberechnung. Der Rotor wird als masselose Scheibe betrachtet, während die eigentliche Gondel- und Rotormasse zusammen mit einer anteiligen Turmmasse durch einen Massepunkt repräsentiert wird.

Ruhelage und repräsentiert damit die Auslenkung, die die Gondel erfährt. Die Auslenkung wird dabei als eine rein horizontale Bewegung angenommen, was aufgrund der im Vergleich dazu sehr viel größeren Turmhöhe möglich ist. Die Auslenkung x ist wie ihre Ableitung eine Funktion der Zeit t. Die Kraft $F(t)$ repräsentiert die auf die Anlage wirkenden äußeren Kräfte und wäre für eine Schwingung in Richtung der Nickbewegung die auf den Rotor wirkende Schubkraft.
Da das verwendete Modell von einer Punktmasse ausgeht, ist es darüber hinaus notwendig, die Masse des Turmes zu einem gewissen Anteil zu berücksichtigen. Dies geschieht dadurch, dass $1/4$ der Turmmasse der Punktmasse zugeschlagen wird und man die restliche Turmmasse vereinfachend am Boden und damit als nicht mitschwingend annimmt.
Für den Fall, dass die Kraft $F(t)$ verschwindet, schwingt die Gondel mit der Eigenfrequenz des Systems. Dieser Fall tritt beispielsweise auf, wenn die WEA aus dem laufenden Betrieb schlagartig abgeschaltet wird. Die Gondel ist aufgrund des Rotorschubes ausgelenkt und schwingt aus dieser Auslenkung zurück, sobald die Schubkraft nicht mehr auf den Rotor wirkt. Mathematisch betrachtet wird dabei Gl. (8.64) zur homogenen Differentialgleichung

$$m\ddot{x} + d\dot{x} + sx = 0, \tag{8.65}$$

beziehungsweise zu

$$\ddot{x} + \frac{d}{m}\dot{x} + \frac{s}{m}x = 0. \tag{8.66}$$

Werden dabei die Abklingkonstante δ als

$$\delta = \frac{d}{2m} \tag{8.67}$$

und die Kreisfrequenz ω_0 als

$$\omega_0^2 = \frac{s}{m} \tag{8.68}$$

eingeführt, so lässt sich Gl. (8.66) als

$$\ddot{x} + 2\,\delta\dot{x} + \omega_0^2 x = 0 \tag{8.69}$$

schreiben. Diese Differentialgleichung kann durch Einsetzen des Ansatzes

$$x = C\,e^{\lambda t} \tag{8.70}$$

gelöst werden, wodurch sich im Weiteren auch die Wahl der Größen δ und ω_0 erklärt. Die durch den Ansatz in Gl. (8.70) eingeführte Konstante C ist im Folgenden aus den Randbedingungen zu ermitteln. Aus Gl. (8.69) ergibt sich damit:

$$\left(\lambda^2 + 2\,\delta\lambda + \omega_0^2\right) Ce^{\lambda t} = 0. \tag{8.71}$$

Die Gleichung ist erfüllt, wenn der Wert der Klammer null wird, da $Ce^{\lambda t} \neq 0$ ist. Die Lösungen für λ_1 und λ_2

$$\lambda_{1,2} = -\delta \pm \sqrt{\delta^2 - \omega_0^2} \tag{8.72}$$

hängen damit von der Kreisfrequenz ω_0 und der Abklingkonstante δ bzw. dem Dämpfungsbeiwert d ab. Da die Dämpfung für das aus Turm und Turmkopf bestehende System in der Regel klein ausfällt, wird der Radikand negativ und die Lösungen für λ_1 und λ_2 sind komplex:

$$\lambda_{1,2} = -\delta \pm i\omega, \tag{8.73}$$

mit $\omega = \sqrt{\omega_0^2 - \delta^2}$. Entsprechend dem in Gl. (8.70) gewählten Ansatz ergeben sich damit die resultierenden komplexen Lösungen der Differentialgleichung (8.69):

$$x_1 = C_1 e^{-\delta t + i\omega t}, \tag{8.74}$$

$$x_2 = C_2 e^{-\delta t - i\omega t}. \tag{8.75}$$

Die allgemeine Lösung der Differentialgleichung ist durch die Linearkombination der beiden komplexen Lösungen gegeben

$$x = e^{-\delta t}\left(C_1 \cos(\omega t) + C_1 i \sin(\omega t) + C_2 \cos(\omega t) - C_2 i \sin(\omega t)\right), \tag{8.76}$$

wobei sich die reellen und imaginären Anteile der Lösung zusammenfassen lassen:

$$x = e^{-\delta t}\left((C_1 + C_2)\cos(\omega t) + (C_1 - C_2) i \sin(\omega t)\right). \tag{8.77}$$

Nach [57] sind für eine komplexwertige Lösung einer homogenen Differentialgleichung mit konstanten Koeffizienten sowohl der Imaginärteil als auch der Realteil selbst Lösungen der Differentialgleichung. Hiermit ergibt sich als reelle Lösung:

$$x = e^{-\delta t}\left(A_1 \cos(\omega t) + A_2 \sin(\omega t)\right). \tag{8.78}$$

Die Integrationskonstanten A_1 und A_2 ersetzen die Ausdrücke $C_1 + C_2$ bzw. $C_1 - C_2$ aus Gl. (8.77) und ergeben sich aus den Randbedingungen.
Für den Fall der Schnellabschaltung wären dies eine Gondelauslenkung x_0 sowie die Geschwindigkeit $\dot{x} = 0$, da sich die Gondel in diesem Moment in Ruhe befindet. Die Schwingung der Gondel nach der Abschaltung würde damit durch

$$x(t) = e^{-\delta t}\left(x_0 \cos(\omega t) + \frac{\delta x_0}{\omega}\sin(\omega t)\right) \tag{8.79}$$

beschrieben. Die Kreisfrequenz der gedämpften Schwingung beträgt hierbei

$$\omega = \sqrt{\omega_0^2 - \delta^2} \tag{8.80}$$

und wird somit im Vergleich zur Kreisfrequenz der ungedämpften Schwingung ω_0 (siehe Gl. (8.68)) von der Dämpfung beeinflusst.
Bei der gedämpften Schwingung nimmt die Auslenkung aus der Nulllage mit der Zeit ab. Ein Maß für das Abklingen ist das logarithmische Dekrement Λ, welches das Verhältnis zweier aufeinanderfolgender maximaler Ausschläge darstellt:

$$\Lambda = \ln \frac{x(t)}{x(t+T)} = \frac{2\pi\delta}{\sqrt{\omega_0^2 - \delta^2}}. \tag{8.81}$$

Die Zeit T in Gl. (8.81) bezeichnet die Schwingzeit, die für eine Schwingungsperiode notwendig ist. Der Fall, dass die angreifende Last in Gl. (8.64) null ist, stellt einen Sonderfall dar. Im Betrieb einer WEA greifen unterschiedliche Lasten an, die dann das Schwingungsverhalten beeinflussen. In [44] werden diese in

- statische,
- zyklische,
- zeitabhängige,
- stochastische und
- resonanzinduzierte Lasten

unterschieden. Statische Lasten sind zeitlich konstant, können aber dabei auch als umlaufende Last auftreten. Dies ist beispielsweise bei der aerodynamisch entstehenden Kraft aus Auftriebs- und Widerstandskraft der Fall, wenn hier idealisierte, für einen kompletten Umlauf konstante Anströmungsverhältnisse angenommen werden. Für einen mitbewegten Beobachter ändert sich die angreifende aerodynamische Last auf das Rotorblatt nicht, obwohl sich der Lastangriffspunkt auf einer Kreisbahn bewegt. Zeitabhängige, transiente Lasten treten z. B. in Verbindungen mit Manövern der WEA auf, bei denen sich der Betriebszustand der Anlage ändert und somit ein sich zeitlich ändernder Kraftverlauf ergibt. Ein für WEA besonders wichtiger Verlauf einer angreifenden Kraft ist das zyklische oder periodische Auftreten von äußeren Kräften. Dies resultiert beispielsweise aus einer Massenunwucht, die sich durch unterschiedliche Gewichte der Rotorblätter ergeben kann. Stochastische und damit regellos auftretende Lasten ergeben sich unter anderem aufgrund der Windturbulenz und den dadurch entstehenden Änderungen der angreifenden Kräfte. Das Auftreten einer periodisch wirkenden, äußeren Kraft soll für das eingeführte WEA-Modell genauer dargelegt werden. Dazu wird die in Abb. 8.22 skizzierte WEA mit drei Rotorblättern betrachtet. Sind die Massen der Rotorblätter gleich groß und ihr Schwerpunkt von der Drehachse gleich weit entfernt, so heben sich – in Bezug auf die Gondel – die auf die Rotorblätter wirkenden Fliehkräfte gegenseitig auf. Tritt nun aber an einem Rotorblatt eine Massenunwucht auf, in der Skizze durch eine Zusatzmasse Δm dargestellt, deren Schwerpunkt sich im Abstand r_s von der

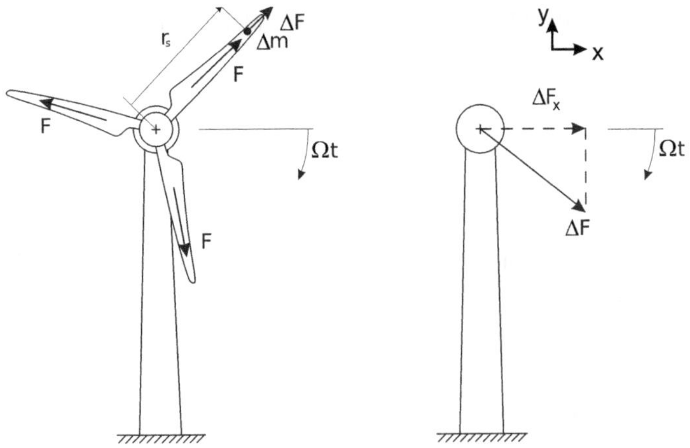

Abb. 8.22 Dreiblattrotor mit Massenunwucht [28]

Drehachse befindet, ändern sich die Verhältnisse. Wenn der Rotor mit einer Kreisfrequenz Ω dreht, dann wirkt auf diese Masse die Fliehkraft:

$$\Delta F = \Delta m r_s \Omega^2. \tag{8.82}$$

Die Kraft ΔF lässt sich entsprechend des eingezeichneten Koordinatensystems in einen Anteil in Richtung der x- bzw. y-Koordinate aufteilen:

$$\Delta F_x = \Delta m r_s \Omega^2 \cos(\Omega t), \tag{8.83}$$

$$\Delta F_y = -\Delta m r_s \Omega^2 \sin(\Omega t). \tag{8.84}$$

Während der Kraftanteil F_y in seiner Auswirkung auf den Turm vernachlässigbar ist, regt die Kraft F_x das System aus Gondel und Turm zu erzwungenen Schwingungen an. Für die transversale Schwingungsrichtung kann zur Berechnung Gl. (8.64) verwendet werden, wobei die Störfunktion $F(t)$ ΔF aus Gl. (8.84) entspricht

$$m\ddot{x} + d\dot{x} + sx = A_s \cos(\Omega t) \tag{8.85}$$

und A_s in Gl. (8.85) mit $A_s = \Delta m r_s \Omega^2$ gegeben ist. Mit den bereits eingeführten Größen δ und ω_0 aus den Gl. (8.67) und (8.68) ergibt sich daraus:

$$\ddot{x} + 2\delta\dot{x} + \omega_0^2 x = k\cos(\Omega t), \tag{8.86}$$

mit k als

$$k = \frac{A_s}{m}. \tag{8.87}$$

Die Lösung dieser Differentialgleichung setzt sich aus der Lösung der homogenen Differentialgleichung sowie einer partikulären Lösung zusammen. Um die partikuläre Lösung zu finden, wird ein Ansatz in der Form des Störgliedes gewählt und in die Differentialgleichung eingesetzt. Mit dem Ansatz

$$x_p = A_p \cos(\Omega t - \Phi) \tag{8.88}$$

ergeben sich auf diese Weise die Phasenverschiebung Φ und die Amplitude der Ansatzfunktion A_p zu:

$$\tan\Phi = \frac{2\delta\Omega}{\omega_0^2 - \Omega^2}, \tag{8.89}$$

$$A_p = \frac{k}{(\omega_0^2 - \Omega^2)\cos\Phi + 2\delta\Omega\sin\Phi}. \tag{8.90}$$

Wird die Phasenverschiebung in Gl. (8.90) eingesetzt, kann die Amplitude in Abhängigkeit der Kreisfrequenzen Ω und ω_0 sowie der Größen k und δ angegeben werden:

$$A_p = \frac{k}{\sqrt{(\omega_0^2 - \Omega^2)^2 + (2\delta\Omega)^2}}. \tag{8.91}$$

Der zeitliche Zusammenhang für die Auslenkung des Systems ergibt sich damit zu:

$$x(t) = e^{-\delta t}(C_{1'}\cos(\omega t) + C_{2'}\sin(\omega t)) + A_p\cos(\Omega t - \Phi) \tag{8.92}$$

Durch die reziproke e-Funktion klingt die gedämpfte Schwingung mit der Zeit ab und die Auslenkung wird nur noch durch die partikuläre Lösung beschrieben.
Für Windkraftanlagen ist es von besonderer Bedeutung, wie das System aus Gondel und Turm auf diese Anregung durch die Störkraft reagiert. Dies wird unter anderem deutlich, wenn die Vergrößerungsfunktion V betrachtet wird:

$$V = \frac{A_p}{\frac{A_s}{s}} = \frac{1}{\sqrt{(1 - \frac{\Omega^2}{\omega_0^2})^2 + (2\frac{\delta\Omega}{\omega_0^2})^2}}. \tag{8.93}$$

Die in die Vergrößerungsfunktion einfließende Größe A_s/s ist die statische Auslenkung unter der Wirkung der Kraft A_s. Abb. 8.23 zeigt deutlich die Problematik, die sich aus einer solchen erzwungenen Schwingung ergibt. Fallen die Erregungskreisfrequenz und die Eigenkreisfrequenz der freien Schwingung zusammen, wird der Wert der Vergrößerungsfunktion maximal und würde im Falle eines nicht gedämpften Schwingers gegen unendlich streben. In der Praxis wird für die Darstellung des Schwingungsverhaltens das Campbell-Diagramm verwendet. Beim Campbell-Diagramm werden auf der Abszisse die Rotordrehzahl und auf der Ordinate Schwingungsfrequenzen aufgetragen. Für die Anregungsfrequenzen, die durch die Drehung des Rotors hervorgerufen werden, ergeben sich im Campbell-Diagramm linear ansteigende Geraden durch den Ursprung. Neben der Rotordrehzahl werden auch ihre ganzzahligen Vielfachen eingetragen, da diese zur Anregung von Oberschwingungen führen. Darüber hinaus werden die einzelnen für eine Schwingungsanalyse relevanten Bauteile der Windenergieanlage durch Kurven im Campbell-Diagramm dargestellt. Für Bauteile oder Systeme, die eine konstante Eigenfrequenz besitzen, führt dies beispielsweise zu einer zur Abszisse parallelen Geraden im Diagramm.
Abb. 8.24 zeigt ein exemplarisches Campbell-Diagramm für eine WEA mit drei Rotorblättern. Die Linien der Anregungsfrequenzen sind mit 1P, 2P usw. gekennzeichnet. Diese in der englischsprachigen Literatur übliche Bezeichnung rührt von

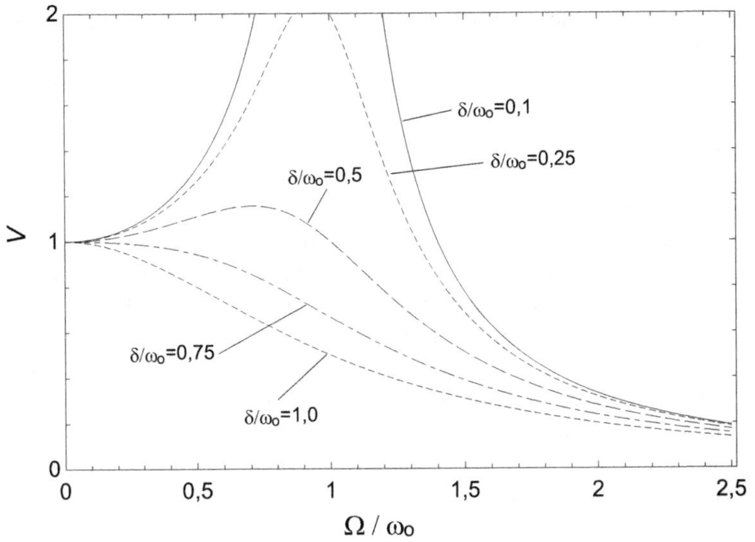

Abb. 8.23 Abhängigkeit der Vergrößerungsfunktion V von der Dämpfung und dem Verhältnis der anregenden Kreisfrequenz Ω zur Eigenfrequenz ω_0 eines schwingenden Systems [44]

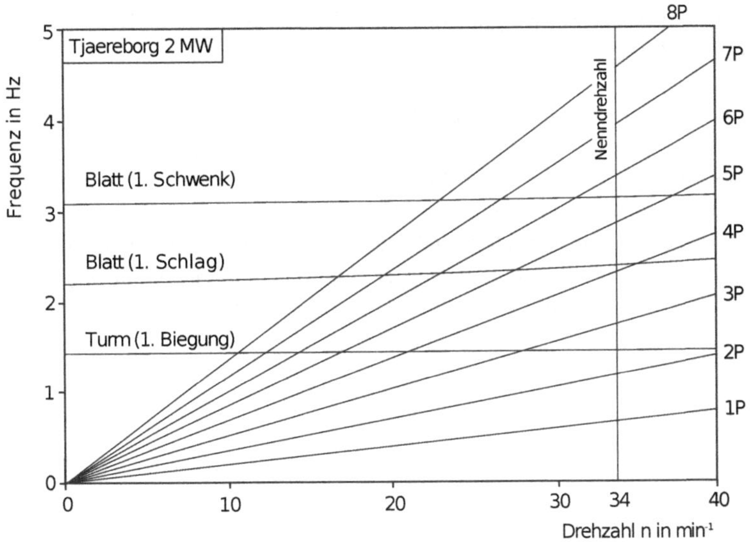

Abb. 8.24 Campbell-Diagramm der Tjaereborg-Versuchsanlage. Die WEA ist mit einem Dreiblattrotor und einem Betonturm ausgestattet [32].

der Anregung „per revolution" her und entspricht damit der Anregung durch die einfache bzw. zweifache usw. Drehfrequenz des Rotors. Die Betriebsdrehzahl ist durch eine senkrechte Linie abgebildet. Mögliche Resonanzen ergeben sich im Campbell-Diagramm an den Stellen, wo sich die Linien der Anregungsfrequenzen mit denen der Eigenfrequenzen schneiden. Das Diagramm aus Abb. 8.24 zeigt beispielsweise, dass die erste Turmbiegeeigenfrequenz unterhalb der Nenndrehzahl von der Anregungsfrequenz 3P geschnitten wird. Bei einem Dreiblattrotor entspricht 3P der Blattdurchgangsfrequenz, die angibt, wie häufig ein fester Punkt auf der vom Rotor überstrichenen Fläche von einem Rotorblatt passiert wird. Die wesentlichen Einflussfaktoren, die zu einer Anregung mit 3P führen, sind eine über den Rotor ungleichmäßige Anströmung und der Turmvorstau. Beim Passieren des Turms durch ein Rotorblatt ändern sich die Strömungsverhältnisse der Turmumströmung, wodurch die Schwingungsanregung zu erklären ist. Die mit einer festen Drehzahl arbeitende Turbine muss also diesen Bereich der Anregung während des Hochlaufens durchfahren. Die Nenndrehzahl weist dann allerdings einen ausreichenden Abstand zu diesem Resonanzpunkt auf, sodass der Betrieb der Turbine nicht nachteilig beeinflusst wird. Die erste Blatteigenfrequenz in Schlagrichtung zeigt im Campbell-Diagramm eine Zunahme der Eigenfrequenz bei höheren Drehzahlen, was aufgrund einer Versteifung des Blattes durch den Fliehkrafteinfluss entsteht und ein für WEA-Rotorblätter typisches Verhalten darstellt.

Die Dynamik des Antriebsstrangs

Neben der translatorischen Schwingung des Turm-Gondel-Systems und der Schwingung der Rotorblätter tritt im Antriebsstrang eine rotatorische Schwingung bzw. eine Drehschwingung auf.

Die Dynamik des Antriebsstrangs lässt sich, ähnlich wie in Abschnitt 8.2.2 dargestellt, anhand eines vereinfachten Modells einführen. Dabei wird der aus den Rotorblättern bestehende Rotor durch ein Massenträgheitsmoment ersetzt und die im Antriebsstrang vorhandenen Wellen durch Drehsteifigkeiten modelliert. In dem in Abb. 8.25 dargestellten Ersatzmodell sind weiterhin das Massenträgheitsmoment des Generators sowie ein Übersetzungsgetriebe und die schnelle Welle zwischen Getriebe und Generator mit ihrer Federsteifigkeit eingetragen.

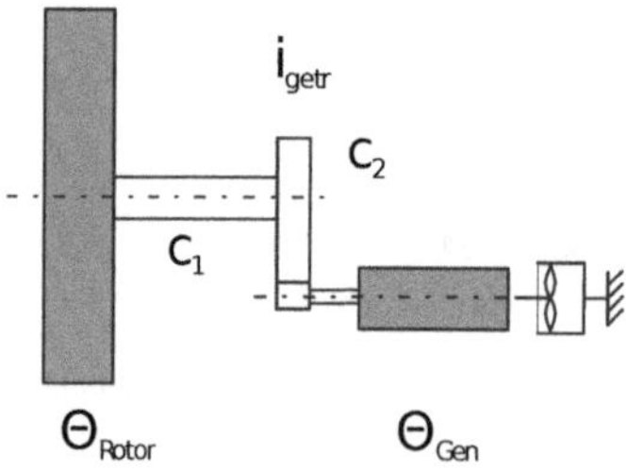

Abb. 8.25 Ersatzmodell für die Abschätzung der Einflussgrößen auf die Dynamik des Antriebsstranges [28]

Als Beispiel für das Auftreten einer Drehschwingung soll davon ausgegangen werden, dass bei einer in Betrieb befindlichen Windenergieanlage sich durch eine einfallende Böe das am Rotor angreifende Moment kurzzeitig und schlagartig erhöht. Durch das auftretende Moment werden die Wellen tordiert und so das Gesamtsystem zu einer Drehschwingung angeregt. Die Torsion der Wellen verhält sich hier-

bei analog zum Spannen bzw. Auslenken der Feder in Abschnitt 8.2.2, wobei beim Drehschwinger das Massenträgheitsmoment analog zur trägen Masse des Federpendels zu sehen ist. Die Dämpfung der Schwingung hängt u.a. von den Eigenschaften des Generators ab. Weitergehende Ausführungen hierzu sind in [32] zu finden.
Während bei kleineren Anlagen das eingeführte vereinfachte Modell zu brauchbaren Ergebnissen führt [28], reicht diese Art der Analyse bei größeren Anlagen nicht mehr aus. Um bei diesen Anlagen genauere Aussagen über die Belastungen der eingesetzten Komponenten im Antriebsstrang machen zu können, wird u. a. die Mehrkörpersimulation (MKS) eingesetzt. Beispiele für die Verwendung der MKS in Antriebssträngen sind in [33] oder [65] zu finden. Bei der MKS wird das zu untersuchende System in Einzelkomponenten unterteilt, die dann über Kopplungsbedingungen miteinander interagieren. Abb. 8.26 zeigt einen solchen Modellaufbau, der aus [68] entnommen wurde.

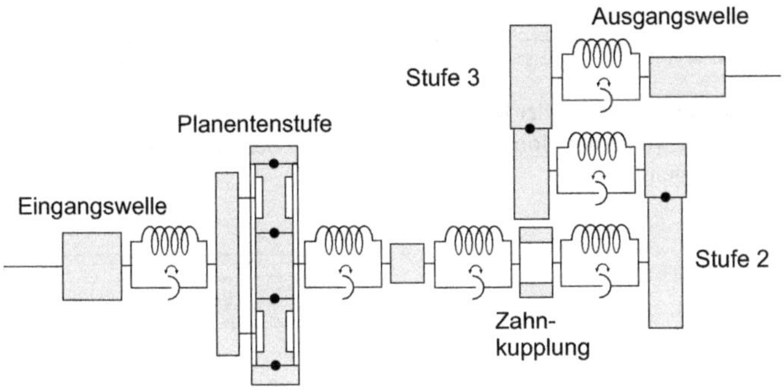

Abb. 8.26 Modellierung eines dreistufigen Planeten-Stirnradgetriebes bei der Anwendung der Mehrkörpersimulation [68]. Die Zahnkontakte zwischen den Zahnrädern sind durch • dargestellt.

Während der einfache Drehschwinger als einzigen Freiheitsgrad für die Rotorwelle nur die Drehung um die Längsachse zulässt, können in der MKS auch die Translation in drei Koordinatenrichtungen sowie die Drehung um zwei weitere Achsen berücksichtigt werden. In der Regel werden die Modelle allerdings so eingesetzt, dass möglichst nur die relevanten Freiheitsgrade berücksichtigt werden müssen.
Die Notwendigkeit, die Kopplung der einzelnen Schwingungsformen zu berücksichtigen, wird nach [66] schon bei einer schwachen Abhängigkeit voneinander als sinnvoll angesehen.
Wie sich die einzelnen Schwingungsmodi einer WEA untereinander beeinflussen können, soll im Folgenden anhand von Messungen und der darauf aufbauenden Auswertung von Gellermann, Allianz Zentrum für Technik (AZT), München [29], gezeigt werden. Untersucht wurde hierzu eine stallgeregelte 600 kW Anlage, bei der u.a. die Drehmomente der Rotor- und Generatorwelle sowie die Zahnfußdehnungen im Getriebe, die Verlagerung von Triebstrangkomponenten und die Beschleunigungen sowie Schwinggeschwindigkeiten gemessen wurden. Die komplette Messanordnung ist in [29] zu finden. Empfehlungen für den Einsatz von Messtechniken sind darüber hinaus der VDI-Richtlinie VDI 3834 [80] zu entnehmen.

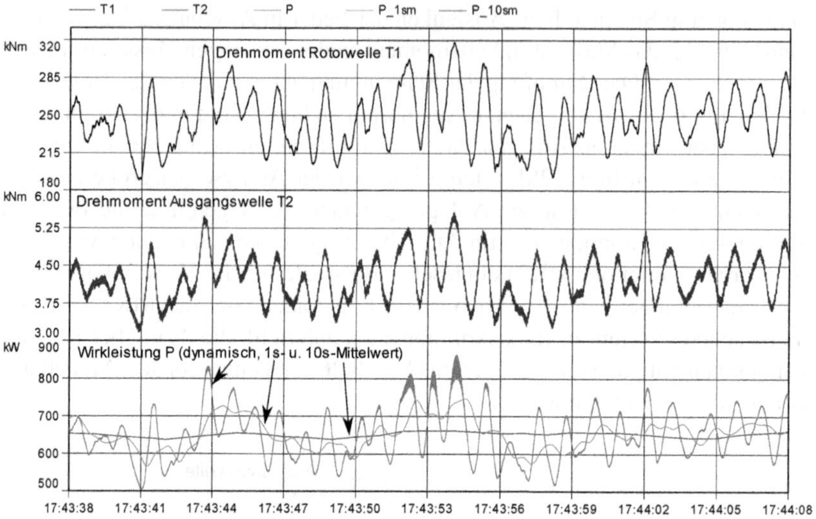

Abb. 8.27 Messung des Drehmomentes an der Rotor- und Getriebeausgangswelle sowie der elektrischen Leistung. Die Leistung wurde als Momentanwert und als 10-Sekunden- beziehungsweise 1-Sekunde-Mittelwert aufgetragen [29].

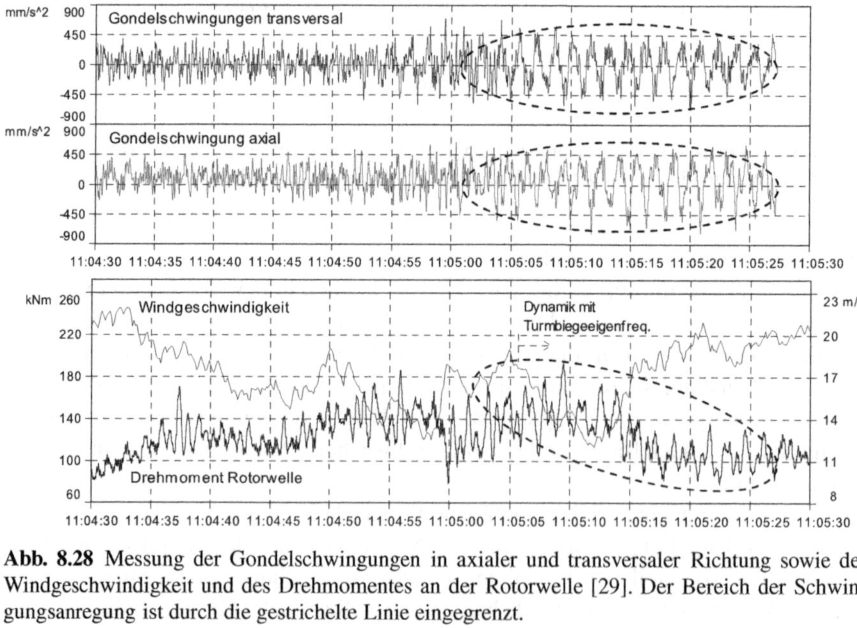

Abb. 8.28 Messung der Gondelschwingungen in axialer und transversaler Richtung sowie der Windgeschwindigkeit und des Drehmomentes an der Rotorwelle [29]. Der Bereich der Schwingungsanregung ist durch die gestrichelte Linie eingegrenzt.

Die Problematik, die sich bei der Belastung von WEA ergibt, wird in Abb. 8.27 anschaulich verdeutlicht. Während die mittlere Wirkleistung, dargestellt durch den 10-Sekunden-Mittelwert, einen annähernd stationären Verlauf zeigt, treten bei dem über eine Sekunde gemessenen Mittelwert deutliche Schwankungen auf. Diese werden durch Böen bzw. Turbulenzen sowie das Höhenprofil des Windes verursacht. Der Leistungsanstieg lässt sich dabei durch Bereiche höherer Windgeschwindigkeiten erklären, die von den Rotorblättern durchlaufen werden. Der Leistung entsprechend zeigt sich auch in den Drehmomenten eine solche Schwankung, die bis zu 50 % des Nennmomentes erreichen kann.

Die Kopplung unterschiedlicher Schwingungsmodi wird anhand von Abb. 8.28 deutlich. In dieser sind die Schwingungen der Gondel in axialer und transversaler Richtung sowie das Drehmoment der Rotorwelle und die Windgeschwindigkeit aufgetragen. Bei den Gondelschwingungen ist mit zunehmendem zeitlichen Verlauf die Anregung der Schwingung zu beobachten, wobei die Amplitude der Schwingung ansteigt und die dominierende Frequenz absinkt. Um den Einfluss auf die Rotorwelle zu verdeutlichen, sind die Schwingungen der Gondel und das Drehmoment der Rotorwelle in Abb. 8.29 im Frequenzbereich dargestellt.

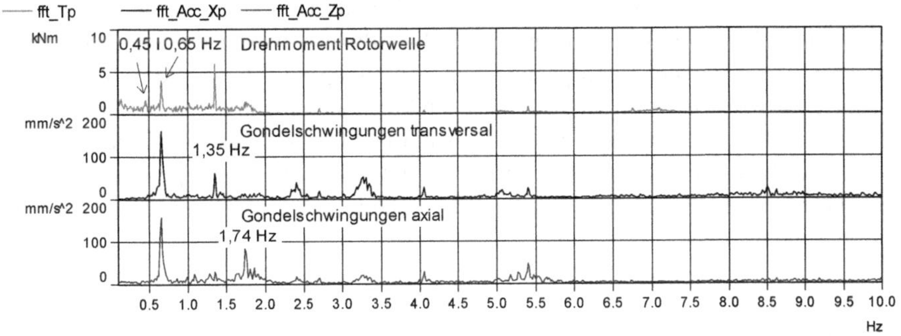

Abb. 8.29 Darstellung des Schwingungsverhaltens im Frequenzbereich [29]. In der Auftragung für das Rotordrehmoment ist deutlich die erste Turmbiegeeigenfrequenz mit 0,65 Hz als Erster der beiden größten Peaks zu erkennen. Bei den darunter aufgetragenen Gondelschwingungen tritt diese Eigenfrequenz jeweils in Form der maximalen Beschleunigung in Erscheinung. Das maximale Rotordrehmoment wird bei einer Frequenz von 1,35 Hz erreicht. Diese Frequenz entspricht der Rotorblattpassierfrequenz (3P), die sich für den mit 0,45 Hz drehenden Rotor ergibt. Auch diese Schwingung wird auf die Gondel übertragen und ist als transversale Gondelschwingung mit der zweitgrößten Beschleunigung sichtbar. In axialer Richtung wird die zweitgrößte Beschleunigung bei der ersten Rotorblattbiegeeigenfrequenz in Schlagrichtung bei 1,74 Hz erreicht.

Besonders ausgeprägt ist für die Gondelschwingung die erste Turmbiegeeigenfrequenz, die bei 0,65 Hz zu finden ist. In transversaler Richtung tritt die nächste, deutlich erkennbare Schwingung bei einer Frequenz von 1,35 Hz auf. Hierbei handelt es sich um die Passierfrequenz der Rotorblätter (3P) des mit 0,45 Hz drehenden Rotors. In axialer Richtung ist neben der Turmbiegeeigenfrequenz ein Peak bei 1,74 Hz zu finden. Dieser entspricht der ersten Rotorblatteigenfrequenz in Schlagrichtung.

Das Drehmoment an der Rotorwelle zeigt deutlich die Einflüsse der aufgezeigten Schwingungen. Während die Auswirkung der Rotordrehfrequenz eher gering ausfällt, tritt die Turmbiegeeigenfrequenz mit 0,65 Hz deutlich in Erscheinung. Weiterhin dominiert die Rotorblattpassierfrequenz mit 1,35 Hz.

8.3 Komponenten

In den folgenden Abschnitten werden die wesentlichen Komponenten von Windkraftanlagen detaillierter betrachtet. Die ausgewählten Komponenten zeichnen sich entweder durch einen besonders hohen Anteil an den Gesamtkosten der Anlage aus oder haben einen ausgeprägten Einfluss auf die konstruktive Gestaltung der WEA. Werden die Bauteilkosten betrachtet, so haben die Rotorblätter, das Getriebe, der Generator mit dem zugehörigen elektrischen System und der Turm den größten Anteil an den Gesamtkosten.

8.3.1 Rotorblätter

Je nach Einsatzbereich und gewünschten Eigenschaften des Rotorblattes müssen geeignete aerodynamische Profile, Werkstoffe und Herstellungsverfahren gewählt werden. Während der Entwurfsphase sind die teilweise divergierenden Anforderungen aus der optimalen aerodynamischen Gestaltung und der strukturellen Auslegung hinsichtlich der fertigungstechnischen Machbarkeit und der Wirtschaftlichkeit des Rotorblattes zu berücksichtigen. Dies führt zu einem iterativen Auslegungsprozess, welchem die genannten Kriterien zugrunde liegen. Als Folge dessen weicht die Form eines Rotorblattes von der aerodynamischen Optimalauslegung in manchen Bereichen ab.

Rotorblattprofile

In den Anfängen einer systematischen aerodynamischen Forschung wurden Profile experimentell entwickelt und im Windkanal auf ihre aerodynamischen Eigenschaften hin untersucht. Durch die Weiterentwicklung aerodynamischer Berechnungsmethoden ist es mittlerweile möglich, aus der Vorgabe von gewünschten aerodynamischen Eigenschaften numerisch einen Profilentwurf berechnen zu lassen. Ein Beispiel hierfür ist die Software PROFIL, auch als Eppler-Code bekannt, welche von R. Eppler und D. M. Somers im Jahr 1980 veröffentlicht wurde. Die Methode nutzt eine Kombination aus Potential- und Grenzschichttheorie und dient sowohl der Profilanalyse als auch dem dazu inversen Profilentwurf.
Der Profilentwurf beginnt hierbei mit einer vorgegebenen (d.h. gewünschten) Geschwindigkeits-Verteilung, wobei die Entwicklung der Grenzschicht bekannt sein muss. Die Profilkoordinaten werden mithilfe der mathematischen Methode einer komplex-konformen Abbildung ermittelt [21], wobei mehrere zusätzliche Annahmen getroffen werden müssen, um eine sinnvolle (z.B. geschlossene) Profilkontur zu erhalten. Auf diese Weise können beispielsweise E-, NACA-, S- oder FX-Profile gestaltet werden.
Weiterentwicklungen der Software PROFIL stellen die Programme XFOIL (entwickelt von Mark Drela, Massachusetts Institute of Technology, 1986) und dessen

Nachfolgerversion RFOIL dar. RFOIL beinhaltet u.a. die Möglichkeit, den Einfluss von Rotationsbewegungen auf die aerodynamischen Profileigenschaften zu bestimmen [79].
Eine Vielzahl aerodynamischer Profilformen wurde bereits für den Einsatz in der Luft- und Raumfahrt entwickelt. Da die Auslegungskriterien von Flugzeugtragflügeln je nach Anwendungszweck deutlich von denen der Windkraftanlagen abweichen, sind diese Tragflügelprofile nicht in gleicher Weise für Rotorblätter von Windkraftanlagen geeignet. Für den Einsatz an Windkraftanlagen wird bei der Auswahl eines Profils u.a. auf die Gleitzahlen geachtet, weil diese nach Gl. (8.62) für den Leistungsbeiwert maßgebend sind.
Tabelle 8.1 gibt einen kurzen Überblick zu Profilen, die zum Teil speziell für Rotorblätter von Windkraftanlagen ausgelegt wurden. Angegeben sind jeweils die Forschungseinrichtungen, an denen die Entwicklung der Profile stattfand, und gegebenenfalls eine Erläuterung zur Profilbezeichnung, welche sich häufig auf bestimmte geometrische Eigenschaften des Profils bezieht. Zur Beschreibung der Profilkontur werden die in Abb. 8.30 dargestellten Größen verwendet.

Tabelle 8.1 Beispiele einiger aerodynamischer Profile (in alphabetischer Reihenfolge)

Bezeichnung	Erläuterung (Herkunft)
DU-91-W2-250	91: Entwurfsjahr W: Anwendung WKA, 2: zweiter Entwurf gleicher Dicke im Jahr 91 250: maximale Dicke/Profiltiefe in % multipliziert mit dem Faktor 10 (Delft University of Technology, Niederlande)
E 387	387: chronologische Nummerierung (R. Eppler, Universität Stuttgart, Deutschland)
FFA-W3-241	W: Anwendung WKA 241: maximale Dicke/Profiltiefe in % multipliziert mit dem Faktor 10 (Swedish Defence Research Agency (FOI), früher FFA, Schweden)
FX 63-137	63: Entwurfsjahr 137: maximale Dicke/Profiltiefe in % multipliziert mit dem Faktor 10 (F. X. Wortmann, Universität Stuttgart, Deutschland)
GÖ 625	625: chronologische Nummerierung (Universität Göttingen, Deutschland)
NACA 4415	4: maximale Wölbung/Profiltiefe in % 4: Wölbungsrücklage/Profiltiefe multipliziert mit dem Faktor 10 15: maximale Dicke/Profiltiefe in % (NASA Langley Research Center, USA)
RISØ-B1-18	B1: entwickelt für Stall-Regelung 18: maximale Dicke/Profiltiefe in % (DTU Wind Energy, RISØ, Dänemark)
S 809	809: chronologische Nummerierung (D. M. Somers, National Renewable Energy Laboratory (NREL), USA)

Die für die Auslegung einer Windkraftanlage wesentlichen Eigenschaften eines Profils werden durch die Profilpolaren dargestellt, welche die Auftriebs- und Wider-

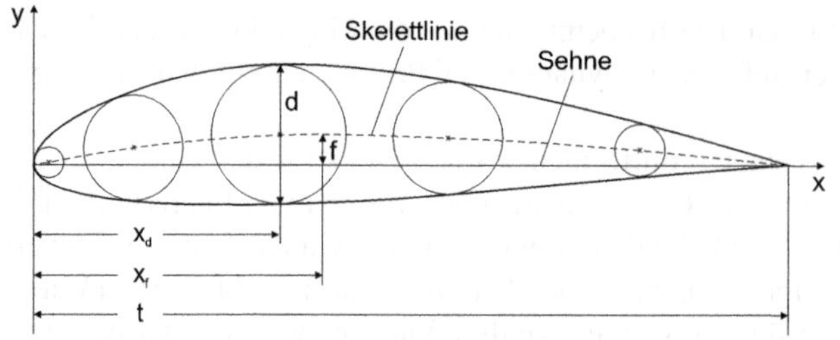

Abb. 8.30 Darstellung einer Profilkontur mit der Profiltiefe t. Für die maximale Profildicke d wird mit der Dickenrücklage x_d ihr Abstand von der Profilnase angegeben. Analog dazu bezeichnet f die maximale Wölbung und x_f die Wölbungsrücklage.

standsbeiwerte in Abhängigkeit des Anstellwinkels α wiedergeben. Abb. 8.31 zeigt die Profilcharakteristika für die Profiltypen NACA 4418 und S 809.

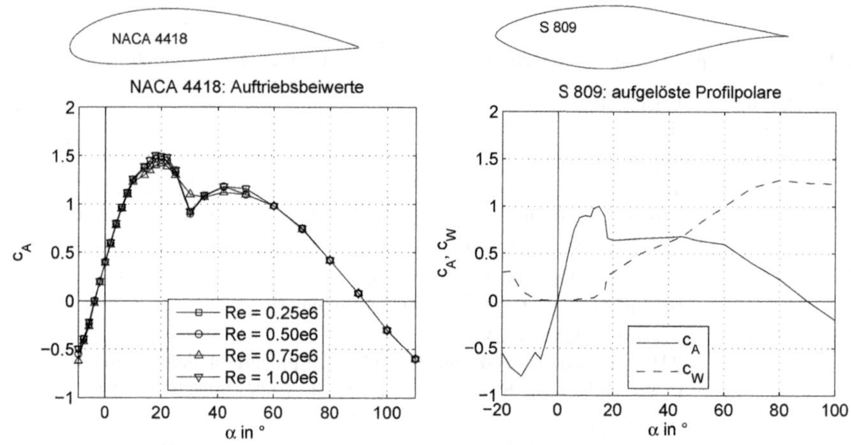

Abb. 8.31 Links: Auftriebsbeiwerte des Profils NACA 4418 für verschiedene Reynoldszahlen [56], rechts: Auftriebs- und Widerstandsbeiwerte des Profils S 809 bei Re = 75e6 [44]

Das Verhalten der Profile kann, wie anhand ihrer Polaren zu erkennen, in drei Bereiche eingeteilt werden: Im ersten Bereich verläuft der Auftriebsbeiwert näherungsweise linear und der Widerstandsbeiwert ist verhältnismäßig niedrig. Dieses Verhalten ist für das NACA 4418 Profil für einen Anstellwinkel von etwa -10° bis +10° zu erkennen. Die Strömung um das Profil entspricht dabei dem in Abb. 8.13 dargestellten Zustand und liegt an der Ober- und Unterseite des Profils an.
Wird der Anstellwinkel weiter erhöht, erreicht der Auftriebsbeiwert im darauffolgenden Bereich sein Maximum, um danach durch eine beginnende Ablösung deutlich abzusinken (beginnender Stall).
Im verbleibenden Winkelbereich ist die Strömung voll abgelöst (engl. „Post Stall Regime" oder „Fully Stalled Regime") und verhält sich so, wie in Abb. 8.14 exem-

plarisch gezeigt. Bei einem Anstellwinkel von $\alpha = 45°$ sind Auftrieb und Widerstand etwa gleich groß, bei $\alpha = 90°$ geht der Auftrieb gegen Null [44].
Nachfolgend sind in Abb. 8.32 die Auftriebs- und Widerstandskoeffizienten des Profils NACA 4415 getrennt voneinander dargestellt. Enthalten sind in diesem Fall zusätzlich Werte der Profilpolaren unter Bedingungen der sogenannten Standard-Rauigkeit (engl. „Standard Roughness"). Diese Rauigkeit wird erzeugt, indem die Oberfläche des untersuchten Tragflügelabschnittes von der Profilnase an auf den ersten 8 % der Profiltiefe mit Pulver aus Siliziumkarbid beschichtet wird. Die Pulverteilchen besitzen hierbei einen Durchmesser von 0,011 Inch bzw. 0,028 cm und belegen etwa 5 bis 10 % der betreffenden Fläche. Durch die Bearbeitung der Profiloberfläche werden reproduzierbare Bedingungen erzeugt, die stärkere Auswirkungen haben als die üblichen Fertigungsbedingungen, jedoch geringere Leistungsminderungen zur Folge haben als es z.B. bei Anlagerungen von Eis der Fall wäre [1].

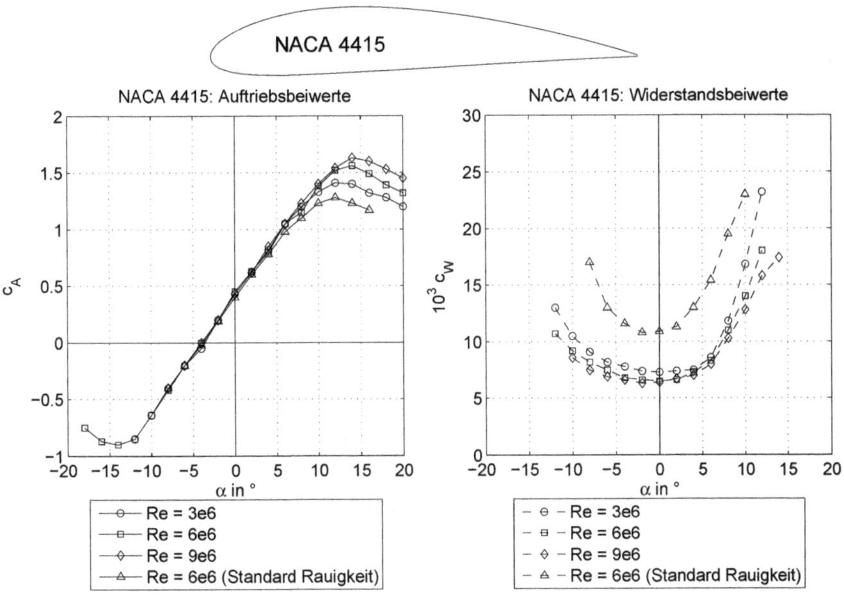

Abb. 8.32 Auftriebsbeiwerte (links) und Widerstandsbeiwerte (rechts) des Profils NACA 4415 für verschiedene Reynoldszahlen und Rauigkeiten [2]

Während mit dem Auftriebsbeiwert c_A und dem Widerstandsbeiwert c_W integrale Größen für den gesamten Profilquerschnitt gegeben sind, zeigt der Druckbeiwert c_p

$$c_p = \frac{p - p_\infty}{\frac{\rho}{2} u_\infty^2} \tag{8.94}$$

die dimensionslose Druckverteilung auf der Profilober- bzw. Unterseite an. In Abb. 8.33 sind Messwerte für den Verlauf des Druckbeiwertes bei verschiedenen Anstellwinkeln α in Abhängigkeit der normierten x-Koordinate dargestellt.

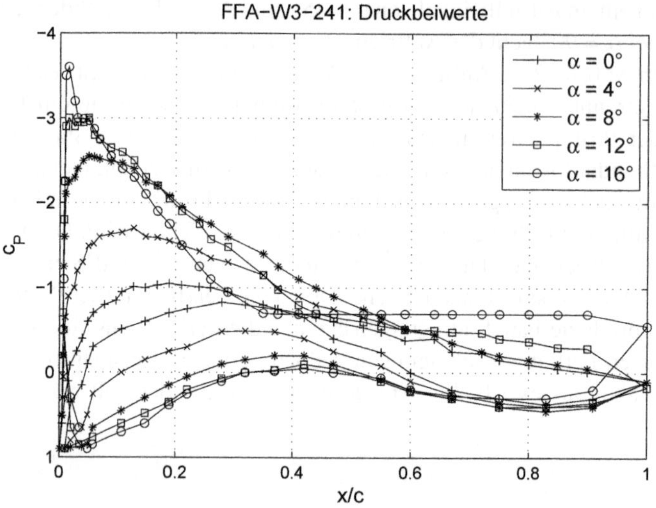

Abb. 8.33 Messungen des Druckbeiwertes entlang der Ober- und Unterseite eines Rotorblattprofils bei verschiedenen Anstellwinkeln nach [26] bei Re = 1.6e6

Ist der Druckbeiwert in der oben genannten Definition negativ, liegt Unterdruck und damit ein Saug-Effekt vor. Die negativen Werte des Druckbeiwertes werden oft im oberen Teil der Ordinate aufgetragen; das Maximum im positiven Wertebereich befindet sich für alle Kurven beim Staupunkt von $c_p = 1$.

Blattspitzengeometrie

Der Druckunterschied an der Blattspitze zwischen Ober- und Unterseite führt zu Blattspitzenverlusten durch Ausbildung von freien Randwirbeln (induzierter Widerstand). Im Windkanal kann eine vorteilhaft gestaltete Blattspitze die Verluste durch

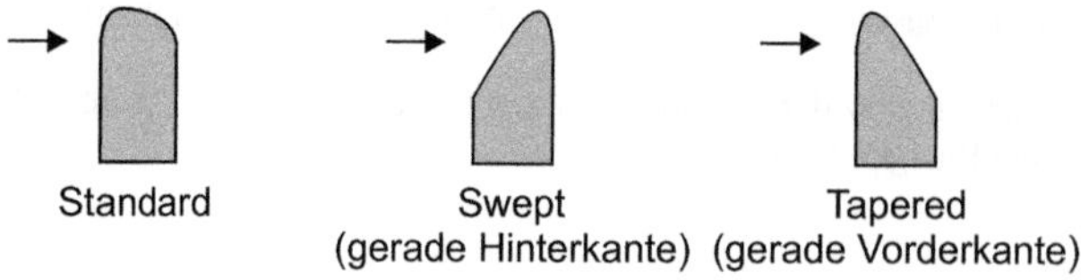

Abb. 8.34 Verschiedene Blattspitzenformen nach [39]. Die Pfeile kennzeichnen die Strömungsrichtung.

Randwirbel verringern, allerdings konnte im normalen Betrieb diese Verbesserung in der Leistungsabgabe nicht nachgewiesen werden. Die Geräuschentwicklung dagegen kann durch eine gute Blattspitze deutlich gesenkt werden. In [5] wurde gezeigt, dass u.a. eine Blattspitze mit gerader Vorderkante (vgl. Abb. 8.34) die Geräuschemissionen messbar senken kann. Im englischen Sprachgebrauch ist diese Blattspitzenform mit der Bezeichnung „Tapered" bekannt.

Verwindungs- und Profiltiefenverteilung

Die Profiltiefe ist in radialer Richtung (über der Länge des Rotorblattes) nicht konstant, sondern berechnet sich in Abhängigkeit des lokalen Radius nach Gl. (8.48). Abb. 8.35 stellt die Profiltiefen für verschiedene Auslegungs-Schnelllaufzahlen dar und zeigt, dass ein Rotor mit höherer Schnelllaufzahl schlankere Blätter besitzt. In diesem Beispiel beträgt der maximale Rotorradius 10 m, der Rotor besteht aus drei Rotorblättern und der Auslegungs-Auftriebsbeiwert ist c_A=1,2. Die Auslegungs-Schnelllaufzahl variiert im Wertebereich von $\lambda_A = 6 \ldots 10$.

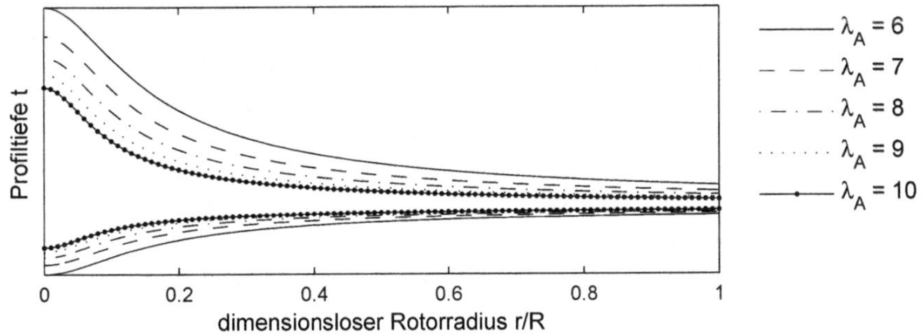

Abb. 8.35 Verlauf der Profiltiefen in Abhängigkeit des lokalen Radius für verschiedene Auslegungsschnelllaufzahlen

Da der innere Bereich des Rotors nur einen geringen Teil zur Energieumwandlung beiträgt, weicht die Profiltiefe im Blattwurzelbereich bei ausgeführten Rotorblättern erheblich vom theoretischen Optimum ab, da auf diese Weise ohne signifikante Leistungsverluste Material eingespart werden kann. Wie in Abb. 8.36 dargestellt, werden die Profiltiefen meist nicht weiter als bis zu 15 % des Rotorradius entsprechend der theoretisch optimalen Tiefe ausgeführt.

Die Abweichungen vom aerodynamischen Optimum betreffen neben der Profiltiefe auch die relative Dicke im Blattwurzelbereich, die bei bis zu 50 % der Profiltiefe liegt, um die mechanischen Lasten aufnehmen zu können. Auch hier muss ein Kompromiss zwischen guter Aerodynamik und ausreichender Festigkeit gefunden werden, da eine zu hohe Blattdicke den Rotorleistungsbeiwert beschränkt.

Große Schnelllaufzahlen führen zu hohen Geschwindigkeiten an den Blattspitzen und ergeben Rotorblätter mit geringer Tiefe, welche den mechanischen Belastungen unter Umständen nicht mehr gewachsen sind.

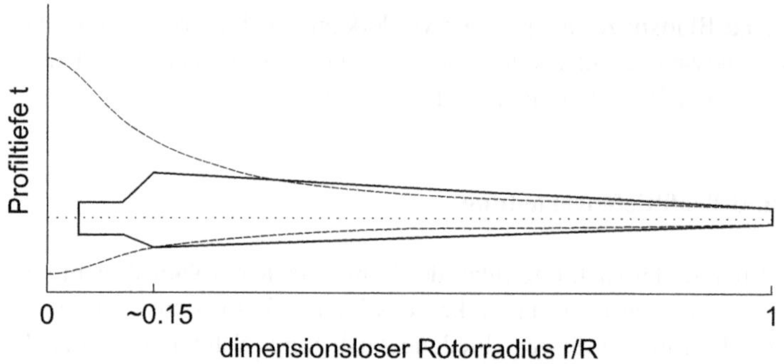

Abb. 8.36 Unter Vernachlässigung der Verluste aus Profilwiderstand und freien Randwirbeln ergibt sich aus der Betzschen Theorie die aerodynamische Rotorblattform (gestrichelt). Als fertigungstechnisch einfachere Ausführungen kommen auch Trapezformen oder im einfachsten Fall Rechteckformen in Betracht. Abgebildet ist hier ausschließlich die Profiltiefenverteilung; die Verwindung des Rotorblattes wurde in dieser Darstellung nicht berücksichtigt.

Da die Umfangsgeschwindigkeit mit dem Radius kontinuierlich steigt, verändern sich die Gegebenheiten im Geschwindigkeitsdreieck, sodass sich zur Beibehaltung eines bestimmten Anstellwinkels der Einbauwinkel der einzelnen Profilschnitte mit dem Radius ändern muss (vgl. Abschnitt 8.2.1).
Für den dreidimensionalen Entwurf eines Rotorblattes muss der lokale Einstellwinkel $\vartheta(r)$ berechnet werden. Wie die Profiltiefe ist auch die Verwindung, die durch diesen Winkel beschrieben wird, nicht konstant. Der lokale Winkel $\vartheta(r)$ ist abhängig von der Auslegungs-Windgeschwindigkeit v_1, der lokalen Umfangsgeschwindigkeit $u(r)$ und dem Auslegungs-Anstellwinkel α_A:

$$\vartheta(r) = \arctan\left[\frac{2v_1}{3u(r)}\right] - \alpha_A$$

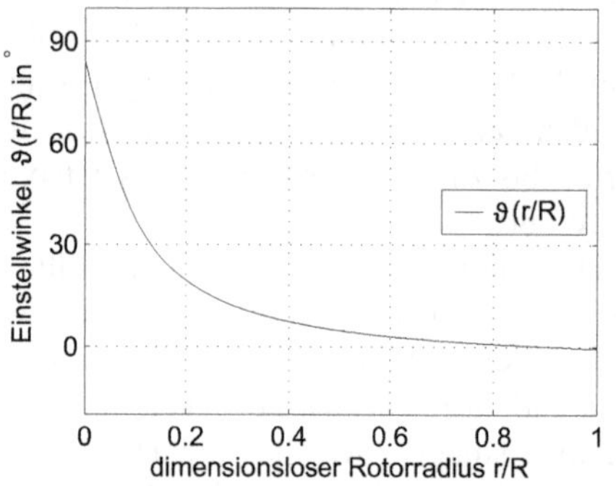

Abb. 8.37 Verlauf des Einstellwinkels in Abhängigkeit des Radius.

Die Abb. 8.37 zeigt, wie die Verwindung bei niedrigen Radien zunächst stark ansteigt, bis bei größeren Radien der Verwindungswinkel sich einem linearen Verlauf annähert. Der Winkel ϑ liegt zwischen Sehne und Rotorebene. Abb. 8.38 illustriert die Einbausituation in einer dreidimensionalen Ansicht, welche den direkten Zusammenhang von Geschwindigkeitsdreieck und Einbauwinkeln verdeutlicht.

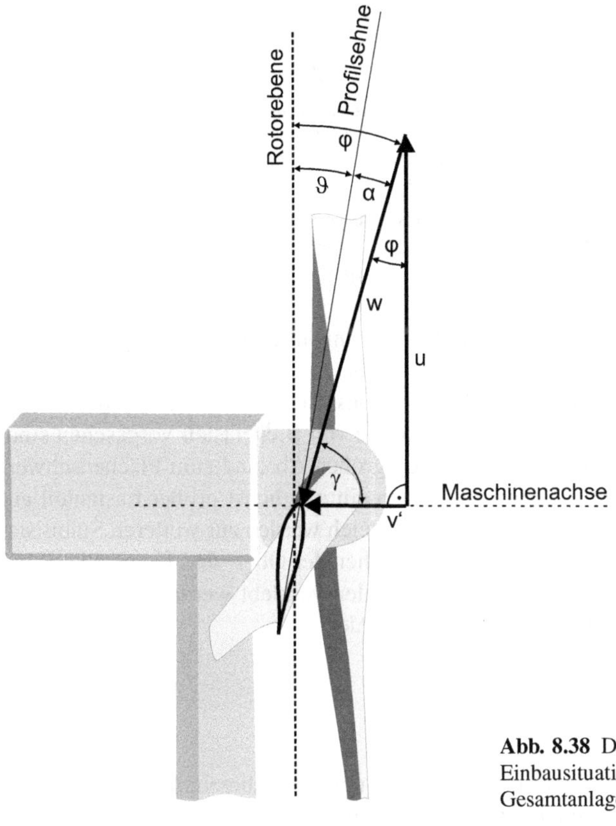

Abb. 8.38 Dreidimensionale Ansicht der Einbausituation eines Rotorblattes in der Gesamtanlage

Konstruktiver Aufbau

Die Rotorblätter moderner Windkraftanlagen werden in der Regel als Leichtbaukonstruktion aus Faser-Kunststoff-Verbund (FKV) hergestellt. In Abb. 8.39 ist der schematische Querschnitt eines Rotorblattes mit seinen charakteristischen Bauteilen zu sehen.

Das Rotorblatt besteht aus einer oberen und einer unteren Schale, die durch die Vorderkanten- und Hinterkantenverklebung zusammengefügt sind. Die beiden Schalen werden in Sandwichbauweise gefertigt. Bei der Sandwichbauweise wird zwischen der Außen- und Innenseite der Schale, die beide aus einem FKV bestehen, ein Kernmaterial eingelegt, welches sich durch ein geringes Gewicht auszeichnet und

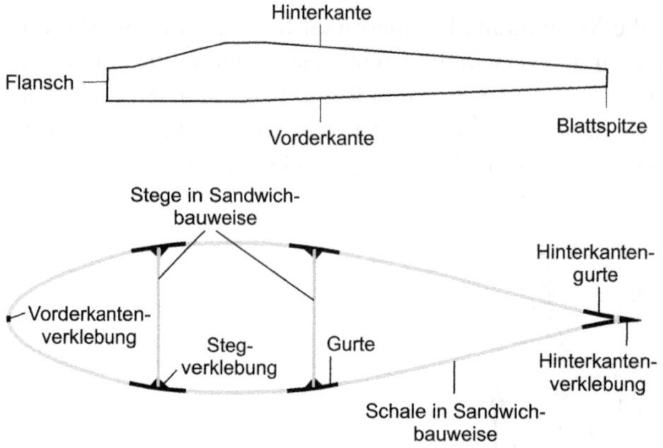

Abb. 8.39 Beispielhafte Skizze des Aufbaus eines faserverstärkten Rotorblattes im Längsprofil (oben) und im Querschnitt (unten) nach [8]

dazu führt, dass sich der Abstand zwischen der Innen- und Außenseite der Schale vergrößert.

Während die Schalen selbst vornehmlich Torsionslasten aufnehmen, werden in die Schalen Gurte eingesetzt, die für die Aufnahme von Biegelasten vorgesehen sind. Die Gurte sind so angeordnet, dass sie einen großen Abstand zum Flächenschwerpunkt des Blattquerschnittes aufweisen, da so ein möglichst großer Lastanteil auf sie entfällt. Neben den Gurten im mittleren Bereich werden zur weiteren Stabilisierung auch Hinterkantengurte verwendet. Zwischen der Ober- und Unterschale sind weiterhin Stege zu finden, die mit beiden Schalen verklebt werden und durch auf das Rotorblatt wirkende Querkräfte belastet werden.

Faser-Kunststoff-Verbunde

Die Ansprüche der Luft- und Raumfahrtechnik und des Fahrzeugbaus führten Mitte des zwanzigsten Jahrhunderts zu umfangreichen Entwicklungen im Gebiet der Faser-Kunststoff-Verbunde, die leichte und trotzdem hochfeste Materialien darstellen. Da fast jede beliebige Form mit diesem Werkstoff hergestellt werden kann, eignet sich die Faserverbundtechnik für viele Einsatzgebiete. Eine Übersicht der historischen Entwicklung der Faserverbundwerkstoffe ist unter [70] zu finden.

Weitere Vorteile der Faser-Kunststoff-Verbunde sind ihr geringes spezifisches Gewicht sowie ein hoher Elastizitätsmodul, was zu einem günstigen Festigkeit-Gewicht-Verhältnis führt. Die Bauteile können mit einer variabel einstellbaren Steifigkeit gestaltet werden, weisen eine hohe Schwing- und Dauerfestigkeit auf und sind korrosions- und witterungsbeständig.

Moderne Rotorblätter werden aus Glasfaserverstärkten Kunststoffen (GFK) und/oder Kohlenstofffaserverstärkten Kunststoffen (CFK) hergestellt. Die folgenden Abschnitte beschreiben die einzelnen Komponenten dieser Verbundwerkstoffe.

Fasern

Die Fasern geben dem Verbundmaterial seine Festigkeit und seinen Elastizitätsmodul und nehmen die Lasten auf. Die Festigkeit des Verbundmaterials ist fast direkt proportional zur Festigkeit der enthaltenen Fasern.
Die Herstellung von Fasern erfolgt mithilfe eines Spinnverfahrens, in dem aus mehreren hundert Einzelfasern, Filamente genannt, eine Faser entsteht. Die Filamente werden zuvor mit einer Schlichte benetzt, welche die Reibung zwischen ihnen verhindert und die Haftung zwischen Faser und Matrix verbessert [60].
Anschließend können die Fasern zu Rovings weiterverarbeitet werden. Der Begriff Roving bezeichnet parallel ausgerichtete und zu einem Bündel zusammengefasste Fasern, die auf eine Spule aufgewickelt und so der weiteren Verarbeitung zugeführt werden.
In der Rotorblattproduktion werden Rovings in Form von Gelegen eingesetzt. Gelege sind Halbzeuge, die aus ausgerichteten Rovings bestehen. Die Rovings sind in den Gelegen geradlinig angeordnet und durch einen stabilisierenden Wirkfaden umwickelt. In dieser Ausführung können die Lagen in beliebigen Winkeln zueinander angeordnet sein, sodass bidirektionale oder multiaxiale Gelege entstehen. Beispiele hierzu sind in Abb. 8.40 zu sehen.

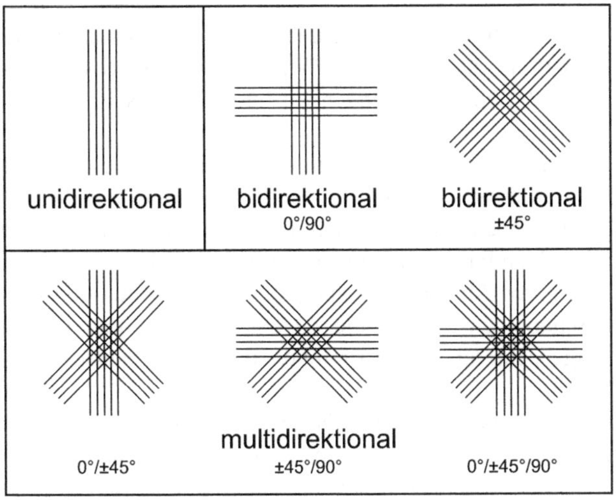

Abb. 8.40 Uni- und mehrdirektionale Gelege

Im Gegensatz zu Gelegen umschlingen sich bei Geweben die Fasern der einzelnen Lagen, wie anhand von Abb. 8.41 zu erkennen ist. Das Umschlingen führt zu Flexibilität, die bei Bauteilen mit gekrümmten Oberflächen von Vorteil sein kann. Für die Herstellung eines Gewebes wird ein Garn verwendet, das nicht wie bei Roving aus parallel ausgerichteten, sondern aus verdrehten Fasern besteht.

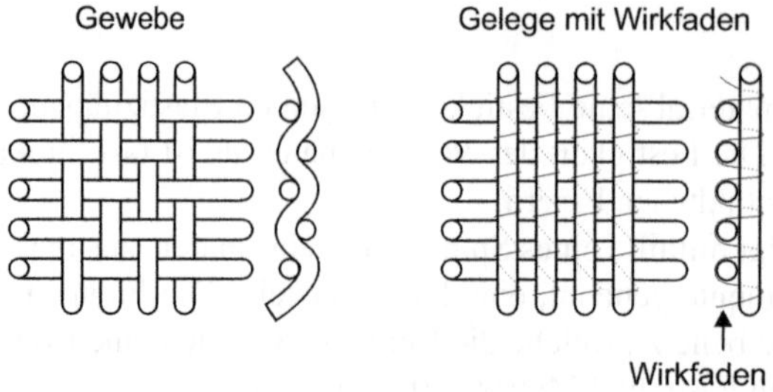

Abb. 8.41 Vergleich Gelege und Gewebe nach [46]

Grundsätzlich kommen für das Fasermaterial Glas, Kohlenstoff, Polyethylen und Aramid in Betracht. Aramid (aromatisches Polyamid, z.B. „Kevlar 49" von DuPont) ist ein synthetisch hergestellter, hoch-kristalliner Faserwerkstoff.
Für den Einsatz im Rotorblattbau finden meist Glas- und Kohlenstofffasern Verwendung, wobei die Kohlenstofffasern einen höheren Elastizitätsmodul, aber auch einen ca. achtmal höheren Preis aufweisen [44].

Matrix

Die Hauptaufgabe der Matrix ist die Übertragung und Verteilung der Last an die Fasern, darüber hinaus schützt sie die Fasern vor Witterung und Korrosion. Die Lastübertragung geschieht durch Schubspannungen am Interface zwischen Matrix und Faser [60].
Die Matrix hält die Fasern an der gewünschten Position und Orientierung und sorgt durch ihre Formbarkeit für die Möglichkeit, verschiedentlich geformte Bauteile aus Verbundmaterial herstellen zu können. Dies wird durch die Duktilität und Härte der Matrix erreicht, die die oft spröden Fasern allein nicht aufweisen [71].
Die Matrix schützt die Fasern vor Abrasion, Feuchtigkeit, Chemikalien und Oxidation. Sie dominiert die Schubeigenschaften, die Zugeigenschaften quer zur Faserrichtung und die Druckeigenschaften und bestimmt die thermomechanischen Eigenschaften des Verbundes [60].
Die Matrix eines Faser-Kunststoff-Verbundmaterials kann aus duroplastischen oder thermoplastischen Polymeren bestehen. Eine duromere Matrix besteht aus sogenannten Monomeren, welche unter einer exothermen Reaktion aushärten. Der Aushärtungsprozess stellt eine irreversible chemische Reaktion dar, durch die ein molekular dicht vernetztes Material entsteht. Beispiele für duroplastische Matrizen sind ungesättigtes Polyesterharz (UP), Vinylesterharz (VE) und Epoxidharz (EP). Epoxidharz ist wesentlich teurer als Polyesterharz, weist aber bessere Ermüdungseigenschaften auf und schrumpft beim Aushärten nicht so stark. Die Matrixwerkstoffe Polypropylen (PP) und Polyetheretherketon (PEEK) sind den Thermoplasten zu zuordnen.
In Tabelle 8.2 sind die für die Auslegung relevanten Materialeigenschaften der oben aufgeführten Werkstoffe angegeben. Die zweite und insbesondere dritte Raumrich-

tung ist oftmals in der entsprechenden Literatur nicht vorhanden und kann, falls transversale Isotropie vorliegt, näherungsweise berechnet werden [58].

Tabelle 8.2 Richtwerte zu Materialeigenschaften ausgewählter Fasern und Faser-Epoxy-Verbünde, nach [70]

	V_f [%]	ρ [kg/m³]	E [GPa]		ν -	G [GPa]	Zug-festigkeit [GPa]		Druck-festigkeit [GPa]		Scher-festigkeit [GPa]
Material			**1** [b]	**2**	**1**	**12**	**1**	**2**	**1**	**2**	**12**
Fasern											
Kevlar 49		1.450	131		0,35		3,62				
Kohlenstoff [a]		1.800	300		0,20		3,50				
E-Glas		2.540	72		0,20		3,45				
S-Glas		2.490	87		0,22		4,30				
UD-Gelege											
Kevlar 49	60	1.380	76	6	0,34	2	1,38	0,03	0,28	0,14	0,06
Kohlenstoff (HT)	60	1.600	130				1,60		1,50		
Kohlenstoff (HM)	60	1.600	250				1,10				
Kohlenstoff (HMS)		1.630	207	14	0,20	5,9	0,83	0,09	0,62		0,07
E-Glas	60	2.100	40	12	0,19	5,5	0,95	0,04	0,60	0,14	0,06
S-Glas	60	2.000	55	16	0,28	7,6	1,62	0,04	0,69	0,14	0,06
Gewebe											
Kevlar 49, 0°/90°	50	1.330	31	31		2	0,52	0,52	0,17	0,17	0,11
Kohlenstoff, 0°/90°	50	1.530	70	70		5	0,63	0,63	0,50	0,50	0,13
Kohlenstoff, ±45°	50	1.530	18	18		27	0,24	0,24	0,20	0,20	
E-Glas, 0°/90°	33	1.920	17	17	0,24	5	0,36	0,36	0,24	0,24	0,10
E-Glas, ±45°	33	1.920	10	10	0,70	8	0,19	0,19	0,12	0,12	0,14

V_f: Faseranteil, ρ: Dichte, E: Zugmodul, ν: Poissonzahl, G: Schermodul, UD: unidirektional, HT: high tensity/tenacity = hochfest, HM: high modulus = hochsteif, HMS: high modulus/strength = hochsteif/-fest.
[a] Kohlenstofffasern sind in diversen Varianten erhältlich.
[b] Die numerisch bezeichneten Richtungen sind in Abb. 8.42 dargestellt.

Die für Schub relevanten Materialeigenschaften wie Schubmodul und Schubfestigkeit werden mit zwei Indizes zur Angabe der Richtungen gekennzeichnet. Der erste Index bezeichnet die Richtung des Normalenvektors der belasteten Fläche, der zweite Index gibt die Richtung der Belastung an.

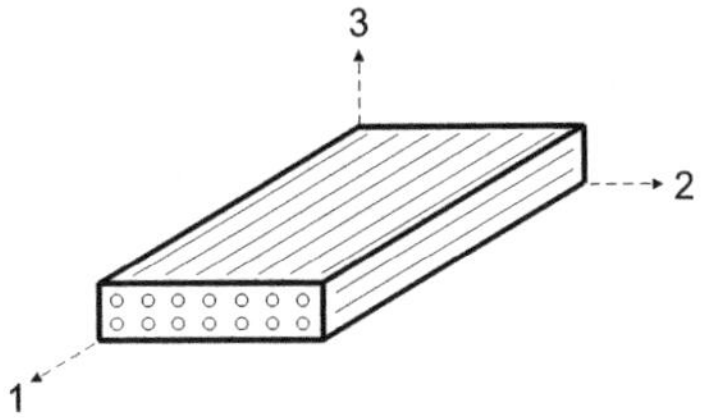

Abb. 8.42 Koordinatensystem zur Definition der Materialeigenschaften von Faser-Kunststoff-Verbunden

Verbunde

Da in einem Faser-Kunststoff-Verbund die Aufnahme der Last im Wesentlichen durch die Fasern geschieht, ist der Anteil der Fasern im Bauteil für die zulässige Festigkeit von Bedeutung. Dieser Anteil hängt nicht nur von den eingesetzten

Gelegen, sondern auch von der verwendeten Fertigungstechnologie ab. Nach [60] erreichen unidirektionale Gelege den höchsten Faseranteil von 50 bis 70 Vol.-%, bidirektionale Gelege 30 bis 55 Vol.-% und Textilhalbzeuge aus Wirrfasern einen Faseranteil von 15 bis 35 Vol.-%.
Mehreren Schichten aus Faser-Matrix-Material werden als „Laminat" bezeichnet. Die Faserorientierung kann von Schicht zu Schicht unterschiedlich sein, um gewünschte anisotrope Eigenschaften zu erzeugen.

Fertigungsverfahren

Bei der Fertigung von FKV-Bauteilen können unterschiedliche Fertigungsverfahren zum Einsatz kommen. Exemplarisch werden drei verschiedene Methoden aufgeführt, wobei das ausführlich behandelte Vakuum-Injektionsverfahren den Stand der Technik für die Herstellung von Rotorblättern größerer Windkraftanlagen darstellt.
Beim *Handlaminierverfahren* werden die Fasern in Form von Gelegen oder Geweben von Hand auf eine Form oder ein Werkstück aufgelegt und die Matrix ebenfalls von Hand aufgetragen. Der dabei erreichte Faseranteil liegt meist unter 45 Vol.-% [46] [10].
Die notwendigen Werkzeugkosten sind vergleichsweise gering. Das Verfahren wird für die Herstellung von Rotorblättern von Kleinwindkraftanlagen in Niedriglohnländern oder zur Verstärkung von Klebestellen beim Verkleben der Ober- und Unterschale von großen Rotorblättern eingesetzt.
Bei der Verwendung von *Prepregs* werden die Fasern in einem vorbereitenden Arbeitsschritt in der Matrix getränkt und müssen lediglich noch ein- oder aufgelegt werden. Die Bezeichnung Prepreg leitet sich aus dem englischen Ausdruck für vorgetränkt („pre-impregnated") ab.
Ein Vorteil des Verfahrens besteht darin, dass im Vergleich zum Handlaminierverfahren die Zugabe von zu viel Matrixmaterial verhindert wird. Der Faseranteil kann so auf gleichmäßig höherem Niveau von über 50 Vol.-% gehalten werden [10].
Beim *Vakuum-Injektionsverfahren*, auch als „Liquid Resin Infusion" oder „Resin Infusion Molding" bezeichnet, werden die Rotorblätter in Formen gefertigt, wobei Faseranteile von über 50 Vol.-% erreicht werden [46].
Zur Herstellung der Form ist ein Urmodell notwendig, an dem die Negativformen für Ober- und Unterseite des Blattes abgenommen werden. Bei der Fertigung der Rotorblätter werden die Fasermatten trocken in die Form eingelegt. Die Art und Anzahl der Fasermatten wird durch einen Laminatplan vorgegeben. Entsprechend der auftretenden Belastungen erhöht sich beispielsweise die Anzahl der Lagen (engl. „plies ") zum Blattflansch hin. Abschließend werden die Faserlagen durch einen Vakuumsack abgedeckt.
Abb. 8.43 zeigt den schematischen Aufbau einer belegten Form bis zum Vakuumsack sowie den Ablauf der Vakuuminjektion. Durch einen Anguss wird die Matrix in die Form geleitet, welche gleichzeitig evakuiert wird. Die zwischen Vakuumsack und Fasermaterial angeordnete Verteilerstruktur verteilt die Matrix in der Form, was gleichzeitig zu einer Durchtränkung der Verstärkungsfasern führt. Nachdem die In-

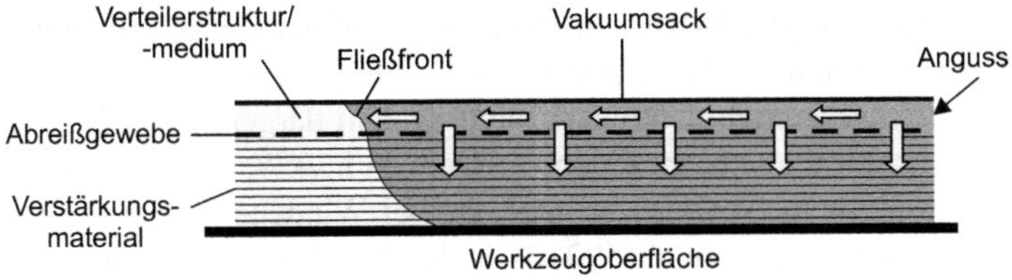

Abb. 8.43 Fließverhalten beim Vakuum-Injektionsverfahren nach [52]

jektion der Matrix abgeschlossen ist, härtet das Bauteil aus, wobei der Prozess durch externe Wärmezufuhr beschleunigt werden kann. Nach dem Aushärten werden der Vakuumsack, die Verteilerstruktur und das Abreißgewebe entfernt und die beiden Blatthälften miteinander verklebt. Das so hergestellte Rotorblatt wird anschließend einem Prüfprozess und einer Oberflächenbehandlung (z.B. Lackieren) unterzogen.

8.3.2 Getriebe

Windenergieanlagen mit horizontaler Achse werden je nach Hersteller mit einem Getriebe oder als getriebelose Anlagen konzipiert. Einerseits wird bei der getriebelosen WEA mit dem Getriebe eine wesentliche und kostenintensive Komponente eingespart, anderseits wird dieser Vorteil durch einen aufwändigeren Generator teilweise wieder kompensiert. Als Konsequenz daraus sind derzeit am Markt beide Ausführungsvarianten zu finden.

Bauarten von Getrieben

Die vornehmlich in Windenergieanlagen eingesetzten Getriebe sind Stirnradgetriebe und Planetengetriebe bzw. die Kombination aus beiden. Da die in einer Getriebestufe erreichbare Übersetzung begrenzt ist, werden für höhere Übersetzungen mehrere Stufen hintereinandergeschaltet. Wie aus Tabelle 8.3 ersichtlich, zeichnen sich Planetengetriebestufen im Vergleich zu Stirnradgetriebestufen durch größere Übersetzungsverhältnisse, höhere Wirkungsgrade und eine geringere leistungsspezifische Masse aus.

Tabelle 8.3 Vergleich verschiedener Getriebearten bei einstufigen Getrieben, nach [75]

Getriebeart	Übersetzung (eine Stufe)	Maximaler Wirkungsgrad	Masse pro Leistung
Stirnradgetriebe	1/6 ... 10	0,99	2,0 ... 0,3 kg/kW
Planetengetriebe	1/13 ... 13	0,995	1,0 ... 0,15 kg/kW

In [32] wird anhand eines Vergleichs verschiedener mehrstufiger Getriebe demonstriert, dass sich im mehrstufigen Fall die günstigere leistungsspezifische Masse bei Planetengetrieben noch wesentlich deutlicher zeigt. In dem dargestellten Beispiel erreicht ein dreistufiges Stirnradgetriebe einen Wert von 31 kg/kW, wohingegen das dreistufige Planetengetriebe bei 4,4 kg/kW liegt. Da bei Windenergieanlagen mit Getriebe und einer Leistung von mehr als 500 kW in der Regel mindestens eine Planetengetriebestufe verwendet wird, soll im Folgenden diese Getriebeart detaillierter betrachtet werden.

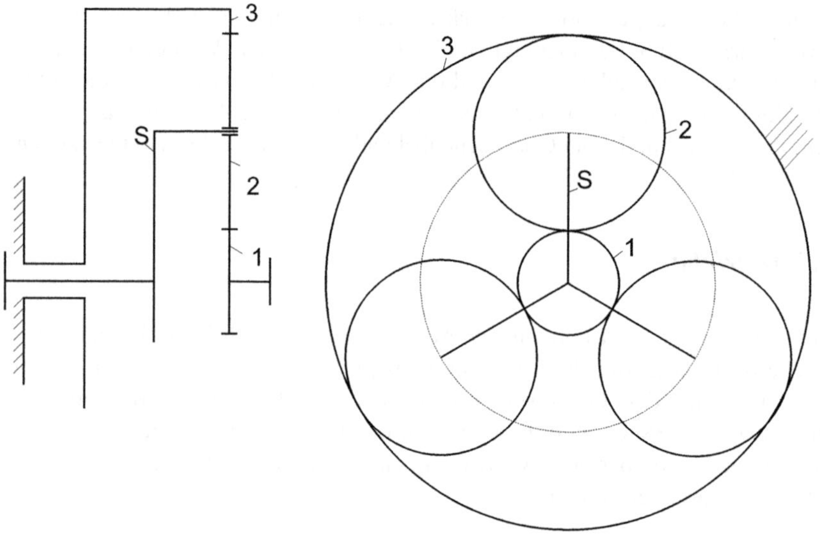

Abb. 8.44 Schema eines Planetengetriebes in Grundform bestehend aus Sonnenrad (1), Planetenrädern (2), feststehendem Hohlrad (3) und Steg (S).

Wie in Abb. 8.44 dargestellt, besteht das Planetengetriebe aus dem Sonnenrad, den um das Sonnenrad herum angeordneten Planetenrädern sowie dem außen befindlichen Hohlrad. Die Planetenräder werden durch den Steg miteinander verbunden. Planetengetriebe gehören zu den Umlaufgetrieben, die durch ein drehbar gelagertes Gehäuse gekennzeichnet sind. In der als Grundtyp bezeichneten, häufigsten Ausführung steht das Hohlrad still und der Abtrieb erfolgt über den sich drehenden Steg des Getriebes. Die Übersetzungsverhältnisse werden am einfachsten durch eine Betrachtung der Geschwindigkeiten in der Getriebestufe, wie aus dem Schema in Abb. 8.45 zu erkennen, deutlich. Aus Anschauungsgründen wird dabei davon ausgegangen, dass das Getriebe über das Sonnenrad (in Abb. 8.45 mit 1 bezeichnet) angetrieben wird und der Abtrieb über eine mit dem Steg verbundene Welle erfolgt (bei einem Einsatz in einer Windenergieanlage ist eine Übersetzung ins Schnelle notwendig, daher würde dort nicht das Sonnenrad, sondern der Steg angetrieben). Das dabei mit der Drehzahl n_1 laufende Sonnenrad dreht am Wälzpunkt mit einer Umfangsgeschwindigkeit v_1 um seine Drehachse.

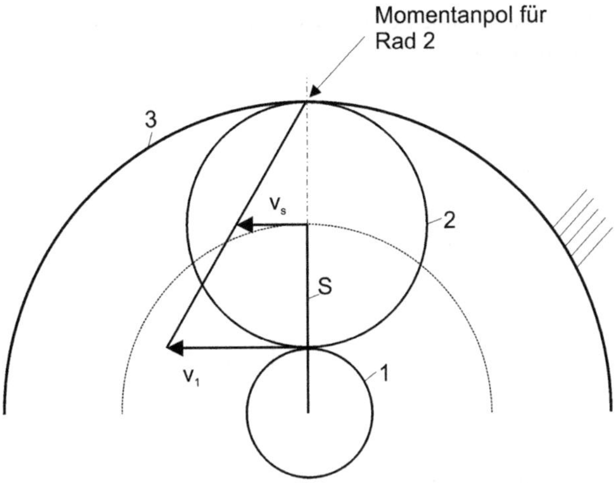

Abb. 8.45 Geschwindigkeitsplan für den Planetengetriebe-Grundtyp am Wälzpunkt zwischen Sonnenrad (1) und Planetenrad (2)

Aufgrund des Zahneingriffs ist diese Geschwindigkeit gleich der Umfangsgeschwindigkeit[2], die sich im Berührungspunkt am Planetenrad ergibt. Da sich das Planetenrad um seine Drehachse dreht, aber gleichzeitig der Steg diese Drehachse rotieren lässt, müssen die Geschwindigkeiten am Planetenrad mithilfe des Momentanpols ermittelt werden. Der Momentanpol ist der Punkt, der sich bei einer Drehbewegung in Ruhe befindet. Ein sehr anschauliches Beispiel für den Momentanpol ist das Abrollen eines Rades auf einer Ebene. In einem ortsfesten Koordinatensystem besitzen alle Punkte mit Ausnahme des Momentanpols eine Geschwindigkeit ungleich null. Beispielsweise bewegt sich die Drehachse eines Rades bei einem Kraftfahrzeug mit der Fahrtgeschwindigkeit. Der einzige Punkt, der sich bei dieser Bewegung in Ruhe befindet, ist der Berührungspunkt des Rades auf der Ebene. Da das Rad abrollt und nicht gleitet, ist die Geschwindigkeit von Rad und Ebene an dieser Stelle null. Die Bewegung des Rades kann jetzt als Drehbewegung um den Momentanpol interpretiert werden. Aus dem Begriff Momentanpol wird auch deutlich, dass es sich hierbei um einen zeitlich veränderlichen Drehpunkt handelt. Bei dem Planetenrad ergibt sich damit als Momentanpol der Berührungspunkt mit dem in Ruhe befindlichen Hohlrad und die Umfangsgeschwindigkeit v_2 aus der Rotation um diesen Punkt.
Die Übersetzung i eines Getriebes ist allgemein definiert als

$$i = \frac{\omega_{an}}{\omega_{ab}}, \tag{8.95}$$

wobei mit ω_{an} und ω_{ab} die Winkelgeschwindigkeiten der An- und Abtriebswelle bezeichnet werden. Für das Sonnenrad berechnet sich mit der Geschwindigkeit v_1

[2] Hierbei wird die Geschwindigkeit im Wälzpunkt verwendet, da dort kein Gleiten der Zähne aufeinander stattfindet. Für genauere Betrachtungen der Geschwindigkeitsverhältnisse beim Zahneingriff sei auf [75] verwiesen.

im Wälzpunkt und dem Wälzkreisdurchmesser d_1 des Sonnenrades die Winkelgeschwindigkeit der Antriebswelle ω_{an} zu:

$$\omega_{an} = \frac{v_1}{\frac{1}{2} d_1}. \tag{8.96}$$

Die Winkelgeschwindigkeit der Abtriebswelle ist für die betrachtete Konstruktion gleich der des Steges ω_S. Wie aus der Abb. 8.45 ersichtlich, ergibt sich die Umfangsgeschwindigkeit v_S des Stegs für den Mittelpunkt des Planetenrades zu

$$v_S = \frac{v_1}{2}, \tag{8.97}$$

womit, umgerechnet auf die Winkelgeschwindigkeit ω_S des Stegs,

$$\omega_S = \frac{v_s}{\frac{1}{2}(d_1 + d_2)} \tag{8.98}$$

ermittelt werden kann. Die Variable d_2 bezeichnet in Gl. (8.98) den Wälzkreisdurchmesser des Planetenrades. Aus Gl. (8.95) lässt sich nun die Übersetzung

$$i = \frac{2(d_1 + d_2)}{d_1} \tag{8.99}$$

bestimmen. Wird dabei $d_1 + 2d_2$ zum Durchmesser des Hohlrades d_3 zusammengefasst, kann die Übersetzung als

$$i = 1 + \frac{d_3}{d_1} \tag{8.100}$$

angegeben werden. Da die Durchmesser durch die Zähnezahl z der Zahnräder und den Modul m als $d = z \cdot m$ ausgedrückt werden können, wird meist die Übersetzung in Form des Zähnezahlverhältnisses angegeben:

$$i = 1 + \frac{|z_3|}{z_1}. \tag{8.101}$$

Da vereinbarungsgemäß Zähnezahlen und Durchmesser von Hohlrädern mit negativem Vorzeichen angegeben werden, wurden in Gl. (8.101) die Betragsstriche verwendet. Würde für das Getriebe ein Antrieb über die Stegwelle erfolgen, dann ergibt sich daraus in einer Windkraftanlage die Übersetzung:

$$i = \frac{1}{1 + \frac{|z_3|}{z_1}}. \tag{8.102}$$

Die Übersetzung in Gl. (8.102) stellt im Gegensatz zu Gl. (8.101) die für eine Windenergieanlage notwendige Übersetzung ins Schnelle dar.
Bei einer anderen Ausführung, die in WEA zu finden ist, steht der Steg still und das Hohlrad läuft um. Dieses Prinzip ist in Abb. 8.46 schematisch mit den entsprechenden Geschwindigkeitsvektoren verdeutlicht. Die Momentanpole der Planetenräder finden sich jetzt auf den, durch den Steg fixierten, Drehachsen. Die Umfangsgeschwindigkeit v_1 des Sonnenrades ist damit gleich der Umfangsgeschwindigkeit v_2 im Berührungspunkt zwischen Planetenrad und Hohlrad. Die Umfangsgeschwin-

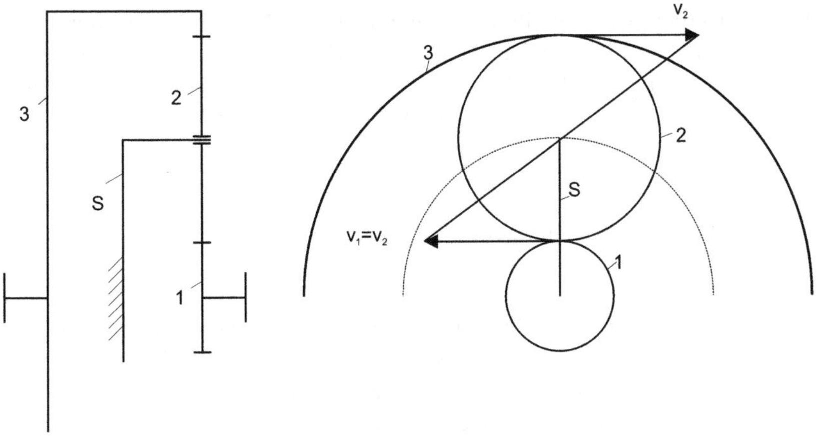

Abb. 8.46 Planetengetriebe mit angetriebenem Hohlrad (3) und feststehendem Steg (S) sowie Abtrieb über das Sonnenrad (1). Für das Planetenrad (2) sind die Umfangsgeschwindigkeiten im Wälzpunkt eingezeichnet.

digkeit v_2 lässt sich wieder durch die Winkelgeschwindigkeit, in diesem Fall jedoch durch die Winkelgeschwindigkeit des Hohlrades, ausdrücken:

$$v_2 = \omega_3 \cdot \frac{d_3}{2}. \tag{8.103}$$

Damit kann die Übersetzung angegeben werden als

$$i = \frac{d_3}{d_1} = \frac{z_3}{z_1}. \tag{8.104}$$

Wird für die Zähnezahl z_3 bzw. den Durchmesser des Hohlrades d_3 das negative Vorzeichen verwendet, ergibt sich eine negative Übersetzung, die anzeigt, dass sich die parallelen An- und Antriebswellen mit unterschiedlichem Drehsinn drehen.

Getriebewirkungsgrad

Der Wirkungsgrad eines Getriebes ergibt sich aus dem Verhältnis von abgeführter Leistung P_{ab} zu zugeführter Leistung P_{an}:

$$\eta = \left| \frac{P_{ab}}{P_{an}} \right|. \tag{8.105}$$

Durch die Verwendung der Betragsstriche in Gl. (8.105) ist es möglich, die Leistung vorzeichenbehaftet einzusetzen. Da sich die Leistung als Produkt aus Winkelgeschwindigkeit und Drehmoment ergibt, kann Gl. (8.105) auch als

$$\eta = \left| \frac{\omega_{ab} M_{ab}}{\omega_{an} M_{an}} \right| \tag{8.106}$$

geschrieben werden. Das Verhältnis des abtreibenden Momentes M_{ab} zum antreibenden Moment M_{an} wird dabei als Momentenverhältnis i_M bezeichnet. Wird auch hier das Moment vorzeichenbehaftet angegeben, so ist das Abtriebsmoment bei gleicher Drehrichtung negativ anzugeben. Für das Momentenverhältnis folgt damit

$$i_M = -\frac{M_{ab}}{M_{an}} \tag{8.107}$$

und unter Verwendung von Gl. (8.106) folgt daraus:

$$i_M = \eta\, i. \tag{8.108}$$

Das Momentenverhältnis hängt damit nicht nur von der Übersetzung, sondern auch vom Wirkungsgrad des Getriebes bzw. der Getriebestufe ab. Werden mehrere Getriebestufen hintereinandergeschaltet, so entspricht der Gesamtwirkungsgrad η_g dem Produkt der Stufenwirkungsgrade η_i mit $i = 1 \ldots n$:

$$\eta_g = \eta_1 \cdot \eta_2 \cdot \eta_3 \cdot \ldots \cdot \eta_n. \tag{8.109}$$

Drehmomente

Die Größe der Drehmomente an der An- und Abtriebswelle können mit den oben angegebenen Beziehungen berechnet werden. Für den Einbau eines Getriebes in eine Windenergieanlage ist darüber hinaus wichtig, welche Lagerlasten (z.B. in der Drehmomentstütze) entstehen. Werden auf das Getriebe die Gleichgewichtsbedingungen der Statik angewandt, so ergibt sich für die Momente

$$M_{an} + M_{ab} - M_{st\ddot{u}tz} = 0. \tag{8.110}$$

Für die korrekte Anwendung ist dabei darauf zu achten, dass die Momente als „äußere Momente" anzusetzen sind. Dies wird anhand der Skizze in Abb. 8.47 verdeutlicht. Auf der linken Seite wirkt das Antriebsmoment auf das Getriebe, wobei die Momente in x-Koordinatenrichtung positiv angesetzt werden. Auf der rechten Seite wird für das dargestellte Beispiel angenommen, dass die Abtriebswelle in die gleiche Richtung dreht. Mit der Vorzeichenregel, die das Abtriebsmoment negativ angibt, wirkt das in Abb. 8.47 eingezeichnete Abtriebsmoment M_{ab} dem Antriebsmoment M_{an} entgegen. Das Moment $M_{st\ddot{u}tz}$, das durch die Drehmomentstütze des Getriebes aufgenommen werden muss, ergibt sich damit zu:

$$M_{st\ddot{u}tz} = (1 - \eta\, i)\, M_{an}. \tag{8.111}$$

Überlagerungsgetriebe

Die konstruktiven Möglichkeiten, die durch Planetengetriebe geboten werden, sind mit den oben angeführten Beispielen bei Weitem nicht ausgeschöpft. Eine Vielzahl von Konstruktionen für unterschiedlichste Einsatzzwecke ist in der Fahrzeugtechnik und im Industriegetriebebau zu finden. Eine Ausführung, die eigens für den Einsatz in WEA konzipiert wurde, ist das in Abb. 8.48 dargestellte WinDrive-Getriebe der

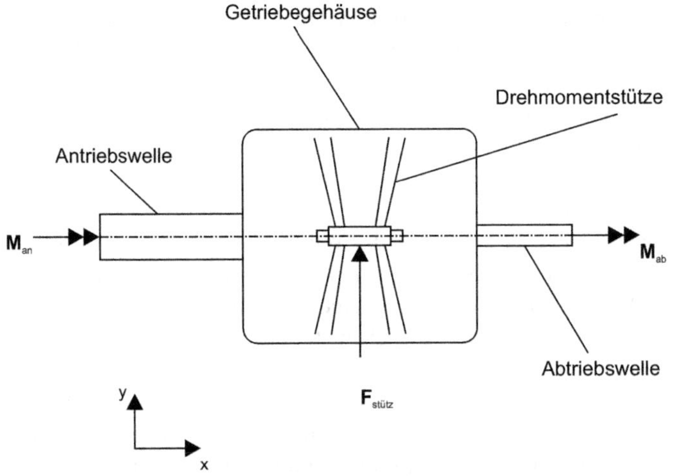

Abb. 8.47 Getriebegehäuse mit den eingezeichneten An- und Abtriebswellen sowie der Drehmomentstütze. Für das eingezeichnete Antriebsmoment ist bei einer Übersetzung ins Schnelle bei gleicher Drehrichtung der An- und Abtriebswellen die angreifenden Stützkraft in positiver Wirkrichtung angesetzt.

Firma Voith. Bei den in den vorherigen Abschnitten betrachteten Planetengetrieben steht entweder das Hohlrad oder der Steg still. Dies ist für ein Umlaufgetriebe aller-

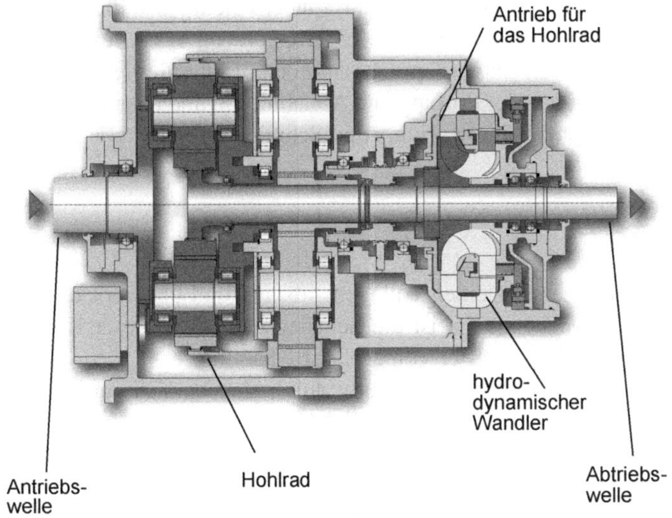

Abb. 8.48 Skizze des WinDrive-Getriebes der Firma Voith [82]

dings nicht zwangsweise so. Da sich sowohl Steg als auch Hohlrad und Sonnenrad drehen können, lassen sich bei einem Planetengetriebe beispielsweise mit einer An-

triebsdrehzahl zwei unterschiedliche Abtriebsdrehzahlen erreichen, wobei sich diese als Drehzahlverhältnis einstellen und nicht mehr alleine durch die Zähnezahlen der Zahnräder festgelegt sind [82].
Das Ziel des WinDrive-Getriebes ist es, bei schwankenden Drehzahlen an der Rotorwelle eine konstante Drehzahl an der Generatorwelle zu erreichen. Hierzu treibt die Antriebswelle den Steg des Planetengetriebes an. Dieser Bewegung wird eine gegenläufige Drehung des Hohlrades überlagert. Der Abtrieb aus der Getriebestufe erfolgt über das Sonnenrad. Die Besonderheit des WinDrives besteht im Antrieb des Hohlrades. Um das Hohlrad anzutreiben, wird ein hydrodynamischer Drehmomentwandler eingesetzt. Der aus einer Pumpe und einer Turbine bestehende Wandler besitzt ein Pumpenlaufrad, das auf der Abtriebswelle des Planetengetriebes montiert ist. Das Pumpenlaufrad überträgt einen Teil der Rotationsenergie der Welle auf ein umlaufendes Arbeitsfluid, welches seinerseits ein Turbinenlaufrad antreibt. Das Turbinenlaufrad ist über eine zusätzliche Getriebestufe an das Hohlrad gekoppelt. Durch ein verstellbares Leitrad in der Zuströmung zum Turbinenlaufrad kann die Drehzahl des Hohlrades gesteuert werden. Da über den Wandler nur etwa 3 % der Gesamtleistung übertragen werden, wird der Wirkungsgrad des Getriebes vom prinzipbedingt schlechteren Wandlerwirkungsgrad nur begrenzt beeinflusst [32].

Konstruktionsrichtlinien

Die Ausführung von Getrieben für WEA mit horizontaler Achse und einer Leistung von mehr als 500 kW ist durch die Norm IEC 61400-4 spezifiziert. Die Norm stellt dabei keine vollständige Auslegungsvorschrift dar, sondern dient dazu, für „erfahrene Getriebekonstrukteure“ die spezifischen Anforderungen von WEA festzulegen. Hierzu beschreibt die Norm den Entwurfsprozess mit den für das Getriebe notwendigen Vorgaben, geht auf Fragen der Prüfung und Abnahme ein und behandelt ebenfalls die Wartung sowie Zustandsüberwachung und Schmierstoffversorgung.

Getriebeschäden

Da ein Getriebeschaden einerseits einen Anlagenstillstand und andererseits hohe Reparaturkosten zur Folge haben kann, ist die Schadenshäufigkeit dieser Komponente für einen rentablen Anlagenbetrieb von großer Bedeutung.
Das Risiko eines Maschinenschadens wird häufig durch eine Versicherung gemildert, wobei diese sich auf nicht vorhersehbare Schäden beschränkt. Als Anbieter von Maschinenbruchversicherungen veröffentlicht die Allianz AG Informationen aus den Untersuchungen von Schadensfällen. In [4] aus dem Jahre 2001 wird das Getriebe als häufigster untersuchter Schadensfall bezeichnet. Die tatsächliche Häufigkeit, mit der Getriebeschäden auftreten, kann aber nur mit systematischen Untersuchungen ermittelt werden. Eine statistische Auswertung der Schadensfälle an Windkraftanlagen wurde im Rahmen des Forschungsprogramms „Deutscher Windmonitor“ [15] durchgeführt, wobei Auszüge der Ergebnisse zur Schadenshäufigkeit

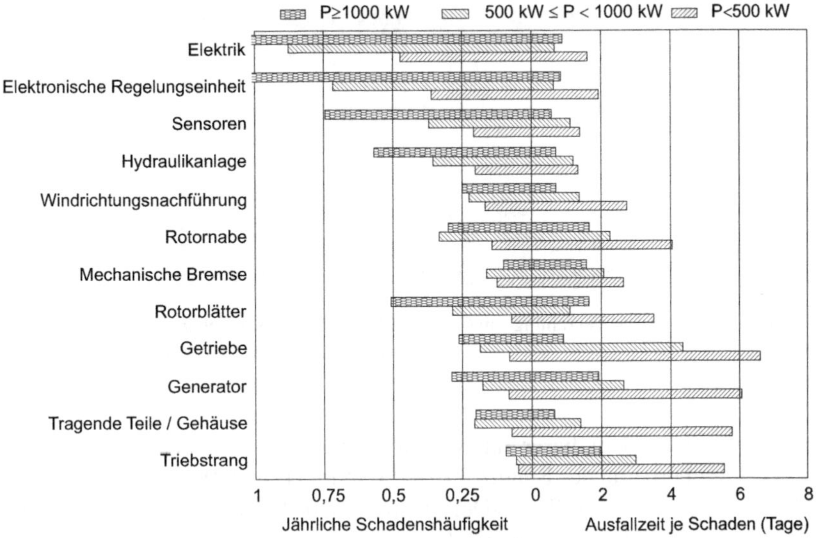

Abb. 8.49 Jährliche Schadenshäufigkeit und Ausfallzeit je Schaden für Windenergieanlagen unterschiedlicher Leistung, nach [15]

in Abb. 8.49 dargestellt sind. Es zeigt sich, dass das Getriebe von der Schadenshäufigkeit unter den betrachteten Komponenten zu den eher zuverlässigeren Bauteilen zählt. Auch ist die Ausfallzeit bei Anlagen mit Leistungen ab 1 MW mit durchschnittlich weniger als einem Tag im Verhältnis zu den anderen Komponenten in einer ähnlichen Größenordnung.

Eine Möglichkeit, den Totalausfall eines Getriebes im Betrieb zu verhindern, besteht in der rechtzeitigen Diagnose auftretender Schäden. Im Folgenden sind einige elementare Getriebeschäden dargestellt. Typische Getriebeschäden sind: Lagerschäden, Pittings, Mikropittings, Fressen, Zahnbruch und Verschleiß.

Pittings oder Grübchen sind durch Ausbröckelungen infolge von Ermüdung in oberflächennahen Bereichen der Zahnflanken gekennzeichnet, wie aus Abb. 8.50 ersichtlich wird. In der Stirnradberechnung, die entsprechend der IEC 61400-4 nach ISO 6336 vorzunehmen ist, muss die Grübchentragfähigkeit für die Betriebslebensdauer der WEA nachgewiesen werden.

Mikropittings sind auf den Zahnflanken durch ihre Graufärbung erkennbar (siehe dazu Abb. 8.51). Das Auftreten von Mikropittings wird daher auch als Graufleckigkeit bezeichnet. Die Schädigung des Werkstoffs findet in einer dünnen, oberflächennahen Schicht statt. In der Literatur wurden verschiedene Berechnungsansätze veröffentlicht (z.B. [3]), wobei allerdings noch keiner davon Aufnahme in die IEC 61400-4 fand. Nach [3] reicht es zur Erklärung der Graufleckigkeit nicht aus, von der Hertzschen Pressung zwischen zwei im Eingriff befindlichen Zähnen auszugehen, sondern es muss zusätzlich das hydrodynamische Verhalten des Schmierstoffs zwischen den Zähnen berücksichtigt werden. Bei der sich daraus ergebenden Elastohydrodynamik-Theorie kommt dem verwendeten Schmierstoff damit eine

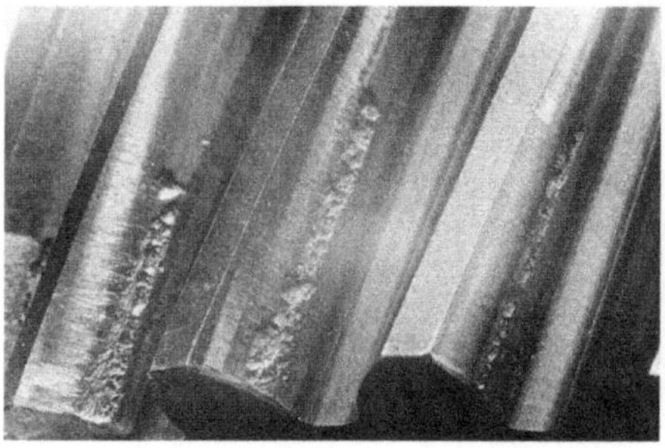

Abb. 8.50 Einsatzgehärtete Verzahung mit Grübchenbildung, nach [75]

Abb. 8.51 Einsatzgehärtete Verzahnung mit Mikropittings bzw. Graufleckigkeit [75]

wesentliche Rolle zu. Um dieser Tatsache Rechnung zu tragen, empfiehlt beispielsweise der Betreiberbeirat des Bundesverband WindEnergie (BWE) die Verwendung von Hochleistungsölen mit Plastic-Deformation-Wirkstoff kombiniert mit entsprechender Ölpflege und Überwachung [31].

Bei den Zahnbrüchen werden der Zahnfußbruch und der Flankenbruch unterschieden. Der Zahnfußbruch kann entweder als Gewaltbruch durch Erreichen der Bruchfestigkeit bei einmaliger Beanspruchung bzw. weniger als 1.000 Lastspielen auftreten (siehe Abb. 8.52) oder sich als Ermüdungs- bzw. Schwingungsbruch manifestieren (Abb. 8.53). Flankenbrüche entstehen als Ermüdungsbrüche. Der Bruch beginnt bei einsatzgehärteten oder nitrierten Verzahnungen meist unter der gehärteten Randschicht und geht von Grübchen oder nicht metallischen Einschlüssen aus.

Abb. 8.52 Zahnfußbruch als Gewaltbruch [75]

Abb. 8.53 Zahnfußbruch in Form eines Ermüdungsbruchs mit deutlich erkennbaren Rastlinien [75]

Fressen entsteht durch örtliches Verschweißen der Zahnflanken infolge der Pressung und unmittelbarer Trennung aufgrund des Zahnflankengleitens. In Abb. 8.54 wird eine durch Fressen geschädigte Verzahnung mit deutlichen von oben nach unten verlaufenden Riefen gezeigt.

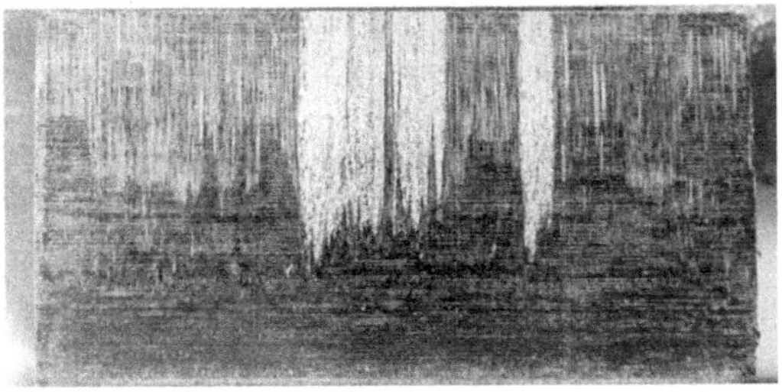

Abb. 8.54 Verzahnung mit Fressschaden nach [75]

8.3.3 Antriebsstrang

Die Rotorlagerung ermöglicht einerseits, dass der Rotor sich relativ zur Maschinenhausplattform bewegen kann, andererseits werden aber auch die auf den Rotor wirkenden Kräfte aufgenommen und durch die Rotorlagerung übertragen. Die Lagerung des Rotors wird in der Regel mit Wälzlagern ausgeführt. Wälzlager eignen sich im Vergleich zu Gleitlagern eher für instationäre Vorgänge, wie beispielsweise das Anfahren der Windturbine aus dem Stillstand oder dem Trudelbetrieb [3], und weisen geringere Reibungsverluste auf.
Eine Klassifikation des Aufbaus eines Antriebsstranges kann über den Grad der Integration erfolgen. Hierbei können die aufgelöste, die teilintegrierte und die integrierte Bauform unterschieden werden. Beispiele für die jeweilige Bauform sind in Abb. 8.55 nach [28] gegeben. Die Integration wird dadurch erreicht, dass das Getriebe Funktionen anderer Komponenten übernimmt. Ein analoges Vorgehen findet sich beispielsweise im Turbomaschinenbau, wo bei Integralgetriebeverdichtern die Verdichterstufen auf die Ritzelwellen eines Stirnradgetriebe montiert werden und somit ohne eigene Lagerung auskommen.

Die Dreipunkt-Lagerung

Die Dreipunkt-Lagerung ist eine teilintegrierte Bauform, bei der die Funktion des getriebeseitigen Hauptlagers das Getriebe übernimmt. Die drei Lagerungspunkte ergeben sich bei dieser Art der Lagerung aus dem verbliebenen Wellenlager und der am Getriebe befindlichen Drehmomentstütze, die in der Regel, wie in Abb. 8.56 dargestellt, in seitlich angebrachten Schwingungsdämpfern gehalten wird. Die Dreipunkt-Lagerung findet bei WEA mit Nennleistungen zwischen 500 kW und 5 MW Anwendung [47].
Aufgrund der konstruktiven Ausführung der Dreipunkt-Lagerung lässt sich die Rotorwelle im Vergleich zur aufgelösten Bauform verkürzen, wodurch sich insgesamt

[3] Im Trudelbetrieb wird die Windenergieanlage durch die Anströmung langsam gedreht. Hiermit werden die unterhalb der Einschaltgeschwindigkeit auftretenden Belastungen im Antriebsstrang verringert.

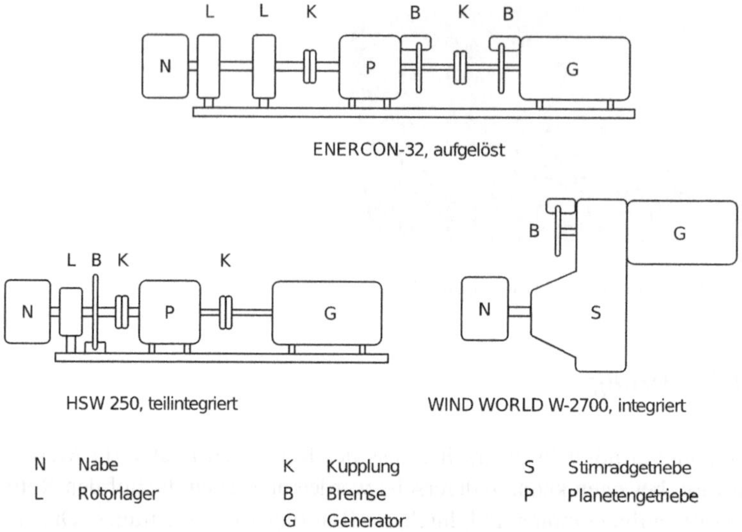

Abb. 8.55 Aufgelöste, teilintegrierte und integrierte Bauform [28]

eine gewichts- und kostensparende Ausführung ergibt. Anderseits führt dies auch dazu, dass das Getriebe einen Teil der auftretenden Rotorlasten aufnehmen muss. In [30] wird dazu ausgeführt, dass durch die Abstützung der Rotorwelle auf dem Planetenträger des Getriebes bei einer ungleichmäßigen Anströmung der Windenergieanlage hohe lokale Belastungen entstehen, die in ihrer Folge auch ein vorzeitiges Versagen der Lager und Verzahnungen erklären könnten.

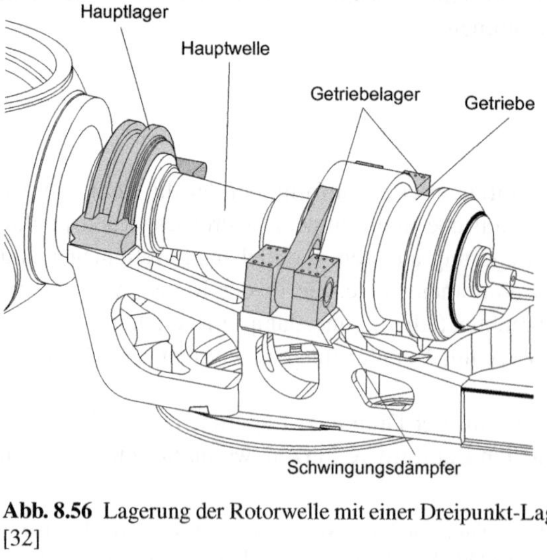

Abb. 8.56 Lagerung der Rotorwelle mit einer Dreipunkt-Lagerung am Beispiel einer Nordex N-80 [32]

Die Vierpunkt-Lagerung

Bei der Vierpunkt-Lagerung wird die Welle auf zwei separaten Lagern gelagert. Hierbei werden getrennt voneinander eingebaute Fest- und Loslager verwendet. Entsprechend der in Abb. 8.55 eingeführten Unterscheidungen liegt damit eine aufgelöste Bauform vor. Ein Beispiel für eine ausgeführte Vierpunkt-Lagerung ist in Abb. 8.57 anhand einer Vestas V-66 dargestellt. Die langsamlaufende Hohlwelle

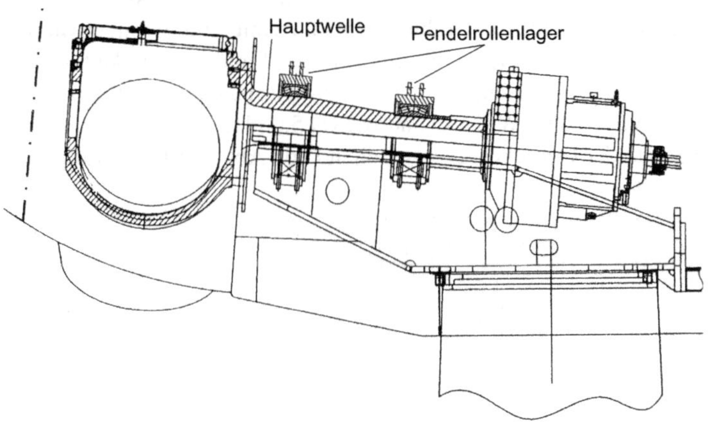

Abb. 8.57 Aufgelöste Lagerung der Rotorwelle mit zwei getrennten Lagern am Beispiel der Vestas V-66 [32]

wird dabei durch zwei Pendelrollenlager gehalten. Die Pendelrollenlager sind aufgrund ihrer Konstruktion in der Lage, die durch die Belastung des Antriebsstranges auftretende Biegeverformung zuzulassen.
Durch die getrennte Lagerung erhöht sich der von der Welle beanspruchte Bauraum sowie die Gesamtabmessungen der Maschinenhausplattform im Vergleich zu teilintegrierten bzw. integrierten Varianten. Neben den vollständig getrennten Lagern ist es auch möglich, ein gemeinsames Lagergehäuse für Fest- und Loslager zu nutzen. In diesem Fall kann das Loslager auch als Zylinderrollenlager ausgelegt werden, da durch den geringen Lagerabstand die Durchbiegung abnimmt.

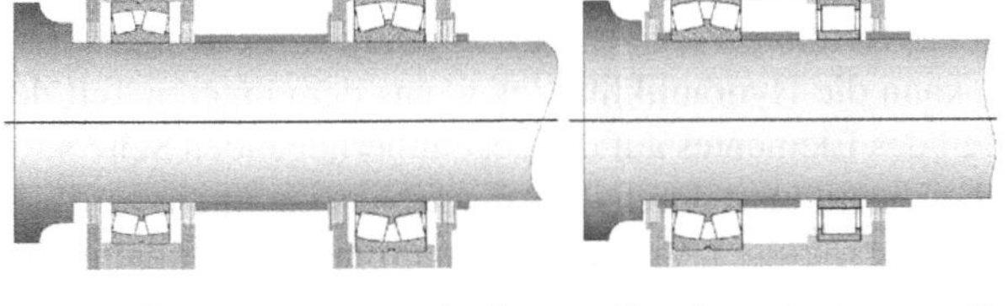

Abb. 8.58 Links: Lagerung der Rotorwelle mit zwei getrennten Lagergehäusen, rechts: Zwei getrennten Lagern, die in einem Rohrgehäuse zusammengefasst wurden [32]

Zur statisch bestimmten Lagerung der Welle reichen ein Fest- und ein Loslager aus. Durch die zusätzliche Drehmomentstütze des Getriebes ergibt sich eine statisch unbestimmte Lagerung. Die Lagerreaktionen hängen bei der statisch unbestimmten Lagerung davon ab, wie steif die Bauteile im Lagerbereich ausgeführt sind [41]. Hohe Steifigkeiten führen zu großen Zwangskräften, wohingegen niedrige Steifigkeiten diese Kräfte klein halten. Weiterhin führen auch zusätzliche Verformungen zu Lagerreaktionen, wenn beispielsweise der Lagerbock auf einem Bauteil angebracht ist, das sich in eine andere Richtung verformt als die Komponente, die eigentlich gelagert werden soll. Um die Zwangskräfte bei dieser Art der Lagerung klein zu halten, wird versucht, die Drehmomentstütze mit einer geringen Steifigkeit in vertikaler Richtung und gleichzeitig einer hohen Torsionssteifigkeit zu lagern. Eine Möglichkeit, dies zu erreichen, ist eine hydraulische Getriebestütze, die unter anderem bei den WEA PowerWind 90 und BARD 5.0 [41, 30] eingesetzt wird. Der Aufbau und Einsatz der Getriebestütze ist anhand von Abb. 8.59 ersichtlich.

Abb. 8.59 Lagerung des Getriebes mit beidseitig angebrachten Elastomerelementen [47]

Das Getriebe wird, vergleichbar zu einer Dreipunkt-Lagerung mit einer einfachen Drehmomentstütze, beidseitig mit Elastomerelementen gelagert. Um die gewünschten unterschiedlichen Steifigkeiten realisieren zu können, sind die Elastomerelemente mit einem über Kreuz verbundenen Hydrauliksystem kombiniert, wie in Abb. 8.60 dargestellt.

Findet nun beispielsweise eine vertikale Verlagerung des grau eingezeichneten Getriebes nach unten statt, so kann die Hydraulikflüssigkeit aus dem unteren Teil des Elementes in den oberen Teil des Elementes auf der gegenüberliegenden Seite strömen. Die Hydraulikflüssigkeit beeinflusst durch ihr Ausweichen damit die vertikale Bewegung nur wenig. Anders verhalten sich die Elemente bei einer tordierenden Belastung. In diesem Fall sind durch die Verschaltung jeweils die Bereiche miteinander verbunden, die durch die Bewegung der Getriebeauflager den der Hydraulikflüssigkeit zur Verfügung stehenden Raum verkleinern bzw. vergrößern würden. Da

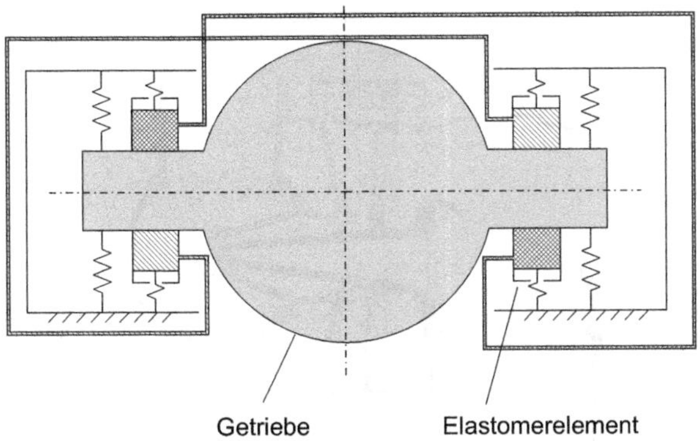

Abb. 8.60 Elastomerhydraulik-Elemente mit Verschaltung der Verbindungsleitungen [48]

nun ein Ausweichen der aus einem Wasser-Glykolgemisch bestehenden Hydraulikflüssigkeit nicht mehr möglich ist, verhält sich die Lagerung entsprechend steif [48].

Das Momentenlager

Beim Einsatz eines Momentenlagers wird die Welle in einem einzigen Lager gelagert. Im Gegensatz zur Dreipunkt-Lagerung übernimmt jedoch hierbei das Momentenlager die Funktion des zweiten Hauptlagers, sodass das verbliebene Lager der Rotorwelle alle am Rotor angreifenden Lasten bis auf das Moment um die Wellenachse aufnimmt [35]. Wie bei der Vierpunkt-Lagerung entsteht zusammen mit der Drehmomentstütze ein statisch unbestimmtes System, in dem in analoger Weise zur Vierpunkt-Lagerung wieder Zwangskräfte auftreten können.
Die für den Offshore-Einsatz konzipierte WEA BARD 5.0 nutzt als Momentenlager ein doppelreihiges Kegelrollenlager [30], wie es in Abb. 8.61 dargestellt ist.

Lagerung auf einem feststehenden Achszapfen

Die oben genannten Lagerungsarten werden in der Regel bei WEA mit Getrieben eingesetzt. Bei getriebelosen WEA findet sich eine Konstruktionsvariante, die sich deutlich von diesen unterscheidet. Hierbei wird der Rotor auf einem feststehenden gelagert, wie in Abb. 8.62 anhand einer Konstruktionsskizze einer Vensys Windkraftanlage dargestellt wird.
Von der Fa. Bonus wurde eine vergleichbare Lagerung auch für eine Getriebeanlage eingesetzt. Diese Konstruktion ist in Abb. 8.63 zu sehen. Der Achszapfen ist dabei hohl ausgeführt und die Welle läuft durch den hohlen Achszapfen zum Getriebe. Durch dieses Vorgehen wird die Welle nicht mehr durch Biegemomente und Querkräfte aus der Anströmung und dem Rotorgewicht belastet, sondern es liegt ein reines Torsionsmoment an. Als Nachteil dieser Art der Leistungsübertragung

Abb. 8.61 Doppelreihiges Kegelrollenlager zum Einsatz als Momentenlager [64]

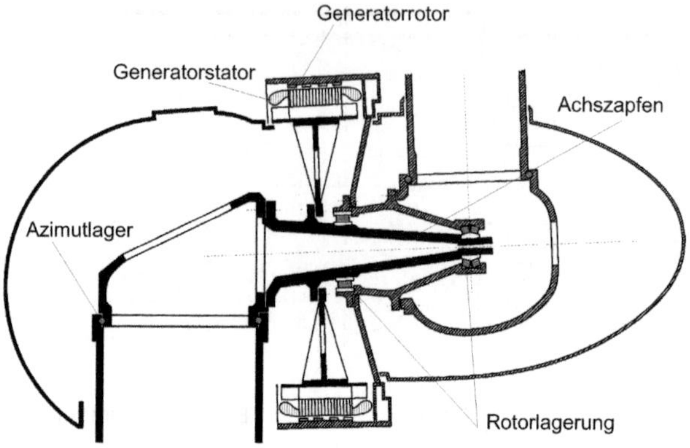

Abb. 8.62 Schematische Darstellung der Lagerung mit Achszapfen bei einer Vensys Windkraftanlage, nach [40]

ist der vergleichsweise große Aufwand zu nennen, der sich in den Kosten und im Gondelgewicht bemerkbar macht.

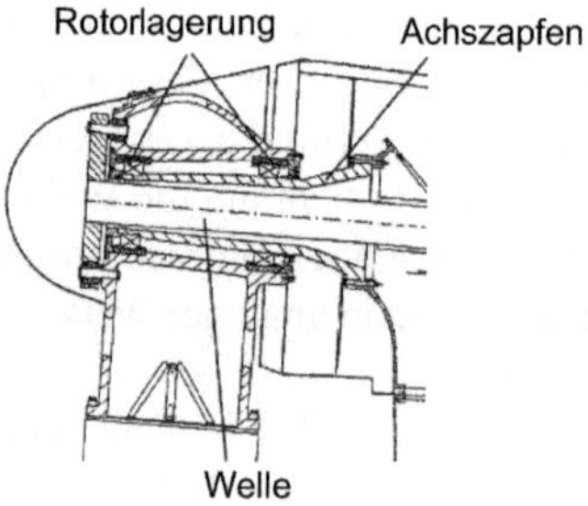

Abb. 8.63 Lagerung mit Achszapfen bei einer Windkraftanlage der Fa. Bonus, nach [32]. Durch die querkraft- und biegemomentfreie Welle wird das Antriebsmoment zum Generator geleitet.

Integrierte Anlage

Als Beispiel für eine integrierte Anlage dient die in Abb. 8.64 zu sehende Windkraftanlage der Firma Nordex. Deutlich zu erkennen ist die Nabe, die von einer nur im Getriebe gelagerten Welle gehalten wird sowie die zwischen Nabe und Getriebe befindliche Scheibenbremse. Ausgangsseitig ist der Generator ebenfalls direkt an das Getriebe montiert, sodass das Getriebegehäuse als tragende Struktur genutzt werden kann.

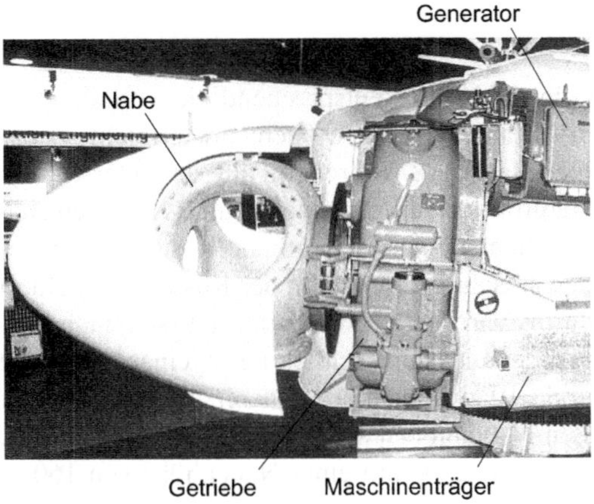

Abb. 8.64 Integrierte Bauform einer WEA [32] der Firma Nordex

8.3.4 Turm

Bei einer Windkraftanlage mit horizontaler Rotorachse ist der Turm zum Erreichen einer bestimmten Nabenhöhe erforderlich. Da in der atmosphärischen Grenzschicht die Windgeschwindigkeit mit dem Abstand von der Erdoberfläche zunimmt, ist der mögliche energetische Nutzen eine WEA um so größer, je höher die Nabe über dem Erdboden angeordnet wird. Allerdings macht der Turm einer WEA einen erheblichen Anteil an den Gesamtkosten der Anlage aus, sodass es nicht sinnvoll ist, möglichst hohe Türme einzusetzen. Nach [28] werden Windkraftanlagen an der Küste mit Nabenhöhen im Bereich von 1,0 ... 1,4-fachem Rotordurchmesser ausgeführt, im Binnenland beträgt dieser Wert 1,2 ... 1,8, wobei die größeren Werte für Anlagen mit kleinerem Rotordurchmesser gelten. Der Unterschied zwischen küstennahen und Binnenstandorten zeigt sich unter anderem in der Rauigkeitslänge und dem daraus resultierenden Geschwindigkeitsprofil der Grenzschicht. Anhand von Abb. 3.31 wird deutlich, dass bei kleineren Rauigkeitslängen, wie sie beispielsweise im küstennahen Bereich vorliegen, die Windgeschwindigkeit deutlich schneller ansteigt, als dies bei großen Rauigkeitslängen der Fall ist.
Wie der obige Abschnitt andeutet, sind die Bauteilkosten ein entscheidendes Kriterium für die Auswahl und den Einsatz bestimmter Turmvarianten und Turmhöhen. Um unterschiedlichen Aufstellungsorten gerecht zu werden, bieten die Hersteller von WEA diese mit verschiedenen Nabenhöhen an. Die MM82 der Firma REpower Systems AG wird beispielsweise bei einem Rotordurchmesser von 82 m mit Nabenhöhen von 59, 69, 80 und 100 m und einem Stahlrohrturm geliefert [62].
Die unterschiedlichen Bauarten von Windkraftanlagentürmen zeigen jeweils spezifische Vor- und Nachteile, die in den folgenden Abschnitten aufgeführt werden.

Gittertürme

Gitter- oder Fachwerktürme nutzen ihrem Namen entsprechend die Vorteile einer Fachwerkkonstruktion. Das aus Profilstahl aufgebaute Fachwerk erreicht so das niedrigste Turmgewicht der genannten Bauarten. Während in älteren Untersuchungen Gittertürme im Vergleich zu Stahlrohrtürmen nur eine geringe Kosteneinsparung ausmachten [36], zeigen neuere Untersuchungen deutliche Kostenunterschiede auf, wie im weiter unten folgenden Abschnitt „Vergleich der Kosten" ausgeführt wird. Als Hauptnachteil des Gitterturms wird in [14] die optische Erscheinung angeführt. Eingesetzt wird diese Bauart derzeit hauptsächlich bei Kleinanlagen, wie in Abb. 8.65 am Beispiel einer Aircon 10 zu sehen ist. Andererseits wurden aber auch für WEA mit besonders großen Nabenhöhen schon Gittertürme verwendet, wie Abb. 8.66 anhand einer Fuhrländer FL 2500 mit einer Nabenhöhe von 160 m zeigt [27].

Abb. 8.65 Miniwindkraftanlage Aircon 10 mit einem Gitterturm, der aus geschweißten Segmenten zusammengesetzt wurde

Abb. 8.66 Windkraftanlage Fuhrländer FL 2500 mit einer Nabenhöhe von 160 m auf einem mit Schraubenverbindungen gefertigten Gitterturm

Stahlrohrtürme

Stahlrohrtürme werden als Schweißkonstruktion aus rund gebogenen Stahlblechen hergestellt. Der Turm wird dabei in der Regel in einzelne Segmente, die eine Länge von 20 bis 30 m besitzen, unterteilt. Die Segmente sind mit einem Innenflansch versehen, wodurch sie miteinander verschraubt werden können, wie in Abb. 8.67 dargestellt. Da das aus der Schubkraft resultierende Biegemoment mit zunehmendem Abstand von der Gondel ebenfalls zunimmt, benötigt der Turm ein nach unten hin zunehmendes Widerstandsmoment. Dies kann entweder durch größere Blechdicken oder einen größeren Turmdurchmesser beziehungsweise eine Kombination aus beiden Möglichkeiten erreicht werden. Da die konische Ausführung im Vergleich zum zylindrischen Turm eine deutliche Material- und Kosteneinsparung bringt, wird diese vorzugsweise verwendet. Bei dieser Konstruktion führen größere Leistungen und ansteigende Nabenhöhen folglich zu größeren Turmfußdurchmessern. Das Vergrößern des Turmfußdurchmessers ist allerdings aufgrund des Transports der Segmente begrenzt. Für LKW gilt in Deutschland eine maximale Höhe von 4 m. Bei Schwerlasttransporten mit Ausnahmegenehmigung darf diese zwar überschritten werden, aber die Erreichbarkeit vieler Standorte ist dann aufgrund der beschränkten Durchfahrtshöhe von Brücken nicht mehr gegeben.

Abb. 8.67 Turmsegment einer REpower 5M WEA beim Verladen. Am vorderen Teil des Segmentes ist der Innenflansch mit zwei Lochkreisen für die Verschraubung mit dem Nachbarsegment zu erkennen [61].

Eine Alternative zur Schweißkonstruktion mit angeschweißten Flanschen ist die Reibverbindung für Verbindungsstöße (siehe beispielsweise [83]). Hierbei werden die Einzelteile des Turms kraftschlüssig mit Schraubverbindungen aneinandergefügt. Diese Verbindungsart kann sowohl für die Verbindung einzelner Turmsektionen eingesetzt werden als auch als Ersatz für die Längsnähte der Turmsegmente dienen [17]. Ein nach diesem Prinzip hergestellter Turm wird von der Firma Northstar [54] angeboten. Durch die Möglichkeit, die untere Turmsektion längs geteilt transportieren zu können, entfallen die Begrenzungen für den Turmfußdurchmesser, die den Einsatz von Stahlrohrtürmen beschränken.

Betontürme

Im Vergleich zu Stahl zeichnet sich Beton als kostengünstiger Werkstoff aus. Da Beton Druckspannungen deutlich besser als Zugspannungen aufnehmen kann, ist es

notwendig, diesen beim Auftreten von Zugspannungen durch Baustahl zu verstärken. Der Verbund der beiden Werkstoffe wird als Stahlbeton bezeichnet. Eine Sonderform des Stahlbetons stellt der Spannbeton dar, bei dem der eingesetzte Stahl mit einer zusätzlichen Vorspannung versehen wird.
Die Herstellung von Betontürmen kann entweder in Fertigteilbauweise oder mit Ortbeton erfolgen. Beim Einsatz von Ortbeton wird dieser auf der Baustelle der WEA angeliefert und vor Ort verarbeitet. Der Turm wird dabei stückweise mit einer Kletter- oder Gleitschalung betoniert. Bei diesem Verfahren „klettert" die Verschalung auf dem jeweils betonierten und bereits abgebundenen Teilstück des Turmes nach oben. Grundsätzlich ist sowohl ein Einsatz von Ortbeton in Form von Spannbeton oder nicht vorgespannter Bauweise möglich, wobei der zusätzliche Aufwand durch die Ausführung als Spannbeton auf der Baustelle zu erheblichen Mehrkosten führt [36].

Abb. 8.68 Zweigeteiltes Betonturmsegement im Herstellungswerk [45]

Abb. 8.69 Turmsegment in Fertigteilbauweise bei der Montage. Die Hüllrohre für die Spannlitzen sind auf der Oberseite des Segmentes deutlich zu erkennen [32].

Für die Fertigteilbauweise werden die Betonteile im Werk vorgefertigt. Dabei können durch den Einsatz von Stahlschalungen enge Fertigungstoleranzen realisiert werden. Die Fertigung der Turmsegmente geschieht bei größeren Durchmessern in zwei oder drei Halb- bzw. Drittelschalen, wie Abb. 8.68 zeigt. Bei kleineren Durchmessern wird das Turmsegment in einem Stück hergestellt [18]. Die Montage des Turms ist in unterschiedlichen Varianten möglich. Bei dem in [45] beschriebenen Verfahren werden die Fertigteile trocken gefügt und durch im Turm verlaufende Spannelemente verspannt. Für die in [18] angegebene Vorgehensweise ist es notwendig, die Turmsegmente mit einer Epoxidharzfuge aufeinander zu setzen. Um die Segmente vorspannen zu können, sind dort Hüllrohre eingebracht, wie in der Abb. 8.69 am vorderen Rand des Turmsegmentes erkennbar ist. Durch die Hüllrohre werden Spannlitzen gezogen, die zum Aufbau der für Spannbeton notwendigen Vorspannung dienen und nach dem Vorspannen mit Zementmörtel verpresst werden. Das Verfahren wird in der Bautechnik als nachträglicher Verbund bezeichnet [67].

Hybridtürme

Eine Kombination aus Beton- und Stahlturm wird als Hybridturm bezeichnet. Im unteren Bereich wird dieser aus Beton gefertigt, im oberen Bereich schließt sich ein Stahlturm an. Der Betonturm kann sowohl durch Gleitschalung, wie bei der Einführung des Hybridturms bei der Fa. Nordex geschehen [53], als auch aus Fertigteilen erstellt werden. Laut [24] wird ein Einsatzbereich für Hybridtürme ab einer Höhe von 100 bis 120 m angegeben, wobei dies je nach Hersteller unterschiedlich eingeschätzt wird. Die verschiedenen Möglichkeiten und die sich damit ergebenden Logistik-, Montage- und Materialaufwendungen zeigt beispielsweise der Hybridturm der Fa. Advanced Tower Systems, der in Abb. 8.70 zu sehen ist. Der Betonturm wird als vierseitiger Pyramidenstumpf mit abgerundeten Kanten ausgeführt, wobei die Turmteilstücke dabei zusätzlich längs geteilt sind. Bei diesem System ist es fertigungstechnisch vorteilhaft, dass über der gesamten Länge des Betonturms identische Eckteile verwendet werden und die sich nach oben verjüngende Form des Turms über die eingesetzten Mittelteile erreicht wird.

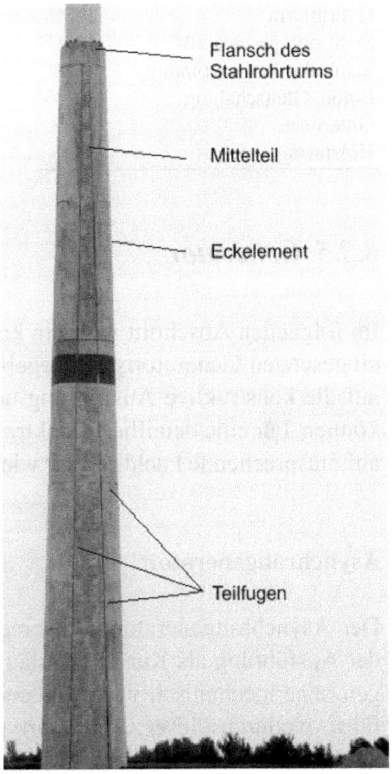

Abb. 8.70 Hybridturm der Fa. Advanced Tower Systems auf dem Testfeld der Firma Windtest in Grevenbroich

Vergleich der Kosten

Ein neuerer Vergleich der Kosten verschiedener Turmvarianten ist in [17] zu finden. Die Autoren untersuchten hierbei den Einfluss der Turmbauart und der Turmhöhe auf den Ertrag und die Gesamtkosten einer Windkraftanlage. Für eine Turmhöhe von 125 m und eine Windkraftanlage mit einer Nennleistung von 3 MW ergaben sich die in Tabelle 8.4 angegebenen Kostenverhältnisse.
Der in Tabelle 8.4 aufgeführte Holzturm geht auf eine Entwicklung der Firma TimberTower zurück. Ende des Jahres 2012 wurde der erste Prototyp des Holzturms für eine 1,5 MW Windkraftanlage fertiggestellt. Für die weitere Entwicklung dieses Turmtyps sei auf die Internetseite des Herstellers [77] verwiesen.

Tabelle 8.4 Vergleich der Kosten verschiedener Turmbauarten [17]

Bauart	Kosten
Hybridturm	100%
Stahlrohr, geschweißt	108%
Stahlrohr, Reibverbindung	102%
Beton, Gleitschalung	112%
Gitterturm	78%
Holzturm	79%

8.3.5 Generator

Im folgenden Abschnitt wird ein kurzer Überblick über die in Windenergieanlagen eingesetzten Generatortypen gegeben, mit dem Ziel, die Einflüsse des Generators auf die konstruktive Ausführung und das Gesamtkonzept der WEA beurteilen zu können. Für eine detaillierte elektrotechnische Darstellung der Generatortechnik sei auf entsprechende Fachliteratur wie beispielsweise [9] oder [7] verwiesen.

Asynchrongenerator

Der Asynchrongenerator stellt eine besonders einfache Generatorbauform dar. In der Ausführung als Kurzschlussläufer werden die im Stator befindlichen Wicklungen ohne mechanisch verschleißende Verbindungen aus dem Generator herausgeführt, wodurch dieser Generatortyp wartungsarm ist. Aufgrund seines einfachen Aufbaus zeichnet sich der Asynchrongenerator darüber hinaus durch günstige Herstellungskosten aus. Der Rotor des Asynchrongenerators weist im Betrieb einen Schlupf zur am Generator anliegenden Netzfrequenz auf. Durch den Schlupf gestaltet sich der Antriebsstrang der Windkraftanlage „weicher", weil durch den Wind entstehende Drehmomentstöße besser gedämpft werden. Direkt ans Netz gekoppelte Asynchrongeneratoren, wie in Abb. 8.71 dargestellt, finden sich beispielsweise bei Kleinwindanlagen. Bei größeren Windkraftanlagen im MW-Bereich verhält sich der Asynchrongenerator zunehmend steifer, weshalb hier andere Generatortypen gewählt werden.

Doppeltgespeister Asynchrongenerator

Im doppeltgespeisten Asynchrongenerator findet im Gegensatz zum einfachen Asynchrongenerator ein Schleifringläufer Verwendung. Wie anhand von Abb. 8.72 zu erkennen ist, wird dabei der im Läufer generierte Strom über einen Umrichter geführt. Durch den Einsatz des Umrichters im Rotorkreis kann der doppeltgespeiste Asynchrongenerator drehzahlvariabel betrieben werden. Die Aufteilung der Energieströme aus dem Generator erfolgt mit etwa 30 % über den Umrichter und 70 % über den direkten Netzanschluss. Durch den Einsatz eines Teilumrichters wird die-

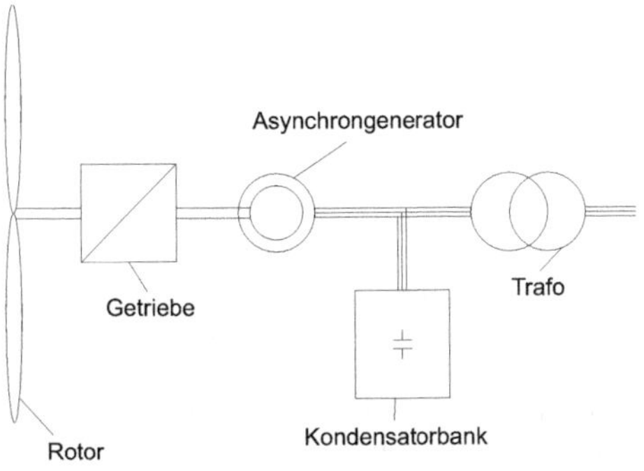

Abb. 8.71 Asynchrongenerator in einer Windenergieanlage, mit Kondensatorbank zur Blindleistungskompensation [63]

ser im Vergleich zu einem Vollumrichter zum einen kostengünstiger, zum anderen wirkt sich die Teilumrichtung positiv auf den Wirkungsgrad aus.

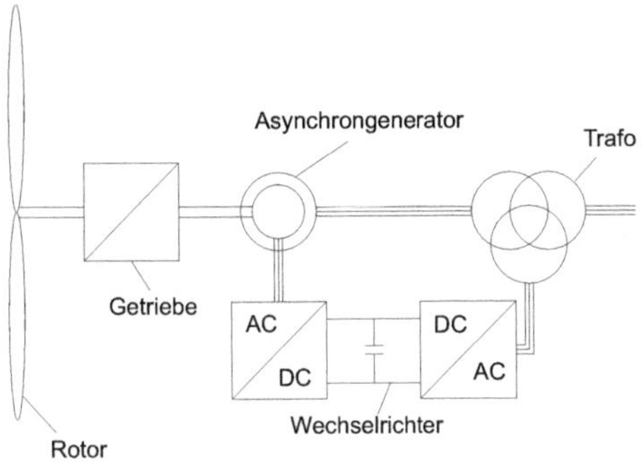

Abb. 8.72 Doppeltgespeister Asynchrongenerator mit Umrichter im Rotorkreis [25]

Fremderregter Synchrongenerator

Für WEA eingesetzte Synchrongeneratoren werden in der Regel als Innenpolmaschinen ausgeführt. Bei Innenpolmaschinen rotiert in der Maschine der als Polrad bezeichnete Läufer. Im außen befindlichen Ständer sind die Ständerwicklungen zu finden, die die aus der Wellenleistung gewandelte elektrische Leistung aus der Maschine ableiten. Durch den Aufbau als Innenpolmaschine wird der Einsatz von Schleifringen bei der Leistungsableitung vermieden, da diese bei leistungsstarken Generatoren eine Schwachstelle darstellen. Das Polrad erzeugt ein magnetisches Drehfeld, das synchron mit der Antriebsdrehzahl bzw. -frequenz umläuft. Bei langsam laufenden Generatoren wird ein Schenkelpolläufer eingesetzt, bei dem die Erregerwicklungen, die benötigt werden, um das magnetische Feld aufzubauen, an den Schenkeln des Polrades angeordnet sind (siehe Abb. 8.73). Wird der Synchrongenerator direkt mit dem Netz verbunden, so ergibt sich eine „harte" Netzkopplung. Dies führt dazu, dass durch Böen oder Betriebsmanöver entstehende Drehmomentstöße ungedämpft auf die WEA und insbesondere den Triebstrang einwirken können [49]. Um dies zu verhindern, werden bei modernen Großwindkraftanlagen Synchronge-

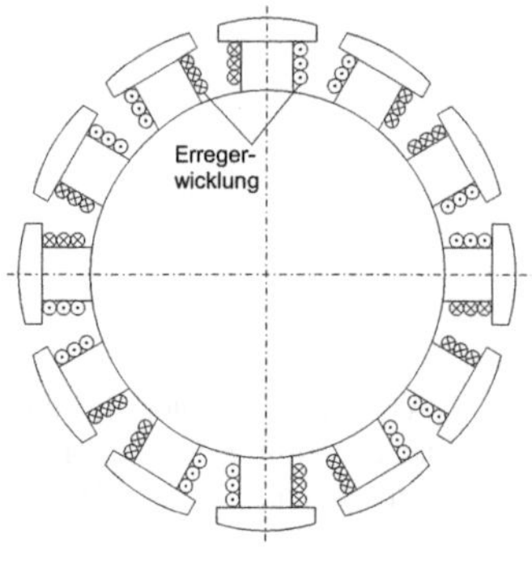

Abb. 8.73 Schematische Darstellung eines Schenkelpolläufers. Die Erregerwicklungen sind so verschaltet, dass sich abwechselnd ein magnetischer Nord bzw. Südpol ergibt. Der Erregerstrom wird über Schleifringkontakte zugeführt.

neratoren nur in der Kombination mit einem Umrichter, wie in Abb. 8.74 dargestellt, eingesetzt, um einen drehzahlvariablen Betrieb realisieren zu können.

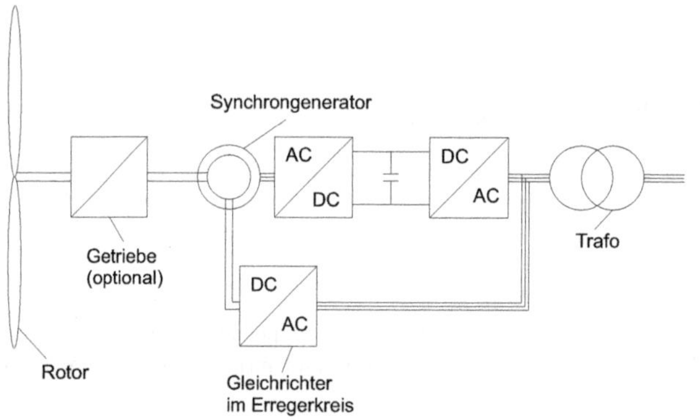

Abb. 8.74 Fremderregter Synchrongenerator mit Umrichter. Der Einsatz eines Getriebes hängt vom Gesamtkonzept der WEA ab [25].

Permanenterregter Synchrongenerator

Der permanenterregte Synchrongenerator unterscheidet sich vom fremderregten Synchrongenerator hauptsächlich durch die Art der Erregung. Statt der elektrischen Erregung, wie sie beim fremderregten Synchrongenerator eingesetzt wird, finden beim permanenterregten Synchrongenerator Permanentmagnete Verwendung. Ein Vorteil dieser Technik besteht im geringeren Bauraumbedarf, da die Erregerspulen nicht mehr benötigt werden.

Vergleich der Generatortypen

In der folgenden, aus [32] entnommenen Tabelle 8.5 werden die in Windkraftanlagen eingesetzten Generatortypen mit ihren wesentlichen Eigenschaften zusammengefasst und gegenübergestellt. Neben dem normierten Drehzahlbereich und dem Wirkungsgrad des Generators sind auch die Kosten zu finden. Die Kostenangabe bezieht sich hierbei auf das gesamte elektrische System der Windkraftanlage. Die Wirkungsgrade und Kosten sind für Anlagen mit einer Leistung von etwa 1,5 MW angesetzt worden.

Tabelle 8.5 Eigenschaften unterschiedlicher Generatortypen [32]

System	Drehzahlbereich (normiert)	Maximaler Wirkungsgrad [a]	Ungefähre Kostenrelation
Asynchrongenerator	100±0,5 %	0,965	100 %
+ statische Blindleistungskompensation		0,955	
Doppeltgespeister Asynchrongenerator	100±50 %	0,955	160 %
+ Oberwellenfilter und Blindleistungskompensation		0,94	
Synchrongenerator mit Umrichter	100±50 %	0,95	180 %
+ Oberwellenfilter		0,94	
Getriebeloser, fremderregter Synchrongenerator, Umrichter und Oberwellenfilter	100±50 %	0,94	400 %
Getriebeloser, permanenterregter Synchrongenerator mit Umrichter	100±50 %	0,96	350...450 %
+ Oberwellenfilter und Blindstromkompensation	100±50 %	0,94	

[a] Der Wirkungsgrad ist für den Generator und den Umrichter angegeben bzw. nur für den Generator, falls kein Umrichter notwendig ist.

Für den Einsatz der unterschiedlichen Generatortypen sowie bei der Ausführung mit oder ohne Getriebe ist derzeit keine eindeutige Entwicklung auszumachen [84]. Der einfache Asynchrongenerator ist aufgrund seiner Drehzahlkonstanz nur noch selten zu finden. Da für den Betreiber die spezifischen Stromgestehungskosten im Vordergrund stehen, ist die Entscheidung für den einen oder anderen Turbinentyp von einer Vielzahl von Faktoren bestimmt, die nicht nur technischer Natur sein müssen. Ein Hinweis auf die weitere Marktentwicklung ist z.B. die strategische Entscheidung der Firma Siemens, neben dem bis dato auf Getriebeanlagen basierenden Produktportfolio auch Turbinen mit getriebelosem direct drive zu entwickeln und anzubieten.

8.4 Systemtechnik

8.4.1 Anlagenkennlinie

Die in Abb. 8.75 dargestellte Kennlinie einer ENERCON E-92 Windkraftanlage zeigt die elektrische Leistung des Generators in Abhängigkeit von der Windgeschwindigkeit auf Nabenhöhe. Zusätzlich dazu ist der Leistungsbeiwert c_p der

Windkraftanlage eingezeichnet. Typischerweise wird der Auslegungspunkt mit dem höchsten Leistungsbeiwert für eine Windgeschwindigkeit gewählt, die unterhalb der Nennwindgeschwindigkeit, bei der die Anlage ihre Nennleistung erreicht, liegt. Die Kennlinie startet bei der Einschaltwindgeschwindigkeit. Ein Produktionsbetrieb unterhalb der Einschaltwindgeschwindigkeit ist unrentabel, da aufgrund des geringen Energieinhaltes des Windes der Ertrag den auftretenden Verschleiß nicht kompensieren kann. Die Kennlinie endet mit der Abschaltwindgeschwindigkeit. Im Vergleich mit dem Jahresmittel sind die Zeiten, bei denen die Windgeschwindigkeiten oberhalb der Abschaltwindgeschwindigkeit liegen, so gering, dass die Kosten der Dimensionierung der Windkraftanlagen auf die dabei entstehenden Lasten die zusätzlichen Erträge übersteigen.

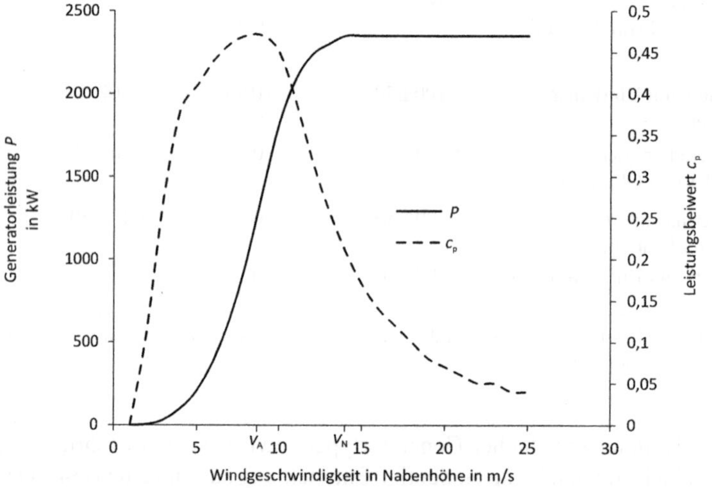

Abb. 8.75 Kennlinie einer ENERCON E-92 Windkraftanlage mit Eintrag der Auslegungswindgeschwindigkeit v_A, der Nennwindgeschwindigkeit v_N sowie des Leistungsbeiwertes c_p [19]

8.4.2 Regelungskonzepte

Die Regelung von Windkraftanlagen ist notwendig, um diese entsprechend der heutigen Anforderungen betreiben zu können. Durch die Regelung muss ein sicherer Betrieb ohne Bedienungspersonal gewährleistet werden, da nur so die Stromerzeugung aus Windenergie im großen Maßstab möglich ist. Im folgenden Abschnitt werden unterschiedliche Varianten eingesetzter Regelungen behandelt, wobei der Schwerpunkt auf dem daraus resultierenden Aufbau der Windkraftanlage liegt.

Für Windgeschwindigkeiten ab oder oberhalb der Nennwindgeschwindigkeit erreicht eine Windkraftanlage ihre Nennleistung. Dieser Betriebspunkt stellt sich aufgrund verschiedener Bedingungen ein. Zum einen muss die von den Rotorblättern auf die Welle übertragene mechanische Leistung vom Generator in elektrische Leistung gewandelt werden. Somit besteht ein Leistungsgleichgewicht zwischen Rotor und Generator, wobei sich die Generatorleistung um die bei der Leistungsübertragung anfallenden Verluste (z.B. durch Lager und Getriebe) vermindert. Gleichzeitig besteht aber auch die Bedingung, dass die Drehzahl von Rotor und Generator aneinander gekoppelt sind und sich nicht frei einstellen können. Wird bei einer im Auslegungspunkt betriebenen Windkraftanlage der Generator vom Netz getrennt, beispielsweise durch einen Lastabwurf, dann würde sich ohne Regelungseingriff das System aus Generator und Rotor einen neuen Zustand suchen, der die oben genannten Kriterien erfüllt. Durch die zur Verfügung stehende Windleistung wird dabei der Rotor so lange beschleunigt, bis die im übrigen System anfallenden Verluste die Wellenleistung des Rotors kompensieren. Die Drehzahl, die sich dabei einstellt, wird durch das Leistungsgleichgewicht zwischen Rotorleistung und Verlustleistung vorgegeben, da die Verluste in der Regel mit der Drehzahl ansteigen. In der Realität führt der Drehzahlanstieg zu höheren Belastungen, die die Anlage vor dem Erreichen des beschriebenen Gleichgewichtszustandes zerstören würden. Anhand dieses Beispiels wird deutlich, dass eine Windturbine einer Regelungseinrichtung bedarf, um die dem Wind entzogene Leistung an den zur Verfügung stehenden Abnehmer anzupassen.

Stall-Anlagen

Stall-Anlagen bestehen aus einem Rotor mit fest montierten, nicht drehbar gelagerten Rotorblättern. Der Rotor ist in der Regel über ein Getriebe mit einem Asynchrongenerator verbunden. Unter der Annahme, dass der Generator in ein Netz mit konstanter Frequenz einspeist, ist die Drehzahl, die durch den Generator vorgegeben wird, annähernd konstant. Übersteigt die Windgeschwindigkeit die Nennwindgeschwindigkeit, ist zum Schutz vor Überlastung eine Leistungsbegrenzung erforderlich. Bei Stall-Anlagen wird dies durch den Abriss der Strömung auf der Oberseite der Rotorblätter realisiert.
Erhöht sich die Anströmgeschwindigkeit v', so steigt der Anstellwinkel, unter dem die Relativströmung das Profil umströmt. Bei ausreichend großem Anstellwinkel löst die Strömung auf der Profiloberseite ab, was zu einer sprunghaften Verringerung des Auftriebsbeiwerts führt, wie in Abb. 8.31 exemplarisch dargestellt wurde.

Drehzahlvariabler Stall

Beim drehzahlvariablen Stall wird ein Rotor mit fest eingebauten Rotorblättern mit einem Generator mit variabler Drehzahl gekoppelt. Aufgrund der variablen Drehzahl ist es möglich, bei Windgeschwindigkeiten unterhalb der Nennwindgeschwindigkeit durch Reduktion der Drehzahl die Betriebspunkte mit maximaler Leistungsausbeute anzufahren (siehe dazu Abb. 8.79). Oberhalb der Nennleistung bleibt die Drehzahl konstant und der Rotor verhält sich wie eine Stall-Anlage.

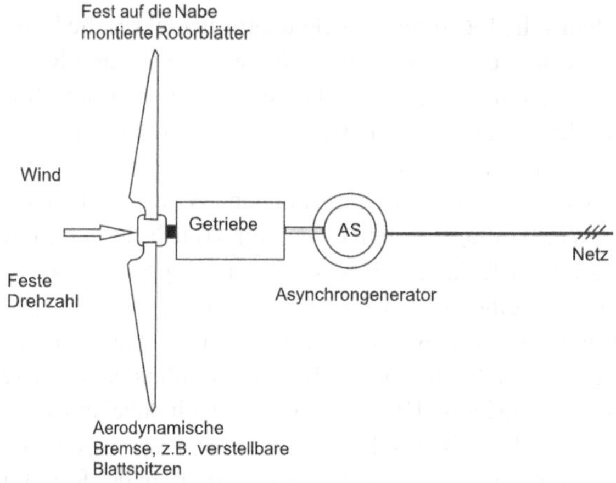

Abb. 8.76 Windkraftanlage mit Stall-Regelung und Asynchrongenerator [28]

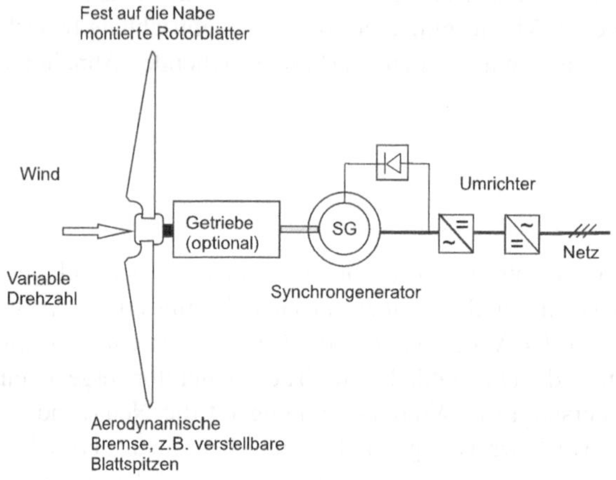

Abb. 8.77 Windkraftanlage mit drehzahlvariablem Stall und Synchrongenerator. Der Generator wird hierbei je nach Ausführung direkt oder mittels eines Getriebes an den Rotor gekoppelt [28].

Pitch-Regelung

Die Pitch-Regelung stellt den Stand der Technik bei Multi-Megawatt-Anlagen dar. Bei einer Pitch-Regelung werden die Einstellwinkel der Rotorblätter verstellt. Diese Art der Regelung wird zur Leistungsbegrenzung angewendet, wenn die Windgeschwindigkeit die Nennwindgeschwindigkeit überschreitet und die Anlage vor Überlastung geschützt werden muss. Durch das Verdrehen der Rotorblätter wird die dem Wind entzogene Leistung verringert. Die Pitch-Regelung kann in Verbindung mit einem drehzahlfesten Generator oder auch mit variabler Drehzahl ausgeführt werden. Durch die Drehzahlregelung ist es möglich, die Anlage unterhalb der Nennwindgeschwindigkeit bei maximal möglichen Leistungsbeiwerten zu betreiben (siehe dazu Abb. 8.79). Entscheidender für den Einsatz eines drehzahlvariablen Generators ist aber die Möglichkeit, auf kurzzeitige Laständerungen durch Böen bzw. Turbulenzen mit Drehzahländerungen zu reagieren. Der Antriebsstrang verhält sich damit weniger steif und mechanische Lastspitzen werden reduziert. Aus diesem Grund sind moderne Multi-Megawatt-Anlagen in der Regel mit drehzahlvariabler Pitch-Regelung ausgeführt.

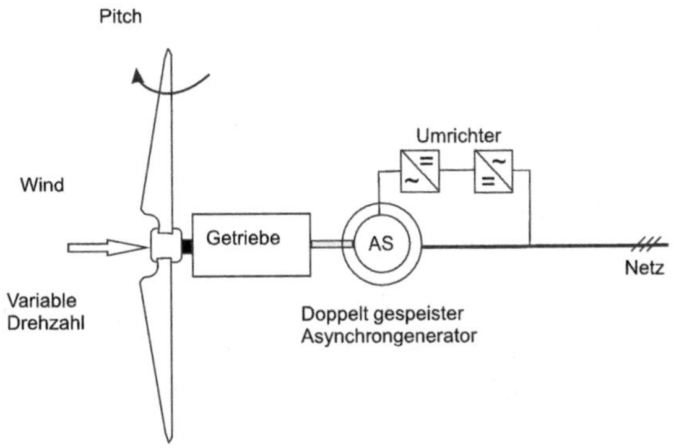

Abb. 8.78 Windkraftanlage mit Pitchregelung und drehzahlvariablem Generator. Die variable Drehzahl wird in diesem Beispiel durch einen doppelt gespeisten Asynchrongenerator erreicht, wobei aber ebenfalls ein Synchrongenerator in Kombination mit einem Umrichter eingesetzt werden kann [28].

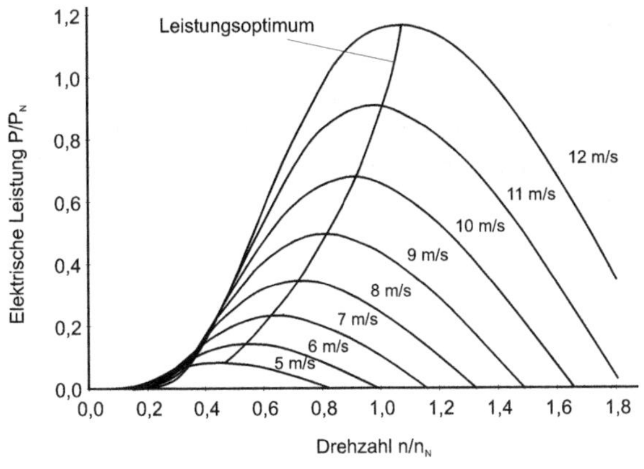

Abb. 8.79 Exemplarische Lage optimaler Betriebspunkte für unterschiedliche Windgeschwindigkeiten. Ausgehend vom Nennbetriebspunkt mit der Leistung P_N und der Drehzahl n_N verschieben sich die Betriebspunkte mit optimaler Leistungsausbeute für sinkende Windgeschwindigkeiten zu niedrigeren Drehzahlen [34]. Windkraftanlagen mit Drehzahlregelung können diesen Zusammenhang zur Ertragsoptimierung ausnutzen .

Active-Stall

Die Active-Stall-Regelung setzt auch das Verdrehen der Rotorblätter zur Regelung ein. Im Gegensatz zur Pitch-Regelung werden dabei allerdings die Rotorblätter zu höheren Anstellwinkeln hin verdreht, um auf diese Weise die Strömung auf der Oberseite der Rotorblattprofile aktiv in einen Zustand des Strömungsabrisses zu führen. Beim Active-Stall wird dieser Zustand im Vergleich zur Pitch-Regelung durch wesentlich kleinere Drehwinkel erreicht.

8.4.3 Condition Monitoring Systeme

Condition Monitoring Systeme (CMS) dienen der Überwachung von Maschinen und Anlagen bzw. deren Einzelkomponenten und Einzelteilen und bieten damit die Möglichkeit der Schadensfrüherkennung und der Vermeidung von Folgeschäden.

Instandhaltung von Windenergieanlagen

Wie aus Abschnitt 8.4.5, Wirtschaftlichkeit von Windkraftanlagen, deutlich wird, sind die Instandhaltungskosten ein wesentlicher Kostenfaktor während des Betriebes einer Windkraftanlage. Dies gilt insbesondere dann, wenn nur noch die Grundvergütung für den erzeugten Strom bezogen werden kann.
Bei der Instandhaltung wird in Wartung und Instandsetzung unterschieden. Im Zuge der Wartung werden Maßnahmen zur Reduzierung der Abnutzungs- oder Schädigungsgeschwindigkeit durchgeführt, während bei der Instandsetzung durch Beseitigung entstandener Schäden der Neuzustand der Anlage wieder hergestellt wird. Weiterhin wird zwischen der vorbeugenden Instandhaltung und der außerplanmäßigen Instandhaltung differenziert.

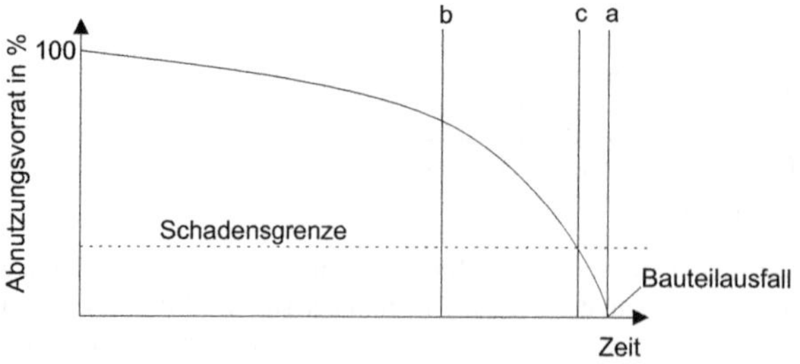

Abb. 8.80 Instandhaltungsstrategien: a) schadensorientierte Instandhaltung, b) zeitorientierte Instandhaltung, c) zustandsorientierte Instandhaltung [51]

Die in Abb. 8.80 dargestellten Instandhaltungsstrategien zeigen bildlich den zeitlichen Verlauf der Instandhaltung. Während die zeit- (b) und die zustandsorientierte

Instandhaltung (c) vor dem Bauteilausfall eingreifen, wird im Falle der schadensorientierten Instandhaltung (a) der Abnutzungsvorrat des Bauteils komplett ausgeschöpft. Da die schadensorientierte Instandhaltung außerplanmäßig und unvorhergesehen stattfindet, muss zwangsläufig mit höheren Ausfallzeiten und möglichen Folgeschäden gerechnet werden, sodass diese Instandhaltungsstrategie in der Regel auf redundante Systeme und sicher abschaltbare Systeme beschränkt bleibt.
Bei der zeitorientierten Instandhaltung ergeben sich spezifische Austauschintervalle für die betreffenden Komponenten. Wie aus Abb. 8.80 ersichtlich ist, führt dies jedoch auch dazu, dass der Abnutzungsvorrat des jeweiligen Bauteils nicht vollständig ausgenutzt werden kann.
Durch die zustandsorientierte Instandhaltung werden die Nachteile der beiden vorhergehenden Verfahren umgangen und sowohl der Abnutzungsvorrat einer Komponente möglichst ausgenutzt als auch die Nachteile des Versagens eines Bauteils vermieden.
Eine Möglichkeit, den Zustand der Anlage zu ermitteln, stellt in diesem Zusammenhang das Condition Monitoring von Anlagen dar, welches entsprechende Hinweise für den Instandhaltungsprozess liefern kann.

CMS für Windenergieanlagen

Durch die vom Germanischen Lloyd für die Zertifizierung vorgeschriebene „Richtlinie für die Zertifizierung von Condition Monitoring Systemen für Windkraftanlagen" sind die Funktion und der Umfang von CMS in Windenergieanlagen festgelegt. Bei Windenergieanlagen liegt der Schwerpunkt des CMS auf der Überwachung des Triebstrangs. Speziell sind hierbei die Hauptlagerung, das Hauptgetriebe, der Generator sowie Gondel und Turm durch das CMS zu überwachen. Die Überwachung der genannten Komponenten erfolgt mit Beschleunigungssensoren, die an den Messstellen durch Ankleben oder Anschrauben befestigt werden. Hierbei ist zu berücksichtigen, dass das CMS kein Bestandteil des Sicherheits- und Betriebssystems der Windenergieanlage ist und unabhängig davon operieren muss. Neben den durch die Beschleunigungssensoren generierten Daten sind weiterhin die Windrichtung, die Außenluft- und Gondeltemperatur, die Lagertemperaturen sowie die Temperatur der Generatorwicklung und die Öltemperaturen und -drücke aufzunehmen. Die Daten werden durch die Protokollierung der Steuereingriffe der Anlage komplettiert [74].
Das Condition Monitoring System beschränkt sich jedoch nicht nur auf die Aufnahme der Daten, sondern muss auch über ein integriertes Diagnosesystem verfügen und Grenzwertüberschreitungen in Form von Alarmen ausgeben. Um Trendanalysen generieren zu können, werden die Daten über einen Zeitraum von mindestens einem Jahr abgespeichert.
Bei den im Windkraftanlagenbereich eingesetzten CMS werden die Daten in der Regel an eine externe Überwachungsstelle weitergeleitet. Dieser Service muss nicht zwangsläufig vom Hersteller der Windenergieanlage angeboten, sondern kann auch durch einen externen Dienstleister erbracht werden [72]

8.4.4 Genehmigungsverfahren für Errichtung und Betrieb

Tanja Schabbach

Windkraftanlagen mit einer Gesamthöhe von mehr als 50 m sind genehmigungsbedürftig nach dem Bundes-Immissionsschutzgesetz (BImSchG), wobei die Gesamthöhe ermittelt wird aus der Nabenhöhe zuzüglich des halben Rotordurchmessers. Windkraftanlagen mit einer geringeren Höhe, sogenannte Kleinwindkraftanlagen, werden über eine baurechtliche Genehmigung zugelassen. Die nachfolgenden Ausführungen beziehen sich auf das Genehmigungsverfahren nach dem BImSchG. Dieses ist bundesweit einheitlich und sehr detailliert geregelt.

Für den Antragsteller, der eine oder mehrere Windkraftanlagen (WKA) plant, empfiehlt es sich unbedingt, zunächst bei der zuständigen Immissionsschutzbehörde ein Beratungsgespräch wahrzunehmen und sich über Inhalte und Umfang der erforderlichen Antragsunterlagen zu informieren. Die Unterlagen, zu denen auch spezielle Gutachten gehören, sind dann in vielfacher Ausfertigung zur sternförmigen Beteiligung der Fachbehörden bei der Genehmigungsbehörde einzureichen.

In § 10 des Bundes-Immissionsschutzgesetzes sowie in der 9. Durchführungsverordnung zum BImSchG (9. BImSchV), der „Verordnung über das Genehmigungsverfahren“, ist der Ablauf des Genehmigungsverfahrens konkret festgeschrieben. Abb. 8.81 zeigt die Grobstrukturen der Verfahrenseinordnung und des -ablaufs. Windkraftanlagen werden über die 4. BImSchV, die „Verordnung über genehmigungsbedürftige Anlagen“, zunächst dem vereinfachten Genehmigungsverfahren mit Behördenbeteiligung, aber ohne Öffentlichkeitsbeteiligung, zugeordnet.

Für Windkraftanlagen ist jedoch außerdem das Gesetz über die Umweltverträglichkeitsprüfung (UVPG) anzuwenden, sofern das Vorhaben die Errichtung und den Betrieb einer Windfarm mit Anlagen mit einer Gesamthöhe von jeweils mehr als 50 m mit mindestens drei Windkraftanlagen umfasst. Im Weiteren gelten dann gemäß dem UVPG folgende Anforderungen: Für Windfarmen mit drei bis fünf WKA besteht die Pflicht zur Durchführung einer standortbezogenen Vorprüfung des Einzelfalls, für Windfarmen mit sechs bis neunzehn WKA ist eine allgemeine Vorprüfung des Einzelfalls vorgeschrieben und ab 20 WKA ist grundsätzlich eine vollständige Umweltverträglichkeitsprüfung (UVP) durchzuführen. Für das Erreichen dieser jeweiligen Mengenschwellen ist zu beachten, dass Windkraftanlagen auch unterschiedlicher Betreiber, die in einem engen (räumlichen) Zusammenhang stehen, als kumulierende Vorhaben zusammen zu zählen sind. Eingerechnet werden dabei sowohl bereits vorhandene WKA als auch genehmigte (und gegebenenfalls noch nicht errichtete) sowie gleichzeitig im Verfahren befindliche WKA-Projekte. Bei der Addition bleibt jedoch der Bestand vor dem 14.03.1999 unberücksichtigt. Ist für bestehende WKA einer Windfarm bereits eine UVP durchgeführt worden, so sind diese Anlagen für das Erreichen der Mengenschwellen ebenfalls nicht anzurechnen. Es wird dann aber schon ab der ersten neu hinzukommenden WKA eine allgemeine Vorprüfung des Einzelfalls erforderlich. Die Entscheidung darüber, welche Art der Vorprüfung bzw. ob eine UVP durchzuführen ist, trifft die Genehmigungsbehörde

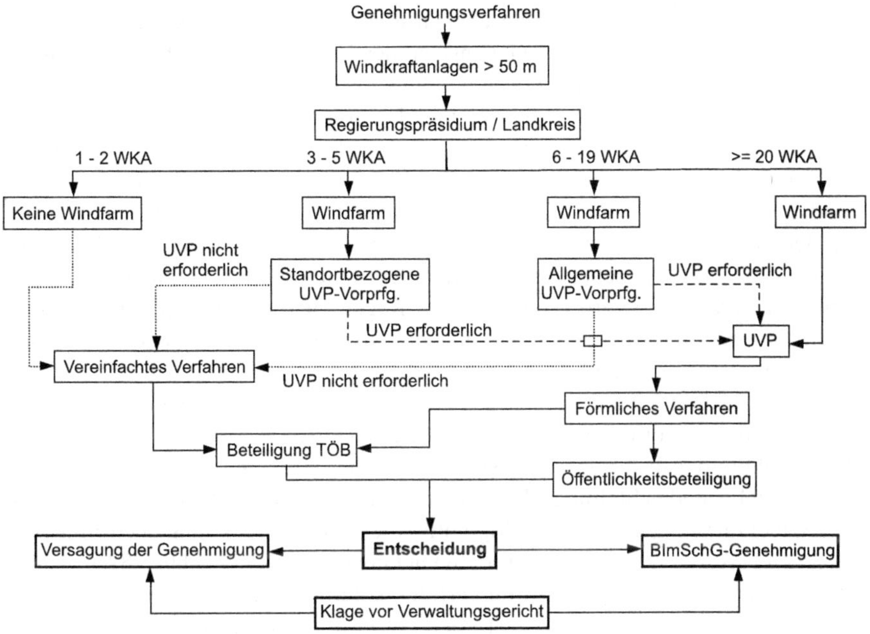

Abb. 8.81 Verfahrenseinordnung und -ablauf

anhand ihrer Kenntnisse über den Status der einzelnen Anlagen. Hierzu ein Beispiel: Stehen im Bereich einer Windfarm elf WKA und sind dort zusätzlich sechs WKA genehmigt, aber noch nicht errichtet, so wird im Genehmigungsverfahren eines Antragstellers für drei weitere WKA innerhalb dieser Windfarm eine UVP zwingend erforderlich.

Die Einzelfallprüfung wird nach den in der Anlage 2 zum UVPG aufgeführten Kriterien durchgeführt, wobei diese nicht als abschließend zu verstehen sind. Als Ergebnis der Einzelfallprüfung gelangt die Genehmigungsbehörde zu der Entscheidung, ob eine vollständige UVP notwendig ist oder nicht. Die standortbezogene Einzelfallprüfung unterscheidet sich von der allgemeinen dadurch, dass hier weniger Kriterien abgeprüft werden, nämlich nur die Kriterien entsprechend der Nummer 2 anstatt des vollständigen Kriterienkataloges der Nummern 1 bis 3. Führt die Vorprüfung zu dem Ergebnis, dass keine UVP erforderlich ist, so hat die Genehmigungsbehörde dieses Ergebnis der UVP-Vorprüfung zu veröffentlichen. Für das immissionsschutzrechtliche Genehmigungsverfahren steht damit gleichzeitig fest, dass es keiner Öffentlichkeitsbeteiligung bedarf. Im Falle der Notwendigkeit einer UVP, die sich entweder aus dem Erreichen der Mengenschwelle (20 oder mehr WKA) oder als Ergebnis der Einzelfallprüfung ergibt, wird diese zu einem unselbstständigen Teil des Genehmigungsverfahrens. Sie erfordert dann zum einen zusätzliche Unterlagen, die sogenannte Umweltverträglichkeitsstudie, die der Antragsteller bei erfahrenen Fachleuten in Auftrag geben sollte. Zum anderen ist im Genehmigungsverfahren eine Beteiligung der Öffentlichkeit unter den im Bundes-

Immissionsschutzgesetz vorgeschriebenen Bestimmungen einzuschließen (förmliches Genehmigungsverfahren). Gegenstand der Umweltverträglichkeitsprüfung ist die Ermittlung, Beschreibung und Bewertung der bedeutsamen Auswirkungen der Anlage auf Menschen, Tiere, Pflanzen und die biologische Vielfalt, Boden, Wasser, Luft, Klima und Landschaft, Kultur- und sonstige Sachgüter, sowie die Wechselwirkung zwischen den genannten Schutzgütern (s.a. § 1a der 9. BImSchV).
Sind die erforderlichen Unterlagen mit der Genehmigungsbehörde abgestimmt und hat der Antragsteller sie in der Anzahl der zu beteiligenden Träger öffentlicher Belange (TÖB) sowie gegebenenfalls weitere Exemplare für die Öffentlichkeitsbeteiligung eingereicht, so wird zunächst in der Regel innerhalb eines Monats die Vollständigkeit entsprechend der konkreten fachlichen und auf den Standort bezogenen Erfordernisse von den einzelnen Fachbehörden geprüft. Sind die Unterlagen nicht vollständig, erfolgt eine Rückmeldung zu den noch benötigten Unterlagen über die Genehmigungsbehörde an den Antragsteller. Nach der Vervollständigung beteiligt die Genehmigungsbehörde erneut sternförmig die Fachbehörden, nun zur Abgabe ihrer abschließenden Stellungnahme innerhalb eines Monats. Bei der Genehmigung von Windkraftanlagen sind vielfältige öffentlich-rechtliche Belange betroffen, entsprechend groß ist der Kreis der Beteiligten (siehe hierzu auch Abb. 8.82).
Parallel zur fachtechnischen Prüfung erfolgt, sofern sie, wie zuvor beschrieben im Zusammenhang mit einer UVP erforderlich wird, die Öffentlichkeitsbeteiligung. Hierzu wird das Vorhaben im amtlichen Veröffentlichungsblatt sowie entweder im Internet oder in am geplanten Standort verbreiteten örtlichen Tageszeitungen veröffentlicht. Eine Woche nach der Bekanntmachung werden die Antragsunterlagen für einen Monat bei der Genehmigungsbehörde sowie in einer öffentlichen Einrichtung in der Nähe des Anlagenstandorts für jedermann zur Einsichtnahme ausgelegt. Bis zwei Wochen nach Ablauf der Auslegungsfrist können schriftlich Einwendungen gegen das Windkraftprojekt erhoben werden. Die Genehmigungsbehörde entscheidet daraufhin, ob ein Erörterungstermin durchgeführt wird oder ob die eingegangenen Einwendungen nach ihrer Einschätzung keiner Erörterung bedürfen. Findet ein Erörterungstermin statt, so bietet er den Einwendern die Gelegenheit, ihre schriftlichen Ausführungen zu erläutern und gegebenenfalls mit dem Antragsteller und den Fachbehörden zu erörtern. Die Genehmigungsbehörde fertigt über den Termin eine Niederschrift an und hat relevante Erkenntnisse aus der Erörterung in ihre Entscheidung über den Antrag einzubeziehen.
Für die Dauer des immissionsschutzrechtlichen Genehmigungsverfahrens bis zur abschließenden Entscheidung in Form eines Genehmigungs- oder Ablehnungsbescheides ist vom Gesetzgeber eine Frist von drei Monaten im vereinfachten Verfahren ab Vollständigkeit der Antragsunterlagen vorgegeben. Für das förmliche Verfahren mit Öffentlichkeitsbeteiligung hat er eine Frist von sieben Monaten ab Vollständigkeit der Antragsunterlagen angesetzt. Die Genehmigungsbehörde kann diese Fristen allerdings verlängern, wenn dies wegen der Schwierigkeit der Prüfung oder aus Gründen, die dem Antragsteller zuzurechnen sind, erforderlich ist.

Inhaltliche Prüfkriterien im Genehmigungsverfahren

Die immissionsschutzrechtliche Genehmigung ist zu erteilen, „wenn 1. sichergestellt ist, dass die sich aus §5 und einer auf Grund des §7 erlassenen Rechtsverordnung ergebenden Pflichten erfüllt werden und 2. andere öffentlich-rechtliche Vorschriften und Belange des Arbeitsschutzes der Errichtung und dem Betrieb der Anlage nicht entgegenstehen“ (§6 Abs.1 BImSchG).
Abb. 8.82 gibt einen Überblick über Themenbereiche, die bei der diesbezüglichen Prüfung von Genehmigungsanträgen für Windkraftanlagen eine Rolle spielen. Die dafür zuständigen Fachbehörden müssen in jedem Einzelfall die Auswirkungen der beantragten WKA bewerten und hierzu abschließend Stellung nehmen. Dabei können bestimmte Aspekte je nach konkreter Fallkonstellation dem Vorhaben entgegenstehen, sodass der Antrag abzulehnen ist; sie können jedoch auch bedeutungslos sein oder es kann ihnen durch Nebenbestimmungen im Genehmigungsbescheid Rechnung getragen werden. Auf einige Themenbereiche aus Abb. 8.82 soll im Folgenden etwas näher eingegangen werden.

Abb. 8.82 Themenbereiche bei der Antragsprüfung

Bauleitplanung

Windkraftanlagen haben nach dem Baugesetzbuch den Status eines privilegierten Vorhabens im Außenbereich. Diese privilegierte bauplanungsrechtliche Zulässigkeit wird jedoch eingeschränkt, sofern zu einem Standort entweder ein verbindlicher Regionalplan gilt, der Vorranggebiete für die Windenergienutzung ausweist und damit gleichzeitig Ausschlusswirkung für Vorhaben außerhalb dieser Flächen hat, oder ein rechtskräftiger Flächennutzungsplan Flächen für die Windenergie ausweist und gleichzeitig in den übrigen Bereichen Ausschlusswirkung entfaltet. Städte und Gemeinden können also die Ansiedlung von Windkraftanlagen im Stadt- oder Gemeindegebiet durch Bauleitplanung steuern, indem sie sie durch Darstellung im Flächennutzungsplan auf bestimmte Standorte konzentrieren, und damit andere Bereiche von WKA freihalten. Um eine schlüssige Planung nachzuweisen, bedarf es dabei eines Standortgutachtens, mit dem das Stadt-/Gemeindegebiet nachvollziehbar auf geeignete und ungeeignete Flächen untersucht wird. Über einen Bebauungsplan können dann noch weitergehende Regelungen zu den Windkraftanlagen getroffen werden, etwa konkrete Baugrenzen oder Beschränkungen der Anlagenhöhe.

Naturschutz und Landschaftspflege

Ein wichtiger Bestandteil der Antragsunterlagen ist der Landschaftspflegerische Begleitplan, mit dem eine Beschreibung und Bewertung des Eingriffs und der erforderlichen Kompensationsmaßnahmen vorgenommen wird. Darüber hinaus werden von den Naturschutzbehörden standortbezogene Artenschutzgutachten gefordert, wobei die Schwerpunkte für Windkraftprojekte in der Untersuchung der Avifauna (Vogelwelt) und der Fledermäuse liegen. Anträge auf Errichtung von Windkraftanlagen werden nicht selten aufgrund des Vorkommens geschützter Tierarten abgelehnt. Daher empfiehlt es sich, frühzeitig Informationen zu dieser Thematik einzuholen.

Schattenwurf

Zur Beurteilung des Schattenwurfs sind deutschlandweit die Richtwerte anerkannt, die vom Länderausschuss für Immissionsschutz empfohlen werden. Demnach dürfen an Immissionsorten 30 Minuten pro Tag und 30 Stunden pro Jahr als maximale theoretisch / astronomisch mögliche Beschattungsdauer an bewegtem Schattenwurf erreicht werden. Darüber hinaus ist der bewegte Schattenwurf zu begrenzen, was über Schattenwurfabschaltmodule ermöglicht wird. Die astronomisch mögliche Beschattungsdauer wird im Genehmigungsverfahren anhand einer Schattenwurfprognose mit Computerprogrammen ähnlich wie zum Schall für alle relevanten Immissionspunkte in Bezug auf die Vor-, Zusatz- und Gesamtbelastung nachgewiesen.

Lärmschutz

Die Auswirkungen von Windkraftanlagen hinsichtlich des Lärms, den sie an den nächstgelegenen Wohnhäusern verursachen, werden anhand der Technischen Anleitung zum Schutz gegen Lärm (TA Lärm) beurteilt. Hier sind Schall-Immissionsrichtwerte für bestimmte Gebietskategorien je nach Schutzbedürftigkeit festgelegt. So dürfen z.B. in einem allgemeinen Wohngebiet tagsüber nicht mehr als 55 dB(A) an Fenstern von Wohngebäuden einwirken, nachts nicht mehr als 40 dB(A). In Misch- bzw. Dorfgebieten betragen die Schall-Immissionsrichtwerte 60 dB(A) tagsüber und 45 dB(A) nachts. Da es sich hierbei um maximal zulässige Werte für die Einwirkung handelt, dürfen alle Anlagen, die zum Lärm an einem Immissionspunkt beitragen, gemeinsam nicht zu einer Überschreitung führen. Im Genehmigungsverfahren sind Schall-Immissionsprognosen vorzulegen, die mithilfe standardisierter Computerprogramme unter Einbeziehung bereits bestehender oder gleichzeitig beantragter WKA Ergebnisse für die Vorbelastung, die Zusatzbelastung (durch die beantragten WKA) und die Gesamtbelastung (Vor- und Zusatzbelastung) durch Windkraftanlagen liefern. Eine Genehmigung ist nur möglich, soweit die zulässigen Immissionsrichtwerte nicht überschritten werden. Gegebenenfalls kommen hierfür Auflagen zu einer schallreduzierten Betriebsweise o.ä. in Betracht.

Standsicherheit

Der Nachweis der Standsicherheit ist gegenüber der beteiligten Bauaufsichtsbehörde über eine Typenprüfung zum geplanten Anlagentyp oder über Unterlagen zur Einzelstatik zu erbringen.
Nicht zuletzt müssen Windkraftanlagen auch hinsichtlich ihrer Wirkungen auf benachbarte Windkraftanlagen betrachtet werden. Zwar ist der sogenannte „Windklau" und damit einhergehende wirtschaftliche Einbußen für Anlagenbetreiber durch hinzukommende WKA kein öffentlich-rechtlicher Belang. (Stand-)sicherheitstechnische Aspekte durch gegebenenfalls erhöhte Turbulenzen müssen jedoch im Genehmigungsverfahren mit Hilfe eines Turbulenzgutachtens überprüft werden.

Flugsicherheit

Um eine Gefährdung des zivilen und militärischen Flugverkehrs durch Windkraftanlagen auszuschließen, erfolgt eine Prüfung durch die entsprechenden Flugsicherheitsbehörden. Wird eine Zustimmung aufgrund ausreichender Abstände zu Flugplätzen, Radaranlagen etc. erteilt, so ist diese mit umfangreichen Nebenbestimmungen zur Tages- und Nachtkennzeichnung der Windkraftanlagen verbunden. Hierfür bestehen verschiedene Alternativen zur farblichen Markierung oder Beleuchtung.
Dieser Überblick über das Genehmigungsverfahren, der die zu berücksichtigenden Aspekte bei Weitem nicht abschließend darstellt, verdeutlicht, dass es sich um ein komplexes Verfahren handelt, mit dem dennoch zurzeit jährlich in Deutschland nahezu tausend Windkraftanlagen zugelassen werden.

8.4.5 *Wirtschaftlichkeit von Windkraftanlagen*

Investitionskosten für Windenergieanlagen

Wie bei Investitionsgütern allgemein üblich, werden auch die Preise für Windenergieanlagen auftragsspezifisch verhandelt. Durch die Vertragspartner können so beispielsweise aktuelle Materialpreise und Fertigungskapazitäten sowie stückzahlabhängige Rabatte berücksichtigt werden. Da entweder seitens des Herstellers Rohmaterialien und Halbzeuge vorfinanziert werden bzw. seitens des Käufers Abschlags-

zahlungen zu leisten sind, beeinflussen auch die Zahlungsbedingungen und -termine den für eine Windenergieanlage zu zahlenden Preis.
Die im Folgenden angeführten Kostenübersichten über die Investitions- und Investitionsnebenkosten von Windenergieanlagen basieren daher nicht auf einem konkreten ausgeführten Projekt, sondern wurden im Rahmen von Umfragen unter Herstellern, Betreibern und Projektentwicklern ermittelt. Die Datenerhebung wurde im Rahmen der Weiterentwicklung des Erneuerbare-Energien-Gesetzes durchgeführt und ist im Detail in [85] zu finden.
In Abb. 8.83 sind die Kosten für Onshore-Windenergieanlagen für unterschiedliche Leistungsklassen und unterschiedliche Nabenhöhenbereiche dargestellt.
Da Windenergieanlagen mit Leistungen unter 2 MW in Deutschland nur noch selten errichtet werden, standen in der Auswertung hierfür nur begrenzte Daten zu Verfügung. Die Leistungsklasse von mehr als 5 MW ist vornehmlich für den Offshore-Einsatz geplant, sodass auch hier nur bedingt Daten verfügbar waren [85].
Aus der Darstellung der Investitionskosten wird deutlich, dass momentan Windenergieanlagen mit einer installierten Leistung zwischen 2 und 3 MW die niedrigsten leistungsspezifischen Kosten unter den betrachteten Anlagen aufweisen. Für Turmhöhen über 120 m stellt sich der Leistungsbereich zwischen 3 und 5 MW als der günstigste dar. Dies ist durch höhere Turmkosten begründet, die sich anteilig bei der leistungsstärkeren Windturbine weniger stark bemerkbar machen.
Neben der Windturbine mit dem zugehörigen Turm ist bei der Errichtung einer Windenergieanlage die entsprechende Infrastruktur zu erstellen. Die dabei resultierenden Kosten teilen sich in die Posten Fundament mit zugehörigen Bauleistungen, Planung des Windparks, Erschließung des Geländes, Netzanbindung und sonstige Kosten auf (vgl. Abb. 8.84).
Unter die Windparkplanung fällt auch die Akquise der notwendigen Grundstücke sowie die Durchführung des Genehmigungsverfahrens. Die Netzanbindung beschränkt sich auf den Anschluss der Windenergieanlagen an den technisch und wirtschaftlich günstigsten Verknüpfungspunkt des Netzes des zuständigen Netzbetreibers. Unter Sonstigen Kosten werden Kosten zusammengefasst, die den vorhergehenden Kosten nicht zugeordnet werden können.

Betriebskosten

Beim Betrieb von Windenergieanlagen fallen diverse Betriebskosten an [85]:

- Pacht für die vom Windpark genutzte Fläche
- Wartungs- und Reparaturkosten
- Versicherungen
- Kosten für die kaufmännische und technische Betriebsführung
- Kosten für die Geschäftsführung
- Rücklagen für den Rückbau
- sonstige Kosten

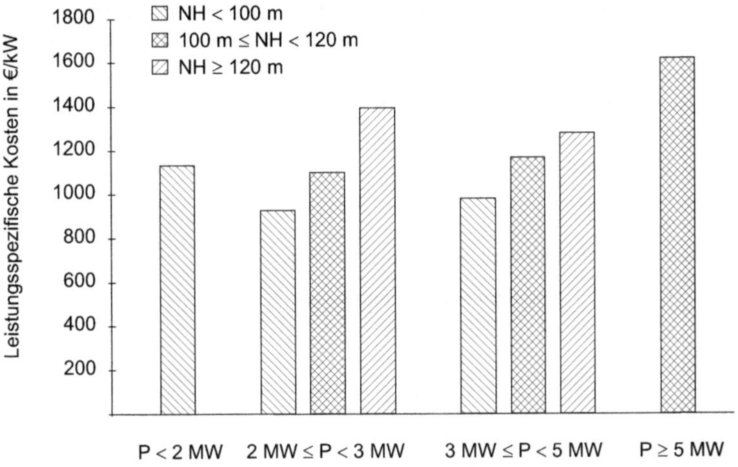

Abb. 8.83 Leistungsspezifische Kosten in €/kW für Windenergieanlagen unterschiedlicher Leistungsklassen und Nabenhöhen (NH), Stand der Datenerhebung Juni 2010 [85]

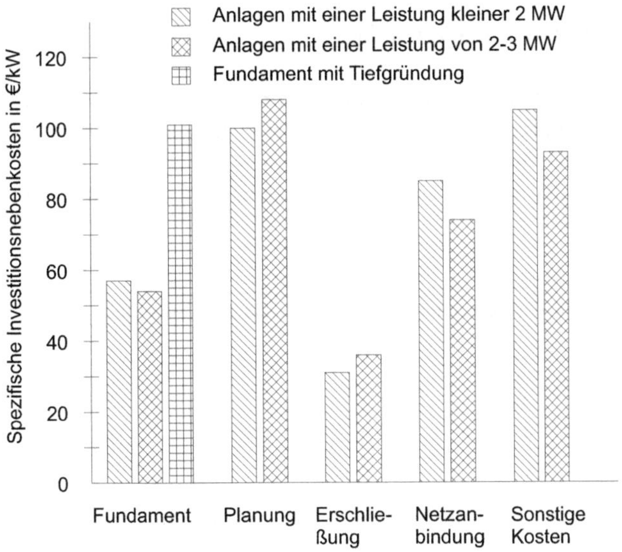

Abb. 8.84 Investitionsnebenkosten, die bei der Errichtung eines Windparks bzw. einer Einzelanlage anfallen, Stand 2010, nach [85]. Die Gesamtsumme der Investitionsnebenkosten beträgt 378 €/kW für Anlagen mit einer Leistung unterhalb von 2 MW und 365 €/kW für Anlagen mit eine Leistung zwischen 2 und 3 MW, wobei in beiden Fällen ein Fundament in Form einer Flachgründung vorausgesetzt wird.

Der zeitliche Anfall der oben genannten Kosten variiert über die Betriebsdauer der Windkraftanlage, da die Wartungs- und Reparaturkosten mit zunehmendem Anlagenalter steigen. Aus diesem Grund unterteilen Wallasch et al. [85] die Betriebskosten in zwei Zeiträume: Für die ersten 10 Betriebsjahre kann pauschal mit 2,19 ct/kWh, für die zweiten 10 Betriebsjahre mit 2,49 ct/kWh gerechnet werden. Anhaltswerte für die Aufteilung der Betriebskosten gibt Tab. 8.6 wieder.

Tabelle 8.6 Aufteilung der Betriebskosten auf die jeweilige Kostenart [32]

Kostenart	Anteil an den Betriebskosten
Wartungskosten	16...18 %
Reparaturkosten	13...18 %
Versicherungen	11...13 %
Pacht	18...20 %
Betriebs- und Geschäftsführung	18 %
Sonstiges	18...20 %

Stromgestehungskosten von Windenergieanlagen

Anhand der in den vorherigen Abschnitten angegebenen Kosten können die Stromgestehungskosten für eine Windkraftanlage näherungsweise angegeben werden. Als beispielhafte Anlage wird eine Vestas V90-2.0 MW mit einer Nabenhöhe von 105 m an einem Standort gewählt, der den in Tabelle 8.7 angegebenen Bedingungen entspricht.

Tabelle 8.7 Randbedingungen für die Berechnung der Stromgestehungskosten einer Windkraftanlage

Mittlere Windgeschwindigkeit v_m	5,5 m/s
Referenzhöhe h	30 m
Rauigkeitslänge z_0	0,1 m

Für eine Windkraftanlage dieser Baureihe ist eine vermessene Leistungskurve unter [12] zu finden. Die Vestas V90-2.0 MW ist eine Windturbine mit einem Rotordurchmesser von 90 m und wird mit einem Stahlrohrturm in den Nabenhöhen von 95 m, 105 m oder 125 m geliefert. Bevor die von der Anlage abgegebene jährliche elektrische Arbeit bestimmt werden kann, muss die mittlere Windgeschwindigkeit aus den Referenzbedingungen, wie in Tabelle 8.7 angegeben, auf die Nabenhöhe umgerechnet werden. Die mittlere Windgeschwindigkeit in Nabenhöhe v_N ergibt sich damit zu:

$$v_N = v_{ref} \frac{\ln\left(\frac{h_N}{z_0}\right)}{\ln\left(\frac{h_{ref}}{z_0}\right)} = 5{,}5\,\mathrm{m/s} \frac{\ln\left(\frac{105\ \mathrm{m}}{0{,}1\ \mathrm{m}}\right)}{\ln\left(\frac{30\ \mathrm{m}}{0{,}1\ \mathrm{m}}\right)} = 6{,}71\,\mathrm{m/s}. \tag{8.112}$$

Die jährliche elektrische Arbeit der Anlage lässt sich nach [22] wie folgt bestimmen:

$$\sum_{i=1}^{N} W_{el_i} = 8760\,\mathrm{h}\,(F(v_i) - F(v_{i-1}))\,\frac{P_{i-1} + P_i}{2}. \tag{8.113}$$

Hierbei bezeichnet i die Nummer eines Windgeschwindigkeit-Bins, P_i die elektrische Leistung, die für diese Windgeschwindigkeit gemessen wurde sowie $F(v_i)$ die Summenhäufigkeit der Windgeschwindigkeit im Bin i. Die obere Grenze der Summation N gibt die Gesamtzahl der Bins an, die für die Angabe der Leistungskurve verwendet wurden. Mit der Annahme, dass für den Standort die Rayleigh-Verteilung zugrunde gelegt werden kann, ergibt sich $F(v_i)$ als

$$F(v_i) = 1 - \exp\left(-\frac{\pi}{4}\left(\frac{v_i}{v_N}\right)^2\right). \tag{8.114}$$

Die Leistungskurve sowie der Jahresertrag pro Windgeschwindigkeit-Bin sind Tabelle 8.8 zu entnehmen. Zusätzlich ist in der Tabelle die Summenhäufigkeit $F(v_i)$ des jeweiligen Geschwindigkeit-Bins angegeben.
Bei 8.760 Stunden pro Jahr ergibt sich damit eine Volllaststundenanzahl n_N von

$$n_N = W_{el_{gesamt}}/P_N = 6.123\,\mathrm{MWh}/2\,\mathrm{MW} = 3.061\,\mathrm{h}. \tag{8.115}$$

Die Anzahl der Volllaststunden n_N stellt einen idealisierten Wert dar, da weder die technische Verfügbarkeit der Anlage, die beispielsweise durch Instandhaltungsmaßnahmen gemindert wird, noch die Messunsicherheit bei der Vermessung der Leistungskurve berücksichtigt wurden. Nach [32] können hierfür die Faktoren 0,98 für die Verfügbarkeit sowie 0,95 als Sicherheitsabschlag verwendet werden. Die so korrigierte Volllaststundenanzahl ergibt sich zu 2.850 h.
Für die Berechnung der Stromgestehungskosten sind neben der produzierten Strommenge auch die dabei auftretenden Kosten maßgeblich. In den vorherigen Abschnitten sind als Kosten gegeben:

- Die spezifischen Investitionskosten: 1.100 €/kW,
- die Investitionsnebenkosten: 363 €/kW.

Da die Investition in der Regel durch Kredite finanziert wird, müssen die Finanzierungsbedingungen bei der Berechnung der Stromgestehungskosten Berücksichtigung finden. Die Finanzierung kann sehr unterschiedlich ausfallen. Ein als Bürgerwindpark konzipiertes Projekt wird bei den Kreditrahmenbedingungen anders bewertet als eine Aktiengesellschaft, die als Investor und Betreiber eines Windparks auftritt. Für die hier durchgeführte Berechnung der Stromgestehungskosten wird eine Projektfinanzierung vorausgesetzt, die die vorherrschende Finanzierungsart von Windenergieprojekten darstellt. Bei der Projektfinanzierung wird die Kreditvergabe durch eine Bank nicht von der Kreditwürdigkeit des Investors abhängig gemacht, sondern von der Wirtschaftlichkeit des Projektes. Eine typische Aufteilung des Gesamtinvestes in Bezug auf Fremd- und Eigenkapital liegt hierbei bei 75 % Fremd- und 25 % Eigenkapital. Die Zinsen bzw. die Renditeerwartungen sind 5,5 % Zinsen für das Fremdkapital und eine Eigenkapitalverzinsung von 12 %. Die angeführten Zusammenhänge sind [85] entnommen.

Tabelle 8.8 Leistungskurve Vestas V90-2.0 MW nach [12]. Für die Berechnung der elektrischen Jahresarbeit wurde in Anlehnung an Teil 5 der Technischen Richtlinien für Windenergieanlagen der Fördergesellschaft Windenergie und andere Erneuerbare Energien (FGW e.V.), Bestimmung und Anwendung des Referenzertrages [22], vor der ersten gemessenen Windgeschwindigkeit v, die größer als Null ist, die Geschwindigkeit $v_i - 0,5\text{m/s}$ in die aufbereitete Leistungskurve eingefügt. Weiterhin wurde die Leistung der WEA bis zu Abschaltwindgeschwindigkeit von 23 m/s als konstant und dem letzten Messwert entsprechend angenommen.

	Gemessene Leistungskurve		**Aufbereitete Leistungskurve**			Jahresertrag
Bin	v_i in [m/s]	P_i in [kW]	v_i in [m/s]	P_i in [kW]	$F(v_i)$	[kWh/Bin]
1	0	0	0,57	0	0,0057	0,0
2	1,07	-6,4	1,07	-6,4	0,0198	-395,9
3	1,54	-5,7	1,54	-5,7	0,0405	-1099,8
4	2,04	-5	2,04	-5	0,07	-1382,4
5	2,52	-5,3	2,52	-5,3	0,1049	-1571,7
6	3	-1,6	3	-1,6	0,1453	-1221,9
7	3,49	42,2	3,49	42,2	0,1914	8201,9
8	3,98	93,3	3,98	93,3	0,2414	29683,1
9	4,51	145,2	4,51	145,2	0,2987	59821,1
10	5	211,3	5	211,3	0,3534	85493,0
11	5,5	284,2	5,5	284,2	0,41	122798,2
12	6,02	390,9	6,02	390,9	0,4686	173093,6
13	6,49	491,5	6,49	491,5	0,5204	200220,1
14	7	601,1	7	601,1	0,5746	259578,4
15	7,49	731,8	7,49	731,8	0,6242	289300,6
16	8,01	884,5	8,01	884,5	0,6735	348979,0
17	8,52	1087,6	8,52	1087,6	0,7181	385730,7
18	9	1247,1	9	1247,1	0,7566	393304,4
19	9,48	1429,6	9,48	1429,6	0,7915	409123,2
20	10,01	1594,3	10,01	1594,3	0,8259	455399,3
21	10,48	1742,9	10,48	1742,9	0,8528	393618,8
22	10,98	1861,2	10,98	1861,2	0,8779	396689,5
23	11,52	1948,1	11,52	1948,1	0,9012	389033,6
24	12,01	1993,3	12,01	1993,3	0,9192	310639,6
25	12,52	2003,5	12,52	2003,5	0,9351	277227,9
26	13,02	2007	13,02	2007	0,948	227783,8
27	13,47	2007,7	13,47	2007,7	0,9578	171569,6
28	13,98	2007,3	13,98	2007,3	0,9669	160844,0
29	14,52	2007,4	14,52	2007,4	0,9747	136898,5
30	14,99	2007	14,99	2007	0,9802	95525,0
31	15,49	2006,8	15,49	2006,8	0,9848	81456,3
32	15,92	2006,7	15,92	2006,7	0,988	56141,1
33	16,43	2006,5	16,43	2006,5	0,991	52843,9
34	-	-	23	2006,5	0,9999	156722,6

Die Stromgestehungskosten, im englischen Sprachgebrauch auch als *LCOE* („levelized cost of electricity") bezeichnet, können mittels der folgenden Gleichung berechnet werden [42]:

$$LCOE = \frac{I_0 + \sum_{t=1}^{N} \frac{A_t}{(1+i)^t}}{\sum_{t=1}^{N} \frac{M_{el}}{(1+i)^t}}. \tag{8.116}$$

Hierbei sind I_0 die Investitionsausgaben in €, A_t die jährlichen Gesamtkosten in € im Jahr t, M_{el} die produzierte Strommenge im betrachteten Jahr und i der zugehörige Zinssatz. Wird Kapital mit unterschiedlichen Zinssätzen eingesetzt, so können diese, über den WACC (engl. „weighted average capital cost") bei dem die Zinssätze nach ihren Anteilen am Gesamtkapital gewichtet werden, in die Berechnung mit einfließen. Eine flexiblere Möglichkeit der Berechnung des *LCOE* ergibt sich, wenn die Gesamtanlage in den Anteil der aus Fremdkapital finanziert wurde und den Anteil, der aus Eigenkapital bezahlt wurde, aufgeteilt wird. Dann sind beispielsweise auch unterschiedliche Laufzeiten der Kredite möglich. Für die betrachtete Windenergieanlage, die mit Fremd- und Eigenkapital finanziert wird, ergibt sich damit:

$$LCOE = a_F \frac{I_{0_F} + \sum_{t=1}^{N} \frac{A_{t_F}}{(1+i_F)^t}}{\sum_{t=1}^{N} \frac{M_{el_F}}{(1+i_F)^t}} + a_E \frac{I_{0_E} + \sum_{t=1}^{N} \frac{A_{t_E}}{(1+i_E)^t}}{\sum_{t=1}^{N} \frac{M_{el_E}}{(1+i_E)^t}}. \tag{8.117}$$

Die verwendeten Variablen entsprechen den in Gl. (8.116) eingeführten Größen, wobei durch den Index F die Anteile die mit Fremdkapital und mit dem Index E die entsprechenden Größen, die durch Eigenkapital finanziert wurden, bezeichnet werden. Die Faktoren a_F bzw. a_E geben den Anteil von Fremd- bzw. Eigenkapital an. Für die Bestimmung des *LCOE* im vorliegenden Fall gelten $a_F = 0{,}75$ und $a_E = 0{,}25$. Für die Rückzahlung des Kredites wird ein Zeitraum von 20 Jahren veranschlagt, der der Einsatzdauer der Anlage entspricht. Die Investitionsanteile ergeben sich damit zu:

- Fremdkapital $I_{0_F} = 0{,}75 \cdot 2.000\ \text{kW} \cdot 1.463\ €/\text{kW} = 2.194.500\ €$,
- Eigenkapital $I_{0_E} = 0{,}25 \cdot 2000\ \text{kW} \cdot 1.463\ €/\text{kW} = 731.500\ €$.

Bei den jährlichen Kosten sind die Betriebskosten A_B zu berücksichtigen. Diese betragen

- für die erste Betriebsdekade:
  $A_B = 2{,}19\ \text{ct/kWh} \cdot 2.850\ \text{h} \cdot 2.000\ \text{kW} = 124.830\ €$,
- für die zweite Betriebsdekade:
  $A_B = 2{,}49\ \text{ct/kWh} \cdot 2.850\ \text{h} \cdot 2.000\ \text{kW} = 141.930\ €$.

Da die Betriebskosten in der Regel inflationsabhängig ansteigen, wird für diese eine jährliche Steigerung von 2 % berücksichtigt. Die Aufteilung der Betriebskosten und der Stromproduktion erfolgt in die Anteile 0,75 für den Fremdkapitalanteil und 0,25 für den Eigenkapitalanteil.

Mit den in Tabelle 8.9 aufsummierten Werten ergeben sich die Stromgestehungskosten zu:

$$LCOE = 0{,}75 \cdot \frac{(2.195 + 1.415)\ \text{T€}}{51.092.485\ \text{kWh}} + 0{,}25 \cdot \frac{(732 + 280)\ \text{T€}}{10.644.915\ \text{kWh}} = 7{,}7\ \text{ct/kWh}.$$

Tabelle 8.9 Jährliche Beiträge der Stromproduktion sowie der Kosten, aufgeteilt auf die Fremd- und Eigenkapitalanteile unter Einbeziehung der für den jeweiligen Anteil geltenden Zinssätze. Für das Fremdkapital wurde ein Zinssatz $i_F = 5,5$ % und für das Eigenkapital ein Zinssatz $i_E = 12$ % verwendet.

t	$\frac{A_{t_F}}{(1+i_F)^t}$ in [€]	$\frac{A_{t_E}}{(1+i_E)^t}$ in [€]	$\frac{M_{el_F}}{(1+i_F)^t}$ in [kWh]	$\frac{M_{el_E}}{(1+i_E)^t}$ in [kWh]
1	90.525	28.424	4.052.497	1.272.436
2	87.521	25.886	3.841.230	1.136.104
3	84.618	23.575	3.640.976	1014378
4	81.811	21.470	3.451.162	905.695
5	79.097	19.553	3.271.244	808.656
6	76.473	17.807	3.100.705	722.014
7	73.936	16.217	2.939.057	644.656
8	71.483	14.769	2.785.836	575.585
9	69.111	13.450	2.640.603	513.916
10	66.818	12.250	2.502.941	458.853
11	73.451	12.684	2.372.456	409.690
12	71.015	11.552	2.248.773	365.795
13	68.659	10.520	2.131.539	326.603
14	66.381	9.581	2.020.416	291.609
15	64.179	8.725	1.915.086	260.366
16	62.049	7.946	1.815.248	232.469
17	59.991	7.237	1.720.614	207.562
18	58.001	6.591	1.630.914	185.323
19	56.077	6.002	1.545.890	165.467
20	54.216	5.466	1.465.298	147.738
$\sum_{t=1}^{20}$	1.415.412	279.705	51.092.485	10.644.915

8.4.6 Auslegungsbeispiel

Der Bürgerwindpark Roter Berg befindet sich im Eichsfeld in Thüringen nordöstlich der Ortschaft Reinholterode. Der Windpark besteht aus vier Anlagen vom Typ ENERCON E-66, die im Jahr 1999 aufgebaut wurden und einer weiteren Anlage des gleichen Typs, die im Jahre 2003 installiert wurde. Die technischen Daten der Windkraftanlagen sind Tabelle 8.10 zu entnehmen.

Tabelle 8.10 Technische Daten der Windkraftanlage E-66/15.66, E-66/18.70 und E-82 E2 des Herstellers ENERCON, nach [11], [13] und [20]

Typ	E-66 / 15.66	E-66 / 18.70	E-82 E2
Nennleistung	1500 kW	1800 kW	2300 kW
Rotordurchmesser	66 m	70 m	82 m
Drehzahl	6-18 1/min	10-22 1/min	6-18 1/min
Rotorblattmaterial	Glasfaser/Epoxydharz		
Generator	synchron, Ringgenerator, 400 V		
Leistungsbegrenzung	Pitchregelung		
Ausschaltgeschwindigkeit	28-34 m/s		

→ Flächenbedarf eines Windparks

Die flächenbezogene Leistung eines Windenergiestandorts ergibt sich aus der Nennleistung der installierten Anlagen geteilt durch die Grundfläche des Standorts. Sieht man einmal von Einzelwindkraftanlagen ab, so kann für Windparks eine annähernd konstante, d.h. von der Nennleistung der einzelnen Windkraftanlagen unabhängige flächenbezogene Leistung angesetzt werden. Sie ergibt sich aus den aufgrund von Abschattungen und Turbulenzen einzuhaltenden Abständen zwischen den einzelnen Windkraftanlagen des Windparks. Dabei wird in Hauptwindrichtung das 5- bis 8-fache und in Nebenwindrichtung das 3- bis 5-fache des Rotordurchmessers angesetzt [32].

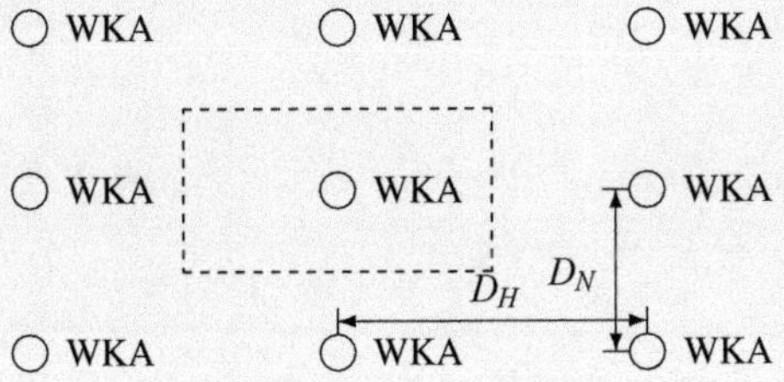

Die obige Abbildung zeigt einen Ausschnitt aus einem Windpark, in den die entsprechenden Abstände in Haupt- und Nebenwindrichtung D_H bzw. D_N eingezeichnet sind. Berechnet man die flächenbezogene Leistung $P_\square$, so muss für eine Windkraftanlage der Nennleistung P_N der gestrichelt umrandete Bereich als Flächenbedarf zugrunde gelegt werden:

$$P_\square = \frac{P_N}{D_H \cdot D_N}.$$

Es sollen nun zwei Anlagen unterschiedlicher Baugröße betrachtet werden:

- Enercon E-53: P_N = 0,8 MW, Rotor-Ø = 53 m
- Enercon E-101: P_N = 3 MW, Rotor-Ø = 101 m

Für die flächenbezogenen Leistungen ergeben sich die folgenden Werte:

D_N/D_H	3/5	5/8
$P_\square$ für E-53 in [kW/ha]	190	71
$P_\square$ für E-101 in [kW/ha]	196	74

Als Ergebnis erhält man für einen minimalen 3/5-Abstand jeweils eine flächenbezogene Leistung von etwa 200 kW/ha, bei einem 5/8-Abstand von etwa 75 kW/ha. Berücksichtigt man weiter, dass zu den Rändern der Flächen auch geringere Abstände möglich sind, kann für einen minimalen 3/5-Abstand mit einer typischen flächenbezogenen Leistung von 300 kW/ha gerechnet werden. Dieser Wert führt bei einer 3 MW Anlage auf einen Flächenbedarf von 10 ha.

Durch den Abbau einer bereits seit dem Jahr 1995 im gleichen Windfeld betriebenen 300 kW-Anlage des Typs Tacke TW 300 wurde im Rahmen eines Repowerings im Jahr 2011 eine ENERCON E-82 errichtet, deren technische Daten ebenfalls in Tabelle 8.10 aufgelistet sind.

Abb. 8.85 Montage der E-82

Im Gegensatz zu den bereits bestehenden fünf Anlagen wird bei der sechsten Anlage ein Hybridturm verwendet, mit dem eine Nabenhöhe von 138 m erreicht wird. Abb. 8.85 zeigt die Montage des Maschinenhauses auf den Turm. Im unteren Bereich sind die Betonsegmente des Turms anhand der vergleichsweise geringen Abstände zwischen den Fugen zu erkennen.
Den Einfluss der Turmhöhe zeigt der Vergleich der von den Anlagen ins Netz eingespeisten Elektroenergie. In Tabelle 8.11 ist dieser Wert für alle Anlagen exemplarisch für das Jahr 2012 dargestellt und auf die jährlichen Vollaststunden umgerechnet worden. Während die älteren Anlagen, die mit einer Nabenhöhe von 66,8 m errichtet wurden, im Mittel 1684 Volllaststunden erreicht haben, arbeitete die neuste Anlage mit einer Nabenhöhe von 138 m im gleichen Jahr theoretisch 2872 h bei Volllast.

Tabelle 8.11 Jahresarbeit und Volllaststunden der Windenergieanlagen für das Jahr 2012 [20]

Anlagennummer	1	2	3	4	5	6
Anlagentyp	E-66/15.66	E-66/15.66	E-66/15.66	E-66/15.66	E-66/18.70	E-82 E2
Jahresarbeit in MWh	2.661	2.574	2.611	2.255	3.365	6.605
Vollaststunden in h	1.774	1.716	1.741	1.503	1.869	2.872

Literaturverzeichnis

1. Abbott, I.H., et al.: Summary of Airfoil Data. Report No. 824, National Advisory Committee for Aeronautics, Langley, Virginia, USA (1945)
2. Abbott, I.H., v. Doenhoff, A. E.: Theory of Wing Sections: Including a Summary of Airfoil Data. Dover Publ., New York (1959)
3. Bauer, E.: Typische Flanken-Ermüdungsschäden an einsatzgehärteten Stirnradgetrieben. In: Bauteilschäden. Ursachen und Verhütung, VDI-Berichte 902, S. 91-121, Düsseldorf (1991)
4. Bauer, E.: Windenergieanlagen Schadenbetrachtungen. Allianz Report 2/2001 (2001)
5. Betke, K., et.al.: Geräuschminderung durch Modifikation der Blattspitze, der Blatthinterkante und des Anstellwinkels von Windkraftanlagen. Abschlussbericht des BMBF-Forschungsvorhabens 0329669 (1997)
6. Betz, A.: Windenergie und ihre Ausnutzung durch Windmühlen. Vandenhoeck & Ruprecht, Göttingen (1926)
7. Binder, A.: Elektrische Maschinen und Antriebe. Springer, Berlin (2012)
8. Bittmann, E.: Viel Wind um GFK - Werkstoffe und Verfahren im Rotorblattbau. KU Kunststoffe **92**, Nr. 11, S. 119ff (2002)
9. Bolte, E.: Elektrische Maschinen, Springer, Berlin (2012)
10. Burton, T., et.al.: Wind Energy Handbook, Wiley, Chichester (2011)
11. Bundesverband WindEnergie e.V. (Hg.): Windenergie 2003. (2003)
12. Bundesverband WindEnergie e.V. (Hg.): BWE-Marktübersicht 2010. (2010)
13. Bundesverband WindEnergie e.V. (Hg.): BWE-Marktübersicht 2011. (2011)
14. Det Norske Veritas, Risoe National Laboratory Wind Energy Department: Guidelines for design of wind turbines. Denmark (2002)
15. Dobschinski, J., et.al.: Deutscher Windmonitor. Abschlussbericht zum Forschungsvorhaben Nr. 0327584, Kassel (2009)

16. Durst, F.: Grundlagen der Strömungsmechanik. Springer, Berlin (2006)
17. Engström, S., et.al.: Tall towers for large wind turbines. Elforsk rapport 10:48, (2010)
18. ENERCON GmbH: Turmbau. Firmenschrift, http://www.enercon.de/de-de/turmbau.htm, Abruf: 22.02.2012
19. ENERCON GmbH: ENERCON Produktübersicht, http://www.enercon.de/fileadmin/Redakteur/Medien-Portal/broschueren/pdf/ENERCON_Produkt_de_6_2015.pdf, Abruf: 03.10.2016
20. EPE GmbH & Co.: Bürgerwindpark Roter Berg KG. http://www.epe-gmbh.de/, Abruf: 01.02.2013
21. Eppler, R.: Airfoil Design and Data. Springer, Berlin (1990)
22. Fördergesellschaft Windenergie und andere Erneuerbare Energien (Hg.): Technische Richtlinien für Windkraftanlagen, Teil 5: Bestimmung und Anwendung des Referenzertrages. (2008)
23. Fahl, U., Blesl, M., Tomaschek, J.: Energiewirtschaftliche Gesamtsituation, BWK **68**, Nr. 5, S. 19-32 (2016)
24. Frey, M.: Hybrid, Holz, Höchster. Erneuerbare Energien **22**, Nr. 5, S. 42-45 (2012)
25. Fuchs, F. W., et.al.: Leistungselektronik-Generatorsysteme in Windenergieanlagen – Stand und Entwicklungstendenzen. VDE ETG Kongress 2008, München (2008)
26. Fuglsang, P., et.al.: Wind Tunnel Tests of the FFA-W3-241, FFA-W3-301 and NACA 63-430 Airfoils. Risø-R-1041(EN), Risø National Laboratory, Roskilde (1998)
27. Fuhrländer AG: Errichtung einer FL 2500 in Weltrekordhöhe von 160 m. Filmbeitrag, http://www.fuhrlaender.de/knowhow/rekord.html, Abruf: 21.06.2012
28. Gasch, R., Twele, J.: Windkraftanlagen. B.G. Teubner, Wiesbaden (2008)
29. Gellermann, T.: Betriebs- und Schwingungsverhalten des Triebstranges von Windenergieanlagen. In: Schwingungen von Windenergieanlagen, VDI-Berichte 2088, S. 201-210, Düsseldorf (2010)
30. Gellermann, T., Wikidal, F.: Untersuchung des dynamischen Verhaltens des Triebstranges von Windenergieanlagen. WIND-KRAFT Journal **31**, Nr. 2, S. 24-27 (2011)
31. Gregorius, H.: Schmierung mit Extras. BetreiberNews 02/2006, Bundesverband WindEnergie e.V. (2006)
32. Hau, E.: Windkraftanlagen. Springer, Berlin (2008)
33. Hecquet, T., et.al.: Modellierungseinflüsse auf die Simulation der Triebstrangdynamik von Windenergieanlagen. In: Schwingungen von Windenergieanlagen, VDI-Berichte 2088, S. 159-168, Düsseldorf (2010)
34. Heier, S.: Windkraftanlagen – Systemauslegung. Integration und Regelung, B.G. Teubner, Wiesbaden (2003)
35. Hoffmann, M.: Herausforderungen an Wälzlagerungen in Windenergieanlagen. VDI-Konferenz Antriebsstränge in Windenergieanlagen, Hamburg (2011)
36. Huß, G.: Modifizierung des Anlagenkonzepts WKA-60 im Hinblick auf eine Leistungssteigerung, Landaufstellung und eine Verbesserung der Wirtschaftlichkeit, Statusbericht zum Forschungsvorhaben 032-8824-A des Bundesministeriums für Forschung und Technologie. In: Statusreport 1990 Windenergie, Forschungszentrum Jülich GmbH (Hg.) (1990)
37. Irretier, H.: Grundlagen der Schwingungstechnik 1. Vieweg, Braunschweig (2000)
38. IEC 61400-1:2005 in deutscher Fassung als VDE 0127-1:2005: Windenergieanlagen - Teil 1: Auslegungsanforderungen. Beuth, Berlin (2005)
39. Johansen, J., Sørensen, N.N.: Numerical Investigation of Three Wind Turbine Blade Tips. Risø-R-1353(EN), Risø National Laboratory, Roskilde (2002)
40. Klinger, F.: DIRECT DRIVE WIND TURBINES, Market and Technology in Europe and Innovations for China. Jiangsu international forum on wind power and industrial development, Jiangsu (2009)
41. Korzeniewski, T.: Getriebeschutzkonzept bei Windenergieanlagen: Wie können unerwünschte Getriebe- und Lagerlasten verhindert werden? DEWI MAGAZIN NO. 36 (2010)
42. Kost, C., et.al.: Studie Stromgestehungskosten Erneuerbare Energien, Fraunhofer-Institut für solare Energiesysteme, Freiburg (2012)
43. Linke, H.: Stirnradverzahnung. Carl Hanser, München (1996)

44. Manwell, J.F., McGowan, J.G., Rogers, A.L.: Wind Energy explained: theory, design and application. Wiley, Chichester (2009)
45. mbquadrat: Sonderausgabe Windenergie, Firmengruppe Max Bögl (2011)
46. Michaeli, W., Wegener, M. (Hg.): Einführung in die Technologie der Faserverbundwerkstoffe. Hanser, München (1990)
47. Mitsch, F.: Schwingungselemente für Windkraftanlagen. WIND-KRAFT Journal **25**, Nr. 5, S. 52-56 (2005)
48. Mitsch, F.: Reduzierung unerwünschter Zwangskräfte durch elastomerhydraulische Lager im Triebstrang von Windenergieanlagen. VDI-Konferenz Antriebsstränge in Windenergieanlagen, Hamburg (2011)
49. Molly, J.-P.: Windenergie: Theorie, Anwendung, Messung. Verlag C.F. Müller, Karlsruhe (1990)
50. Munson, B.R., Young, D.F., Okiishi, T.H.: Fundamentals of Fluid Mechanics. Wiley, Hoboken (2006)
51. Muuß, T.: Condition Monitoring Systeme für Windenergieanlagen, Einsatz und Zertifizierung. DGZfP-Jahrestagung 2005, Rostock (2005)
52. Neitzel, M., Mitschang, P. (Hg.): Handbuch Verbundwerkstoffe - Werkstoffe, Verarbeitung, Anwendung. Hanser, München (2004)
53. Nordex AG (Hg.): Erstmals Beton-Stahl-Hybridturm für Nordex N90/2500. Pressemitteilung. `http://www.nordex-online.com/index.php?id=53&type=98&tx_ttnews[tt_news]=373&tx_ttnews[backPid]=45&cHash=b613335782`, Abruf: 24.02.2012
54. Northstar Wind: `http://www.northstarwind.com`
55. Oertel, H. (Hg.): Prandtl - Führer durch die Strömungslehre. Vieweg+Teubner, Wiesbaden (2008)
56. Ostowari, C., Naik, D.: Post Stall Studies of Untwisted Varying Aspect Ratio Blades with NACA 44XX Series Airfoil Sections - Part II. Wind Engineering **9**, No. 3, S. 149ff (1985)
57. Papula, L.: Mathematik für Ingenieure und Naturwissenschaftler, Band 2. Vieweg, Braunschweig (2001)
58. Peters, S.T. (Hg.): Handbook of Composites. Chapman & Hall (1998)
59. Petersen, E.L., Mortensen, N.G., Landberg, L., Højstrup, J., Frank, H.P.: Wind power meteorology, Part 1: Climate and turbulence. Wind Energy 1 , S. 25-45 (1998)
60. Phillips, L.N. (Hg.): Design with Advanced Composite Materials. The Design Counsil, Springer, Berlin (1989)
61. REpower Systems AG (Hg.): 5M. Prospekt. Hamburg (2004)
62. REpower Systems AG (Hg.): MM82, das zuverlässige 2-Megawatt-Kraftwerk mit 82 Meter Rotordurchmesser. Prospekt, Hamburg (2008)
63. Rothenhagen, K., Fuchs, F.W.: Leistungselektronik-Generatorsysteme für Windenergieanlagen auf See – Technik, Zuverlässigkeit, Diagnose. 9. Energietechnisches Forum der FH Kiel 2005, Kiel (2005)
64. Schaeffler AG (Abbildung)
65. Schelenz, R., Flock, S., Möller, D.: Aeroelastische Rotoren in der Mehrkörpersimulation. In: Schwingungen von Windenergieanlagen. VDI-Berichte 2088, S. 169-180, Düsseldorf (2010)
66. Schlecht, B., Rosenlöchner, T., Schulze, T.: Moderne Simulationsverfahren zur Ermittlung von Lastannahmen. VDI-Konferenz Antriebsstränge in Windenergieanlagen, Hamburg (2011)
67. Scholz, W., Hiese, W.: Baustoffkenntnis. Werner-Verlag (1980)
68. Schulze, T.: Ganzheitliche dynamische Antriebsstrangbetrachtung von Windenergieanlagen. Sierke, Göttingen (2008)
69. Schmitz, G.: Theorie und Entwurf von Windrädern optimaler Leistung, Wissenschaftliche Zeitschrift der Universität Rostock, 5. Jg., Nr. 5, S. 379-391 (1955)
70. Schwartz, M. M.: Composite Materials, Vol. I: Properties, Nondestructive Testing, and Repair. Prentice Hall, New Jersey (1997)
71. Schwartz, M. M.: Composite Materials, Vol. II: Processing, Fabrication, and Applications. Prentice Hall, New Jersey (1997)

72. Shan, J.: Zustandsüberwachung von Windkraftanlagen. WIND-KRAFT Journal **23**, Nr. 1, S. 58-60 (2003)
73. Sigloch, H.: Technische Fluidmechanik. Springer, Berlin (2005)
74. Steingröver, K., Dalhoff, P.: Richtlinie für die Zertifizierung von Condition Monitoring Systemen für Windkraftanlagen. http://www.gl-group.com/pdf/CMS-Fachartikel_Stgr.pdf, Abruf: 18.05.2013
75. Steinhilper, W., Sauer, B. (Hg.): Konstruktionselemente des Maschinenbaus 2. Springer, Berlin (2008)
76. Systemdienstleistungsverordnung http://www.gesetze-im-internet.de/sdlwindv/
77. TimberTower GmbH: http://www.timbertower.de, Abruf 21.06.2012
78. Truckenbrodt, E.: Fluidmechanik, Band 2. Springer, Berlin (1980)
79. Timmer, W.A., van Rooij, R.: Summary of the Delft University Wind Turbine Dedicated Airfoils. AIAA-2003-0352, Delft University Wind Energy Research Institute, Delft (2003)
80. VDI-Richtlinie 3834: Messung und Beurteilung der mechanischen Schwingungen von Windenergieanlagen und deren Komponenten - Blatt 1: Onshore-Windenergieanlagen mit Getrieben, Verein Deutscher Ingenieure (2009)
81. VDMA Power System, Bundesverband Windenergie e.V. (Hg.): Die Windindustrie in Deutschland – Wirtschaftsreport 2009, Berlin (2009)
82. Voith Turbo (Hg.): Firmenschrift WinDrive, Sonderdruck von Koenemann, D.: Antriebstechnik: Es geht auch ohne. Sonne Wind & Wärme **32**, Nr. 9, S. 20-22 (2008)
83. Veljkovic, M., et al.: Friction connection in tubular towers for a wind turbine, Stahlbau **79**, Nr. 9 (2010)
84. Wenske, J.: Special Report Direct Drives and drive train development trends. In: Windenergie Report Deutschland 2011, IWES (2011)
85. Wallasch, A.-K., Rehfeldt, K., Wallasch, J.: Vorbereitung und Begleitung der Erstellung des Erfahrungsberichtes 2011 gemäß § 65 EEG, Vorhaben IIe Windenergie, http://www.erneuerbare-energien.de/erneuerbare_energien/gesetze/eeg/forschungsvorhaben/doc/47459.php, Abruf: 28.04.2012

Kapitel 9
Wasserkraftanlagen

Wasserkraft trägt weltweit mit gut 16 Prozent der gesamten erzeugten elektrischen Energie zur Stromversorgung bei und ist somit der bedeutendste Regenerative Energieträger in der Stromproduktion [3]. In Deutschland schwankte der Anteil der Stromerzeugung aus Wasserkraftanlagen in den letzten zwei Jahrzehnten hauptsächlich aufgrund des meteorologisch bedingten unterschiedlichen Wasserangebots. Die installierte elektrische Leistung von Lauf- oder Speicherkraftwerken änderte sich in diesem Zeitraum kaum. Ein Zubau von Wasserkraftanlagen in Deutschland ist nur im Bereich von Kleinanlagen zu erwarten, wobei das jährliche Zubaupotential mit etwa 20 MW/a abgeschätzt wird. Bei einer installierten Leistung von 4 GW (ohne Pumpspeicherkraftwerke) macht dies einen Zuwachs von 0,5 Prozent pro Jahr aus [5].

9.1 Einführung

Die Nutzung der Wasserkraft lässt sich historisch bis ins 3. Jahrhundert v.u.Z. zurückverfolgen, wobei von einem Wasserradantrieb für ein Schöpfwerk berichtet wird [2]. Als Beispiel für die Bauart von Wasserrädern ist in Abb. 9.1 jeweils ein unterschlächtiges und ein oberschlächtiges Wasserrad dargestellt, wie sie im 8. bis 9. Jahrhundert gebaut wurden [4].

Die Einteilung nach ober- bzw. unterschlächtig bezieht sich dabei auf die Lage der Wasserzustömung in Bezug auf die Drehachse des Rades. Die Bauart des oberschlächtigen Wasserrads hat sich im grundsätzlichen Aufbau bis heute erhalten und wird auf dem Markt auch zur Nutzung in Kleinanlagen angeboten.

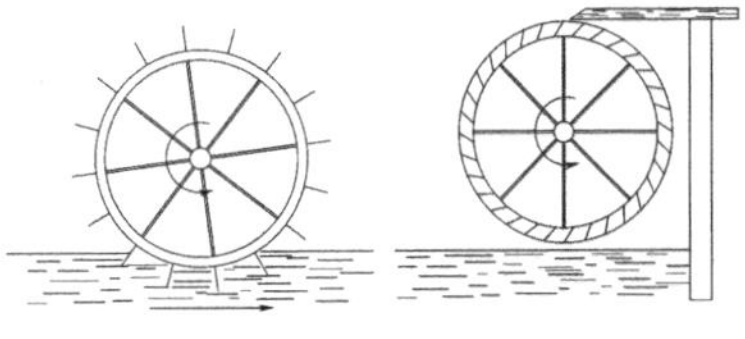

Abb. 9.1 Unter- und oberschlächtiges Wasserrad

Die theoretischen Grundlagen, die letztendlich von den Wasserrädern zu den Wasserturbinen führten, lassen sich mit den

Arbeiten von Segner zum Segnerschen Reaktionsrad im Jahre 1750 und der Turbinenhauptgleichung von Euler im Jahre 1754 angeben. Die heute gebräuchlichen Bauformen wurden nach Patenten von Francis im Jahre 1849, Pelton, 1890, und Kaplan, 1913, entwickelt.

9.2 Typisierung und Aufbau

Wasserkraftwerke unterscheiden sich in Laufwasser-, Speicher- und Gezeitenkraftwerke. Während Laufwasserkraftwerke den jeweils anfallenden nutzbaren Zufluss abarbeiten, werden Speicherkraftwerke aus einem Speicherbecken unabhängig vom Zufluss betrieben. Eine Sonderstellung bei den Speicherkraftwerken nehmen die Pumpspeicherkraftwerke ein, die als Energiespeicher für die Gesamtversorgung eine wichtige Rolle spielen. Je nach der zur Verfügung stehenden Fallhöhe h werden die Kraftwerke in Niederdruck- oder Hochdruckkraftwerke eingeteilt, wobei die Grenzen für die Unterscheidung nicht klar definiert sind. Den grundsätzlichen Aufbau eines Wasserkraftwerkes zeigt Abb. 9.2.

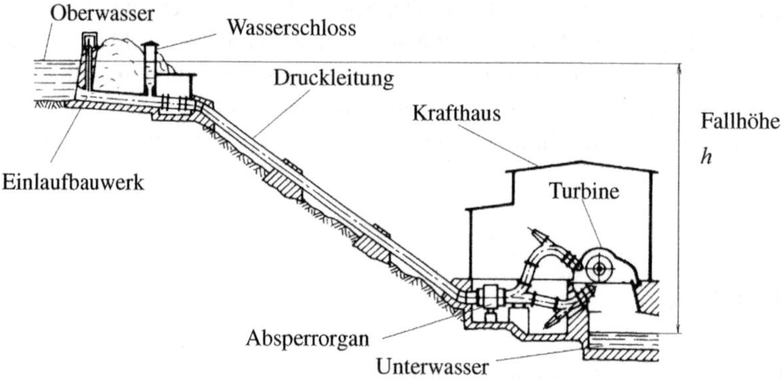

Abb. 9.2 Aufbau eines Wasserkraftwerks, modifiziert nach [1].

9.3 Wasserturbinen

Die vorwiegend eingesetzten Wasserturbinentypen sind in Abb. 9.3 schematisch dargestellt.
Die Peltonturbine und die Ossbergerturbine arbeiten nach dem Gleichdruckprinzip, das sich durch gleichen statischen Druck vor und hinter dem Laufrad auszeichnet. Gleichdruckturbinen sind für Teilbeaufschlagung geeignet, bei der nur ein Teil des Laufrades durchströmt wird. Die Francis- und Kaplanturbine sind Überdruckturbi-

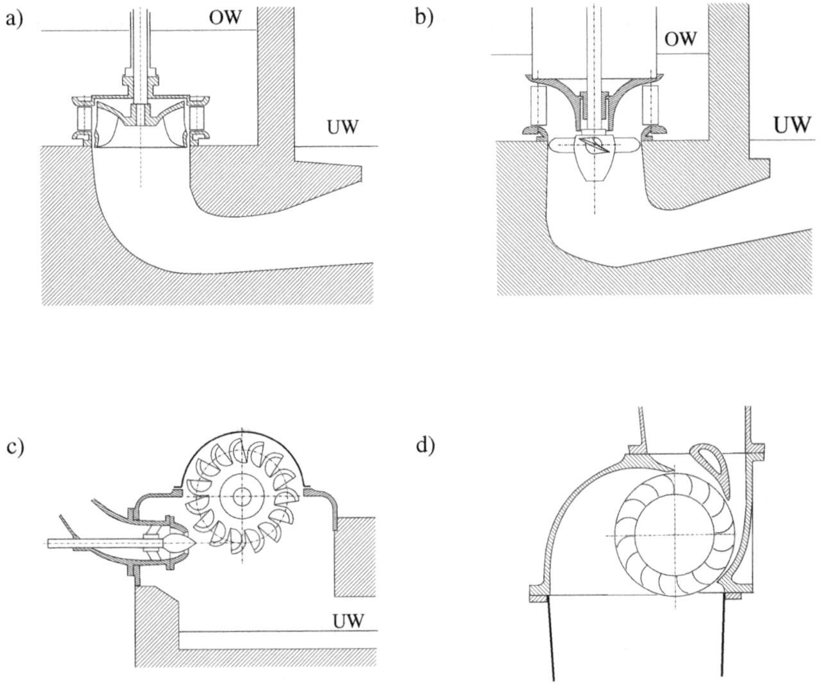

Abb. 9.3 Zusammenstellung verschiedener Turbinentypen: a) Francisturbine, b) Kaplanturbine, c) Peltonturbine, d) Ossbergerturbine, nach [6].

nen und weisen daher einen über das Laufrad absinkenden statischen Druck auf. Bezogen auf das Laufrad handelt es sich bei der Francisturbine um ein radiales bis diagonales Laufrad, bei der Kaplanturbine um ein axiales Laufrad.
Die unterschiedlichen Turbinentypen werden je nach den vorliegenden Randbedingungen eingesetzt. In Abb. 9.4 ist der Turbinentyp in Abhängigkeit von der Nennfallhöhe h_N und der Schnellläufigkeit σ angegeben. Die *Schnellläufigkeit* berechnet sich gemäß [6]

$$\sigma = n_N \frac{2\sqrt{\pi \dot{V}}}{(2\, g\, h_N)^{\frac{3}{4}}}. \tag{9.1}$$

Hierbei ist n die Drehzahl, $\dot{V}$ der Volumenstrom und h die Fallhöhe, wobei sich alle Werte auf den Nennbetriebspunkt, gekennzeichnet mit dem Index „N", beziehen, für den die Turbine ausgelegt wurde. Da jeder Fallhöhe eine spezifische Maschinenbauform zugeordnet werden kann, kommt bei Wasserturbinen die Mehrstufigkeit, also das Hintereinanderschalten von Turbinenstufen, nicht vor. Wie dargestellt, decken die unterschiedlichen Maschinentypen gewisse Bereiche der angegebenen Einsatzbedingungen ab. Hierzu werden die Konstruktionen entsprechend angepasst. Die Francisturbine wird bei geringer Schnellläufigkeit mit einem radialen Laufrad ausgeführt, welches mit zunehmender Schnellläufigkeit in ein diagonales Laufrad übergeht.

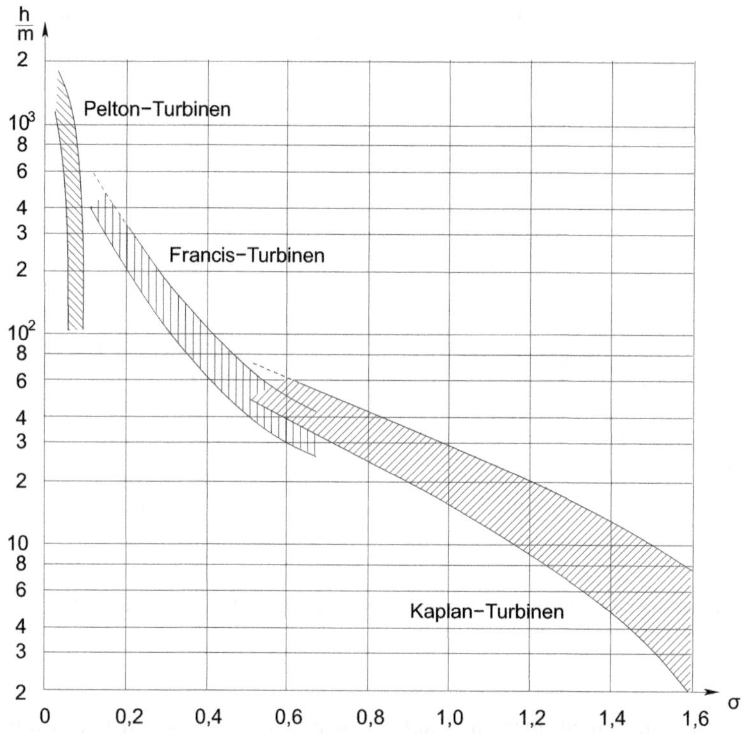

Abb. 9.4 Einsatzbereiche von Wasserturbinen nach [6]

9.3.1 Die Peltonturbine

Bei der Peltonturbine wird die zur Verfügung stehende potenzielle Energie des Wassers in einer Düse in kinetische Energie eines Freistrahls umgewandelt, was dazu führt, dass Peltonturbinen auch als Freistrahlturbinen bezeichnet werden. Der Freistrahl trifft in Umfangsrichtung auf eine Laufradschaufel, einen sogenannten Becher, wird dort seitlich abgelenkt und übt durch die Umlenkung eine Kraft auf den drehenden Becher aus. Abb. 9.5 zeigt eine Skizze einer Peltonturbine mit senkrecht stehender Welle und sechs Düsen.

Durch die Düsen wird der auf die Becher treffende Volumenstrom gesteuert. Da ein Verringern des Volumenstroms in der Druckleitung zur Turbine zu einem instationären Druckanstieg führt, kann die Steuerung der Düsennadel nur mit begrenzter Geschwindigkeit eingesetzt werden. Um dennoch die Maschine schnell entlasten zu

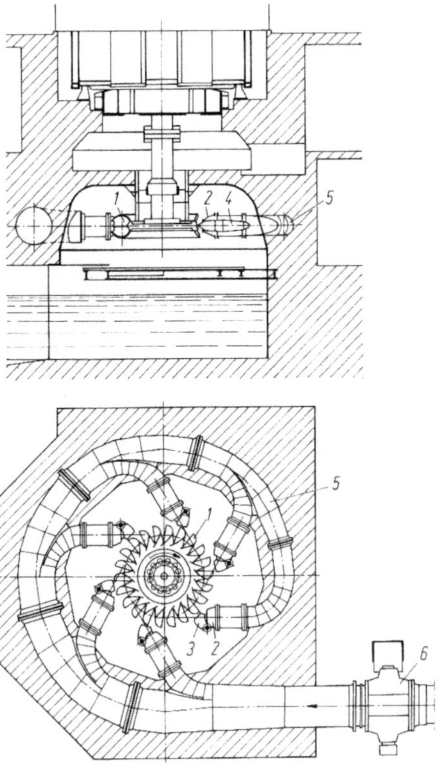

Abb. 9.5 Peltonturbine, 1 Laufrad, 2 Düse, 3 Strahlablenker, 4 Innensteuerung der Düsennadel, 5 Ringleitung, 6 Absperrorgan [1]

können, werden Strahlablenker eingesetzt, die einen Teil des Freistrahls am Laufrad vorbei lenken. Wie Abb. 9.4 zeigt, werden Peltonturbinen bei großen Fallhöhen verwendet und sind daher ein Kennzeichnen für ein Hochdruckkraftwerk. Bei der Anwendung des Diagramms in Abb. 9.4 ist zu beachten, dass die Schnellläufigkeit mit dem Volumenstrom einer Düse berechnet wird. Peltonturbinen werden mit horizontaler Welle mit ein bis zwei Düsen und mit vertikaler Welle mit ein bis sechs Düsen ausgeführt. Durch den Umstand, dass das Laufrad nicht im Unterwasser läuft, entstehen aufgrund der geringeren Viskosität der umgebenden Luft nur geringe Radreibungsverluste. Da sich auch die Geschwindigkeitsverhältnisse an den Bechern bei Änderung des Volumenstroms nur wenig ändern, bleibt der Wirkungsgrad bei variierenden Volumenströmen annähernd konstant.

9.3.2 Die Francisturbine

Als typische Turbinenstufe ist die Francisturbine aus einer Kombination von Leiteinrichtung und Laufrad aufgebaut. Das Wasser durchströmt erst die Leitschaufeln und wird hierbei zum einen beschleunigt, zum anderen in Richtung der Rotation des Laufrades umgelenkt und dadurch mit einem Drall versehen. Die Leitschaufeln sind drehbar gelagerte, strömungsgünstige Profile, mit denen der Volumenstrom durch die Turbine reguliert werden kann. Die Zuströmung zum Laufrad erfolgt von außen nach innen. Bei kleinen Schnelllaufzahlen ist die Anströmung des Laufrades radial zur Welle gerichtet. Steigt die Schnelllaufzahl an, ändert sich die Anströmung in diagonaler Richtung. Beim Durchströmen des Laufrades wird der Drall der Strömung entzogen und der damit verbundene Energieanteil auf das Laufrad übertragen. Im Idealfall erfolgt die Abströmung drallfrei in axialer Richtung. In Abb. 9.6 ist der Aufbau einer Francisturbine dargestellt.

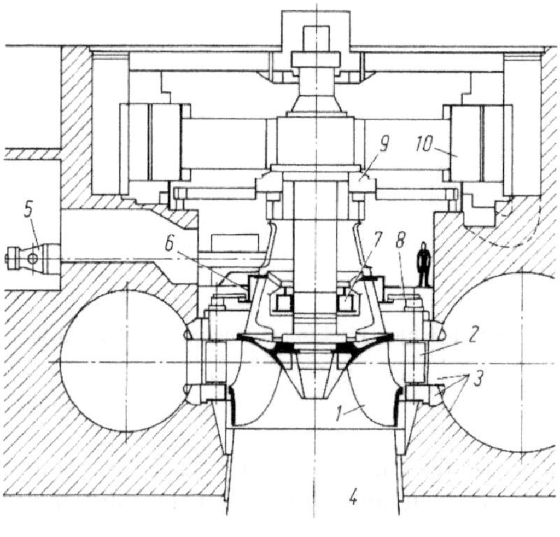

Abb. 9.6 Francisturbine, 1 Laufrad, 2 verstellbare Leitschaufel, 3 Einlaufspirale mit Stützschaufeln, 4 Saugrohr, 5 Servomotor zum Antrieb der Leitschaufeln, 6 Regelring, 7 Führungslager, 8 Lenker, 9 Spurlager, 10 Generator [1]

Das Wasser wird aus der Druckleitung mit Hilfe einer Spirale um die Turbine herumgeführt und auf die gleichmäßig um das Laufrad angeordneten Leitschaufelkanäle verteilt. Die Verstellung der Leitschaufeln erfolgt in dieser Konstruktion mit einem zentralen Servomotor, der einen Regelring verstellt und dessen Bewegung über Lenker auf die einzelnen Leitschaufeln übertragen werden. Der Generator befindet sich mit der Turbine auf einer Welle: Eine Konstruktion, die üblicherweise gewählt wird, wenn es möglich ist, einen zur Auslegungsdrehzahl der Turbine passenden Generator einzusetzen.

9.3.3 Die Kaplanturbine

Die Kaplanturbine unterscheidet sich von der Francisturbine insbesondere durch das Laufrad. Seine Anströmung erfolgt in axialer Richtung. Die Leitschaufeln werden

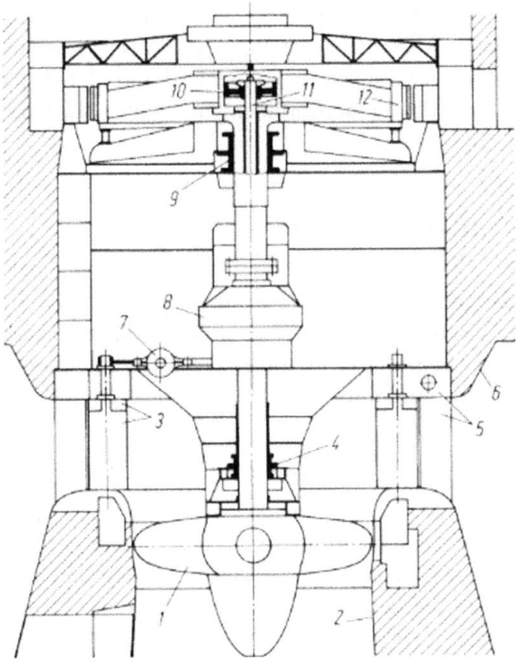

Abb. 9.7 Kaplanturbine, 1 Laufrad, 2 Saugrohr, 3 verstellbare Leitschaufeln, 4 unteres Führungslager, 5 Traversenring mit Stützschaufeln, 6 Einlaufspirale als Betonkonstruktion, 7 Regelring mit Servomotor, 8 Spurlager, 9 oberes Führungslager, 10 Servomotor zur Verstellung der Laufschaufeln, 11 Verstellstange, 12 Generator [1]

allerdings wie bei der Francisturbine in radialer Richtung durchströmt. Auch bei der Kaplanturbine wird der Drall durch die Leitschaufeln erzeugt und beim Durchströmen des Laufrades der Strömung entzogen. Die Laufschaufeln sind verstellbar ausgeführt. Daher können diese beim Verstellen der Leitschaufeln den geänderten Anströmungsverhältnissen angepasst werden. Durch die Verstellbarkeit von Lauf- und Leitschaufeln erreicht die Kaplanturbine eine geringe Wirkungsgradänderung in Abhängigkeit vom Volumenstrom.

Bei der in Abb. 9.7 skizzierten Konstruktion werden die Laufschaufeln über eine Schubstange (11) von einem Servomotor (10) verstellt. Der Servomotor ist oberhalb des Generators angebracht. Alternativ dazu ist es auch möglich, den Servomotor direkt im Laufrad zu integrieren. Bei dieser Konstruktionsvariante ist zu beachten, dass es zu keiner Kontamination des Wassers durch Hydrauliköl kommen darf. Die Spirale ist aufgrund des gewählten Bildausschnittes nicht komplett sicht-

bar und unterscheidet sich hinsichtlich der in Abb. 9.6 dargestellten Variante durch die Ausführung als Betonbauwerk.
Weitere Arten der Kaplanturbine sind die Kaplanrohrturbine, bei der Leitschaufeln und Laufrad in einem Rohr angeordnet sind und somit die Umlenkung zwischen Leitschaufeln und Laufrad entfällt sowie die Propellerturbine, die mit nicht verstellbaren Laufschaufeln ausgerüstet wird und aufgrund ihres schlechteren Regelverhaltens nur noch selten Anwendung finden. Um das Konzept der verstellbaren Laufschaufeln auch bei größeren Fallhöhen nutzen zu können, wird die Déziazturbine eingesetzt. Die Schaufeln bilden bei dieser Bauart ein diagonales Laufrad und sind damit in Bereichen einsetzbar, die sonst den Francisturbinen vorbehalten blieben.

9.3.4 Die Eulersche Turbinenhauptgleichung

Die Gleichung von Euler stellt das grundlegende Arbeitsprinzip der Turbomaschinen dar. Alle Turbomaschinen verwirklichen dieses Arbeitsprinzip, allerdings auf sehr unterschiedlichen konstruktiven Wegen. Um die Eulersche Gleichung herzuleiten, wird vom Drallsatz für stationäre Strömungen (siehe beispielsweise [7]) ausgegangen

$$\sum \mathbf{M} = \int_A \rho (\mathbf{r} \times \mathbf{c})(\mathbf{c} \cdot \mathbf{n}) dA, \tag{9.2}$$

der hier exemplarisch auf ein radiales Turbinenlaufrad angewendet werden soll. Analog zur Anwendung des Impulssatzes in Abschnitt 8.2.1 benötigt auch der Drallsatz ein Kontrollvolumen, das das Laufrad, wie in Abb. 9.8 gestrichelt gezeichnet, einschließt. Die Summe der Momente, $\sum \mathbf{M}$, in Gl. (9.2) beinhaltet alle Momente, die am Kontrollvolumen angreifen. Dies ist zum einen das von der Welle übertragene Moment, aber auch Momente, die durch Schubspannungen auf der Oberfläche des Kontrollvolumens entstehen sowie das Moment der Gewichtskraft des im Kontrollvolumen enthaltenen Fluids. Das Skalarprodukt der Strömungsgeschwindigkeit $\mathbf{c}$ mit dem Normalenvektor $\mathbf{n}$ auf dem Kontrollvolumen gibt den Anteil der Strömungsgeschwindigkeit senkrecht zur Oberfläche A des Kontrollvolumens an. Dies führt zu

$$\rho\,(\mathbf{c} \cdot \mathbf{n})\, dA = d\dot{m}, \tag{9.3}$$

wodurch sich jetzt das Integral über die aus- und eintretenden Massenströme in und aus dem Kontrollvolumen erstreckt:

$$\sum \mathbf{M} = \int_{\dot{m}} (\mathbf{r} \times \mathbf{c})\, d\dot{m}. \tag{9.4}$$

Unter der vereinfachenden Annahme, dass der Geschwindigkeitsvektor $\mathbf{c}$ in der Zeichenebene liegt und nur das von der Welle übertragene Moment berücksichtigt wird, steht das Moment $\mathbf{M}$ senkrecht dazu und anstelle der Vektoren können direkt deren Beträge bestimmt werden:

$$|\mathbf{r} \times \mathbf{c}| = r\, c \sin\gamma = r\, c \cos\alpha. \tag{9.5}$$

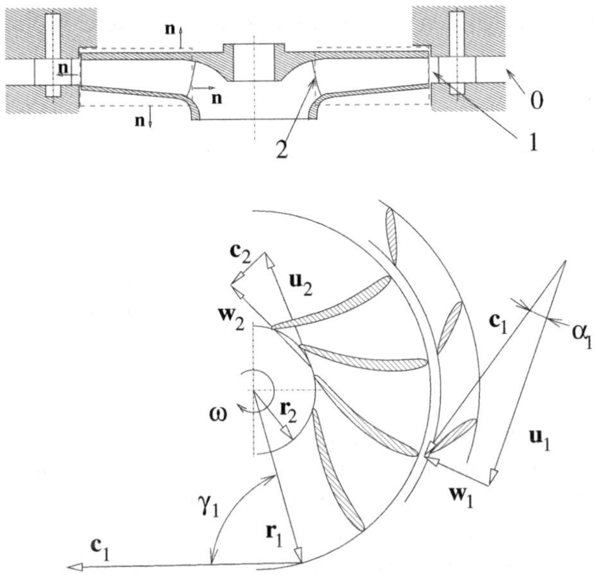

Abb. 9.8 Turbinenstufe bestehend aus Leitrad und Laufrad. Die Bezugspunkte bezeichnen die Strömung vor dem Leitrad, „0", die Strömung vor dem Laufrad, „1", und die Strömung hinter dem Laufrad, „2". Um die Darstellung zu vereinfachen werden die Momente, die nach dem Austritt aus dem Kontrollvolumen im Bereich „2" auf das Laufrad wirken, vernachlässigt. Die absolute Strömungsgeschwindigkeit **c** ist gemäß des vektoriellen Zusammenhangs $\mathbf{c} = \mathbf{w} + \mathbf{u}$ in Form eines Geschwindigkeitsdreiecks als Summe der Umfangsgeschwindigkeit **u** und der Relativgeschwindigkeit im Laufrad **w** eingezeichnet. γ ist dabei der zwischen den Vektoren **r** und **c** eingeschlossene Winkel.

Das zu bestimmende Integral ergibt sich damit zu:

$$\sum M = \int_{\dot{m}} r\, c\, \cos\alpha\, d\dot{m}. \tag{9.6}$$

Für das betrachtete Kontrollvolumen sind die ein- und ausströmenden Massenströme leicht zu identifizieren. Über den äußeren Rand tritt der die Stufe durchströmende Massenstrom $\dot{m}_1$ mit der Geschwindigkeit c_1 ein. Über den inneren Rand tritt der Massenstrom $\dot{m}_2$ mit der Geschwindigkeit c_2 aus. Vereinfachend wird angenommen, dass die Strömungsbedingungen am Eintritt und Austritt des Kontrollvolumens an jeder Stelle gleich sind bzw. geeignete Mittelwerte für die jeweilige Oberfläche des Kontrollvolumens verwendet werden. Damit ist es möglich, die Integration auszuführen:

$$M = r_2\, c_2\, \cos\alpha_2\, \dot{m}_2 - r_1\, c_1\, \cos\alpha_1\, \dot{m}_1. \tag{9.7}$$

Wie aus den Geschwindigkeitsdreiecken in Abb. 9.8 hervorgeht, ist $c_1\, \cos\alpha_1$ der Anteil der absoluten Geschwindigkeit c_1 in Umfangsrichtung und wird daher als c_{u1} bezeichnet, was in gleicher Weise auch für die Geschwindigkeiten im Punkt 2 gilt. Unter der Voraussetzung, dass der über die Kontrollfläche „1" eintretende Massenstrom komplett über die Kontrollfläche „2" wieder austritt, können die Massenströme $\dot{m}_1$ und $\dot{m}_2$ durch $\dot{m}$ ersetzt werden, den Massenstrom, der die Stufe durchströmt. Damit ergibt sich aus Gl. (9.7)

$$M = (r_2\, c_{u2} - r_1\, c_{u1})\, \dot{m}. \tag{9.8}$$

Durch Multiplikation der Gleichung mit der Winkelgeschwindigkeit ω lässt sich mit $P = M\, \omega$ die in der Stufe umgesetzte Leistung berechnen:

$$P = (u_2\, c_{u2} - u_1\, c_{u1})\, \dot{m}, \tag{9.9}$$

wobei aufgrund von $u = r\, \omega$ die Umfangsgeschwindigkeiten des Laufrades an den Stellen „1" und „2" auftreten. Anstelle der Leistung kann in Gl. (9.9) auch die spezifische Arbeit $a = P/\dot{m}$ verwendet werden:

$$a = u_2\, c_{u2} - u_1\, c_{u1}. \tag{9.10}$$

Gl. (9.10) wird als Eulersche Turbinenhauptgleichung bezeichnet. Sie ist nicht nur für die Berechnung von Turbomaschinen wichtig, sondern gibt auch anschaulich das Funktionsprinzip dieser Maschinen wieder. Eine Turbine beispielsweise hat die Aufgabe, dem Fluid Arbeit zu entziehen. Die spezifische Arbeit a muss daher negativ werden. Dies wird erreicht, indem der Subtrahend in Gl. (9.10) einen großen Wert annimmt und der Minuend annähernd Null wird. Für die Strömung bedeutet das, dass das Fluid am Eintritt in Richtung der Umfangsgeschwindigkeit des Laufrades strömen muss und beim Austritt nach Möglichkeit keinen Anteil in Umfangsrichtung mehr aufweist. Die Strömung in Umfangsrichtung umzulenken ist bei einer Turbine die Aufgabe der Leiteinrichtung, der Abbau der Umfangskomponente erfolgt danach im Laufrad. Für eine Radialturbine kann anhand der Turbinenhauptgleichung auch auf die Durchströmungsrichtung rückgeschlossen werden. Damit der Anteil $u_1\, c_{u1}$ möglichst groß wird, ist es sinnvoll, dass das Fluid an einer Stelle mit hoher Umfangsgeschwindigkeit ins Laufrad einströmt, womit die Durchströmungsrichtung von außen nach innen vorgegeben ist.

Literaturverzeichnis

1. Beitz, W., Küttner, K.-H.: Dubbel, Taschenbuch des Maschinenbau. Springer, Berlin (1987)
2. Gieseke, J., Mosonyi, E.: Wasserkraftanlagen. Springer, Berlin (2005)
3. International Energy Agency (Hg.): Key World Energy Statistics 2015. Paris (2015)
4. König, W. (Hg.): Propyläen Technikgeschichte, Propyläen, Berlin (1997)
5. Lenz, V., et.al.: Erneuerbare Energien, BWK **60**, S. 106-117 (2008)
6. Menny, K.: Strömungsmaschinen. B.G. Teubner, Stuttgart (2006)
7. Munson, B.R., et.al.: Fundamentals of Fluid Mechanics. Wiley, Chichester (2006)

Kapitel 10
Energiespeicher

In Energieversorgungssystemen kommt der Speicherung von Energie eine zentrale Bedeutung zu. Der wachsende Anteil erneuerbarer Energien erhöht auf Grund des volatilen bzw. saisonalen Angebots den Bedarf an Energiespeichern innerhalb der Systeme zur Strom- und Wärmebereitstellung. Im Bereich der Mobilität legt der Energiespeicher sogar wesentliche Eigenschaften des Fortbewegungsmittels fest. Energiespeicher ermöglichen eine zeitliche und räumliche Entkopplung von Erzeugung und Verbrauch; sie erhöhen damit die Elastizität des Energiesystems.

Die Speicherung von Energie ist an Materie gebunden, deren energetischer Zustand sich durch Energieaufnahme erhöht bzw. durch Energieabgabe erniedrigt und die bei dieser Zustandsänderung stofflich nicht verbraucht wird. Häufig wird Energie zum Zweck der Speicherung von einer Form in eine andere umgewandelt. Die bei dieser Energiewandlung zwangsläufig auftretenden Verluste – sie sind der wesentliche Inhalt von Kapitel 14 – sind gegen andere vorteilhafte Speichereigenschaften abzuwägen. Meist stehen neben den spezifischen Speicherkosten die Parameter Be- und Entladezeit, Energiedichte sowie Speicherverluste im Vordergrund.

In diesem Kapitel erfolgt eine Einteilung in elektrische, thermische und chemische Speichertechnologien. Dadurch ergeben sich Überschneidungen hinsichtlich der thermischen Hochtemperaturspeicher, die sowohl für Kraftwerksprozesse als auch zur Bereitstellung von Prozesswärme eingesetzt werden können, sowie hinsichtlich der Power-to-Gas-Verfahren, die einerseits eine stoffliche Verwertung des Wasserstoffs/Methans aber auch eine Rückverstromung erlauben.

→ Weiterlesen

In den vergangenen Jahren wurde eine Reihe gut lesbarer wissenschaftlicher Studien veröffentlicht, die unterschiedliche Speichertechnologien hinsichtlich ihres Potentials und Entwicklungsstandes miteinander vergleichen. Beispiele sind der 2008 veröffentlichte Bericht des Büros für Technikfolgenabschätzung beim Deutschen Bundestag [38], die 2009 erstellte Fraunhofer-Studie [18] sowie die 2012 veröffentliche Studie der RWTH Aachen [16].

10.1 Elektrische Speichertechnologien

Elektrische Energiespeicher decken eine große Bandbreite unterschiedlicher Anforderungen ab. Sie finden Anwendung in portablen, mobilen und stationären Systemen. Portable Anwendungen wie Geräte der Informations-, Kommunikation- oder Unterhaltungstechnik sind durch kleine Leistungen bei eher langen Entladezeiten gekennzeichnet. Dieser Bereich wird von Batterien und Akkumulatoren dominiert. Bei mobilen Anwendungen wie in der Traktion von Kleinfahrzeugen oder PKWs bestimmen bei mittleren elektrischen Leistungen die volumetrische und gewichtsbezogene Energiedichte des Speichers das Speichermedium. Hier konkurrieren Akkumulatoren mit Wasserstoffspeichern, ohne dass bisher eine technologische Richtungsentscheidung gefallen ist. Stationäre Anwendungen stellen innerhalb des elektrischen Energieversorgungssystems Reserve- bzw. Regelleistung zur Verfügung, unterstützen das Last- und Erzeugungsmanagement oder unterstützen die Spannungshaltung. Die Anforderungen an die Entnahmezeit reichen von der Sekunden- und Minutenreserve bis zu den Spitzenlastkraftwerken mit mehreren Stunden.

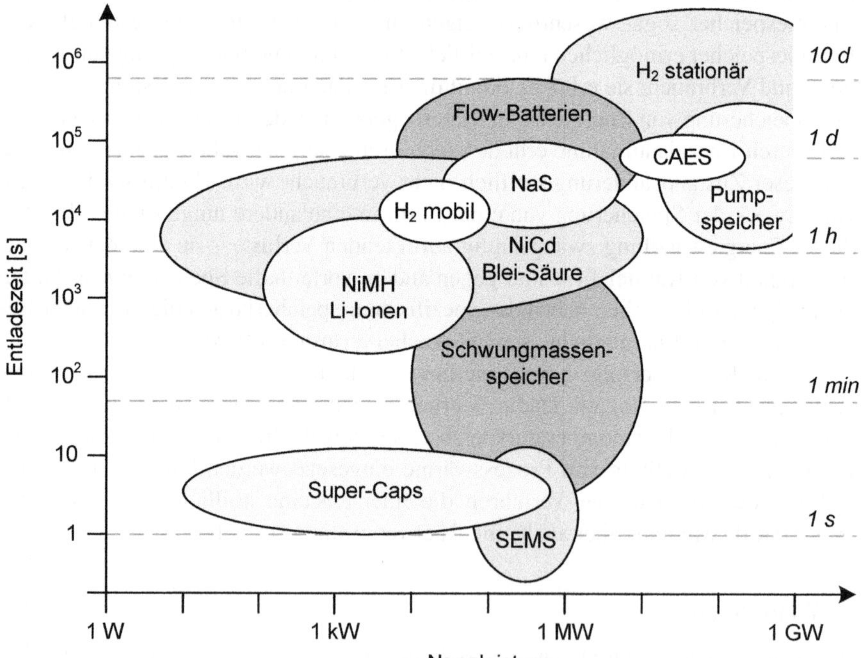

Abb. 10.1 Nennleistung und Entladezeit bei Nennleistung elektrischer Speicher, nach [18]

In diesem Kapitel erfolgt eine Einteilung der elektrischen Speichertechnologien anhand des physikalischen Speicherprinzips in mechanische, elektrische und elektrochemische Speicher. Abb. 10.1 gibt einen Überblick über die im Folgenden behandelten Speichertechnologien. Darin wurde die elektrische Nennleistung des Speichers und die Zeitdauer, die diese zur Verfügung gestellt werden kann, in jeweils logarithmischem Maßstab aufgetragen.

10.1.1 Mechanische Energiespeicher

Speicherprinzip

Zu den mechanischen Energiespeichern innerhalb des elektrischen Energiesystems zählen Pump-, Druckluft- und Schwungradspeicher. Pumpspeicher speichern elektrische Energie in Form von potentieller, Schwungradspeicher in Form von kinetischer mechanischer Energie. Druckluftspeicher arbeiten mit einer Veränderung der inneren Energie des Speichermediums Luft, so dass sie streng genommen keine mechanischen Energiespeicher darstellen. Die technische Grundlage des Druckluftspeichers ist jedoch, wie bei den beiden anderen Speicherverfahren auch, die elektromechanische Energiewandlung: Mechanische Energiespeicher arbeiten mit elektrischen Motoren/Generatoren zur Wandlung der elektrischen in mechanische Energie und wieder zurück. Die Energieübertragung vom bzw. zum Speichermedium erfolgt mittels einer über eine Welle angekoppelten Arbeitsmaschine. Bei Systemen kleinerer Leistung erfolgt die Anpassung von mechanischer Drehzahl und elektrischer Netzfrequenz ggf. mittels eines Frequenzumrichters. Anlagen größerer Leistung arbeiten mit synchronen Drehzahlen.

Stand der Technik

Pumpspeicherkraftwerke sind heute die wichtigste Möglichkeit zur Speicherung elektrischer Energie. Sie nutzen Strom aus Schwachlast- oder Überangebotszeiten um Wasser mittels einer elektrisch betriebenen Pumpe von einem tieferen Niveau auf ein höheres zu pumpen. In Spitzenlastzeiten wird das Wasser dann durch eine Turbine, die an einen elektrischen Generator gekoppelt ist, wieder auf das Ausgangsniveau abgelassen. Typischerweise sind sowohl Motor und Generator als auch Pumpe und Turbine jeweils eine Maschine. Ein modernes Pumpspeicherkraftwerk erreicht dabei einen Speicherwirkungsgrad von bis zu 80 Prozent. Typische Wirkungsgrade für den Pumpbetrieb sind 88 Prozent, für den Turbinenbetrieb 91 Prozent. Für die gespeicherte Energie ΔE gilt

$$\Delta E = m g \Delta h = \rho V g \Delta h. \tag{10.1}$$

Die Speicherkapazität ist also proportional zu dem Volumen V des Oberbeckens sowie dem Höhenunterschied Δh zwischen Ober- und Unterbecken und hängt somit stark von den geographischen Gegebenheiten des Standorts ab. Deutschlands größtes Pumpspeicherkraftwerk in Goldisthal (siehe Kasten) hat beispielsweise ein

Oberbecken von 55 ha Oberfläche und stellt damit einen nicht unerheblichen Umwelteinfluss dar.

→ Pumpspeicherkraftwerk Goldisthal

Im thüringischen Goldisthal ging nach einem erkundungs-, planungs- und bautechnischen Vorlauf von annähernd 30 Jahren 2003 Deutschlands größtes Pumpspeicherkraftwerk in Betrieb. Die elektrische Nennleistung von 1.060 MW kann bei vollem Oberbecken acht Stunden zur Verfügung gestellt werden. Das Speichervolumen V des Oberwassers beträgt 12 Millionen m^3 bei einer mittleren Fallhöhe Δh von 302 m.
Das Kraftwerk ist mit jeweils zwei synchron bzw. asynchron arbeitenden Francis-Pumpturbinen mit einem Nenndurchfluss im Turbinenbetrieb von 100 m^3/s und im Pumpbetrieb von 80 m^3/s ausgestattet. Die Anfahrzeit aus dem Stillstand auf Nennleistung beträgt im Turbinenbetrieb 75 s und im Pumpbetrieb 180 s [6].
Die durchschnittliche jährliche Energieabgabe beträgt 1.806 GWh. Damit kommt das Kraftwerk auf 1.700 Volllaststunden im Jahr.

Pumpspeicherkraftwerke werden hauptsächlich zur Netzunterstützung eingesetzt. In der Regel werden sie in Schwachlastzeiten mit Grundlaststrom beladen. Sollen generatorische Spitzen aufgenommen werden, so müssen große Unterbecken vorhanden sein. Hierzu werden verstärkt Pumpspeicherkraftwerke an Meeresküsten diskutiert, bei denen das Meer anstelle von Flussläufen als Unterbecken genutzt werden kann. Diese Lösung kommt in Deutschland auf Grund sehr flacher Küstenlandschaften nur bedingt in Frage. Und schließlich sind Pumpspeicherkraftwerke schwarzstartfähig, d.h. sie benötigen keine Hilfsenergie um anzulaufen und ermöglichen bei einem totalen Netzausfall das Starten konventioneller Kraftwerke.

Abb. 10.2 Pumpspeicherkraftwerk Goldisthal (Foto: Vattenfall)

Druckluftspeicherkraftwerke[1] arbeiten mit elektrisch betriebenen Kompressoren, welche in Schwachlast bzw. Überangebotszeiten Luft aus der Atmosphäre in unterirdische Kavernen pressen. Zu Spitzenlastzeiten wird die Druckluft wieder über eine Turbine entspannt, die einen Generator antreibt.
Druckluftspeicherkraftwerke sind momentan nur als Druckluft-Gasturbinen-Kraftwerke in Betrieb. Bei diesem Prinzip wird die Wärme, welche beim Beladen des Speichers durch Kompression entsteht, nicht gespeichert und muss deshalb bei der Entladung wieder durch die Verbrennung von Gas zugeführt werden. In dieser Variante kann ein Speicherwirkungsgrad zwischen 40 und 55 Prozent erreicht werden, so dass die Druckluft-Gasturbinen-Speicherung eher als ineffizient bezeichnet werden muss. Das erste nach diesem Prinzip arbeitende Speicherkraftwerk wurde 1978 in Huntorf in Niedersachsen in Betrieb genommen. Ein weiteres ist seit 1991 in McIntosh (USA) im Betrieb.

→ Druckluft-Gasturbinen-Kraftwerk Huntorf

Das Kraftwerk Huntorf ist das weltweit erste Druckluftspeicherkraftwerk. Es war zunächst für die Zwischenspeicherung von elektrischer Energie aus dem Kernkraftwerk Unterweser vorgesehen und ist seit 1978 am Netz. Die elektrische Nennleistung von 321 MW kann bei vollen Druckluft-Kavernen zwei Stunden zur Verfügung gestellt werden. Das Speichervolumen der beiden Salzkavernen beträgt zusammen 310.000 m^3 bei einem maximalen Speicherdruck von 72 bar.
Das Kraftwerk ist mit einer 321 MW Gasturbine und einem zweistufigen Verdichter mit einer Aufnahmeleistung von 68 MW zur Kompression der Luft ausgestattet. Die Druckluft wird bei der Entladung des Speichers genutzt, um Erdgas zu verdichten, was in reinen Gasturbinenkraftwerken durch einen elektrisch betriebenen Kompressor geschieht. Pro abgegebene kWh elektrischer Energie wird das Energieäquivalent von 1,6 kWh Gas und 0,8 kWh Strom benötigt [12]. Die Anfahrzeit aus dem Stillstand auf Nennleistung beträgt im Turbinenbetrieb 360 s.

Die nutzbaren Kavernen sind in Deutschland vor allem an der Nord- und Ostsee zu finden. Es handelt sich um Salzstöcke die in weniger als 800 m Tiefe eine Mindestmächtigkeit von 300 m aufweisen. Diese werden mit Wasser ausgesolt, d.h. das Salz wird herausgelöst, um die Kaverne für das Speichermedium zu nutzen. Typische Speichervolumina sind 300.000 - 700.000 m^3 bei einem Druckniveau bis zu 200 bar. Diese Technik wird bereits für den Bau von Erdgasspeichern verwendet und ist daher ausgereift. Des Weiteren wird die Möglichkeit zur Nutzung von porösen Gesteinsschichten untersucht, um dort Luft zu verpressen.
In den vergangenen Jahren wurden Konzepte für adiabatische Druckluftspeicherkraftwerke[2] entwickelt, welche die bei der Kompression der Luft entstehende Wärme in großen Thermospeichern einlagern und sie im Entspannungsfall der Luft vor den Turbinen wieder zuführen. Damit sind Wirkungsgrade von bis zu 70 Prozent

[1] auch: CAES-Kraftwerke (Compressed Air Energy Storage)

[2] auch: AA-CAES-Kraftwerke (Advanced Adiabatic Compressed Air Energy Storage)

erreichbar. Eine erste Pilotanlage mit 90 MW_{el} ist in Staßfurt (Sachsen-Anhalt) geplant. [12][34]
Haupteinsatzgebiet dieser Speichersysteme ist wie bei Pumpspeicherkraftwerken die Netzunterstützung. Druckluftspeicherkraftwerke sind schwarzstartfähig. Auch wird aufgrund der räumlichen Nähe geeigneter Salzstöcke zu den Konzentrationsgebieten von Windkraftanlagen der Einsatz von Druckluftspeicherkraftwerken verstärkt diskutiert [19].
Im Vergleich zu den bisher betrachteten Speicherverfahren sind *Schwungradspeicher* für deutlich kleinere Leistungen und Energien ausgelegt. Bisher realisierte Schwungradspeicher haben eine Speicherkapazität von wenigen kWh und können kurzzeitig eine Leistung von einigen kW zur Verfügung stellen.
Der eigentliche Speicher ist ein in einem Sicherheitskäfig gelagerter Rotor. Er wird durch einen elektromechanischen Wandler im Motorbetrieb geladen und im Generatorbetrieb entladen. Für die gespeicherte Energie ΔE gilt

$$\Delta E = \frac{1}{2}\,\Theta\,\omega^2, \tag{10.2}$$

d.h. die Speicherkapazität ist proportional zum Trägheitsmoment Θ des Rotors sowie zum Quadrat der Winkelgeschwindigkeit ω. Bei einer Verdopplung der Rotationsgeschwindigkeit ergibt sich also eine Vervierfachung der Speicherkapazität.
Mit der Entwicklung neuer Faserverbundwerkstoffe, welche höhere Zugfestigkeiten bei kleineren Massen besitzen, werden immer größere Drehzahlen in den Speichern realisiert, was stets die Leistungsdichte erhöht. Um die Verluste gering zu halten, sitzt der Rotor in einem evakuierten Laufkäfig und wird auf reibungsarmen Magnetlager gehalten. Die Entwicklung von supraleitenden Magnetlagern verspricht eine weitere Verbesserung der Lager, ist aber technisch noch nicht realisierbar. Da sich während der Be- und Entladung die Drehzahl des Rotors ständig ändert, ist ein Frequenzumrichter zur Anpassung an die Netzfrequenz notwendig.
Schwungradspeicher können sowohl mobil als auch stationär betrieben werden. Durch ihre kurze Zugriffszeit im Millisekundenbereich eignen sie sich besonders zur Bereitstellung der sogenannten Sekundenreserve, also zur Deckung sehr kurzer, hoher Lastspitzen. Durch die hohen Stillstandsverluste eignen sie sich nicht zur Langzeitspeicherung von Energie: realisierte Schwungradspeicher weisen Stillstandsverluste zwischen 3 und 20 Prozent pro Stunde auf [11]. Schwungradspeicher werden in unterschiedlichsten Nischenmärkten eingesetzt: zur Pufferung von Stromversorgungsnetzen gegenüber kurzzeitigen Lastspitzen, zur Speicherung von Bremsenergie in Fahrzeugen und Bahnen sowie neben der Energiespeicherung auch zur Lagestabilisierung von Satelliten.

Entwicklungslinien

Mechanische Energiespeicher gehören zu den gebräuchlichsten großtechnischen Speichersystemen innerhalb des elektrischen Energieversorgungssystems. Insbesondere Pumpspeicherkraftwerke lassen sich in allen Größenordnungen realisieren. Druckluftspeicherkraftwerke, eine weitere Möglichkeit großtechnisch Energie zu speichern, sind noch im Entwicklungsstadium, versprechen aber durch die Erweiterung zu adiabaten Druckluftspeichern deutliche Wirkungsgradverbesserungen. Eine wesentlich geringere Speicherkapazität besitzen Schwungradspeicher. Hohe Leistungsdichte und sehr schnelle Anlaufzeiten qualifizieren diese Speicherart vor allem zur Bereitstellung von Sekundenreserve. Wirkungsgradsteigerungen und die Verminderung von Stillstandsverlusten sind durch die Weiterentwicklung von Magnetlagern und Rotorbaustoffen zu erwarten.

10.1.2 Elektrische Energiespeicher

Speicherprinzip

Die direkte Speicherung elektrischer Energie ist über den Aufbau elektromagnetischer Felder möglich. Für die Speicherung in einem elektrischen Feld ist der Kondensator, für die in einem magnetischen Feld die supraleitende Spule von technischer Bedeutung. Beide Speichersysteme ermöglichen zwar eine direkte Speicherung elektrischer Energie, eine wirtschaftlich sinnvolle Anwendung zur Speicherung größerer Leistungen stellen sie aber nicht dar. Zur kurzzeitigen Speicherung von geringen Leistungen sind sie aufgrund ihrer hohen Wirkungsgrade und den geringen Stillstandsverlusten durchaus geeignet.

Stand der Technik

Ein *Kondensator* ist ein elektrisches Bauelement, welches elektrische Ladungen speichern kann. Es besteht aus zwei elektrisch leitenden Flächen – den Elektroden – die durch ein sogenanntes Dielektrikum mit isolierender Wirkung getrennt sind. Sie werden in nahezu jedem elektronischen Gerät verbaut und dienen entweder als kurzzeitiger Energiespeicher oder als frequenzabhängiger Widerstand. Die zur Speicherung größerer Energien verwendeten Kondensatoren werden als Leistungskondensatoren bezeichnet.
Durch das Anlegen einer Gleichspannung U an die beiden Elektroden des Kondensators wird der Kondensator geladen. Der sich einstellende Strom baut mittels Ladungstrennung ein elektrisches Feld auf. Trennt man den Kondensator von der Spannungsquelle, bleiben Ladungsverteilung und Feld erhalten. Wird ein Verbraucher an den Kondensator angeschlossen, kommt es zu einem Stromfluss, der den Speicher entlädt. Für die gespeicherte Energie ΔE gilt

$$\Delta E = \frac{1}{2} C\, U^2. \qquad (10.3)$$

Die Kapazität C eines Kondensators wird in Farad angegeben, mit 1 F = 1 As/V.
Kondensatoren kommen in unterschiedlichen Bauformen vor. Namensgebend ist dabei i.d.R. das Dielektrikum (z.B. Keramikkondensatoren, Kunststoff-Folienkondensatoren, Elektrolytkondensatoren). Positive Eigenschaften sind die schnelle Be- und

Entladezeit, sehr hohe Leistungsdichten und die hohe Zyklenanzahl. Durch ihre geringe Energiedichte kommen Kondensatoren allerdings nicht als Langzeitspeicher in Frage. Sollen Kondensatoren in Wechselspannungsnetzen als Energiespeicher eingesetzt werden, sind Gleichrichter für den Ladevorgang und Wechselrichter für den Entladevorgang erforderlich. Anwendung findet der Kondensator hauptsächlich als Pufferspeicher in leistungselektronischen Schaltungen wie Wechsel- oder Frequenzumrichtern.

Supraleitende magnetische Energiespeicher[3] speichern die elektrische Energie im magnetischen Feld einer supraleitenden Spule. Der Effekt der Supraleitung beruht darauf, dass verschiedene Materialien bei Unterschreiten einer bestimmten kritischen Temperatur – der sogenannten Sprungtemperatur – ihren elektrischen Widerstand verlieren. Sie leiten damit unterhalb dieser Temperatur den elektrischen Strom verlustlos.

Supraleitende magnetische Energiespeicher bestehen im Wesentlichen aus einer supraleitenden Spule und einem System zur Kühlung der Spule. Beim Laden fließt der Strom durch die supraleitende Spule und baut ein Magnetfeld auf. Nach abgeschlossenem Ladevorgang fließt der das Magnetfeld erzeugende Strom I verlustlos in der kurzgeschlossenen Spule. Für die gespeicherte Energie ΔE gilt

$$\Delta E = \frac{1}{2} L I^2. \tag{10.4}$$

Die Speicherkapazität L einer Spule wird als Induktivität bezeichnet und in Henry angegeben, mit 1 H = 1 Vs/A.

Sollen supraleitende Spulen in Wechselspannungsnetzen als Energiespeicher eingesetzt werden, sind Gleichrichter für den Ladevorgang und Wechselrichter für den Entladevorgang erforderlich. Unabhängig davon ist eine permanente Kühlung des Systems notwendig, um die Spule unter der Sprungtemperatur von ca. 20 K zu halten.

Supraleitende magnetische Energiespeicher weisen eine schnelle, im Millisekundenbereich liegende Verfügbarkeit auf und haben (außer dem nicht unerheblichen Aufwand für die Kühlung) keine Stillstandsverluste. Nachteilig ist die geringe Energiedichte des Speichers. Die Hauptanwendung supraleitender Spulen liegt in der Erzeugung hoher Magnetfelder. Die Bereitstellung der Sekundenreserve im Energieversorgungsnetz spielt aufgrund des wirtschaftlich nicht darstellbaren Kühlaufwands derzeit keine praktische Rolle.

Entwicklungslinien

Eine Weiterentwicklung des klassischen Kondensatorkonzepts stellen die Doppelschichtkondensatoren[4] dar. Sie speichern die Energie ebenfalls in Form eines elektrischen Feldes, das jedoch zwischen den Elektroden und den positiv bzw. negativ geladenen Ionen eines Elektrolyten aufgebaut wird. Doppelschichtkondensato-

[3] auch: SMES (Superconducting Magnetic Energy Storage)

[4] auch: Superkondensatoren, Super-Caps

ren weisen einen hohen Wirkungsgrad, eine hohe Leistungsdichte aber eine geringe Energiedichte auf. Der Einsatz von lithiumbasierten Elektroden verspricht eine deutliche Steigerung der Energiedichte. Doppelschichtkondensatoren stellen auf Grund ihres Aufbaus den Übergang zwischen elektrischen und elektrochemischen Energiespeichern dar.

10.1.3 Elektrochemische Energiespeicher

Speicherprinzip

In anorganischen Energiespeichern wird durch Redoxreaktionen elektrische Energie in chemische Energie umgewandelt. Eine Redoxreaktion besteht aus den beiden Teilreaktionen Reduktion und Oxidation:

$$\begin{aligned} &\text{Oxidation:} && A \rightarrow A^{n+} + n \cdot e^- \\ &\text{Reduktion:} && B + m \cdot e^- \rightarrow B^{m-} \\ &\text{Redoxreaktion:} && m \cdot A + n \cdot B \rightarrow m \cdot A^{n+} + n \cdot B^{m-} \end{aligned} \tag{10.5}$$

Durch eine Umkehrung der Redoxreaktion kann der Speicher wieder entladen werden. Die beiden Teilreaktionen finden an zwei Elektroden unterschiedlicher Polarität statt, die über einen Ionen- und einen Elektronenleiter miteinander verbunden sind. Man unterscheidet Speichersysteme mit externem und internem Speicher. Systeme mit externem Speicher erlauben eine unterschiedliche Dimensionierung von Speicher- und Wandlereinheit und damit von Energie und Leistung. Zu ihnen gehören die Redox-Flow-Batterien und die Wasserstoffspeicher. Batterien und Akkumulatoren gehören zu den Systemen mit internem Speicher. Hier haben sich verschiedene Wirkprinzipien durchgesetzt: man unterscheidet Primärzellen, die auf nicht oder nur teilweise reversiblen Redoxreaktionen basieren, und Sekundärzellen, welche mit für eine begrenzte Zyklenanzahl reversiblen Redoxreaktionen arbeiten. Erstere werden umgangssprachlich als Batterien, letztere als Akkumulatoren bezeichnet.

Tabelle 10.1 Typische Eigenschaften elektrochemischer Speicher

Speicherart	Speicherkapazität [kWh/m^3]	Speicherverluste [%/d]	Zyklenfestigkeit in 1000	Entwicklungsstand
Blei-Säure-Akkumulator	50 - 100	0,1 - 0,4	0,5 - 2	ausgereift
NiCd-Akkumulator	100 - 200	0,5	0,5 - 2	ausgereift
NiMH-Akkumulator	100 - 350	0,5 - 3	0,5 - 1	ausgereift
Li-Ionen-Akkumulator	200 - 350	0,2	1 - 5	entwickelt
NaS-Akkumulator	150 - 250	10	5 - 10	entwickelt
Vanadium-Redox-Flow	20 - 70	0,1 - 0,4	>10	entwickelt
H_2-Speicher	3 - 750	0,003 - 0,03	k.A.	in Entwicklung

Stand der Technik

Akkumulatoren (und auch Batterien) bestehen aus einer Kaskade von galvanischen Zellen. In ihnen läuft die Redoxreaktion an, die sich mit einer Vielzahl von Elektroden-Elektrolyt-Kombinationen realisieren lässt. Dabei gibt es deutliche Unterschiede hinsichtlich Energie- und Leistungsdichte, Zyklenfestigkeit und Entladetiefe. Tabelle 10.1 gibt einen Überblick über die gebräuchlichsten Bauformen. Zu den Speichertechnologien im Einzelnen:
Blei-Säure-Akkumulatoren gehören zu den ältesten elektrochemischen Speichern. Die Elektroden bestehen aus Blei bzw. Bleidioxid, als Elektrolyt wird Schwefelsäure verwendet. Der Elektrolyt wird oft durch Zusätze in Form eines Gels gebunden. Beim Entladen wird an beiden Elektroden Bleisulfat gemäß

$$Pb + PbO_2 + 2H_2SO_4 \rightarrow 2PbSO_4 + 2H_2O + \Delta E \tag{10.6}$$

gebildet. Blei-Säure-Akkumulatoren weisen mit über 70 Prozent eine relativ hohen Wirkungsgrad auf und haben mit etwa 10 Prozent pro Monat mittlere Speicherverluste. Negativ wirkt sich die geringe Energiedichte aus, die auch durch eine maximale Entladetiefe von 70 Prozent bedingt wird. Neben ihrem Hauptanwendungsfeld als Starterbatterie kommen Blei-Säure-Akkumulatoren als kurz- und mittelfristige Energiespeicher in Notstromversorgungen oder in (solaren) Inselsystemen zum Einsatz.
Nickel-Cadmium-Akkumulatoren weisen gegenüber Blei-Säure-Akkumulatoren eine höhere Energiedichte und Entladetiefe auf. Die Elektroden bestehen aus Cadmium bzw. Nickel-III-Oxid-Hydrat, als Elektrolyt wird meist eine Kaliumhydroxid-Lösung verwendet. Beim Entladen wird an beiden Elektroden ein Hydroxid gemäß

$$Cd + 2NiO(OH) + 2H_2O \rightarrow 2Ni(OH)_2 + Cd(OH)_2 + \Delta E \tag{10.7}$$

gebildet. Wirkungsgrad und Speicherverluste sind mit den von Blei-Säure-Akkumulatoren vergleichbar. Nickel-Cadmium-Akkumulatoren weisen jedoch den Memory-Effekt auf, der bei Teilentladung zu einer Verringerung der Speicherkapazität führen kann. Bis zu ihrem EU-weiten Verbot im Jahr 2004 wurden Nickel-Cadmium-Akkumulatoren vor allem im Verbraucherbereich eingesetzt. Weiterentwicklungen, wie der Nickel-Metallhydrit-Akkumulator, verzichten auf das giftige Schwermetall Cadmium.
Lithium-Ionen-Akkumulatoren bezeichnen eine Klasse von elektrochemischen Speichern, die auf einer lithiumdotierten Metalloxid-Elektrode und einem lithiumbasierten Elektrolyten basieren. Als zweite Elektrode kommt meist Graphit oder amorpher Kohlenstoff zum Einsatz. Sowohl in der Metalloxid- als auch in der Graphit-Elektrode werden Lithium-Atome in das Elektrodengitter eingelagert. Beim Entladen werden Lithium-Ionen von der Graphit-Elektrode durch den Elektrolyten zur Metalloxid-Elektrode transportiert. Dort nehmen Sie aus dem äußeren Stromkreis Elektronen auf und werden in das Metalloxid eingelagert. Die zugehörige Redoxreaktion lautet

$$Li_{1-x}MeO_2 + Li_xC_n \rightarrow LiMeO_2 + C_n + \Delta E. \tag{10.8}$$

Als Metalloxide MeO_2 kommen Kobaltoxid, Nickeloxid oder Eisenphosphat zum Einsatz. Lithium-Ionen-Akkumulatoren weisen eine hohe Energie- und Leistungsdichte sowie Wirkungsgrade über 80 Prozent auf. Hinzu kommen geringe Speicherverluste von unter 5 Prozent pro Monat und eine vollständige Entladbarkeit. Nachteilig wirkt sich die hohe Reaktivität von Lithium aus, die besondere Sicherheitsanforderungen bedingt.

Hochtemperatur-Akkumulatoren weisen einen festen Elektrolyten und flüssige Elektroden auf. Als Elektrolyt werden ionenleitende Keramiken eingesetzt. Die Elektroden bestehen aus Schmelzen mit einer Temperatur um die 300 °C, beispielsweise Natrium und Schwefel bzw. Nickelchlorid. Beim Entladen wandern Natrium-Ionen durch den Elektrolyten zur Schwefel-Elektrode und bilden dort Natriumpolysulfid gemäß

$$2\mathrm{Na} + x\mathrm{S} \rightarrow \mathrm{Na_2S}_x + \Delta E. \tag{10.9}$$

Hochtemperatur-Akkumulatoren weisen aufgrund des Fehlens von Nebenreaktionen praktisch keine elektrochemischen Speicherverluste und eine hohe Zyklenfestigkeit auf. Allerdings ergeben sich erhebliche thermische Standby-Verluste durch die Betriebstemperatur, so dass Hochtemperatur-Akkumulatoren eher als Kurzzeitspeicher einsetzbar sind.

Flow-Batterien speichern die elektrische Energie nicht wie die bisher betrachteten elektrochemischen Speicher in den Elektroden sondern in den Elektrolyten. Für jede der aus Graphit bestehenden Elektroden wird ein aus gelösten Salzen bestehender Elektrolyt in getrennten Tanks vorgehalten. Beim Lade- bzw. Entladevorgang werden die Elektrolyten getrennt durch eine Membran durch die galvanische Zelle gepumpt und verändern dabei ihre Oxidationszahl. Am weitesten entwickelt sind Vanadium-Redox-Flow-Batterien. Beide Elektrolyte bestehen aus jeweils zwei Vanadiumsulfaten, die in Lösung jeweils Vanadium-Ionen unterschiedlicher Oxidationszahl enthalten. Die zugehörigen Redoxreaktionen beim Entladen lauten:

$$\mathrm{VO_2^+} + 2\mathrm{H^+} + e^- \rightarrow \mathrm{VO^{2+}} + \mathrm{H_2O} + \Delta E, \tag{10.10}$$

$$\mathrm{V^{2+}} \rightarrow \mathrm{V^{3+}} + e^- + \Delta E. \tag{10.11}$$

Durch die Membran werden H^+-Ionen zur Aufrechterhaltung des Ladungsgleichgewichts ausgetauscht [3]. Der Vorteil dieses Speicherkonzepts liegt in der einfachen Skalierbarkeit der gespeicherten Energie: sie ist proportional zum Volumen der Elektrolyttanks. Dadurch sind Flow-Batterien prinzipiell als Mittel- oder Langzeitspeicher geeignet.

Wasserstoff-Speichersysteme benötigen neben dem eigentlichen Speicher eine umfangreiche Peripherie: beim Ladevorgang wird mittels eines Elektrolyseurs Wasser zu Wasserstoff reduziert und beim Entladevorgang mittels einer Brennstoffzelle bzw. eines Gasmotors oder einer Gasturbine Wasserstoff wieder zu Wasser oxidiert. Beim Entladen gilt

$$2\mathrm{H_2} + \mathrm{O_2} \rightarrow 2\mathrm{H_2O} + \Delta E. \tag{10.12}$$

Wasserstoff hat bei Umgebungsdruck eine niedrige Energiedichte von 3 kWh/m^3. Durch Kompression bzw. Verflüssigung lässt sich die Energiedichte massiv steigern, sie beträgt bei 250 bar 750 kWh/m^3 und im flüssigen Zustand 2.400 kWh/m^3.

Drucktanks bis 700 bar sind technologisch ausgereift und können bspw. in Kraftfahrzeugen eingesetzt werden. Für die Speicherung großer Mengen Wasserstoff zur saisonalen Langzeitspeicherung sind Salzkavernen grundsätzlich geeignet. Zudem weisen Druckgasspeicher sehr niedrige Speicherverluste auf. Nachteil von Wasserstoff-Speichersystemen ist ein mit maximal 40 Prozent sehr niedriger Gesamtwirkungsgrad.

Entwicklungslinien

Akkumulatoren sind eine seit vielen Jahrzehnten bewährte Technologie. Lithiumbasierte Akkumulatoren stellen hinsichtlich Energiedichte und Zyklenfestigkeit eine realistische Option für den Mobilitätsbereich dar. Hier sind allerdings noch Skaleneffekte durch die Einführung industrieller Fertigungsverfahren zu erzielen.
Im Bereich der elektrochemischen Speicher besitzen alleine Wasserstoffspeicher das Potential einer saisonalen Langzeitspeicherung. Insbesondere die Methanisiserung von Wasserstoff wird derzeit diskutiert, da dadurch die vorhandene Erdgasinfrastruktur mit ihren großen Speicherkapazitäten genutzt werden kann [44]. Dabei wird Wasserstoff zunächst über die katalytische Reaktion

$$4H_2 + CO_2 \rightarrow CH_4 + 2H_2O + \Delta E \tag{10.13}$$

in Methan umgewandelt. Hierzu ist allerdings Kohlenstoff notwendig, der in Gl. (10.13) durch Kohlendioxid bereitgestellt wurde. Eine Rückverstromung kann großtechnisch in Gas- bzw. GuD-Kraftwerken erfolgen. Derzeit wird mit Gesamtwirkungsgraden deutlich unter 40 Prozent gerechnet. Eine ausführliche Darstellung dieser Technologien erfolgt in Kapitel 10.3.1.
Als Alternative zu den Druckgasspeichern werden für mobile Anwendungen unterschiedliche Materialien für eine Feststoffspeicherung untersucht. Feststoffspeicher basieren auf der Lösung von gasförmigen Wasserstoff in einem Feststoff. Die Einlagerung erfolgt bei einem mittleren Druckniveau, die Entladung durch Unterdruck oder Wärmezufuhr. In der Entwicklung befinden sich Speicher auf der Basis von Metallhydriden oder Graphit-Nanostrukturen („Nanocubes").

10.2 Thermische Speichertechnologien

Die Aufgabe von thermischen Energiespeichern ist es, ein vorhandenes Energieangebot mit einem Wärmeenergiebedarf zu koppeln, wenn diese zeitlich nicht deckungsgleich sind. Thermische Speicher ermöglichen es,

- erneuerbare Energiequellen nutzbar zu machen, die starken tageszeitlichen und jahreszeitlichen Schwankungen unterliegen,
- Erzeugungs- und Verbrauchsspitzen auszugleichen und damit Energie rationeller einzusetzen,
- die Versorgungssicherheit zu erhöhen sowie
- durch eine Erhöhung der Laufzeiten die Effizienz von Wärmeerzeugern durch Reduzierung der Abkühlverluste zu steigern und die Schadstoffemissionen beim häufigen Takten zu senken.

Thermische Energiespeicher ermöglichen also einerseits die verstärkte Einbindung erneuerbarer Energien im Wärmebereich und erhöhen andererseits die Energieeffizienz der Wärmebereitstellung. Die thermische Energie wird mit Hilfe eines Wärmeträgermediums dem Speicher zugeführt. Man unterscheidet zwischen der direkten Speicherung, bei der Wärmeträgermedium und Speichermedium identisch sind, und der indirekten Speicherung, bei der aus technischen oder hygienischen Gründen eine stoffliche Trennung von Wärmeträger- und Speichermedium durch einen Wärmeübertrager erfolgt.
Thermische Speicher können anhand unterschiedlicher Kriterien unterteilt werden, z.B. nach dem Nutztemperaturniveau in Nieder-, Mittel-, und Hochtemperaturspeicher oder nach der Dauer der Energiespeicherung in Kurz- und Langzeitspeicher. Hier soll eine Unterteilung nach dem physikalischen Prinzip der Speicherung in sensible, Latentwärme- und thermochemische Speicher erfolgen. In allen drei Fällen erfolgt die Speicherung über eine Änderung der *inneren Energie* des Speichermediums. Die innere Energie umfasst alle nichtmechanischen Energien, die im Inneren des Systems gespeichert sind. Sie setzt sich aus verschiedenen Anteilen zusammen, die in Kapitel 14.4 ausführlich beschrieben werden. Bei der sensiblen Speicherung thermischer Energie wird der thermisch-kinetische Anteil der inneren Energie des Speichermediums erhöht, Latentwärmespeicher dagegen nutzen den thermisch-potenziellen Anteil der inneren Energie zur Energiespeicherung. Thermochemische Speicher schließlich arbeiten mit der durch (reversible) chemische oder physikalische Reaktionen nutzbaren Bindungsenergie, d.h. dem chemischen Anteil der inneren Energie der Materie.
Wichtige Parameter zur Bewertung thermischer Speicher sind die Speichertemperatur und die Speicherdichte. Tab. 10.2 gibt eine erste Übersicht über die in den nächsten Kapiteln behandelten Speicherarten sowie deren Entwicklungsstand.

Tabelle 10.2 Speicherkapazität und Entwicklungsstand thermischer Speicher

Speicherart	Stoff	Arbeitstemperatur [°C]	Speicherkapazität [kWh/m^3]	Entwicklungsstand
Sensibel	Wasser	0 - 100	60	ausgereift
	Beton	0 - 500	30	ausgereift
Latent	Paraffine	0 - 70	60	entwickelt
	Salzhydrate	30 - 100	150	entwickelt
	Salze	100 - 400	100	entwickelt
Thermochemisch	Silikagele	40 - 100	200	in Entwicklung
	Zeolithe	100 - 300	200	in Entwicklung
	Metallhydride	300 - 900	500	in Entwicklung

10.2.1 Sensible Speicher

Speicherprinzip

Bei der sensiblen Speicherung wird die als Wärmestrom zugeführte Energie über die Aufrechterhaltung eines Temperaturunterschiedes zwischen Speichermedium und Umgebung gespeichert, d.h. sie geht mit einer „fühlbaren" Temperaturänderung einher. Die gespeicherte Energiemenge ist abhängig von der spezifischen Wärmekapazität und der Masse des Speicherstoffes sowie der Temperaturdifferenz, in der die Speicherung realisiert ist. Die spezifische Wärmekapazität c ist eine physikalische Stoffeigenschaft, die angibt, welche Wärmemenge einem Kilogramm eines Stoffes zugeführt werden muss, um dessen Temperatur um ein Kelvin zu erhöhen. Dies bedeutet, dass für die Wärmespeicherung Stoffe mit einer hohen spezifischen Wärmekapazität von Vorteil sind. Je höher die spezifische Wärmekapazität ist, desto weniger Material wird benötigt um dieselbe Menge Wärmeenergie zu speichern.
Aufgrund des Temperaturunterschiedes ΔT zwischen Speichermedium und Umgebung sind Außendämmungen am Speicher zwingend notwendig. Da die Wärmeverluste proportional zur Oberfläche des Speichermediums sind, die gespeicherte Energiemenge jedoch proportional zum Volumen ist, steigt die Effizienz bei größeren Speichervolumina. Die Idealform des Speichers ist die Kugel mit minimalem Oberflächen-Volumen-Verhältnis. Wärmespeicher können aufgrund ihrer Größe in Kurzzeit- und Langzeitspeicher unterschieden werden. Kurzzeitspeicher kommen in der Gebäudetechnik zur Unterstützung der Hausheizungssysteme als Pufferspeicher zum Einsatz. Die Verweildauer der Energie im Speicher – die Zyklenzeit – beträgt hier Stunden bis Tage. Bei Langzeitspeichern zur saisonalen Wärmespeicherung wird die Speicherkapazität nur wenige Male im Jahr genutzt, so dass bei der Planung und Ausführung günstige Oberflächen-Volumen-Verhältnisse im Vordergrund stehen.

Das Speichermaterial ist so zu wählen, dass innerhalb der angestrebten Be- und Entladetemperaturen kein Phasenwechsel stattfindet. Mit Hilfe der spezifischen Wärmekapazität c läßt sich die in einer Masse m bzw. einem Volumen V gespeicherte Energiemenge ΔE mit

$$\Delta E = m c \Delta T = \rho V c \Delta T \qquad (10.14)$$

berechnen. Daraus läßt sich die volumetrische Wärmespeicherdichte $\Delta E/V$ des Speichermaterials ableiten:

$$\frac{\Delta E}{V} = \rho c \Delta T. \qquad (10.15)$$

Neben Wasser, das als kostengünstiges und leicht verfügbares Medium am häufigsten Anwendung findet, stehen weitere Wärmespeichermaterialien zur Verfügung. Einige Beispiele für mögliche Wärmespeichermaterialien mit ihren jeweiligen Eigenschaften sind in Tab. 10.3 gegeben. Wasser besitzt mit 4,19 kJ/kg/K die höchste

Tabelle 10.3 Spezifische und volumetrische Wärmekapazität von Wärmespeichermaterialien bei 20 °C, nach [13]

Medium	Einsatzbereich [°C]	spezifische Wärmekapazität c in [kJ/kg/K]	volumetrische Wärmekapazität $\rho \cdot c$ in [kJ/m^3/K]	Dichte ρ in [kg/m^3]
Wasser (drucklos)	0 - 95	4,19	4.175	998
Kies, Sand	0 - 800	0,71	1.278 - 1.420	1.800 - 2.000
Granit	0 - 800	0,75	2.062	2.750
Beton	0 - 500	0,88	1.672 - 2.074	1.900 - 2.300
Ziegelstein	0 - 1.000	0,84	1.176 - 1.596	1.400 - 1.900
Eisen	0 - 800	0,47	3.655	7.860
Wärmeträgeröl	0 - 400	1,6 - 1,8	1.360 - 1.620	850 - 900
Kies-Wasser-Schüttung (37 Vol.-% Wasser)	0 - 100	1,32	2.904	2.200
Salzschmelze (53 KNO_3 + 40 $NaNO_2$ + 7 $NaNO_3$)	150 - 450	1,3	1.725 - 1.970	2.243 - 2.561
Natrium	100 - 800	1,3	750 - 925	975 - 1.203

spezifische Wärmekapazität. Da die Temperaturdifferenz und das Temperaturniveau durch den Verdampfungspunkt des Wassers bei 95 °C begrenzt sind, kann man die Speicherkapazität eines Speichers durch Masse- bzw. Volumenvergrößerung oder die Auswahl eines für den Temperaturbereich der Speicherung geeigneteren Speichermediums beeinflussen.

Stand der Technik

Für die Kurzzeitspeicherung thermischer Energie in der Haustechnik kommen meist zylinderförmige Speicher mit Volumina im unteren Kubikmeterbereich zum Einsatz. Die zylindrische Bauform gibt dem Speicher ein gutes Oberflächen-Volumen-Verhältnis, welches die Wärmeverlustfläche reduziert. Die Einbindung in den Heiz- oder Trinkwasserkreis erfordert i.d.R. Druckbeständigkeit. Die Druckbehälter sind daher meist aus Stahl gefertigt, der einem Druck von 3 bzw. 10 bar widersteht. Seltener finden sich drucklos betriebene Behälter aus glasfaserverstärktem Kunststoff (GFK), deren Einbindung einen zusätzlichen Wärmeübertrager erfordert. Zur

Erwärmung der thermischen Speicher stehen neben Heizkesseln für konventionelle Brennstoffe auch Solarkollektoren oder Wärmepumpen mit Umweltenergie aus dem Erdreich, dem Grundwasser oder der Außenluft zur Verfügung. Eine ausführliche Darstellung sensibler Kurzzeitspeicher und ihrer Peripherie findet sich in Kap. 5.3.5. Für höhere Speichertemperaturen, beispielweise in Kraftwerksprozessen, sind Feststoff- und Fluid-Wärmespeicher geeignet.
Langzeitspeicher zur saisonalen Wärmespeicherung können durch verschiedene Speicherkonzepte realisiert werden. Sie unterscheiden sich durch ihr Speichermedium und den Speicherort. In Abb. 10.3 sind Heißwasser-, Kies-Wasser-, Erdsonden- und Aquifer-Wärmespeicher schematisch dargestellt.

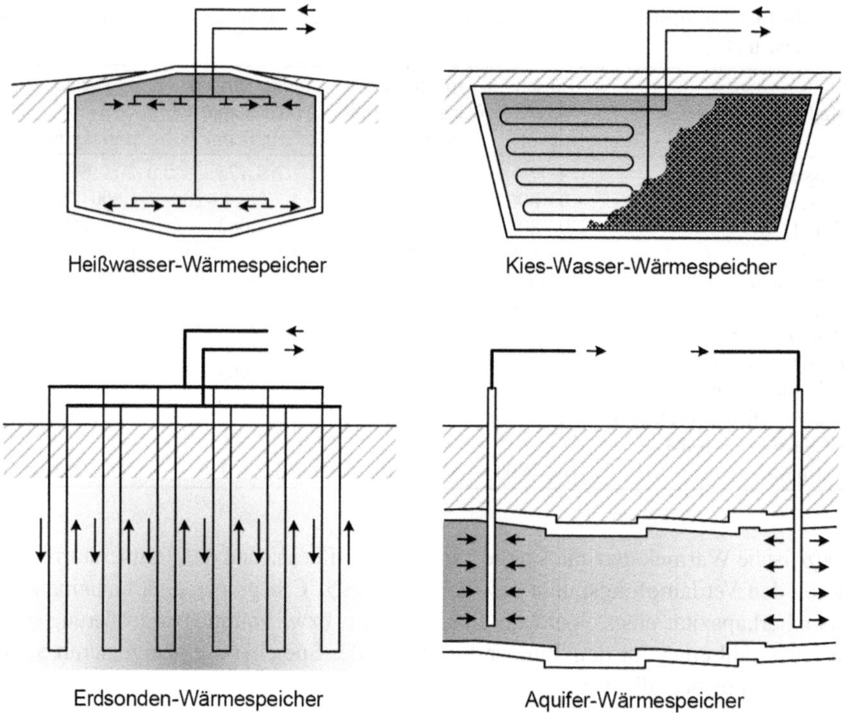

Abb. 10.3 Bautechnische Realisierungen von sensiblen Langzeitwärmespeichern.

Im Rahmen der Förderprogramme Solarthermie 2000 und Solarthermie 2000plus wurden zahlreiche saisonale Speicher auf Basis der sensiblen Wärmespeicherung in Verbindung mit einer zentralen solarthermischen Energieerzeugung für die Nahwärmeversorgung realisiert und wissenschaftlich begleitet [5][14][31][32]. Hauptsächlich kamen dabei *Heißwasser-Wärmespeicher* zum Einsatz. Diese Speicherart wird im Gebäude oder im Erdreich integriert ausgeführt. Als Baumaterial dient meist Beton, der entweder mit Edelstahl oder speziellen wasserundurchlässigen Betonschichten ausgekleidet ist. Neben Beton können auch Stahl oder glasfaserverstärkte

Kunststoffe als Umhüllungsmaterial zum Einsatz kommen. Die Seitenbereiche des Speichers sowie der Deckel werden mit Blähgranulat, Schaumglas oder Mineral- bzw. Glasfasern gedämmt. Mit Heißwasser-Wärmespeichern lassen sich Wärmespeicherdichten von bis zu 80 kWh/m^3 bei einer maximal nutzbaren Temperaturdifferenz von $\Delta T = 70$ K erzielen (Abb. 10.4).

Abb. 10.4 Bau eines 12.000 m^3 großen Betonspeichers zur Langzeit-Wärmespeicherung in Friedrichshafen (Foto: ITW Stuttgart)

Kies-Wasser-Wärmespeicher bestehen üblicherweise aus einer mit Kunststofffolie ausgekleideten Grube, in die ein Gemisch aus Kies bzw. Sand und Wasser als Speichermedium eingefüllt und anschließend abgedeckt wird. Eine besonderer Vorteil ist, dass bei dieser Bauart keine tragende Deckenkonstruktion erforderlich ist. Die Speichertemperatur ist aufgrund der zur Abdichtung eingesetzten Kunststofffolie auf unter 90 °C begrenzt. Die Be- und Entladung eines solchen Speichers kann direkt über den Austausch von Speicherwasser oder über eingelegte Rohrschlangen erfolgen [4]. Aufgrund der schlechteren volumetrischen Wärmekapazität des Kieses bzw. Sandes und des geringeren Temperaturhubs ΔT liegen die Wärmespeicherdichten zwischen 30 und 50 kWh/m^3.

Bei der Wärmespeicherung über *Erdsonden* wird Erdreich oder Felsgestein des Untergrundes als Speichermedium genutzt. Die Wärmeübertragung erfolgt bei dieser Speicherform über einzementierte U-Rohrsonden aus PE, welche in den Erdboden eingelassen sind. Die in den U-Rohren zirkulierende Wärmeträgerflüssigkeit kann entweder Wärme an das Erdreich abgeben oder von diesem aufnehmen. Die Bohrtiefen betragen dabei 20 - 100 m bei einem Bohrlochabstand von 1,5 - 3 m [4]. Während bei geothermischen Erdwärmesonden Abstände von mindestens 6 m einzuhalten sind (vgl. Kap. 6.3.1), sind bei Erdsondenspeichern die Abstände erheblich geringer, um ein möglichst großes Erdreichvolumen thermisch nutzen zu können. Die VDI 4640 Teil 3 behandelt die Besonderheiten von thermischen Erdsondenspeichern [47]. Aufgrund der schlechteren Wärmeleitung kann man im Erdreich Wärmespeicherdichten von nur 15 bis 30 kWh/m^3 erreichen [43].

Aquifer-Wärmespeicher nutzen natürlich vorkommende, nach oben und unten abgeschlossene Grundwasserschichten zur Wärmespeicherung. Da die oberflächennahen Aquifere meist der Trinkwasserversorgung dienen, wird auf Schichten zurückgegriffen, die unterhalb von 100 m liegen. Damit stellen sie hohe Anforderungen an verschiedene Randbedingungen wie Hydrogeologie oder Mikrobiologie. Die Speicherdichten bei Aquifer-Wärmespeichern liegen zwischen 30 und 40 kWh/m^3 [43].

Abb. 10.5 zeigt die spezifischen Investitionskosten bereits gebauter Pilot- und Testanlagen sowie in Planung befindlicher Wärmespeicher in solar unterstützen Nahwärmenetzen. Das Speichervolumen ist als Wasseräquivalent dargestellt, d.h. das Speichermedium wurde zur besseren Vergleichbarkeit auf ein Wasservolumen gleicher Wärmekapazität umgerechnet. Es ist deutlich zu erkennen, dass mit größeren Speichervolumina die spezifischen Investitionskosten sinken. Für große Anlagen ergeben sich Investitionskosten zwischen 50 und 100 €/m^3, je nach verwendeter Technologie.

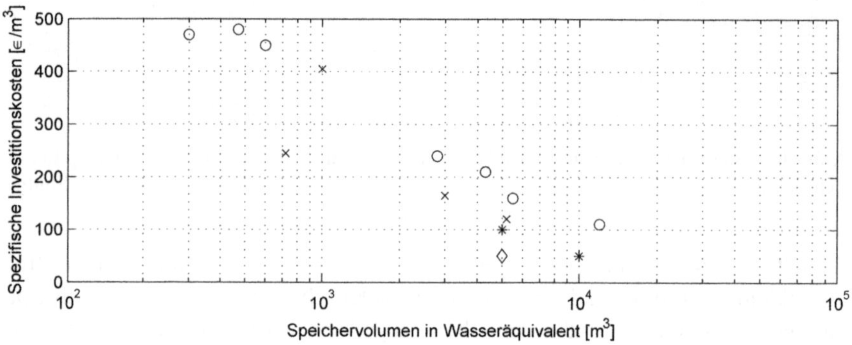

Abb. 10.5 Spezifische Investitionskosten von sensiblen Wärmespeichern unterschiedlicher Bauart in Deutschland: o: Heißwasser-Wärmespeicher, x: Kies-Wasser-Wärmespeicher, $*$: Erdsonden-Wärmespeicher, $\diamond$: Aquifer-Wärmespeicher, nach [43]

Für höhere Speichertemperaturen werden Fluid- bzw. Feststoffspeicher verwendet. Sie finden Anwendung bei der Nutzung industrieller Abwärme oder auch in solarthermischen Kraftwerken. In Fluidspeichern werden Thermoöle oder flüssige Salze als Speichermedium verwendet, da sie eine höhere Verdampfungstemperatur als Wasser besitzen. Sie zeigen jedoch einige Nachteile, wie z.B. Degradation oder hohe Erstarrungstemperaturen. Erste Erfahrungen mit Hochtemperatur-Feststoffspeichern wurden in dem Solarkraftwerk Almeria in Spanien gewonnen. Dieser Testspeicher aus Beton wurde in einem Temperaturbereich bis 400 °C betrieben. Neuere Untersuchungen sollen diesen Bereich auf 500 °C erweitern. [28]

Entwicklungsrichtungen

Die sensible Wärmespeicherung ist das am intensivsten erforschte thermische Speicherverfahren, das vielfältigst eingesetzt wird. Dabei reichen die Möglichkeiten vom dezentralen Einsatz in Wohnungen bis zu zentralen Speichersystemen für Einzelgebäude und ganze Wohngebiete. Aus den Anwendungsbereichen resultieren zwei Entwicklungsrichtungen. Zum einen werden für Heiz- und Kältekreise sowie zur Trinkwassererwärmung druckbehaftete Pufferspeicher mit Volumen bis etwa 5 m^3 benötigt. Die saisonale Speicherung von Solarenergie erfordert großvolumige Speicher von 10 m^3 (Einfamilienhaus) bis über 10.000 m^3 in Nahwärmenetzen.[5]
Die Weiterentwicklung von Kurzzeitspeichern konzentriert sich vor allem auf eine Reduktion der Herstellkosten und Maßnahmen zur Verbesserung der Schichtung sowie der Dämmeigenschaften. Im Bereich der Isolierung wird mit Vakuum-Superisolationsmaterialien (VSI) experimentiert. Dabei wird der Zwischenraum eines doppelwandigen Behälters evakuiert, um Konvektionsverluste weitgehend zu unterbinden. Eine Füllung mit mikroporösen Materialen unterbindet den Strahlungsaustausch zwischen den Behälterwänden. Mit aufgeblähten Perliten als Füllmaterial konnte eine effektive Wärmeleitfähigkeit von 0,007 W/m/K erzielt werden, die deutlich unter der von herkömmlichen Dämmmaterialien liegt [2].
Nach ersten Langzeiterfahrungen mit Pilotanlagen steht bei der Weiterentwicklung von Langzeitwärmespeichern die bautechnische Ausführung der Anlagen im Vordergrund. Die Speicher sind zukünftig nicht nur kostengünstiger, sondern auch betriebssicherer und effizienter zu gestalten. Je größer das Speichervolumen wird, desto unbedeutender sind die Wärmeverluste über die Speicherhülle, die Optimierung der Wärmedämmung ist damit von geringerer Priorität. Da der Bedarf eher an großen Wärmespeichern mit Volumina im Bereich von 500 bis 10.000 m^3 besteht, stellt vor allem die kostenmäßige und statische Optimierung des Wandaufbaus eine besondere Herausforderung dar [36].

10.2.2 Latentwärmespeicher

Speicherprinzip

Im Unterschied zur sensiblen thermischen Energie ist bei Latentwärmespeichern die gespeicherte Energie „verborgen", da die Energieeinlagerung nicht mit einer Temperaturerhöhung verbunden ist. Bei Latentwärmespeichern wird die gespeicherte Energie über eine Änderung des Aggregatzustandes des Speichermaterials freigesetzt. Die dazu eingesetzten Materialen werden, abgeleitet aus dem Englischen, als PCM (phase change materials) bezeichnet.

---

[5] Die zurzeit größte Anlage für die solare Nahwärmeversorgung ist ein Speicher auf Basis von Erdsonden in Neckarsulm. Das Speichervolumen beträgt 63.000 m^3 bei einer Kollektorfläche von 5.500 m^2. Damit konnte ein solarer Deckungsanteil von knapp 40 Prozent für insgesamt 300 Wohneinheiten und öffentliche Einrichtungen erreicht werden. [43]

→ Beispiel

Der Effekt der „verborgenen" Wärme soll am Beispiel von Wasser verdeutlicht werden: Wasser besitzt eine mittlere volumetrische Wärmekapazität von 4.175 kJ/m³/K. Bei der Zufuhr von Energie in Form von Wärme steigt die Temperatur eines Liters Wasser annähernd linear mit rund 0,24 K/kJ. Um Wasser von 0 auf 100 °C zu erwärmen, sind also

$$\frac{4.175\ \mathrm{kJ/m^3/K}}{1.000\ \mathrm{l/m^3}} \cdot 100\ \mathrm{K} = 417{,}5\ \mathrm{kJ/l}$$

notwendig. Erreicht das Wasser bei Umgebungsdruck die Temperatur von 100 °C, steigt die Temperatur bei weiterer Wärmezufuhr nicht mehr an, bis die Verdampfungsenthalpie von 2.250 kJ vom jetzt in die Dampfphase übergehenden Wasser absorbiert wurde. Erst dann steigt die Temperatur mit einer veränderten Wärmekapazität weiter an. Wasser nimmt also während des Phasenüberganges mehr als das 5-fache der Energie auf, die benötigt wird, um die gleiche Menge Wasser von 0 auf 100 °C zu erwärmen.
Die bekanntesten Vertreter von Latentwärmespeichern sind Wasser-Eis-Speicher, die zur Kälte- und in Verbindung mit Wärmepumpen auch zur Wärmespeicherung eingesetzt werden. Hierbei wird die Schmelzenthalpie genutzt. Diese ist mit 333 kJ/l allerdings deutlich niedriger als die Verdampfungsenthalpie. Der Phasenübergang lässt sich in einem Q-T-Diagramm grafisch anschaulich darstellen:

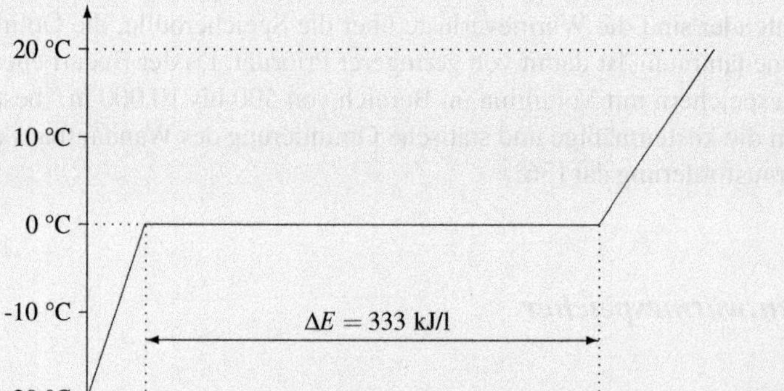

Bei einem fest-flüssig Phasenübergang entspricht die latente Wärme der Schmelz- bzw. Kristallisationsenthalpie des Speichermaterials. Der Phasenübergang flüssig-gasförmig zeigt zwar bei den meisten Stoffen eine wesentlich höhere spezifische Verdampfungs-/Kondensationsenthalpie, ist aber aufgrund der starken Veränderung der Dichte (bei Wasser/Wasserdampf etwa mit dem Faktor 1000) technisch nur schwer beherrschbar. Nachteilig bei der Verwendung von Feststoffen ist deren geringes Wärmetransportvermögen allein durch Wärmeleitung, da kein konvektiver

Wärmetransport wie in Flüssigkeiten und Gasen stattfinden kann. Dadurch bedingt sind immer größere Wärmeübertragerflächen erforderlich.
Die gespeicherte Wärmemenge ΔE berechnet sich nach Gl. (10.16), wobei m wiederum die Masse des Speichermaterials und h_{PC} die Phasenwechsel- bzw. Schmelzenthalpie des Materials darstellt.

$$\Delta E = m\, h_{PC} = \rho\, V\, h_{PC} \tag{10.16}$$

Latentwärmespeichermaterialien können neben ihrer chemischen Zusammensetzung auch nach der Umwandlungstemperatur – dem Schmelzpunkt – sowie der Schmelzenthalpie h_{PC} eingeteilt werden. Je nach Anwendungsfall können anhand von Abb. 10.6 Materialien mit geeigneter Phasenwechseltemperatur ausgewählt werden.

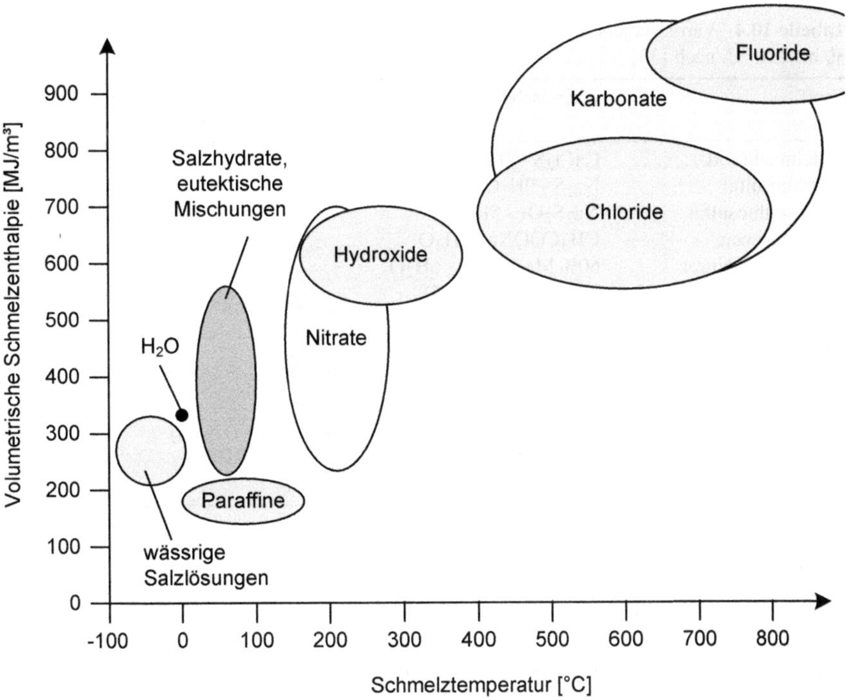

Abb. 10.6 Volumetrische Schmelzenthalpien $\rho \cdot h_{PC}$ verschiedener Klassen von PCM, nach [23]

Für den Niedertemperaturbereich bis etwa 130 °C sind Paraffine oder Salzhydrate einsetzbar. Bei *Salzhydraten* sind in die Kristallstruktur des Salzes Wassermoleküle eingelagert. Diese werden auch als Kristallwasser bezeichnet. Bei Energiezufuhr wird das Kristallwasser ausgetrieben und bildet mit den dissoziierten Salzionen eine wässrige Lösung. Zahlreiche Praxiserfahrungen deuten darauf hin, dass Salzhydrate eine extreme Form der Unterkühlung zeigen: aufgeschmolzene Flüssigkeiten kühlen oftmals bis auf Umgebungstemperatur ohne Phasenwechsel ab (vgl. Abb.

10.7). Wasserfreie Salze wie Chloride, Karbonate oder Fluoride bestehen nur aus den Metall- und Säurerest-Ionen. Bei Energiezufuhr folgt der Aggregatzustandswechsel von fest nach flüssig, die flüssige Phase wird als Salzschmelze bezeichnet. Während die Lösung von Salzhydraten bereits bei Temperaturen unterhalb von 100 °C möglich ist, liegen Salzschmelzen erst bei weit höheren Temperaturen vor. Für eine Wärmespeicherung im Bereich bis + 100 °C sind daher vor allem Salzhydrate und deren Mischungen geeignet.
Salzhydrate haben bei einem Schmelz-/Erstarrungspunkt < 100 °C eine theoretisch mögliche Speicherdichte von etwa 200 bis 500 MJ/m^3. Die Zusammenstellung in Tab. 10.4 enthält Schmelzpunkte und Schmelzenthalpien ausgewählter Salzhydrate, welche im Temperaturbereich 30 bis 100 °C ihren Schmelz- bzw. Erstarrungspunkt haben. Im Temperaturbereich von 100 bis max. 500 °C kommen sowohl ausge-

Tabelle 10.4 Wärmespeichervermögen ausgewählter Salzhydrate für den Temperaturbereich von 30 bis 100 °C, nach [33]

Stoff	Chemische Formel	Schmelzpunkt [°C]	Speichervermögen [MJ/t]	[MJ/m^3]
Calciumchlorid	$CaCl_2S \cdot 6H_2O$	30	150	240
Natriumsulfid	$Na_2S \cdot 9H_2O$	47	-	413
Natriumthiosulfat	$Na_2S_2O_3 \cdot 5H_2O$	48	210	326
Natriumacetat	$CH_3COONa \cdot 3H_2O$	58	265	364
Magnesium-Nitrat + Magnesium-Chlorid	60% $Mg(NO_3)_2 \cdot 6H_2O$ 40% $MgCl_2 \cdot 6H_2O$	58	166	267
Natriumhydroxid	$NaOH \cdot H_2O$	64	272	468
Magnesiumnitrat + Lithiumnitrat	90% $Mg(NO_3)_2 \cdot 6H_2O$ 10% $LiNO_3$	72	182	298
Bariumhydroxid	$Ba(OH)_2 \cdot 8H_2O$	78	265	572
Magnesiumnitrat	$Mg(NO_3)_2 \cdot 6H_2O$	89	160	256
Ammoniumalaun	$NH_4Al(SO_4)_2 \cdot 12H_2O$	93	242	397
Natriumsulfid	$Na_2S \cdot 5H_2O$	96	-	486

wählte Salzhydrate als auch relativ tief schmelzende wasserfreie Salze bzw. deren Mischungen in Betracht. Die bevorzugte Hochtemperatur-Salzschmelze „HTS" besteht z.B. aus 53 % KNO_3, 40 % $NaNO_2$ und 7 % $NaNO_3$ und ist zwischen 142 und 480 °C verwendbar. In der Tabelle 10.5 sind Schmelzpunkt und Schmelzenthalpie der Speichersalze angegeben.
Mit dem Sammelbegriff *Paraffine* werden die längerkettigen festen und flüssigen Alkane bezeichnet, die zur Gruppe der organischen Stoffen zählen. Alkane weisen Kohlenstoffketten mit Einfachbindungen auf, deren chemische Summenformel C_nH_{2n+2} lautet. Paraffine sind die Hauptbestandteile des Erdöls. Bei Paraffinen besteht die Möglichkeit, den Schmelzpunkt über die Kettenlänge und das Mischungsverhältnis einzustellen. Der Vorteil gegenüber den Salzhydraten sind die kaum auftretende Korrosivität und Neigung zur Unterkühlung. Jedoch besitzen sie häufig den Nachteil der leichten Entflammbarkeit. Bei starker Temperaturbeanspruchung neigen die Kohlenwasserstoffketten zum Cracken mit der Folge einer Änderung

Tabelle 10.5 Wärmespeichervermögen ausgewählter Speichersalze für den Temperaturbereich von 100 bis 500 °C, nach [33]

Stoff	Chemische Formel	Schmelzpunkt [°C]	Speichervermögen [MJ/t]
Magnesiumchlorid	$MgCl_2 \cdot 6H_2O$	117	172
Natriumnitrat	7% $NaNO_3$		
+ Kaliumnitrat	53% KNO_3	142	200
+ Natriumnitrit	40% $NaNO_2$		
Lithiumnitrat	$LiNO_3$	254	380
Natriumnitrit	$NaNO_2$	282	212
Natriumnitrat	$NaNO_3$	310	174
Natriumhydroxid	NaOH	318	158
Kaliumnitrat	KNO_3	337	116

der Phasenumwandlungstemperatur. Tabelle 10.6 gibt für ausgewählte Paraffine Schmelzpunkt, Schmelzenthalpie und Dichte im festen Zustand wieder.

Tabelle 10.6 Wärmespeichervermögen ausgewählter Paraffine für den Temperaturbereich von 0 bis 100 °C, nach [51]

Stoff	Schmelzpunkt [°C]	Speichervermögen [MJ/t]	Dichte (fest, 20 °C) [kg/m³]
Paraffin C14	4,5	165	-
Paraffin C16	18	236	-
Paraffin C18	28	244	774
Paraffin C16-C28	42-44	189	910
Paraffin C20-C33	48-50	189	912
Paraffin C22-C45	58-60	189	920
Paraffin C21-C50	66-68	189	930

Zahlreiche weitere organische Stoffe wurden in den vergangenen Jahren auf ihre Eignung als PCM untersucht. In [51] sind Materialien und ihre Stoffwerte dokumentiert. Wegen ihrer geringeren Dichte sind organische Stoffe gegenüber Salzhydraten und Salzmischungen in der volumenbezogenen Energiedichte im Nachteil.

Stand der Technik

Für die Verwendung eines Stoffes als Latentwärmespeichermaterial werden verschiedene Auswahlkriterien herangezogen. So sind die folgenden chemisch-physikalischen Anforderungen gegeneinander abzuwägen:

- Die Phasenwechseltemperatur muss im geforderten Arbeitsbereich liegen.
- Der Stoff sollte eine möglichst hohe spezifische Phasenumwandlungsenthalpie haben, damit je Masseeinheit des Speicherstoffes eine möglichst große Wärmemenge gespeichert wird.

- Der Stoff sollte eine möglichst hohe Dichte haben, um ein hohes volumenbezogenes Speichervermögen aufzuweisen.
- Der Stoff sollte eine hohe spezifische Wärmekapazität haben, da in der Regel Energie auch als sensible Wärme gespeichert wird.
- Der Stoff sollte eine möglichst hohe Wärmeleitfähigkeit besitzen, damit eine Wärmeübertragung schon bei kleinen Temperaturdifferenzen mit relevanten Leistungen möglich ist.
- Der Stoff sollte ein kongruentes Schmelzverhalten haben und ohne feste Zwischenphasen direkt aus dem festen Zustand in die homogene Schmelze übergehen und umgekehrt. Andernfalls könnte es im Verlauf eines oder mehrerer Zyklen zu Entmischungen und einer Abnahme der Wärmespeicherkapazität kommen.
- Der Stoff sollte eine möglichst kleine Volumenänderung beim Phasenwechsel aufweisen, um die mechanischen Belastungen für Speicherraum und Peripherie möglichst gering zu halten.
- Der Stoff sollte nicht zu Unterkühlungen neigen.
- Der Stoff sollte chemisch und physikalisch in dem geforderten Temperaturbereich langzeitstabil sein.
- Der Stoff sollte keinen eng zusammen liegenden Schmelz- und Siedepunkt haben, damit es nicht zur Verdampfung bei einer möglichen Überhitzung über den Schmelzpunkt hinaus kommen kann.
- Der Stoff sollte nicht korrosiv auf die verwendeten Konstruktionsmaterialien wirken.
- Der Stoff darf weder toxisch, noch entflammbar oder explosiv sein.

Hinzu kommen ökonomische und ökologische Anforderungen wie:

- die Verfügbarkeit in großen Mengen,
- ein möglichst niedrigerer Preis,
- Umweltverträglichkeit,
- Recyclingfähigkeit und Wiederverwendbarkeit nach Erreichen der Nutzungsdauer des Wärmespeichers.

Aus dieser Fülle von Anforderungen geht bereits hervor, dass für verschiedene Temperaturbereiche verschiedene Speicherstoffe bzw. Speicherstoffmischungen notwendig sind und dass nur relativ wenige Stoffe für eine bestimmte Anwendung als Latentspeichermaterial in Betracht kommen. Viele Materialien befinden sich noch in der Entwicklung. In der Regel sind Kompromisse hinsichtlich der chemischen, kalorischen, ökonomischen und ökologischen Eigenschaften erforderlich. So wurden durch die K-UTEC AG (Sondershausen) verschiedene Stoffsysteme aus Salzen und Salzhydraten im Temperaturbereich < 100 °C analysiert. Die Ergebnisse sind in Tabelle 10.7 dargestellt.

Die günstigsten Gesamteigenschaften aller untersuchten Systeme hat demnach Natriumhydroxid-Monohydrat ($NaOH \cdot H_2O$), welches bei 64 - 65 °C schmilzt und die höchste speicherbare Latentwärme aufweist. Preis und Herstellbarkeit aus marktüblicher Natronlauge und Natriumhydroxid sind sehr günstig. Durch die hohe Dichte

Tabelle 10.7 Vergleich von Speichersalzsystemen für den Temperaturbereich von 0 bis 100 °C, nach [33]

Stoffsystem	Schmelzpunkt [°C]	Speichervermögen [MJ/t]	Korrosivität	Neigung zur Unterkühlung	Preis
$Mg(NO_3)_2 \cdot 6H_2O$	89	160	gering	gering	mittel
80% $Mg(NO_3)_2 \cdot 6H_2O$ 20% $MgCl_2 \cdot 6H_2O$	57-72	162	gering	gering	mittel
70% $Mg(NO_3)_2 \cdot 6H_2O$ 30% $MgCl_2 \cdot 6H_2O$	57-63	164	gering	gering	mittel
60% $Mg(NO_3)_2 \cdot 6H_2O$ 40% $MgCl_2 \cdot 6H_2O$	57-58	166	gering	gering	niedrig
50% $Mg(NO_3)_2 \cdot 6H_2O$ 50% $MgCl_2 \cdot 6H_2O$	57-72	168	gering	gering	niedrig
90% $Mg(NO_3)_2 \cdot 6H_2O$ 10% $LiNO_3$	72	182	gering	gering	hoch
$NaOH \cdot H_2O$	64-65	272	mittel	mittel	niedrig
$CH_3COONa \cdot 3H_2O$	57-58	265	gering	mittel	mittel

der Schmelze von etwa 1700 kg/m^3 wird eine vergleichsweise hohe volumenbezogene Wärmekapazität erreicht. Etwas ungünstiger ist die Korrosivität.
Geeignet sind auch die Mischungen von Magnesiumnitrat-Hexahydrat und Magnesiumchlorid-Hexahydrat in unterschiedlichen Mischungsverhältnissen. Sie weisen allerdings ein geringeres Wärmespeichervermögen als Natriumhydroxid-Monohydrat auf. Preislich liegen die Mischungen mit 40 bis 50 Gew.-% $MgCl_2 \cdot 6H_2O$ am günstigsten. Die Herstellung des Schmelzgemisches ist sehr einfach aus den beiden Einzelkomponenten möglich. Die Volumenänderung bei der Phasenumwandlung ist gering, ebenso sind das Verhalten gegenüber Werkstoffen, sowie die Neigung zur Unterkühlung bzw. Kristallisationsverzögerung unkritisch.
Auch Natriumacetat-Trihydrat hat eine hohe spezifische Wärmespeicherkapazität, allerdings ist wegen der deutlich geringeren Dichte der Schmelze von nur etwa 1400 kg/m^3 das volumenbezogene Speichervermögen etwas ungünstiger. Die Herstellung der Schmelze ist einfach, deren chemische und physikalische Eigenschaften sind günstig, was dadurch unterstrichen wird, dass Natriumacetat-Trihydrat bereits für große stationäre Speicher verwendet wird. Vorteilhaft ist die geringe Korrosivität und damit die vereinfachte Werkstoffwahl für diesen Speicherstoff. [41]
In den letzten Jahren konzentrierten sich viele Forschungs- und Entwicklungsprojekte auf zwei grundsätzliche Probleme der Speichermaterialien: Zum einen weisen PCM im Allgemeinen eine schlechte Wärmeleitfähigkeit auf. Da die meisten Materialien im Phasenübergang fest-flüssig arbeiten, ist die Wärmeleitung der vorherrschende Transportmechanismus für den festen Zustand und beschränkt die Lade- bzw. Entladeleistung des Speichersystems. Zum anderen neigen die Lösungen vieler Salzhydrate zur Unterkühlung, d.h. die Kristallisation und damit die Freisetzung der gespeicherten Energie setzt erst bei wesentlich niedrigeren Temperaturen ein, als bei der Beladung des Speichers nötig waren.

Eine Verbesserung der Wärmeleitfähigkeit kann durch eine Vergrößerung der spezifischen Oberfläche erfolgen. Dazu werden PCM im Mikro- und Makrobereich verkapselt oder in Kompositmaterialien mit einer hohen Wärmeleitfähigkeit eingebracht. Die Mikroverkapselung ist ein chemischer oder physikalischer Prozess zum Einschließen von kleinsten festen oder flüssigen Teilchen mit 1 bis 1000 μm Durchmesser. Produkte auf Basis von mikroverkapseltem Paraffin sind seit mehreren Jahren auf dem Markt und haben ihre Zyklenfestigkeit unter Beweis gestellt [26]. Mit Verbundmaterialien auf der Basis von Carbon und Paraffin konnte die Wärmeleitfähigkeit um mehr als eine Größenordnung verbessert werden [39]. Auch für die Verkapselung von Salzhydraten gibt es erste technologische Ansätze, die allerdings noch Gegenstand von Forschungsarbeiten sind. So wurden als Hüllschichten Silane über ein Sol-Gel-Verfahren, Oxidschichten (TiO_2 und ZnO) über Liquid-Phase-Deposition, Hybridpolymere über Mikroemulsionsverfahren und siliziumorganische und siliziumoxidartige Schichten über Plasmabeschichtungsverfahren mit unterschiedlichem Erfolg untersucht [9].
Durch die Mikroverkapselung von PCM ist es möglich, diese mit einem sehr gut wärmeleitenden flüssigen Medium wie Wasser zu mischen und die Suspension als Wärmeträgerfluid zu nutzen. Diese *phase change slurries* (PCS) genannten Fluide besitzen aufgrund der Schmelzenthalpie des PCM eine hohe Wärmekapazität. Damit können bei gleichem Volumenstrom größere Energiemengen transportiert werden [17].
Die Vermeidung der Unterkühlung und die Verbesserung der Kristallisationsneigung von Salzhydraten ist vor allem eine Frage geeigneter Keimbildner. Bei vielen Salzhydraten weicht die Erstarrungstemperatur von der Schmelztemperatur ab. Diese in Abb. 10.7 schematisch dargestellte Eigenschaft wird als Unterkühlung bezeichnet: die Schmelze kann um eine Temperatur ΔT_U unter die Schmelztemperatur T_S abgekühlt werden ohne zu erstarren. Setzt die Kristallisation ein, steigt die Temperatur durch die freiwerdende Latentwärme relativ steil wieder auf die Schmelztemperatur an. Dadurch wird ein Teil der Latentwärme beim Entladen des Speichers bei einem niedrigeren Temperaturniveau zur Verfügung gestellt, als beim Beladen des Speichers erforderlich war. Es erfolgt also eine thermodynamische Entwertung der gespeicherten Energie. Der Unterkühlungseffekt kann durch das Zusetzen von Keimbildnern reduziert oder ganz vermieden werden. Dabei handelt es sich um Verbindungen mit ähnlicher Kristallstruktur wie das eigentliche PCM.
Latentwärmespeicher zur Einbindung in die Gebäudeheizung werden sowohl auf der Basis von Salzhydraten als auch von Paraffinen vereinzelt kommerziell angeboten. Das derzeit größte Einsatzfeld finden PCM in der Gebäudetechnik, um die Wärmekapazität insbesondere von Gebäuden in Leichtbauweise zu erhöhen. Sie dienen z.B. in Form PCM-haltiger Baustoffe dazu, Temperaturschwankungen innerhalb eines Gebäudes zu glätten und Temperaturspitzen zu verhindern. Bei einem Schmelzpunkt im Temperaturbereich von 22 bis 26 °C nimmt der mit PCM angereicherte Innenputz tagsüber Raumwärme auf und gibt sie nachts wieder ab. Man unterscheidet dabei passive und aktive Systeme.
Bei passiven Systemen erfolgt die Entladung der tagsüber beladenen Wärmespeichermaterialien ausschließlich über eine passive Nachtlüftung des Gebäudes. Dazu

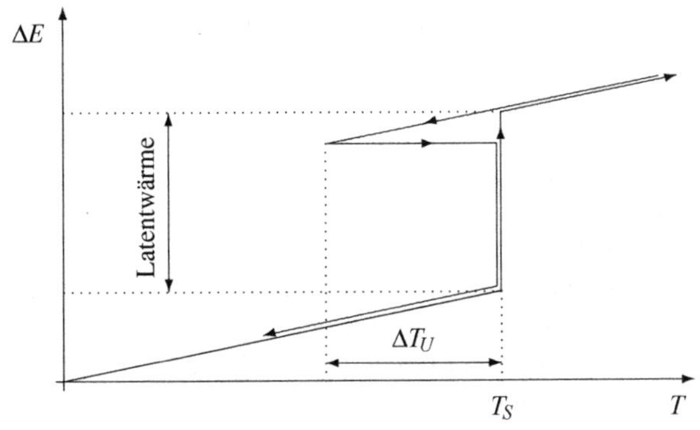

Abb. 10.7 Phasenübergang mit Unterkühlung

ist eine automatische Regelung der Fensteröffnung im Gebäude erforderlich. Fällt im Sommer die Temperatur in einem mehrtägigen Zeitraum nicht unter den Erstarrungspunkt des Materials ab, kann das Speichermaterial nicht entladen werden und die Wärmespeicherkapazität des Gebäudes sinkt. Um diese Probleme zu lösen, geht die Entwicklung in Richtung aktiv durchströmter Flächenkühlsysteme in Kombination mit PCM-Baustoffen. Diese Durchströmung kann entweder mit kalter Nachtluft oder mit Kühlschlangen, die sich im Baustoff befinden, realisiert werden [21][49].

PCM mit Schmelztemperaturen über 120 °C sind für spezielle Anwendungen, wie z.B. der Zwischenspeicherung von Hochtemperaturwärme in Parabolrinnen-Solarkraftwerken oder für anfallende Prozesswärme in Industriebetrieben in der Diskussion. Als Materialien kommen vor allem Alkalinitrate oder -nitrite und deren eutektische Mischungen mit Umwandlungstemperaturen zwischen 133 - 337 °C zum Einsatz. Diese besitzen bei geringen spezifischen Kosten gute wärmetechnische Eigenschaften, jedoch eine unzureichende Wärmeleitfähigkeit. Diese soll beispielsweise durch Verbundmaterialien mit Graphit erhöht werden [45]. Als aussichtsreichste Lösung konnte ein beripptes Design identifiziert werden, welches aus Aluminium oder Graphitlamellen besteht. Auf dieser Basis wurde der Prototyp eines Hochtemperatur-PCM-Speichers auf der Basis von Natriumnitrat mit einer Speicherkapazität von 700 kWh bei 305 °C realisiert [29].

Entwicklungsrichtungen

In den letzten Jahren gab es zahlreiche Untersuchungen zur Entwicklung und Verbesserung von Latentwärmespeichermaterialien auf Basis von Paraffinen und Salzhydraten. Vor allem die Erforschung mikroverkapselter PCM war ein entscheidender Schritt für die Entwicklung kommerzieller Produkte. Salzhydrate besitzen gegenüber Paraffinen eine höhere Dichte und daher eine höhere volumenbezogene Energiedichte, lassen sich jedoch bis zum heutigen Zeitpunkt nicht in Mikrokapseln einbinden. Die Verarbeitung erfolgt z.T. in Folienbeuteln oder Makrokapseln aus

Kunststoff. Salzhydrate besitzen zudem eine höhere Schmelzenthalpie als Paraffine und sind nicht entflammbar. Aus diesem Grund sind Forschungen auf diesem Gebiet von hohem Interesse.
Für beide genannten Klassen von PCM gilt, dass die Materialkosten weiter gesenkt und die effektiven Energiedichten gleichzeitig erhöht werden müssen. Weiterhin sind die Probleme mit Unterkühlung und Phasenseparation zu lösen, um diese für die Praxis einsetzbar zu machen. Beide Stoffklassen besitzen eine geringe Wärmeleitfähigkeit, die für eine effiziente Anwendung nicht förderlich ist. Zudem ist in Feststoffen grundsätzlich der konvektive Wärmetransportweg ausgeschlossen, so dass die Wärmeübertragerflächen zur Be- und Entladung der Speicher weit größer als bei sensiblen flüssigen Speichermedien wie Wasser dimensioniert werden müssen. Einen Ausweg bietet die Entwicklung von Verbundmaterialien zur Kombination der Wärmetransport- und der Wärmespeichereigenschaften.
Die Nutzung mikroverkapselter Paraffine in der Baustoffindustrie ist Stand der Technik. Sie werden in Materialien zur passiven Temperaturkompensation von Räumen eingesetzt und können wie herkömmliche Baustoffe verarbeitet werden. Allerdings wird durch den PCM-Zusatz u.U. die Brandklasse des Produktes gesteigert. Die aktive Wärmespeicherung mittels PCM-Bauteilen und -produkte, die durch Kaltwasser oder -luft wieder entladen werden, befindet sich gerade auf dem Weg von einzelnen Pilotprojekten zur Marktreife. Ob dieser Weg wirtschaftlich sein wird, kann zum heutigen Zeitpunkt noch nicht bewertet werden.
Pufferspeicher für eine Effizienzsteigerung von Heizungs- und Klimatisierungssystemen in Gebäuden sind sowohl mit Paraffinen als auch Salzhydraten bereits kommerziell erhältlich. Aufgrund der hohen Kosten (z.B. durch die größer dimensionierten Wärmeübertrager) und der fehlenden Langzeiterfahrungen (Zyklenfestigkeit) ist ein wirtschaftlicher Vorteil gegenüber herkömmlichen sensiblen Warmwasserspeichern fraglich.
Die Entwicklung von PCM für den Hochtemperaturbereich befindet sich noch in der Versuchs- und Testphase. Sie hängt vor allem von den (kommerziellen) Zukunftsaussichten solarthermischer Kraftwerke ab.

10.2.3 Thermochemische Speicher

Speicherprinzip

Die Wärmespeicherart mit der theoretisch höchsten Wärmespeicherdichte bilden die thermochemischen Wärmespeicher. Sie speichern Wärme reaktiv als chemische innere Energie. Grundsätzlich sind alle reversiblen chemischen Reaktionen geeignet, bei denen eine hohe Reaktionsenthalpie freigesetzt bzw. gebunden wird. Da der Reaktionsablauf im Bereich des erforderlichen Nutztemperaturniveaus erfolgen muss, schränkt sich die Zahl der möglichen Reaktionen aber erheblich ein. Zudem sollen die chemischen Reaktionspartner ungiftig sein und eine gute Wärmeübertragung ermöglichen. Als besonders geeignet gelten Dissoziationsreaktionen, bei

denen die Differenz der Molzahlen der Edukte und Produkte besonders groß ist und damit die Entropie stark zunimmt. Als ebenfalls sehr geeignet stellen sich heterogene Verdampfungsreaktionen dar, da auch hier durch den Phasenwechsel eines Reaktionspartners eine hohe Entropieänderung erreicht wird.
Die technische Entwicklung von thermochemischen Wärmespeichern konzentriert sich vor allem auf sorptive Prozesse. Hier unterscheidet man mit den Begriffen *Adsorption* die Anlagerung eines gasförmigen oder flüssigen Arbeitsmediums an einen Feststoff und *Absorption* das Lösen von Gasen/Dämpfen in einer Flüssigkeit. Die adsorptiven Prozesse zur Wärmespeicherung kann man hierbei noch in rein physikalische Adsorption (mit hochporösen Materialien) und chemisch reaktive Adsorption (mit Salzhydraten) unterteilen. Als Adsorbat wird oft Wasserdampf oder feuchte Luft verwendet. Das Wirkprinzip der adsorptiven Wärmespeicherung ist in Gl. (10.17) dargestellt.

$$\text{Sorbens} + nH_2O \longleftrightarrow \text{Sorbens} \cdot nH_2O + \Delta h_{ads} \tag{10.17}$$

Läuft die Reaktion von links nach rechts ab, erfolgt die als Adsorption bezeichnete Entladung des Speichers. In umgekehrter Richtung wird das Material unter Zufuhr der spezifischen Adsorptionsenthalpie Δh_{ads} beladen. Dabei desorbiert das im Sorbens angelagerte Wasser.
Thermochemische Wärmespeicher lassen sich in offene und geschlossene Systeme unterteilen. Bei einem offenen System transportiert ein Luftstrom die Wärme und den Wasserdampf in und aus dem Sorbens. Somit werden die Lufttemperatur und gleichzeitig der Wasserdampfpartialdruck des Luftstroms durch den Sorptionsprozess beeinflusst.

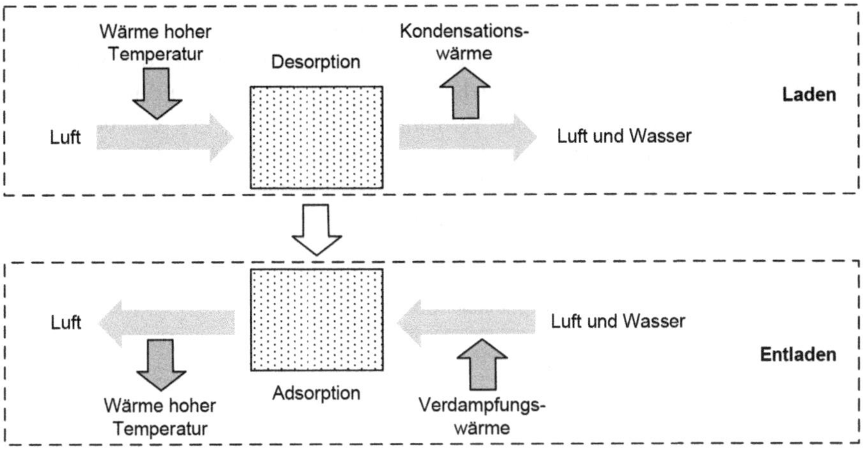

Abb. 10.8 Wirkprinzip eines offenen wasserbasierten Sorptionssystems

Bei einem geschlossenen Sorptionssystem wie in Abb. 10.9 wird der beim Laden des Speichers desorbierte Wasserdampf kondensiert. Bei der Adsorption, d.h. dem

Entladen, wird das kondensierte Wasser durch von außen zugeführte Niedertemperaturwärme wieder verdampft. Der entstehende Wasserdampf lagert sich am Sorptionsmaterial an, wobei Wärme auf einem höheren Temperaturniveau freigesetzt wird. Diese kann je nach Temperaturniveau als Heiz- oder Prozesswärme genutzt werden.

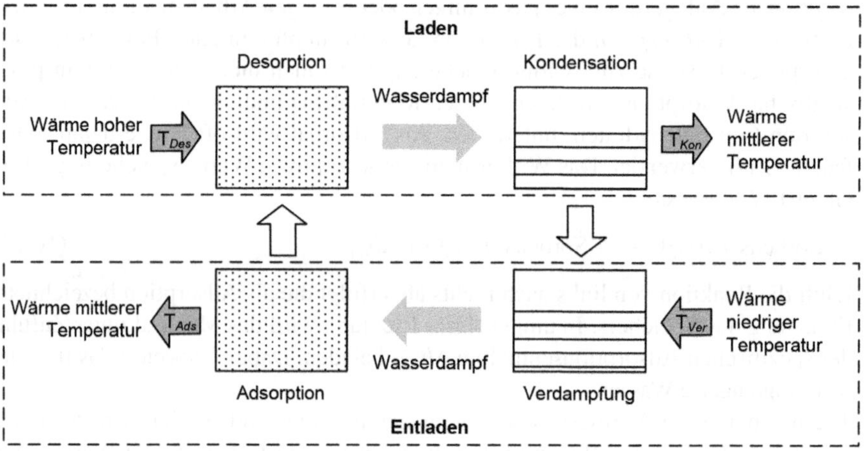

Abb. 10.9 Wirkprinzip eines geschlossenen wasserbasierten Sorptionssystems

Die Speicherkapazität von Sorptionsspeichern hängt stark von Umgebungsparametern und der Prozessführung ab. Die Desorptionstemperatur T_{Des} legt zusammen mit dem Gegendruck des Kondensators (bei einem geschlossenen System) und der Temperatur der Kondensation T_{Kon} fest, zu welchem Prozentsatz das Wasser aus dem Sorbens ausgetrieben wird. Auch die Adsorption von Wasser durch das Sorptionsmaterial ist abhängig von der Verdampfungstemperatur T_{Ver} und dem Druck. Weiterhin kann über den Druck im System die Speichertemperatur T_{Ads} beeinflusst werden (siehe auch Tab. 10.9). In Tab. 10.8 sind für unterschiedliche Materialien obere Richtwerte für die Speicherkapazität angegeben.

Tabelle 10.8 Speichervermögen ausgewählter Sorbentien

Stoff	Speichertemperatur [°C]	Speichervermögen [MJ/m³]
$CaCl_2 \cdot NH_3$	35	810
Silikagel $\cdot H_2O$	90	800
$MgSO_4 \cdot 6H_2O$	125	2050
$MgCl_2 \cdot 6H_2O$	130	1650
Zeolith $\cdot H_2O$	150	810
$NiCl_2 \cdot NH_3$	175	1050

Die Form der thermischen Wärmespeicherung über thermochemische Prozesse hat den besonderen Vorteil, dass bei Lagerung des energiereichen trockenen Sorbens unter Ausschluss von Feuchtigkeit die gespeicherte Reaktionswärme bis zum Zeitpunkt der Nutzung nahezu verlustfrei gespeichert werden kann.

Stand der Technik

Für die physikalische Adsorption mittels hochporöser Sorbentien wurden bisher Zeolithe[6], Silikagele[7], phosphathaltige Netzwerkstrukturen wie Aluminophosphate

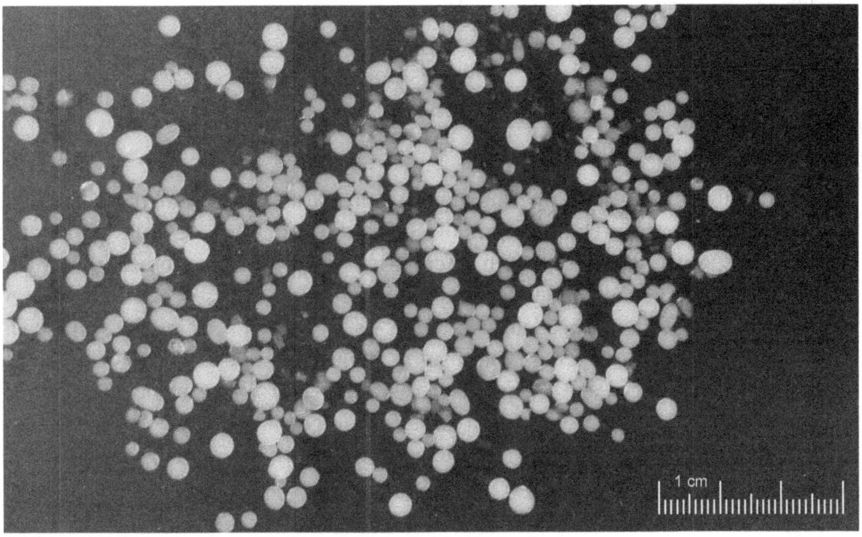

Abb. 10.10 Farblose Silikagel-Perlen mit einem Durchmesser von 2 - 5 mm (Foto: C. Schmidt)

(AlPO) und Silico-Aluminophosphate (SAPO) sowie metallorganische Gerüstmaterialien (MOF) untersucht [22]. Die letztgenannten Materialien sind aufgrund ihrer hohen Wärmespeicherkapazität theoretisch interessant, jedoch ist ihre Herstellung technisch aufwändig und vergleichsweise teuer. Als besonders aussichtsreich für den Niedertemperaturbereich erwiesen sich dabei SAPO-34, AlPO-18 sowie Kompositmaterialien mit Salzhydraten [24][25]. Demgegenüber lassen sich Zeolithe und Silikagele preisgünstig großtechnisch herstellen. Sie benötigen allerdings für eine hinreichende Speicherkapazität eine hohe Desorptionstemperatur, bei der das angelagerte Wasser entfernt werden kann. In Tab. 10.9 ist die theoretische Speicherkapa-

[6] Als Zeolithe werden verschiedene in der Natur vorkommende bzw. synthetisch generierte kristalline Aluminosilikate bezeichnet. Die sich ergebenden Kristallstrukturen weisen Poren auf, in denen andere Stoffe adsorbiert werden können.

[7] Silikagel (auch Kieselgel) ist amorphes Siliziumdioxid.

zität gängiger Zeolithe für unterschiedliche Ad- und Desorptionstemperaturen angegeben. Dabei wurden die Kondensationstemperatur mit 10 °C und die Verdampfungstemperatur mit 20 °C jeweils konstant belassen.

Tabelle 10.9 Speichervermögen unterschiedlicher Zeolithe bei unterschiedlichen Adsorptionstemperaturen T_{Ads} und Desorptionstemperaturen T_{Des}, nach [15]

Stoff	T_{Des} [°C]	T_{Ads} [°C]	Speichervermögen [MJ/m³]
Zeolith 4A	180	35	440
Zeolith 4A	180	60	402
Zeolith 4A	250	35	456
Zeolith 4A	250	60	417
Zeolith 13X	180	35	589
Zeolith 13X	180	60	523
Zeolith 13X	250	35	604
Zeolith 13X	250	60	537

Eine andere Möglichkeit der thermochemischen Wärmespeicherung beruht auf der reversiblen exothermen Hydratation von Salzhydraten. Dabei wird das Salzhydrat direkt genutzt oder als Aktivstoff in offenporige Sorbentien eingebracht. Erste Untersuchungen an mit Calciumchlorid imprägniertem Silikagel ergaben eine unzureichende Zyklenstabilität des Materials [42]. Als weiteres preisgünstiges Speichermaterial wurde kristallines Magnesiumsulfat identifiziert, welches jedoch durch die kinetische Hemmung des Adsorptionsprozesses für die Wärmespeicherung ungeeignet ist. Das Einbringen von Salzhydratmischungen auf Basis von Magnesiumsulfat in poröse Trägermaterialien stellt einen Ansatz dar, die Zyklenstabilität dieses Materials zu erhöhen [40].

Für die Auswahl eines Speichermaterials ist seine Stabilität bei zyklischen hydrothermalen Belastungen von entscheidender Bedeutung. Für ein wirtschaftliches Betreiben von Sorptionsspeichern sollten die Materialien bei einer Lebensdauer von 30 Jahren bei 2 Zyklen pro Jahr (saisonale thermische Energiespeicherung) weniger als 1 €/kg kosten und bei 150 Zyklen pro Jahr (Puffersysteme) 2 €/kg nicht überschreiten [42].

Während im Bereich der Materialentwicklung vielfältig geforscht wird, konnten bisher nur einige Pilotanlagen realisiert werden, die realitätsnah betrieben werden. Das Institut für Nachhaltige Energien der Arbeitsgemeinschaft Erneuerbare Energie (AEE-INTEC) in Gleisdorf (Österreich) errichtete im Frühsommer 2005 eine Pilotanlage auf der Basis Silkagel/Wasser. Das System mit 32 m² Flachkollektorfläche und zwei Sorptionsspeichern mit jeweils 500 kg Silikagel ist zur Beheizung eines Einfamilienhauses konzipiert. Die Anlage sollte den Energieoutput aus dem vorhergehenden Projekt *Hydes* (High Energy Density Sorption Heat Storage for Solar Space Heating) weiter erhöhen. Die theoretische Speicherdichte des verwendeten Silikagels beträgt 190 kWh/m³ bei einer Beladung mit ca. 35 Prozent Wasser. Erreicht wurde jedoch nur eine Beladung zwischen 3 und 13 Prozent, wodurch sich die Energiespeicherdichte auf etwa 50 kWh/m³ reduziert. Damit ergibt sich für diesen

Sorptionsspeicher eine Energiespeicherdichte, die noch unter der eines gewöhnlichen sensiblen Wasserspeichers liegt. Nur der Vorteil der verminderten Wärmeverluste aufgrund der geringeren Temperaturdifferenz zwischen Speichermedium und Umgebung besteht [48].
Ein integrales Konzept zur solarthermischen Gebäudeheizung mit offenem Sorptionswärmespeicher wurde an der Universität Stuttgart erarbeitet. In diesem Projekt wurde eine Versuchsanlage geplant, konstruiert und aufgebaut. Dabei kam ein Versuchsspeicher von 0,1 m^3 zum Einsatz, der mit kugelförmigen Adsorbentien sowie mit extrudierten monolithischen Wabenkörpern aus Zeolith betrieben werden kann. Bei einer erreichten Wasseraufnahme von 18 Prozent und einer Speichertemperatur von 170 °C konnte eine Speicherdichte von 170 kWh/m^3 erreicht werden [27].
In München wurde 2005 ein offener Sorptionsspeicher zum Lastausgleich im Fernwärmenetz realisiert. Dieser Speicher mit 7000 kg Zeolith wird nachts geladen und versorgt tagsüber ein Schulgebäude mit Wärme. Im Heizbetrieb werden 92 Prozent der geladenen Wärme wieder an das Gebäude abgegeben. Die Energiespeicherdichte erreicht dabei 124 kWh/m^3. Ob ein solches Speichersystem wirtschaftlich einsetzbar ist, hängt zum einen von den Wärmegestehungskosten und zum anderen von der Anzahl der realisierbaren Speicherzyklen ab [20].
Während sorptive Verfahren überwiegend im Niedertemperaturbereich einsetzbar sind, eignen sich für den Hochtemperaturbereich thermochemische Reaktionen von Metallen, wie die Zersetzung von Metallhydroxiden oder Metallhydraten oder die Reduktion von Metalloxiden. Ein Beispiel für erstere ist die Reaktion

$$\mathrm{Ca(OH)_2} + \Delta h \longleftrightarrow \mathrm{CaO} + \mathrm{H_2O},$$

die sich in ersten Untersuchungen am DLR-Institut für Technische Thermodynamik als vielversprechend herausgestellt hat. Für einen Temperaturbereich von 400 bis 600 °C konnte eine theoretische Speicherdichte von 1470 MJ/m^3 ermittelt werden.

Entwicklungsrichtungen

Die thermochemische Wärmespeicherung bietet die theoretisch höchste Wärmespeicherdichte der unterschiedlichen Speicherformen und zudem die Möglichkeit einer nahezu verlustfreien Energiespeicherung bei Getrenntlagerung der energiereichen Reaktionspartner. Jedoch befinden sich Materialentwicklung und Systemintegration noch im Anfangs- bzw. Laborstadium. Es konnten vor allem mit Zeolith und Silikagel einige wenige Pilotprojekte und Versuchsspeicher realisiert werden, wobei die theoretisch möglichen Speicherdichten nicht erreicht wurden.
Der derzeitige Forschungsstand konzentriert sich auf die Entwicklung leistungsfähiger, preiswerter und zyklenstabiler Materialien. Aufgrund der schlechten Wärmeleitung der bisher untersuchten Materialien müssen neue Konzepte für Wärmetauscher bzw. Speicher entwickelt werden, um die entstandenen Sorptionswärmen möglichst schnell abzuführen. Da bei dieser Speicherform die verfahrenstechnische Einbindung in die Gebäudetechnik ebenfalls sehr aufwändig ist, besteht noch ein sehr hohes Forschungs- und Entwicklungspotenzial.

Zeolithe und Silikagele werden in der Heizungstechnikindustrie in den letzten Jahren verstärkt eingesetzt. Bei diesen technischen Anwendungen wird allerdings nicht der thermochemische Speichereffekt der Adsorptionspartner genutzt, sondern deren Eignung zur Wärmetransformation. Durch Adsorption des Wasserdampfes kann bei niedrigen Temperaturen und geringen Drücken Umgebungswärme in das Heizsystem eingespeist werden, zur Desorption werden die hohen Verbrennungstemperaturen eines Gasbrenners genutzt. Damit arbeiten diese Zeolith-Heizgeräte als gasunterstützte Wärmepumpen (siehe dazu Kap. 2.3.2).

10.3 Chemische Speichertechnologien

Energie wird nicht nur als Strom oder Wärme benötigt, sondern vielfach auch als chemischer Energieträger. Im Bereich der Kraftstoffe ist dies offensichtlich, doch auch zahlreiche industrielle Produktionsprozesse benötigen chemische Energieträger wie Wasserstoff, Methan oder Ammoniak, die heute praktisch ausschließlich aus fossilen Energieträgern gewonnen werden. Da für viele dieser chemischen Energieträger bereits eine Speicherinfrastruktur vorhanden ist, wird ihrer Herstellung aus überschüssigem Strom regenerativer Quellen unter dem Schlagwort *Power-to-X* eine wachsende Bedeutung beigemessen. Dabei steht das *X* als Platzhalter für unterschiedliche Energieträger.

10.3.1 Power-to-Gas

Die Herstellung von Wasserstoff mittels Elektrolyse und ggf. eine nachgeschaltete Produktion von synthetischem Methan wird als *Power-to-Gas* (PtG) bezeichnet. Insbesondere die saisonale Speicherung überschüssigen Stroms im Erdgasnetz und eine anschließende Rückverstromung wird intensiv diskutiert. Neben seiner Funktion als Stromspeicher bietet PtG bei ausreichender Verfügbarkeit jedoch weitere Aspekte, die es für den zukünftigen Energiemarkt interessant werden lassen:

- Durch die Erzeugung von synthetischem Methan steht ein Energieträger mit einer hohen volumenbezogenen Energiedichte zur Verfügung.
- Wasserstoff und Methan lassen sich einfach in die bestehende Versorgungsstrukturen der Erdgaswirtschaft integrieren, ähnlich wie es beim aus Biogas erzeugten Biomethan bereits erfolgt (vgl. Kap. 7.3.4).
- PtG-Wasserstoff und PtG-Methan könnte damit in allen Bereichen eingesetzt werden, in denen heute auf fossiler Basis produzierter Wasserstoff oder Erdgas genutzt wird: eine Rückverstromung über Motoren und Turbinen wäre genauso möglich wie eine reine Wärmeerzeugung, die Nutzung als Treibstoff oder die Verwendung in der chemischen Industrie als Ausgangsstoff für weitere Syntheseprozesse.

Diesen positiven Aspekten stehen allerdings eine Reihe noch offener Fragen gegenüber:

- Ist eine effiziente Speicherung regenerativen Stroms über die PtG-Technologie technisch möglich?
- Wie sehen die Umwandlungswirkungsgrade und die Umwandlungsverluste in der Prozesskette aus?
- Mit welchen Produktionskosten ist die Erzeugung von PtG-Methan verbunden? Ist diese Technologie damit im Vergleich zu anderen Speichertechnologien und natürlich auch im Vergleich zum Konkurrenzprodukt Erdgas wirtschaftlich attraktiv?

Um diese und weitere Fragen beantworten zu können, wird die PtG-Technologie derzeit in Deutschland in 25 Forschungs-und Pilotanlagen im Leistungsbereich von 100 kW_{el} bis 6 MW_{el} erprobt und weiterentwickelt.

Speicherprinzip

Das Power-to-Gas-Verfahren läuft in zwei Teilschritten ab: Zuerst wird mit Hilfe einer Elektrolyse aus Wasser Wasserstoff (H_2) und als Nebenprodukt Sauerstoff (O_2) hergestellt. In einem zweiten Schritt reagiert der Wasserstoff mit Kohlendioxid (CO_2) zu Methan (CH_4). Dieser Ablauf umfasst die folgenden zwei Reaktionsgleichungen:

$$4H_2O \rightarrow 4H_2 + 2O_2 \tag{10.18}$$

$$4H_2 + CO_2 \rightarrow CH_4 + 2H_2O \tag{10.19}$$

Aus Gl. (10.19) folgt, dass für die Herstellung eines CH_4-Moleküls ein CO_2-Molekül und vier H_2-Moleküle benötigt werden. Bezogen auf den Energiegehalt von Methan werden für die Produktion einer Megawattstunde Methan 0,2 t CO_2 benötigt. Dieser Wert ergibt sich, wenn man die Molekulargewichten von CO_2 (44 g/mol) und CH_4 (16 g/mol) sowie den Heizwert von CH_4 (13,9 kWh/kg) miteinander ins Verhältnis setzt:

$$\frac{44\ \text{g/mol}}{16\ \text{g/mol}} \cdot \frac{1}{13{,}9\ \text{kWh/kg}} = 0{,}2\ \text{kg/kWh} = 0{,}2\ \text{t/MWh}$$

Wird das so entstandene Methan anschließend energetisch genutzt, also in einem Kraftwerk, in einem Fahrzeugmotor oder in einem Heizkessel verbrannt, entsteht wieder Kohlendioxid:

$$CH_4 + 2O_2 \rightarrow CO_2 + 2H_2O \tag{10.20}$$

Bei der Verbrennung wird daher genauso viel CO_2 freigesetzt, wie zuvor in der Methanisierungsreaktion (10.19) aufgenommen wurde. Über die Methanisierung und die anschließende Verbrennung werden also keine Kohlendioxidemissionen vermieden oder dauerhaft abgeschieden, sondern in der gesamten Prozesskette dient das Kohlenstoffmolekül nur als Transporteur für den Wasserstoff [44].

Für die einzelnen Umwandlungsschritte können Wirkungsgrade ermittelt werden, mit denen eine vereinfachte Abschätzung des Gesamtwirkungsgrads der PtG-Technologie für den Fall der Rückverstromung des synthetischen Methans vorgenommen wird [7][10]:

- Für die Wasserstoffelektrolyse werden Wirkungsgrade von 62 bis 80 Prozent angegeben. Als Mittelwert werden unter Berücksichtigung des Energiebedarfs von Nebenaggregaten 70 Prozent angenommen.
- Für die eigentliche Methanisierung werden Wirkungsgrade von 75 bis 85 Prozent genannt, als Mittelwert wird 80 Prozent verwendet.
- Für die Rückverstromung in hocheffizienten GuD-Kraftwerken im Kondensationsbetrieb können maximal ca. 60 Prozent erreicht werden. Realistisch ist aber ein Wirkungsgrad von 55 Prozent, insbesondere wenn von kleineren GuD- Anlagen oder Kraftwerken im Teillastbetrieb ausgegangen wird.

Damit ergeben sich die in der folgenden Tabelle dargestellten Wirkungsgrade der Power-to-Gas Prozesskette.

Tabelle 10.10 Wirkungsgrade der Power-to-Gas Prozesskette

	Elektrolyse	Methanisierung	Rückverstromung
Wirkungsgrad	70 %	80 %	55 %
Kumulierter Wirkungsgrad	70 %	56 %	31 %

Die gesamte Prozesskette von der Wasserstoffherstellung bis zur Rückverstromung hat mit den dargestellten Annahmen einen Gesamtwirkungsgrad von 31 Prozent. Hinzu kämen ggf. noch weitere Verluste, die beispielsweise bei der Kompression des erzeugten Methans zur Befüllung eines Speichers oder zur Einspeisung in ein Gasnetz entstehen.

Stand der Technik – PtG-Wasserstoff

Die Speicherung von Wasserstoff wurde bereits in Kap. 10.1.3 im Zusammenhang mit mobilen Druckspeichern diskutiert. Neben dem (dezentralen) Einsatz von Wasserstoff im Mobilitätssektor besteht auch die Möglichkeit einer direkten Einspeisung von Wasserstoff in das Erdgasnetz sowie eine Substitution von mit fossilen Energieträgern produzierten Wasserstoffs in der chemischen Industrie.
Das Erdgasnetz in Deutschland weist, bezogen auf den Brennwert von Erdgas, eine Speicherkapazität von 217 TWh aus. Es ist prinzipiell in der Lage große Mengen Wasserstoff aufzunehmen. Eine Untersuchung der DVGW [7] geht davon aus, dass das derzeit praktisch wasserstofffreie Erdgas problemlos auf bis zu 10 Vol.-% mit Wasserstoff angereichert werden kann. Auch höhere Konzentrationen bis zu 50 Vol.-% sind seitens des Transportnetzes prinzipiell möglich, allerdings müsste dann der Einfluss auf Aggregate wie Gasturbinen und Verdichter sowie Endgeräte in Haushalten und Industrie zunächst detaillierter untersucht werden. Der volumenbezoge-

ne Brennwert von Wasserstoff liegt nur bei etwa 30 Prozent des Brennwerts von Methan, so dass sich Brennwert und Speicherkapazität des Erdgases entsprechend verringern.
Unterschiedliche industrielle Prozesse nutzen große Mengen Wasserstoff, der derzeit praktisch ausschließlich aus fossilen Brennstoffen hergestellt wird. Der Einsatz von PtG-Wasserstoff ermöglicht somit eine Dekarbonisierung dieser Prozesse. Die drei wichtigsten wasserstoffverarbeitenden Industrieprozesse in Deutschland sind die Produktion von Ammoniak und Methanol sowie die Entschwefelung von Kohlenwasserstoffen in Raffinerien [37]. In Tab. 10.11 sind die aktuellen und mögliche zukünftige Wasserstoffbedarfe dargestellt. Der Rückgang im Wasserstoffbedarf der Raffinerien erfolgt aufgrund des sinkenden Mineralölverbrauchs im Jahr 2050. Insgesamt beträgt der Wasserstoffbedarf im Jahr 2050 voraussichtlich 36,3 TWh, was bei einem angenommenen Elektrolysewirkungsgrad von 70 Prozent einem Strombedarf von knapp 52 TWh entspricht.

Tabelle 10.11 Industrieller Wasserstoffbedarf in TWh für Deutschland 2010 und 2050, nach [37]

	2010	2050
Ammoniak	22,4	19,9
Methanol	10,5	12,1
Raffinerien	28,7	4,2

Es ist unmittelbar einsichtig, dass eine stoffliche Nutzung von PtG-Wasserstoff gegenüber der Weiterverarbeitung zu PtG-Methan ökonomisch vorteilhaft ist. Oder anders ausgedrückt: solange aus Erdgas Wasserstoff gewonnen wird, ist eine Methanisierung von Wasserstoff nicht sinnvoll.

Stand der Technik – CO_2-Quellen

Wie die eingangs dargestellten Reaktionsgleichungen verdeutlichen, wird zur Erzeugung des PtG-Methans neben Wasserstoff auch Kohlendioxid benötigt. Grundsätzlich sind alle großen CO_2-Punktquellen dafür interessant [37]. Hierzu gehören Anlagen zur Erzeugung von Biomethan aus Biogas, da bei der Biogasaufbereitung konzentriertes (regeneratives) CO_2 anfällt. Ebenso sind Industrieprozesse geeignet, in denen fossile Energieträger zur Energieerzeugung oder als Rohstoffe eingesetzt werden. Besonders große CO_2-Emittenten stellen die Grundstoffindustrie (z.B. Eisen- oder Zementherstellung) und die chemische Industrie (z.B. Ammoniakherstellung) dar. Weiterhin werden große CO_2-Mengen in fossil befeuerten Großkraftwerken freigesetzt. Und schließlich könnte CO_2 auch aus der Atmosphäre abgetrennt und nutzbar gemacht werden.
Natürlich entsteht CO_2 auch in Kleinfeuerungsanlagen und ist Bestandteil des Abgases von Kraftfahrzeugen. Nach heutigem Technikstand kommen aber diese diffusen CO_2-Quellen aufgrund des viel zu hohen Aufwands für einen PtG-Prozess nicht in Frage. Da neben der Verfügbarkeit (preiswerten) Überschussstroms die Ver-

fügbarkeit von CO_2 eine Grundvoraussetzung für die technische und ökonomische Realisierbarkeit und Konkurrenzfähigkeit von PtG-Projekten in größerem Stil ist, sollen die oben genannten vier potenziellen Kohlendioxidquellen hinsichtlich ihrer heutigen und zukünftigen Relevanz betrachtet werden.
Bei der Aufbereitung von Biogas zu Biomethan fallen reine CO_2-Ströme an. Wie in Kap. 7.3.3 ausgeführt, werden derzeit in den 189 Anlagen zur Biomethanerzeugung in Deutschland rund 117.000 Nm^3 Biomethan pro Stunde erzeugt. Unterstellt man, dass alle Anlagen ganzjährig betrieben werden, so ergibt sich eine Gesamtproduktion von rund 1 Mrd. m^3 Biomethan. Dabei fallen rund 1,3 Mio. t CO_2 an [37]. Wenn tatsächlich diese gesamte CO_2-Menge für PtG-Prozesse verfügbar wäre, so könnte hieraus Methan mit einem Energiegehalt von rund 6,5 TWh gewonnen werden. Dieser Wert entspricht rund 500 Mio. m^3 synthetischem Erdgas – zum Vergleich: der Erdgasverbrauch in Deutschland betrug im Jahr 2015 rund 70 Mrd. m^3. Damit würde PtG-Methan aus der Biogasaufbereitung derzeit einen Beitrag von 0,7 Prozent leisten können.[8] Der Anteil an biogenem CO_2 könnte durch eine Ausbau der Biomethangewinnung gesteigert werden. So prognostiziert der DVGW einen Ausbau der Biomethangewinnung bis 2030 auf 10 Mrd. m^3 Biomethan, was eine Verzehnfachung des heutigen Werts bedeuten würde [7]. In Anbetracht der politischen Weichenstellungen, die zumindest derzeit (2016) zu einer Stagnation des Biogasmarkts führen, müssen diese Erwartungen aber als unrealistisch eingestuft werden.
Eine andere bedeutende Punktquelle stellen die CO_2-Emissionen aus dem Einsatz fossiler Energieträger in Industrieprozessen dar. Diese Emissionen beliefen sich im Jahr 2014 auf rund 52 Mio. t [46]. Unterstellt man auch hier, dass eine vollständige Nutzung dieses CO_2 für PtG-Anlagen möglich wäre, so ergibt sich ein theoretisches Potenzial von rund 20 Mrd. m^3 Erdgas, also knapp 1/3 des derzeitigen Erdgasverbrauchs Deutschlands. Der tatsächlich zu realisierende Wert dürfte deutlich niedriger sein. Dabei ist – neben der oben erwähnten Limitierung von regenerativem Überschussstrom – zu berücksichtigen, dass sich Deutschland im Rahmen des aktuellen Klimaschutzabkommens zu einer Dekarbonisierung von Industrieprozessen verpflichtet hat. Diese Regelung setzt u.a. voraus, dass diese Prozessemissionen langfristig nicht mehr in die Atmosphäre entlassen werden, auch nicht über den Umweg der Methanisierung und der damit verbundenen „Zweitnutzung". Damit müsste das CO_2 z.B. nach der Zweitnutzung als PtG-Methan abgetrennt und gelagert oder im Kreis gefahren werden. Letzteres wäre bei der Rückverstromung zwar theoretisch möglich, ginge jedoch mit weiteren Wirkungsgradverlusten einher. Beim Einsatz des synthetischen Methans im Verkehrssektor wäre eine solche Kreislaufführung dagegen praktisch unmöglich. Geht man daher davon aus, dass diese

[8] Allerdings ist fraglich, ob tatsächlich die gesamte Kohlendioxidmenge für die PtG-Technologe nutzbar gemacht werden kann. So geht das Öko-Institut davon aus, dass aufgrund technischer Restriktionen lediglich 50 Prozent des bei der Biomethanerzeugung entstehenden Kohlendioxids für eine Methanisierung zur Verfügung stünde. Diese technischen Restriktionen werden u.a. darin gesehen, dass nur zeitweise verfügbarer Überschussstrom für die Methanisierung genutzt werden kann, die Biogasanlagen aber kontinuierlich arbeiten. Daher wären mehr oder weniger große Speicher für das anfallende CO_2 erforderlich, deren Bau und Betrieb mit zusätzlichen Kosten verbunden wären [37].

Verpflichtung in den kommenden Jahrzehnten in Maßnahmen umgesetzt wird, so würde zwangsläufig immer weniger CO_2 aus Industrieprozessen freigesetzt.
Auch fossil befeuerte Großkraftwerke setzen in großen Mengen CO_2 frei, im Jahr 2014 rund 147 Mio. Tonnen [46]. Für die Verfügbarkeit dieser gewaltigen CO_2-Mengen gelten aber zunächst die gleichen Einschränkungen wie im Falle der industriellen Prozesse. Ein weitere Aspekt kommt hinzu: Ziel einer auf den Ausbau regenerativer Energie setzenden Energiepolitik ist es ja gerade, fossile Kraftwerke zu verdrängen und perspektivisch überflüssig zu machen. Ein Nutzungspfad, der auf diese Kraftwerke als CO_2-Quelle setzt, würde dieser Zielsetzung entgegenwirken und wäre damit kontraproduktiv.
Als letzte Quelle bleibt die Atmosphäre, die CO_2 als Spurengas zwar in großen Mengen aber in geringen Konzentrationen enthält. Damit wird auch schon der erhebliche Nachteil dieser Option deutlich: aufgrund der niedrigen Konzentration wäre ein extrem hoher Aufwand für die Abtrennung erforderlich. So beträgt der Energiebedarf für die Abscheidung von CO_2 aus der Umgebungsluft 2,28 MWh_{el}/t [37], was selbst unter Vernachlässigung von sonstigen Verlusten bei der Rückverstromung rund 50 Prozent des im PtG-Methan gebundenen Energiegehalts entsprechen würde. Damit ist diese Option energiewirtschaftlich uninteressant.

Speicherkosten der Methanisierung

Gerade aus energiewirtschaftlicher Sicht stellt sich auch die Frage nach den Kosten der PtG-Methanisierung. Dabei kann diese Frage aus drei Blickwinkeln beantwortet werden:

- Wie teuer ist PtG-Methan im Vergleich zu fossilem Erdgas?
- Welche CO_2-Vermeidungskosten sind mit dieser Technologie verknüpft, wie sind diese Kosten im Vergleich zu anderen Optionen einzuordnen?
- Wie teuer wird die Stromspeicherung mittels PtG? Auch hier ist der Vergleich mit anderen Speicheroptionen interessant.

Mit diesen Fragen setzen sich mittlerweile zahlreiche Studien auseinander, die zu sehr unterschiedlichen Ergebnissen kommen. Die großen Schwankungen resultieren u.a. aus den unterschiedlichen Annahmen, die diese Studien hinsichtlich der CO_2-Abscheidekosten und des Strompreises für die Elektrolyse treffen. Ferner muss man berücksichtigen, dass bislang kaum Erfahrungen aus Praxisanlagen über die tatsächlich auftretenden Kosten vorliegen. Somit stützen sich die veröffentlichten Arbeiten meist auf Annahmen und Abschätzungen. Dies führt zwangsläufig zu einer großen Spannbreite in den Ergebnissen, wie sie sich in den ermittelten Erzeugungskosten für PtG-Methan widerspiegeln. So ermittelte beispielsweise der DVGW [7] einen Preis von rund 300 €/MWh PtG-Methan, wobei aber Zusatzerlöse, etwa aus dem Verkauf von Sauerstoff oder dem Verkauf von Überschusswärme nicht berücksichtigt wurden. Perspektivisch könnten die Kosten der reinen PtG-Methan Erzeugung auf ca. 200 €/MWh sinken. Das Öko-Institut [37] kommt in seiner Untersuchung auf Erzeugungskosten von 56 - 168 €/MWh Methan, eine Studie der

Ludwig-Bölkow-Systemtechnik GmbH [30] beziffert die Erzeugungskosten sogar auf derzeit rund 500 €/MWh PtG-Methan mit eine Kostenreduktionspotenzial um rund 300 €/MWh bis zum Jahr 2030. Deutlich niedrigere Kosten nennt die Leitstudie des BMU [35], allerdings werden in dieser Betrachtung die Kosten der CO_2-Abscheidung nicht berücksichtigt.
Vergleicht man diese Zahlen mit den Marktpreisen für Erdgas, die für Großabnehmer deutlich unter 30 €/MWh liegen (2016), so zeigt sich, dass PtG-Methan derzeit im Erdgasmarkt nicht konkurrenzfähig ist. Auch im Vergleich zu anderen Technologien der Stromspeicherung stellt Power-to-Gas eine vergleichsweise teure Option dar [8]. So führt die Speicherung von Überschussstrom in einem Pumpspeicherkraftwerk zu Kosten von 84 bis maximal 290 €/MWh_{el}. Für adiabate Druckluftspeicher wurden Kosten im Bereich von rund 120 bis 500 €/MWh_{el} ermittelt. Ein ähnliches Bild erhält man, wenn die CO_2-Vermeidungskosten betrachtet: hier ergeben sich für die PtG-Technologie Kosten von rund 470 €/t CO_2 – verglichen mit den derzeitigen Zertifikatspreisen für CO_2 von 10 - 25 €/t ein sehr hoher Wert.
Bei aller Unsicherheit, mit denen diese Ergebnisse verbunden sind, ist festzustellen, dass weder aus der Perspektive des Erdgasmarktes noch aus dem Blickwinkel der Stromspeicherung oder der CO_2-Vermeidung Power-to-Gas derzeit eine ökonomisch vorteilhafte Lösung ist.

10.3.2 Power-to-Liquid

Einen alternativen Weg überschüssigen regenerativen Strom zu speichern und zu wandeln stellt das Power-to-Liquid Verfahren (PtL) dar. Beispielhaft soll hier das Verfahren der Dresdner Firma sunfire vorgestellt werden [1]. Das System besteht aus drei Anlagenkomponenten: einer Hochtemperaturelektrolysezelle, einer nachgeschalteten Konversionsstufe, in der die sogenannte *Reverse Watergas Shift Reaction* (RWGS) abläuft und eine abschließende Stufe zur eigentlichen Kraftstoffsynthese.
Die Hochtemperaturelektrolyse zerlegt bei Betriebstemperaturen von 800 °C Wasserdampf in Wasserstoff und Sauerstoff. Ähnlich der PtG-Technologie reagiert in der nachfolgende RWGS-Stufe dieser Wasserstoff mit Kohlendioxid, wobei die sogenannte umgekehrte Wassergas-Shiftreaktion abläuft. Dabei bilden sich als Reaktionsprodukte Kohlenmonoxid und Wasserdampf nach folgender Reaktionsgleichung:

$$CO_2 + H_2 \rightarrow CO + H_2O \tag{10.21}$$

Während der Wasserdampf wieder in die Elektrolysezelle zurückgeführt wird, gelangt das Kohlenmonoxid in die nachgeschaltete Kraftstoffsynthese, die nach dem Prinzip der Fischer-Tropsch-Synthese arbeitet. Unter Zuführung von Wasserdampf reagiert das Kohlenmonoxid mit Wasserstoff, wodurch sich, je nach Temperatur und eingesetztem Katalysator, unterschiedlich lange Kohlenwasserstoffketten bil-

den. Diese Kohlenwasserstoffe können dann zu Benzin, Diesel oder Kerosin aufbereitet oder als Ausgangsprodukte für die chemische Industrie genutzt werden.
Im Vergleich zur Fischer-Tropsch-Synthese auf Basis von Biomasse bietet das Verfahren den Vorteil, dass ein „sauberes“ Prozessgas zur Verfügung steht. Auf die aufwändige Reinigung und Konditionierung eines biogenen Synthesegases kann daher verzichtet werden. Ferner können im PtL-Prozess deutlich höhere Prozesstemperaturen bei der Kraftstoffsynthese eingestellt werden, was die Ausbeute an kurzkettigen, benzinähnlichen Kohlenwasserstoffen deutlich erhöht.
Die Entwickler des Verfahrens gehen davon aus, dass sich auf diese Weise sehr hohe Prozesswirkungsgrade von 70 Prozent erreicht lassen, wozu insbesondere die hohe Effizienz der Hochtemperaturelektrolyse beitragen soll, die mit mehr als 90 Prozent angegeben wird. Für die Erzeugung synthetischer Kraftstoffe werden Herstellkosten von rund 1 €genannt [1]. Damit wären mit dem PtL-Verfahren erzeugte Kraftstoffe dann am Markt konkurrenzfähig, wenn der Vergleichspreis für fossiles Rohöl bei ca. 170 $/Barrel liegen würde. Ähnlich wie beim PtG-Methan haben allerdings zusätzliche Faktoren, wie etwa eine CO_2-Abgabe auf fossile Energieträger bzw. Kraftstoffe einen sehr großen Einfluss auf die Konkurrenzfähigkeit.

Literaturverzeichnis

1. Becker, S.: Power-to-Liquids as a new energy option. UBA-Konferenz „Elements of a greenhouse gas neutral society“, Berlin (2013)
2. Beikircher, T., Buttinger, F., Demharter, M.: Super insulated long term storage. Proceedings of the ISES solar world congress, Kassel (2011)
3. Blanc, C., Rufer, A.: Understanding the Vanadium Redox Flow Batteries. in: Ng, A. (Hg.): Paths to Sustainable Energy. InTech, Rijeka (2010)
4. Bodmann, M., Fisch, N.: Solarthermische Langzeit-Wärmespeicherung. Eurosolar 2003, Wuppertal (2003)
5. Bodmann, M., et.al.: Solar unterstützte Nahwärme und Langzeit-Wärmespeicher. Solar- und Wärmetechnik Stuttgart (SWT), Stuttgart (2005)
6. Bogenrieder, W.: Moderne Pumpspeicherkraftwerke im Gigawattbereich – Darstellung am Beispiel des PSW Goldisthal. Siebentes Kasseler Symposium Energie-Systemtechnik, Kassel (2002)
7. DVGW (Hg.): Entwicklung von modularen Konzepten zur Erzeugung, Speicherung und Einspeisung von Wasserstoff und Methan ins Erdgasnetz. Abschlussbericht DVGW-Projekt G1-07-10, Bonn (2013)
8. DVGW (Hg.): Techno-Ökonomische Studie von Power-to-Gas Konzepten. Leipzig (2014)
9. Ebert, H.-P., et.al.: LWSNet „Netzwerk zur Überwindung grundlegender Probleme bei der Entwicklung hocheffizienter Latentwärmespeicher auf Basis anorganischer Speichermaterialien“. Schlussbericht zum BMBF-Vorhaben 03SF0307A-G, Würzburg (2008)
10. Emele, L.: Techno-ökonomischer Vergleich von erneuerbarem Methan mit anderen Speichertechnologien. Masterarbeit, Kassel (2011)
11. Fachinformationszentrum Karlsruhe (Hg.): Kinetische Speicherung von Elektrizität. BINE-Projektinfo 11/03, Karlsruhe (2003)
12. Fachinformationszentrum Karlsruhe (Hg.): Druckluftspeicher-Kraftwerke. BINE-Projektinfo 05/07, Karlsruhe (2007)
13. Fisch, N., et.al.: Wärmespeicher. bine-Informationspaket, Solarpraxis-Verlag, Berlin (2005)
14. Fisch, N., et.al.: Solare Nahwärme mit Langzeit-Wärmespeicher. Forschungsbericht zu den BMU-Vorhaben 0329607K und 0329607Q , Hannover (2010)

15. Fischer, U.R.: What is the best possible heat storage density for a seasonal adsorptive thermal energy storage. 11th International Conference on Thermal Energy Storage, Stockholm (2009)
16. Fuchs, G., Lunz, B., Leuthold, M., Sauer, D.U.: Technologischer Überblick zur Speicherung von Elektrizität – Überblick zum Potential und zu Perspektiven des Einsatzes elektrischer Speichertechnologien. Institut für Stromrichtertechnik und Elektrische Antriebe der RWTH Aachen, Aachen (2012)
17. Gschwander, S., Schossig, P.: Phase change slurries as heat transfer and storage fluids for cooling applications. 11th International Conference on Thermal Energy Storage, Stockholm (2009)
18. Hanning, F., et.al.: Stand und Entwicklungspotenzial der Speichertechniken für Elektroenergie – Ableitung von Anforderungen an und Auswirkungen auf die Investitionsgüterindustrie. Abschlussbericht, BMWi-Auftragsstudie 08/28, Freiburg (2009)
19. Haubrich, H.-J., et.al.: Verbesserte Integration großer Windstrommengen durch Zwischenspeicherung mittels CAES. Endbericht, Aachen (2007)
20. Hauer, A., Lävemann, E.: Möglichkeiten offener Sorptionsspeicher zum Heizen, Klimatisieren und Entfeuchten. Statusseminar Thermische Energiespeicherung, Freiburg (2006)
21. Hausmann, T., Schossig, P.: Baustoffe mit Phasenwechselmaterialien als Kältespeicher für energieeffiziente Gebäude. Statusseminar Thermische Energiespeicherung, Freiburg (2006)
22. Henninger, S.K.: Untersuchungen von neuen hochporösen Sorptionsmaterialien für Wärmetransformationsanwendungen. Dissertation, Freiburg (2008)
23. Hiebler, S.: Kalorimetrische Methoden zur Bestimmung der Enthalpie von Latentwärmespeichermaterialien während des Phasenübergangs. Dissertation, München (2007)
24. Jänchen, J., Ackermann, D., Stach, H., Brösicke, W.: Studies of the water adsorption on Zeolites and modified mesoporous materials for seasonal storage of solar heat. Solar Energy **76**, S. 339-344 (2004)
25. Jänchen, J., Ackermann, D., Weiler, E., Stach, H., Brösicke, W.: Calorimetric investigations on zeolites, AlPO4 and $CaCl_2$ impregnated attapulgite for thermochemical storage of heat. Thermochimica Acta **434**, S. 37-41 (2005)
26. Jahn, E.: Mikroverkapselte PCM: Herstellung, Eigenschaften, Anwendungsgebiete. ZAE Symposium Wärme- und Kältespeicherung mit Phasenwechselmaterialien (PCM), Garching (2004)
27. Kerskes, H., Sommer, K., Müller-Steinhagen, H.: Monosorp – Integrales Konzept zur solarthermischen Gebäudeheizung mit Sorptionswärmespeicher. Schlussbericht zum Vorhaben BWK25006, Stuttgart (2007)
28. Laing, D., Lehmann, D.: Concrete storage for solar thermal power plants and industrial process heat. 3rd International Renewable Energy Storage Conference (IRES), Berlin (2008)
29. Laing, D., et.al.: High Temperature PCM Storage for DSG Solar Thermal Power Plants Tested in Various Operating Modes of Water/Steam Flow. Concentrating Solar Power and Chemical Energy Systems, Marrakesch (2012)
30. Ludwig-Bölkow-Systemtechnik GmbH (Hg.): Analyse der Kosten Erneuerbarer Gase. Ottobrunn (2013)
31. Mangold, D., et.al.: Solarthermie-2000 TP 3: Solar unterstützte Nahwärme – Ergebnisse der wissenschaftlichen Begleitforschung. OPET-Seminar: Solar unterstütze Nahwärme, Neckarsulm (2001)
32. Mangold, D., Riegger, M., Schmidt, T.: Solare Nahwärme mit Langzeit-Wärmespeicher. Forschungsbericht zum BMU-Vorhaben 0329607L, Stuttgart (2008)
33. Marx, H.: Wärmespeicher auf Salzbasis. LEG-Thüringen, Workshop Thermische Energiespeicher, Erfurt (2010)
34. Moser, P.: Druckluftspeicher. Technik-Dialog Speichertechnologien der Bundesnetzagentur, Bonn (2012)
35. Nitsch, J., et.al.: Langfristszenarien und Strategien für den Ausbau der erneuerbaren Energien in Deutschland bei Berücksichtigung der Entwicklung in Europa und global. Schlussbericht, Stuttgart (2011)
36. Ochs, F., Heidemann, W., Müller-Steinhagen, H.: Weiterentwicklung der Erdbecken-Wärmespeichertechnologie. Statusseminar Thermische Energiespeicherung, Freiburg (2006)

37. Öko-Institut (Hg.): Prüfung der klimapolitischen Konsistenz und der Kosten von Methanisierungsstrategien, Berlin (2014)
38. Oertel, D.: Energiespeicher – Stand und Perspektiven. Büro für Technikfolgenabschätzung beim Deutschen Bundestag (TAB), Arbeitsbericht Nr. 123, Berlin (2008)
39. Öttinger, O.: PCM/Graphitverbund-Produkte für Hochleistungswärmespeicher. ZAE Symposium Wärme- und Kältespeicherung mit Phasenwechselmaterialien (PCM), Garching (2004)
40. Posern, K.: Untersuchungen von Magnesiumsulfat-Hydraten und Sulfat/Chlorid-Mischungen für die Eignung als Aktivstoff in Kompositmaterialien für die thermochemische Wärmespeicherung. Dissertation, Weimar (2012)
41. Schabbach, T., Wesselak, V., Steinert, P.: Thermische Speichertechnologien zur effizienten Nutzung Erneuerbarer Energien/Überschusswärme und ihre Umsetzung in Thüringen. Nordhausen (2009)
42. Schmidt, F.: Neue Materialien und Systemkonzepte für Adsorptionswärmespeicher. Statusseminar Thermische Energiespeicherung, Freiburg (2006)
43. Schmidt, T., Mangold, D.: Status of Solar Thermal Seasonal Storage in Germany. 11th International Conference on Thermal Energy Storage, Stockholm (2009)
44. Sterner, M., Jentsch, M., Holzhammer, U.: Energiewirtschaftliche und ökologische Bewertung eines Windgas-Angebotes. Fraunhofer Institut für Windenergie und Energiesystemtechnik (IWES), Kassel (2011)
45. Tamme, R., Steinmann, W.-D., Buschle, J., Bauer, T.: Hochtemperatur-Latentwärmespeicher für Prozessdampf und solare Kraftwerkstechnik. Statusseminar Thermische Energiespeicherung, Freiburg (2006)
46. Umweltbundesamt (Hg.): Übersicht zur Entwicklung der energiebedingten Emissionen und Brennstoffeinsätze in Deutschland 1990-2014, Dessau-Roßlau (2016)
47. VDI 4640, Teil 3: Thermische Nutzung des Untergrundes. Unterirdische Thermische Energiespeicher. Beuth Verlag, Düsseldorf (2001)
48. Wagner, W., Jähnig, D., et.al.: Modularer Energiespeicher nach dem Sorptionsprinzip mit hoher Energiedichte (MODESTORE). Gleisdorf (2006)
49. Weinländer, H.: Entwicklung und praxisnaher Test der Performance von Gebäudekomponenten mit PCM in Demonstrationsobjekten (PCM-Demo). Schlussbericht zum BmWi-Vorhaben 0327370U, Würzburg (2011)
50. Wörner, A., Kerskes, H.: Thermochemische Energiespeicherung mittels Feststoff-Gasreaktionen. DECHEMA-Kolloquium Thermische Energiespeicherung, Frankfurt/M. (2011)
51. Zalba, B., et.al.: Review on thermal energy storage with phase change materials, heat transfer analysis and applications. App. Thermal Engineering **23**, S. 251-283 (2003)

Kapitel 11
Elektrische Energiesysteme

In den vergangenen Jahren ist der Anteil regenerativer Energien an der Stromerzeugung kontinuierlich angestiegen. Dennoch ist dies nach den in Kap. 1.2.4 beschriebenen energiepolitischen Zielen der deutschen Bundesregierung erst der Beginn eines nachhaltigen und umweltverträglichen Umbaus des elektrischen Energiesystems (vgl. Abb. 11.1). Der gesetzliche Rahmen wurde bisher vor allem durch das Erneuerbare-Energien-Gesetz (EEG) gebildet, das als Markteinführungsprogramm zunächst von einer vollständigen Aufnahme der durch regenerativen Energieträger bereitgestellten elektrischen Energie durch das Verbundnetz ausgegangen ist. Der bereits heute erreichte Anteil macht jedoch eine aktive Beteiligung regenerativer Energien an Systemdienstleistungen – wie der Bereitstellung von Regelenergie – erforderlich.

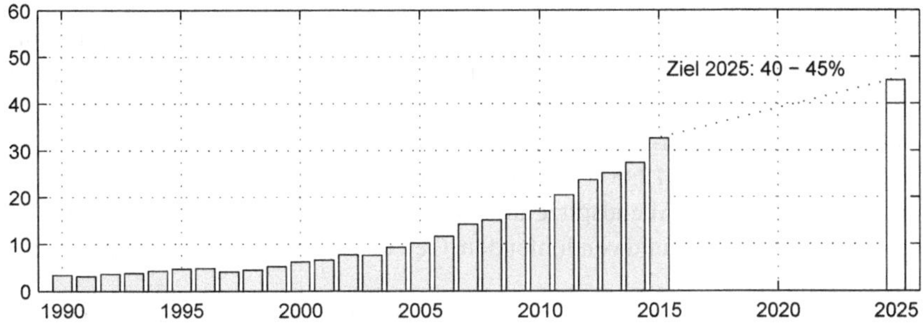

Abb. 11.1 Anteil der Regenerativen Energien in Prozent an der Bruttostromerzeugung in Deutschland von 1990 bis 2015, sowie das Ausbauziel der Bundesregierung für 2025, nach [6]

Die Einspeisung von elektrischer Energie in das Verbundnetz weist je nach Energieträger unterschiedliche Herausforderungen auf. Biomasse-, Geothermie- und Wasserkraftwerke arbeiten mit leicht speicherbaren bzw. kontinuierlich anfallenden Primärenergieträgern; sie können daher wie konventionelle Kraftwerke geregelt und beispielsweise im Grundlastbetrieb eingesetzt werden. Im Gegensatz dazu hat die Integration von Photovoltaik- und Windkraftanlagen aufgrund des fluktuierenden

Primärenergieangebots und der regionalen Konzentration von Windkraftanlagen z.T. erhebliche Auswirkungen auf die bestehenden Netzstrukturen und die Netzstabilität. Die sich daraus ergebenden Anforderungen an den Kraftwerkspark sowie das Netz sind ein wichtiger Baustein für zukünftige dezentrale Energieerzeugungsstrukturen.

→ Aktuelle Daten zum Strommarkt

Das Fraunhofer-Institut für Solare Energiesysteme (Fh-ISE) in Freiburg wertet seit 2011 kontinuierlich zahlreiche Datenquellen zum Strommarkt in Deutschland aus und stellt die aufbereiteten Daten über die Seite `www.energy-charts.de` der Öffentlichkeit zur Verfügung. Dort können tagesaktuell Strombedarf, Stromproduktion und Börsenpreise abgerufen werden.

11.1 Struktur des elektrischen Energieversorgungssystems

Aufgabe des elektrischen Energieversorgungssystems ist die sichere, preisgünstige, verbraucherfreundliche, effiziente und umweltverträgliche Versorgung der Allgemeinheit mit elektrischer Energie [11]. Um dies zu gewährleisten, sind elektrische Anlagen und Betriebsmittel zur Erzeugung, Übertragung und Verteilung elektrischer Energie notwendig.

Die Erzeugungsseite hat die Aufgabe, die benötigte elektrische Energie zu jedem Zeitpunkt zur Verfügung zu stellen. Da das bestehende Energieversorgungssystem nur geringe Speicherkapazitäten in Form von Speicherkraftwerken aufweist, ist erzeugungsseitig der verbraucherseitige *Lastgang* abzufahren. Der Lastgang unterliegt starken tageszeitlichen Schwankungen, die im Verlauf der Woche und der Jahreszeiten große Unterschiede aufweisen. Abb. 11.2 zeigt den Lastgang im Wochenverlauf für eine Winter- und eine Sommerwoche. Deutlich zu erkennen ist die tägliche Mittagsspitze um 12:00 Uhr sowie zusätzlich im Winter die durch die Beleuchtung hervorgerufene Abendspitze um ca. 19:00 Uhr. An den Wochenenden ist der Leistungsbedarf aufgrund von fehlendem Gewerbe- und Industrieverbrauch deutlich niedriger.

Der Kraftwerkseinsatz entlang des Lastgangs wird in Grundlast, Mittellast und Spitzenlast unterteilt:

- Als *Grundlast* wird die Leistung bezeichnet, die im Tagesverlauf nicht unterschritten wird. Als Grundlastkraftwerke werden die Kraftwerke mit den niedrigsten Erzeugungskosten eingesetzt. Dies sind in Deutschland insbesondere Laufwasser-, Braunkohle- und Kernkraftwerke. Besondere Anforderungen an die Regelbarkeit der Kraftwerke werden nicht gestellt, so dass die langen Anregelzeiten von Braunkohle- und Kernkraftwerken nicht ins Gewicht fallen.
- *Mittellast* bezeichnet einen mehrstündigen Leistungsbedarf oberhalb der Grundlast. Mittellastkraftwerke werden auf Grundlage statistischer Auswertungen des

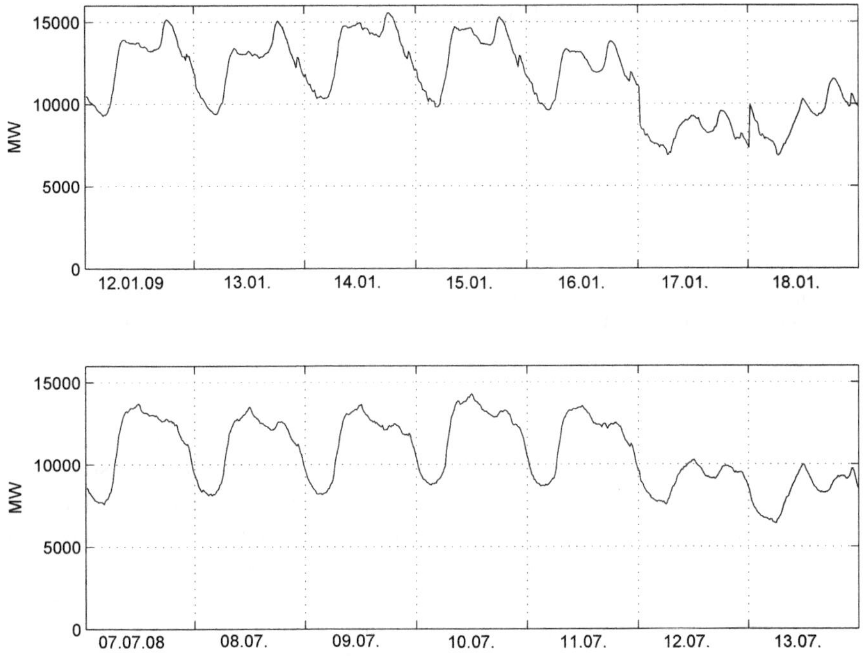

Abb. 11.2 Viertelstundenwerte des Lastgangs in einer Regelzone des deutschen Hochspannungsnetzes für eine Winter- (oben) und eine Sommerwoche (unten) [9]

täglichen Lastgangs entlang eines festgelegten Lastprofils gefahren – daher werden sie auch als Fahrplankraftwerke bezeichnet. Zum Einsatz kommen Steinkohle-, Erdgas- und in geringem Umfang auch Erdölkraftwerke.

- Die Differenz zwischen „Fahrplan“ und tatsächlicher Last wird über *Spitzenlastkraftwerke* abgefangen. Dazu werden vor allem Gasturbinen- und Pumpspeicherkraftwerke eingesetzt, die innerhalb weniger Minuten auf Nennleistung gebracht werden können.

Die Einspeisung aus regenerativen Energien unterliegt bisher nur teilweise der aktiven Netzregelung. Ertragsprognosen auf der Basis von Wind- bzw. Einstrahlungsmodellen werden zur Planung und Anpassung der Leistungsbereitstellung auf der Hoch- und Mittelspannungsebene herangezogen. Eine stärkere Einbeziehung der regenerativen Energien in Systemdienstleistungen war Bestandteil der EEG-Novellen 2009 und 2012, sowie der Niederspannungs- und Mittelspannungsrichtlinie, auf die in den Kapiteln 11.2 und 11.3 eingegangen wird.
Für die einzelnen Kraftwerke ergeben sich somit sehr unterschiedliche Betriebsstunden im Jahr mit z.T. wechselnden Lasten. Ein Maß dafür ist die Jahresbenutzungsdauer

$$T_m = \frac{E_{ab}}{P_N} \tag{11.1}$$

mit der in dem betrachteten Jahr von dem Kraftwerk abgegebenen elektrischen Energie E_{ab} und seiner Nennleistung P_N. Die Jahresbenutzungsdauer besagt, wie viele Stunden ein Kraftwerk bei Nennleistung laufen müsste, um die tatsächlich erzeugte Menge elektrischer Energie bereitzustellen und ist damit ein Maß für die Ausnutzung von Kraftwerken. In Tab. 11.1 sind einige typische Werte aufgeführt.

Tabelle 11.1 Typische Jahresbenutzungsdauern für Kraftwerke in Deutschland

Stunden/Jahr	8.760 h	Photovoltaik	900 - 1.200 h
Grundlastkraftwerk	6.000 - 8.000 h	Windkraft (onshore)	1.500 - 2.800 h
Mittellastkraftwerk	4.000 - 4.500 h	Windkraft (offshore)	3.000 - 4.500 h
Spitzenlastkraftwerk	700 - 1.000 h	Biomasse/Biogas	6.000 - 7.500 h

Die elektrische Energieübertragung und -verteilung erfolgt über Netze unterschiedlicher Spannungsebenen. Die Höchstspannungsnetze mit 220 kV und 380 kV dienen der Energieübertragung von Großkraftwerken zu unterlagerten Netzen und werden daher auch als Übertragungsnetze bezeichnet. Die Höchstspannungsnetze sind Bestandteil des europäischen Verbundnetzes und haben die Aufgabe, die Versorgungssicherheit durch Leistungs-Frequenz-Regelung und überregionale Reservehaltung sicherzustellen. Der Leistungsfluss in den Übertragungsnetzen wird im Wesentlichen durch die Erzeuger bestimmt. Hoch-, Mittel- und Niederspannungsnetze dienen der Verteilung der Energie zu Versorgungsschwerpunkten unterschiedlicher Leistung (siehe Abb. 11.3). Der Leistungsfluss in den Verteilnetzen wird im Wesentlichen durch die Verbraucher bestimmt.

Die Planung und Auslegung des Energieversorgungssystems auf Hoch- und Höchstspannungsebene erfolgt üblicherweise nach dem (n-1)-Kriterium. Dieses besagt, dass der störungsbedingte Ausfall eines Betriebsmittels keine Auswirkungen auf die Energieversorgung haben darf. Fällt beispielsweise eine Übertragungsleitung aus, müssen andere Leitungen dieser Spannungsebene den Leistungsfluss übernehmen. Dies setzt eine stark vermaschte Struktur sowie freie Übertragungskapazitäten auf diesen Leitungen voraus.

Das Gleichgewicht zwischen Leistungsbedarf und Leistungsbereitstellung wird auf unterschiedlichen Ebenen hergestellt. Die Koordination der miteinander verbundenen europäischen Höchstspannungsnetze erfolgt durch die ENTSO-E [1], einem Zusammenschluss der europäischen Übertragungsnetzbetreiber. Das ENTSO-E-Verbundnetz umfasst West-, Mittel-, Nord- und Südeuropa sowie Teile Osteuropas und ist in unterschiedliche Regelzonen eingeteilt.

Das Übertragungsnetz in Deutschland besteht aus vier Regelzonen, in denen der jeweilige Übertragungsnetzbetreiber [2] für die Netzstabilität, d.h. für konstante Frequenz und Spannung, verantwortlich ist. Abweichungen zwischen dem prognostizierten und tatsächlichen Leistungsbedarf werden durch den Ausfall von Erzeuger-

[1] European Network of Transmission System Operators for Electricity (Brüssel)

[2] Derzeit (2016) sind dies Transnet BW GmbH, amprion GmbH, TenneT TSO GmbH und 50Hertz Transmission GmbH

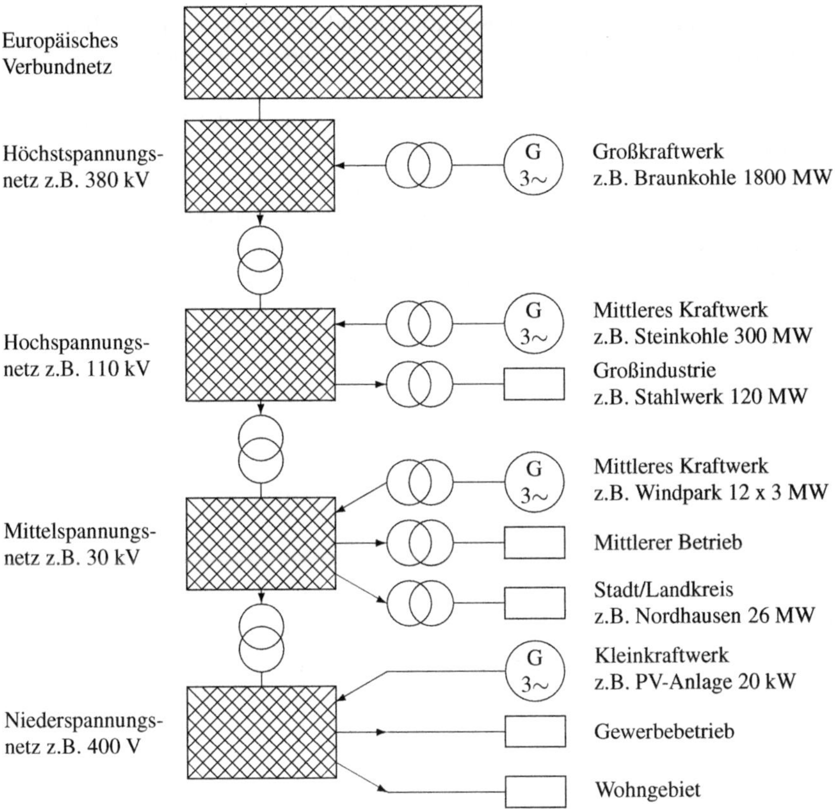

Abb. 11.3 Struktur des Übertragungs- und Verteilnetzes mit Erzeuger- und Verbraucherbeispielen. Die Pfeile geben den vorzugsweisen Leistungsfluss innerhalb der Netzstruktur an.

oder Verbraucherkapazitäten und Prognosefehler bei der Einspeisung aus Wind- und Photovoltaikkraftwerken verursacht. Um diese zu kompensieren, halten die Übertragungsnetzbetreiber positive und negative Regelleistung bereit, die im Rahmen der Primär-, Sekundär- und Tertiärregelung abgerufen werden können.

Die *Primärregelung* reagiert innerhalb von 30 Sekunden auf Abweichungen der Netzfrequenz vom Sollwert im europäischen Verbundnetz und wird daher auch als Sekundenreserve bezeichnet. Dazu werden an der Primärregelung beteiligte Kraftwerke automatisch herauf- (positive Regelleistung) oder heruntergefahren (negative Regelleistung). Zur Bereitstellung von positiver Regelleistung halten Kraftwerke einige Prozent ihrer Erzeugungsleistung als Reserve frei – insgesamt 3.000 MW im ENTSO-E-Gebiet. Die *Sekundärregelung* hat die Aufgabe, Abweichungen der Leistungsbereitstellung innerhalb einer Regelzone sowie des vereinbarten Austausches mit anderen Regelzonen auszugleichen. Die Sekundärregelung muss den erforderlichen Leistungsumfang innerhalb von 5 Minuten bereitstellen. Die *Tertiärregelung* wird fahrplanmäßig oder telefonisch abgerufen. Sie muss innerhalb von 15 Minuten

Primär- und Sekundärregelung ablösen können und wird daher auch als Minutenreserve bezeichnet. Hierzu werden Gasturbinen- und Pumpspeicherkraftwerke eingesetzt.
Durch den zunehmenden Anteil von Photovoltaik- und Windstrom im Netz beginnt sich die feste Zuordnung einzelner Kraftwerkstypen in die Kategorien Grund-, Mittel- und Spitzenlast aufzulösen. In Abbildung 11.4 sind zwei typische Wochenlastgänge des Jahres 2014 und die darin enthaltenen Photovoltaik- und Windstromanteile dargestellt. Sie verdeutlichen die herausgehobene Rolle, die diese beiden Energieträger inzwischen im Strombereich spielen: Sowohl Photovoltaik als auch

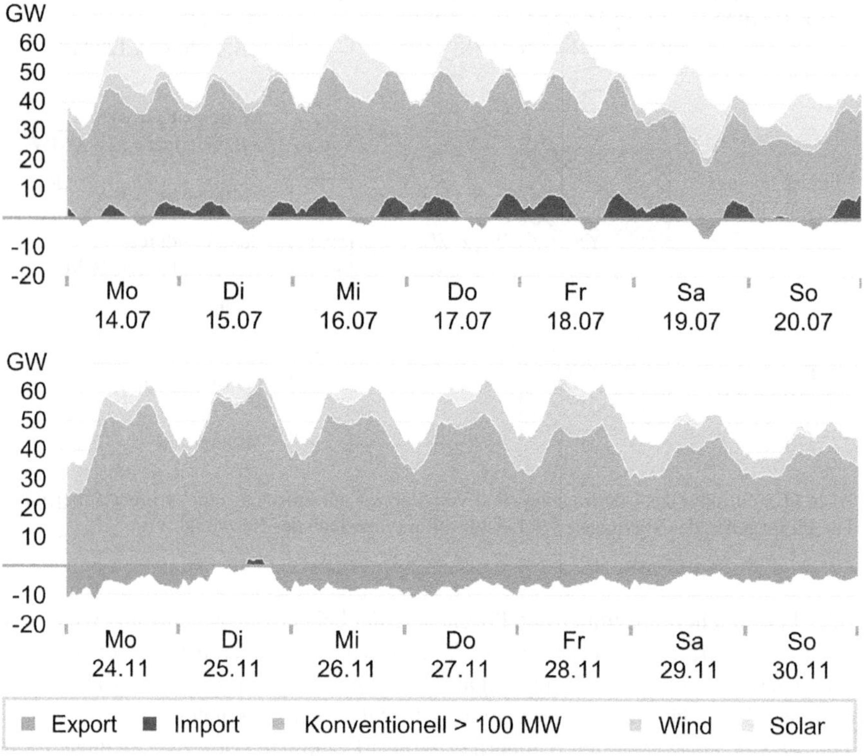

Abb. 11.4 Beiträge von Photovoltaik und Windkraft zur deutschen Stromproduktion in den Kalenderwochen 28 und 46 des Jahres 2014, nach [4]

Windkraft tragen zeitweise bis zu 25 Prozent zur gesamten Stromproduktion bei. Dabei wird die Mittagsspitze an einstrahlungsstarken Tagen inzwischen praktisch vollständig durch Photovoltaik abgedeckt. Dies hat Einfluss auf die Einsatzhäufigkeit und die Einsatzzeitpunkte von Mittel- und Spitzenlastkraftwerken, die bisher im Wesentlichen diese Lastspitze abdeckten und wird absehbar auch Auswirkungen auf den Einsatz der bisherigen Grundlastkraftwerke haben. Ferner illustrieren die

gewählten Erzeugungsverläufe die prinzipielle Komplementarität von Photovoltaik und Windkraft.
Der weitere Ausbau der erneuerbaren Energien weist dem konventionellen Kraftwerkspark immer mehr die Aufgabe zu, die Residuallast aus Verbrauch und regenerativer Erzeugung abzudecken. Für einen flexiblen Einsatz sind konventionelle Kraftwerke unterschiedlich gut geeignet. In Tab. 11.2 sind typische Kraftwerksparameter wie der Lastgradient, der die maximale Leistungsänderungsgeschwindigkeit angibt, oder die Anfahrzeit im heißen bzw. kalten Zustand zusammengestellt. Erdgasbefeuerte Gasturbinen weisen dabei mit einer Anfahrzeit von wenigen Minuten und einem Lastgradienten von 12 Prozent pro Minute die beste Dynamik auf. Diese geht jedoch mit nicht unerheblichen Einbußen im Kraftwerkswirkungsgrad einher.
Der flexible Einsatz konventioneller Kraftwerke ist aber nur eine Maßnahme zur notwendigen Flexibilisierung des elektrischen Energiesystems. Der Ausbau des Verbundnetzes und der Speicherinfrastruktur ermöglicht die Aufnahme lokal nicht integrierbarer Erzeugungsleistung und eine Glättung der Residuallast. Auf der Verbrauchsseite kann eine tarifgesteuerte Anpassung der Stromnachfrage an die volatile Erzeugungscharakteristik erfolgen (demand-side-management). Und schließlich ermöglichen verbesserte Einstrahlungs- und Windprognosen eine genauere Planung des Regelenergiebedarfs.

Tabelle 11.2 Dynamische Eigenschaften konventioneller Kraftwerke, nach [10][13]

	Erdgas (GT / GuD)	Steinkohle (DT)	Braunkohle (DT)	Kernkraftwerk (DWR)
Anfahrzeit heiß (< 8 h) [h]	0 / 1	2,5	4	2
Anfahrzeit kalt (> 48 h) [h]	0 / 3	5	8	24
Mindestleistung P_{min} [%]	20 / 40	25	50	50
Wirkungsgradverlust bei P_{min} [%-Punkte]	22 / 11	6	5	5
Lastgradient [%/min]	12 / 4	4	2,5	3
Leistungsbereich des Lastgradienten [%]	40 - 90	40 - 90	50 - 90	50 - 90

GT: Gasturbine, GuD: Gas- und Dampfturbine, DT: Dampfturbine, DWR: Druckwasserreaktor

→ Stromhandel und Merit-Order-Effekt

Elektrische Energie wird zwischen Erzeugern und Energieversorgern bzw. Verbrauchern an Strombörsen gehandelt. Für Stromlieferungen mit unterschiedlichen Laufzeiten stehen verschiedene Märkte zur Verfügung. So werden am *Terminmarkt* langfristige Lieferverträge mit z.T. mehrjähriger Laufzeit abgeschlossen. Der Handelsplatz für Termingeschäfte in Deutschland ist die Leipziger Strombörse EEX. Kurzfristige, den laufenden oder den folgenden Tag betreffende Lieferverträge werden am *Spotmarkt* gehandelt. Der Handelsplatz für diesen sog. Intraday- und Day-ahead-Markt in Deutschland ist die EPEX-Spot in Paris.
Der in Deutschland durch das EEG vergütete Strom wird durch die Übertragungsnetzbetreiber grundsätzlich am Spotmarkt vermarktet. Die Preisbildung am Spot-

markt erfolgt durch eine Reihung der angebotenen Kraftwerksleistungen nach den Grenzkosten. Dieses Verfahren wird als Merit-Order bezeichnet. Das Kraftwerk mit den höchsten Grenzkosten, das gerade noch zur Deckung der Nachfrage notwendig ist, bestimmt den Strompreis. Strom aus Photovoltaik- und Windkraftanlagen können aufgrund des im EEG festgelegten Einspeisevorrangs und vernachlässigbarer Betriebskosten Grenzkosten gleich Null zugeschrieben werden. Dadurch verdrängen erneuerbare Energien teurere Kraftwerke – insbesondere im Mittel- und Spitzenlastbereich – aus dem Markt und tragen zu einer Senkung der Spotmarktpreise bei.

11.2 Integration von Photovoltaikanlagen

Ende 2016 waren in Deutschland ca. 40 GW_p Photovoltaikleistung installiert. Damit ist mehr Photovoltaikleistung installiert, als von allen konventionellen Kraftwerkstypen[3]. Der Anteil der Photovoltaik an der Bruttostromerzeugung lag 2015 bei etwa 7,6 Prozent.

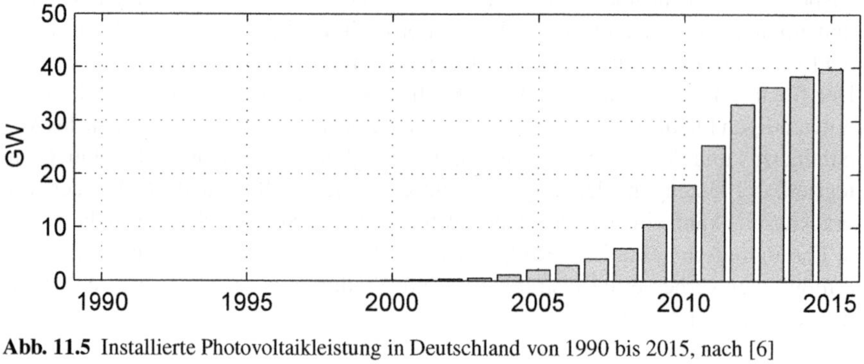

Abb. 11.5 Installierte Photovoltaikleistung in Deutschland von 1990 bis 2015, nach [6]

Die Entwicklung der Photovoltaik in Deutschland war in den ersten Jahren dieses Jahrzehnts durch ein massives Wachstum gekennzeichnet, mit zweistelligen jährlichen Wachstumsraten. Alleine 2011 und 2012 betrug der Zubau jeweils über 7 GW (vgl. Abb. 11.5). Damit wurde der durch das Erneuerbare-Energie-Gesetz (EEG) vorgegebene Zubaukorridor von 2.500 bis 3.500 MW pro Jahr verlassen, worauf in mehreren Schritten die Einspeisevergütung deutlich zurückgenommen wurde.
Der Anteil der Photovoltaik an einem zukünftigen Strommix wird in unterschiedlichen Modellrechnungen unterschiedlich bewertet, je nachdem welche Rahmen-

[3] Ende 2016 installierte Leistungen im deutschen Kraftwerkspark: Windkraft 47 GW, Photovoltaik 40 GW, Erdgas 28 GW, Steinkohle 28 GW, Braunkohle 21 GW, Kernkraft 11 GW.

bedingungen hinsichtlich der Entwicklung des zukünftigen Energieverbrauchs, der Entwicklung der Speicherinfrastruktur oder dem Anteil des Importstroms aus den europäischen Nachbarländern gesetzt werden. Die drei wichtigsten Szenarien, die die gegenwärtige energiepolitische Diskussion in Deutschland begleiten, rechnen für das Jahr 2050 mit einer installierten Photovoltaikleistung 67 GW (DLR 2010, [5]), 110 GW (SRU 2010, [15]) bzw. 147 GW (Fh-ISE 2013, [12]. Das Erneuerbare-Energie-Gesetz sieht seit 2012 eine Obergrenze von 52 GW für EEG-geförderte Photovoltaikanlagen vor.
Erzeugungsseitig lässt sich Strom aus Photovoltaikanlagen besonders gut in elektrische Energieversorgungssysteme integrieren, die eine ausgeprägte Mittagsspitze aufweisen, wie dies in den meisten Industrieländern der Fall ist. Hier substituieren Photovoltaikanlagen überwiegend Leistung aus Spitzen- und Mittellastkraftwerken und tragen damit zur Deckung des fluktuierenden Lastanteils bei [2][3]. Modellrechnungen des Fraunhofer IWES haben gezeigt, dass sich auf Grund dieser Eigenschaft eine Photovoltaikleistung von 30 GW ohne zusätzliche Anforderungen an den Kraftwerksbetrieb – wie beispielsweise zusätzliche Regelleistung oder Speicher – in das elektrische Energieversorgungssystem Deutschlands integrieren lässt. Dieser Punkt ist seit 2012 erreicht. Der weitere Ausbau der Photovoltaik hat nun wachsende Auswirkungen auf die Residuallast, denen u.a. durch eine Flexibilisierung des fossilen Kraftwerksparks sowie einen Ausbau der Netz- und Speicherinfrastruktur begegnet werden muss.
Ein Vorteil der dezentralen Einspeisung von Photovoltaikleistung liegt in der Entlastung der Übertragungs- und Verteilnetze von einem Teil der fluktuierenden Verbraucherleistung. Photovoltaikanlagen sind darüber hinaus in der Lage, weitere Netzdienstleistungen zu erbringen:

- Regelung der Wirkleistung: Bei einem Leistungsüberangebot können Photovoltaikanlagen vergleichsweise schnell und unproblematisch in der Leistung reduziert oder vollständig vom Netz genommen werden. Photovoltaikanlagen können also negative Regelleistung zur Verfügung stellen.
- Regelung der Blindleistung: Photovoltaik-Wechselrichter sind technisch in der Lage, auch Blindleistung zur Verfügung zu stellen. Damit kann dezentral eine Blindleistungsbereitstellung erfolgen und somit Übertragungs- und Verteilnetze entlastet werden.

Mit der Novellierung des Erneuerbaren-Energien-Gesetzes 2009 wurden erstmals Photovoltaikanlagen über 100 kW_p einem Einspeisemanagement unterworfen, das auch eine ausnahmsweise Abregelung der Anlagen durch den Netzbetreiber ermöglicht. Auf diese Weise sollen kurzzeitige Überlastungen des Netzes vermieden werden. Für alle Photovoltaikanlagen, die in das Mittelspannungsnetz einspeisen, legte die *Mittelspannungsrichtlinie* bereits eine Teilnahme am Netzmanagement fest [1]. Mit der Novellierung des Erneuerbaren-Energien-Gesetzes 2012 wurden diese Maßnahmen auch auf kleinere, in das Niederspannungsnetz einspeisende Photovoltaikanlagen ausgedehnt [17]. Damit sind alle Einspeiseanlagen grundsätzlich verpflichtet, am Netzmanagement teilzunehmen. Das bedeutet, dass der Netzbetreiber die Einspeiseleistung ferngesteuert reduzieren kann, wenn ansonsten Netzengpässe auftreten würden oder eine Netzüberlastung droht. Weiterhin müssen Erzeugungsanlagen auch oberhalb von 50,2 Hertz am Netz verbleiben und ihre Leistung um 40 Prozent pro Hertz reduzieren.[4] Eine komplette Abschaltung erfolgt dann erst bei einer Frequenz von 51,5 Hertz. Eine Ausnahme stellen Anlagen bis zu einer installierten Leistung 30 kW_p dar. Hier kann der Anlagenbetreiber auswählen, ob er am Netzmanagement teilnimmt oder die maximale Wirkleistungseinspeisung auf 70 Prozent der installierten Generatorleistung begrenzt. Für Bestandsanlagen gelten je nach Leistung unterschiedliche Regelungen zur Nachrüstung.

→ Mittelspannungsrichtlinie

Die Mittelspannungsrichtlinie des Bundesverbands der Energie- und Wasserwirtschaft (BDEW) trat in einer neu überarbeiteten Version im Januar 2009 in Kraft. Sie regelt die Anforderungen für den Anschluss und den Betrieb von Erzeugungsanlagen am Mittelspannungsnetz. Als Erzeugungsanlagen gelten beispielsweise Windkraft-, Wasserkraft- und Photovoltaikanlagen. Alle neu in Betrieb genommen Erzeugungsanlagen im Mittelspannungsnetz müssen demnach einen aktiven Beitrag zum Netzmanagement leisten. Konkret bedeutet dies u.a.:

- Bei einer Frequenzerhöhung im Netz muss die Wirkleistung automatisch begrenzt werden.
- Im Normalbetrieb ist durch die Einspeisung von kapazitiver oder induktiver Blindleistung bis zu einem $\cos\varphi = 0{,}95$ ein Beitrag zur Spannungsstabilität zu leisten.
- Im Störungsfall soll ein Verbleib am Netz einen Beitrag zur dynamischen Netzstützung leisten („fault ride through“).

Die alte Regelung, nach der im Fehlerfall regenerative Energieerzeugungsanlagen unverzüglich vom Netz zu nehmen waren, wich damit einer grundlegenden Neubewertung dieser Anlagen, die ihre wachsende Bedeutung in der elektrischen Energieversorgung reflektiert.

Derzeit sind in Deutschland über 1,5 Millionen Photovoltaikanlagen am Netz. Die Anlagenstruktur wird von dezentralen Anlagen mit einer Leistung bis 100 kW_p geprägt. Etwa 58 Prozent der installierten Leistung ist an das Niederspannungsnetz, 33 Prozent an das Mittelspannungsnetz und 9 Prozent an das Hochspannungsnetz

[4] Gemäß der bis Ende 2011 geltenden Anschlussbedingungen mussten alle an das Niederspannungsnetz angeschlossenen Erzeugungsanlagen bei einer Netzfrequenz von über 50,2 Hertz vollständig vom Netz getrennt werden. Diese Regelung stammte aus einer Zeit, da im Niederspannungsnetz nur eine geringe Erzeugerleistung vorhanden war. Beim Erreichen diese Frequenz hätten sich die angeschlossenen Photovoltaikanlagen und andere Erzeugungsanlagen am Niederspannungsnetz abgeschaltet. Im ungünstigsten Fall wären bis zu 20 GW abrupt vom Netz getrennt worden. Das entspricht einem Vielfachen des nach den Regeln des europäischen Verbundnetzes beherrschbaren Werts. Die Folge hätte ein vollständiger Zusammenbruch der Netzfrequenz und großräumige Blackouts sein können. Um dieses Szenario zu vermeiden müssen auch Erzeugungsanlagen am Niederspannungsnetz ab dem 1. Januar 2012 am Netzmanagement teilnehmen und oberhalb von 50,2 Hertz ihre Leistung um 40 Prozent pro Hertz reduzieren.

angeschlossen. In der bisherigen Praxis wird davon ausgegangen, dass für Photovoltaikanlagen bis zu einer Leistung von 30 kW_p der Hausanschluss den günstigsten Netzverknüpfungspunkt darstellt, wobei bis zu einer wechselstromseitigen Scheinleistung von 4,6 kVA die Einspeisung auch einphasig erfolgen darf. Das setzt voraus, dass die vorhandenen Niederspannungs-Verteilnetze die Leistung auch aufnehmen können. Jüngere Untersuchungen belegen, dass dies jedoch nur für bestimmte Klassen von Niederspannungsnetzen gilt. Insbesondere Netze in ländlichen Gebieten, Dörfern oder Vorstädten sind im Gegensatz zu Stadtnetzen und Gewerbegebieten für das dort vorhandene Photovoltaik-Ausbaupotenzial nicht ausgelegt [20]. Ein Überlastung des Niederspannungs-Verteilnetzes äußert sich zunächst in einer Spannungserhöhung, die das einzuhaltende Band von ± 10 Prozent um die Netznennspannung verlässt, selten auch in einer (thermischen) Überlastung der Betriebsmittel. Ein schneller Ausbau der Niederspannungsnetze bzw. der Einsatz regelbarer Transformatoren an den Netzabgängen ist nicht zu erwarten, um das Problem der Spannungserhöhung netzseitig zu lösen. Auch hier kann die Einspeisung von Blindleistung seitens des Photovoltaik-Wechselrichters einer lokalen Spannungserhöhung entgegen wirken.

11.3 Integration von Windkraftanlagen

Ende 2016 waren in Deutschland gut 47 GW Windkraftleistung installiert, davon 4 GW in offshore-Windparks. Die durchschnittlichen jährlichen Wachstumsraten dieser Dekade lagen bei knapp 10 Prozent (Abb. 11.6). Der Anteil der Windkraft an der Bruttostromerzeugung lag 2015 bei knapp 18 Prozent.

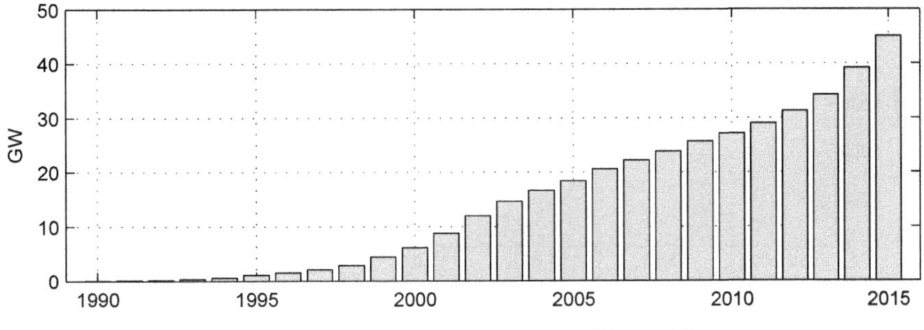

Abb. 11.6 Installierte Windkraftleistung in Deutschland von 1990 bis 2015, nach [6]

Die Nutzung der Windkraft konzentriert sich vorwiegend auf die windreichen Gegenden im Norden und Osten Deutschlands. Die Ausschöpfung des Windkraftpotenzials ist in vielen Regionen bereits weit fortgeschritten, so dass derzeit neben offshore-Windparks zahlreich Repowering-Projekte geplant werden. Der weitere Ausbau der Windkraft stößt jedoch auch an eine Reihe technischer Grenzen:

- Die durch Windkraftanlagen bereitgestellte Energie schwankt innerhalb kurzer Zeitspannen stark und ist für den Übertragungsnetzbetreiber z.T. nicht sichtbar, da die Einspeisung in Verteilnetze erfolgt und sich mit dem Verbraucherlastgang überlagert. Dies führt zu einem erhöhten Regelleistungsbedarf im Übertragungsnetz.
- Die bei Starkwind durch Windkraftanlagen zur Verfügung gestellte Leistung übersteigt in Schwachlastzeiten wie an Wochenenden oder Nachts die von den Verbrauchern abgeforderte Leistung.
- Bei Starkwind auftretende Leistungsspitzen führen zu einer starken Belastung der Übertragungs- und Verteilnetze, so dass die (n-1)-Sicherheit nicht mehr gegeben ist. Gleichzeitig steigt der Blindleistungsbedarf der Energieübertragung, da die Leitungen im übernatürlichen Bereich betrieben werden.

Eine zentrale Rolle bei der Lösung dieser Probleme spielt die Windleistungsprognose. Eine genaue Windleistungsprognose ermöglicht die Berücksichtigung der fluktuierenden Einspeisung von Windenergie in die Einsatzplanung der Fahrplankraftwerke im Bereich der Mittel- und Spitzenlast. Die deutschen Übertragungsnetzbetreiber setzen daher seit einigen Jahren Windleistungsprognosesysteme ein, die eine Kurzzeit- (8 Stunden) und eine Folgetages-Voraussage (24 bis 48 Stunden) der Windstromerzeugung ermöglichen. Die Basis stellen statistische Modelle dar, die aktuelle Wetterdaten beispielsweise in ein neuronales Netz einspeisen, das mit langjährigen Wettervorhersagedaten trainiert wurde. Die erreichte Prognosegenauigkeit liegt zwischen 90 und 95 Prozent, je nach Vorhersagezeitraum [14]. Abb. 11.7 zeigt den Wochenverlauf einer Folgetagesprognose und die tatsächlich eingespeiste Windenergie.

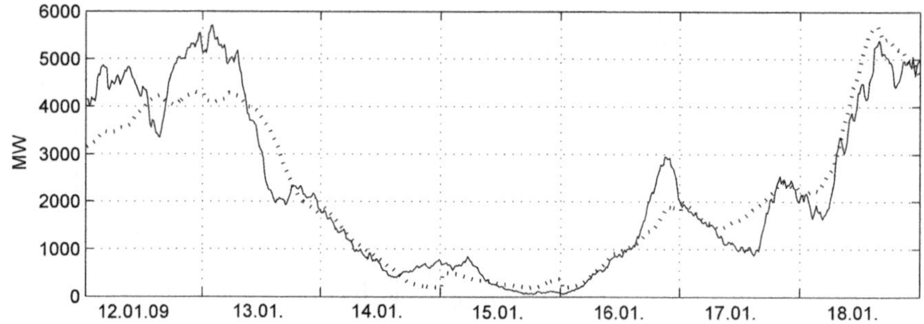

Abb. 11.7 Viertelstundenwerte der Windenergieprognose (····) und der tatsächlich eingespeisten Windenergie (—) in das Übertragungsnetz der Vattenfall Transmission GmbH. Die Windenergieprognose basiert jeweils auf den Wetterdaten des Deutschen Wetterdienstes um 08:00 Uhr des Vortages. [16]

Für die Einspeisung von Windenergie in das Mittelspannungsnetz ist ebenfalls die Mittelspannungsrichtlinie [1] heranzuziehen. Für eine Einspeisung in das Hoch- und Höchstspannungsnetz gelten die im *TransmissionCode 2007* zusammengefassten Netz- und Systemregeln der deutschen Übertragungsnetzbetreiber [18], die für

regenerative Energieanlagen ähnliche Systemdienstleistungen wie die Mittelspannungsrichtlinie vorschreibt. Eine Vereinheitlichung dieser Regelwerke erfolgte in der 2009 veröffentlichten *Systemdienstleistungsverordnung Wind* (SDLWindV) und eine Integration von Systemdienstleistungen in den Vergütungsrahmen des EEG im Jahr 2012 [19].
Ein weiterer Ausbau der Windenergie – onshore wie offshore – bedingt jedoch vor allem einen Ausbau der Übertragungsnetze. Zwei im Auftrag der Deutschen Energie-Agentur (dena) durchgeführte Netzstudien ([7][8]) haben die wesentlichen Schwachpunkte im deutschen Übertragungsnetz sowie in dessen Anbindung an das europäische Verbundnetz identifiziert. So werden in der dena-Netzstudie I der Neubau von 850 km neuer Stromtrassen im Höchstspannungsnetz als notwendige Maßnahmen bis 2015 benannt. Diese beinhalten insbesondere eine bessere Anbindung des nord- und ostdeutschen Übertragungsnetzes an den süddeutschen Raum sowie zusätzliche Übertragungskapazitäten zur Anbindung geplanter Windparks in der Nordsee. Dabei wurde davon ausgegangen, dass im Jahr 2015 eine Windenergieleistung von 26,2 GW onshore und 9,8 GW offshore zu integrieren ist und die regenerativen Energien insgesamt eine Anteil von 20 Prozent an der Bruttostromerzeugung stellen.
Die dena-Netzstudie II erweitert den Betrachtungshorizont auf das Jahr 2020. Eine Realisierung des in der ersten Studie ermittelten Netzausbaubedarfs wurde dabei vorausgesetzt. Die Studie untersucht unter der Vorgabe einer vollständigen Integration von 37 GW onshore und 17 GW offshore Windenergieleistung verschiedene Übertragungstechnologien, mit denen der Netzausbau realisiert werden könnte. Neben dem Neubau von Höchstspannungsleitungen werden auch Möglichkeiten zur Steigerung der Übertragungskapazität vorhandener Leitungen analysiert.
Der mit dem Bau neuer bzw. der Ertüchtigung vorhandener Leitungen verbundene rechtliche, planerische und finanzielle Aufwand stellt derzeit das Haupthemmnis beim Ausbau der Windkraft dar. Die durch den Atomausstieg induzierten Veränderungen im Kraftwerkspark sind dabei nur teilweise berücksichtigt. Sie führen zu einem Wegfall nuklearer Kraftwerkskapazitäten in Süddeutschland ohne dass ein entsprechender regionaler Zubau regenerativer Kraftwerkskapazitäten erfolgt.

Literaturverzeichnis

1. BDEW (Hg.): Erzeugungsanlagen am Mittelspannungsnetz - Richtlinie für Anschluss und Parallelbetrieb von Erzeugungsanlagen am Mittelspannungsnetz (Technische Richtlinie). Berlin (2008)
2. Bofinger, S., et.al.: Rolle der Solarstromerzeugung in zukünftigen Energieversorgungsstrukturen - Welche Wertigkeit hat Solarstrom? Untersuchung im Auftrag des Bundesministeriums für Umwelt, Naturschutz und Reaktorsicherheit. Kassel (2008)
3. Braun, M., Degner, T., Glotzbach, T., Saint-Drenan, Y.-M.: Wertigkeit von PV-Strom. Nutzen durch Substitution des konventionellen Kraftwerkparks und verbrauchsnahe Erzeugung. 23. Symposium Photovoltaische Solarenergie, Bad Staffelstein (2008)
4. Burger, B.: Stromerzeugung aus Solar- und Windenergie im Jahr 2014. Fraunhofer ISE, Freiburg (2015)

5. Bundesministerium für Umwelt, Naturschutz und Reaktorsicherheit (Hg.): Leitszenario 2010 - Langfristszenarien und Strategien für den Ausbau erneuerbarer Energien in Deutschland bei Berücksichtigung der Entwicklung in Europa und global. Berlin (2010)
6. Bundesministerium für Wirtschaft und Energie (Hg.): Erneuerbare Energien in Zahlen. Berlin (2016)
7. Deutsche Energie-Agentur (Hg.): Energiewirtschaftliche Planung für die Netzintegration von Windenergie in Deutschland an Land und Offshore bis zum Jahr 2020 (dena-Netzstudie). Berlin (2005)
8. Deutsche Energie-Agentur (Hg.): dena-Netzstudie II – Integration erneuerbarer Energien in die deutsche Stromversorgung im Zeitraum 2015-2020 mit Ausblick auf 2025. Berlin (2010)
9. E.ON Netz: Netzkennzahlen – Lastverlauf Hochspannungsnetz. `http://www.eon-netz.com/pages/ene\_de/Veroeffentlichungen/Netzkennzahlen/`
10. Energietechnische Gesellschaft im VDE (Hg.): Erneuerbare Energie braucht flexible Kraftwerke – Szenarien bis 2020. VDE-Studie, Frankfurt/M. (2012)
11. Gesetz über die Elektrizitäts- und Gasversorgung (Energiewirtschaftsgesetz - EnWG): Energiewirtschaftsgesetz vom 7. Juli 2005 (BGBl. I S. 1970 (3621)), zuletzt geändert durch Artikel 2 des Gesetzes vom 25. Oktober 2008 (BGBl. I S. 2101)
12. Henning, H.-M., Palzer, A.: Energiesystem Deutschland 2050. Fraunhofer-Institut für Solare Energiesysteme. Freiburg (2013)
13. Hundt, M., et.al.: Verträglichkeit von erneuerbaren Energien und Kernenergie im Erzeugungsportfolio. Institut für Energiewirtschaft und Rationelle Energieanwendung (IER), Stuttgart (2009)
14. Lange, B., et.al.: Wind Power Prediction in Germany - Recent Advances and Future Challenges. European Wind Energy Conference, Athen (2006)
15. Sachverständigenrat für Umweltfragen (Hg.): Wege zur 100 % Erneuerbaren Stromversorgung. Berlin (2010)
16. Vattenfall Europe Transmission: Netzkennzahlen – Windenergie. `http://www.vattenfall.de/www/trm\_de/trm\_de/178444netzk/178666winde/`
17. Verband der Elektrotechnik - VDE (Hg.): VDE-Anwendungsregel 4105 – Erzeugungsanlagen am Niederspannungsnetz, Technische Mindestanforderungen für Anschluss und Parallelbetrieb von Erzeugungsanlagen am Niederspannungsnetz. Frankfurt/M. (2011)
18. Verband der Netzbetreiber - VDN (Hg.): TransmissionCode 2007. Netz- und Systemregeln der deutschen Übertragungsnetzbetreiber, Berlin (2007)
19. Verordnung zu Systemdienstleistungen durch Windenergieanlagen (Systemdienstleistungsverordnung – SDLWindV). BGBl. I S. 1734, zuletzt geändert durch Artikel 3 der Verordnung vom 6. Februar 2015 (BGBl. I S. 108), Berlin (2015)
20. Witzmann, R., Kerber, G.: Aufnahmefähigkeit der Verteilnetze für Strom aus Photovoltaik. ew - Das Magazin für Energiewirtschaft **106**, 4, S. 50-54 (2007)

Kapitel 12
Thermische Energiesysteme

Der Anteil regenerativer Energieträger am Endenergieverbrauch für Wärme (Kühlenergie, Raum- und Prozesswärme sowie Warmwasser) hat sich in den vergangenen Jahren zwar schrittweise erhöht (Abb. 12.1), blieb dabei aber hinter dem Wachstum der regenerativen Energien im Strombereich zurück. Um das Ausbauziel der deutschen Bundesregierung von 14 Prozent im Jahr 2020 zu erreichen, wurde 2016 das Kraft-Wärme-Kopplungsgesetz (KWKG) novelliert und mit dem Erneuerbare-Energien-Wärmegesetz (EEWärmeG) versucht, eine Anreizstruktur im Neubaubereich zu schaffen. Auf diese Maßnahmen wird im folgenden Kapitel weiter eingegangen.

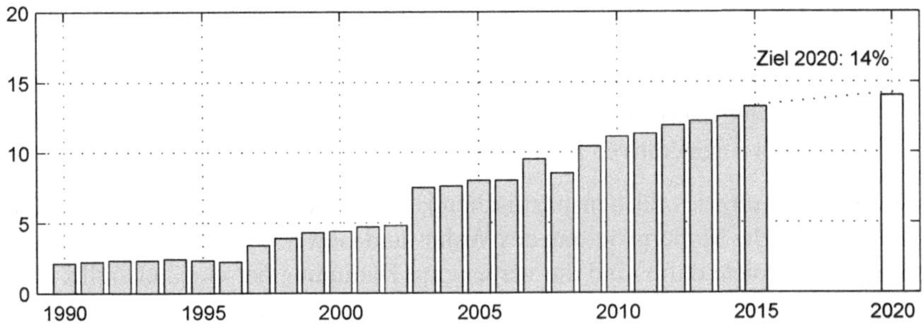

Abb. 12.1 Anteil der regenerativen Energien am Endenergieverbrauch für Wärme in Deutschland von 1990 bis 2015, nach [3]

Bei der Wärmeerzeugung aus regenerativen Energien nimmt die Nutzung von Biomasse in fester, flüssiger oder gasförmiger Form mit fast 88 Prozent eine dominierende Rolle ein. Dadurch werden dynamische Entwicklungen in anderen Bereichen verdeckt: So nahm von 2000 bis 2015 die Wärmeerzeugung aus Solarkollektoren und mittels Wärmepumpen aus oberflächennaher Geothermie und Umweltwärme um 11 Prozent jährlich zu. Die thermische Gesamtleistung der Solarthermie beträgt derzeit ca. 13.400 MW_{th} (2015) [5].

Eine zentrale Rolle in dem zukünftigen thermischen Energiesystem kommt den Nahwärmenetzen zu. Sie verbinden Energieeffizienz durch Kraft-Wärme-Kopplung mit dem größtmöglichen Einsatz regenerativer Energieträger.

12.1 Struktur der thermischen Energieversorgung

In Deutschland wird gut die Hälfte des jährlichen Endenergiebedarfs im Wärmebereich umgesetzt. Davon werden knapp 50 Prozent für die Raumheizung und 40 Prozent für den Prozesswärmebedarf von Industrie und Gewerbe benötigt. 10 Prozent werden zur Brauchwassererwärmung eingesetzt (vgl. Abb. 1.3).
Die Erzeugerstruktur ist überwiegend dezentral und zeichnet sich durch eine Vielzahl von Teilnehmern aus. Lediglich 14 Prozent der Wohnungen in Deutschland sind an ein Fernwärmenetz angeschlossen, wobei deutliche Unterschiede zwischen den westlichen (9 %) und den östlichen Bundesländern (34 %) bestehen [1]. Insbesondere im Raumheizungsbereich ist annähernd jeder Gebäudeeigentümer als Akteur auf dem Wärmemarkt tätig und trifft eigenständige Entscheidungen über Investitionen sowie die Art und Effizienz des Wärmeerzeugers. Daraus hat sich eine heterogene Erzeugungsstruktur ergeben, in der die dezentrale Nutzung von Erdgas und Heizöl dominiert (siehe auch Abb. 1.8).
Die deutschen Klimaschutzziele sind nur zu erreichen, wenn auch der Bereich der Wärmeerzeugung einen wesentlichen Beitrag zur CO_2-Reduktion leistet. Derzeit trägt dieser Sektor mit 40 Prozent zu den gesamten energiebedingten Treibhausgasemissionen bei. Eine Reduktion der CO_2-Emissionen kann durch die folgenden Maßnahmen erreicht werden:

- Verringerung des flächenspezifischen Heizwärmebedarfs,
- Erhöhung der Energieeffizienz,
- Ausbau der regenerativen Energien.

Die Verringerung des flächenspezifischen Heizwärmebedarfs kann einerseits durch die energetische Modernisierung des Wohn- und Gewerbegebäudebestands erreicht werden. Beispiele dafür sind die verbesserte Dämmung der Gebäudehülle, Fenster mit Wärmeschutzverglasung oder die passive Nutzung der Solarstrahlung. Andererseits werden durch die kontinuierliche Anpassung der Energieeinsparverordnung (EnEV) Mindeststandards für Neubauten und Umbaumaßnahmen im Bestand festgeschrieben, die sich am aktuellen Stand der Technik orientieren.
Kapitel 2 dieses Buchs behandelt ausführlich die Maßnahmen zur Erhöhung der Energieeffizienz. Neben einer Modernisierung der Heiztechnik – beispielsweise durch den Einsatz von Brennwertkesseln – kann diese insbesondere durch Kraft-Wärme-Kopplung erreicht werden. Derzeit erfolgen etwa 17 Prozent der Stromerzeugung in Kraft-Wärme-Kopplung. Die so erzeugte Wärme versorgt zu 90 Prozent Fernwämenetze und zu 10 Prozent Nahwärmenetze oder Einzelgebäude. Im Bereich der Fernwärmenetze erfolgt die Wärmebereitstellung überwiegend durch zentrale, wärmegeführte Heizkraftwerke oder Fernwärmeauskopplungen aus stromge-

führten Kraftwerken. Insgesamt werden 84 Prozent der Fernwärme in Kraft-Wärme-Kopplung produziert [1].
Durch das im Jahr 2002 erstmals verabschiedete Kraft-Wärme-Kopplungsgesetz (KWKG 2002) sollte die Modernisierung und der Ausbau von fossilen KWK-Anlagen durch Bonuszahlungen je erzeugter kWh KWK-Strom gefördert werden. Gleichzeitig wurde in das Erneuerbare-Energien-Gesetz ein KWK-Bonus aufgenommen. Dadurch konnte zwar eine Modernisierung der bestehenden Fernwärmeinfrastruktur erreicht werden, jedoch blieb der Ausbau der Kraft-Wärme-Kopplung deutlich hinter den Erwartungen zurück. Mit der Novellierung des Kraft-Wärme-Kopplungsgesetzes (KWKG 2009/2012) wurden neben dem Neubau von KWK-Anlagen der Neu- und Ausbaus von Wärmenetzen, in die Wärme aus KWK-Anlagen eingespeist wird, sowie Wärmespeicher gefördert [11][12]. Eine erneute Novelle des Kraft-Wärme-Kopplungsgesetzes Ende 2015 (KWKG 2016) reagiert auf veränderte Marktbedingungen: Das relativ niedrige Preisniveau fossiler Brennstoffe bei gleichzeitig gesunkenen Stromerlösen gefährdete die Wirtschaftlichkeit von KWK-Bestandsanlagen und brachte in den Jahren 2012-2015 den Zubau nahezu zum Erliegen. Dadurch würde das Ausbauziel des KWKG von 25 Prozent bis zum Jahr 2020 mit hoher Wahrscheinlichkeit verfehlt werden. Ein auf maximal 1,5 Mrd €p.a. verdoppeltes Fördervolumen soll die KWK nicht nur stabilisieren, sondern eine weiteren Ausbau stimulieren [13].

→ Erneuerbare-Energien-Wärmegesetz (EEWärmeG)

Zweck des Gesetzes ist die Förderung erneuerbarer Energien im Wärmebereich mit dem Ziel, den Anteil regenerativer Energieträger am Endenergieverbrauch für Wärme (Raum-, Kühl- und Prozesswärme sowie Warmwasser) bis zum Jahr 2020 auf 14 Prozent auszubauen. Dazu werden im Wesentlichen die folgenden Maßnahmen festgelegt:

- Jedes Gebäude, das nach dem 31.12.2008 errichtet wird, muss seinen Wärmeenergiebedarf, je nach eingesetzter Technologie, zwischen 15 und 50 Prozent aus regenerativen Energien decken. Ersatzweise kann die Wärmebereitstellung durch Kraft-Wärme-Kopplung oder durch den Anschluss an ein Nah- oder Fernwärmenetz erfolgen.
- Das Markteinführungsprogramm zur Förderung von Solarthermie, Biomasse, Geothermie und Umweltwärme sowie von Nahwärmenetzen wird finanziell deutlich aufgestockt.
- Gebietskörperschaften können einen Anschlusszwang an ein Nah- oder Fernwärmenetz aus Gründen des Klimaschutzes und der Ressourcenschonung verhängen.

Ein ausführliche Darstellung der technologiespezifischen Regelungen im EEWärmeG sowie erste Erfahrungen werden in Kap. 2.2.1 dargestellt.

Der Ausbau erneuerbarer Energien im Wärmebereich hat bisher nicht die Dynamik erreicht, wie sie im Strombereich durch das Erneuerbare-Energien-Gesetz initiiert wurde. Das 2008 verabschiedete und 2011 novellierte Erneuerbare-Energien-Wärmegesetz soll hier als Markteinführungsprogramm dienen [9][10]. Wenngleich zunächst nur das Neubausegment Gegenstand gesetzlicher Regelungen ist, werden auch für den Ausbau der Nahwärmenetze wichtige Impulse gesetzt.
Die große Zahl des vorhandenen Gebäudebestands (rund 20 Mio. Gebäude mit etwa 40 Mio. Wohnungen) im Vergleich zur geringen Anzahl der jährlichen Neubauten (rund 120.000 Gebäude mit 160.000 Wohnungen) verhindert jedoch eine tiefgreifende Wirkung der o.g. gesetzgeberischen Maßnahmen auf den durchschnittlichen Heizenergiebedarf. Es bleibt daher zu hoffen, dass in den kommenden Jahren durch geeignete Impulse auch im Gebäudebestand weiterreichende Energieeffizienzmaßnahmen angestoßen werden können.

12.2 Integration von Kraft-Wärme-Kopplung, Biomasse und Geothermie in Nahwärmenetze

Bei Nah- und Fernwärme wird an zentraler Stelle Heizungswasser erwärmt und in einem Rohrleitungsnetz den Verbrauchern zugeführt. In Hausübergabestationen wird die Nutzwärme übergeben und dort über Wärmeübertrager das Heizungswasser im Haus bzw. das Trinkwasser erwärmt. Der Einsatz einer zentralen Feuerungsanlage mit großer Heizleistung ermöglicht es, Festbrennstoffe wie Steinkohle oder Ersatzbrennstoffe wie Müll zur Energieversorgung einzusetzen. Fernwärmenetze wurden früher mit Heißwasservorlauftemperaturen > 110 °C oder mit Dampf betrieben, neuere Anlagen sind auf Maximaltemperaturen < 110 °C ausgelegt. Die Vorlauftemperaturen werden der Außentemperatur i.d.R. gleitend bis minimal 70 °C angepasst; diese Mindesttemperatur ist zur (hygienischen) Trinkwassererwärmung nötig. Die Netzrücklauftemperaturen werden durch entsprechende Maßnahmen auf 55 °C bis minimal 30 °C geregelt, um die umlaufende Wassermenge und damit die Investitionskosten für das Rohrnetz möglichst gering zu halten.
Die Jahres-Vollbenutzungsstunden (Ausnutzungsdauer) für Fernwärmenetze sind relativ gering und liegen bei der Wärmeversorgung von Wohngebieten bei 2.000 bis 4.000 h/a [17]. Die durchschnittliche Ausnutzungsdauer aller Fernwärmenetze Deutschlands beträgt nur rund 1.800 h/a [1]. In Netzen mit einem hohen Anteil industrieller und gewerblicher Abnehmer kann die Ausnutzungsdauer zwischen 2.000 und 8.000 h/a schwanken. Die Nennleistung des Wärmeerzeugers beträgt meist nur 60 Prozent des Anschlusswertes der Nennheizlast aller angeschlossenen Verbraucher.
Viele Nahwärmenetze wurden inzwischen mit wärmegeführten Heizkraftwerken nachgerüstet, die in Kraft-Wärme-Kopplung zusätzlich Strom erzeugen, der in das Stromnetz eingespeist wird. Neben Gasturbinen werden GuD-Anlagen und Gasmotoren eingesetzt. Um für einen wirtschaftlichen Betrieb ausreichend hohe Vollbenutzungsstunden erzielen zu können, kann bei der Nachrüstung eine Auslegung

von etwa 25 bis 30 Prozent der Nennleistung des vorhandenen Wärmeerzeugers gewählt werden. Die vorhandenen Wärmeerzeuger übernehmen die Abdeckung der Spitzenlasten in der Heizperiode. Die meisten KWK-Turbinen und -Motoren sind erdgasbetrieben und lassen sich einfach in die bestehende Anlage integrieren.
Grundsätzlich ist auch die Verwendung regenerativer Energieträger zum Betrieb von Heizwärmenetzen geeignet. Eine Versorgung auch der bereits vorhandenen Erdgas-BHKW mit netzgespeistem Biomethan ist problemlos möglich. Die technischen Aspekte und Hemmnisse bei der Biogaseinspeisung in das Erdgasnetz sind in Kap. 12.4 erläutert. Bei Einsatz der derzeit zur Verfügung stehenden grundlastfähigen Energiequellen Biomasse und Geothermie müssen einige Einschränkungen beachtet werden.
Der Einsatz von Hackschnitzeln, Alt- und Restholz sowie Pellets in Biomassefeuerungen ist unproblematisch und wurde bereits in großer Zahl realisiert. Die gleichzeitige Stromerzeugung in Kraft-Wärme-Kopplung ist bei kleineren Leistungen nach derzeitigem Stand nur bei Ankopplung eines ORC-Kreisprozesses möglich. Bei kleineren Biomassefeuerungen wird derzeit der Einsatz von Stirlingmotoren erprobt.
Der Einsatz der ebenfalls grundlastfähigen tiefen Geothermie [1] macht weitere Einschränkungen erforderlich:

- Zur Versorgung der geothermischen Heizzentrale (GHZ) muss ein Aquifer nachgewiesen und dessen Erschließung wirtschaftlich sein.
- Die Temperatur des Thermalwassers muss möglichst hoch sein und mit den Auslegungstemperaturen des bestehenden Wärmenetzes übereinstimmen. Bei höheren Vorlauftemperaturen muss ein Spitzenlastkessel (oft erdgasbefeuert) die notwendige Nachheizung übernehmen.
- Die Ergiebigkeit des Aquifers muss mit der Größe des Nahwärmenetzes bzw. der angeschlossenen Heizlast korrespondieren.

Bei neugeplanten Wärmenetzen ist es oft möglich, die Auslegungstemperaturen an die Aquifertemperaturen anzupassen. So wird das Fernwärmenetz der GHZ Neubrandenburg mit einer Temperaturspreizung von max. 65 °C / 35 °C betrieben, das Thermalwasser aus 1.250 m Tiefe weist eine Temperatur von 54 °C auf [15].

12.3 Integration solarer Wärme in Nahwärmenetze

Die Einbindung solarer Energie in Wärmenetze erfordert grundsätzlich den Einsatz von Langzeit- oder Saisonalwärmespeichern, sofern Deckungsanteile von 50 Prozent erreicht werden sollen. Eine solare Nahwärmeversorgung muss also immer mit einer Nachheizung gekoppelt sein, die auf die maximale Heizlast des Wärmenetzes ausgelegt ist.
Solare Nahwärmeanlagen mit Kurzzeitwärmespeichern mit einem spezifischen Speichervolumen von rund 60 Liter pro m^2 Kollektorfläche erreichen Deckungsanteile

[1] Vgl. dazu vgl. Kapitel 6, Tab. 6.1 gibt einen Überblick über den aktuellen Stand des Ausbaus.

von 15 bis max. 30 Prozent. Saisonalspeicher werden als Heißwasserspeicher mit einem spezifisches Volumen von 1,5 bis 2,5 m^3/m^2_{KF} ausgeführt. Sowohl die spezifischen Wärmeverlustraten als auch die spezifischen Speicherkosten sinken mit zunehmender Größe drastisch (vgl. dazu auch Kapitel 10.2).

In den Förderprogrammen Solarthermie2000 und Solarthermie2000plus wurden insgesamt acht Nahwärmeanlagen mit Saisonalspeicher (mit mehr als 16.000 m^2 Kollektorfläche) begleitet. Nach [18] wurden 2007 in Deutschland weitere 30 solare Nahwärmeanlagen mit Kurzzeitwärmespeichern mit einer installierten Gesamtkollektorfläche von 7.000 m^2 betrieben. Die Anlagengrößen (Kollektorfläche / Speichervolumen) reichen von 250 m^2/ 15 m^3 bis zu 1.500 m^2/ 90 m^3. Die Gesamtkosten inkl. MwSt. und Planung betrugen 673 €/m^2_{KF}, davon etwa 32 Prozent für Kollektoren, 14 Prozent für Planung, 19 Prozent für Verrohrung, 11 Prozent für Speicher und Wärmeübertrager.

Die nach heutigem Stand in Deutschland erreichbaren Wärmegestehungskosten solarer Nahwärmesysteme mit Langzeitspeicherung werden mit 17 bis 39 Cent/kWh_{th} angegeben, je nach erreichtem Deckungsanteil [4].

Abb. 12.2 Bau eines Kies-Wasser-Wärmespeichers für eine solar unterstützte Nahwärmeversorgung in Eggenstein-Leopoldshafen (Foto: Solites, Stuttart)

Dänemark gilt als Vorreiter der solaren Nahwärmeversorgung: Ende 2015 waren Großanlagen >700 kW_{th} mit einer Kollektorfläche von 820.000 m^2 Kollektorfläche verbaut und weitere Projekte in Planung. Die installierte thermische Leistung betrug

ca. 570 MW_{th}.[2] Im Internet sind die Kenndaten dieser Anlagen online abrufbar.[3] Dänemark hat sich zum Ziel gesetzt, im Jahr 2050 rund 40 Prozent seines Wärmebedarfs durch Solarthermie bereitzustellen – davon 80 Prozent in Form solarer Nahwärme. Nach [14] können Großanlagen mit mehreren 10.000 m^2 Kollektorfläche schon heute für 200 bis 250 €/m^2 bei einem solaren Nutzenergieertrag von 400 bis 500 kWh/m^2/a realisiert werden.
Die solaren Wärmegestehungskosten der in Dänemark betriebenen Anlagen werden mit einer Spanne von 3 bis 6 Cent/kWh_{th} angegeben. Diese sehr niedrigen Gestehungskosten sind auf die sehr einfache und kostengünstige Anlagentechnik zurückzuführen, u.a. werden die Saisonalspeicher als einfache „water pit“ ausgeführt, wassergefüllte Gruben, die lediglich mit einer 2,5 mm dicken HDPE-Folie abgedichtet, aber nicht isoliert sind.

→ Weiterlesen

Der Anteil regenerativer Energien in Fernwärmenetzen lag 2012 bei etwa 9 Prozent. Ein erheblicher Anteil stammt dabei aus Müllverbrennungsanlagen, die statistisch den regenerativen Energien zugerechnet werden. Um den Anteil der regenerativen Energien in der Fernwärme auf mindestens die Zielgröße für den gesamten Wärmemarkt von 14 Prozent zu erhöhen, sind erhebliche Anstrengungen notwendig. Mögliche „Transformationsstrategien von fossiler zentraler Fernwärmeversorgung zu Netzen mit höheren Anteilen erneuerbarer Energien“ beschreibt eine von der AGFW – dem Branchenverband der Fernwärmeversorger – in Auftrag gegebene Studie [2].

12.4 Einspeisung von Biogas in das Erdgasnetz

Die Struktur der Biogaserzeugung ist von landwirtschaftlichen Biogasanlagen geprägt, die durch die Nutzung des Gärrestes als Dünger geschlossene Stickstoff- und Mineralienkreisläufe realisieren. Die Verstromung des Biogases erfolgt durch ein BHKW in unmittelbarer Nähe der Biogasanlage, so dass meist nur ein geringer Anteil der anfallenden Wärme genutzt wird. Eine räumliche und zeitliche Entkopplung von Biogaserzeugung und -nutzung durch eine Verlagerung der BHKW in unmittelbare Nähe von Siedlungen oder anderen Wärmeverbrauchern würde eine verbesserte Wärmenutzung ermöglichen und die Energieeffizienz des Biogasprozesses erheblich steigern.
Die Wärmebereitstellung erfolgt derzeit zu gut 40 Prozent über Erdgas (vgl. Abb. 1.8). Die dazu notwendige Infrastruktur besteht aus umfangreichen Übertragungs- und Versorgungsleitungen. Diese sind prinzipiell auch für den Transport von Bio-

[2] Zum gleichen Zeitpunkt waren in Deutschland 14 Großanlagen mit einer Kollektorfläche von 35.000 m^2 und einer Gesamtleistung von 25 MW_{th} installiert.

[3] www.solar-district-heating.eu/ServicesTools/Plantdatabase.aspx

gas geeignet. Die Fördervoraussetzungen wurden durch das Erneuerbare-Energien-Gesetz geschaffen, das eine im Jahresmittel aus dem Gasnetz entnommene Gasmenge als Biomasse einstuft, wenn im selben Zeitraum (an anderer Stelle) Biogas mit dem selben Wärmeäquivalent eingespeist wurde. Netzzugang und Netzentgelte sind in der 2008 in Kraft getretenen „Verordnung zur Förderung der Biogaseinspeisung in das bestehende Erdgasnetz" [19] geregelt, die als Ziel eine jährliche Biogaseinspeisung von 6 Milliarden m^3 bis 2020 und 10 Milliarden m^3 bis 2030 festschreibt. Zu Beginn des Jahres 2015 waren in Deutschland 185 Aufbereitungsanlagen mit einer Kapazität von 0,8 Milliarden Nm^3/a in Betrieb. Das entspricht einer Energiemenge von etwa 8,5 TWh. Damit werden etwa 1.500 BHKWs betrieben.
Die Einspeisung in das Erdgasnetz erfordert eine technische Aufbereitung des Biogases, insbesondere eine Methananreicherung. Die technischen Anforderungen an Bioerdgas sind in den entsprechenden Arbeitsblättern der Deutschen Vereinigung des Gas- und Wasserfaches (DVGW) festgelegt [7][8]. Die technische Realisierung der Biogasaufbereitung ist in Kapitel 7.3.4 dargestellt.

12.5 Anwendungsbeispiel Kommunale Fernwärme

Pascal Leibbrandt

Als Anwendungsbeispiel für eine nachhaltige Wärmebereitstellung soll die Fernwärmeversorgung der Stadt Sondershausen (Thüringen) vorgestellt werden. In den Jahren 2010/2011 wurde das Fernwärmenetz mit einer Gesamtsumme von rund 3,5 Millionen € neu strukturiert, eine hocheffiziente Kraft-Wärme-Kopplung sowie ein Holzhackschnitzelkessel in Betrieb genommen [16].
Die bisher einzeln versorgten Fernwärmeversorgungsgebiete Wippertor, Hasenholz/Östertal und Borntal wurden in einem einzigen Netz zusammengefasst, um eine bessere Auslastung der Erzeugungsanlagen zu erreichen. Diese wurden an den vorherigen Standorten stillgelegt bzw. umgesetzt.

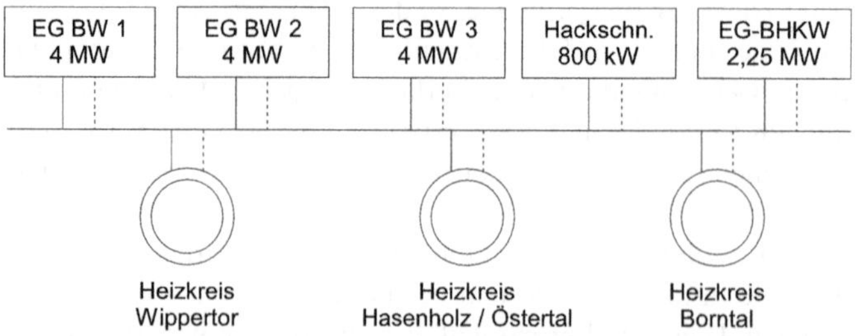

Abb. 12.3 Struktur des Fernwärmenetzes Sondershausen. Als Heißwassererzeuger werden drei Erdgasbrennwert-Kessel, eine Hackschnitzelfeuerung und ein Erdgas-BHKW mit einer Gesamtleistung von 15 MW_{th} eingesetzt.

Die Struktur des Netzes ist Abb. 12.3 zu entnehmen. Die ehemaligen Standorte Hasenholz/Östertal und Borntal sind durch ca. 1,6 km lange Fernwärmeleitungen angebunden, die nahezu vollständig unterirdisch verlegt werden konnten. Drei Erdgas-Brennwertgeräte mit einer Leistung von je 4 MW_{th}, eine Hackschnitzelfeuerung mit 800 kW_{th} sowie ein Erdgas-BHKW mit 2,25 MW_{th} dienen der Energiebereitstellung für das Fernwärmenetz.

Abb. 12.4 zeigt das Areal des zentralen Standortes Wippertor. Für den Hackschnitzelkessel mit Hackschnitzellager und das Erdgas-Blockheizkraftwerk wurde eine neue Heizzentrale errichtet. Neben den Heißwassererzeugern sind auf dem Gelände das Hackschnitzellager (1.500 Schüttraummeter), das Tageslager (150 Schüttraummeter) für Hackschnitzel sowie die Pufferspeicher des Fernwärmenetzes mit einem Speichervolumen von 180 m^3 untergebracht. In der neu gebauten Heizzentrale sind auch die Einrichtungen zur Wasseraufbereitung, Druckhaltung und die Anlagenleittechnik untergebracht. Auch die Pumpenstation mit den Umwälzpumpen (je 30 - 50 kW_{el}) für die einzelnen Kreisläufe wurde neu errichtet. Als Besonderheit ist die mehrgeschossige Anordnung der Wasseraufbereitung/Druckhaltung (Erdgeschoss) und der Pumpenstation (Obergeschoss) zu nennen, mit der eine erhebliche Einsparung an Bauvolumen erzielt werden konnte. Hinsichtlich der Statik und speziell der Schwingungsentkopplung mussten dazu allerdings neue Methoden angewandt werden. So wurde beispielsweise die Zwischendecke schwingungsentkoppelt aufgehangen.

Das Erdgas-Blockheizkraftwerk (Abb. 12.5, links) verfügt über eine Nennleistung von 1.999 kW_{el} bzw. 2.250 kW_{th}, die Wirkungsgrade betragen laut Datenblatt η_{el} = 41,6 % und η_{th} = 87,6 %. Es werden zudem 165 kW_{th} auf Niedertemperaturniveau (Motorkühlung und Abgasnachnutzung) ausgekoppelt. Neben gängigen Einrichtungen wie Abgasschalldämpfer und Gasmessstrecke kommt als Besonderheit ein externer Glykol-Kreislauf zur Gemischkühlung nach dem Abgasturbolader zur Anwendung, um den Wirkungsgrad der Verbrennung anzuheben. Der mit einer Flachschubrostfeuerung ausgestattete Hackschnitzelkessel verfügt ebenfalls über diverse Apparate zur Wirkungsgradsteigerung und zur Emissionsminderung. So werden die Primär- und Sekundärluftzufuhr separat über den Prozessleitrechner gesteuert, um den schwankenden Wassergehalt der Holzhackschnitzel (10 - 55 Prozent) zu kompensieren. Die Abgasstrecke verfügt über einen Multizyklonabscheider, der die Restasche aus dem Abgas nahezu vollständig abscheidet. Die Hackschnitzel werden dem Tageslager automatisiert über einen Schubboden entnommen und dem Kessel über 2 Förderschnecken zugeführt. Das Tageslager wird von einem Mitarbeiter der Stadtwerke bei Bedarf aus dem Großlager gefüllt.

Zur Dimensionierung der Heißwassererzeuger wurden vorhandene Messdaten zur Heizlast der Versorgungsgebiete genutzt. Die Abb. 12.6 zeigt die geordneten Heizlasten des Fernwärmenetzes als Jahresdauerlinie mit einer Maximallast von ca. 10 MW_{th}.

Das Blockheizkraftwerk wurde zur Deckung der Grundlast dimensioniert. Aus der Jahresdauerlinie ist für eine Betriebszeit 7.500 h/a eine thermische Nennleistung von ca. 2.000 kW_{th} abzulesen. Wird die Leistung des Blockheizkraftwerks moduliert, könnte sogar ein durchgängiger Betrieb realisiert werden. Zu beachten ist je-

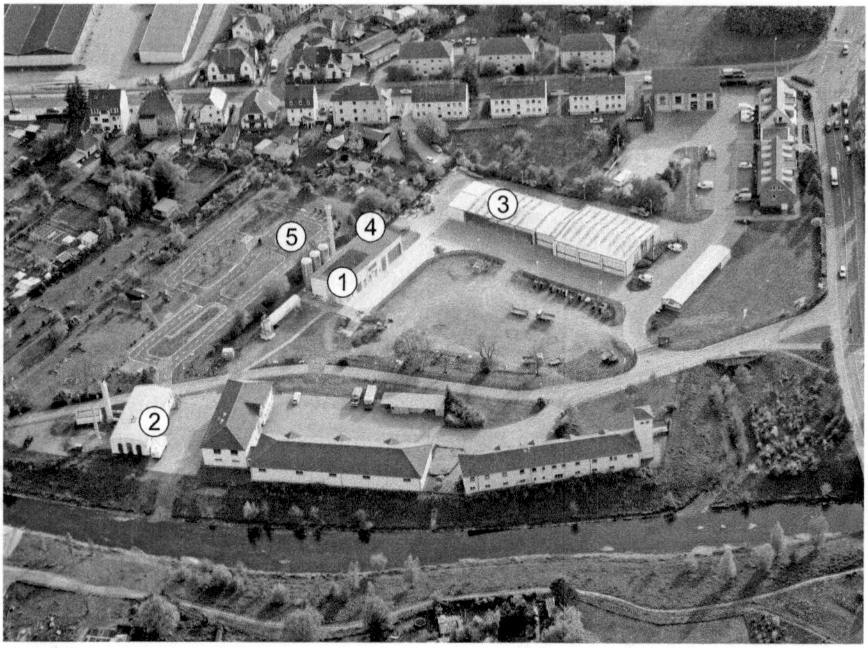

Abb. 12.4 Luftbild des zentralen Standorts Wippertor. (1) Neue Heizzentrale mit BHKW und Hackschnitzelkessel, (2) Vorhandene Heizzentrale mit Spitzenlastkessel, (3) Großlager für Hackschnitzel, (4) Hackschnitzel-Tageslager, (5) Wärmespeicher für das Fernwärmenetz.

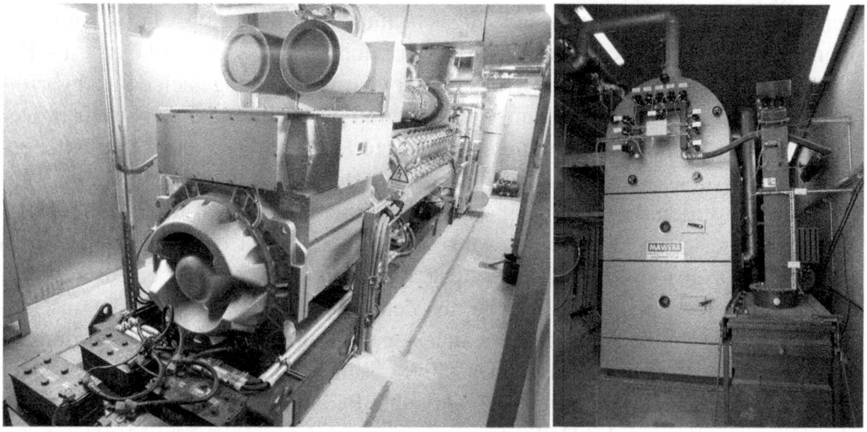

Abb. 12.5 Erdgas-Blockheizkraftwerk (links) und Hackschnitzelkessel (rechts).

doch, dass die Wirkungsgrade im modulierenden Betrieb geringer sind als im Nennbetriebspunkt und zudem regelmäßige Wartungsarbeiten die Verfügbarkeit begrenzen.

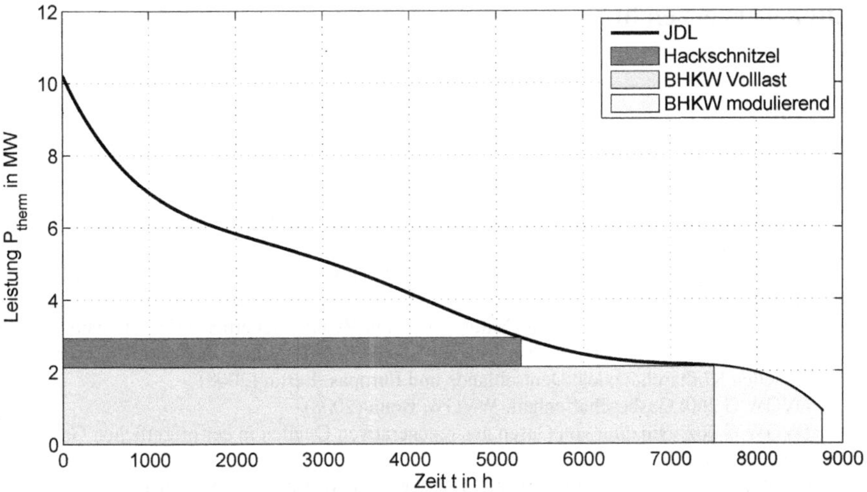

Abb. 12.6 Jahresdauerlinie (Anlagenkonfiguration BHKW, Hackschnitzel und Spitzenlastkessel) des gesamten Fernwärmenetzes der Stadtwerke Sondershausen.

Der Hackschnitzelkessel wurde mit seiner Nennleistung von 800 kW_{th} für eine Laufzeit von > 5.000 h/a dimensioniert. Höhere Nennleistungen bei Hackschnitzelkessel und Blockheizkraftwerk würden zu geringeren jährlichen Vollbenutzungsstunden führen, bei denen der Betrieb dann unwirtschaftlich wäre. Zudem würde ein vermehrt taktender Betrieb die Anfahr- und Aufheizverluste vergrößern und die Lebensdauer der Anlage mindern.

Die am Standort vorhandenen Warmwasserspeicher mit einem Gesamtvolumen von 180 m^3 gleichen die kurzzeitigen Schwankungen der Heizlast aus und ermöglichen so längere Laufzeiten für die Wärmeerzeuger. Die drei installierten Gas-Brennwertgeräte mit einer Leistung von je 4 MW_{th} decken den verbleibenden Heizenergiebedarf im Netz. Die Wärmeerzeuger wurden so dimensioniert, dass sie auch kurzzeitige Lastspitzen in der Spitzenlast (<100 h/a) abdecken können.

Durch den Einsatz von Kraft-Wärme-Kopplung und der Biomassefeuerung konnten die Stadtwerke Sondershausen die Primärenergieaufwandszahl f_P ihrer Fernwärmeversorgung auf einen Wert von 0,410 senken. Ein Vergleich mit den in Tab. 2.4 genannten Primärenergiefaktoren zeigt, dass die gesetzten Ziele hinsichtlich einer nachhaltigeren Wärmeversorgung damit erreicht wurden.

Literaturverzeichnis

1. AGFW (Hg.): Branchenreport 2007. Frankfurt/M. (2009)
2. AGFW (Hg.): Transformationsstrategien Fernwärme. Frankfurt/M. (2013)
3. Bundesministerium für Wirtschaft und Energie (Hg.): Erneuerbare Energien in Zahlen. Berlin (2016)
4. BSW – Bundesverband Solarwirtschaft (Hg.): Fahrplan Solarwärme. Strategie und Maßnahmen der Solarwärme-Branche für ein beschleunigtes Marktwachstum bis 2030. Juli 2012. Berlin (2012)
5. BSW – Bundesverband Solarwirtschaft (Hg.): Statistische Zahlen der deutschen Solarwärmebranche. Berlin (2016)
6. Bundesministerium für Umwelt, Naturschutz und Reaktorsicherheit (Hg.): Leitstudie 2008 – Weiterentwicklung der „Ausbaustrategie Erneuerbare Energien" vor dem Hintergrund der aktuellen Klimaschutzziele Deutschlands und Europas. Berlin (2008)
7. DVGW G 260: Gasbeschaffenheit. WVGW, Bonn (2008)
8. DVGW G 262: Nutzung von Gasen aus regenerativen Quellen in der öffentlichen Gasversorgung. WVGW, Bonn (2004)
9. Gesetz zur Förderung Erneuerbarer Energien im Wärmebereich (Erneuerbare-Energien-Wärmegesetz – EEWärmeG) vom 7. August 2008 (BGBl. I S. 1658)
10. Gesetz zur Förderung Erneuerbarer Energien im Wärmebereich (Erneuerbare-Energien-Wärmegesetz - EEWärmeG), zuletzt durch Artikel 7 des Gesetzes vom 28. Juli 2011 (BGBl. I S. 1634) geändert
11. Kraft-Wärme-Kopplungsgesetz vom 19. März 2002 (BGBl. I S. 1092), zuletzt geändert durch Artikel 1 des Gesetzes vom 25. Oktober 2008 (BGBl. I S. 2101)
12. Gesetz zur Änderung des Kraft-Wärme-Kopplungsgesetzes vom 12. Juli 2012 (BGBl. I S. 1494)
13. Kraft-Wärme-Kopplungsgesetz vom 21. Dezember 2015 (BGBl. I S. 2498), das durch Artikel 9 des Gesetzes vom 13. Oktober 2016 (BGBl. I S. 2258) geändert worden ist.
14. Nielson, Jan Erik: Masterplan Dänemark. In: 23. Symposium Thermische Solarenergie, Regensburg (2013)
15. Schallenberg, K.: Vergleich des energiekonzeptionellen Aufbaus von drei geothermischen Heizzentralen. Geothermie Report 96-1, S. 11-17 (1996)
16. Stadtwerke Sondershausen: Internetauftritt, http://www.stadtwerke-sondershausen.de bzw. Persönliche Information durch Dr. Rainer Große. Sondershausen (2013)
17. Schramek, E.-R. (Hg.): Taschenbuch für Heizung und Klimatechnik. Oldenbourg Industrieverlag, München (2007)
18. Stryi-Hipp, G., Schnauss, M., Moch, F.: Studie zu großen Solarwärmeanlagen. Erstellt im Rahmen des Projektes „GroSol - Analyse der Solarbranche zu Hemmnissen bei der Markteinführung großer solarthermischer Anlagen und Ausarbeitung von Maßnahmen zur Beschleunigung der Markteinführung", Berlin (2007)
19. Verordnung zur Änderung der Gasnetzzugangsverordnung, der Gasnetzentgeltverordnung, der Anreizregulierungsverordnung und der Stromnetzentgeltverordnung vom 08. April 2008 (BGBl. I S. 693)

Kapitel 13
Mobilität

Bei der Frage nach der Zukunft der Mobilität konkurrieren derzeit Konzepte, die auf Verbrennungsmotoren basieren, aber veränderte Kraftstoffstrategien verfolgen und Konzepte, die auf Elektromotoren basieren und unterschiedliche Speichertechnologien verfolgen. Von der Automobilindustrie werden diese sehr verschiedenen Ansätze weitgehend parallel verfolgt. Auch eine förderpolitischer Festlegung in dieser konzeptionellen Vielfalt ist zur Zeit noch nicht erkennbar.

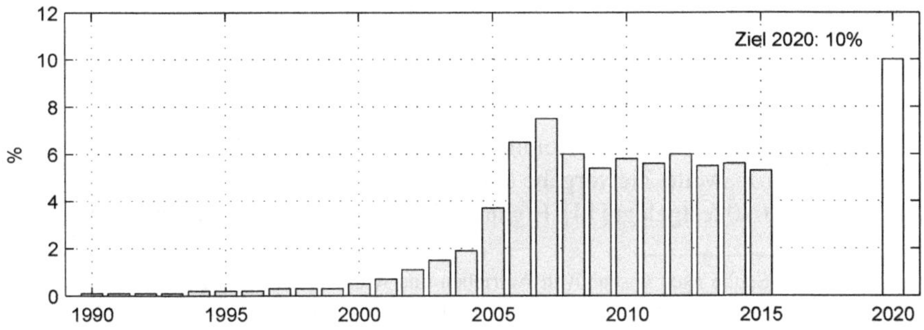

Abb. 13.1 Anteil der Erneuerbaren Energien am Endenergieverbrauch für Kraftstoffe in Deutschland von 1990 bis 2015, nach [3]

Der Markt wurde bis 2010 von Fahrzeugen mit Verbrennungsmotoren dominiert, die auf der Basis von Biokraftstoffen arbeiten. Der Anteil der Biokraftstoffe ist in den vergangenen Jahren zwar z.T. sprunghaft angestiegen, jedoch zeigt sich an dem im Jahr 2008 erfolgten Einbruch die Bedeutung einer förderpolitischen Konstanz. Seitdem stagniert der Biokraftstoffverbrauch in Deutschland. Der in Abb. 13.1 dargestellte Anteil erneuerbarer Energien am Kraftstoffverbrauch setzt sich für das Jahr 2015 zu etwa 62 Prozent aus Biodiesel, zu 25 Prozent aus Bioethanol und zu knapp 2 Prozent aus Biomethan zusammen. Ferner ist der Anteil erneuerbarer Energien an der Stromerzeugung für den stromverbrauchenden Verkehr mit knapp 10 Pro-

zent berücksichtigt. Pflanzenöle, die 2007 noch einen Anteil von 19 Prozent an den Biokraftstoffen einnahmen, spielen praktisch keine Rolle mehr.
Kaum eine technische Erfindung hat so große Veränderungen ausgelöst, wie die Entwicklung des Kraftfahrzeugs. Mobilität ist im letzten Jahrhundert zu einem wichtigen Merkmal der Zivilisation geworden. Sie bildet eine wesentliche Säule der wirtschaftlichen Entwicklung eines Landes und damit des Wohlstands. Weltweit sind heute rund 600 Mio. Kraftfahrzeuge im Einsatz, die Tendenz ist steigend. Berücksichtigt man, dass diese Fahrzeugflotte fast ausschließlich auf fossile Energieträger angewiesen ist, so wird die Bedeutung der Frage nach einer nachhaltigen Sicherung dieser Mobilität überdeutlich. In Deutschland sind über 45 Mio. PKW zugelassen, auch hier ist noch mit einer steigenden Tendenz zu rechnen [4]. Der Kraftstoffverbrauch stagniert seit 2002, wobei Effizienzgewinne in der Motorentechnik durch einen Trend zu größeren Fahrzeugen bzw. zu Fahrzeugen größerer Leistung aufgezehrt werden.
Tab. 13.1 gibt einen Überblick über alternative Kraftstoffe und Antriebskonzepte sowie deren Einordnung in ein nachhaltiges Energiekonzept. [1] Die Varianten, die eine Einbindung regenerativer Energien ermöglichen, werden in den folgenden Kapiteln ausführlicher behandelt.

13.1 Kraftstoffe

13.1.1 Biokraftstoffe

In dem Ende 2005 von der EU-Kommission veröffentlichten Biomasse-Aktionsplan wurde als europaweite Zielvorgabe ein Anteil der Biokraftstoffe von 5,25 Prozent für das Jahr 2010 festgelegt [14]. Ergänzend wurden eine Reihe nationaler Maßnah-

[1] Dabei ist die Suche nach alternativen Antrieben und Kraftstoffen keine grundsätzlich neue: So zielte bereits Rudolf Diesel mit seinem Motor auf die Nutzung von Pflanzenölen ab. Das heute wieder aufgegriffene Verfahren der Fischer-Tropsch-Synthese zur Gewinnung von Kraftstoffen aus organischen Rohstoffen wie Holz oder Stroh wurde Ende der 1920er Jahre entwickelt, damals allerdings mit dem Fokus auf der Verflüssigung von Kohle. Auch im mobilen Bereich wurden Holzvergaser eingesetzt, deren Entwicklung durch hohe Ölpreise und eine insgesamt knappe Verfügbarkeit von fossilen Energieträgern nach dem 1. Weltkrieg maßgeblich beschleunigt wurde und während des 2. Weltkriegs ihren Höhepunkt erreichte. Ein bekanntes Beispiel ist der Imbert-Gaserzeuger, der in den 1920er Jahren entwickelt wurde. Auch französische Firmen wie Renault entwickelten Gaserzeuger zum Antrieb ihrer Lastwagen, die mit Holz oder Holzkohle befeuert wurden.

Seit dem 2. Weltkrieg dominieren Verbrennungsmotoren nach dem Otto- oder dem Dieselprinzip den globalen Fahrzeugmarkt. Zwar wurden eine Vielzahl von alternativen Antriebskonzepten entwickelt und erprobt, die meisten konnten sich bisher aber nur in Nischenmärkten behaupten. So wurden bereits in den 1959er und 1960er Jahren Gasturbinen für den Fahrzeugeinsatz erprobt, aufgrund ihrer gravierenden Nachteile (schlechte Regelbarkeit, hoher spezifischer Treibstoffverbrauch im Teillastbetrieb) konnten sie sich aber nicht etablieren. Auch Elektrofahrzeuge erlangten nur in Nischenmärkten (etwa auf Inseln) eine gewisse Bedeutung. Gleiches gilt für Brennstoffzellensysteme, die seit den 1980er Jahren erprobt werden oder das Wasserstofffahrzeug.

Tabelle 13.1 Übersicht über alternative Kraftstoffe und Antriebskonzepte

Kraftstoff/Antrieb	Vor-/Nachteile	Bemerkungen
Biokraftstoffe (1. Generation)	+ CO_2-Vorteil ggü. Diesel + biologische Abbaubarkeit – Emissionen wie Diesel – Biodiversität	negative Treibhauseffekte bei Importkraftstoffen wie z.B. Palmöl
Biokraftstoffe (2. Generation)	+ CO_2-Vorteil ggü. Diesel + biologische Abbaubarkeit – Emissionen wie Diesel	keine Festlegung auf bestimmte Arten von Biomasse, auch Reststoffe verwertbar
Erdgas (CNG / LNG)	+ CO_2-Vorteil ggü. Benzin + niedrige Emissionen – Speichergewicht	flächendeckende Tankstelleninfrastruktur im Aufbau
Wasserstoff (Verbrennung)	+ geringe Emissionen – aufwändige Speicher	Verlagerung der Emissionen
Wasserstoff (Brennstoffzelle)	+ keine Emissionen – aufwändige Speicher	Verlagerung der Emissionen
Elektrizität	+ keine Emissionen – Speichergewicht	Ermöglicht die dezentrale Bereitstellung von Regelenergie

menpakete verabschiedet, die dem Thema Biokraftstoffe einen erheblichen Schub verliehen. So wurde in Deutschland zwischen den Jahren 2000 - 2007 ein durchschnittliches Wachstum von 40 Prozent/a erzielt. Die Befreiung von der Mineralölsteuer wirkte als effiziente energiepolitische Maßnahme und führte zu umfangreichen Neuinvestitionen in Anlagen zur Erzeugung von Biokraftstoffen. Gleichzeitig wurden zahlreiche Forschungs- und Entwicklungsvorhaben zur Gewinnung synthetischer Kraftstoffe aus Biomasse angestoßen.

Seit dem Jahr 2008 hat sich das Klima für Biokraftstoffe deutlich abgekühlt. Ursache hierfür ist insbesondere eine veränderte Förderpolitik in Deutschland, die anstelle der Mineralölsteuerbefreiung von Reinkraftstoffen die Beimischungspflicht zu fossilen Kraftstoffen präferiert: Die Mineralölsteuerbefreiung für Biokraftstoffe wurde schrittweise bis 2011 aufgehoben, gleichzeitig wurde eine jährlich steigende Beimischungsquote für Diesel- und Ottokraftstoffe eingeführt.

In der EU hat gemäß der 2009 verabschiedeten Erneuerbare-Energien-Richtlinie bis 2020 der Einsatz von 10 Prozent erneuerbaren Energien im Verkehrssektor zu erfolgen [15]. Ein Großteil dieses Ziels soll durch den Einsatz von Biokraftstoffen erreicht werden. In Deutschland schreibt das Biokraftstoffquotengesetz [10] in Verbindung mit dem Gesetz zur Änderung der Förderung von Biokraftstoffen bis zum Jahr 2014 eine Biokraftstoffquote von 6,25 Prozent vor. Ab dem Jahr 2015 wird anstelle der Biokraftstoffquote eine Quote der durch Biokraftstoffe vermiedenen Treibhausgase festgeschrieben: bis zum Jahr 2020 müssen 6 Prozent der durch den Kraftstoffverbrauch emittierten Treibhausgase durch den Einsatz von Biokraftstoffen eingespart werden.

Nicht nur in Europa bestehen Bemühungen zum verstärkten Einsatz von Biokraftstoffen, insbesondere die USA haben sehr ambitionierte Zielvorgaben zum Ersatz fossiler Treibstoffe durch Biokraftstoffe verabschiedet. Der dadurch aufgeworfene

Importbedarf führte zu einer spürbaren Verknappung von Lebensmitteln auf dem Weltmarkt. Es wurde deutlich, dass diese Ziele nicht realisierbar sind, ohne dass es zu spürbaren Verwerfungen in den globalen Agrarmärkten kommen würde, die letztlich vorrangig die ärmeren Länder mit ungesicherter Ernährungssituation treffen würden [17]. Momentan werden strenge Regeln diskutiert, mit denen der internationale Handel von Bioenergieträgern geregelt und kontrolliert werden kann (siehe dazu auch Abschnitt 3.3.4).
Derzeit ist offen, in welchem Umfang Biokraftstoffe in Zukunft zu einer Substitution fossiler Kraftstoffe beitragen können. Klar ist jedoch, dass Biokraftstoffe alleine nicht die Antwort auf die steigende Nachfrage nach Kraftstoffen durch eine global stark ansteigende Mobilität sein können, sondern bestenfalls einen mehr oder weniger großen Anteil am gesamten Treibstoffmarkt ausmachen können.

Pflanzenölkraftstoff und Biodiesel

Pflanzenöl und der daraus abgeleitete Biodiesel gehören zu den Biokraftstoffen der ersten Generation. Technische Erfahrungen mit diesen Kraftstoffen liegen seit einer Vielzahl von Jahren vor. Die Verfahren zur Herstellung von Pflanzenölen und Pflanzenölmethylestern werden in Kapitel 7.4.2 und 7.4.3 vorgestellt.
Aufgrund seiner physikalischen Eigenschaften wie Flammpunkt und Viskosität ist Pflanzenöl in herkömmlichen Dieselmotoren nicht einsetzbar. Die Verwendung von Pflanzenöl erfordert entweder spezielle Motoren wie den *Elsbett-Motor* oder Umrüstsätze für Dieselmotoren, die u.a. eine Vorwärmung und eine zusätzliche Filterung des Kraftstoffs vornehmen.
Eine Veresterung des Pflanzenöls führt zu Pflanzenölmethylester (PME) bzw. bei der in Deutschland üblichen Verwendung von Rapsöl zu Rapsölmethylester (RME), der unter der Bezeichnung „Biodiesel" vertrieben wird. Durch die Umesterung entsteht ein Kraftstoff, der in einer Vielzahl von Motoren (v.a. bei Nutzfahrzeugen und landwirtschaftlichen Maschinen) direkt oder mit nur geringen Umrüstungen eingesetzt werden kann. Hinsichtlich Viskosität und Zündverhalten weist Biodiesel ähnliche Eigenschaften wie der fossile Diesel auf. Somit kann auch unter Verwendung von Additiven eine Wintertauglichkeit bis zu -20 °C erreicht werden. Diese und weitere Anforderungen an Biodiesel sind in der Norm DIN EN 14214 hinterlegt, die wiederum in Deutschland durch Aufnahme in die Kraftstoffqualitäts- und Kennzeichnungsverordnung der 10. BImSchV gesetzlich verankert worden ist.

Bioethanol

Während Biodiesel als Substitut für fossilen Diesel dient, kann Bioethanol Ottokraftstoff ersetzen. Verfahren zur Erzeugung von Ethanol sind in Kapitel 7.4.5 beschrieben. Ethanol kann als Kraftstoff sowohl in Reinform (E100) als auch in beliebigen Anteilen fossilem Ottokraftstoff zugesetzt werden.

Konventioneller Ottokraftstoff darf nach der neuesten Fassung der DIN EN 228 [7] bis zu 10 Vol.-% Ethanol beigemischt werden, für ältere Motoren begrenzt die Norm den Beimischungsanteil weiterhin auf 5 Vol.-%. Seit Frühjahr 2011 wird in Deutschland zusätzlich Ottokraftstoff mit einem Ethanolgehalt von 10 Vol.-% angeboten (E10). Modifikationen an Motoren sind bei diesen Beimischungen nicht erforderlich. Teilweise sind international deutlich höhere Bioethanolanteile im Ottokraftstoff üblich. So werden beispielsweise in Brasilien bis zu 25 Vol.-% Ethanol dem handelsüblichen Normalbenzin zugemischt.

Von Bedeutung ist auch die Weiterverarbeitung von Ethanol zu Ethyltertiärbutylether (ETBE), das als Oktanzahlverbesserer verwendet wird. Durch den Bioethanol-Anteil in „Bio-ETBE" kann es zu 47 Prozent als Biokraftstoffbeimischung gewertet werden. Allerdings ist ETBE deutlich teurer als Bioethanol, so dass eine Beimischung nur dann erfolgt, wenn höherwertige Benzinvarianten produziert werden sollen. Die DIN EN 228 sieht einen ETBE-Anteil von max. 15 Prozent vor.

Prinzipiell ist Ethanol auch als Reinkraftstoff in modifizierten Ottomotoren einsetzbar. Dieses Konzept wurde im Rahmen des Alkoholprogramms von Brasilien in den 1970er und 80er Jahren umgesetzt. Nachteilig wirken sich der um ein Drittel niedrigere Energiegehalt von Ethanol gegenüber Ottokraftstoff und die schlechten Zündeigenschaften bei niedrigen Temperaturen aus. Interessant ist dagegen die Beimischung von 15 Prozent Ottokraftstoff zu Bioethanol, woraus der E85-Kraftstoff entsteht, der in sog. Flexible-Fuel-Vehicles eingesetzt werden kann. Diese Fahrzeuge können auch mit reinem Ottokraftstoff oder jeder Mischung aus E85 und Benzin betrieben werden. In Brasilien zählen heute bereits mehr als 75 Prozent der jährlichen Fahrzeugneuzulassungen zu den Flexible-Fuel-Vehicles. Ein Einsatz der in Brasilien zugelassenen Fahrzeuge ist allerdings in Deutschland nicht möglich, da sie die hier geltende Abgasnorm nicht erfüllen.

→ Das brasilianische Alkoholprogramm

In den 1970er Jahren verfolgte Brasilien eine Politik der Importsubstitution, die sich nach der ersten Ölkrise 1974 auf den Energiebereich konzentrierte. Der gleichzeitige Verfall des Weltmarktpreises für Zucker führte zur Konzeption des PROÀLCOOHL-Programms. Durch eine Reihe von Maßnahmen förderte der Staat die Umstellung von PKWs auf aus Zuckerrohr gewonnenes Ethanol, beispielsweise durch eine Steuerbefreiung für Alkoholfahrzeuge und massive Subventionen für den Zuckerrohranbau. Nach einer Phase der Ethanol-Beimischung wurde Anfang der 1980er Jahre die Produktion von Fahrzeugen forciert, die ausschließlich auf Alkoholbasis fahren. Zeitweise wurden bis zu 90 % der Neuwagen mit Alkohol betrieben.

Der Verfall des Ölpreises in den 1990er Jahren führte durch den enormen Subventionsbedarf zu einer Krise des Alkoholprogramms. Gleichzeitig rückten die ökologischen und sozialen Auswirkungen des Zuckerrohranbaus in den Vordergrund: Monokulturen, Gewässerbelastungen durch die Weiterverarbeitungsbetriebe und eine fortschreitende Konzentration des Landbesitzes [8].

Im Vergleich zu konventionellem Ottokraftstoff besitzt Ethanol eine höhere Oktanzahl[2]. Damit ist zunächst eine schnellere, also effizientere Verbrennung des Kraftstoffs möglich. Aus diesem Grund ist bei steigendem Ethanolgehalt in einem ansonsten unveränderten Motor ein leichter Leistungsanstieg zu verzeichnen (bei E85-Einsatz ca. 7 Prozent). Da Ethanol ein relativ kurzkettiges Kohlenwassermolekül ist, verbrennt es vollständig. Die Emissionen an unverbrannten Kohlenwasserstoffen sind daher deutlich niedriger als bei Ottokraftstoffen. Auf der anderen Seite hat Ethanol einen deutlich niedrigeren volumenbezogenen Heizwert. Folglich steigt mit steigendem Ethanolgehalt der spezifische Kraftstoffverbrauch an – bei E85 bis zu 30 Prozent.
Ein weiteres Problem bei der Nutzung von Ethanol als Beimischungskomponente stellt das veränderte Verdampfungs- und Siedeverhalten derartiger Gemische im Vergleich zum reinen Ottokraftstoff dar. Ein wichtiges Maß für das Siedeverhalten einer Flüssigkeit stellt der Dampfdruck dar, der die Flüchtigkeit eines Kraftstoffs im Siedebereich (30 - 200°C) beschreibt. Zum Vergleich: der Dampfdruck von Ethanol beträgt bei 37,8°C lediglich 160 hPa; bei der gleichen Temperatur weist Ottokraftstoff dagegen einen Dampfdruck von 400 hPa auf. Hier fällt zunächst auf, dass Ethanol (ebenso wie andere Alkohole) trotz der kleinen Moleküle einen niedrigeren Dampfdruck als Ottokraftstoff aufweist. Der Grund ist in den Wasserstoffbrückenbindungen zu suchen, die zwischen den OH-Gruppen der Alkohole bestehen und somit die einzelnen Moleküle zu größeren Molekülkomplexen verbinden. Dadurch sinkt der Dampfdruck und die Verdampfung wird erschwert, da zunächst diese Wasserstoffbrücken zerstört werden müssen. Der Dampfdruck von Ethanol-Ottokraftstoffgemischen ändert sich nicht linear mit dem Mischungsverhältnis. Vielmehr kommt es zu sogenannten Dampfdruckanomalien: da bei niedrigen Ethanolkonzentrationen die Alkoholmoleküle nicht durch Wasserstoffbrücken verbunden sein können, sondern quasi gelöst in den umgebenden Kohlenwasserstoffmolekülen vorliegen, wird die Verdampfung nicht behindert. Es kommt im Gegenteil zu einer Erhöhung des Dampfdrucks. Ab einem Ethanolgehalt von ca. 20 Prozent überwiegt dann der die Verdampfung hemmende Effekt der Wasserstoffbrücken, folglich sinkt der Dampfdruck, was die Gemischbildung im Motor erschwert.
Ein weiteres Problem beim Ethanoleinsatz wurde bereits bei der Herstellung diskutiert: die Wasseraufnahme. Im Gegensatz zu Ottokraftstoff ist Ethanol mit Wasser vollständig mischbar. Dies führt dann zu Problemen, wenn entsprechende Mischungen mit Wasser in Kontakt kommen. Da Wasser eine höhere Dichte als Ottokraftstoff besitzt, scheidet es sich im Tank als separate Phase am Boden ab. Hierhin kann nun ein großer Teil des Bioethanols wandern. Das so entstehende Wasser-Ethanol-Gemisch ist für den Motoreinsatz aber völlig ungeeignet und führt zu entsprechenden Schwierigkeiten im Fahrzeugbetrieb.

[2] ROZ 104 im Vergleich zu 91 ROZ bei Normalbenzin und 98 ROZ bei der Sorte Superplus, ROZ bezeichnet die sogenannte Researched Oktanzahl, die auf Prüfständen nach der DIN EN ISO 5164 an Versuchsmotoren ermittelt wird

Biomethan

In Kapitel 12.4 werden die Voraussetzungen für die Aufbereitung von Biogas auf Erdgasqualität beschrieben. Anstelle des Einsatzes in Blockheizkraftwerken ist prinzipiell auch eine Verwendung von Biomethan in Gasmotoren möglich. Dazu könnte das zur Zeit entstehende Erdgastankstellennetz unmittelbar genutzt werden. Biomethan zählt ebenfalls zu den Biokraftstoffen der zweiten Generation. Durch die hohe Effizienz des Biogasprozesses sind mit Biomethan die höchsten Flächenerträge erreichbar. Zum Vergleich sind die derzeitigen und mittelfristig erreichbaren Flächenerträge aller Biokraftstoffe in Tabelle 13.2 zusammengestellt.

Tabelle 13.2 Flächenerträge von Biokraftstoffen, nach [11]

Biokraftstoff	**Flächenerträge in [GJ/ha]**	
	2010	2020
RME	54	62
BtL (Kurzumtrieb)	67	67
Bioethanol (Weizen-öko)	44	53
Bioethanol (Weizen)	115	138
Bioethanol (Zuckerrübe)	117	128
Bioethanol (Zuckerrohr)	125	125
Biogas (Mais)	154	181
Biogas (Feuchtgut)	221	279

Synthetische Biokraftstoffe

Synthetische Biokraftstoffe werden auch als Biokraftstoffe der zweiten Generation bezeichnet und unter dem Oberbegriff „BtL" (Biomass to Liquid) zusammengefasst. Ein Vorteil dieser Verfahren liegt darin, dass es theoretisch keine Rolle spielt, welchen Ursprung der Kohlenstoffträger hat. So ist die Vergasung und anschließende Verflüssigung von Kohle ein seit Jahrzehnten im großtechnischen Maßstab erprobtes Verfahren (Coal to Liquid = CtL) und wird u.a. in Südafrika eingesetzt. Auch die Verflüssigung von Erdgas (Gas to Liquid = GtL) über die Fischer-Tropsch-Synthese ist Stand der Technik.
Für die Herstellung synthetischer Biokraftstoffe sind prinzipiell alle trockenen organischen Materialien (>85 % TM) geeignet. Vorteilhaft ist, dass sich die Kraftstoffeigenschaften im Syntheseschritt weitgehend beeinflussen lassen und damit – im Gegensatz zu den bisher diskutierten Biokraftstoffen – Produkte hergestellt werden können, die problemlos über die bestehende Tankstelleninfrastruktur vertrieben und in den heute verfügbaren Motoren genutzt werden können. Zudem bieten synthetische Kraftstoffe aus Sicht der Motorenentwickler ein großes Weiterentwicklungspotenzial in Hinsicht auf Verbrauchsminderung und Emissionsarmut. Nachteilig ist, dass die Kraftstoffsynthese eine sehr aufwändige und teure Technologie ist, die nur in Großanlagen wirtschaftlich rentabel realisierbar erscheint. So weisen

die heute bestehenden Anlagen zur Verflüssigung von Kohle und Erdgas jährliche Produktionskapazitäten zwischen 1 und 6 Mio. t Kraftstoff auf. Derartige Größenordnungen scheiden aufgrund des dazu nötigen Einzugsgebiets für die Verarbeitung von Biomasse aus.
Die großtechnische Erzeugung von BtL-Kraftstoffen befindet sich derzeit in der Erprobung, ihr technischer Hintergrund ist in Kapitel 7.4.6 dargestellt. Aufgrund der energetischen Ausnutzung aller Pflanzenbestandteile kann davon ausgegangen werden, dass die Biokraftstoffe der zweiten Generation die der ersten Generation mittelfristig ablösen werden.

13.1.2 Wasserstoff

Wasserstoff nimmt in verschiedenen Szenarien einer zukünftigen Entwicklung des globalen Energiesystems eine wichtige Rolle als *Sekundärenergieträger* ein, mittels dessen Energie gespeichert und transportiert werden kann. Gleichzeitig kann Wasserstoff in Gas- oder modifizierten Ottomotoren als Kraftstoff eingesetzt werden. Erste Erfahrungen mit Wasserstoffverbrennungsmotoren liegen aus dem Betrieb von Bussen und Kleinserien verschiedener Hersteller vor. Der Aufbau einer Tankstelleninfrastruktur für Wasserstoff befindet sich noch in den Anfängen.
Wasserstoffverbrennungsmotoren weisen mit über 40 Prozent einen im Vergleich zu herkömmlichen Ottomotoren deutlich höheren Wirkungsgrad auf. Da der Wasserstoff i.d.R. zunächst über eine Elektrolyse aus regenerativen Energieträgern gewonnen werden muss, ist der Wirkungsgrad der jeweiligen Prozesskette entscheidend. Auf diesen Punkt wird im Kapitel 13.2.2 im Rahmen der Brennstoffzellentechnik weiter eingegangen. Wenngleich die Wasserstoffverbrennung selbst „sauber" ist, entstehen durch die Verwendung von Luft zur Gemischbildung jedoch Luftschadstoffe wie Stickoxide. Eine Abhilfe kann durch den stöchiometrischen Betrieb des Motors mit reinem Sauerstoff erfolgen, wie er von F. Herms [13] vorgeschlagen wurde und der die Basis eines neuartigen emissionsfreien Zweitakt-Verbrennungsprozesses bildet [12].

13.2 Elektrofahrzeuge

Von der Bundesregierung wurde Ende 2008 ein „Nationaler Entwicklungsplan Elektromobilität" verabschiedet und das Ziel von 1 Mio. Elektroautos im Jahr 2020 ausgegeben. Man unterscheidet nach der Art des mitgeführten Speichers batterie- und brennstoffzellengespeiste Elektrofahrzeuge. [3] Elektrofahrzeuge zeichnen sich durch eine Reihe von Vorteilen gegenüber Fahrzeugen mit Verbrennungsmotoren aus: Die Energiewandlung im Elektromotor weist einen Wirkungsgrad von über 90 Prozent

[3] Die derzeit auf dem Markt befindlichen Hybridfahrzeuge können nur bedingt als Elektrofahrzeuge gelten, sondern sind als energieeffiziente Varianten des Verbrennungsmotors einzuordnen.

auf. Elektrofahrzeuge sind im Betrieb geräuscharm und emissionsfrei, allerdings entstehen u.U. Emssionen am Ort der Strom- bzw. Wasserstofferzeugung. Technische Probleme bereitet die Speicherung der mitzuführenden Energie, was sich nachteilig auf die Reichweite auswirkt. Derzeit (2016) sind gut 25.000 batteriegespeiste und 200 brennstoffzellengespeiste Elektrofahrzeuge in Deutschland zugelassen.

13.2.1 Batteriegespeiste Elektrofahrzeuge

Um die Elektromotoren mit Strom zu versorgen, werden elektrische Energiespeicher mit den folgenden Eigenschaften benötigt:

- hohe Energiedichte
- kurze Ladezeiten
- hohe Zyklenfestigkeit

Bei den derzeit am Markt erhältlichen Elektrofahrzeugen haben sich Li-Ionen-Akkumulatoren gegenüber Blei-, NiCd- oder Ni-MH-Akkumulatoren durchgesetzt. Typische Energiedichten bewegen sich zwischen den Werten von Bleiakkumulatoren (0,03 kWh/kg) und Lithium-Ionen-Akkumulatoren (0,12 kWh/kg). Damit werden Reichweiten von 150 bis 300 km realisiert. Insbesondere für Lithium-Ionen-Akkumulatoren sind eine Reihe technologischer Verbesserungen hinsichtlich Energiedichte und Ladezeiten absehbar. In Kap. 10.1.3 wird auf den Entwicklungsstand der unterschiedlichen Batterietechnologien ausführlicher eingegangen.

→ Dezentrale Bereitstellung von Regelenergie

Für eine Abschätzung der durch Elektrofahrzeuge zur Verfügung stellbaren Regelenergie sollen Fahrzeuge mit einer Speicherkapazität von 40 kWh angenommen werden, was ungefähr der aktuellen Speicherkapazität entspricht. Weiterhin soll angenommen werden, dass 1 Mio. Fahrzeuge 25 % ihrer Speicherkapazität den Netzbetreibern zur Verfügung stellen. Damit ergibt sich für die Regelenergie

$$E = 0,25 \cdot 40\,\text{kWh} \cdot 10^6 = 10\,\text{GWh}.$$

Legt man für die durch das Fahrzeug zur Verfügung gestellte Leistung einen unteren Wert von 10 kW fest, so ergibt sich für die Regelleistung

$$P = 10\,\text{kW} \cdot 10^6 = 10.000\,\text{MW},$$

die über einen Zeitraum von einer Stunde erbracht werden kann. Auf Grund ihrer schnellen Verfügbarkeit ist diese Leistung der Sekundenreserve zuzurechnen.

Neben der Mobilitätsfunktion können batteriegespeiste Elektrofahrzeuge auch eine wichtige Speicherfunktion im elektrischen Verbundnetz übernehmen. In Kapitel 11 wurde auf die Herausforderungen hingewiesen, die ein Anwachsen der fluktuierenden Einspeisung regenerativer Energien in das Verbundnetz mit sich bringt. Eine

Folge ist ein zunehmender Regelenergiebedarf. Geht man davon aus, dass Elektrofahrzeuge im Ruhezustand mit dem Netz verbunden sind, so kann in dieser Zeit der Akkumulator positive und negative Regelenergie dezentral bereitstellen. Jedes Fahrzeug kann mit einem bestimmten Anteil seiner Speicherkapazität am Strommarkt teilnehmen und so gleichzeitig die Kosten für den Energiebezug minimieren [9].

13.2.2 Brennstoffzellengespeiste Elektrofahrzeuge

Die Bereitstellung der elektrischen Energie für die Elektromotoren erfolgt hier mittels einer Brennstoffzelle, die Wasserstoff, Methan oder Methanol verarbeitet. Eine Brennstoffzelle ist ein Elektroden-Elektrolyt-System, das chemische Energie durch eine sog. kalte Verbrennung mit Luftsauerstoff in elektrische Energie umwandelt. Die Speicherung des eingesetzten Brennstoffes kann in Druck-, Flüssig- oder Metallhydridspeichern erfolgen, bzw. im Fall von Methanol in Tanks. Die realisierte Energiedichte von Wasserstoffspeichern liegt zwischen 1,3 und 1,9 kWh/kg und damit deutlich über der von Akkumulatoren. Allerdings ist für eine Vergleich der beiden Antriebskonzepte noch der Wirkungsgrad der Brennstoffzelle von etwa 50 Prozent mit in Betracht zu ziehen.

Brennstoffzellengespeiste Fahrzeuge befinden sich derzeit im Kleinserien- bzw. Prototypenstadium. Ein Vielzahl öffentlicher und privater Forschungsprojekte beschäftigt sich mit der Anwendung von Brennstoffzellen im Bereich der Mobilität. So wurde 2006 unter der Federführung des Bundesverkehrsministeriums ein „Nationales Innovationsprogramm Wasserstoff- und Brennstoffzellentechnologie" aufgelegt, um den deutschen Technologiestandort im internationalen Vergleich zu stärken [5]. 2016 wurde das Programm mit dem Schwerpunkt „Nachhaltige Mobilität" bis 2026 verlängert [6]

Aus Sicht der regenerativen Energien sind Wasserstoff- und Brennstoffzellentechnologien im Bereich der Mobilität zumindest kritisch zu sehen:

- Der Umwandlungspfad *Elektrische Energie → Elektrolyse → Wasserstoff → Brennstoffzelle → Elektrische Energie* weist einen Umwandlungswirkungsgrad unter 30 Prozent auf und ist damit einer direkten Speicherung elektrischer Energie immer unterlegen.
- Der Einsatz von Methan oder Methanol in Brennstoffzellen erfolgt derzeit überwiegend auf der Basis von Erdgas. Ein Übergang auf Biogas oder Biomethan verschärft die Nutzungskonkurrenz im Bereich der Biomasse zu Ungunsten stationärer Anwendungen, die durch den Einsatz von Kraft-Wärme-Kopplung eine deutlich höhere Energieeffizienz aufweisen.
- Die Herstellung von Methan oder Methanol aus Wasserstoff ist aufgrund der notwendigen CO_2-Quelle problematisch (vgl. Kap. 10.3.1).

Zusammenfassend sprechen also eine Reihe von Gründen gegen eine verstärkte Rolle von Wasserstoff im Mobilitätssektor. Oder wie U. Bosselt in seinem gleichnamigen Artikel pointiert feststellte: Wasserstoff löst keine Energieprobleme [1].

Literaturverzeichnis

1. Bosselt, U.: Wasserstoff löst keine Energieprobleme. Technikfolgenabschätzung **15**, 1, S. 27 - 33 (2006)
2. Bundesministerium für Umwelt, Naturschutz und Reaktorsicherheit (Hg.): Roadmap Biokraftstoffe – Gemeinsame Strategie von BMU/BMELV, VDA, MWV, IG, VDB und DBV. Berlin (2007)
3. Bundesministerium für Wirtschaft und Energie (Hg.): Erneuerbare Energien in Zahlen. Berlin (2016)
4. Nitsch, J., et.al.: Langfristszenarien und Strategien für den Ausbau der erneuerbaren Energien in Deutschland bei Berücksichtigung der Entwicklung in Europa und global. Schlussbericht, Stuttgart (2011)
5. Bundesministerium für Verkehr, Bau und Stadtentwicklung (Hg.): Nationales Innovationsprogramm Wasserstoff- und Brennstoffzellentechnologie (NIP). Berlin (2006)
6. Bundesministerium für Verkehr und digitale Infrastruktur (Hg.): Nationales Innovationsprogramm Wasserstoff- und Brennstoffzellentechnologie (Schwerpunkt Nachhaltige Mobilität). Berlin (2016)
7. Deutsches Institut für Normung e.V. (Hg.): DIN EN 228:2013-01, Kraftstoffe für Kraftfahrzeuge - Unverbleite Ottokraftstoffe - Anforderungen und Prüfverfahren. Deutsche Fassung der EN 228:2012. Beuth Verlag, Berlin (2013)
8. Dünckmann, F.: Zucker im Tank. Der stotternde Motor des brasilianischen PROALCOOL-Programms. ila 273, Bonn (2003)
9. Engel, T.: Das Elektrofahrzeug als Regelenergiekraftwerk des Solarzeitalters. http://www.dgs.de/fileadmin/files/FASM/Engel-V2G-Regelenergiekraftwerk.pdf
10. Gesetz zur Einführung einer Biokraftstoffquote durch Änderung des Bundes-Immissionsschutzgesetze. BGBl. I S. 3180, (2006)
11. Grünwald, R.: Perspektiven eines CO_2- und emissionsarmen Verkehrs – Kraftstoffe und Antriebe im Überblick. Arbeitsbericht 111, Büro für Technikfolgenabschätzung beim Deutschen Bundestag, Berlin (2006) http://www.tab.fzk.de/de/projekt/zusammenfassung/ab111.pdf
12. Haller, J., Link, T.: Entwicklung eines effizienten emissionsfreien H_2-O_2-Verbrennungsmotors zur stationären Anwendung. 23. REGWA-Symposium, Stralsund (2016)
13. Herms, F.: Verfahren zum Betrieb eines Verbrennungsmotors mit Wasserstoff und damit betreibbarer Motor. Patentschrift DE 10351058 A1
14. Kommission der Europäischen Gemeinschaften: Aktionsplan für Biomasse. KOM(2005) 628, Brüssel (2005)
15. Richtlinie 2009/28/EG des Europäischen Parlaments und des Rates vom 23. April 2009 zur Förderung der Nutzung von Energie aus erneuerbaren Quellen und zur Änderung und anschließenden Aufhebung der Richtlinien 2001/77/EG und 2003/30/EG. (2009)
16. Wissenschaftlicher Beirat Agrarpolitik beim Bundesministerium für Ernährung, Landwirtschaft und Verbraucherschutz (Hg.): Nutzung von Biomasse zur Energiegewinnung – Empfehlungen an die Politik. Berlin (2007)
17. Wissenschaftlicher Beirat der Bundesregierung (Hg.): Globale Umweltveränderungen. Welt im Wandel: Zukunftsfähige Bioenergie und nachhaltige Landnutzung. Berlin (2009)
18. Zah, R., et.al.: Ökobilanzen von Energieprodukten – Ökologische Bewertung von Biokraftstoffen. Bundesamt für Umwelt und Bundesamt für Landwirtschaft, St. Gallen (2007)

Kapitel 14
Thermodynamische Bewertung regenerativer Energiewandlungen

Die Thermodynamik befasst sich als allgemeine Energielehre mit den Gesetzmäßigkeiten zur Umwandlung verschiedener Energieformen ineinander. Zur Energiewandlung werden Maschinen wie Turbinen, Motoren und technische Apparate benötigt, deren Funktion und Wirkungsweise von der Thermodynamik zu abstrahieren und in thermodynamischen Modellen zu beschreiben sind. Aussagen über die Güte von Energiewandlungen werden in der Regel anhand von Wirkungsgradangaben getroffen. Auf der Grundlage der thermodynamischen Modelle sowie der Hauptsätze der Thermodynamik können dafür zunächst allgemeine obere Grenzen angegeben werden. Diese theoretischen Grenzen gelten für ideale Anordnungen und erfordern keine detaillierte Kenntnis des Umwandlungsprozesses. Eine detaillierte Vorstellung führt immer zu Einschränkungen des allgemeinen Falls und damit zu Umwandlungswirkungsgraden, die i.A. unter den an der idealen Anordnung abgeleiteten Grenzwerten liegen. In diesem Kapitel wird das dazu nötige Wissen vorgestellt.

Die zweite wesentliche Aufgabe der Thermodynamik ist die Bereitstellung der Stoffwerte von Materie, also die Beschreibung von deren thermodynamischer Eigenschaften. Nur wenn diese bekannt sind, können Energieumwandlungen berechnet werden.

Die nachfolgende Beschreibung der Thermodynamik konzentriert sich auf alle Aspekte der Energiewandlung, wie schon an der Wahl der Kapitelüberschriften feststellbar ist. Die beiden Hauptsätze der Thermodynamik werden dabei gleich in den ersten beiden Abschnitten 14.2 und 14.3 als „Besonderheiten" der Energie- bzw. Entropiebilanzierung eingeführt. Ein ähnliches Vorgehen findet sich z.B. auch im Thermodynamik-Lehrbuch von Lucas [20].

Nach Darstellung der verschiedenen Formen zur Energiespeicherung im System in Kap. 14.4 werden die Möglichkeiten zur Energiewandlung innerhalb des Systems und über dessen Systemgrenzen hinweg diskutiert und die Grenzen durch Einführung des Exergiebegriffs und der Wirkungsgraddefinitionen beschrieben (Kap. 14.5 und 14.6). Erst die Beschreibung der Stoffeigenschaften (Kap. 14.7) erlaubt die quantitative Bewertung von Energiewandlungen.

Nach Beschreibung einfacher thermodynamischer Modelle in Kap. 14.8 für Pumpen, Verdichter, Turbinen etc., können schließlich in Kap. 14.9 die wichtigen Kreisprozesse behandelt werden. Kap. 14.10 schließt die Bewertung regenerativer Energiewandlungen mit einem thermodynamischen Blick auf die Solarstrahlung.

→ Weiterlesen

Bei der Abfassung dieses Abschnitts wurde vor allem auf die Lehrbücher zur Thermodynamik von Hans Dieter Baehr [2][3] sowie Klaus Lucas [20] zurückgegriffen. Die 15. Auflage, die Baehr gemeinsam mit Stephan Kabelac verfasst hat, wendet sich an Studierende des Maschinenbaus sowie der Energie- und Verfahrenstechnik. Mit über 600 Seiten ermöglicht dieses Buch auch eine vertiefende Auseinandersetzung mit der Thermodynamik.
Das Lehrbuch der Professorinnen Christa und Dorothea Lüdecke [21] setzt seinen Schwerpunkt in den physikalisch-chemischen Grundlagen der thermischen Verfahrenstechnik und bietet vertiefende Informationen zur Beschreibung nichtidealer Mischungen und mehrphasiger Systeme.
Erwähnt werden sollte auch das Thermodynamik-Lehrbuch von Ingo Müller [22], der nicht nur die Grundzüge dieser Wissenschaft vermittelt, sondern darüber hinaus auch ausführliche und interessante historische Anmerkungen macht.

In den Lehrbüchern findet sich eine Vielzahl unterschiedlicher Ansätze, den Studierenden die Grundlagen der Thermodynamik zu vermitteln. Als „klassischer“ Ansatz dienen oft Herleitungen auf Basis des Modellstoffs „Idealgas“, da dessen Stoffeigenschaften mit sehr einfachen analytischen Gleichungen beschreibbar sind. Entsprechend (mathematisch) einfach nachvollziehbar sind die „Beweise“. Leider sind diese Ansätze aber nur wenig praxistauglich, daher wurde hier versucht, praxisnäheren Erläuterungen den Vorzug zu geben.

14.1 Geschichte der Energiewandlung

Bis zum Ende des 17. Jahrhunderts konnte mechanische Energie nur durch direkte Umwandlung aus anderer mechanischer Energie „erzeugt“ werden, konkret durch den Einsatz von Wind- und Wassermühlen oder die Muskelkraft von Mensch und Tier. Heizenergie zum Beheizen von Räumen und Erhitzen von Wasser oder auch Prozessenergie zum Schmelzen von Metallen, zum Brennen von Ziegeln, zum Kochen und Backen etc. wurde nahezu ausschließlich über die Verbrennung von Biomasse (Holz, Torf, getrockneter Dung) bereitgestellt. Schon seit dem Mittelalter wurde zudem erst Übertage, später Untertage Braun- und Steinkohle abgebaut. Dieser fossile Energieträger besitzt eine höhere Energiedichte als Biomasse und erleichterte die Gewinnung von Prozesswärme und später in den schnell wachsenden Städten den Brennstofftransport zur Beheizung der Wohnquartiere.

Erst mit der Entwicklung der Dampfmaschine wurde ein Weg gefunden, die in den Brennstoffen Holz und Kohle enthaltene chemische Energie in mechanische Energie umzuwandeln. Diese Entdeckung war Auslöser der Industrialisierung und Technisierung des Lebens und trug wesentlich zur Umgestaltung der Gesellschaft bei. In der Dampfmaschine wurde erstmals die indirekte Energiewandlung über den Zwischenschritt der Erhöhung des thermomechanischen Anteils der Inneren Energie realisiert:

$$\text{Chemische Energie} \rightarrow \text{Innere Energie} \rightarrow \text{Mechanische Energie} \,.$$

Der Franzose Denis Papin entwickelte 1691 im Dienste des Kurfürsten von Kassel eine erste Wärmekraftmaschine, die durch Kondensation von Wasserdampf Unterdruck in einem Zylinder erzeugte. Der Kolben wurde nach unten bewegt und verrichtete dabei Arbeit.

Aufgrund der schlechten Fertigungsqualität der damaligen Zeit – man war nicht in der Lage, exakt kreisrunde Zylinder zu fertigen und hatte Probleme mit der Abdichtung zwischen Zylinder und Kolben – konnte Papin aber keine größere funktionierende Maschine bauen. Dieses gelang erstmals dem Engländer Thomas Savery im Jahr 1698. Seine zur Entwässerung eines Bergwerks eingesetzte Dampfpumpe erreichte bei einer Leistung von 2 PS eine Förderhöhe von 30 m – bei enormem Brennstoffverbrauch.

James Watt, der oft als Erfinder der Dampfmaschine genannt wird, hat erst ab 1770 mit seinen ingenieusen Verbesserungen den Dampfmaschinen zu ihrem Durchbruch verholfen, unter anderem mit dem Fliehkraftregler und dem doppelt wirkenden Zylinder mit externem Kondensator. Der Wirkungsgrad seiner Maschinen erreichte mit 3 Prozent ein Vielfaches des üblichen Standards.

Die großen technischen Fortschritte führten auch zu wissenschaftlicher Beschäftigung mit energietechnischen Fragestellungen. Man gelangte bis Mitte des 19. Jahrhunderts zu der Erkenntnis, dass der Energievorrat begrenzt ist und auch den möglichen Energiewandlungen enge Grenzen gesetzt sind – diese Aussagen bilden die beiden *Hauptsätze der Thermodynamik*. Die Entwicklung dieses erst später Thermodynamik genannten Zweigs der Physik trug damit ihren eigenen Anteil zur technischen Revolution bei.

Ein weiterer revolutionärer Schritt schließlich war die Entwicklung des geschlossenen Kreisprozesses, in dem das Arbeitsmedium „Wasserdampf" in dem Teilprozess „Kessel" Energie durch Verbrennung chemischer Energie aufnimmt und in einem anderen Teilprozess, der „Turbine", Energie in Form mechanischer Arbeit wieder abgibt. [1] Während sich in der Dampfmaschine das Arbeitsmittel durch Abgabe des Kondensats an die Umgebung verbrauchte, wurde der Wasserdampf im geschlossenen Prozess durch Einbindung einer weiteren Komponente, dem Kondensator, zurück in seinen flüssigen Ausgangszustand gebracht, um dann wieder die gleiche thermodynamische Prozessfolge zu durchlaufen.

Seither konnte die Energiewandlung über Kreisprozesse weiter verbessert werden, die heute erzielten Wirkungsgrade reichen bis an die durch die Thermodynamik gegebenen physikalischen Grenzen heran.

---

[1] Die erste funktionsfähige Dampfturbine wurde von Charles Parsons 1884 vorgestellt.

→ Weiterlesen

Neben der Verbrennung von Biomasse und Kohle und der direkten Nutzung mechanischer Energie praktizierte man bereits seit Jahrtausenden auch Techniken zur indirekten Energieumwandlung.

Bereits in der Antike war man in der Lage, mit Hilfe von Brennspiegeln das Sonnenlicht zu konzentrieren und höhere Temperaturen zu erzeugen. Dazu musste aber erst die Glas- und Spiegelherstellung entwickelt werden, vermutlich ab 1500 v.u.Z. durch die Ägypter. Nach historischen Quellen wurden Brennspiegel wohl von Priestern und „Sportfunktionären" genutzt – in Tempeln und zum Entzünden des olympischen Feuers. Von Euklid und Archimedes gab es auch bereits erste wissenschaftliche Abhandlungen zu Brennspiegeln, Aristoteles berichtet von Seeleuten, die diese zur Destillation von Meerwasser zur Trinkwassergewinnung genutzt haben sollen.

Auch die Dampfmaschine wurde bereits in der Antike entwickelt – zumindest ein Vorläufer dazu: Heron von Alexandrien, der auch als erster Ingenieur der Weltgeschichte bezeichnet wird, gelang es, thermische Energie in mechanische Energie umzusetzen, indem er dazu über einem Holzfeuer in geschlossenen Kesseln Wasserdampf erzeugte und diesen in eine axial aufgehängte Kugel führte. Nach dem Rückstoßprinzip setzte der Wasserdampf beim Austritt aus Öffnungen das Rad in Bewegung. Das von Heron entwickelte Gerät diente vermutlich der Attraktivitätssteigerung eines Tempels. Heron konstruierte auch einen automatischen Tempeltüröffner, bei dem mit Feuer erwärmte Luft Wasser über Röhren in ein Gefäß verdrängte, dass mit seiner Gewichtskraft über einen Seilmechanismus die Tür zum Öffnen brachte.

Umfassende Darstellungen zur Energiegeschichte sind die Veröffentlichungen *Les servitudes de la puissance. Une historie de l'energie* der französischen Wissenschaftler J. Debeir, J. Deléage und D. Hémery sowie *Energy in world history* von Vaclav Smil [28]. Erstere liegt unter dem eher unpassenden Titel *Prometheus auf der Titanic* auch in deutscher Übersetzung vor [7]. Der Technikhistoriker J. Radkau beschäftigt sich vor allem mit der jüngeren und jüngsten Geschichte, so z.B. in *Technik in Deutschland. Vom 18. Jahrhundert bis heute* [24].

Die Thermodynamik ist aber nicht nur eine Geschichte der Energiewandlung. Auch bei der Erforschung der Stoffeigenschaften von Gasen, Dämpfen, Flüssigkeiten und Feststoffen gibt es eine lange Tradition. Ab dem 17. Jahrhundert wurden die Eigenschaften dann systematisch mit experimentellen wissenschaftlichen Methoden untersucht. Die Namen zahlreicher Forscher dieser Zeit wie Gay-Lussac, Dalton, Boyle, Joule und anderen sind noch heute bekannt.

14.2 Die Energie

Der wichtigste Begriff einer allgemeinen Energielehre ist die Energie, die hier das Formelzeichen E erhält und die Einheit Joule (J) trägt[2]. Es gilt

$$1\,\mathrm{J} = 1\,\mathrm{Nm} = 1\,\mathrm{Ws} = 1\,\frac{\mathrm{kg}\cdot\mathrm{m}^2}{\mathrm{s}^2}\ .$$

Nach dem Verständnis des Physikers ist Energie *die Fähigkeit (das Potenzial) eines Systems, eine Veränderung an einem anderen System oder seiner Umgebung zu verrichten.* Das Wirken der Energie zeigt sich darin, dass sich der Zustand des betroffenen Systems verändert hat. Im Konkreten kann diese Zustandsänderung z.B. eine Änderung der Temperatur, des Drucks, des Volumens, der Geschwindigkeit oder der Lage des Systems zur Umgebung[3] sein. Betrachtet man beispielsweise das Erwärmen von Wasser in einem Kochtopf, so stellt das Wasser das thermodynamische System dar, dessen Zustand sich verändert. Der Kochtopf bildet die Systemgrenze zur Umgebung. Über die Herdplatte wird dem System Energie zugeführt, dessen Zustand sich in der Folge verändert, da die Temperatur des Wassers ansteigt.

→ System und Systemgrenzen

In der Thermodynamik bezeichnet das System einen räumlichen Bereich, auf den sich die thermodynamische Betrachtung beziehen soll. Das System enthält eine bestimmte Masse eines Stoffes oder eines Stoffgemisches und wird definiert durch Festlegung seiner Systemgrenzen, die es von seiner Umgebung oder anderen benachbarten Systemen abgrenzen. Über die Systemgrenzen können Stoffe (Materie) oder Energie ausgetauscht werden. Man unterscheidet:

- *Offene Systeme.* Ein offenes System kann mit seiner Umgebung über seine Grenzen hinweg Materie und Energie austauschen. Als Beispiel sei eine Wasserturbine genannt, durch die ein Wasserstrom hindurchfließt und die mechanische Energie in Form einer Wellendrehung an den Generator abgibt.
- *Geschlossene Systeme.* Die Systemgrenzen sind für Materie undurchlässig, eine Übertragung stoffgebundener Energie ist nicht möglich. Der Zylinder eines Stirlingmotors ist ein geschlossenes System, ebenso der Kältemittelkreislauf des Kühlschranks, da keine Materie über die Systemgrenzen transportiert wird.
- *Abgeschlossene Systeme.* Die Wände eines abgeschlossenen Systems sind undurchdringlich für Materie und Energie. Solche Systeme existieren in der Wirklichkeit nicht, da auch bei bester Wärmeisolation immer Energie über die Systemgrenzen hinweg fließt – sofern eine Temperaturdifferenz zwischen Systeminnerem und -äußerem besteht.

---

[2] Die Einheit ist benannt nach dem englischen Wissenschaftler James Prescott Joule (1818-1889), der u.a. die Temperaturmessung perfektionierte.

[3] Zur Unterscheidung der hier beschriebenen lokalen Umgebung von der thermodynamischen Umgebung siehe S. 839.

Die richtige Wahl der Systemgrenzen und damit die Definition des Systems macht in der Praxis oft größte Schwierigkeiten. Letztlich ist es eine Frage der Informationslage, die man von dem zu beschreibenden Vorgang hat. Meist kann nur an den Stellen eine Systemgrenze definiert werden, an denen Messinstrumente und Sensoren Massen- oder Volumenströme, Druck und Temperatur messen. Die freie Wahl der Systemgrenzen bietet aber auch die Möglichkeit, komplexe Prozesse zu vereinfachen und überhaupt berechenbar zu machen.
Im alltäglichen Sprachgebrauch unterscheidet man eine Vielzahl unterschiedlicher Energiearten. Die in einem System gespeicherte Energie wird mit einem besonderen Namen bezeichnet, z.B. die elektrische Energie, die in Brennstoffen enthaltene chemische Energie, die aus der Mechanik bekannte kinetische und potenzielle Energie oder die thermische Energie. Die über die Systemgrenzen hinweg transportierte Energie bezeichnet man als Wärme, Arbeit oder massegebundene Energie.
Aus der Sicht des Physikers gibt es nur eine Zustandsgröße „Energie". Alle in der Praxis unterschiedenen Energiearten lassen sich durch die Verknüpfung einer *mengenartigen* (extensiven) Zustandsgröße X_i und einer *energiekonjugierten* intensiven Zustandsgröße y_i darstellen. Die Zustandsgröße X_i wird oft als Energieträger oder anschaulicher als Energiespeicher bezeichnet. Die zugehörende intensive Zustandsgröße gibt dann den Füllzustand des Energiespeichers an. Ein System enthält damit eine unterschiedliche Anzahl von Energiespeichern. Beide Zustandsgrößen ergänzen sich in ihren Einheiten immer so, dass die Energieeinheit Joule entsteht.
Für eine differentielle Menge der Energie dE gilt:

$$dE = y\,dX\,. \tag{14.1}$$

Für die bei der Zustandsänderung vom Zustand 1 zum Zustand 2 zu- oder abgeführte Energiemenge gilt entsprechend:

$$\Delta E_{12} = \int_1^2 y\,dX = E_2 - E_1\,. \tag{14.2}$$

Sofern die intensive Variable y unabhängig von der Zustandsgröße X ist, kann die Integration von Gl. (14.1) allgemein ausgeführt werden und es gilt

$$\Delta E_{12} = y \cdot (X(2) - X(1)).$$

Entsprechend gilt für den Energiestrom $\dot{E}$, der mit dem Strom des Energieträgers $\dot{X}$ mitgeführt wird:

$$\dot{E} = \frac{dE}{dt}\,. \tag{14.3}$$

Im Widerspruch zu der physikalischen Tatsache, dass es nur eine Zustandsgröße *Energie* gibt, sollen in diesem Buch weiterhin die bekannten Bezeichnungen wie E_{kin} oder E_{el} gebraucht werden. Der mitgeführte Index soll jedoch nur zum Ausdruck bringen, welcher *Energieträger* Verwendung findet.

→ Zustand, Zustandsgrößen

In der Thermodynamik geht man immer davon aus, dass sich der *Zustand* eines Systems eindeutig beschreiben lässt, sofern alle erforderlichen Zustandsgrößen wie Temperatur, Druck, Dichte und Energieinhalt bekannt sind.
Zustandsgrößen beschreiben also den Zustand eines Systems. So gibt es Zustandsgrößen wie die Ortshöhe oder die Geschwindigkeit, die die geometrische Lage des Systems zu einem bestimmten Zeitpunkt angeben oder Zustandsgrößen wie die Temperatur oder den Druck, die das Innere des Systems charakterisieren. Sie sind in mehreren Kategorien gruppierbar:

- *Extensive Zustandsgrößen* (mengenartige) wie die Masse, das Volumen, die Entropie und die Energie ändern sich bei der Teilung des Systems im gleichen Verhältnis der Größen der Teilsysteme und beziehen sich auf einen bestimmten Raumbereich. Dabei geht man davon aus, dass alle Zustandsgrößen im betrachteten System konstant sind, es sich also um ein *homogenes* System handelt. Wird der das System bildende Raumbereich halbiert, halbiert sich auch der Zahlenwert der extensiven Zustandsgröße. In Gleichungen werden extensive Zustandsgrößen allgemein mit $X_1, X_2, X_3 \ldots X_i \ldots X_m$ bezeichnet.
- *Intensive Zustandsgrößen* dagegen bleiben bei der Zerlegung eines Systems in Teilsysteme unverändert. Temperatur und Druck sind intensive Zustandsgrößen. Allgemein werden sie mit $y_1, y_2, y_3 \ldots y_i \ldots y_n$ benannt.
- *Spezifische Zustandsgrößen.* Die Menge eines Systems ist als Masse m in der Maßeinheit kg oder als Stoffmenge n angebbar. Die Stoffmenge als Basisgröße im Internationalen Einheitensystem (SI) wird in mol angegeben. Ein mol eines Stoffes enthält $6{,}02214 \cdot 10^{23}$ Atome oder Moleküle. Durch Division einer extensiven Zustandsgröße X_i mit der Menge des Systems werden spezifische Zustandsgrößen x_i gebildet; hier unterscheidet man stoffmengenspezifische (molare) $\bar{x}_i$ und massenspezifische x_i Zustandsgrößen. Spezifische Zustandsgrößen sind an ihren Einheiten erkennbar (z.B. J/kg oder $\mathrm{m}^3/\mathrm{mol}$) und zeigen die gleichen Eigenschaften wie die intensiven Zustandsgrößen: Bei der Zerlegung eines (homogenen) Systems in Teilsysteme bleiben sie unverändert.
- *Äußere / Innere Zustandsgrößen.* Die mechanischen Zustandsgrößen wie Ortshöhe und Geschwindigkeit werden auch als äußere Zustandsgrößen bezeichnet. Innere oder auch thermodynamische Zustandsgrößen wie die Temperatur oder der Druck beschreiben entsprechend das Systeminnere. Beim System „Heißluftballon auf Fahrt" bilden die geodätische Höhe des Ballons über Grund und dessen Relativgeschwindigkeit zum Erdboden die äußeren Zustandsgrößen. Im Innern des Systems finden sich die Zustandsgrößen Temperatur, Druck, Energiegehalt etc.

Die Thermodynamik verwendet als wichtigste Zustandsgrößen den Druck p, die Temperatur T, das Volumen V, die Stoffmenge n, die Dichte ρ bzw. das spezifische Volumen $v = V/m = 1/\rho$ als deren Kehrwert, die Innere Energie U, die Enthalpie H und die Entropie S.

→ Zustandsgleichungen

Der Zustand eines Systems in der Thermodynamik wird durch die Angabe aller notwendigen Zustandsgrößen y_i bzw. x_i in *Zustandsgleichungen* (auch: Zustandsfunktionen) charakterisiert.
Zustandsgleichungen beschreiben die Materialeigenschaften eines bestimmten Stoffes oder Stoffgemischs. Da die Materialeigenschaften unabhängig von der Größe eines (homogenen) Systems sind, enthalten ZGL nur intensive bzw. spezifische Zustandsgrößen. Man unterscheidet die implizite Form der Zustandsgleichung (ZGL)

$$ZGL(y_1, y_2, ..., y_n, x_1, x_2, ..., x_m) = 0$$

und die explizite Form

$$y_1 = ZGL(y_2, ..., y_n, x_1, x_2, ..., x_m).$$

Ist eine Zustandsgleichung beispielsweise nach der Größe Druck $y_1 = p$ aufgelöst, spricht man von der druckexpliziten Form. Der Druck ist in diesem Fall die abhängige Größe und die anderen Zustandsgrößen $y_2, ..., y_n, x_1, ..., x_m$ sind die unabhängigen Zustandsgrößen.
Verknüpfungen zwischen Zustandsgrößen der Form $y_1 = ZGL(y_i, x_i)$ gelten nur dann als Zustandsgleichungen, wenn sie ein vollständiges Differential bilden. Mathematisch ausgedrückt bedeutet dies, dass der Satz von Schwarz gilt ([21]). Dieser schreibt vor, dass die zweiten partiellen Ableitungen der expliziten Zustandsgröße y_1 identisch sind. Dies gilt für die noch nicht eingeführten spezifischen Zustandsgrößen *Innere Energie u*, *Enthalpie h*, *Entropie s*, *spezifisches Volumen v* sowie die intensiven Größen *Temperatur T* und *Druck p*.
Die erforderliche Anzahl der unabhängigen Zustandsgrößen $n + m - 1$ zur Bildung einer Zustandsgleichung wird auch als Freiheitsgrad f des Systems bezeichnet. Dieser wird über die Gibbsche Phasenregel (Kap. 14.7) ermittelt.
In der Thermodynamik haben die thermische und die kalorische Zustandsgleichung eine besondere Bedeutung, wie das Kap. 14.7 zeigt. Sind diese für einen Stoff bekannt, so können aus ihr alle Materialeigenschaften des Stoffes abgeleitet werden.

Auch ein anderer Fall nicht korrekten Sprachgebrauchs sei an dieser Stelle noch kommentiert. Der früher übliche, dem *Ersten Hauptsatz der Thermodynamik* widersprechende Begriff der *Energieerzeugung* ist inzwischen – zumindest in ingenieurwissenschaftlichen Veröffentlichungen – weitestgehend durch die Bezeichnung *Energieumwandlung* ersetzt worden. Da nach physikalischen Maßstäben keine Energiearten unterschieden werden können, spricht der Karlsruher Physikdidaktiker K. Herrmann [13] anstatt von der Energieumwandlung konsequenter von der *Umladung der Energie* auf einen anderen Energieträger.
Wieviel Energie ist nun in einem System enthalten? Bevor diese Frage beantwortet werden kann, müssen zuerst die Grundsätze des Bilanzierens geklärt werden.

→ **Beispiel**

Bei der aus der Mechanik bekannten kinetischen Energie E_{kin} ist die mengenartige Größe dX der Impuls $dJ = m \cdot dc$ mit der Einheit Ns, die zugehörende intensive Zustandsgröße die Geschwindigkeit c mit der Einheit m/s. Für die kinetische Energie gilt damit:

$$\Delta E_{kin,12} = E_{kin,2} - E_{kin,1} = \int_1^2 c \cdot mdc = \frac{1}{2} \cdot m \cdot (c_2{}^2 - c_1{}^2).$$

Die Zusammenführung der Einheiten von Impuls und Geschwindigkeit führt zur Energieeinheit Joule:

$$\frac{\text{kg} \cdot \text{m}}{\text{s}} \cdot \frac{\text{m}}{\text{s}} = \frac{\text{kg} \cdot \text{m}}{\text{s}^2} \cdot \text{m} = \text{N} \cdot \text{m} = \text{J}\,.$$

Die Methode der Bilanzierung

Mengenartige oder extensive Größen beziehen sich immer auf einen geometrischen Raumbereich. Hierzu zählen die Masse, die elektrische Ladung, der Impuls, die Energie oder die Entropie. Neben den mengenartigen Größen gibt es auch Größen, die sich auf zwei Punkte beziehen, wie die Länge oder die elektrische Spannung als Differenz zwischen zwei elektrischen Potenzialen. Es gibt auch Größen, die sich nur auf einen Punkt im Raum beziehen, so die Temperatur oder die Geschwindigkeit. Aber nur die mengenartigen Größen sind bilanzierbar.
Das Prinzip der Bilanzierung ist immer gleich. Zuerst ist natürlich die Bilanzgröße X zu wählen und der Bilanzraum zu definieren, indem die Bilanzgrenzen festgelegt werden, die ihn umschließen.

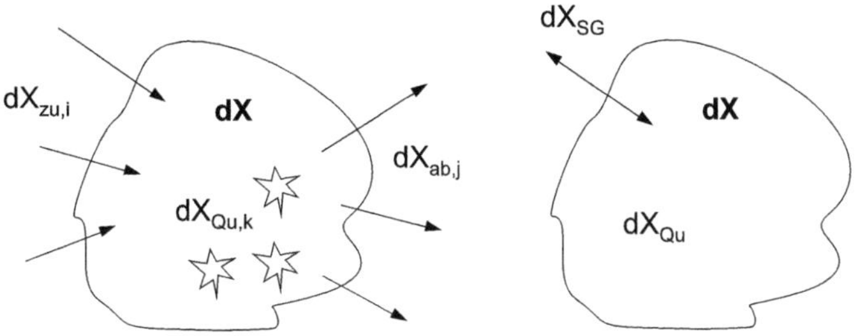

Abb. 14.1 Graphische Darstellung der Methode der Bilanzierung

Die allgemeine Struktur der Bilanzgleichung für die Bilanzgröße X lautet in differentieller Form, wie Abb. 14.1 zeigt:

$$dX = \sum_i dX_{zu,i} - \sum_j dX_{ab,j} + \sum_k dX_{Qu,k}. \tag{14.4}$$

Die Änderung der Bilanzgröße dX im Bilanzraum in einem differentiellen Zeitabschnitt dt entspricht der Summe aller innerhalb dieses Zeitabschnitts über die Bilanzgrenzen zugeführten Mengen $\sum dX_{zu,i}$, abgeführten Mengen $\sum dX_{ab,j}$ und der innerhalb der Bilanzgrenzen im betrachteten Zeitraum neu erzeugten Mengen $\sum dX_{Qu,k}$.
Der Index Qu kennzeichnet hier eine Quelle, die die Bilanzgröße X erzeugt [4]. Fasst man alle die Systemgrenzen überschreitenden Terme zu

$$dX_{SG} = \sum_i dX_{zu,i} - \sum_j dX_{ab,j}$$

und alle Einzelquellen im Systeminneren mit

$$dX_{Qu} = \sum_k dX_{Qu,k}$$

zusammen, so gestaltet sich die Bilanzgleichung übersichtlicher:

$$dX = dX_{SG} + dX_{Qu}. \tag{14.5}$$

Der Term dX_{SG} wird als *Transportterm*, der Term dX_{Qu} als *Quellterm* bezeichnet, während die linke Seite der Gleichung dX den *Speicherterm* bildet. Die allgemeine Form der Bilanzierung sagt also aus, dass die Änderung des Speicherterms der betrachteten Größe X gleich der Summe aus Transport- und Quellterm ist. Weitere Möglichkeiten X zu verändern gibt es nicht. Ändert sich die Menge von X in einem abgeschlossenen System, so muss für X eine Quelle X_{Qu} existieren.
Wird die Änderung von X über einen endlichen Zeitraum Δt betrachtet, erhält Gl. (14.5) durch Integration über die Zeit t die Form

$$X(2) - X(1) = \Delta X = \Delta X_{SG} + \Delta X_Q. \tag{14.6}$$

Die Indizes 1 und 2 beziehen sich hier auf zwei Zustände des Bilanzraums, die in einem Zeitabstand von $\Delta t = t_2 - t_1$ betrachtet werden. Sollen dagegen kontinuierliche Prozesse bilanziert werden, so erhält man durch den Bezug von Gl. (14.5) auf die differentielle Zeit

$$\frac{dX}{dt} = \dot{X} = \dot{X}_{SG} + \dot{X}_{Qu}. \tag{14.7}$$

Der Speicherterm dX/dt beschreibt nun die zeitliche Änderung der Größe X innerhalb des Bilanzraums, der Transportterm $\dot{X}_{SG}$ die Summe der Zuflüsse und Abflüsse je Zeiteinheit über dessen Systemgrenzen und der Quellterm $\dot{X}_{Qu}$ die je Zeiteinheit im Inneren des Bilanzraums erzeugte oder vernichtete Menge der Bilanzgröße X. Diese Betrachtungsweise ist dann sinnvoll, wenn z.B. ein Strom der zu bilanzierenden Größe kontinuierlich in den Bilanzraum hinein- oder durch ihn hindurchfließt. Zudem ist der Ansatz geeignet, instationäre Vorgänge zu bilanzieren.

---

[4] Denkbar ist natürlich auch, dass die bilanzierte Substanz z.B. durch eine chemische Reaktion abgebaut wird. Im Folgenden soll dies einfach als „negative Erzeugung“ durch ein negatives Vorzeichen beim Quellterm interpretiert werden. Eine negative Quelle wird oft auch als Senke bezeichnet. Dies gilt natürlich auch für Quellen/Senken nichtchemischer Natur.

Erhaltungsgrößen

Es gibt bestimmte mengenartige Bilanzgrößen X^E, für die der Quellterm dX^E_{Qu} in Gl. (14.5) immer gleich null ist. Diese Größen werden als *Erhaltungsgrößen* bezeichnet, ihre Bilanzgleichung lautet:

$$dX^E = dX^E_{SG} \tag{14.8}$$

Eine Änderung der gespeicherten Bilanzgröße geht immer einher mit einem Transport dieser Bilanzgröße über die Systemgrenze. Zu den Erhaltungsgrößen gehören die Masse[5] m, die elektrische Ladungsmenge Q_{el}, der Impuls J und auch die Energie E. Die Erfahrung, dass Energie nicht erzeugt oder vernichtet werden kann - die Bilanzgröße Energie besitzt keinen Quellterm - wird als *Erster Hauptsatz der Thermodynamik* bezeichnet.

Energiebilanzierung

Wendet man die allgemeine Methode der Bilanzierung auf die *Energie* eines begrenzten Raumbereichs (also eines Systems) an, so erhält man die Energiebilanz. Nach dem *Ersten Hauptsatz der Thermodynamik* gibt es für die Energie keinen Quellterm. Es gilt daher in differentieller Schreibweise:

$$dE = dE_{SG} \tag{14.9}$$

Bei kontinuierlichen Prozessen ist die Energieänderung im System je Zeiteinheit dE/dt gleich dem über die Systemgrenze transportierten Energiestrom:

$$\frac{dE}{dt} = \dot{E}_{SG} \tag{14.10}$$

Damit wurde bereits implizit eine Vorzeichenregelung eingeführt: Dem System zugeführte Energie wird positiv, dem System entnommene Energie negativ bilanziert. Der Transport von Energie über die Systemgrenze kann nur über drei verschiedene Pfade erfolgen: als *Arbeit* W, als *Wärme* Q oder als *an Materie gebundene Energie* E_{mat} (Energiemassentransport). Damit lautet die Energiebilanz aus Gl. (14.9):

$$dE = dW + dQ + dE_{mat}\,. \tag{14.11}$$

Hat sich die im Systeminneren gespeicherte Energie verändert, muss über die Grenzen des Systems Energie transportiert worden sein. Entweder wurde vom System oder am System Arbeit verrichtet, Materie mit daran gebundener Energie über die Systemgrenze gebracht oder es wurde Wärme übertragen.
Für zeitkontinuierliche Prozesse gilt

$$\frac{dE}{dt} = P + \dot{Q} + \dot{E}_{mat} \tag{14.12}$$

[5] Die Massenerhaltung gilt nicht für kernphysikalische und relativistische Betrachtungen.

mit der Leistung $P = dW/dt = \dot{W}$, dem Wärmestrom $\dot{Q}$ und dem an Materietransport gekoppelten Energiestrom $\dot{E}_{mat}$.

→ Zustands- und Prozessgrößen

Nach der Definition sind thermodynamische Größen nur dann Zustandsgrößen Z, wenn sie über ein totales Differential dZ verfügen, wenn also der Satz von Schwarz zutrifft. Dies gilt nicht für die soeben neu eingeführten Formen des Energietransports. Wärme Q, Arbeit W und an Materietransport gekoppelte Energie E_{mat} sind also keine Zustandsgrößen, sondern werden als *Prozessgrößen* bezeichnet. Mathematisch korrekt darf eine infinitesimale Menge Wärme also nicht mit dQ bezeichnet werden. Viele Lehrbücher der Thermodynamik verwenden zur Unterscheidung von Prozessgrößen daher das griechische δ, entsprechend δQ, δW und δE_{mat}. Die differentielle Energiebilanz nach Gl. (14.11) lautet dann

$$dE = \delta W + \delta Q + \delta E_{mat} ,$$

wie sie z.B. bei Herwig [14] zu finden ist. An dieser Stelle wird auf diese „akademische“ Unterscheidung verzichtet. Es ist jedoch wichtig zu wissen: Prozessgrößen treten nur während einer Zustandsänderung (einem „Prozess“) auf: Wurde ein System aus dem Energiezustand E_a durch den Prozess „A“ ($a \to 1 \to 2 \to b$) in den Zustand E_b verbracht, so sind für genau diese Zustandsänderung die Prozessgrößen Q_A, W_A und $E_{mat,A}$ angebbar. Diese sind von der Art der Zustandsänderung, vom „Weg“ des Prozesses abhängig, nicht nur vom Ausgangs- und Endzustand des Systems a bzw. b.

Wurde das System beim Prozess „B“ vom Ausgangszustand a über einen anderen Weg, z.B. $a \to 3 \to 4 \to b$ in den gleichen Endzustand b gebracht, so werden die Prozessgrößen Q_B, W_B und $E_{mat,B}$ daher im Allgemeinen nicht mit Q_A, W_A und $E_{mat,A}$ übereinstimmen. Prozessgrößen sind also wegabhängig und nur für einen bestimmten Prozess angebbar.

Eigenschaften der Energie

Zusammenfassend ist festzuhalten:

- Energie bezeichnet das Potential eines Systems, eine Veränderung an einem anderen System oder seiner Umwelt zu verrichten.
- Die Einheit der Energie ist das J (Joule).
- Als Erhaltungsgröße kann Energie weder erzeugt noch vernichtet werden.
- Die im System gespeicherte Energie kann nur durch Energietransport über die Systemgrenzen in Form von Arbeit, Wärme oder materiegekoppelter Energie verändert werden.
- Transportenergien sind Prozessgrößen, also vom Weg des Prozesses abhängig.
- Energiebilanzen sind immer und für alle Vorgänge aufstellbar.

14.3 Die Entropie

In den Lehrbüchern zur Thermodynamik findet sich eine Vielzahl unterschiedlicher Ansätze, die Zustandsgröße *Entropie* für den Leser nachvollziehbar einzuführen. Oft scheint jedoch nur der Autor selbst von der Anschaulichkeit seines Ansatzes überzeugt – die Entropie bleibt meist eine unverständliche Zustandsgröße. Um den vielen Versuchen nicht noch einen weiteren erfolglosen „überzeugenden" Ansatz hinzuzufügen, sollen hier nur die Eigenschaften der Entropie beschrieben werden.
Thermodynamisch betrachtet ist die Entropie eine extensive (also mengenartige) Zustandsgröße mit der Einheit J/K. Einige Autoren weisen der Entropie eine eigene Einheit Ct zu, die an den französischen Physiker Carnot erinnert (1 J/K = 1 Ct). Als Formelzeichen wird (einheitlich) S bzw. in spezifischer Form s verwendet. Die Entropie ist eine sehr wichtige Zustandsgröße, da sie die Möglichkeiten von Energiewandlungen oder -umladungen massiv einschränkt.
Trotz dieser zentralen Bedeutung fand der Begriff der Entropie erst spät Eingang in die Physik. Leonard Sadi Carnot (1796 - 1832) gelang es erstmals, die durch den *Zweiten Hauptsatz* gegebenen Einschränkungen bei thermischen Energiewandlungen mit dem nach ihm benannten maximalen Wirkungsgrad zu quantifizieren. Die Zustandsgröße „Entropie" wurde erstmals von Rudolf Clausius 1854 definiert.

→ Historisches zur Entropie

Interessanterweise wurde der Zweite Hauptsatz der Thermodynamik schon fast 20 Jahre vor dem Ersten Hauptsatz gefunden. Dies gelang im Jahr 1824 dem damals 28-jährigen Franzosen Nicolas Leonard Sadi Carnot in seiner Abhandlung „Betrachtungen über die bewegende Kraft des Feuers". Darin beantwortete er die mit der fortschreitenden Entwicklung der Dampfmaschinentechnik damals aktuelle Frage nach dem maximal erreichbaren Wirkungsgrad. Jedoch erst Rudolf Clausius gelang es in mehreren Aufsätzen zwischen 1850 und 1865, beide Hauptsätze exakt und fehlerfrei zu formulieren. Clausius führte schließlich auch den Begriff der Entropie ein, mit dem der Zweite Hauptsatz der Thermodynamik heute formuliert wird: *Bei jedem natürlichen Prozess nimmt die Entropie des Gesamtsystems zu.*
Nach der „Entdeckung" der Zustandsgröße Entropie wurden in der zweiten Hälfte des 19. Jahrhunderts in allen Bereichen der Wissenschaft lebhaft die Folgen des Zweiten Hauptsatzes diskutiert, vor allem die Bemerkung von Rudolf Clausius, die Welt strebe im Grenzzustand der maximalen Entropie dem *Wärmetod* zu.

Entropiebilanzierung

Wenn die Entropie eine extensive Zustandsgröße ist, muss eine Bilanzierung nach Gl. (14.5) möglich sein. In allgemeinster Form lautet diese:

$$\frac{dS}{dt} = \dot{S}_{SG} + \dot{S}_{Qu} \,. \tag{14.13}$$

Die Entropie des Systems ändert sich, wenn Entropie über die Systemgrenze als $\dot{S}_{SG}$ fließt oder wenn ein Quellterm für Entropie im Innern $\dot{S}_{Qu}$ besteht.

Entropiequelle

Im Gegensatz zur Energie ist die Entropie *keine* Erhaltungsgröße, da sie einen positiven Quellterm besitzt: Entropie kann also erzeugt, nicht aber vernichtet werden. Diese Erfahrungstatsache bildet den *Zweiten Hauptsatz der Thermodynamik*. Es gilt also:

$$\dot{S}_{Qu} \geq 0. \tag{14.14}$$

Wie im Kapitel 14.5 gezeigt wird, erzeugen alle Ausgleichsvorgänge innerhalb eines Systems oder zwischen Systemen Entropie. Ausgleich kann stattfinden z.B. hinsichtlich unterschiedlicher Temperaturen, Drücke, Konzentrationen oder Geschwindigkeiten. Entsprechend nimmt die Menge an Entropie bei natürlichen Prozessen immer zu. Nur im Grenzfall des *reversiblen* Prozesses wird keine Entropie erzeugt. Die im System bei nichtreversiblen Zustandsänderungen (ungewollt) erzeugte Entropie $\dot{S}_{Qu}$ wird entsprechend auch als *irreversible* Entropieerzeugungsrate $\dot{S}_{irr}$ bezeichnet:

$$\dot{S}_{irr} \equiv \dot{S}_{Qu} \geq 0. \tag{14.15}$$

Die Entropiezunahme ist nicht immer im System selbst feststellbar, oft entsteht sie beim Transport von Energie über die Systemgrenze hinweg und findet sich anschließend in der Umgebung wieder. Eine Bilanz über das System mit seiner Umgebung zeigt dann, dass Entropie neu entstanden ist.

→ Reversibel und irreversibel

Jede natürliche Zustandsänderung und jeder Prozess verläuft unter Entropiebildung irreversibel ab. Da Entropie nach dem Zweiten Hauptsatz der Thermodynamik nicht vernichtet werden kann, kann dieser Vorgang nicht mehr rückgängig gemacht werden, ohne Veränderungen in der Umgebung oder in einem anderen System zu hinterlassen. Reversible Zustandsänderungen und Prozesse sind also immer nur gedacht und bestenfalls im Labor mit sehr großem Aufwand näherungsweise erreichbar.

Entropietransport

Nach Gl. (14.13) ist die in einem definierten System enthaltene Entropiemenge auch durch Transport über die Systemgrenze hinweg (hier mit $\dot{S}_{SG}$) veränderbar. Man weiß inzwischen, dass der materiegebundene Energietransport und der Transport von Wärme über die Systemgrenze die Entropie des Systems verändert.
Mit Einführung der Bezeichnungen $\dot{S}_Q$ und $\dot{S}_{mat}$ für diese Anteile lautet die Gl. (14.13) nun:

$$\frac{dS}{dt} = \dot{S}_Q + \dot{S}_{mat} + \dot{S}_{irr} \tag{14.16}$$

Der Index Q kennzeichnet die mit der Wärme Q transportierte Entropie und sollte nicht mit dem Index Qu verwechselt werden, der einen Quellterm kennzeichnet.
Für die Bilanzgleichung der Entropie eines offenen Systems gilt damit in differentieller Schreibweise:

$$dS = dS_Q + dS_{mat} + dS_{irr} \;, \tag{14.17}$$

für ein geschlossenes System entsprechend $dS = dS_Q + dS_{irr}$. Die in einem System gespeicherte Menge an Entropie S verändert sich laut dieser Bilanzgleichung nur dann, wenn über die Systemgrenze hinweg an Wärme oder an Materie gebundene Entropie ausgetauscht wird oder Entropie im Inneren des Systems neu entsteht. Nur im Grenzfall des reversiblen Prozesses verschwindet der Entropiequellterm $d\dot{S}_{irr}$.

Entropie und Wärme

Nach der Definition der Energie in Gl. (14.1) ist für jede Form der Energie ein Energieträger oder -speicher dX und eine zugehörende intensive Zustandsgröße y angebbar. Für die Prozessgröße Wärme gilt in differentieller Schreibweise:

$$dQ = T \cdot dS_Q \;. \tag{14.18}$$

Mit dem Wärmetransport über eine Systemgrenze ist entsprechend immer auch ein Entropietransport verbunden. Der sehr gute „Wärmeleiter" Metall kann also auch als sehr guter Entropieleiter bezeichnet werden, wie es F. Herrmann in seinen Arbeiten [13] macht.

Entropie und Masse

Auch Materie ist immer entropiebehaftet: Das nach H.W. Nernst (1864 - 1941) benannte *Wärmetheorem*, das von Max Planck erweitert wurde, besagt, dass Materie bei positiven absoluten Temperaturen immer Entropie besitzt. Nur kristalline Stoffe erreichen beim absoluten Nullpunkt von 0 Kelvin den Entropiewert Null.
Entsprechend befindet sich innerhalb des Systems die gespeicherte Entropiemenge S und in der über die Systemgrenze zugeführten Masse die Entropiemenge S_{mat}.

Vereinfachte Bilanzen

Bei Systemen mit abgeschlossenen Systemgrenzen vereinfacht sich Gl. (14.17). Die Entropie im Inneren nimmt nur in dem Maße zu, wie Entropie durch irreversible Prozesse entsteht:

$$\text{Abgeschlossenes System: } dS = dS_{irr}. \tag{14.19}$$

Bei einem geschlossenen System ist lediglich der Transport von Materie nicht erlaubt, hier gilt also:

$$\text{Geschlossenes System: } dS = dS_Q + dS_{irr}. \tag{14.20}$$

Der zweite Hauptsatz der Thermodynamik schränkt die Zahl der möglichen Energiewandlungen stark ein, wie später gezeigt wird.

Entropie und Wahrscheinlichkeit

Dem österreichischen Physiker Ludwig Boltzmann (1844-1906) gelang es im Jahr 1871 mit seiner kinetischen Gastheorie, die Entropie auf Basis der klassischen Mechanik zu definieren. Nach Boltzmann ist die Entropie ein Maß für die Anzahl der Realisierungsmöglichkeiten W des Zustandes eines Systems. Eine wahrscheinlichkeitstheoretische Überlegung kommt immer zu dem Ergebnis, dass der Zustand mit der größeren Anzahl von Realisierungsmöglichkeiten auch der wahrscheinlichere ist. Entsprechend ändern sich Systeme immer in Richtung wahrscheinlicherer Zustände. Bei Anwendung des Begriffs der Entropie bedeutet dies, dass sich Systeme in Richtung größerer Entropie ändern. Damit erklärt sich die „Triebkraft", die hinter allen natürlichen Ausgleichsvorgängen „steckt", sei es der Temperaturausgleich in einem Volumen, der Ausgleich unterschiedlicher Konzentrationen oder der Druckausgleich.
Diese Definition soll an einem (hoffentlich) anschaulicheren Beispiel erläutert werden: In einem italienischem Eis-Café werde ein idealer Latte macchiato serviert, wie ihn Abb. 14.2 zeigt.

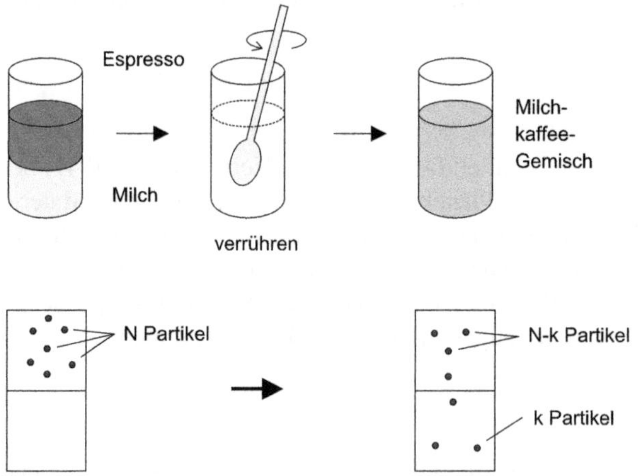

Abb. 14.2 Zur Visualisierung des Zweiten Hauptsatzes.

In der unteren Glashälfte befindet sich Milch, darüber eine gleich hohe Schicht Espresso. Es sei hier angenommen, dass sich die beiden Flüssigkeiten trotz unterschiedlicher Dichte und chemischer Eigenschaften beliebig mischen lassen. Nach ausgiebigem Verrühren erhalten wir ein vollständiges Milch-Kaffee-Gemisch, das

nach menschlicher Erfahrung niemals mehr durch bloßes Weiterrühren in seinen Ausgangszustand getrennter Flüssigkeitsschichten zurückgeführt werden kann. Wie ist das zu erklären?
Man nehme an, dass beim Kaffeerösten N Farbpartikel entstanden sind, die nun die schwarz-braune Färbung des Espresso verursachen. Nach den mathematischen Gesetzen der Kombinatorik gibt es

$$W(N) = 2^N \tag{14.21}$$

Realisierungsmöglichkeiten, wie sich nach dem Verrühren diese N Partikel in der oberen oder unteren Glashälfte anordnen können. Hier wird nur zwischen zwei möglichen Zuständen – oben oder unten – unterschieden. k sei die Anzahl der Farbpartikel in der unteren Glashälfte. Nur in genau einer der 2^N Möglichkeiten sind alle Farbpartikel in der oberen Glashälfte ($k = 0$) zu finden, wie es im Ausgangszustand der Fall war.
Die Mathematik liefert in der Binominalverteilung den Lösungsansatz zur Berechnung der Eintrittswahrscheinlichkeit dieses Zustands: Die Wahrscheinlichkeit p, dass k von insgesamt N Partikeln sich in einem der beiden erlaubten Zustände befinden, beträgt:

$$p\,(k,N) = \frac{W_k}{W(N)} \tag{14.22}$$

mit W_k als der Anzahl der Realisierungsmöglichkeiten dieses Zustands,

$$W_k = \binom{N}{k} = \frac{N!}{k! \cdot (N-k)!}\ . \tag{14.23}$$

Entsprechend beträgt die Eintrittswahrscheinlichkeit für die Partikelanordnung zu Beginn

$$p\,(0,N) = \frac{1}{W(N)} = \frac{1}{2^N} = 2^{-N}\ ,$$

es gibt genau einen Zustand, in dem alle Partikel oben sind, also $W_k(k = 0) = 1$ gilt. Schon bei $N = 100$ Partikeln beträgt die Eintrittswahrscheinlichkeit nur noch $p\,(0,100) = 7{,}9 \cdot 10^{-29}\%$ – die Wahrscheinlichkeit, dass sich die Partikel beim Rühren alle in der oberen Glashälfte wiederfinden, ist also nahezu gleich Null. Abb. 14.3 zeigt die Verteilungskurve für diesen Fall.
Die Wahrscheinlichkeit, dass sich genau $k = 1$ Partikel in der unteren Hälfte aufhält, ist schon N-fach größer, da $p\,(1,N) = N/2^N$ ist. Die Wahrscheinlichkeit für $k = 2$ Partikel in der Milch ist mit p = $4.950/2^N = 3{,}9 \cdot 10^{-25}$ % wieder größer, aber immer noch sehr gering. Individualisiert man die Partikel, indem man ihnen eine Nummer 1 … N zuordnet, kann der Zustand $k = 2$ realisiert werden, wenn sich die Partikel 1 und 2 oder 3 und 6 oder 47 und 100 usw. unten aufhalten. Es gibt insgesamt $W_K =$ 4.950 Kombinationsmöglichkeiten.
Die Wahrscheinlichkeit, dass sich jeweils die Hälfte der Partikel oben und unten aufhalten, beträgt dagegen $p\,(k = \frac{N}{2}, N)$ = etwa 8 %, weil es $W_k = 1{,}3 \cdot 10^{30}$ Realisierungsmöglichkeiten für diesen Fall gibt! Für den Fall, dass mehr als die Hälfte

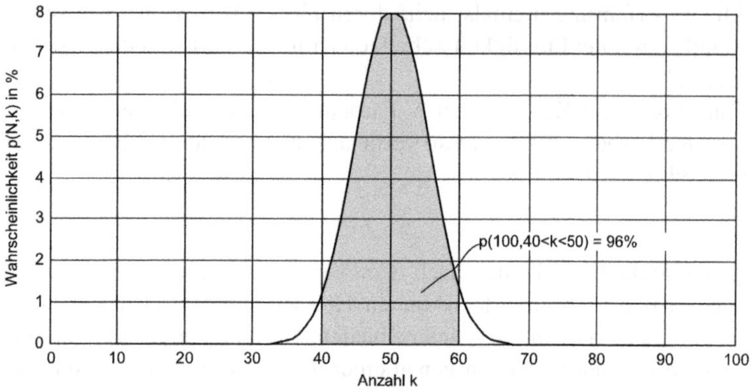

Abb. 14.3 Dichtefunktion der Wahrscheinlichkeit $p(k,N)$ nach Gl. (14.22) für den Fall, dass k der $N = 100$ Elemente in einer Glashälfte anwesend sind.

der Partikel sich in der Milch aufhalten sollen, sinkt die Eintrittswahrscheinlichkeit wieder ab, wie Abb. 14.3 zeigt.
Die Wahrscheinlichkeit, dass sich zwischen 45 und 55 Partikel in einer Glashälfte befindet, beträgt nach

$$p(a \leq k \leq b,N) = \sum_{a}^{b} p(k,N) \tag{14.24}$$

bereits 73 %, bereits mit 96 %-iger Wahrscheinlichkeit halten sich zwischen 40 und 60 Partikel in jeweils einer Glashälfte auf.
Ludwig Boltzmann – und parallel zu diesem auch James Clark Maxwell – hat den Logarithmus der Anzahl der Realisierungsmöglichkeiten W_k eines Zustands als Entropie gesetzt,

$$S = k_B \cdot ln(W_k) \; , \tag{14.25}$$

und anhand seiner kinetischen Gastheorie gezeigt, dass die später nach ihm benannte Proportionalitätskonstante den Wert $k_B = (1,3806503 \pm 0,0000024) \cdot 10^{-23}$ J/K hat [2]. Boltzmann untersuchte nicht die geometrische Verteilung der Gasmoleküle im Raum, sondern die Verteilung der kinetischen Energie der einzelnen Moleküle, die über $E_{kin,i} = m_i \cdot c_i^2/2$ unmittelbar von deren Geschwindigkeitsverteilung abhängt.
Mit der Entropie-Definition nach Boltzmann liest sich die thermodynamische Beschreibung der Vermischung nun: Der unwahrscheinliche Ausgangszustand des Systems zu Beginn war ein Zustand sehr geringer Entropie mit S_a. Das System erhöhte mit dem Mischen nach den Gesetzen der Wahrscheinlichkeitsrechnung seine Entropie und erreichte bei vollständiger Durchmischung seinen Gleichgewichtszustand mit maximaler Entropie S_{max}. Eine Rückkehr zu einem Zustand geringerer Entropie mit weniger Realisierungsmöglichkeiten ist nicht ausgeschlossen, aber sehr unwahrscheinlich.

Macht man sich die Tatsache bewusst, dass sich allein in 100 ml Milch oder Wasser mehr als $3{,}35 \cdot 10^{24}$ Moleküle befinden[6], dann sind Zustandsänderungen mit Entropieabnahme in Wirklichkeit quasi unmöglich.
Der Zweite Hauptsatz ist im Übrigen das einzige Naturgesetz der Physik, das die Richtung der Zeit festlegt. Würde man das oben beschriebene Experiment im Eis-Café mit einer Kamera aufnehmen und den Film später rückwärts ablaufen lassen, würde jeder Mensch dies an der „unnatürlichen" Entmischung erkennen können. Auch jeder andere denkbare Vorgang, beispielsweise das Zersplittern des Latte-macchiato-Glases nach dem Sturz vom Tisch, verletzt kein physikalisches Grundgesetz, wenn er rückwärts abläuft: Die kinetische Energie der Glassplitter ist in der Summe genau so groß wie zuvor die potenzielle Energie des unversehrten Glases auf dem Tisch war, die Energiebilanz stimmt also. Nur die Entropieabnahme zeigt, dass der Vorgang in der Realität doch sehr unwahrscheinlich wäre.

Eigenschaften der Entropie

Die gefundenen Eigenschaften der Entropie lassen sich in folgenden Sätzen zusammenfassen:

- Entropie ist ein Maß für die mikroskopischen Realisierungsmöglichkeiten des makroskopischen Zustands eines Systems.
- Entropie beschreibt eine bestimmte Eigenschaft von Materie, also von Atomen, Molekülen, aber auch den Photonen elektromagnetischer Strahlung.
- Die Entropie mit dem Formelzeichen S führt die Einheit J/K.
- Der Zustand mit der größeren Anzahl von thermodynamischen Realisierungsmöglichkeiten ist immer der wahrscheinlichere und damit der Zustand mit höherer Entropie.
- Systeme verändern sich (ohne äußere Beeinflussung) immer in Richtung wahrscheinlicher Zustände, also in Richtung höherer Entropie.
- Die in einem System enthaltene Entropie nimmt zu, wenn über die Systemgrenze Masse zugeführt wird: Mit Zunahme der Zahl der Teilchen innerhalb der Systemgrenzen steigt die Zahl der Realisierungsmöglichkeiten.
- Die in einem System enthaltene Entropie nimmt auch bei Wärmezufuhr über die Systemgrenze zu: Die Zahl der möglichen Energiezustände der einzelnen Moleküle nimmt mit der Temperatur zu und damit die Zahl der Realisierungsmöglichkeiten des Gesamtsystems.
- Die Entropie eines Systems nimmt auch dann zu, wenn im Innern Ausgleichsvorgänge (bzgl. Temperatur, Druck, Geschwindigkeit, Konzentration ...) stattfinden.

[6] Die molare Masse von Wasser beträgt $M = 18$ g/mol. Ein Mol eines Stoffes enthält $N_A = 6{,}023 \cdot 10^{23}$ Teilchen. Damit gilt $N = 100$ g / 18 g/mol $\cdot N_A$ Teilchen/mol $= 3{,}35 \cdot 10^{24}$ Wassermoleküle.

14.4 Die Energie des Systems

Alle in der Praxis unterschiedenen Erscheinungsformen der Energie lassen sich durch die Verknüpfung einer mengenartigen (extensiven) Zustandsgröße des Energieträgers und einer energiekonjugierten intensiven Zustandsgröße nach Gl. (14.1) darstellen.
Die Tabelle 14.1 zeigt in einer (nicht vollständigen) Übersicht die möglichen Energiespeicher eines Systems. Jedem Energiespeicher ist jeweils eine extensive und eine intensive Zustandsgröße zugewiesen.

Tabelle 14.1 Zusammenstellung der möglichen Energiespeicher eines Systems (nach [20]).

Energie Erscheinungsform	**Extensive Zustandsgröße** „Energiespeicher"	**Intensive Zustandsgröße** „Füllstand"
Translatorische kin. Energie $dE = c\,dJ$	Impuls dJ in kg m/s	Geschwindigkeit c in m/s
Rotatorische kin. Energie $dE = \omega\,dL$	Drehimpuls dL in kg m^2/s	Winkelgeschwindigkeit ω in 1/s
Potenzielle Energie $dE = mg\,dz$	geod. Höhe dz in m	Gewichtskraft $F_G = mg$ in N
Elektrische Energie $dE = U_{el}\,dQ_{el}$	el. Ladung dQ_{el} in As	el. Spannung U_{el} in V
Chemische Reaktionsenergie $dE = \mu\,dn$	Stoffmenge dn in mol	chem. Potential μ in J/mol
Innere Energie, thermischer Anteil $dE = T\,dS$	Entopie dS in J/K	Temperatur T in K
Kernphysikalische Energie $dE = c_0^2\,dm$	Massendefekt dm in kg	Lichtgeschw. c_0 in m/s

Die Systemenergie E_{Sys} ist nichts anderes als die Summe aller Energiespeicher im Inneren des Systems. Man unterscheidet Innere und Äußere Energie,

$$E_{Sys} = E_{aussen} + E_{innen} \, , \tag{14.26}$$

wobei die Äußere Energie des Systems die mechanischen Energien zusammenfasst, die das Gesamtsystem mitführt. Meist genügt es hier, wenn Masse und Massenschwerpunkt des Systems bekannt sind (vgl. Abb. 14.4 e.).

Äußere Energien

Zur Äußeren Energie zählen neben der bereits bekannten kinetischen und potenziellen Energie auch noch die Rotationsenergie, wenn das System eine Drehbewegung ausübt. Die translatorische kinetische Energie eines Systems ist

$$E_{kin} = m \cdot \frac{c^2}{2} \, , \tag{14.27}$$

mit der Geschwindigkeit c als Relativgeschwindigkeit zu einem Bezugssystem, z.B. dem Erdboden. Die potenzielle Energie eines Systems bezüglich des Schwerefeldes der Erde ist

$$E_{pot} = m \cdot g \cdot z \,, \tag{14.28}$$

wobei z die Höhendifferenz zu einer Bezugshöhe, i. A. dem Meeresspiegel, darstellt. Die Rotationsenergie eines sich um eine Achse drehenden Systems berechnet sich aus

$$E_{rot} = \Theta \cdot \frac{\omega^2}{2} \,, \tag{14.29}$$

hierbei ist Θ das auf die Rotationsachse bezogene Trägheitsmoment und ω die Winkelgeschwindigkeit.
Sofern das System Schwingungen ausführt, muss die Vibrationsenergie als weitere äußere Energie berücksichtigt werden. So wie potenzielle Energie an die Masse im Schwerefeld der Erde gebunden ist, so besitzt ein magnetisierbarer Körper in einem magnetischen Feld oder ein elektrisch geladenes System in einem elektrischen Feld ebenfalls potenzielle Energie, die der äußeren Energie zugerechnet werden muss. Diese Fälle werden hier nicht weiter betrachtet.

Innere Energie U

Die Innere Energie, die das Formelzeichen U trägt, umfasst jede Systemenergie nichtmechanischen Ursprungs. Die Definitionsgleichung der Inneren Energie lautet entsprechend

$$U = m \cdot u = E_{Sys} - \sum E_{aussen} .$$

Die spezifische Innere Energie u ist die auf die Masse des Sytems bezogene Innere Energie U. Die Innere Energie umfasst also alle Energien, die im Inneren des Systems gespeichert sind. Dazu zählen die gesamte ungerichtete kinetische und potenzielle Energie der Moleküle bzw. Atome der Systemmasse[7]. Zur Inneren Energie zählen aber auch die chemische Energie, die kernphysikalische (nukleare) und die elektromagnetische Energie des Systems.
Der *thermisch-kinetische Anteil* der Inneren Energie umfasst die kinetische Energie aller Molekularbewegungen (vgl. Abb. 14.4d). Aufgrund der sehr großen Zahl der Moleküle in einem makroskopischen System, sei es ein Gasvolumen, eine Flüssigkeitsmenge oder ein Feststoff, kann die Bewegungsenergie der Moleküle nur mit Hilfe statistischer Ansätze berechnet werden. Die mechanische Betrachtungsweise einzelner Massepunkte versagt hier, da dazu die Massen, Impulse und Rotations- und Schwingungsbewegungen aller Moleküle bekannt sein müssten. Nach der *kinetischen Theorie der Wärme* von Boltzmann ist die absolute Temperatur T mit der Einheit Kelvin (K) ein Maß für die kinetische Energie der Moleküle. Neben

[7] Dieser Energieanteil der Inneren Energie ist damit lediglich eine Erscheinungsform der bereits bekannten mechanischen Energie auf molekularer bzw. atomarer Ebene.

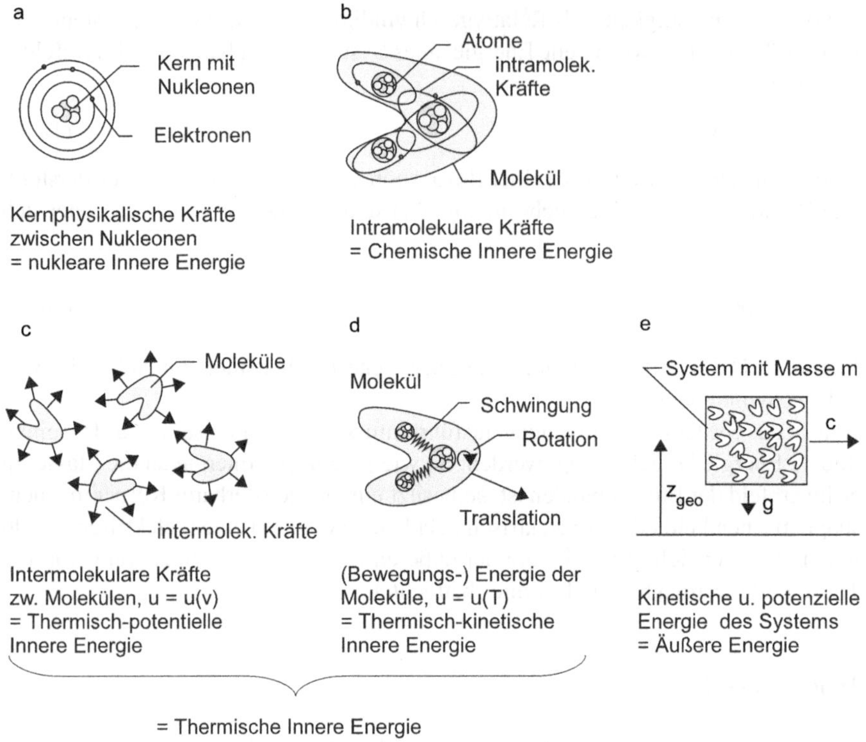

Abb. 14.4 Graphische Darstellung der verschiedenen Anteile der Inneren Energie des Systems (a-d) und seiner Äußeren Energie (e). a) nuklearer Anteil, b) chemischer Anteil, c) thermisch-potenzieller und d) thermisch-kinetischer Anteil der Inneren Energie

der Translationsbewegung können mehratomige Moleküle auch Schwingungen oder Rotationen ausführen. Der thermisch-kinetische Anteil der Inneren Energie wird durch die Gleichung $u_{th,k} = u(T)$ beschrieben.
Zwischen den Molekülen bzw. Atomen wirken intermolekulare Wechselwirkungskräfte, die den *thermisch-potenziellen Anteil* der Inneren Energie bilden (vgl. Abb. 14.4c). Die intermolekularen Kräfte zeigen eine starke Abhängigkeit vom Abstand der Moleküle, der direkt vom spezifischen Volumen v bestimmt wird. Das spezifische Volumen ist der Reziprokwert der Dichte $v = 1/\rho$. Wird durch Volumenänderung die Dichte eines Stoffes erhöht, verringert sich der Abstand zwischen den Molekülen und die Abstoßungskräfte erhöhen sich. Makroskopisch zeigt sich eine Druckerhöhung.
Die intensive Zustandsgröße *Druck* (Formelzeichen p) ist eine Folge der Bewegung der Moleküle innerhalb eines Systems und der intermolekularen Wechselwirkungen. Die in der Energietechnik sehr wichtige Wechselwirkung auf molekularer Ebene wird durch Änderung des Aggregatzustands eines Stoffes sichtbar. Es muss Energie aufgebracht werden, um die durch das Wirken von Anziehungs- und Abstoßungs-

kräften festgelegte Lage der Moleküle zueinander zu verändern. Man unterscheidet je nach Art des Phasenwechsels die Schmelzenergie, die Verdampfungsenergie und die Sublimationsenergie. Der *Thermisch-potenzielle Anteil der Inneren Energie* ist mit $u_{th,p} = u(v)$ beschrieben.

→ Druck

Der Druck ist in molekularer Betrachtung die auf die Umhüllungsfläche des Systems bezogene Kraft, die durch Stöße der Moleküle gegen die begrenzende Fläche entsteht. Die Stöße stellen die Impulsänderungen der Molekülmassen dar und es gilt

$$p = \frac{F}{A} = \frac{\sum_i m_i \cdot dJ_i/dt}{A} \,.$$

Die Einheit des Druckes ist das Pascal (Pa):

$$1\,\text{Pa} = 1\,\frac{\text{N}}{\text{m}^2} \,.$$

In der Praxis wird häufig anstelle der SI-Einheit Pa die Einheit bar verwendet mit

$$1\,\text{bar} = 10^5\,\text{Pa.}$$

Bei der Absorption (Lösung) einer Substanz in einem anderen Stoff wird ebenfalls Bindungsenergie frei, ebenso bei der Adsorption (Anlagerung) eines Stoffes an einen Feststoff. Diese Formen der potenziellen molekularen Energie werden als *physikalische Bindungsenergien* bezeichnet und ebenfalls der thermischen Inneren Energie zugerechnet.

Die Erfahrung lehrt, dass die makroskopisch sichtbaren und messbaren Zustandsgrößen p, v und T bei Zustandsänderungen miteinander verknüpft sind. Daher ist es sinnvoll, die mit den Zustandsgrößen Druck, spezifischem Volumen und Temperatur verbundene *thermische Innere Energie* u_{th} in Abhängigkeit von diesen Zustandsgrößen in der Formulierung $u_{th} = u(v,T)$ zu beschreiben, wie Kap. 14.7 zeigt.[8]

Die in der Materie enthaltene chemische Reaktionsenergie beruht auf den intramolekularen Bindungskräften (vgl. Abb. 14.4b). Bei chemischen Reaktionen werden Atome oder Elektronen ausgetauscht oder innerhalb des Moleküls umgelagert. Das chemische Potenzial μ in J/mol gibt an, welche Energie bei der chemischen Umwandlung einer Stoffmenge n frei wird. Damit ist der *chemische Anteil der Inneren Energie* $\Delta U_{chem} = \mu \cdot \Delta n$, wobei die Stoffmengenänderung Δn in mol hier den Energieträger darstellt. In der Energietechnik wird die chemische Energie von Brennstoffen als Heizwert oder Brennwert angegeben.

Subatomare Teilchen schließen sich unter Freisetzung von Bindungsenergie zu Atomkernen und Atomen zusammen (vgl. Abb. 14.4a). Atomare oder *kernphysikalische Energie* bezeichnet den Anteil der Inneren Energie, der im Zusammen-

[8] Bei Idealgas sind definitionsgemäß intermolekulare Wechselwirkungskräfte ausgeschlossen. Daher bewirkt eine Änderung des spezifischen Volumens auch keine Änderung der Inneren Energie, es gilt hier $u = u(T) = c_{v,id}\,\Delta T$.

hang mit Änderungen an der atomaren Zusammensetzung der Systemmasse auftritt, $\Delta U_{nukl} = c_0{}^2 \cdot \Delta m$.

→ Phasen und Aggregatzustand

Innerhalb von Systemen sind oft homogene Bereiche unterscheidbar, die *Phasen* genannt werden. Diese sind durch *Phasengrenzen* voneinander getrennt. Innerhalb einer Phase weisen alle intensiven, spezifischen und extensiven Zustandsgrößen einen konstanten Wert auf. An der Phasengrenze ändert sich der Wert mindestens einer spezifischen Zustandsgröße sprunghaft. Die intensiven Zustandsgrößen aneinandergrenzender Phasen dagegen streben einem Gleichgewicht zu. Bei sichtbaren Phasengrenzen ändert sich der Brechungsindex. Mischbare Stoffe wie Wasser und Glykol bilden eine gemeinsame Phase, die *Mischphase*. Ein aus mehreren Phasen bestehendes System ist *heterogen*.
Der *Aggregatzustand* eines Stoffes kann fest, flüssig oder gasförmig sein. Durch Schmelzen wechselt ein fester Stoff in seinen flüssigen Aggregatzustand, durch Verdampfen in seinen gasförmigen Aggregatzustand. Die Kondensation befördert ein Gas in den flüssigen Aggregatzustand, das Erstarren eine Flüssigkeit in den festen. Der Übergang eines gasförmigen Stoffes in eine feste Form wird als Sublimation bezeichnet.
Jeder Aggregatzustand eines Stoffes bildet eine eigene Phase. Liegt ein Stoff in zwei Aggregatzuständen vor, sind zwei Phasen unterscheidbar. Stoffe im flüssigen oder gasförmigen Zustand werden als *Fluide* zusammengefasst. Als Dämpfe werden gasförmige Stoffe bezeichnet, die sich in der Nähe ihrer Kondensationstemperatur befinden.

Eine Masse kann auch elektrische Ladungen ΔQ_{el} enthalten. Besteht eine elektrische Potenzialdifferenz U_{el} innerhalb des Systems, so enthält die Masse auch einen *elektrischen Anteil an der Inneren Energie*, $\Delta U_{el} = U_{el} \cdot \Delta Q_{el}$. Befindet sich ein elektrischer Ladungsträger in einem Magnetfeld, so besitzt er gegenüber diesem Feld ebenfalls potenzielle Energie.
Für die Änderung der Inneren Energie ΔU gilt also:

$$\Delta U = \Delta U_{th} + \Delta U_{chem} + \Delta U_{nukl} + \Delta U_{el} + ... \qquad (14.30)$$

In Materie kann also auf verschiedenen Ebenen Energie gespeichert werden. Hierbei sind die kernphysikalischen Bindungsenergien die stärksten, die chemischen Bindungsenergien auf der nächsten Stufe sind deutlich schwächer und die kinetischen/potenziellen Energien am schwächsten. Durch Umlagerung von Energie aus den „tieferen“ Ebenen wird der thermische Anteil der Inneren Energie erhöht (z.B. bei kernphysikalischen Effekten oder chemischen Reaktionen). Die Zustandsgröße Entropie ermöglicht es dabei, zulässige und unzulässige Richtungen der Energieumladung zu unterscheiden, da nach dem *2. Hauptsatz der Thermodynamik* die Entropie eines abgeschlossenen Systems nur zunehmen kann.

Die Gesamtenergie des Systems E_{Sys}

In einem System befindet sich also immer immer eine Vielzahl von Energieträgern, an die Energie gebunden ist:

$$E_{Sys} = E_{kin} + E_{pot} + E_{rot} + \ldots + U_{th} + U_{chem} + \ldots \quad (14.31)$$

Abb. 14.5 soll den Begriff der Systemenergie graphisch verdeutlichen. Viele der beschriebenen Anteile der Systemenergie spielen bei technischen Anwendungen keine Rolle.

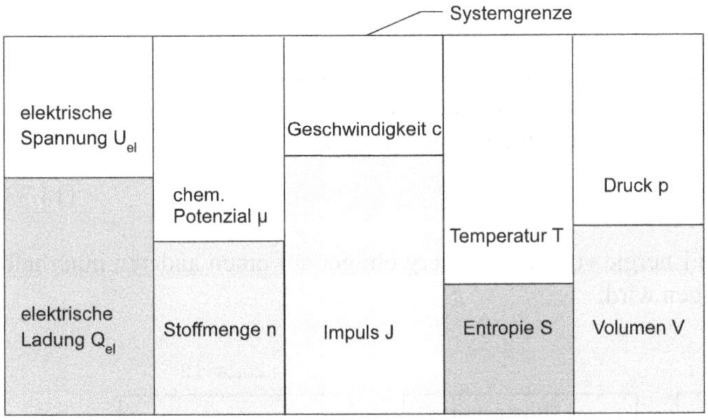

Abb. 14.5 Graphische Darstellung der Systemenergie. Das System enthält eine Vielzahl von Energiespeichern für die verschiedenen Energieträger. Deren Füllstand wird von den intensiven Zustandsgrößen wie Temperatur, Druck, elektrische Spannung etc. angegeben.

In der Regel liegen nicht ausreichend viele Informationen vor, um den absoluten Energieinhalt des Systems, die Systemenergie exakt zu bestimmen. Der Absolutwert muss auch gar nicht bekannt sein, da nach dem Ersten Hauptsatz jede Änderung der Systemenergie mit einem Energietransport über die Systemgrenze verbunden ist. Es interessiert daher immer nur die Änderung der Systemenergie, die oft nur wenige Energiespeicher betrifft. Ändern sich z.B. nur einige Energieformen des Systems, so ist die Änderung der Gesamtenergie ΔE_{Sys} sehr einfach durch die Differenz der Energien im Endzustand des Systems $\sum_i E_{i,2}$ und im Ausgangszustand $\sum_i E_{i,1}$ berechenbar:

$$\Delta E_{Sys} = \sum_i \Delta E_i = \sum_i E_{i,2} - \sum_i E_{i,1} \; . \quad (14.32)$$

Nach dem Ersten Hauptsatz der Thermodynamik muss die Energiedifferenz ΔE_{Sys} über die Systemgrenze transportiert worden sein – als Wärme, als Arbeit oder gekoppelt an Materie.

14.5 Gewollte und ungewollte Energiewandlungen

Technisch von großer Bedeutung ist neben dem Energietransport durch Wärme, Arbeit oder Materietransport auch die Energiewandlung innerhalb des Systems. Hierbei wird Energie von einem Energieträger auf einen anderen umgeladen, die Systemenergie bleibt dabei aber konstant.

14.5.1 Energiewandlung innerhalb des Systems

Energieumwandlungen innerhalb eines Systems können als Umladung von Energie von einem Träger auf einen anderen aufgefasst werden. Die in dem System gespeicherte Energiemenge ändert sich dadurch nicht. Mit $E_{mat,12} = 0$, $W_{12} = 0$ und $Q_{12} = 0$ gilt für die Zustandsänderung gemäß Gl. (14.32):

$$\Delta E_{Sys} = \sum_i \Delta E_i \stackrel{!}{=} 0 \,. \tag{14.33}$$

Abb. 14.6 zeigt, wie Energie von einem Energieträger auf einen anderen innerhalb des Systems übertragen wird.

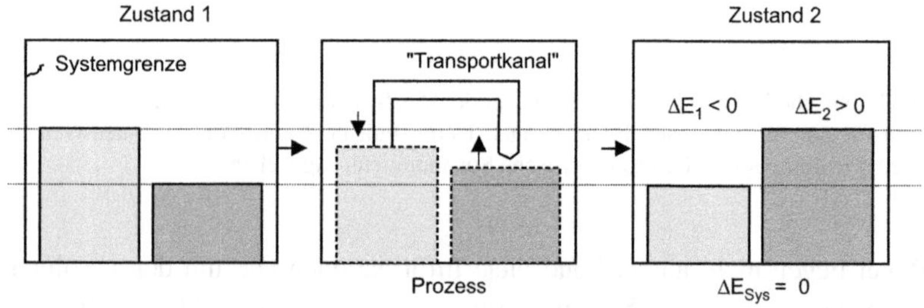

Abb. 14.6 Graphische Darstellung der Energiewandlung innerhalb des Systems, also der „Umladung“ von Energie von einem Energieträger auf einen anderen.

Ein Beispiel für die Umladung von Energie im Inneren eines Systems ist die adiabate Verbrennung. Die Bezeichnung „adiabat“ besagt, dass über die Systemgrenze keine an Entropie gekoppelte Energie, also Wärme, fließt. Hier wird die im System gespeicherte chemische Innere Energie in thermische Innere Energie umgewandelt:

$$\Delta E_{Sys} = \Delta U_{chem} + \Delta U_{th} = 0 \,.$$

Dabei wird der Energieträger Entropie $S_{reakt} > 0$ erzeugt, während sich die Stoffmenge $\Delta n_B < 0$ des Brennstoffs vermindert:

$$\mu \cdot \Delta n_B + T \cdot \Delta S_{reakt} = 0 \,.$$

Ein weiteres Beispiel ist die aus der Mechanik bekannte Umwandlung von kinetischer in potenzieller Energie (beides Äußere Energien des Systems), wie sie im Folgenden ausführlich an dem System „Fahrrad“ dargestellt werden soll.

→ **Beispiel**

Ein Fahrrad und dessen Fahrer bewegen sich zum Zeitpunkt t_1 mit einer gleichförmigen Geschindigkeit von c_1 = 36 km/h auf einer geraden Ebene. Fahrrad und Fahrer gemeinsam haben die Masse von m = 80 kg. Zunächst soll die kinetische Energie bestimmt werden, die der Radfahrer zu diesem Zeitpunkt mit sich führt.

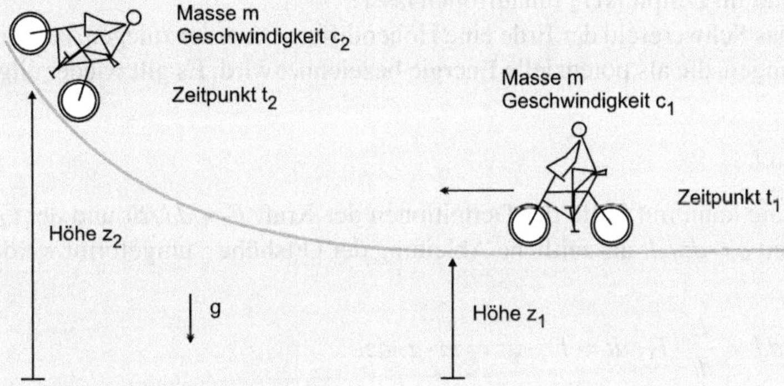

Die kinetische Energie ist an den Energieträger *Impuls* gekoppelt. Aus der Physik sind die Gleichungen bereits bekannt, mit der die Energie des Systems „Radfahrer" bestimmt werden kann, es gilt

$$dE = y_i \cdot dX_i = c_i \cdot dJ_i \,.$$

Für den Impuls und dessen Ableitung nach der Zeit gilt:

$$J = m \cdot c \text{ und } dJ = m \cdot dc,$$

damit

$$dE = m \cdot c \cdot dc \,.$$

Eine Integration über die Geschwindigkeit c liefert

$$\Delta E = E_1 - E_0 = m \cdot \int_0^1 c dc = m \cdot \frac{c_1{}^2 - c_0{}^2}{2},$$

da die Masse als unabhängig von der Geschwindigkeit angenommen werden darf. Mit den Indizes 1 und 0 werden hier zwei unterschiedliche Zustände gekennzeichnet. Wir nehmen an, dass der Zustand 0 der Ruhezustand ist und damit $c_0 = 0$ km/h ist. Es sollten grundsätzlich SI- Einheiten verwendet werden, für die Geschwindigkeit gilt daher:

$$c_1 = 36\,\frac{\text{km}}{\text{h}} = 36\,\frac{\text{km}}{\text{h}} \cdot \frac{1000\text{ m}}{\text{km}} \cdot \frac{1\text{ h}}{3600\text{ s}} = 36 \cdot \frac{1000}{3600}\,\frac{\text{m}}{\text{s}} = 10\,\frac{\text{m}}{\text{s}}.$$

Mit Erweiterung der Gleichung durch Einheitenbrüche, die jeweils den Wert eins bilden, können in einfacher Weise Einheiten umgeformt werden. Damit ist an den Impuls des Radfahrers eine Energie von

$$E_1 = 80\,\text{kg} \cdot \frac{(10\,\frac{\text{m}}{\text{s}})^2}{2} = 4000\,\frac{\text{kg} \cdot \text{m}^2}{\text{s}^2} = 4000\,\text{J} = 4\,\text{kJ}$$

gekoppelt.
Es soll nun eine „idealisierte" Umwandlung von kinetischer zu potenzieller Energie betrachtet werden. Welche Höhe erreicht also der Radfahrer unter den idealisierten Bedingungen vollkommen reibungsfreier Fahrt, wenn er das Fahrrad den Berg bis zum Stillstand im Zeitpunkt t_2 hinaufrollen lässt?
Um gegen das Schwerefeld der Erde eine Höhendifferenz zurückzulegen, ist Energie aufzubringen, die als potenzielle Energie bezeichnet wird. Es gilt wieder allgemein:

$$dE = c \cdot dJ.$$

Die Gleichung kann mit Hilfe der Definitionen der Kraft $F = dJ/dt$ und der Geschwindigkeit $c = dz/dt$ als zeitliche Ableitung der Ortshöhe z umgeformt werden zu:

$$dE = c \cdot dJ = \frac{dz}{dt} \cdot F_G\,dt = F_G \cdot dz = m \cdot g \cdot dz.$$

Die Gewichtskraft F_G ist proportional der Masse m und der Erdbeschleunigung g, deren Zahlenwert $g = 9{,}81\,\text{m/s}^2$ beträgt. Da m und g im Beispiel unabhängig von der Ortshöhe z sind und diese $\Delta z = z_2 - z_1$ sein soll, gilt

$$\Delta E = m \cdot g \cdot (z_2 - z_1)\,.$$

Für die Energieumwandlung nach Gl. (14.33) gilt dann:

$$\Delta E = m \cdot g \cdot (z_2 - z_1) + m \cdot \frac{{c_2}^2 - {c_1}^2}{2} = 0$$

Im Zustand 1 zum Zeitpunkt t_1 ist der Radfahrer mit einer Geschwindigkeit von 36 km/h auf der Höhe z_1 unterwegs, im Zustand 2 sei das Rad auf der Höhe z_2 gerade zum Stehen gekommen, $c_2 = 0$ km/h. Aufgelöst nach $\Delta z = z_2 - z_1$ ist

$$\Delta z = \frac{-m \cdot \frac{{c_2}^2 - {c_1}^2}{2}}{m \cdot g} = \frac{4000\,\text{J}}{80\,\text{kg} \cdot 9{,}81\,\text{m/s}^2} = 5{,}1\,\text{m}.$$

Der Radfahrer im Beispiel gewinnt 5,1 Höhenmeter im Schwerefeld der Erde, während im System die an den Impuls gekoppelte kinetische Energie umgeladen wurde auf den Energiespeicher der potenziellen Energie.

14.5.2 Energietransport über die Systemgrenze

Über Systemgrenzen hinweg transportierte Energie E_{SG} wird als Arbeit, als Wärme oder als an Materietransport gebundene Energie bezeichnet. Die Systemenergie

nimmt bei Aufnahme von Arbeit, Wärme oder Materie zu. Verrichtet das System selbst Arbeit oder gibt es Wärme oder Masse ab, nimmt die Systemenergie ab.
Die Transportenergie ist an den Strom eines Energieträgers über die Systemgrenze gebunden, wie die folgende Abbildung zeigt:

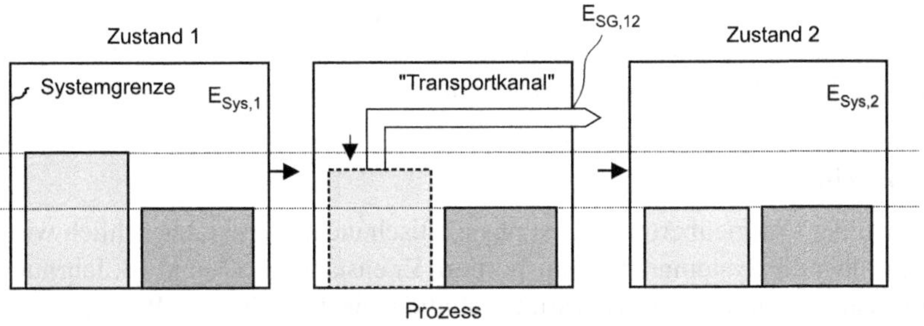

Abb. 14.7 Graphische Darstellung der Entladung eines Energiespeichers über die Systemgrenze.

Allgemein gilt :

$$\Delta E_{Sys} = E_{Sys,2} - E_{Sys,1} = E_{SG,12} \,. \tag{14.34}$$

Mit Berücksichtigung des die Systemgrenze überschreitenden Energieträgers X_{SG} und der energiekonjugierten intensiven Zustandsgröße ist

$$E_{SG,12} = \int_1^2 dE_{SG} = \int_1^2 y \, dX_{SG} \,. \tag{14.35}$$

Wärme

Mit Wärme wird der mit der Änderung des thermischen Anteils der Systemenergie verbundene Energietransport aufgrund einer Temperaturdifferenz ΔT bezeichnet. Eine Änderung des thermischen Anteils der Inneren Energie hat eine Änderung der Menge des Energieträgers Entropie S zur Folge, dabei ist die absolute Temperatur T_{SG} die energiekonjugierte intensive Zustandsgröße. T_{SG} ist die Temperatur des Bereichs der Systemgrenze, in dem der Wärmestrom in das System eintritt bzw. es verlässt. Es gilt nach Gl. (14.18):

$$Q_{12} = \int_1^2 dQ = \int_1^2 T_{SG} \, dS_Q \,. \tag{14.36}$$

Wird ein System um die Energiemenge Q_{12} „erwärmt", erhöht sich die Entropiemenge im System um ΔS_{12}. Die Entropieänderung ist nach dem mechanistischen Erklärungsansatz von Boltzmann einfach zu erklären: Mit Zunahme der Temperatur im System erhöht sich auch die kinetische Energie der Moleküle im System: Die Zahl der möglichen Energiezustände, die die Moleküle einnehmen können, steigt. Damit nimmt die Anzahl der Realisierungsmöglichkeiten W_k des Systemzustands zu, was nach der Definitionsgleichung Gl. (14.25) einer Entropieerhöhung entspricht.

Die Zufuhr des Wärmestroms $\dot{Q}$ hat einen zeitlichen Entropiezuwachs $\dot{S}_Q$ im System zur Folge:

$$\dot{Q} = T_{SG} \cdot \dot{S}_Q \,. \tag{14.37}$$

Aus Erfahrung wissen wir, dass Wärme nur dann über Systemgrenzen fließt, wenn eine Temperaturdifferenz ΔT zwischen Systeminnerem und -umgebung besteht. Je höher diese ist, umso größer ist der Wärmestrom. In den Kap. 5 und 6 sind ausführliche Beispiele zur Berechnung von Wärmeübertragungsvorgängen beschrieben.

→ Historisches

Der Begriff der Wärmeübertragung ist physikalisch nicht korrekt, tatsächlich wird ja Energie über die Systemgrenze transportiert. Er enstand im 17. und 18. Jahrhundert, als man noch annahm, dass Wärme – ähnlich wie der Äther des Weltalls – ein masseloser Stoff ist, der übertragen und auch im System gespeichert werden kann. Daher spach man auch vom „Wärmeinhalt" eines Systems (richtig ist: Innere thermische Energie) und führte den Begriff der spezifischen Wärmekapazität ein. Die Bezeichnungen werden z.T. noch heute verwendet.

Die Abb. 14.8 soll die molekularen Vorgänge an der Systemgrenze bei der Wärmeübertragung verdeutlichen.

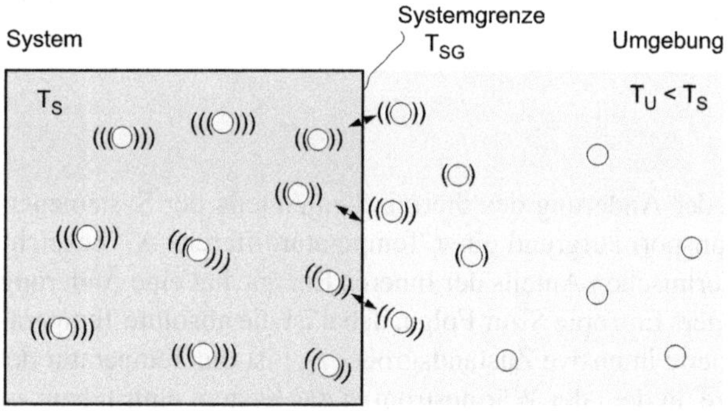

Abb. 14.8 Versuch der Darstellung der Wärmeübertragung. Die Abnahme der kinetischen Energie ist mit den Symbolen))) >)) >) dargestellt.

Die Moleküle im System haben eine höhere Temperatur als die der Umgebung und damit auch eine größere kinetische Energie. Die elastische Stöße zwischen benachbarten Moleküle an der Systemgrenze führen zu einem Impulsaustausch und damit zu einem Energietransport aus dem System. Die Systemmoleküle geben dabei kinetische Energie ab, die Moleküle der Umgebung nehmen kinetische Energie auf. Damit sinkt die Temperatur im System, während sie in der Umgebung steigt, bis $T_S = T_U$ erreicht ist. Befinden sich die Moleküle der Umgebung in einem festen Gitter (im festen Aggregatzustand), spricht man von Wärmeleitung (Konduktion). Bei der konvektiven Wärmeübertragung nimmt ein bewegliches Fluid (Flüssigkeit oder Gas) die Energie des Systems auf.

→ Die thermodynamische Umgebung

In der Thermodynamik muss zwischen der eben beschriebenen lokalen Umgebung und der „thermodynamischen Umgebung" unterschieden werden. Letztere ist ein unbewegliches System im vollkommenen thermodynamischen, mechanischen und chemischen Gleichgewicht, dessen Masse und Ausdehnung so groß gedacht werden muss, dass alle Zustandsgrößen trotz Aufnahme oder Abgabe von Energie konstant bleiben. Mit der Temperatur T_0 und dem Druck p_0 bildet die thermodynamische Umgebung dabei nach [3] ein „Reservoir für Energie, Entropie und Materie". In der lokalen Umgebung eines Systems wie auch in der irdischen Umgebung dagegen sind lokal unterschiedliche und veränderliche Temperaturen oder Drücke durchaus möglich.

Arbeit

Für die Arbeit W ist kein einzelner Energieträger angebbar. Es kann nur festgestellt werden, dass es sich nicht um den Energieträger Entropie handelt, der die als Wärme bezeichnete Energie transportiert.

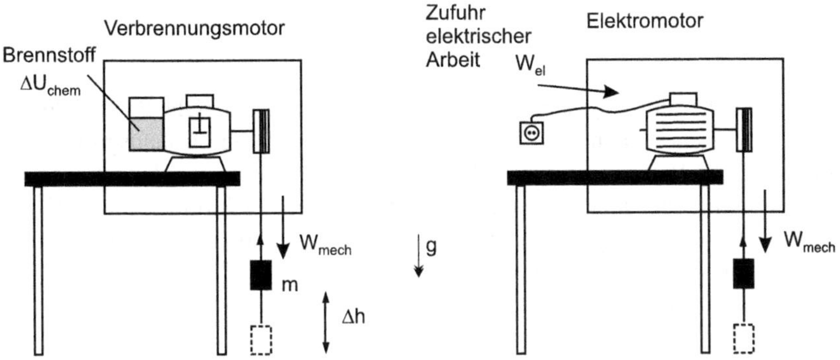

Abb. 14.9 Arbeit als eine Form des Energietransports.

Die Abb. 14.9 soll den Begriff der Arbeit veranschaulichen: eine Masse m wird gegen das Schwerefeld der Erde um die Höhe Δh angehoben. Die vom System verrichtete mechanische Arbeit ist in einfacher Weise zu bestimmen, es ist $W_{mech} = m \cdot g \cdot \Delta h$. Aufgrund der Energieerhaltung muss das System einen Energiebetrag in gleicher Größe aufbringen, um W_{mech} an dem Gewicht verrichten zu können. Beim Verbrennungsmotor im Bild links mindert sich entsprechend die gespeicherte che-

mische Innere Energie. Im Bild rechts wird dem System „Elektromotor“ die elektrische Arbeit W_{el} zugeführt und die mechanische Arbeit W_{mech} entnommen.
Außer der elektrischen Ladung Q_{el} und dem Impuls J gibt es noch eine Vielzahl weiterer Energieträger, über die Arbeit transportiert wird. Die Tabelle 14.2 gibt dazu eine (nicht vollständige) Übersicht.

Tabelle 14.2 Zusammenstellung der Transportenergien, die Systemgrenzen als Arbeit überschreiten können (nach [20]).

Arbeitsform	Arbeitskoordinate	Arbeitskoeffizient
Mechanische Arbeit		
$dW = F\,dr$	Verschiebung r in m	Kraft F in N
Volumenänderungsarbeit		
$dW_V = -p\,dV$	Volumen V in m^3	Druck p in N/m^2
Elektrische Arbeit		
$dW_{el} = U_{el}\,dQ_{el}$	elektr. Ladung Q_{el} in As	Spannungspotential U_{el} in V
Wellenarbeit		
$dW_w = M_d\,d\alpha$	Drehwinkel α in rad	Drehmoment M_d in Nm
Oberflächenvergrößerungsarbeit		
$dW_O = \sigma'\,dA$	Oberfläche A in m^2	Oberflächenspannung σ' in N/m
Magnetisierungsarbeit		
$dW_M = H\,dB$	magn. Induktion B in Vs/m^2	magn. Feldstärke H in A/m

Die bekanntesten Formen von Arbeit sollen nachfolgend genauer betrachtet werden.
Für die *elektrische Arbeit* gilt

$$W_{el} = U_{el} \cdot \Delta Q_{el} \, .$$

Die elektrische Ladung Q_{el} ist hier der Energieträger, die elektrische Potenzialdifferenz (die elektrische Spannung) U_{el} ist die energiekonjugierte Zustandsgröße. Eine elektrochemische Batterie verrichtet durch Abgabe elektrischer Ladungsträger Q_{el} über die Systemgrenze an einem anderen System, einem Elektromotor, elektrische Arbeit W_{el}. Damit die Ladungsträger transportiert werden können, muss ein elektrisches Spannungspotential U_{el} vorhanden sein.
Für die *mechanische Arbeit* gilt in allgemeiner Form:

$$W_{mech} = c \cdot \Delta J = \frac{\Delta r}{\Delta t} \cdot F \cdot \Delta t = F \cdot \Delta r \, . \tag{14.38}$$

Da die Kraft die Ableitung des Impulses nach der Zeit ist, kann eine Umformung der Gleichung in die Kraft F und die Wegänderung Δr erfolgen. Der Impuls J kann verschiedenartige Änderungen des Systemzustandes hervorrufen, das System kann sich in seiner Lage verändern, es kann seine Geschwindigkeit verändern, die Oberfläche kann deformiert oder das Volumen verändert werden.
Die *Volumenänderungsarbeit* W_V ist immer dann zu bilanzieren, wenn ein System nicht „volumenfest“ ist, während einer Zustandsänderung also seine Systemgrenzen verschiebt. Druck und Temperatur ändern sich bei einer Volumenänderung meist

ebenfalls, wie auch Abb. 14.10 zeigt. Mit der Definition des Drucks als Kraft je Flächeneinheit und $dV = A \cdot dr$ gilt:

$$W_{V,12} = \int_1^2 dW_V = \int_1^2 F\,dr = -\int_1^2 p \cdot A\,\frac{dV}{A} = \int_1^2 -p(v,T)\,dV\,. \tag{14.39}$$

Das negative Vorzeichen im Term trägt der Tatsache Rechnung, dass eine Verringerung des Volumens nur durch Energiezufuhr über die Systemgrenze erreichbar ist und die dem System zugeführte Energie vereinbarungsgemäß positiv gezählt werden soll. Wenn die Abhängigkeiten zwischen Druck p und Volumen V bekannt sind, kann das Integral gelöst werden. Der in Abb. 14.10 gezeigte Verlauf der Zustandsänderung $1 \to 2$ zeigt, dass sich neben Druck und Volumen meist auch die Temperatur ändert.

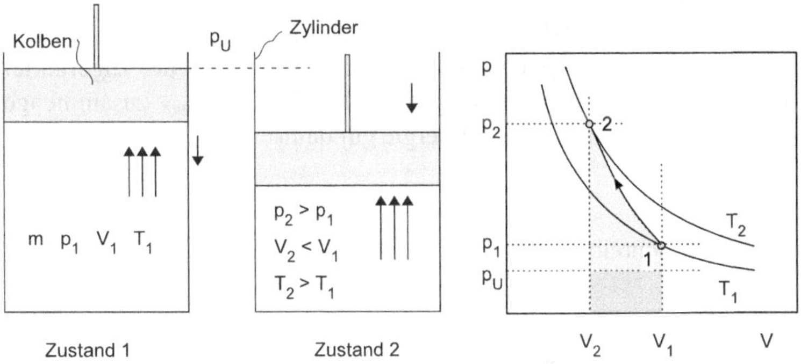

Abb. 14.10 Das Gas im mit der Masse m gefüllten Zylinder bildet das System, an dem durch die Kolbenbewegung Volumenänderungsarbeit ΔW_V verrichtet wird. Durch die über die Systemgrenze zugeführte Energie wird die Systemenergie – hier die thermische Innere Energie u(v,T) – erhöht, die Temperatur wird steigen und das spezifische Volumen $v = V/m$ sinken.

Die Volumenänderungsarbeit kann praktisch nicht vollständig genutzt werden, da das System gegen den Umgebungsdruck p_U entspannen muss. Ein Teil der Volumenänderungsarbeit muss also dazu verwendet werden, die Umgebungsluft „beiseite" zu schieben. Da die Umgebung als unendlich groß anzunehmen ist, wird trotz dieser Verschiebung der Umgebungsdruck konstant bleiben. Die verbleibende, nutzbare Arbeit heißt *Nutzarbeit* W_{Nutz}. Man beachte, dass die *Verschiebearbeit* an der Umgebung ein positives Vorzeichen haben muss, da vom System verrichtete Arbeit ja als negativ definiert wurde.

$$W_{Nutz,12} = \int_1^2 -(p(v,T) + p_u) \cdot dV = \int_1^2 -p \cdot dV\; + p_u \cdot (V_2 - V_1)\,. \tag{14.40}$$

Thermische Maschinen und Komponenten zur Energieumwandlung sind nahezu immer offene Systeme, die von einem kontinuierlichen Massen- und damit auch Energiestrom durchflossen werden. Der Energiewandler entnimmt dem Massenstrom Energie (Turbine, Drossel, Wärmeübertrager) oder fügt ihm Energie zu (Pumpe,

Verdichter, Heizkessel, Wärmeübertrager). Der Energiewandler selbst verbleibt dabei näherungsweise in einem stationären Zustand, das heißt, die intensiven und extensiven Zustandsgrößen im System bleiben über die Zeit konstant. Zudem ist das System „volumenfest", verrichtet also auch keine Volumenänderungsarbeit. Die von einer stationären thermischen Maschine verrichtete Arbeit ist die *technische Arbeit* W_t. Diese wird in einem späteren Abschnitt erläutert.

Energietransport durch Masse

Fügt man einem System mit gegebener Masse m eine zusätzliche Masse Δm hinzu, so wird mit der zugeführten Masse dem System auch Energie zugeführt, die an verschiedene Energieträger gebunden sein kann. Besitzt die zugeführte Masse einen Impuls (als Träger der kinetischen Energie), so erhöht sich durch Addition der Impuls des Gesamtsystems. Besitzt die zugeführte Masse Entropie, so erhöht sich auch der Entropiegehalt des Gesamtsystems. Oft wird die gesamte in der zugeführten Masse enthaltene Energie in einer massenspezifischen Energie e_{mat} zusammengefasst. Für die durch Masse transportierte Energie gilt dann

$$\Delta E_{mat} = e_{mat} \cdot \Delta m$$

bzw. in differenzieller Schreibweise

$$dE_{mat} = e_{mat} \cdot dm \,. \tag{14.41}$$

Entsprechend gilt für den Energietransportstrom

$$\dot{E}_{mat} = \frac{dE_{mat}}{dt} = e_{mat} \cdot \frac{dm}{dt} = \dot{m} \cdot e_{mat} \,. \tag{14.42}$$

Es wurde bereits beschrieben, dass die in einem System (als Systemenergie) gespeicherte Energie aus Innerer und Äußerer Energie besteht. Dies gilt natürlich auch für die zusätzliche Masse, die dem System zugeführt werden soll. Die in das System eindringende differentielle Masse *dm* „bringt" aber noch einen weiteren Energieanteil W_{pv} mit, der Verschiebearbeit oder auch Strömungsarbeit genannt wird.

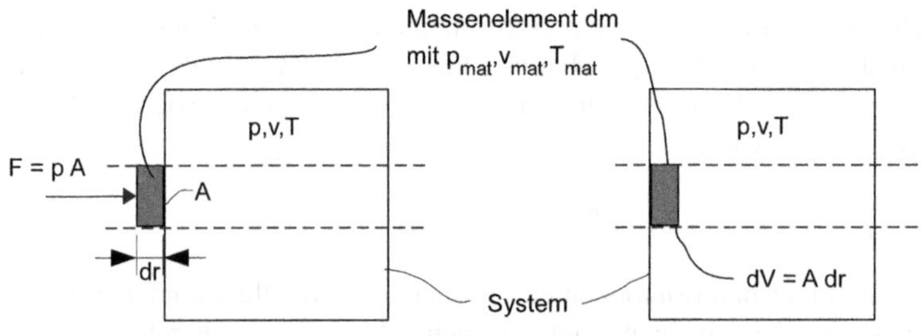

Abb. 14.11 Die Verschiebearbeit W_{pv} befördert das Massenelement *dm* in das System hinein. Zur Berechnung dieses Energieanteils, der ebenfalls die gespeicherte Energie des Systems erhöht, kann der Ansatz $dW = F dr$ verwendet werden.

Diese Arbeit muss an der zusätzlichen Masse dm verrichtet werden, um sie gegen den im System herrschenden Druck p in das System hineinzuschieben und wird normalerweise von der Umgebung, von Pumpen oder Verdichtern aufgebracht. Die Verschiebearbeit W_{pv} ist also der Energieanteil, der dem Massenelement dm zusätzlich mitgegeben werden muss, damit es die Druckunterschiede an der Systemgrenze überwinden kann. Mit den Bezeichnungen aus Abb. 14.11 gilt:

$$dW_{pv} = F \cdot dr = p \cdot A \cdot \frac{dV}{A} = p \cdot dV = p \cdot v \cdot dm \,. \qquad (14.43)$$

Mit der Masse dm wird dem System damit insgesamt die Energie

$$dE_{mat} = dm \cdot (u + p\,v + \frac{c^2}{2} + g\,z + ...) \qquad (14.44)$$

zugeführt[9]. Die Summe aus Innerer Energie u und Verschiebearbeit pv wird in der Thermodynamik unter dem Begriff der Enthalpie h zusammengefasst [10]:

$$h \equiv u + pv \,. \qquad (14.45)$$

Das totale Differential der Enthalpie dh lautet damit

$$dh = du + d(pv) = du + p \cdot dv + v \cdot dp \,. \qquad (14.46)$$

In der Strömungsmechanik wird die gesamte mit dem Massenanteil dm mitgeführte Energie als Totalenthalpie h_{tot} bezeichnet:

$$h_{tot} = u + p \cdot v + \frac{c^2}{2} + g \cdot z \,. \qquad (14.47)$$

Der geodätische Anteil $g \cdot z$ kann meist vernachlässigt werden. Bei Entnahme eines Massenanteils dm aus dem System verrichtet das System die Verschiebearbeit $p\,v$ an dem Massenelement, mit dm wird also wiederum die Totalenthalpie abgeführt.

→ Innere Energie u und Enthalpie h

Zur Abgrenzung von Innerer Energie und Enthalpie helfen zwei einfache Merksätze, die sich bei Energiebilanzierungen immer anwenden lassen:

- Bei der Berechnung der Änderung der Gesamtenergie eines Systems ΔE_{Sys} ist die spezifische Innere Energie u zu verwenden.
- Tauscht ein System mit seiner Umgebung Masse aus, muss bei der Berechnung des von der Masse mitgeführten Energiegehaltes immer die Enthalpie h bestimmt werden.

In Stoffdatensammlungen finden sich oft nur Werte für die spezifische Enthalpie h bei der Temperatur T und dem Druck p sowie das spezifische Volumen v. Die innere spezifische Energie kann dann über $u = h(p,T) - p \cdot v$ berechnet werden.

---

[9] Von der Äußeren Energie wurden hier nur der kinetische und der potenzielle Anteil aufgeführt.

[10] Der Begriff der *Enthalpie* wurde 1909 von dem holländischen Physiker Kamerlingh Onnes (1853-1926) eingeführt. Der Nobelpreisträger von 1913 wurde durch die Entdeckung der Supraleitfähigkeit bekannt.

14.5.3 Ungewollte Energieumwandlungen (Dissipation)

Bisher wurde immer davon ausgegangen, dass die Energieübertragung von einem zum anderen Energieträger in der gewünschten Weise stattfindet. So wurde im Beispiel des Radfahrers vernachlässigt, dass sich der Reifen beim Kontakt mit dem Boden verformt, die Umgebungsluft durch die Bewegung des Radfahrers selbst in Bewegung gesetzt wird etc. Für alle diese Vorgänge muss Energie aufgebracht werden, die nur aus der ursprünglichen kinetischen Energie des Radfahrers stammen kann. Die tatsächlich gewinnbare geodätische Höhe im Schwerefeld der Erde verringert sich in der Realität entsprechend.
In Abb. 14.9 wurde ein Elektromotor gezeigt, dem die elektrische Arbeit W_{el} zugeführt wird und der an der Masse m die mechanische Arbeit W_{mech} verrichtet. Auch hier wird $W_{mech} < W_{el}$ gelten, da sich der Motor durch Reibung erwärmt. Es muss mehr Energie aufgewendet werden als genutzt werden kann.
In der Realität finden also immer ungewollte Energiewandlungen statt. Die aus der Erfahrung bekannteste ungewollte Energieumwandlung stellt die Reibung dar, bei der *Dissipationsenergie* gebildet wird (vgl. Abb. 14.12). Neben der mechanischen Dissipation kennt die Thermodynamik auch eine thermische, elektrische und sogar eine chemische Dissipation.

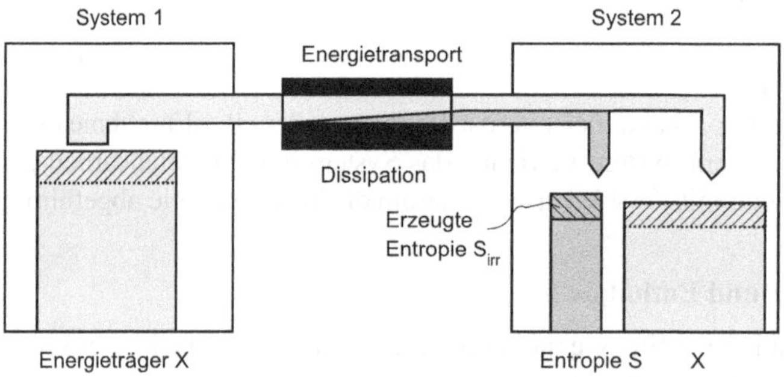

Abb. 14.12 Bei einem Energietransport über die Systemgrenze entsteht durch unterschiedliche Arten von Dissipation immer ein irreversibler Entropieanteil S_{irr}, der den Entropievorrat des Systems erhöht.

Bei jeder Form von Dissipation wird irreversibel Entropie S_{irr} erzeugt und damit die Innere Energie des Systems oder die der Umgebung erhöht. Es gilt für die Zustandsänderung $1 \to 2$:

$$E_{diss,12} = \int T \cdot dS_{irr} \,. \tag{14.48}$$

Wird kontinuierlich Energie dissipiert, spricht man von dem Dissipationsenergiestrom oder der Dissipationsleistung,

$$P_{diss} = \overline{T} \cdot \dot{S}_{irr} = \overline{T} \cdot \dot{m} \cdot s_{irr} > 0 \,. \tag{14.49}$$

Hierbei ist zu beachten, dass die Endtemperatur während des Disspationsvorgangs in der Regel gegenüber der reversiblen Zustandsänderung größer sein wird ($T_2 > T_{2s}$), in Gl. (14.49) ist also eine gemittelte Temperatur $\overline{T}$ (in K) anzunehmen. Da Entropieerzeugungsrate und Absoluttemperatur immer größer null sind, ist die Dissipationsleistung ebenfalls immer positiv.

→ Dissipationsenergie

Die Disspationsenergie bezeichnet den Energieanteil, der bei Energiewandlungen ungewollt in andere Energieträger übergeht: Dem Elektromotor in Abb. 14.9 muss je Zeiteinheit mehr elektrische Arbeit W_{el} zugeführt werden, als mechanische Arbeit W_{mech} verrichtet wird.
Durch mechanische und elektrische Reibungsprozesse wird immer ein Teil der transportierten Energie dissipiert. Dadurch erhöht sich die kinetische Energie der molekularen Bausteine des Systems, meist sichtbar an einer Temperaturerhöhung, seltener an einer Druckerhöhung oder Volumenvergrößerung.
Die Dissipationsenergie geht nicht „verloren“, sondern erhöht die thermische Innere Energie des Systems oder der lokalen Umgebung um den Betrag $E_{diss} = \Delta U_{th}$. Bei Energiebilanzen tritt der Term E_{diss} nicht auf, wenn ΔU_{th} berücksichtigt wurde.

Für die bei ungewollten Energiewandlungen erzeugte, auf die Masse des Systems bezogene Dissipationsenergie e_{diss} gibt es in der Fachliteratur viele Bezeichnungen. In der Strömungsmechanik wird diese als irreversible Arbeit mit den Formelzeichen φ_{irr} oder j, in der Mechanik als spezifische Reibungsarbeit w_{reib} und in der Thermodynamik als dissipierte Arbeit w_{diss} bezeichnet:

$$e_{diss} = \varphi_{irr} = w_{reib} = w_{diss} = j\ . \tag{14.50}$$

Der dissipierte Anteil der Arbeit ist der auf die Moleküle „zerstreute“ Anteil, wie Abb. 14.13 anhand der Drosselung eines Gases zu illustrieren versucht. Im Bild links weisen alle Gasmoleküle eine hohe translatorische Geschwindigkeitskomponente auf, die mit Pfeilen dargestellt ist. Makroskopisch betrachtet führt die Fluidmasse einen gerichteten Impuls mit. Die kinetische Energie der Moleküle ist als kleinere oder größere Schwingung angedeutet.

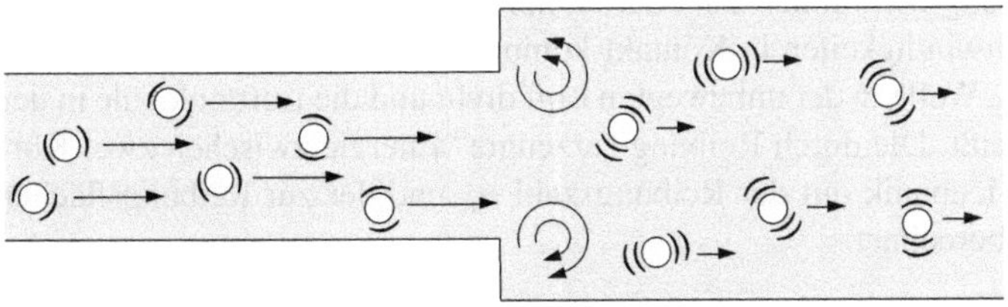

Abb. 14.13 Entropieerzeugung in der Drosselstelle einer Strömung.

Nach der Störstelle hat sich der gerichtete Gesamtimpuls verringert und ein Teil der kinetischen Energie wurde auf die unzähligen Moleküle, deren Impulse ungerichtet sind, übertragen. Die Erhöhung der kinetischen Energie der Moleküle entspricht der dissipierten Energie und ist makroskopisch nur noch als Temperaturerhöhung gegenüber der reversiblen Zustandsänderung messbar. Es ist zu beachten, dass die Dissipationsenergie e_{diss} auf der richtigen Seite der Energiebilanz hinzugefügt wird. Thermodynamisch gesehen entspricht die Dissipationsenergie im Betrag also der Erhöhung der Inneren thermischen Energie des Systems selbst, eines angrenzenden Systems oder der lokalen Umgebung. Man wird diese durch eine Temperaturänderung, eine Änderung des Druckes oder des spezifischen Volumens (es ist $u = u(v,T)$) feststellen können. Die Dissipationsenergie ist nicht gänzlich „verloren", da Δu in anderer Weise genutzt werden kann.

Mechanische Dissipation

Durch mechanische Reibung wird irreversibel Entropie erzeugt. Hierbei geht der Impuls von einem Körper auf einen anderen über. Der Impulswiderstand kann die Berührungsfläche zwischen den Körpern sein, wenn die beiden Körper unterschiedliche Geschwindigkeiten haben. Gleiches geschieht in einer Flüssigkeit, deren Geschwindigkeit sich durch innere Reibung zwischen den Stromfäden abbaut. Auch Turbulenzen, also Wirbel in Fluiden, erzeugen aus Impuls Entropie, wenn sich ihre kinetische Energie durch Reibung zwischen den Flüssigkeitsschichten mit unterschiedlicher Geschwindigkeit abbaut:

- Nach der Energiebilanz ist das Produkt aus Geschwindigkeitsdifferenz $(c_2 - c_1)$ und Kraft F gleich dem dissipativen Energiestrom $P_{diss} = (c_2 - c_1) \cdot F$, der an die Entropieerzeugung $\dot{S}_{irr}$ gekoppelt ist.
- Bei der Übertragung von Drehimpulsen in einem Getriebe mit Rutschkupplung wird ebenfalls Entropie erzeugt, hier gilt mit dem Drehmoment M_d und der Differenz der Winkelgeschwindigkeiten $(\omega_2 - \omega_1)$ damit $P_{diss} = (\omega_2 - \omega_1) \cdot M_d$.
- Die bereits in Tab. 14.2 erwähnte an einem geschlossenen System verrichtete Wellenarbeit W_W ist ein weiteres Beispiel für Dissipation: Die durch ein Rührwerk einem Fluid zugeführte Leistung wird vollständig in thermische Innere Energie gewandelt sein, wenn das Fluid nach Abschalten des Geräts zur Ruhe gekommen ist. Hier gilt dann $E_{diss,12} = W_{W,12}$.

Mechanische Reibung tritt immer dann auf, wenn Körper oder Systeme mit unterschiedlichen Geschwindigkeiten in Kontakt kommen. Dies ist auch dann der Fall, wenn sich z.B. eine Welle in der unbewegten Luft dreht und die Luftmoleküle in der Grenzschicht mitreißt. Die durch Reibung „erzeugte" Energie zwischen zwei Körpern wird in der Mechanik mit der Reibungszahl μ_R und der zur Reibungsflächen normalen Kraft F berechnet:

$$P_{diss} = \mu_R \cdot F \cdot \frac{dr}{dt} \,. \tag{14.51}$$

Die Reibungszahl μ_R wird für unterschiedliche Materialpaarungen angegeben und ist Tafelwerken zu entnehmen (z.B. [8]).

Auch in Flüssigkeiten und Gasen (zusammengefasst als Fluide) tritt mechanische Reibung auf, wenn sich einzelne Fluidschichten aufgrund unterschiedlicher Geschwindigkeiten gegeneinander verschieben. Beim Durchströmen von Rohrleitungen tritt diese „innere" Reibung in der Grenzschicht zur Rohrwand auf:

$$P_{diss} = \eta \cdot A \cdot \frac{dc}{dt}. \tag{14.52}$$

Die dynamische Viskosität oder Zähigkeit η mit der Einheit $Pa \cdot s$ ist damit ein Maß für die Entropieproduktion eines Fluids bei gegebenen Geschwindigkeitsdifferenzen innerhalb der Fluidschichten. Sie ist eine Stoffgröße, die stark temperaturabhängig ist und durch Division mit der Dichte ρ in die kinematische Viskosität ν mit der Einheit m^2/s überführt werden kann:

$$\nu = \frac{\eta}{\rho}. \tag{14.53}$$

In Strömungsprozessen wird die Dissipationsleistung als Druckverlust Δp_v angegeben, den man aus der Division der dissipierten Leistung mit dem Volumenstrom $\dot{V}$ in der Rohrleitung erhält. Es gilt:

$$P_{diss} = \Delta p_v \cdot \dot{V}\,. \tag{14.54}$$

In Rohrleitungen mit dem Durchmesser d und der Länge l wird Δp_v über Bildung der Reynoldszahl

$$\mathrm{Re} = \frac{c \cdot d}{\nu} \tag{14.55}$$

und des Widerstandsbeiwertes ζ [11] berechnet:

$$\Delta p_v = \zeta(\mathrm{Re}) \cdot \frac{l}{d} \cdot \frac{\rho}{2} \cdot c^2\,. \tag{14.56}$$

Drosselung

Auch die Drosselung von Massenströmen zur Drucksenkung führt zu einer irreversiblen Entropieerhöhung. Diese Zustandsänderung wird später noch ausführlich behandelt.

Elektrische Dissipation

Der elektrische Widerstand R ist ebenfalls aus der Praxis bekannt. Legt man an einen leitenden Draht eine elektrische Spannung U_{el} und misst den Strom I_{el}, der durch den Draht hindurchfließt, so bildet das Produkt dieser beiden Messgrößen die Dissipationsleistung:

$$P_{diss} = U_{el} \cdot I_{el} = R \cdot {I_{el}}^2\,. \tag{14.57}$$

---

[11] Sprich: zeta.

Der elektrische Widerstand von Stoffen ist sehr unterschiedlich. Entsprechend führt ein schlechterer elektrischer Leiter zu einer höheren irreversiblen Entropieerzeugungsrate.

Chemische Dissipation

Auch bei irreversiblen chemischen Reaktionen wird Entropie unwiderruflich erzeugt. Die chemische Potenzialdifferenz zwischen den Ausgangs- und den Endstoffen (Edukten und Produkten) $\mu_2 - \mu_1$ bildet hier die intensive Zustandsgröße, der bei der Reaktion irreversibel umgesetzte Stoffmengenstrom $\dot{n}_{irr}$ den Energieträger:

$$P_{diss} = (\mu_2 - \mu_1) \cdot \frac{dn_{irr}}{dt} \,. \tag{14.58}$$

Dissipation durch Mischung und Diffussion

Auch bei Vermischung von zwei oder mehr Einzelkomponenten k wird unumkehrbar Entropie erzeugt. Wenn bei gegebenen Werten für Temperatur T und Druck p die Einzelkomponenten die Entropie $s_{E,k}$ aufweisen und die Mischung die spezifische Entropie s_{Mi} besitzt, gilt:

$$\Delta S_{irr} = m_{Mi} \cdot s_{Mi} - \sum_k m_{E,k} \cdot s_{E,k} \,. \tag{14.59}$$

Thermische Dissipation

Von besonderer Bedeutung für die Energietechnik ist die Tatsache, dass auch die Übertragung von Wärme - also der an einen Entropiestrom gekoppelte Energietransport über eine Systemgrenze hinweg - irreversibel Entropie erzeugt. Dies ist vielleicht etwas überraschend, erschließt sich jedoch aus der nachfolgenden Rechnung (vgl. dazu die Abb. 14.14). Für die Leistungsbilanz muss gelten:

$$\dot{Q}_{AB} = T_A \cdot \dot{S}_A = T_B \cdot \dot{S}_B \,.$$

Damit der Energiestrom fließen kann, muss $T_A > T_B$ sein. Daraus folgt für die Entropieströme $\dot{S}_B > \dot{S}_A$. Bezeichnen wir den an den Wärmestrom gekoppelten Entropiestrom mit $\dot{S}_Q = \dot{S}_A = \dot{Q}_{AB}/T_A$, so ist

$$T_A \cdot \dot{S}_Q = T_B \cdot \dot{S}_B = T_B \cdot (\dot{S}_Q + \dot{S}_{irr})$$

und daraus folgt

$$(T_A - T_B) \cdot \dot{S}_Q = T_B \cdot \dot{S}_{irr} \,.$$

Eine Umstellung bringt mit

$$\dot{S}_{irr} = \frac{(T_A - T_B)}{T_B} \cdot \dot{S}_Q = \left(\frac{T_A}{T_B} - 1\right) \cdot \frac{\dot{Q}_{AB}}{T_A} = \left(\frac{1}{T_B} - \frac{1}{T_A}\right) \cdot \dot{Q}_{AB}. \tag{14.60}$$

Bei einer Wärmeübertragung mit $T_A \neq T_B$ gilt also immer $\dot{S}_{irr} > 0$.

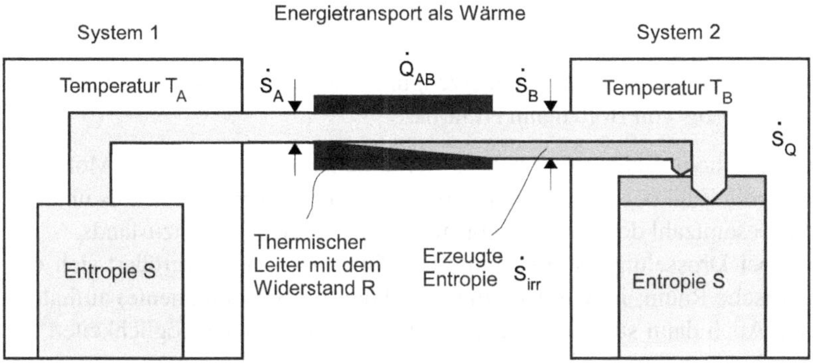

Abb. 14.14 Werden zwei Systeme mit unterschiedlichen Temperaturen $T_A > T_B$ miteinander thermisch leitend verbunden, fließt die Entropie S_Q und die daran gekoppelte Energiemenge Q_{AB} zum System B. Dabei entsteht im thermischen Leiter zusätzliche Entropie.

Der thermische Widerstand R_{th} ist mit

$$\dot{Q}_{AB} = \frac{A}{R_{th}} \cdot (T_A - T_B) \tag{14.61}$$

definiert. Die Analogie zum elektrischen Widerstand ist erkennbar, wenn die elektrische Potenzialdifferenz mit der Temperaturdifferenz gleichgesetzt wird. Der Wärmestrom entspricht in der Analogie dem elektrischen Strom.
Der Zusammenhang zwischen dem thermischen Widerstand R_{th} und der irreversibel erzeugten Entropie lautet damit

$$R_{th} = \frac{(T_A - T_B)^2}{T_A \cdot T_B \cdot \dot{S}_{irr}} \ . \tag{14.62}$$

Entropiequellen

Entropie ist ein Energieträger und einmal erzeugte Entropie kann nicht wieder vernichtet werden. Dies führt zu der Erkenntnis, dass beim Transport von Energie über Systemgrenzen hinweg darauf zu achten ist, die elektrische, chemische oder mechanische Dissipation möglichst klein zu halten. Beim Transport der thermischen Energie nimmt die erzeugte Entropiemenge linear mit der Temperaturdifferenz zwischen den beiden Körpern zu. Bei Wärmeübertragung sollten also möglichst geringe Temperaturdifferenzen zwischen den beiden Medien angestrebt werden und zudem Werkstoffe mit hoher Wärmeleitfähigkeit eingesetzt werden.
Eine weitere Quelle irreversibler Entropieerzeugung findet sich im Inneren des Systems selbst. Immer dann, wenn es zum Ausgleich unterschiedlicher Temperaturen, Drücke oder Geschwindigkeiten kommt, wird irreversibel Entropie erzeugt. Wenn keine Temperaturdifferenz zur Umgebung besteht, ist der an die Entropie gekoppelte Anteil der Inneren Energie nicht mehr auf andere Energieträger „umladbar" und steht für eine Energieumwandlung damit nicht mehr zur Verfügung.

→ Beachte

Alle genannten Vorgänge der Entropieerzeugung sind mit Verwendung des mechanistischen Ansatzes von Boltzmann erklärbar:

- Entweder erhöht sich mit Zunahme der kinetischen Energie der Moleküle ($\Delta u_{th,kin}$) die Zahl der möglichen Energiezustände des Einzelmoleküls und damit die Gesamtzahl der Realisierungsmöglichkeiten des Systemzustands.
- Oder – bei Drosselung, Vermischung und Diffusion – es vergrößert sich der geometrische Raum, in dem sich die Moleküle (einer Komponente) aufhalten können. Auch dann steigt die Gesamtzahl der Realisierungsmöglichkeiten für den sichtbaren makroskopischen Zustand des Systems.

Mit Zunahme der Realisierungsmöglichkeiten W_k nimmt nach Gl. (14.25) die Entropie um ΔS_{irr} zu.

14.6 Energiebilanzen für geschlossene und offene Systeme

14.6.1 Geschlossene Systeme

Geschlossene Systeme haben laut Definition Systemgrenzen, die für Masse nicht durchlässig sind. Entsprechend kann Energie über die Systemgrenze nur in Form von Arbeit W oder von Wärme Q transportiert werden. Die im geschlossenen System gespeicherte Systemenergie besteht aus Innerer Energie U und mechanischer Energie. Der erste Hauptsatz lautet damit:

$$dE_{sys} = dU + dE_{kin} + dE_{pot} \stackrel{!}{=} \sum dQ_i + \sum dW_i \tag{14.63}$$

bzw. auf den infinitesimalen Zeitabschnitt dt bezogen, mit dem Formelzeichen P für die Leistung:

$$\frac{dE_{sys}}{dt} = \frac{dU}{dt} + \frac{dE_{kin}}{dt} + \frac{dE_{pot}}{dt} = \sum \dot{Q}_i + \sum P_i \,. \tag{14.64}$$

Dabei ist mit den Summenzeichen berücksichtigt, dass viele Arten von Arbeit existieren und über die Systemgrenze gleichzeitig mehrere Wärmeströme ausgetauscht werden können. Nach Integration über die Zeitdauer $\Delta t = t_2 - t_1$ gelte für die Arbeit und Wärme, die bei der Zustandsänderung des Systems vom Zustand 1 zum Zustand 2 über die Systemgrenze übertragen wurde:

$$Q_{12} = \int_1^2 \sum \dot{Q}_i \, dt \text{ bzw. } W_{12} = \int_1^2 \sum P_i \, dt \quad . \tag{14.65}$$

Damit lautet die Energiebilanz:

$$U_2 - U_1 + \frac{m}{2}\,({c_2}^2 - {c_1}^2) + m\,g\,(z_2 - z_1) \stackrel{!}{=} Q_{12} + W_{12} \,. \tag{14.66}$$

Aus dieser Gleichung können durch Vereinfachungen und Annahmen viele Spezialfälle des ersten Hauptsatzes abgeleitet werden. Das Zeichen $\stackrel{!}{=}$ trennt in den folgenden Bilanzen immer die Änderung der Systemenergie von den Energietransportströmen.

Stationäre geschlossene Prozesse

Bei stationären Prozessen bleibt die im System gespeicherte Energie über die Zeit konstant. Es gilt:

$$\frac{dE_{sys}}{dt} = 0 \stackrel{!}{=} \sum \dot{Q}_i + \sum P_i \,. \tag{14.67}$$

Als Beispiel aus der Technik kann das Arbeitsgas im stationär arbeitenden Stirlingmotor angeführt werden, das zwar in einem Kreisprozess ständig seine Zustandsgrößen verändert, im zeitlichen Mittel aber seine gespeicherte Energie nicht ändert. Die dem Stirlingmotor auf hohem Temperaturniveau zugeführte Wärme wird in Form von Arbeit und Wärme auf geringerem Temperaturniveau abgegeben.
Die bei realen Prozessen unvermeidbare Entropieproduktion muss bei stationären Systemen durch einen Wärmestrom kompensiert werden, der die erzeugte Entropie aus dem System abführt. Ansonsten würde sich der thermische Anteil der Inneren Energie des Systems erhöhen.

Geschlossene Prozesse ohne Arbeits- und Wärmetransport

In ein System mit abgeschlossenen Systemgrenzen kann weder Arbeit noch Wärme oder Materie transportiert werden. Energieumwandlungen müssen sich also im Inneren vollziehen:

$$E_{sys,2} - E_{sys,1} = U_2 - U_1 + \frac{m}{2} \cdot (c_2{}^2 - c_1{}^2) + m \cdot g \cdot (z_2 - z_1) \stackrel{!}{=} 0 \,. \tag{14.68}$$

Wenn die Innere Energie als konstant angenommen wird, kann daraus der bekannte Energiesatz der Mechanik hergeleitet werden:

$$\frac{m}{2} \cdot (c_2{}^2 - c_1{}^2) + m \cdot g \cdot (z_2 - z_1) \stackrel{!}{=} 0 \,. \tag{14.69}$$

Die kinetische Energie eines Systems wird nach diesem Satz vollständig in potenzielle Energie umgewandelt, die Systemenergie bleibt hierbei konstant. Dieser Satz gilt aber nur für ideale Prozesse. Reibungs- und Ausgleichsvorgänge erzeugen irreversibel im System den Energieträger Entropie und erhöhen damit die Innere Energie $du = T\ ds_{irr} = e_{diss}$. Für reale Prozesse gilt daher:

$$e_{diss,12} + \frac{m}{2} \cdot (c_2{}^2 - c_1{}^2) + m \cdot g \cdot (z_2 - z_1) \stackrel{!}{=} 0 \,. \tag{14.70}$$

Einfache geschlossene Systeme

Ein beliebtes akademisches Untersuchungsobjekt ist das geschlossene, unbewegte (ruhende) „einfache System“, das nur eine Art von Arbeit kennt, die Volumenänderungsarbeit. Hier gilt dann

$$U_2 - U_1 \stackrel{!}{=} Q_{12} + \int_1^2 -pdV, \tag{14.71}$$

die Änderung der Inneren Energie U ist für Idealgase einfach über $dU = m\,c_v\,dT$ zu berechnen. Wird Entropieproduktion mit betrachtet, erhöht diese die Innere Energie des Systems oder muss als Wärme abgeführt werden. Auch das Integral der Volumenänderungsarbeit ist lösbar, wenn die Idealgasgleichung $pV = mR_iT$ angewendet werden kann. Es gilt zu beachten, dass das System gegen den Umgebungsdruck Verschiebearbeit zu leisten hat und nur die Nutzarbeit W_{nutz} dem System entnommen werden kann.

14.6.2 *Offene Systeme*

Die meisten thermischen Maschinen zur Energiewandlung haben offene Systemgrenzen und werden von Massenströmen durchflossen. Neben der Wärme und den Arbeitsformen ist hier auch die mit der Masse transportierte Energie mitzubilanzieren. Es gilt:

$$dE_{sys} = dU + dE_{kin} + dE_{pot} \stackrel{!}{=} \sum Q_i + \sum W_i + \sum dm_i \cdot e_{mat,i} \tag{14.72}$$

bzw. auf den infinitesimalen Zeitabschnitt dt bezogen:

$$\frac{dE_{sys}}{dt} = \frac{dU}{dt} + \frac{dE_{kin}}{dt} + \frac{dE_{pot}}{dt} \stackrel{!}{=} \sum \dot{Q}_i + \sum P_i + \sum \dot{m}_i \cdot e_{mat,i}\,. \tag{14.73}$$

Nach Integration gilt für die Zustandsänderung des Systems vom Zustand 1 zum Zeitpunkt t_1 zum Zustand 2 bei t_2

$$U_2 - U_1 + \frac{m}{2} \cdot (c_2{}^2 - c_1{}^2) + m \cdot g \cdot (z_2 - z_1) \stackrel{!}{=} \sum Q_{12} + \sum W_{12} + \sum \Delta m_i \cdot e_{mat,i,12}\,. \tag{14.74}$$

Im offenen wie im geschlossenen System erzeugen Ausgleichsvorgänge innerhalb der Systemgrenzen oder Wärmezufuhr von außen Entropie, die sich auch hier in einer Erhöhung der Inneren Energie bemerkbar macht. Zudem kann nun aber auch beim Einströmen der Masse in das System dissipierte Energie und damit Entropie eingebracht werden, die als thermischer Anteil der Inneren Energie $du = T\,ds_{irr}$ in der spezifischen Energie e_{mat} mitbilanziert ist. Aus der Gl. (14.6.2) können durch Vereinfachungen und Annahmen ebenso wie beim geschlossenen System viele Spezialfälle des ersten Hauptsatzes abgeleitet werden.

Stationäre offene Prozesse (Fließprozesse)

Bei stationären Prozessen bleibt die im System gespeicherte Energie über die Zeit konstant. Zusätzlich wird häufig die Vereinbarung getroffen, dass der in das System hineinströmende Massenstrom das System auch wieder verlässt, dabei ändert sich aber meistens die spezifische Energie der Masse e_{mat}. Es gilt:

$$\frac{dE_{sys}}{dt} \stackrel{!}{=} 0 = \sum \dot{Q}_i + \sum P_i + \dot{m} \cdot \sum e_{mat,i} \; . \tag{14.75}$$

Es wird nun nicht mehr die Änderung des Systemzustands über einen Zeitschritt $t_2 - t_1$ hinweg betrachtet, sondern zwischen dem Eintritts- (1) und dem Austrittsquerschnitt (2) des Massenstroms $\dot{m}$. Bezogen auf diesen Massenstrom lautet die Gleichung nach Integration über den Bilanzraum mit dem Eintritt (1) und dem Austritt (2)

$$0 = q_{12} + w_{t,12} + e_{mat,1} - e_{mat,2} \tag{14.76}$$

bzw. mit Verwendung der Totalenthalpie h_{tot}, die die spezifische Innere Energie des Materiestroms sowie dessen kinetische und potenzielle Energie zusammenfasst:

$$0 = q_{12} + w_{t,12} + h_1 - h_2 + \frac{1}{2} \cdot (c_1^2 - c_2^2) + g \cdot (z_1 - z_2) \; . \tag{14.77}$$

Technische Arbeit und Strömungsarbeit

In Gl. (14.76) wurde der spezifischen Arbeit w_t als Index ein t zugefügt. Bei Strömungsmaschinen wie Turbinen, Verdichtern und Pumpen sowie bei Verbrennungsmotoren wird die technische Arbeit w_t ausgetauscht, die alle auf den Massenstrom bezogenen Arbeiten wie Wellenarbeit, elektrische Arbeit etc. zusammenfasst. Ein stationäres System ist immer auch volumenfest ($dv = 0$), Volumenänderungsarbeit wird also nicht verrichtet.
In der Strömungsmechanik wird meist die spezifische Strömungsarbeit y_{12} verwendet, die als

$$y_{12} \equiv \int_1^2 v dp \tag{14.78}$$

definiert ist. Für y_{12} wird oft auch die passende Bezeichnung „spezifische Druckänderungsarbeit“ gebraucht[12].
Fasst man die Änderung der Inneren Energie im Materiestrom als Dissipationsenergie $u_2 - u_1 = e_{diss,12}$ und verwendet die Beziehung zwischen technischer Arbeit und und spezifischer Strömungsarbeit nach Baehr [2]

$$y_{12} = w_{t,12} - e_{diss,12} + \frac{1}{2} \cdot (c_1^2 - c_2^2) + g \cdot (z_1 - z_2) \; , \tag{14.79}$$

[12] Später auf S. 886 wird gezeigt, dass aus y_{12} durch Multiplikation mit dem Massenstrom die hydraulische Leistung $P_{hydr} = \dot{m} \cdot y_{12}$ zu berechnen ist.

lautet Gl. (14.77) nun

$$0 = e_{diss,12} + q_{12} + y_{12} + h_1 - h_2 \,. \tag{14.80}$$

Diese Beziehung zwischen Strömungsarbeit, Dissipationsenergie und Enthalpieänderung ist in der Strömungsmechanik von großer Bedeutung.

Adiabate Fließprozesse

Können die Grenzen des stationären Systems als näherungsweise „wärmedicht“ betrachtet werden, spricht man von adiabaten Arbeitsprozessen, es gilt $\dot{Q}_i = 0$ bzw. $dq = 0$. Wenn zudem keine technische Arbeit geleistet wird, führt die Gl. (14.77) zu

$$0 \stackrel{!}{=} \dot{m} \cdot \left\{ h_1 - h_2 + \frac{1}{2}(c_1{}^2 - c_2{}^2) + g(z_1 - z_2) \right\} \,. \tag{14.81}$$

In differentiellen Größen lautet die Gleichung

$$0 \stackrel{!}{=} dh + cdc + gdz.$$

Mit $dh = du + d(pv)$ und $du = de_{diss}$ gilt

$$0 \stackrel{!}{=} de_{diss} + pdv + vdp + cdc + gdz \,.$$

Bei der Strömung eines idealen inkompressiblen Fluids mit $\rho = 1/v = const$ bzw. $dv = 0$ vereinfacht sich die Bilanz weiter:

$$0 \stackrel{!}{=} de_{diss} + \frac{1}{\rho}\, dp + cdc + gdz \,.$$

Eine Integration über einen Bilanzraum mit dem Eingang 1 und dem Ausgang 2 liefert

$$0 \stackrel{!}{=} e_{diss,12} + \frac{1}{\rho} \cdot (p_1 - p_2) + \frac{1}{2} \cdot (c_1{}^2 - c_2{}^2) + g \cdot (z_1 - z_2)$$

oder

$$e_{diss} + \frac{p}{\rho} + \frac{c^2}{2} + g \cdot z = \text{const.} \tag{14.82}$$

Für eine ideale reibungsfreie Strömung ohne Entropieproduktion gilt dann:

$$\frac{p}{\rho} + \frac{c^2}{2} + g \cdot z = \text{const.} \tag{14.83}$$

Die massenspezifischen Energiebilanzen der Gl. (14.82) und (14.83) bilden die Grundgleichungen der Strömungsmechanik. Durch Multiplikation mit der Dichte ρ können sie in die „Druckform“ überführt werden, die als Gesetze von Bernoulli bekannt sind. Für reibungsfreie inkompressible stationäre Strömung gilt

$$p + \frac{\rho}{2} \cdot c^2 + \rho \cdot g \cdot z = \text{const} \tag{14.84}$$

und für jeden realen[13] Strömungsprozess

$$\rho \cdot e_{diss} + p + \frac{\rho}{2} \cdot c^2 + \rho \cdot g \cdot z = \text{const.} \tag{14.85}$$

Die Strömungsmechanik bezeichnet den Term $p_{dyn} = \rho/2 \cdot c^2$ als dynamischen Druck und den Term $p_{stat} = p + p_h$ als statischen Druck mit dem hydrostatischen Druck $p_h = \rho \cdot g \cdot z$. Die Summe aus statischem und dynamischem Druck bildet den Gesamtdruck p_{ges} der Strömung,

$$p_{stat} + p_{dyn} = p_{ges}.$$

Der irreversible Term $\rho \cdot e_{diss,12}$ mit der Einheit kg/m^3 · Nm/kg = N/m^2 = Pa wird in Druckgleichungen als Druckverlust Δp_v geführt. Bei reibungsbehafteten Strömungen sinkt der Gesamtdruck mit Zunahme von $\rho \cdot e_{diss,12}$ entsprechend. Bezogen auf einen Bilanzraum mit der Eintrittsstelle 1 und der Austrittsstelle 2 der Strömung gilt damit

$$p_{ges,1} = p_{ges,2} + \Delta p_v.$$

14.6.3 Exergie, Anergie, Wirkungs- und Nutzungsgrad

Aus den bisherigen Kapiteln ergeben sich Konsequenzen für alle technischen Anwendungen: Durch den Ersten Hauptsatz ist bei Energieumwandlungen sichergestellt, dass der Gesamtenergievorrat nicht abnimmt. Der Zweite Hauptsatz gibt vor, dass die Entropie im Gesamtsystem (also System und dessen Umgebung) im allerbesten Fall konstant bleibt, sonst aber immer zunimmt. Durch die im vorigen Kapitel behandelten mechanischen, chemischen, elektrischen und thermischen Dissipationsvorgänge wird bei jeder Energiewandlung irreversibel Entropie erzeugt und ein anderer Energieträger vermindert sich in gleichem Maße.
Es stellt sich nun die Frage, welchen Anteil des Energievorrates eines Systems im bestmöglichen, also reversiblen Fall nutzbar gemacht werden kann. Genauer gesagt soll die maximal dem System entnehmbare Arbeit bestimmt werden. Wir wissen, dass ein System nur dann Energie über seine Systemgrenze transportieren kann, wenn die energieintensiven Zustandsgrößen wie Temperatur, Druck, chemisches oder elektrisches Potenzial von den Zustandsgrößen der Umgebung verschieden sind und ein extensiver Energieträger Energie über die Systemgrenze transportiert.

Exergie

Die Arbeit, die dem System maximal in einem reversiblen Prozess entnommen werden kann, bis es sich im thermodynamischen Gleichgewicht mit seiner Umgebung

[13] Unter den Bedingungen: reibungsbehaftet, inkompressibel, stationär.

befindet, bezeichnet man als *Exergie*[14]. Die Exergie erhält das Formelzeichen Ex und trägt die Einheit J.
Die Energie, die nach der Exergieentnahme im System verbleibt, hat den Namen *Anergie* mit dem Formelzeichen An und der Einheit J erhalten. Die Summe aus beiden Anteilen ergibt den gesamten Energievorrat des Systems,

Energie E = Exergie Ex + Anergie An.

Mit den Begriffen Exergie und Anergie können die Aussagen des *Ersten und Zweiten Hauptsatzes* in neuer Weise formuliert werden:

- Die Summe aus Exergie und Anergie bleibt bei allen Prozessen konstant.
- Bei allen irreversiblen Prozessen mit Entropieproduktion verwandelt sich Exergie in Anergie.
- Nur bei reversiblen Prozessen bleibt die Exergie konstant.
- Es ist unmöglich, Anergie in Exergie zu verwandeln.

Bei Energieumwandlungen geht somit keine Energie verloren, jedoch wird die Energie qualitativ immer weniger wert, ihr Exergieanteil sinkt [15]. Die Analyse der Exergieströme in einem Energieumwandlungsprozess ist eine elegante Möglichkeit, die Qualität dieser Energieumwandlung zu bewerten. Dazu müssen aber die Berechnungsgleichungen für die Exergie vorliegen.

Anergie und die Umgebungsbedingungen

Betrachten wir den Energievorrat eines geschlossenen Systems mit der Masse m. Bei einfachen, ruhenden Systemen enthält das System nur thermische Innere Energie, für die $U = m \cdot u(v,T)$ gilt. Der Druck p im System ergibt sich aus der für dieses System geltenden thermischen Zustandsgleichung $ZGL(p,v,T)$.
Ein Energietransport aus dem System ist nur so lange möglich, bis die intensiven Zustandsgrößen T und p den Umgebungszustand T_U und p_U erreicht haben.[16]

- Bei vollständigem thermodynamischen Ausgleich mit der Umgebung enthält das System noch die spezifische Innere Energie $u_U = u(v_U, T_U)$, das spezifische Volumen im Umgebungszustand v_U wird wiederum aus der $ZGL(p,v,T)$ bestimmt. Der nicht weiter nutzbare Systemenergieanteil u_U bildet den ersten Teil der Anergie des Systems.
- Im reversiblen Fall kann maximal die Nutzarbeit W_{Nutz} nach Gl. (14.40) entnommen werden. Die darin berücksichtigte spezifische Verschiebungsarbeit $p_U \cdot (v_U - v)$ an der Umgebung wird zwar vom System geleistet, kann aber nicht

[14] Der Exergiebegriff wurde von dem slowenischen Ingenieur und Wissenschaftler Zoran Rant (1904-1972) eingeführt, der ab 1962 als Professor an der TH Braunschweig lehrte.

[15] Der umgangssprachliche Ausdruck des „Energiesparens", der thermodynamisch betrachtet nicht sehr sinnig ist, erhält seine gedachte Bedeutung, wenn der Begriff Energie durch Exergie ersetzt wird.

[16] Die Umgebungstemperatur wird bei exergetischen Betrachtungen im englischen Sprachraum zutreffender als „dead state temperature" bezeichnet.

genutzt werden, da sie zur Volumenänderung gegenüber dem Umgebungsdruck benötigt wird. Sie stellt einen weiteren Anteil der Anergie dar.

- Auch nach vollständigem Temperatur- und Druckausgleich mit der Umgebung besitzt das System noch immer die spezifische Entropie s, gegenüber der Umgebung mit der spezifischen Entropie s_U befindet sich also noch – als dritter Anteil der Anergie – der nicht mehr nutzbare Energieanteil $T_U \cdot (s - s_U)$ im System.

Für die Anergie des betrachteten Systems gilt damit:

$$An_{Sys} = m \cdot (u_U + T_U \cdot (s - s_U) + p_U \cdot (v_U - v)) \,. \tag{14.86}$$

Auch der Energiemassenstrom $\dot{E}_{mat}$ transportiert Anergie, da Masse bei $T > 0$ K immer entropiebehaftete thermische Innere Energie enthält. Zu u_U ist hier noch die spezifische Strömungsarbeit $p_U \cdot v_U$ zu berücksichtigen, die der Massenstrom beim Verlassen des Systems in die Umgebung mitnimmt. Es gilt damit $h_U = u_U + p_U \cdot v_U$. Die vom Massenstrom mitgeführte kinetische und potenzielle Energie ist nur bis zum Ausgleich mit der Umgebung entladbar und als Exergie nutzbar. Für den Anergiestrom bei Materietransport gilt demnach

$$\dot{An}_{mat} = \dot{m} \cdot \left(h_U + T_U \cdot (s - s_U) + \frac{c_U^2}{2} + g \cdot z_U \right) \,. \tag{14.87}$$

Bei der Verwendung der Begriffe Exergie und Anergie ist die Festlegung der Umgebungsbedingungen von größter Wichtigkeit. In der Regel wird eine Umgebungstemperatur von 15 °C bzw. $T_U =$ 288 K und ein Normaldruck von p_U = 1.013 mbar angenommen. Aber auch die Geschwindigkeit c_U und die geodätische Höhe z_U der Umgebung eines Systems müssen festgelegt werden, um den Exergiegehalt eines Systems zu bestimmen.

So bewegen sich alle Körper auf der Erdoberfläche gemeinsam mit der Erde mit großer Geschwindigkeit durch das All und bevorraten daher eine große Menge an kinetischer Energie. Sie ist aber nicht nutzbar, da sich die lokale Umgebung mit gleicher Geschwindigkeit bewegt, wenn man sich auf der Erdoberfläche befindet. Die großen Energievorräte unserer Umwelt sind thermodynamisch nicht nutzbar, da sie vollständig aus Anergie bestehen. Auch die Innere Energie der Weltmeere bleibt einer Nutzung verwehrt, da keine Temperaturdifferenz zur Umgebung vorhanden ist.[17]

Auch die als Wärme bezeichnete Transportenergie ist an Entropie gebunden und enthält daher ebenfalls Anergie

$$An_Q = T_U \cdot S \,, \tag{14.88}$$

die nicht weiter verwertet werden kann.

[17] Dies stimmt nicht ganz, da sich die Wassertemperatur mit zunehmender Tiefe mindert und schließlich eine Minimaltemperatur von 4 °C annimmt. Das Oberflächenwasser von äquatorialen Meeren dagegen kann sich im Sommer durch Absorption solarer Strahlung auf 20 °C und mehr erwärmen. Es gibt einige Kraftwerke u.a. auf Hawaii, die diese Temperaturdifferenz zur Stromerzeugung nutzen. Die Technologie wird auch Ocean Thermal Energy Conversion (OTEC) genannt. Weiteres zur OTEC-Technologie findet sich auf den Webseiten des US-amerikanischen Natural Energy Laboratory of Hawaii Authority (http://www.nelha.org/).

Exergie verschiedener Energieformen

Nur entropiebehaftete Energieformen besitzen also Anergie. Kinetische, potenzielle oder elektrische Energie dagegen sind ebenso wie alle Arbeitsformen vollständig Exergie, besitzen also keinen Anergieanteil. Da vom System verrichtete Arbeit mit einem negativen Vorzeichen behaftet ist und die Exergie positiv sein soll, verwendet man Betragszeichen:

$$Ex = |W_{pot} + W_{kin}| = |m \cdot g \cdot (z - z_U) + m \cdot \frac{1}{2} \cdot (c^2 - c_U{}^2)| \,. \tag{14.89}$$

Ebenso gilt für über die Systemgrenze transportierte elektrische Arbeit:

$$Ex = |W_{el}| = |U_{el} \cdot Q_{el}| \,. \tag{14.90}$$

Auch für die in Kap. 14.5.2 beschriebenen inneren Arbeiten, also Nutzarbeit W_{Nutz} bei geschlossenen und technische Arbeit W_t bei stationären offenen Systemen, gilt:

$$Ex = |W_{Nutz}| \text{ und } Ex = |W_t| \,. \tag{14.91}$$

Die in Gl. (14.40) beschriebene Nutzarbeit ist der Exergieanteil der Volumenänderungsarbeit.
Die äußere Energie des Systems (E_{kin}, E_{pot}) ist ebenfalls vollständig Exergie. Der Exergieanteil der thermischen Inneren Energie des Systems u beträgt

$$Ex_{u,th} = m \cdot (u - u_U - T_U \cdot (s - s_u) + p_U \cdot (v - v_U)) \,. \tag{14.92}$$

Zur Energie eines Systems wird auch die chemische Innere Energie gezählt, beispielsweise die chemische Energie von Brennstoffen. Für alle Brennstoffe gilt, dass die Exergie näherungsweise dem Brennwert H_s entspricht (vgl. auch Gl. (14.224), S. 897). Nach [2] gilt:

Für Kohle: $Ex_{u,ch} = 1{,}007 \cdot H_s + 0{,}155$ MJ/kg

Für Heizöl: $Ex_{u,ch} = 0{,}911 \cdot H_s + 3{,}307$ MJ/kg

Ein energiebehafteter Stoffstrom $\dot{E}_{mat}$ mit der spezifischen Enthalpie h, der Geschwindigkeit c und der geodätischen Höhe z transportiert Entropie und trägt damit neben einem Exergie- auch einen Anergiestrom mit sich. Für den Exergiestrom gilt mit Gl. (14.87):

$$\dot{E}x_{mat} = \dot{m}\left[h - h_U - T_U \cdot (s - s_U) + \frac{(c^2 - c_U{}^2)}{2} + g(z - z_U)\right] . \tag{14.93}$$

Auch Wärme führt neben Exergie Anergie mit sich, da Entropie über die Systemgrenze übertragen wird. Der Exergiestrom ist die Differenz zwischen dem Wärmestrom $\dot{Q}$ und dem Anergiestrom $\dot{A}n_Q$ nach Gl. (14.88):

$$\dot{E}x_Q = \dot{Q} - T_U \cdot \dot{S}.$$

Für den mit dem Wärmestrom transportierten Entropiestrom gilt $\dot{S} = \dot{Q}/T$ und damit

$$\dot{E}x_Q = \dot{Q} - T_U \cdot \frac{\dot{Q}}{T} = \dot{Q} \cdot (1 - \frac{T_U}{T}). \tag{14.94}$$

Die Temperatur T ist an der Systemgrenze im Bereich des Wärmeübergangs zu ermitteln.

Exergiefaktor η_C

Der *Exergiefaktor* $\eta_{Ex,max}$ genannte zweite Teil der Gl. (14.94) ist von zentraler Bedeutung bei Energiewandlungen in Wärmekraftmaschinen. In einem Kraftwerkskessel wird durch Verbrennung chemische Energie zu thermischer Energie gewandelt, die in den Verbrennungsgasen enthalten ist. Über die Kesselwände transportiert ein Wärmestrom $\dot{Q}$ diese Energie in das Arbeitsmedium und erhöht dessen Innere Energie. Auch unter idealen (reversiblen) Bedingungen kann diesem Wärmestrom nur der exergetische Anteil als mechanische Energie entnommen werden. Der Exergiefaktor wird nach dem französischen Ingenieur Sadi Carnot auch als *Carnotfaktor* bezeichnet:

$$\eta_{Ex,max} = \eta_C = 1 - \frac{T_U}{T} . \tag{14.95}$$

Dabei ist T_U die Umgebungstemperatur, die definitionsgemäß keine Exergie enthält. Abb. 14.15 zeigt die Exergie- und Anergieflüsse in einem Energiewandlungsprozess, eine solche Abbildung wird auch als Exergie-Anergie-Flussbild oder Sankey-Diagramm bezeichnet.

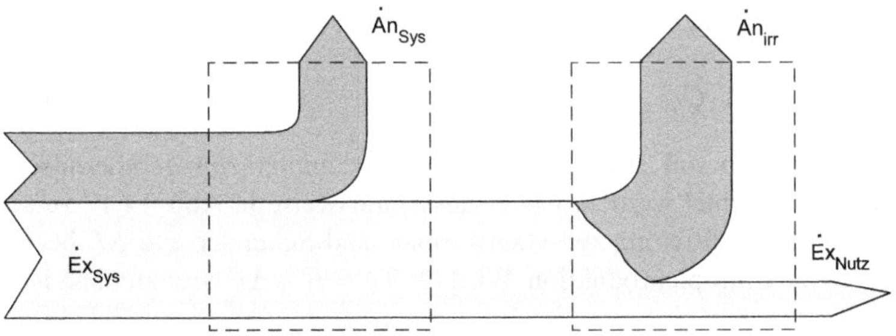

Abb. 14.15 Exergie-Anergie-Flussbild eines Energiewandlungsprozesses. Nach Abfuhr der Anergie des Systems An_{sys} wird durch irreversible Prozessführung Entropie erzeugt, die einen weiteren Anergiebetrag An_{irr} produziert. Von der im System ursprünglich vorhandenen Exergie E_{sys} kann nur der Anteil Ex_{Nutz} genutzt werden.

Energetischer und Exergetischer Wirkungsgrad

Immer dann, wenn Entropie erzeugt wird, wird Exergie vernichtet. Jede Übertragung von Wärme bei einer Temperaturdifferenz, jeder Druckausgleich, jeder Konzentrationsausgleich und natürlich jede Form mechanischer Reibung führt also zu Exergieverlusten ΔEx_V. Diese sind über eine Bilanzierung der eingehenden, enthaltenen und austretenden Exergieströme zu ermitteln, wie Abb. 14.16 zeigt.
Es gilt für stationäre Prozesse, bei denen die Systemexergie konstant bleibt,

$$\Delta Ex_V = \Delta Ex_{zu} - \Delta Ex_{ab}$$

und gleichzeitig:

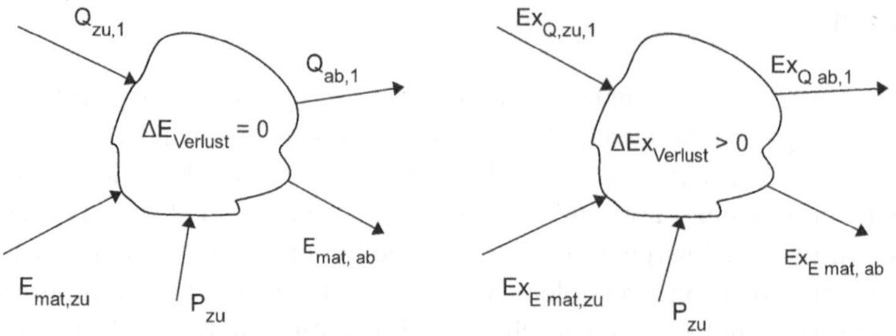

Abb. 14.16 Die linke Seite zeigt die über die Systemgrenzen transportierten Energieströme, die rechte Seite die Exergieanteile, die mit diesen Energieströmen transportiert werden. Die Bilanzierung der eintretenden, austretenden und gespeicherten Energiemengen zeigt, dass die Energie erhalten bleibt. Die Bilanzierung der ein- und austretenden Exergieströme dagegen zeigt, dass Exergie bei realen Prozessen „verloren" geht.

$$\Delta Ex_V = T_U \cdot \Delta S_{irr} \,. \tag{14.96}$$

Bei allen Prozessen zur Energiewandlung, die auch einen Wärmetransport beinhalten, wird in den Wärmeübertragern Exergie vernichtet. Nach Gl. (14.96) ist der Exergieverluststrom $\dot{Ex}_V$ bei der Übertragung des stationären Wärmestroms $\dot{Q}_{hx}$ an die Entropieerzeugungsrate $\dot{S}_{irr}$ gebunden. Nach Gl. (14.60) gilt:

$$\dot{Ex}_V = T_U \cdot (\frac{1}{T_2} - \frac{1}{T_1}) \cdot \dot{Q}_{hx} \,. \tag{14.97}$$

Der Exergieverluststrom soll am Beispiel eines Verdampfers für geothermische ORC-Kraftwerke betrachtet werden, wie er ausschnittsweise in Abb. 14.17 zu sehen ist. Die Temperaturdifferenz zwischen Primär- und Sekundärseite ΔT beeinflusst wesentlich die Entropieproduktion. Wird für $T_2 = T_1 - \Delta T$ gesetzt, dann ist

$$\dot{Ex}_V = T_U \cdot (\frac{1}{T_1 - \Delta T} - \frac{1}{T_1}) \cdot \dot{Q}_{hx}$$

und nach Umformung

$$\dot{Ex}_V = \frac{T_U}{T_1} \cdot \frac{\Delta T}{T_1 - \Delta T} \cdot \dot{Q}_{hx} \,. \tag{14.98}$$

Die Gl. (14.98) zeigt, dass die exergetische Qualität eines energetischen Prozesses wesentlich von der Auslegung der Wärmeübertrager – also der Wahl von ΔT – beeinflusst wird. Neben den Exergieverlusten durch mechanische oder elektrische Reibung und Turbulenzen ist die Wärmeübertragung eine der ganz großen Entropiequellen.

Der exergetische Wirkungsgrad η_{Ex} dient dazu, die Qualität oder Güte einer Energieumwandlung zu bewerten. Es gilt:

$$\eta_{Ex} = \frac{Ex_{Nutz}}{Ex_{Aufwand}} = 1 - \frac{\Delta Ex_{Verluste}}{Ex_{Aufwand}} \,. \tag{14.99}$$

Wie bei jeder Wirkungsgraddefinition sind der exergetische Nutzen und der exergetische Aufwand vom Betrachter zu definieren.

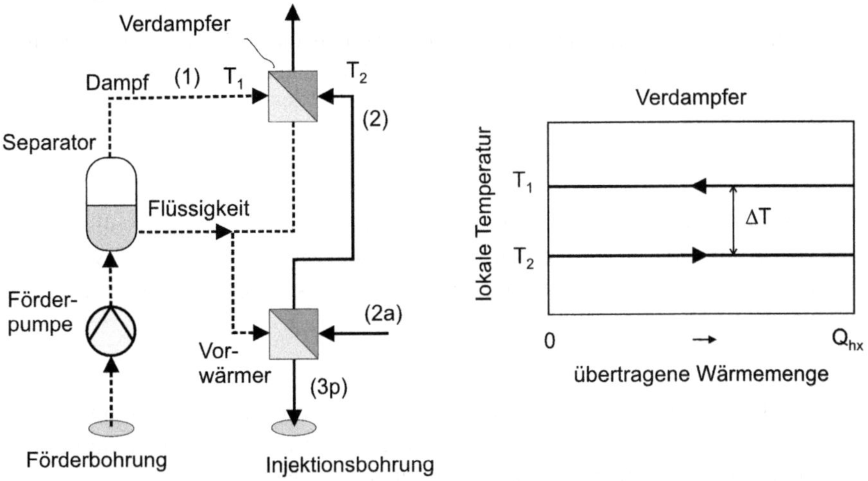

Abb. 14.17 Die linke Seite zeigt die Wärmeübertragung von einem geothermischen Thermalwasserdampfstrom mit der Temperatur T_1 über den Verdampfer auf das Arbeitsmittel, das als siedende Flüssigkeit bei der Temperatur T_2 einströmt. Im Bild rechts ist in einem Wärmemengen-Temperatur-Diagramm (kurz QT) die lokale Temperatur im Wärmeübertrager von Primär- und Sekundärseite dargestellt.

Betrachtet man den Wärmeübertragungsprozess in einem geothermischen Verdampfer, so berechnet sich der exergetische Wirkungsgrad eines Wärmeübertragers zu

$$\eta_{Ex} = 1 - \frac{T_U \cdot \Delta T}{(T_1 - \Delta T) \cdot (T_1 - T_U)}, \tag{14.100}$$

wenn der Exergiestrom der übertragenen Wärmemenge $\dot{E}x_Q = \dot{Q}_{hx} \cdot (1 - \frac{T_U}{T_1})$ ist.

→ Beispiel

Die Temperatur des geothermisch gewonnenen Wasserdampfstroms betrage T_1 = 153 °C bzw. 426 K, die Siedetemperatur des im ORC-Prozess zu verdampfenden organischen Arbeitsfluids Pentan T_2 = 133 °C, die Temperaturdifferenz beträgt also ΔT = 20 K. Bei Vorgabe einer Umgebungstemperatur von T_U = 293 K beträgt der relative Exergieverlust $\Delta\dot{E}x_V/\dot{E}x_Q$ nach Gl. (14.100) im Verdampfer allein durch die Entropiequelle der Wärmeübertragung

$$\frac{\Delta\dot{E}x_V}{\dot{E}x_Q} = \frac{293\,\text{K} \cdot 20\,\text{K}}{(426\,\text{K} - 20\,\text{K}) \cdot (426\,\text{K} - 293\,\text{K})} = 10{,}8\,\%$$

Im idealen Grenzfall isentroper Prozessführung könnte maximal die Exergie des übertragenen Wärmestroms in Arbeit umgewandelt werden. Der Exergieanteil der Wärme ist gleich $\eta_{Ex,max} = 1 - T_U/T_1$, der nur von der Temperatur der Umgebung und der des übertragenen Wärmestroms abhängt. Im vorgestellten Beispiel beträgt der Exergiefaktor $\eta_{Ex,max}$ = 31,2 %. Die oben berechneten Exergieverluste durch Wärmeübertragung vernichten bereits etwa ein Drittel der zugeführten Exergie.

Beim energetischen Wirkungsgrad dagegen setzt man die aus dem Prozess erhaltene gewünschte Energiemenge zum energetischen Aufwand in Beziehung:

$$\eta_{En} = \frac{E_{Nutz}}{E_{Aufwand}}. \tag{14.101}$$

So wird bei der elektrischen Beheizung eines Trinkwasserspeichers ein energetischer Nutzungsgrad von η_{En} = 100 % erreicht, da elektrische Energie vollständig in die Innere Energie des Trinkwassers umzuwandeln ist. Der exergetische Wirkungsgrad η_{Ex} beträgt dagegen nur wenige Prozent, wie das folgende Beispiel zeigt.

→ Beispiel

Ein Trinkwasserspeicher werde über einen Einschraubheizkörper mit einer elektrischen Leistung von P_{el} = 2.000 W für die Dauer von Δt = 1 h erwärmt. Die Wärmeverluste des Speichers nach außen seien zu vernachlässigen.
Innerhalb der Zeitdauer Δt wird die Energiemenge $P_{el} \cdot \Delta t$ über die Systemgrenze, hier die Speicherhülle, transportiert, dies entspricht dem energetischen Aufwand. Bei Annahme einer Speichermasse von m = 300 kg und einer spezifischen Wärmekapazität von c = 1,163 Wh/kg/K erhöht sich die Wassertemperatur von einer Ausgangstemperatur von T_1 = 20 °C um

$$\Delta T = T_2 - T_1 = \frac{2.000 \text{ W} \cdot 1 \text{ h}}{300 \text{ kg} \cdot 1,163 \text{ Wh/kg/K}} = 5,73 \text{ K},$$

die Endtemperatur beträgt nach einer Stunde also 25,73 $°C$. Die Berechnung

$$\eta_{en} = \frac{E_{Nutz}}{E_{Aufwand}} = \frac{m \cdot c_p \cdot \Delta T}{P_{el} \cdot \Delta t} = 1$$

führt zu einem energetischen Wirkungsgrad von η_{en} = 100 %. Die exergetische Analyse führt zu anderen Ergebnissen. Laut Gl. (14.90) ist die in den Speicher transportierte elektrische Energie vollständig Exergie. Der exergetische Aufwand ist also

$$Ex_{Aufwand} = |W_{el}| = 2.000 \text{ Wh}.$$

Die Zufuhr elektrischer Energie in Form von Arbeit führt im Speicherinnern zu einer Erhöhung der Inneren Energie des Systems, die sich in der beobachteten Temperaturerhöhung zeigt. Mit Gl. (14.92) beträgt die Exergiezunahme der Inneren Energie

$$Ex_{Nutz} = Ex_{u,th,2} - Ex_{u,th,1} = m \cdot (u_2 - u_1 - T_U \cdot (s_2 - s_1) + p_U \cdot (v_2 - v_1))$$

Für Wasser als näherungsweise ideale Flüssigkeit gilt $v_1 = v_2$, $u_2 - u_1 = c \cdot (T_2 - T_1)$ sowie $s_2 - s_1 = c \cdot ln(T_2/T_1)$. Damit wird Ex_{Nutz} zu

$$Ex_{Nutz} = m \cdot (c \cdot (T_2 - T_1) - T_U \cdot c \cdot ln(T_2/T_1))$$

Mit den gegebenen Daten folgt Ex_{Nutz} = 190,695 kJ bzw. 53,06 Wh. Für den exergetischen Wirkungsgrad folgt damit:

$$\eta_{Ex} = \frac{\dot{E}x_{Nutz}}{\dot{E}x_{Aufwand}} = \frac{53{,}06\ \text{Wh}}{2.000\ \text{Wh}} = 0{,}0265\ .$$

Die Erwärmung des Speicherwassers mit Hilfe elektrischer Energie kann zwar mit einem energetischen Wirkungsgrad von 100 % erfolgen, der exergetische Wirkungsgrad beträgt aber nur 2,6 %. Die in der Energieform der elektrischen Arbeit vorhandene Exergie wurde nahezu vollständig vernichtet.
Aus exergetischer Sicht wäre es am effizientesten gewesen, zur Aufheizung des Trinkwassers einen bereits vorhandenen Wärmestrom auf einem höheren Temperaturniveau zu verwenden. Bei Anlagen mit Kraft-Wärme-Kopplung nutzt man den ohnehin abzuführenden Kondensationswärmestrom zur Trinkwassererwärmung oder zur Raumheizung. Mit der Kondensationswärme wird die in den Kreisprozess eingebrachte Entropie aus dem Arbeitsfluid entfernt, um dessen Ausgangszustand wieder zu erreichen. Der Einsatz von Kraft-Wärme-Kopplung „spart" also erhebliche Mengen an Exergie ein.

14.7 Stoffeigenschaften

Energieumwandlungsprozesse und -transporte sind immer an Stoffe, also Materie, gebunden. In herkömmlichen Kraftwerken wird Wasserdampf, in geothermischen Kraftwerken werden organische Arbeitsmittel wie Pentan in einem Kreisprozess verwendet. Um die darin vorkommenden Zustandsänderungen des Fluids berechnen zu können, müssen die thermodynamischen Eigenschaften der eingesetzten Stoffe bekannt sein. Daraus ergeben sich viele Fragen, z.B.:

- Wie ändert sich der Druck in einem Gas, wenn die Temperatur erhöht wird?
- Welche Auswirkungen hat dies auf die Dichte des Mediums?
- Welche Energiemenge ist zuzuführen, um die Temperatur in einer Flüssigkeit um eine bestimmte Differenz anzuheben?
- Welche Energiemenge wird bei der Verbrennung eines Brennstoffes freigesetzt?
- Wieviel Entropie wurde bei einem Prozess irreversibel erzeugt?

Um diese Fragen beantworten zu können, sind mathematische Beschreibungen der Materieeigenschaften erforderlich. Antworten geben die Thermischen, Kalorischen sowie Entropie-Zustandsgleichungen der Stoffe. Bekannteste thermische Zustandsgleichung ist die Idealgasgleichung, die den Zusammenhang zwischen Druck, Temperatur und Volumen für einen idealisierten, gasförmigen Modellstoff angibt. Die Idealgasgleichung ist sehr einfach analytisch lösbar. Leider verhalten sich viele Stoffe in der Praxis (des Energietechnikers) ganz anders als Idealgase. Sehr oft sind z.B. die Materieeigenschaften von Nassdämpfen (Mischungen aus dem gasförmigen und flüssigen Aggregatzustand eines Stoffes) erforderlich, bei Energieumwandlungen selbstverständlich auch die chemischen Eigenschaften des Brennstoffes.

14.7.1 Zustandsgleichungen

Mit Hilfe der Gibbschen Phasenregel kann die Anzahl von unabhängigen intensiven y_i bzw. spezifischen Zustandsgrößen x_i zur Beschreibung der Materieeigenschaften ermittelt werden. Die Gibbsche Phasenregel berechnet aus der Anzahl der Komponenten K in einem System und der Anzahl der Mischphasen P den Freiheitsgrad f des Systems[18]. Es gilt

$$f = K + 2 - P. \tag{14.102}$$

Die Zustandsgleichung zur Beschreibung einer Materialeigenschaft eines Systems mit f Freiheitsgraden benötigt die gleiche Anzahl unabhängiger intensiver Zustandsgrößen, es gilt damit $ZGL(y_1, \ldots y_n, x_1 \ldots x_{f-n}) = 0$.

→ **Beispiel**

In einem Glaszylinder befindet sich ein gasförmiges Gemisch aus den Gasen Stickstoff und Kohlendioxid. Nach der Gibbschen Phasenregel beträgt in diesem Fall die Zahl der Komponenten $K = 2$, beide Stoffe bilden zusammen nur eine Mischphase $P = 1$. Um die thermischen Eigenschaften des Gemischs im Zylinder eindeutig beschreiben zu können, müssen $f = K + 2 - P = 2 + 2 - 1 = 3$ unabhängige Zustandsgrößen angegeben werden. Dies kann neben der Temperatur T und dem Druck p der Massenanteil $\xi_{N_2} = m_{N_2}/m_{ges}$ oder der Stoffmengenanteil $\chi_{N_2} = n_{N_2}/n_{ges}$ von Stickstoff an der Gesamtmenge sein.
Im *Tripelpunkt* existieren die drei Aggregatzustände eines reinen Stoffes nebeneinander. Mit $K = 1$ und $P = 3$ gilt $f = 1 + 2 - 3 = 0$. Es sind also keine Zustandsgrößen frei wählbar, p_{kr}, T_{kr} und damit v_{kr} haben für jeden Stoff feste Werte.
Die *Dampfdruckkurve* von Wasser beschreibt den Zusammenhang zwischen Siededruck und Siedetemperatur. Wie die Phasenregel zeigt, ist für eine Komponente ($K = 1$), die in zwei Aggregatzuständen existiert (flüssig und gasförmig, $P = 2$), der Freiheitsgrad $f = 1 + 2 - 2 = 1$. Die Dampfdruckkurve muss also der Form $p_S = p(T_S)$ genügen.

Thermische Zustandsgleichungen

Thermische Zustandsgleichungen sind mathematische Verknüpfungen zwischen den thermodynamischen Zustandsgrößen Druck, Temperatur und spezifischem Volumen. Es gilt für Reinstoffe allgemein

$$ZGL(p, v, T) = 0 \text{ bzw. } p = p(v, T) \text{ bzw. } v = v(p, T) \tag{14.103}$$

in der volumen- bzw. druckexpliziten Form. Die totalen Differentiale lauten:

---

[18] Die Phasenregel gilt nach [3] nur für Phasen, in denen keine chemische Reaktionen stattfinden.

$$dp = \left(\frac{\partial p}{\partial v}\right)_T dv + \left(\frac{\partial p}{\partial T}\right)_v dT \tag{14.104}$$

bzw.

$$dv = \left(\frac{\partial v}{\partial p}\right)_T dp + \left(\frac{\partial v}{\partial T}\right)_p dT \; . \tag{14.105}$$

Bestimmte partielle Ableitungen des Druckes und des spezifischen Volumens haben in der thermodynamischen Literatur spezielle Bezeichnungen erhalten. Der isobare Volumenausdehnungskoeffizient β

$$\beta = \frac{1}{v}\left(\frac{\partial v}{\partial T}\right)_p \tag{14.106}$$

gibt das Verhalten des relativen spezifischen Volumens dv/v bei isobarer Temperaturänderung wieder, der isotherme Kompressionskoeffizient χ

$$\chi = -\frac{1}{v}\left(\frac{\partial v}{\partial p}\right)_T \tag{14.107}$$

die relative Änderung des spezifischen Volumens dv/v bei isothermer Kompression. Der isochore Spannungskoeffizient γ schließlich gibt die Relativänderung des Druckes wieder, wenn bei konstantem Volumen (isochor) die Temperatur des Stoffes verändert wird:

$$\gamma = \frac{1}{p}\left(\frac{\partial p}{\partial T}\right)_v \; . \tag{14.108}$$

Die allgemeine Form der thermischen Zustandsgleichung lautet bei Einführung dieser Bezeichnungen:

$$dv = v \cdot \beta \cdot dT - v \cdot \chi \cdot dp \tag{14.109}$$

Nach Übergang auf endliche Differenzen und Verwendung von über die Temperaturdifferenz $\Delta T = T - T_0$ gemittelten Koeffizienten wie $\beta|_{T_0}^{T}$ gilt

$$\Delta v = v - v_0 = v_0 \cdot \beta|_{T_0}^{T} \cdot \Delta T - v_0 \cdot \chi|_{p_0}^{p} \cdot \Delta p \tag{14.110}$$

bzw.

$$v = v_0 \cdot (1 + \beta|_{T_0}^{T} \cdot \Delta T - \chi|_{p_0}^{p} \cdot \Delta p) \; . \tag{14.111}$$

Nach der Eulerschen Kettenregel gilt für die eingeführten Koeffizienten:

$$\beta = p \cdot \chi \cdot \gamma \, .$$

Thermische Zustandsgleichungen werden meist in p-v-Diagrammen als Funktion $p = p(v, T)$ dargestellt, Abb. 14.10 zeigte ein Beispiel. Um die Aggregatzustände von Stoffen darzustellen, eignet sich das p-T-Diagrammen, dazu sei auf Abb. 14.18 verwiesen.

Kalorische Zustandsgleichungen

Die kalorischen Zustandsgleichungen erlauben es, die Änderung der Inneren Energie und der Enthalpie eines Stoffes zu bestimmen. Bei einfachen Systemen, die nur aus einer Materialkomponente (K=1) und einer Phase (P=1) bestehen, genügt es, jeweils zwei unabhängige Variable anzugeben (f=2 nach Gl. (14.102)). Die kalorischen Zustandsgleichungen werden in diesem Fall mit

$$u = u(v,T) \text{ und } h = h(p,T)$$

angesetzt. Man hat für einige der partiellen Ableitungen der spezifischen Inneren Energie bzw. der Enthalpie eigene Bezeichnungen eingeführt, die spezifischen Wärmekapazitäten c_v bzw. c_p. Das totale Differential der Inneren Energie

$$du = \left(\frac{\partial u}{\partial v}\right)_T dv + \left(\frac{\partial u}{\partial T}\right)_v dT \qquad (14.112)$$

wird mit Einführung der isochoren spezifischen Wärmekapazität $c_v(p,T)$ zu

$$du = \left(\frac{\partial u}{\partial v}\right)_T dv + c_v(p,T) \cdot dT \; . \qquad (14.113)$$

Entsprechend gilt mit der isobaren spezifischen Wärmekapazität $c_p(p,T)$:

$$dh = \left(\frac{\partial h}{\partial p}\right)_T dp + c_p(p,T) \cdot dT \; . \qquad (14.114)$$

Nach Baehr [2] kann die partielle Änderung der Enthalpie nach dem Druck durch den Ausdruck

$$\left(\frac{\partial h}{\partial p}\right)_T = \left[v - T \cdot \left(\frac{\partial v}{\partial T}\right)_p\right] \qquad (14.115)$$

ersetzt werden.

→ Spezifische Wärmekapazitäten

Die Bezeichnungen isochore und isobare spezifische Wärmekapazität sind irreführend. Sie entstanden im 18. Jahrhundert, als man noch glaubte, die Wärme sei ein masseloser Stoff, der in einem System gespeichert werden könne.
Tatsächlich geben sie schlicht die Änderung der thermischen Inneren Energie bzw. der Enthalpie bei einer Temperaturänderung an, wobei das Volumen bzw. der Druck konstant gehalten werden. Viele unterliegen jedoch dem Irrtum, dass mit Hilfe von c_p die Änderung der im System enthaltenen Inneren Energie eines geschlossenen Systems bei einer isobaren Zustandsänderung berechnet werden kann. Auch ist die Annahme nicht korrekt, dass die spezifische Enthalpie h eines Stoffes bereits bei Kenntnis der spezifischen Wärmekapazität c_p berechenbar ist. Bei nahezu allen Stoffen muss zusätzlich auch die Druckabhängigkeit der Enthalpie bei konstanter Temperatur nach Gl. (14.115) bekannt sein. Lediglich bei idealen Gasen, Flüssigkeiten und Feststoffen gelten die Beziehungen $du = c_v\, dT$ und $dh = c_p\, dT$.

Entropie-Zustandsgleichungen

Da die spezifische Entropie s eine Zustandsgröße ist, kann die Entropie-Zustandsgleichung auf Basis der Beziehung $s = s(v, T)$ oder $s = s(p, T)$ hergeleitet werden, die bekannte thermische Zustandsgleichung $p = p(v, T)$ erlaubt eine Umrechnung. Es ist:

$$ds = \left(\frac{\partial s}{\partial v}\right)_T dv + \left(\frac{\partial s}{\partial T}\right)_v dT \, . \tag{14.116}$$

bzw.

$$ds = \left(\frac{\partial s}{\partial p}\right)_T dp + \left(\frac{\partial s}{\partial T}\right)_p dT \, . \tag{14.117}$$

Nach einigen Umformungen, die bei Herwig [14] nachzulesen sind, ist die Entropie $s(v, T)$ mit

$$\begin{aligned} s(v,T) = s(v_0, T_0) &+ \int_{v_0}^{v} \left[\left(\frac{\partial p}{\partial T}\right)_v - \frac{R_i}{v} \right] dv \\ &+ R_i \cdot ln \frac{v}{v_0} + \int_{T_0}^{T} \frac{c_v^{id}(T)}{T} \, dT \end{aligned} \tag{14.118}$$

berechenbar. $c_v^{id}(T)$ ist hierbei die spez. Wärmekapazität des Stoffes im gasförmigen Aggregatzustand bei sehr großem spezifischen Volumen v_0, also bei Idealgasbedingungen.

14.7.2 Idealgas

In der Natur gibt es kein Idealgas. Dennoch ist dieser „Modellstoff" für die Thermodynamik von großer Bedeutung, da sich für Idealgas eine einfache analytische Gleichung für die thermische Zustandsgleichung angeben lässt. Es gilt:

$$p \cdot V = n \cdot R \cdot T \tag{14.119}$$

mit der Stoffmenge n und der Universellen Gaskonstante R

$$R = 8{,}3144772 \, \frac{\mathrm{J}}{\mathrm{mol} \cdot \mathrm{K}} \, .$$

Durch Division mit der molaren Masse des Stoffes i ergibt sich die spezielle Gaskonstante

$$R_i = \frac{R}{M_i} \tag{14.120}$$

und daraus die massenbezogene Formulierung der Idealgleichung

$$p \cdot V = m \cdot R_i \cdot T \quad \text{bzw.} \quad p \cdot v = R_i \cdot T \, . \tag{14.121}$$

mit der Masse m. Die molare Masse M_i ist der Quotient aus Masse und Stoffmenge eines Stoffes, der ein gegebenes Volumen einnimmt, $M_i = m_i/n_i$. Es sei darauf hingewiesen, dass die Temperatur T als absolute Temperatur in K anzugeben ist. Beim Modellstoff „Idealgas" werden folgende Vereinfachungen gegenüber einem realen Gas getroffen. Idealgasteilchen seien ausdehnungslose Massepunkte, die

- sich frei durch das gegebene Volumen bewegen, unbeeinflusst von jeglichen Kräften wie Gravitation oder zwischenmolekularen Bindungskräften und die
- sich mit einer konstanten Geschwindigkeit geradlinig im Raum bewegen und nur ideale elastische Zusammenstöße mit anderen Teilchen oder den Systemgrenzen vollziehen.

Nur bei sehr geringen Dichten (also großen spezifischen Volumina) verhalten sich reale Gase näherungsweise wie Idealgas. Ein Vergleich der Idealgasgleichung mit der allgemeinen Form der thermischen Zustandsgleichung zeigt, dass $\beta = 1/T$, $\chi = 1/p$ und $\gamma = 1/T$ ist. Auch die kalorischen Zustandsgleichungen für Idealgas vereinfachen sich mit Verwendung des Zusammenhangs zwischen p, v und T. Die partielle Ableitung der Inneren Energie nach dem spezifischen Volumen verschwindet, da im Idealgas definitionsgemäß keine Wechselbeziehungen zwischen den masselosen Teilchen existieren und es gilt:

$$dU = m \cdot c_{v,id} \cdot dT \text{ bzw.} \tag{14.122}$$

$$\Delta U_{12} = U_2 - U_1 = \int_{T_1}^{T_2} m \cdot c_{v,id} \cdot dT = m \cdot c_{v,id} \cdot (T_2 - T_1)\ . \tag{14.123}$$

Für die Enthalpie gilt

$$dH = m \cdot c_{p,id} \cdot dT \text{ bzw.} \tag{14.124}$$

$$\Delta H_{12} = H_2 - H_1 = \int_{T_1}^{T_2} m \cdot c_{p,id} \cdot dT = m \cdot c_{p,id} \cdot (T_2 - T_1)\ . \tag{14.125}$$

Der Quotient aus isobarer und isochorer Wärmekapazität bildet für Idealgas eine Konstante, die Isentropenexponent κ genannt wird.

$$\kappa = \frac{c_{p,id}}{c_{v,id}} \tag{14.126}$$

Berechnet man reale Gase näherungsweise mit der Idealgasgleichung, muss der Isentropenexponent in Abhängigkeit von der Atomzahl des Gases gewählt werden. Untersuchungen zeigen, dass für einatomige Gase wie Argon (Ar) $\kappa = 5/3 = 1{,}67$ gilt. Bei zweiatomigen Gasen wie O_2 beträgt $\kappa = 7/5 = 1{,}4$ und bei dreiatomigen Gasen $\kappa = 8/6 = 1{,}33$. Mit κ ergibt sich eine einfache Beziehung, um die massenspezifischen Wärmekapazitäten aus dem Isentropenexponenten des Gases und dessen spezieller Gaskonstante R_i zu bestimmen:

$$c_{p,id} = \frac{\kappa}{\kappa - 1} \cdot R_i, \tag{14.127}$$

$$c_{v,id} = \frac{1}{\kappa - 1} \cdot R_i \tag{14.128}$$

Die Gleichungen zeigen, dass $c_{p,id}$ und $c_{v,id}$ für Idealgase nicht temperaturabhängig sind. Der Zusammenhang

$$R_i = c_{p,id} - c_{v,id} \tag{14.129}$$

gilt sowohl für ideale als auch für reale Gase.
Die Entropie idealer Gase folgt aus dem ersten Hauptsatz für einfache Systeme, $du = T\ ds - p\ dv$ bzw. $dh = du + d(pv) = T\ ds + v\ dp$. Nach Umstellung und Einführung der Wärmekapazitäten gilt:

$$ds = \frac{c_{v,id} \cdot dT + p\ dv}{T} \text{ bzw. } \frac{c_{p,id} \cdot dT - v\ dp}{T} \ . \tag{14.130}$$

Eine Integration liefert

$$\Delta s = s_2 - s_1 = c_{v,id} \cdot \ln\left(\frac{T_2}{T_1}\right) + R_i \cdot \ln\left(\frac{v_2}{v_1}\right) \tag{14.131}$$

bzw.

$$\Delta s = c_{p,id} \cdot \ln\left(\frac{T_2}{T_1}\right) - R_i \cdot \ln\left(\frac{p_2}{p_1}\right) \ . \tag{14.132}$$

Beide Gleichungen sind bei beliebigen Zustandsänderungen anwendbar, da die Entropie als Zustandsgröße nur von den Ausgangsbedingungen $v_1(p_1, T_1)$ und den Endbedingungen $v_2(p_2, T_2)$ abhängig ist, nicht vom Weg $1 \rightarrow 2$.

14.7.3 Reale Gase

Reale Gase verhalten sich bei geringen Dichten (also großem spezifischen Volumen v) näherungsweise wie Idealgas. Bei Drücken bis 20 bar und eher geringen Temperaturen (unter 400 K) sind die Materialeigenschaften für Idealgas nach den Gleichungen aus dem letzten Kapitel mit einer Genauigkeit größer 99 % verwendbar. Ansonsten sind die Eigenvolumina der Atome/Moleküle und die intermolekularen Wechselwirkungskräfte zwischen ihnen mit zu berücksichtigen. Es gibt in der thermodynamischen Literatur dazu einige Ansätze: die Van-der-Waals-Korrektur, der Realgasfaktor und die Virialform der thermischen Zustandsgleichung.

Van-der-Waals-Korrektur

Bei der Van-der-Waals-Korrektur reduziert das Eigenvolumen b den geometrischen Raum v, in dem sich die Atome bewegen können. Die Anziehungskräfte zwischen den Atomen führen zu einem „Binnendruck" Δp_B, der den messbaren Druck reduziert. Aus der druckexpliziten molaren Form der Zustandsgleichung für Idealgas

$$p = \frac{R \cdot T}{\bar{v}} \text{ mit } \bar{v} = \frac{V}{n}$$

wird für Realgas:

$$p = \frac{R \cdot T}{\bar{v} - b} - \Delta p_B \,. \tag{14.133}$$

Tabelle 14.3 Auswahl der van-der-Waals Konstanten einiger realer Gase nach [21].

	Stickstoff N_2	Luft[1]	Sauerstoff O_2	Kohlendioxid CO_2	Wasserdampf H_2O
a in [Pa m^6/mol^2]	0,1370	0,1372	0,1382	0,3658	0,5537
b in [$10^{-3} m^3/mol$]	0,0387	0,0373	0,0319	0,0429	0,0305

[1] Zusammensetzung: 80% Stickstoff, 20% Sauerstoff

Untersuchungen zeigten, dass der Binnendruck von realen Gasen Δp_B umgekehrt proportional zum Quadrat des molaren Volumens ist, daher wurde der zusätzliche Faktor a eingeführt:

$$p = \frac{R \cdot T}{\bar{v} - b} - \frac{a}{\bar{v}^2} \tag{14.134}$$

bzw.

$$\left(p + \frac{a}{\bar{v}^2}\right) \cdot (\bar{v} - b) - R \cdot T = 0 \,. \tag{14.135}$$

Die Tabelle 14.3 gibt die Koeffizienten a und b für die bekanntesten Gase wieder.

→ Weiterlesen

Die Van-der-Waals-Korrektur nach Gl. (14.134) ist Basis einer Vielzahl empirisch modifizierter kubischer Zustandsgleichungen, die das Verhalten von realen Gasen über einen ausreichenden Dichtebereich mit hoher Genauigkeit wiedergeben. Die beiden bekanntesten Ansätze sind nach Lüdecke [21] die *Redlich-Kwong-Soave-Gleichung* sowie die *Peng-Robinson-Gleichung*.

Die Koeffizienten a und b der Gl. (14.134) können nach [21] auch aus den Zustandsgrößen im kritischen Punkt p_{kr} und T_{kr} näherungsweise bestimmt werden, hier gilt mit der allgemeinen Gaskonstante R

$$a = 0{,}421875 \cdot \frac{R^2 \cdot T_{kr}^2}{p_{kr}} \quad \text{bzw.} \quad b = 0{,}125 \cdot \frac{R \cdot T_{kr}}{p_{kr}} \,. \tag{14.136}$$

Realgasfaktor und Virialformen

Der Realgasfaktor ist ein recht einfacher Ansatz zur Berücksichtigung des nichtidealen Verhaltens. Während für Idealgas

$$\frac{p \cdot v}{R_i \cdot T} = 1$$

gelten muss, gilt für reale Gase mit Einführung des Realgasfaktors:

$$\frac{p \cdot v}{R_i \cdot T} = z \tag{14.137}$$

Es liegt nahe, die Genauigkeit diese Ansatzes zu erweitern, indem die Konstante z erweitert wird. Die bekannteren Erweiterungen sind Reihenentwicklungen des molaren Volumens $\bar{v}$ oder des Druckes p und werden Virialformen der thermischen Zustandsgleichung genannt. Die Virialkoeffizienten $A, B, C, \ldots$ selbst sind temperaturabhängig:

$$\frac{p \cdot v}{R_i \cdot T} = 1 + A(T) \cdot \bar{v} + B(T) \cdot \bar{v}^2 + \ldots \tag{14.138}$$

Für Berechnungen in der Energietechnik ist sehr häufig die Dichte ρ eines Realgases in Abhängigkeit von Druck und Temperatur zu bestimmen. Hierfür liefert [26] brauchbare Gleichungen.
Auch die spezifischen Wärmekapazitäten c_p und c_v sind bei Realgasen nicht mehr temperaturunabhängig. Die Temperaturabhängigkeit wurde empirisch ermittelt und in Potenzreihen abgelegt. Für den Temperaturbereich zwischen T_1 und T_2 gilt:

$$c_p|_{T_1}^{T_2} = a_0 + a_1 \cdot T_m + a_2 \cdot T_m^2 + a_3 \cdot T_m^3 + \ldots\ , \text{ mit } T_m = \frac{1}{2} \cdot (T_1 + T_2). \tag{14.139}$$

In Verbindung mit den Gleichungen (14.113) und (14.114) ist die Änderung der Inneren Energie, der Enthalpie oder der Entropie eines realen Gases damit bestimmbar. Im Recknagel [26] sind Approximationen für Gase im Temperaturbereich von 25°C bis 400°C wiedergegeben. Eine ausführliche Quelle zu Stoffdaten von realen Gasen stellt auch der VDI-Wärmeatlas [31] dar.

14.7.4 Ideale Flüssigkeiten und Feststoffe

Neben dem Idealgas gibt es zwei weitere Modellstoffe, die in der Praxis häufig angewendet werden: die ideale Flüssigkeit und der ideale Feststoff. Beide Stoffe zeichnen sich dadurch aus, dass sie inkompressibel sind, d. h. ihr spezifisches Volumen ändert sich nicht bei Druckänderung. Das totale Differential der thermischen Zustandsgleichung

$$dv = \left(\frac{\partial v}{\partial p}\right)_T dp + \left(\frac{\partial v}{\partial T}\right)_p dT$$

vereinfacht sich durch die Bedingung der Inkompressibilität $dv = 0$ zu

$$v = \text{const} \ \text{ bzw. } \ \rho = \text{const'}\ . \tag{14.140}$$

Es gilt, dass reale Flüssigkeiten und Feststoffe näherungsweise als ideal inkompressibel betrachtet werden dürfen, sofern die Druckänderungen nicht zu groß sind.

Auch die Berechnungsgleichungen für die spezifischen Wärmekapazitäten vereinfachen sich bei Annahme von Inkompressibilität:

$$c_p = c_v = c(p,T) \tag{14.141}$$

Es sei darauf hingewiesen, dass die spezifische Wärmekapazität meist (stark) temperaturabhängig und (schwach) druckabhängig ist. Für die Innere Energie gilt damit

$$\Delta U_{12} = m \cdot \int_1^2 c(T)\, dT \tag{14.142}$$

und die Enthalpie

$$\Delta H_{12} = \Delta U_{12} + m \cdot v \cdot \Delta p\,. \tag{14.143}$$

Die Berechnung der Entropie aus Gl. (14.130) vereinfacht sich durch die Bedingung $dv = 0$ zu

$$\Delta s = \int_1^2 c(T)\, \frac{dT}{T}\,. \tag{14.144}$$

Für $c \neq c(T)$ gilt dann

$$\Delta s = c \cdot \ln\left(\frac{T_2}{T_1}\right)\,.$$

14.7.5 Reale Flüssigkeiten und Feststoffe

Die thermischen Zustandsgleichungen für reale kompressible Flüssigkeiten und Feststoffe müssen immer empirisch bestimmt werden. Durch messtechnische Bestimmung des isochoren Spannungskoeffizienten, des isobaren Volumenausdehnungskoeffizienten und des isothermen Kompressibilitätskoeffizienten kann dann die thermische Zustandsgleichung des Stoffes nach Gl. (14.111) aufgestellt werden. Die spezifische Wärmekapazität c zur Bestimmung der Inneren Energie bzw. der Enthalpie wird oftmals in Polynomform für bestimmte Drücke in Abhängigkeit der Temperatur wiedergegeben [26][31].
Zur Bestimmung der Enthalpie von Stoffströmen in der Geothermie und Solarthermie werden oft programmierbare Stoffeigenschaften benötigt. Für Wasser, Solarflüssigkeit und frostgeschützte Wärmeübertragermedien zum Einsatz in Erdwärmesystemen sind in der Tab. 14.4 passende Daten zusammengestellt. So gilt

$$\Delta h|_{T_1}^{T_2} = c|_{T_1}^{T_2} \cdot (T_2 - T_1)\,. \tag{14.145}$$

Für die mittlere spezifische Wärmekapazität $c|_{T_1}^{T_2}$ zwischen den Temperaturen T_1 und T_2 ist

$$c|_{T_1}^{T_2} = A_i + B_i \cdot T_m + C_i \cdot {T_m}^2 + D_i \cdot {T_m}^3 \tag{14.146}$$

mit den Koeffizienten A_i bis D_i aus Tabelle 14.4 und der mittleren Fluidtemperatur $T_m = 1/2 \cdot (T_1 + T_2)$.

Tabelle 14.4 Koeffizienten A_i bis D_i zur Berechnung der Stoffwerte von Wasser, Solarflüssigkeit und Soleflüssigkeit nach Glück [11].

Medium	Stoffwert	Einheit	A_i	B_i	C_i	D_i
Wasser	ρ	kg/m³	1002,045	-0,1029905	-3,698162·10⁻³	3,991053·10⁻⁶
	c	J/kg/K	4212,404	-2,271266	3,96373·10⁻²	-1,543466·10⁻⁴
	λ	W/m/K	0,5587913	2,268458·10⁻³	-1,248304·10⁻⁵	1,890318·10⁻⁸
40% Glycol	ρ	kg/m³	1050	-0,4857143	-1,746031·10⁻³	1,984122·10⁻⁶
60% Wasser	c	J/kg/K	3610	3,881099	-5,36327·10⁻³	2,980124·10⁻⁵
(Solarfl.)[1]	λ	W/m/K	0,3520003	1,788111·10⁻³	-5,362851·10⁻⁷	2,97968·10⁻⁹
25% Glycol	ρ	kg/m³	1031	-0,3214706	-2,498191·10⁻³	1,170051·10⁻⁶
75% Wasser	c	J/kg/K	3876	2,371942	4,12814·10⁻³	-3,225045·10⁻⁵
(Sole)[2]	λ	W/m/K	0,4020909	2,401029·10⁻³	-1,497917·10⁻⁷	5,697341·10⁻⁹

[1] Solarflüssigkeit ist ein Gemisch aus 60 % Wasser, 40 % Polypropylenglykol und u.a. Inhibitoren zum Korrosionsschutz (Frostschutz bis -20 °C). [2] Die in Erdwärmequellenanlagen verwendete Mischung mit 25 % Glykolanteil bietet einen Frostschutz bis -7 °C.

Mit weiteren Koeffizienten aus Tabelle 14.4 sind auch die Wärmeleitfähigkeit λ und die Dichte ρ analog zu Gl. (14.146) bestimmbar.
Die kinematische Viskosität berechnet sich nach Glück [11] für Wasser bei der Temperatur T_m in °C

$$\nu_{Wasser} = (\ 556.272,7 + 19.703,39 \cdot T_m + 124,4091 \cdot {T_m}^2 - 0,3770952 \cdot {T_m}^3\ )^{-1}\ ,$$

für Solarflüssigkeit

$$\nu_{40\%Glykol} = 0,0000114 \cdot \exp(-0,0002167876 - 0,05785851 \cdot T_m + 0,0004864946 \cdot {T_m}^2 - 0,00000186843 \cdot {T_m}^3)\ ,$$

und für Soleflüssigkeit in Erdkollektoren und -sonden zu

$$\nu_{25\%Glykol} = 0,0000056 \cdot \exp(0,02699025 - 0,04543205 \cdot T_m + 0,0003234937 \cdot {T_m}^2 - 0,000001076019 \cdot {T_m}^3)\ .$$

14.7.6 *Nassdampf*

Als Dämpfe werden allgemein gasförmige Stoffe bezeichnet, deren Zustand sich in der Nähe des Nassdampfgebietes befindet und die im weiteren Prozess einen Aggregatzustandswechsel zur Flüssigkeit hin machen. Bei bestimmten Kombinationen von Druck und Temperatur (p,T) existieren viele Stoffe gleichzeitig in zwei Phasen (Aggregatzuständen). Nassdampf ist ein Gemisch aus der gasförmigen und der flüssigen Komponente. Im p-T-Diagramm sind die Siedelinie (Siedekurve), die Schmelzlinie und die Sublimationslinie erkennbar. Die Siedelinie oder Dampfdruckkurve $p_s(T)$ gibt alle Zustandspunkte des Nassdampfes zwischen Tripelpunkt Tr und kritischem Punkt Kr an. Die wichtige Dampfdruckkurve für Wasser wird später auf S. 878 eingeführt. Ein Übergang von der festen zur flüssigen Phase wird als „Schmelzen“ bezeichnet, der Übergang vom flüssigen zum festen als „Erstarren“ etc.

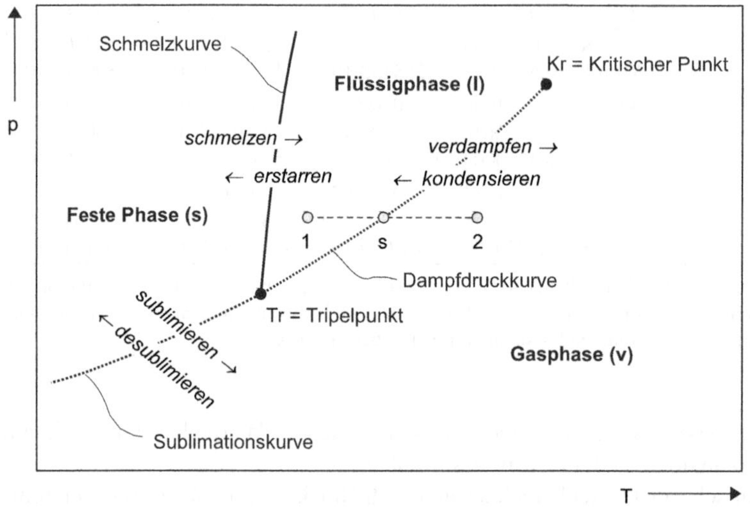

Abb. 14.18 p-T- Diagramm mit Sublimations-, Dampfdruck- und Schmelzkurve, die die einzelnen Aggregatzustände voneinander trennen. Nur bei Wasser weist die Schmelzkurve eine negative Steigung auf, sonst immer wie dargestellt eine positive Steigung.

In Abb. 14.18 ist die Zustandsänderung $1 \to s \to 2$ eingezeichnet: die Temperatur T_1 einer Flüssigkeit steigt bei gleichbleibendem Druck $p_1 = p_2$ bei Energiezufuhr an, bis $T_s(p)$ erreicht ist. Bei weiterer Energiezufuhr verdampft die Flüssigkeit bei der Temperatur T_s. Erst nach vollständigem Aggregatzustandswechsel in Gasform steigt die Temperatur bis T_2 an. Gase mit $T > T_s$ werden auch als überhitzter Dampf oder Heißdampf bezeichnet.

Für die Beschreibung der thermodynamischen Eigenschaften von Nassdampf ist eine weitere unabhängige Zustandsgröße erforderlich: Der Dampfgehalt x gibt den Massenanteil m_D an der Gesamtmasse $m = m_D + m_F$ an, der sich in gasförmiger Phase befindet:

$$x = \frac{m_D}{m_D + m_F} = \frac{m''}{m' + m''} \tag{14.147}$$

Im angloamerikanischen Sprachraum verwendet man für x die Bezeichnung *quality*. Als Kennzeichnung des Zustandes „siedend“ wird der Index F (auch l) verwendet oder dem Formelzeichen ein Aufstrich $'$ nachgestellt. Der gasförmige Anteil erhält den Index D (auch v) oder zwei Aufstriche $''$. Für den Dampfgehalt gilt $0 \leq x \leq 1$. Die Zustandspunkte des Nassdampfgebietes werden oft im T-s-Diagramm (Abb. 14.19) oder auch im h-s-Diagramm dargestellt. Für die massenspezifischen Zustandsgrößen Enthalpie h, Innere Energie u, Entropie s und das spezifische Volumen v gilt im Nassdampfgebiet von Reinstoffen:

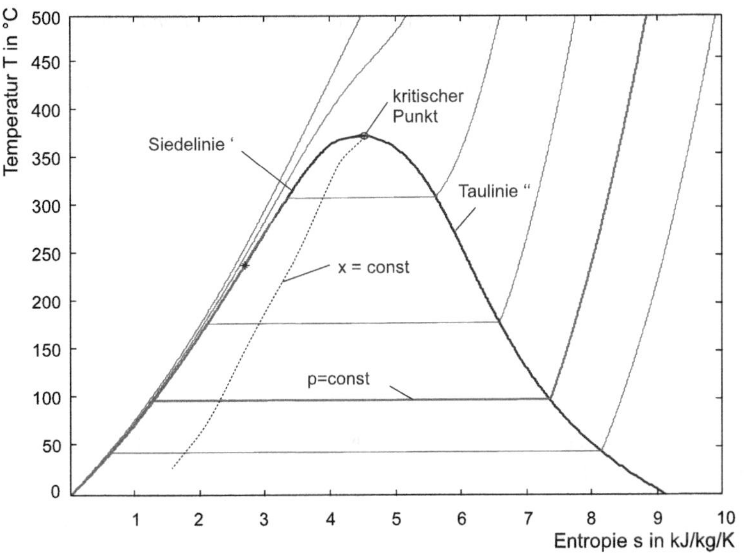

Abb. 14.19 T-s Diagramm für Wasser (maßstäblich). Oberhalb des kritischen Punktes ist keine Aggregatzustandswechsel zwischen gasförmigem und flüssigem Medium (Kondensation) mehr möglich. Für Wasser ist p_{kr} = 220,6 bar und T_{kr} = 373,9°C.

$$h(x) = h' + x \cdot (h'' - h') \tag{14.148}$$

bzw.

$$u(x) = u' + x \cdot (u'' - u') \tag{14.149}$$

$$v(x) = v' + x \cdot (v'' - v') \tag{14.150}$$

$$s(x) = s' + x \cdot (s'' - s') \tag{14.151}$$

Die Zustandsgrößen auf der Siedelinie (h', s' etc.) und auf der Taulinie (h'' etc.) sind den sogenannten Wasserdampftafeln zu entnehmen, Tabellenwerken, die ausschnittsweise auch in Lehrbüchern zur Physik oder Thermodynamik abgedruckt sind.

14.7.7 Ideale Gasgemische

Bisher wurden nur die Stoffeigenschaften von Reinstoffen in ihren verschiedenen Aggregatzuständen behandelt. Sehr häufig aber kommen in der Energietechnik Gasmischungen vor, so bei raumlufttechnischen Fragestellungen (feuchte Luft) oder bei Verbrennungsprozessen (Rauchgase). Als Literatur zur Thermodynamik der Gemische sei auf Stephan / Mayinger [30] verwiesen. Hier sollen lediglich ideale Gasgemische behandelt werden.

Das Gesetz von BOYLE-MARIOTTE besagt, dass der Teildruck (*Partialdruck*) eines Gases p_i im gesamten zur Verfügung stehenden Volumen V proportional zu seinem Teilvolumen V_i ist. Mit der Definition r als dem Volumenanteil der Komponente i am Gesamtvolumen

$$r_i = \frac{V_i}{V} \tag{14.152}$$

gilt:

$$\frac{p_i}{p} = \frac{V_i}{V} \tag{14.153}$$

bzw.

$$p_i = r \cdot p \tag{14.154}$$

Das Massenverhältnis ξ_i ist das Verhältnis der Masse m_i der Komponente i an der Gesamtmasse m des Gemischs,

$$\xi_i = \frac{m_i}{m} \; . \tag{14.155}$$

Der Stoffmengenanteil χ_i in mol/mol (auch Molenbruch) ist entsprechend gebildet mit

$$\chi_i = \frac{n_i}{n} \tag{14.156}$$

hier ist $\sum \chi_i = 1$ und $n = \sum n_i$.
Nach dem *Gesetz von Dalton* ist der Gesamtdruck einer idealen Gasmischung p mit n Komponenten gleich der Summe der Partialdrücke p_i seiner Bestandteile:

$$p = \sum_i^n p_i \; . \tag{14.157}$$

Jede Komponente des idealen Gasgemischs verhält sich demnach bzgl. des Drucks so, als ob sie allein mit ihrer Stoffmenge im Gemischvolumen vorhanden wäre. Wenn für die einzelne Komponente das Ideal-Gasgesetz $p_i \cdot V = m_i \cdot R_i \cdot T$ anwendbar ist, gilt für das Gemisch mit Gl. (14.157):

$$p \cdot V = \sum_i^n (m_i \cdot R_i) \cdot T = m \cdot \sum_i^n \xi_i \cdot R_i \cdot T = m \cdot R_m \cdot T \tag{14.158}$$

mit R_m als der speziellen Gaskonstanten der Mischung,

$$R_m = \sum_i^n \xi_i \cdot R_i \; . \tag{14.159}$$

Weiterhin gilt für die molare Masse des Gemisches

$$M_m = \sum_i^n r_i \cdot M_i \; , \tag{14.160}$$

für die spezifische Wärmekapazität des Gemisches

$$c_m = \sum_i^n \xi_i \cdot c_i \tag{14.161}$$

und für die Dichte ρ_m der Mischung

$$\rho_m = \sum_i^n r_i \cdot \rho_i \,. \tag{14.162}$$

Die spezifische Enthalpie der Mischung berechnet sich ebenfalls mit den Massenanteilen,

$$h_m(T) = \sum_i^n \xi_i \cdot h_i(T) \,. \tag{14.163}$$

Bei der Mischung von Gasen wird irreversibel Mischungs-Entropie erzeugt. Es ist

$$s_m(p,T) = \sum_i^n \xi_i \cdot s_i(p,T) + \Delta s_{m,irr} \,. \tag{14.164}$$

mit

$$\Delta s_{m,irr} = - \sum_i^n \xi_i \cdot R_i \cdot \ln\left(\frac{p_i}{p}\right) > 0 \,.$$

Der Gleichung ist zu entnehmen, dass bei Zustandsänderungen von Gemischen $1 \rightarrow 2$ in Gl. (14.164) die Mischungsentropie wegfällt, da diese nur von der Gemischzusammensetzung abhängt.

Luft als ideales Gasgemisch

Für technische Anwendungen in Raumluft-, Klima und Energietechnik bis zu einem Gesamtdruck von etwa 10 … 15 bar kann Luft als ein Gemisch aus idealen Gasen betrachtet werden. Hierbei unterscheidet man die Bestandteile „Trockene Luft“ und Wasserdampf, da Wasserdampf als einzige Komponente im Temperaturbereich von −40°C bis 70°C Aggregatzustandswechsel macht. Die „Trockene Luft“ besteht aus

- Sauerstoff O_2 mit einem Volumenanteil von $r = 21\%$,
- Stickstoff N_2 mit einem Volumenanteil von $r \approx 78\%$,
- Argon Ar mit einem Volumenanteil von $r = 1\%$ und
- Kohlendioxid CO_2 mit dem Volumenanteil von $r = 0{,}038\%$.

Die molare Masse der trockenen Luft wird aus Gl. (14.160) mit

$$M_L = 28{,}96\ \frac{\text{g}}{\text{mol}} \,, \tag{14.165}$$

die spezielle Gaskonstante des Gemisches mit

$$R_L = 287{,}1\ \frac{\text{J}}{\text{kg K}} \tag{14.166}$$

angegeben. Als Index für trockene Luft wird ein einfaches „L“ oder „L,tr“ verwendet. Bei der Mischung der Bestandteile zu trockener Luft wird einmal die Mischungsentropie $\Delta s_{M,irr}$ = 162,9 J/(kg K) erzeugt.
Die Mischung aus trockener Luft und Wasserdampf wird entsprechend als „Feuchte Luft“ bezeichnet, als Index „f“ und bei massenspezifischen Größen „1+x“ verwendet. Für die weiteren Berechnungen werden die molare Masse und die spezielle Gaskonstante von Wasserdampf (Index „D“) benötigt,

$$M_D = 18,016 \,\frac{\text{g}}{\text{mol}} \text{ und } R_D = 461,4 \,\frac{\text{J}}{\text{kg K}} \,. \tag{14.167}$$

Das Verhältnis der Gaskonstanten von trockener Luft und Wasserdampf wird nachfolgend oft benötigt, es lautet

$$\frac{R_L}{R_D} = 0,622 \,. \tag{14.168}$$

Gas-Dampfgemische (feuchte Luft)

Der Wasseranteil in feuchter Luft tritt je nach Druck, Konzentration und Temperatur in unterschiedlichen Aggregatzuständen auf. Wichtig für die nachfolgenden Berechnungen ist die Kenntnis des Sättigungspartialdrucks (Dampfdrucks) von Wasser in trockener Luft $p_s(T)$. Baehr [3] gibt diesen in Abhängigkeit von der Temperatur T in °C an,

$$p_s(T) = p_{Tr} \cdot \exp\left\{17,2799 - \frac{4102,99}{237,431 + T/\,^\circ\text{C}}\right\} \,. \tag{14.169}$$

Der Fehler liegt im Bereich $0,01\ ^\circ\text{C} \leq T \leq 60\ ^\circ\text{C}$ unter 0,05 %. Der Druck im Tripelpunkt von Wasser ist mit $p_{Tr} = 611,657$ Pa anzunehmen. Oft wird die Umkehrfunktion benötigt, diese lautet

$$T(p_s) = -237,431 + \frac{4102,99}{17,2799 - \ln(p_s/p_{Tr})} \quad \text{in } ^\circ\text{C} \,. \tag{14.170}$$

Die Sublimationsdruckkurve aus Abb. 14.18 ist nach [3] gegeben mit

$$p_{sub}(T) = p_{Tr} \cdot \exp\left\{22,5129 \cdot \left(1 - \frac{273,16}{273,15 + T/\,^\circ\text{C}}\right)\right\} \,. \tag{14.171}$$

Die relative Feuchte φ ist das Verhältnis des tatsächlichen Wasserdampfpartialdrucks p_D zum Sättigungsdruck $p_s(T)$ bei gegebener Temperatur T:

$$\varphi = \frac{p_D}{p_s(T)} \,. \tag{14.172}$$

Als sehr anschauliche Größe kann sie leicht gemessen werden, so schon mit einem einfachen Haarhygrometer. Für die Klima- und Raumlufttechnik ist sie von großer Bedeutung, da das Behaglichkeitsempfinden des Menschen wesentlich von ihr abhängt. Die absolute Feuchte x in $g_D/kg_{L_{tr}}$ (auch: Wasserbeladung) ist definiert mit

$$x = \frac{m_D}{m_{L,tr}} \,, \tag{14.173}$$

ist also das Verhältnis der Masse des Wasserdampfes m_D zur Masse der trockenen Luft $m_{L,tr}$. Mit Anwendung des Idealgas-Gesetzes ergibt sich der Zusammenhang zum Dampfdruck p_D bzw. der relativen Feuchte φ:

$$x = 0,622 \cdot \frac{p_D}{p - p_D} = 0,622 \cdot \frac{\varphi \cdot p_s(T)}{p - \varphi \cdot p_s(T)} = 0,622 \cdot \frac{p_s(T)}{p/\varphi - p_s(T)} \,. \tag{14.174}$$

Die Umkehrfunktion

$$\varphi = \frac{x}{x + 0,622} \cdot \frac{p}{p_s(T)} \tag{14.175}$$

wird ebenfalls oft benötigt. Die maximale Sättigung mit Wasserdampf ist erreicht, wenn $x = x_s$ bei $\varphi = 100\%$ gilt. Bei weiterer Zufuhr von Wasserdampf oder bei Absinken des Sättigungspartialdrucks durch Temperaturabsenkung fällt Wasser als Kondensat aus der feuchten Luft aus. Bei natürlichen Bedingungen führt dies zur Taubildung an kalten Oberflächen und zur Nebelbildung in der Luft. Bei Lufttemperaturen unterhalb des Tripelpunktes $T_{TR} = 0,01°C$ sublimiert der Wasserdampf zu Eis.

Die Masse der feuchten Luft m_f ist mit $m_D = x \cdot m_{L,tr}$

$$m_f = m_{L,tr} + m_D = m_{L,tr} \cdot (1 + x) \,, \tag{14.176}$$

für den Massenstrom gilt entsprechend

$$\dot{m}_f = \dot{m}_{L,tr} + \dot{m}_D = \dot{m}_{L,tr} \, (1 + x) \,. \tag{14.177}$$

Das spezifische Volumen der feuchten Luft v_{1+x} ist gegeben mit

$$v_{1+x} = \frac{V_{1+x}}{m_{L,tr}} = (R_L + x \cdot R_D) \, \frac{T}{p} = \frac{R_L \cdot T}{p} \cdot (1 + \frac{x}{0,622}) \,. \tag{14.178}$$

Für die Dichte feuchter Luft (in $kg_{L,tr}$ je m^3 feuchter Luft) gilt:

$$\rho_{1+x} = \frac{1}{v_{1+x}} \quad \text{in } kg_{L,tr}/m_f^3 \,. \tag{14.179}$$

Die beiden letztgenannten Gleichungen gelten näherungsweise auch für gesättigte Luft, da das spezifische Volumen von Wasser bzw. Eis gegenüber dem der Luft vernachlässigbar ist.

Die spezifische Enthalpie der feuchten Luft h_{1+x} wird in $kJ/kg_{L,tr}$ angegeben,

$$h_{1+x} = h_{L,tr} + x \cdot h_D \,.$$

Mit der Vereinbarung, dass die Enthalpien aller Bestandteile bei 0°C gleich null und die Stoffwerte im betrachteten Bereich näherungsweise temperaturunabhängig sind, gilt für ungesättigte feuchte Luft:

$$h_{1+x} = c_{L,tr} \cdot T + x \cdot (c_D \cdot T + \Delta h_v) \,, \tag{14.180}$$

für Zustände auf der Sättigungslinie mit $\phi = 1$ ist

$$h_{1+x,s} = c_{L,tr} \cdot T_s + x_s \cdot (c_D \cdot T_s + \Delta h_v) \tag{14.181}$$

mit $c_{L,tr}$ = 1,0046 kJ/(kg$_{L,tr}$K), c_D = 1,863 kJ/(kgK) und der Verdampfungsenthalpie Δh_v = 2.500,9 kJ/kg$_D$. Es wird hierbei angenommen, dass Wasser bei 0°C den Aggregatzustandswechsel (flüssig nach fest bzw. nach gasförmig) vollzieht.
Für Wasser in seinen verschiedenen Aggregatzuständen betragen die spezifischen Enthalpien jeweils pro kg

- als Eis $h_{Eis} = \Delta h_s + c_{Eis} \cdot T$ mit $c_{Eis} = 2,07$ kJ/(kg$_{Eis}$K) in kJ/kg$_{Eis}$ (T $\leq$ 0°C) und der Schmelzenthalpie von Wasser Δh_s = -333,4 kJ/kg$_D$,
- als Dampf $h_D = \Delta h_v + c_D \cdot T$ in kJ/kg$_D$ und
- als flüssiges Wasser $h_W = c_W \cdot T$ mit $c_W = 4,191$ kJ/(kg$_W$K) in kJ/kg$_W$.

So beträgt die spezifische Enthalpie übersättigter Luft ($\phi > 1$) für T < 0 °C mit Eiskristallen entsprechend

$$h_{1+x,Eis} = h_{1+x,s} + (x - x_s) \cdot (c_{Eis} \cdot T + \Delta h_s) \ . \tag{14.182}$$

h-x-Diagramm für feuchte Luft

Die Zustände bzw. Zustandsänderungen feuchter Luft werden für technische Anwendungen im h-x-Diagramm nach Mollier graphisch dargestellt. Es gelten folgende Bedingungen, die in Abb. 14.20 nachvollzogen werden können:

- Das h-x-Diagramm nach Mollier ist jeweils gültig für einen vorgegebenen Druck p, meist wird der Umgebungsdruck p_u = 1,01325 bar verwendet,
- im h-x-Diagramm sind die Isenthalpen schiefwinklig angeordnet, um die Ablesbarkeit zu verbessern,
- die 0°C-Isotherme verläuft genau horizontal, alle weiteren Isothermen mit $T >$ 0°C zeigen eine zunehmende Steigung,
- die Sättigungslinie ($\varphi = 1$) trennt die Zustände ungesättigter feuchter Luft vom Nebelgebiet mit kondensiertem Wasser, unterhalb der 0°C-Isothermen ersetzt Eis die Nebeltröpfchen.
- Die Isothermen „knicken" an der Sättigungslinie als sogenannte Nebelisotherme nach unten weg. Diese verläuft steiler als die Isenthalpe.

Zwei besondere Punkte im h-x-Diagramm (Abb. 14.20) sind noch zu erwähnen: Die *Taupunkttemperatur* zum Zustandspunkt 1 ist der Schnittpunkt der Linie gleicher absoluter Feuchte x_1 mit der Sättigungslinie $\varphi = 100\%$. In Abb. 14.20 ist der Taupunkt zum Zustand 1 mit TP gekennzeichnet. Der Taupunkt ist erreicht, wenn feuchte Luft ohne Änderung der Wasserbeladung bis zum Einsetzen der Kondensation abgekühlt wurde.
Strömt Luft im Zustand 1 über eine Wasseroberfläche bzw. über feuchtes Trocknungsgut, verläuft die Zustandsänderung in Richtung (1 $\rightarrow$ KG). Dabei liegt der Zustand der Luft auf einer Geraden, die durch die Verlängerung der Nebelisothermen der sogenannten *Kühlgrenztemperatur* T_{KG} gebildet wird. Bei ausreichend langer Kontaktzeit zwischen (isothermer) Gutoberfläche und Luft erreicht diese den Punkt KG an der Sättigungsgrenze mit φ = 100%.

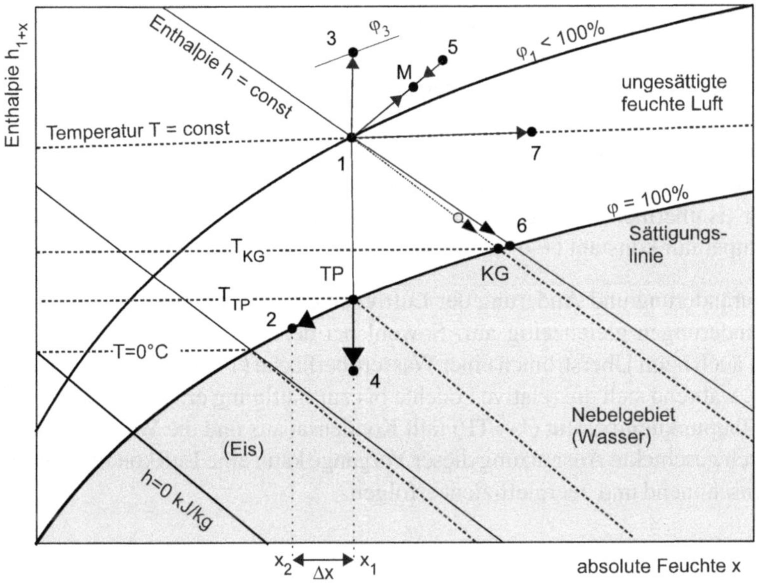

Abb. 14.20 h-x-Diagramm für feuchte Luft

Konditionierung feuchter Luft

Neben dem Erwärmen und Kühlen müssen auch Be- und Entfeuchtungen vorgenommen werden. Grundsätzlich sind alle Zustandsänderungen mit Hilfe einer Energiebilanz und einer Massenbilanz für die trockene Luft sowie den Wasserdampf berechenbar. Je nach Art der Konditionierung gelten dabei besondere Bedingungen, die z.T. in Abb. 14.20 skizziert sind:

- Beim Erwärmen feuchter Luft (1→3) an einer heißeren Oberfläche bleibt die Wasserbeladung unverändert, es ist $x_1 = x_3$. Temperatur und Enthalpie steigen und die relative Feuchte sinkt, $\varphi_3 < \varphi_1$.
- Beim Kühlen von feuchter Luft an einer kalten Oberfläche verläuft die Zustandsänderung bis zur Taupunkttemperatur ebenfalls mit x_1 = const. Sinkt die Lufttemperatur bei natürlichen Bedingungen unter die Taupunkttemperatur (1→4), bildet sich durch den Kondensatausfall Nebel. Bei technischen Vorgängen kondensiert der Wasserdampf an der kalten Oberfläche (1→2). Die Luft verliert dadurch einen Teil ihrer Wasserbeladung Δx_{12}.
- Beim Mischen zweier feuchter Luftmassen (1) und (5) liegt der Mischungspunkt M immer auf der Verbindungsgeraden zwischen den Zustandspunkten. Je größer z.B. der Luftmassenstrom $\dot{m}_1$, je näher liegt der Mischungspunkt M am Zustandspunkt 1. Mit Hilfe der Energiebilanz und der Massenbilanzen sind Temperatur T_M, Enthalpie h_M und absolute Feuchte φ_M berechenbar.

- Das Befeuchten von Luft kann mit kalten oder warmem Wasser oder mit Wasserdampf erfolgen. Mit dem eingesprühten warmen Wasser bzw. Wasserdampf wird Energie in das System eingebracht. $\Delta h/\Delta x$ ist die je kg Wasser zugeführte Enthalpie. Während die Masse der trockenen Luft konstant bleibt, ändern sich Wasserbeladung (Δx) und Temperatur. Beim (adiabaten) Befeuchten mit kaltem Wasser bleibt die Enthalpie der feuchten Luft näherungsweise konstant ($\Delta h/\Delta x \approx 0$), im Grenzfall wird der Schnittpunkt von h_1 und Sättigungslinie $\varphi = 1$ erreicht (1$\rightarrow$6). Bei der (isothermen) Luftbefeuchtung mit Wasserdampf bleibt näherungsweise die Temperatur konstant (1$\rightarrow$7).

Temperaturänderung und Änderung der Luftfeuchte treten bei einigen besonderen Zustandsänderungen gleichzeitig auf: Sowohl bei der adiabaten Luftbefeuchtung (1$\rightarrow$6) als auch beim Überströmen einer Wasseroberfläche (1$\rightarrow$KG) kühlt die feuchte Luft ab, während sich die relative Feuchte bis zur Sättigung erhöht. Beim Kühlen unter die Taupunkttemperatur (1$\rightarrow$TP) fällt Kondensat aus und die Wasserbeladung sinkt. Durch geschickte Ausnutzung dieser Vorgänge kann eine Luftkonditionierung ressourcenschonend und energieffizient erfolgen.

14.7.8 Binäre Gemische

Binäre Gemische sind Zweistoffgemische, die Zahl der Komponenten beträgt also $K = 2$. Für die Anwendung der Gibbschen Phasenregel gilt mit Gl. (14.102) mit dem Freiheitsgrad des Systems f, der Komponentenzahl $K = 2$ und der Zahl der Phasen $f = K + 2 - P = 2 + 2 - P = 4 - P$. Neben den unabhängigen Zustandsgrößen wie Temperatur und Druck muss bei einem einphasigen Gemisch nun die Konzentration einer Komponente i als weitere unabhängige Zustandsgröße angegeben werden. Hierzu eignet sich der bereits definierte Massenanteil ξ in kg/kg oder g/kg oder der Stoffmengenanteil χ_i in mol/mol (auch Molenbruch).
Binäre Gemische können fest, flüssig und gasförmig sein, es können verschiedene Phasen unterschieden werden:

- die Aggregatzustände fest (solid) „s“, flüssig (liquid) “l“ und gasförmig „g“ bilden jeweils eigene Phasen,
- zwei nicht mischbare Flüssigkeiten bilden separate Phasen (z.B. Wasser und Öl),
- auch Feststoffe und Gase können separate Phasen ausbilden,
- Komponenten können gemeinsam auch eine Mischphase bilden (Bsp.: Alkohol und Wasser).

Die Mischphase ist ein homogener Bereich eines Systems, der in allen Raumpunkten gleiche makroskopische Eigenschaften aufweist. Als Beispiele für gasförmige Mischphasen seien Luft, Erdgas oder Verbrennungsgas genannt, flüssige Mischphasen sind Benzin, Weinbrand, feste Mischkristalle z.B. Legierungen mit Gold oder Silber.

Phasendiagramme binärer Gemische

Phasendiagramme erlauben die Darstellung der Aggregatzustände eines Stoffes / Gemisches in Abhängigkeit von verschiedenen Zustandsgrößen. Bei binären Gemischen wird die T-ξ-Darstellung für p = const bzw. die p-ξ-Darstellung für T = const gewählt. Als Abszisse (x-Achse) wird die Konzentration ξ_A der leichter siedenden Komponente angegeben (0 bis 100 %). Es ist $T_{s,A} < T_{s,B}$ mit $T_{s,i}(p)$ als der Siedetemperatur der Komponente i beim Druck p. Im Kapitel 6 wurde das Phasendiagramm des binären Gemischs Wasser/Ammoniak ausführlich erläutert (ab S. 485).

Besondere binäre Gemische

Bei azeotropen Gemischen berühren sich Siedelinie und Kondensationslinie (Taulinie) bei einer bestimmten Konzentration ξ_{az} in einem Punkt, dem azeotropen Punkt (siehe Abb. 14.21). Im azeotropen Punkt verdampfen binäre Gemische wie ein Reinstoff bei $T = T(p, \xi_{az})$.
Azeoptrope Gemische werden häufig als Arbeitsstoffe in Kältemaschinen und Wärmepumpen („Kältemittel") eingesetzt. In der für Kältemittel verwendeten Nomenklatur mit dreistelligen Zahlen nach einem *R* sind sie an der 5 erkennbar, also „R5xx". R507 ist zum Beispiel ein binäres Gemisch aus je 50% R125 und R143 und verhält sich in dieser Konzentration beim Phasenwechsel wie ein Reinstoff.
Nicht azeotrope, also „zeotrope" Gemische sind mit *R4xx*- Kennzeichnung versehen. Das in Wärmepumpen vielfach eingesetzte R407a ist ein Gemisch aus drei Reinstoffen (also kein binäres Gemisch!) und zeigt beim Verdampfen bei konstantem Druck den für alle zeotropen Gemische typischen „Temperaturgleit": mit Fortschreiten der Verdampfung steigt die Siedetemperatur an. Der Temperaturgleit beträgt z.B. bei dem Kältemittel R407c rund 7 K.

Destillation

Beim Verdampfen eines binären Gemischs ist die Dampfphase reicher an der leichter siedenden Komponente *A* als die Flüssigphase. Wird die Dampfphase entnommen und durch Wärmeabfuhr kondensiert, erhält man eine Flüssigkeit, die eine höhere Konzentration $\xi_{gi} > \xi_G$ aufweist. Die Abb. 14.21 zeigt vereinfacht diesen Vorgang, den man (instationäre) *Destillation* nennt. Durch wiederholtes Destillieren kann die Konzentration der Komponente *A* im Gemisch immer weiter erhöht werden.
Bei der stationären Destillation werden einem Verdampfer mehrere Kondensatoren hintereinandergeschaltet. In jedem Kondensator wird nur ein Teilstrom kondensiert, der als Rücklauf dem vorgeschalteten Kondensator wieder zugeführt wird. Die Dampfphase konzentriert sich von Stufe zu Stufe auf.
Bei azeoptropen Gemischen ist eine Aufkonzentration des leichter siedenden Stoffes nur bis zum azeotropen Punkt möglich, es kann als maximale Konzentration also

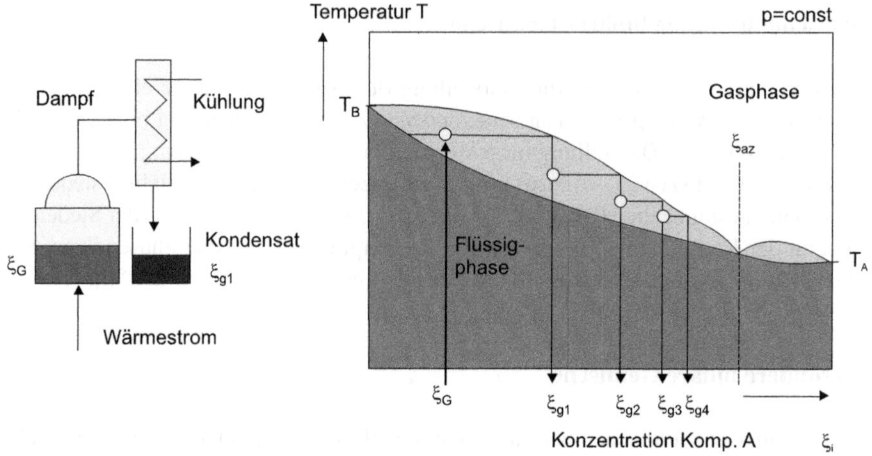

Abb. 14.21 Azeotropes Gemisch bei der Destillation

nur $\xi_{max} \leq \xi_{az}$ erreicht werden, wie Abb. 14.21 zeigt. Das binäre Gemisch Wasser / Äthanol hat z.B. einen azeotropen Punkt bei $\xi_{az} = 89,5\ \%$, die Siedetemperatur bei dieser Konzentration beträgt $T_s = 78,5\ °\mathrm{C}$.

14.8 Thermodynamische Maschinen und Komponenten

Energiewandlungen sind dann von besonderem technischen Interesse, wenn kontinuierlich Energie übertragen werden kann. Aus thermodynamischer Sicht ergibt sich daraus die Forderung, dass die Anlage ein offenes System darstellt, dem ein energiereicher Massenstrom zugeführt wird. Selbstverständlich muss die zugeführte Masse wieder aus dem System abgeführt werden, da sie sich sonst im System anhäufen würde.

Ein geschlossenes System, wie der in Abb. 14.10 dargestellte Zylinder, dessen Masse per Definition nicht veränderbar ist, kann nur einmalig Energie aufnehmen oder abgeben. Eine kontinuierliche Energiewandlung ist hier also nicht möglich. Man kann jedoch periodisch dem geschlossenen System Energie zu- und abführen, wie es beim Stirlingmotor der Fall ist. Am „heißen“ Ende des Motors muss ein enthalpiereicher Massenstrom, z.B. Verbrennungsgas, vorbeigeführt werden, am „kalten“ Ende des Motors ein niederenthalper Massenstrom, der die Entropie aus dem Prozess abführen muss. Das Gesamtsystem „Stirlingmotor“ bildet damit aber wieder ein offenes System, das als „Kern“ ein geschlossenes System enthält.

Die wichtigsten Bauteile von thermischen Energieumwandlungsanlagen sind Pumpen, Verdichter, Turbinen, Drosseln und Wärmeübertrager. Deren Funktion und deren thermodynamische Modellierung sollen im Folgenden kurz beschrieben werden.

14.8.1 Pumpen

Pumpen sind thermodynamische Maschinen, deren Aufgabe der Transport von Flüssigkeiten und die Druckerhöhung ist. Man unterscheidet *Umwälzpumpen*, die in einem geschlossenen hydraulischen Rohrkreislauf Flüssigkeit mit einen vorgegebenen Volumenstrom umwälzen und dabei die an hydraulischen Widerständen vernichtete Exergie durch Zufuhr mechanischer Arbeit ersetzen. Bei elektrisch betriebenen Pumpen stellt der Elektromotor die dazu erforderliche technische Arbeit durch Zufuhr elektrischer Energie zur Verfügung. Andere Pumpen dienen der Druckerhöhung des Fördermediums, z. B im Trinkwassernetz oder der Überwindung einer geodätischen Höhe. Pumpen werden nach zwei grundlegend verschiedenen Bauarten unterteilt: als Kreiselpumpen mit einem rotierenden Laufrad und als Verdrängerpumpen mit Kolben, Spiralen, Membranen oder Schrauben.
Abbildung 14.22 zeigt das thermodynamische Modell einer Pumpe. Alle Zustandsgrößen am Eintritt in die Pumpe erhalten den Index "1", am Austritt den Index "2". Zur Beschreibung müssen vereinfachende Annahmen getroffen werden:

- Die Flüssigkeit werde näherungsweise als ideales Fluid betrachtet, Dichteänderungen werden also vernachlässigt. Es gilt damit ρ =const bzw. $dv = 0$. Zudem wird die Temperaturabhängigkeit der Stoffeigenschaften wie Dichte ρ, Wärmekapazität c etc. vernachlässigt.
- Die Pumpe als offenes System arbeite stationär. Der Betrag der ein- und austretenden Massenströme ist gleich, in der Maschine wird weder Masse noch Energie angehäuft, alle Zustandsgrößen sind zeitunabhängig. Es gilt für den Massenstrom $\dot{m}$ =const und für die Systemenergie E_{sys} =const.
- Für einfache, überschlägige Berechnungen kann auch der Wärmestrom über die Pumpenaußenhülle an die Umgebung vernachlässigt werden ($\dot{Q}_{12} = 0$).
- Sind die Eintritts- und Austrittsquerschnitte A_{qi} an der Pumpe gleich groß, folgt aus den Bedingung der Massenerhaltung und der Inkompressibilität, dass auch die Ein- und Austrittsgeschwindigkeiten gleich sind: $\dot{m} = \rho \cdot \dot{V} = \rho \cdot A_q \cdot c$ =const.
- Bei Umwälzpumpen wird die geodätische Höhe zwischen ein - und austretendem Massenstrom vernachlässigt, es ist $z_1 = z_2$.

Die Energiebilanz für stationäre offene Systeme lautet in allgemeiner Form:

$$0 = P_t + \dot{Q}_{12} + \dot{m} \cdot \left((h_1 + \frac{c_1^2}{2} + g \cdot z_1) - (h_2 + \frac{c_2^2}{2} + g \cdot z_2) \right) \tag{14.183}$$

Mit den genannten Vereinfachungen gilt für die Umwälzpumpe:

$$0 = P_t + \dot{m} \cdot (h_1 - h_2). \tag{14.184}$$

Die Berechnungsgleichung der Enthalpie vereinfacht sich bei Vorgabe der Inkompressibilität $dv = 0$ zu $dh = du + v\,dp$ und $du = c\,dT$, für die zuzuführende mechanische Leistung gilt dann:

$$P_m = \dot{m} \cdot (c \cdot (T_2 - T_1) + \frac{1}{\rho} \cdot \Delta p_{1,2}). \tag{14.185}$$

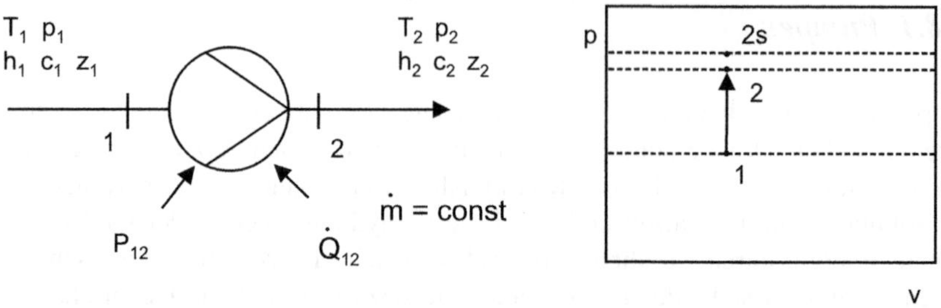

Abb. 14.22 Thermodynamisches Modell der Pumpe und p-v-Diagramm. Die Indices "1" und "2" bezeichnen hier Eintritt und Austritt des Massenstroms. Bei idealer Druckerhöhung ohne Exergieverluste würde der Zustandspunkt "2s" erreicht werden.

Der erste Term $c \cdot (T_2 - T_1) = e_{diss}$ entspricht der dissipierten Energie (Zunahme der Inneren Energie des Massenstroms), der zweite Term $1/\rho \cdot \Delta p_{1,2}$ wurde bereits in Gl. (14.78) als spezifische Strömungsarbeit eingeführt und entspricht dem energetischen Nutzen. Die hydraulische Leistung der Pumpe ist definiert mit

$$P_{hydr} = \dot{m} \cdot \int_1^2 v dp = \dot{m} \cdot y_{12} = \dot{m} \cdot (\frac{1}{\rho} \cdot \Delta p_{1,2}) \ . \tag{14.186}$$

Für den gedachten Fall einer reversiblen Druckerhöhung ohne Entropieproduktion (1→2s, vgl. Abb. 14.22) wird der erste Term zu null und die zugeführte mechanische Arbeit vollständig in Druckerhöhung umgesetzt. Im realen Fall wird aufgrund der Dissipation ein Druck $p_2 < p_{2s}$ erreicht. Der isentrope Pumpenwirkungsgrad lautet damit:

$$\eta_P = \frac{\dot{m} \cdot (1/\rho \cdot \Delta p_{1,2})}{\dot{m} \cdot (1/\rho \cdot \Delta p_{1,2s})} = \frac{P_{hydr}}{P_m} \ . \tag{14.187}$$

Bei elektromotorischem Antrieb ist noch der elektromechanische Wirkungsgrad des Antriebsmotors $\eta_{el} = P_m/P_{el}$ zu berücksichtigen, um mit dem Gesamtwirkungsgrad η_{ges} den Zusammenhang zwischen hydraulischer Leistung und elektrischer Leistungsaufnahme P_{el} zu erhalten:

$$\frac{P_{hydr}}{P_{el}} = \eta_{ges} = \eta_P \cdot \eta_{el} \ . \tag{14.188}$$

Einfache Kreiselpumpen z.B. in älteren Heizungsanlagen erreichen Gesamtwirkungsgrade von lediglich 5 % bis 40 %, je nach Betriebsweise. Die inzwischen vorgeschriebenen Hocheffizienz-Umwälzpumpen benötigen bei gleicher hydraulischer Leistung nur noch bis zu 10% des elektrischen Energiebedarfs. Große Pumpenanlagen in Speicherwasserkraftwerken erreichen Wirkungsgrade von 90 % und mehr.

In den Pumpenkennlinien der Hersteller (Abb. 14.23) wird die erreichte Druckerhöhung Δp als sogenannte Förderhöhe H in „m Wassersäule" oder „m WS" über dem Volumenstrom $\dot{V}$ aufgetragen. Es gilt $H = \Delta p/(\rho\, g)$ mit ρ = 1000 kg/m^3 und g = 9,81 m/s^2. Eine Förderhöhe von H =1 m entspricht damit einer Druckerhöhung von

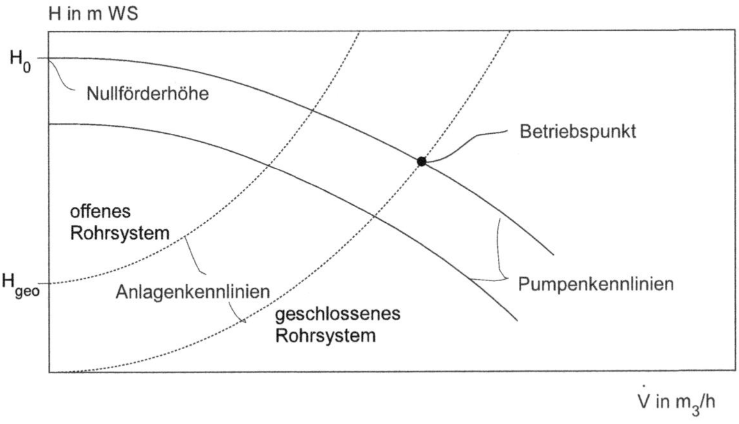

Abb. 14.23 Pumpen- und Anlagenkennlinie einer Umwälzpumpe

$\Delta p = 9.810$ Pa = 98,1 mbar. Die maximal erreichbare Förderhöhe H_0 heißt Nullförderhöhe. Der Schnittpunkt der Förderkennlinie mit der Anlagenkennlinie ergibt den Betriebspunkt. Die Anlagenkennlinie gibt die berechneten oder gemessenen Wertepaare $(\dot{V}, \Delta p_V)$ zwischen Fördervolumenstrom in dem hydraulischen Rohrleitungsnetz der Anlage und dem Druckverlust wieder. Aufgrund des Berechnungsansatzes für den Druckverlust nach Gl. (14.56) ist sie meist durch ein Polynom zweiter Ordnung darstellbar. Bei Umwälzsystemen beginnt die Anlagenkennlinie im Ursprung. Ist zusätzlich eine geodätische Höhe zu überwinden, beginnt die Anlagenkennlinie beim Achsenabschnitt $H_{geo} = \Delta p_{geo}/(\rho \cdot g)$.

14.8.2 Verdichter

Zum Fördern und Verdichten von kompressiblen Medien wie Gasen und Dämpfen werden Verdichter verwendet, die auch Kompressoren genannt werden. Man unterscheidet die Bauarten Schraubenverdichter, Scrollverdichter, Kolbenverdichter, Membranverdichter und Turbokompressoren, die mit Schaufelrädern arbeiten. Die Energiebilanz für einen Verdichter lautet wie schon bei der Pumpe bei Vernachlässigung der kinetischen und potenziellen Energie im stationären Fall:

$$0 = P_V + \dot{m} \cdot (h_1 - h_2). \qquad (14.189)$$

Zur Beschreibung der Prozessgüte wird der Isentropen-Wirkungsgrad angegeben, der hier das Verhältnis der erforderlichen Energiezufuhr bei reibungsverlustfreier Druckerhöhung $P_{V,rev}$ zur tatsächlich benötigten mechanischen Leistung P_V beschreibt. Abb. 14.24 zeigt die Zustandsänderungen in einem h-s-Diagramm.
Der Isentropenwirkungsgrad $\eta_{s,V}$ lautet für den Verdichter in allgemeiner Form:

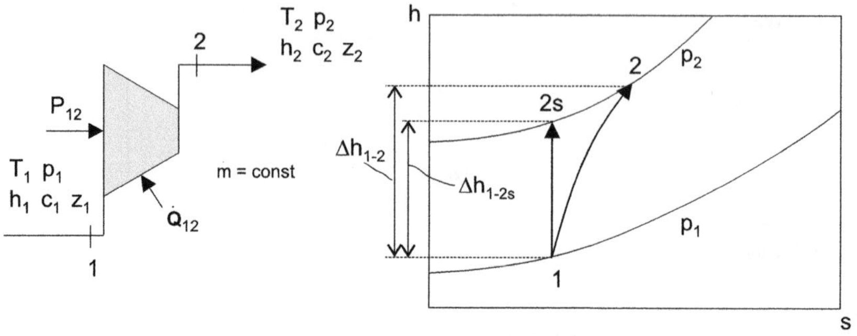

Abb. 14.24 h-s-Diagramm zur Darstellung der isentropen (reversibel adiabaten) $1 \rightarrow 2s$ und der realen Zustandsänderung $1 \rightarrow 2$ des Fördermediums in einem Verdichter.

$$\eta_{s,V} = \frac{P_{V,rev}}{P_V} = \frac{\dot{m} \cdot (h_{2s} - h_1)}{\dot{m} \cdot (h_2 - h_1)} . \tag{14.190}$$

Kann für die Zustandsänderung eine konstante Wärmekapazität c_p =const unterstellt werden[19], gilt

$$\eta_{s,V,c} = \frac{\dot{m} \cdot c_p \cdot (T_{2s} - T_1)}{\dot{m} \cdot c_p \cdot (T_2 - T_1)} . \tag{14.191}$$

Sofern angenommen werden kann, dass sich das Fördergas näherungsweise wie Idealgas (Index IG) verhält[20], ist die Enthalpie gemäß $dh = c_P\, dT$ berechenbar. Es gilt dann

$$\eta_{s,V,IG} = \frac{T_{2s} - T_1}{T_2 - T_1}$$

und

$$P_{V,IG} = \frac{1}{\eta_{s,V}} \cdot \dot{m} \cdot c_p \cdot (T_{2s} - T_1).$$

Die Temperatur T_{2s} ergibt sich bei der Berechnung der reversiblen adiabaten (isentropen) Zustandsänderung[21] aus

$$\frac{T_{2s}}{T_1} = \left(\frac{p_2}{p_1}\right)^{\frac{\kappa-1}{\kappa}} . \tag{14.192}$$

Ventilatoren bilden eine Untergruppe der Verdichter, sie fördern große Volumenströme von Gasen bei sehr geringen Druckdifferenzen von $\Delta p < 0,1$ bar. In diesem Fall kann die Dichteänderung des Gases vernachlässigt werden und die mechanische Leistung zum Antrieb des Ventilators berechnet sich zu

$$P_{Vent} = \frac{1}{\eta_{s,Vent}} \cdot \dot{m} \cdot \frac{1}{\rho} \cdot \Delta p_{12} = \frac{1}{\eta_{s,Vent}} \cdot \dot{V} \cdot \Delta p_{12}.$$

[19] In der Strömungslehre: „kalorisch ideal".

[20] „thermisch ideal"

[21] Mit $c_p = \kappa/(\kappa - 1) \cdot R_i$ sowie der Gl. (14.132) mit der Bedingung $\Delta s = 0$.

14.8.3 Turbinen

Turbinen sind die wichtigsten thermischen Maschinen zur Energiewandlung. Sie werden in vielfältiger Weise eingesetzt. Wasserturbinen dienen der Umsetzung potenzieller bzw. kinetischer Energie eines Wasserstroms in mechanische Leistung, Windturbinen entnehmen einem Luftstrom kinetische Energie. Gasturbinen gewinnen mechanische Leistung aus der thermischen Inneren Energie eines Verbrennungsgases, die wiederum in einem Verbrennungsprozess aus der chemischen Energie des Brennstoffes gewonnen wurde. Die Verbrennungsgase werden dabei entspannt (Druckminderung) und entwärmt (Temperaturminderung). Dampfturbinen schließlich expandieren Dämpfe (also Gase nahe ihrer Kondensations- oder Taulinie), meist bis in den Nassdampfbereich hinein.
Dem Turbinenlaufrad werden feststehende Leitschaufeln in Düsenform vorangestellt, die den statischen Druck des Gasstroms in kinetische Energie umwandeln. An den Turbinenschaufeln selbst erfolgt eine Umlenkung und meist auch Beschleunigung der Gasteilchen, diese Impulsänderung bewirkt als Kraft über die Schaufeln ein Drehmoment an der Turbinenwelle. Ein an die Welle gekoppelter Generator schließlich transformiert die mechanische Arbeit der Welle in elektrische Energie.
Die Energiebilanz für eine stationär arbeitende adiabate Turbine lautet:

$$0 = P_T + \dot{m} \cdot (h_{tot,1} - h_{tot,2}) \ . \tag{14.193}$$

Bei Annahme eines vollständig reibungsfreien Prozesses mit $\dot{S}_{irr} = 0$ sowie Vernachlässigung der mechanischen Energien wird die maximale mechanische Leistung $P_{T,rev}$ entnommen:

$$P_{T,rev} = \dot{m} \cdot (h_{2s} - h_1) \ , \tag{14.194}$$

im realen Fall mit Entropieproduktion dagegen

$$P_T = \dot{m} \cdot (h_2 - h_1) = \dot{m} \cdot \Delta h_{12}. \tag{14.195}$$

In modernen Dampfturbinen werden heute spezifische Enthalpiedifferenzen von $\Delta h_{12} \approx 1000$ kJ/kg umgesetzt. Mit der Definition des isentropen Turbinenwirkungsgrades $\eta_{s,T}$

$$\eta_{s,T} = \frac{P_T}{P_{T,rev}} = \frac{\dot{m} \cdot (h_2 - h_1)}{\dot{m} \cdot (h_{2s} - h_1)} \tag{14.196}$$

gilt für die entnommene mechanische Leistung P_T:

$$P_T = \eta_{s,T} \cdot \dot{m} \cdot \ (h_{2s} - h_1) \ .$$

Die Enthalpie bei isentrop-adiabater Zustandsänderung h_{2s} ist berechenbar, sofern die Materieeigenschaften bekannt sind.
Mit der mechanischen Leistung der Turbine P_T wird der Generator angetrieben. Nach Berücksichtigung des Generatorwirkungsgrads η_G (Größenordnung >90%) wird die elektrische Brutto-Leistung P_{el} abgegeben:

$$P_{el} = \eta_G \cdot P_T \ . \tag{14.197}$$

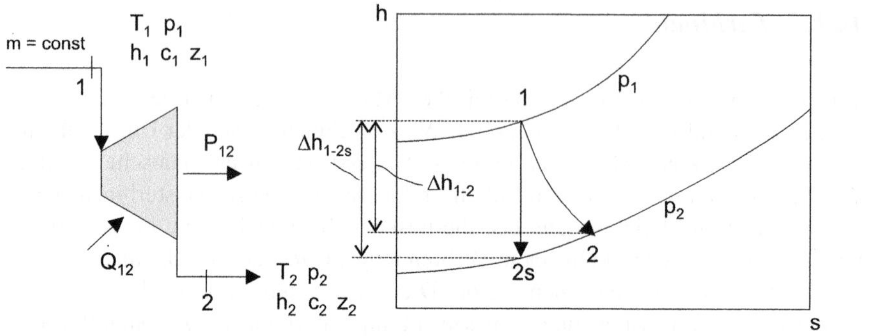

Abb. 14.25 h-s-Diagramm zur Darstellung der isentropen (reversibel adiabaten) $1 \rightarrow 2s$ und der realen Zustandsänderung $1 \rightarrow 2$ des Fördermediums in einer Turbine.

Nach Abzug des Eigenbedarfs des Kraftwerks zum Betrieb der Speisewasserpumpe etc. verbleibt die Netto-Leistung, die in das Netz eingespeist wird.
Kann das Verhalten des in einer Gasturbine expandierenden Gases mit dem Idealgasgesetz beschrieben werden, gilt mit $dh = c_P \, dT$ und $c_P = \frac{\kappa}{\kappa-1} \cdot R_i$

$$P_{T,IG} = \eta_{s,T,IG} \cdot \dot{m} \cdot \frac{\kappa}{\kappa - 1} \cdot R_i \cdot (T_{2s} - T_1) \, .$$

Der isentrope Turbinenwirkungsgrad wird zu

$$\eta_{s,T,IG} = \frac{(T_2 - T_1)}{(T_{2s} - T_1)} \, . \tag{14.198}$$

T_{2s} ist mit Gl. (14.192) aus dem Druckverhältnis p_2/p_1 bestimmbar.

14.8.4 Wärmeübertrager

Wärmeübertrager werden in Rekuperatoren und Regeneratoren eingeteilt. Ein Rekuperator ist ein Wärmeübertrager, dessen Trennwände zwischen Primär- und Sekundärseite stoffundurchlässig sind. Als Regenerator werden die Wärmeübertragerbauarten bezeichnet, die einen Stoffaustausch zulassen, wie die Rotationsräder in der Klimatechnik. Im Folgenden sollen nur Rekuperatoren betrachtet werden.
Verdampfer und Kondensatoren sind spezielle Bauformen von Wärmeübertragern, die auf der Primär- oder Sekundärseite ein Fluid verdampfen (flüssig $\rightarrow$ gasförmig) oder kondensieren (gasförmig $\rightarrow$ flüssig). Bei der Konstruktion ist die erhebliche Änderung des spezifischen Volumens beim Aggregatzustandswechsel zu beachten.
Verdampfer werden z.B. in Kohlekraftwerken eingesetzt, um die Enthalpie der Verbrennungsgase auf der Primärseite (= Heizseite) auf die Sekundärseite zu übertragen und das Arbeitsmedium zu verdampfen. Bei Dampfkraftwerken ist das Arbeitsmedium entsalztes Wasser, bei ORC-Anlagen ein Kohlenwasserstoff (wie Pentan). Nach dem Verdampfungsprozess wird ein weiterer Wärmeübertrager, der Überhitzer, eingesetzt, um die Temperatur des nun als Sattdampf vorliegenden Arbeitsmediums

weiter zu erhöhen. Die Energie zum Verdampfen und Überhitzen wird meist durch Abkühlung von Verbrennungsgasen zugeführt. In geothermischen Kraftwerken z.B. erfolgt die Energiezufuhr in den Kraftwerksprozess nicht durch eine Verbrennung, sondern durch den Enthalpiestrom, der über die Soleflüssigkeit der Erde entnommen wird.
Die Abb. 14.26 zeigt das thermodynamische Modell eines Wärmeübertragers. Die heißere Primärflüssigkeit, im Folgenden gekennzeichnet mit „A", gibt einen Wärmestrom $\dot{Q}_A$ über die Trennwand an den kühleren Sekundärstrom „B" ab, die Enthalpie beim Austritt ist folglich geringer als beim Eintritt $h_{tot,A,2} < h_{tot,A,1}$.

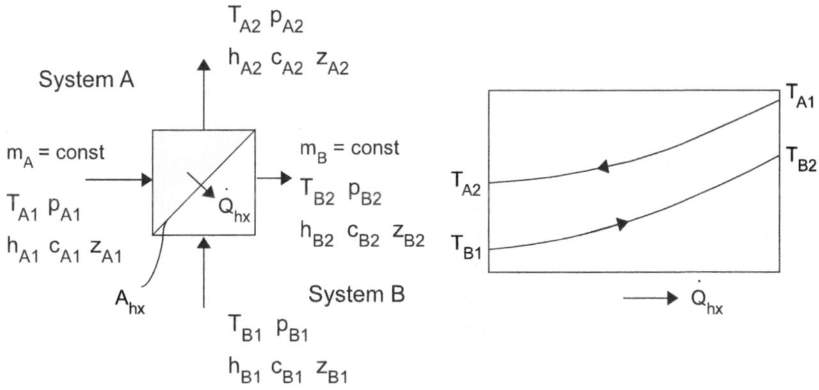

Abb. 14.26 Temperaturverlauf der Medien im Wärmeübertrager, dargestellt über die Wärmeübertragerlänge bzw. den übertragenen Wärmestrom $\dot{Q}_{hx}$. Die heißere Primärseite ist mit A bezeichnet, die kühlere Sekundärseite mit B.

Bei stationären Bedingungen ist

$$0 = \dot{Q}_A + \dot{m}_A \cdot (h_{tot,A,1} - h_{tot,A,2}) \; . \tag{14.199}$$

Für das System „B" gilt:

$$0 = \dot{Q}_B + \dot{m}_B \cdot (h_{tot,B,1} - h_{tot,B,2}). \tag{14.200}$$

Hier wird der Wärmestrom $\dot{Q}_B$ vom Medium aufgenommen. Für den übertragenen Wärmestrom gilt bei adiabaten Außenflächen:

$$\dot{Q}_{hx} = -\,\dot{Q}_A = \dot{Q}_B \; . \tag{14.201}$$

Die Temperatur des Primärmediums ändert sich bei der Wärmeübertragung von $T_{A,1}$ zu $T_{A,2}$, sofern keine Kondensation stattfindet. Der nach Gl. (14.37) übertragene Entropiestrom ist daher mit

$$\dot{S}_{hx} = \int_{A1}^{A2} \frac{d\dot{Q}_{hx}}{T} = \frac{\dot{Q}_{hx}}{T_m} \tag{14.202}$$

zu bestimmen. Eine Umstellung von Gl. (14.202) führt zur Definitionsgleichung der thermodynamischen Mitteltemperatur der Wärmeübertragung:

$$T_{hx,m} \equiv \frac{\dot{Q}_{hx}}{\dot{S}_{hx}} \,. \tag{14.203}$$

Wird der Wärmestrom von einem stationär strömenden Fluid übertragen und $z_1 = z_2$ sowie $c_1 = c_2$ gesetzt, gilt

$$\dot{Q}_{hx} = \dot{m} \cdot (h_{A,2} - h_{A,1}) \text{ und } \dot{S}_{hx} = \dot{m} \cdot (s_{A,2} - s_{A,1}) - \dot{S}_{irr,12} \,.$$

Der irreversible Entropieanteil $\dot{S}_{irr,12}$ entsteht u. a. durch Turbulenzen und Reibung auf der Primärseite des Wärmeübertragers. Bei einer näherungsweise temperaturunabhängigen spezifischen Wärmekapazität c und der Annahme, die Entropieerzeugungsrate $\dot{S}_{irr}$ auf der Primärseite sei zu vernachlässigen gegenüber dem wärmeübertragenden Entropiestrom, gilt mit $h_{A,2} - h_{A,1} = c \cdot (T_{A,2} - T_{A,1})$ und mit $s_{A,2} - s_{A,1} = c \cdot \ln(T_{A,2}/T_{A,1})$ für die thermodynamische Mitteltemperatur einer inkompressiblen Flüssigkeit

$$T_{hx,m} = \frac{T_{A,2} - T_{A,1}}{\ln\left(\frac{T_{A,2}}{T_{A,1}}\right)} \,. \tag{14.204}$$

Die logarithmisch gemittelte Temperatur $T_{hx,m}$ bei gleitender Wärmeübertragung ist immer etwas kleiner als der arithmetische Mittelwert $T_m = 0{,}5 \cdot (T_{A,1} + T_{A,2})$.
Die vorgenommene Energie- und Entropiebilanzierung lässt noch keinerlei Aussagen über die Höhe des übertragenen Wärmestroms $\dot{Q}_{hx}$ zu, wenn nicht mindestens Messwerte zu Ein- und Austrittstemperaturen und Massenstrom für ein Medium vorliegen. Alternativ zu messtechnischen Untersuchungen ist eine Berechnung auf Basis der ingenieurwissenschaftlichen Grundlagen zur Wärmeübertragung möglich. In Analogie zur Elektrotechnik sind thermische Widerstände definierbar, die die Höhe des Wärmestroms beeinflussen. Mit dem thermischen Gesamtwiderstand R_{th} in K/W gilt für $\dot{Q}_{hx}$

$$\dot{Q}_{hx} = \frac{1}{R_{th}} \cdot \Delta T_m \tag{14.205}$$

mit der mittleren logarithmischen Temperaturdifferenz ΔT_m in K. Diese wird aus den Eintritts- und Austrittstemperaturen der Stoffströme an den beiden Enden des Wärmeübertragers gebildet (vgl. Abb. 14.26)

$$\Delta T_m = \frac{\Delta T_{gr} - \Delta T_{kl}}{\ln\left(\frac{\Delta T_{gr}}{\Delta T_{kl}}\right)} \tag{14.206}$$

$$\text{mit } \Delta T_{kl} = T_{A,1} - T_{B,2} \text{ und } \Delta T_{gr} = T_{A,2} - T_{B,1}$$

und entspricht in etwa der Differenz der logarithmischen Mitteltemperaturen von Primär- und Sekundärmedium

$$\Delta T_m \approx T_{hx,m,A} - T_{hx,m,B} \,.$$

Im Verdampfer bleibt während des Aggregatzustandswechsels die Temperatur auf der Sekundärseite konstant, es gilt $T_{B,1} = T_{B,2} = T_B$. Die mittlere logarithmische Temperaturdifferenz vereinfacht sich in diesem Fall zu:

$$\Delta T_{m,Verd} = \frac{T_{A,2} - T_{A,1}}{\ln\left(\frac{T_{A,1}-T_B}{T_{A,2}-T_B}\right)} \;. \tag{14.207}$$

Entsprechend wird $\Delta T_{m,Kond}$ mit $T_{A,1} = T_{A,2} = T_A$ für den Kondensator bestimmt.

14.8.5 Drosselventile

Wie die Turbine dient auch das Drossel- oder Expansionsventil der Druckminderung, also der Expansion. Im Gegensatz zur Turbine wird hier aber keine technische Arbeit geleistet. Die Druckminderung im Fluid führt durch Reibung und Verwirbelungsvorgänge zu einer Entropieerhöhung, es ist $P_{diss} = \dot{m} \cdot \int_1^2 v \; dp$. Das Drosselventil vernichtet also in hohem Maße Exergie.
Drosselventile sind meist sehr kostengünstig als einfache Engstelle im Strömungskanal ausgeführt, in Kühlschränken z.B. als langes Kapillarrohr. Auch ein poröser Pfropfen kann als Drossel dienen. In Wärmepumpen übernimmt ein verstellbares Ventil die Funktion des Drosselventils.

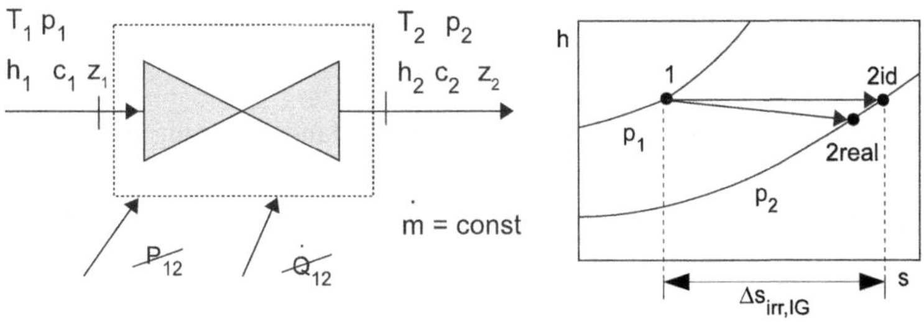

Abb. 14.27 Thermodynamisches Modell des Drosselventils und Zustandsänderung im h-s-Diagramm

Für die Energiebilanz der Drossel gilt näherungsweise[22], dass die Enthalpie konstant bleibt. Damit vereinfacht sich der Erste Hauptsatz für das offene System zu:

$$0 = \dot{m} \cdot (h_1 - h_2) \;. \tag{14.208}$$

Abb.14.27 zeigt das thermodynamische Modell einer Drosselung und die Zustandsänderung im h-s-Diagramm. Unterstellt man dem gedrosselten Fluid die Eigenschaften eines Idealgases, gilt $dh = c_P \; dT$ und damit $dT_{1,2id} = 0$, es findet also auch keine Temperaturänderung statt. Für Realgase dagegen ist die Zustandsfunktion der Enthalpie $h = h(p,T)$ auch druckabhängig, entsprechend zeigen diese bei isenthalper Drosselung eine Temperaturänderung $dT_{1,2real} \neq 0$, die als *Joule-Thompson-Effekt* bekannt ist. Mit der Beziehung $dh = T \; ds + vdp$ gilt für die irreversibel erzeugte Entropie im Idealgas:

[22] Bedingungen: stationäre, adiabate Zustandsänderung, keine Änderung der äußeren Energien, $c_1 = c_2, z_1 = z_2$ und $\dot{m}_1 = \dot{m}_2$.

$$\Delta s_{irr,IG} = R_i \cdot \ln\left(\frac{p_1}{p_2}\right) . \tag{14.209}$$

14.8.6 Düse und Diffusor

Düsen und Diffusoren wandeln innerhalb eines Materiestroms einen Teil seiner spezifischen Energie (Δh) um in kinetische Energie (Düse) bzw. umgekehrt (Diffusor). Die Beschleunigung des Massenstroms in der Düse ($c_1 < c_2$) führt zu einer Druckminderung ($p_1 > p_2$), die Druckerhöhung des Massenstroms im Diffusor ($p_1 < p_2$) führt zu einer Abnahme der Geschwindigkeit ($c_1 > c_2$).
Das thermodynamische Modell unter den vereinfachenden Annahmen eines stationären offenen Systems und einer adiabaten Zustandsänderung ohne geodätische Höhendifferenzen lautet bei Betrachtung als Strömungsprozess ohne Arbeitsaustausch ($\dot{m}_1 = \dot{m}_2$):

$$0 \overset{!}{=} \dot{m} \cdot \left\{ (h_1 + \frac{c_1^2}{2}) - (h_2 + \frac{c_2^2}{2}) \right\} \tag{14.210}$$

oder einfacher mit der Definition der Totalenthalpie:

$$0 = h_{tot,1} - h_{tot,2} . \tag{14.211}$$

Die Abb. 14.28 zeigt die ideale und die reale Zustandsänderung in der Düse bzw. im Diffusor in einem h-s-Diagramm. Unter idealen Bedingungen ($\dot{S}_{irr} = 0$) wird die Enthalpiedifferenz $|\Delta h_s|$ vollständig in kinetische Energie umgesetzt, so dass

$$\frac{c_{2s}^2}{2} = \frac{c_1^2}{2} - \Delta h_s \tag{14.212}$$

gilt. Δh_s ist mit der Bedingung $s_1 = s_{2s}$ für den gegebenen Enddruck $p_2 = p_{2s}$ berechenbar

$$\Delta h_s = h_{2s} - h_1 = \int_1^{2s} v\, dp . \tag{14.213}$$

Da bei der Düse $p_2 < p_1$ gilt, ist $\Delta h_s < 0$, beim Diffusor wg. p_2 dagegen $\Delta h_s > 0$.
Bei nichtidealen Düsen und Diffusoren wird durch Reibung und Verwirbelungen irreversibel Entropie erzeugt $\dot{S}_{irr} > 0$; die innere Energie nimmt dabei zu ($u_2 > u_1$), während die Summe aus kinetischer und potenzieller Energie sich vermindert.
Wie bei anderen Komponenten kann auch für Düse bzw. Diffusor je ein isentroper Wirkungsgrad definiert werden, der den realen Prozess mit dem idealen adiabatisentropen (also reversiblen) Prozess vergleicht. Für die Düse gilt mit $c_1 < c_2$:

$$\eta_{s,Due} = \frac{(c_2^2 - c_1^2)/2}{(c_{2s}^2 - c_1^2)/2} = \frac{(c_2^2 - c_1^2)/2}{|\Delta h_s|} . \tag{14.214}$$

Oftmals wird der Wirkungsgrad der Düse auch einfach als Verhältnis der tatsächlichen Geschwindigkeit c_2 zu der bei isentropen Bedingungen erreichbaren Geschwindigkeit c_{2s} dargestellt, dann ist

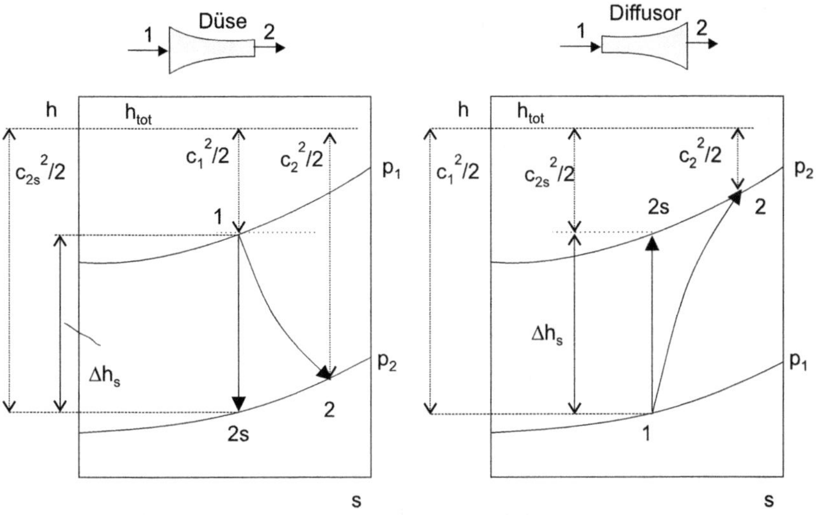

Abb. 14.28 Reale bzw. ideale Zustandsänderung in der Düse (links) und im Diffusor (rechts)

$$\eta_{Due} = \frac{c_2^2}{c_{2s}^2} \, . \tag{14.215}$$

Für den Diffusor mit $c_1 > c_2$ ist:

$$\eta_{s,Dif} = \frac{\Delta h_s}{(c_1^2 - c_2^2)/2} \, . \tag{14.216}$$

Die Zustandsänderungen sind in Abb. 14.28 für den Modellstoff „Idealgas“ im h-s-Diagramm dargestellt.

14.8.7 Wärmeerzeuger

Thermodynamisch nicht korrekt wird in der Heiz- und Kraftwerkstechnik oft von dem Wärmeerzeuger gesprochen. Gemeint ist der Verbrennungskessel für Gas, Öl, Kohle oder Biomasse. In diesem erfolgt die Wandlung der im Brennstoff enthaltenen chemischen Inneren Energie U_{chem} in die thermische Innere Energie U_{therm} der Verbrennungsprodukte (Verbrennungsgase, Asche). Noch im Wärmeerzeuger erfolgt der Energietransport in Form eines Wärmestroms an einen Wärmeträger oder bei Kraftwerken an das Arbeitsfluid.

Ein Maß für die Güte des Umwandlungsprozesses ist die *adiabate Verbrennunngs-temperatur* $T_{V,ad}$. Sie gibt die Temperatur an, die die Verbrennungsgase nach einer adiabaten Verbrennung ohne Wärmeübertragung maximal erreichen.

Die Energiebilanzierung für den Verbrennungsprozess mit Wärmeübertragung nach Abb. 14.29 lautet bei Annahme stationärer Bedingungen:

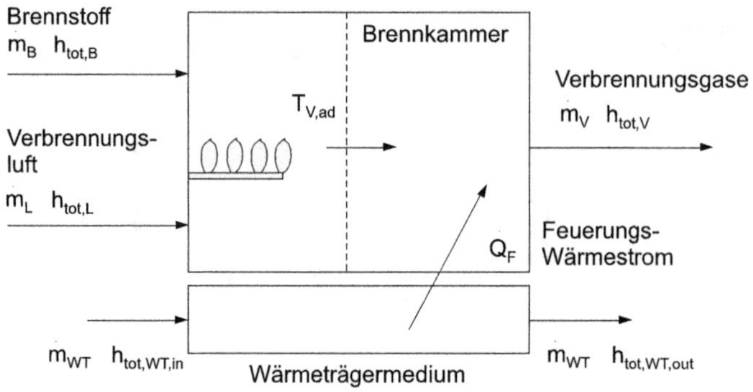

Abb. 14.29 Energiebilanz des Wärmeerzeugers mit Verbrennung

$$0 = \dot{Q}_F + \dot{m}_B \cdot h_{tot,B} + \dot{m}_L \cdot h_{tot,L} - \dot{m}_V \cdot h_{tot,V} \,. \tag{14.217}$$

Hierbei ist $\dot{m}_B$ der Massenstrom des zugeführten Brennstoffs, $\dot{m}_L$ der Massenstrom der Verbrennungsluft und $\dot{m}_V$ der Massenstrom der abgeführten Verbrennungsgase. Vereinfachend wurde angenommen, dass die Verbrennung vollständig ohne Rückstände erfolgt und die Aschebildung vernachlässigt wird. $\dot{Q}_F$ ist der Wärmestrom, der von der Brennkammer auf das Wärmeträgermedium übertragen wird.
Die Massenbilanz des stationären Prozesses führt zu der Bedingung:

$$0 = \dot{m}_B + \dot{m}_L - \dot{m}_V \,. \tag{14.218}$$

Aus der Theorie der Verbrennung ist bekannt, dass abhängig von der Elementaranalyse je kg Brennstoff eine bestimmte Masse (die stöchiometrische Masse $m_{L,stch}$) an Luft bzw. Sauerstoff zugeführt werden muss, um gerade eine ideale vollständige Verbrennung zu erzielen. Bei realen Verbrennungen im Heizkessel wird mit einem Luftüberschuss gefahren[23]. Das Verhältnis des tatsächlich zugeführten Massenstroms an Verbrennungsluft $\dot{m}_L$ zu dem stöchiometrischen Massenstrom $\dot{m}_{L,stch}$ wird als Luftüberschusszahl λ bezeichnet:

$$\lambda = \frac{\dot{m}_L}{\dot{m}_{L,stch}} \,. \tag{14.219}$$

Bezieht man die Energiebilanz der Verbrennung Gl. (14.217) auf den Massenstrom des Brennstoffs $\dot{m}_B$, so lautet sie

$$0 = q_F + h_{tot,B} + \lambda \cdot l_{stch} \cdot h_{tot,L} - \xi_V \cdot h_{tot,V} \,. \tag{14.220}$$

mit dem spezifischen stöchiometrischen Luftmassenstromverhältnis

$$l_{stch} = \frac{\dot{m}_{L,stch}}{\dot{m}_B} \tag{14.221}$$

und dem spezifischen Verbrennungsgasmassenstromverhältnis

[23] Motoren arbeiten mit einer nahezu stöchiometrischen Verbrennung. Für „Magermotoren" gilt $\lambda > 1$, für Motoren mit „fettem" Gemisch dagegen $\lambda < 1$.

$$\xi_V = \frac{\dot{m}_V}{\dot{m}_B} \,. \tag{14.222}$$

Der spezifische Heizwert H_i (früher: H_u) ist der auf den Massenstrom $\dot{m}_B$ bezogene Wärmestrom, der nach Gl. (14.220) bei einer gegebenen Temperatur $T_0 = 298$ K bei der vollständigen stöchiometrischen Verbrennung des Brennstoffs B den Verbrennungsgasen entzogen werden kann, bis diese ebenfalls die Temperatur $T_0 = 298$ K erreicht haben [2]:

$$H_i = -q_{F,stch} = h_{tot,B}(T_0) + l_{stch} \cdot h_{tot,L}(T_0) - \xi_{V,stch} \cdot h_{tot,V}(T_0) \,. \tag{14.223}$$

Der erste Term $h_{tot,B}(T_0)$ gibt die gesamte Enthalpie des Brennstoffs einschließlich des chemischen Anteils der Inneren Energie u_{chem} an. Die thermische Innere Energie des Brennstoffs u_{th} wird durch den Bezug auf T_0 festgelegt. Der zweite Term berücksichtigt die mit der Verbrennungsluft bei T_0 zugeführte Enthalpie. Die Verbrennungsgase werden bei der Heizwertdefinition definitionsgemäß auf T_0 abgekühlt. Die in den Verbrennungsprodukten verbliebene Restenthalpie wird mit dem dritten Term berücksichtigt.
Bei der Definition des Heizwertes wird als Besonderheit angenommen, dass der bei der Verbrennung entstandene Wasserdampf (H_2O) bei der Abkühlung auf T_0 gasförmig bleibt. Der Brennwert H_s (früher: H_o) berücksichtigt im Gegensatz zum Heizwert H_i die bei der Kondensation freiwerdende Enthalpie [2]:

$$H_s = H_u + \xi_{H_2O} \cdot \left(h_{H_2O,g}(T_0) - h_{H_2O,fl}(T_0)\right) \,. \tag{14.224}$$

Hierbei ist ξ_{H_2O} der auf die Brennstoffmasse bezogene Massenanteil des bei der chemischen Reaktion der Verbrennung entstandenen Wassers. $h_{H_2O,g}(T_0)$ ist die Enthalpie des gasförmigen Wasserdampfs und $h_{H_2O,fl}(T_0)$ die Enthalpie des flüssigen Wassers bei T_0. Die Enthalpiedifferenz entspricht ungefähr der Kondensationsenthalpie $\Delta h_{V,H_2O}$, für T_0 = 298,15 K und p_0 = 1 bar beträgt $\left(h_{H_2O,g}(T_0) - h_{H_2O,fl}(T_0)\right)$ = 2443,1 kJ/kg.

14.9 Kreisprozesse

Um kontinuierlich einen Wärmestrom oder mechanische Leistung abgeben zu können, werden thermische Maschinen zu Kreisprozessen zusammengeschaltet. Der Kreisprozess ist ein Prozess, bei dem ein *Arbeitsfluid* durch mehrere aufeinanderfolgende Zustandsänderungen (Teilprozesse) geführt wird und periodisch wieder in seinen Ausgangszustand gelangt.

14.9.1 Bilanzierung des Kreisprozesses

Das Arbeitsfluid wird kontinuierlich umgewälzt und durchströmt dabei zyklisch die im Kreisprozess integrierten thermischen Maschinen und Komponenten, in denen es mit seiner Umgebung Wärme und Arbeit austauscht, nicht aber Masse. Jede thermische Maschine selbst ist dabei ein offenes Teilsystem, der Kreisprozess als Ganzes aber ein geschlossenes System. Für stationäre Kreisprozesse gilt daher, dass sich im zeitlichen Mittel die Summe der gespeicherten Energie (Systemenergie) nicht ändert und keine Energie über Massetransport in das System „Arbeitsfluid" gelangt. Es gilt:

$$\Delta E_{ges} = 0 \stackrel{!}{=} \sum \dot{Q}_{ij} + \sum P_{ij} \tag{14.225}$$

Die Summe aller Einzelwärmeströme $\dot{Q}_{ij}$ und Einzelleistungen P_{ij} in den Teilprozessen des Kreisprozesses ist gleich null.

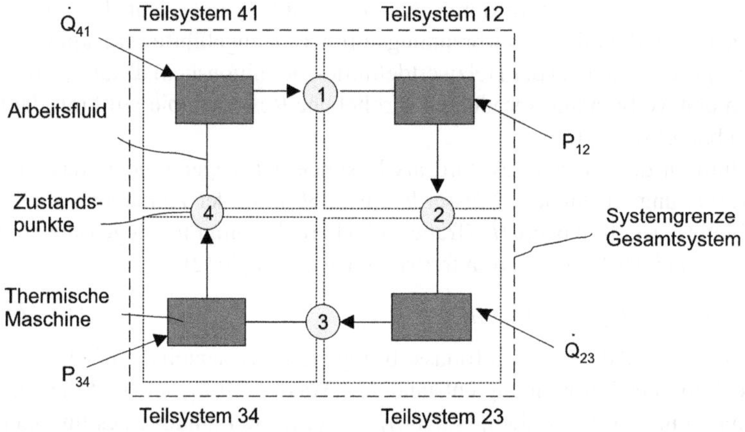

Abb. 14.30 Schematische Darstellung eines Kreisprozesses. Das Arbeitsmittel durchströmt nacheinander die vier Teilsysteme. Gewöhnlich nimmt man an, dass der Kreisprozess stationär ist, dass die gesamte Systemenergie der Teilsysteme also konstant ist. In diesem Fall muss die Summe der über die Gesamtsystemgrenze transportierten Energien gleich null sein. In der Abbildung sind nur einige ausgewählte Transportenergieströme dargestellt.

Für die Teilprozesse mit Arbeitszufuhr aus der Umgebung gilt $P_{ij} > 0$, als Beispiel seien Pumpen oder Verdichter genannt. Die Turbine gibt in ihrem Teilprozess dagegen Arbeit an die Umgebung ab, hier gilt $P_{ij} < 0$. In Kondensatoren, Verdampfern und Expansionsventilen findet kein Arbeitstransport statt, es ist $P_{ij} = 0$.

Nutzleistung

Die Nutzleistung des Gesamtprozesses ist definiert mit:

$$P \equiv -\sum P_{ij}. \tag{14.226}$$

Aus der Energiebilanz für den Gesamtprozess aus Gl. (14.225) geht hervor, dass die Nutzleistung des Prozesses P gleich der Summe der ausgetauschten Wärmeströme sein muss:

$$P = \sum \dot{Q}_{ij}. \tag{14.227}$$

Die spezifische Nutzarbeit w_{nutz} des Kreisprozesses ergibt sich durch Division mit dem umlaufenden Massenstrom des Arbeitsfluids $\dot{m}$ zu:

$$w_{nutz} = \frac{P}{\dot{m}} = \sum q_{ij}. \tag{14.228}$$

Es soll nun der vereinfachte Kreisprozess eines Dampfkraftwerkes betrachtet werden, der „nur" vier Teilsysteme beinhaltet: eine Pumpe zur Druckerhöhung (Zustandsänderung $1 \to 2$ in Abb. 14.31), einen Verdampfer mit Überhitzer ($2 \to 3$), die Dampfturbine ($3 \to 4$) und einen Kondensator ($4 \to 1$).

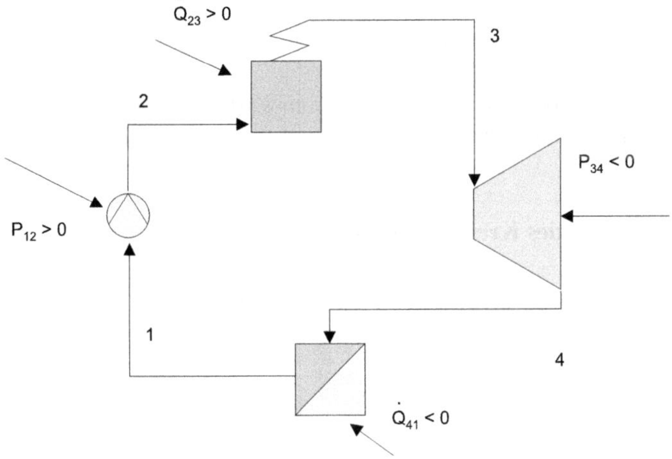

Abb. 14.31 Darstellung des Kreisprozesses eines vereinfachten Dampfkraftwerks

Die Nutzleistung des vereinfachten Prozesses beträgt mit Gl. (14.227) nun:

$$P = \dot{Q}_{23} + \dot{Q}_{41}. \tag{14.229}$$

Entropiebilanz

Die Gl. (14.229) enthält noch keine Aussage über die Qualität des Kreisprozesses, dazu muss eine Bilanzierung der Entropie vorgenommen werden. Es zeigt sich, dass für den gesamten Kreisprozess, der als stationäres geschlossenes System betrachtet wird, gelten muss:

$$\frac{dS_{Sys}}{dt} = 0 \stackrel{!}{=} \dot{S}_{Q,23} + \sum \dot{S}_{irr} + \dot{S}_{Q,41} \,. \tag{14.230}$$

Der dem Gesamtsystem über den Wärmestromeintrag im Verdampfer zugeführte Entropiestrom $\dot{S}_{Q,23}$ und die Summe aller durch Dissipation im Kreisprozess erzeugten Entropieströme $\sum \dot{S}_{irr}$ müssen über den Kondensator an die Umgebung als

Entropiestrom $\dot{S}_{Q,41} < 0$ wieder abgegeben werden, damit sich keine Entropie im System anhäuft. Es gilt also:

$$\left|\dot{S}_{Q,41}\right| = \dot{S}_{Q,23} + \sum \dot{S}_{irr} \,. \tag{14.231}$$

Das Betragszeichen berücksichtigt, dass die vom System abgeführte Entropie negativ gezählt wird. Wenn der Wärmestrom $\dot{Q}_{23} = T_{23} \cdot \dot{S}_{Q,23}$ auf dem Temperaturniveau T_{23} zugeführt und der Wärmestrom $\dot{Q}_{41} = T_{41} \cdot \dot{S}_{Q,41}$ im Verdampfer auf dem mittleren Temperaturniveau T_{41} abgeführt wird, gilt für die Energiebilanz (14.229) in Verbindung mit Gl. (14.230):

$$P = T_{23} \cdot \dot{S}_{Q,23} - T_{41} \cdot \left|\dot{S}_{Q,41}\right| \tag{14.232}$$

bzw.

$$P = T_{23} \cdot \dot{S}_{Q,23} - T_{41} \cdot \dot{S}_{Q,23} - T_{41} \cdot \sum \dot{S}_{irr}. \tag{14.233}$$

Der im Kreisprozess irreversibel erzeugte Entropiestrom wird im Kondensator ebenfalls bei der Temperatur T_{41} abgeführt.

Maximaler Wirkungsgrad des Kreisprozesses

Wenn der energetische Nutzen des Kreisprozesses P und der energetische Aufwand $\dot{Q}_{23} = T_{23} \cdot \dot{S}_{Q,23}$ ist, dann gilt für den energetischen Wirkungsgrad laut Gl. (14.101):

$$\eta_{th} = \frac{P}{\dot{Q}_{23}} = 1 - \frac{T_{41}}{T_{23}} - \frac{T_{41} \cdot \sum \dot{S}_{irr}}{\dot{Q}_{23}} \tag{14.234}$$

Im Grenzfall des reversiblen Prozesses mit $\sum \dot{S}_{irr} \to 0$ schließlich erhält man für den maximalen energetischen Wirkungsgrad der idealen Wärmekraftmaschine:

$$\eta_{th,max} = 1 - \frac{T_{41}}{T_{23}}. \tag{14.235}$$

→ Wirkungsgrad von 100 % ?

Die Energiebilanz lässt zu, dass die dem Prozess entnommene Nutzleistung P der zugeführten Wärmeleistung entspricht, also $P = \dot{Q}_{23}$ mit η = 100% ist. Dazu müsste ein Kreisprozess ohne Kondensator (und Kondensationswärmestrom) „erdacht" werden, damit $\dot{Q}_{41} = 0$ gilt. Damit könnte der Wirkungsgrad des Kraftwerks $\eta_{th} = P/\dot{Q}_{23}$ dann 100 % erreichen.
Die Entropiebilanzierung zeigt jedoch, dass es einen maximalen Umwandlungswirkungsgrad $\eta_{th,max}$ gibt, da die dem Kreisprozess zugeführte bzw. dort entstandene Entropie abgeführt werden muss.

Wirkungsgrade in der Praxis

Die nach Gl. (14.229) geltende Bedingung, dass die Nutzleistung des reversiblen Kreisprozesses gleich der Differenz der zu- und abgeführten Wärmeströme ist, lässt sich sehr anschaulich in einem T-s-Diagramm, Abb. 14.32, darstellen: Da die auf den umlaufenden Massenstrom bezogene Wärmeleistung gleich

$$q_{23} = \frac{\dot{Q}_{23}}{\dot{m}} = \int_2^3 T\,ds$$

ist, entspricht sie der Fläche a-2-3-b unterhalb der Prozesskurve von T_2 nach T_3. Entsprechend wird q_{41} durch die Fläche 4-b-a-1 dargestellt. Die spezifische Nutzarbeit w_{nutz} des Kreisprozesses entspricht damit der verbleibenden Fläche 1-2-3-4 zwischen q_{23} und q_{41}. Wie Abb. 14.32 zeigt, ist w_{nutz} nur dann maximal, wenn die Wärmeströme bei konstanter Temperatur zu- und abgeführt werden und die Druckänderungen isentrop sind.

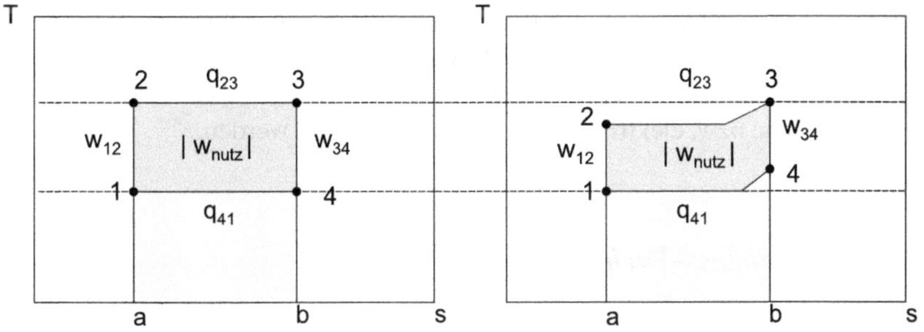

Abb. 14.32 Kreisprozess einer vereinfachten Kraft-Wärme-Maschine im T-s-Diagramm. In der linken Abbildung ist die spezifische Nutzarbeit w_{nutz} maximal, da die Wärmeströme bei konstanter Temperatur zugeführt werden. Bei Temperaturänderung im Enthalpiestrom des Arbeitsfluids sinkt die spezifische Nutzarbeit, da die nach Gl. (14.203) logarithmisch gemittelte Temperatur $\bar{T}_{23}$ kleiner ist als T_3.

Wird der Wärmestrom $\dot{Q}_{23}$ auf konstantem Temperaturniveau $T_2 = T_3$ zugeführt und der Wärmestrom $\dot{Q}_{41}$ bei Umgebungstemperatur $T_4 = T_1 = T_u$ abgegeben, dann entspricht der maximale Wirkungsgrad dem Exergiefaktor oder Carnot-Wirkungsgrad η_c nach Gl. (14.95).

In praktischen Fällen ist eine Energieübertragung bei konstanter Temperatur nur bei Verdampfung und Kondensation des Arbeitsfluids innerhalb des Nassdampfgebietes möglich. Viele praktische Gründe sprechen jedoch gegen diese Prozessführung. So würde die geringe Entropieänderung innerhalb des Nassdampfgebietes $s'' - s'$ einen sehr hohen Massenstrom erfordern, um hohe Wärmeströme zu transportieren. Zudem beschränkt der kritische Punkt die erzielbare Frischdampftemperatur und schließlich wäre der niedrige Wasserdampfgehalt nach der Expansion von Sattdampf für Turbinen ungeeignet.

Bedingungen für Kreisprozesse

Abb. 14.32 zeigt sehr anschaulich, dass Kreisprozesse nur dann mit hohem energetischen und exergetischen Wirkungsgrad betrieben werden können, wenn folgende Bedingungen eingehalten werden:

- Ohne Temperaturdifferenz $T_{23} > T_{41}$ kann ein Kreisprozess keine Nutzarbeit abgeben. Für gleiche Temperaturen würde die Fläche w_{nutz} in Abb. 14.32 zu einer Geraden mit einem verschwindenden Flächeninhalt degenerieren.
- Die entnehmbare spezifische Nutzarbeit w_{nutz} ist umso größer, je höher die Temperatur des zugeführten Wärmestroms ist.
- w_{nutz} ist umso größer, je niedriger die Temperatur des abgeführten Wärmestroms ist. Eine natürliche Begrenzung ist die Umgebungstemperatur.
- w_{nutz} ist umso größer, je größer die ausgetauschten Wärmeströme und damit die Entropieänderungen sind.
- Die dem Kreisprozess über den Wärmestrom $\dot{Q}_{23}$ zugeführte Entropie muss den Prozess an anderer Stelle (Kondensator oder Auspuff) wieder verlassen.
- In Kreisprozessen, die in einem Prozessschritt den thermischen Anteil der Inneren Energie nutzen, ist der maximale Wirkungsgrad durch den Carnot-Faktor begrenzt. Es kann nur die in der Inneren thermischen Energie enthaltene Exergie in mechanische bzw. elektrische Energie umgewandelt werden. [24]

14.9.2 Kreisprozess-Varianten

Rechtsläufiger Kreisprozess

Ein Kreisprozess, dessen Zustandspunkte in einem T-s-Diagramm wie in Abb. 14.32 im Uhrzeigersinn verlaufen, bezeichnet man als rechtsläufigen Kreisprozess. Die spezifische Nutzarbeit w_{nutz} (vgl. Gl. (14.228)) des rechtsläufigen Kreisprozesses ist positiv, das System ist also in der Lage, Arbeit zu verrichten. Rechtsläufige Kreisprozesse laufen in Verbrennungsmotoren und Kraftwerken ab. Ihr kennzeichnendes Merkmal besteht darin, dass eine indirekte Energiewandlung über den Zwischenschritt der thermischen Inneren Energie des Arbeitsfluids stattfindet. Turbinen und Motoren werden daher auch als Wärme→Kraft-Maschinen bezeichnet. Entsprechend sind Verdichter und Pumpen Arbeitsmaschinen.
Verbrennungskraftmaschinen sind „offene“ Kreisprozesse mit innerer Verbrennung: Die chemische Energie des Brennstoffes wird bei der Verbrennung freigesetzt und erhöht die thermische Energie der Verbrennungsgase. Diese verrichten als Arbeitsmedium im Kolben Volumenänderungsarbeit. Verbrennungskraftmaschinen sind immer offene Kreisprozesse, da die Verbrennungsgase über die Auslassventile in

[24] In Brennstoffzellen wird chemische Energie direkt in elektrische Energie umgewandelt, hier erfolgt keine Aufheizung eines Arbeitsfluids auf möglichst hohe Temperaturen. Entsprechend wird der Umwandlungswirkungsgrad auch nicht von dem Carnot-Faktor begrenzt.

die Umgebung abgegeben werden und frische, sauerstoffreiche Verbrennungsluft aus der Umgebung in den Verbrennungsraum eingeschoben wird. Aufgrund des O_2-Bedarfs bei der inneren Verbrennung kann das Arbeitsmedium keinen geschlossenen Kreislauf ausführen. Erst mit „Hinzunahme“ der Umgebung in Vergleichsprozessen wird ein geschlossener Prozess berechenbar. Neben Otto- und Dieselmotoren, die oft in stationären Blockheizkraftwerken eingesetzt werden, werden auch offene Gasturbinen zur Stromerzeugung eingesetzt.
Bei *Dampfkraftwerken* und auch *Stirlingmotoren* wird über eine äußere Verbrennung das Arbeitsfluid mit Hilfe eines Wärmestroms in einem geschlossenen Prozess erhitzt. Das Arbeitsfluid nimmt mit dem Wärmestrom große Mengen an Entropie auf und erhöht dadurch seine thermische Innere Energie, damit steigen Druck und Temperatur. In der eigentlichen Wärmekraftmaschine, der Turbine, leistet das Arbeitsfluid die technische Arbeit. Nach dem Kondensator hat das Arbeitsfluid wieder seinen ursprünglichen Zustand erreicht, der Prozess ist „geschlossen“. Im Falle des Dampfkraftwerks ist das Arbeitsfluid Wasser oder ein Kohlenwasserstoff (ORC-Prozess), im Falle des Stirlingmotors ein inertes Gas wie Stickstoff.

Kraftwerksvarianten

Der dem Arbeitsfluid zugeführte Wärmestrom kann aus sehr unterschiedlichen „Quellen“ stammen:

- Bei Stein- oder Braunkohlekraftwerken verbrennt im Wärmeerzeuger der zermahlene Brennstoff mit dem in der Verbrennungsluft enthaltenen Sauerstoff, dabei wird chemische Innere Energie (ΔU_{chem}) in thermische Innere Energie (ΔU_{th}) gewandelt. Die Verbrennungsgase geben den größten Teil dieser thermischen inneren Energie über Verdampfer- und Überhitzerrohre an das Arbeitsfluid (Speisewasser) ab, das als überhitzter Dampf („Frischdampf“) den Kessel Richtung Turbine verlässt.
- In Öl-Kraftwerken wird meist Schweröl eingesetzt, das als feiner Tröpfchen-Nebel mit Luftsauerstoff verbrennt.
- Gas-Kraftwerke werden mit Erdgas betrieben. Bei kombinierten Gas-Dampf-Kraftwerken wird mit Hilfe der expandierten Verbrennungsgase in einem Abhitzekessel Wasserdampf erzeugt und mit diesem eine zusätzliche Dampfturbine betrieben. Auf diese Weise sind sehr hohe Gesamtwirkungsgrade erreichbar.
- In Biomasse-Kraftwerken werden anstatt der fossilen Energieträger Altholz, Sägespäne oder schnellwachsendes Holz aus Kurzumtriebsplantagen verbrannt.
- In Kernkraftwerken des Typs Leichtwasserreaktor wird ebenfalls Wasser als Arbeitsfluid verwendet. Es verdampft durch die bei den Kernspaltprozessen in den Brennstäben freiwerdende Nuklearenergie, die ebenfalls Bestandteil der Inneren Energie ist.
- In solarthermischen Kraftwerken wird durch Strahlungsabsorption die elektromagentische Strahlung in thermische Energie gewandelt und als Wärmestrom an das Arbeitsfluid abgegeben.
- Geothermie-Kraftwerke nutzen zur Dampferzeugung den Enthalpiestrom des Geofluids, das in einem Wärmeübertrager abgekühlt wird.

Linksläufiger Kreisprozess

Wärmepumpen und Kältemaschinen wird spezifische Nutzarbeit w_{nutz} zugeführt. Die Zustandspunkte 1-2-3-4 im T-s-Diagramm zeigen eine dem Uhrzeigersinn entgegengesetzte Drehrichtung, der Kreisprozess ist also linksläufig. Der Nutzen dieser Prozesse liegt in der Temperaturanhebung, ein zugeführter Wärmestrom auf niedrigem Temperaturniveau wird auf hohem Temperaturniveau wieder abgegeben. Damit erklärt sich auch die Bezeichnung „Wärmepumpe". Für diese „Wärmetransformation" muss Arbeit aufgewendet werden. Das Arbeitsfluid wird hier „Kältemittel" genannt.

Zusammenfassende Darstellung der Kreisprozesse

Die unterschiedlichen Arten von Kreisprozessen und deren Funktion sind anschaulich in einem Diagramm (Abb. 14.33) darstellbar, das die unterschiedlichen Temperaturniveaus berücksichtigt.

- Der Kraftwerksprozess wandelt einen auf hohem Temperaturniveau zugeführten Wärmestrom $\dot{Q}_{zu}$ in eine Nutzleistung P_{ab} um und führt die Entropie im Kondensatorwärmestrom $\dot{Q}_{ab}$ nahe der Umgebungstemperatur T_U ab.
- Die Wärmepumpe "transformiert" einen Wärmestrom mit einer Temperatur nahe der Umgebungstemperatur $\dot{Q}_U$ auf das Temperaturniveau des Heizsystems $\dot{Q}_{Heiz}$.
- Die Kältemaschine schließlich entzieht dem Kühlraum bei geringem Temperaturniveau einen Wärmestrom $\dot{Q}_{Kälte}$ und gibt ihn auf Umgebungstemperatur $\dot{Q}_U$ wieder ab.

Sowohl der Wärmepumpe als auch der Kältemaschine muss dazu die Arbeitsleistung P_{zu} zugeführt werden.

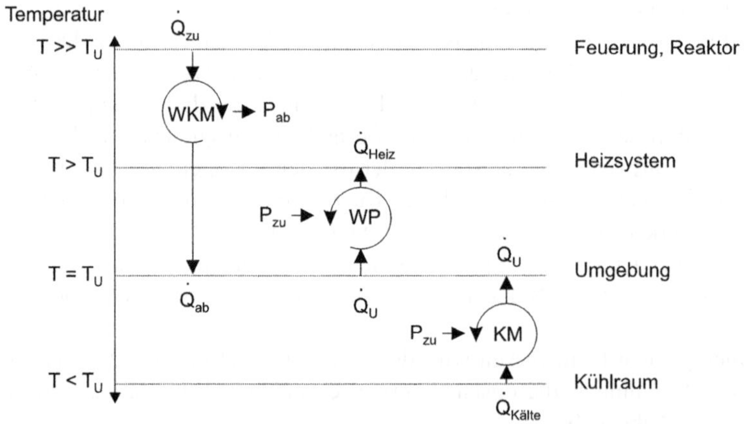

Abb. 14.33 Übersicht der Kreisprozesse mit Darstellung des Temperaturniveaus: Wärmekraftmaschine (WKM), Wärmepumpe (WP) und Kältemaschine (KM).

14.10 Thermodynamik der solaren Energiewandlung

14.10.1 Thermodynamik der Strahlung

Auch die Strahlungsenergie der Sonne ist nicht beliebig in andere Energien umwandelbar, da sie ebenfalls aus Exergie und Anergie besteht. Um die Exergie der solaren Strahlung zu berechnen, soll ein Gedankenexperiment gemacht werden. Dazu wird ein kontinuierlich im stationären Betrieb arbeitender Strahlungsenergiewandler betrachtet. Die Eingangsgrößen sind die Strahlungsflussdichte E_{zu} in W/m^2 und der sie begleitende Strahlungsentropiestrom $\dot{S}_{zu}$ in W/K/m^2, die auf eine aktive Fläche A treffen. Da jede Materie, die Strahlung absorbiert, auch Strahlung emittiert, muss auch eine abgehende Strahlungsflussdichte und ein dazugehöriger Entropiestrom berücksichtigt werden. Die gesuchte Exergie wird als Leistung P_{rev} abgegeben. Bei Berücksichtigung einer Entropieerzeugungsrate $\dot{S}_{irr}$ mindert sich die abgegebene Leistung zu P. Schließlich ist noch ein Wärmestrom $\dot{Q}$ zu berücksichtigen, der bei Umgebungstemperatur T_U über die Systemgrenzen geführt wird.

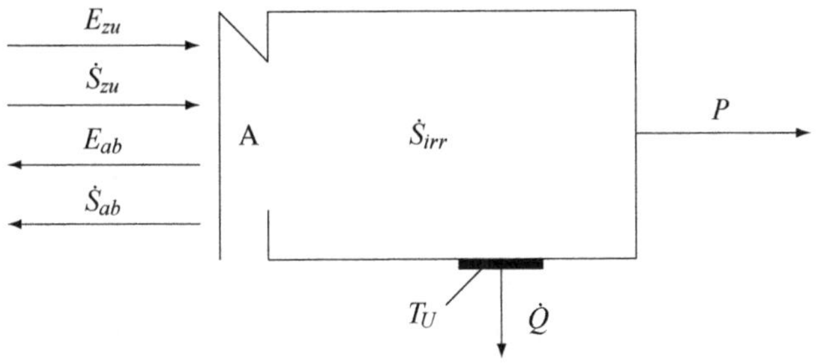

Abb. 14.34 Allgemeiner Strahlungsenergiewandler

Damit lässt sich nun die Energie- und Entropiebilanz des Wandlers im stationären Zustand aufstellen:

$$A\,E_{zu} - A\,E_{ab} = P + \dot{Q} \tag{14.236}$$

$$A\,\dot{S}_{zu} - A\,\dot{S}_{ab} = \frac{\dot{Q}}{T_U} - \dot{S}_{irr} \tag{14.237}$$

Zunächst kann der unbekannte Wärmestrom $\dot{Q}$ eliminiert werden. Es ergibt sich für die Leistung

$$P = A(E_{zu} - E_{ab}) - A\,T_U(\dot{S}_{zu} - \dot{S}_{ab}) - T_U\dot{S}_{irr}. \tag{14.238}$$

Da der thermodynamische Grenzfall interessiert, soll ein idealer, reversibel arbeitender Wandler angenommen werden, so dass die Entropieerzeugungsrate $\dot{S}_{irr} = 0$ gesetzt werden kann:

$$P_{rev} = A(E_{zu} - E_{ab}) - A\,T_U(\dot{S}_{zu} - \dot{S}_{ab}). \tag{14.239}$$

Die auf die Erdoberfläche fallende Strahlung soll gemäß Kapitel 3.1.1 als Schwarzkörperstrahlung der Temperatur T modelliert werden. Ausgangspunkt ist der spektrale Ansatz von Strahlungsflussdichte und Entropiestrom der Schwarzkörperstrahlung,

$$E_\lambda = \frac{2\pi h c_0^2}{\lambda^5} x, \tag{14.240}$$

$$\dot{S}_\lambda = \frac{2\pi k c_0}{\lambda^4}((1+x)\ln(1+x) - x\ln x). \tag{14.241}$$

Der bereits in Gl. (3.3) eingeführte Term

$$x = \frac{1}{e^{hc_0/(\lambda kT)} - 1}$$

gibt die mittlere Besetzungszahl eines Photonenzustands im Gleichgewicht an. Atmosphärische Prozesse wie Absorption und Streuung führen nun zu einer Verringerung der Anzahl energietragender Photonen. Dieser Vorgang kann in Anlehnung an das von P.T. Landsberg [17][18] eingeführte Strahlungsmodell als *Verdünnung* interpretiert und über einen Verdünnungsfaktor ε charakterisiert werden. Für die mittlere Besetzungszahl verdünnter Schwarzkörperstrahlung gilt demnach

$$x = \frac{\varepsilon}{e^{hc_0/(\lambda kT)} - 1}.$$

Dies führt zu einer linearen Verkleinerung der spektralen Strahlungsflussdichte um ε. Der Einfluss des Verdünnungsfaktors auf den Entropiestrom ist jedoch nichtlinear. Die in Kapitel 3.1.2 vorgestellten Atmosphäreneinflüsse sind i. A. abhängig von der Wellenlänge. Strahlungsflussdichte und Entropiestrom der verdünnten Schwarzkörperstrahlung können aus den spektralen Größen über numerische Integration berechnet werden. Die Abhängigkeit der verschiedenen Transmissionskoeffizienten von der Wellenlänge ist in Tabellen abgelegt und kann beispielsweise [15] entnommen werden. Eine analytische Lösung der Integrale kann nur dann angegeben werden, wenn der Atmosphäreneinfluss wellenlängenunabhängig modelliert wird. Verschiedene Ansätze dafür werden ebenfalls in [15] diskutiert.
Es lässt sich zeigen, dass jeder Atmosphäreneinfluss zu einem niedrigeren Exergieanteil in der resultierenden Gesamtstrahlung führt. Daher soll im Folgenden der Einfluss der Erdatmosphäre vollständig vernachlässigt werden, so dass die Abhängigkeit von der Wellenlänge in den Gleichungen (14.240) und (14.241) durch einfache Integration beseitigt werden kann. Man erhält mit der Stefan-Boltzmann-Konstante σ

$$E = \int E_\lambda d\lambda = \sigma T^4, \quad \dot{S} = \int \dot{S}_\lambda d\lambda = \frac{4}{3}\sigma T^3.$$

Der zugehende Strahlungsfluss E_{zu} setzt sich nun aus zwei Anteilen zusammen: dem von der Sonne ausgehenden Strahlungsfluss $E_{zu,1}$ und dem Strahlungsfluss der Umgebung $E_{zu,2}$.

$$E_{zu,1} = Cf\sigma {T_S}^4 \tag{14.242}$$

$$E_{zu,2} = (1 - Cf)\sigma {T_U}^4 \tag{14.243}$$

Dabei sind T_S die Temperatur der Sonnenoberfläche, T_U die Umgebungstemperatur und f ein geometrischer Faktor, der durch den Sonnenradius und den Abstand Sonne-Erde bestimmt ist. Darüber hinaus wurde ein optischer Konzentrationsfaktor C berücksichtigt. Für unkonzentriertes Licht gilt $C = 1$; die maximal mögliche Konzentration[25] liegt bei $C_{\max} = 1/f \approx 46.300$. Bei einachsig nachgeführten Reflexionskonzentratoren wie z.B. Parabolspiegeln sind für C Werte bis zu 90, bei zweiachsig nachgeführten Systemen von bis zu 700 Stand der Technik.
Die Gleichungen (14.242) und (14.243= können wie folgt interpretiert werden: Der von der Sonne ausgehende Strahlungsfluss ist Schwarzkörperstrahlung der Temperatur T_S, die den Anteil Cf des Himmelshalbraums einnimmt. Der restliche Himmelshalbraum wird von Schwarzkörperstrahlung der Umgebungstemperatur eingenommen.
Analog zur Strahlungsflussdichte lässt sich nun der zugehende Strahlungsentropiestrom ansetzen.

$$\dot{S}_{zu} = \frac{4}{3} Cf \sigma T_S{}^3 + \frac{4}{3}(1 - Cf)\sigma T_U{}^3. \tag{14.244}$$

Um die weiteren Größen in Gl. (14.239) bestimmen zu können, muss eine Festlegung bezüglich des Wandlers getroffen werden. Eine sinnvolle Festlegung für die abgehende Strahlung ist sicher, dass diese keine Exergie davonträgt, d.h. sich im Gleichgewicht mit der Umgebung befindet. Als Umgebungsstrahlung wird auch hier Schwarzkörperstrahlung der Temperatur T_U zugrunde gelegt. Damit gilt

$$E_{ab} = \sigma T_U{}^4; \quad \dot{S}_{ab} = \frac{4}{3}\sigma T_U{}^3.$$

Nun kann der Exergiefaktor angesetzt werden:

$$\eta_{Ex} = 1 - \frac{\frac{4}{3} Cf T_S{}^3 T_U + T_U{}^4(1 - \frac{4}{3} Cf)}{T_S{}^4 Cf + T_U{}^4(1 - Cf)}. \tag{14.245}$$

Der Verlauf dieser Funktion über dem Konzentrationsfaktor ist in der Abb. 14.35 aufgetragen. Für unkonzentriertes Licht mit $C = 1$ lässt sich ein Exergiefaktor von 0,7 ablesen.
Für die maximal mögliche Konzentration $C_{\max}$ und damit einer Strahlungsflussdichte wie an der Sonnenoberfläche lässt sich die Beziehung für den Exergiefaktor weiter vereinfachen.

$$\eta_{Ex,\max} = 1 - \frac{4}{3}\frac{T_U}{T_S} + \frac{1}{3}\frac{T_U{}^4}{T_S{}^4} \tag{14.246}$$

Für $T_S = 5.780$ K und eine Umgebungstemperatur von 300 K ergibt sich

$$\eta_{Ex,\max} = 0,93.$$

[25] Dabei wurde vorausgesetzt, dass die Konzentration mittels einer Änderung der Strahldivergenz erfolgt. Bei $C = C_{\max}$ liegt demnach im Brennpunkt eine Strahlungsflussdichte gleich der auf der Sonnenoberfläche vor.

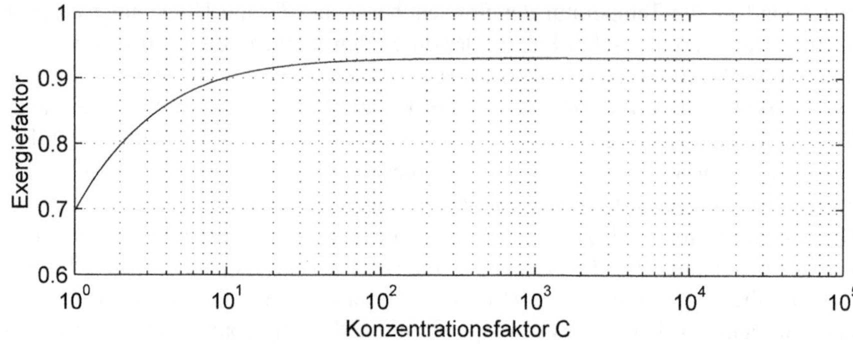

Abb. 14.35 Exergiefaktor in Abhängigkeit von der Konzentration für $T_U = 300$ K und $T_S = 5780$ K

14.10.2 Solarthermischer Umwandlungspfad

Der vorgestellte ideale Strahlungsenergiewandler arbeitet reversibel und auf Umgebungstemperatur, d. h. $\dot{S}_{irr}$ wurde gleich Null gesetzt. Betrachtet man realisierbare Wandler, so kommt man nicht umhin, sich eine Vorstellung von den Vorgängen in der „black box" von Abb. 14.34 zu machen. Dies soll im Folgenden geschehen.

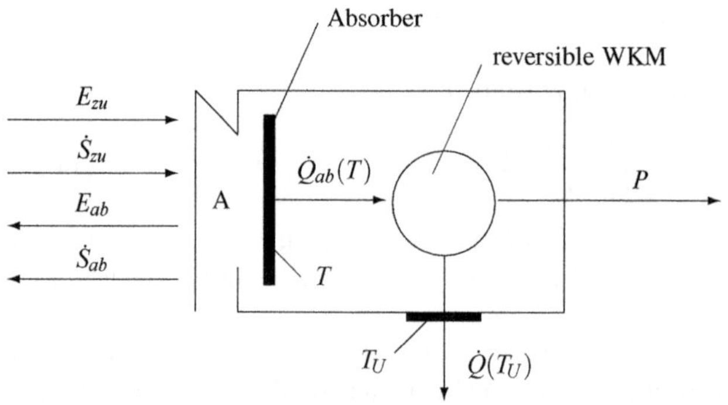

Abb. 14.36 Strahlungsenergiewandler, bestehend aus Absorber und nachgeschalteter Wärmekraftmaschine

Als Empfängerfläche (Absorber) soll ein schwarzer Körper mit der Temperatur T bilanziert werden. Er absorbiert die zugehende Strahlung, strahlt Schwarzkörperstrahlung der Temperatur T ab und übergibt einen Wärmestrom $\dot{Q}_{ab}$, welcher die Absorberfläche auf der Temperatur T hält, an eine reversibel arbeitende Wärme-Kraft-Maschine.

Ein solcher Vorgang ist immer irreversibel. Dies wird deutlich, wenn man für das Teilsystem der Absorberfläche die Energie- und Entropiebilanz im stationären Zustand auswertet.

$$A\sigma(T_S{}^4 Cf + T_U{}^4(1-Cf)) - A\sigma T^4 = \dot{Q}_{ab} \tag{14.247}$$

$$A\sigma\frac{4}{3}(T_S{}^3 Cf + T_U{}^3(1-Cf)) - A\sigma\frac{4}{3}T^3 = \frac{\dot{Q}_{ab}}{T} - \dot{S}_{irr} \tag{14.248}$$

Über die Elimination des Wärmestroms $\dot{Q}_{ab}$ kann die Entropieerzeugungsrate bestimmt werden:

$$\dot{S}_{irr} = A\sigma\left(\frac{T_S{}^4}{T}Cf + \frac{T_U{}^4}{T}(1-Cf) + \frac{1}{3}T^3 - \frac{4}{3}T_S{}^3 Cf - \frac{4}{3}T_U{}^3(1-Cf)\right).$$

Abb. 14.37 Parabolrinnenkollektor in einem Kraftwerk vom Typ SEGS (Foto: FVS/PSA/DLR)

Sie verschwindet genau dann, wenn die Konzentration ihren Maximalwert annimmt, wodurch $Cf = 1$ wird, und $T = T_S$ gilt. Dies ist der Gleichgewichtszustand, in dem die Temperatur der zugehenden Schwarzkörperstrahlung gleich der der abgehenden ist. Damit wird aber genauso viel Energie abgestrahlt wie zugeht und der abzugebende Wärmestrom $\dot{Q}_{ab}$ wird Null. Gleichzeitig wird natürlich auch der von der abgehenden Strahlung mitgeführte Exergiefluss maximal. Beim idealen Ansatz wurde diese Größe minimiert, indem der abgehenden Strahlung die Äquivalenztemperatur T_U zugewiesen wurde. Dies impliziert jedoch bei der hier untersuchten Anordnung einen Wärmestrom $\dot{Q}_{ab}$ dieser Temperatur.

Um diesen Betriebspunkt zu bewerten, muss nun das zweite Teilsystem – die reversibel arbeitende Wärme-Kraft-Maschine – in Betracht gezogen werden. Für diese gilt der Carnotfaktor gemäß Gl. (14.95)

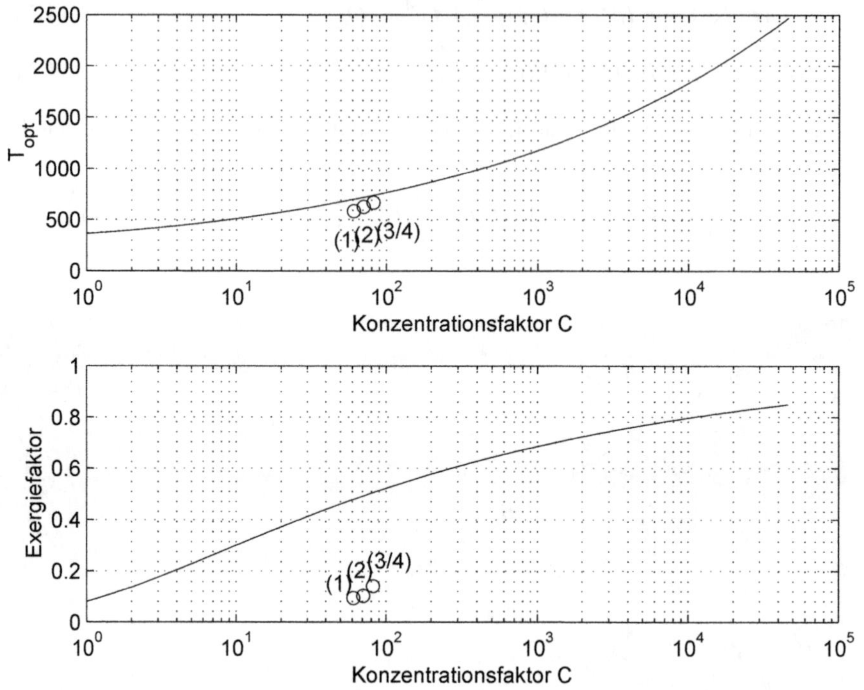

Abb. 14.38 Optimale Absorbertemperatur und Exergiefaktor in Abhängigkeit des Konzentrationsfaktors

$$\eta = \frac{P}{\dot{Q}_{ab}} = 1 - \frac{T_U}{T}.$$

Für $T = T_U$ ergibt sich $\eta = 0$, was nichts anderes bedeutet, als dass aus einem Wärmestrom bei Umgebungstemperatur keine Leistung gewonnen werden kann. Für eine bzgl. einer maximalen Leistung optimierten Absorptionstemperatur $T = T_{opt}$ muss also gelten $T_U < T_{opt} < T_S$. Aus dem Ansatz für die Leistung

$$P = A\sigma({T_S}^4 Cf + {T_U}^4(1 - Cf) - T^4)\,(1 - \frac{T_U}{T}) \tag{14.249}$$

erhält man eine notwendige Bedingung für ein Maximum über eine Differentiation nach T und anschließendem gleich null setzen:

$$4\,{T_{opt}}^5 - 3\,T_U\,{T_{opt}}^4 - T_U({T_S}^4 Cf + {T_U}^4(1 - Cf)) = 0. \tag{14.250}$$

Mit den bekannten Werten für T_S und T_U lässt sich diese Gleichung numerisch lösen. Mit der so gewonnenen optimalen Temperatur des Absorbers kann nun der Exergiefaktor angesetzt werden.

$$\eta_{Ex} = \frac{({T_S}^4 Cf + {T_U}^4(1 - Cf) - T_{opt}^4)(1 - \frac{T_U}{T_{opt}})}{({T_S}^4 Cf + {T_U}^4(1 - Cf)} \tag{14.251}$$

Abb. 14.38 gibt die Ergebnisse dieser Berechnungen über dem Konzentrationsfaktor wieder. Für maximale Konzentration erhält man eine optimale Absorbertemperatur von 2470 K. Für den Exergiefaktor ergibt sich $\eta_{Ex} = 0,85$.
In Tabelle 14.5 sind Wirkungsgrad, Absorberaustrittstemperatur und Konzentrationsfaktor realisierter solarthermischer Kraftwerke zusammengestellt. Dabei handelt es sich um verschiedene Ausführungen von Parabolrinnen-Kraftwerken, in denen ein Wärmeträgeröl in einachsig der Sonne nachgeführten Parabolrinnen erhitzt wird. Die Kraftwerke vom Typ SEGS stehen in der Mohave-Wüste in Kalifornien, das Kraftwerk AndaSol 1 in der spanischen Provinz Granada.

Tabelle 14.5 Erreichte Wirkungsgrade nach [9][12]

	η in [%]	T in [K]	C
(1) SEGS I	9,3	580	61
(2) SEGS III	10,2	622	72
(3) SEGS VIII	14,0	664	82
(4) AndaSol 1	14,7	673	82

Die angegebenen Wirkungsgrade sind die Auslegungsdaten im jährlichen Mittel für den jeweiligen Standort. Diese Werte sind auch in Bild 14.38 eingezeichnet. Unter optimalen Betriebsbedingungen sind jedoch deutlich höhere Werte erreichbar. So ist AndaSol 1 für einen maximalen Wirkungsgrad von 25 % ausgelegt [12].

→ Beispiel

Betrachtet wird ein solarthermisches Kraftwerk, dessen Absorber als Parabolrinnenkollektor mit einer Konzentration von $C = 82$ für eine Temperatur von 400 °C ausgelegt wurde. Die Umsetzung in elektrische Energie erfolgt mittels einer Dampfturbine mit nachgeschaltetem Generator. Nach Gl. (14.251) setzt sich der Wirkungsgrad dieses Systems zusammen aus dem Anteil der Wärme-Kraft-Maschine

$$\eta_1 = 1 - \frac{300\text{K}}{673\text{K}} = 0,554$$

und dem Anteil des Absorbers

$$\eta_2 = \frac{5780^4 \cdot 0,00177 + 300^4 \cdot (1 - 0,00177) - 673^4}{5780^4 \cdot 0,00177 + 300^4 \cdot (1 - 0,00177)} = 0,897,$$

$$\text{mit } Cf = \frac{82}{46.300} = 0,00177.$$

Dabei wurde von einer Umgebungstemperatur von 300 K ausgegangen. Der maximal mögliche Gesamtwirkungsgrad ergibt sich damit zu

$$\eta = \eta_1 \cdot \eta_2 = 0,554 \cdot 0,897 = 0,497.$$

Realistische Werte für solche Anlagen liegen bei $\eta_1 = 0,375$ und $\eta_2 = 0,7$ [12].

14.10.3 Photovoltaischer Umwandlungspfad

In diesem Abschnitt soll eine andere Modellvorstellung bzw. Interpretation der „black box“ aus Abb. 14.34 vorgenommen werden: die einer idealisierten Solarzelle. Diese zeichnet sich durch folgende Eigenschaften aus:

- Die Zelle sei durchsichtig für Photonen mit einer Energie kleiner dem Bandabstand.
- Die Zelle sei hinreichend dick, um alle Photonen mit einer Energie größer dem Bandabstand zu absorbieren.
- Jedes absorbierte Photon soll genau ein Elektron-Loch-Paar anregen.
- Verluste durch Reflexion oder Abschattung (z.B. durch die Elektroden) werden nicht berücksichtigt.

Eine solche Solarzelle kann als Photonenzähler aufgefasst werden. Daher sollen im Folgenden Photonenströme bilanziert werden. Für die zugehende Strahlungsflussdichte kann mit Gl. (14.240) die spektrale Darstellung gewonnen werden:

$$E_{zu\lambda}d\lambda = \pi\,\frac{2hc_0^2}{\lambda^5}\left(\frac{Cf}{e^{hc_0/(\lambda kT_S)}-1}+\frac{1-Cf}{e^{hc_0/(\lambda kT_U)}-1}\right)d\lambda\,. \tag{14.252}$$

Daraus lässt sich die Anzahl der zugehenden Photonen je Flächenelement im differentiellen Wellenlängenintervall $d\lambda$ berechnen, indem durch die Energie eines Photons geteilt wird:

$$N_{zu\lambda}d\lambda = \pi\,\frac{2c_0}{\lambda^4}\left(\frac{Cf}{e^{hc_0/(\lambda kT_S)}-1}+\frac{1-Cf}{e^{hc_0/(\lambda kT_U)}-1}\right)d\lambda. \tag{14.253}$$

Da die Solarzelle nur Photonen mit einer Energie größer dem Bandabstand ΔW absorbiert, d.h.

$$\frac{hc_0}{\lambda} \geq \frac{hc_0}{\lambda_g} = \Delta W,$$

gilt für die absorbierte Photonenstromdichte

$$N_{zu} = \int_0^{\lambda_g} \pi\,\frac{2c}{\lambda^4}\left(\frac{Cf}{e^{hc_0/(\lambda kT_S)}-1}+\frac{1-Cf}{e^{hc_0/(\lambda kT_U)}-1}\right)d\lambda. \tag{14.254}$$

Bei den für Halbleiter üblichen Werten für den Bandabstand kann der Anteil der Umgebungsstrahlung in Gl. (14.254) auch für unkonzentriertes Licht vernachlässigt werden:

$$N_{zu} = \int_0^{\lambda_g} \pi\,\frac{2c_0}{\lambda^4}\,\frac{Cf}{e^{hc_0/(\lambda kT_S)}-1}\,d\lambda. \tag{14.255}$$

Der Ladungsträgergeneration wirken Rekombinationsprozesse entgegen (siehe Kap. 4.2.2). In der Literatur werden für thermodynamische Betrachtungen in der Regel nur strahlende Rekombinationen berücksichtigt [1][6]. Der Grund dafür liegt in

der von Shockley und Queisser als *Detailliertem Gleichgewicht* [27] eingeführten Bilanzierung von Photonenströmen und anschließender Gleichsetzung der Anzahl zum Zellenstrom beitragenden Elektronen mit der Anzahl der bilanzierten Photonen. Dieses Vorgehen soll auch hier gewählt werden, jedoch wird zur Beschreibung der Rekombinationsrate zusätzlich ein von Baruch [4] heuristisch eingeführter Rekombinationsfaktor ρ verwendet, der den Anteil der strahlenden Rekombination an der gesamten Rekombinationsrate wiedergibt. Für direkte Halbleiter kann $\rho \approx 1$ gesetzt werden, für monokristallines Si als ein Beispiel für einen indirekten Halbleiter gilt $\rho \approx 0{,}005$.
Die Rekombinationsprozesse können so als ein abgehender Photonenstrom betrachtet werden. Unter Verwendung des in [32] ermittelten Spektrums, das bei strahlender Rekombination emittiert wird, ergibt sich für die abgehende Photonenstromdichte

$$N_{ab} = \frac{1}{\rho} \int_0^{\lambda_g} \pi \frac{2c_0}{\lambda^4} \frac{1}{e^{(hc_0 - qU)/(\lambda k T_Z)} - 1} \, d\lambda. \tag{14.256}$$

Dabei ist U die Spannung, mit der die Solarzelle belastet wird. Die Temperatur T_Z der Zelle soll im Weiteren gleich der Umgebungstemperatur T_U gesetzt werden. Nun kann die von einer Solarzelle der Fläche A abgegebene Leistung berechnet werden:

$$P = IU = Aq(N_{zu} - N_{ab})U. \tag{14.257}$$

Die in den Gleichungen (14.255) und (14.256) enthaltenen Integrale sind nicht geschlossen lösbar. Nach einem Übergang von der Integration bzgl. der Wellenlänge zu der bzgl. der Frequenz erhält man Debye-Funktionen, die sich als Reihen entwickeln lassen und numerisch auszuwerten sind.

$$P = AqU \frac{2\pi}{c_0^2} \int_{\nu_g}^{\infty} \nu^2 \left(\frac{Cf}{e^{h\nu/(kT_S)} - 1} - \frac{1/\rho}{e^{(h\nu - qU)/(kT_Z)} - 1} \right) d\nu \tag{14.258}$$

$$= AqU \frac{2\pi k^3}{c_0^2 h^3} \left(Cf {T_S}^3 D_2(x) - \frac{1}{\rho} {T_U}^3 D_2(y) - \frac{1}{\rho} \frac{2qU{T_U}^2}{k} D_1(y) - \frac{1}{\rho} \frac{q^2 U^2 T_U}{k^2} (y - \ln(e^y - 1)) \right) \tag{14.259}$$

$$\text{mit } x = \frac{h\nu_g}{kT_S}; \quad y = \frac{h\nu_g - qU}{kT_U}$$

und den Debye-Funktionen

$$D_n(x) = \int_x^{\infty} \frac{t^n}{e^t - 1} dt = \sum_{k=1}^{\infty} e^{-kx} \left(\frac{x^n}{k} + \frac{nx^{n-1}}{k^2} + \ldots + \frac{n!}{k^{n+1}} \right), \text{für } x > 0;\ n \geq 1.$$

Bezieht man nun die abgegebene Leistung auf die zugehende Strahlungsflussdichte, so erhält man den Exergiefaktor als Funktion der Spannung U und des Bandabstands ΔW.

$$\eta_{Ex} = \frac{P}{CfA\sigma T_S^4} \tag{14.260}$$

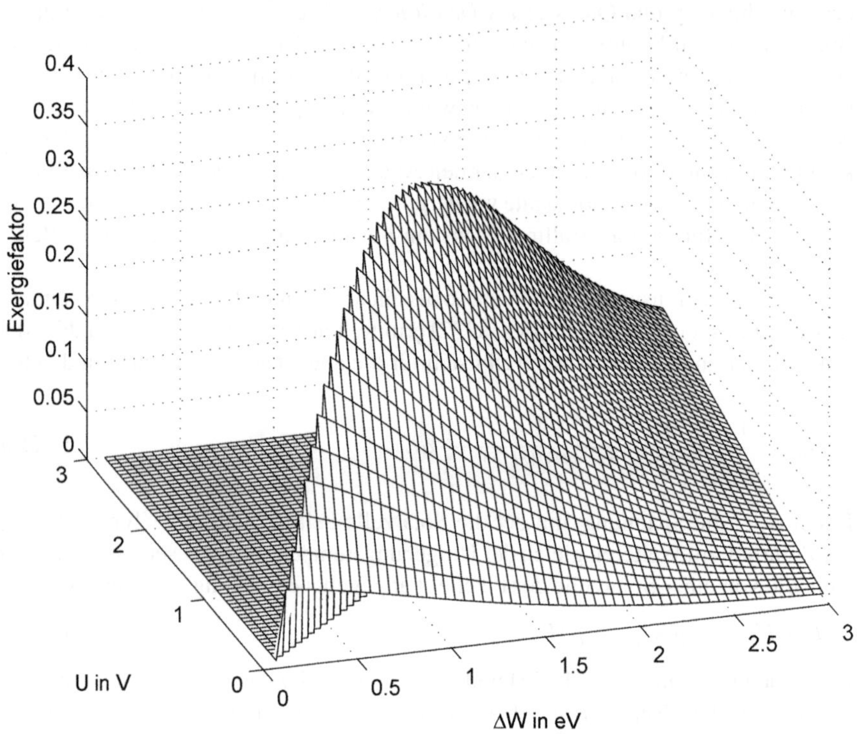

Abb. 14.39 Exergiefaktor für eine ideale Solarzelle in Abhängigkeit von Spannung U und Bandabstand ΔW für $Cf = 1$ und $\rho = 1$

Abb. 14.39 zeigt den Verlauf des Exergiefaktors für den Fall $Cf = 1$ und $\rho = 1$. Wählt man nun für jeden Wert des Bandabstands die Spannung so, dass der Exergiefaktor maximal wird, kann die Abhängigkeit von U eliminiert werden und es ergeben sich die in Abb. 14.40 gezeigten Verläufe: Für einen kleinen Bandabstand ist der Exergiefaktor klein, da die genutzte Energie eines Photons klein ist. Für einen großen Bandabstand ist der Exergiefaktor ebenfalls klein, da nur wenige Photonen diese Energie mit sich führen. Dazwischen liegt ein relativ breites Extremum.
Als Maximum kann bei einem Bandabstand von 1,1 eV, maximaler Konzentration und ausschließlich strahlender Rekombination ein Exergiefaktor von 40,6% abgelesen werden. Bei unkonzentriertem Licht liegt das Maximum für direkte Halbleiter ($\rho = 1$) mit 30,5 % bei einem Bandabstand von 1,28 eV und für indirekte Halbleiter ($\rho = 0,005$) mit 26,2 % bei einem Bandabstand von 1,38 eV.
Ein geringfügig anderes Bild ergibt sich, wenn statt Schwarzkörperstrahlung ein AM1,5-Spektrum bilanziert wird. Die Ergebnisse sind in Abb. 14.41 dargestellt. Ebenfalls eingezeichnet sind bereits erreichte Wirkungsgrade, die bei einem Spektrum von AM1,5 aufgenommen wurden. Kreise ($\circ$) markieren Ergebnisse für unkonzentriertes Licht, Sterne ($*$) für konzentriertes. So ergibt sich z.B. für Si bei

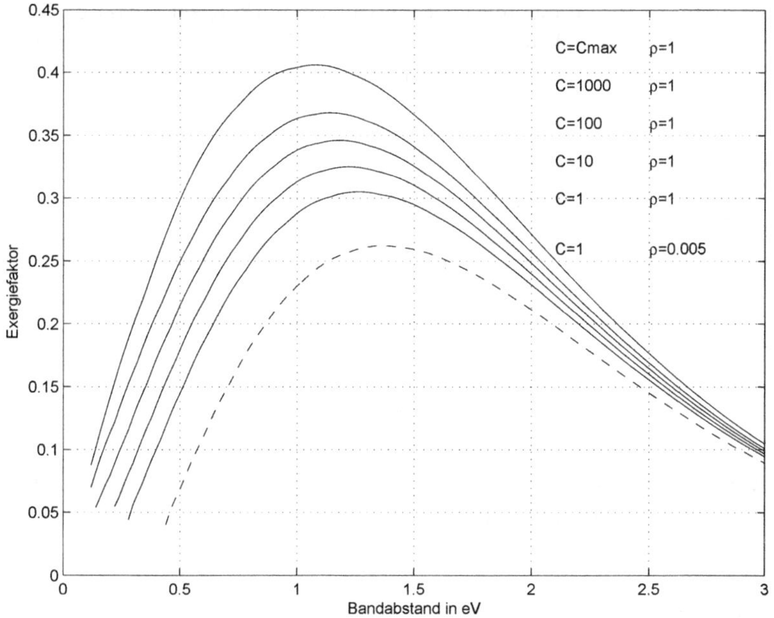

Abb. 14.40 Exergiefaktor für eine ideale Solarzelle in Abhängigkeit des Bandabstands ΔW

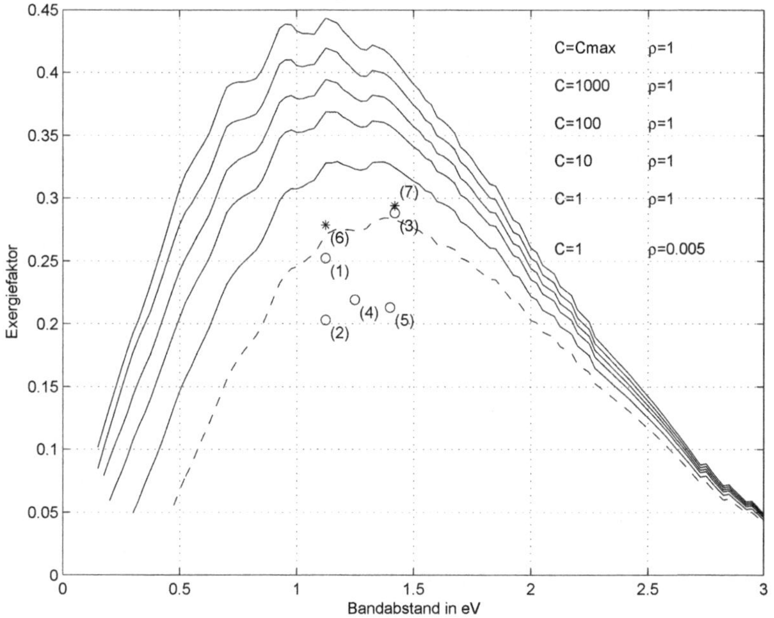

Abb. 14.41 Exergiefaktor für eine ideale Solarzelle in Abhängigkeit des Bandabstands ΔW bei einem AM1,5 Spektrum

unkonzentriertem Licht ein theoretischer, maximaler Wirkungsgrad von ca. 28%. Tatsächlich erreicht wurden bisher 25,6 % mit einer 12 cm^2 großen, monokristallinen Zelle [10]. Weitere Einzelheiten können Tabelle 14.6 entnommen werden.

Tabelle 14.6 Erreichte Wirkungsgrade nach [10]

	η_{Ex} in [%]	ΔW in [eV]	C
(1) mono-Si	25,6	1,12	1
(2) poly-Si	20,8	1,12	1
(3) GaAs	28,8	1,42	1
(4) InP	22,1	1,25	1
(5) CdTe	21,0	1,40	1
(6) mono-Si	27,6	1,12	92
(7) GaAs	29,1	1,42	117

Setzt man in Gl. (14.258) die Temperatur der Zelle $T_Z = 0$ K, so verschwindet der Rekombinationsterm und man erhält einen Wirkungsgrad von

$$\eta_{Ex} = \frac{qU}{h} \frac{\int_{\nu_g}^{\infty} \frac{\nu^2}{e^{h\nu/kT_S}-1} d\nu}{\int_0^{\infty} \frac{\nu^3}{e^{h\nu/kT_S}-1} d\nu}.$$

Diese bereits von Shockley und Queisser [27] angegebene Beziehung führt bei einem optimalen Bandabstand von 1,08 eV auf einen maximalen Wirkungsgrad von 43,8 % und sei hier nur der Vollständigkeit halber angegeben.

Eine weitere Erhöhung des Wirkungsgrads kann durch eine Kaskadenanordnung von Solarzellen erreicht werden, die abschließend untersucht werden soll. Betrachtet werden n Solarzellen unterschiedlichen Bandabstands, die übereinander angeordnet sind. Der einfallenden Strahlung zugewandt ist die Zelle mit dem größten Bandabstand, gefolgt von den weiteren Zellen in der Reihenfolge des abfallenden Bandabstands. Durch diese Anordnung können die transmittierten Photonen der Energie $h\nu < h\nu_g$ von den folgenden Zellen genutzt werden. Betrachtet man nun die m-te Zelle dieser Kaskade, so gilt für den absorbierten Photonenstrom

$$N_{zu}^m = \int_{\nu_g^m}^{\nu_g^{m+1}} \frac{2\pi\nu^2}{c_0^2} \left(\frac{Cf}{e^{h\nu/(kT_S)} - 1} + \frac{1-Cf}{e^{h\nu/(kT_U)} - 1} \right) d\nu. \tag{14.261}$$

Da die Zellen rückseitig nicht beschichtet sein dürfen, emittieren sie in beide Richtungen. Dabei wird der rückseitig emittierte Photonenstrom von der darunter liegenden Zelle vollständig und der vorderseitig emittierte Photonenstrom bis auf einen Frequenzbereich von ν_g^m bis ν_g^{m+1} absorbiert. Für den von der m-ten Zelle aus der Gesamtanordnung emittierten Photonenstrom gilt also bei $\rho = 1$

$$N_{ab}^m = \int_{\nu_g^m}^{\nu_g^{m+1}} \frac{2\pi\nu^2}{c_0^2} \left(\frac{1}{e^{(h\nu - qU)/(kT_U)} - 1} \right) d\nu. \tag{14.262}$$

Es soll nun die Abkürzung

$$\frac{h\nu - qU}{k\,T_U} = \frac{h\nu}{k\,T_{em}}$$

eingeführt werden. Dabei kann die Emissionstemperatur T_{em} als Temperatur des angeregten Elektronengases interpretiert werden, während das Atomgitter die Umgebungstemperatur T_U hat [19]. Damit ergibt sich für die abgegebene Leistung der m-ten Zelle

$$P^m = A\,q(N_{zu}^m - N_{ab}^m)\,U = \tag{14.263}$$

$$A \int\limits_{\nu_g^m}^{\nu_g^{m+1}} \left(1 - \frac{T_U}{T_{em}}\right) \frac{2\pi h\nu^3}{c_0^2} \left(\frac{Cf}{e^{h\nu/(kT_S)} - 1} + \frac{1 - Cf}{e^{h\nu/(kT_U)} - 1} - \frac{1}{e^{h\nu/(kT_{em})} - 1}\right) d\nu.$$

Für den Grenzfall unendlich vieler Zellen und unter der Annahme T_{em} = const. kann die von der Anordnung abgegebene Gesamtleitung durch Integration von Gl. (14.263) über den gesamten Frequenzbereich ermittelt werden. Man erhält

$$P = A\sigma(1 - \frac{T_U}{T_{em}})\,({T_S}^4 Cf + {T_U}^4(1 - Cf) - {T_{em}}^4), \tag{14.264}$$

was exakt Gl. (14.249) entspricht.
Dieses Ergebnis ist insofern überraschend, da zwei völlig unterschiedliche Modellansätze eines Strahlungsenergiewandlers auf denselben analytischen Zusammenhang für die maximal gewinnbare Leistung führen. Es kann jedoch gezeigt werden, dass die Vorgänge in einer idealen Solarzelle sich analog dem Vorgehen in Kapitel 14.10.2 über Energie- und Entropiebilanzen fassen lassen [23]. Die Ergebnisse von Gl. (14.249) und (14.264) können somit als unterschiedliche physikalische Erscheinungsformen thermodynamischer Grundzusammenhänge gewertet werden.
Reale Kaskadenanordnungen bestehen demgegenüber nur aus einigen wenigen p-n-Übergängen unterschiedlichen Bandabstands. Solche Multijunction-Solarzellen haben jedoch bereits beeindruckende Wirkungsgrade erreicht: Für eine 0,097 cm^2 große GaInP/GaAs/GaInAs/GaInAs Solarzelle wurde mit einer Konzentration $C = 234$ ein Wirkungsgrad von 45,7 % erreicht [10].

Literaturverzeichnis

1. Araújo, G., Martí, A.: Absolute limiting efficiencies for photovoltaic energy conversion. Solar Energy Materials and Solar Cells **33**, S. 213-240 (1994)
2. Baehr, H.D.: Thermodynamik. Springer, 12. Auflage, Berlin (2005)
3. Baehr, H.D., Kabelac, S.: Thermodynamik. Grundlagen und technische Anwendungen. Springer, 15. Auflage, Berlin (2012)
4. Baruch, P., et.al.: On some thermodynamic aspects of photovoltaic solar energy conversion. Solar Energy Materials and Solar Cells **36**, S. 201-222 (1995)
5. Klein, S.A.: Enineering Equation Solver (EES) Professional V9.171-3D [7/03/12] D-Chart Software. Box 44042 Madison, WI 53744 (2013)

6. De Vos, A.: Endoreversible Thermodynamics of Solar Energy Conversion. Oxford University Press, New York (1992)
7. Debeir, J., Deléage, J., Hémery, D.: Prometheus auf der Titanic. Geschichte der Energiesysteme. Campus-Verlag, Frankfurt/M. (19989)
8. Fischer, U., et.al.: Tabellenbuch Metall. Verlag Europa-Lehrmittel,43. Auflage, Haan-Gruiten (2005)
9. Geyer, M., et.al.: Hälfte des weltweit produzierten Solarstroms. Sonnenenergie, **3**, S. 33-37 (1998)
10. Green, M.A., et.al.: Solar cell efficiency tables (version 46), Progress in Photovoltaics **23**, S. 805-812 (2015)
11. Glück, Bernd: Simulationsmodell Erdwärmesonde zur wärmetechnischen Beurteilung von Wärmequellen, Wärmesenken und Wärme-/ Kältespeichern. Otto-Meyer-Umweltstiftung, Hamburg (2008)
12. Hermann, U., Geyer, M., Kistner, R.: The AndaSol Projekt. Workshop on Thermal Storage on Trough Power Systems, Köln (2002)
13. Herrmann, F.: Physik III - Thermodynamik. Skripten zur Experimentalphysik. Universität Karlsruhe, Karlsruhe (2003)
14. Herwig, H., Katz, C.H.: Technische Thermodynamik. Pearson Studium, München (2007)
15. Iqbal, Muhammad: An Introduction to Solar Radiation. Academic Press, Toronto (1983)
16. Krug, K.: Die Dampfmaschine – der Motor der Industriellen Revolution. In: Nühlen, M. (Hg.): Geschichte und Geschichten I: Ein historischer Streifzug durch verschiedene Wissenschaftszweige. Merseburg (2001)
17. Landsberg, P.T., Tonge, G.: Thermodynamics of the conversion of diluted radiation. J. Phys. A: Math. Gen. **12**, S. 551-562 (1979)
18. Landsberg, P.T., Tonge, G.: Thermodynamic energy conversion efficiences. J. Appl. Phys. **51**, S. R1-R20 (1980)
19. Landsberg, P.T.: Some maximal thermodynamic efficiencies for the conversion of blackbody radiation. J. Appl. Phys. **54**, S. 2841-2843 (1983)
20. Lucas, K.: Thermodynamik. Die Gesetze der Energie- und Stoffumwandlungen. Springer, 5. Auflage, Berlin (2006)
21. Lüdecke, D., Lüdecke, C.: Thermodynamik. Physikalisch-chemische Grundlagen der thermischen Verfahrenstechnik. Springer, Berlin (2000)
22. Müller, I.: Grundzüge der Thermodynamik mit historischen Anmerkungen. Springer, 3. Auflage, Berlin (2003)
23. Parrott, J.E.: Thermodynamics of solar cell efficiency. Solar Energy Materials and Solar Cells **25**, S. 73-85 (1992)
24. Radkau, J.: Technik in Deutschland. Vom 18. Jahrhundert bis heute. Campus-Verlag, Frankfurt/M. (2008)
25. Rebhan, E. (Hg.): Energie. Gewinnung, Wandlung und Nutzung von Energie. Springer, Berlin (2002)
26. Recknagel, N., Sprenger, E., Schramek, R.: Taschenbuch für Heizung + Klimatechnik 07/08. Oldenbourg Industrieverlag, München (2006)
27. Shockley, W.; Queisser, H.: Detailed Balance Limit of Efficiency of p-n Junction Solar Cells. J. Appl. Phys. **32**, S. 510-519 (1961)
28. Smil, V.: Energy in world history. Westview Press, Boulder (1994)
29. Stephan, P., Schaber, K., Stephan, K., Mayinger, F.: Thermodynamik. Grundlagen und technische Anwendungen. Band 1: Einstoffsysteme. Springer, 16. Auflage, Berlin (2006)
30. Stephan, K.; Mayinger, F.: Thermodynamik. Grundlagen und technische Anwendungen. Band 2: Mehrstoffsysteme. Springer, 14. Auflage, Berlin (1999)
31. Verein Deutscher Ingenieure (Hrsg.): VDI-Wärmeatlas. 10., bearbeitete und erweiterte Auflage. Springer-Verlag, Berlin (2006)
32. Würfel, P.: The chemical potential of radiation. J. Phys. C: Solid State Phys. **15**, S. 3967-3985 (1982)

Kapitel 15
Apokryphen

O Erforscher der ewigen Bewegung,
wie vielen Trugbildern seid ihr vergeblich nachgelaufen.
Geht und nehmt euren Platz bei den Alchemisten ein.

Leonardo da Vinci (1494)

Die vorangehenden Kapitel haben gezeigt, dass die Bereitstellung von Energie in der jeweils benötigten Menge und Qualität technisch aufwändig ist. Dies hat immer schon Menschen dazu angeregt, auch abseits der physikalisch abgesicherten Pfade nach Lösungen zu suchen. Die Idee des Perpetuum mobile – einer Maschine, die Arbeit aus einer ewigen Bewegung heraus verrichtet – begleitet die Technikgeschichte der Menschheit. Weder das o.g. Verdikt des Leonardo da Vinci, noch der 1775 gefasste Beschluss der Französischen Akademie der Wissenschaften, sich nicht mehr mit Perpetua mobilia zu beschäftigen oder die im 19. Jahrhundert formulierten Hauptsätze der Thermodynamik (vgl. Kap. 14.2) haben daran bis heute etwas geändert. Nach einem kleinen Überblick über historische Maschinen werden in den folgenden Abschnitten aktuelle Bemühungen vorgestellt, die Energieerhaltung doch noch auszuhebeln. Die Auflösungen, warum dies so jedenfalls nicht funktionieren kann, wurden in dem letzten Abschnitt dieses Kapitels zusammengefasst, um Raum für eigene Widerlegungsversuche zu lassen.

15.1 Historische Perpetua mobilia

Das erste schriftliche Zeugnis eines Perpetuum mobile stammt aus dem 13. Jahrhundert und wurde in den Aufzeichnungen des französischen Architekten Villard de Honnecourt gefunden. Es basiert auf der Nutzung der Schwerkraft mittels eines Rades, an dem eine ungerade Anzahl von beweglich gelagerten Schlegeln befestigt ist (Abb. 15.1 links). Durch das Kippen der Schlegel am oberen Wendepunkt soll das Rad mitgerissen und so ununterbrochen in Bewegung gehalten werden.
Es ist nicht bekannt, ob Villard des Honnecourt selbst mit diesem Aufbau experimentiert oder nur die Projekte von Zeitgenossen wiedergegeben hat. Die Idee jedoch, der immer vorhandenen Schwerkraft durch geschickte Gewichtsverlagerung eine ewige Bewegung abzuringen, wurde in den folgenden Jahrhunderten weiterverfolgt. Die sich entwickelnden Kenntnisse der Mechanik führten auf Basis des

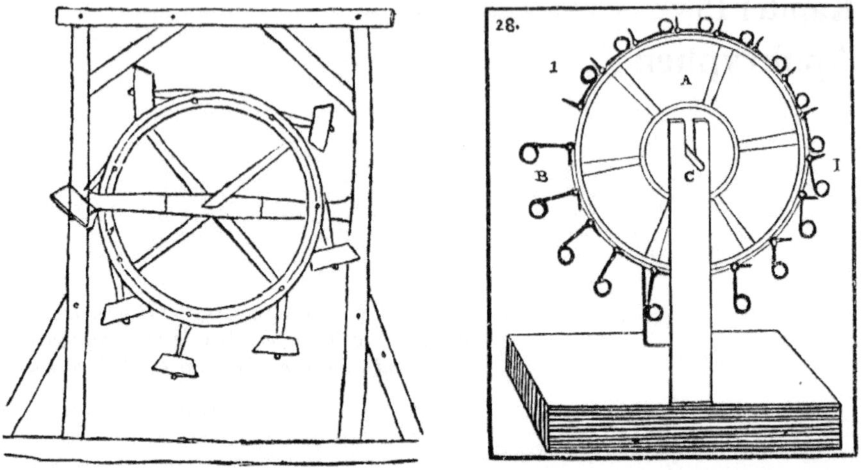

Abb. 15.1 Links: Perpetuum mobile von Villard des Honnecourt (um 1230), Rechts: Weiterentwicklung von Alessandro Capra (1683) [5]

Rades zu einer Vielzahl von Modifikationen, wie der des lombardischen Architekten Alessandro Capra aus dem Jahr 1683 (Abb. 15.1 rechts). Auch hier sind wieder bewegliche Gewichte am Umfang eines Rades angebracht. Durch eine L-förmige Vorrichtung werden diese auf der linken Seite des Rades ausgestellt, um ein größere Hebelwirkung zu entfalten. Diese soll dann das Rad entgegen dem Uhrzeigersinn in Bewegung setzen und durch nachfallende Gewichte dauerhaft halten.

Nun kann mittels einer Energiebilanz leicht gezeigt werden, dass die Arbeit, die ein Gewicht auf der einen Seite des Rades aufgrund der freiwerdenden potentiellen Energie verrichten kann, gleich der benötigten Arbeit auf der anderen Seite des Rades ist, um es wieder in seine Ausgangsposition zu heben. Allerdings war den Menschen des ausgehenden 17. Jahrhunderts die Methode der energetischen Bilanzierung noch nicht bekannt. Sie argumentierten mit angreifenden Kräften und Hebeln – und ist nicht der auf der linken Seite des Rades angreifende Hebelarm tatsächlich immer länger als der auf der rechten Seite bei ansonsten gleicher Gewichtskraft? Eine Lösung dafür ist in Kapitel 15.4 angegeben.

Die Energie als Erhaltungsgröße wurde erstmals 1686 von Gottfried Wilhelm Leibniz für die Bewegungsenergie eines Körpers postuliert. Die von Leibniz gewählte Bezeichnung für die Energie als *vis viva* (lebendige Kraft) war jedoch unglücklich, wie Max Planck Anfang des letzten Jahrhunderts ausführte:

> Leider ist durch die Leibnizsche Bezeichnungsweise, die sich ja bis auf den heutigen Tag erhalten hat, infolge einer Verwechselung mit dem Newtonschen Kraftbegriff, eine unheilvolle Verwirrung der Ideen und eine zahllose Schar von Mißverständnissen heraufbeschworen worden, die dadurch nicht vermieden werden konnte, daß Leibniz für den Druck eines ruhenden schweren Körpers, also für die Newtonsche Kraft, die unterscheidende Bezeichnung vis mortua angewendet wissen wollte; die beiden Arten von Kräften: lebendige und tote Kraft, waren nun einmal von ganz verschiedenen Dimensionen. [6]

Den physikalischen Begriff Energie führte erst 1807 der englische Physiker Thomas Young für die Fähigkeit eines Körpers ein, gegen eine entgegenwirkende Kraft eine Wegstrecke zurückzulegen. Mit dieser Vorstellung konnten Perpetua mobilia auf Basis der Schwerkraft nun widerlegt werden – siehe auch hierzu Kapitel 15.4.

Andere Erfinder versuchten sich an der Kombination von Pumpen und Wasserrädern. Abb. 15.2 zeigt eine solche, von dem fränkischen Ingenieur und Architekten Georg Andreas Böckler dokumentierte Konstruktion. Eine Wasserschnecke fördert Wasser in ein Bassin A. Aus diesem wird es auf ein Wasserrad C geleitet, das mehrere Wellen H antreibt, die u.a. einen Schleifstein sowie natürlich die Wasserschnecke selbst in Bewegung halten. Auch dabei handelt es sich um eine Schwerkraftmaschine.

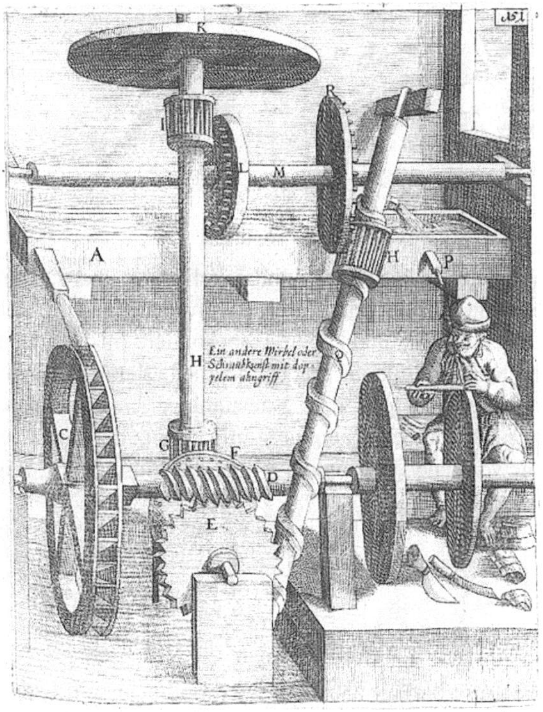

Abb. 15.2 Perpetuum mobile von Georg Andreas Böckler (1661) [1]

Neben dem Gravitationsfeld der Erde haben auch die Wirkung elektrischer und insbesondere magnetischer Felder den menschlichen Einfallsreichtum beflügelt. Abb. 15.3 zeigt eine von dem anglikanischen Bischof John Wilkins 1648 beschriebene Vorrichtung zur Nutzung der magnetischen Anziehungskraft, die zu dieser Zeit vielfach untersucht wurde: Eine Metallkugel C wird durch einen Magneten A eine schiefe Ebene heraufgezogen. Kurz vor Erreichen des Magneten hat die Ebene eine

Öffnung E, durch welche die Kugel hindurchfällt. Sie rollt nun auf einer zunächst deutlich steileren Bahn und durch eine zweite Öffnung F zurück an den Anfang. Wenngleich Wilkins zahlreiche Einwände gegen diese Anordnung aufzählte und bekannte, kein magnetisches Perpetuum mobile zu kennen, so glaubte er doch, dass es erfunden werden könnte [8].

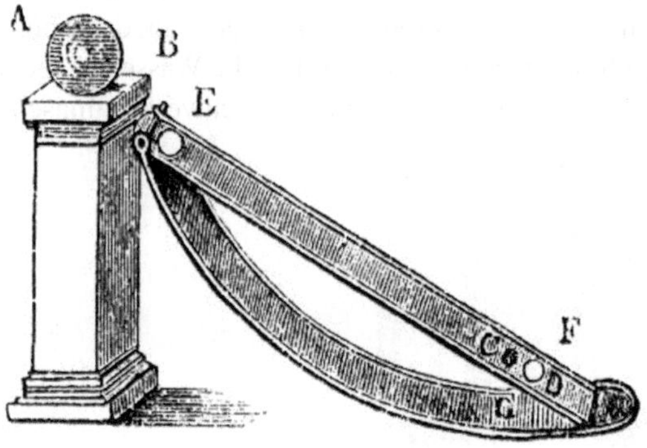

Abb. 15.3 Magnetisches Perpetuum mobile nach John Wilkins (1648) [5]

Schwerkraftmaschinen und magnetische Perpetua mobilia stellen die überwiegende Mehrheit der historischen Perpetua mobilia dar. Seltener wurden chemische Reaktionen oder die Kapillarwirkung dafür herangezogen. Insbesondere im 16. und 17. Jahrhundert wurden zahlreiche Konstruktionen erdacht und auch erbaut. Deren Verharren in Unbeweglichkeit hat ihre Erfinder – häufig gestandene Architekten oder Naturwissenschaftler, seltener Scharlatane – kaum entmutigt. Trotz der im 19. und Anfang des 20. Jahrhunderts gewonnenen Erkenntnisse über das Wesen der Energie gilt dies bis heute.

15.2 Erfinder

Wenngleich Patentämter die Patentierbarkeit von Perpetua mobilia ausschließen, da keine (gewerbliche) Umsetzbarkeit der Erfindung gegeben ist, werden doch immer wieder Patentanträge eingereicht, die ein Perpetuum mobile zum Gegenstand haben. Im Vordergrund stehen auch hier wieder Schwerkraftmaschinen und magnetische Perpetua mobilia. Eine spezielle Ausprägung von Schwerkraftmaschinen stellen die *Auftriebskraftwerke* dar. Sie arbeiten mit einem Wasserbehälter, in den entweder Druckluft oder Schwimmkörper eingebracht werden.
Abb. 15.4 (links) zeigt das Beispiel einer Auftriebsmaschine auf der Basis von Schwimmkörpern. Der Aufbau besteht aus zwei Umläufen: der rechte wird durch den Auftrieb der Schwimmkörper (10) in Bewegung versetzt, der linke durch deren Gewichtskraft. Beide Umläufe können daher an den Wellen der Umlenkrollen (4,5)

Arbeit verrichten. Die Kopplung der beiden Umläufe wird über eine Schleusenkammer (12,13) realisiert.

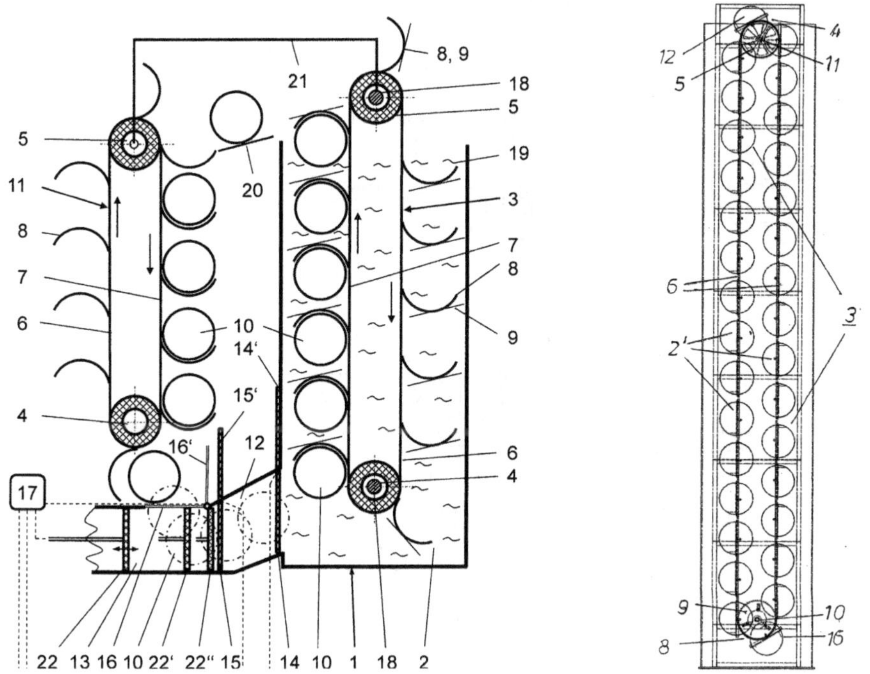

Abb. 15.4 Auftriebskraftwerk mit Schwimmkörpern (links) [2] und mittels Druckluft (rechts) [3]

Einen anderen Ansatz verfolgt die Auftriebsmaschine in der rechten Bildhälfte von Abb. 15.4. Kern des Aufbaus ist auch hier ein in einem mit Wasser gefüllten Turm befindlicher Umlauf. An diesem sind Hohlkörper (2) befestigt, die an einer Seite Öffnungen aufweisen. Während des Umlaufs sind diese an der rechten Seite oben und nach der Umlenkung auf der linken Seite unten. An der unteren Umlenkrolle (10) wird mittels Druckluft das Wasser aus den Hohlkörpern verdrängt, so dass diese einen Auftrieb erfahren und den Umlauf im Uhrzeigersinn in Bewegung versetzen. An der oberen Umlenkrolle (11) drehen sich die Öffnungen der Hohlkörper wieder nach oben, so dass Wasser eindringen und sie erneut füllen kann.
Beide Varianten eines Auftriebskraftwerks vernachlässigen die zur Verdrängung des Wassers benötigte Energie: im ersten Fall beim Einschleusen des Hohlkörpers in den mit Wasser gefüllten Turm, im zweiten Fall bei der Herstellung der Druckluft. Ein Herleitung dazu ist in Kapitel 15.4 angegeben.
Der *Fliehkraftmotor* beruht nicht auf der Schwerkraft, sondern versucht sich die Trägheitskraft einer Masse zu Nutze zu machen. Abb. 15.5 zeigt einen entsprechenden Aufbau: An einer mit konstanter Geschwindigkeit rotierenden vertikalen Hauptwelle (15) sind Massen (1a) befestigt, die mittels einer Gelenkvorrichtung (7) kurzzeitig in Richtung Hauptwelle gezogen werden. Da die Geschwindigkeit der

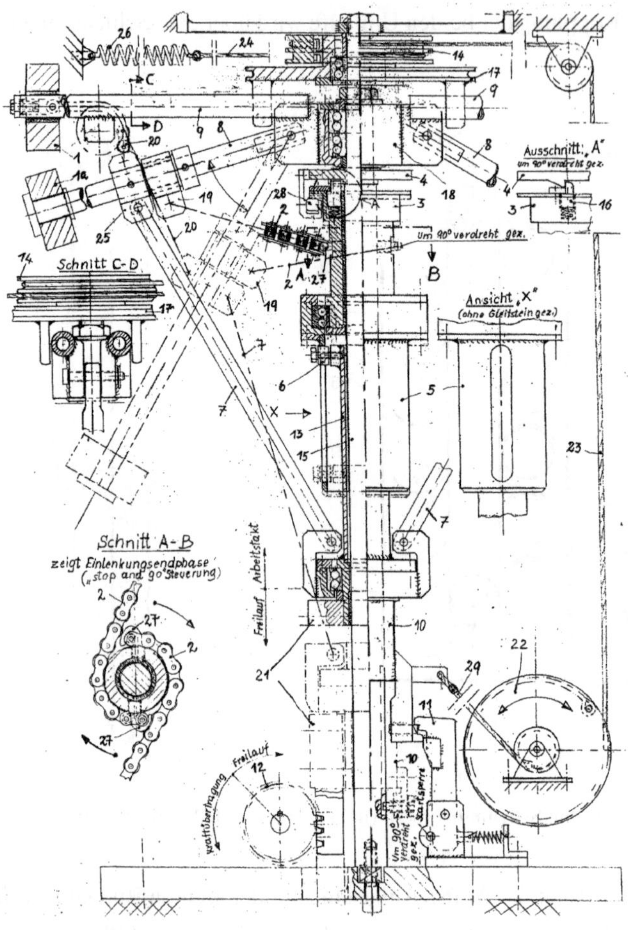

Abb. 15.5 Fliehkraftmotor [4]

Hauptwelle dabei konstant gehalten wird, ergeben sich rückstellende Zentrifugalkräfte, die zur Energiegewinnung genutzt werden sollen. Auch hier wird die aufgewendete Energie für das Einziehen der Massen vernachlässigt, sofern nicht sogar ein grundlegendes Missverständnis hinsichtlich des Zusammenhangs von Kraft und Arbeit vorliegt.

Auch *Magnetmotoren* beschäftigen immer noch die Erfinder, wenngleich hier die Übergänge zur Esoterik fließend sind. Abb. 15.6 zeigt zwei Beispiele für immer wieder diskutierte Bauformen. Die Variante auf der linken Seite erinnert an einen Wankelmotor. Durch die Anziehung der Pole (1) und (2) und der gleichzeitigen Abstoßung von (1) und (3) ergibt sich eine Drehbewegung, die nach 120 ° wieder in die Ausgangssituation führen soll. Die rechte Bildhälfte zeigt einen auch unter dem Namen Perendev-Motor bekannt gewordenen Aufbau, der eine Drehbewegung aufgrund der Abstoßung der in Ständer und Läufer angeordneten Magnete hervorrufen soll. Ein Versuch, diesen Aufbau zu patentieren, scheiterte 2006 [9]. Je nach Ausgangslage wird sich in beiden Beispielen nur eine kurze Bewegung einstellen, bis sich Ständer und Läufer in einem Kräftegleichgewicht befinden.

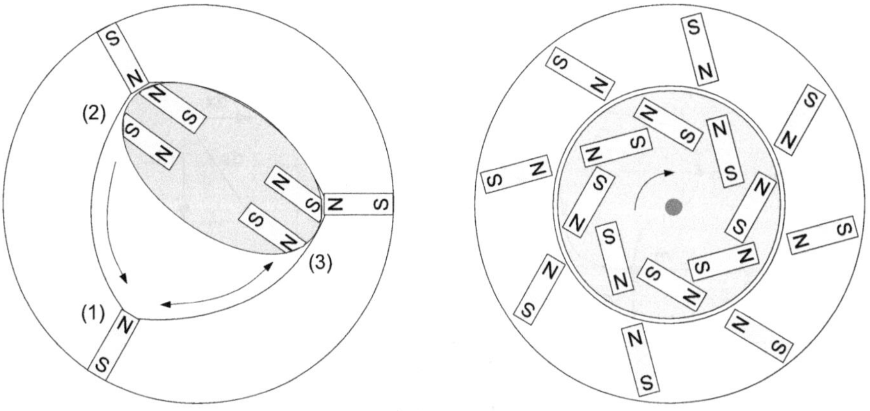

Abb. 15.6 Beispiele für Magnetmotoren

15.3 Esoteriker

Die Erfinder des vorangegangenen Kapitels bemühten sich noch, die Naturgesetze mittels technischer Mittel zu umgehen. Sehr viel größer ist die Anzahl derer, die sich pseudowissenschaftlicher Methoden bedienen. Die Übergänge sind fließend.
Beispiele von pseudowissenschaftlichen Ansätzen sind die Nutzung der Tachyonen-Energie oder der Freie Energie. Beide Begriffe haben eine physikalische Entsprechung – Tachyonen sind hypothetische Teilchen, die in der theoretischen Physik aufgrund von Symmetriebetrachtungen postuliert werden, freie Energie ist eine extensive Zustandsgröße zur Beschreibung thermodynamischer Systeme – werden aber völlig losgelöst von dieser verwendet. Gerne wird als Wissenschaftlichkeitsattribut auch auf den Physiker Nikola Tesla (1856-1943) verwiesen. Mittels unterschiedlichster Vorrichtungen, die als Konverter oder Generator bezeichnet werden, soll dem jeweils postulierten Feld Energie entzogen werden. Ein wissenschaftlicher Nachweis für die Existenz solcher Felder oder die Funktionsfähigkeit der eingesetzten Vorrichtung konnte bisher nicht erbracht werden.
Den pseudowissenschaftlichen Ansätzen ist ein "Unwillen zu testen" [7] gemein: Selbst wenn eine Theorie überprüft werden könnte, so wird dies nicht getan oder es wird auf vergangene, häufig nicht mehr reproduzierbare Experimente verwiesen. Der Grund dafür ist in einem generellen Misstrauen gegenüber der Wissenschaft zu finden, das oft in Verschwörungstheorien umschlägt. Ferner werden Experimente so angelegt, dass die Theorie nur bestätigt, nicht aber falsifiziert werden kann. Auf dieser Basis ist kein Erkenntnisprozess möglich.

15.4 Lösungen

Schwerkraftmaschinen

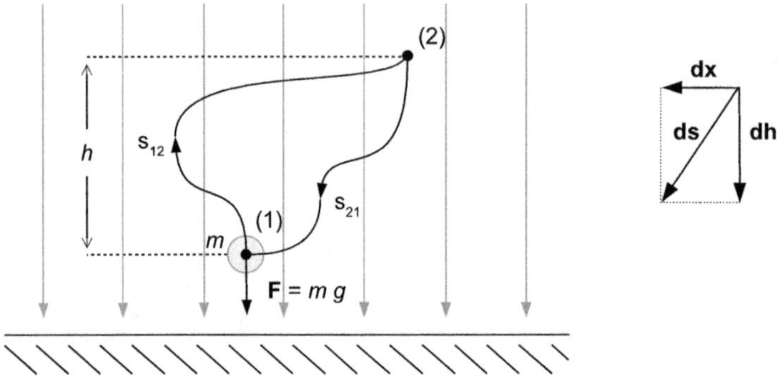

Abb. 15.7 Bewegung einer Masse *m* im Gravitationsfeld

Bei jeder Schwerkraftmaschine werden Massen auf möglichst einfallsreichen Wegen durch das Gravitationsfeld der Erde bewegt. Das Gravitationsfeld kann durch Feldlinien veranschaulicht werden, die senkrecht zur Erdoberfläche verlaufen und die Richtung der Kraftwirkung wiedergeben (Abb. 15.7). Um eine Masse m im Gravitationsfeld auf einer Wegstecke s zu bewegen, muss Arbeit aufgewendet werden, sofern die Bewegung entgegen der Richtung der Feldlinien erfolgt. Umgekehrt wird Energie frei, wenn die Bewegung mit den Feldlinien erfolgt. Mathematisch wird dies durch die Anwendung des Skalarprodukts umgesetzt:

$$dE = \mathbf{F} \cdot \mathbf{ds} = mgdh, \tag{15.1}$$

d.h. nur der Anteil **dh** des differentiellen Wegelements **ds**, der parallel zur Schwerkraft **F** liegt, trägt zur Energie dE bei. Bei einer Bewegung **dx**quer zur Feldrichtung wird keine Arbeit verrichtet. Bewegt man nun die Masse m von Ort (1) zum Ort (2) auf dem Weg s_{12}, so muss dafür die Energie

$$E_{12} = \int_1^2 \mathbf{F} \cdot \mathbf{ds} = \int_1^2 mgdh = -mgh$$

aufgewendet – daher das negative Vorzeichen – werden. Führt man die Masse m auf dem Weg s_{21} zurück in ihre Ausgangsposition (1), so wird die Energie

$$E_{21} = \int_2^1 \mathbf{F} \cdot \mathbf{ds} = mgh$$

freigesetzt. Für den gesamten, geschlossenen Umlauf gilt somit immer

$$E = \oint \mathbf{F} \cdot \mathbf{ds} = 0. \tag{15.2}$$

Aus dem Gravitationsfeld kann bei einem geschlossenen Umlauf also keine Energie gewonnen werden, unabhängig von dem gewählten Weg. Felder mit dieser Eigenschaft werden als *konservative Kraftfelder* bezeichnet. Neben dem Gravitationsfeld gehört auch das elektrische Feld zu den konservativen Kraftfeldern. Für magnetische Felder gilt eine lokale Konservativität für den Raum außerhalb der Quelle des Magnetfeldes, beispielsweise eines Permanentmagneten.

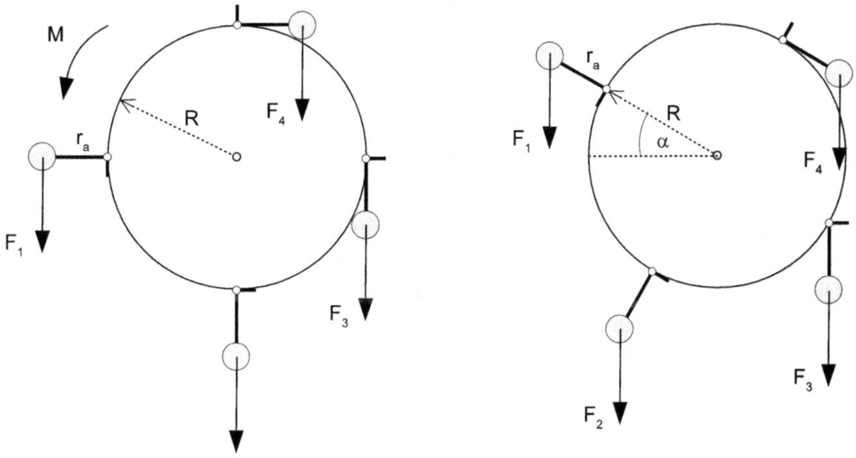

Abb. 15.8 Vereinfachte Schwerkraftmaschine nach Capra

Die Schwerkraftmaschine aus Abb. 15.1 (rechts) kann aber auch mittels der klassischen Mechanik als Perpetuum mobile widerlegt werden. Dazu wird die Anordnung zunächst vereinfacht: Abb. 15.8 (links) zeigt vier gleichmäßig über den Umfang verteilte Massen, die über bewegliche aber masselosen Hebel der Länge r_a befestigt sind. Die Massen m seien jeweils gleich, so dass für die Beträge der angreifenden Gewichtskräfte

$$F_1 = F_2 = F_3 = F_4 = mg \tag{15.3}$$

gilt. Eine Bewegung wird sich nur dann einstellen, wenn die Summe der angreifenden Drehmomente ungleich Null ist. Für das Drehmoment **M** ergibt sich über das Kreuzprodukt

$$\mathbf{M} = \mathbf{r} \times \mathbf{F},$$

d.h. nur der rechtwinklig am Hebelarm **r** angreifende Anteil der Kraft **F** liefert einen Beitrag zum Drehmoment. Betrachtet wird zunächst die Stellung in der linken Bildhälfte: Für die hier gezeigte Anordnung tragen F_1, F_3 und F_4 voll und F_2 nicht zum Drehmoment bei. Für das resultierende Drehmoment M ergibt sich über eine Momentenbilanz und mit Gl. (15.3)

$$M = F_1(R + r_a) - F_3 R - F_4 r_a = 0, \tag{15.4}$$

d.h. das Rad befindet sich im Momentengleichgewicht. Lenkt man das Rad nun um einen Winkel α aus der Ruhelage aus (Abb. 15.8 rechts), so ergibt sich für die Momentenbilanz

$$\begin{aligned} M &= F_1(R+r_a)\cos\alpha + F_2(R+r_a)\sin\alpha - F_3 R\cos\alpha - F_4(R\sin\alpha + r_a\cos\alpha) \\ &= mgr_a\sin\alpha. \end{aligned} \tag{15.5}$$

Man erkennt, dass die in Gl. (15.4) gefundene Ruhelage stabil ist, da eine Auslenkung um einen Winkel α jeweils zu einem rückstellenden Drehmoment führt.

Auftriebskraftwerk

Für die Auftriebskraftwerke soll das Beispiel mit Schwimmkörpern aus Abb. 15.4 (links) untersucht werden. Das Missverständnis ist hier in der Arbeitsweise der Schleuse zu suchen, über welche die Schwimmkörper in den oben offenen Wasserbehälter eingeführt werden: Um einen Schwimmkörper mit dem Volumen V und der Dichte ρ_S in den Behälter einzuführen, muss das dort befindliche Wasser verdrängt werden. Dies kann nur nach oben erfolgen. Mit dem Füllstand h des Behälters und der Dichte ρ_W von Wasser ist dafür die Arbeit

$$E_1 = \rho_W V g h$$

aufzuwenden. Anschließend steigt der Schwimmkörper um die Höhe h auf, sofern die Bedingung

$$\rho_S < \rho_W \tag{15.6}$$

erfüllt ist. Beim Zurückfallen in seine Ausgangsposition wird nun die Energie

$$E_2 = \rho_S V g h$$

frei. Ein Perpetuum mobile liegt genau dann vor, wenn $E_2 \geq E_1$ ist. Durch Einsetzen folgt daraus unmittelbar die Bedingung

$$\rho_S \geq \rho_W, \tag{15.7}$$

was zu einem Widerspruch mit Gl. (15.6) führt. Ein – allerdings sinnloser – Grenzfall stellt sich bei Gleichheit der Dichten ein: hier würde z.B. Wasser unten in den Behälter eingeführt um von oben wieder herabzurieseln.

Magnetische Perpetua mobilia

Magnetische Perpetua mobilia funktionieren nur, wenn man die auftretenden Kräfte selektiv betrachtet. Teilweise werden unerwünschte Kraftwirkungen ignoriert, teilweise wird (vergeblich) versucht, diese abzuschirmen. Dies soll am Beispiel des historischen Perpetuum mobiles aus Abb. 15.3 erläutert werden, das in Abb. 15.9 noch einmal zweidimensional skizziert wurde. Eine Widerlegung kann einfach mittels einer Energiebilanz analog zu den für die Schwerkraftmaschinen angestellten

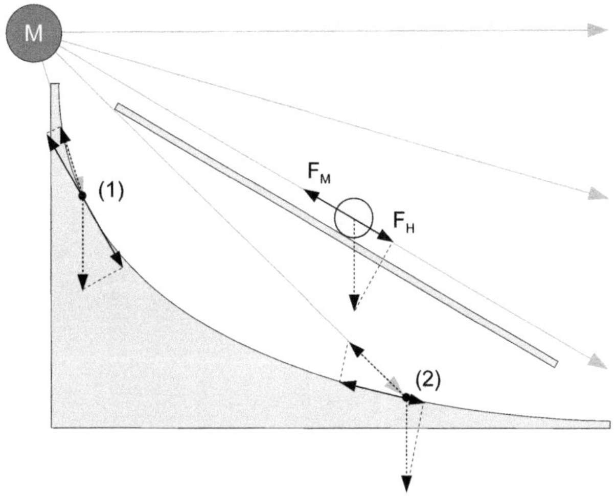

Abb. 15.9 Wirkung von Hangabtriebs- und magnetischer Anziehungskraft auf eine Metallkugel

Überlegungen vom Anfang dieses Kapitels erfolgen. Aber auch hier lässt sich mit den Mitteln der klassischen Mechanik zeigen, dass für die Kugel stabile Ruhelagen existieren.

Es wird vereinfachend davon ausgegangen, dass die Wirkung des magnetischen Feldes überall gleich stark ist. Tatsächlich würde die Kraftwirkung des magnetischen Feldes in der gewählten Anordnung näherungsweise quadratisch mit dem Abstand abnehmen. Die Bewegung der Kugel wird durch die Hangabtriebskraft F_H – dem Anteil der Gewichtskraft, der tangential zur Grundfläche wirkt – und dem ebenfalls tangential zur Grundfläche wirkenden Anteil F_M der Anziehungskraft des Magneten M bestimmt. An der Postion (1) gilt $F_H > F_M$, d.h. die Kugel rollt herab. An der Postion (2) hat sich aufgrund des geringeren Neigungswinkels die Hangabtriebskraft deutlich reduziert und es gilt $F_H < F_M$, d.h. die Kugel bewegt sich aufwärts. Zwischen den Positionen (1) und (2) gibt es einen Punkt, an dem sich die beiden Kräfte aufheben. Diese Ruhelage ist stabil. Eine weitere mögliche Ruhelage befindet sich an der oberen Kante der Rampe.

Literaturverzeichnis

1. Böckler, H.G.: Theatrum Machinarum Novum. Nürnberg (1661) http://www.mdz-nbn-resolving.de/urn/resolver.pl?urn=urn:nbn:de:bvb:12-bsb10922793-7
2. DE 10 2014 019 254 A1: Verfahren zur Nutzung des Abriebes und der Auftriebsenergie von mit einem Endlosumlaufkettenförderer in einer Flüssigkeit umlaufenden Auftriebskörpern sowie Vorrichtung dafür. Offenlegungsschrift (2014)
3. DE 20 2013 009 283 U1: Auftriebskraftwerk. Gebrauchsmusterschrift (2013)
4. EP 0 952 338 A1: Fliehkraftmotor. Offenlegungsschrift (1999)

5. Ichak, F.: Das Perpetuum mobile. B.G. Teubner, Leipzig (1914) http://www.gutenberg.ca/ebooks/ichak-perpetuummobile
6. Planck, M.: Das Prinzip der Erhaltung der Energie. B.G. Teubner, Leipzig (1908)
7. Stanford Encyclopedia of Philosophy (Hg.): Science and Pseudo-Science. (2014) http://plato.stanford.edu/entries/pseudo-science (Abruf: 01.09.2016)
8. Wilkins, J.: Mathematical magick.London (1680)
9. WO 2006 045333 A1: Permanent magnet machine. Offenlegungsschrift (2006)

Sachverzeichnis

9783662530726